航天科技图书出版基金资助出版

航天器和高可靠产品用材料与工艺

Materials and Processes
for Spacecraft and High Reliability Applications

［英］巴里·D. 邓恩（Barrie D. Dunn）　著

汪春涛　王国栋　周传君　等　译

中国宇航出版社

·北京·

本书中文简体字版由著作权人授权中国宇航出版社独家出版发行，未经出版社书面许可，不得以任何方式抄袭、复制或节录本书中的任何部分。

著作权合同登记号：图字：01－2021－3710 号

版权所有　　侵权必究

图书在版编目（ＣＩＰ）数据

航天器和高可靠产品用材料与工艺 ／（英）巴里·D.
邓恩（Barrie D.Dunn）著；汪春涛等译 . －－北京：
中国宇航出版社，2021.10
书名原文：Materials and Processes for
Spacecraft and High Reliability Applications
ISBN 978－7－5159－1979－9

Ⅰ.①航… Ⅱ.①巴… ②汪… Ⅲ.①航天器－航天
材料 Ⅳ.①V25

中国版本图书馆 CIP 数据核字（2021）第 200681 号

责任编辑 赵宏颖　　**封面设计** 宇星文化

出 版
发 行　　**中国宇航出版社**

社 址 北京市阜成路 8 号　**邮 编** 100830	**版 次**	2021 年 10 月第 1 版
（010）60286808　　（010）68768548		2021 年 10 月第 1 次印刷
网 址 www.caphbook.com	**规 格**	787×1092
经 销 新华书店	**开 本**	1/16
发行部 （010）60286888　　（010）68371900	**印 张**	52　**彩 插** 20 面
（010）60286887　　（010）60286804(传真)	**字 数**	1265 千字
零售店 读者服务部　　（010）68371105	**书 号**	ISBN 978－7－5159－1979－9
承 印 天津画中画印刷有限公司	**定 价**	198.00 元

本书如有印装质量问题，可与发行部联系调换

航天科技图书出版基金简介

航天科技图书出版基金是由中国航天科技集团公司于 2007 年设立的，旨在鼓励航天科技人员著书立说，不断积累和传承航天科技知识，为航天事业提供知识储备和技术支持，繁荣航天科技图书出版工作，促进航天事业又好又快地发展。基金资助项目由航天科技图书出版基金评审委员会审定，由中国宇航出版社出版。

申请出版基金资助的项目包括航天基础理论著作，航天工程技术著作，航天科技工具书，航天型号管理经验与管理思想集萃，世界航天各学科前沿技术发展译著以及有代表性的科研生产、经营管理译著，向社会公众普及航天知识、宣传航天文化的优秀读物等。出版基金每年评审 1～2 次，资助 20～30 项。

欢迎广大作者积极申请航天科技图书出版基金。可以登录中国宇航出版社网站，点击"出版基金"专栏查询详情并下载基金申请表；也可以通过电话、信函索取申报指南和基金申请表。

网址：http：//www.caphbook.com

电话：(010) 68767205，68768904

《航天器和高可靠产品用材料与工艺》
翻译委员会

目　录

第 1 章 介 绍

人类的航天活动，无论是运载火箭的成功发射，航天飞机的顺利着陆，还是地面站测试室建设，卫星测试，大型天线反射面应用，或是高放大倍率的复杂电子设备的使用，都给人留下了深刻的印象。但真正的航天能力体现为人们的技术能力，以及对金属等材料的操控能力，金属等材料使得空间通信计划和空间科学计划成为可能。

全世界每 24 小时平均发生 45 000 次风暴。气象学也许是最古老的科学，尽管天气预报所需的四个元素（云、气压、温度和风）可以精确测量，但气象学可能是准确性最低的科学之一。美国、俄罗斯、欧洲以及日本、印度、中国、韩国和巴西等国家和组织开展了不同的空间计划，为环境研究提供了无论是数量还是准确性都相当可观的信息。天气活动主要发生在对流层内，对流层是大气层的最底层，高度不超过 16 km，大约是珠穆朗玛峰高度的两倍。大气各部分活动是关联的，并且相互影响着，人们不断提出一些问题，比如地球气候有多稳定？或者是在不发生剧烈变化的前提下，地球还能承受多少大气污染和水污染？这种信息有多种获取方式，近年来最为引人注目的获取此种信息的方式是利用地球轨道卫星上的传感器，图 1-1、图 1-2 和图 1-3 所示为航天员和卫星拍摄的地球图像。目前，这些地球图像能够与通过空间探测器和着陆器在火星、金星和土星收集的大气数据进行对比。哈勃太空望远镜拍摄的图像让人们可以关注无垠宇宙中的各个星系，而轨道观测器则帮助我们扩展了对地球的了解。新的资源卫星可以评估温室效应，温室效应即化石燃料燃烧和工业制造过程产生的污染物进入大气，大气吸收热量并导致全球变暖。遥感卫星可用于研究南美洲、非洲和亚洲的森林砍伐与热带雨林破坏状况，以及工业污水和废物对海洋和海岸线的影响。

航天技术中，气象研究、地球观测、卫星导航和卫星通信是为人类生活提供服务的四个主要领域。全球定位系统（GPS）在汽车、飞机燃料以及磨损等方面的应用每年为人类节省数十亿美元。到 2019 年，伽利略全球卫星导航系统将投入使用 30 颗卫星，实现水平和垂直方向定位精度达 1 m 以内。地球同步轨道的通信卫星，轨道高度距地面 22 236 英里，它们的应用使全球任意两个用户的互联网信号传输时间小于 700 ms，卫星帮助人类实现了洲际或者国家之间的视频和通话，使英国、卢森堡、美国、俄罗斯或者新西兰等国家的用户同步接收电视图像信号，使世界各地的人们都可以享受教育和娱乐。同时我们希望通信卫星的应用能够有助于消除由误解和无知带来的隔阂，这也许将成为人类文明延续的关键。前面提到的空间技术的特点也有助于实现联合国提出的提高全球人类文化水平，消除贫困和改善健康水平的目标。

对于空间工业来说，需要特别关注难以预测的太阳活动。有人预测，经过了几年的平静之后，2015 年前后，太阳活动可能会有一段剧烈期，可能出现太阳风、日冕物质抛射

图 1-1　地球图像：白色的是云，黑色的是太空（NASA 提供）

和电磁风暴。这种"空间天气"在英国国家风险记录中出现过，期间产生的中子风暴将会威胁卫星数据及其硬件，甚至会威胁到地面上使用了金属氧化物半导体场效应管（MOSFET）等敏感电子元件的设备。欧洲的高能太阳物理数据项目中，有五颗卫星连续观测太阳耀斑和太阳风暴，发现了存在辐射和微粒穿透太阳风暴的磁力现象。

　　长期载人空间站已经成为现实，例如俄罗斯和平号（MIR）和规模更大的国际空间站（计划运行到 2024 年）。中国科学家正在策划轨道空间站，其核心模块将于 2018 年发射，紧接着在 2020 年和 2022 年发射两个实验室模块。NASA 和其他国家和地区的航天局提出月球定期建设方案，这个想法在月球极点附近发现冰之后可能会成为现实。包含轨道航天器和漫游器的著名火星探测计划，让人们看到了火星居住的可能性。既然已经确认火星表面之下有水的存在，将来人类在火星上建立移民地也许就不再只是科幻小说里的场景了。

　　许多材料科学的特殊突破、制造工艺和新技术的进步，使得空间技术的提升成为可

MET6 21 DEC 1997 1200 VIS2 CTOT

图 1-2 卫星在太空中拍摄地球的红外图像：又冷又高的云为白色，较暖（低）云为灰色（ESA 提供）

能。通过新的合成方法和冶金工艺开发出的新的有机和无机材料，促进了高度复杂的航天器子系统和电子设备的发展。随着技术的发展，人们惊讶地认识到，通过相关的制造组装工艺，构成航天硬件设备的基本上都是最"普通"的金属和塑料材料。因此，我们确信，航天器项目各个阶段失效案例中的绝大多数情况都是由这些"普通"材料失效或故障造成的。由此可见，材料工程师们需要通过理解航天器系统发展中材料和元件使用的极限来准确预测安全边际。

　　材料本身没有缺陷时，过试验、过载或者过应力有可能会导致其失效。其他的失效则是因为材料选择不当、设计有缺陷、制造中的误操作或者零件抗疲劳、耐腐蚀能力不足等造成的。航天器失效发生在制造、装配、集成和环境试验过程中。航天器从设计到发射通常需要四年的时间，在这较短的时间里，人们需要快速进行失效分析来确认失效模式及原

MSG Image 2006-09-12 12:12　　Single Channel 9

图 1-3　水蒸气通道图像：2006 年 Meteosat 第二代卫星拍摄（Eumetsat 提供）

因。实现失效分析必须有足够多与失效零件历史相关的可用信息——从初始成分到热处理，到制造细节以及制造完成后存放和试验的记录。幸运的是，航天硬件承包商的产品与质量保障团队的高强度监测，通常能够正确记录与失效相关的大部分细节。对精确的操作应力和环境条件的了解对于失效模式的确定有极大帮助。

不注意保存与以前的失效情况相关的文件材料，可能会使我们失去开发空间设备、仪器生产线的资质。内部试验报告包含大量的信息，但经常在记录后就遗忘了。本书将尝试对一小部分作者开展的测试工作进行整理，以减少类似的设计问题和产品问题出现。疲劳、应力腐蚀开裂、氢脆、聚合物的老化、释气等典型失效模式，已经在航天器硬件上频繁出现。希望化学家、冶金学家、其他材料和制造工程师等需要解决材料失效问题的人，能够将自己遇到的问题与本书所述案例进行对比。许多实例说明了理解航天飞行材料的必要性，因为材料常常直接导致特定失效模式。

本书第 2 章是航天器材料特定要求的总览，第 3 章描述的是材料评估对航天器产品保证计划的作用。

第 4～6 章提到的大量试验案例，涵盖了许多材料标准测试技术。第 4 章关注航天器制造阶段遇到的问题，第 5 章关注测试中可能发生的失效，第 6 章关注可能导致电子互联性能退化的失效。

　　第 7 章描述晶须生长问题，这对从事结构材料、电子和空间相关工业的材料工程师有一定帮助。第 7 章中提到的案例仅限于直接导致电子设备失效的晶须生长。针对每一个案例作者都给出了改进方法，不过很明显，一本出版物不能对所有情况都给出解决方案。

　　第 8 章是空间环境对材料影响的简短综述，给出了对低地球轨道（LEO）返回的材料的大量分析。从宇宙飞船飞行试验、NASA 的长期暴露设施项目、尤里卡计划、Medet 计划积累的数据与哈勃太空望远镜的各种维修任务期间回收的材料，解释了释气、温度、微流星体和原子氧的影响。

　　各项研究使用的主要工具是显微金相学，显微金相学由 H. C. Sorby 在 19 世纪 60 年代发明，用来检测地质样品。在过去的十年里，材料工程师们用来检测聚合物分子、微观结构等项目的有效工具数量大大增加。有必要利用化学分析电子光谱仪和俄歇能谱仪、激光微探测分析仪、高分辨率电波图像单元、扫描激光超声显微镜、红外光谱仪等更为先进的仪器进行失效分析，这些仪器通常可以从当地的大学和研究机构借用或租用。必须强调的是，对于没有经验的人来说，这些工具提供的信息非常有限。只有实践经验丰富或者现场有指导的研究者才能够将无损检测、表面双目显微镜观测、物理分析测试、金相学分析等不同环节中收集的信息有效整合。

　　本书内容无法覆盖各项特定研究所选择设备的说明以及所选择解决方法的详细说明。本书作者开展的所有工程失效分析符合传统标准的要求，在此，作者对高度专业的同事，以及装备精良的材料实验室和测试设施表示感谢。绝大多数有机材料和冶金调查在硬件生产期间或设备水平测试之后进行。某些缺陷项目也可能发生在搭载工程或者航天器质量验证模型的单机或者结构上，因此，材料和失效评审委员会给出的结果和建议应该反馈给项目设计师和工程师。我们希望这个程序可以消除航天器飞行试验中存在的问题。本书不仅涉及失效分析，而且还讨论了预防失效以及提高产品可靠性的措施。最后，"失效"一词含义丰富，"失效"带来的后果可以是微不足道的，也可以是灾难性的，本书中，"失效"是技术术语，指的是功能中止或不可用。

第 2 章　航天器材料要求

2.1　一般背景

　　1957 年，随着苏联研制的一颗质量为 83 kg 的人造卫星——斯普特尼克一号向世界发出问候，令人惊叹的太空时代开始了。斯普特尼克一号的发射掀起了太空探索的热潮，世界主要大国开始集中力量发展航天科学，开启了探索月球及更遥远星球的计划及行动，提升空间实验室的材料工艺以及研制用于通信、导航和观测的地球轨道卫星。往事种种，皆为历史，大部分仪器和设备都已经或将不断地被更轻便、更复杂的产品所替代。二十几年前阿波罗月球探测计划的卓越成就，在今天仍使无人自动航天器飞行系统黯然失色。人们经常会遗忘这一点，即运行在世界各大洲上空轨道的航天器已经彻底改变了全球通信、海上导航和全球天气预报系统。卫星的研制和发射是全球网络化的关键环节。因为在近地空间探测出现以前，通信、导航和天气预报系统不具备经济性或技术可行性。

　　商业通信卫星的研制始于 1965 年发射的一颗名为先驱鸟的卫星，距离世界上第一颗人造卫星发射不到 8 年的时间。先驱鸟卫星是世界上第一颗地球静止轨道卫星，它能够为任意两个地球基站之间提供持续的通信连接。然而直到现在，这些所谓的"应用型"卫星还只是由单独设计的组件组装而成，而不是凝结了更多智力因素的集成设计系统。应用型卫星组件的接口常常不匹配，因而降低了整个卫星系统的性能。

　　卫星，或者进一步严谨地说是"科学"卫星，正试图构建标准化子系统，以优化包括重量、可靠性和成本在内的性能。

　　航天器设计者在产品重量参数上倾注了大量心血，因为卫星重量受运载火箭运载能力的限制，而卫星又只能由运载火箭将其从地球表面送入预定轨道。这表明卫星越轻，发射成本越低。另一个主要的性能指标是产品可靠性，这个性能可以说是能购买到的，前提是资金被优先用于可靠性测试项目，而不是运载火箭。值得一提的是，重量、可靠性和成本等因素是相互关联的。应用型卫星的设计师更愿意为可运行 10 年的可靠性水平买单，而科学试验卫星的设计师则希望在实现任务目标的一年后就关闭系统。

　　欧洲卫星制造商的主要目标之一，是建立一个覆盖全欧洲的通信系统项目，研制和发射长寿命卫星。其中有一项辅助技术项目目前仍在进行，其内容是鉴定绝大多数的卫星关键子系统，为将要进入轨道运行的卫星提供试验依据。1978 年 ESA 发射了一颗试验卫星（轨道测试卫星，OTS），用来评估和测试欧洲通信卫星系统的各子系统的性能。OTS 和其运载火箭的照片如图 2-1 和图 2-2 所示。ESA 的辅助技术项目主要评估的 OTS 子系统包括：

图 2-1　（a）1975 年，振动试验中的 OTS "结构模型"，保温层还没有安装。这是 ESA 的第一颗通信卫星，其高度是 2.5 m（ESA）。（b）Alphasat 在法国宇航环境工程中心的无声实验室里完成试验后的照片，2013 年 3 月 15 日拍摄于法国图卢兹。这颗通信卫星高度是 7.1 m（ESA）。（c）这些 9 m 高的尖内衬墙围成了 ESA 的 Maxwell 实验室，它将卫星与所有外界影响隔离开来，以对其进行电磁兼容性评估（ESA）

- 通信子系统——在地球和卫星之间传递信息（数据和命令），理论上也包括与其他卫星之间的通信；
- 供电子系统——为卫星的所有子系统提供电能；
- 机载推进装置——为变轨、位置保持和离轨提供推力；
- 环境控制子系统——保持卫星的特定温度、辐射水平、电磁环境等；
- 结构子系统——支撑并保持卫星在地面、发射和在轨期间的构型。

(a)　　　　　　　　　　　　　　　　　　　　(b)

图 2-2　（a）在卡纳维拉尔角用雷神 Delta 火箭发射欧洲轨道测试卫星（OTS-2，1978 年）。2 个视频通道和 5 000 个电话回路在 52 个地面站（挪威和埃及）之间完美运行（ESA）。（b）2013 年 7 月 25 日 Alphasat 发射，Ariane 5 火箭运载了欧洲最大的广播通信卫星（ESA）

　　类似于 OTS 的新型卫星，其一般研制计划包括：在构建鉴定模型和最终飞行航天器之前，建立若干个测试模型，例如结构模型、热模型、工程模型（由热模型翻新而来）。

　　图 2-1（b）所示的 Alphasat 是一颗由 Astrium（欧洲宇航防务集团下属子公司）制造的高功率、远距离通信卫星，这一项目由 ESA 和英国移动卫星通信运营商海事卫星（UK Operator Inmarsat）公司合作完成。Alphasat 是 ESA 研制的一个能携带通信载荷的全新航天器平台（Alphabus）计划的一部分，而 Alphabus 是 Astrium 和泰雷兹·阿莱尼亚航天（Thales Alenia Space）公司在 ESA 和法国国家空间研究中心（CNES）的联合合同下开发的高端欧洲远距离通信平台。Alphabus 是欧洲应对日益增长的通信市场压力的产物，市场需求包括家庭电视广播、数字音频广播、宽带接入和移动通信服务。Alphabus

的革新技术包括：

- 电推进——优化卫星重量，增加有效载荷；
- 模块化载荷——包括一个可以适应不同任务的天线模块；
- 星体跟踪器——保证高精度的姿态和轨道控制；
- 锂离子电池——由高性能太阳能电池充电。

Alphasat 能够为载荷提供 18 kW 的能源，质量为 6 000 kg，而 OTS 的一对太阳能面板产生的 1 260 W 电能，能为两个 24 Ah 的镍镉电池充电，其质量仅为 1 490 kg。

欧盟、ESA 和 NASA 这样的组织都会采取措施以评估与设备、材料和元器件等相关的发展中技术的成熟度。在材料、机械零部件和制造工艺等领域，不推荐立即使用新的发明，因为在那之前需要进行一些基础研究。研究目的是评估新技术的可行性与发展性，以及后续能否在实验室环境下论证此项技术。新材料的验证可根据既定的测试方法开展。而新机械零件的验证和新制造工艺的评审需要经过"技术试样"测试，这些都是为了获得航天应用官方批准（ECSS - Q - STD - 70）的常规步骤。下列表格可以作为指南用于评估任何材料技术的成熟度：

技术成熟度等级	描述
TRL 1	基本的原理被观测到并报告
TRL 2	技术概念和/或应用得到论证
TRL 3	分析和试验功能和/或特征得到概念性验证
TRL 4	在实验室环境进行了组件或者试验电路板验证
TRL 5	在可能的实际环境下进行组件或者试验电路板验证
TRL 6	在可能的实际环境下进行系统/分系统模型或原型演示（地面或空间）
TRL 7	在空间环境进行系统原型演示
TRL 8	真实系统完成，鉴定飞行通过了测试和验证（地面或空间）
TRL 9	真实系统的飞行验证成功通过在轨运行考核

读者在为航天器新应用选择材料和工艺时，甚至在建造地面站（发射场）时，可以参考上述技术成熟度等级（TRLs）。很明显，对于任何技术而言，技术成熟度等级越低，为获得航天系统应用许可所耗费的时间和努力也越多。TRL 的概念将不会在本书接下来的章节中讨论，因为空间材料、机械零件和工艺的批准都将取决于每个空间项目各自的特定需求。对于一些项目而言，可能在选择技术时会纳入更高风险的选择。低预算的空间飞行试验，只要使用试验电路板模型不会对整个项目造成威胁，便可以选择，试验电路板模型足以为大学项目提供足够的数据。另一方面，载人飞行的安全性管理是将"系统安全"和"有效载荷安全"区分开来的。航天系统安全性是在采用飞行验证技术的各种复杂项目因素之间权衡轻重的结果——而其中，航天员的安全必须是重中之重。有效载荷安全关注的是材料、机械部件的制造过程，以及有效载荷对航天员的安全是否有影响。有效载荷试验可以失败，但是不能给航天员带来威胁。因此，应该从材料的初始制造阶段就对其特别关注，因为它们最终可能会在超出预计的温度环境下使用；还有重要的一点，那就是材料

（通常为非金属材料）在出气时不会产生有毒成分，也不会因零部件的易燃性而存在任何火灾隐患。

2.2　材料和工艺分析

2.2.1　选择材料和工艺浅析

欧洲的研究重心已经转变，从 20 世纪 70 年代努力建造寿命为 1～2 年的卫星，到现在专心研制可在恶劣的太空环境下持续工作 20 年以上的新一代长寿命应用卫星，随之转变的是需要将更多的精力放在鉴定许多以前已经被认为是没有安全隐患的材料和技术的可靠性上。此外，新的模块化方法以及为满足不同卫星任务的便捷性与经济实用性而研发的标准化子系统，使得产品有更长的地面贮存期。但另一方面长时间的地面贮存导致了材料退化问题，特别是液体或固体燃料的挥发，敏感表面的一般性腐蚀，以及结构元件的应力腐蚀。卫星制造时的材料许可使用清单，例如前面提到的 1975 年发射的轨道测试卫星，包含至少 500 种不同的有机和无机材料。每一种材料都经过了初步验证，可用于给定的应用条件，可承受设计时预估的环境条件。搭载大型电信载荷的航天多用途平台，如 2013 年发射的 6.6 t 重的 Alphasat，其相关申报材料目录包含超过 1 000 种不同的材料。直到 20 世纪 80 年代末，卫星和运载火箭仍主要由金属材料制造而成，仅使用了少量的碳纤维增强复合材料（CFRP）。由于太阳能面板、盘状天线和天线平台对精确线性度的需求，这些产品采用 CFRP 制造，因为这种材料的热膨胀系数很小，可以在空间轨道上的高低温变换环境中（−160～+180 ℃）保持精确的尺寸。运载火箭、卫星、空间探测器和载人模块主要由从事航天器制造的工业公司开发（例如主体承包商 Boeing、Airbus、Lockheed Martin、Alenia、Aerospatiale 和 Astrium 公司），因此，设计师们更倾向于从传统的金属合金和复合材料中选择制造结构和机械部件的材料，并将工艺限制在他们各自工厂已经存在的连接和精加工技术上。与大规模制造工业相比，航天工业对于发展先进的材料和合金通常缺乏动力，即使这些材料和合金能提高可靠性且节省重量，但在将其纳入空间硬件之前，还需要进行昂贵的基础测试和资格鉴定。

客户、主承包商和他们的下级供应商之间关于合同需求的讨论会涉及材料和工艺问题，并且合同审核的重点也在设计、材料选择和制造工艺上。对材料和工艺的关注贯穿于每个空间项目的全阶段，从最初的设计阶段，到发射前对制造的硬件进行环境测试和鉴定阶段。然而，直到看到实际产品时，人们才会对多工程学科合作的结果感到震惊。现在，计算机辅助设计的引入很可能意味着航天器组件和零部件正达到最小的制造公差。要得到结构重量最优化和更小的设计裕度意味着必须对选择的材料有透彻的认知。对于新型的先进材料来说尤其如此，因为更小的设计裕度意味着结构不再像早期的航天器一样有足够的强度储备，多余裕度掩盖了对设计载荷或应力强度的忽视。材料对安全裕度有一定需求是正常的，但因为所谓的"不确定性因素"或材料性能的分散而进行过于保守的设计的观点就过于陈旧了。

为了说明现代航天产品对加工精度的要求，我们可以参考哈勃太空望远镜（HST）任务由主镜缺陷而导致失败的不幸案例。HST 任务的首要目标是获得比地面望远镜清晰度高 10 倍的天体图像。HST 的 2.4 m 口径的镜面设计为精确计算的双曲面。虽然首次上天的镜面其光滑精度是 1/64 的光波长（或百万分之一英寸），但是一个计算错误导致在制造时，中心到边缘的曲率太小，产生了一个 2 μm 的误差（1/50 人类头发的厚度）。镜子的观测结果显示，照射到镜子边缘的光线最后聚焦到稍微偏离镜子中心焦点的一点，形成了一个被称为球面像差的缺陷。因挑战者号事故的发生而被迫延期三年后，HST 于 1990 年 4 月发射升空。尽管 HST 这面有缺陷的镜子使其许多初始观测模糊不清，但它依旧证明了一个不受地球大气干扰的轨道观测平台的优势。1993 年 12 月，奋进号航天飞机的航天员对哈勃望远镜进行了修复，修正了镜子和太阳能电池板（见本书第 8.2 节）的问题，此后，哈勃望远镜开始在"窥探"宇宙的行动中发挥出它的全部潜能。

2.2.2　一些长远的想法

高新材料在现代设计中的运用越来越多，特别是基于碳纤维或芳纶纤维的增强聚合物、清洁材料（低出气）以及几种新型轻质金属合金。能在分秒间传输大量数据的微型电子电路，同样采用了具有特殊物理性质的高新材料。越来越多的微器件不断地被设计和制造出来（David，1996），形成了微型机电系统（MEMS）。尽管已经研发了许多 MEMS 器件，但到目前为止，进入太空的 MEMS 器件仅有加速度计和陀螺仪（de Rooij，2009）。在美国，JPL 已经制造了一个直径为 12 mm 的微型地震仪和一个约指甲大小的"芯片照相机"。这类科技进步在未来必然会促使航天器变得更小、更轻、更便宜。得益于 MEMS 在小规模工程应用上的突破，重 1~2 kg 的所谓"纳米卫星"的研发和应用也拥有了一定可行性。将一颗由航天飞机运载的卫星送入低地球轨道（LEO）的成本约为 14 000 英镑/千克，而现在，当选择 ELV 时，成本变为 5 000~12 000 英镑/千克。将航天器送入地球同步转移轨道（GTO）的成本预计为 20 000 英镑/千克左右。若想要同时发射多个有效载荷（甚至是微型卫星），要么运载火箭变得更便宜，要么重新设计卫星使之变得更小、更轻。尽管克莱德空间与 SSTL（现在是空中客车公司的一部分）等公司在加快制造微型卫星（常说的立方星）的步伐，但目前大多数在轨运行的微型卫星出自中学和大学。这些卫星设计制造成本低，对材料和工艺的要求也不高。其中许多卫星都超出了学术研究或技术演示的应用范围，而是用于地球观测和防御目的。

未来我们将会看到制造空间硬件时会纳入更多更先进的制造工艺——甚至传统的铸造和锻造方法都会更规范，并且在更惰性的气体环境下进行。复合材料的加压固化应在清洁的环境下进行，且不能使用低放气性有机材料和任何含有聚硅酮的脱模剂，因为聚硅酮在喷涂之前很难去除。搅拌摩擦焊和摩擦焊接可用于金属与热塑性塑料的连接；激光工艺可用于局部密集加热的固体靶材和元器件，可实现快速、新颖、经济的连接和表面工程。

过去若是不清楚一种工艺是将材料加工为最终零部件的最优选择，那么便不可能选择这种材料——但是现在，3D 打印技术开辟了一个拥有无限可能的世界，理论上能设计和制造任何东西，不论是复杂的空间机械装置还是航天员的巧克力和食物！3D 打印，也被称为"增材制造"（AM），是将粉末状的塑料、铝合金、钛合金、低膨胀合金和其他航天器材料一层一层地"打印"形成三维物体。最常用的加工方法是将金属粉末引入激光束中——将烧结或熔融的粉末精确地沉积在平板上。激光光束在 CAD 程序的控制下烧结金属粉末层，在添加下一层之前将粉末固化。经过一层一层地创建网状部分，就形成了整个产品。这种革命性的快速成型工艺现在可以用来制造成熟的航天器部件，利用快速成型工艺制造部件较用传统制造技术制造部件可以节省 40% 的重量。将粉末化学纯度提高，可以使生产效率提高 100%。并且，已经有一台 3D 打印机在国际空间站上运行。"第一次"太空 3D 打印在 2014 年 12 月由 Butch Wilmore 完成，这次打印是一个零重力演示项目的一部分——工程师将一个定制的棘轮扳手数字模型与 3D 打印机连接起来，并制作出一个长度为 11.4 cm 的工具。这样就可以将易碎物品"在太空中制造"，而不需要考虑产品"坚固性"和在发射过程中所遇到的冲击、振动和机械载荷的过载。材料的沉积可以使产品功能梯度化，即允许一面的材料属性与另一面相比有完全不同的性质。类似地，定制的复合材料也可以进行 3D 打印，这样在任何二元或三元相图中的合金，只将有用的成分沉积下来，避免了不良的成分（可能是脆性的金属化合物、磁性相或腐蚀性化合物）进入材料。由于 AM 节省材料、轻便化和节约成本，已经吸引了几乎所有先进技术领域的制造商，将它融入到他们定制部件的生产线中，包括制造涡轮壳体的耐热毂，大型轴承外壳，火箭发动机喷射器，起落架支撑杆，以及许多其他备件的生产线。

如图 2-3 所示，通过创造性的努力，采用铺层式增材制造（ALM）甚至可能在月球上打印出可居住的结构（Redahan，2014）。图 2-3（a）展示了一种月球上的冰屋式建筑概念图，这座冰屋将从地球上带来功能性的居住模块薄壁充气式结构的表面覆盖一层利用月壤（风化层）为原材料由 3D 打印机制造的外部保护层，风化层是指月球尘埃，这种月球才有的资源已经被人类获得，并且分析了其颗粒尺寸和成分〔见图 2-3（b）和（c）〕，其颗粒直径约 200 μm，覆盖的厚度可以抵挡辐射和微流星体，保护太空工作者。由英国地质科学研究所（Simpson，1970）做的量子光学和电子探针研究表明，月球样品包含钛铁矿、辉石、铬钛尖晶石、陨硫铁、天然铁、铁镍合金，甚至还有天然铜（见图 8-1）。Ceccanti（2010）和 Colla（2014）描述了利用月球土壤在月球上建造人类前站的概念，以及在打印机上安装工业 CCD 摄像机用以从地球上监测建筑物进展的构想。

Maxwell 等人于 2013 年提出了另一种十分具有潜力的快速成型工艺。这种快速成型工艺被称为高压激光化学气相沉积（HP-LCVD），具体是一种将反应性气体的混合物通过激光束融合到材料的聚合过程，通过加热或光解诱导气态分解的方式将材料从原子态制成宏观产品结构。高压激光化学气相沉积这种工艺若按照美国 Dynetics 公司和 NASA 马歇尔航天中心所预期的那样发展（Maxwell 等人，2013），或许能实现在太空中利用 3D 快速成型技术制造元器件、备用部件，甚至核动力推进系统，并且制造所用气体源与材料源通常是太阳系中常见的原材料。

许多先进的材料和制造技术将单独在第 4 章中讲述。

图 2-3　（a）一种月球上的冰屋式建筑概念图，由附在图右机器车的机械臂上的 3D 打印机制造。3D 打印用粉末材料是月壤（风化层），3D 打印机将月壤加工成一个高强度蜂窝式结构——最初的方案是给从地球带来的折叠薄圆顶充气，并将 3D 打印的蜂窝式壳作为外部保护层——这个受压结构可以保护航天员不受太阳辐射、微流星体和严酷的热变换的伤害。以上概念和插图由 ESA 及建筑师佛斯特和他的搭档们提供。（b）阿波罗 11 号的航天员在细小的、灰尘样的风化颗粒组成的月壤上留下的足迹（NASA 提供的图片，AS11-40-5877）。（c）3 个不同地点的月球土壤粒径分布，约 50％的颗粒大于 100 μm，

数据来自于 Heiken 等人（1974）

表 2 – 1　金属材料与合金材料的静态腐蚀电位（de Rooij，1989a）

材料 更低的 EMF 电位的金属，被氧化腐蚀的趋势更大	EMF 腐蚀电位 在甘汞电极和 3.5% NaCl 水溶液中的 EMF
铂	+0.17
碳	+0.15
金	+0.15
铼	+0.08
铑	+0.05
钽	+0.04
银	−0.03
Ag10Cu 青铜	−0.06
A286(15Cr,25Ni,Mo,Ti,V)passive	−0.07
AISI 316(18Cr,13Ni,2Mo,rem Fe)passive	−0.07
AISI 321(18Cr,10Ni,0.4Ti)passive	−0.08
AISI 347(18Cr,12Ni,+Nb,rem Fe)passive	−0.08
AISI 301(17Cr,7Ni)passive	−0.09
AISI 304(19Cr,10Ni,rem Fe)passive	−0.10
哈氏合金 C(17Mo,15Cr,5W,6Fe,rem Ni)passive	−0.10
镍铬耐热合金(80Ni,20Cr)passive	−0.10
蒙乃尔 60(65Ni,0.2Fe,3.5Mn,2Ti,27Cu)	−0.10
因科内尔 92(71Ni,16Cr,7Fe,3Ti,2Mn)passive	−0.11
17−7PH 不锈钢族(17Cr,7Ni,1.1Al)passive	−0.11
AISI 309(23Cr,13Ni)passive	−0.11
钛	−0.12
蒙乃尔 400(32Cu,2.5Fe,2Mn,rem Ni)	−0.12
CDA 442(71Cu,1Sn,38Zn)	−0.12
CDA 715(70Cu,30Ni)	−0.12
钼	−0.12
MP35N(Ni,35Co,2.0Cr,10Mo)passive	−0.15
CDA 510(96Cu,4Sn,P)phosphor bronze	−0.16
AISI 420(0.35C,13Cr,rem Fe)passive	−0.17
AISI 434(0.12C,17Cr,1Mo,rem Fe)passive	−0.17
铋	−0.17
沃斯帕洛依合金(59Ni,19.5Cr,13.5Co,4Mo)passive	−0.17
镍 passive	−0.18
蒙乃尔 67(67.5Cu,31Ni,0.3Ti,0.5Fe)	−0.18

续表

材料 更低的 EMF 电位的金属,被氧化腐蚀的趋势更大	EMF 腐蚀电位 在甘汞电极和 3.5％NaCl 水溶液中的 EMF
磷铜合金(4.5P,rem Cu)	−0.18
磷铜合金(8.5P,rem Cu)	−0.19
磷铜合金(10.5P,rem Cu)−0.20	−0.20
铜	−0.20
CDA 110(electrolytictough pitch)	−0.20
CDA 172(2Be,rem Cu)	−0.20
金-锗钎料(12Ge,rem Au)	−0.20
铜金合金(25Au,rem Cu)	−0.20
AISI 440B(17Cr,0.5Mo,rem Fe)passive	−0.23
Ti6A14 V(6A1.4V,rem Ti)	−0.24
硅	−0.24
碳化钨(94WC,6Co)	−0.25
CDA 240(80Cu,20Zn)	−0.25
CDA 220(90Cu,10Zn)	−0.25
CDA 752(65Cu,18Ni,17Zn)	−0.25
CDA 180(60Cu,40Zn)	−0.26
CDA 464(60Cu,1Sn,39Zn)	−0.26
CDA 270(63Cu,37Zn)	−0.26
CDA 298(52Cu,48Zn)	−0.27
镍铬合金 80/20(80Ni,20Cr)active	−0.27
CDA 521(7Sn,rem Cu)	−0.27
CuA110Fe(10A1.3Fe,rem Cu)	−0.27
Armco 21 − 6 − 0(22Cr,12Ni,rem Fe)	−0.27
因科内尔 92(71Ni,16Cr,7Fe,3Ti,2Mn)active	−0.28
CuA112(12Al,rem Cu)	−0.29
铌(1Zr,rem Nb)	−0.30
钨	−0.30
镍 active	−0.30
可伐,尼洛"K"(29Ni,17Co,rem Fe)	−0.30
铬 active	−0.31
钴	−0.32
镍钛诺(45Ti,55Ni)	−0.33
因瓦合金(36Ni,rem Fe)	−0.38

续表

材料 更低的 EMF 电位的金属，被氧化腐蚀的趋势更大	EMF 腐蚀电位 在甘汞电极和 3.5％NaCl 水溶液中的 EMF
锡铋合金(42Sn,rem Bi)	−0.39
SnAg4C3.5 钎料	−0.42
Sn95Ag4.9In0.1 钎料	−0.43
SnAg4 钎料	−0.46
SnAg5 钎料	−0.46
锡	−0.46
Sn10Sbq 钎料	−0.48
Indalloy no.10(75Pb,25In)钎料	−0.48
Indalloy no.7(50Pb,50In)钎料	−0.49
铅	−0.50
Sn63(63Sn,37Pb)钎料	−0.51
Sn60(60Sn,40Pb)钎料	−0.51
Sn62Ag2(62Sn,36Pb,2Ag)钎料	−0.51
Sn59Sb2(59Sn,39Pb,2Sb)钎料	−0.51
Sn60Sb5(60Sn,35Pb,5Sb)钎料	−0.51
Sn60Sb10(60Sn,30Pb,10Sb)钎料	−0.51
Sn60Pb39.5Cu0.12P0.9 钎料	−0.51
PbSn5Ag1.5 钎料	−0.51
低碳钢	−0.52
AISI 304(19Cr,10Ni,rem Fe)active	−0.52
AISI 420(0.35C,13Cr,rem Fe)active	−0.52
AA 2219 − T3.T4(6.3Cu,0.3Mn,0.18Zr,0.1V,0.06Ti,rem Al)	−0.56
AISI 440B(17Cr,0.5Mo,rem Fe)active	−0.59
AA 2014 − T4(4.5Cu,1Fe,1Si,0.15Ti,rem Al)	−0.61
AA 2017 − T4(4Cu,1Fe,1Mg,0.1Cr,rem Al)	−0.61
AA 2024 − T3(4.5Cu,1.5Mg,0.6Mn,rem Al)	−0.62
AA B295.0 − T6(2.5Si,1.2Fe,4.5Cu,rem Al)铸造	−0.63
In75Pb25 钎料	−0.64
因达洛伊钎料 No.1(50In,50Sn)	−0.65
AA 380.0 − F(8.5Si,2Fe,3.5Cu,rem Al)铸造	−0.66
AA 319.0 − F(6Si,1Fe,3.5Cu,rem Al)铸造	−0.66
AA 333 − 0 − F(9Si.1Fe,3.5Cu,rem Al)铸造	−0.66
铟	−0.67

续表

材料 更低的 EMF 电位的金属,被氧化腐蚀的趋势更大	EMF 腐蚀电位 在甘汞电极和 3.5% NaCl 水溶液中的 EMF
AA 2014 - T6(4.5Cu,1Fe,1Si,0.15Ti,rem Al)	−0.69
镉	−0.70
AA 2024 - T81(4.5Cu,1.5Mg,0.6Mn,rem Al)	−0.71
AA 2219 - T6,T8(6.3Cu,0.3Mn0.18Zr,0.1V,0.06Ti,rem Al)	−0.72
AA 6061 - T4(1Mg,0.6Si,0.25Cu,0.2Cr,rem Al)	−0.72
AA 4043(12Si,1Cu,1Mg,rem Al)	−0.74
AA 6151(1Mg,1Fe,0.25Sn,0.15Ti,rem Al)	−0.74
AA 7075 - T6(5.6Zn,2.5Mg,1.6Cu,0.3Cru.03Cr,rem Al)	−0.74
AA 7178 - T6(6.8Zn,32Mg,2Cu,0.2Ti,rem Al)	−0.74
AA 1160(98.4Al)	−0.75
铝	−0.75
AA 5356(5Zn,0.1Ti,0.1Cr,rem Al)	−0.75
AA 5554(5Mg,1Mn,0.25Zn,0.2Cr,rem Al)	−0.75
AA 1050(99.5Al)	−0.75
Al - 3Li	−0.75
AA 1100(99.0Al)	−0.75
AA 3003(1.2Mn,rem Al)	−0.75
AA 6151(1Mg,1Fe,0.8Mn,0.25Zn,0.15Ti,rem Al)	−0.75
AA 6053(1.3Mg,0.5Si,0.35Cr,rem Al)	−0.75
AA 6061 - T6(1Mg,0.6Si,0.25Cu,0.2Cr,rem Al)	−0.75
AA 6063(0.7Mg,0.4Si,rem Al)	−0.75
包铝合金 2014(4.5Cu,1Fe,1Si,0.15Ti,rem Al)	−0.75
包铝合金 2024(4.5Cu,1.5Mg,0.1Cr,rem Al,Al - clad)	−0.75
AA 3004(1.5Mn,rem Al)	−0.76
AA 1060(99.6Al)	−0.76
AA 5050(1.5Mg,rem Al)	−0.76
AA 7075 - T73(5.6Zn,2.5Mg,1.6Cu,0.3Cr,rem Al)	−0.76
AA 5052(2.5Mg,0.25Cr,rem Al)	−0.77
AA 5086(4Mg,0.5Mn,rem Al)	−0.77
AA 5154(3.Mg,0.25Cr,rem Al)	−0.78
AA 5454(2.8Mg,1Mn,0.2Ti,0.1Cu,0.2Cr,rem Al)	−0.78
AA 4047(12Si,rem Al)	−0.78
Al - C	−0.78

续表

材料 更低的 EMF 电位的金属，被氧化腐蚀的趋势更大	EMF 腐蚀电位 在甘汞电极和 3.5%NaCl 水溶液中的 EMF
AA 5056(5.2Mg,0.1Mn,0.1Cr,rem Al)	−0.79
AA 7079－T6(4.3Zn,3.3Mg,0.6Cu,0.2Mn,0.2Cr,rem Al)	−0.79
AA 5456(5Mg,0.7Mn,0.15Cu,0.15Cr,rem Al)	−0.79
AA 5083(4.5Mg,0.7Mn,rem Al)	−0.79
AA 7072(1Zn,0.5Si,0.3Cr,rem Al)	−0.87
铍	−0.97
锌	−1.03
锰	−1.21
铒	−1.34
电石(4Zn,0.7Zr,rem Mg)	−1.55
ZW3(3Zn,0.5Zr,rem Mg)	−1.57
AZ61(6Al,1Zn,0.3Mn,rem Mg)	−1.57
AZ31B(3Al,1Zn,rem Mg)	−1.60
镁	−1.60
HK31A(0.7Zr,3Th,rem Mg)	−1.61

注：相容的两种材料电位差一般认为不应超过：0.25 V(用于非洁净室环境)；0.50 V(用于洁净室或密封环境)。

这个电位表在选择腐蚀控制材料时是有用的，但是对于更深层次的应用来说可能过于简单了。它不提供有关腐蚀速率的信息，也不提供三种或更多的金属之间电位耦合的情况。

服役条件，例如离子浓度、充气、金属纯度等条件可以改变相对电位，特别是同一系列性能相近的金属材料，例如钢铁和铝，甚至会出现性能反转，从而导致服役时出现严重的问题，建议进行专业的极化研究。

表 2－1 中的大多数合金可以在附录 6 中查到规格编号、成分范围以及英国、法国、德国和美国的等效标准。

2.2.3　关于防腐蚀的一些基础注意事项

任何新选择的材料都必须确保其在航天器全寿命周期内都能保持功能特性，直至任务结束。在制造过程中，材料不能被加工过程的污染物影响而降低性能，例如碳纤维增强复合材料模压成型时的脱模剂，或合金机械加工中的切削液。在环境测试和地面存储过程中，必须进行正确的表面处理，如阳极氧化膜保护、化学保护膜或涂料保护，以避免电偶腐蚀和表面腐蚀。当需要电气接地时，应选择接触电位差小于 0.5V 的连接结构。1989 年 de Rooij 确立了大量金属和合金的静态腐蚀电位数据，见表 2－1。此后，de Rooij 又将这张表按金属合金类分组简化，修改后的数据见表 2－2。材料需要具有很高的抗应力腐蚀开裂性能，以应对发射前的材料存储环境，可以从表 2－3 中列出的合金中选择材料。

表 2-2　两种金属接触的配对建议（在 de Rooij 之后，基于表 2-1）

纯金属和合金 按照字母排序（包括碳）	铝，铜合金	铝，铝-锌合金	镉	铸铁（奥氏体）	铬	铜，青铜	铜镍合金，铝-青铜，硅-青铜	金，铂，碳，铑	炮铜（CuZn10合金），磷青铜，锡青铜	镁	镍，蒙乃尔合金，因科内尔合金，镍/铝合金	银	锡铅合金（所有），锡，铅	18-8 不锈钢（300系）	13铬 不锈钢（400系）	低碳钢，铸铁	钛和钛合金	锌，镉
铝，铜合金	■	1	1	3	3	3	3	3	3	2	2	3	1	2	2	3	2	2
铝，铝-锌合金		■	1	3	3	3	3	3	3	2	3	3	2	3	3	3	3	2
镉			■	2	2	2	2	2	2	1	2	2	0	1	1	2	2	2
铸铁（奥氏体）				■	1	1	1	2	1	3	1	2	1	1	1	2	1	3
铬					■	1	0	0	1	3	1	0	2	0	0	2	0	3
铜，青铜						■	0	2	0	3	1	1	2	1	1	3	0	3
铜镍合金，铝-青铜，硅-青铜							■	2	0	3	1	1	2	2	1	3	0	3
金，铂，碳，铑								■	2	3	2	0	3	0	1	3	0	3
炮铜（CuZn10合金），磷青铜，锡青铜									■	3	1	1	1	0	0	3	0	3
镁										■	3	3	2	3	3	3	3	3
镍，蒙乃尔合金，因科内尔合金，镍/铝合金											■	2	2	1	0	2	1	3
银												■	3	0	0	3	0	3

续表

纯金属和合金按照字母排序（包括碳）	锡铅合金（所有），锡，铅	18-8 不锈钢（300系）	13铬不锈钢（400系）	低碳钢，铸铁	钛和钛合金	锌，镉
铝-铜合金						
铝，铝-锌合金						
镉						
铸铁（奥氏体）						
铬						
铜，青铜						
铜镍合金，铝-青铜，硅-青铜						
金，铂，碳，铑						
炮铜（CuZn10合金），磷青铜，锡青铜						
镁						
镍，蒙乃尔合金，因科内尔合金，镍/钼合金						
银						
锡铅合金（所有），锡，铅	■	1	1	1	3	1
18-8 不锈钢（300系）		■	1	3	0	3
13铬不锈钢（400系）			■	3	0	3
低碳钢，铸铁				■	0	3
钛和钛合金					■	3
锌，镉						■

注：0—可以没有限制地使用；

1—可以在没有控制的环境下使用（例如装配区域或非净化室环境）；

2—可以在净化室环境下使用；

3—选择这种组合时需采取特殊的措施来避免腐蚀。

表 2 - 3 抗应力腐蚀开裂性能较高的合金

钢合金

合金名称	条件
碳钢(1000 系)	低于 180ksi UTS
低碳钢(4130,4340,D6AC,等)	低于 180ksi UTS
钢琴线(ASTM228)	冷拔
1095 弹簧钢	回火
HY80 钢	回火
HY130 钢	回火
HY140 钢	回火
200 系不锈钢(未致敏)	全部
300 系不锈钢(未致敏)[①]	全部
400 系铁素体不锈钢(404,430,444,等)	全部
Nitronic 32	退火
Nitronic 33[②]	退火
Nitronic 40(formerly 21 - 6 - 9)[②]	退火
A - 286 不锈钢	全部
AM - 350 不锈钢	SCT 1000 及以上
AM - 362 不锈钢(Almar362)	1 000 ℉下 3 小时
Carpenter20Cb - 3 不锈钢	全部
Custom 450 不锈钢	H1000 及以上
Custom 455 不锈钢	H1000 及以上
15 - 5PH 不锈钢	H1000 及以上
PH15 - 7Mo 不锈钢	CH900
17 - 7PH 不锈钢	CH900

铝合金

锻造		铸造	
合金名称[③]	热处理状态[④]	合金名称[⑤]	热处理状态
1000 系	全部	319.0,A319.0	铸态
2011	T8	333.0,A333.0	铸态
2024 棒材	T8	355.0,C355.0	T6
2219	T6,T8	356.0,A356.0	全部
2418	T8		
2618	T6	357.0	全部

续表

铝合金

锻造		铸造	
合金名称③	热处理状态④	合金名称⑤	热处理状态
3000 系	全部	B358.0(Tens - 50)	全部
5000 系	全部⑥⑦	359.0	全部
6000 系	全部	380.0,A380.0	铸态
7049	T73	514.0(214)	铸态⑦
7149	T73	518.0(218)	铸态⑦
7050	T73	535.0(Almag.35)	铸态⑦
7050	T73	A712.0,C712.0	铸态
7450	T73		

铜合金

CDA 牌号⑧	条件(%冷轧)⑨
110	37
170	AT,HT⑩
172	AT,HT⑩
194	37
195	90
230	40
280	0
422	37
443	10
510	37
521	37
524	0
606	0
619	40(9%B phase)
619	40(95%B phase)
655	0
688	40
704	0
706	50
710	0

续表

铜合金	
715	0
725	50,退火

镍合金	
合金名称	条件
玻璃封接 52CR(51Ni－49Fe)	全部
Invar36(36Ni－64Fe)	全部
Hastelloy B	固溶处理
Hastelloy C	全部
Hastelloy X	全部
Incoloy 800	全部
Incoloy 901	全部
Incoloy 903	全部
Inconel 600	退火
Inconel 625	退火
Inconel 718	全部
Inconel X－750	全部
Monel K－500	全部
Ni－Span－C902	全部
Rene 41	全部
Unitemp 212	全部
Waspaloy	全部

其他合金	
合金名称	条件
铍合金 S－200C	退火
HS25(L605)	全部
HS 188	全部
MP35 N	冷作时效
MP159	冷作时效
钛合金 3Al－2.5V	全部
钛合金 5Al－2.5SN	全部
钛合金 6Al－4V	全部
钛合金 10Fe－2V－3Al	全部

续表

其他合金	
合金名称	条件
钛合金 13V - 11Cr - 3Al	全部
钛合金 IMI 550	全部
镁合金 MIA	全部
镁合金 LA141	稳定化
镁合金 LAZ933	全部

注：①包括焊接件 304L,316L,321 和 347；

　　②包括焊接件；

　　③包括可焊合金的焊接件；

　　④机械去应力（TX5X 或者 TX5XX）；

　　⑤括号内先前的名称是明显不同的,请参阅附录 5 的回火名称；

　　⑥高镁合金 5456,5083 和 5086 应用于受控回火（H111、H112、H116、H117、H323、H343）可抗 SCC 和表面剥离；

　　⑦镁含量大于 3.0% 的合金不推荐用于高温 66 ℃（150 °F）及以上；

　　⑧铜开发协会合金编号；

　　⑨可获得 SCC 数据的最大冷轧率；

　　⑩AT—退火和沉淀硬化；HT—工作硬化和沉淀硬化。

　　数据由 NASA MSFC 规范 522B 和 ECSS - Q - ST - 70 - 36 汇编。应查询这些文件的最新版本以对合金分类（包括适中的或者低的抗应力腐蚀开裂性能）。本书附录 5 描述了铝合金的回火工艺。通过附录 6 可以查找出类似的合金。

　　一次结构和二次结构是由铝和镁为基的轻合金材料制造而成，同时加入了钛元素及少量的铍元素。实际中经常选用镍合金，因为其具有耐高温性和抗氧化性。通常大众熟知的是这些合金的商品牌号而不是规格型号。商业纯镍常用于制造航天器电子产品，因为其易于复杂成型，并且更重要的是其电磁特性。机械设计师通常选择牌号 600 和 625 的铬镍铁合金，因为它们被列入表 2 - 3（抗应力腐蚀开裂性能较高的合金表）中，但最近研究发现，这些合金会软化，并且在温度高于 300 ℃ 的纯水中（核电站蒸汽发生器）会出现应力腐蚀开裂。在高温环境下，例如在推进系统中，选用 625 号合金制品显然更为明智。把钼和铌加入到 625 号铬镍铁合金中，形成固溶强化体和 Ni_3Nb（一种非常有效的强化物）。这就是众所周知的超级合金 718 号铬镍铁合金，它是现在使用最广泛的高温镍合金。

　　经典的装配方法有：焊接、硬钎焊、软钎焊、铆接、螺接、胶接。无论采用哪种装配方法，重要的都是要确保连接过程不会降低材料表面性能或抗应力腐蚀能力（加热会改变合金的微观结构；焊接点金属和受热区金属会与母材性能不同；硬钎焊焊缝金属惰性更大，剩余表面更容易先被腐蚀；机械接头可能有表面凹陷，会保存水分并导致点蚀；甚至凝固的树脂也可能释放酸性物质损伤周围的表面）。通常我们要遵循飞机制造业的制造标准，并且重点关注过程控制，还要对所有用于结构和电气部件装配的工艺进行评估。

2.2.4　空间项目各个阶段面临的问题和管理活动

　　我们必须认识到这一点，即在卫星完全正常在轨运行工作之前，它的各分系统、机械机构和电子设备必然要经历以下几类主要的环境场景：

（1）地面活动

1）测试和出厂检验；

2）搬运；

3）运输；

4）存储；

5）暴露于自然环境。

（2）发射和上升阶段

1）加速度和振动冲击；

2）振动和噪声，还有接触到燃料、氧化剂与处于极端温度的可能性；

3）爆炸冲击。

（3）转移到预定轨道

1）因暴露于太阳下和完全没有阳光照射而产生的冷热交替循环冲击；

2）超高真空；

3）辐照——电磁和穿透性粒子；

4）零重力。

进入 21 世纪以来，航天器的外形尺寸和科技含量都有了长足进步。这就需要地面测试设施变得更巨大、更精密、更现代化，以便使空间硬件在模拟环境下更真实地暴露在 2.2.4 节所列的环境中。那些由高额投资研制的测试设备，例如大型空间模拟器，重现了空间硬件会遭受的真空、特定辐射和从低温到高温的循环温度变换环境。在模拟的发射阶段的机械和噪声环境中进行测试，以及对航天器的磁特性进行评估，所有的这些试验都是在不同等级的洁净室环境下进行的。

如前文所述，为新型航天器设计的开发计划将包含"模型学"，即对航天器模型进行动态测试——不经测试的模型失败风险很大。早期的一个常见做法是，在建造最终实体航天器前，先建造四个模型来进行测试。模型学相关内容将在下一段进行探讨，但是需要强调的一点是，由于目前航天工业的发展相对成熟，已经构建了部分设计边界（针对结构和电子系统），因此现在更多的工作聚焦于模型分析，而较少进行实际模型测试。现在标准的做法是只建立一个测试用原型机——通常这种"建造并测试"活动在航天器开始制造前的 6 个月内完成。

现在看来，早期（20 世纪 70 年代和 80 年代）欧洲通信卫星项目采用"模型学"的目的很有趣。结构模型经受了超出预想发射环境的测试项目（每种运载火箭都有其自身固有的振动和声学噪声特征水平）。典型的测试方案如图 2-1（a）～（c）所示。从图 2-2 可以看到发射过程中会释放大量能量。通过模型测试可以暴露出设计中的缺陷，例如焊点、框架、电子机箱的压紧点等因疲劳而导致失效。利用热模型模拟太阳照射和热平衡进行测试，以确认和改进已确定的数学模型。在测试过程中，有缺陷的设计会导致一些与热疲劳、过热、不匹配的连接技术以及合金材料的脆化相关的故障。仅通过修改航天器表面的漆面或附着反射镜，便可以调整分系统或设备的局部温度环境，降低因热力因素导致材料失效发生的概率。工艺问题层出不穷，很多不合格品是因电缆线路断路产生的，断路是由于线缆从卷筒中或电路板上的冷焊点接头上脱离（如果操作员和检验员经过了本书6.14节所述的培训后，这样的问题就不会再频繁出现）。工程模型可以确保集成和性能达到要求。作者曾在回顾过往的一些项目和实验室的失效分析报告（在整理和归档时，它们丢失了！）时发现，有几种材料问题只能在集成过程中暴露，特别是设备与结构之间的机械接头部位的问题（例如，因错误的电镀工艺产生氢脆，导致延迟破坏，造成弹簧与螺栓装置的失效；锁紧螺母安装的力矩过大和拧断，以及其他失误操作等）。可见，设备间电气接口的可靠性以及各组成子系统之间的兼容性，严重遭受人为基础硬件故障的危害（例如，电偶腐蚀导致镀金后与铝产品接头处的高电阻；银迁移而引起短路；若使用硬化过的奥氏体钢，则需要在表面轻微磁性位置进行磁清洁处理等）。在故障审查委员会（FRBs）的监督下，供应商和装配商采取了矫正措施；然后编写经验教训文件（现在叫做内部问题通知文件 IPNs）并分发传阅；最后，建立一个完整的质量鉴定模型并进行了一系列的地面环境试验。试验通常包括：正弦振动试验，自旋试验，噪声振动试验，离心加速试验和模拟太阳环境试验。在进行这些主要项目的试验之前都会进行一个综合系统测试，以验证卫星的功能是否正常。在发射出现故障时，通常会将质量鉴定模型当做"备用飞行器"。

飞行模型的测试程序相比质量鉴定模型的测试程序有更多限制（大部分用户现在认为质量鉴定模型是准飞行模型）。

可以预料到，一些分系统部件在实际发射前会经历几百小时的测试程序，这样将导致它们发射后的实际寿命会相对缩短。因此用于空间真空环境下的材料，需要在正常大气环境下工作一段时间，这就会产生特殊问题，例如润滑用的非常薄［几十埃（1 埃 ＝ 10^{-10} m）的厚度］的铅或二硫化钼薄膜，在地面环境下会迅速氧化，成为故障源。这说明我们需要知悉地面试验会对精密表面造成的影响。

作者最关心的问题是材料专家是否加入了航天器项目评审委员会。在航天器的四个主要模型的设计和建造过程中，将经验丰富的材料工程师纳入评审组是至关重要的。合同文件符合 ECSS—Q—ST—70 标准成为市场基本要求——至少，材料工程师会掌控每种飞行材料、机械零件和相关工艺申报清单的批准步骤（即 DML，DMPL 和 DPL）。他们的任务还包括清洁和污染控制、新材料的测试和验证、协助鉴定机械零件以及新工艺或关键工艺的验证。

如立方星和大学飞行试验那样的航天器，或可以采用相对宽松的要求、简化的材料和工艺管理程序，详见附件 8。

评审内容一般包括合同的时间表及合同的本质诉求：设计、硬件、软件和操作方法是否满足任务目标？评审的名称及主要目的如下：

PDR（初步设计评审）：在评估热和/或工程模型后，批准和发布初步设计方案，包括材料和工艺方案。

CDR（关键设计评审）：建立最终设计，并且批准着手制造飞行用硬件（所有申报的材料已被批准，需要验证的制造工艺已被验证通过）。

QR（质量评审）：确定所有子系统的鉴定工作已完成——对于特定的项目，还要确定鉴定模型已经完成建造。

LRR（发射和运行准备就绪评审）：检查所有关键性评审是否成功完成，飞行模型航天器是否合格，之后授权发射。

2.3 空间环境的影响

（1）概述

本节向读者概述有关空间环境对航天器部件和材料影响的要点。在本书的剩余部分，我们将结合实例对这些影响进行更深入的讨论。

每种航天器材料在发射期间都不允许出现振动疲劳损伤。而在轨道上，它又需要在空间环境中幸存下来（见表 2-4），特别是材料在真空环境下的低出气特性，无论是润滑脂还是结构塑料。在辐射和热循环条件下，热控表面或接头的材料不能因具有不同膨胀系数而降低性能。最近发现的一个环境影响因素是低地球轨道中存在的氧原子，它会造成许多材料表面的侵蚀/腐蚀/氧化，因此需要开发更多具有良好耐氧原子的涂层。这些内容将在第 8 章中详细探讨。

表 2-4 空间环境的特征——只有数量级（Dauphin，1984）

高度/km	压力/(mmHg 或 torr)	温度/K	气体密度/（粒子数/cm）	成分	紫外辐射	粒子辐射/（粒子数/cm² · s）
海平面	760	±300	$2.5×10^{19}$	$78\%N_2$，$21\%O_2$，1%其他	太阳光谱的 0.3	—
30	10	—	$4×10^{17}$	N_2，O_2，其他	吸收区域	—
200	10^{-6}	±1 200	10^{10}	N_2，O，O_2，O^+	整个太阳光谱	—
800	10^{-9}	±1 300	10^6	O，He，O^+，H	整个太阳光谱	—
6 500	10^{-13}	—	10^3	H^+，H，He^+	整个太阳光谱	10^4个质子 35 MeV
						10^4个电子 40 keV
22 000	10^{-13}	—	$10\sim100$	85% H^+，15% He^{2+}	整个太阳光谱	10^8个质子 5 MeV

（2）升华和蒸发

地球轨道卫星的最低高度为 200 km（125 英里），一旦达到这一高度，普通工程材料就可能发生明显变化，无论是金属、塑料还是陶瓷。空间的真空度非常高，压力从高度 200 km 处的 10^{-6} mm 汞柱下降到高度 6 500 km 以外的低于 10^{-12} mmHg。真空下一些聚合物会分解，一些金属会升华。由下式可知，分子或原子在真空中逃离材料表面的速率将随着温度的升高而迅速增大

$$G = 5.04 × 10^3 P(M/T)^{1/2}$$

式中　G——材料每天每平方厘米蒸发或升华的克数；

　　　P——蒸发物质的蒸汽压力，torr[①]；

　　　M——材料的分子量；

　　　T——绝对温度，K。

温度对金属材料升华的量有巨大的影响。例如，温度每上升 30 ℃，镉和锌的升华速率就会升高十倍：

　　70 ℃下镉的蒸汽压力是 10^{-8} torr；

　　90 ℃下镉的蒸汽压力是 10^{-7} torr；

　　120 ℃下镉的蒸汽压力是 10^{-6} torr；

　　150 ℃下镉的蒸汽压力是 10^{-5} torr；

　　180 ℃下镉的蒸汽压力是 10^{-4} torr。

金属的蒸汽压力（P）与温度（T）之间的关系由下式给出

$$P = P_a e^{-E/RT}$$

式中　P_a——一个常量（即在某温度 T 下的蒸汽压力为 a）；

　　　E——蒸发热（J/mol）；

　　　R——气体常数（8.3 J/mol·K）。

给定升华速率的金属所需温度列于表 2-5。太空环境中的热环境与地球上的热环境完全不同。因为太空中不存在大气，热能交换的唯一途径就是热辐射和热传导。已计算出卫星的某些部分承受的热循环温度为－160～＋180 ℃。实际的温度会因航天器的不同而有所不同，主要的温度影响源于航天器自旋速率。直接暴露在太阳辐射下的非自旋卫星表面可能无法有效地散热，其温度将高于自旋卫星。温度变化还将取决于航天器对空间的反照辐射和热辐射量。卫星上采用主动热控制系统和被动热控制系统，以限制极端的温度振荡。主动热控制系统使用恒温控制加热器。被动热控制系统与卫星表面材料的性能有关，即与吸收量/发射量（a/ε）有关。太阳能反射器具有较低的 a/ε 值，通常是白色涂料或干净的阳极氧化铝。黑色涂料和无机黑色阳极氧化铝的 a/ε 值大约为 1。太阳能吸收器的 a/ε 值远远大于 1，其表面材料通常由抛光金属制作，因为未涂覆的金属的发射度值非常低（<0.1）。这些内容在 5.5 节中给出了样例。

表 2-5　高真空下金属和半导体的升华

升华率 温度	1 000 Å/a ℃	10^{-3} cm/a 0.000 4 in/a ℃	10^{-1} cm/a 0.04 in/a ℃
镉	40	80	120
硒	50	80	120
锌	70	132	180

----

① 根据几个真空学会的国际协议，通常使用术语"torr"而不是"mmHg"。"torr"是 Torricelli 的简写，他在 1643 年发现了大气压力。

续表

升华率 温度	1 000 Å/a ℃	10^{-3} cm/a 0.000 4 in/a ℃	10^{-1} cm/a 0.04 in/a ℃
镁	110	170	240
碲	130	180	220
锂	150	210	280
锑	210	270	300
铋	240	320	400
铅	270	330	430
铟	400	500	610
锰	450	540	650
银	480	590	700
锡	550	660	800
铝	550	680	810
铍	620	700	840
铜	630	760	900
金	660	800	950
锗	660	800	950
铬	750	870	1 000
铁	770	900	1 050
硅	790	920	1 080
镍	800	940	1 090
钯	810	940	1 100
钴	820	960	1 100
钛	920	1 070	1 250
钒	1 020	1 180	1 350
铑	1 140	1 330	1 540
铂	1 160	1 340	1 560
硼	1 230	1 420	1 640
锆	1 280	1 500	1 740
铱	1 300	1 500	1 740
钼	1 380	1 630	1 900
碳	1 530	1 680	1 880
钽	1 780	2 050	2 300
铼	1 820	2 050	2 300
钨	1 880	2 150	2 500

注:1 Å=10^{-10} m。基于加州理工大学 Jaffe 和 Rittenhouse 的数据。

大部分金属在通常的航天器温度条件下不会升华。然而，由表 2-5 可知，金属镉和金属锌要被排除在某些使用场景外，因为它们易升华，并且升华后会凝结在绝缘体表面形成薄导电层，或在位于卫星内部或外表面的光学元件表面形成不透明沉积层。杜绝在材料表面［例如设备或组件（包括商业电连接器）的保护层］镀镉、锌或锡，因为它们在真空中会长出长度超过 2 cm 的单晶须，这部分内容将在第 7 章描述。必须确保不在任何航天器元器件进行防腐蚀处理时使用这些金属。镁制零件长期暴露于 125 ℃ 以上的真空环境下，会产生升华问题，有试验表明（Frankel，1969），镁板在 230 ℃、$1×10^{-7}$ mmHg 环境下仅 168 h（一周）就出现严重的点蚀，并且静拉伸性能急剧降低。镁合金由于其相对较高的强度重量比，通常用于结构件，但是使用时有一项基本要求，即这些部件必须有充足的电镀层或者化学转化镀层，以防止部件在发射前被腐蚀以及后续在轨发生升华。航天器上用于焊接电子元器件的锡铅合金还未发现升华现象，原因是它们被严格限制使用，只工作在温度最高 80 ℃ 的区域。软钎焊合金用于制作连接自旋卫星太阳能电池的镀银钼互联片。当这种卫星旋转时，太阳电池阵处于最高温度也不会降低焊接接头的性能。而静止轨道的通信卫星因为不能有效发散太阳电池阵吸收的热辐射，所以有必要对互联片进行焊接。

升华和蒸发会造成金属原子的释放，这些原子会进入运动状态然后在较冷的表面上凝结。它们很容易被电离，并可能产生电晕和电弧现象。这些金属离子甚至可能造成整个卫星任务失败，原因是在滑环之间凝结引起电气短路或在光学表面上凝结以致丢失特定波长的信号。当这些离子在航天器具有高反射率的热控表面上凝结时，会扰乱热平衡性，而严重的过热又会提高故障发生概率。铯是一种稀有金属，其熔点为 28 ℃，沸点为 671 ℃，它被提议用作场效应发射离子推力器（FEEP）的推进剂应用于低推力需求中。使用这种金属的推力器已经研发出来，但 CNES 经过评估后确定铯很容易污染航天器表面，因为它的蒸汽压力比较低且会从温度高于-30 ℃ 的表面再蒸发从而引起进一步的污染，而且铯会与聚合物或一些氧化物发生化学反应并改变它们的光学特性（Tondu，2011）。专门研究汞的 Bepi Columbo 任务是一项具有挑战性的 ESA 项目，该项目中所有航天器外表面的温度都可达到 300 ℃，因此该项目主要研究的是金属升华问题（和有机材料的出气问题）。根据表 2-3 我们能立刻知道，含有锌、镉（一直禁止用于航天产品）和铅的材料是不适用于制造航天产品的。太阳电池阵驱动机构的冷焊和升华问题，需要我们对轴承、滑环和电缆进行严格把控（Fink 等人，2009a，b）。

有关升华对宇宙飞船硬件产生影响的其他例子，可参考本书 5.6 节。

（3）辐射和微粒危害

辐射带、太阳辐射和宇宙射线带来的质子和电子的电离现象会损坏那些用于电气绝缘的有机材料。范艾伦辐射带对有机材料尤为有害，甚至对那些由无机材料制作的光学透镜、陶瓷绝缘体和敏感电子元件也构成破坏。大多数地球轨道航天器以及深空探测器的金属材料不受小粒子辐射的影响，并且在受到环绕地球和其他行星的流星尘云侵蚀后也只会略微降低性能。然而，对于哈雷彗星任务探测器——名为 Giotto 的探测器，曾在 1986 年遇到哈雷彗星——来说，要面对的主要问题之一是大一些的粒子的破坏。为此研发人员研发了特殊的装甲板包裹该探测器，装甲板上嵌满了以 10～70 km/s 的超高速撞击而来的岩石碎片。本书第 8 章会对这些方面进行讨论。

（4）摩擦和磨损

高科技航天器的主要材料问题之一是材料表面的摩擦和磨损，因为这些表面必定会在热循环和高真空的条件下相互摩擦或滑动。在大量使用铰链、齿轮、轴承和电气触点的航天器机械机构中，就会遇到这种问题。在正常地面环境中的滑动过程中，大多数接触金属表面受到氧化物、油、油脂或其他污染物的表面膜的保护，这些污染物将起到"剪切层"的作用并防止粘结。在真空条件下，这样的表面污染物会发生出气现象，而氧化物一旦被破坏或去除，就无法再形成。此外，在接触的金属表面之间承受全部载荷的微小结合点，通常会使摩擦系数极大增加，并提高磨损率，因此许多金属之间都容易出现冷焊问题。将这种运动部件封装在密封容器内通常是不切实际的，因此必须找到在真空下不会分解或升华的特殊润滑剂。低剪切强度的薄膜，例如二硫化钼或真空沉积的软金属（例如金、铅或银）是最有效的，特别是当润滑膜用于硬基板之间时，薄膜能支撑负载并保持小面积接触。

接触金属表面之间，例如，真空环境下航天器机构运行或螺纹紧固件承载时，发生冷焊的可能性取决于许多因素。出现冷焊几率很大的情形如下：

1）相关相图表明接触金属或合金彼此间会形成固溶体。

2）金属柔软且具有相同的晶体结构。

3）接触面洁净度较高，或具有易损坏/可去除的氧化膜。表面氧化物通常比金属更脆，因此如果它太软而不能在承载时提供牢固支撑，则更容易开裂并暴露其下的金属。

4）接触面压力更高。为了尽量减小冷焊的可能性，第一步是选择已知的可抵抗粘结磨损的金属组合，如图 2-4（a）所示。下一步是考虑表面光洁度。

清洁的金属表面与周围大气反应形成氧化物、氮化物或其他化合物，这些化合物通过强化学键或弱范德华力结合在一起。这些表面薄膜减小了金属与金属之间紧密接触时发生粘连的可能性，它们可以被认为是天然形成的润滑膜。在太空环境下，一旦这些薄膜被破坏，就不太可能自我修复。由于这个原因，常常选用 PTFE（特氟隆）、石墨和二硫化钼保护膜以防止磨损和冷焊。

适用于滑动摩擦场景的非润滑工程合金对可以从具有明显不同硬度的工程合金中选择——可以参考经典书籍（Brandes，1983；Lansdown 和 Price，1986），若想要非常精确的数据，Merstallinger 等人（2009）的工作成果可以作为检查微动磨损和冷焊的依据（这些依据发表在互联网上，并对新工程材料测试结果保持更新）。

一般来说，钢可以与铜合金或不同合金类型、不同硬度的钢材配合使用。铜合金可以与镀铬、高铬钢和钨钢配合使用。奥氏体不锈钢由于硬度很低并且不能形成厚的氧化铬保护膜，所以相互之间易出现冷焊问题（见图 2-4）。而相对的，对于非常坚硬的基材，譬如镀硬铬，因其表面变形非常小，故表面氧化铬膜不会被破坏（见图 2-5）。适用于制造航天器轴承的是碳化钛涂层球，结合由 440C 或 SAE 52100 制造的滚道。等离子氮化钢（Rowntree 和 Todd，1988）是特别良好的抗磨损表面材料，可用于齿轮、轴套和枢轴上。热喷涂是一种新型的航天器分系统喷涂工艺，可提高产品的耐磨性并作为热防护层——这种热喷涂可将低熔点材料、高熔点材料（如聚合物和陶瓷）和金属层（如铝）沉积到 CFRP 基材上，就像天线表面那样（Sturgeon 和 Dunn 2006；Sabre‑Samandari 和 Berndt 2010）。有关磨损的过往案例在 5.2.7、5.11 和 5.12 节中详细介绍。大量用于避免磨损和冷焊（例如机构终端，压紧和释放弹簧，滑动接触和滚珠轴承）的准则和设计建议以标准的形式给出（Labruyère 和 Urmston，1995；Doyle 和 Hubbard，2010；ECSS‑E‑ST‑32‑08，2013）。

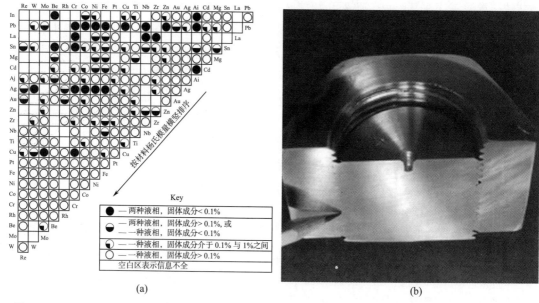

(a)　　　　　　　　　　　　　　　　　　　　　　(b)

图 2‑4　（a）描述了干净的金属表面对在接触时变成冷焊接的理论可能性。选择一种金属来抵抗与另一种特定金属的粘合剂磨损。圆圈越"黑"，在真空下耐粘附磨损和冷焊接就越好（Lansdown 和 Price，1986）。相同的金属触点将导致固溶，粘连和冷焊。（b）展示"相同金属"触点变成冷焊接（固态扩散形式）的情况。通过使用铅或银涂层（例如作为固体润滑剂），将避免这种粘着。奥氏体不锈钢上的非常薄的氧化膜很容易在扭矩螺母和螺栓的滑动条件下破裂。高真空操作导致了 316 合金真空室支架的冷焊完全咬合。直径 45 mm 的螺栓被剖开以展示横截面的螺纹部分，指出的地方是冷焊的主要区域

有一点需要注意的是，所有干性润滑剂都会磨损，并且寿命有限。然而，通过仔细选择涂抹干润滑剂的工艺，可以达到改善其磨损特性的目的。离子镀铅和溅射二硫化钼现已得到充分验证，具有摩擦系数低，寿命长的优点。而抛光或喷涂的二硫化钼，其摩擦性能较差。为防止吸湿，需要将干式润滑的航天器机构存放在干燥的惰性气体中，同时由于铅和二硫化钼都不能在空气中长期使用，所以应限制其在正常大气中的工作次数（Rowntree 和 Todd，1988）。

图 2-5　由 Inconel 718 机加工而成的 300mm 长的 Spacelab 托盘耳轴和镀硬铬的示例。
该插销电镀厚度为 $10\mu m$，并与蚀刻的衬底良好结合

（5）低温

所有航天器的结构金属，从正常环境温度冷却到日食期间经受的"华氏零度以下"温度或执行深空航行任务时，都会发生性能变化。当有效载荷的主要部分是液氦低温恒温器时，这将是一个重要因素，例如红外空间天文台的设计，其精密仪器位于冷却至 2 K 的 60 cm 望远镜中。更大的性能变化包括金属合金，特别是碳钢的脆化。宇宙飞船必须用高强度重量比的材料制造，它们还必须在所有工作温度下保持高等级的抗断裂韧性，来确保具有"失效安全"寿命。通常，随着暴露温度的降低，屈服强度、杨氏模量和拉伸强度会有所增加。然而，低温暴露对于延展性和韧性的影响取决于合金成分，对于具体的合金数据，应参考专业手册（Campbell，1980；Reed and Clark，1983）。

（6）腐蚀

应该强调的是，太空环境中的一些影响是有益于金属材料的。在发射之前，必须为航天器材料的选择制定详细标准，以防止因腐蚀，特别是应力腐蚀开裂而导致的材料失效。除去压力容器、管道系统、液体燃料电池和原电池以外，其他部件还未在空间真空环境下出现腐蚀问题。

（7）材料疲劳

在真空条件下，大多数由钢、铝和钛合金制成的部件的低周疲劳寿命和高周疲劳寿命都有惊人的延长——这是人们非常乐于看见的，因为许多航天器部件在其工作寿命期间将承受大量的机械和热疲劳。一份对大量试验结果的分析（Grinberg，1982）清楚地指明，

真空环境下所有合金在近疲劳裂纹区的塑性应变强度会发生变化，并且塑性材料的塑性区深度有所增加。这会使裂纹扩展速率降低，部分原因是新生裂纹表面上未产生氧化物及化学吸附膜或氧化物及化学吸附膜作用显著降低。

（8）航天器带电

航天器和宇宙飞船在轨运行或进行深空探测时，相对于空间等离子体（太阳风）会产生高达几万伏的电势差。这种巨大的电势差（称为"不同电位"）也会出现在运载火箭的外表面。航天器表面不同电位的主要后果是出现放电现象（电晕——即高电位的导电材料周围产生破坏性辉热）和电弧现象（航天器导电体之间因放电而形成的光桥）。当高压设备（如行波管和电子电源）将航天器的信号传输回地球时，也可能会观察到类似的放电现象。造成航天器带电的因素有很多，包括航天器的外形和结构，表面材料以及这些材料是否良好接地，飞行器是在阳光下还是阴影下运行，轨道高度，以及高能太阳粒子的通量密度和磁暴的活动水平。消除航天器电势差不是不可能：所有相互连接的部件（特别是表面的）应该电接地，以确保接口之间有良好的导电性，包括太阳能电池盖片玻璃和太阳能光学反射器（参见 5.5.4 节）。另一种降低表面电位的新方法（特别是对于设计用于测量空间环境中的等离子体和电场的科研航天器）是主动释放带电粒子穿过航天器外表面。这些粒子是离子，由电场将液态金属源（可以是铟）发射出去。释放离子通常所需时间很短，直到航天器电位降低或达到零。

（9）航天器休眠

罗塞塔号航天器由欧洲财团在 1998—2003 年期间制造，于 2004 年 3 月发射，目的是与楚留莫夫-格拉希门克彗星会合，该彗星代号为 67P。这个航天器在人类历史上取得了一个新的"第一"，在 2014 年 8 月到达目的地后，开始在冰冷的彗星表面上方 100 km 的轨道上运行并拍摄图像，然后下降到距彗星表面 30 km 的高度分离名为菲莱（Philae）的着陆器。罗塞塔号 10 年的旅程大部分时间都处于冬眠模式。这段旅程穿越太阳系，行程达到 64 亿 km（三次飞越地球，一次飞越火星，一次接近木星，五次飞越太阳）。因此，这个航天器的硬件要经受上述（2）至（7）所述的大部分空间环境的影响。靠近太阳时的过热问题，通过使用散热器将热量散发到太空中解决。靠近木星时的过冷问题，则由硬件和实验设备（总共 20 个）通过多层隔热毯和位于关键部位的加热器（例如油箱、管道和推进器）来保持温度。罗塞塔号通过一个小型火花（爆炸）电缆切割器激活一个大型压缩弹簧来释放菲莱着陆器，实现着陆器的分离。罗塞塔号在发射之前进行了许多金相学工作，以确保卡朋特牌弹簧钢在太阳系外温度非常低（-160 ℃）时不会变脆，以及在罗塞塔号经过离太阳较近的地方时避免与卡朋特牌弹簧钢配合使用的结构表面发生冷焊。菲莱着陆器的起落架因低温工作预期及低功耗设计，所以在材料方面要求很高（Thiel 等人，2003）。主要部件是使着陆器固定在彗星表面的锚叉系统，包括：铍铜发射器，爆炸膨胀系统，缆绳匣和由无刷电机驱动的收卷系统（AA7075 - T7351），使用二硫化钼填充的聚酰亚胺制成的滑动轴承（Vespel SP3）。

罗塞塔号航天器由两个 14 m 长的太阳能电池阵列供电，太阳能电池阵列总面积为

64 m²。太阳能硅电池单元厚度为 200 μm，低强度、低温型，大小约为 38 mm×62 mm。玻璃盖板是厚度为 100 μm 的二氧化铈掺杂的薄片。四个 10 Ah 的镍镉电池存储电能为 28 V 线路供电。

许多其他航程超远的科研航天器使用放射性同位素热电式发电机（RTG）产生电力。例如，2006 年 1 月发射的新地平线号航天器，其三分之二的飞行时间处于休眠状态，并将于 2015 年年中到达冥王星。当到达这个目前已知的围绕太阳轨道运行的最远的星体时，RGA 电源系统将启动并激活七台科学仪器。

2.4　用于运载火箭的材料

目前，将卫星、人员和货物从地球送入太空环境的唯一途径是使用火箭推进的运载器。消耗型运载火箭（ELVs）仅使用一次。许多国家都参与了 ELVs 的建造和发射。表 2 - 6 列出了已从地球上发射的数百台最著名的运载火箭。

第一枚欧洲通信卫星（OTS）在发射时随着运载火箭爆炸而消失，爆炸原因可能是固体火箭发动机外壳存在缺陷。故障调查的结论是钢壳体材料的热处理方法不正确。爆炸后的部分碎片是潜艇从大西洋上收回的。金相分析的证据表明，大圆柱形零件的奥氏体化时间或温度不足以使固溶体转变为 AISI 4130（0.3C，0.95Cr，0.2Mo rem. Fe）钢。得到这个结论并不难，因为在固体火箭发动机壳体的微观结构中发现了大尺寸的球形碳化物。在随后的淬火和正火过程中，飞行壳体就达不到峰值硬度。顺便说一下，过程控制随炉试样确实具有不错的机械性能和微观结构特性——这是因为试样的质量小，对时间—温度曲线反应良好。8 个月后，OTS 2 于 1978 年由 Thor Delta 第 141 次任务时成功发射，这一事件可在图 2 - 2 中看到。Delta 火箭仍然是美国最成功的发射器之一。

表 2 - 6　选定的运载火箭

原产国	运载火箭（最后一个版本）	类型①	进入 GTO②轨道的载荷/kg
中国	CZ - 3(1992)	ELV	2 500
	CZ - 3B(2007)	ELV	11 500(LEO)
			5 500
ESA	Ariane 4(1990)	ELV	2 600
	Ariane 5(1996)	ELV	6 800
	Ariane 5(2014)	ELV	10 500
	Vega——意大利(2014)	ELV	1 500(LEO)
印度	Vehicle 3(1979)	ELV	40(LEO)
	极地卫星运载火箭(2014)	ELV	3 250(LEO)
以色列	Shavit(1988)	ELV	160(LEO)

续表

原产国	运载火箭(最后一个版本)	类型①	进入 GTO②轨道的载荷/kg
日本	H-1(1986)	ELV	1 100
	H-IIB(2009)	ELV	16 500(LEO)
			8 000
美国	Scout(1979)	ELV	5 400
	Atlas 2(1991)	ELV	2 700
	Atlas 531(2014)	ELV	17 000(LEO)
	Thor Delta(1992)	ELV	2 000
	Delta 2(2012)	ELV	2 500
	Saturn V	ELV	10 000
	Titan III 和 IV(1989)	ELV	5 000
	Falcon 9(2014)	ELV	13 150(LEO)
	航天飞机 1990,2011 年退役	AV	25 000(LEO)
苏联/俄罗斯	Vostok(1960)	ELV	5 000(LEO)
	Proton(1968)Russia	ELV	5 500
	Soyuz-2.1b(2014)Russia	ELV	3 000
	Soyuz-2.1b(2014)Russia	ELV	8 500(LEO)
	Soyuz-2.1v(2013)Russia	ELV	2 800
	Zenit 3SL(2002)Ukraine	ELV	6 000
	Buran Retired	AV	30 000(LEO)

注:①ELV——消耗运载火箭;AV——航空航天器;

②GTO——地球同步转移轨道[低地球轨道(LEO)的飞行性能通常是该有效载荷重量的两倍以上]。

典型 ELV 的主要特征示意图如图 2-6 所示。图 2-6 所示的 Titan 火箭最初是美国在 20 世纪 50 年代研发的，现在其改进版（Titan 至 Titan Ⅳ）仍在服役。Titan 与 Delta 运载火箭是对航天飞机的一种补充，尤其是发射重型有效载荷时。航天飞机已于 2011 年退役，同时美国国家航空航天局（NASA）选择了两架航天器作为可能的替代品。美国计划于 2017 年利用可重复使用的太空舱（SpaceX 龙飞船和波音公司的 CST-100），将航天员送到国际空间站（ISS）。这些太空舱都可以安装在一次性使用的火箭上，例如猎鹰 9 号（Falcon 9）重型火箭或 Atlas 5 系列火箭，一次可送 7 名航天员。在撰写本书时，只有俄罗斯能够通过联盟号火箭将航天员运送到国际空间站或从国际空间站带回航天员。一般使用欧洲自动转移飞行器（ATV）或者俄罗斯进步号货运飞船将设备和食品运送到国际空间站。自 2008 年首次飞行以来，ATV 在国际空间站物流服务中起到了至关重要的作用，扮演着货船、"太空拖船"和储存仓库的角色。ATV 将纳入旨在服务 NASA 猎户座飞船的欧洲服务模块（ESV）。猎户座飞船是实现 NASA 深空探测任务的基础——由 Delta 4 型重型助推器搭载猎户座飞船，已于 2014 年年底在肯尼迪航天中心成功进行了发射测试。

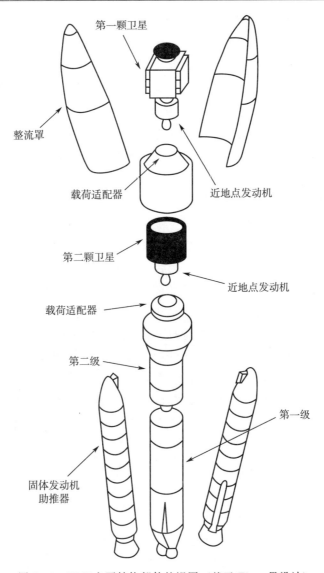

图 2-6　ELV 主要结构部件的视图（基于 Titan Ⅲ 设计）

运载火箭推进剂被视为一种材料。所有的火箭只能利用机载液体或固体"材料"被推进到太空中，至今为止还做不到利用大气中的氧气作为推进剂。"推进剂"一词用来表示常规火箭内含的两种化学产品，即"氧化剂"和"燃料"。燃料与氧化剂一起燃烧以得到发射所需的大量能量。推进剂可以是液态的，也可以是固态的。现代火箭是由"冷冻的"推进剂推动：在大气压下沸点低于 0℃ 的液体，例如液氧（−183 ℃）和液氢（−253 ℃）。

最简单的固体推进剂是由硝化纤维和硝化甘油的混合物制成的——这是"燃料"。而氧化剂由硝酸铵、高氯酸铵或高氯酸钾中的一种制成。将燃料和氧化剂制成粉末状，然后与如聚氯乙烯或聚氨酯的粘合剂混合。所得到的物质被倒入固体火箭发动机壳体中，它们在壳体中固化。正如前文关于 Thor Delta 固体火箭发动机所讨论的，发动机壳体通常使用钢材制造，但也可以使用基于碳纤维的复合材料。更复杂的固体化学推进剂是基于聚丁二烯丙烯腈（PBAN）和端羟基聚丁二烯（HTPB）推进剂。典型的 Ariane 5 固体助推器的 HTPB 推进剂中，68％是高氯酸铵，14％是聚丁二烯，18％是铝粉。过去的十年中，改进固体推进剂的研发工作取得了很大进展，其中一种新型推进剂为 GAP/Al/HNF［缩水甘油基叠氮化物聚合物（作为粘合剂），铝粉和具有硝基甲酸肼化学组成的新型强氧化剂（Schoyer，1996）］。这种新型推进剂和性能最好的含 HTPB 推进剂之间进行了比较试验。试验发现使用新型推进剂的运载器特征速度增加了约 8％，更重要的一点是，这种推进剂产生的废气不含氯，且燃烧产物为氮、水、二氧化碳、氮氧化物和氧化铝，更加环保。

　　液体推进剂火箭发动机通常由两个贮箱提供推进剂，一个用来储存液体燃料［例如煤油，液态氢或肼（N_2H_4）］，另一个储存氧化剂［通常为液氧或四氧化二氮（N_2O_4）］。偶尔会使用红烟硝酸或过氧化氮。推进剂被喷射到火箭发动机的燃烧室中，在燃烧室中点火和燃烧，同时释放大量热能。然后燃烧气体被引导至发动机的出口喷嘴并喷射而出。这里，气体速度增加然后穿过喷嘴"喉管"之后速度减小，其中的动能被喷嘴吸收。图 2-7 为 Ariane 4 运载火箭部件示意图。该火箭的前两级使用肼和四氧化二氮作为推进剂进行推进，第三级是由使用液氢和液氧的低温发动机推进。如图 2-7 所示，Ariane 4 可以选择使用液体推进剂助推发动机或固体推进剂助推发动机，以协助第一阶段发射。

　　与 Ariane 相反，航天飞机是可重复使用的，在载人近地活动中航天飞机发挥着极其重要的作用。航天飞机的主推进装置包括一个大型外部贮箱（长 47 m，直径 8.7 m），里面是装有液氧/液氢推进剂的舱室——这些舱室为三台主发动机提供推进剂；还有一对安装在外贮箱两侧的固体复合推进剂火箭助推器（推进剂为聚丁二烯，丙烯酸粘合剂和高氯酸铵氧化剂）。

　　火箭结构材料通常是基于硬铝系列的铝合金（含 4％铜，2％锰，以及 94％的铝）。这些合金具有高强度重量比，这一点将在本书的后续章节详细介绍。在 Ariane 4 上，使用较多的是铝合金 AU4GN（AA2024）、AZ5GU（AA7075）和 AZ5G（AA7020）。这些是法国的合金名称，括号内是美国铝业协会的名称。附录 6 是详细的国标合金规格以对照参考。图 2-7 给出了这些合金使用的部位。不幸的是，它们所处的热环境易造成应力腐蚀开裂（SCC）。SCC 引发的特殊故障将在本书 4.5 节中讨论。图 2-7 标注出了制造 Ariane 及其发动机的所有主要结构材料。更先进的火箭发动机和固体推进剂助推器是由"马钉钢"加工、焊接而成，这些钢以铁为基材并含有大量镍、钴和钼。这种钢材易于轧制成复杂的形状，然后进行焊接——再之后进行适当的热处理，使之拥有高硬度和高韧性。

　　如图 2-8 所示，液体燃料和氧化剂通常储存在可由钛或铝合金制成的压力容器中。这些与液体燃料接触的内表面必须经过测试并确认其与液体相容且不会发生燃烧。例如，钛合金 Ti6Al4V 与肼相容，铝合金与液态氧相容。同样的，任何有机材料制造的压力容器内衬材料都需要进行相容性测试——相对而言这更艰难，目前只发现一种树脂体系，即 Torlon AI-10，与液态氧相容（Healy 等人，1995）。

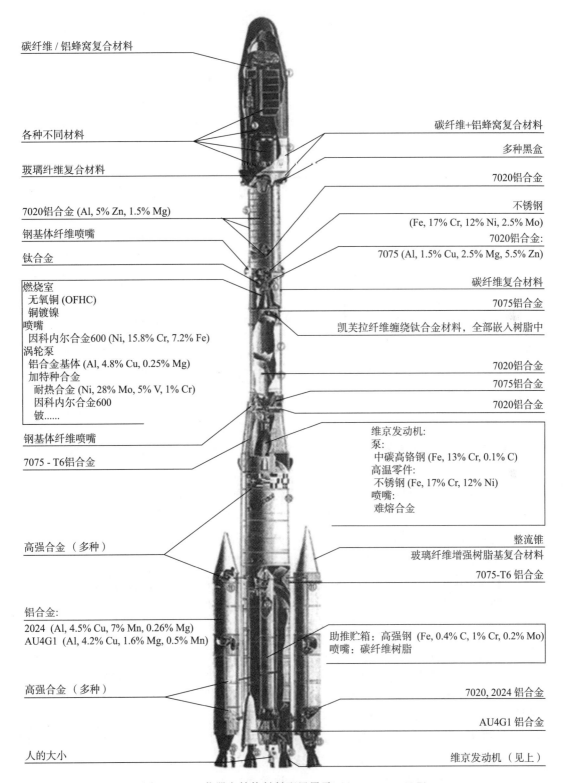

碳纤维 / 铝蜂窝复合材料

各种不同材料

玻璃纤维复合材料

7020铝合金 (Al, 5% Zn, 1.5% Mg)

钢基体纤维喷嘴

钛合金

燃烧室
 无氧铜 (OFHC)
 铜镀镍
喷嘴
 因科内尔合金600 (Ni, 15.8% Cr, 7.2% Fe)
涡轮泵
 铝合金基体 (Al, 4.8% Cu, 0.25% Mg)
 加特种合金
  耐热合金 (Ni, 28% Mo, 5% V, 1% Cr)
  因科内尔合金600
  铍……

钢基体纤维喷嘴

7075 - T6铝合金

高强合金（多种）

铝合金:
2024 (Al, 4.5% Cu, 7% Mn, 0.26% Mg)
AU4G1 (Al, 4.2% Cu, 1.6% Mg, 0.5% Mn)

高强合金（多种）

人的大小

碳纤维+铝蜂窝复合材料

多种黑盒

7020铝合金

不锈钢
(Fe, 17% Cr, 12% Ni, 2.5% Mo)
7020铝合金:
7075 (Al, 1.5% Cu, 2.5% Mg, 5.5% Zn)

碳纤维复合材料

7075铝合金

凯芙拉纤维缠绕钛合金材料，全部嵌入树脂中

7020铝合金

7075铝合金

7020铝合金

维京发动机:
泵:
 中碳高铬钢 (Fe, 13% Cr, 0.1% C)
高温零件:
 不锈钢 (Fe, 17% Cr, 12% Ni)
喷嘴:
 难熔合金

整流锥
玻璃纤维增强树脂基复合材料

7075-T6 铝合金

助推贮箱: 高强钢 (Fe, 0.4% C, 1% Cr, 0.2% Mo)
喷嘴: 碳纤维树脂

7020, 2024 铝合金

AU4G1 铝合金

维京发动机（见上）

图 2 - 7   运载器主结构材料配置展示（Ariane 4，42LP）

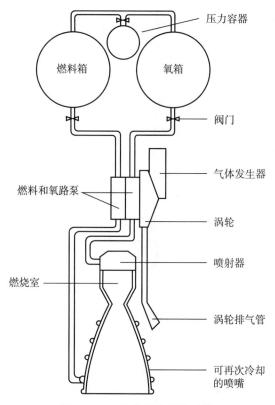

图 2-8　一个液体火箭发动机

苏联空间局于 1989 年正式发布 Zenit 运载火箭。该火箭是两级液氧和煤油火箭，与所有独联体的运载火箭一样，是水平组装的。其发射装置、有效载荷装配和发射准备阶段被形容为"高度自动化"（Isakowitz，1995）。图 2-9 和图 2-10 分别展示了 Zenit 总装大厅和其煤油-液氧发动机大致情况。已经有相关方面试图采用这款运载火箭用于海上卫星发射。方案是利用一个半潜式石油钻井平台作为发射平台。计划将发射平台固定在太平洋赤道区域某处，这样可以充分利用地球的最大自转速度（约 1 600 km/h）。为以防万一，62 m 高的 Zenit 火箭将面向东方，朝向将避开任何有人居住的陆地。除了位于赤道以北500 km 以内的法属圭亚那库鲁地区的欧洲空间局发射场外，所有世界上其他主要的太空发射场都位于赤道以北很远的地方。这样特殊的灵活"海上发射场"无疑将需要对所有相关的航天器材料实施全面的防腐蚀方案。

Ariane 5 的研发工作是由欧洲空间局于 1985 年发起的，旨在将 Ariane 5 用于商业任务，为未来的空间站运送卫星和货物。在 20 世纪 90 年代中期，Ariane 5 搭载欧洲可重复使用的有翼载人飞船的 Hermes 的提议被终止。然而，Ariane 5 已经参与了好几次货运任务［自动转移飞行器（ATV）］，并正在被改造设计，用于乘员转移飞行器（CTV）。图2-11 中展示了 Ariane 5 的双发射装置配置示意图。Ariane 5 的长度为 54 m，总质量为710 t，在发射时的设计推力为 15.9 MN。火神发动机为 Ariane 5 主低温推进级提供动力。该发动机由燃气发生器循环组成，原理是从燃料和氧化剂主流中抽取少量进入燃气发生器

图 2-9　Zenit 火箭总装大厅

图 2-10　Zenit 第一级煤油-液氧发动机的安装

　　燃烧形成燃气，然后驱动涡轮泵将推进剂送入燃烧室。液氧（氧化剂）和液氢（燃料）就这样被喷入燃烧室。燃烧室温度极高，能达到 3 600 ℃，而腔室内壁温度约为 1 600 ℃，因此有必要冷却腔室。设计方案为，在发动机点火时，液氢由 360°围绕室壁的管道流过，冷却腔室。该腔室由高强度锻造铜合金（即 Narloy - Z）制成，带有镍外层。航天飞机主发动机的燃烧室也由 Narloy - Z（重量含量百分数：铜基，3％银，0.5％锆，氧气含量约为 50 ppm）制成，当它经过正确的热处理后，该合金适用于燃烧室－252～540 ℃的温度环境，但超过此温度后，由于晶粒生长、晶界滑胀导致材料开裂，高温内壁的机械性能将降低（Singh，2005）。－252 ℃的液氢流过冷却剂通道，不但可以冷却腔室、防止 Narloy - Z 熔化，而且它本身也会被加热，然后被喷入燃烧室。室壁的横截面图如图 2 - 12 所示，图下配有描述文字。火神发动机通过以极高的速度喷射大约 250 kg/s 的气体而产生

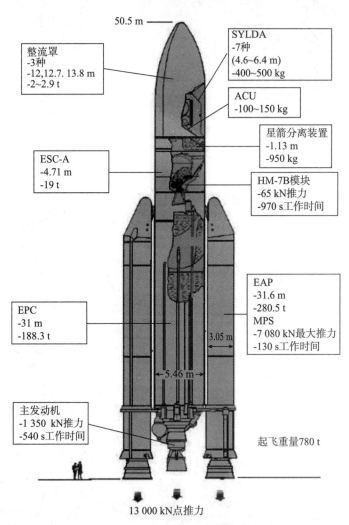

图 2 - 11　Ariane 5 的主要系统。注意对于 Ariane 5，由于该合金的抗应力腐蚀开裂性能提高，所有之前为 Ariane 4 结构选择的焊接铝 AZ5G（AA 7020）合金已被 AA 2219 取代。Ariane 5 的喷涂表面可以在图 4 - 113 中看到

1.12 MN 的推力。这些气体被喷嘴加速到超声速，但对环境无害，因为它们基本上是水蒸气。与燃烧室一样，钟形喷嘴也由液氢冷却。为了验证发动机是否达到预期性能指标，多台火神发动机分别进行了数百次试车。为确定发动机材料和设备极限性能（耐久性，故障模式等），一些试车试验（见图 2-13）持续时间超过 18 000 s。这其中涉及的金相检查和故障评估工作很重要——这些试验报告构成质量评估的一部分，并促进了可靠性评级的产生。

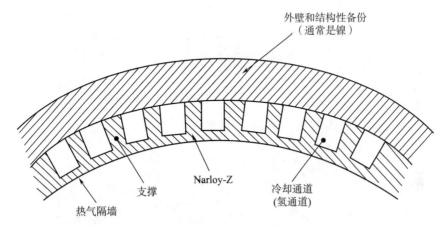

图 2-12　燃烧室壁的横截面图，显示了加工成腔室衬里的矩形冷却剂通道（Narloy-Z，一种铜-银-锆合金，其强度比纯铜高得多，但导热率稍低）。封闭带由电镀铜薄膜和电镀镍制成。该设计被用于航天飞机主发动机和 Ariane HM60 和 Vulcain 发动机

有趣的是，NASA-MSFC 的工程师正在进行一个全尺寸燃烧室的 3D 打印，其中冷却通道类似于图 2-12 所示的结构，由 200 个内部几何形状复杂的导管组成。它们位于内外壁之间，尽管其制造十分具有挑战性，但是通过增材制造技术成功实现了。用于 3D 打印的铜合金粉末是 NASA 格伦研究中心开发的 GRCo-84。据称（Hipolite，2015），MSFC 的选择性激光熔融设备在 11 天内将 8 255 层合金粉末熔合成燃烧室。

考虑到 Ariane 4 发射器的主要结构合金是铝合金 AZ5G（AA 7020），在 Ariane 5 的设计阶段，一项重大决定是将该合金改为 AU6MT（AA 2219），如图 2-11 所示。主低温推进级的液氧（LOX）贮箱由两个由 AA 2219 锻造后加工成的半球形组件制成。将这两部分在赤道位置焊接为一体。在 Ariane 5 发射之前的地面存储期间，液氧贮箱装入液氦，使之充满加压氦气。在 Ariane 5 的飞行过程中，贮罐内部压力保持在 21~23 bar。低温液氧贮箱工作在这样的高压之下，并且还要承受巨大的振动和飞行载荷，因此必须利用金相技术掌控 AA 2219 材料及其焊件的各种特性。

另一个例子是，Ariane 5 上面级（EPS）由 4 个上面级贮箱组成，用于储存 N_2O_4 和单甲基肼。这些贮箱也由 AA 2219 材料采用直流、变脉冲非熔化极惰性气体保护电弧（TIG）焊技术焊接而成。每个贮箱体积为 2 335 L，由两个半球和赤道环组成。最初 2219-0 是回火的板材，在车床上预先加工坯料，然后在 200 ℃的温度下经过 21 个步骤旋压成形。接着对合金进行固溶热处理并淬火（535 ℃下 50 min，然后在 10 s 内水淬）。然

图 2-13　测试 Vulcain-2 发动机（法国 SNECMA 提供）。喷嘴出口直径为 2.5 m。液氢燃料用于冷却
发动机，流过围绕推力室的护套。这种吸收的热量对于长时间的燃烧是必要的［并且在注入燃烧室之前
提高了 LOX 和 LH2 推进剂的初始能量含量，高放热反应产生蒸汽（$2H_2 + O_2 \rightarrow 2H_2O$）和超过 1 000 kN
的推力］。支撑喷嘴的矩形管由 Inconel^R 制成并焊接在一起，形成了内部流过氢冷却剂的螺旋结构

（Suslov 等人，2010）

后将零件拉伸 1%～3%，形成回火 "T-31" 状态。将部件焊接后在 177 ℃下放置 18 h 以
得到高强度性能。在整个工艺过程中都要进行金相检查以防止 2219 的晶粒粗化。旋压成
形的加热温度不能过高，以防晶粒生长。此外，应变硬化的工序经过严格优化，以期达到
贮箱需要的安全裕度。

图 2-11 中能看到大直径的 Ariane 5 固体助推火箭外壳（EAP）。这些是通过"反辊流动成型"的新工艺制成的薄壁管。材料采用 48CDNV4 钢（美国叫 D6AC），它拥有大量的热机械加工和性能数据。传统的管坯旋压是将圆柱形管毛坯放置在筒芯轴上，滚压管的外表面，使其变得更薄和更长。德国曼公司采用的特殊流动成型工艺是在四个辊对之间放置一个 D6AC 的圆柱形空管。辊对间隔一个固定的距离，这将是最终的管子直径。该管最初附在可旋转的面板上，由管壁厚度方向被迫进入每个辊对。当管子旋转时，辊对沿着管子的长度方向向下运动，使管子伸长并变得更薄。利用机械性能试验作为金相评估，且在该工艺研发期间，为了优化变形区内的流动压缩应力并弄清楚它们对钢材微观结构的影响，使用金相学检查。Ariane 5 的主级推力框架基本上是一个非加压的圆锥形结构，由许多 AA 7075 整体加工而来的零件组成。这些零件主要通过手动安装的 Hi-lok™ 紧固件进行互锁，但也已证实采用摩擦搅拌焊（FSW）焊接这些零件也是可靠的（Brooker，2001）。

好几家公司正在考虑设计未来可重复使用运载火箭并采用新材料。单级入轨（SSTO）发射系统将使用先进的金属材料和先进的复合材料，因为这种飞行器的再入阶段将产生超高的空气动力学加热速率。在 20 世纪 70 年代早期，已经得到了许多带保护涂层的、基于钼和钼-铼合金的大量优质反射金属的参数。这些重型合金在 19 世纪 70 年代中期被抛弃，那时 NASA 选定可重复使用的陶瓷材料作为航天飞机的热防护层。

隔热层有若干种类型。为航天飞机设计的隔热系统是迄今为止最先进的。水星号、双子座号和阿波罗登月舱上的隔热层由环氧树脂化合物组成，飞行器穿越大气时通过这种隔热层的剥落带走热量。这种"烧蚀盾牌"是一次性的。最新的热防护材料是由 NASA 埃姆斯研究实验室和洛克希德导弹与航天公司开发的。它非常轻，比较容易制成小方块隔热瓦，能隔绝热量（一块六平方英寸隔热瓦的中心热得发出红光时，用手触碰防热瓦的边缘，都不会感受到任何热量）。每架航天飞机上有大约 31 000 个隔热瓦，每一块都按照航天器的轮廓塑造、切割成形。航天飞机隔热材料的基本材料是非常精细的纯二氧化硅（SiO_2）玻璃纤维。图 2-14（b）展示了各种航天飞机相似的热保护系统（TPSs）大致布局。增强碳-碳（RCC）区域在返回大气层时温度会高达 1 500 ℃。上升过程中可重复使用的表面隔热材料可达到 500 ℃。HRSI 和 LRSI 隔热瓦的区别仅在表面涂层有所不同（Vaughn，1985）。高温（HRSI）隔热瓦涂有黑色高发射率反应固化型硼硅酸盐玻璃（再入期间有效地发散热量）。低温（LRSI）隔热瓦涂有白色二氧化硅/氧化铝涂层，用于飞行器在轨运行时反射太阳辐射。图 2-14（b）展示了隔热瓦内部的微观结构。这里能观察到纤维直径从 1~10 μm 不等。这种材料的密度为 136 kg/m^3，这类材料越坚固其密度越大，有一些含有硼因而导致纤维连接在一起。根据航天飞机的经验而研发出的表面防热系统现在已经非常健全。已经生产出的涂有反应固化型玻璃涂层的氧化铝增强隔热瓦，能够承受 800 kph 雨水冲击（Healy 等人，1995）。用 RTV 560 硅酮胶将隔热瓦粘到航天飞机的铝蒙皮上，该粘合胶是一种较软的材料，能够避免铝机身在飞行偏转时引发刚性瓷砖破裂。表面温度较低时不需要热防护，例如，980 ℃ 以下的温度可以选用 Inco-617 合金，700 ℃ 以下温度可以使用 Ti-1100 合金（Baumgartner 和 Elvin，1995）。

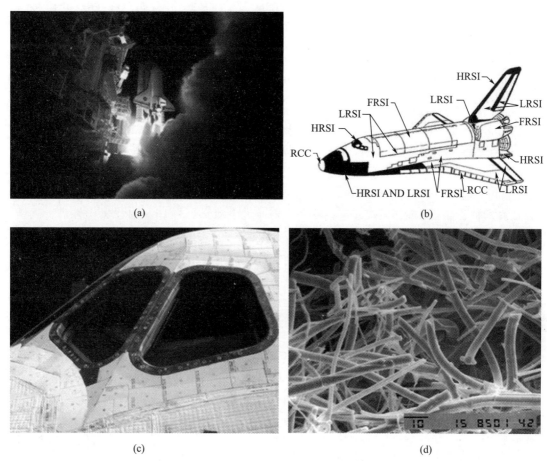

图 2-14　（a）航天飞机的夜间发射。（b）航天飞机机队防热系统（TPS）的图解。RCC：增强碳-碳
复合材料；HRSI 和 LRSI：高温和低温防热瓦；FRSI：可重复使用的表面防热毡。（c）在 KSC 游客中
心拍摄的退役亚特兰蒂斯号，展示了三层玻璃，高质量光学窗户，LRSI 防热瓦，与窗框相连的铍合金。
（d）航天飞机防热瓦（未玻璃化的二氧化硅纤维）的扫描电子图像×1 000

　　2011 年航天飞机的退役意味着来自国际空间站的航天员只能通过俄罗斯联盟号运载
火箭返回舱返回地球。联盟号可容纳三名航天员，返回地球并降落在中亚哈萨克斯坦平原
草原上需要约 3.5 h。飞船着陆前 15 min 会打开四个降落伞大幅降低下降速度，接着打开
主降落伞使飞船速度降至 24 英尺/s，并保持这个速度直到着陆前一秒通过点燃位于返回
舱底部的两个小型发动机反推，以实现飞船软着陆。

　　NASA 猎户座载人飞船（图 2-15）旨在完成载人登陆月球、小行星乃至火星的任务。
这艘飞船将像阿波罗号返回舱那样穿过大气层返回地球。2014 年 12 月，第一艘猎户座飞
船由一枚 Delta 4 重型火箭搭载发射，这是一次系统安全性鉴定试验飞行。结果表明，先
进的隔热设计和材料技术能承受任务返回阶段约 2 800 ℃的高温。猎户座隔热屏由钛合金
骨架和碳纤维表皮构成。表皮外覆盖着由玻璃纤维和酚醛树脂组成的蜂窝层，然后使用手
持式喷枪填充蜂窝小室，填充物是叫 Avcoat 的材料，这是一种类似于阿波罗指令舱上使

用的中密度烧蚀材料（Reuther，2010）。Avcoat 是一种环氧树脂，被 NASA 命名为
5026 - 39 - HC/G（改进后的组分含有比阿波罗隔热层更少的致癌化合物）。

图 2 - 15　工程师完成 NASA 猎户座飞船上隔热屏的安装。Avcoat 烧蚀材料覆盖有银色反光带，
可抵御空间的极端寒冷。已经证明隔热屏能够在再入和海洋溅水期间保护猎户座船员
免受 2 800 ℃的高温伤害（感谢 NASA 提供的图片）

　　猎鹰 9 号火箭是由美国 SpaceX 公司研制的一种升级的可回收式中型运载火箭。它在
2012 年创造了历史，将"龙"飞船（与猎户座有点相似）送入与国际空间站会合的正确
轨道上。猎鹰 9 号有 9 个一级发动机和 1 个二级发动机，这种配置是为了减少可能的脱离
"事件"的数量。猎鹰 9 号的整流罩由半壳式片状碳纤维和铝蜂窝制成。一级火箭贮箱由
搅拌摩擦焊焊接的铝锂合金制成，它包含两个铝贮箱，是分别装液氧和 RP - 1 推进剂的铝
质半球。二级发动机与一级发动机类似，由铝锂合金制成，级间采用碳纤维和铝蜂窝夹芯
胶接夹层结构。与众不同的是，为降低爆炸装置点火时的冲击力，它的整流罩和级间的分
离都采用气动方法。目前处于设计阶段的"重型猎鹰"火箭，预计将成为最大推力的火
箭——只有 1973 年最后一次飞行的土星 5 号月球火箭能够向太空发射比它更多的有效
载荷。

　　欧洲运载火箭大家庭最近迎来了意大利航天局（ASI）和意大利工业部门（见表 2 -
6）联合研发的 Vega 火箭（见图 2 - 16）。Vega 于 1989 年正式成为 ESA 项目的一员，并
于 2012 年在圭亚那太空中心进行了一次完美的鉴定飞行。随后的三次发射也非常成功，
并计划 2015 年后再进行 9 次发射。

(a)　　　　　　　　　　　　　　　　　(b)

图 2 - 16　　（a）库鲁发射场移动门架内模拟 Vega 运载火箭的夜景。Vega 火箭从位于法属圭亚那库鲁发射场的 GSC 位置发射有利，因为法属圭亚那库鲁发射场靠近赤道。该运载器将携带小型有效载荷进入各种轨道，包括低地球轨道，太阳同步和极地轨道。请注意，四个高大的避雷针塔远高于移动门架和安置的运载火箭。闪电在 KSC 和 GSC 两处都很常见，因此运载火箭必须防止电离等离子体构成闪电放电分支。四座塔楼的顶部由不锈钢线相互连接，形成有效的法拉第屏蔽。（b）佛罗里达州卡纳维拉尔角的肯尼迪航天中心。奋进号航天飞机位于发射台 39A 上，在 2011 年 4 月 28 日运回旋转服务结构之前风暴已经过去，这里看到的固定服务结构（FSS），其闪电桅杆顶部高 106 m。次日，奋进号发射 STS - 134 任务，向国际空间站运送高压气罐，光谱仪，备件和天线。39A 被用于载人的阿波罗-土星 5 号发射。新的商业太空公司 SpaceX 现在推出了猎鹰 9 号运载火箭和重型猎鹰运载火箭

　　用于制造 Vega（2006，VEGA）的先进材料的细目，可以用图 2 - 7 所示 Ariane 运载器的方式列出。

　　有效载荷整流罩：

　　结构由两块夹芯 CFRP 板和铝蜂窝芯组成，这种材料已经在 Ariane 4 上使用过。

　　上面级 AVUM 液体火箭（以偏二甲肼和四氧化二氮为推进剂）：

　　如图 2 - 17 所示，带有推进剂的圆柱形碳-环氧壳体储存在两个相同的钛罐中。

　　第一级（使用固体火箭发动机 SRM P80FW），第二级（使用 SRM ZEFIRO 23）和第三级（使用 SRM ZEFIRO 9）：

图 2 - 17　在 GSC 的移动龙门架内安装第二台 Vega（VV02）运载火箭的最后一级。这个上面级称为
AVUM（Attitude Vernier Upper Module），包含推进模块，作为推进剂供给的 UDMH 和四氧化氮
（由 Yuzhnoye 设计局建造），以及姿态控制系统（感谢 ESA 提供的照片）

发动机外壳是由石墨-环氧树脂采用纤维缠绕成型工艺制成的整体式结构,由填充有微球(EPDM)的低密度绝热层保护。级间是由 T7351 热处理状态的 7075 或 7175 铝合金锻环制成(1/2 级、2/3 级和 3/上面级间),并且为防腐蚀进行了铬酸阳极氧化处理。分离弹簧由 17-7PH 钢制成。用于固体火箭发动机的固体推进剂包括喷嘴侧星形整体翼柱型药柱和低密度橡胶基微球推进剂 EG1LDB3。发动机喷嘴由三维编织的碳/碳喉部和碳酚醛排气锥组成。

2015 年,Vega 火箭成功运载了一艘重达 2 t、长 5 m 的无翼可重复使用的飞船进入亚轨道。该飞行器名为即时实验飞行器(IMV),它在高度 450 km 处与 Vega 分离,飞行速度为 7.5 km/s,它用实践展示了使用推进器和空气动力学襟翼将飞行器从高超声速减速到超声速的可行性。最后,它滑翔穿过大气层,打开降落伞并降落在海中——最终由回收船找到并运往 ESA-Estec 进行分析。对 IMV 的分析将着重于飞行剖面对 IMV 结构材料的影响,以及通过空气(O_2 和 N_2)分子在高速和高温下解离来分析超高声速气动热力学现象。在 IMV 低地球轨道飞行期间测试了各式各样的材料。包括用于机头、铰链和襟翼的不同类型的陶瓷基复合材料,以及烧蚀性热保护材料,例如葡萄牙软木和硅基材料,看其是否能承受温度高达 1 700 ℃ 的严峻的再入环境。

碳化硅纤维增强金属基复合材料在航空航天领域的应用不断增加。20 世纪 80 年代后期在航空航天领域掀起一股应用碳化硅纤维增强金属基复合材料的热潮,这是由于美国和欧洲对高超声速飞行器产生了兴趣,引发了对具有高温性能的高比强度、高刚度材料的强烈需求。进一步的航空研发主要集中在执行机构和起落架上,而这种材料具有非常高的抗压强度(2.5~4 GPa)的同时又具有质量轻和耐腐蚀的特性,使它成为替代钢和其他金属的理想材料,该种材料在常见应用下可减重 30%~40% [图 2-18(a)]。航空业的进步再次将航天领域的兴趣吸引到具有轻质量、高抗压强度及良好的可焊接性材料上,因为材料的这些特点对于航天器结构和机械系统来说非常重要。

反应发动机公司的云霄塔(Skylon)空天飞机项目的建设已经证实了钛基复合材料适用于机身桁架结构和其他静态部件 [图 2-18(b)和(c)] 的制造。该桁架结构需要具有良好的拉伸性能、压缩性能以及高温、低温工作性能。桁架结构还需要质量轻且易于焊接组装,因为 80 m 长的机身需要由超过 60 000 个金属基复合材料管焊接而成。该空天飞机中用到的其他材料见图 2-18(d)。

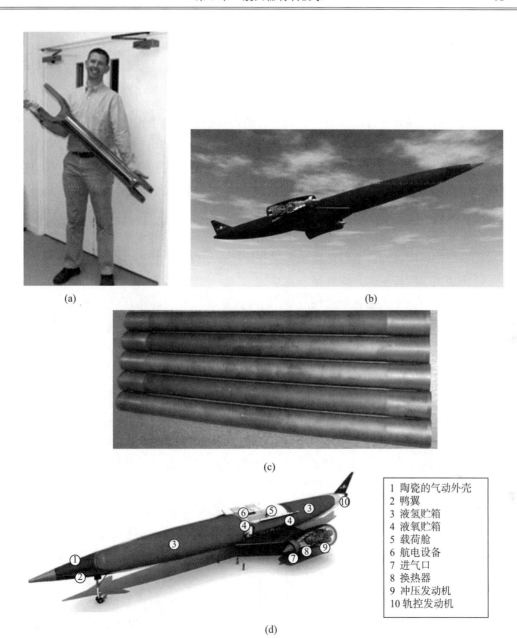

图 2-18　（a）由碳化硅纤维增强钛合金基体制成的起落架侧支架具有轻质特性，比由锻铝制造的同等
大小的侧支架轻 30%，一名成年男子可轻松拿起。由法恩伯勒 TISICS 有限公司提供。（b）Skylon 无人
驾驶太空飞机，可重复使用，可将重达 15 t 的货物运输到太空。它将使用结合了吸入空气和火箭回路的
　SABRE 发动机，以便可以从跑道起飞，直接进入地球轨道，返回就像飞机一样，返回跑道。（c）这些
Skylon 桁架支柱经过高达 50 kN 的静压测试，超过了 30 kN 的设计载荷。实际上几个支柱确实在 50 kN
　左右失效了。在拉伸状态下，它们的载荷接近 30 kN，表明"袖口"区域有进一步改善的空间。
　（d）用于建造 Skylon 的材料是用于机身和翼梁的碳化硅纤维增强钛，推进剂贮箱的建造材料是铝
　　合金，外部"空气壳"由纤维增强陶瓷制成，起落架可能是用的碳化硅纤维增强钛基复合材料。
　　　　　　　　　　　　　　由 Reaction Engines Limited 提供

2.5　非金属材料

2.5.1　概述

非金属材料出现在本书的各章中，因为它们在每个航天器子系统的设计和制造阶段都是不可或缺的。曾经只有金属材料，特别是合金，用于单独结构、外壳和贮箱的制造。如今，由于有机和复合材料的物理和机械性能已经被充分开发并应用于地面环境中，且经过因地制宜的改进后被用于空间环境，因此航天器通常由比金属材料更多的（体积和重量）"非金属"制造。

在航天领域，非金属材料被应用于不同场景：使用塑料制作航天器零部件，弹性材料用于制作推进剂隔膜，润滑剂用于轴承，聚合物用于电路板和涂料，纺织品用于航天员太空服，粘合剂用于结构粘合，陶瓷用于光学镜。

非金属通常被定义为不含"金属元素"，并且能够与氢、碳和氧元素结合形成稳定的化合物。这种描述是非常不严谨的，因为大多数非金属材料都含有金属元素。单体与其他"共聚物"结合在一起形成聚合物和弹性体时，通常被称为聚合反应。通常这些反应未充分完成时，会有一些初始材料留存下来。类似地，反应也可能是充分完成的，但会产生一些不稳定的副产物，尤其是反应在真空环境下进行时。其他聚合物或有机材料通常包含刻意添加的化学品和金属元素，以获得阻燃、抗氧化、着色、电或磁等特性。

升华现象，或者说固态金属直接转变为气态（不经过中间态——液态）已在 2.3 节中讨论过。有些金属和合金材料是禁止在太空中使用的，因为它们会从航天器某处表面升华，然后在别处表面（不一定是更冷的表面）上冷凝，从而造成诸如镜片光学性能下降、电路短路等故障。真空环境下有机材料的变化比升华更复杂。有机材料存在"真空出气"现象。在这种情况下，物质会立即从表面损失，例如 H_2O，CO_2 和 N_2，然后是具有低分子量的成分，整个过程类似于蒸馏。温度升高会导致更多分子出气，同时由于一些化学键的断裂，会造成进一步的出气和有机材料分子的损失。随着时间推移，固体和气体从材料内部扩散到表面，这会导致真空或太空环境下的材料进一步降解或质量减小。

出气是航天器材料最棘手的问题之一，因为出气成分会再次凝结在热控材料表面、光学表面或电触点（使它们开路）上，还会引发电晕效应。上述每种问题都以案例研究或失效模式在本书中进行了讨论。

大多数航天机构在筛选可用的航天器材料与工艺时都会对有机材料进行试验。主要试验项目是由美国材料试验协会（ASTM 2007）和 ECSS（ECSS‐Q‐ST‐70‐02）制定的，涉及材料选择时，这些机构制定的相关标准将会是重要参考读物。基本上，测试是在一个特制的容器中，对非常精确的预称重样品（100～300 mg 之间）进行操作。每个样品试验前均经过同样的处理（22 ℃，55％RH 下 24 小时）。将容器放入具有特定尺寸的真空室中。试验条件是：在 1 Pa 的真空中、120 ℃温度下，测试 24 h。在试验期间，于样品上方 10 mm 处放置一块保持在 25 ℃的收集板。图 2‐19 是出气试验的原理图。样品在经过试验温度/真空/时间条件之后，马上重新进行称重。接着将其置于 55%RH 下（以重新吸收水分）并再次称重。收集板上冷凝的材料同样要进行精确称重。

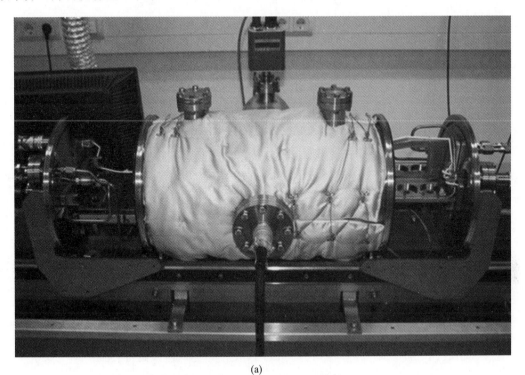

(a)

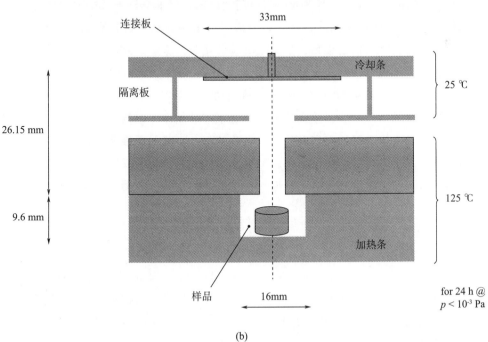

(b)

图 2-19　(a) 用于测定除气性能的 Micro-VCM 测试设备的照片。(b) 示意图显示加热棒和板的位置，收集的挥发性可冷凝材料（CVCM）将沉积在该板上（来源于 ESA）

下面这些术语需要理解：

收集到的挥发性可冷凝物（CVCM）——在特定的温度和时间内，测试样品在收集器上冷凝的出气物质的质量。

注：CVCM 由凝结质量换算成测试样品初始质量的百分率予以表述，冷凝物质量由收集板在测试前后的质量差计算得出。

真实质量损失（RML）——样品未吸收水分时的总质量损失。

注：1）下列等式成立：RML＝TML－WVR。

2）引入 RML 是因为水并不总是被视为航天器材料中的关键污染物。

WVR 是样品在湿度暴露后重新吸收的水蒸气的质量。

总质量损失（TML）——在特定的测试温度和压力下，在特定的时间内，测试样品的出气总量。

注：TML 经由样品在测试前后的质量测定测得，并以样品初始质量的百分率予以表述。

采购航天硬件的客户通常遵循相关标准拟定合同，但一种默许的做法是，可通过烘烤材料来满足这些标准：

选择材料时的出气筛选参数至少应满足：

RML＜1.0％；

CVCM＜0.10％。

注：1）对于用于制造光学器件或类似应用的材料，标准会比上述规定更严格。

2）目前，将重要硬件（如结构部件，线束，电子箱和热控层）烘烤至最高允许温度并保持几天，以便去除残留污染物、加工污染物和接触污染物，这已成为业界共识。

自 20 世纪 60 年代以来已经有好几个航天器相关材料的出气参数汇总表发布。不过，随着材料制造商和供应商不断更新并撤销市场上的产品，这些表中的大部分数据现已过时。而且需要注意的是，某些制造商可能在改变了产品制作工艺后依旧沿用了产品原来的商品名。因此有必要检查每批次产品的出气试验数据——除非采取了保障措施以确保产品符合标准，或者建立工艺鉴定文件（PIDs）并由采购代理商审核。

可以访问以下网站获取一些初级数据，遗憾的是，这些网站通常更新滞后，不会保持数据最新的状态：

http：//outgassing. nasa. gov/

http：//TEERM. nasa. gov/links/html

http：//esmat. esa. int/Services/outgassing _ data/outgassing _ data. html

可以在以下研究中心进行出气测试：加拿大安大略省马克姆市的完整测试实验室；奥地利维也纳新城 AAC；荷兰诺德韦克 ESA‑Estec；西班牙 INTA；英国 TS‑Space 系统公司；美国马萨诸塞州格林贝尔特戈达德航天飞行中心。

出气明显不同于材料的放气。如前文所述，出气是在降压或真空环境下发生的。而放气是指材料在正常大气环境中释放出挥发性化合物。放气好比是从新车内部散发出气味。

在 20 世纪 70 年代，博物馆对艺术品的放气进行了调查研究，发现放气与古代文物和其包装材料的降解都有关——值得一提的是，过程中设计了一个基于气相色谱-质谱联用（GCMS）分析的标准"Oddy"测试方案。人们发现，有多类放气物质会降解储存的古代文物，一般这类物质放气产生醇、酸、硅氧烷和胺类物质（Tsukada，2012）。在一次特殊事件中，人们发现储存箱内缓冲和填充的聚酯聚氨酯泡沫放气出了胺类物质。这些泡沫放气的胺在这些古老的碎片上形成厚厚的白色风化沉积物，严重损坏了中国明代制造的罐子。类似的，来自泡沫放气的污染物造成了航天器电子元件在存储时的腐蚀：用银、镍和锡铅加工的引线会失去光泽，并且被严重氧化以致于即使使用活化焊剂也无法将它们焊接。强烈建议避免使用的包装泡沫和片材包括：聚氯乙烯、聚苯乙烯泡沫塑料、橡胶、纸张、羊毛、丝绸、尼龙和一些未经测试的聚氨酯。良好的长期存储介质（包括防静电放电介质），可以是玻璃、不锈钢、聚乙烯（比如 Dow Ethafoam 220），以及来自左泰的 Azote 聚烯烃泡沫和 Zotek 聚合物泡沫。

放气与航天员生命安全有关，在评估将用于载人环境（如国际空间站）的材料和具体设备时应予以妥善处理。为避免载人舱内的航天员和硬件受到伤害，ESA 在 20 世纪 80 年代其太空实验室建造期间，制定了关于放气和毒性的标准。事实上，必须对此类项目，以及提供给国际空间站的各种设备和实验装置的所有有机材料进行放气、毒性、细菌和真菌生长以及可燃性测试。相关标准包括 ECSS - Q - ST - 70 - 21 和 - 70 - 29 以及 NASA - STD - 6001。

2.5.2　非金属材料分类

航天领域使用的非金属材料有几类。从大量材料中选取了一部分在下文概述，作为简要总结。需要注意的是，每种材料都需要进行测试，以确保它适用于给定的项目场景。下列部分产品包含在 ECSS - Q - ST - 70 - 71 所附的数据表中。

光学材料，如有机玻璃、氧化物陶瓷和非晶态无机玻璃（需要考虑辐射环境以避免损坏和"泛黄"）：来自拜耳的模克隆（聚碳酸酯）；来自希尔科的熔凝石英玻璃。许多公司选择微晶玻璃用于制造空间和地面望远镜，它是一种锂铝氧化硅陶瓷玻璃，其特征为在玻璃相基质中均匀分布纳米晶体，具有极低的膨胀系数。

光纤材料已自成一类，并且越来越频繁地用于航天器内的盒对盒光通信。光纤（主要原料是二氧化硅，有时含有二氧化锗掺杂剂）就是光沿其轴传输的光波导管。光纤由芯、包层、外保护层组成。光纤相对于铜导线的优点在于：更小的质量、更高的化学惰性、无腐蚀性及易焊接性（参见 6.14 节）。对航天应用来说重要的是，光纤不受电磁干扰并且不导电，因此避免了短路和接地问题。而缺点是辐射对其中的纤维有损害（是否有害取决于轨道高度和是否靠近范艾伦带）。有实例表明，空间站上长期暴露的设备（长期暴露飞行器 LDEF——见图 8 - 12），在 LEO 运行 69 个月后，除了一根被微陨石撞击了的电缆外，没有发生其他损坏。

粘合剂、涂层和耐磨涂料：含有环氧固化剂的 Araldite AV 138，来自 Huntsman；道康宁的 DC93 - 500 空间级密封剂；来自迈图高新材料集团的 RTV 566 有机硅胶；出产于 MAPTech 公司的 MAPSIL 213 灌封硅胶和抗氧化的 MAP ATOX 41 - 8 绝缘漆，还有导电棕色粘合剂 QS 0225 EA83，导热白色粘合剂 QS 1123 TA66 和黑色通用粘合剂 QS 1123 CEIT。

胶带（飞行或临时使用）：3M 公司的 Scotchtape No. 5；来自艾默生和卡明斯的 Eccoshield PST CA。

涂料〔基于环氧树脂、硅树脂和聚氨酯；有或没有颜色，如氧化锌和氧化钛（白色）或炭黑（黑色）〕：白色柔性不导电的 MAP SG121FD；经过欧盟 REACH 认证的新型涂料，水基、无 ITA 限制的有来自 MAPTech 公司的非导电涂料 AQPU1，导电涂料 AQPUK；来自洛德公司的 Aeroglaze Z306 黑色聚氨酯具有高热吸收率。

润滑剂：干燥的二硫化钼（纯的或与聚四氟乙烯/聚酰亚胺粘合剂混合），来自索尔维化工的 Fomblin Z25 硅油；其他的有机润滑剂在表 5 - 2 中列出。

灌封化合物、密封剂和泡沫。需要注意的是，密封剂的有效性存在很大差异（即水分渗透密封剂所需时间）。一般来说，硅树脂不能良好密封水分，最好使用环氧树脂，或者氟碳，但为了完全密封，只能使用玻璃或金属材料，如：美国 EV Roberts 的双组分聚氨酯 Solithane 113 - 300；汉高或爱玛森康明的绝缘环氧树脂 Stycast 2651 - 40 及其他低出气产品。

增强塑料复合材料（通常以聚合物为基质的碳、玻璃、凯夫拉、Zylon 或硼纤维、晶须或短纤维）。它们用于结构和电子产品，本书中叙述了关于增强塑料的相关应用。中等载荷应用中，可以从螺栓、螺钉和销钉等紧固件上获得极限减重，它们是铝重量的一半，钢重量的五分之一——它们还可以耐烈性化学品腐蚀。与其他复合材料搭配使用，可以使它们具有契合的膨胀系数与优异的电偶腐蚀性能，并兼具电和磁透明。Click Bond 公司可以生产各种增强塑料复合材料紧固件产品。

橡胶和弹性体。运用于流体的阻尼系统、夹具、密封件和气囊：DuPont 公司的 Viton B - 910；PSI 公司的 SIFA - 35 和 AF - E - 332。挑战者号航天飞机（STS - 51）的爆炸和航天员牺牲的惨痛教训警醒我们，必须掌握这些材料在各种可能温度下的性能。挑战者号航天飞机爆炸事故原因是多方面的，但工程方面的主因是：处于每个圆柱体助推器长度方向的接头间、弹性 O 形密封圈的低温性能问题。设计初衷是在金属接头间放置密封圈，以防止起飞期间在巨大压力下的炽热气体逸出。挑战者号航天飞机发射时，肯尼迪航天中心正处于异常寒冷的天气，低温造成弹性体收缩并失去弹性——最终导致炽热燃气逸出，烧毁了密封圈，然后大量的气体燃料泄漏，引发壳体熔化及之后的灾难性爆炸。

热塑性塑料。用于多层绝缘（MLI）、二次表面镜、电缆绝缘和套管：Kapton H（聚酰亚胺薄膜）、FEP（全氟乙烯丙烯共聚物）、PTFE（聚四氟乙烯）塑料等产品，大都由 BASF、ICI 和安内特等公司生产。

热固性塑料。热固性塑料是通常由基料、硬化剂和催化剂（改变混合物反应速率）组成的热固性聚合物，产品包括用于印刷电路板层压的 Araldite CT205（环氧树脂胶粘剂）

和 Epikote-828（双酚 A 型固体环氧树脂）。

无机材料面临的问题之一是容易过时或淘汰。当材料需求不足时，生产线可能不得不停工。与其他行业相比，"航天市场"很小，而且过于昂贵的成本会导致生产宇航级产品无利可图。例如，RT/Duroid 5813（微玻纤增强的聚四氟乙烯材料）广泛用于制造航天工业中的滚珠轴承保持架，但在 20 世纪 90 年代中期就停止制造这种精密轴承材料了。在发现替代材料之前，库存已经耗尽——后来确定的替代材料是 PGM-HT（这是含 PTFE、玻璃纤维和 MoS_2 的复合材料）。PGM-HT 被认为是 Duroid 的替代品，但致命的是它在真空加热后恢复到室温时会收缩。欧洲空间摩擦学实验室（Buttery，2011）在进一步的研究和测试后，发现了另一种材料：Sintimid 15M/Tecasint 1391，目前认为它是 Vespel SP-3（美国选用的）的替代品。值得一提的是，罗杰斯公司依旧在生产用于空间电子印刷电路板（高功率和微波）的 RT/Duroid 层压板，它们由填充有玻璃纤维或陶瓷微纤维的 PTFE 组成。

2.5.3　新型非金属材料

1）如前文所述，近年来 Vespel 塑料（杜邦公司）越来越多地应用于航天领域。它是一种聚酰亚胺基塑料，具有特别好的"太空"性能，譬如在真空、高温环境下也能保持低出气。基本规格的塑料（SP-1）在真空无水环境下具有低磨损率和低摩擦系数。添加 15% 的石墨（SP-21）和 10% PTFE（SP-211）或 15% 二硫化钼（SP-3），可以进一步提高 Vespel 的摩擦学性能。所有 Vespel 变体的低热膨胀在 35（SP-21）和 55（SP-211）ppm/℃之间，作为聚合物来说相对较低（与附录 1 中列出的值相比）。Vespel 因其在低温下的稳定性（见图 5-71），被用于制作航天器液氦低温恒温器的阀座。Vespel 宽温度适用范围的例子是：在设计水星探测器电推力器的压紧和释放机构时，测试证明 Vespel 是比铝更优质的非金属界面材料——在 $-40\sim+150℃$、接触载荷 $15\sim60$ MPa 的条件下，Vespel 性能保持完好（Janu 等人，2009）。

2）石墨烯。这是人类已知的最薄的化合物，由一层薄薄的纯碳构成，其中碳原子以六边形蜂窝状晶格的形式结合在一起。它是一个二维单层碳，只有一个原子厚，它是人类已知的最轻的材料（1 m^2 重约 0.77 mg）。石墨烯也是目前已知导电性最好的材料，虽然在未来它有可能实现航天通信设备轻量化，但目前还只能以很小的尺寸和数量生产。它可以应用于显示屏（耐用）、电路和太阳能电池。石墨烯是通过化学气相沉积（CVD）制备的，并且该方法得到的是具有单层碳原子片的多晶形式沉积碳。研究猜想正是这些晶界影响了材料的宏观物理特性，例如导热性和导电性。人们已经通过原子分辨率透射显微镜观察了石墨的晶粒取向和表面拓扑（Chuvilin 等人，2014）。未来或许可以用石墨烯制作大型太阳帆；如果拥有大面积制备石墨烯的工艺，那么将得到具有同面积最轻的帆，它能够利用太阳辐射（光子）进行航行。通过调整帆相对于太阳的角度，可以操纵帆朝向或远离太阳，理想状态下它能行进到太阳系的边缘。目前可能实现的只有铍帆，因为只有铍制成的帆才能达到 40 nm 左右厚度。然而，塑料薄膜一旦展开并暴露在紫外线下就可能会蒸发。

类似地，高能电离太阳光子也可能会使石墨烯降解，造成帆的失效（Matloff，2013）。

3）碳纳米管（CNT）与石墨烯一样，对试图使用这些圆柱形碳分子卷的工程师来说是一个巨大的挑战［图2-20（a）］。由于CNTs的密度比铝低50%，抗拉强度为10~60 GPa（比最强的钢或凯夫拉纤维还大一个数量级），它可以制成复合材料，应用于高效的航天结构产品。目前正在研究碳纳米管复合材料和碳-碳作为太空望远镜、光学平台和大面积镜的结构材料的可行性。CNT具有从非金属到半导体的可调电子特性。

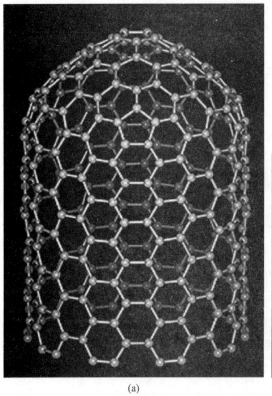
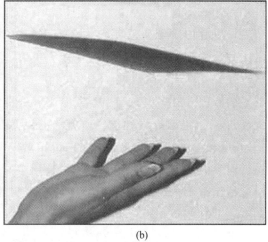

(a)　　　　　　　　　　　　　　　　(b)

图2-20　（a）碳纳米管结构的描述；可用于创建已知最强的纤维，它们可以非常柔软、可折叠。（b）超低密度无机薄膜的图示，可以由碳纤维网，开孔SMP泡沫和气凝胶制成。一旦展开，它们会很稳定，具有适度的耐热性，可用于太阳能航行。它们可以通过自我部署来克服当前的部署限制，基于这种特性，设计师可以设计出非常大的结构（Dunn，2001）

4）导热率超过800 W/（m·K）的石墨烯纤维与聚酯线捆扎在一起可形成导热带，用于柔性热连接（或导热带）。美国Technology Applications公司是这些高科技导热带的唯一生产商。导热带质量非常轻并且很柔韧，重量相当于同体积铜带的十分之一。导热带已应用于要求极低出气的航天产品中的热管中。它们配备有各种各样的连接件，应注意选择铝和铜以避免电偶腐蚀。

5）形状记忆聚合物或所谓的SMPs（对照第4.18章中描述的SMA合金）最近才被开发用于工业应用；这些材料都基于可逆共价聚合物，它们的形状可以通过施加外界刺激——热和电场来改变。这种材料可以修理并精确修复由空间碎片引起的航天器天线或结构的损坏，只需要将受损表面调整方向对准太阳辐射（Athimoolam，2012）。这种新颖的、轻薄的材料也可以用于自展开结构，如图 2-20 和图 2-21 所示。

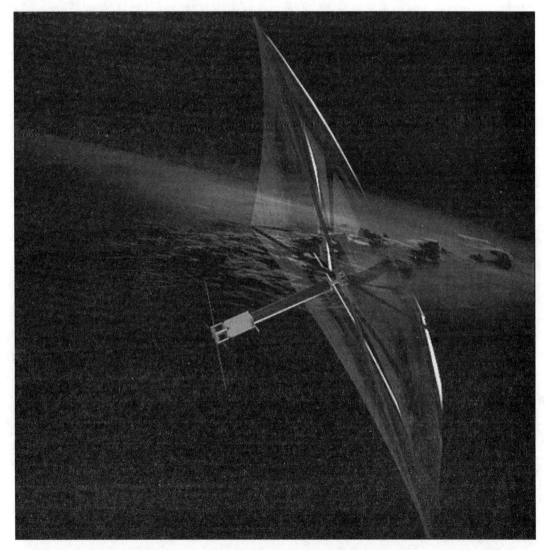

图 2-21　萨里大学萨里航天中心提出的充气帆 3U 立方星的示意图，包括 1 m 长的充气臂和
10 m² 的离轨帆。这个概念项目的主要目标是在寿命结束时将这样的帆连接到低地球轨道
卫星并使用帆将其从轨道上移除（图像来自于 SSC）

还有许多其他新材料正被研究如何在太空中使用。ArallR 是一种纤维金属层压板，其中芳纶纤维预浸料夹在铝合金板之间。GlareR 是一种高强玻璃纤维预浸料和高强铝薄板交替铺放、层压而成的一种复合材料。金属基复合材料和陶瓷基复合材料将在后续章节中提到。

6）在过去 20 年中，所谓的自愈合材料已被研究运用于修理军用车辆和作战服、船舶和飞机。它们也被研究过如何应用于航天领域（Semprimoschnig，2007）。可能最有希望的方式是基于微胶囊的自修复系统。例如，将这种微胶囊掺入有机涂层中，当涂层因冲击或疲劳开裂而损坏时，缺陷附近的微胶囊会破裂并释放聚合物混合液，然后固化并修复受损区域。布里斯托大学研发了与上述原理类似但基于中空纤维（见图 2 - 22）的技术，原理是从纤维中释放出环氧树脂溶剂，流到基材裂纹前端、暴露的复合催化剂上，对裂纹进行修复（Coope 等人，2014）。显然，自修复材料对于倍受微小流星体和空间碎片影响的太空项目有重大意义——距离遥远、太空中无法进行有效修复等客观事实，必定驱动空间科学对于自修复材料科学的研发热情。

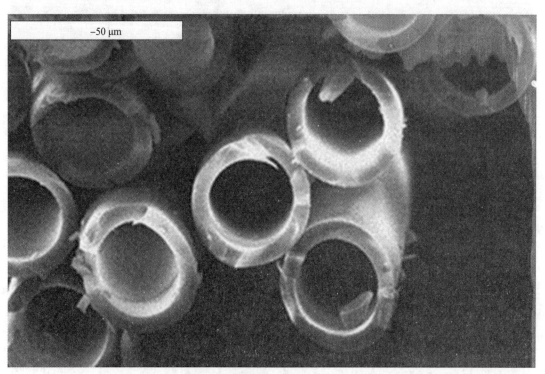

图 2 - 22　通过电子显微镜观察的早期"中空纤维修复"样品的实例。从这些储存库中释放修复剂模仿了
生物的出血机制。这里，交替的中空纤维含有树脂和硬化剂。Dry，C 为 STFC 工作室再造
（Semprimoschnig 和 Eesbeek，2007）

　　更多的科学家和材料工程师在探索自然界中的材料，以期找到"结构更强，性能更高；或结构更轻，用料更少"的方法——朴茨茅斯大学的 Barber 教授团队关于帽贝牙齿的研究很好地诠释了这一主旨（Barber 等人，2015）。研究发现这些小牙齿由针铁矿纳米纤维复合结构组成［针铁矿含有强铁 α - FeO（OH）］，复合结构分布在蛋白质相软基质中。在真空中用聚焦离子束切割法从帽贝牙齿上取下微狗骨形的样品，其拉伸强度为 3.0～6.5 GPa。使用聚焦离子束附到扫描电子显微镜上并"研磨"每个样品，结果可以在图 2 - 23 中看到。断裂时的应变率为 4%～8%。这些数据与最强的人造纤维相当，如 Toray T1000G 碳纤维，其抗拉强度为 6.5 GPa。

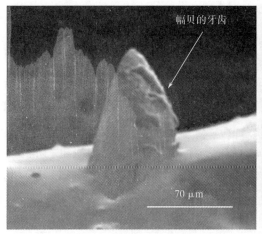
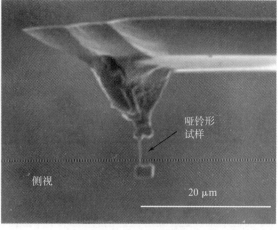

(a) FIB铣削前的帽贝牙齿　　　　　　　　(b) 铣削成"狗骨形拉伸样品"的几何形状

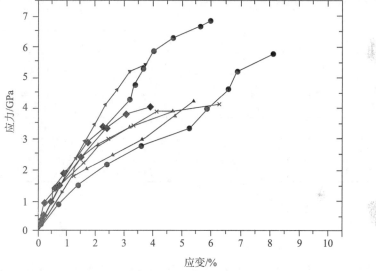

(c) 不同长度的单个帽贝样品的应力–应变图（使用原子力显微镜测试到破坏）

图 2 - 23　扫描电子显微照片（Barber，2015）

7) 另一个有趣的产品是实验室制造的用于太空产品的 Gecko 仿生胶带，例如粘合多层绝缘垫（MLI）和其他反射或保护膜。显微镜观察下已确定壁虎的脚有大约五十万个角质毛，每个毛长度高达 130 μm，直径为人类头发的十分之一。Autumn 等人在 2000 年使用二维微型机电系统（MEMS）力传感器首次测量了单根毛发的粘附性。研究认为毛发的粘合力是范德瓦尔斯力的超效运用。在意大利的一项大型研究中已尝试模仿壁虎的毛发特性（Gregoratti 等人，2013）。他们使用光刻技术在刚性和柔性金属基底上制备垂直多壁碳纳米管阵列（VA - CNT），产物具备一些壁虎粘合剂性质，但初步研究发现，需要解决的问题比得到的结论还多（Gregoratti 等人，2013）例如：壁虎粘合属性会如何响应温度和湿度的变化？它在特定环境中的长期可靠性如何？这种材料表面坚固、可靠吗？并且最重要的是，它们是否可以经济又高效地大面积制造？

8）虽然软木不是航天材料工程师眼中的新材料，但它正获得更多有趣和新颖的运用。由于软木的化学特性和特别的物理结构［在软木橡树（栓皮栎）的树干上生长的天然树皮］，它是航天再入飞行器的重要烧蚀材料。参考表 2-7 所列数据，我们知道软木具有低密度和低导热性。NASA 称软木为自然界的泡沫，软木中 90% 是气体，本质上是由死细胞组成的结构，每个细胞的直径仅为 $30 \sim 40\ \mu m$（Coelho，2009）。烧蚀材料可保护太空飞行器在发射期间以及以大于 7 km/s 的速度再入大气层时免受严酷的空气动力学热力破坏。

表 2-7　三种热保护系统尺寸和性能（经 Amorim Cork Composites ACC，MozelosVfR，葡萄牙许可）

	P45	P50	P60
软木颗粒尺寸/mm	1～2	0.5～1	0.5～1
平板的尺寸/mm	1 270×710	1 270×710	1 000×500
平板的尺寸/in	50×28	50×28	40×20
密度 20 ℃ [1]	0.32	0.48	0.45
拉伸强度/psi [2]	110	250	160
拉伸强度/MPa [2]	0.76	1.50	1.10
伸长率/% [2]	30	13	7
导热率[Btu/(h·ftb·°F)] [3]	0.45	0.50	0.55
导热率[W/(m·K)] [3]	0.06	0.07	0.08
比热[Btu/(lb·°F)]	0.6	0.5	0.4
比热[kJ/(kg·K)] [4]	2.5	2.1	1.9
基板粘合		金属和复合材料	

注：[1] ASTM F1315；
　　[2] ASTM F152,方法 B；
　　[3] ASTM C177；
　　[4] ASTM C351。

在美国首次载人飞行任务（从水星到双子座再到阿波罗计划）的返回舱上使用的烧蚀材料，都是以软木为基础的。航天飞机的固体火箭助推器及 Delta 运载火箭的助推器头锥和截锥体都用到了软木材料。在欧洲，基于软木的烧蚀材料被应用于 Beagle-2 的前后盖，还有 Ariane 5、大气再入试验飞行器和火星快车（Bouilly 等人，2006，2013）。软木在航天产品中的应用见图 2-24 和图 2-25。

软木是耐火的，会被烧焦但不会燃烧。作为热保护系统（TPS），它会经历好几种物理化学变化，而每种变化都是吸热过程。一开始受热后暴露的表层被热降解（烧焦），在热解过程中气体会被释放并流经变厚的烧焦层。气体与碳质层发生反应产生通道，然后气体和反应产物通过该通道作为烧蚀蒸汽释放出去。这样结构中的热能被流经的气体带走。软木复合材料的配方使得当它烧焦时，表层焦材与内部（初始）材料之间的界面引发放热（在较低温度下）或吸热（随着材料升华）的化学反应。烧焦层是良好的绝缘体，它具有良好的发射率，并且由于表面被逸出气体侵蚀，热量进一步从结构中散出。大量研究人员，包括 Asma 等人（2010），对黑色烧焦层的化学反应过程、烧蚀机理和形态进行了广

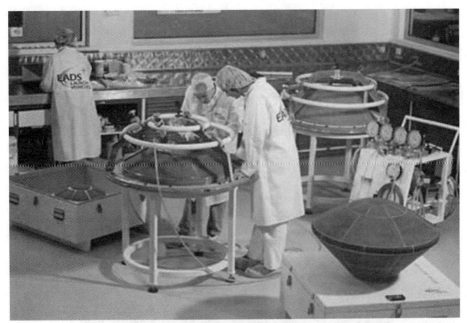

(a) 装配车间的前挡板和后盖检查

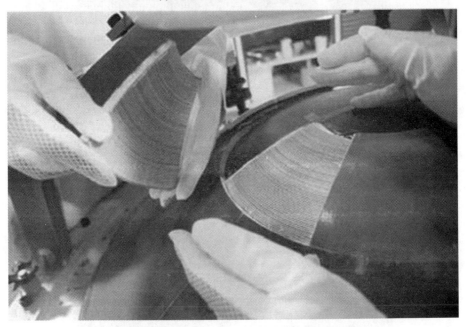

(b) 在生物袋包装和灭菌处理之前粘合前护板防热瓦

图 2-24 配有软木防热瓦的 Beagle 2 火星着陆探测器

泛研究。最近，由欧盟资助的名为 Aerofast 的项目推荐了两种新系列 TPS 软木材料，它们由 Norcoat - Liege 和 Amorium Cork Composite（ACC）提供。研究工作（Pinaud 等人，2014）还建立了一个三维烧蚀模型，纳入 TPS 在不同温度下的分解、厚度的减小以及不同空气动力学模型所需的尺寸。

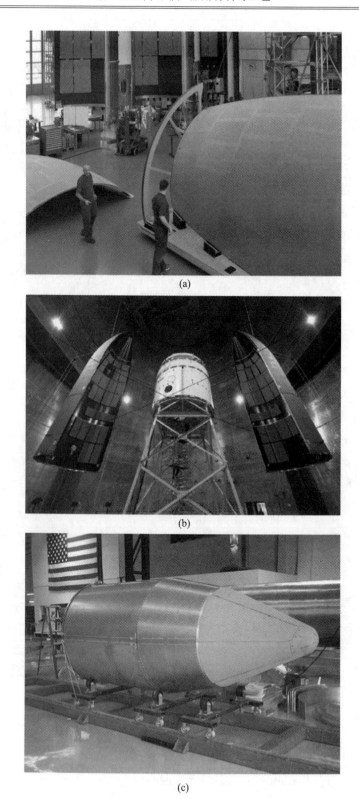

(a)

(b)

(c)

图 2 - 25　软木作为热防护系统应用于现代运载火箭的整流罩和鼻锥，如 Ariane 5，Vega 和 SpaceX Falcon。其悠久的历史包括成功使用在 Atlas 5，以及在航天飞机和阿波罗任务中的应用

　　美国火星探测器的保护层被称为"保护壳"。保护壳由铝蜂窝构成，表面覆盖石墨纤维环氧树脂表皮，再在表皮外覆盖含有烧蚀材料的酚醛蜂窝。烧蚀层是特殊分级软木颗粒、粘合剂和石英玻璃微球组成的独特混合物。这种混合物的机理是当探测器或着陆器进入火星大气层时，摩擦导致烧蚀层发生化学反应并焦化。该过程拥有散热效果，热量被航天器的热尾气"带走"。热保护系统必须能够抵挡在进入火星大气层时高至 1 600 ℃ 的温度，同时保持探测器内部低于 125 ℃ 的温度。可以在所有六个面上形成并分块制成防热瓦，然后用蓝色 ESP 495 硅酮胶粘合到探测器表面。

　　9）膨胀聚四氟乙烯（ePTFE）是一种前景广阔的新材料。它的微观结构与自然界中发现的一些细胞结构相似，如图 2 - 26 所示。ePTFE 在航天领域的主要用途是作为高速数字同轴电缆的低介电常数（1.3）绝缘材料。ePTFE 能够提供高质量的信号以及微型系统的高效性能，其导线截面可小至与 AWG 42 的尺寸一样。ePTFE 拥有化学惰性、耐热性及疏水性，因此也可以加工成高流动性的微孔膜。这种膜可用于载人航天器的过滤系统，形成空气、饮用水净化系统。最新研究表明，可以将 ePTFE 丝填充到纤维增强基质（例如 PEEK）中作为固体润滑剂的储存体。如图 2 - 26 所示，通过不同加工方法能使 ePTFE 的孔隙率达到 5%～90%。佛罗里达大学（Vail 等人，2011）正在进行的研究是：从包含 ePTFE 细丝的孔分离非常薄的润滑剂膜到机构的接触表面，以调节摩擦时的磨损。截至目前的研究表明这些材料在真空/太空环境中都是稳定的，因此这种先进润滑方法最终很可能运用于航天器机构。

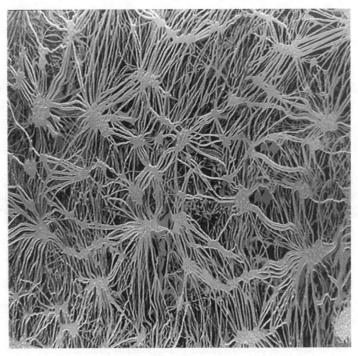

图 2 - 26　膨胀聚四氟乙烯膜的电子显微镜图像。该图像被视为 PTFE 的原纤化形式，具有连接到
PTFE 密集节点的多孔纤维网络。放大倍数为 4 万倍

10）液晶聚合物（LCPs）已通过 NASA 格伦（Glen）研究中心的鉴定，Glen 研究中心在鉴定报告中称其性能优于传统聚合物材料，可制作柔性印刷电路基板、卷成圆柱形的大型柔性环形天线阵列并发射到太空中（Kingsley，2008）。LCPs 具有耐热、高强度和质量小的特性，是制造航天产品的理想材料。截至本书写作之时，LCPs 商业化已经有 20 年的历史了，但现代先进工艺提高了它的强度，并使之易于加工成型为极薄片材和线材。这种线材的直径可与蜘蛛丝相媲美，但其强度却与钢丝相当。LCP 片材可以在 290 ℃ 或 315 ℃ 下熔化，LCP 片材在较低温度下被称为粘合剂，在较高温度下被称为芯材。因此，通过在两个芯材之间加粘合剂，并控制温度略高于 290 ℃，就得到了不可分离的粘合物。按照这种方式可进行片材的多层堆叠，得到柔性多层板，它具有金属通孔、印刷金属衬层，甚至可嵌入器件。LCPs 可加工至 25 μm 厚，具有低于 0.04% 的低吸水率（但是可渗透水），并且可以抵抗由于太空辐射引起的降解。日本宇宙航空研究开发机构（JAXA）将非常薄的 LCP 片材用于制造太阳帆，已部分获得成功。最近，名为 Ikaros 号太空帆船经过了金星，而 JAXA 正在考虑未来航行任务的可行性，即仅由太阳的光粒子驱动，航行到木星和小行星带。

视线转回 LCP 线材，据说 Vectran™ 是世界上唯一的熔融纺丝 LCP 纤维制造商；同等重量下这种纤维的强度比钢材高五倍，且具有高耐磨性、耐切割性，并在很宽的温度范围内具有稳定的良好机械性能。这些纤维可涂覆铜、镍或银，可制成含 20、40 或 80 根单丝的纤维束（Liberator™ 导电纤维）。这种新产品已被用作电缆的编织成辫材料。航天线束制造商将会对该产品产生浓厚兴趣，因为与铜编织物相比，其重量显著降低，如图 2-27 所示。

(a) 标准的镀镍铜编织物

(b) 采用 Liberator™ 镍包层导电 LCP 纤维的新型编织套管

图 2-27　用于同轴电缆的编织套管，每个 11 mm 宽。新型纤维的强度是铜的 15 倍，重量轻 86%；对于 RG142 同轴电缆，采用新型纤维制造的整体电缆比标准屏蔽电缆轻 40%

2.6　空间环境下焊接和连接的可能性

2.6.1　背景

诸如国际空间站（ISS）之类的结构复杂、尺寸和重量庞大的飞行器，不能作为一个完整的结构运输到低地球轨道。必须分段发射并在太空中进行组装（未来任务中，组装可能发生在月球表面或其他行星上）。到目前为止，几乎没有专门针对空间环境下，舱内和舱外（IVA 和 EVA）进行连接和切割的研究工作。本节将重新讨论 Dunkerton 等人的一些研究发现（2001），以及与空间焊接应用相关的最新发展。目前，俄罗斯为太空中使用的焊接和钎焊技术的发展做出了最大贡献（Dzhanibekov 等人，1991；Paton，2003）：

1969 年——Vulkan，电子束焊（EB），低压等离子焊和熔化极电弧焊；

1979 年——Isparitel，通过冷凝和蒸发沉积薄涂层；

1983 年——Isparitel M，钎焊金属沉积；

1984 年——开发出用于切割、钎焊、焊接、加热和涂层的多功能手持工具；

1988 年——Yantar - EB 涂层和焊接；

1990 年——和平号空间站使用通用手持式 3 kW 手动电子束焊枪焊接（图 2 - 29 和图 8 - 33）。

航天员在空间环境中进行了许多冶金实验，例如在 Skylab 太空实验室、联盟号飞船、和平号和礼炮号空间站，Flom（2005）和 Paton（2003）对实验进行了描述。大多数学者关注太空中金属的熔化和连接，Flom（2005，2006）指出，空间环境的真空度高于典型的地球真空室，因此电子束焊接所需功率很小，并且阴极寿命变长，而后又进一步描述了 NASA 的 GSFC 对电子束钎焊的研究。模块化的国际空间站建造期间没有考虑空间焊接，部件之间的连接采用传统的机械接头方式，航天员舱外活动连接方式也一样。桁架接头使用管状零件组装而成，通过插入—扭转—锁定实现联锁。机械紧固方式已经使用了二十多年，操作实例如图 2 - 28 所示。

Watson 等人（2002）对使用机械组装的桁架来组装大型结构进行了研究。后来，NASA 的研究工作组（Dorsey 等人，2012）提出，尽管航天员和机器人可以采用机械连接有效地构建空间结构，但是使用定制的焊接结构将成为未来趋势。

大多数航天器材料都有涂层（例如无机涂料、硅树脂、特殊导电的氧化铟锡、氧化铝、二氧化硅、铂、金和化学转化涂层，如 Alodine 和铝合金的阳极氧化），涂层可以在发射阶段之前防止地面对飞行器的腐蚀。涂层还可以确保飞行器表面特征稳定，例如足够的原子氧防护能力和在轨时恒定的太阳光吸收和发射特性。涂层可能影响之后的连接/切割加工。因此，结构涂层需要在确保稳定性和抗降解性的同时，确保连接/切割工艺可行。

如果考虑使用焊接或其他工艺来维修载人舱，则必须移除 Whittle 防护罩（保护载人舱免受陨石和人造碎片影响，如第 8.4.4 节所述），接近舱壁。如果防护罩和热控层（多层）无法拆卸，则会成为舱外连接/切割活动的物理屏障。

图 2 - 28　1999 年 12 月，ESA 航天员 Claude Nicollier 使用机械紧固工具对哈勃太空望远镜进行维修
（NASA 提供）

　　如果要将连接技术应用于太空组装建造，则必须考虑以下关键因素：

- 材料组成、涂层、形状、厚度；
- 便携性/易用性/工具在真空下的稳定性（例如润滑）；
- 健康和安全；
- 能源需求；
- 表面准备/装配/跳汰；
- 冶金影响和接头性能；
- 必须避免加工碎片；
- 舱内或舱外工艺应用；

· 设备保养；

· 重力效应；

· 接头密封性。

2.6.2　可能的连接和切割工艺

可以考虑粘接、电弧焊、钎焊、电子束焊、摩擦焊和激光焊等"非机械"连接工艺。

根据 2.5.1 节中列出的标准考虑这些工艺，筛选出最有前景的技术，如下文所述。需要指出的是，以下罗列的技术和方法具有主观性，需要进一步评估这些技术和方法的可行性。

（1）有机粘合剂

将两种材料粘合在一起的简单方法，设备相对简单，成本较低。将碳纤维增强塑料部件设计成注入粘合剂的接头，可能是碳纤维增强塑料部件连接的最合适的方法。然而，粘合剂不适合于舱内舱外的一般应用，因为这种接头气密性差，通常在真空下固化前出气率较高，随着时间推移的可靠性未知。

（2）电弧工艺

反对在空间中使用电弧熔化工艺的根本论点是，任何电弧工艺都需要电离气体或等离子体。这意味着，电弧工艺缺乏真空稳定性并且需要大量的气体。气体可以由加压气瓶或助焊剂涂层提供。然而，E O Paton 焊接研究所，首次开发了用于真空焊接的工艺，基于保护气体钨极电弧焊 GTAW 改进，使用空心钨电极焊接，研究活动始于 1965 年。1969 年 10 月在联盟号 6 号飞船上进行了测试，但是工艺效果没有达到预期。GHTAW（气体中空钨极电弧焊）仅需要在大气压下使用的气体流量的 1/100～1/1 000，但是在弧隙区域，即使这种气体浓度仍无法保持。研究开发工作仍在继续，1973 年 Shiganov（1973）研究报告提出，地球上的真空室内可以保持高度稳定的电弧放电。1986 年，罗克韦尔国际公司的 Rocketdyne 部门开始在美国开发类似的空心电极技术。1989 年，Rocketdyne 给 NASA 提供报告，建议进行舱外焊接试验，并在飞机上进行了自由下落和零重力飞行试验，取得了比较好的试验结果（Watson 和 Schnittgrund，1989）。

GTAW 工艺具有以下优点：可以在空间真空环境和航天器内的加压环境中操作；工艺参数公差（行进速度，位置和弧长）较宽；允许手工操作、便于自动化且相对安全。

GTAW 可广泛用于所有常见的航空航天合金焊接，例如钢，铝和钛合金，并且技术成熟。

然而，该工艺存在许多显著的缺点，如：需要供气（气缸较重，需要重新填充或更换）；无法切割；真空中蒸发可能导致电极损坏（需要重新研磨或更换）；蒸发物可能会凝结并污染航天员遮阳板和其他关键表面；此外，电磁干扰（EMI）可能会干扰电子系统，电弧启动时的高压或高频浪涌可能会从其他系统中汲取电能。

因此，GTAW 技术虽然有效，但可能存在其他更优的焊接技术。

（3）硬钎焊

由于缺少合适的钎焊合金，钎焊在空间中组装大型结构的应用有限，特别是对于 AA2219 等合金。在钎焊操作之前，需要去除氧化层（地面存储时）或保护涂层。目前，钎焊合金加热的最合适/通用的方法是电子束方法，但这种技术难以适应受损结构的修复/修补。Flom（2006）开发了一种低温钎焊工艺，热量来自电子枪，在高真空下，通过毛细作用，可以容易地将 Au - Sn 钎焊合金吸入预先准备的接头中（Flon 的电子束钎焊成功应用于意大利航天器电极舱体维修，参见 4.28 节）。

（4）电子束焊

电子束焊接特别适用于空间环境。EB 可作为可控热源，在导电基底上进行钎焊、焊接、切割、原始制造、修复等。焊接过程中，加热材料的熔合区（对于 3 mm 厚度的接头来说大约 1 mm）和热影响区域（熔合区域延伸 0.3 mm）被限制在非常窄的最小区域。相比于电弧焊接技术，加热材料很少，电子束焊非常有效。航天工业应用电子束焊制造空间产品，如第 4.2 节和第 4.13 节所述。虽然激光焊也能够焊出窄焊缝，但是电子束焊接效率更高，可以超过 95%，而效率最高的激光焊也只有 10%。俄罗斯的手持低加速电压（<8 kV）电子束枪［称为通用手动工具，如 Paton（2003）所讲和图 2 - 29 所示］已经在空间舱外活动中用于电子束焊接、加热和切割。

电子束焊接存在两个主要的潜在问题。首先，在光束照射在基板上的点处会产生 X 射线。与通用手持工具一样，选择较低的大约 10 kV 的电压，舱外活动期间产生额外辐射暴露的可能较小。其次，如果电子束在舱外活动期间打到航天员身上（比如说），就会加大航天服损坏的风险。过去，NASA 认为这种风险是不可接受的，但最近的美国一系列相关活动（Flom，2006；Dorsey 等人，2012）表明，当机器人执行操作、维修和电子束焊接任务时，过去关于航天服安全的考虑现在已经可以接受。

太空环境使用电子束焊接工艺和设备不是所有应用场景的完美选择，但目前为许多应用场景提供了最佳折衷选择，并且在未来重要领域将进一步改进和多样化。

（5）摩擦焊

与其他工艺不同，没有关于空间环境摩擦焊接的公开数据。搅拌摩擦焊（FSW）工艺的原理在 4.2.25 节中描述，示意图如图 2 - 30 所示。许多国家的航天器产品制造过程中广泛使用搅拌摩擦焊。简而言之，由肩部和销钉组成的旋转工具产生热量，肩部搁置在待焊接材料的表面上，销钉几乎穿透整个厚度。摩擦热使材料软化，旋转工具向前平移导致材料从工具的前部移到后部，在压力下固结形成固态焊接。需要强调的是，过程中没有发生融合。

搅拌摩擦焊工艺的变种有摩擦锥塞焊和摩擦柱塞焊，同样也适用于填充孔。这几种不同的工艺，其机制从根本上说也不相同。所有这些工艺在完全穿透孔焊接时，效果较好，通常很难完全消除盲孔底部的缺陷。其中，摩擦锥塞焊可能是最重要的工艺，摩擦锥塞焊过程中，锥形塞被摩擦焊接到锥形孔中。如果按比例放大，材料插头可长达 38 mm，设备会变得更坚固、更为笨重，功率要求也会更高。然而，对于 10 mm 或更小的铝材料，例

图 2 - 29　和平号空间站使用的通用手持式 3kW 手动电子束焊枪

（拍于 1999 年，Avtomaticheskaya Svarka，10）

如空间实验室和 ISS 上使用的 AA 2219 合金板，该工艺是可行的。

　　摩擦柱塞焊接设备通常较轻且易于运输，设备间歇使用条件下，可以保证电动机在真空中不会发生过热问题。虽然只能将螺柱焊接到其他结构上，不过拓展一下，就可以应用到许多可能的结构和修理任务中。为减小质量，提高空间使用便利性，螺柱直径可能限制在约 5 mm，但是需要增加电动机转速。图 2 - 31 所示是一种设想，通过摩擦柱塞焊"堵塞"由微流星体撞击航天器增压舱造成的损坏。螺纹螺柱也可以连接到空间结构上，通过在空间中的机械螺钉紧固，组装产品。ESA 航天员执行过类似的舱外活动（图 2 - 28）。

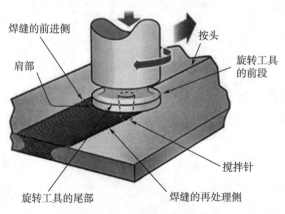

图 2 - 30　摩擦搅拌焊示意图

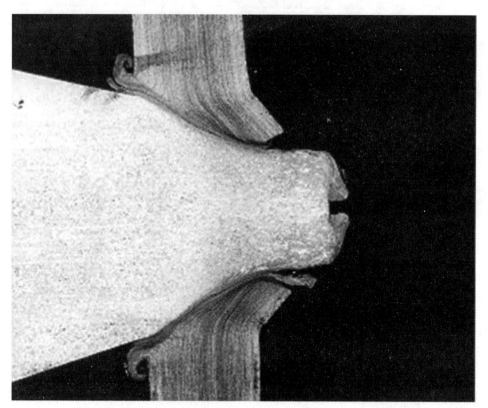

图 2 - 31　3 mm 厚板制成的摩擦柱塞焊缝的微观剖切，包含模拟的冲击凹陷。请注意，没有材料
　　　　碎片产生，并且螺柱和板材之间形成了适当的冶金接头（Dunn 未发表）

（6）激光焊

激光器具有焊接、切割和修复金属的多种功能，并且在一定程度上可用于非金属，是一种非常有吸引力的空间应用工具。二极管激光器效率高、尺寸小、维护要求低，似乎是

最佳选择。然而，从当前发展来看，二极管激光器在功率密度方面不够，不足以实现空间产品材料的焊接或切割。随着二极管激光器的发展，可用的功率密度将提高，未来可能适用于宇航产品材料焊接和修复。

2.6.3　展望

目前，电子束焊接是最适用于太空的连接和切割工艺。特别重要的是，该方法可调整而且操作安全。在空间电子束焊接方面已经开展了大量的工作，并且市场上已经有合适的商用设备。

摩擦焊接在空间环境中具有很大的应用潜力，尽管它更适合于连接而不是切割。摩擦焊接是一种多用途工艺，可用于恶劣环境，适用于航天器结构材料。

第3章　"材料"与产品保证计划的整合

3.1　一般产品保证和材料的作用

3.1.1　产品保证管理

产品保证经理的职责是在航天器项目的设计、制造、测试、处理和运行阶段，运用多种学科技术手段来领导、管理航天器项目。与此同时，他需要确保相对于所花费的经费，每项措施都有利于生产出高质量的硬件。产品保证（PA）适用于每个如 3.2.2 节中描述的航天器模型（即热、结构、工程和飞行模型）。PA 的实际内容可能因项目而异，但通常包括以下几点：

1）质量保证（QA）和软件保证；

2）可靠性工程和评估；

3）项目安全；

4）材料和工艺；

5）器件选择和采购。

在航天工业中，这 5 项 PA 规范与其他行业一样是以高质量和高可靠性为基本准则的。只是在航天器的生产制造过程中，其要求会更严格，因为一旦航天器飞离地面，再想对航天器进行修理/更换零件是非常艰难的（航天飞机曾在太空中进行过少量维修，另外有一些如太空望远镜的项目设计为可定期返回地球进行翻修，比如太空望远镜的太阳能阵列系统）。因此，所有系统在设计寿命内都必须运行良好，如前文提到的，某颗商业通信卫星已经在轨服务了 15 年时间。

在航天领域工作的任何材料工程师、化学家和金相学家都必须充分了解 PA 涉及的 5 项规范准则的内容和作用。这些准则有一定程度的重叠，但绝不能将它归于传统的质量控制（QC）范围内。事实上，QC 是一个多余的术语，它总是可以被一个更明确的词所取代，例如检查、辐照、测试等。下面的小节将分别详细介绍这 5 项 PA 准则，并阐述材料实验室和金相试验的重要作用。事实上，本书中所选择和调研的各种材料，都可以分别归于这几个规范之一。

QA、可靠性、材料和工艺以及电子元器件领域的专业工程师应该都认同实验室的价值，不过如果公司决策者不能感知到实验室的价值，那么公司提供给实验室的资金和支持将会减少，必定引发公司产品质量和可靠性的下降。话虽如此，意图建立工业承包商对于发展未来空间应用先进技术的信心，依旧十分艰难——这方面的内容还包括需要进行破坏性物理分析、失效模式分析等，这些内容将在以后讨论。高层政策必须能体现 PA 经理的诉求——拥有充足的材料专家储备，以及能够为各类航天器项目提供快速功能检验的实验室；这是每个航天工业承包商在产品保证上必须付诸的行动。

3.1.2　质量保证

QA 包含所有与质量有关的事物。它相当于一个管理系统，如同管理设计，工艺设备校准，工艺操作规程，热处理控制和检验与测试。标准冶金工艺取决于预生产的测试样品和金相测试得到的最佳工艺过程变量，制定的工艺标准，以及确定材料和接头中孔隙率或夹杂物的通过或拒收的标准。检验环节经常被称为质量控制行为，是利用金相学技术来获得物理损伤原因及可接受的物理损伤范围。可以基于金相学技术对样品的热处理情况，近似化学成分，机械加工的尺寸公差，或具有复杂形状的电铸硬件进行评估或检验。类似的，有机材料和它们的工艺也将通过在第 3.2.5 节中讨论的各种测试来进行评估。材料的可追溯性是非常重要的，通常用文档记录的方式来保证材料从采购源到贮存再到装配区域的可追溯性。具有固定保质期的材料，如胶粘剂、涂料、密封胶和粘接剂应保存在由 QA 人员标记了产品名称、代码、制造日期和有效期的容器中。此外，这些材料应该附有能详细说明它们应该如何储存（温度限制或可能的制冷条件）的说明书，而且说明书应当指出采取怎样或者可能有效的措施能延长其保质期。

关键材料是指那些需要先通过除气测试、易燃性测试或应力腐蚀测试，才能被航天项目使用的材料。

关键工序是指那些不可逆的工序（产品不能复原）和即将对昂贵而又复杂的器件进行的工序。如果一旦某道工序完成后便不能对其部件或子组件进行检查，那么这道工序也应当是关键工序。涂层、焊接等工序在样品上经过测试且测试结果证明方案可行后，才能被评审为"合格"。

顺便说一句，有趣的是，在欧洲工业界，许多材料工程师在认为他们的事业受到纯技术限制后，已经转向 QA 方向。有些材料工程师认为自己在做决定时考虑很多不确定的因素是非常合理的，但这种行为使得优秀的 QA 管理者对材料工程学产生了一定程度的误解——它是一门不精确的科学！

所有签订了航天工业相关合同的公司，无论是制造商、供应商还是测试实验室，都能意识到质量是生存的代名词。提高生产效率、降低生产成本、按时交货以及提高产品质量等企业战略，在国际市场竞争中是必不可少的。其中有一种利于实现这些战略的方法是申请 ISO 9000 注册，或是根据 ISO 9000 标准向注册商（如伦敦的劳埃德保险公司或美国保险商实验室）申请资格。ISO 9000 是一种审计类型的质量体系，要求公司记录其运作的所有方面的内容。公司通常先将他们所有的运作程序作为标准来记录。他们编写或重写他们的质量规范以保证质量，这将使他们能够长久地达到客户要求的产品质量水平。所有对生产和测试程序的更改都必须有相应的文档记录。在一些老牌材料加工公司中，工艺通常是师徒传承的。例如，钎焊的时间和温度的精确把控并不记录在工艺规程中，作者曾经见过写着粗略温度和时间范围的纸条被粘在钎焊炉上方的操作台上。同样的，清洁工序也因人而异，不同的人在溶剂中清洗印刷电路板的次数也不一样，一些人只是刷一下板子的表面，而另一些人则仔细地用刷子去清除组件下方难以触及的污物，同样地，也没有人关心清洗溶剂多久该更换一次。这样的大环境下，很难编写操作规程，因为这些规程将设定所有人员的工作标准，而人与人之间又存在许多习惯差异。"我们这样干了 10 年了，一直挺好，从没有人批评过"，"这是为 OTS-2 卫星制作的，而这颗卫星的设计寿命只有两年，但是它已经工作了 11 年！"等等。这些评论来自那些尚未接触 QA 概念的人。在编写第 1 版标准时，即使指明这只是初稿，并且收集各方面人员的意见来制定标准，但阻力还是会很大。一些人员认为，如果将它看作是一名管理者，那它的职责就是告诉他们"如何去吸吮鸡蛋"，或者只是为了它的存在而编写的文件。这些人员已然先入为主，不愿接受新的事物，觉得这对他们没什么帮助。更有甚者在负责编写这些书面流程时，会认为这不是"实干家"会做的事。然而，若他们能真正理解这个标准的意义，他们会更倾向于向草案提供意见。QA 并不只是一份检验标准或每个人必须遵循的规则——而是希望通过高效管理，能够使问题被识别、分析和纠正。这并不意味着永远不会出错，而是将错误影响最小化，并使造成发射计划延迟的概率更小。

材料和失效分析实验室需要通过国际管理标准 ISO 9001 的审核和认证。航天制造公司广泛使用这项管理标准来保证其实验室服务质量。不过，该标准并不会评估实验室的技术能力或者检测程序、检验方法或校准是否足够精确得当。ISO/IEC17025 才是评估上述能力的标准；而 ISO 9001 旨在评估实验室工作人员的能力，测试方法是否有效，设备是否符合国家标准，以及实验室自身的质量保证体系是否完备。

执行 ISO 要求的质量体系，能突显并优化小型航天企业的某些弱点。同时质量体系也是一种有效工具，帮助建立管理人员与员工之间的信任并使他们的合作更默契，因为质量体系能保证公司流程的先进性，所有规则都是书面的和文件化的，员工知道他们的工作是什么，他们的工作范围和岗位责任是哪些。另一个好处是，在通过 ISO 认证后，各种冗杂的"质量审计"次数将会减少。机械加工、热处理、电镀和喷漆相关的公司会因此而受益，因为它们可以更专注于自身在线过程控制。客观地说，通过 ISO 审查后的公司废品率有一定程度降低，这些公司能提供更多价廉物美的产品。

在航天制造行业，ISO 9000 及其相关规范的引进，与航天标准（例如欧共体提出的 ECSS 系列标准）的作用类似，不仅提高了行业整体的产品质量，同时延续了先进技术的开发。近年来发展起来的先进技术包括计算机辅助设计和分析（系统应力建模，承载能力估算等），制造技术和工装（数控加工在设计和制造之间的削减措施，计算机控制车床的精确性、灵活性和快速设置），计算机程序（用于统计过程控制和测试与检验设备的计算机化——这可以测量更严格的公差）和材料（如更清洁的、更少杂质的、更少含气量和更高强度的高合金钢）。

3.1.3　可靠性和安全

可靠性旨在确保设计、材料以及各种航天器子系统的工艺选择，都是建立在合理的可靠性工程和可靠性分析的基础上的。近年来，可靠性的概念拓展了一个新的维度，即对航天器系统可靠性的数值预测。在环境测试中或在实际使用中，通过对单个部件、金属接头等的研究，可以预测出他们的"生命周期"。航天器上一般不允许存在单点故障，它们将被冗余的电子电路、机械装置或备份结构所取代，以提高整个系统的可靠性。

在航天系统中，电气与机械部件、金属连接件和结构的可靠性是在预估的应力与环境下经过测试并计算出来的。这些测试方案很大程度上依赖于材料实验室的实验结论，这些报告形式的结论被称为破坏性物理分析（DPA）和故障模式分析（FMA）。DPA 的目的是检查出不符合预期的设计与工艺。通常是从一批机械或电子元器件中随机抽取适当样品，然后对其进行试验与分析。这些样品元器件将进行静态和动态测试（例如在真空中进行振动、冲击、热循环），作为可靠性测试方案的一部分。之后将进行 FMA，来分析当前过程的失效模式数据或查明可能的故障模式。将在后面的章节中叙述几个这类材料试验的例子，涉及航天器结构、紧固件、电池单元、电子元件等的可靠性。

在"载人航天计划"中，例如现已退役的航天飞机轨道飞行器、太空实验室和国际空间站（见图 3 - 1），从安全角度评估其所使用的材料，并对这些材料的易燃性、毒性和气味进行测试。像铍和汞这样的有害金属材料通常被排除在设计之外，但如果采取了附加的安全措施，它们可能被允许应用于如 X 射线视窗或带电粒子推力器引擎中。这类材料都将在其特定的应用场景中进行测试。对易受应力腐蚀开裂的金属合金的测试和筛除（该测试在本书 4.5 节中被描述，测试中试验品处于受压状态暴露于盐溶液中，再对其进行干燥处理，以上两个程序循环进行之后对其进行金相检查，并与未受压的试验品进行比对）则是另外一种安全性措施。与飞机一样，可重复使用航天器的维护，一直被认为优于其他交通工具的保养。为了得到更高的安全等级，航天器设计者、机械师与检验员所花费的时间和精力是其他行业无法比拟的。然而，尽管很少，但仍有因人为过错而导致事故发生的例子。不管事故发生的计算概率有多小，它依旧有可能发生。为了提高结构的安全系数，航天器设计人员会采用冗余负载路径和冗余系统。最后，安全性还包括所谓的断裂控制程序。由于所有的工程材料都含有在加工基础材料或制造零件时引入的缺陷，因此必须使用无损检测（NDT）方法，如涡流、超声波、染料渗透剂和放射学，对这些缺陷进行分析和测试，以确定这些缺陷的检测限度。同时，在无损检测下，使用金相学来量化缺陷的实际尺寸和形态。通常会对完整的航天器结构进行损伤容限筛查。结构部件是被设计用来承受载荷或压力的部件和组件，它们提供刚度和稳定性或支撑或包容。结构部件可以是压力容器、复合结构、接头和其他承重部件。欧洲空间局的太空飞行器将来制造成功后也能通过 NASA 的审批机构（通过了定义项目安全方案及其安全技术要求的标准 ECSS - Q - ST - 40）。

3.1.4 材料和工艺

航天器项目管理将遵循客户和主承包商之间正式商定的合同要求。次级承包商为了保证与项目无缝对接，会遵守同样的合同要求。合同中对材料和工艺有明确规定，涵盖以下

(a)

(b)

图 3-1　（a）空间实验室 1 号任务的早期活动，机组成员 Robert Parker 和 Ulf Merbold 进行了"心脏造影"调查研究。后锥端的电刷焊接区标有箭头（参见图 8-42），飞行后对这些易靠近的表面进行检查，没有发现腐蚀造成的退化迹象（NASA 提供）。（b）地球地形崎岖不平的形貌。国际空间站的照片是由在和空间站分离后的奋进号航天飞机的一位机组人员拍摄的（NASA 提供）

主题：选择的标准与规则；评估、验证和合格测试；申报材料、机械零件和工艺清单的产生和维护；采购与接收检验要求。在欧洲，这些规定通常遵循 ECSS - Q - ST - 70 标准，详细情况应查询最新的标准。完全遵守 ECSS - Q - ST - 70 的要求是最好的，但对一些低成本的项目来说可能过于苛刻，例如那些由学校主导项目的成本优先于高可靠性的项目。附录 8 是为使用低成本的材料和工艺活动的航天器项目而提出的一种基础管理方案——这只是一个初步方案，随着项目的发展，可能需要补充完善。

在附录 10 和附录 11 中虚构示例了一份申报材料清单（DML）和申报工艺清单（DPL）。笔者认为这些 DMLs 和 DPLs 的运用是必不可少的，它们保证了空间子系统的可追溯性，若材料失效在测试阶段可以立即被召回。

航天器制造中使用的大部分材料都是从可以用传统技术进行加工的商业金属合金、陶瓷和聚合物中挑选出来的。这主要有四个原因：

1）承包商更愿意坚持使用验证过的、有可信度的技术。

2）对于新的"最先进的"材料的验证，或对于一个特定空间项目的新工艺的验证，通常需要形成质量文件、工艺控制文件、可靠性测试数据并为此付出更多的努力（和成本）。

3）在航天器上使用的材料数量是以千克为度量单位的，而不是商业材料生产商更喜欢使用的吨。

4）一个新的太空项目从开始到它发射的时间大约只有 4～5 年，从签订合同时再考虑任何新的材料开发可能已经太晚了。

但是，在过去的十年里，我们仍然看到了新的先进材料在结构、机械设备、推进系统和电子设备上应用的优秀案例。如前所述，通常选用的是熟知的"传统材料"和在飞行器上有良好表现的材料，但不可忽视的是，现如今这些材料的设计制造已经采用了近净成型的革命性新工艺，比如 3D 打印技术，或通过特殊热处理以优化粒度并在表面形成特殊防护层。参观空间硬件制造的工厂和车间，能看到许多变化。只有少量过时工艺仍留存，例如绞盘和转台车床被闲置在角落，或偶尔被专业技术人员使用。如今带有驱动工具、自动化桁架式机器人系统和其他先进无人操作 CNC（计算机数字控制）车床成为了公众关注的焦点。购买这些设施不是说对其进行永久性单一设置，使之高产量运行，而是能采用多样化设置，使车床能更具灵活性，可生产航天器所需的各种各样的车削部件。它的刀具库包含多达 90 种不同的工具，通过交互式编程，即使没有经验的操作员也能很快学会如何编程并制作复杂的工件。空间项目需求的各种各样形状的小批量车削部件，现在完全可以在一台车床（金属形状预设为棒状或钢坯状）上制造。在传统的机械加工中，生产小批量产品时使用多种类型设备会导致效率低下。此外，当航天器机构需要更高质量的表面处理和更精密公差时，可以用新一代的研磨工具来完成，例如使用 CBN（立方氮化硼）刀片。理想情况下，是希望能在一道工序中完成完整的研磨方案，以节省时间和操作。旋转磨削头可用于制造航天零件，它具有强劲的 40 kW 磨削轴，转速最高能达到 9 000 r/min。高精度的零件采用补偿机制，能消除热膨胀的影响，被用于制造轻型航天器镜面。根据转动或研磨合金的种类来挑选标准的冷却剂或冷却油。在高压下，冷却剂蒸汽又被工作区域外壳中的真空系统收集从而循环利用。可以说，现代技术已经重新定义了车床和磨床，这些新式、自动化机器可以在不需要睡眠的情况下每年工作 8 760 个小时。焊接技术也与时俱进，例如，20 世纪 80 年代早期 ESA 空间实验室项目（图 3 - 1）的主要结构铝合金全部是2219 - T851 型铝合金，那时通常是用气体保护焊或者电子束焊，而现在同样的变形铝合金由已经被验证过的变极性等离子弧焊接（VPPA）法焊接，该技术为哥伦布、空间站实验室 [图 3 - 1（b）] 和 Ariane 5 推进剂罐（参见图 4 - 57）提供了更高的焊接质量。人们认为 VPPA 焊接将是已经广泛民用的铝锂合金唯一合适的焊法（Ilyushenko，1993）。由于可能是氢化物、氢化碳酸盐或水合氧化物的锂化合物的存在，传统的铝锂合金焊接技术会产生令人难以接受的孔隙度。在焊接过程中，这些化合物随着气泡的演化而分解。它们被固化的金属吸收并形成气孔。目前，搅拌摩擦焊（FSW）已成为焊接锂铝合金空间结构的首选方法。最长的 FSW 焊缝是 445 英寸，由洛克希德·马丁公司在猎户座飞船上完成（用于连接前锥组件和尾管组件）。NASA 马歇尔航天中心 FSW 技术的发展已经大大减少了焊接缺陷，从而减少了在由铝锂合金制作的超轻型航天器贮罐和结构上进行的昂贵而危险的维修（Russell，2014）。FSW 在欧洲被称为航空航天主结构关键技术，同时，这个清洁且性价比高的焊接技术已经应用到许多欧洲航天器贮罐和结构系统的制造上（如铝锂低温 LH_2 和 LO_2 贮罐模型，Ariane 5 的上部及其主推力电机架（Brooker，2001）。FSW 将在本书 4.25 节部分有更详细的描述。

以下是关于在航天器上应用新合金产品时可行性的一般描述：

——如果新的金属合金是由一家工程公司开发的，那么无论它多么有前途，仍不会被用于空间项目，除非与空间项目相关的人员或材料和设计工程师团队，认识到该金属合金的潜在价值。他们需要勇气来评估它，如果新合金没有辜负对它的期望，就会使用它。这些合金，就像以往所有用于空间项目的金属一样，将受到项目 PA 团队特别要求的各种技术学科的一系列评估测试。材料和工艺（M&P）工程师会对评估测试的结果进行研究，研究内容包括其他 PA 工程学科给出的结论和建议。只有当 M&P 工程师确信合金完全适合其应用，且其制造方法不会对航天器的完整性产生不利影响时，新材料才会被批准。所有的评估试验（可能包括应力腐蚀试验、加速疲劳试验、氢脆试验）都采用金相法，这种技术往往会建立一定的试验验收标准。

——工业界有时不愿意执行 M&P 政策，只有较大的空间项目才雇用专门的材料工程师来执行这一职能。为了有效，每个航天器的材料和过程都必须记录在案，然后由 M&P 工程师批准——这一任务将因一个专业支持团队的存在而变得容易，该团队拥有充足的装备并配备材料实验室。

——关于工艺，现在采用的计算机辅助设计很可能意味着航天器的子配件和零件的制造正达到有史以来最小的公差。为了说明现代加工能力对精度的要求，我们可以参考哈勃太空望远镜（HST）有缺陷的主镜这一不幸案例。HST 任务的首要目标是获得比地面望远镜清晰 10 倍的天体图像。或者换句话说，HST 设计原理是定向观察一个天体目标，在数十纳弧度下进行稳定测量：大致相当于将 320 km 距离的 HST 视距保持在人类眼球上。HST 长 2.4 m 的镜面设计为精确计算的双曲面。虽然首次上天的镜面其型面精度是 1/64 的光波长（或百万分之一英寸），但是一个计算错误导致在制造时，中心到边缘的曲率太小，有一个 $2\mu m$ 的误差（大约等于 1/50 人类头发的厚度）。在 1990—1993 年期间，镜子的观测结果显示，照射到镜子边缘的光线最后聚焦到稍微偏离镜子中心焦点的一点，这是一个被称为球面像差的缺陷。航天飞机于 1993 年 12 月成功重访 HST，安装新的太阳能电池阵和新仪器，并纠正了有缺陷的镜面。

航天工业对材料的属性、性能和成本提出了特别的要求，因为它们与安全性和可靠性交织在一起。在本书中，材料的测试和评估将主要关注在特定环境的不同材料性能，以及它们在特定环境中的表现。费用成本很重要，一般来说，选择最适合项目的材料时要考虑到为整个空间项目所采购的材料的价格应当只占总费用的 1%～10%。正如在故障分析相关章节中所指出的，通常最终是环境导致了那些特定的硬件故障。这些环境因素是难以察觉的，所以来自各个学科的工程师必须通力合作，预防并解决与故障相关的问题。与发射装置和航天器故障相关的问题十分复杂，需要一个跨学科的合作来进行失效分析，而材料工程师将在其中扮演一个重要而积极的角色。我想到了两个大家熟知的案例：

1986 年的挑战者号航天飞机事故，最初被观察到的是右侧金属固体火箭助推器（SRB）的下密封接头泄漏而产生的黑烟。这个密封实际上是一个复杂的设计，其中包含一个弹性 O 形圈，是为了防止高温气体在起飞阶段从高压火箭发动机中外泄。发射后的一分钟内，从"压力密封"中泄漏出一团火焰，火焰撞击外部燃料箱的表面，导致燃料箱破裂并释放氢气。在相邻的含氧贮罐破裂后，几毫秒内事故已无法阻止。造成事故的原因是"一个错误的设计，未考虑到许多因素"：事故源头接头的两个金属段间尺寸为不规则圆形（由于先前这个可重复使用的 SRB 的几次使用，该尺寸有所增加，但仍在允许范围内）；在异常低的发射温度中弹性 O 形圈的回弹性（当时佛罗里达发射点温度为 -1 ℃，然而平时大多数发射温度为 24 ℃，24 ℃下 O 形环从压缩到未压缩状态的回弹响应 5 倍于 -1 ℃时）；在接头空间内可能存在冰（发射前一直在下雨，后来的测试显示冰的形成是可能的）；SRB 点火和燃烧过程中产生的应力会轻微打开密封的 U 形连接槽，在低温下，由于 O 形环回弹响应时间较长，这个空隙可能没有被填满。弹性体在低温下会收缩且失去弹性。O 形环材料的力学性能在所有工作温度下都是已知的，然而，在发射时却没有意识到密封处间隙尺寸的变化的重要性，以及 O 形环材料在低温下填充间隙时的弹性降低。

另一个例子是在 2002 年，参考 Ariane 5 ECA 火箭（飞行 157 次）失去控制并在大西洋上空爆炸之前，因其火神 2 号主级发动机出现重大故障而发生的事故。Drogoul（2005）给出的故障分析报告指出，事故源于引擎喷嘴的变形（图 2-13 是引擎图，以及螺旋结构的焊接铬镍铁合金管的位置，喷嘴被流经此管的氢流冷却）。如图 2-13 所示的地面试验，是在大气压下进行的，在试验过程中发现喷嘴受到轴向拉力。导致 157 次飞行失事的故障模式是：随着火箭上升，喷嘴周围的压力下降。在发射过程中压力的降低使喷嘴承受逐渐增大的轴向压缩力，这导致喷嘴上部变形并最终发生弯曲。喷嘴的形变增加了局部区域的热通量，直到镍基合金熔化，冷却系统穿孔。安全指挥员立马下达命令，暂停后续一切发射任务。从这次事故中得到的主要教训是，虽然材料选择可能是正确的，但测试检验者却未考虑到实际飞行环境。大气压力降低没有重现在模拟发射中。

3.1.5 元器件组件的选择和采购

元器件工程师的工作类似于 M&P 工程师的工作，电子组件将从列出的经过测试并获得空间使用资质的类型中进行选购，或者从那些需要通过测试才有资质的非标准设备中选购。元器件工程师的主要目标是确保选择和采购的电气、电子和机电器件（EEE 器件）是为空间项目（无论是运载火箭、空间探测器或卫星）所使用的。通过不断更新和评审"元器件批准文件"，收集元器件数据作为批准空间项目元器件或 EEE 元器件的依据。与申报材料清单类似，元器件工程师将审核每个项目的申报元器件清单（DCL），鉴定项目所需的所有元器件，包括它们全部技术参数、资质数据和批准等级。规定了许多筛查和合格测试，其中尤为重要的是根据器件所在轨道或暴露在电磁辐射下的时间计算得出器件要承的受辐射剂量，对其进行辐射验证测试（RVT）（即太阳辐射中包含的离子和电子以及在范艾伦辐射带和南大西洋异常中捕获的电子和质子，见本书 8.2.2 节）。辐射数据以及足以摧毁航天器的宇宙射线和太阳质子事件，可以从 http：//spaceweather.com 和 http：//www.spenvis.oma.be/等网站在线读取。除特殊的电气试验外，大多数元器件将进行 3.2.2 节所述的振动、冲击和热循环试验。如前文所述，出于辐射下设备退化的预期（在轨的电磁、宇宙和粒子辐射水平不影响金属时），需要进行试验以及对机电设备进行评审。从相对简单的电阻器到高度复杂的微处理器和存储器，所有类别的元器件都需要由某个设备齐全的实验室进行评估。此外，还需要先进的测试设备对大规模集成电路进行特性测试。

符合空间条件的元器件通常被 ESA SCC 规范所涵盖。规范中还包含航天器外围元器件的选择，如连接器、电线、电缆和熔断器。要知道如果在发射阶段连接器引脚断裂、脱落或电线断裂，那么将价值数百万英镑的航天器送入轨道是没有意义的。在规范中材料专家帮助元器件工程师选择最适合在太空中长期使用的材料和工艺。随着空间系统日益复杂以及减小连接设备的尺寸和重量的需求（例如，ESA 集群航天器的 50 km 线束是由 AWG 28 绞线制成的），需进行更加严格的材料测试，以确保连接器的耐用性和电气完整性。Micro-D 连接器是专门为太空市场开发的。它们体积小，质量轻，与传统的矩形连接器相比，具有更高的接触密度。它们有些外壳为铝合金，最后镀金，这些是非磁性的，并能够屏蔽电磁和射频（要特别注意商业连接器，由于其采用镀镉钢外壳，存在升华和磁性问题，完全不适合空间应用）。连接器还新设计了一个硅橡胶弹性体压缩界面密封，在每个触点间及触点与外壳之间提供一个水分和湿度的密封（硅橡胶满足真空下放气要求，而商业连接器中的有机绝缘体会在真空下过度放气）。

电子机箱的设计和材料选择取决于业界公司，以及具体空间项目的合同要求。通常外壳是由表 2-2 所示的抗应力腐蚀合金加工和/或组装而成。必须时刻注意小心，避免在为磁清洁航天器设计的任何电子机箱的表面镀镍——在 4.10.2 节的案例中描述了因化学镀镍而损失惨重的例子。电子机箱包含运行器、框架及放置印刷电路板的空间。一般的电子机箱只能容纳 3 块板子，但是已知的一些复杂电子机箱可以容纳多达 50 块板子，还包括连接器、连接线和电缆以及涂层/灌封材料。这样的电子机箱很重，需要特殊处理方法。众所周知，电子机箱是由铝、镁和钢材料制成的，壁厚必须满足机械设计要求，以确保在振动和其他负载下不会损坏。还要进行辐射分析，通常情况下，所选择的壁厚应该使电子机箱内部总辐射剂量不会超过 10 krad（Si）。一般 2 mm 厚的铝作为屏蔽电子元件的标准材料——因为一些 FPGA 封装器件在小于 100 krad 辐射剂量的情况下也有可能会受到严重影响。由于传统铝盒本身质量较大，人们一直在进行屏蔽研究，试图找到一种轻量化的解决方案。一些想法是使用含有碳纳米管的碳纤维复合材料以及沉积在钨箔上的类金刚石涂层。铝合金盒子通常是用 Alodine 1200 进行表面处理，最后用 Aeroglaze 或者 MAP 的涂料涂成黑色或白色。必须预防静电，为避免静电，操作人员和操作者需要通过手腕和导电鞋来接地。

在电子设备中使用的电线和电缆，如电缆组件和电子机箱内的电线，在空间应用中都被严格控制。由于存在很多产品型号，因此，ECSS 文档指定了符合空间应用要求的类型。这些规范定义了特定系列电线或电缆的要求。它们包括最大额定值、物理特性、设计性（即屏蔽与否、AWG 线的尺寸、线数和物理尺寸）。根据 ESCC 3901/xx 系列规范的相关详细规定，进行了大量的合格测试（包括 250 ℃下的加速老化测试，磨损和耐蚀性等机械测试，焊接性能测试，易燃性能测试等）。大规格电缆（AWG 16 - 24）最常使用的导体是镀银、软的或退火的无氧高导电性铜。较小的规格（AWG 26 - 30）通常为镀银高强度（合金）铜绞线。欧洲空间标准要求在任何一个位置的银最小厚度为 2 μm，这是为了避免在第 6.8.3 节将会讨论的"红色瘟疫"问题。卫星上的配电系统急需减轻质量，所以近年来，选定了镀银的铝导线。绝缘材料一般是聚酰亚胺，交联 ETFE 膜和膨胀聚四氟乙烯。在低地球轨道（LEO）的电缆外皮必须能耐原子氧，实践中发现使用聚酰亚胺/氟化热塑塑料的双重绝缘十分有效。

近年来，随着系统集成商试图从系统元器件中得到更高的可靠性，同时也为了节省更多成本，人们对商用现成元器件（COTS）的使用产生了浓厚的兴趣。这些 COST 器件用于小型卫星、立方体卫星，并在国际空间站和其他航天器上进行科研试验。即使试验失败，也不会危及航天器的主任务。

类似的成本控制是通过使用航天器商用现货（SCOTS）以满足太空项目高可靠性的要求。以某中小企业组装的太阳传感器为例，这些传感器必须具有很高的可靠性，而相关科学的发展，使得传感器的发展前景非常乐观。我们没有使用商用器件，而是选择了高可靠性 EEE 器件，并采购了特殊设计的四象限光电二极管。如图 3 - 2 所示，这些太阳传感器被大量生产，目的是根据市场预期以获得更低的成本（Leijtens，2015）。这些元器件将存放在充有惰性气体的特殊洁净容器环境中——尽管不是刚生产出来的，但它们仍被视为现货产品订购，并能在几个小时内发出。在生产多种元器件的过程中，要求生产方进行更严密的可靠性和资格测试。环境测试的要求更高，并且需要更多的"样本"。举一个简单的例子：

• 辐射测试包括：总剂量 1 Mrad（裸二极管）和 10 161 MeV 电子（裸二极管）。

• 机械环境包括恒定加速度、瞬变、正弦和随机振动，噪声和冲击，例如：三轴随机 30 g（5～20 mm，100 Hz，1 oct/mn 上下），三轴随机 37.9 g（20～100 Hz＋6 dB，1 $g/\sqrt{\text{Hz}}$，1 000～2 000 Hz－6 dB 3 min）；冲击试验 10.000 g 0.5 ms；固有频率测量＞2 000 Hz（刚体）。

• 热循环：－45～＋85 ℃ 1 000 次循环（或 30 000 次双正弦测试，其中基础周期从－20～＋60 ℃，在基础周期上调制一个＋20 ℃ 和－20 ℃，以模仿真实操作环境，因为飞船可能遭遇到超过一年一次的慢周期和每天一次的快周期）。

• 插拔连接器 3 000 次（通常操作为 500 次）。

(a)

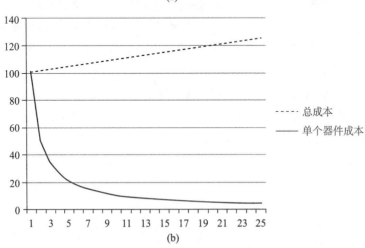

(b)

图 3-2　（a）BiSon 64 航天飞船太阳传感器（提供 64°视野），一种低成本、大批量生产的"重复产品"，是高可靠性航天器商用现货。（b）同一时期，总成本与单位成本随生产数量的关系曲线（荷兰 Lens R&D 提供）

在这些样品经过测试后，它们将在元器件/材料实验室通过物理破坏分析试验（DPA）进行进一步评估。评估过程中出现元器件、连接器和外壳损坏征兆，一旦部件发生断裂，这些失效模式分析将被记录在案。这些记录对于参加评审委员会评审的器件和可靠性专家和工程师来说至关重要，评审委员会负责被测产品的资格和飞行验收。

人们经常注意到，在工业中，器件和材料实验室的地理位置是相邻的。每个实验室都有自己的专用设备，但这两个不同实验室有一个共同的设备，那就是金相学设备（扫描电子和光学显微镜，对样品截面进行磨削和抛光，并蚀刻以揭示微观结构等）。所有元器件和电线/电缆在某一阶段都将进行金相评估，将评估结果作为 DPA 验证的一部分，或作为失效模式分析的一部分。在这个过程中，材料工程师将与电子工程师一起解决问题，努力提高产品的质量和可靠性。

3.1.6　地面吊装设备的控制

与航天器及其大质量的子系统地面吊装相关的最关键的安全因素之一，是安装在起重机、卷筒绞车和起重机上的绳索。这些绳索将昂贵的航天器结构悬挂起来，并将它们从组装大厅转移到运输平台上（货盘），然后运去测试区，最终送往发射点。一些大型航天器结构在 ESA - ESTEC 试验区的吊装情况如图 3 - 3～图 3 - 5 所示。最常用的起重设备使用的是钢丝绳，但是一些承重能力需求较小的系统更倾向于使用合成纤维绳索和塑料复合绳。合成绳索是由凯夫拉纤维制成的——现在它们与钢丝和缆索竞争市场，因为它们质量更轻，而且可以使用更小的电机、吊起更大尺寸物件。相似的，凯夫拉编织绳可用于将小卫星或空间实验设备系束于航天飞机——系绳的直径小于 2.5 mm，能承受 180 kg 负载

图 3 - 3　在 ESTEC 试验区，将 Eureca 航天器吊装到大型空间模拟室，钢丝绳上覆盖着塑料，以防止污染

（约 700 MPa），从航天飞机布置和收回装备只用通过这样简单的一卷绳索（Scala，1996）。虽然有更高强度的绳索可用，但常用的吊装钢丝绳的强度也能达到约 2 000 MPa（Shipley，1988）。

图 3 - 4　Hermes 航天飞机模型的地面操作

钢丝绳是由具有相同金属横截面积的小钢丝绞成的钢丝束构成的。例如，一根直径 10 mm 的实心金属线，刚性很大，少许的"来回"弯折就能使之断裂，但在绞合形式下，相同金属截面积的绳索在柔韧性、抗拉强度和使用寿命方面会有很大的提高。可以看出，通过改变每一束的绳索数量和排列方式（例如，使用高质量金属纤维芯制造绳索，螺旋状左绞或右绞以绞合绳束，或选用高强度钢作为外绞束以获得最佳耐磨性），能使绳索的组合种类变得丰富。然而，这些组合中只有一小部分能满足工业用途，因为需要钢索既有足够的强度与刚度，又能灵活弯曲。昂贵的合金钢和经过更复杂热处理的合金钢很少被用于吊装和固定设备。然而，航天器组装厂房的洁净室里会使用这种合金，因为它们耐腐蚀且不太可能残留粉尘或磨损颗粒。在不那么干净的环境中，这种绳索本质上是成分精确控制的普碳钢和与类低共熔体具有相似含碳量的碳钢。淬火时的等温转变以及连续冷拉得到的加工硬化，是实现绳索 2 000 MPa 强度的主要原因。

图 3 - 5   Ariane 5 的半整流罩模型，等待在 ESTEC 进行声学测试

航天器和物料吊装系统，如手动起重机、动力起重机、墙壁吊和地板吊、抓斗机、吊带和固定装置都必须完全按照操作规程进行维护，维护中还包括检查绳索是否编织散开、磨损和超载。维护计划是每月至少需要进行一次绳索检查，查看其是否有毁坏、拉伸和其他变形迹象。绳索天然为多路并行负载结构，使其具有高度的冗余性。钢丝绳结构本质上是螺旋状的，这通常会导致外部绳束或绳在使用中比内部绳束承受更大的应力，因此在过载的情况下，外部的绳束会优先断裂。然后，在表面剪切力的作用下，绳索中的线束轻微滑动，以承受本该断裂线束承受的载荷。在常规的目视检查中可以很容易地发现断裂的位置。目视检查还能发现是否有磨损、破碎、腐蚀、裂纹和切割造成的损坏。由于吊绳的使用十分粗糙，因此，随着时间的推移，必然会出现一些性能退化现象。地面吊装主管的职责是在材料工程师指导下，时刻关注着设备状态，并在其对操作员和航天器物料造成危害前停止使用退化的绳索和起重设备。目前尚未发生过任何由于绳索或缆索问题造成的航天器吊装事故，这些绳索在高负载下还兼具柔韧性——这可能要归功于其自带的结构冗余性及大量单体编织线束分散吸收了破坏力。其他商业产业曾遭受过灾难性的钢索事故，故障原因大部分是由于腐蚀和局部疲劳（Piskoty，2009）。

3.2　材料实验室

3.2.1　实验室的主要目标

公司级材料实验室意味着拥有超过一百万英镑的设备投资，能够为航天器项目和联合研发项目提供服务，这项工作同时是如前所述的 PA 管理职责中不可缺少的一部分，包含航天器结构的金属材料的选择和审核，对特定应用的电子材料的评估，关键航天器工艺的资格评审，新产品的测试与验收，表面涂层技术，防腐蚀和电气连接的可靠性测试等内容。

测试与故障分析实验室的主要运营目的是，以详细报告的形式为关键设计评审会、材料评审会和故障分析会提供快速学术支持。提交评审的航天器硬件的器件尺寸大小不一，小至在微型电路板上使用热压焊接连接的直径 25 μm 的金导线，大至直径 4 m 的经过锻造和热处理的高强度铝合金锻环，这也是欧洲迄今制造的最大的空间实验室结构锻环。

金相学测试是航天器项目 PA 体系不可分割的一部分，具体描述为以下几个方面：

质量保证（QA）：为建立和控制最佳过程变量而进行金相与机械测试（如焊接、钎焊、热处理、电镀等），然后制定工艺标准。为验收工业生产线（如双面、多层印刷电路板生产线，自动化焊接生产线和关键工艺评估）而制定完备的测试和审查方案。

可靠性和安全性：硬件或零部件测试旨在确保设计、材料选择和制造工艺选择符合可靠性、工程性和安全分析原则，包括"寿命"预测、故障模式分析、鉴别单点故障。硬件将会先经过静态与动态测试（如高温老化、真空下的热循环、振动和冲击），再进行破坏性物理分析（DPAs），这被视为可靠性试验方案的一部分。

材料和工艺（M&P）：新材料的开发与测试和新工艺在应用于航天器产品、筛选金属材料和作为质量保证（如前所述）技术手段前的开发和测试。大部分评估测试采用金相手段（可能是将材料或互联暴露于腐蚀、机械载荷、加速疲劳、氢脆测试或这些环境的组合）。

元器件选择：该项目类似于 M&P，电子元器件是从已经测试过并被批准用于空间项目的元器件和需要通过合格测试的非标准器件中挑选出来的。金相评估手段补充了元器件实验室在玻璃与金属密封、封装、焊丝键合、焊接、电迁移和晶须形成等领域所进行的工作。

3.2.2　设备和仪器

3.2.2.1　宏观检验

宏观检验既会用肉眼检验材料的特征，实际中也会使用 10 倍左右的放大镜。连续变焦的体视显微镜和照相机可以观察并记录材料表面形态，如裂缝、空隙、夹杂物、变形、起泡的涂层、被蚀刻的焊接接头、污物、尘埃颗粒等。宏观检验的应用实例如图 3 - 6 所示；首先对钛推进贮罐内焊缝的形态进行宏观拍摄，然后进行切片和抛光，来展露焊缝的宏观形态。

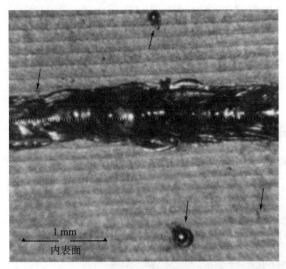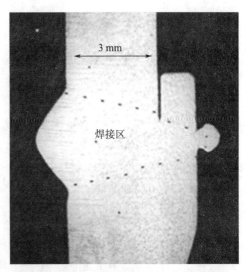

图 3 - 6　肼推进罐的环焊缝。照片中标识出的部位：（a）电子束焊接和相关焊接溅射粒子的根焊缝，（b）Ti6A14 V 焊缝的宏观结构，经过打磨、抛光和蚀刻后，在截面上显现出来。振动会使粒子脱离，导致航天器推进剂系统堵塞

　　需要好的放大镜和光源来进行有效的宏观检查，尽可能缓解眼睛疲劳。传统的头顶照明，无论是荧光灯还是白炽灯，都不适合大多数的检验任务，因为它们都会产生强光，干扰对小部件和细节的观察。光源最好是可调的，安装在铰接的机械臂上，可以用来增强对比度和颜色。光源应与放大镜独立，以减少金属样品的眩光和反射。圆形镜头放大镜适用于小型对象，但是对于大量生产的元件，如印刷电路板，最好是先对每层进行缺陷检查，用矩形或"体育场型"放大镜，这样能同时观察的更多。在电路板放到立体变焦显微镜或照相机前，可以用可拆卸的塑料标志标记感兴趣的区域。专业的检查最后可以使用三维成像技术，可以测量被检品体积，而且三维成像对于检查裂纹、空隙和焊膏量十分有效。

3.2.2.2　显微镜检查

　　通过显微镜进行检查可将被检品放大十倍以上。显微镜检查比宏观检查要广泛得多，可以得到更多的信息。应用方法包括断口形态学（对材料破碎时产生的不规则表面的微观检查）和金相形态学（对金属和合金的微观结构的检查，切割、抛光和蚀刻样品裸露的感兴趣的平面）。对蚀刻的微观结构的正确观察和解释，很大程度上取决于观察员所看到的内容和观察员的理解能力。Bousfield（1992，1997）编写了一份非常好的文献，里面专门系统地介绍了各种材料表面的制备，并对微观结构分析进行了全面的概述。微蚀刻金属和合金的试剂详见附录 3。

　　图 3 - 7（a）所示的金相实验室显微镜，是多层印刷电路板的支撑部分，电路板安装

在室温固化塑料中，然后研磨、抛光、刻蚀形成通孔截面。通过目镜观看感兴趣的区域，或者如图所示，用投影将需要观察的区域放大并显示在屏幕上。配套设备用于制作数字影像和存储，如 35 mm 幻灯片或照片，以及现在已过时的拍立得即时打印。光学显微镜的其他配件包括干涉仪、偏振光照明和显微硬度计。

(a)

(b)

图 3 - 7　(a) 20 世纪 70 年代典型的 Reichert 投影显微镜，能够将被观测区域放大 10～2 000 倍。
(b) 良好的冶金实验室范例，所有的文件都可以追溯到不同的焊接样品，文件和样品用工具
详细记录，永久显示唯一的参考编号（意大利 Foligno，HTC 提供）

所有实验室样品如机械试验件、金相支架等的记录和可追溯性都非常重要。不仅实验室测试报告需要这些，而且在未来几年后也可能需要重新检查，特别是在现代航天器所需的长寿命试验中发生与评估的航天器部件有关的失效时。实验室员工离职和新员工聘用意味着只有在良好的管理和有效记录的情况下，知识的传递转移才有可能实现。良好的数据记录和样本可追溯性的示例如图 3-7（b）所示，这个问题将在 3.3.3 节进一步讨论。

高温光学显微镜在许多实验室都有。利用高温光学显微镜观察样品是研究扩散和相变的一种非常有用的方法，特别是在太阳加热或在重返地球大气层过程中，航天器材料经历温度波动过程会发生扩散和相变。制备好样品，通常是抛光切片，放在显微镜的高温热台上。有些显微镜广告宣称其可在 1 500 ℃操作，这样的高温对于研究难熔金属至关重要，但实际上，如果不进行重大重新设计，很少有仪器能达到这样的温度。完整的检查过程需要耗时数个小时，所以最好将光学图像录制成视频，这样可以反复地研究。高温显微镜能够进行的有效检查包括：焊锡焊接在镀金焊端时，金和锡之间形成的金属间化合物的加速生长；脱水对铝基 Alodine 1200 等化学转化涂层稠化和开裂的影响；观察印刷电路板的 Z 轴膨胀引起焊点热疲劳过程中的裂纹张开位移（参见图 6-17）；观察冶金系统中的相邻相主体，在失去光泽、氧化、反射性减弱时的表现。

很多情况下，更大的放大倍率更为有效。图 3-8 所示扫描电子显微镜（SEM），可以放大到 200 000 倍，且分辨率良好。巨大的视野深度使得它特别适用于检查粗糙的断裂面以确定部件失效的原因。SEM 大多检查无需特殊制备导电样品。SEM 检查不导电部件时，它们就会带电，使得图像质量受损。因此，需要用溅射或气相沉积法，在物件表面涂上薄薄的一层导电材料，如金。最近设计的 SEMs 可以在低阴极电压下运行，电压可以是 1 kV 或更低，并改进了电子束路径控制，这使得电子束很难穿透检查材料表面（Pohl，1996）。通过这些改进，不导电的表面不需要涂层也可以检查。现在可以检查陶瓷、塑料和复合材料的微小表面特征，其横向分辨率可达 4 nm。有时需要检查金属样品基体中的沉淀颗粒、晶界和位错缺陷。这些可以用透射电子显微镜（TEM）来观察，样品需要采用特殊的电化学稀释技术变薄，或者用碳或聚合物材料的薄膜来制作样品表面的复制品用于检查。TEM 分辨率很高，如图 3-9（a）所示。近年来，扫描透射电子显微镜（STEM）已开发用于较厚的样品，而且能够产生衍射图样，表征晶体结构。

材料实验室有时需要检查有机材料，甚至细菌、藻类、芽孢、真菌和人类毛发等样本。后者在洁净室是污染物，即使含量低，也会对集成电路（ICs）等先进电子产品的生产造成危害。它们可能是人为造成的污染，会降低集成电路模块性能并产生污染物，降低 IC 和混合封装电子产品的可靠性。作为空间站生命保障的一部分，正在研究为载人舱寻找可替代的氧气来源。其中一个方案是"微生物生态生命保障系统"。在这个系统中，培养基中培养不同的细菌和蓝藻，将有机废物和二氧化碳转化为食物和氧气。在实验室里用光学显微镜检查细菌，尺寸和形状的检查结果令人满意，但是需要扫描电镜检查才能看到细节（参见图 3-9）。将细菌收集到 0.4 μm 的纤维素滤膜上，用水溶性溶剂清洗，然后

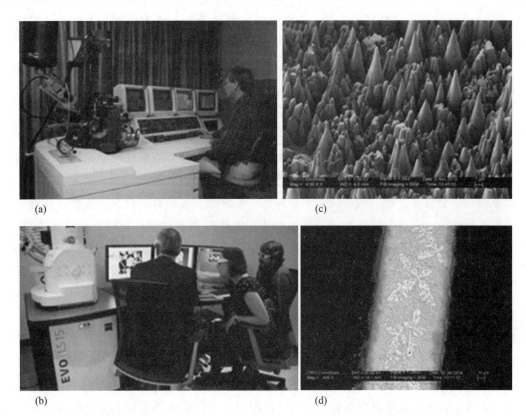

图 3-8　扫描电子显微镜已经得到了发展，(a) 是早期模型，仍然能在实验室里很好地应用，从 20 世纪 60 年代起就一直是材料研究的主力。(b) 是现代版本，如 EVO，可以用于研究有机材料和生命科学样品在纳米尺度上的相互作用（不同的温度、压力和湿度下），在低电压下能够捕获出色的细节。先进的 SEM 及其精密的电子束，对于电子材料研究十分有效，可以实现高达 0.8 nm 的高分辨率成像（扫描模式）和纳米点分析。空间材料科学技术可利用轴上内双透镜探测器从样品获取最大信息，可以在"超高分辨率内透镜二次电子成像（SE）"和"能量选择背散射（EsB）"之间切换，能够检测材料组成中的极小差异。例如，(c) 显示了聚焦离子束孔径经过几次 100 h 曝光，放大 4 000 倍的图像。(d) 是印刷电路板熔融的近共晶锡-铅光面，背散射电子模式下（铅为白色枝晶），放大 400 倍，扫描电镜对比增强了微观结构特征。

[(b) ~ (d) 由 T. Simpson，UWO 和 Zeiss 提供]

晾干。最后在过滤器表面喷上一层薄金层，使用低能电子（约 5 kV）检查，使得有机试样损伤最小。

最近的实验（Thiel，2014）有惊人的发现，DNA 可以在空间的极端条件下和返回地球大气层时产生的 1 000 ℃ 高温下生存，增加了外星生命来自空间分子说法的可能性。用质粒 DNA——一种细菌中自然存在的环状 DNA，制作了 12 个样本，放置于探空火箭的有效载荷及其螺纹的表面。在苏黎世大学使用扫描电子显微镜对飞行前后的样品进行了检查，其中 35% 的 DNA 保留了生物学功能。显然，结果表明，应该采取更为严格的灭菌和其他安全措施来防止地球 DNA 被携带到其他卫星和行星上。同时有人提出，来自外太空的 DNA 可以以陨石方法进入大气层。

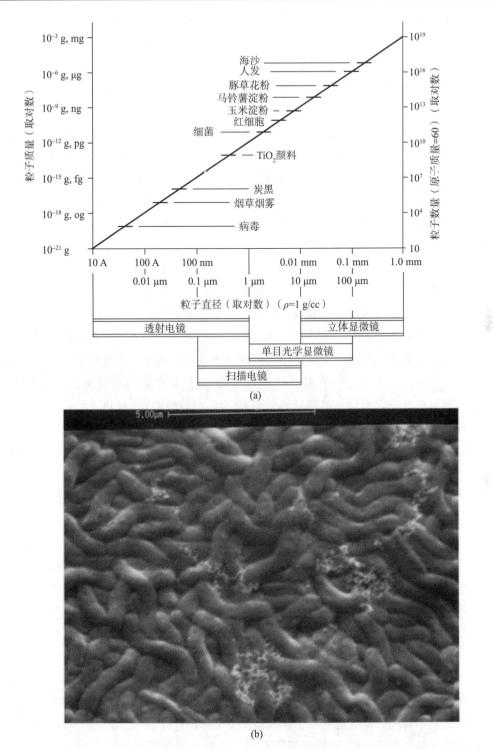

(a)

(b)

图 3 - 9 （a）是 McCrone 和 Delly（1973）得到的在光电子显微镜范围内，粒子直径与原子数之间的关系，用以指导粒度测量显微镜的选择。细菌用扫描电镜和光学显微镜都可以检测。

（b）是载人航天任务应用研究中的一大群细菌的图解（D. Adams 提供）

　　金相试样的显微组织检查的新技术不断发展。最近两种方法包括扫描隧道显微镜（STM）和原子力显微镜（AFM）。STM 扫描用一根细尖的探针扫过试样表面，与表面的距离仅为零点几纳米（nm）。在试样和探针之间施加电势，测量电流。STM 测量试样表面高度，适合检查晶界。对于多相材料，可以在抛光试样的蚀刻过程中，进行纳米尺度操作。

　　原子力显微镜与 STM 类似。同样地，探针以光栅模式精确地扫描样品。与光学显微镜使用机械齿轮定位样品台不同，原子力显微镜使用压电力定位和移动探针在样品上的位置。探针运动的精度可达 0.01 nm。探针安装在软弹簧上，即悬臂上。探针扫过表面时，可能会在表面部分区域受到排斥力而被推开。原子力显微镜通过感知悬臂反射到光电探测器的激光的变化来检测弹簧的运动。然后，光电探测器在悬臂上施加压电力，将悬臂和针尖推回到样品上方的初始位置。这种压电信号通过原子力显微镜的计算机转换成图形。STM 和 AFM 在半导体工业中的应用越来越广泛，因为它们能够检测半导体器件的表面特征，分辨率大于 1 nm。AFM 已经发展成为聚合物高分子纳米尺度评价的强大工具。这种方法的一种改进成果是纳米硬度测试仪，将在 3.2.2.4 节末描述和示例。

　　目前，航天器质量和失效调查的专业实验室采用现代制备方法，来确定材料或部件的晶粒结构、微成分和微缺陷。避免使用切片机对样品进行物理切片来揭示横断面的形态及化学组成（如图 5-54 的阴极发射体切片）。同时避免对样品的机械抛光，抛光很费力，而且某些材料组合下，坚硬的磨料可能会嵌入空洞、裂缝或软质材料（如塑料、易碎的涂料、铟和铅），造成损害。机械抛光还会引入亚表面应变，在光学检查过程中，会导致微蠕变，导致一些抛光晶粒抬起或倾斜，并在显微图像上产生不必要的伪影。聚焦离子束（FIB）显微镜将一束离子照射到样品上面，方法与 SEM 照射电子束非常类似。FIB 是纳米样品制备和微机械零件制造的有力工具，图 2-22 是微拉伸试样的一个例子。Volkert 和 Minor（2007），Hassan（2014）发表了多篇 FIB 显微镜和微机械加工的论文。另一种新近上市的仪器是氩束截面抛光机，氩枪在 2~6 kV 之间的加速电压下运行，用低能量氩离子束研磨样品。操作台上固定样品，初始时，切片区域排列在光学显微镜的光束下。在样品周围区域被掩蔽后，抽离样品壳体，按设定时间，激活光束进行截面抛光。过程是半自动的，研磨过程中不会对样品造成损伤，可以对不同硬度的复合材料进行抛光，运行成本低；据说比 FIB 切片更方便，因为横切面积较大（如图 6-9 所示）。在机械抛光效果不理想的情况下，最近使用了 FIB 和截面抛光工具（Kim，2011）对多孔 WC-Co 硬质涂层切片。两种方法不同但互补：氩离子研磨揭示 WC-Co 的微观结构、多孔和孔隙分布，而且没有对复合材料造成损伤以致其变形。FIB 方法确定了单个颗粒与较软基质之间的内部界面微观结构，为进一步的透射电子显微镜制备了薄的样品。

　　氩离子研磨对于制备银-铝焊接特别有用。这种在微电路上的焊接，很容易因为工作环境潮湿而腐蚀。不幸的是，当液体引起局部溶解时，焊接也会因铝的电化学腐蚀而降解。作为广泛的破坏性物理分析（DPA）的一部分，研究者研究了封装模块中银铝焊接的质量和降解机理（Chen，2014）。只有在"干"离子研磨后，才能使用扫描电子显微镜

(SEM)、双光束聚焦离子扫描电子显微镜（FIB‑SEM）、扫描透射电子显微镜‑能量色散X射线光谱（STEM‑EDS）和飞行时间二次离子质谱仪（TOF‑SIMS）来进一步评价。电化学腐蚀被确定是焊接在电场中失效的原因，进行离子研磨时，可以特别关注微观结构和腐蚀离子对焊接点的降解。

3.2.2.3 化学分析

（1）金相实验室一般分析

SEM中的能量色散X射线分析仪（EDAX）可以对材料进行"即时"元素分析。该设备可以识别出浓度仅为20 ppm的元素，尤其可以很容易地识别从钠到铀的各种元素。该方法只能用于小面积分析，但是具有良好的无损性。分析结果一般是定性的，但是可以利用标准试样开发计算机程序产生定量数据。这种方法主要用于检测未知材料、批量比较、失效分析以及污染分析。航天器微电子设备、微波太阳能电池互联条、电滑环和光学镜片都需要在高度洁净的区域组装或加工。作者一直从事离子和颗粒污染物分析，这些污染物严重地降低了上述空间硬件的质量，作者发现，EDAX可以分析出污染物的化学成分，例如：含有钠、钾和氯的干指纹，含有碳和钙的人类毛发，含有硅、硫和钛的化妆品，含有钙和硫的头皮屑。能量色散光谱法是主要的化学分析方法，为分析处理航天器部件微小人源污染物导致的可靠性危害提供了强力手段。为了更明确地识别污染物，需要利用更多的现代方法。许多的现代化学分析方法，如质谱分析、俄歇表面分析、X射线光电子能谱分析等，通常可以在大公司的网站上获取，需要时也可从当地大学和研究机构获取（更多资料参见第3.2.2.6节）。关于小颗粒识别技术和化学分析的完整介绍，读者可直接参考McCrone和Deley（1973）的工作。

（2）仪器光谱法（关于铝锂合金）

采购金属合金时，需要确保交付的材料符合原材料规范。金属供应商提供的检验合格证书或化学分析记录，必须与采购订单的要求进行比较，这是公司采购货物内部检查的一部分。当合格证丢失，材料或批次鉴定结果丢失，或当金属合金将要用在非常关键的地方要进行资格测试（例如昂贵的断裂力学试验和应力腐蚀开裂试验）时，有必要从交付的合金中取样进行一些简单的机械拉伸试验和化学成分分析。

化学分析的方法必须有明确的定义，并经进行分析的实验室同意。见表3‑2，新型铝锂合金的不同家族成分相当相似。显然，为了区分这些合金，分析技术必须高度精确，而且可复现。

Mr K. David of MTS Daventry Ltd.（UK）就铝锂合金的化学分析方法做了综述。现在几乎所有的铝合金化学分析都用仪器光谱法进行，耗时较长的经典湿法已经被取代。目前最常用的金相分析方法有原子发射法、原子吸收法和X射线荧光光谱法，但每种方法都有其局限性，铝锂合金的分析确实存在一些特殊的困难，总结如下：

X射线荧光光谱法。这种方法的局限性在于不能分析低原子量的元素。虽然现在可以分析铍和镁，但锂元素太轻，无法用这种方法来测定。

原子吸收光谱法。这种方法的优点是相对便宜，但一些铝锂合金中发现的某些元素，如硼，不能用这种方法来测定。

直读式原子发射光谱法。这可能是铝合金分析最常用的方法，在这种方法中，由火花激发固体样品，然后分析产生的发射光谱。但是，仪器需要使用已知成分的参考材料来校准，而目前商业上还没有合适的铝锂认证标准。

电感耦合等离子体激发原子发射光谱法。这几乎肯定是铝锂合金分析的唯一适合的方法。该方法的具体步骤是将样品溶解在酸性溶液中，并将溶液泵入等离子体中，然后对产生的光谱进行分析。仪器仍然需要用合适的标准件进行校准，但由于这种方法涉及的是溶液而不是固体，这些标准件可以用纯元素溶液的"混合物"来制备，可以精确地覆盖各种不同的元素浓度。现代仪器，特别是结合质谱仪，深入拓展了检测极限。

3.2.2.4　硬度测试

金属、陶瓷、橡胶和塑料的硬度测试有多种硬度计可选。金属显微硬度计采用金刚石四棱锥压头，可选择性地以固定负载加载，借助显微镜对试样的压痕进行测量。维氏硬度计（VPN）用载荷除以压痕面积计算，但实际上通常是测量压痕对角线长度，然后查阅表格获取。

硬度测量在两个领域特别重要：制定标准和保持产品一致性（例如，简单的硬度检查可用于检查特定处理的一致性，特定处理包括成形操作、热处理周期或一系列表面硬化过程）。

对于大多数航天器金属部件和子系统，硬度测试在其生产过程中的某些阶段进行。它可以作为粗略的检查，以确定仓库中取出材料的正确性，或在随后的零件制造过程中，作为过程控制措施。伴随着全面质量管理概念发展，将硬度测量纳入统计过程控制成为十分有效的质量管理手段。航天器部件的尺寸范围宽，从小的轴承和微细金焊接线到压力容器焊接和非常大的助推器发动机，任一部件都必须经过正确的热处理和表面处理以达到所要求的硬度。这和正确的机械加工尺寸匹配一样至关重要。硬度与包括钢在内的某些金属的抗拉强度有关，可以作为磨损性能的指标，可以评估热处理后的回火程度，并确定材料是否均匀。

大型部件会进行硬度测试，结果以 VPN 形式记录。典型的测试用来评估航天器气瓶、反应控制系统贮箱（图 3-6）和由 Ti6A14V 通过电子束和 TIG 焊接构成的有效载荷支撑结构（4.4.4 节）的适用性。测试样品制作出来并接受各种焊后处理，如退火或机械应力消除或溶液处理后老化。硬度测试样品很小，价格也不贵。它们可以替代更大的拉伸试验样品，这些样品既昂贵，又不适合在具有弯曲轮廓的焊接压力容器材料上使用。对 Ti6A14V 焊接熔池和热影响区域进行了大量的硬度测试，综合成典型报告（Thomas 等人，1993），得出结论为焊接的航天器部件能够满足力学性能要求，并且没有特殊的理由需要进行任何复杂的焊后处理。

通常使用维氏显微硬度计（见 6.3 节）或努普显微硬度仪（菱形压痕器），在抛光截面测量金属丝、镀层和合金微观成分的硬度。一些新型硬度计使用电子校准方法保持试验台标准的准确性。然而，这些设备只能在宽度大于 5 μm 的表面上测量。针对目前常用的较薄的耐磨表面涂层，如在 5.11 节讨论的 TiC 涂层轴承钢，厚度为 2 μm，研制了纳米硬度计。

根据瑞士生产商 CSEM 公司描述，纳米硬度计的检测原理是，用安装在悬臂弹簧上标准维氏硬度计测量纳米压痕，压头和悬臂通过压电驱动器驱动到精确的表面位置。当压头穿透试件表面时，悬臂梁上的传感器测量施加力——操作完全是由软件驱动的。利用软件自动记录试样的显微硬度和杨氏模量，并通过原子扫描力显微镜对压痕前后的压痕区进行三维形貌检测。薄层镀金试样显微硬度测试得到的图像和典型的力穿透曲线如图 3-10 所示。

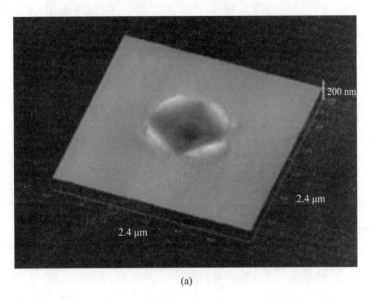

(a)

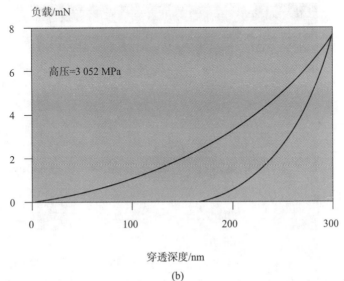

(b)

图 3-10 （a）是镀金层上形成的纳米压痕；（b）是对应的力与穿透深度曲线。显微硬度由卸载曲线在 x 轴上外推确定，弹性模量由卸载曲线的斜率决定（由 CSEM 提供）

3.2.2.5　机械测试

　　材料的力学特性表征为使用条件下应力和应变关系。拉力试验机［图 3-11（a）］可以通过测量过的载荷将标准试验试样在不同的应变率下拉断。负载单元可以更换，可以实现 2N 和 100 kN（通常是最大能力）之间全量程的拉伸和压缩［参见图 3-11（b）］。设备可用于研究温度－150～＋300 ℃范围内所有材料的力学性能（机床固定横梁安装有导轨，定制环境箱可悬挂在导轨上）。设备能够对试样或构件施加相同的重复载荷，进行疲劳测试。

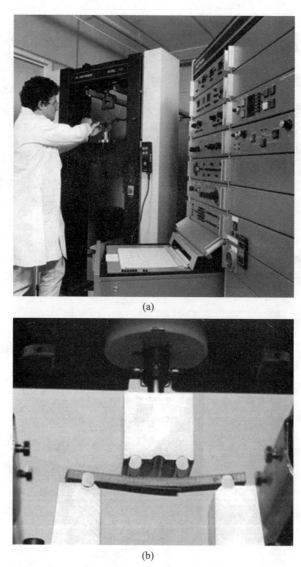

(a)

(b)

图 3-11　（a）是拉伸测试设备，其带有定制的温度环境箱、图表记录器和控制面板。
（b）是相同的设备，工作在压力模式。Giotto 项目中的凯夫拉夹层样品在进行四点弯曲测试
（这种材料被选为 Giottoio 航天器的保护缓冲罩）

　　各种标准形状的试样，包括用薄板或箔冲压而成的哑铃形试件，可进行简单而准确的试验，获取基本材料信息，如屈服强度、极限抗拉强度、延伸率和面积收缩率、疲劳周期等。

　　拉伸试验机还可用于电缆的验证载荷、录音带和传动带的机械性能测试以及焊接接头和粘合键的疲劳试验。

3.2.2.6　热循环系统

　　极端温度－150～150 ℃之间的热循环系统可用于材料及小部件的筛选（图 3 - 12），测试评估循环温度变化对单个部件和材料的影响（例如，由于功率损耗，日常在轨温度如何变化，是否在环境热循环的情况下打开/关闭电源等）。

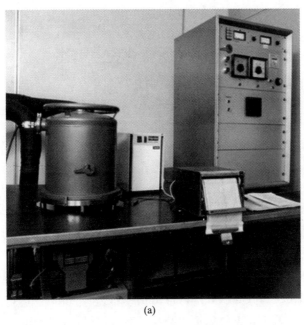

(a)

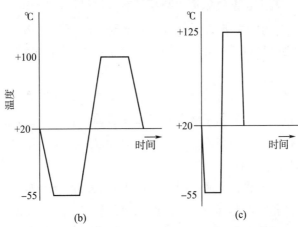

(b)　　　　　　　　　　　　　(c)

图 3 - 12　（a）为真空热循环系统，（b）为热循环曲线，－55～＋100 ℃，温度变化速度为 6～10 ℃/min，
　　　循环周期约为 80 min，基于 ECSS - Q - ST - 70 - 04 和 Q - ST - 70 - 08 标准；（c）是热冲击曲线，
　　　－55～＋125 ℃，温度变化迅速，循环周期时间约为 10 min，基于 MIL STD 883 C 方法 1010，情形 B

　　加热和冷却速率可能是不同的，但研究发现金属材料加速温变试验适用 10 ℃/min 的速率。一些系统在高真空环境中工作（1×10⁻⁶ mmHg），设有观察口和电气连接接头，可以通过摄像头和电子信号监测热疲劳和脆性影响。

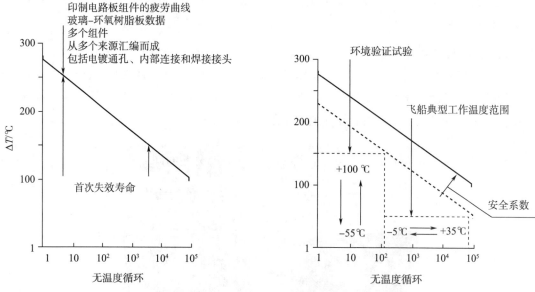

图 3 - 13　印刷电路板组件的热疲劳失效和基于美国空军报告的热循环验证试验

　　热循环是许多航天器硬件失效的重要原因，参与热循环的部件包括印刷电路板组件、航天器热控涂层、碳纤维增强环氧结构、玻璃-金属密封、太阳能电池互联条焊接和太阳能反射器上的金属化焊盘。材料实验室研究表明，退化主要是由相互联接材料的不均匀热膨胀引起的热应力和低循环应变疲劳造成，两个试样如图 3 - 14 所示。为了解决这些问题，推荐项目工程师使用替代材料，加入应力消除弯头。

　　许多材料失效是在航天器系统制造、装配、验收测试和使用寿命中经受的加热和冷却过程中造成的。图 3 - 14 中所示的热机械失效是稳态和瞬态热变化对材料微观结构施加的热应变造成。稳态应变由材料微组分间不同的热膨胀特性引起，而瞬态应变则是整体材料的热梯度造成的。

　　加速热循环试验用于预测航天器部件在各种加工或服务环境中的寿命，在选择试验条件之前需要对这些试验进行充分的了解。可能需要施加某些热冲击，如通过将印刷电路板样品反复浸入熔融焊料中来模拟在镀通孔附近的焊接修复操作。热曲线也可以参照已有的常用标准，如图 3 - 12（b），（c）。

　　热循环试验比热冲击试验更适用于航天器电子系统的评价。如图 3 - 12（b）所示，热循环试验曲线显示升温和冷却速度较慢，温度稳定性更好，产生瞬态应变，相当于处于日蚀中的定向卫星。同时，热循环保持时间越长，将使（即使不是全部）一部分施加的应力由于蠕变机制而松弛，而且，一旦达到半周期，相对极限温度更高的图 3 - 12（c）热冲击曲线加载，材料中的应力将更大。应该指出，焊接接头在操作温度超过 70 ℃时出现问题

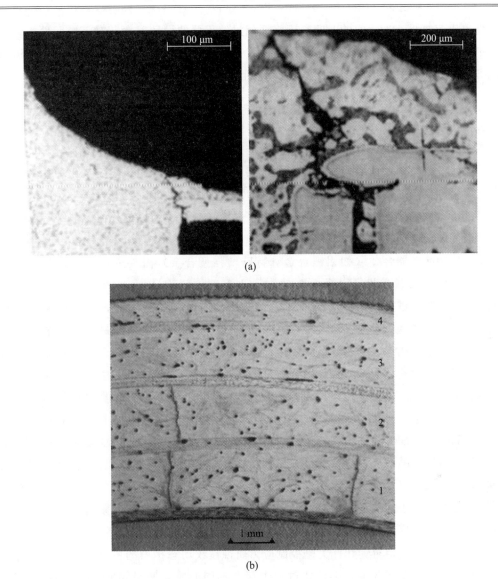

图 3-14　热疲劳裂纹（通过抛光断面金相检验显示）。(a) 未经检验的焊接接头开路故障，裂纹
从拐角处扩展（+100～-60 ℃热循环 200 次），箭头表示金属间生长。(b) 是热循环后 CRFP
结构管横截面，在较厚的纵向铺层中形成了微裂纹

　　非常罕见，特别是基于铟-铅焊料的焊接，在 125℃的温度条件下，金相反应的人工退化在正常的航天器操作中没有发生过。

　　元件组装印刷电路板的大量热循环最终引起在电路的不同位置发生失效。对许多热循环方案结果进行分析，发现可能会存在疲劳寿命曲线，将热循环的大小（相当于应力范围）与产生第一次失效所需的周期数相联系（Halpin，1985）。图 3-13 是军品质量的元件组装多层板热疲劳曲线。作为航天器新技术评估的一部分，可以按照图 3-12（b）所示的热循环曲线，对提交电路进行验证测试。实验结果以热疲劳曲线显示，并假设存活电路的疲劳曲线不低于图 3-13 所示的虚线曲线。新技术应用于航天器时，其工作应力需要小于虚线的疲劳曲线，失效前的时间长度需要超过航天器的设计寿命。对无铅元件组装进行验证测试时，作者根据经验应用了相同的曲线。在 180 ℃和 215 ℃温度条件下，无铅组件焊接出现第一个失效焊接的循环次数可能分别是 3 750 次和 1 250 次（Frear 等人，1993，表 9 - 1）。

3.2.2.7　腐蚀试验

航天器的腐蚀试验需要按照多个国际标准进行。腐蚀实验室设备如图 3 - 15（a）、（b）所示，这些设备用来评估结构材料的腐蚀敏感性和应力腐蚀开裂，阳极氧化和化学转化涂层表面耐腐蚀性，焊接热影响区的晶间腐蚀，涂料的防护性能以及双金属接触的兼容性等特性。电子器件包括组件封装、电池、电缆（电缆在潮湿、助焊剂残留、盐雾等腐蚀环境中应采取的屏蔽措施）。

评估新型航天器合金（如铝锂合金和特殊增强型合金）需要进行大规模应力腐蚀试验，通常在恒定负载条件下进行，3.5％ NaCl 溶液中浸泡 10 min，然后在空气中干燥 50 min，如此交替进行；典型仪器如图 3 - 15（c）所示。注意到，该方法只描述了静态 SCC（应力腐蚀试验）测试方法。根据 SCC 的抗性，方法认为 SCC 最适用于金属合金类（参见 4.6.1 节）。动态 SCC 测试通常在实验室进行，数据可以在数小时内获取，而不用耗费静态持续负载测试方法所需的数周（30 天）。当用变应变速率方法评估圆柱形拉伸试样或预裂试样时，结果只能用于比较同一合金成分系列中材料批次。在高应变速率下，没有足够的时间发生与 SCC 关联的电化学反应，变形过程将依赖于整个试样中发生的位错运动，从而引起颈缩、高伸长率，最终导致金属晶粒穿晶断裂。当试样暴露在腐蚀溶液中时，例如盐溶液，随着应变速率降低，试样对 SCC 的敏感性可能增加，也可能不会增加。这种不确定性取决于几个因素，但主要取决于金属表面被动形成保护膜的能力。如果薄膜形成，它会在进一步的应变下破裂，形成裂纹，产生被测金属的局部阳极溶解。如果应变速率足够慢，在位错运动导致下一个滑移步骤出现之前，再钝化过程将有时间确保裂纹上方形成新的薄膜。合金再钝化能力是控制应力腐蚀裂纹动态扩展的主要因素，其他因素影响氢致开裂。每种金属合金在再钝化过程中存在不同的应变速率阈值，使得动态 SCC 测试的结果很难根据 SCC 敏感性进行分类。选择进行 SCC 测试的最恰当方法必须考虑航天器硬件材料及其适用的工作环境。大多数组件经受静态负载，因为与它们的生存寿命相比，发射周期较小，因此多采用恒载方法。

为了复现航天器电池端子和由 Nilo 42 和 Nilo K 制作的封装电子元件引线的应力腐蚀失效，分别在实验室和海洋大气暴露条件下进行了试验。由于这两种合金在使用过程中均存在塑性应变（弯曲和成形）和弹性应变，因此应力腐蚀试验采用 Thompson（1961）设计的循环试验进行。海洋试验场地和试验样品如图 3 - 16 所示。

Pettersson（2007）对铁镍合金及其焊接件在各种腐蚀环境（一般腐蚀、点蚀、晶间腐蚀、缝隙腐蚀、SCC 和电偶腐蚀）下的检测方法进行了综述。本文论述了应力腐蚀标准的应用。欧洲空间共同体（European Space Community）常用的恒载试验（CLT）似乎也是石油和天然气行业最常用的试验。

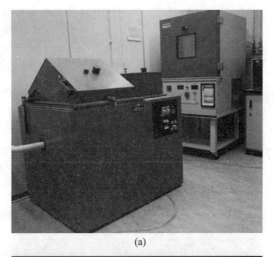

(a)

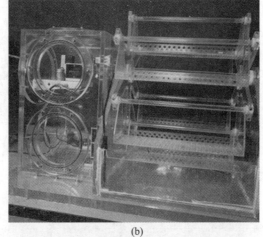

(b)

横载应力腐蚀试验装置

(c)

图 3-15 (a)，(b) 典型腐蚀实验室设备；(a) 盐雾箱（前景）和湿度室，两者都有温度和湿度调节器；
(b) 传输带式地将试样交替浸泡到 3.5％的 NaCl 溶液中；(c) 常规的恒载应力腐蚀试验设备

图 3-16　各种腐蚀试验场地。(a) 退潮时英国海岭岛试验场全貌；(b) 在海洋大气条件下暴露 18 个月后，进行恒应变环试验；(c) Nilo K 试样 18 个月后出现裂纹 (×400)；(d) 美国国家航空航天局佛罗里达州肯尼迪航天中心的海岸腐蚀测试中心概况；(e) 涂层板测试用的海水喷淋设备

（美国国家航空航天局 Luz Marina Calle 博士提供）

3.2.2.8 断裂力学试验

断裂力学的概念和原理相对较新，但是应用该学科可以提供一种系统方法来防止火箭壳体和压力容器的失效。鉴于发射材料成本高，金属合金的优化使用和热处理性能优化越来越重要。损伤容限适用于所有的载人航天器部件，载人航天器部件失效可能导致灾难性风险。应用损伤容限的思想，设计人员必须假设在每个安全寿命硬件中都存在裂纹样的缺陷，并且在设定的时间间隔内，如任务期限或检查间隔，这些裂纹不会扩大导致失效。对代表性材料进行经验断裂力学试验和疲劳试验，或对实际加工的产品进行验证试验，会有极大帮助。重要的是要认识到，裂纹扩展、材料韧性和疲劳性的断裂试验和疲劳试验都受到许多参数的影响，如精密合金成分、热处理、晶粒方向和测试环境等。只有通过广泛的试验，才能获得航天器断裂力学分析的基本材料数据。这也特别适用于复合材料，随着航空航天应用中复合材料使用的增加，复合材料结构的寿命预测越加频繁。

断裂韧性试验和裂纹扩展试验使用表面或内部有裂纹的预裂试件。欧洲空间局的断裂控制要求（ECSS-Q-ST-40，2008）规定了什么时候进行断裂韧性试验，以确定 KIC（平面应变断裂韧度）。试验样品取决于所测材料的形状、强度和韧性。ASTM 方法 E399 一般采用加工了缺口的矩形截面试件。切口从边缘延伸到试件一半深度，试件宽度是深度的一半。首先对试样进行疲劳加载，使缺口根部形成真实裂纹，直到裂纹扩展到缺口总长度的 5%。用移动显微镜对裂纹长度进行监测，在试验后准确测量。AA 2219 锻件试样如图 3-17 所示。样品被拉力加载。测量了载荷与位移的关系，并确定了规定范围内的加载速率，KIC 值查表可获得。试验的方法经公认的规范得到良好完善。试验一般使用以下设备进行：

- 伺服液压试验机，100～500 kN 范围内（计算机控制输入，可变振幅载荷谱，可模拟瞬时和随机负载）。
- 裂纹扩展测量装置。
- 环境温度试验，高压或真空试验，可能在腐蚀性气体或液体环境中试验。

疲劳试验是为了确定材料不发生断裂情况下能够承受的载荷循环次数——试验按照一定的频率，施加一定的载荷循环。对于所有的金属来说，都存在极限应力范围，在应力范围以下，无论加载多少次循环，都不会发生断裂。当存在疲劳裂纹扩展时，可以通过检测试件的抛光边缘来评估其扩展速率［如图 3-17（a）和（b）中所做的断裂韧性试样］。疲劳断裂面将在以后的章节中说明（图 5-2 是典型的疲劳破坏情况的照片），但对于现代金属合金来说，合金的微观结构，使得其疲劳裂纹扩展速率（FCGR）低。铝锂合金具有优良的 FCGR 抵抗能力，这与其微观结构有关。如图 3-17（c）和（d）所示，合金高度的平面滑移特性和纹理的存在，使得疲劳裂纹呈现弯曲的裂纹路径。这种弯曲增加了裂纹扩展所需的能量，阻碍裂纹的扩展。Wu 等人对疲劳裂纹表面的晶面进行了详细的研究；这个刻晶面夹角是 109.5°，和铝锂（III）滑移面与板材轧制方向平行面的夹角一致。

目前的断裂力学测试标准最初是为测试均一金属合金而制定的。对陶瓷、金属基复合材料和金属焊接件进行测试时，必须对测试程序进行修改。

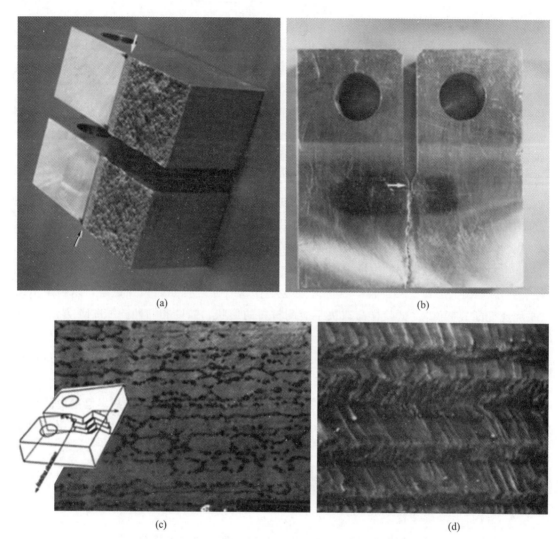

图 3-17 　（a）、（b）经过平面应变断裂韧度试验的试样，初始疲劳裂纹在缺口底部箭头处。韧度是
"在静载荷作用下裂纹快速扩展的应力强度因子的临界值"；（c）铝锂合金纵向向轧制方向发展的微观
结构图，插入的是三维示意图，显示了紧凑的拉伸试样中有利的滑移面相对方向；
（d）断口表现出良好的滑移带

多年来，工业界和国家机构获得了材料强度有关数据。可以利用信息化的材料数据库
来编译这些数据。FRAME-2 包含测试试样原始测量数据（如力、位移、裂纹长度和负
载循环数等），通过曲线拟合或微分等数值方法处理原始数据推导得到的数据，以及用于
验证结构设计的设计数据，如下界值。工业公司可以通过访问 FRAME-2 数据库来协助
选择结构材料。

3.2.2.9　印刷电路板和元器件装配评估

在金相实验室中对 PCB 生产线进行质量评估时进行印刷电路板（PCB）评估。可以研
究新的 PCB 层压及制造技术，以供未来的航天器使用。现有设备可对电路进行外观检查、

导体触点剥离强度测试和接线端子在焊盘亦或在通孔的可焊性测试。

利用手工焊接、自动焊接、微波焊接和卷曲进行 PCB 组件组装以及电线电缆连接是最关键的航天器工艺。实验室设有测试设备,以评估这些连接技术生产样品的材料特性和金相特性:

- 装配、研磨和抛光设备,超声波清洗器,用于焊接接头、通孔等的金相制备。
- 照相机,对来样进行一般照相。
- 焊球可焊性测试仪,对组件引线、导线、端子等进行润湿/脱湿检查。
- 旋转浸渍机,对 PCB 板和通孔进行可焊性试验和浮焊试验,劣质产品的试验效果如图 3-18 所示。
- 拉伸试验机,加载负载进行剥离试验(参见 3.2.2.5 节)。
- 热循环系统(参见 3.2.2.6 节)。
- 层流洁净工作台,为航天器硬件组装和检查提供无尘、理想光照以及 100 级工作环境(US Fed. Std 209a)。
- 立体变焦双目显微镜和金相显微镜,用于电子硬件的质量检查。

在最简单的情况下,PCB 由环氧树脂浸渍的玻璃纤维层合而成,铜导线通过环氧树脂胶粘剂层(称为"上涂层")粘结到环氧树脂层合表面。电子元件通过通孔焊接到铜焊盘。更现代的 PCB 板由聚酰亚胺-石英层压板制成,特别适合于无铅表面贴装元件的组装,如陶瓷片电容和电阻,无铅陶瓷芯片封装等。在更复杂、更昂贵的 PCB 组件中,层压基板包括陶瓷介质、难熔金属三维导体网络和焊盘,焊盘上有一系列金属化端子,电子元件可以在端子上焊接。多芯片模块(MCMs)可以安装在陶瓷层合结构上——本质上是将集成电路安装到一个陶瓷板上,板上集成了一个包含有信号层、供电层和接地层的布线电路。简单地说,芯片载体变成了陶瓷印刷电路或多层板。显然,这些 MCMs 尺寸更小,重量更轻,性能更好(可达传统 PCBs 的 3～4 倍),目前正在考虑在航天器测试标准下认证。

与金属和 PCB 材料相比,氧化铝(Al_2O_3)、氮化铝(AlN)、硅(Si)和铍(BeO)等陶瓷更脆弱,更容易产生微裂。因此,金相制备需要非常小心,在陶瓷表面均匀施加压力。样品应由硬塑料包装,慢慢地磨成感兴趣的程度。样品不适合进行锯切,即使是用金刚石涂层刀片,因为锯切会使样品产生有很长的裂解路径的微裂纹,而且通常不可能充分地回磨来消除裂纹。当测量导体厚度时,必须在金属表面镀上一层坚硬的镍或厚铜层,以防止在抛光过程中产生边缘坡口。对陶瓷 PCB 进行评估时通常不需要任何特殊的培训,只需要强调在操作时格外小心——因为陶瓷板掉落很容易碎。

3.2.2.10　常规无损检测(NDT)

许多无损检测技术可供材料工程师使用,航天器零部件和小部件经常检测到缺陷,如脆性材料中的微裂纹和焊接结构中的气孔。缺陷一般可以归类为:

原材料缺陷(如轧制缺陷、铸件气孔、焊缝、合金元素偏析);

航天器加工缺陷(如钎焊和焊接异常、封装单元位置不正确、分层、加工缺陷、错位);

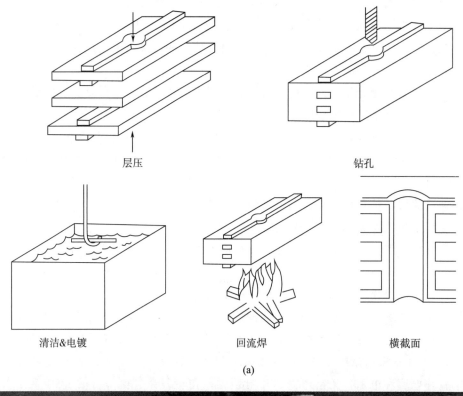

层压　　　　　　　　　　　　　　　钻孔

清洁&电镀　　　　　　回流焊　　　　　　横截面

(a)

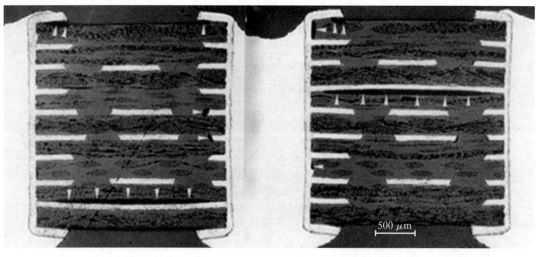

500 μm

(b)

图 3-18　（a）多层板制造主要步骤；（b）多层 PCB 切片显示了靠近高热底层的分层现象。树脂衰退区域也用箭头标出（经过 288 ℃下 20 s 的焊料浮子试验）（Jane Jellison 和 Karen Houlberg 提供）

　　由于过度测试导致的服务缺陷，材料选择不当，疲劳开裂。

　　传统的无损检测技术需要熟练的操作员和记录保存方法。一张好的，清晰的，放大的照片或放射照片胜过许多文字，有时录像带可能有助于检查记录。最重要的方法包括：

外观检查——这可能是最重要的检查方法，依赖于眼睛、放大设备、良好的照明、内窥镜、镜子和显微镜。

液体渗透测试——渗透剂可以是酒精和水的简单混合物，在适当的渗透后，去除多余的液体，令表面干燥。借助染料、荧光添加剂和渗出液染色的纯色薄表面涂层，可以使从裂纹状缺陷渗出的液体更加明显。如果不完全清除渗透剂，会污染航天器。

超声波测试——所有的航天器金属都能很容易地传递超声波振动，这些振动会被缺陷或夹杂物反射或散射（衰减）。方法包括传输、脉冲回声和声学成像。复合材料更难评估，特别是蜂窝夹层板的情况下，应加倍认真检查。

射线照相——可以用 X 射线和 γ 射线检测物体并将检测内容和结果显示和记录在射线照相胶片上。当存在致密物质和难熔夹杂物时，X 射线会发生吸收，从而在胶片上产生光区。空洞、孔隙和裂缝是中空的，表现为黑色区域。由于树脂和石墨纤维的 X 射线吸收相似，有机复合材料可能更难检测。在蜂窝叠层层中，可以使用穿透增强放射照相方法检测脱粘。

敲击检测——可通过敲击金属件发出的声音来定位大缺陷。当金属件受到硬币或小锤子的冲击时，有缺陷的部件可能会发出沉闷的声音。通过小心地在部件表面边缘扔硬币使部件与硬币碰撞发出声音，根据脱粘区域的声音是缓和的而不是刺耳的，可以很容易地检测出表面和蜂窝板之间的脱粘。听诊器可以提高听力灵敏度。

3.2.2.11　摩擦测试方法

航天器的机械装置通常设计包含润滑剂，在空气中进行地面试验或者在真空环境下进行测试，润滑剂不会降解。金属间接触由不同的金属组成，如 2.3 节中第（4）条所述。在航天器的测试和运行过程中常见的失效模式被称为"冷焊"。欧洲实验室称之为"粘附""粘着"或"粘滞作用"。在冲击或微振情况下，两个接触面之间可能发生冷焊。这些表面可能是裸露的金属，也可能是非有机或有机涂层覆盖的金属及其合金。记录在案的案例是伽利略号航天器（Johnson，1989），在微振后发生冷焊失效，当时高增益天线无法充分展开。伞形天线的支架在发射时锁定，未能打开。调查显示，在运输和发射过程中产生的微振使支架在发射前冷焊在一起。更多的例子将在 5.1.2 节中给出。

最近发展的摩擦学测试（Merstallinger，2009）为设计师和工程师提供了机械设计中必须考虑的粘附力的数据，摩擦学测试一方面可以评估裸露的金属接触的冷焊性，另一方面测试预防粘连的涂层的性能。该测试可以对不同的材料配对结果进行比较，并将数据收集到数据库中。

100 N 载荷冲击试验，能够测量真空下循环接触后接触点之间的粘附力，包括静态接触（长时间受压）、缓慢闭合循环接触（静态粘附）以及被 0.02 J 冲击能量冲击后的粘附力。

冲击试验设备包括一个超高真空系统（10^{-8} mbar，130 ℃烘焙）、一个离子吸气泵和一个空气阻尼消振测量系统。接触在一个球和一个扁平的圆盘之间进行，它们就是正要评估的两种金属。球安装在一个由电磁铁驱动的推杆上。采用低摩擦加载系统，粘附力测量的精度可达 1 mN（0.1 g），直接在真空室的引脚上方使用压电力传感器进行测量。传感器测量冲击力和粘附力，即分离两种材料所需的力。

循环加载可以是缓慢的（静态的），也可以是冲击的（动态的）。通过改变球的半径（通常为 2～20 mm），接触压力可以调整到大多数材料的屈服强度。也可以选择将接触面在测试前通过辉光放电就地清洗。

微振装置可以研究微振对材料冷焊趋势的影响。经过一定的微动循环后，测量接触面间的粘附力。加载机制与上述冲击试验相似。在真空下，在直接安装在圆盘下方的 3 轴压电换能器的 z 方向测量负载和粘附力，微振引起的摩擦力在 x 方向上测量。微振（正弦波、三角波或方波）是由一个压电致动器产生的，频率为 0～300 Hz，振幅为 100 μm。横向运动通过一个立方体板传导到针脚，并通过三角测量传感器在接触处控制。

该设备可以模拟轴承产生高频振动，并测量粘附力。

3.2.3　无损检测实验室新技术的使用

3.2.3.1　全息检测仪

本书详细介绍的金相分析方法是基于光学显微镜、电子显微镜以及 X 射线分析的。近年来，随着对更高的监测质量和可靠性的要求不断提高，引入了比前文概述的更为现代的检测方法和实验室技术。它们可以提供非常精确的非破坏性数据，为常规程序作补充。这对于检测缺陷的生长以及确定显微切片制作的最佳位置十分有用。

全息无损检测的有效性将在 5.10 节中作为缺陷航天器天线失效分析的一部分加以说明。全息检测仪（Schliekelmann 1972 年开发）可以对 CFRP 面皮脱层和断裂部分进行独特识别，在进行破坏性金相失效模式评估之前，对损伤程度进行拍照记录。

3.2.3.2　声学显微镜

（1）激光扫描声学显微镜

激光扫描声学显微镜（SLAM）可产生金属、陶瓷甚至生物组织内部结构的图像，如图 3 - 19 所示，这些图像可以实时显示在电视显示器上，SLAM 采用超高频超声产生图像。

SLAM 采用的基本的换能器和检测方案如图 3 - 19（b）所示。图中正在评估太阳能电池互联条焊缝。样品是手持的，便于在简单的样品台上操作。如图所示，声波通过蒸馏水耦合介质传输到太阳能电池样品的底面。

超声波不会穿过空气间隙传播，因此在缺乏粘结的区域会衰减。太阳能电池互联条焊接良好处，光波将穿过，然后经样本的顶部表面反射，传输的声能在样品的上表面产生压力波。振荡的频率与入射波相同，但其振幅的变化取决于底层材料的声衰减和吸收特性。

表面波可以由小光斑大小的扫描激光束探测到，扫描激光束成像分辨率量级为 10 μm。声波图像显示在电视显示器上，其中白色区域对应于具有良好声透射性能的样品区域，区域颜色越深则表示该区域的超声衰减越高。

(a)

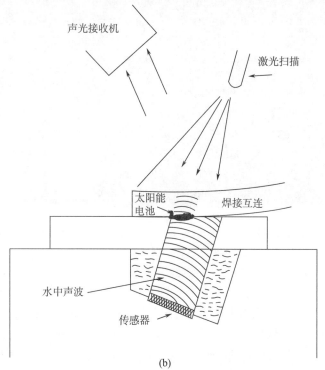

(b)

图 3 - 19　（a）欧洲第一台扫描激光声学显微镜（SLAM），数十年来实验室的主要设备；

（b）太阳能电池连接器焊接区评估（不按比例）

　　SLAM 使用视频信号处理器将激光扫描的信号集成到多个灰度级别，每个灰度级别都有不同的颜色。如图 3-21 所示，这是一个对硅晶片进行 SLAM 检查的例子，其中硅晶片采用焊料预成型方法连接到陶瓷管壳上。虽然彩色图像包含的信息量与黑白图像相同，但它们更便于理解。

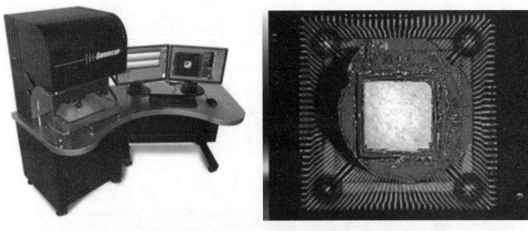

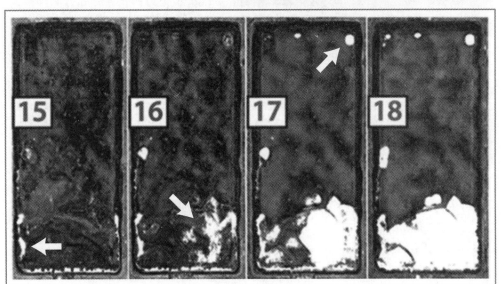

图 3-20　最新的声学无损检测设备 Gen6 照片，在不同模式下拍摄的声学显微镜图像：反射模式下显示 LCCC 设备内部分层（红色区域），扫描模式（传感器两侧的样品）显示陶瓷芯片电容与内部空洞的连续的水平切片

　　图 3-21 (b) 中所示的声像图是对着电视图像拍摄的照片，被称为"声振幅显微图"。除了在整个视野中显示声振幅分布外，SLAM 还提供了一种声波干涉模式。声干涉图［图 3-21 (c)］是一系列的交变光和暗带。对于声学均匀的样品，这些条纹（干涉条纹）是平行等距排列的。

　　欧洲实验室于 1980 年购置了第一台 SLAM，自从它被发现（Dunn，1982）可以作为

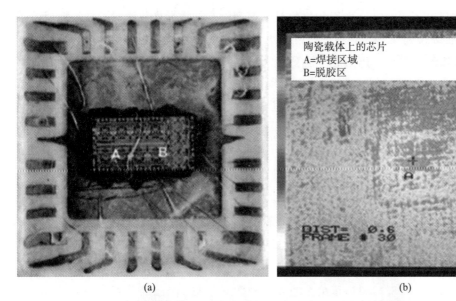

(a)   (b)

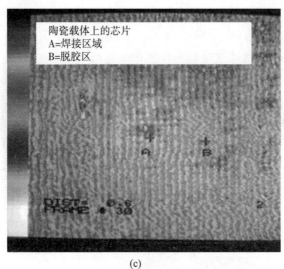

(c)

图 3-21 芯片附件的无损 SLAM 检测。(a) 芯片焊接到陶瓷载体的光学照片；(b) 相同区域的 SLAM
声振幅显微图（彩色增强）；(c) SLAM 声波干涉图显示器件焊接不良（彩色增强），芯片长度 4 μm

一种独特的工具，用来精确地判断连接组成航天器太阳能阵列的成千上万个太阳能电池的
电阻焊接的最初质量，这台设备有效服务了数十年。焊接过程需要对工艺参数进行严格控
制，特别是电极压力和电流脉冲。传统的无损检测方法，包括高清晰度的射线照相方法，
无法确定焊接的质量，参考工艺标准也没有提供这些非常小的焊接区域的有关信息。
SLAM 方法可以很好地解决这一问题，这种方法可以定位和确定太阳能电池金属镀层和互
联条之间的焊接区域，还可以跟踪焊接区域的热疲劳过程。SLAM 方法的精确和高分辨率
已经由详尽的金相学所确认，特制的或者相关联的样品，作为低轨道航天器焊接可靠性计
划的一部分，已提交进行$-100\sim+100$ ℃的循环测试。

SLAM 仪器已经不再制造，取而代之的是一系列没有扫描激光特性的声学显微镜。图 3 - 20 显示的是最新版的仪器和两种操作模式下的图像。反射模式下，引导脉冲超声波到无铅陶瓷芯片载体的底部，利用回波生成分层区域放大的高分辨率图像，图像用不同颜色突出显示。透射扫描模式，在组件上方和下方使用两个传感器，如图 3 - 20 中的晶片型电容器，从顶端到底部可以做水平切片，记录 50 幅图像，每幅图像在厚度上以相同的微小增量进行拍摄，由此可以精确了解电容器内部缺陷的程度和位置。主要缺陷的出现（白色区域以 15～18 的增量），用箭头突出显示，不同材料密度可以通过灰色的渐变来观察。

（2）超声波显微镜（C - SAM）

C - SAM 分析在样本上方放置单个聚集声透镜。匹配的样品通常长度不超过 4 cm，厚度不超过 3 mm。透镜机械式地在样品的顶部覆盖栅格化的超声波"点"，当超声波进入表面时，样品内部每层都会产生反射波（回波）并返回传感器进行处理。高速数字信号处理单元从样品的各个深度采集信息，图像可以从特定深度或透过整个样品厚度生成。高频超声波（10～100 MHz）对材料内部的不连续十分敏感。该方法已经开发应用于许多无损检测程序，比如图 3 - 22 所示和前文描述的 SLAM 应用程序。在某些时候，这种方法可以取代制造破坏性的微型切片方法。金属、聚合物、陶瓷和某些复合材料具有足够的声学透射率来允许成像。C - SAM 成像无法检测在其他不连续点下面的缺陷（Martel 和 Adams，1996；Rameriz 和 Adams，2002）。

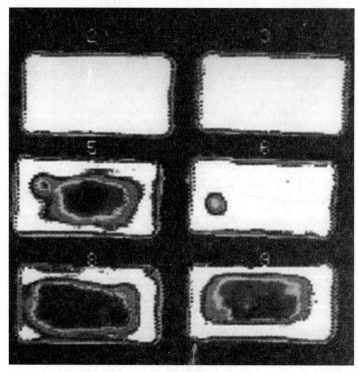

图 3 - 22　C - SAM 检测的裂纹、脱层、空洞和内部缺陷。在表面贴装组装之前，对生产批次的
筛选按照 MIL - C - 123，附录 C 标准进行。声学显微镜显示 6 个陶瓷多层芯片电容器中，
4 个有内部缺陷（Sonoscan 公司提供）

3.2.3.3 高清摄影

（1）X 射线摄影

传统的 X 射线设备主要设计用于在最短时间内获取最清晰的图像。X 射线和伽马射线可以穿透光学不透明的材料的特性是射线检查的原理根据。X 射线图片的质量或者说清晰度取决于射线透过样品传输的影响因素，这包括材料的厚度、材料的组成和均匀性，以及设备的焦斑所产生的初始辐射强度。现代设备利用荧光屏（荧光透视）和感光片（射线照相）来检测传输的射线，视频录像机和感光胶片可以永久记录保存。裂缝和空洞是空心的，显示为深色区域，而材料中的重金属和夹杂物则由于通常吸收更多的辐射而显示为浅色区域。

现在的 X 射线装置，管电压 100 V，射线源为直径非常小的焦斑，约为 15 μm，可用于非常高的分辨率摄影。如图 3 - 23 所示，传播辐射的直接投影放大 20 倍可以得到良好的细节。

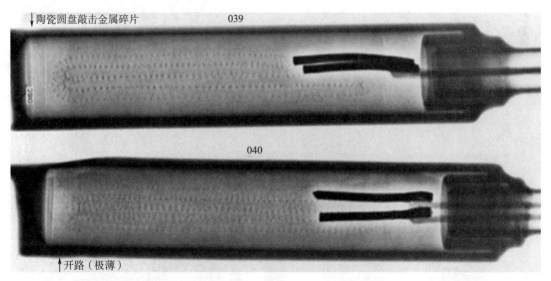

图 3 - 23 寿命测试后的卫星推力器加热器的高清 X 线照片，钢圆柱壳壁厚 300 μm，这种技术很容易
显示盘绕直径 50 μm 的加热器灯丝，并可以检测其可能的氧化或升华

电路或电路内部测试是检测 PCB 组件短路和开路的标准方法。随着多层 PCB 组件密度和层数的增加（有些组件有 20 层），物理测试方法变得不可靠，而且在某些情况下是不可能的。空间硬件更多的是使用 X 射线（微焦斑）方法检查。该方法也用于检测焊接接头的质量，这种焊料比其他任何材料（如铜、硅或玻璃环氧 PCB）更能降低 X 射线的强度。X 射线图像可以快速检测出诸如气孔（内部的焊点）、封装组件底下的焊料成球等缺陷。图 3 - 24 是含有球形孔洞焊点的 X 射线图。这些焊接由波峰焊连接而成，组件的引线没有任何预镀锡。同样焊点的显微切片说明了空洞的存在。对同一批次的组件包也进行了类似的评估，但这些组件根据 ECSS - Q - ST - 70 - 08 规范进行了预镀锡。在这种情况下，焊点不含气孔，显微切片说明其质量良好。Marchaise 和 Glodowski（1991）描述了大量使

用微焦斑射线照相分析的电子故障分析，其中一些说明了在焊点中金污染物的影响，以及由此导致的开路。

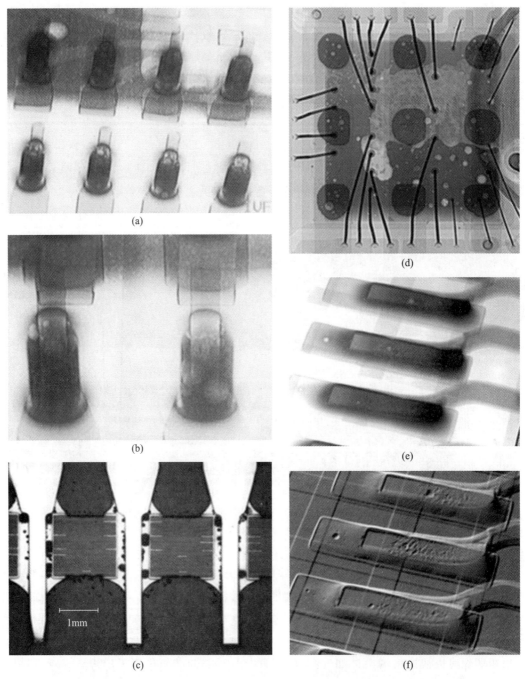

图 3-24　X 射线照相的案例。聚酰亚胺多层板，采用波峰焊接工艺，采用含铅平板封装而成，预镀锡或者没有预镀锡。X 射线图（a）、（b）和显微切片（c）说明了省略预镀锡的负面影响。（d）清晰地显示了 IC 芯片的空洞形成；（e）标准的 X 光片；（f）中，相同的平面封装焊料，在引线和 PCB 之间有更清楚的空洞（丹麦 Hytek 提供）

（2）中子射线照相术

同样地，中子射线照相术也能在胶片或实时成像设备上生成元件和材料的图像，这里中子被用作穿透辐射。

中子射线照相术在评价由复合材料制成的结构和航天器组件时尤其有用，因为热中子被氢、碳和硼元素高度衰减。由于碳氢化合物胶粘剂具有高中子俘获率，因此可以很容易地使用中子射线照相术对铝蜂窝表面的粘结面进行检测。充满非常薄的胶粘剂和低体积胶粘剂的区域将会比覆盖在厚层的有机材料的区域更暗，因为有机材料对中子束完全不透明。中子射线照相术有其特性，即中子能够穿透诸如钢、铀、甚至铅等重金属。特别地，它可以对许多轻质材料成像，如塑料和含有氢、碳和硼的材料，即使它们被包裹在致密的金属中。

中子射线照相术用于一些关键航天器部件的无损检测，如：

行波管与其供电单元之间的高压电连接器（用于控制环氧树脂回填连接器内的气泡，因为这些气泡会导致电晕击穿）。

如图 3 - 25 所示，控制电缆切割器和分离螺栓。

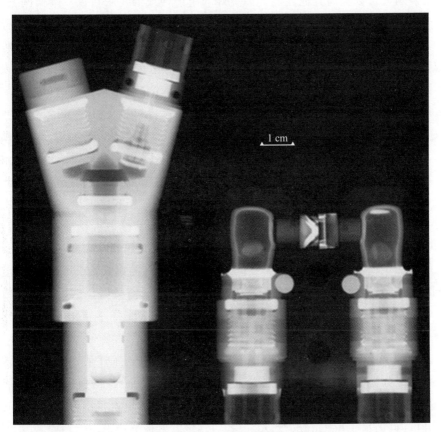

图 3 - 25　航天器爆破切割机的高清中子照片。为了提高可靠性，两种设计都包含两个电流点火的
起爆器。人们在意的是防止装置点燃后，炸药逸出密封系统，造成破坏

（3）计算机 X 射线断层扫描

复杂组装的航天器硬件可以使用广泛应用的医疗检查设备进行计算机辅助断层扫描来检测，比如电子机箱，它包含多达 20 个封装的 PCB，为了防止发射期间的振动损坏，PCB 完全嵌入在泡沫材料中。同样的自动射线照相方法也可用于复合结构，复合结构中不同密度可能并不足以区分它们，并且/或它们的图像可能在视图的方向重叠。利用计算机方法对 X 射线图像进行数字化处理，提高图像质量，可以对厚度切片进行检测来确定缺陷的精确位置。

NASA 使用高度可靠的多层 PCB，有多达 50 层，通过层析成像（一种横断面 X 射线检查）定期检查穿透孔是否有焊料填充。如图 3-24（a）所示，透射 X 射线图像，不能将顶部焊接圆角与底部焊接圆角区分开。层析成像可以通过对与它的表面平行的一系列的切片成像解决这一问题，进一步的例子在 6.15.11 节描述。

3.2.3.4　声发射监测材料和焊缝的损伤积累

相对于传统的合金材料，先进的航天器结构和某些机构采用复合材料制造，以提高比强度。复合材料还可以提高其他性能，如更好的耐磨性或低线胀系数。金属间复合材料、金属基复合材料（IMCs、MCCs）和纤维增强塑料（FRPs）的力学性能在很大程度上取决于基体与增强体之间结合的完整性。对应力作用下材料的声发射（AE）的一种较为现代的探测技术正在研究之中，它可以为研究力学性能退化、界面脱粘和微裂纹的发展提供一种直接方法。Hinton（1995）对该方法进行了概述。AE 是指从材料的微观区域产生的各种动态能量传递机制产生的相对低振幅的声波。参考 ASTM E610-82，AE 的定义是：“声发射是由材料内部快速释放能量产生的瞬时弹性波。”在金属中，如图 3-26 所示，声发射可能是夹杂物的开裂或脱出，以及滑移线的相互作用。双波段和晶界裂纹的形成也会发出声发射信号（一个极端的例子是纯多晶锡，当它改变形状时，会释放出一种容易听到的声音）。在复合材料中，声发射信号由纤维断裂、基体损伤和之前所述的基体中强化粒子的脱层和拔出产生。

传统的声发射探测方法是将传感器直接或通过耦合装置放置在被测物体表面。传感器是压电晶体，如压电锆钛酸盐（PZT），作为传感器，它对振幅低至 25 pm 的声波非常敏感（Pollack，1989）。信号经各种波导、电子放大器和电子滤波器，然后由二级放大器处理并最终显示在示波器上。利用连接在设备或结构表面的多个传感器，可以精确定位材料内部缺陷来源（这可以被视为类似于寻找地震震中）。

声发射检测（Hamstad，1986）对很多航空航天材料进行了评估，但由于无法单独使用这种技术来区分损伤模式或失效机制，材料工程师对这种方法的反应有些冷淡。然而，声发射反应行为已经用于作为焊接马氏体时效钢和航天器的压力容器的控制验收标准，并进行了验证压力试验（Chelladurai 等人，1995）。声发射检测还被用于监测 Inconel 901 样品中的疲劳损伤，并预测裂纹萌生的发生（Fang 和 Berkovits，1995）。作者还发现，声发射测试所确定的阈值应力强度因子值与常规断裂力学测试所得到的值近似，但声发射检测大大降低了时间和成本。

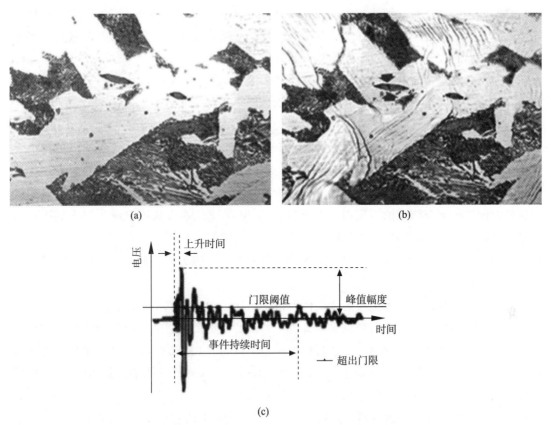

图 3-26　(a) 含铁素体、珠光体和硅夹杂物的 0.33C 压力钢容器的抛光和腐蚀组织。(b) 在验证载荷
作用下（裂纹形成前很久），二氧化硅夹杂物断裂，箭头之间。(c) 这一事件产生的声发射信号简化图。
抛光钢试样在 7% 延伸率时停止加载，当滑移线和吕德丝带相互作用，位错运动产生声发射信号
（Dunn，未出版的报告）

　　声发射检测的主要优点是，它已经成为一种成熟的技术，可以用来帮助复合材料的生产和质量控制。例如，在验证荷载下，可以对航天器硬件进行声发射监视，以便进行第一次损伤检测、缺陷检测和故障预警。此外，由于残余应力释放引起的声发射可以用来监测热加工或机械加工过程。

　　20 世纪 60 年代，声发射工业应用于监测建造协和超声速客机的材料，现在声发射应用于研究空间材料中的微裂纹，如玻璃碳混合物和凯夫拉复合材料（Perami 等人，1992），铝和钛基复合材料（Roman 等人，1992），缠绕在内衬/芯棒压力容器上的石墨-环氧树脂，容器由两个在赤道处钨弧焊接的铝半球组成（Downs 和 Hamstad，1995）。声发射的应用方式与 4.8.3 节中讨论的 MAGE 远地点助推发动机纤维缠绕研究开发过程中的参考标准类似。在此，制造工艺参数的优化部分取决于压力容器达到验证载荷和实际破裂压力增压过程中产生的声发射响应。Ariane 4 运载火箭各种有效载荷整流罩（SPELDA）的设计制造过程中，使用了声发射技术进行过程质量控制。每个 SPELDA（见图 2-7）在多颗卫星发射中承受压力，提供空气动力型的外部保护层，在每颗卫星旋

转和脱离进入太空之前由爆炸装置释放。整流罩由薄碳纤维增强塑料外壳通过铝制承重环连接而成。这些粘接接头由于纤维含量不同以及小空隙的存在，难以用影像学或超声等无损方法进行检测，但可以通过声发射对其进行评价。Cole 和 Thomas（1989）介绍了欧洲火箭这一部分的测试装置，其中，传感器位置如图 3-27 所示。事实上小空隙对于接头强度没有影响，因为最关键的是 CFRP 和铝表面之间界面结合。在铝与 CFRP 之间和 CFRP 与 CFRP 之间的连接区域的表面安装了许多传感器。声发射测试的主要方式是使 SPELDA 受压（模拟发射过程中载荷和整流罩受到的压力）。任何不可接受的声发射都可以提供失效的早期预警，以便在最终失效发生之前停止测试，并确定问题区域，经过材料审查委员会的审查后，有可能将结构重新调整到可接受的水平。这种置信度的参考标准通过对加载到失效的过程和鉴定模型的声发射测试得到。与 20 年设计寿命的航空或者航天飞机不同的是，一次性运载火箭的典型失效标准包括：90% 负载时，费利西蒂比（FR）大于 0.95，重复加载时的声发射起始载荷与原先所加最大载荷之比，称为费利西蒂比，压力下没有声发射的突然增加。

航天器材料经常受到苛刻的温度条件和快速的加热和冷却。由于复合材料中的各组分热膨胀系数不匹配，会导致热微裂纹和分层。潜在的可重复使用的航天器材料如碳增强双马来酰亚胺或聚酰亚胺耐热型基复合材料在 +250 ℃ 和 -100 ℃ 之间开展热循环试验，冷却速率分为低和高（15 ℃/min）（Favre 和 Raud，1995）。样品使用了特殊的耐热探测器。在整个测试过程中收集声发射数据，发现声发射集中于循环周期的冷却部分，从 -110 ℃ 加热后，声发射停止了。这项研究之后还进行了可量化的射线照相和金相学试验，但总体结果表明，与时间或环境相关的参数非常复杂，需要更好地理解这些材料才能应用于实际。

其他航天器部件声发射相关的应用包括：

1）装有嵌入式传感器和机载监视器的智能贮罐，用于在航天飞行期间提供安全的高压气体或燃料贮罐。

2）ESA 的空间站裂纹检测系统研究表明，使用射弹撞击其铝制模块的内表面，并从位于结构周围关键位置的声发射传感器记录其标称寿命开始特征。异常高的载荷或任何裂纹都会改变模块的声发射特性，即使由于面板和设备的原因无法访问缺陷，数字分析也可以指出缺陷的位置。

3）可用于陶瓷电子元件热循环或 PCB 组件弯曲过程中裂纹的检测（Prymak 和 Bergenthal，1995）。

3.2.3.5 残余应力测定方法

残余应力是由于非均匀塑性变形而在金属内部形成的宏观应力。通常这些应力是金属冷加工的结果，或是在铸造、热处理或焊接过程中产生明显的温度梯度引起的。由于在运行过程中或在轨道上的太阳能加热过程中，电子组件的散热，航天器的硬件也可能产生残余应力。这里，应力可能来自接合材料的线膨胀系数的差异，在焊接互联的情况下，甚至可以导致蠕变和热疲劳失效。如果应力敏感型合金暴露在潮湿的环境中，残余应力的存在可能引发应力腐蚀开裂。它们还会促进金属晶粒硬质相的析出。例如，在宏观应力和间隙

图 3-27　在负载平台上进行压力测试，SPELDA 顶环上安装有声发射传感器
（由英国物理声学有限公司提供）

氢原子的作用下，钛及其合金会因氢化钛的形成而脆化。这些以及其他许多关于残余应力的破坏性影响的例子，在本书中随处可见。

　　由于焊接过程中存在较大的热梯度，焊接是金属中产生多余残余应力的最大原因。从图 3-28 所示的示意图可以看出焊接引起的二维应力。最关键的空间硬件由焊接结构组成。考虑载人航天器的加压结构中不允许泄漏以及长寿命要求，主要采用 AA 2219 的焊接结构。同时设计压力容器存储运载火箭和卫星的不同流体和推进剂，通常用 AA 2219 或钛合金 Ti6A14V 制造。焊接操作改变了这些合金的微观结构，改变了它们的力学性能，但是还引入了应力，这些应力可以是正的，也可以是负的，其强度高到超出了材料的屈服点，从而导致零件变形。在钛推进剂贮箱设计中，焊接区域的总应力水平是众所周知的，这十分重要，对焊接区域点应力水平的了解使工程师可以确保贮箱在储存期间的安全。因为在发射阶段、使用寿命期间，应力都是动态变化的。焊接区［母材、热影响区（HAZ）和焊缝］的总应力是残余应力的总和，这些应力是由贮箱及其推进剂的重量造成的。

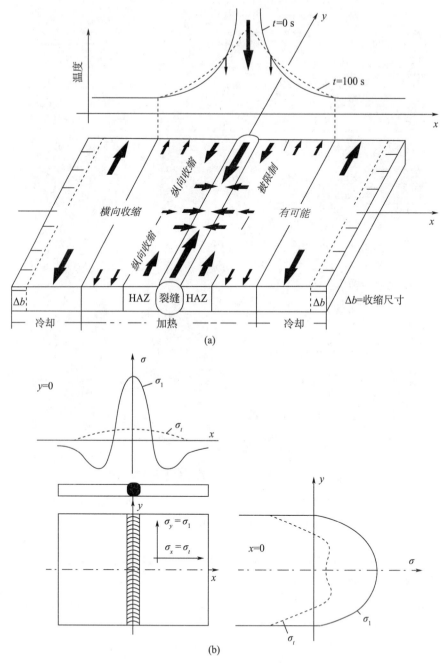

图 3 - 28　（a）焊接板不同时间的温度分布及其收缩过程。（b）同一焊板残余应力的纵向分布

33 mm 厚的锻制 AA2219 板材经 2319 填充金属多道次 TIG 焊接，极高的残余应力导致板材弯曲，证实了残余应力已超过填充金属 280 MPa 屈服强度（Verderaime 和 Vaughan，1995）。

对于薄壁钛压力容器（屈服强度为 820 MPa），环焊缝热影响区的残余应力为环向拉伸和纵向压缩。焊后环向应力可达 375 MPa。这个值是从下文（1）中描述的"孔钻应变测量方法"中得到的。经过适当的去庆力热处理后，残余应力明显地下降了一个数量级，降至约 37 MPa（Haupt，1996）。对于类似的贮箱设计，而由不同的制造商生产［见下文（3）］，采用中子衍射测量结果表明，焊接时的拉伸应力较低，减压效果较差。

残余应力测量的主要方法，按其在工业上的普及程度，描述如下。

（1）钻孔应变测量方法

此方法由 ASTM E837 方法（1994）定义，是将特殊的三元应变计花环安装在测量金属件表面。由于应变片很小，可以安装于焊缝金属、HAZ 或母金属的表面位置。通常最初需要对焊缝进行修整，以便使应变片安装的表面较为平整。三元应变计通过电线连接到一个静态应变指示器。在花环中心小心地钻一个小而浅的孔，在残余应力金属中引入一个孔可以使该位置的应力松弛，从而导致表面的应变发生相应的变化。通过特殊的图表，这些读数被转换为残余应力值（三个角度方向）。这种方法的精度为 ±10%，被广泛应用于欧洲和美国。Haupt（1996）介绍了一个与 NASA 火星全球探测器推进剂贮罐相关的有趣的案例研究，他认为这是一种实用的方法，成本效益高，是收集残余应力数据的破坏性最小的方法。

（2）X 射线衍射法

当外部或残余应力作用于由金属颗粒构成的结构时，晶格会发生畸变，原子间的距离也会改变。随着应力的增加，原子间距将成比例地增大。单色 X 射线直接照射在被检测的样品上，经金属晶粒结构中连续平行的原子平面反射。反射光线在一个方向上得到增强，这个方向称为衍射方向。入射或反射光束与反射面之间的夹角可用胶片或测角仪测量。布拉格定律定义了衍射的条件，通过一个简单的方程，可以计算出平面间距 d。为了评估晶面距离或晶格参数对应变的影响，需要参考无应变的样品。为了实现这一目标，标准方法是从样品的各个部分研磨材料，特别是焊缝金属和母材，因为它们可能有不同的成分。所制备的粉末经过热处理，缓慢冷却到室温，这就是无残余应力的参考标样。X 射线的穿透深度较低，用这种方法只能测量微小深度的残余应变。AMS International（1991）结合大量的案列研究，对残余应力测量的 X 射线衍射方法进行了全面的介绍。

（3）中子衍射方法

中子衍射方法的原理与之前的 X 射线方法类似，只不过中子的穿透深度要大 1 000 倍。此外，材料的绝对应变通常可以通过对样品表面的任何深度进行测量来计算。中子衍射中，样品必须放进核反应器。例如，通过研究中子如何被固体焊接材料中的原子平面散射，可以绘制出焊接材料不同局部区域的应力。中子束有一个固定的波长（通常是 1.65 Å），选择散射角接近 90°，通过观察衍射角和计算晶格间距来确定应变。

满足布拉格条件下，可以观察到衍射强度的峰值，布拉格条件表达式为

$$\lambda = 2d\sin\theta$$

式中 λ ——中子的波长；

　　d ——晶面间距；

　　2θ ——入射光速和衍射光束的夹角。

　　张力状态下，晶面空间状态扩展。应变 ε 是无量纲的变量，是 d 相对于无应力样本 d_0 的比值变化，即

$$\varepsilon = \left(\frac{d}{d_0} - 1\right)$$

　　因此，测量 2θ 和 λ 可以直接得到 d 和应变。

　　在焊接、HAZ 和母材的一系列"体积元素"中，可以生成一个三维的应变图。由此可以计算出三个主方向的残余应力。更多资料参见 Hutchings 和 Krawitz（1992）。

　　该技术已成功应用于多个航天器的残余应力和应变计算。对钛合金推进剂罐焊缝进行测量，初始残余应力接近 250 MPa，焊接后热处理将其降低到大约 50 MPa，并对 AA 2219 焊接板和 AISI304 不锈钢部件进行了评价。这些例子如图 3 - 29（a）和（b）所示，由意大利 Ancona 大学的 F. Rustichelli 教授提供。

　　作者（Bruno，2000）将 Rustichelli 的工作拓展，以便测量空间使用的 Ti6Al4V 燃料箱的残余应力，燃料箱由两个冷拉半圆筒焊接在一起（TIG -钨极惰性气体）而制成；研究了三种不同厚度的焊接弯曲试样。焊接的 6 mm 和 2 mm 样品的表现类似（焊缝环应力为 300 MPa，母材环应力为 100～200 MPa），而最薄的 1.6 mm 样品焊缝环应力较低，为 180 MPa，母材中残余应力为零。

　　对于 Ti6Al4V 焊接航天器贮罐研究工作较少，因此对另外两个 2 mm 厚的弯曲试样进行了研究，并与焊接的微观结构进行了对比。样品经钨极惰性气体保护电弧焊（485 ℃ 4 h 10^{-4} torr 真空）后会消除应力。主要研究结果表明，这种应力消除处理能将焊接环应力从 300 MPa 降低到约 160 MPa（Bruno，2004）。

　　热喷涂在工业中广泛应用于工程构件的表面保护。航天器也将这种方法应用于复合材料、陶瓷和金属涂层，以抵抗在再入地球大气层或者进入遥远行星及其卫星周围的大气层产生的热量。Luzin 在 2010 年用中子衍射法对残余应力进行了评估；发现了厚层（10～30 mm）及薄层（0.5 mm）沉积过程中残余应力的演化过程。分析发现，基体材料与涂层之间的热不匹配，导致了应力分布。熔融颗粒在撞击时迅速凝固而产生"淬火应力"，使得这一问题变得更加复杂。可以监测界面应力，当界面应力很高时，可以判断涂层会从基体剥落。但是，如果涂层材料与基体之间存在一定的溶解度（不形成脆性金属间化合物），则可能不会发生剥落或脱落。对于金属，则需要参考相关的相图。

　　（4）不太常见的方法

　　Wedgewood（1994）对这些方法做了简要介绍，但是这些方法不太可能得到广泛的应用。超声波方法依靠超声波在材料中所传递的超声波速度的微小变化，原子被拉离平衡位置引起的应变造成的速度变化非常小，约为 10 ppm。其他的方法依赖于铁磁性材料，因此它们可能对钢和镍合金有用。应力已被证明会影响磁性参数，包括材料的渗透性、矫顽性和磁畴的再分布——当材料处于无应力状态时，所有这些参数的变化都可能与施加应力和残余应力水平有关。

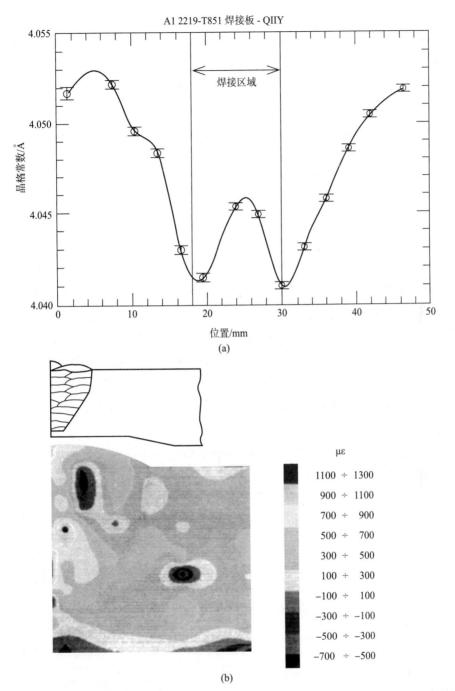

图 3-29 （a）2219 铝合金焊接板的晶格参数特征，飞船使用的 7 mm 厚的厚板采用变脉冲等离子弧焊接，对焊缝和根部进行机械加工并抛光平整。50 mm 痕迹跨越焊缝，描述了离板的顶部（头部）深 3 mm 的晶格常数，最大残余应力为压应力，存在于焊缝金属 HAZ 面（该方法将会发表——Rustichelli 和 Dunn，1997）。（b）AISI304 不锈钢多道焊板，厚度 35mm（焊头完好），图像显示了晶体平面方向上的等应变水平图

3.2.3.6　表面分析的现代技术

20 世纪 60 年代中期以来，已经发展了大量的表面分析技术。这些方法都依赖于在超高真空条件下对样品进行评价，以消除表面残余气体污染的影响。扫描电子显微镜（SEM）作为一种常用的实验室工具，由于其操作方便，已在很大程度上取代了透射电子显微镜。在扫描电镜中，入射电子束在试样表面所产生的特征 X 射线可用于显示或分析材料表面及略低于表面的化学元素。信号通常由能谱分析（EDAX）系统检测。它存在几种操作模式，Goldstein 等人在 1981 年对其进行了详细介绍。如果校准好标准，EDAX 系统（参见 3.2.2.3 节）的元素灵敏度约为 0.5%，横向分辨率为 $(50 \sim 100) \times 10^{-10}$ m。这种方法对试样表面几乎是无损的，在正常工作情况下，只有检测电绝缘材料时，才会引入局部加热效应。

材料工程师有一系列可供选择的材料表面分析方法，每种方法都有其自身的优点，表 3-1 是一些分析技术的初步选择依据，但是必须强调的是，任何具体应用都需要征求专家意见。傅里叶变换红外光谱仪（FTIR）在分析有机残留物方面特别有用，图 3-30 和图 5-76 给出了该技术的示例。Smith（2007）利用红外光谱设备发现有机物在其寿命的不同阶段对电子设备产生有害影响的许多例子（案例研究推荐阅读），包括：光电系统和步进电机中，丙烯酸粘合剂和涂料残留损坏滚珠轴承座圈；印刷电路板上棕色的树脂残留物，被认定为来自松树，而非合成树脂；在 PCB 清洗过程中，甲基熔纤剂转移到连接器，导致连接器插脚之间的绝缘击穿；油脂由于长期储存而降解，以及海岸环境的电子设备存在碳酸盐沉积。

表 3-1　表面分析技术特点总结

特点	分析技术									
	SIMS	EPMA	PIXE	TEM	ESCA	AES	LEIS	HEIS(RBS)	LMP	LOES
元素范围	*	OO	OO	OO	OO	OO	OO	O	*	OO
检测极限	*	OO	OOO	OO	OO	OO	OO	OO	OO	OO
定量分析	OO	*	*	OOO	OOO	OOO	OOO	*	OO	OOO
信息深度	OO	OO	OO	ST[①]	OOO	OOO	*	OO	O	O
动态范围	*	OO	OO	OO	OO	OO	OO	OO	O	OO
指导性[②]	O	OOO	OOO	O	OO	OO	OO	OOO	O	O
横向分辨率	OOO	OO	OO	*	O	OOO	OO	OO	OO	OO
3D 图像	*	—	—	—	—	—	—	—	—	—
组合信息	OOO	O	—	*[③]	*	O	O	O	OO	—
晶格原子位置	OOO	—	—	OOO	—	*	*	*	—	—
同位素分离	*	—	—	OOO	—	—	O	O	*	—

续表

特点	分析技术									
	SIMS	EPMA	PIXE	TEM	ESCA	AES	LEIS	HEIS(RBS)	LMP	LOES
有机样品	OOO	OO	OO	OOO	OOO	O	O	O	OOO	—

注:①ST 表示受限于样品厚度;

　　②性能等级:O 强;OO 一般;OOO 差;

　　③通过电子衍射;

　　性能等级:一未报告或无效;O 差;OO 一般;OOO 良好;＊优秀;

　　AES:俄歇电子能谱学;

　　EPMA:电子探针显微分析;

　　ESCA:电子能谱学化学分析;

　　HEIS:高能离子散射,等效卢瑟福背散射(RBS);

　　LEIS:低能离子散射,等效离子散射谱(ISS);

　　LMP:激光微探针;

　　LOES:激光发射光谱学;

　　PIXE:质子激发 X 射线荧光分析;

　　SIMS:二次离子质谱法;

　　TEM:透射电子显微镜法。

由 MrH. Werner 和 Dr P. von Rosenstiel 提供。

3.2.4　有机化学和环境试验实验室

这些实验室是对空间材料进行测试和评价的基本支持设施。大多数空间机构和主承包商将提供实验室服务,具备标准的测试方法和设备,但真正的太空实验室有专门的更为独特的测试系统,加速老化设备和暴露样品至空间环境,即所谓的"协同测试"。分析实验室涉及特殊的测试技术和仪器。这些复杂的程序需要训练有素和经验丰富的操作员,以便获得准确的、优化的和相关的结果,这些结果对于需要数据的项目十分有用。对于这些技术的详细描述和空间应用,可以参考许多的参考书(Dauphin, 1992;Bosma, 2009;Pretsch, 2009;Gross, 2011;Lund, 2011;Kleiman, 2013;Voigtlander, 2015)。

分析化学实验室的主要功能是确定有机材料的热、光学和化学性质。测试和分析将包括:

光谱学:傅里叶变换红外光谱仪(FT－IR),用于表面分析,高分辨率红外成像,深度剖面,反应动力学,质量控制,化学物种的定量测定,结构分配/确认的红外参考光谱可从数据库获得。

液相色谱和气相色谱技术:聚合物中单体类型的测定、结构的阐明、定量测定、质量控制、质谱参考谱可从数据库中获得。

元素分析:原子吸收光谱仪、X 射线荧光和 X 射线衍射。

在本书其他地方描述了环境测试和筛选设施,例如,2.5 节中描述了对排出气体和可冷凝材料进行定量重量测量的微 VCM 测试。如图 3－31,排气试验中收集的冷凝材料可以通过与数据库中的光谱对比进行化学分析。样品、材料块或者单个组件的动态排气试验

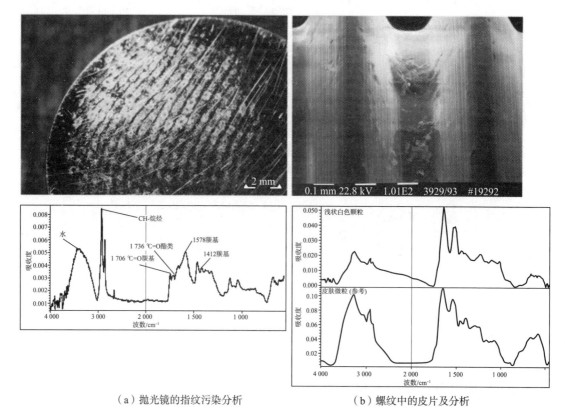

（a）抛光镜的指纹污染分析　　　　　　　（b）螺纹中的皮片及分析

图 3 - 30　人为污染物分析。傅里叶变换红外光谱仪（FT - IR）能够快速分析关键航天器硬件表面可能存在的各种有机和聚合物污染物。小型廉价计算机速度和功率的发展使得这种方法得以实现。标准光谱库存储在计算机内存中，可以通过简单的搜索程序与污染物的光谱进行比较。图中给出了两个实例，（a）显示了抛光后钢镜上指纹的光学照片，FT - IR 光谱及其分析结果，指纹包含水和典型的皮肤分泌物。发现螺纹内的颗粒污染物后，还对螺纹钢扣件进行了 FT - IR 分析。SEM 图像如图（b）所示，与白色颗粒的红外光谱——即薄片参考光谱——进行对比。EDAX 分析证实了皮肤检测成分中存在的元素：S、Cl、K、Ca 和 Na。进一步的研究表明，这些是死皮的薄片（头皮屑）（瑞典 Torbjorn Lindblom，Celsius Materialteknik，Karlskoga 提供）

也可以用专业仪器监测，在这里，不断监测样品的质量损失与时间，初始温度 25 ℃，然后每 24 小时调高 25 ℃，到达 125 ℃。这个测试可以得到空间环境对材料的长期影响的有关数据，补充了更为简单的 VCM 筛选测试（Rampini，2009）。

原子氧对材料和部件的影响将在第 8.5 节中进行综述，Banks（2003）对其进行了广泛的论述。近地轨道环境中存在的原子氧由双原子氧光分解而形成。这些氧原子 O^+ 对它们接触的大部分物质具有很强的腐蚀性。当航天器的轨道速度为 8 km/s 时，前表面的原子氧流的电荷能量约为 5eV。原子氧的相互作用使得航天器表面产生辉光。很少有实验室能够制造出原子氧（AO）流，AO 对材料影响的大部分实际评估都是通过对太空返回的样品进行检验得到的，相关内容将在 8.5 节描述。地面实验室的原子氧测试一般按照 ASTM E2089（2014）标准进行。为地面 AO 暴露设计而且正使用的设施包括 ESA -

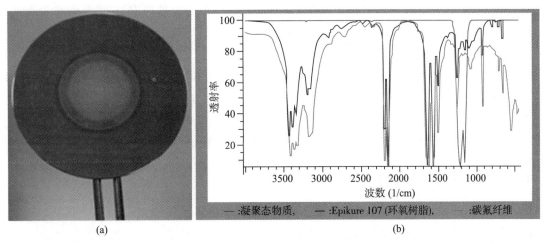

图 3－31　红外光谱化学分析案例。(a) 是一张收集到的挥发性可冷凝材料的照片，它已经冷凝到一个标准测试板的中心区域（ECSS－Q－ST－70－02 定义了真空下排气测试）。(b) 是试样的红外光谱仪读数，凝聚态峰值约为 3 500 cm^{-1}、2 200 cm^{-1} 和 1 600 cm^{-1}。峰值与商用环氧树脂的数据库存储光谱一致，与样品中所含的氟碳纤维（没有排气/冷凝）没有相似之处。ECSS－Q－ST－70－05 定义了用红外光谱法检测表面有机污染物的方法（由 ESA 提供）

Estec，Noordwijk；美国 MA 物理科学公司；加拿大 Markham 的完整性测试实验室；罗马的 SAS 实验室。通过使用脉冲激光源使分子氧解离而产生 AO，典型的实验室 AO 能量约 5.5 eV，在－150～150 ℃之间、压力小于 10^{-5} mbar 的真空室内可控。

3.3　材料准备和金相证据

3.3.1　金相学

金相学有时被项目管理人员认为是"黑魔法"，但对创新工程师来说，其结果实际上是艺术与科学的结合。金相学已经涵盖陶瓷、聚合物和许多无机物，诸如矿物学、法医学和污染领域的特殊物质的研究等都需要对它们进行检验。在这种程度上，金相学可能被称为"材料学"更为恰当，即获取有关成分、性质以及材料结构信息的行为。熟练的光学金相学家会根据合金在磨削和抛光时的表现来记录合金中相的相对硬度，在不同的蚀刻剂中浸泡时记录它们的化学表现，并在偏振光下观察它们的各向异性。他们拥有光学系统知识，会应用金相显微镜制作显微照片。在眼睛最佳状态时，细微的细节区分为 0.1 mm，采用光学显微镜的单色光源，细节可以区分到 0.2 μm，而电子显微镜可以看到 0.1 nm 以下的颗粒，如图 3－9 所示。

金相学家还需要能够制作出最高质量的显微照片，并将技术与艺术视觉结合，制作出具有科学和教育意义的显微图。与许多其他先进工业一样，航天器领域金相技术的应用成功与否依赖于其他几个学科的知识。对微观部分及其显微图的正确解释需要金相学家、复合材料工程师、电气工程师、结构工程师等进行商讨。

客观性是任何故障调查中两个最重要的因素之一（另一个是经验），这意味着调查者/金相学家必须保持开放的心态，不带入情感。重要的是，在调查开始时不要持有个人意见，因为这可能会导致寻求信息来证实这一观点。发生人员伤害与航天器严重损坏时，如果在故障之前，调查人员熟悉发生事故的人或设备，他的情绪可能会高涨。此外，在金相学故障排除过程中，重要的是，调查者不能将猜想、初步想法或初步结论传递给项目人员。他对最后的报告负责，不需要为临时意见辩护，因为在复杂的故障情况中，临时意见可能会随着调查的进行而修改，也不会对最终结论产生影响。

3.3.2　实验室记录和报告

妥善保存的实验室记录本是实验室研究过程中产生的最重要的文件之一，无论是 PA 功能或作为一项基本的研究和开发活动。DPA、故障分析、日常调查的步骤需要准确地记录，以防止丢失结果，验证实验的数据的有效性，使工作能够在其他实验室以相同的方式重复，防止因为不知道这一工作其实已经尝试过并已被放弃，一段时间后重复此工作。

在航天工业中，通常，QA 任务之一是确保实验室的记录本由技术人员更新。实验室活动的记录，以及和其他学科工程师会议的记录，需要与官方技术报告、月度报告、工作报告、论文发表期刊或会议一起，定期汇编成一个内容广泛的文档，最后作为资料提交材料审查委员会和失效审查委员会。

航天工业中，材料与工艺任务有时是日常的行为，但是，就作者的经历来说，某些测试失败，或最后一分钟的故障，需要依靠材料实验室调查机构诊断，操作员可能需要在晚上或周末加班。航天器项目经理将根据实验室调查结果做出重要决定。他们可能会决定一艘价值数百万英镑的飞船是按计划发射或推迟发射，等待进一步的工作或者更换设备。因此，在实验室记录本中准确而广泛地记录实验或测试数据是至关重要的。第 3.2.2.2 节中已经讨论了样本的可追溯性。图 3-7（b）所示的是良好的实验室活动的例子。

作者发现有必要应用以下准则，即使员工出现不在岗情况，也可以避免出现持续性问题：

1）实验室记录本应预先装订并预先对页码编号（以确保管理人员不会因为未归档而丢失重要记录）。

2）所有条目必须清楚，并且在跨国组织中，条目最好以英文或法语书写（如果条目无法阅读，记录本是没有用的）。

3）最好使用永久墨水（这亦有助于复印）。

4）不应抹去或删除数据。最好使用单行划掉一个条目，这样它仍然是可读的（如果之后发现仪器波动等，则可能还需要原始读数）。

5）应该记录工作项目的发起者，所有相关材料历史、环境试验参数、失效时间等。

6）应记录项目的所有初步检验和目测结果，并拍摄特殊的表面特征；然后可能是进行无损检测并记录其结果；最后，需要保持记录物品是如何切割的，并帮助进一步的扫描电镜和金相检验（如横截面的精确方向），安装介质（特别是存在压力或与放热树脂一起使用），研磨料，显微图放大等（这使得一个同样合格的工人可以完好如初地进行重建和重现工作）。

7）辅助记录应粘贴或订正在实验记录本上（特别是数码存储的显微照片、图形、硬度结果等）。

8）对程序规范、其他记录、图纸、草图、底片表格，应该制作充分的参考（这将有助于将结果升级为正式报告格式）。

3.3.3　航天器工程材料数据报告

在航天器制造工业中应用材料科学和技术的书籍中，如果没有在其中简短地说明报告写作的作用，那么它是不完整的。金相学家或化学家的工作在他/她描述了所有的实际检验所完成的工作之后才最终结束，这就需要为他/她的组织编写最终的正式技术报告。报告的内容和格式反映报告的作用。作者的经验是，航天器工程中材料检查和研究通常是为了确定产品质量，确定失效模式，或评估材料或装置是否适合在空间使用。

官方报告以实验室记录本中所载的详细资料为基础，记录本的内容已在上一节讨论。当采用新的实验或测试技术时，可以不需要完整的描述，但最好列出具体的参考文献，以便读者查阅更详细的信息。作为内部报告，因内部原因而编写，可能只需要最后的总结文件。此文件将会分发给其他部门反馈信息，说明设计更改，作为 PA 存档。文件不需要详细的长记录，大多数情况下，阅读者只会有兴趣或者有时间阅读引言中的工程问题状态，以及在结论或总结中为解决问题所做的工作。

在 PPT 演示中，照片、草图和显微照片都非常有用。配合适当的标题，可以减少长篇叙述性叙述。在材料审查委员会和失效审查委员会口头陈述，讨论展示材料或金相数据时也十分有用。

实际中经常需要将材料送到化学实验室（比如 3.2 节），以便对组合聚合物或合金进行测试或精确分析。主要合金元素的呈现对识别合金的名称和供应商可能很重要。铝锂合金可能很快就会在航天器上应用。从表 3-2 可以看出，铝锂完全热处理后的板材在元素组成上的细微变化，造成板材的密度和力学性能变化较大。

表 3-2　根据密度列出铝锂合金的成分和性能及与主要航天器结构合金 AA 2219 的比较

| 合金 | 元素[①]/% | | | 晶粒细化剂 | ρ | E | R_m | $R_{p0.2}$ | A |
	Li	Cu	Mg		g/cm³	GPa	MPa	MPa	%
1420	1.9～2.3	0.05	4.5～6.0	Zr:0.08～0.15	2.47	74.8	420～430	230～270	10～12
8090	2.2～2.7	1.0～1.6	0.6～1.3	Zr:0.04～0.16	2.56	77.9	410～430	290～330	9～12
1440	2.1～2.6	1.2～1.9	0.6～1.1	Zr:0.1～0.2	2.56	79.4	450～470	380～410	11～14
1430	1.5～1.9	1.4～1.8	2.3～3.0	Zr:0.08～0.14	2.57	79.0	430～450	320～350	9～13
2090	2.1～2.2	2.5～2.75	0.017～0.02	Zr:0.11～0.15	2.57	79.0	448～540	390～490	4～5
2091	1.7～2.3	1.8～2.5	1.1～1.9	Zr:0.04～0.16	2.58	77.2	430～460	330～370	10～14
2090	1.9～2.6	2.4～3.0	0.25	Zr:0.08～0.15	2.59	79.3	530～560	490～520	5～8

续表

合金	元素[①]/%			晶粒细化剂	ρ	E	R_m	$R_{p0.2}$	A
	Li	Cu	Mg		g/cm³	GPa	MPa	MPa	%
1460	2.0～2.5	2.6～3.3	0.05	Zr：<0.15，Sc<0.14	2.60	81.8	530～550	480～500	7～9
Weldalite 049[②]	1.3	4.0～6.3	0.4	Zr：0.14，Ag：0.4	2.71	77.9	560～590	520～540	5～7
2195	0.8～1.2	3.7～4.3	0.25～0.80	Zr：0.08～0.16	2.72	76.0	525～615	490～580	9～12
2219	None	6.3	0.02	Zr：0.10～0.25	2.85	73.5	435～440	320～330	7～8

注：①Al-2095。所有合金含Ti<0.15%；

　　②给出全热处理后板材的最大密度和典型拉伸性能。

Weldalite 系列包括 2049，2095，2195 几种类型的材料。

材料审查委员会（MRBs）（MRBs 越来越多地称为 NRB——不合格品审查会）由负责工程生产的成员，PA，材料或部件专家组成。委员会严格审查新材料、新制造工艺和各种各样的"不合格"。对物品或材料进行处置时，MRBs 会经常参考实验室研究的金相结果。处置通常分为 4 类：

1）适用于航天器；

2）仅在物品被修复或翻新后才合适；

3）不可接受，返回供应商；

4）不可接受，报废。

召集失效审查委员会（FRB）来审查失效，评估本书中所描述的失效分析，并制定纠正措施计划。此外，讨论专家报告，通常接受根据金相研究提出的建议。纠正措施可能包括工程变更、材料变更、检查或测试程序变更。

金相展示，在 MRBs 和 FBRs 上只是 QA 和可靠性的要求，但对于负责材料选择和零件制造的设计和生产工程师来说，金相展示很重要。必须注意的是，要避免把问题或失败归咎于任何个人。口头陈述或报告必须限于金相学和其他技术方面的考虑，最好避免提及政治领域。这将（或应该）在组织的更高级别进行。当金相检查发现产品制作精良时，建议给予生产人员最大的信任（航天器部件通常是一次性的，可能由不同寻常的、难以加工的材料制成的复杂形状组成）。重要的是，材料工程师不能过度挑剔。在未来的故障排除演习中，需要所有人员的充分合作，而 PA 实验室人员使用"警察战术"时，合作将会受到阻碍。

总而言之，保持记录清晰易读；不要公开猜测失效的潜在原因，尤其在工作尚未完成的时候；切勿对工作的任何方面作随意或轻率地评论；不要批评同事。在航天事业中，如果发生事故，工程师会热衷于寻找出原因。作者的经验是，航天器事故不会导致法律层面的纠纷、仲裁和昂贵的诉讼。因为这会产生负面影响，律师都希望确定谁是罪魁祸首，而这可能引发矛盾；在其他领域，工程纠纷和索赔是业务的一部分，而在航天领域，材料数据的报告如果对客户不利，那么材料提供者可能决定埋葬报告，再去寻找其他方案（Allen 和 Jubb，1991）。

3.3.4 材料工程师和实验室人员的培训

对欧洲不同材料或金相实验室的考察显示，各国在工作人员的安排方面存在一些差异。当然，根据设施的规模大小，也存在着各种各样的差异。感觉上，欧洲大陆的公司，特别是德国和法国的公司，比英国或北欧的公司，更重视机器车间的工艺、对实验室设备的掌握以及基本技能。在所有的实验室中，技术人员的角色都被加强了，一些大陆公司将通过赞助科技大学课程来提高他们的技术人员水平，同时，也有大学毕业的工程师担任技术人员。许多毕业生过于专业化或研究化，难以进入社会化的工业或商业实验室，难以应对现代实验室设备的维护和维修，难以与机加工人员等服务部门联系，甚至难以进行简单的车床操作以及标本的制作。当毕业生能够灵活地融入公司的实验室时，就会发现小公司提供的环境更舒适，比那些有着系统的培训计划的更大的公司更能提高员工的忠诚度，能实现更成功的在职培训。材料技术专业的学生经常在大学课程中进行工业实习（Puig，2006）。通常材料专业的学生会发现自己处于设计、航天器一体化和质量保证团队之间。他们将利用假期或一年多的时间在主要和次级空间公司接受培训，并得到报酬和指导，充分利用所从事的研究或管理职能。范围涵盖从线束装配方法到金相、复合材料、表面处理、粘合和模拟空间环境材料测试。根据 Puig 观察，这是一个"双赢"的局面；学生通常会获得足够的信息和实验室数据，来提交论文，而公司可能会受益于一份充分研究的报告，更好地使用当地大学的设施，以及了解学生是否可能毕业后成为全日制工作者。

较小的实验室通常会提供更好的客户服务，更具竞争力，更个性化。同时小型实验室，由于实验室太小，需要专注于某些研究或它们最擅长的学科，与大的实验室相比处于弱势地位，如果试图覆盖太广的学料，则会出现矛盾的情况。

当复杂的航天器技术在材料实验室进行评估时，需要有好的技术人员和材料研究专家。也可以招聘所谓的"通才"来协调各种任务或调查项目。这些员工可能对不同学科的组成不太了解，但更了解它们之间的联系。熟练的技术人员必须了解实验室工作的目的，特别是如果实验室工作是技术评估或材料失效分析的一部分，以便在调查过程中，每当出现新的或意外情况时，能够干预并提醒专家。尤其重要的是，材料实验室的工作人员要了解他们正在制备的样品的全部历史，以保证在样品清洗阶段或热安装过程中不会丢失数据，因为微观结构证据在这一过程中很容易被引入的热和压力破坏。特别是当质量控制和失效调查涉及涂层孔隙度、金属基复合材料内的颗粒结构以及在环境测试的电子元件和互联中是否存在微裂纹等方面时，材料样品制备方法的完整性也受到越来越多的关注。科技大学和学院教授材料研究的方法，如金相学、化学分析、断裂力学测试等，美国国际金属协会已经制作了大量该内容的视频课程库，公司可以在指导专家帮助下进行现场培训。明显地，世界各地的测试实验室的工作人员正在越来越多地利用互联网提供的所谓信息高速公路。这些工作人员，包括作者在内，正在寻找具有类似兴趣的材料工程师和科学家。

实验室工作人员需要每五年或十年接受一次"再培训"。萨里大学的 Goodhew 教授说，第一个大学学位的"活跃寿命"可能只有短短 5 年，而且由于技术的快速进步，材料专业毕业生可能需要在他/她的整个职业生涯中参加六次进修课程。新材料正不断涌现，特别是在碳纤维复合材料、高性能氧化物陶瓷、高温超导陶瓷等领域，特别是对于大型无源电子设备如射频腔和天线，惰性气体自动化制造的超合金，热等静压等。工程师和技术人员也必须掌握最新的实验室技术，这些技术可能只能从大学或者大的研究所借出或租用。这些技术可能包括辅助操作的扫描隧道显微镜，激光超声显微镜，飞船金属的机械测试和在特别构造的 4.2 K 低温恒温器中制造的部件，或暴露空间仿真环境，使用放射性跟踪技术研究材料表面水的吸收率。金相制备的新概念也需要建立，特别是提供独特的小样本进行失效分析时。传统的"试错"方法是没有机会的，系统的研磨和抛光工序需要为不同种类材料选择抛光布、研磨材料及其尺寸、抛光速度和压力（Bousfield，1988，1992）。简而言之，需要工程师阅读文献，参加会谈和会议，在必要的时候进行全面课程的正式培训。

最后，也很重要的一点是，金相学家、化学家或材料工程师和负责评估硬件的机械、电气或航空航天工程师之间应该有强有力的相互合作。以问题为导向，设计、产品处理和服务操作环境需求间良好的相互理解促使问题解决——这是一种非常有用的在职培训形式。

3.3.5　伦理问题

专业工程师和实验室工作人员需要重视环境以及资源的可持续发展，这些将在 3.5 节描述。但是他们工作时——可能涉及实验室的危险化学品，发射场的危险材料——也要注意个人的福利、健康和安全。在执行危险任务之前，可能需要进行风险评估。例如，锯和抛光铍时，处理可能含有肼等残留物的容器要尤其小心。材料和工艺工程师在社会中特别地受信任，应在他们的职权范围内开展工作。如前所述，他们的层级与技能和知识基础匹配性必不可少。从实验室检查、研究和失败调查中获得的证据应该被正确、准确、无偏见地解释和报告。这些陈述似乎是显而易见的，但在项目或客户管理层的压力下，工程师和实验室工作人员需要避免受到不恰当的影响，从而导致在测试或历史证据不足的情况下偷工减料，得出结论。

3.4　材料失效调查的未来

3.4.1　大公司

从事飞机结构部件制造、海洋系统建设、公路车辆制造、电站的建设和电信设备制造的大多数大公司，都已经购置了使金相失效实验室顺利运行的基本设备，设备种类和功用见3.2 节描述。由于种种原因，失效分析变得越来越重要。有些失效是非常昂贵的，不仅设备被破坏，而且可能使大批量的产品输出中断。与飞机、电站和卫星通信链路相关的停工代价巨大，每天要花费数十万英镑。未来，重型工程单位的材料成本可能会比现在高得多，因此对进行失效调查的工具的投资将会增加。在这种情况下，测定失效的成本是合理的。

另一方面，财政约束迫使商业电子系统，例如电视接收器、计算机硬件，甚至陆基数据中继站,采用冗余电路和一次性模块化的技术。这意味着工程师很少需要研究导致失效的机制。这一论点的其他因素包括:熟练维修技术人员的日益短缺和大规模生产的低成本电子电路的广泛可用性。因此,一次性的维护哲学可能变得越来越有吸引力。

3.4.2　小公司

总的来说,作者认为,在较小的公司(如中小企业)中,最高管理层并没有给予M&P 应有的关注。在航天工业中可能尤其重要的一个具体问题是,小型航天器承包商,特别是那些制造机械设备和电子领域的承包商,没有足够的资金来投资于 PA 的所有相关领域。另一个原因是,高层管理人员经常不知道需要聘请一组材料或零部件专家来执行DPA 和 FMA。直到发生代价高昂的失效时,才会重视到拥有一个材料实验室对原材料和工艺进行控制以及偶尔进行的缺陷或失效分析工作是多么重要。

很多情况下,失效的发生意味着要求助于"实验室测试"来解答失效的原因,这不仅仅是为了满足好奇心,而是为了避免重复同样的错误。有些案件已经证明了调查是法医工程性质的。通过复现导致材料失效的事件序列,才能够建立和报告问题的根本原因。在这一背景下,SME 的高层管理人员意识到实验室工作对航天器项目成功的贡献是非常重要的。如果一个较小的公司不能雇用材料或部件专家,或不拥有可用的材料或部件实验室,则必须找到其他替代解决方案。根据经验,国家研究机构和地方大学都有很好的设施,他们的工作人员更愿意参与解决空间材料问题。这些专家可以为材料选择和生产方法提供建议,他们可以将技术样品进行金相检验和其他测试。

中小型公司的典型情况可以参考成功的太阳敏感器的专业公司 Lens R&D(ESA 商业孵化中心创建,基于荷兰微型技术开发计划,为空间应用开发技术)。这家合伙公司在荷兰运营,与高度专业化的"合作伙伴"(不叫供应商)合作。通常的情况是投资了昂贵的机器,但在太空硬件采购周期遇到的众所周知的"高峰和低谷"期间机器会闲置,然而Lens 公司会为其合作伙伴购买最先进的设备提供部分资金,而这些合作伙伴反过来又生产零部件向 Lens 公司交付(Leijtens,2015)。工程设计,电子和机械装配在公司内部完成。产品验证和空间资格测试(如完整范围环境测试)在外部设施进行。材料和部件分析、破坏性和失效分析以及报告,也与国际认可的实验室联合合作外包。这种工作理念虽然不寻常,但已得到各航天机构的认可。

3.4.3　产品责任

为国内消费者生产的产品,在使用过程中被证明是有缺陷、不合格、造成伤害的,产品责任法越来越普遍地将失败的财务后果直接转嫁到生产者身上。这反过来促使法律行业更多地利用失效分析实验室来查找线索揭示真相,然后对失效负责。产品责任在商业世界中正成为一个严重的问题,这些问题在航天工业中也很明显(Thoma,1981)。

空间环境是实施某些冶金工艺的理想现场,如真空压力焊或扩散焊,但工作风险很高,因此不太可能要求航天员在近地轨道上进行常规维修。其次,不是很高的赤道轨道的航天器硬件，可能由航天飞机的机组人员回收，如采用前航天飞机或 Hermes 航天飞机。实验室分析可以识别有缺陷的硬件制造商，他们应该为价值数百万英镑的商业地球资源卫星或太空天文台的故障负责。显然，PA 将继续在未来的项目中发挥重要作用，产品安全政策将非常重视实验室技术，以确保更高的产品可靠性。

3.5　"绿色"航天器

由于人类的行为，海洋、空气和土地遭受着日益加剧的开发和污染。这促使了国内和国际上相关措施、法律和规章的形成。包括要求经营者在金属生产过程中不断监测铸造厂等冶金工业的微粒排放，以及部分或全部禁止有害物质和破坏臭氧层的化学品。直到最近，大规模监测只有通过当地的现场探测器，比如靠近烟囱的探测器，才可能实现。也可用飞机定期检查沿海地区的石油污染，工业场所上空的空气污染，或者监测从垃圾填埋场进入水道和土壤的有毒化学物质的含量。随着地球观测卫星的出现，广泛和重复的调查成为可能，在某些情况下，这些调查比常规的空中调查更有效且便宜。雷达传感器利用微波频谱带宽来收集不受天气和观测条件影响的地面信息，可以克服云层和薄雾的遮蔽。通常光学卫星图像足以显示所需的信息（参见图 3-32 中所示的图像）。

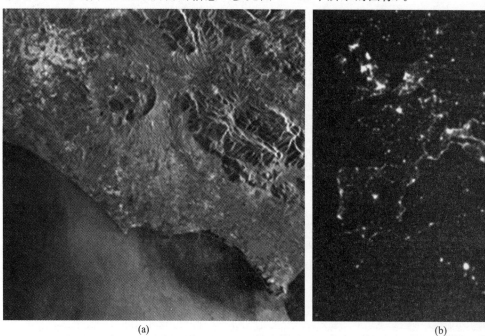

(a)　　　　　　　　　　　　　　　　　　　(b)

图 3-32　（a）由 ERS 拍摄的罗马周围 85 km×85 km 区域的 SAR 多时间图像。该技术需要几颗卫星飞越同一地区，显示海洋污染和石油泄漏、波浪形态、一些地形起伏和土壤湿度的变化（ESA 提供）。（b）是欧洲夜间灯亮卫星光学图片，对光污染天文学者来说，这是能源浪费的证据。光污染是技术时代最有害的副产品之一，把年轻的城市代排除在真正的星之空外

（图片由 International Dark-Sky Association，Tucson，Arizona 提供）

第二代遥感卫星的设计、制造和发射将确保卫星观测的连续性。欧洲的 ERS - 2、Envisat 和 Sentinal 卫星，美国高空大气研究卫星、Landsat 和 NOAA，以及国际空间站上的众多仪器，都携带有对全球臭氧监测的高灵敏度探测器。

材料和工艺的不断发展确保了所有形式的航天器变得更轻、更准确。各种技术的进步在很大程度上是由于国际公司之间存在着世界范围的竞争。目前，世界各大制造业都在试图减少对环境的大规模开发。因此，非常重要的是，航天工业也应监测其自身的行为，确保不会排放多余的致命烟雾和有毒废物到环境中，而且也应以最可持续的方式利用地球的物质资源。大多数工程师也认为自己是环保主义者——我们关心地球和太空的环境，并已认识到为我们子孙后代的未来保护它们的必要性。为解决环境问题提供技术是工程师的责任。德语中工程师的词是 ingenieur，它来自拉丁文，意为"机灵"。碎片、副产品、地面站门架（见图 3 - 33）和未使用的航天器硬件，采用填埋或焚烧处理是最理想的。然而环境法规最终可能会禁止这两种方式，因此，回收无疑是最好的选择，因为回收有可能在太空项目结束后很久仍能带来收入。下文将进一步讨论电子产品的回收问题，并在 3.2.2 节中对从废弃航天器电子机箱中回收或提取的金属、有机化合物和氧化物进行评估。

图 3 - 33　ESA 的发射综合设施 ELA - 2，2011 年 8 月拍摄。涂锌钢板支撑结构、屋面结构和内部平台的大量腐蚀，对 ELA - 2 造成了广泛的破坏。该设施在 1986 年至 2003 年期间发射了 119 次 Ariane 2、3 和 4 系列航天任务。它被分成两个区域，发射台本身（在图片的左边）和移动龙门架（右边 950 m），为火箭和卫星有效载荷的集成提供了保护。移动龙门架在发射装置发射前移动回到它的停泊位置。照片拍摄一个月后，ELA - 2 被爆破拆除。金属结构和电子器件被剥离、压缩，然后用船运回欧洲进行回收（Dunn 摄影）

　　然而，引入环境因素，材料选择和工艺确定的争论和平衡将变得相当复杂。例如，众所周知，节约重量是卫星材料选择的一个关键因素，特别是考虑到 1 kg 重量发射到低地球轨道的成本约为 2 000 英镑。选择铍来代替铝合金作为结构部件，可以节省 1 kg，这似乎很有吸引力。然而，实施安全要求，控制铍加工过程中产生的有毒粉尘和废料，并以环保方式处理这些废料的额外成本可能会减小对使用这种先进材料的吸引力。尽管如此，当重量节省转化为运载火箭的总重量时，可以节省燃料或增加有效载荷，这反过来意味着发射过程中推进剂所造成的污染会减少。

　　现代居家和办公区域的产品基本都采用了高质量工艺，在某种程度上，这需要国际商定的规范来维持，例如 ISO 9000。该文件强调了有效的工作标准和无缺陷产品的必要性。该文件还有助于寻求"绿色"产品。现行质量方面的规章制度大多出自欧盟，但制造业永远在变化。最常见的情况是 REACH（与所有危险化学品的限制和授权有关）和 RoHS（禁止在电子产品中使用危险物质）对材料的限制或要求。REACH 与 RoHS 之间的相互关系是复杂而互补的，两者都与 WEEE（废旧电器、电子设备）有关。这些规定影响了航天工业，但该内容不在本书叙述范围内。作者注意到，航天工业中，有几家大型组织和公司正在研究、寻找"目前用于制造和发射航天器的最危险材料"专用表格中材料的替代品。该表包含以下材料：

　　臭氧消耗化学品（ODCs），如氯氟烃在金属和电子组件的清洁过程中被广泛使用。最常见的这类化学物质是三氯三氟乙烷，也称 CFC - 113，曾用于航天工业，现在几乎完全被取代。在推进剂罐和相关反应控制设备的地面试验期间，这种物质还被用于模拟更危险的液体，燃料肼及其氧化剂四氧化二氮，参见第 4.21.1 节。

　　铬酸盐处理剂，将零件浸入铬酸盐溶液中，钝化金属表面，适用金属包括铝镁合金和银，在基体金属上形成铬酸盐涂层。这些"转换"涂层被广泛认为是提高航天器表面防腐性能（见 4.5.3 节）和提高涂层或结构表面粘接接头的粘接强度（见 5.10 节）的非常经济有效的方法。然而，吸入铬酸盐离子被认为存在潜在的致癌性，使得人们对其在工作场所的使用存在严重的健康和安全担忧。如果处理不当，铬酸盐会导致溃疡和环境污染。迄今为止，尽管对新产品进行了广泛的测试（如 Alodine 5700，Nabutan STI/310 和 Iridite NCP），但似乎还没有有效的、低毒的替代产品上市（Pereira，2008）。目前用于改善铝合金耐蚀性的最常见的化学转化涂层（CCC）是汉高公司生产的 Alodine 1200。这种化学转化涂层是基于铬（V1）的。由于六价铬对环境的影响，这种产品在未来几年可能被禁止在空间使用。Alodine 1200 的一个重要特性是具有较低的电阻，并且可以满足航天器电气连接的要求（确保"飞船有适当的电气接地，子系统之间的等电位，以及在真空条件下避免电晕放电"）。Alodine 1200 涂层可以使得 3xxx、4xxx、5xxx 和 6xxx 系列合金的电阻小于 0.002 5 Ω。高强度合金，2xxx 和 7xxx 具有相同涂层，电阻低于 1.0 Ω，且通常低于 0.1 Ω，适用于可移动的接触（例如，在电子壳体和结构之间，两者都经过汉高 Alodine 处理）。

　　发射场和跟踪站的地面设备应避免使用镉进行无毒的低合金钢的防腐蚀表面处理，因为镉及其副产品具有强毒性。即使是镀镉部件的酸洗也会导致大量的镉进入污水系统，已经有许多人因镉的排放受到惩罚。同样的，银镉钎焊合金和传统的含镉银焊料，即使是在有排风的地方，也会对进行焊接的人造成严重的健康危害。可以采用替代方法，如使用镀锌和无镉合金。需要注意的是，因为升华和晶须生长，镉和锌都禁止暴露在空间环境中，这些在本书的其他章节描述。

家庭用管道已经禁用含铅焊料，以防止铅进入饮用水中。铅和含铅物质是剧毒的，美国环境署（U. S. Environmental Agency）即将通过的法律法规可能禁止在电子和航天工业广泛使用的焊料中使用铅。其主要原因是一些政客认为，将家用电器丢弃到垃圾填埋场将在未来几年造成生态问题，到时含铅化合物会渗入供水系统。锡铅焊料的历史悠久，可以追溯到公元前 4000 年美索不达米亚的工匠，这就意味着有一个巨大的焊锡性能数据库。目前，锡铅和铟铅焊料都是航天器电子组装的首选焊料。另外，正在评估的可替代合金，无毒，具有良好的抗氧化性，能够湿法处理，以及能够与电子工业中广泛使用的各种金属的湿法冶金结合。早期的研究发现，没有一种无铅合金和共晶锡铅一样，整体性能良好，而且成本低（Akinade 等人，1995；Jacobson 和 Humpston，1995）。无铅产品的可靠性主要取决于元器件封装类型、电路板材料和设计，目前无铅产品的可靠性研究进展甚微。当然，与共晶锡铅相比，无铅钎料的熔点更高，强度更高，电子电路返修的可能性大大降低（Ma，2012；Ma，2013；Konoza，2012）。与锡铅相比，无铅钎料装配和返工时，无铅处理窗口更小，允许误差更小。如果采用无铅焊料，使用 Sn‑Pb 工艺参数的 PCB 组件存在脱层和失效的风险（Reid，2007）。由于这些以及许多其他原因，ESA 提倡在航天工业中实行无铅控制计划（Dunn，2012）。有人可能会问电子工业对全球铅使用的影响有多大？在美国，估计只有 0.6% 的铅消费在电子行业，而 80% 用于汽车电池工业（Craig，1994），这些数据也可能反映了欧洲的工业消费。2010 年，英国使用了 10 万千米的铅板，主要用于制造房屋屋顶（Anon，2011）。有趣的是，那些试图禁止在电子产品中使用铅的人也想减少使用化石燃料，减少汽油驱动车辆的数量，取而代之的是使用电池驱动的电动汽车（以铅酸电池为基础）。

铅可以说是黄铜材料和轴承材料中必不可少的成分。黄铜材料和轴承材料的铅含量通常在 2.5%～3.5% 之间。铅在铜锌基体中是离散的"岛屿"，通常位于晶界处。它位于黄铜的双晶粒组织中，不溶于 α 和 β 晶粒。在加工过程中，铅可以作为固体润滑剂，减少刀具磨损，与无铅黄铜相比，表面光洁度更均匀，并且可以用更小的切削力和刀片加工出尺寸公差更好的零件（Pantazopoulos，2008）。

挥发性有机化合物（VOCs），如与油漆混合的溶剂，对人员健康有害，必须将其与工作人员在工作区域隔离。它们也对环境有害，所以不能简单地排放到室外的大气中。欧洲和其他国家的规定意味着，所有 VOCs 排放工厂必须到多个部门进行环境污染登记和监测。一旦 VOCs 沉积在零件上，VOCs 的溶剂就无法再使用了。空间工业利用了许多不同的涂料产品（既包括防腐蚀，也适用于热控制）。解决方法是采用减排设备和使用固体含量更高的涂料，其固体含量可以高达 75%。

　　绿色推进剂，如何识别和利用绿色推进剂作为发射器和推进器发动机燃料，是推进工程师面临的最大挑战之一。目前几乎完全依赖于以肼为基础的液体燃料，以及以高氯酸铵（AP）氧化剂为基础的固体燃料，它们都有剧毒性和致癌性。欧盟目前正在讨论的立法，以及航天工业的共同愿望，都希望避免使用这些物质。如果肼被取代，它的氧化剂二硝基四氧化二氮也可能被抛弃。除了有毒外，这两种药剂在地面和空间上都有良好的、久经考验的长期储存能力；在工作中，比冲高，一旦点燃燃烧就不会失败。另外，过氧化氢（H_2O_2）是一种绿色的氧化剂（Meaker，2006），已经和煤油一起用于英国设计和制造的 Black Arrow 火箭的主推进器，Black Arrow 火箭如图 3-34 所示。目前，意大利正在对使用 H_2O_2 单推进剂和乙烷、H_2O_2 双推进剂的原型推进器进行测试。另一种据说有潜力取代 AP 和肼的材料是二硝酰胺铵（ADN），$NH_4N(NO_2)_2$。瑞典已成功测试 AND 固体推进剂和基于 AND 的液体单推进剂（Larsson，2011）。另一种所谓的绿色推进剂是羟基硝酸铵燃料/氧化剂混合物，也被称为 AF-M3115E，由位于加利福尼亚州的爱德华兹空军基地的空军研究实验室开发，并被建议替代肼在推进器发动机应用（Hawkins，2010）。

图 3-34　1971 年，英国 Black Arrow 火箭在澳大利亚乌梅拉成功发射的照片。前两级使用过氧化氢和煤油（伦敦科学博物馆提供）

溴化阻燃剂（BRFs）。在热塑性塑料、电子包装和印刷电路板材料中加入溴化阻燃剂和较少使用的氯化阻燃剂，以减少或杜绝火灾。这些物质在焚烧处理时释放二恶英，对健康有破坏性影响。它们可能被禁止，但如果将 BRFs 从电子产品中移除，那么火灾的风险可能会造成人员受伤或死亡，对人员生命安全健康产生严重的负面影响。

微粒排放，特别是有毒的航天器材料的加工和研磨过程中，必须不断监测微粒排放以满足环境法规的要求。微粒排放的监测仪器利用粒子碰撞原理（摩擦电），即粒子与金属表面（这里是传感器的探针）的碰撞导致传感器和探针之间发生电荷转移。电荷产生信号，由电子传感器记录。数据记录器可以存储和显示每天或每周收集的粉尘颗粒数，这些信息需要符合英国的环境保护法。对铍、氧化铍等细碎有毒物质的加工、抛丸过程中产生的粉尘进行监测尤为必要。这些微粒如图 5-15 和图 5-41 所示。

先进的材料正逐渐被商业制造业所接受，但是存在一些不实际的因素会阻碍和限制这一趋势。其中一个因素是希望能够回收所有这些材料的观点。虽然这一观点必须加以考虑，但材料选择的最重要的因素是其在使用寿命期间的性能。在上面提到的昂贵铍合金的例子中，很明显，废弃材料或未使用的航天器部件可以回收利用。但这涉及废料的小心处理、储存和追溯，然后可以将这些废料卖回给金属生产商。铝锂合金用于飞机结构上有更多的问题，可能会有极大的损耗。在"狂风"项目的零件铣削过程中，损耗了 80%～93%。这些铝锂合金比目前的铝合金轻 10%，硬 10%；然而，它们的成本是设计的替代合金的 3～4 倍，所以很明显，它们的可回收性是材料选择过程的一个重要参考因素。合金制造商正想尽各种办法降低铅锂合金的成本，但是，还要必须非常小心地避免铝锂合金废料与其他铝合金废料混合，这会导致再生金属被锂污染，甚至少量（30 ppm Cleave 和Morton，1989）的锂都会使传统铝合金铸件气孔不合格。

金、银、铜等金属的电沉积由氰化物浴制而成，用于电接触、导体和太阳反射器等。当工作人员往水箱中添加氰化物时，需要特别小心。管理人员需要确保用过的电镀溶液和漂洗水溶液经过批准的废物处理。一些公司已经决定尝试改用无氰镀液。目前只有镀铜成功地改用了无氰镀液——碱性电解液，挂镀和滚镀都可以。尝试改用无氰镀液可能会遇到一些障碍和困难，可以通过使用不同的化学预镀方法来解决，但是需要更为频繁的内部镀液分析，直到产品的一致性和可靠性达到良好水平。研究发现，在低电流密度区域，非氰化物镀铜层覆盖率优于氰化铜，但是总体上非氰化物镀铜层的电镀速度较氰化铜要慢10%～15%。

保留一些禁用物质的使用，并利用机械加工处理废弃电子设备，可能会保证更高的成本效益，这些内容将在 3.6 节中叙述。

3.6　回收电子垃圾的潜力

3.6.1　概述

2012 年，材料、矿产和采矿研究所（Institute of Materials，Minerals and Mining）宣

布，每年有 320 t 黄金、7 500 t 白银和不计其数的锡被用于电脑、电视和电话等产品，未来几年，城市金属矿业的利润将增长多达 50 倍，这让回收电子废品的前景变得诱人。到目前为止，这些材料中只有 15% 被回收利用，但回收这些材料将会是矿业一项利润丰厚的业务（www.gesi.org）。

特别是黄金和稀土金属（通常是政治易货的主体）更应该被回收利用，因为尽管回收料材中它们的浓度很低，但仍高于它们在矿石中的浓度。电子设备可以压碎、切碎、磁分离，通过水浸和萃取冶金等手段回收这些有价值的金属元素；这比将潜在的有毒物质转移到填埋场要好得多。PCB 组件的机械加工可以回收 80% 的成分金属，特别是铜，其含量占金属部分的 75%（Veit，2002）。传统的热解和微波热解可以将大部分有机化合物与无机材料分离，产生的气体可用于印刷电路板组件的进一步热解（Hall，2007；Sun，2012）。分离出来的金属可以按照传统的废旧金属路线进行回收。

3.6.2　航天器电子机箱的元素分布

（1）背景

几年前，欧洲空间科学家提出并设计了一个航天器，其科学目标是对月球的物理和化学性质进行全面的调查。这个复杂的计划期望低高度的月球轨道飞行器与中继卫星结合实现其科学目标，但该项目后来被放弃了。该项目旨在补充和丰富 NASA 阿波罗任务所提供的 6 个着陆点获得的数据（参见 8.1.2 节）。使用分光计和多光谱立体成像绘制月球表面丰富元素的地图，结合摄影地质研究绘制其矿物组成地图。

月球表面的主要成岩元素有：Mg、Al、Si、Ca、Ti 和 Fe。有人提出绘制一幅月球化学地图将会很有趣——因为化学地图将表明这些元素在整个月球地壳上的浓度至少达到 20%，从而确定月球表面的横向和纵向非均质性。

（2）化学分析使用仪器

①X 射线光谱仪

实验观测了太阳 X 射线激发下月球表面发出的 X 射线。

②γ 射线光谱仪

通过观察宇宙射线（主要是次级中子）激发原子核产生的伽马射线，可以绘制月球表面 30 cm 深度的化学图。在极地区域，H_2O 可检测浓度为 0.4%。

两个光谱仪建议安装在吊杆上，以尽量减小航天器背景辐射的影响，背景辐射会降低月球表面分析的准确性。

在理想情况下，航天器自身的背景辐射可以通过在向月球飞行的过程中操作两个光谱仪来获得。这种元素分布可以认为是一个扰动因子，当对该过程进行计算机模拟时，会从航天器对月球表面的分析中减去扰动。俄罗斯的月球探测器、美国的阿波罗 15 号和 16 号以及许多其他航天器都研究了月球的 γ 射线——通过 γ 射线光谱仪和 X 射线荧光光谱仪，其研究结果的细节，在 Surkov（1997）和 Schrunk（1999）的书中进行了详细介绍。

为了减少这种"化学背景"，应该特别注意建造航天器所选择的材料。例如，结构可以完全由铝、铍或钛制成。人们认识到，航天器的大部分质量由电子机箱组成，每个电子机箱都装有高密度的印刷电路板组件。

空间科学家们希望建立计算机模型来说明典型的航天器电子机箱的总体化学元素含量。

（3）方法和结果

使用成功的空间计划中废弃的备用飞行单元来研究这项工作（Dunn 和 Nicholas，1998）。最开始，将电子机箱打开，将印刷电路板组件从支架上卸下来，移除灌装泡沫，拆除电子元件的焊接。

从材料供应商出具的合格证中可以确定一些化学分析数据，还有用于制造电子外壳的铝坯的完整分析记录。同样，也可以对购买的铝箔和不锈钢螺丝进行分析。

其余部分，如外部涂层、泡沫塑料和各种电子元件，分别压碎、粉碎并通过各种化学分析方法测定其材料成分。焊接接头需要特别处理。从多层电路间将铜镀通孔机械移除并提交分析。进行全面的分析时，利用发射光谱、X 射线荧光光谱和活化分析等方法对氟、氯、溴、碘、硫、磷等元素进行检测。气相色谱法和红外吸收光谱法用于挥发性有机组分的分离和测定。在离子交换柱上用离子色谱和非离子色谱对非挥发性成分进行了测定。

采用火花源质谱（SSMS）测定粉末的金属元素。通过在混合酸中溶解部分金属颗粒，测定溶液中的金属离子含量，进行进一步的分析。

对所有的化学分析结果进行了汇总，元素分布见表 3-3。由于采用了不同的分析技术来确定组成材料的重量百分比，所以表格结果的准确性受到了一定的限制。有机化合物和金属间化合物的测定没有记录。分析发现的主要氧化物见表 3-4。这些结果的记录可能对未来的科学项目有用，参与回收电子硬件的组织也可能对该结果感兴趣。

表 3-3　典型航天器电子机箱部件和材料的元素分布（重量百分比）

部件	机箱表面白漆	铝盒	灌封泡沫	印刷电路板	焊接接头和镀通孔	连接器	钢螺丝	标签
材料	DC 92-007	AA 2014	Eccofoam FPH	G10	Sn63	Cannon DDM-SOP-N MC-PR103A	AISI 316	AA 3003
重量或密度	0.02 g/cm² (100 μm 厚)	2.8 g/cm³	0.5 g/cm³	2.0 g/cm³	0.332 9 g	20.705 g	1.0 g/个	1.0 g/个
H	4.60		6.49	2.46		2.50		
B				1.00		0.20		
C	18.30		59.64	20.10		29.70	0.08	
N			9.05			0.20		
O	28.60		23.37	35.40		4.20		
F				0.05				
Na				0.05	0.03			

续表

部件	机箱表面白漆	铝盒	灌封泡沫	印刷电路板	焊接接头和镀通孔	连接器	钢螺丝	标签
材料	DC 92 - 007	AA 2014	Eccofoam FPH	G10	Sn63	Cannon DDM - SOP - N MC - PR103A	AISI 316	AA 3003
重量或密度	0.02 g/cm² (100 μm 厚)	2.8 g/cm³	0.5 g/cm³	2.0 g/cm³	0.332 9 g	20.705 g	1.0 g/个	1.0 g/个
Mg		0.50		0.30		0.12		
Al	12.20	93.60		9.00	0.03	1.50		98.80
Si	6.40	0.70		18.70	0.10	3.50	0.50	
P							0.04	
S							0.02	
Cl								
K				0.01				
Ca				2.50	0.05	1.20		
Ti	20.10			0.20				
Cr	0.02			0.03			17.00	
Mn		0.80					1.00	1.20
Fe	0.04			0.02	0.02		68.40	
Co								
Ni					1.40	0.15	12.00	
Cu	0.06	4.40		5.50	75.00	52.00		
Zn	2.10					17.00		
Ge								
As								
Sr								
Zr								
Mo							2.50	
Rh								
Pd								
Ag					0.01			
Sn				3.60	12.00			
Sb						0.70		
Ba				0.02				
Nd								
Ta								
Au						0.50		

续表

部件	机箱表面白漆	铝盒	灌封泡沫	印刷电路板	焊接接头和镀通孔	连接器	钢螺丝	标签
材料	DC 92 - 007	AA 2014	Eccofoam FPH	G10	Sn63	Cannon DDM - SOP - N MC - PR103A	AISI 316	AA 3003
重量或密度	0.02 g/cm² (100 μm 厚)	2.8 g/cm³	0.5 g/cm³	2.0 g/cm³	0.332 9 g	20.705 g	1.0 g/个	1.0 g/个
Pb			3.00		12.00	0.10		
总共	92.42	100	98.55	101.94	100.64	113.57	101.54	100

表 3 - 4　电子盒材料和元件中的氧化物（重量百分比）

	SiO_2	Al_2O_3	TiO_2	MgO	BaO	CaO
机箱表面白漆	2	23	33			
印刷电路板	40	18		<1		
大电阻器	38	9		25	3	
小电阻器	21	5		1		
玻璃二极管	52	1				
小二极管	5	<1				
大矩形电容器	70	3				
大圆形电容器	43		16	4	17	
小电容	50	6	2		2	21
晶体管	>1	>1				
扁平封装(可伐合金封装)	9	1		>1		
扁平封装(陶瓷封装)	10	42		3		

第4章 航天器制造——失效预防、材料分析和金相学应用

4.1 失效源

航天器生产制造装配阶段，经常出现潜在失效源。失效源与以下单项或多项原因有关：

1）设计不合理；

2）材料选择不正确；

3）人为错误（如设备操作员粗心大意）；

4）材料缺陷（如内部孔隙或有害夹杂物）；

5）现有结构返工、返修、改装带来的缺陷；

6）储存过程的腐蚀损坏。

无论是航天工业定制材料，还是一般商业市场购买的现成材料，都需要认真规划和使用各种质量控制技术，以监测制造过程是否得到控制，验证最终产品质量是否符合设计应用要求。金相学是常用的质量控制工具，非常独特，既可作为破坏性技术（如力学测试）的补充，同时也可作为无损检测（如射线照相、染料渗透检测和超声波检测等）的补充。上文列出的每种潜在的材料失效源都可以采用金相检验进行评估，使用传统的光学显微镜或更为复杂的显微镜，如扫描电子显微镜和激光扫描声学显微镜等。

有时，失效由"人为错误"造成，可能与对太空应用设备的过度测试试验有关。例如，几个电子设备单元将进行鉴定测试，并安装了大量的振动和冲击加速度计。项目早期，测试的振动范围为 $10g_{RMS}$，由一位顶级动力学工程师设定。尽管设定值基于以往经验和良好判断，但是设备经理还是找了换能器专家进行佐证。换能器专家（本质保守）将振动范围从 $10g_{RMS}$ 提高到 $15g_{RMS}$，然后将测试计划交给项目管理人员和另一组测试专家，他们又增加了一些余量。毫不奇怪，在经历了组织链的更多环节后，最终测试时振动范围达到了 $50g_{RMS}$。

Le May 和 Deckker（2009）探讨了人为因素与工程失效之间的关系，以研究失效预防的途径，研究发现，80％的事故由人为原因（所谓的无意失误）造成。这些问题可能由以下原因引起：组织变革，员工职务改变而没有进行必要的再培训；员工疲劳而失去警觉；没有维护设备以及进行校准；没有编制和/或不遵守制造程序或工艺文件。

4.2　图纸和工艺

4.2.1　设计和制造图纸

航天器设计基于最初为航空工业开发的设计方法。设计师的主要目标是在测试、发射、零重力和可能的再入大气层阶段，在不危及航天器结构完整性的情况下，尽可能减小结构质量。通信、电源、姿态控制等子系统的设计也十分重要，需要经受大量的测试和发射负载。子系统的单个零部件的设计可能会在最初设计构想后发生数次更改。根据模型原理，在测试了热模型、工程模型或鉴定模型后，可能需要进行设计变更。如 2.2 节所述，应在关键设计评审后冻结设计，在此之后仍然会进行一些变更，但需要在发射就绪评审之前进行鉴定。Turner（1995）概述了各种航天器结构的设计，本书不进行讨论，但是如下面的章节将要说明的那样，由于材料及其表面处理以及暴露于模拟的空间环境之间复杂的相互作用，最初的设计有时是完全不合理的。

每个零部件都会有一张工程图纸。重要的是，图纸必须严格受控（进行配置控制），并且格式标准化。航天器制造承包商数量众多，加上尺寸细节、材料表面处理可能发生许多变化，因此，设计部门的图纸，需要能够被所有设计者和生产人员完全理解，所有设计者和生产人员可能来自其他公司，也可能来自其他国家和其他大陆。图纸应包含识别号码、发布日期以及涵盖产品完整制造情况的详细信息。工程图纸由负责设计、材料选择、生产和产品保证的人员审核批准。然后，所有材料和工艺通过材料清单（DML）和工艺清单（DPL）提交给客户审核批准。在附录 10 和附录 11 中给出了虚拟航天器系统的材料清单和工艺清单模板。在初步设计评审以及关键设计评审后的变更都要进行审核。评审将考虑诸如结构材料的适当性（机械性能、断裂力学、抗应力腐蚀开裂性能），真空下工作的适当性（升华和出气）以及生产适用性（电子材料的可焊性、焊接特性）等因素。工程图纸上标示（之后在项目的 DPL 中列出）的工艺要求也要进行仔细审查，看是否已经过适当的验证或鉴定，以及工艺文件（确保可重复生产）是否获得了批准。

因此，在设计、生产、批准审查以及失效调查期间（如果发生了失效），工程图纸都十分重要。必须记录在图纸上的有用数据汇总如下：

1）图号和修订号（包含在右下角的方框内）。编号通常是一连串的单个数字和字母，依次表明：零部件系列（例如电子设备壳体、支撑支柱、轴承、推进器发动机或电气图纸）；航天器作业号；装配区域位置；图纸的序列号和版本号。

2）精确绘制的零部件图纸，包括其全部视图、尺寸和表面处理要求，图纸必须能够被总公司以及分包商处的所有操作人员充分理解。尺寸通常以毫米为单位。必要时，需要为半径（截面的变化会导致应力集中）、表面粗糙度和互锁部分指定公差。缩写只在普遍认可时才使用。

3）图纸上必须有制作零部件所需的材料清单。

4）制造工艺必须按生产顺序列出。这可以从"锯切"开始，再通过"浸渍钎焊""清洁""无损检测""应力释放""喷丸和喷砂""化学转化涂层""喷漆颜色"和"烘烤"。航天器硬件的每个工艺都应附有工艺过程识别文件参考编号及其版本号。版本号非常重要，必须能够反映生产产品的实际工艺文件和工艺参数。

4.2.2　工艺标准

惨痛的教训表明，如果不采取一定的生产预防和控制措施，产品就会出现问题。对于自动制造工艺（如电阻点焊）或机械接头的制造（如压接电连接）尤其如此。因此所有的工艺变量都必须进行评估，一旦实现了最优化的工艺清单，就必须在生产过程中对其进行预置和保持。不幸的是，大多数冶金接头的质量很难只通过目测来评估，所以，在预生产期间生产所谓的"技术样品"十分重要，对这些样品进行检查，然后进行破坏性测试，如机械拉伸和金相试验。样品也可用于生成工艺标准或用作视觉辅助工具，通过参考各种机器设置（如压力、时间、电流），来说明接头的质量特征。

工艺（Dunn，2008）可以被定义为"制作或完成某件事的技能"。它是努力和奋斗的产物，与相关人员的技能密切相关。这些人可能是用贵重金属制作时尚珠宝的工匠，或是在车间组装航天器硬件的操作员。这种技能是通过训练获得的，是手工技能，例如操作热风枪或烙铁，这就可能出现出色的工艺或者低劣的工艺。另见 6.14.2 节关于培训学校的介绍。

可以使用一组显微照片、照片和手绘插图作为工艺标准，如图 4-1～图 4-4 所示，用来定义工艺接受和拒绝判据。必要时，在生产过程中应定期采集在线质量控制样品，快速进行金相试验，以与标准进行比较。这可以确保自动化工艺设备的设置参数自最初设定以来没有发生改变，使得宇航装备整体质量始终保持高水平。

光学显微镜也广泛用于检查抛光金相样品的夹杂物含量。最简单的方法是对抛光后的样品进行观察，对夹杂物的数量和形态与标准图进行比较。该方法用于评估薄壁增压装置，如果夹杂物贯穿整个壁厚则可能会渗漏。对夹杂物的尺寸、形状和分布的评估已经成功用于航天器火工品装置材料的选择，该内容将在 5.4 节中讨论。

最后，现有的焊点设计工艺标准已应用于航天器电子设备，通过目视检查来确定焊点质量，因为焊点的表面状态和形状与焊点中的金属相结构之间有一定程度的相关性。不过需要注意的是，令人满意的外观并不能保证良好的金属结合。焊接缺陷通常分为主要缺陷、次要缺陷和外观缺陷。主要缺陷可能导致电子硬件工作寿命减少，必须进行修理或返工（见 6.12.2 节）。次要缺陷，例如边界焊料量过量或不足通常不会导致失效——但对于高可靠性的电子电路，次要缺陷需要进行返工。外观缺陷不会影响产品的性能或工作寿命（例如，组件倾斜、焊点上的小褶皱）；如果焊点的外观确实不合要求，则表明生产组装过程需要更好地控制，以免发生真正的问题。焊点接触角小于 90°（正向润湿）可以接受；大于 90°（负向润湿）不可接受。根据文档化的工艺标准进行目视检查，目的是控制工艺并尽量减少返工。

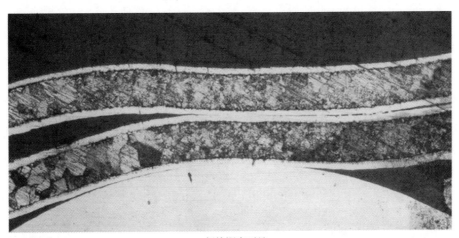

(a) 焊接深度不足

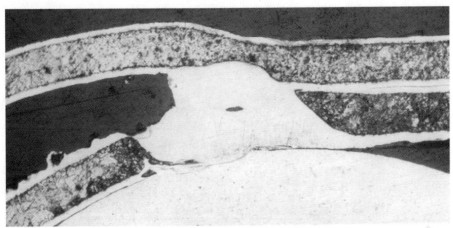

(b) 焊接深度过度

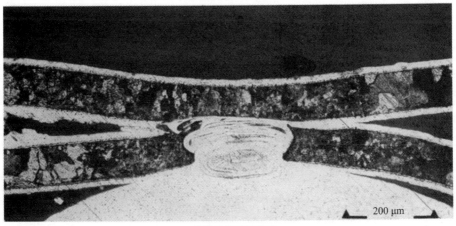

(c) 参数优化后的焊接

图 4-1　电阻点焊金相工艺标准：每个样品外观相似。焊接电流、焊接时间、焊接压力等焊接参数依据机械拉伸强度和金相组织数据而不断优化。本案例展示的将两根镀镍普通碳钢带焊接到镍针上，是航天器镍镉电池组内的电气互联结构，电池必须工作至少八年

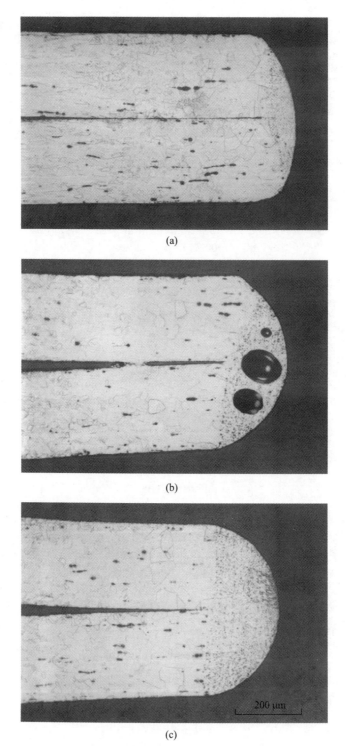

(a)

(b)

(c)

图 4-2　镍合金加压外壳的封闭焊接。金相学金相试验是评估非熔化极惰性气体保护焊（TIG）组件的最佳方法。焊接参数根据工艺标准确定。（a）焊缝不足，（b）焊缝中的气孔过多，均无法保证装置的气密性，（c）最佳焊接

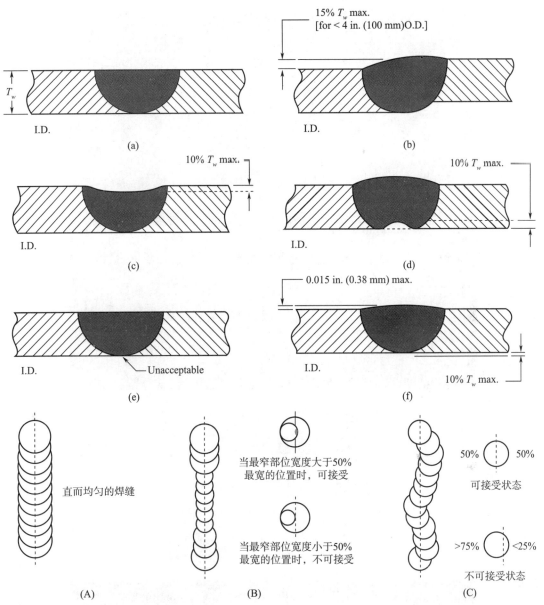

图 4 - 3　焊接技术工艺标准各种各样，金属合金、设计和焊接设备需要参考特定的相关标准。航天器焊件目视检查可参考 ECSS - Q - ST - 70 - 39，该标准还包含焊接钛和不锈钢零件后表面氧化的接受/拒绝工艺指南。图片显示了管焊接的可接受和不可接受的焊接轮廓。第一组图片描述了焊接参数设置或在线质量控制采样期间，微断面抛光和蚀刻表面上可能观察到的情况。下面的图片显示了可接受和不可接受的焊缝宽度以及允许弯曲程度的目视检查标准。图片转载自 ASME BPE - 2014（第 132 和 135 页），经美国机械工程师协会（ASME）授权。版权所有，未经 ASME 书面许可，不得进一步复制。（a）可接受的，（b）错位（错配），（c）O.D. 凹陷，（d）I.D. 凹陷（吸），（e）熔深不足，（f）凸起。（A）可接受的焊缝，（B）焊缝宽度变化过大，（C）焊缝弯曲过大。需要注意的是，这些要求仅适用于非产品接触面，对产品接触面上的焊缝，仅在无法目视检查时才适用

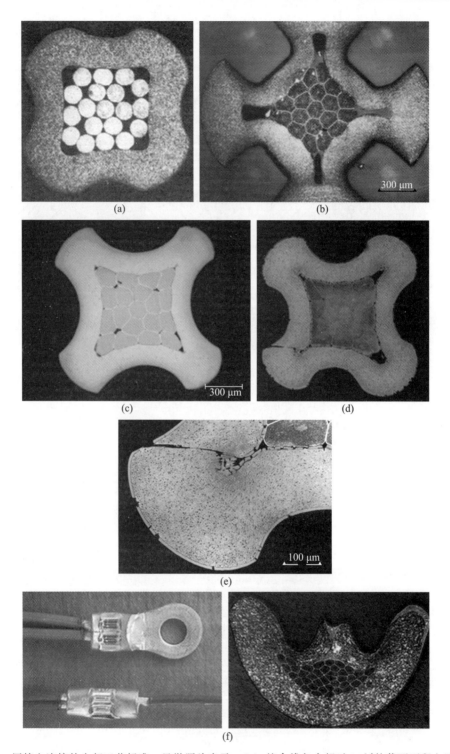

图 4 - 4　压接电连接的金相工艺标准。显微照片表示：（a）绞合线包含超过 10％的截面面积空隙——欠压接，（b）使用了过大的压接圆桶，（c）优化后工艺产生紧密接头，（d）、（e）破裂圆桶损坏细节（仅从目视检查，无法评估镀层中的裂纹是否延伸到压接筒中），（f）ECSS 可接受的接线片和接头线压接示例

6.15.10 节回顾了与面阵列器件（AGA）有关的工艺标准。AGA 特别难以评估，因为这些在封装底部的端子通常无法目视检查，而且一些较新的器件有超过 1 000 个互联点。Wickham 等（1999）利用 X 射线进行了评估，许多 X 射线照片被收入到 ECSS 表面贴装技术标准（ECSS - Q - ST - 70 - 38）。IPC 和 JEDEC 也发布了类似的工艺标准，IPC 610D，IPC 7095 和 JEDEC - 217。标准给出的主要缺陷包括：错位、锡球或锡柱缺失、焊料中存在空洞、PCB 焊盘未润湿，以及在焊接过程中产生的多余的小焊球（这可能导致短路）。这样的无损检测工作非常枯燥，为了减少波动和检查所需时间，AGAs 的自动 X 射线检测在这方面已经有所突破（Said，2012）。

4.3　微观结构揭示的机械损伤

图 4 - 5（a）显示的是某一批次的柔性波导管。在最终检验时，由于方管与法兰焊接接头附近存在小针孔而被拒绝接收。缺陷在放大 10 倍时才可见。管材料采用溶液处理过的铍铜，针孔仅存在于前两个管圈。

调查开始时，波导管制造商提出了两个缺陷原因：首先，焊接过程中散热导致波导管存在拉伸缺陷开裂，其次，产生光滑和明亮焊点所需的强助焊剂腐蚀了波导管。另一种观点认为，波导管弯曲时，软溶液处理的合金已经被尖锐的夹具穿透。成型之后，组件在315 ℃下沉淀硬化 2 小时，然后在 240 ℃下焊接到法兰上。

图 4 - 5（b）显示的是对缺陷区进行显微切面和抛光处理。可以看出，至少有两个管圈损坏，在这些区域中，管材的截面厚度大大减小，因而机械强度减小。

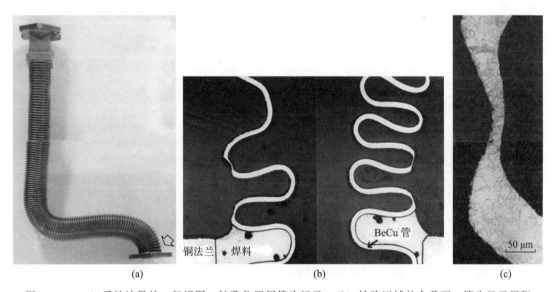

（a）　　　　　　　　　（b）　　　　　　　　　（c）

图 4 - 5　（a）柔性波导的一般视图，针孔位置用箭头标示。（b）缺陷区域的全截面，箭头显示焊脚和针孔的位置。（c）针孔区域的铍铜蚀刻微观结构。晶粒通常是等轴的，但在磨损区域下方已经变形，并含有高密度的滑移带

针孔处的铍铜完全消除。其中一个有缺陷区域的细节［蚀刻图 4-5 （c）］显示，管道的受损内壁稍微塌陷。这表明管表面存在压应力。微蚀刻金属和合金的试剂详见附录3。

同时，未损坏管子的微观结构显示其由未变形的等轴晶粒组成。在损伤区，晶粒轻微变形，它们含有高密度的平行滑移带和机械孪晶，晶粒间方向发生了改变。这种特征是机械损伤的特征，而且发生在沉淀处理之后，因为在 300 ℃时，它们将被退火。

此时，可以排除最初的判断：缺陷由成型或腐蚀造成。参观制造商车间发现，这批特殊的波导管由一个没有经验的焊接操作员组装。许多焊点含有比正常更多的焊料，通过装有研磨砂粒的细绳来去除多余的焊料，以产生一个干净明亮的焊点。这样也导致了波导管的过度磨损和变薄。微观结构中出现的特征滑移线和变形孪晶［图 4-5 （c）］准确地表明，在波导管的最终热处理之后，磨损发生，针孔形成。

4.4　氢脆

4.4.1　金属与氢的相互作用

从合金开发的早期开始，就存在氢的挑战。由于直径较小，氢原子容易被那些具有大间隙的金属，如 Al、Pd、Ir、Mo、Ta、W、Zr 和 Ti 等吸收，而难以进入具有小间隙的金属如 Cu、Ag、Au、Ba 和 Cr。氢与金属反应可形成氢化物、分子氢、气体产物（氢与金属基体内的夹杂物或合金相之间的反应）。所有这些情况，氢都会对金属的机械性能造成损害，引起脆化或脆性断裂（Raymond，1988；Robertson 和 Teter，1996）。

氢和金属之间的相互作用解释有几种理论。包括：原子间氢重组形成氢气，产生非常高的内部压力；氢被位错捕获，导致在材料受压区氢溶解度增加，从而减小了机械变形；晶格中金属原子间结合力减小；以及这些理论的组合。

通常，金属表面上连续的氧化膜会阻止氢分子的分离，但许多例子表明，航天器硬件在成功试验后，也会突然出现氢脆。例如钛的甲醇脆化，某些不锈钢的肼脆化以及电池的氢脆化。

实验室失效调查发现，失效的发生可能源于在航天器零部件生产过程中引入原子氢，包括：钛推进剂贮箱末端圆顶和桶部分的锻造过程；钢结构件和钛合金螺栓的热处理过程；钛合金制成的远地点推进发动机的焊接过程；铝波导和钢弹簧的酸洗和电镀过程；商用铜部件在氢气炉中的钎焊过程。下面介绍有关航天器设备氢脆的典型调查研究。

4.4.2　弹簧钢的氢脆

工程模型卫星中安装了两天的几个小弹簧在设备级测试前突然断成了两半。金相分析发现，失效弹簧由标准含 0.4% 碳的低合金弹簧钢制造，经硬化、回火、除锈后，先镀铜，再镀镍。用扫描电镜（SEM）观察弹簧断裂表面［见图 4-6 （a）］，可看到破裂区域分层。断口沿着机械痕迹和镍表面存在的深痕方向断裂，详见图 4-6 （b）所示的显微切片。

回顾弹簧加工过程，结合对钢的微观结构的高度放大检查结果［图 4 - 6（c），（d）］，发现氢脆是弹簧的主要失效原因。这些弹簧被加热到 900 ℃，经油淬火，然后立即在 250 ℃ 下回火，以达到所需的硬度和弹簧性能。随后的清洁和电镀工序在钢表面产生原子形式的氢。原子氢在金属晶格迅速扩散，当均匀分布时，不会造成损伤。然而，一旦将弹簧安装在航天器上，弹簧加载，在外加应力的影响下，氢扩散到应力集中区域（例如夹杂物和位错位置）。在这些位置，原子氢重组形成分子氢，如图 4 - 6（d）所示。分子氢产生非常高的压力，导致形成了裂纹。

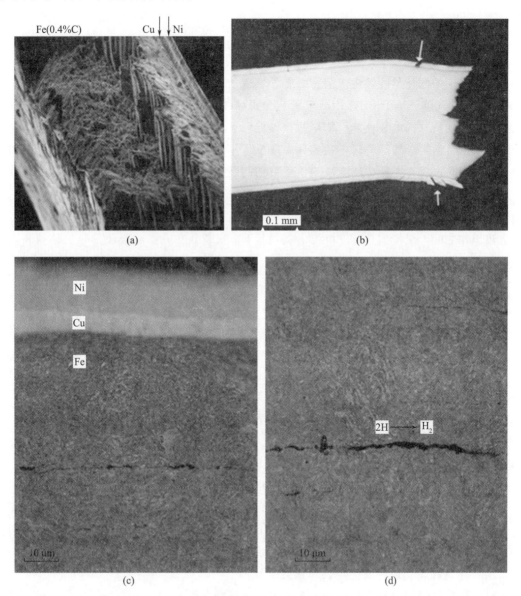

图 4 - 6　（a）过早失效钢弹簧的扫描电镜断口图，镀层和基体脱层。（b）图（a）中断面所作的纵向微切片。（c）镀层下有极细的裂纹。（d）由氢形成的内部微裂纹，可能从轧制钢的拉伸夹杂物附近开始
（在 2% 硝酸溶液中轻微蚀刻）

在大多数轧制钢板中，常常含有细长夹杂物的带状结构。这种微观结构中可见的微裂纹或分层，可能是由于应力和在夹杂物—基体界面处产生和积累的气体氢相互作用产生的。当微裂纹的密度足够时，削弱了弹簧的承载能力，微裂纹间在过应力作用下以延展的方式断裂而发生最终失效（如断口图所显示的微凹区）。

氢脆可以通过简单的烘烤来消除，烘烤过程会将吸收的氢原子在重新组合成气态氢之前排出。目前在制造弹簧的过程中，已经成功地采用了"烘烤除氢"的工艺，具体包括电镀后 1 h 内，190 ℃ 加热部件 3 h，并采取一切必要的预防措施，以避免工件在烘烤前弯曲。

4.4.3　镀铝合金的起泡

精密加工的圆柱形腔体内安装特殊转子实现波导之间的 RF 波转换，转子旋转时，腔体存在 2 μm 气隙。转子由 Al - Mg - Si 合金机械加工而成，并用 8 μm 的镍和 6 μm 的银电镀，以达到特殊的电气性能。初步检查确保转子与不同的腔体匹配，以实现不受限制的旋转和低信号损失。然后将转子从腔体中取出，小的永磁体粘结到基体上。固化环氧树脂粘合剂的加热过程在镀层中产生气泡。电镀期间吸收的氢原子在镀层—基板界面处重新组合形成分子氢。如图 4 - 7 所示，剥离的镀层局部抬高，形成表面气泡。气泡堵塞了 2 μm 的气隙，阻碍转子重新插入到其匹配的腔体中。后来批次的转子经过精心的烘烤处理，每次电镀操作之间，缓慢加热到 200 ℃，持续 4 h，重新分布或释放吸收的氢，使得表面无气泡。

4.4.4　氢化钛沉淀物的检查

载人航天器有效载荷支撑结构使用 Ti - 6Al - 4V 合金支柱。管件和管状零件采用锻造合金棒加工，锥形件则采用合金铸件加工。零部件采用钨-惰性气体（TIG）焊接。焊接过程中不小心使用了非合金钛焊丝。焊丝直径 0.045 英寸（1.14 mm），认证证书上材料为 Ti - 6Al - 4V。材料样品和航天设备的光谱分析表明，焊丝材料实际上为纯钛，没有测定间隙元素（即氢、氮和氧含量）。错误焊接之后，剩余的所有不合规焊丝都被清理，不再使用。

航空航天工业中，Ti - 6Al - 4V 和其他钛合金的焊接经常使用非合金钛焊丝。但是，焊接过程中，材料和工艺必须严格受控，防止间隙元素（即氢、氧、氮）使焊件脆化。室温下，氢在钛合金（除 β 钛合金）中的固溶度非常低，使得氢化物析出（Robertson 和 Teter，1996）。氢化物脆性强，对机械性能不利。NASA 也曾遭受一系列的钛脆化问题［著名的氦压力容器失效，导致土星火箭在测试时遭到破坏（Williams 等，1979）］，因此，NASA 现在禁止使用商业纯钛焊接合金钛。

对该批次的焊接材料进行拉伸、弯曲和持续负载全面测试。同时进行化学分析，以及大量的金相检查以确定钛氢化物是否存在，以及设备可接受的可信度。

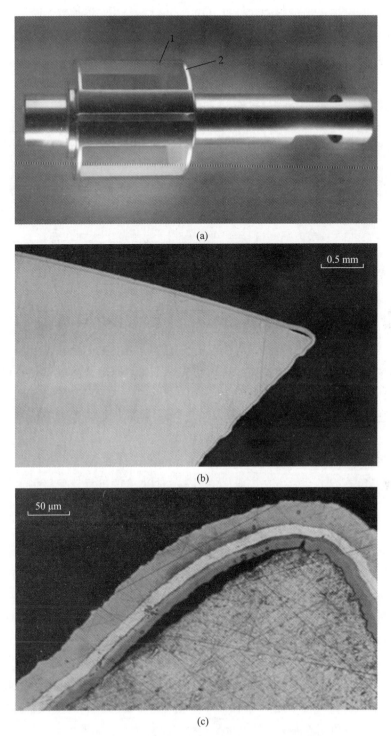

(a)

(b)

(c)

图 4 - 7　波导开关的检查（由 GEC Hirst 研究中心提供）。(a) 波导开关的总体视图。通常在波导
入口的边缘 1 处或法兰区域 2 处出现气泡。(b) 横切 1 处的气泡并放大 50 倍。(c) 图（b）用
氢氧化钠腐蚀并放大 500 倍

调查结果显示，焊接拉伸强度在纯钛和 Ti - 6A1 - 4V 的预期值之间，焊缝延展性良好，远远好于土星火箭贮箱失效的情况。持续负载测试（220 N/mm² 下 14 天）旨在引起焊接样品的延迟脆化，如氦气贮箱失效中观察到的那样，延迟脆化由氢的额外迁移和氢化物的二次沉淀引发。测试没有发生延迟脆化，断裂路径没有发现钛氢化合物。另外，化学分析发现，间隙元素低于原材料规格要求。

观察抛光和蚀刻样品微观结构光谱，如图 5 - 18 所示，显微照片的详细描述如图 4 - 8 所示。钛氢化物在焊缝表面形成小团簇，但焊缝根部并没有形成。HAZ 或母体 Ti - 6A1 - 4V 材料中不存在氢化物。力学测试样品金相检查显示，断裂路径中不存在氢化物。

需要指出的是，钛及其合金金相制备比钢难度更大。研究氢化物时，特别重要的是，安装材料需要使用低粘度的环氧树脂，以便缓慢固化而不会释放过多的热量，确保钛样品升温不超过 10 ℃。而一些丙烯酸（快速固化树脂，放热可以达到非常高温度），升温可以达到 150 ℃，高温会改变截面微观结构中沉淀氢化钛的形态。Vander Voort（2008）提供了一种钛及其合金金相制备的有效方法。

焊缝的宏观照片显示，根部焊缝与母材合金化良好。由于存在钒，稳定的 β 钛吸收间隙元素的能力远远大于 α 钛，因此合金化良好的焊缝中不存在钛氢化物。焊缝样品强度比预期的最大工作应力高出至少六倍，有效载荷支撑结构可以在飞行时使用。

欧洲太空实验室项目曾出现过一起特别的失效事故，原因是材料质量工程师"原材料控制"失败。供应商错误地在包装和合格证书上将焊丝材料标为"Ti - 6A1 - 4V"。用户公司接受了供应商文件，但并没有将焊丝样品送到材料验收实验室进行化学光谱分析。如果进行了化学分析，就会发现焊丝的材料错误（非合金钛），拒绝使用并退还焊丝。相反地，用户公司直接用焊丝来焊接飞行设备。幸运的是，该设备被认为是冶金学上可接受的，但是，材料审查委员会做出"按原样使用"这个决策的过程花费甚多。另外，拒绝完工硬件会导致成本增加和发射延期。美国的航天飞机项目也曾遇到焊丝错误困扰——使用了错误焊丝（不是使用 Inconel 718，而用了较弱的焊丝 Inconel 600）焊接转向角的氢气管线，造成主推进器发动机故障，试验台损坏，该错误也归咎于供应商。

总结起来，钛非常难以焊接，主要原因是对材料和必须采取的防污染措施不熟悉。焊接表面需要彻底清洁，即使是指纹油脂也会导致焊接孔隙。保护气体（通常是氩气或氦气，或 75％Ar - 25％He 混合气体）需要具有低露点（低于－50 ℃），防止氢被液态焊料吸收，形成钛氢化物。避免使用橡胶软管输送保护气体，优选乙烯基塑料，橡胶软管会产生湿气。此外，在 500 ℃ 高温下，受热影响的焊接区域的钛表面可能会被间隙气体（O、N、H）污染。冷却过程中，金属表面形成薄氧化物，颜色范围介于淡黄色到深蓝色和灰色之间。根据焊缝颜色，Ellis 和 Gittos（1995）给出了钛合金焊缝可接受性"经验标准"。最新的 2015 ECSS 焊接标准 Q - 70 - 39 给出了表面颜色的可接受和拒绝工艺标准。如下：

银色——正确的屏蔽，令人满意；

淡黄色和深黄色——轻微污染，但可接受；

深蓝色——重污染，接受与否取决于服务场合；

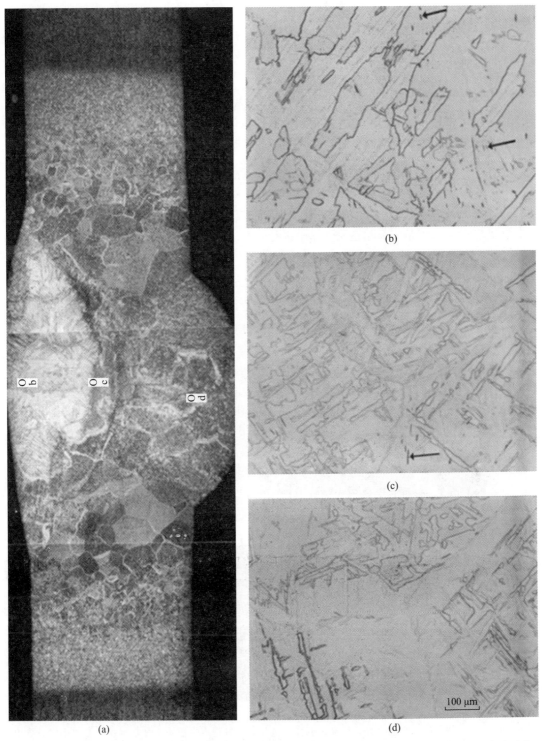

(a)

(b)

(c)

(d)

图 4-8　（a）样品显微照片（放大 10 倍），包括母材、热影响区和熔池。（b）表面焊缝，箭头表示小团簇的钛氢化物。次级 α 基体微观结构呈锯齿状 α（主）。（c）中等厚度的中间焊缝，箭头指向氢化物。针状 α 基体微观结构呈锯齿状 α（主）。（d）根部。马氏体 α 基体不存在氢化物

淡蓝色——重污染，不大可能接受；

灰蓝、灰色和白色（松散堆积体）——很重的污染，不可接受。

4.4.5 铜的脆化

如果脱氧不充分，韧炼铜可能会含有高达 1％ 的小颗粒氧化亚铜，离散地分布在整个铜基体上。如果使用这种材料加工电子元件零件，如在行波管内使用的零件，零件随后经过加热处理并用银铜共晶焊料钎焊。采用还原氢气炉，在高于约 450 ℃ 的温度时，吸收的氢与夹杂物反应，形成蒸汽

$$Cu_2O + 2H \longrightarrow 2Cu + H_2O(蒸汽)$$

由于氢与夹杂物的反应，局部的高压使得铜晶边界开裂，晶粒间失效，零件完全破裂。

这类零件，特别是需要在还原气体中进行钎焊、焊接或热处理时，需要选择无氧铜类加工。

可以通过常规测试来评估各类铜的适用性。ASTM B379 中推荐使用的方法为：在含有至少 15％ 氢的气体中，以及 800～875 ℃ 的温度下，将铜料退火 20 min。典型的铜脆化的结果如图 4-9 所示。然后试样需通过随后的弯曲试验而不开裂。6.10 节将进一步讨论钎焊工艺。

图 4-9　通常，铜的钎焊性能良好，但在还原性的氢气炉中钎焊存在困难。加热到 450 ℃ 以上时，含氧或韧性磷脱氧铜易发生脆化。(a)、(b) 为在氢气炉中加热韧铜，温度达到 850℃ 时的效果图。氧化铜的反应和高压蒸汽的形成引起晶界脆化，内部空化。(c)、(d) 为在同样的气体中同时加热无氧高导电性铜样品，产生的完全退火晶粒结构。注意，由于机械抛光或化学抛光的孔隙率很高，难以获得韧铜的无划痕显微照片（T. Pinder 提供）

4.4.6　未来发展

以氢为燃料的高超声速飞行器需要暴露在各种氢环境中。压力容器和燃料管理装置在低温时，需要暴露于液态氢环境。发动机和排气喷嘴需要承受高温高压氢。在高于约650 ℃ 的温度下，大部分结构材料会被原子氢饱和，因此，材料可认为是氢合金（Nelson，1988）。冷却时，基体变得氢过饱和，形成氢化物或产生分子氢，导致性能降低。金属氢化物颗粒解离，使得局部氢过饱和，再加热循环，会导致进一步损坏。

此外，原子形式的氢在环境温度下会与石墨反应形成甲烷气体。含有石墨和碳化硅纤维的金属基复合材料，容易与氢反应，形成高压甲烷气体空腔。

4.5　腐蚀问题

4.5.1　双金属腐蚀失效

航天器制造和发射前的所有阶段都必须考虑腐蚀问题。某些设备还可能需要能够在轨承受强烈的腐蚀性环境，寿命可能长达 40 年。这类设备包括电池组、热管和热控系统以及含有液体燃料的压力容器。非紧急情况下，航天器硬件不会暴露在不受控的地面环境中。但是，单发火箭和可重复使用航天器发射前阶段和地面存储时间可能很长，有必要制定和实施保护计划，确保所有结构或承重金属得到充分保护，不会发生一般的表面腐蚀和应力腐蚀开裂。国际空间站等载人舱也会受到内部潮湿和冷凝的影响。防腐蚀涂层的评估通常使用加速试验来进行，结构件采用盐溶液方法（例如 3.5% NaCl），电子设备采用温度/湿度暴露方法。具体案例和试验环境将在本书的其他章节介绍。

对于电气连接，最好从表 2-1 或表 2-2 中详细列出的已验证的连接中选择。需要指出的是，表格中电位较负的金属许多需要额外的保护，使用电镀、转化涂层、阳极膜、喷漆等形式来避免一般表面腐蚀，并且通常需要进行极化测试。航天器承载结构从未考虑使用的金属在电子设备制造中得到了广泛的应用。晶体管和微型电路中使用了一些稀有金属。不同材料腐蚀可能会产生不同问题，下面列出了航天器电气系统中使用的各种不同的合金：

1）铁和钢（铁合金）用作器件引线、磁屏蔽壳、变压器铁芯、支架、机架和通用硬件。

2）铝和铝合金广泛用于天线、结构、机壳、支撑和支架等系统。

3）镁合金偶尔用作设备外壳。

4）不锈钢用于安装机架、支架和硬件。

5）铜和铜基合金通常用作触点、弹簧、引线、连接器、印刷电路板焊盘和导线。

6）纤维增强塑料用于波导制造（石墨纤维）、电路板（玻璃纤维）和部件支撑粘合剂（金属和氧化物填充环氧树脂）。

7）镍和锡铅镀层用于保护涂层、并保证可焊性。锡在焊料中的使用是众所周知的；

然而，镀锡在射频屏蔽上也很常见。

　　8）高纯度电沉积金广泛用于电连接器、印制电路板和边缘连接器、微型同轴连接器、半导体、导线和触点。

　　9）银通常用作波导、微型电路、导线、触点、高频腔和射频屏蔽层中铜的镀层材料。

　　由清单可以明显看出，设备设计中存在潜在的电偶腐蚀，将在后面的章节中详述。

　　航天器结构和电子系统的外壳经常使用比强度较高的镁合金材料。现在，航天器一般要求规定，所有的单元需通过结构电气接地，同时具有良好的表面防腐蚀性能。所以，现在的航天器设计中不再使用镁材料（不过，可以选择性镀铜，参见 4.28 节，小区域镁皮通过导线焊接连接到接地结构，剩余表面喷漆）。工业转化涂层（如 DOW 7）可能具有合适的导电性能，但是比较薄，经常会出现腐蚀问题〔见图 4-10（a）〕。图 4-10（a）显示的是设备经过热循环鉴定后，轻微冷凝水分对镁合金实验外壳的影响。符合性审查委员会认为，壳体从热室移除时，仍然很冷，导致水凝结在所有表面上。白色粉尘状氧化镁腐蚀产物也是一种污染危害。

　　新型高强度镁合金和高比强度金属基复合材料可以应用于运载火箭。应用时，必须严格控制表面污染、焊接产生的焊剂夹杂物、电偶，并确保选择适合的表面保护方案，以避免腐蚀。铬酸盐转化膜可以在短时间内延缓自然表面氧化的发生，而更优的方案为采用树脂基涂料。最近的研究表明，基于钼酸盐的不含六价铬（无 Cr）的化学转化涂层可以为 AZ31 镁合金提供出色的防腐蚀保护（Yao 和 Basaran，2013）。镁合金的另一种无铬化学转化涂层是 Tecnalia 正在开发的 MAGNOLYA 处理工艺（正在申请欧洲专利）。这种涂层通过将部件浸入溶液中或通过刷涂完成。目前测试，镁合金上（EV31A、AZ91 和 AM60）可以覆盖一层薄的涂层。涂覆工艺包括酸洗和活化预处理，然后是磷酸盐—高锰酸盐—稀土转化涂覆和干燥。该涂层似乎适用于具有非常紧密的配合表面的部件，像航天器外壳，如图 4-10（a）中所示。EV31A 的裸露的 MAGNOLYA 涂层满足航天工业标准 ASTM B-117 要求，如图 4-10（b）～（e）所示。图 4-10 中所示的测试样品（Brusciotti 等人，2014）垂直方向倾斜 6°在盐雾中暴露 168 h。对 EV31A 样品进行了额外的盐雾暴露试验，将树脂和底漆涂覆到无 Cr 涂层及 Cr^{6+}/Mn 参考涂层上，结果发现 MAGNOLYA 涂层与目前使用的涂层性能相当或更好。

　　镁的硬质阳极氧化处理工艺很多，HAE 和 DOW 17 最常用，作为厚膜，耐磨性出色。航天器（即使暴露在热带发射场环境）可以使用涂层进行非常有效的保护，在阳极膜上增加一层密封层，阳极膜包含一层薄透明的高温烘烤环氧树脂，然后是一层铬酸盐环氧底漆和环氧面漆。这种表面处理能经受 200 ℃的温度（Rendu 和 Tawil，1988）。近年来，等离子体氧化处理方法得到了广泛的应用，利用微放电将镁合金表面变成硬陶瓷层，处理之后，既能耐腐蚀，同时非常耐磨（Blawert 和 Srinivasan，2010）。

　　铝合金冷却时，遭到少数铜屑污染，会造成系统失效，如图 4-11 所示。铜或铜合金与铝的连接电偶最为不利，特别是在水环境中。这种情况下，阴极铜粒子和铝之间的局部腐蚀使得内表面产生半球形针孔，而远离针孔的铝表面没有腐蚀。

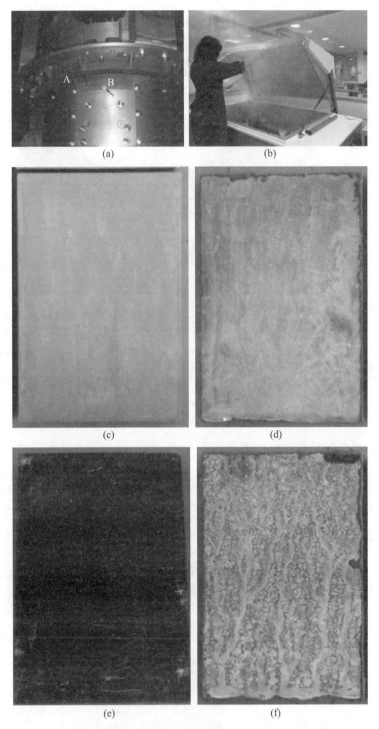

图 4 - 10　（a）实验外壳，直径 25 cm，DOW 7 表面处理后，环 A 处的底面和螺纹不锈钢螺旋嵌套 B 处周围都存在腐蚀现象。（b）依据 ASTM B - 117 标准，进行金属表面耐腐蚀性评估的盐雾柜，对比评估新的无铬 MAGNOLYA 化学表面处理以及目前航空航天工业用的 Cr^{6+}/Mn 化学涂层（Brusciotti，2014）。（c）、（d）MAGNOLYA 涂层镁合金盐雾暴露 168 h 前后图片，均无腐蚀现象。（e）、（f）Cr^{6+}/Mn 参考涂层盐雾前后图片，出现大量腐蚀〔Tecnalia 和 Parque Tecnológico de San Sebastián（Spain）提供〕

图 4-11　铜（阴极）表面污染，发生严重的点蚀和渗漏

　　如图 4-12 所示，摄像机指向机构由 AA 2024-T6 构成，出现了严重的腐蚀坑。指向机构镀镍，并且鉴定测试时，在盐水溶液中浸泡了 30 天。镀镍出于表面保护目的，但是与许多镍板一样，镀镍过程中因残余应力过大造成了微裂纹，使得基材暴露。在这些地方，大面积的镍区域加快了铝的电偶腐蚀（Al-2024 和镍之间的电势差大约为 0.41 V）。这种特殊的合金还含有较高的铜，未溶解的 $CuAl_2$ 阴极颗粒和合金基体选择性电偶腐蚀，造成了深层状腐蚀通道，如图 4-12 所示。

图 4-12　在盐溶液中 30 天后，2024-T6 铝合金（8 μm 厚镀镍层增强）中的点蚀

对于特定的腐蚀环境，可以参考腐蚀手册选择金属。但是，有时会忽略重要的细节。下面介绍两个出现过的问题来说明在腐蚀性环境中使用不相容金属会发生的情况。

问题 1：卫星上安装的镍镉电池发生了轻微渗漏［图 4 - 13 （a）、（b）］。氢氧化钾电解质渗透到电池顶部，形成白色沉积物，分析发现是电解质与大气中二氧化碳反应生成的碳酸钾。电池中央端子柱与壳体用陶瓷绝缘体分开。电池结构材料确保了膨胀系数的正确匹配。选择在陶瓷绝缘体表面涂覆金属化层，然后烧制、钎焊，形成可靠的陶瓷—金属密封。氧化铝陶瓷金属化选择钼-锰金属粉末，在烧制过程中，钼锰粉末一起烧结，锰成分被氧化，与氧化铝及其次生硅酸相反应，形成液态坡璃（$MnO - Al_2O_3 - SiO_2$ 混合物）。然后，液体渗入氧化铝颗粒之间，包围钼金属颗粒，暴露的导电钼颗粒则镀镍，随后使用铜—银共晶预成型件将陶瓷钎焊到 Kovar 电池帽中。为了满足长寿命的要求，在有氧、氢和施加电压高达 1.5 V 的情况下，对于电池电解质（氢氧化钾溶液），密封件所有材料必须完全惰性。密封件的短时间加速试验结果令人满意，但并没有揭示长时间电池泄漏的实际失效模式。泄漏电池的失效分析（图 4 - 13）表明，金属化层中的微量游离钼被氢氧化钾电解质化学溶解并滤出。泄漏路径宽度为 $0.5 \sim 2 ~\mu m$，在最终组装之后的 18 个月内，电池完全泄漏。使用钛活性金属化层，银铜钎焊制造的其他电池，电池能够密封超过十年。活性金属钎焊时，在 72Ag - 28Cu 共晶焊料中添加 5% ～10% 的钛，通过机械加工制造片状预成型焊料。钎焊过程中，活性钛改变了氧化铝陶瓷的表面成分，使其可被液态钎焊金属润湿。由于钛-铜-银合金的反应性，钎焊操作需在真空或非常好的惰性气体环境下进行（见图 6 - 53）。

问题 2：完全令人满意的设备可能会不知不觉地引入不相容材料。肼燃料反应控制系统的材料受到严重限制，因为很少金属与肼或其分解物相容。在特殊的使用试验中，推进器需要在不可接受的高温下运行。所有现有的推进器结构材料与肼相容，但为了增加推力室的散热能力，对现有的硬件做了一些小的更改。其中包括通过非常小的电子束焊接将薄铜带贴到每个推力室的外表面上。可惜，焊缝深度远超想象，如图 4 - 14 所示。铜与腔室材料的晶界结合并沿晶界渗透，铜局部渗透到室的内表面。推进器点火将肼引入铜污染的区域，几分钟内，由于活性肼快速溶解铜，室发生泄漏。

认识到这一问题后，将铜带的位置移到推进器中较不重要的部分，效果令人满意。

4.5.2　Al - 2219 阳极和化学转化涂层的耐蚀性

4.5.2.1　Al - 2219

Al - 2219 是美国铝业公司 1954 年开发的一种可热处理的锻造合金，高温性能（260～300 ℃）比其他铝合金优异，可焊性良好。低温下（－250 ℃以下），锻造和焊接 2219 的机械性能也很好。

与所有的 AA 2000 系列合金一样，Al - 2219 的耐大气腐蚀性能略低于强度较低的 Al - Si - Mg（AA 6000 系列）和 Al - Mg（AA 5000 系列）锻造合金。不均匀性经常引起局部表面腐蚀侵蚀，为了更好地防腐蚀，铝合金的组成必须尽可能均匀，这一原则适用于

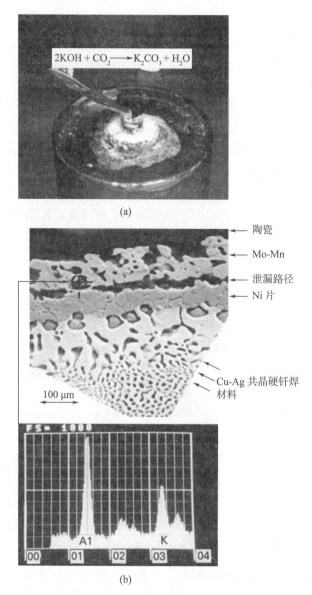

图 4 - 13　（a）泄漏的镍镉电池端子陶瓷-金属密封表面上的白色结晶碳酸钾（氢氧化钾电解液）。
（b）泄漏电池端子截面的 SEM 显微照片。能量色散 X 射线分析确定了箭头区域存在 Al，K，Ni，
Mn 和少量 Mo。低波长分布突出存在两个大的钾峰

所有的 AA 2000 系列合金（其中 Al - 2219 是典型的）。见表 2 - 1，Al - 2219 的高铜含量
（5.8%～6.8%）通常会降低铝在阴极（电位较正）方向的电极电位。

　　从机械强度和耐腐蚀性角度来看，在合金制造过程中，铜必须完全溶解在铝中。溶解
铜的固溶或均质化处理在 535±5 ℃的温度下进行。之后必须进行迅速冷却以防止在晶界
处形成金属间化合物 $CuAl_2$。如果在晶界上形成过量的 $CuAl_2$ 金属间化合物，周围将围绕
贫铜合金，这将促使腐蚀的发生，如图 4 - 15 所示。

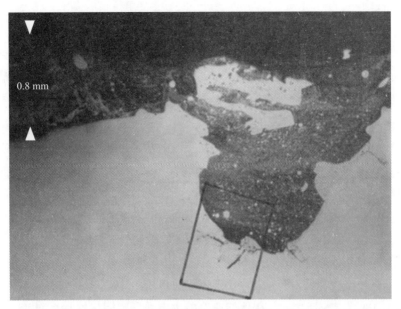

图 4 - 14　电子束焊接到合金上的 0.8 mm 厚的铜带。注意结合程度和晶界渗透深度（方框中）

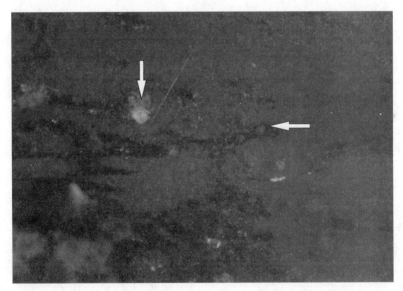

图 4 - 15　3.5％ NaCl 溶液浸泡 30 天后的 Al - 2219 - T851（锻造环，无表面保护）。显微照片清晰地显示了靠近电正极金属间化合物点蚀颗粒（红橙色，箭头所指）。偏振光显示夹杂物大部分为 $CuAl_2$，由于合金的高铜含量，在固溶处理过程中不能完全溶解到饱和固体中。$CuAl_2$ 颗粒在锻造过程中被分解和重新分布，存在于铸造金属凝固过程中最初形成的网络中。显微照片还显示腐蚀通道渗出产生 $Al_2(OH)_3$（白色，箭头所指）和绿色 $CuCl$。进一步的解释参见图 4 - 19 (d)，放大倍数为 500 (Dunn, 1984)（见彩插）

综合考虑机械强度、断裂韧性和抗一般腐蚀和应力腐蚀开裂，航天飞机，空间站，空间实验室，哥伦布实验室以及阿里安 5 和阿里安 6 等载人航天器的结构材料选用 Al - 2219。市场上 Al - 2219 的产品有薄板、板材、挤出棒材和棒材等，经过锻造可制成

Alclad 薄板和板材。

20 世纪 80 年代，作为欧洲和美国最大的联合太空计划，空间实验室（见图 3-1）自 1983 年首次飞行以来，至 1998 年，执行了 22 次任务，整体飞行性能良好（另见第 8.7.3 节）。由于实验载荷更改，经历了多次组装和拆卸，焊接的 Al-2219 结构在轨仍有良好的密封效果。使用寿命超过了 10 年的设计寿命（虽然任务数量没有达到预期的 50 次）。

4.5.2.2　表面保护处理

Al-2219 内在耐腐蚀性良好，可以在不使用其他保护涂层的情况下使用。加工后的结构部件的有效保护方法是在合金喷丸或电镀表面上涂覆环氧聚酰胺涂料。空间通常使用的表面处理方法如下：

Alclad 产品——核心 2219 片夹在纯铝或 7072 合金的薄片之间，然后热轧实现粘合。表面耐腐蚀性良好，核心 2219 作为阳极，足以进行电化学保护。

机械表面——喷砂处理或喷丸处理，会产生粗糙的哑光表面，使 Al-2219 的表面轻微受压。这可能会略微降低对一般腐蚀和应力腐蚀的敏感性，但必须覆盖有机涂层。

阳极氧化（见图 4-16）——在硫酸或铬酸中电解形成阳极镀层。对于 Al-2219，硫酸电解形成了致密的防腐保护涂层（$2\sim25~\mu m$，取决于阳极氧化时间）。最近的 AA 2024、7075、6061 研究也证实了这点（Danford，1994）。

图 4-16　化学蚀刻处理后铬酸阳极氧化样品，粗糙表面表示最坏的情况。
在标准的 30 天盐雾试验后，阳极膜连续，没有被腐蚀

化学转化涂层（参见图 4-17）——对于 Al-2219，Alodine 和 Irridite 工艺只能暂时防腐，是喷涂的极佳基底。

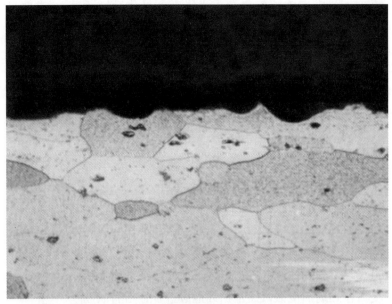

(a) 母金属

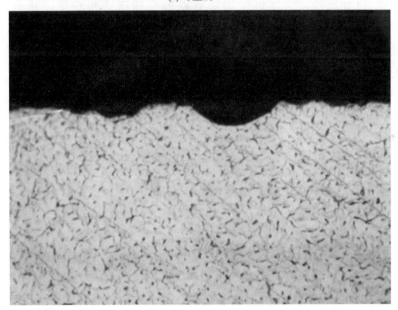

(b) 焊接池

图 4-17 在盐雾中暴露 14 天后的带有 Alodine 1200 保护层的焊接 2219 板。腐蚀点明显，深至 12 μm
（在 Keller 试剂中蚀刻以显示晶粒结构）

电镀——Al-2219 可以浸入成分受控的锌酸钠中，Al-2219 是沉积铜、镍、铬、金、银等的理想基底。

气相沉积——Al-2219 可以通过离子气相沉积方法用纯铝涂覆。这种涂层光滑，晶粒细小，附着力强。

　　喷涂——将 Al – 2219 浸入磷酸溶剂中去除油和氧化物（室温）。表面可进行机械处理，底漆用转化涂层或特殊底涂料，然后涂覆环氧聚酰胺或聚氨酯树脂。

4.5.3　常见航天器铝合金的 Alodine 表面评估

　　我们第一个项目，对三种常见航天器合金（Al – 2024，Al – 6061 和 Al – 7075）的化学转化涂层性能进行评估（Scott，1985）。采用盐雾试验（腐蚀试验），模拟航天器设备在不受控制的海岸环境中的长期地面存储和真空下的热循环条件（在轨空间环境，涂层和基体之间的膨胀系数不匹配会使表面涂层退化）。测量红外反射率、太阳反射率、电阻率、光学性质（SEM 和照相记录）、排气率和红外吸收率来评估合金及其涂层的性能。

　　无保护合金的一般腐蚀性能如下：

　　Al – 2024 对海洋环境的耐腐蚀性差。比其他的锻铝合金更容易受到腐蚀侵蚀。侵蚀性质受热处理影响。

　　Al – 6061 海洋环境耐腐蚀性良好。侵蚀性质受热处理影响。

　　Al – 7075 受海洋环境的侵蚀，通常比其他锻造合金耐腐蚀性差。

　　样品都由轧制板制造，通过机械加工获取标准的表面粗糙度，分三个阶段进行"Alodined"化学转化涂层处理，以形成三种厚度的涂层。典型的涂层见图 4 – 18（a）。这项研究的结论如下：

　　1）铬酸盐转化涂层的表面结构与所有合金相似。

　　2）腐蚀性能取决于基材的铜含量以及 Alodine 层的厚度。铜含量越多，防腐蚀性越差。涂层越厚，防腐蚀性能越好。

　　3）真空热循环会导致试样的水分损失使涂层变暗，降低合金 Al – 2024 的耐腐蚀性。合金 Al – 6061 和 Al – 7075 则不受真空热循环的影响。

　　4）红外反射率与涂层厚度有关，反射率随厚度增加而降低。真空热循环后反射率增加，这是由温度和真空的环境影响导致的涂层失水引起。未发生腐蚀时，腐蚀环境对反射率影响不大，如果发生腐蚀，反射率就会下降。

　　5）电阻也取决于涂层厚度，随着涂层厚度增加而增加。未涂覆的所有合金的电阻随腐蚀的产生而显著增加，有涂层的合金几乎没有变化。发现表面电阻与腐蚀程度成正比。

　　第二个项目开展，是因为 Alodine 1200 含有六价铬（Cr^{6+}），欧盟立法可能禁用，决定研究不含 Cr^{6+} 的工业转化涂层的替代品。目标是找到一种替代品，具有良好的防腐蚀性能，良好的电气性能（用于接地）和热性能，而且空间模拟环境（真空热循环）下不会降解。基体合金选择：高强度航空合金，Al – 7075、Al – 2219 以及非结构合金 Al – 5083。最终选择的化学转化涂层包括：Alodine 5700（Henkel 公司的有机金属锆酸盐），Nabutan STI/310（Chemo – Phos 公司的氟钛酸产品）和 Iridite NCP（MacDermid 公司的氟钛酸产品）以及 Alodine 1200S（Henkel 公司生产，含复合氟，铬酸）。涂覆工艺之前，需要通过不同的方法进行化学清洁，保证初始表面干净无瑕。大量的研究（Pereira 等人，2008）表明，只有 Alodine 1200S 能够经受热循环，其他涂层存在脱落的趋势（产生污染物颗粒）。其他样品的电阻率即使在热循环之后也非常相似。只有 Alodine 1200S 能够经受高强度合金的盐雾测试。空间项目推荐继续使用这一经过充分验证的产品，并应继续寻求替代产品。

当应用于 Al - 1100、Al - 3003、Al - 5052 等低强度合金和 Al - 6xxx 系列合金时，这四种化学转化涂层在大多数非关键应用中都适用。同时，高强度的 Al - 2xxx 和 Al - 6xxx 系列合金，最终涂覆前进行这四种化学转化涂层处理，也非常有好处。

第三个项目，研究常规 Cr^{6+} 转化涂层与含有未溶解的 $CuAl_2$ 夹杂物的裸铝合金（例如 Al - 2219）的反应方式（Grilli 等人，2010）。通过结合扫描螺旋显微镜（SAM）和 EDX 图像，发现转化涂层的分布与合金微结构有关。转化涂层厚而均匀地覆盖在合金基体上（XPS 显示是 Cr^{3+} 和 Cr^{6+} 的混合物），开裂发生在暴露铝基底的"Alodining"工艺期间或完成后不久［图 4 - 18（b）］。金属间夹杂物表面的铬浓度要低得多，意味着转化涂层无法保护表面的电位较正区域。

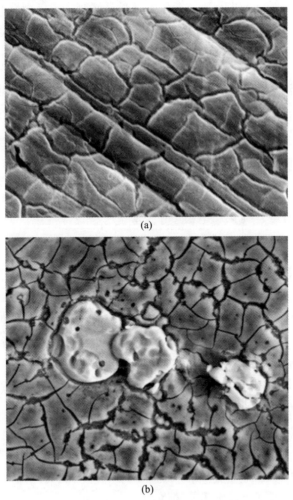

(a)

(b)

图 4 - 18　（a）依据 ECSS - Q - ST - 70 - 04 的真空热循环后，Al - 2024 - T3 上的 Alodine 1200 涂层 SEM 图（×5 000），（b）Al - 2219（涂层，无环境测试）中大量富铜 $CuAl_2$ 夹杂物区域（×8000）

　　第四个项目，研究涂有基于钛的 Nabutan STI/310 涂层的 Al－2219 样品。SEM 和 SAM 分析证实，Ti－F 基涂层分布也大致均匀，但是与 Alodine 样品一样，$CuAl_2$ 夹杂物表面仅有微量的钛化合物。这也说明涂层对夹杂物区域防腐蚀性能较差。在样品表面选定三块不同大小的析出物。然后将"Ti－"化学转化涂层涂覆的样品暴露于 3.5％NaCl 溶液中，分别进行 15 min，45 min，2 h，4 h，8 h 的腐蚀试验。每次试验结束后，样品重新放入真空室并通过 SEM、AES 和 EDX 分析检查。结果发现（Grilli 等人，2010），涂层优先沉积在铝基体上，但是由于金属间化合物相对于基体的阴极性质，涂层和基体发生了降解。金属间化合物周围有富含铝和氧的腐蚀产物，腐蚀体积随着暴露于 NaCl 腐蚀溶液的时间的延长而增大。对于非常小的析出物来说（<1 μm 直径），腐蚀渗透到析出物下面，造成表面析出。

　　作为主力，T6 和 T8 热处理下的高强度合金 Al－2219 广泛应用于航天项目，包括空间实验室、哥伦布实验室以及阿里安 5、阿里安 6 等美国和欧洲的航天项目都有所应用。其在本章讨论的耐腐蚀特性尤为重要，海岸发射场存储时，空气中的盐分会在火箭和其他空间硬件上累积。Al－2219 以铝为基体，含有 Cu 6.8％，Fe 0.3％，Mn 0.4％ 和 Ti 0.1％。分析表明，未溶解和沉淀的第二相金属间化合物主要包括 Al－Cu（$CuAl_2$）及少量 Fe 和 Mn（为保证硬化性能最大，Al－2219 是铜的饱和固溶体，因此在基体微观结构内不可避免会有未溶解的 $CuAl_2$）。如图 4－15 所示，金属间化合物相对铝基体为阴极，电位较负的基体优先氧化。没有有效的涂层保护时，在海岸发射场环境中会出现严重的点蚀现象。图 4－19 是最有可能发生的腐蚀机制示意图。渐进式腐蚀导致出现大量的凹陷或腐蚀缝隙，这些缺陷可能导致应力集中。对于易受应力腐蚀开裂的合金，这可能导致灾难性的断裂（参见图 4－21 和图 4－22）。

4.5.4　航天器钢的清洁、钝化和电镀

　　航天器结构常用的钢材，一般具有很高的抗应力腐蚀开裂性能，表 2－3 列出了包含从低强度普碳钢到复杂高强度合金双相钢（如果正确沉淀硬化，其强度非常高）的完整系列。普碳钢和低碳合金钢都具有较低的耐腐蚀性。会产生一种松散的氧化物，在很小的应力下就会脱落，发生进一步腐蚀。这种钢在航天器上的应用很少，但可用于制作火工品的剪切刀片、弹簧（见 4.4.2 节）和部件壳体，经常采用电镀方法对这种钢材进行防腐蚀处理。由于其本身具有强磁性，一些科学实验会禁用。

　　将耐腐蚀性能较差的钢（1000 系列和 4000 系列）在短时间内进行蒸汽脱脂和酸洗（可能在 15％ 的盐酸或 75％ 的硫酸水溶液中），去除薄层氧化物。然后进行金属热处理、加工、焊接、钎焊、成型，最后进行电镀。通常先镀厚度 5～10 μm 的铜底镀层，然后覆盖一层 10～20 μm 的电镀镍层。清洗和电镀过程中，淬火和回火的冷加工件或冷拉件可能会发生开裂。这些部件电镀前，需要在 180～200 ℃ 下，应力释放 3 h 以上。电镀后 4 h 内，再次进行相同的热处理，以缓解氢脆化。

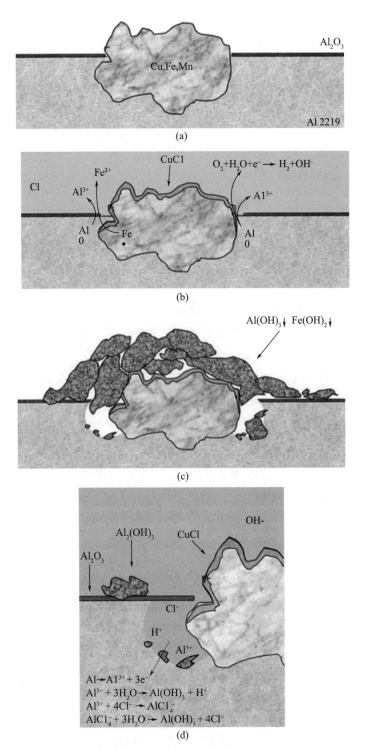

图 4 - 19　（a）金属间化合物抛光后嵌入 Al - 2219 锻造产品表面，（b）金属间化合物在海盐环境
（即 NaCl 溶液）中的腐蚀反应，（c）金属间化合物长时间暴露于溶液后，（d）坑内导致
金属间化合物裂缝加深（如图 4 - 15）的反应原理图（Grilli 等人，2010）

耐腐蚀的钢通常不用镀层保护，而是进行所谓的钝化处理。钝化是一种最大限度提高不锈钢的固有耐腐蚀性能的后处理方法，但需要注意，不同的钢使用不同的方法，如下所述。钝化处理以可控和可重复的方式在钢表面上形成保护性氧化物，两种基于硝酸的溶液分别应用于两种钢钝化处理：

钝化处理"A"——2.5%（重量）的铬酸钠和 25%（体积）的硝酸，48～50 ℃，20 min，适用类型：

沉淀硬化：A-286、15-PH、PH15-7Mo、17-7、AM-350、AM-355；

免加工：303、347、430；

铁素体 400：405、409、429；

马氏体 400：抗应力腐蚀开裂性能较差的 440C、410、414、416、420、431。

钝化处理"B"——25%～45%（体积）的硝酸，20～30 ℃保持 30 min，适用类型：

奥氏体 200：201、202；

奥氏体 300：301、302、304、310、314、316、316L、321、329、347。

钝化后，零件应在热水中清洗干净，然后晾干。

渗碳表面不能钝化，因为碳与表面上的铬结合会形成碳化铬。

氮化不锈钢不应该钝化，因为溶液会严重腐蚀氮化壳体。

440C 等马氏体高强度合金钢暴露在酸中会发生氢脆和晶间侵蚀，其应力腐蚀开裂性能也很低。

航天器项目的在线测试通常需要质量控制。

镀层厚度，可以通过显微切面方法破坏性地测量，也可以使用已校准的设备进行涡流无损检测。夹紧和弯曲样品，检查破裂和分层，进行电镀附着力测试。对于脆化情况，可以将样品在 115%屈服载荷下保持 200 小时，检查裂纹或断裂。

将样品暴露于硫酸铜溶液测试，可以检查钝化部件氧化膜的连续性。测试溶液配置为：将 40 g 硫酸铜，溶解在装有 900 mL 蒸馏水的玻璃烧杯中，并加入 100 g 硫酸（比重为 1.84）。可将部件浸入溶液中或连续擦拭 6～8 min。目视测试表面是否有铜沉积。需要将合格部件浸入冷流动水中清洗测试溶液，然后再重新钝化。

目前有一些关于不锈钢零件化学钝化的标准，最受青睐的是：

ASTM A380M、ASTM A967M 和用于电镀零件 ASTM B254-92 等（均为 2014）。

使用"更绿色"的钝化工艺研究有所突破——使用柠檬酸钝化，避免使用无机酸或重铬酸钠的产品越来越受欢迎。柠檬酸是一种生物基材料，在钝化过程中不会释放有毒烟雾，只需要低浓度而且容易处置。DeBold 和 Kosa（2004）提供了各种不锈钢和铁素体钢钝化柠檬酸的参数。NASA 对这种表面处理方法进行了全面研究，在 KSC 海滨腐蚀试验设施（见图 3-16）暴露 6 个月后，样品没有出现腐蚀迹象（Lewis 等人，2013）。

4.5.5　发射场地暴露和腐蚀

位于库鲁的 ESA 圭亚那航天发射中心以及位于卡纳维拉尔角的 NASA 肯尼迪航天发

射中心，都靠近大西洋而遭受严重的腐蚀环境。发射中心的位置以及腐蚀测试的必要性已在第 2.4 节介绍。发射中心处于东北和东南信风带，所以全年盐度都非常高。20 世纪初测量的圭亚那地区降水中的氯化物浓度为 193 磅/英亩/年（216 千克/公顷/年，或 60 毫克/平方米/天的盐沉积）（Miller，1906）。作者没有找到更新的数据，肯尼迪航天发射中心估计也存在类似的降水情况。在肯尼迪航天发射中心，碳钢的腐蚀率几乎是代托纳海滩沿海的四倍，是匹兹堡的内陆地区的四十倍（Calle，2014）。

移动的风浪会吸收海中的小水滴。当小水滴、微小颗粒或空气中的盐累积在暴露的金属表面上时，尤其是当大气相对湿度较高时，会发生腐蚀现象。航天器装配中心的洁净室内可能沉积有亚微米级的盐粒，之后，大气条件达到一定的温度和湿度时，盐粒会吸收水分，形成高导电性的溶液。波浪和盐分释放已经成为一门科学，Sharkov 的著作（2007）收录了大量的信息，大部分内容来自俄罗斯的宇宙卫星，以及由俄罗斯科学院的数据解释。激浪产生的小水滴（气溶胶）往往较大（5～20 μm），而白浪产生的小水滴较小（0.5～3 μm）。由于重力作用，较大的水滴将沉积在海岸线附近，而小水滴可以传输相当长的距离（Cole 等人，2004）。Cole 的论文中有澳大利亚的盐度图，很少有沿海地区能达到圭亚那航天发射中心 60 毫克/平方米/天的盐沉积率。拟议的约克角航天港项目计划将昆士兰州的北部建设成为高科技国际航天中心。根据科尔的盐度图，拟议的位置似乎具有相当低的空气盐度（约 4 毫克/平方米/天）。

让英国成为欧洲第一个太空港所在地的计划将于 2016 年制定详细的技术规范。有趣的是，每个建议的场地都有不同的环境，存在不同的腐蚀速率（基于平均锌腐蚀速率，单位为 μm/年）。城市沿海地区和盐度高的地区差异可能在 2～8 μm/年之间，详见 2014 年发表的 Zinc Millennium Map，刊登于冶金和设计优秀期刊 Engineers & Architects'Guide。

当涉及两种不同的金属时，可能发生由电解作用产生的腐蚀。同时，当诸如盐水溶液与部件表面发生化学反应时，会发生单个金属部件的腐蚀。含盐气溶胶的侵蚀可能形成导电通路，造成电气设备短路。将前面的章节中描述的实验室腐蚀测试代表特定的航天器装配地点或发射场发生的腐蚀，可能会导致错误的结论。当大气腐蚀的影响十分重要时，建议现场测试。可以在现场进行一个简单的测试，例如"样品的线上螺栓测试"（Doyle 等人，1963），测试样品放置在地面上不同高度处。但是，如图 2-16 所示的测试设施可以提供更好的测试结果，对材料的发射场环境适合性得出可靠的预测。

不同的发射场（见图 2-2 和图 2-17）存在不同的金属结构，如移动台架和在热带风暴的情况下保护运载火箭的避雷桅杆。塔架和桅杆比较纤细，在大风条件下具有一定的灵活性。这些结构通常由低碳钢构成，并用热浸镀锌层覆盖，通常含有 0.3％铅，1.0％锡和一些铋，其余为锌。这样的结构设计也进行了冶金方面的考虑，它们的基底通常采用焊接，可能遭受风疲劳而导致断裂。热那亚大学进行了镀锌避雷桅杆低周疲劳的研究，并提出了避免这种失效的方法（Solari 和 Repetto，2014）。

焊接镀锌钢可能出现液态金属脆化（LME）和液态金属引起的应力腐蚀现象。当液态锌渗透到钢粒之间时会产生裂纹，降低延展性，并在晶粒之间产生较高的局部应力。经过培训和认证的焊接操作人员熟知这些问题，特别是如果焊接过程中结构存在应力，可以尝试给部件释放应力或采取措施降低应力水平。不幸的是，这些裂纹在锌处理后的表面上往往无法看见。染料渗透剂或 X 射线检测也不总是有用，涡流检测可以检测到 LME 裂纹。为了避免或减少 LME，开发了新的焊丝，焊接的盐雾测试表明效果良好（Kodama 等人，2010）。

4.6　金属的耐应力腐蚀

4.6.1　应力腐蚀开裂

金属的应力腐蚀开裂（SCC）由局部腐蚀、点蚀或粒间侵蚀等引起。应力对腐蚀速率的影响在特定的临界应力以上并不明确，与失效有关的其他主要因素是环境、时间、晶粒方向和热处理条件。服役期 SCC 导致失效，其应力可能来自加工制造（淬火，锻造，热胀系数差异）的金属残余应力、装配应力（由于装配过程中的公差不合适、力矩过大、压紧配合），或残余应力和工作载荷产生的工作应力组合。

SCC（另见 4.5.5 节）是发射场地面支持设备失效的主要原因。在佛罗里达州的 NASA 肯尼迪航天发射中心，Majid（1988）强调了这一问题，他认为，如果负责设计的人员充分意识到了这个问题，就可以防止 75% 的 SCC 失效发生。在设计零件时，必须认真考虑以下几个方面：

1）金属的拉伸性能；

2）材料对 SCC 的敏感性；

3）断裂韧性；

4）腐蚀环境类型。

通过绘制特定腐蚀性环境下施加的应力与样品寿命的关系曲线来测试抗应力腐蚀性能。曲线可提供应力腐蚀敏感性数据。样品可以是未开裂的圆柱形或哑铃形拉伸测试件，或者类似于断裂韧性测试件的预裂纹样品。

测试中，通常的做法是在单一应力水平上（平均屈服应力的 75%）加载试样 30 天，有一些情况下，倾向于使用高达 90% 的屈服应力。晶粒反方向上受拉时，金属（特别是铝合金）的抗 SCC 性能较差，横向受拉时最差。为防止发生 SCC，欧洲规范 ECSS - Q - ST - 70 - 36 详细给出了航天器和相关设备设施的材料选择标准。与恒定应变方法（即试样在夹具中拉伸或弯曲到固定位置）相比，恒定载荷方法更为可取（即在弹簧加载装置中拉伸试样）。恒定应力或恒定应变方法测试时，短寿命的样品失效时间相似。然而，由于蠕变应力松弛（塑性变形），抗 SCC 性能良好的材料在恒定应变测试下，寿命更长。美国早期太空计划的结构材料失效最常见的原因就是 SCC，造成硬件、时间和金钱的大量损失（Johnson，1973）。需要特别关注由厚切片加工而成的复杂零件。受到短横向载荷的区域特别容易受到 SCC 影响，因为 SCC 阈值应力在横向上最低。此外，焊接对 SCC 的敏感性也十分重要，适用于所有主要类型的结构合金。令人惊讶的是，人们对焊件的了解甚少，因此一般来说，母材是经过彻底测试的（Irving，1992）。阿里安 4 也遇到过 SCC 的危害（见 5.19 节），即使是表 2-3 中的合金，暴露于非盐环境时，也可能由于 SCC 失效。哥伦比亚号航天飞机的辅助动力装置（为方向舵，速度制动器和升降舵提供动力），因哈氏 B 喷管的应力腐蚀开裂而失效。在氢氧化铵蒸汽的压力环境下，液体肼发生渗漏（Korb 等人，1985）。

威胁生命安全的失效最为致命，例如，选择 AA 2014-T6 锻件用于海军直升机主旋翼桨叶夹具。明知道这种合金的 SCC 抵抗性较差，但制造商却指定用它，部件在短横断面上 SCC 评估不合格（Parker，1991）。约翰逊（1973 年）的论文描述了 NASA 许多由于铝合金 SCC 造成的故障，同样，也有早期报告（Stanley，1968），描述了 NASA 由于 17-4 PH、H-11 和 440C 钢部件 SCC 造成的运载火箭故障。

在使用寿命期间可能发生的最大应力水平之下，理想材料不会发生应力腐蚀裂纹扩展。许多论文专门讨论了 SCC 主题，Bussu（2009）对此作了概述。似乎有越来越多的人认为，无论具体的机理如何，铁素体和奥氏体不锈钢（Hehemann，1985）和高强度铝合金（Gruhl，1984；Newman，1990）的 SCC 扩展与氢有关。

4.6.2　SCC 评估

航天器的高效低重是重要的设计目标，需要从高强度合金（如表 2-3 中列出的高强度合金）中选择抗 SCC 性能好的材料。欧洲一般依据 ESA 规范 ECSS-Q-ST-70-36（"确定金属对应力腐蚀开裂敏感性"）中的方法对航天器结构、材料及其焊件进行 SCC 评估。该方法适用于所有新型结构金属及其特殊热处理，可以对金属焊接或非常规加工进行评估，可以作为在线样品测试时的质量控制。表 2-3 中的许多金属标示为对 SCC 具有高耐受性，评估方法如下：在 3.5% 氯化钠的交替浸没条件下，暴露 30 天（720 小时）；作为参照，将未受应力的对照样品暴露于相同的环境中；30 天试验后进行拉伸试验来评估合金的应力腐蚀敏感性，对比受应力和不受应力试样的残余强度，对受应力和不受应力的试样的微观断面进行金相检查来区分应力腐蚀和晶间腐蚀或与应力无关的点蚀。典型的试验台如图 3-15（c）所示。

三次拉伸试验取平均来确定样品的 0.2% 屈服应力，以此确定应力腐蚀试验的施加应力，提供拉伸强度和伸长率的参考值，以便与 30 天应力腐蚀试验之后拉伸测试的样本进行比较。

应力腐蚀试验重复三次，用校准后的弹簧加载拉力。自动记录施加应力样品的失效时间。30 天结束时，将它们与相应的无应力样品一起从盐环境中取出，将所有样品在温水中轻轻擦洗以除去大部分盐和腐蚀产物。在暖空气中干燥并储存在干燥器中。然后对样品进行拉伸测试，并根据 ECSS-Q-ST-70-37 测试程序进行金相检验。

ESA 的"恒定负荷"测试解决了"恒定应变"测试的不可重复问题，"恒定应变"测试受到应力夹具松弛的影响；或小试样中 SCC 开始后，会出现塑性应变和蠕变，初始载荷随之减小。确定材料的 SCC 等级（即对 SCC 高度耐受、中等或低耐受性）之后，具有中等或低耐受性的合金应用于结构件都需要增加断裂力学试验。ESA 测试类似于合金和焊件的筛选测试，应力低于材料 0.2% 屈服强度的 75% 时，不会发生 SCC。断裂力学试验使用预裂纹试样（见 3.2.2.8 节），测试裂纹尖端的应力阈值，此时样品暴露于液体中，而应力强度因子（称为 K_{ISCC}）尚不会导致裂纹扩展。注意，试验液体通常是 3.5% 的氯化钠溶液，也可能使用其他液体测试，如肼、四氧化二氮、清洁溶剂或其他可能在使用寿命期间能够接触的液体。

每个测试项目配有详细的报告，生成标准汇总表，见表 4-1~表 4-4。图 4-20~图 4-22 给出了 SCC 试验样品上出现的腐蚀特征显微照片。

表 4-1　对双道 TIG 焊缝的 2219-T851 金属样品力学和应力腐蚀测试结果

样品编号	描述	力学测试结果			应力腐蚀测试结果			
		0.2%塑性应变时的强度/(N/mm²)	拉伸强度/(N/mm²)	50 mm 长度上的延伸率	失效时间	显微切片中可见腐蚀的最大深度[①]/μm		
						母材热影响区		焊缝
B1	拉伸测试样本	148.6	279.8	7	未暴露			
B2		149.2	278.2	6	未暴露			
B3		151.0	272.5	6	未暴露			
平均值		149.6	276.8	6				
B8	应力腐蚀测试样本		未拉伸		U	364	192	无
B9		166.4	264.0	4	U	245	175	无
B10		164.3	271.6	4	U	380	400	无
B4	非应力控制模式（720 h）		未拉伸		U	280	375	无
B5		141.4	265.0	5		170	200	无
B6		144.3	267.0	5		308	500	无

注：1. 应力腐蚀样品所施加应力值为焊接接头屈服强度（112 N/mm²）的 75%；

　　2. U=在 30 天（720 h）测试后未发生失效。

① 在这些样品上未发现应力腐蚀裂纹。

表 4-2　对单道电子束焊缝的 2219-T851 金属样品力学和应力腐蚀测试结果

样品编号	描述	力学测试结果			应力腐蚀测试结果			
		0.2%塑性应变时的强度/(N/mm²，即屈服强度)	拉伸强度/(N/mm²)	50 mm 长度上的延伸率	失效时间	显微切片中可见腐蚀的最大深度[①]/μm		
						母材热影响区		焊缝
J1	拉伸测试样本	179.3	287.0	4	未暴露			
J2		182.1	296.8	4	未暴露			
J3		180.9	300.1	3	未暴露			
平均值		180.8	298.0	3				

续表

样品编号	描述	力学测试结果			应力腐蚀测试结果			
		0.2%塑性应变时的强度/(N/mm²，即屈服强度)	拉伸强度/(N/mm²)	50 mm 长度上的延伸率	失效时间	显微切片中可见腐蚀的最大深度①/μm		
						母材热影响区	焊缝	
J4	应力腐蚀测试样本		未拉伸		U	520	无	无
J5			321.6	3	U	—	—	—
I6			282.8	3	U	—	—	—
B7	非应力控制模式（720 h）		未拉伸			500	无	无
B8			242.8	1		—	—	—
B9			264.8	2		—	—	—

注：1. 应力腐蚀样品所施加应力值为焊接接头屈服强度（136 N/mm²）的 75%；

　　2. U＝在 30 天（720 h）测试后未发生失效。

①在这些样品上未发现应力腐蚀裂纹。

表 4-3　在截面短边方向取样的 BS L93 合金板样品力学和应力腐蚀测试结果

样品编号	描述	力学测试结果			应力腐蚀测试结果		
		0.2%塑性应变时的强度/(N/mm²)	拉伸强度/(N/mm²)	50 mm 长度上的延伸率	失效时间	显微切片中可见腐蚀的最大深度①/μm	
						点状腐蚀	点状腐蚀并开裂
E1	拉伸测试样本	334.1	373.9	4	未暴露		
E2		326.4	372.7	4	未暴露		
E3		337.4	375.3	4	未暴露		
平均值		332.6	374.0	4			
E8	应力腐蚀测试样本（按 15%屈服强度测试）		未拉伸		U	370	nc
E9		360.0	360.0	1①	U	980	nc
E10		361.7	372.0	1①	U	—	—
E4	非应力控制模式（720 h）		未拉伸			1 000	nc
E5		341.7	342.0	2①			
E6		328.3	365.0	2		860	nc
ST4	应力腐蚀测试样本（按 25%屈服强度测试）		未拉伸		U	900	850
ST5			326.9	1	U	650	800
ST6			251.4	1	U	630	400
ST7	非应力控制模式（720 h）		未拉伸			400	nc
ST8			267.8	1		400	nc

续表

样品编号	描述	力学测试结果			应力腐蚀测试结果		
		0.2%塑性应变时的强度/(N/mm²)	拉伸强度/(N/mm²)	50 mm 长度上的延伸率	失效时间	显微切片中可见腐蚀的最大深度①/μm	
						点状腐蚀	点状腐蚀并开裂
ST1	应力腐蚀测试样本(按25%屈服强度测试)		在应力腐蚀测试时失效		625	800	1450
ST2					504	650	670
ST3					504	370	500
ST9	非应力控制模式(435 h)		348.9	1		600	nc
ST10	非应力控制模式(504 h)		341.1	1		324	nc

注:1. 标注 E 的样品横截面积为 60 mm²;

2. 标 ST 的样品横截面积为 36 mm²;

3. U=在 30 天(720 h)测试后未发生失效;

4. nc=无裂纹。

① 样品在标距之外发生断裂。

表 4-4　(a) Al-Li 合金板，8090-T8771（截面短边方向取样）力学和应力腐蚀测试结果

(b) Al-Cu-Li 合金板①，2195-T8P4（截面长边方向取样）力学和应力腐蚀测试结果

描述	力学测试结果			应力腐蚀测试结果	
	0.2%塑性应变时的强度/(N/mm²)	拉伸强度/(N/mm²)	15mm 长度上的延伸率	失效时间/h	显微切片中可见腐蚀的最大深度②/μm
(a)					
拉伸测试样本	305.3	455	2	未暴露	—
	302.7	396③	0③	未暴露	—
	310.3	464	1	未暴露	—
平均值	306	460	—	—	—
应力腐蚀测试样本,载荷 150 N/mm²	—	—	—	214.5	1500
	—	—	—	223	1 500③
	—	—	—	242	1 500
相对应的非应力控制模式	302.9	441	0	U	0
	N. T.	N. T.	N. T.	U	0

续表

描述	力学测试结果			应力腐蚀测试结果	
	0.2%塑性应变时的强度/(N/mm²)	拉伸强度/(N/mm²)	15mm 长度上的延伸率	失效时间/h	显微切片中可见腐蚀的最大深度[②]/μm
应力腐蚀测试样本,载荷 175 N/mm²	—	—	—	37.5	75
	—	—	—	99.5	140
	—	—	—	196.5	150
相对应的非应力控制模式	295	460	0	U	0
	307.7	432	0	U	0
	N. T.	N. T.	N. T.	U	0
(b)					
拉伸测试样本	604	635	6.4	未暴露	—
	603	636	6.9	未暴露	—
	604	638	14.0	未暴露	—
平均值	604	636	9.1	—	—
应力腐蚀测试样本,载荷 453 N/mm²	557	584	5.9	U	394
	562	586	3.9	U	349
	—	—	—	U	446
平均值	559	585	4.9	242	
相对应的非应力控制模式	563	586	3.7	—	327
	561	585	4.9	—	437
					460
平均值	562	586	4.3		0

注:1. 未发现明显的应力腐蚀裂纹。按照 ECSS - Q - ST - 70 - 37A 分类等级 1;

2. U = 在 30 天(720h)测试后未发生失效;

3. N. T. = 未进行拉伸试验。

所有拉伸样品均表现出一定程度与应力腐蚀裂纹相关的晶间腐蚀。

① 成分 Al - 3.9Cu - 0.04Fe - 0.9Li - <0.01Mn - 0.03Si - 0.02Ti - 0.02Zn - 0.14Zr - 0.32Ag;

② 样本过早的失效是由于标距范围内存在较大的夹杂物;

③ 见图 4 - 22 和图 5 - 4。

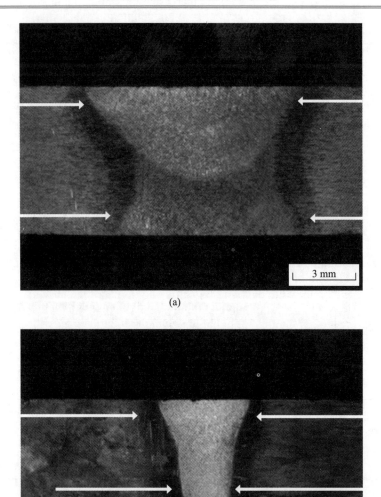

图 4 - 20　（a）TIG 焊接的 Al - 2219，75％屈服应力受力。没有发现 SCC，箭头所指区域详细检查
没有出现裂纹（×6.5）。（b）单道 EB 焊接的 Al - 2219，75％屈服应力受力。没有发现 SCC，
箭头所指区域详细检查没有出现裂纹（×6.5）

　　表 3 - 2 列出的主要铝锂合金的当前进展情况引起了极大的关注。与现有的铝合金相
比，这些合金的弹性模量提高了 5％～20％，密度降低了 8％～5％，航天器结构可以因此
获益良多。不幸的是，应力腐蚀测试显示 AA 2090 和 AA 8090 对 SCC 敏感，并且与热处
理能够改进传统铝合金的耐 SCC 性能不同，Al - Li 合金老化处理后耐 SCC 性能改善不明
显（Lumsden 和 Allen，1988；Buis 和 Schijve，1992）。图 4 - 22 所示的应力腐蚀裂纹也
说明了这些结果。考虑一般结构部件，Al - Li 合金与纯铝通过压轧加工形成复合板可能是
绕开 SCC 局限性的一种方法。但这些合金可用于许多非结构应用，如电子外壳、平台表

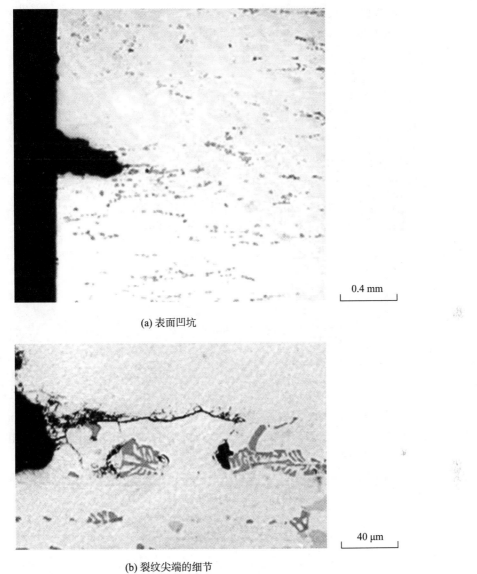

(a) 表面凹坑

(b) 裂纹尖端的细节

图 4 - 21　BS L93 合金板，25% 屈服应力受力

面、推进器液压缸的波纹等。真空精炼方面的一些最新发展可以提高 SCC 耐受性能
（Webster，1994），但是主要潜在用户对 Al - Li 合金的广泛应用持谨慎态度（Nurse，
1996）。迄今为止，没有 Al - Li 合金入选标准 MSFC - STD - 3029 rev. A（2005 年 2 月）
中对 SCC 具有高耐受性的合金表（表 I），或对 SCC 具有中等耐受性的合金表（表 II）。
Al - 2195 在航天飞机外部油箱和猎户座太空舱上有所应用，并正由 ESA 进行评估。同样，
Al - 2099 也有许多航空航天应用，从结构到低温贮箱，但是必须非常小心，避免合金或
焊接件的应力值达到合金及其热处理条件的 K_{ISCC} 以上。

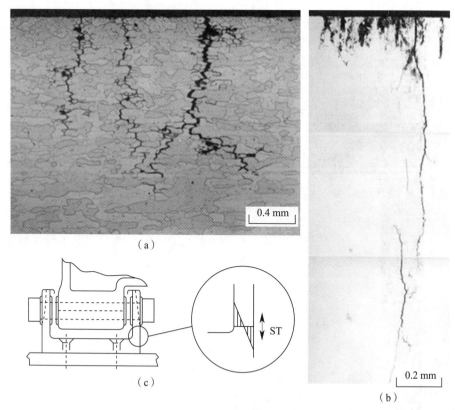

图 4-22　（a）3 mm Al-Li 合金 8090-T81 薄板，在长横向受力 75％屈服应力。交替浸泡 3 天后，出现严重的 SCC 导致样品失效。蚀刻显微切面（×50）。（b）Al-Li 合金 8090-T8771 板，在短横向受力 50％屈服应力。交替浸泡 9 天后，出现严重的 SCC，导致失效。根据 ECSS-Q-70-37（SCC 测试方法标准），合金归类为 III 类。图片为抛光的微切片（×200）。（c）持续应力如何被引入机械连接的典型例子说明，凸耳之间的间隙过大产生与材料的短横向（ST）方向平行的法向应力，这种设计不能使用 Al-Li 8090-T8771 厚板，或其他 ECSS-Q-ST-70-36 标准（列出具有高、中、低抗 SCC 性能的合金）中的表Ⅲ合金（Bussu 和 Dunn，2002），由 ESA 提供

4.6.3　弹簧材料的性质

　　表 2-3 列出了具有良好抗应力腐蚀开裂的金属的详细情况。弹簧研究和制造商协会已经对这些金属在弹簧上的适用性进行了评估，特别是材料的冶金条件、机械性能和温度极限（感谢创始人 SRAMA 允许发布这些信息）。

　　表 2-3 中的一些金属无法充分地硬化以制造弹簧，还有一些金属甚至很少用于弹簧。这些金属在表 4-5 中列出，不做进一步考虑。

　　表 4-6～表 4-9 中给出了弹簧制造用所有其他合金的全面评估，包括弹簧用金属的英国、美国和/或 DIN 相关标准，以及合金使用的冶金条件。许多合金的力学性能取决于截面尺寸，需要参考数据标准。给出的弹簧工作温度限制是已知安全的。最高温度一般由弹簧松弛特性决定，能够在 0 ℃以下使用也做了说明。

表 4 - 5　不适合或很少用于弹簧制造的金属

钢	条件	镍合金	条件	铜合金条件	其他合金	条件
碳钢（100 系列）	低于 125 kg/mm²	Hastelloy X	全部	CDA11037％轧制	Beryllium S - 200 C	退火
低合金钢	低于 125 kg/mm²	Incoloy 800	全部	CDA19437％轧制	HS188	全部
D6AC，H11	低于 148 kg/mm²	Incoloy901	全部	CDA19540％轧制	Titanium 3Al - 2，5 V	全部
HY80，HY130，HY140	淬火、回火	Incoloy903	全部	CDA23040％轧制	Titanium 13V - 11Cr，3Al	全部
AM355	SCT1000 以上	Incoloy600	退火	CDA42237％轧制	镁合金	
AM355	SCT1000 以上	Incoloy625	退火	CDA44310％轧制		
Almar362	H 1000 以上			CDA61940％轧制		
Nitronic 33	全部			CDA68840％轧制		
				CDA70650％轧制		
				CDA725 50％轧制（退火）		

表 4 - 6　通常适合用于弹簧制造的钢合金

琴钢丝（ASTM 228）

琴钢丝采用冷拉珠光体材质供应，尺寸为 0.1～6.0 mm。琴钢丝拉伸强度与尺寸有关，在 300～1 600 N/mm² 的范围内。使用温度限制为 150 ℃，超过温度会发生过度松弛，可以在零度以下安全使用。可参考 BS 5216 M、DIN 17223 D，ASTM A228

1095 弹簧钢（淬火和回火）

1095 钢通常用于带状弹簧。通过淬火、回火或等温淬火工艺实现良好的机械性能，硬度取决于材料的厚度。BS 5770 第 3 部分 CSHT 95 下给出了合适硬度值的参考。材料不可应用于在 170 ℃ 以上工作的弹簧，零度以下容易发生脆性失效。需要指出的是，淬火和回火条件下，1095 钢的耐应力腐蚀性能较差，如果等温淬火，耐应力腐蚀性能会更好些

300 系列不锈钢

300 系列不锈钢只适用于硬拉（钢丝）或硬轧（钢带）条件下的弹簧。302 和 316 型是带钢和钢丝的主要规格，带钢也有 301 规格。305、321、347 型也偶尔有硬拉丝。材料的机械性能与尺寸有关，钢丝可参考 BS2056、ASTM A313 或 DIN17224，钢带参考 BS5770 第 4 部分、ASTM A117 或 DIN17224。300 系列不锈钢弹簧的温度极限为 250 ℃，可以在零度以下安全使用。316 的耐应力腐蚀性能优于 301 和 302

21 - 6 - 9 不锈钢

21 - 6 - 9 是一种氮固溶强化不锈钢，可用于 30％冷拉/轧制弹簧，拉伸强度大约为 1 200 N/mm²。弹簧最大工作温度 250 ℃

Carpenter 20 Cb 和 20 Cb - 3 不锈钢

Carpenter 20 Cb - 3 已经取代 20 Cb 并用于冷拉弹簧。其机械性能类似于 316 不锈钢，弹簧最大工作温度 250 ℃

A 286 不锈钢

A 286 是一种时效硬化不锈钢，用于冷拉/轧制和时效处理弹簧，或者溶液处理和时效处理弹簧。依据 AMS 5525，固溶处理时效硬化后力学性能约为 1 000 N/mm²，冷加工时效硬化后力学性能约为 1 500 N/mm²。弹簧最大工作温度 400 ℃

Custom 455 不锈钢

Custom 455 不锈钢用于冷拉和时效硬化弹簧，在 ASTM A - 313 中规定的 H900 条件下容易发生应力腐蚀开裂。在 H1000 条件下，抗拉强度最低为 1 400 N/mm²。弹簧最大工作温度约为 300 ℃

15 - 5PH 不锈钢（H1000 及以上）

续表

15-5PH 不锈钢类似的 17-4 PH 不锈钢用于 H1150 M 条件的弹簧,这是平均条件,目的是防止硫化物应力开裂。拉伸强度通常为 862 N/mm²。最高工作温度约为 300 ℃
PH 14-8 钼不锈钢
PH 14-8 钼不锈钢是另一种沉淀硬化不锈钢,可用于 CH 900 及以上条件的弹簧
PH 15-7 钼不锈钢
PH 15-7 钼不锈钢是一种高强度的沉淀硬化不锈钢,通常用于冷拉和时效处理弹簧。在这种情况下,直径2.35 mm 的钢丝抗拉强度通常为 2 000 N/mm²。弹簧最大工作温度 300 ℃

表 4-7　通常被认为适合用于弹簧制造的镍合金

哈氏合金 C
哈氏合金 C-276 是用于弹簧的主要哈氏合金,用于冷拉/轧制和应力释放情况。机械性能可参考 ASTM B575
Inconel 718
Inconel 718 是一种时效硬化型镍合金,用于 15%～50%冷拉/轧制条件下的弹簧。参考 AMS 5597A,时效硬化后的机械性能通常为 1 400 N/mm²。弹簧的安全工作温度范围为-196～550 ℃
Inconel X 750
Inconel X 750 是一种时效硬化镍合金,可用于以下两种情况下的弹簧:依据 AMS 5698D 的 15%冷轧(No. 1 钢板回火),依据 AMS 5699C 的 65%冷扎(弹簧回火)。15%冷轧产品在 735℃时效处理 16 小时,拉伸强度约 1 250 N/mm²,弹簧最大工作温度为 500 ℃,可以在 -196 ℃下可靠工作。弹簧回火材料在 650 ℃下时效处理,抗拉强度最小为 1 800 N/mm²,但在此强度下,弹簧最大安全工作温度为 370 ℃。要达到 600 ℃的弹簧最大工作温度,弹簧回火材料应参考 AMS 5699C 的规定进行三重热处理
Monel K-500
Monel K-500 是一种时效硬化铜镍合金,用于溶液处理和时效处理、或冷拉/轧制和时效处理的弹簧。典型的机械性能在 BS 3075(丝)和 BS 3076(带)中给出。弹簧最大工作温度为 260℃
Nispan C-902
Nispan C-902 是一种恒弹性镍-铁合金,在-50～150 ℃的温度范围内弹性模量基本保持不变。该合金通常通过冷拉/轧制而成,并在弹簧加工后进行时效硬化,以使弹簧性能最佳
Rene 41
Rene 41 是一种时效硬化的镍基合金,通常用于溶液处理和时效硬化或轻度冷拉和时效硬化的弹簧。带形式参考 ASM 5545。Rene 的拉伸强度取决于冷轧量,范围为 1 500～2 100 N/mm²。弹簧最高工作温度为 550 ℃
Waspaloy
Waspaloy 是一种时效硬化镍合金,通常用于溶液处理和时效硬化的弹簧。薄板形式参考 AMS 5544 C。最高温度 500 ℃

表 4-8　通常适合用于弹簧制造的铜合金

CDA 170 退火和沉淀硬化
CDA 170 是一种铜铍合金,弹簧成形后在 335 ℃时效硬化 2 小时,抗拉强度最小为 1 050 N/mm²。弹簧最大工作温度 125℃。CDA 170 和 CDA 172 机械性能参考 BS 2873 CB101,丝状参考 ASTM B197 和 DIN 17682 Cu Be 2,带状参考 BS 2870,ASTM B194 和 DIN 17670
CDA 172 加工硬化和沉淀硬化

续表

CDA 172 是一种铜铍合金,用于冷拉/轧制弹簧。在 335℃时效硬化 2 小时后,抗拉强度最低为 1 240 N/mm²。弹簧最高工作温度 125℃。

CDA 510 和 CDA 521 37%冷轧

CDA 510 和 CDA 521 分别为 5%和 9%的磷青铜合金,用于冷拉/轧制弹簧。机械性能在很大程度上取决于面积减少的百分比,CDA 510 拉伸强度可达 900 N/mm²,CDA 521 拉伸强度可达 1 000 N/mm²。弹簧最大工作温度为 80 ℃。CDA 510 丝状可参考 BS 2873 BP 102 和 ASTM B159,CDA 510 带状可参考 ASTM B103 和 BS 2870,CDA 251 丝状参考 DIN 17682 Cu Sn 8,CDA 521 带状参考 DIN 17670

表 4 - 9　通常适合用于弹簧制造的其他合金

HS 25(L605)

HS 25 是钴合金,用于固溶退火或轻冷拉(面积减少 15%或 30%)的弹簧。根据冷轧量,合金的抗拉强度为 1 000～1 500 N/mm²。最高工作温度约 500 ℃

MP35N

MP 35N 是一种多相镍、钴、铬、钼合金,用于冷拉条件的弹簧。拉伸强度取决于金属丝的尺寸,当直径为 0.76 mm 时,通常最小合金强度为 1 856 N/mm²,直径为 4 mm 时为 1 650 N/mm²。这种合金可以令人满意地工作在 −196 ℃ 的环境下,弹簧最大工作温度约为 500 ℃

钛 6A1 - 4V

钛 6A1 - 4V 合金通常称为钛 318,用于制造冷拉弹簧。拉伸强度约为 1 400 N/mm²,弹簧最大工作温度为 150 ℃

4.6.4　轴承材料

航天器机构的轴承由滚珠(即滚动体)和形成滚道的环组成。如果预计有很高的径向和轴向载荷,则使用圆锥滚子轴承代替滚珠来增加接触面积。只有很少的轴承材料能够满足航天器轴承的性能要求,航天器轴承材料使用高合金钢,或者是偶尔特殊应用的陶瓷(例如航天飞机和阿里安火箭用于泵送液氢的低温轴承使用氮化硅滚动元件)。商用轴承的材料通常是 AISI 52100,一种含有 1.4%铬的低合金钢(一些欧洲的名称见附录 6)。

航空航天用钢含有规定量的高铬、碳和钼(14%～17%铬,0.6%～1.1%碳和 0.75%钼)。常见的"耐腐蚀"钢是 440C;因为优良的性能和成功的应用,已经在大多数空间轴承应用。经过热处理、机械变形(锻造等)和高频淬火,铬和碳的结合确保在钢的回火马氏体组织中形成精细的 M_7C_3 和 $M_{23}C_6$ 碳化物(见图 5 - 7)。保证了轴承所需的表面硬度,通常为 59～61 HRC。铬使钢具有一定的"耐腐蚀性",表面需要至少 12%的 Cr 才能形成薄的绝缘的氧化铬表面膜。铬碳化物的形成会消耗表面最初的高铬,但是钼的存在避免了铬消耗到低于临界值 12%。

由于临界条件,在处理由 440C 制成的产品时必须十分小心。不同于奥氏体钢,比如"不锈钢"AISI 304 或者 AISI 316(具有厚的非常粘的氧化铬涂层),440C 上的氧化铬薄膜容易退化,表面存在生锈甚至应力腐蚀的危险。事实上,440C 是表Ⅲ合金,根据 ECSS 和 NASA 标准,容易应力腐蚀开裂。制造后严格的控制措施应包括:

1)部件制造后的清洁(见 4.21 节);

2）钝化和表面完全钝化控制（见 4.5.4 节）；

3）使用油脂（见表 5 - 2）；

4）轴承、机械装置和类似的腐蚀敏感部件应存放在含有干燥氮气的密封袋中。

这些预防措施应避免造成轴承或类似的机构损坏。这是太阳阵列驱动器失效分析得到的宝贵的"经验教训"（Saltzman 等人，2009），太阳阵列驱动器失效的根本原因被归结为：由于清洁不彻底，存在少量氯、钠、水蒸气，长时间储存造成了应力腐蚀。

4.7　印制电路板的控制

4.7.1　微结构锡铅的化学成分

航天工业中，印制电路板（PCB）通过在共晶锡铅镀层上进行焊接完成组装过程，而镀层通过在高纯度电解铜端子上进行电镀然后熔融形成。至少还有其他 8 种电路板表面处理方法，但似乎不太可能在航天工业中广泛应用。简而言之，包括：

HASL——喷锡处理，由于可焊性随着时间增长而降低，产品寿命不足（图 4 - 37）。

OSP——有机可焊涂层，使用测试探针会损坏涂层，涂层在真空条件下可能不稳定。

ENIG——化学镀镍浸金，易失去光泽，易受"黑盘"影响。

浸锡——适用于精细间距封装，但可能会受到晶须生长的影响。

镍钯浸银或金——易失去光泽，或出现金锡金属间化合物问题。

浸银——易失去光泽，可能会受到电化学迁移的影响。

回流锡铅——目前的首选，可焊性良好（没有比这更好焊接的镀层），可能发生焊料塌陷，需要采用许多工艺和质量控制措施预防焊料塌陷的发生。

从现在的经验来看，热油熔合两级加热（参见图 4 - 24）锡铅处理工艺安全可控（Dunn，1980）。然而，一家高可靠性印刷电路板供应商却遇到了系统性问题，熔融的锡铅表面十分粗糙，并且含有大量孔隙 [图 4 - 23（a）]。为了确定问题的严重程度，进行了冶金检查，并提出了消除缺陷的方法建议。通过 EDAX 和 SEM 扫描进行了微观结构分析 [图 4 - 23（b），（c）]。湿化学分析说明存在轻微的铜污染，以及锡铅的过共晶成分，锡含量为 69.4%，而纯共晶成分锡含量是 62.9%。

涂层横截面详细的显微照片显示，存在数个大的密封孔；可以看见正常的铜-锡金属间化合物层 [分别见图 4 - 23（b）中的 A 和 B]。电镀通孔的微观结构如图 4 - 21（c）所示，存在严重的孔隙 A 和精细的叠层共晶结构 C。在含锡 69% 的锡铅合金中，这种相分布是正常的，锡-铅二元相图给出了"岛屿"和共晶的相对体积关系。

拒收板上的表面空腔和球形孔，被认为是在热油熔融过程中，由封闭的有机材料挥发造成的。焊料熔化过程中，在合金冷却到固相线温度前，富锡树枝状晶体陷入气孔中，本来这些气孔会在液态的焊料-油界面消除。修正的电镀程序消除了所有的微量污染物，一旦熔合，就完全共晶 [微观结构如图 4 - 23（d）]。用修改后的程序制造的 PCB 上没有产生表面缺陷。

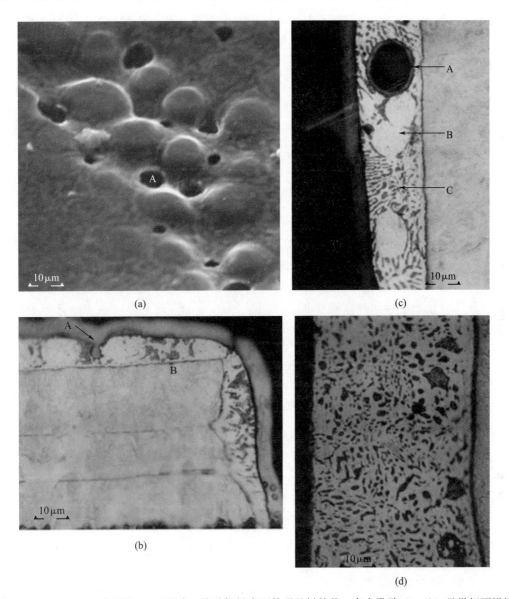

图 4-23　（a）PCB 表面的 SEM 照片，熔融锡铅表面外观呈树枝状，存在孔隙 A。（b）显微切面详细
说明了孔隙 A；金属间化合物薄带明显可见 B。（c）该拒收板的电镀通孔内也存在孔隙 A，周围是
富锡的主要岛屿 B 和共晶基体 C。（d）正确电镀和熔融孔的完全共晶锡铅微观结构

　　人们发现，需要进行锡铅熔合试验以确定双面和多层板的最佳熔合程序，以便在长期
储存后仍保持良好的可焊性。研究表明，试样的金相检查足以对成品进行质量控制。

4.7.2　PCB 上的粒状焊料覆盖和返工的影响

（1）表观缺陷

　　理想情况下，熔融锡铅印刷电路板（PCB）的表面应该光亮，没有任何"颗粒"或
"粗糙"。不幸的是，现实情况是，在锡铅熔合过程中，冶金反应不同，镀层内部的微观结

构不同，表现出来的光学表面效果有所不同。这会对产品高质量控制检查人员造成困扰，不同制造商的产品外观不同，而且同一生产线的不同批次之间的外观也存在差异。

各种 PCB 规范中，在视觉方面列出了在 PCB 金属化处理中可能发生的主要和次要缺陷。除了比较明显的导线悬起、短路、焊盘公差超标以及针孔等缺陷外，还有更多的主观方面的缺陷，如"待焊接区域反润湿""粒状形态""表面划痕"。下面对五种不同的 PCB 进行评估，以确定每块 PCB 在航天器应用的可接受性。这些 PCB 在同一生产线上生产，每种都具有独特的表面外观。其中，三块板子通过二次熔合操作进行了返工。

（2）锡铅涂覆工艺

电路板氟硼酸盐锡铅电镀工艺采用传统的 PCBN 制造方法。锡铅电镀之前，在硫酸中进行轻微表面蚀刻，清除镀铜；不使用研磨剂，不会有颗粒嵌入铜表面的危险。制造商想用锡含量 63%、铅含量 37% 的锡铅电镀。然而，即使每日分析检查，锡铅电镀也难以满足要求，而且，同一板上不同位置的电流密度的变化会导致共晶成分的偏差达到 8%。在熔合之前，锡铅表面用化学蚀刻清洁。油浴预热和熔化时间分别为 170 ℃、15 s 和 190 ℃、5 s。这类似于预加热的渐进加热策略，如图 4 - 24 所示，这个过程对于具有散热区的多层板而言尤其重要，否则难以保持镀通孔角落的 2 μm 锡铅覆盖率要求。油熔后，用异丙醇清洗 PCB 并烘干 2 小时。

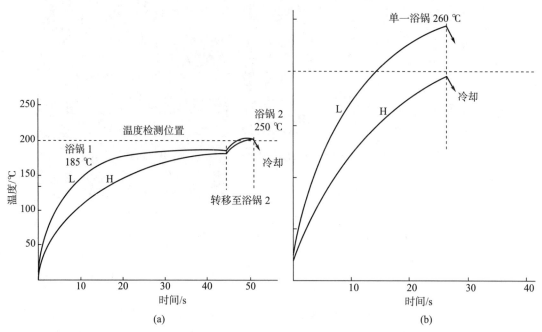

图 4 - 24　高（H）和低（L）热容量条件，印刷电路板锡铅镀层熔合的两种加热策略。（a）渐近加热策略，能很好地控制最高温度。（b）超温加热策略，加热周期短，L 热量条件下有过热危险

对 5 个电路板进行调查。按照上述程序进行了熔合，其中，3 个进行了"返工"操作以进一步熔合（210 ℃，直到操作者认为重新熔合完成），以改善其表面视觉外观。随后，航天器电路板部件装配公司在检查时拒绝了所有电路板，详见表 4 - 10。拒绝原因是每块

板子表面外观不规则。而 PCB 制造商认为只有 2 块电路不合格，可进行退换。

表 4 - 10　样品标识

板识别号	加工过程	PCB 制造商处理意见①
1A/B	二次返工	拒绝
2A/B	熔接	拒绝
3A/B	二次返工	接受
4A/B	熔接	接受
5A/B		接受

注：①所有板子都在采购公司来料检查进行目视检查时被拒收。A/B 分别表示每个印刷电路板的顶面（正面）和底面（反面）。

（3）评估方法

对电路板进行评估如下：

1）目视检查和斜侧照明摄影。

2）取出样品进行显微切面。

3）取出样品进行电镀通孔的旋转浸渍可焊性测试（ECSS - Q - ST - 70 - 10 要求在 3 s 内润湿，8 s 后无反润湿）。

4）元件组装焊接试验，采用直径 2 mm 的烙铁，保持在 270 ℃或 300 ℃，根据航天器程序进行焊接，焊接时间为 2 s 和 8 s。目测检查每个焊点，之后进行显微切面。

进行金相学标准检查。将 PCB 样品放入室温固化的低放热树脂中，然后研磨并抛光至厚度 0.5 μm 的表面，以便等分每个孔。用浓氨和 30% 过氧化氢 9:1 的混合溶液轻微蚀刻抛光基底，揭示各铜层的显微结构。在未腐蚀的条件下可以看到锡铅微观结构，用异丙醇和浓硝酸 98:2 的混合溶液进行最终蚀刻，Cu_3Sn 和 Cu_6Sn_5 的金属间化合物带更加明显。用投影显微镜上的油浸镜头进行彩色显微照相，放大倍数 1 350 倍。

（4）结果和讨论

提交检查的电路板特征完全不同，由图 4 - 25～图 4 - 34 可以看出，出现了一系列特征，既有"高接触角块状焊料岛屿和明亮的平坦反润湿区域"，也有"哑光、深色、粗糙表面以及大且暗的岛屿"。电镀通孔周围的焊盘有详细照片，在相同的平行照明条件下拍照，以突出特征。焊盘区域是板表面的关键区域，要求具有优良的可焊性，以便在低熔铁温度下使用非活性助焊剂进行装配。

图 4 - 26～图 4 - 34 只显示了电路板 1 的微切片观察细节。表 4 - 11 总结了厚度测量和可焊性测试的各种结果。除电路板 1 外，所有电路板在每个电镀通孔的角落都有足够的锡铅覆盖。

确保良好的锡铅熔合并在电镀通孔角落保持足够的覆盖，最好是稍微过共晶，锡含量为 65%，铅含量为 35%。值得注意的是，调查中发现，黑色表面的电路板的微观结构总体富含铅，而明亮表面的电路板则富含锡。通过比较微观结构中出现的锡和铅的相对体积进行成分估算。

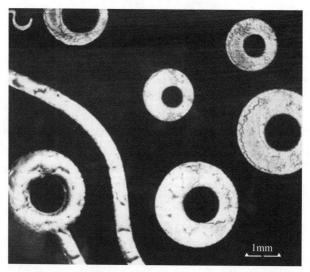

图 4 - 25　电路板 1 的反面（B 面）。焊盘表面特征为"高接触角块状焊料岛屿以及平坦明亮的反润湿区域"

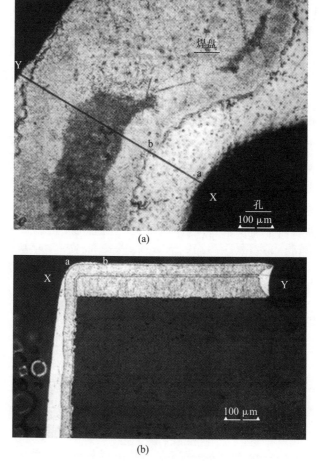

图 4 - 26　（a）电路板 1（B 面），图 4 - 25 中的焊盘细节。显微切片沿着 Y - X 线进行。

（b）电路板 1（B）焊盘的截面，放大率相同

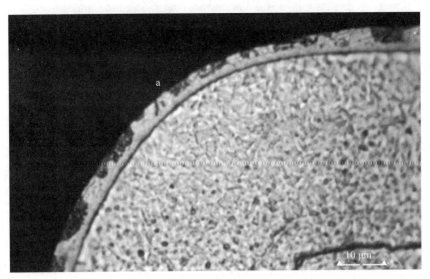

图 4 - 27　电路板 1 (B面)，图 4 - 26 (b) 的细节，电镀通孔的角部支撑有 3～4 μm 的
焊料覆盖，但有 1.5 μm 是铜锡金属间化合物

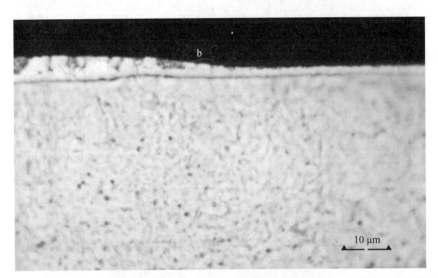

图 4 - 28　电路板 1 (B面)。图 4 - 26 (b) 焊盘反润湿区域的细节。未覆盖金属间化合物
厚度为 1.5 μm。焊料岛厚度为 5～8 μm

图 4 - 29　电路板 1 的正面 (A面)

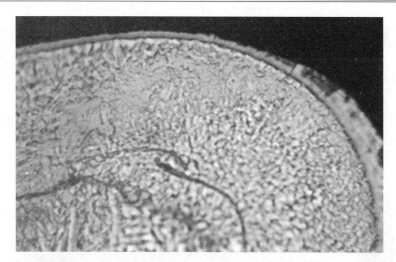

图 4 - 30　电路板 1（A 面）。孔角上覆盖有 1.5 μm 的金属间化合物，并已形成反润湿

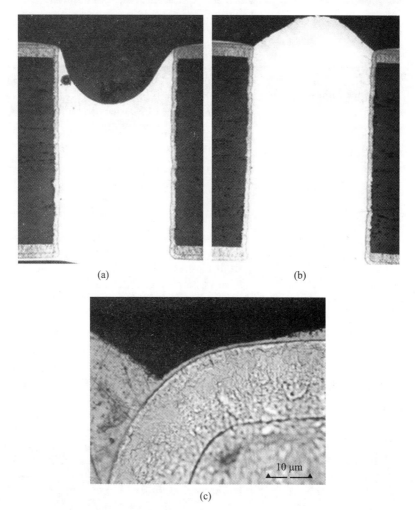

(a)　　　　　　　　　　　　　(b)

(c)

图 4 - 31　电路板 1 可焊性测试后的典型显微切面。（a）3 s 的旋转浸渍。焊锡润湿孔直到 B 面圆角处。
（b）8 s 的旋转浸渍。B 面圆角没有润湿。（c）高接触角细节，焊料无法润湿 B 面圆角附近的
金属化焊环（×1 350）

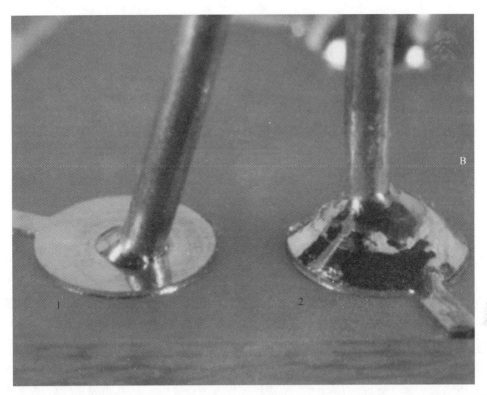

图 4-32　熟练的操作员在电路板 1 的焊接，反面（B）。从正面（A）应用焊料。烙铁温度 270 ℃下
焊接 2～3 s（焊点 1）和 8 s（焊点 2）。焊点 1 上焊盘完全未润湿。焊点的显微切面显示在
图 4-33 和图 4-34 中

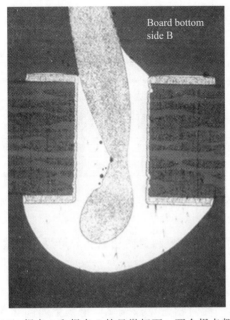
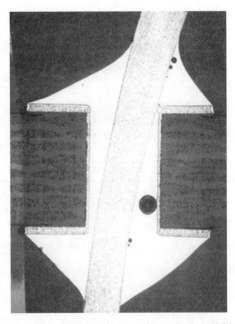

图 4-33　焊点 1 和焊点 2 的显微切面。两个焊点都很难制作，焊料流动性差导致正面焊点上的焊料过多

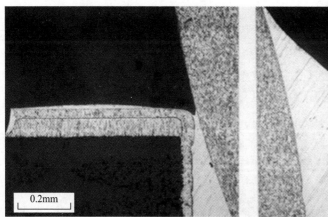

图 4-34　焊点 1 孔角处焊料不润湿的细节

　　可焊性测试结果揭示了流过电镀孔焊料的最差条件。二次熔合返工的电路板每个孔内的焊料流动需要更长的时间，一般在 8 s 后流动合适，但在电路板 1 的情况下（孔周围存在一层厚金属间化合物），无法实现焊料浸润，并且在电路板正面存在焊料堆积（见图 4-31）。表面外观不良但未经二次熔合返工的电路板通过该旋转浸镀方法表现出良好的可焊性。

　　焊接试验由经过认证的焊接操作员进行。将含有非活性助焊剂的焊料涂覆到已经插入去脂电镀通孔中的预镀锡部件引线上。选择要焊接的位置以便具有相同尺寸的焊盘（即类似的热沉效果），焊接期间不额外添加液体焊剂。在受控条件下，操作员能够判断和比较每个焊点的易操作性。从表 4-11 总结的调查结果可以看出，所有经过二次熔合返工的电路板都存在潜在的焊接问题。

表 4-11　不同电路板评估结果

编号	加工过程	微切片中的厚度/μm			可焊性测试		焊接试验			
		焊盘	角落		试验		270 ℃		300 ℃	
		锡铅	锡铅	金属间化合物	3 s	8 s	2~3 s	8 s	2~3 s	8 s
1	返工	1.5~8.0	1.5~4.0	1.5	失败	失败	D	D	D	失败
2	返工	6.0~8.0	6.0~8.0	1.5~2.0	P.F	通过	OK	OK	D	D
3	返工	8.0	8.0	1.5	P.F	通过	OK	OK	OK	OK
4	熔接	7.0	9.0	0.7	通过	通过	OK	OK	OK	OK
5	熔接	3.0~5.0	2.0~5.0	0.7	通过	通过	OK	OK	OK	D

　　注：1. P.F 部分填充但润湿充分，通过测试；
　　　　2. D 难以焊接（焊料流动不足）；
　　　　3. OK 可接受。

　　图 4-32～图 4-34 是电路板 1 手工焊接接头的照片和显微切面。与可焊性测试一样，焊料并未流到电镀通孔角部周围，在反面（B 面）焊盘表面存在严重的反润湿现象。裸露的铜-锡金属间化合物存在于电镀通孔的"膝盖"时，会出现严重的可焊性问题（Hagge 和 Davis，1985）。只要有锡铅涂层来保护金属间化合物避免被氧化，铜锡金属间化合物的形成就不会对焊接产生不利影响。最近的研究确定，为确保焊接性至少需要 1.5 μm 的涂

层（Ray 等人，1995）。但是，在热油熔化过程中形成的 0.7 μm 金属间化合物会以每年约
1.0 μm 的速率继续增长，速率与储存温度和湿度有关。因此，所有的锡铅涂层具有有限
的有效寿命（Craven，1993）。需要指出的是，旋转浸渍测试和焊接测试中，焊料都是从
电路板的正面（A 面）添加的，焊点检验结果依据航天器焊接规范的接受/拒绝标准，并
没有尝试返工缺陷焊点。虽然图 4-32 中的手工焊接焊点外观检查不符合要求，PCB 反面
焊点上没有焊料，但这些可能不会损害机械和电气连接完整性。不幸的是，在焊点上进行
无损检测十分困难，因此对焊点的外观和润湿角度控制显得十分重要。

（5）结论

1）通过二次熔合操作对"高可靠性航天器"PCB 进行"返工"被认为是不可接受的。
额外的回流处理降低了每个电镀通孔的可焊性，并使铜锡金属间化合物的厚度从 0.7 μm
（最大值）增加到超过 1.5 μm。较厚的金属间化合物导致待焊接表面反润湿（例如，在电镀
通孔的角部和端接焊盘处）。如果将元件安装到这种电路板上，可能导致焊点质量不可接受。

2）熔融 PCB 不寻常的表面特征不可接受，会在来料检查时造成问题（Bulwith，
1986）。"未返工"的锡铅表面上没有遇到焊接问题，但仅通过视觉检查，不可能确定表面
特征是否存在外观缺陷或实际缺陷。破坏性评估可以在 PCB 交付附带的试样上进行，评
估必须包括可焊性测试、焊盘附着力测试和显微切面检查。

3）未经热处理时，镀锡铅作为复相组织存在，由分散在富锡基体中的几乎纯铅颗粒
组成（Dunn，1977）。每个区域铅的理论熔点为 327 ℃，锡的理论熔点为 232 ℃。因此，
为了促进固态扩散和相互作用，希望所镀的双晶粒尺寸较小。在这些条件下，可以在较短
的油浴时间（对于任何给定的油浴温度）实现共晶液化。

4.7.3　多层板内部连接评估

双面 PCB 面间通过电镀通孔实现导电通路。而多层 PCB 的电镀通孔则可能连接 20 多
层的导电通路。多层板中焊料和铜的热膨胀系数约为 15～17 μm/mm/℃。相比之下，环
氧玻璃基板在 Z 轴方向热膨胀系数约为 100～340 μm/mm/℃，在室温与 183 ℃（焊锡熔
融温度）之间非线性变化（参照表 6-1）。可以看出，在焊接熔合、焊接操作和使用时的
热循环期间，环氧玻璃的膨胀大于孔内的铜镀层。这会在内部焊盘与镀铜通孔连接处引起
机械应力。从图 4-35 中的例子可以看出，焊点可能发生加工硬化和疲劳开裂。带有固有
缺陷的多层板（来源未经过鉴定）可以通过航天器承包商现场接收的电气连续性测试。所
以，作为电路板制造商最终检验的一部分，或者由客户的进货检验部门进行，破坏性微观
切片检查非常重要，该试验由附在飞行优质板上的试样上完成。现在人们认识到，为了找
到图 4-35（b）中存在的非常细小的微裂纹，必须出色地完成这一显微切片任务。研磨和
抛光通常会覆盖微裂纹，另外，当铜被蚀刻时，经验不足的人可能将铜层和镀铜之间的黑
线误认为是裂缝，实际上那可能是一系列的晶界。部件引线焊接过程中产生的热冲击导致
缺陷界面开路，如图 4-35（c）所示。或者，单机测试中的热循环使连接发生热疲劳。更
糟糕的是，元件散热或太阳加热而导致在轨热疲劳会引起开路。

热循环过程中可能会出现其他缺陷，如图 3 - 19（b）所示为分层和树脂衰退。在多层膜压层之前，可以通过铜箔黑色氧化处理，增加粘接表面积来防止分层。将铜蚀刻至 1.25 μm 的最小深度、控制蚀刻剂成分以及严格控制黑色氧化铜厚度，采用标准剥离强度工艺和焊料浮动测试方法，然后进行金相检验来评估（Jackson，1987）。为了避免内部连接热疲劳，必须避免分层。电镀通孔的镀铜必须具有高纯度和合适的晶粒结构，以便在温度漂移期间能够产生一定量的塑性变形。电沉积物中的微量元素或杂质干扰位错运动，以及精细的晶粒结构阻止塑性变形期间大量的位错移动，使得镀层变硬。如果位错不能移动，由热膨胀不匹配引起的外加载荷会导致电镀孔断裂，导致间歇性的开路。合适的铜电沉积物具有较低的硬度（小于 100 kp/mm^2）和较大的断裂伸长率（大于 10%）。

存在热循环时，可以通过以下方式显著改善多层板的疲劳寿命：增加电镀通孔的直径；增加镀铜厚度；将功能焊盘放在板厚度的中心处（即在中轴内部连接）。通过优化这些设计参数，Yoder 等人（1993）已经提出了令人印象深刻的改进方法，作为 NASA 空间环境鉴定计划的一部分，在 16 个月的时间内，电镀通孔经受了 2 000 次热循环（-55～+100 ℃），没有出现任何故障。

为确保质量和可靠性，多层板的采购检查标准取决于对附连板电镀通孔的金相检验。在试样热漂移后进行金相检查，热漂移模拟电路板在初始装配操作、返修或返工操作期间可能暴露的条件。在"抛光"状态下检查是否存在内部连接的分离和"树脂残渣"。然后轻微蚀刻微切片，检查铜镀层或箔片中的裂缝、蚀刻条件、层压、钻孔参数、孔清洁和回蚀工艺。SEM 和 Auger 电子能谱仪的 EDAX 检测污染物，特别是在观察到内层分离时使用。

图 4 - 36 显示了如何使用显微切片来确保多个元件更换活动的完整性以及这些操作对多层板内部连接的影响。包括电容器在内的几个元件三次拆焊到了测试飞行电路板上，并进行了检查，以确保电容器的内部焊料（低熔点含银锡铅合金）没有熔化，不会由于铅分离而产生开路，或者由于电极之间存在回流焊料颗粒发生短路。图 4 - 36（b），（c）确认热应力后，没有出现开裂镀层，内层连接良好。将样品浮在熔融焊料表面上经历热冲击，以评估内层连接处的可靠性。如果预计会有焊点返工或大量元件更换，则建议使用此测试程序。组装好的多层板进行返工可能会遇到问题，只能作为最后的尝试手段（Gray，1989）。本书 6.12 节将进一步介绍返工及其对 PCB 可靠性的影响。

同时应该注意环氧树脂涂覆问题。钻孔涂覆将环氧树脂从多层板孔中转移到铜箔边缘。可能是均匀的涂层，也可能是分散的斑块。一般在通孔电镀前，机械和/或化学清洗孔的回蚀工艺会完全去除环氧树脂涂层。不希望出现环氧树脂涂层，因为它会导致内层与电镀通孔电隔离。不适当的钻头进给速度、钝钻、"B"级环氧树脂的不完全固化或钻头过度进给，可能造成环氧树脂涂覆问题。多层板上的任何孔都可能存在环氧树脂涂覆问题；控制环氧树脂涂覆是质量控制人员的关键任务，质量控制人员期望控制每一个因素。必须采用显微切片（[如图 4 - 35（d）]，才可能检测到涂覆，即使使用显微切片，也只有在底板非常小心抛光的情况下才能检测到涂覆。无法预测涂覆发生的数量和位置，并且在相关的在线质量控制措施中可能检测不到涂覆。

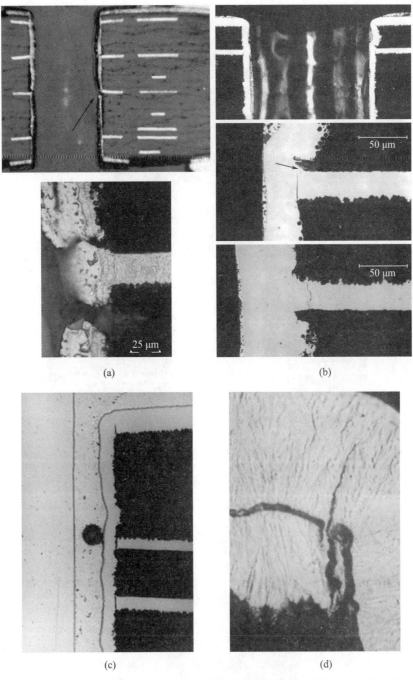

图 4 - 35　（a）内部连接裂纹路径的显微照片。电镀通孔顶部横截面。裂纹（内部铜导体和电镀通孔铜之间）围绕孔延伸。内部铜导体与镀铜界面的裂纹细节显示，只存在一个小点（箭头所指）的电接触。在较低的电路中，内部导体存在额外开裂。（b）显微照片说明提供检查的多层板（8 层）的制造缺陷。高温暴露或热疲劳将使裂纹增长并导致开路。（c）（b）中所示的（接收的）多层板导致了开路。焊接过程中产生的热冲击在内部导体和电镀通孔界面上产生了很大的裂纹（ZVE 提供）（d）电镀通孔在电镀过程中开始产生裂纹，由铜覆盖边缘上的树脂涂覆引起（由 IFE 提供）

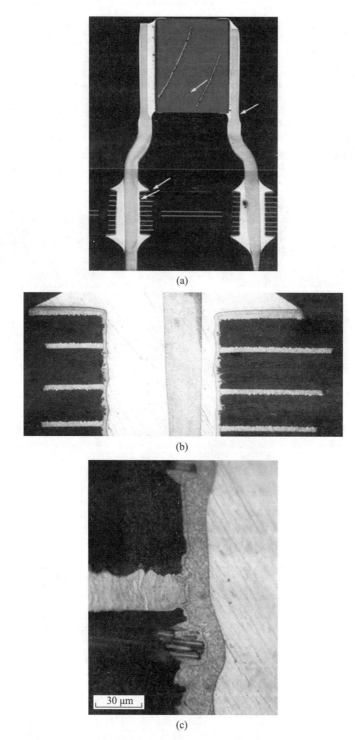

图 4 - 36　显微切面中电容器 A 的组合照片。（a）详细检查位置示意图（箭头所指），以检查焊盘分层、电镀通孔裂纹、内部连接分离、电容器焊料的回流以及陶瓷电容器 A 的开裂。返工没有导致多层板性能退化；（b）没有开裂路径；（c）电镀接点处没有内部分离

Jellison（1986）编制了包含多层 PCB 评估基本原理和程序的手册，非常重视本节所讨论的问题，可以为航天从业人员提供帮助。这本手册根据 NASA 的经验编写，现在仍然适用，包含横切面孔的显微照片、缺陷类型、可接受和不可接受的条件以及与欧洲 PCB 要求标准（ECSS - Q - ST - 70 - 10）相似的测试方法。

最后，注意到航天器电路板检查和测试过程中发现的纤维和颗粒污染缺陷（Heltzel，2014）。报告详细介绍了由电化学引起的失效机理，层压板的不连续性，讨论了污染的来源，并将问题引申至 PCB 设计。包含的图片可以作为 PCB 检查和质量控制的工艺标准。

4.7.4　柔性电路

电力线和数据线经常由柔性电路构成。与刚性 PCB 一样，航天器柔性电路的结构范围也十分广泛。主要区别在于，电子元器件很少组装到柔性电路中。在极少数情况下，特殊设计将电子元器件组装到柔性电路中，需要进行特殊的鉴定试验来评估振动疲劳对焊接连接的影响。

铜是最常见的导体材料。最好选择轧制退火（RA）铜，因为相比最便宜的电沉积铜，轧制退火（RA）铜柔韧性较好，机械疲劳裂纹耐性较强。电气设计师应该知道，RA 铜晶粒的方向应平行于电路弯曲部分。薄的铜箔柔韧性更好，与刚性 PCB 基板上的铜厚度表示方式一样，以每平方英尺盎司表示，例如，1 盎司/平方英尺等于 35 μm 的厚度。其他电导体材料有银、镍铬合金或铍铜合金等。

航天器柔性电路中最常见的电介质是聚酰亚胺（例如 Kapton），它具有优异的机械、电学和化学性质，厚度通常为 50 μm。航天器微波应用使用氟化乙烯丙烯（FEP）；是一种温度上限为 270 ℃的热塑性塑料。但是，它非常昂贵，并且难以处理。虽然聚酯最具成本效益，但具有高排气性，不适合空间使用。

柔性电路经常用作电力机械装置的脐带电连接，特别是在铰接附近的组件。也可以作为加热装置的一部分，例如，含有肼燃料的钛加压贮罐在航天器进入月影期间不允许温度下降，此时，将镍铬合金元件粘接在柔性电路内部，粘合到钛罐的表面可以加热。刚性多层板（4.7.3 节）与柔性层压板结合使用时，该结构称为"柔性/刚性电路"。在这种情况下，柔性聚酰亚胺电路夹在多层板层之间。柔性/刚性电路可以进行整体封装，封装包括基板（电子元件可以通过常规焊接组装到其上）和柔性互联（可以传递到其他电路，甚至是与母板不同的面板上的连接器）。

柔性电路应在铜导线上镀上一层氧化保护层，如镀金层。通过焊接进行连接的端接区域应该有锡铅，不推荐熔融锡铅，因为热油熔化过程会导致柔性电路分层。低地球轨道运行的航天器的外部有柔性电路时，保护聚酰亚胺不受原子氧侵袭十分重要。例如在太阳电池阵列柔性基底上用如 DC93500 的硅树脂涂层来喷涂表面，可以很好地实现聚酰亚胺保护（Kuchler，1995）。

4.7.5　热风整平电路板

常见的与 PCB 相关的空间要求电镀通孔膝盖处的熔融锡铅表面厚度大于 $1\ \mu m$，在端接表面上大于 $8\ \mu m$。通过电镀锡铅，然后热油融化实现（如本节开头所述）。在印刷电路上涂覆铜导体的另一种方法是用阻焊层选择性地覆盖铜，只留下可焊接的端接区域。然后，将电路板浸入大熔化焊料浴中，当电路板被取出时，用热空气"刀"进行喷射，去除过量的焊料并疏通阻塞的电镀通孔。经验表明，虽然这种焊接方法快速且相对便宜，但是对于空间硬件生产线来说存在一些缺点，主要问题是焊料厚度不符合规定要求。热风整平的涂层最初可能具有可接受的可焊性，但在洁净室环境中储存几个月后，它们会变得不可焊接。

研究发现，使用标准方法和低活性液体焊剂，无法焊接航天器电路板。对电路板进行旋转浸渍可焊性测试，出现大面积的去湿，如图 4-37（a）所示。显微切片测定表明，大部分热风整平表面焊料组成少于 $1\ \mu m$，而且可能仅仅是铜-锡金属间化合物。Lobley（1990）和 Banks（1995）也对这个问题进行了评估，认为由于暴露的金属间化合物的氧化，使得电路板的保质期非常低（几个星期），这表明热风整平工艺不够优化。在电路板表面吹热空气，在电镀通孔中清除过量焊料时发生了去湿。电路板的某些区域除去了大量的焊料，只剩下金属间化合物。即使优化镀层厚度的热风整平板，其保质期通常也只有 12个月（Parquet 和 Boggs，1995），故这样的表面处理完全不适用于航天器电路板，因为装配过程和发射前的修改，可能需要经历几年。

热风整平工艺有时适用于通孔镀铜质量较差的电路板。发现某块电路板有许多电镀通孔缺陷。调查发现孔内的铜不连续，当电路板插入涂覆设备的液体焊料熔池中，由于热冲击，热风整平导致玻璃-环氧树脂基板排气。在旋转浸渍可焊性试验的受控条件下复现了同样的现象［见图 4-37（b）］。排气由环氧材料中的水分释放引起，在液态焊料中形成蒸汽气泡。这种影响可以通过在 125℃下预处理至少 6 h 来最小化。任何焊接工艺开始之前，特别是涉及机器焊接操作的焊接工艺，建议采用类似的预处理方法，因为这样可以减少焊点内的气孔和孔隙数量。

4.7.6　将元件封装焊接到高热容多层板上

将元件手工焊接到厚达 24 层的有背或接地平面的电路板上时遇到的一个常见问题是，焊料无法从电路板的焊接面流向顶面。不能只提高焊接温度（对于"难度较大的电路板"，ECSS-Q-ST-70-08 的最大值为 360 ℃），因为这容易造成分层、内部电镀孔连接断裂、焊盘悬空等，并可能超出数据手册中推荐的最大焊接温度。这些电路板可以采用波峰焊。需要指出的是，最近的焊接标准放宽了这种板的外观检查要求——现在允许存在 75% 的填孔和 25% 的圆角。

可以将电路板浸入 125 ℃的烘箱中进行焊接，但这样操作十分危险。ESA 的一所培训学校（Strachan，2000）进行的一项研究中尝试了三种预热方法：红外灯、热气流的热板、使用热气枪。

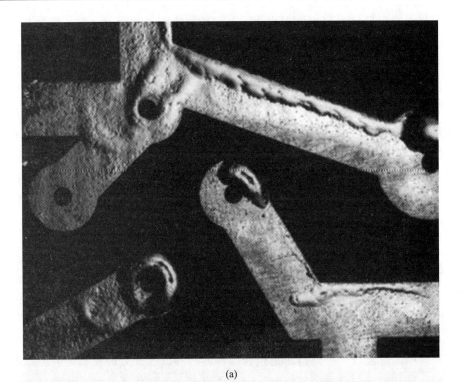

(a)

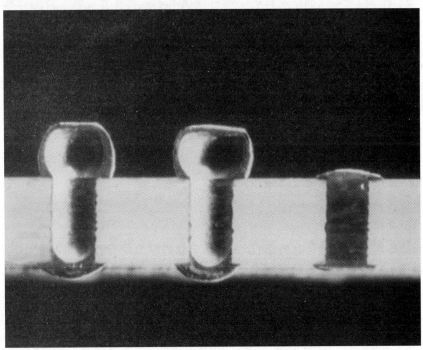

(b)

图 4-37 与热风整平电路板相关的缺陷。(a) 锡铅涂层薄且平坦的区域和去湿焊料岛屿。
在可焊性试验过程中，电镀通孔的水蒸气排气，(b) 形成了大的气泡孔隙（IFE 提供）

试验结果表明红外灯（Martin HB02 热射束）预热效果最好——对元件面加热。这样可以使元件面的焊接侧达到 100～130 ℃。没有损坏，过程舒适方便。缺点是有些元件可能会遮住需要焊接的焊点。

热板法（Pace Heat Wave），在焊料侧 100 ℃、元件侧 140 ℃时，结果良好。但是焊接区域的可见性较差。

热风系统（Leister 7A1）的加热速度非常快，可能会达到破坏温度。但是，热风系统最适用于返工，可见性也最好。

4.8　复合材料控制

4.8.1　空间结构用金属基复合材料

复合材料作为新领域，在过去十年中得到了快速发展，这得益于对高比强度材料的迫切需求。虽然发表了越来越多的相关论文，在材料研究和开发中进行了大量的工作，但在商业生产应用方面，仍缺乏技术成熟、经济可用的材料。对于复合材料的潜在用户来说，这令人沮丧。在复合材料研究和发展阶段出现了金属基复合材料。

复合材料中的"复合"一词指的是包含两种或两种以上成分的材料，它们以某种结构结合，形成一种具有特定性能的新材料。通常情况下，加强复合材料是将须状物或不连续的纤维植入基质中。复合材料应用时需要满足一些条件，这些条件与纤维和基质的性质有关。首先，纤维要承受拉伸载荷而不产生形变，同时，基质应均匀分布于纤维上，保护表面不受氧化，并防止裂纹扩展。

类似的研究已经在诸如 SiO_2、Al_2O_3 和 SiC 等化合物上进行过，如今的研究焦点主要集中在石墨和硼纤维上，强度可达 2～10 GPa。

基材尽管不需要承受载荷，但必须具有以下特性：

- 对纤维有良好的束缚；
- 匹配的膨胀系数，以避免热疲劳问题；
- 有防止腐蚀的保护层；
- 适当的弹性和韧性。

由于载荷作用，需要对所有的活性纤维进行剪切应力的传递和再分配。同样重要的是，尽可能减小基质和纤维之间的反作用力，防止出现脆性中间相、裂缝以及内部残余应力增长。但研究发现，坚固完美的结构难以形成。

图 4-38 阐述了金属基添加加固纤维的实际问题。Calow（1974）研究了相关问题，特别是复合材料 Ni/Al2O3 高温下使用以及 Al/C、Al/SiC 和 Cu/C 在常温下使用问题。早期研究的推测在今天仍有参考意义，结构复合材料未来发展完全取决于经济因素，需要降低纤维材料的生产成本。同时在热循环环境中，实现纤维和基质之间更为持久的界面粘结。

大量的研究计划使用 SiC 纤维增强钛合金 Ti6Al4V，取代密度大的高温镍基超合金。

通过气相沉积（PVD），将 Ti6A14V 合金基质材料涂覆到纤维上。纤维随后进行捆绑、封装、抽真空，以及热等静压（900 ℃、1 900 bar）。钛基体流入纤维之间的空隙形成了复合材料。无孔复合材料的金相检验结果如图 4 - 38（b）所示。Hemptenmacher 等人（1994）测定了金属基复合材料（Metal Matrix Composite，MMC）中纤维与基质间的剪切强度。测试采用 Grande 等人（1988）开发的方法，用硬度测试压头将单根纤维从平行平面的测试件中压出。剪切强度由纤维脱离所需的力除以测试圆柱形纤维的表面积得到。相比于无涂层的纤维，带有保护碳涂层的纤维的结合强度要低很多，如图 4 - 38（c）所示。然而，正如 Hemptenmachter 等人所指出的那样，剪切强度也与复合材料的温度有关。Feest（1994）研究了金属基复合材料（MMC）界面现象的测试方法，及其对材料性能的影响。Ti6A14V/SiC 金属基复合材料中 SiC 纤维占体积 32%，纤维平行方向的抗拉强度为 1 450 MPa，纤维垂直方向的抗拉强度为 450 MPa。

新开发的石墨纤维/镁复合材料是最有前途的金属基复合材料，强度高、刚度高，而且重量轻，潜力巨大（Goddard，1984）。新开发的石墨涂层系统，可以使用熔融的镁润湿纤维。这意味着，有可能将涂层石墨纤维排列成任何需要的形状，然后再用熔融的镁浇铸。因此，可以使用常用工具加工出网状结构的金属复合材料。此外，根据上述的复合方法，铸件可以根据应用进行特别修改。铸件可以包含 30% 体积的纵向纤维和 10% 的横向纤维，得到良好的拉伸强度和剪切强度。这种材料的热膨胀在很大的温度范围内等于零或接近零，航天器设计师对此特别感兴趣。直径范围从 150 μm～2 nm 的特种纤维在强度、刚度、重量和耐高温方面提供了更多的选择（Klein，1988）。

轻量空间结构碳镁金属基复合材料的另一种生产方法基于有机预浸方法（固体致密化）或者液相渗透方法，由航空工业研发。根据特殊的分层设计来实现一系列的机械性能。单向板室温抗拉强度可以达到 1 000 MPa，拉伸模量 300 GPa。厚板 0/45°/90°强度 240 MPa，模量 240 GPa。这些碳镁复合材料的膨胀系数范围为 0～4 ppm，与纤维的分层方向有关。这类复合材料适用于低膨胀情况（如光学工作台），但需要合适的耐腐蚀表面处理（见 4.5.1 节）。美国建造了包含石墨-镁结构及配件的大型空间结构（Paprock，1988）；金相检验结果表明实现了金属完全浸润。

碳化硅颗粒也可用于强化镁和镁合金复合材料，用以制造低密度和高比强度的产品，如航空航天设备。金属复合材料可能由粉末冶金法和熔铸法（Krishnadev，1993）制造，用粉末冶金法制造复合材料时，加入 10 vol. % SiC 时的复合材料性能最好。

低膨胀材料可以使用铝金属基复合材料。奥地利的 AMAG - FVA 公司开发了一种特殊的气体压力渗透工艺，可以生产高强度和热稳定的连续纤维增强材料。与 Cornec 和 Clariou（1994）和前面研究的镁基金属复合材料相比，铝基复合材料表面的耐腐蚀性更好。AMAG - FVA 公司生产各种纤维和铝制品，典型的板材产品由 60% 的高模碳纤维与 40% 高纯度的铝基质组成（Keramol 1085/C - HM/60f）。该板材室温下拉伸强度为 360 MPa，抗拉模量为 95 GPa。截面面积越小，拉伸强度和模量越大（即所谓的纤维悖论）。该金属复合材料的热膨胀系数为-0.4 ppm，密度为 2.2 g/cm³。

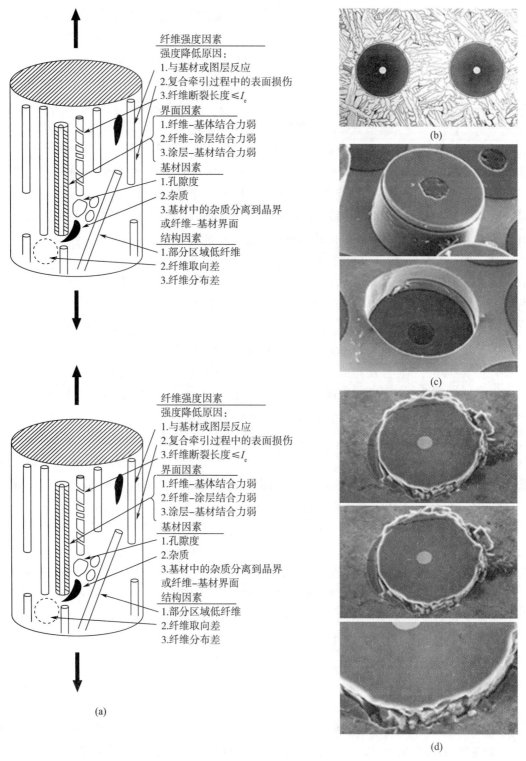

图 4-38 （a）理想复合材料强度相关问题。（b）直径 100 μm 的 SiC 纤维嵌入 Ti6A14V 基质。（c）有保护碳涂层的直径 140 μm 纤维宏观试验，压出和压进状态。（d）没有保护碳层 100 μm 直径纤维剪切强度较高（780 MPa）（Dr. Hemptenmacher，Deutsche Forschungsanstalt fiir Luft - und Raumfahrte. V.，Linder Höhe 授权使用）

　　革命性的金属基复合材料，以及结构应用的复杂要求（特别是飞机和宇宙飞船），给设计工程师带来了难以接受的不确定性。图 4 - 38 和图 4 - 39 描述了一些问题。因此，设计师们更倾向于选择传统金属合金结构和机械部件，对现有的制造技术进行限定。当选择金属基复合材料时，建议与生产者当面讨论材料要求。

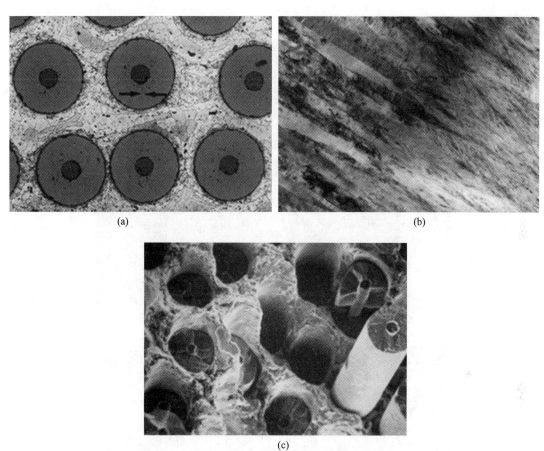

图 4 - 39　Avco SiC 纤维在 AA 2014 基质中的显微图像。这种金属基复合材料（MMC）最近被认为是一种潜在的先进航天器结构材料，采用多阶段加工生产。首先选择聚合物前体制成的碳芯作为碳床，选择合适方向，形成特定化学计量组成颗粒，通过化学气相沉积方法涂覆 SiC；SiC 单丝涂有一层碳涂层，然后缠绕到 AA 2014 铝箔上。利用离子喷涂将额外的铝添加到铝箔上。箔片的热压层产生紧凑的金属基复合材料板（由英国哈威尔实验室金属技术中心提供）。（a）光学显微图，显示了该板的 AA 2014 基体结构。纤维存在石墨堆芯，周围是碳化硅和一层薄薄的碳。（b）TEM 视图，内部富碳区和外部化学计量碳化硅区过渡区域的碳化硅结构（光学显微镜下箭头所指）。（c）扫描电镜观察下拉伸断裂表面，纤维拉出，出现主要的韧性基体失效

4.8.2　复合接触装置

　　在 1942 年的一项专利中，J. K. Ely 首次将高熔点金属纤维插入一种高导电金属的基体中，以生产接触材料。在铜银合金的基体中添加钨或钼的纤维，纤维可以增强机械强

度，减少机械磨损，防止接触颗粒逐渐剥落。即使在今天的航天器电子系统中，类似的接触材料仍在使用。不幸的是，容易受到金属迁移现象的影响，即电接触之间存在银迁移。通常，在数千次开关操作之后，金属会从阳极转移到阴极。当接触颗粒在航天器设备内部脱落时，转移变得更为严重，可能会导致相邻导体短路。磨损接触的典型颗粒如图 4 - 40 所示。

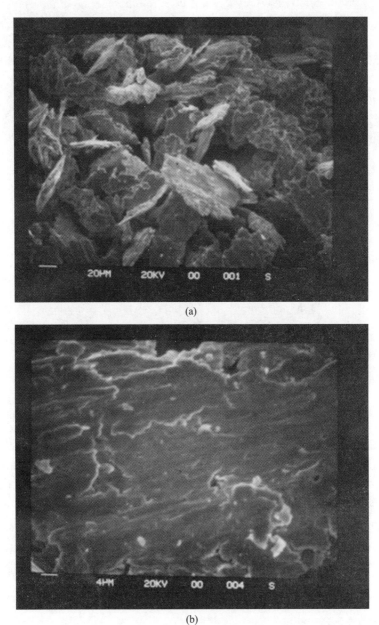

(a)

(b)

图 4 - 40　滑动触点磨损颗粒形态（银合金基体中的 MOS_2 片状颗粒）。在零重力条件下，它们可能引起短路。（a）银合金碎片，大部分颗粒呈鳞状，少数呈舌状是典型的滑动磨损。（b）磨损细节，磨损存在层压结构和剪切断裂

目前考虑采用金属基复合材料作为高级接触材料，例如银镍复合材料和铜钯复合材料，由德国生产测试（Kocker 和 Stockel，1979），热传导率高，电阻率低，抗物质转移，成形性能良好。需要指出的是，物理特性（包括电导率）随 Ag - Ni、Cu - Pd 合金的成分的变化关系，与状态均质不均质有关。在固体状态下，各组分完全相互溶合，由于成分间的电相互作用，不同成分变化会存在电导率最小值，这个特性在铜钯材料中已得到验证。Cu - Pd 材料的相图，以及电导率与成分的关系曲线如图 4 - 41 所示。人工合成的 Cu - Pd 复合材料的电导率和组分变化呈线性关系。Pd 晶须由 Pd、Cu 细丝制造，拉伸横截面积使其缩小至 99%。嵌在铜基体中的 Pd 圆棒微观结构表现为一种完全不溶的双相金属，类似铜和钨，其导电性能与组分的关系称为"复合物定律"（即直线）。另一方面，如图 4 - 41 所示，随着固溶体中 Pd 含量的增加，"真实"合金的导电性明显下降。如果合金变为有序态时，Pd 增加到 60% 后，继续增加，导电性有所上升。

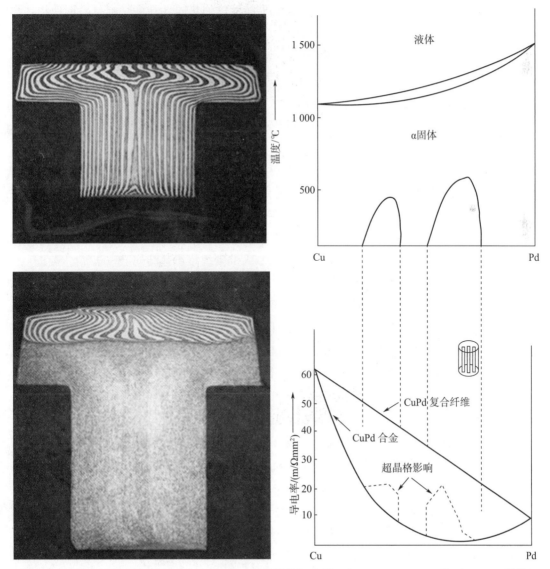

图 4 - 41　铜钯材料相图和导电率，以工业复合接触铆钉为例（由 G. RAU GmbH 及 Pforzheim 提供）

大量测试结果表明，重量含量30%的钯铜金属基复合材料最合适制造接触材料。这种材料的导电性与均匀的合金60Pd/40Cu相同（电阻率最小），而且，即使考虑额外加工步骤，价格也要便宜得多。

现代航天器直流电机使用弹簧刷，在铍铜合金换向器上滑动。弹簧刷材料成分各不相同，但通常含有50%的铜和49%的碳，加上少量的润滑剂，如二硫化钼或氟化钡。如果在真空中使用电刷，润滑剂通常是二硫化钼。在潮湿的空气中，水蒸汽可促进石墨（碳）板之间的滑动。在真空条件下，或在干氮中，没有水蒸气，石墨的摩擦增加了4倍，磨损率增加了1 000倍（Buckley，1981）；因此，所有航天器电机的含碳弹簧刷复合材料中应该含有二硫化钼。

4.8.3　纤维增强塑料复合材料

为减轻重量和增加结构构件的刚度，航天器持续增加热固性纤维复合材料的使用，更少地使用热塑性纤维基复合材料。类似材料，如单向编织碳纤维（石墨）、凯夫拉绳和玻璃纤维，都由特殊机械加工而成，通常这些部件的外形设计在CAD中完成。这些复合材料的使用指南已经确立，但是仍有一些重要的方面，如设计许可、缺陷的重要性、损坏的容忍度以及失效标准，需要进一步的评估。到目前为止，这不是主要的问题，但对于载人任务来说，这将变得非常重要，特别是当纤维和基质的膨胀和刚度系数不匹配的时候，热循环时材料会产生微裂纹。

增强碳纤维的热固性树脂在复合材料中应用广泛。ERS-1卫星微波设备的主要结构由增强碳纤维（CFRP）构成（图4-42）。美国SPAS-01卫星和欧洲Eureca航天器的主结构由纤维缠绕的碳环氧管（例如Toray M 40和Araldite 209/HT 972）组成，粘附在钛配件上形成框架结构。运载火箭也在某些地方使用了CFRP，如阿里安4的2、3级间加强蒙皮处（图4-43）以及SPELDA结构（欧洲最大的碳纤维增强结构之一）。

空间使用的碳纤维基于聚丙烯腈前体（PAN）纤维材料。PAN纤维制造经历了一系列明确而复杂的过程。包括：蒸汽拉伸纤维预处理，在300 ℃空气中进一步拉伸氧化，在温度约1 200 ℃的氮气等惰性气体中碳化得到Ⅲ型纤维（低热处理），在1 700 ℃氩气中碳化得到Ⅱ型中间热处理（IHT）纤维；放入2 800 ℃惰性气体中进一步石墨化处理得到Ⅰ型纤维（高热处理HHT）。Ⅰ型纤维具有高达600 GPa的模量，Ⅱ型纤维具有高强度，而Ⅲ型纤维则是低模量低强度。一般情况下，卫星和空间探测器应选用Ⅰ型高模量纤维，而运载火箭选用Ⅱ型高强度纤维。

连续纤维增强热塑性基复合材料具有良好的机械性能，玻璃化温度高于200 ℃，适用于高温系统应用，被称作"芳香族聚合物复合材料"，包含纤维增强PEEK（Dauphin，1986）。

Giotto号空间探测器防尘系统的后盖采用了Kevlar-49增强塑料（KRP）和聚氨酯减震泡沫夹层结构（内外护罩采用铝合金材料）。采用图3-11（b）和图4-44所示的夹层结构，Giotto号可抵抗60 km/s的高速流星体的撞击。KRP还可用于制造固体远地点发动机——欧洲卫星采用的 MAGE 发动机。德国人 MAN 开发的凯夫拉增强组件是纤维缠绕技术应用的典范（图 4-44）。采用类似的远地点发动机已经成功将 7 颗卫星送入了所需轨道。

图 4-42　ERS-1 卫星振动试验准备（箭头处为载荷支撑结构）（ESA）

图 4-43　阿里安 4 的级间蒙皮（照片由 Fokker 提供）

　　石墨纤维的特殊表面预处理，使得环氧基复合材料强度很高，已经成功地应用于复杂环境航天器（寿命 10 年，工作温度 -150～100 ℃，热循环次数 10 000 次）的天线面板上。尽管性能优越，但作者发现，人为制造因素会导致结构层间的粘结强度较低，很小的屈曲力或扭转力就会使复合材料产生分层。与所有复合材料一样，必须对制造全过程的所有工序进行全质量保证监测，包括生产线标准件的检测，并且进行热循环试验［见图 3-14（b）］。航天器使用的超高模量纤维不同批次间性能差异较大，故需要特别注重材料测试结果。

King 研究了环境对复合材料航天器组件的影响（1988）。研究发现，原子氧会导致碳纤维-环氧树脂表面侵蚀，重量减小，而特氟隆和硅树脂几乎不受影响。在低地球轨道环境，CFRP 材料结构需要对原子氧侵蚀进行防护，经计算，三十年内，材料表面会侵蚀到 3.3 mm 厚度，主要是纤维和基质侵蚀。金属涂层和氧化物涂层具有一定的保护作用。

金属化 CFRP 波导在 ERS-1 和 ERS-2 卫星上的应用都十分成功。由于电力传输的低衰减和相位稳定的严苛要求，该技术在下个千年中将会得到更广泛的应用。常规商业卫星波导材料采用黄铜（1 900 g/m 单位长度重量）或铝合金（600 g/m）。德国制造了薄壁轻型的 CFRP 波导（小于 100 g/m），内部表面镀铜、银或金，同时建立类似的复杂部件的制造流水线，部件形状各异，可用于阻塞法兰连接、耦合器和弯曲部件（Wagner，1992）。对于直线波导，可选择可拆卸和重复使用的芯轴。芯轴的材料保密，可以加工和抛光达很高精度。表面镀上 1～2 μm 的铜、银或金，进行附着粘贴，然后将碳纤维缠绕在电镀层上。采用特殊的绕组方向和层结构设计来避免热循环过程中由于金属膨胀与碳纤维的膨胀不匹配引起的弯曲。对于复杂形状结构，在 CFRP 固化后，化学去除芯轴。此过程需要许多的质量保证措施，参照本书第 3 章，包括同批次样品测试，如显微切片（观察层压板致密化和金属层厚度）；剥离强度试验，金属与 CFRP 之间的粘接力检查；扭力矩分析（TMA）以确定玻璃化温度，确保层压的完全固化；X 射线检查，金属化缺陷检查；超声 C 扫描检查 CFRP 层压片。对波导结构进行了热循环试验（温度范围−70～115 ℃，超过 10 000 次），没有发现任何剥离强度退化或电衰减。波导结构完美地完成了在轨 6 年多的工作。

CFRP 处理技术的进步对于空间结构制造非常重要。FIRST 项目的天线反射器是一个直径为 3 m 的抛物面天线，焦距为 1.58 m，表面精度为 7 μm RMS（均方根），完全采用 CFRP 材料，包括夹层和两块高刚度、低重量的蒙皮（Ehmann，1994）。

使用 CFRP 时，研究潮湿环境（湿度）对复合材料的尺寸稳定性、强度和刚度的影响十分重要。不管采用什么树脂，水汽都会通过 CFRP 的树脂扩散。热塑性和热固性树脂基复合材料扩散过程相似（Lucas 和 Zhou，1993）。树脂膨胀使得宽度和厚度尺寸变化，而纤维长度方向不会变化。优化碳纤维的缠绕方向，使得树脂基体膨胀效应不影响最终结构。在某种程度上，该结论由 Hammesfahr 等人（1995）结合基于碳纤维技术的 XMM 项目 X 射线镜组件设计得出并验证。最初方案倾向于使用 CFRP 制造 58 个 Wolter 型的圆柱形反射镜，反射镜支撑结构以及热挡板。1996 年，由于制造过程中水蒸气原因，决定使用镍镜，尽管其重量要重很多（320 kg，而采用 CFRP 为 137 kg）。

4.8.4　纤维增强玻璃陶瓷

玻璃陶瓷主要采用两种工艺。首先熔化玻璃成分，压制成形，再进行热处理，使玻璃微结构中的某些相成核并结晶。最常见的玻璃陶瓷是锂-铝-硅酸盐（LAS）、锌-铝硅酸盐（ZAS）和镁铝硅酸盐（MAS）。可用于制造雷达，电子设备和镜面。Hanson 和 Fernie（1993）对玻璃陶瓷做了综述。玻璃陶瓷的重要特性是能够形成陶瓷—金属键，具有低膨胀系数（0～20 ppm）、高强度，高软化温度（高达 1 400 ℃）等优点。

一种名为"MAS-L"的玻璃陶瓷基结合了镁、铝、硅和锂的氧化物。它不仅具有高弹性模量、低膨胀系数、高达 1 000 ℃软化温度等特点，而且与碳化硅尼龙纤维具有良好的相容性和黏合性。Peres 等人制造了一些 SiC/MAS-L 结构，并研究了其特性（1994年）。将浸透 SiC 的纤维（溶剂、树脂、玻璃粉）缠绕在芯棒制造多层薄层单体。将多层薄层放进熔炉里，将树脂熔融。高温下的热压力使得玻璃陶瓷流入各个纤维之间的空隙，形成复合材料，密度可达到 98％的理论密度。复合材料的微观结构为 7 层的二维结构，纤维层的方向为 0°和 90°。板材中存在一些残留的孔隙。经过－100～＋100 ℃的 1 000 次的热循环，产生少量的微裂纹，微裂纹与纤维平行。从 1 000 ℃到 20 ℃水中的热冲击，导致产生与纤维层 45°的微裂纹。热循环使复合材料的室温抗拉强度从 179 MPa 降低至 165 MPa。热冲击使室温抗拉强度降低至 68 MPa。在压缩和弯曲的情况下，由于热循环和热冲击而导致的强度下降并不明显，特别是在 1 000 ℃高温下进行机械测试时。结果表明，这种新型材料的膨胀系数非常低，存在－100～＋100 ℃热循环的高稳定性结构可以考虑应用这种新型材料。

4.8.5　碳-碳复合材料

碳-碳复合材料几乎全应用于高温环境。有时，轻量化的面板也会选择使用非常薄的碳纤维蒙皮，粘在蜂窝板上，面板主要用于推进系统和再入飞行器。固体化学推进剂的燃烧过程中（见 2.4 节），在小体积内释放大量的能量，会产生高压。高温燃烧通过喷嘴将热能转化为航天器推进的定向动能。编织碳-碳复合材料是火箭发动机喷嘴结构的理想材料，因为它们密度低，工作温度高，而且在推进剂燃烧时很少有化学反应。阿里安运载火箭的喷嘴如图 2-7 和图 2-11 所示。类似的固体推进剂远地点发动机的外观如图 4-44 所示。同时，碳-碳也是很好的热防护材料，通常用于再入飞行器，鼻锥和机翼前段的高温区域（见图 2-14 和图 3-4）。

碳-碳复合材料的制造工艺复杂，涉及许多可变参数。因此，可以通过显微区域控制来跟踪生产步骤。在生产过程中，从生产线上不同的生产阶段采集样品。制造过程中必须严格保证工艺参数，最终产品的机械性能应进行全覆盖测试。

碳-碳复合材料包含了元素碳的两相，碳质基质是由碳（或石墨）纤维加强。碳素纤维可编织，形成零件形状。对于低机械负荷的低成本产品，使用非织造纤维。碳纤维采用聚合物树脂浸渍，然后固化。热处理温度在 500～1 000 ℃之间时，复合材料进行第一次

图 4 - 44 Giotto 探测器配有的 MAGE 发动机，防尘系统后盖使用 Kevlar - 49 增强塑料（KRP）和
聚氨酯减震泡沫（ESA）

碳化，在这个阶段，聚合物基体热分解形成次生碳相，次生碳相具有多孔性，可能包含横向基体开裂。通过控制样品的显微切片，以及剩余材料的无损检测，检查如空洞和微裂纹等缺陷，判断材料是否可以进行进一步处理，即是否出现工艺标准确定拒收的情况。此步骤十分重要，因为进一步的加工操作涉及第二次热处理，可能导致孤立的缺陷发展成严重的分层，而不是变得更加致密。

4.8.6　航天器压力容器金属基复合材料

4.8.1 节描述了金属基复合材料在结构上的应用。根据 SSTL Tech - Demo - Sat - 1 卫星设计要求，以氙气贮箱设计为基础，TISICS 公司开发了纤维增强压力容器和推进剂贮箱。TISICS 是唯一一家美国境外的生产 CVD（化学蒸汽沉积物）碳化硅单丝的商业工厂。压力容器采用自制的纤维增强钛基复合材料长管构成。贮箱（图 4 - 45）经过测试，并通过了飞行释放测试。爆破测试的压力大于最大预计工作压力的 4 倍，爆破出现的破裂类似于金属而非复合失效模式。质量控制措施包括在线样品的金相检验、复合区域的 X 射线层析和界面扩散连接检查。为实现"绿色推进剂"［图 4 - 45（c），（d）］，正在进一步研究开发薄壁钛和铝复合推进剂压力容器。随着纤维性能和生产效率的提高，已经能够满足薄壁角 100 μm 纤维需求，以及适用于大多数场景的更为坚固的 140 μm 纤维。

4.9　毛细管网控制

目前，航天器在轨推进的液体推进系统主要使用单组元肼。利用催化和电热分解技术，将液态肼转化为气态氢和氨。通过小型推进发动机气体的短时间喷发，航天器可以实现三轴姿态控制。卫星上装有大型液态肼燃料钛金属容器，还有一个气体加压橡胶气囊，其压力可以将燃料推进发动机。但是，数次排气循环后，有机膜会破裂并溶解，导致肼燃料污染，具体内容可见 5.8 节。新的流动系统淘汰了易腐的气囊，被称为表面张力贮箱，见本书 5.8 节和 5.20 节。

欧洲制造的球形表面张力贮箱已应用于法国的 Spot 在轨航天器，美国 Olympus 卫星研制机构也采购了该贮箱。贮箱由二次熔融的 Ti - 6Al - 4V 钢锻造而成，随后加工成薄壁半球。每个贮箱包含推进剂管理系统（PMD），将无气体的液体推进剂送入发动机（如推进器）。PMD 内部组装有管子、叶片和细孔网，通过毛细管作用，完成推进剂分离和无气体推进剂输送。

PMD 装入贮箱后，两个半球沿着中线焊接，采用 TIG 焊或 EB 焊。目前，PMD 毛细管网采用 304 L 不锈钢网，网格间隙直径 5 μm。为了尽可能地减小的重量，未来的 PMD 计划使用钛合金（只有少数材料与肼推进剂完全兼容，比如钛和不锈钢），实现钛毛细管网。最近通过粉末冶金技术，利用高温、高氩回填压力的组合，生成了一种 Ti - 6Al - 4V 合金，其控制孔隙度约为 40%。可以应用于 PMD 设计。孔隙呈立方体形态［如图 4 - 46（a）］，可以连接起来，也可以细小分散开（非连接的）。对使用钛制成的 5 μm 直径毛细

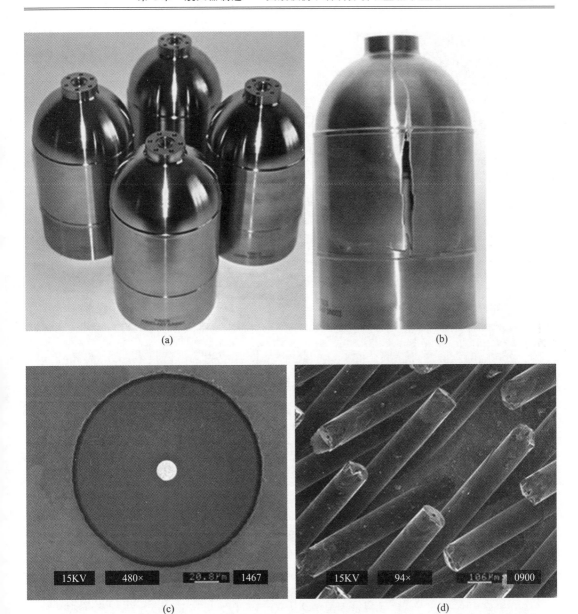

图 4-45　由 Ti6Al4V 制造的推进剂贮箱；碳化硅纤维增强的钛基复合长管通过纺丝圆顶连接。
(a) 爆破测试前。(b) 爆破测试后。(c) 钨芯碳化硅单丝，可以看到钛合金基体上较暗的层状碳涂
层界面。(d) 断口扫描电镜图像，可看到角部的 SiC 单丝铝基质（角厚度 100 μm 铝基体纤维断裂
表面的高放大率图像，钛基材料见 (c)（TISIC Farnborough 提供）

管网评估 [图 4-46 (b)]，该评估方法仍处于起步阶段。钛金属丝覆有保护层，通过模
具拉拔，使钛金属丝直径最小。拉伸金属丝经热处理后退火，再捆扎重新拉拔，不断重
复，直到达到所需的纤维尺寸。最后使用化学法去除保护层，得到一束类似须状的丝束，
成为滤网（美国专利 3277564）。需要进行扫描电镜和金相检验，才能确定这些毛细管网的
实际筛选尺寸。

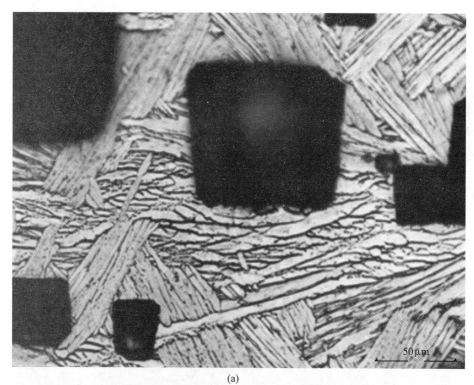

(a)

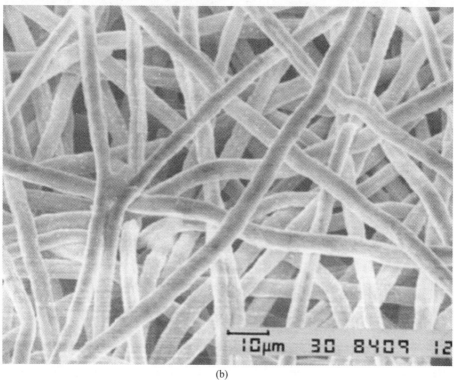

(b)

图 4 - 46　PMD 应用材料。（a）Ti6Al4V 多孔材料显微结构（IMI 公司提供）。
（b）PMD 毛细管网的钛纤维网（见图 5 - 87）

4.10　镀镍层的检查

4.10.1　化学镀镍的微裂纹

通过对航天器部件的化学镀镍层开裂问题的分析，发现其常见缺陷主要原因包括：

1）基材的不良加工：镍沉积在毛刺上，之后脱离形成多余物。

2）化学镀镍（EN）沉积前的预处理清洁不充分：卷筒和 PCB 引脚由于镍的附着性差而导致电路开路［图 4 - 47（a），EN 表面的焊锡覆盖引脚发生分离］。

3）EN 沉积的空洞和变薄导致铝合金腐蚀：夹杂物和混合颗粒结构是主要原因。

4）在导线-弯曲操作之后，电子封装导线的镀镍层开裂：这是常见问题［图 4 - 47（b）］。

下面研究关于厚膜载体包线引线开裂问题。可伐引线采用玻璃-金属封装。然后镀镍、镀金，并在 200 ℃下去除应力。引脚弯曲后，检查发现所有外弯的半径都存在裂缝（见图 4 - 48）。对其中一排引脚脱金，用共晶锡铅焊料镀锡，尝试掩盖裂缝（见图 4 - 49），尽量减少因应力腐蚀（见 6.9.3 节）或航天器振动时产生的机械疲劳所引起的失效。对受损引线进行切片检查，裂纹仅存于镀层。如图 4 - 50 所示；5 μm 厚的金表面延展性良好，而 4.5 μm 厚镀镍层出现了裂纹。镀镍层非常坚硬，显微硬度值 500 VPN，而可伐线退火状态为 250 VPN。EN（化学镀镍）延展性较差；EN 延伸率是 0.5%～1.5%，而电镀镍延伸率是 10%～15%（Tulsi，1986）。EN 实际上是一种镍磷合金。沉积形式方面，Ni - P 沉积物是非晶体，X 射线衍射研究并没有发现任何晶体结构的存在。事实上，这些沉积物是磷在微晶（小于 100 Å）镍基中的过饱和固体溶液（Puttlitz，1990）。在 200 ℃时，镍磷（Ni_3P）开始沉积。沉积的主要影响是 EN 镀层变硬，延伸率降低。使用活化温和的助焊剂，EN 涂层更容易焊接。然而，尚没有能够成功地焊接热处理过焊料的助焊剂。含磷量重量含量低至 3.5% 并不能避免沉积。因此，EN 不适合于航天器的应用，电子封装建议采用电镀镍方式。

4.10.2　铝的化学镀镍层

铝合金最常用的镀层方法是锌浸镀、铜制、镀铜、镀银和/或镀金。在电子设备应用中，铝合金采用化学镀镍方法优势明显，已经取代传统的铜制和镀铜方法，优点如下：

1）铝的附着性能好，高达 350 ℃；

2）在凹的地方，涂层厚度均匀；

3）沉积速率均匀（如在 90 ℃时为 20 μm/h）；

4）提高了表面不连续部件的耐腐蚀性能。

使用化学镀镍方法时，无需使用电镀夹具在凹处沉积足够的镀层厚度，从而节省成本和劳动力。然而，在化学镀镍之前，需要先用锌浸镀对铝进行预处理。化学镀镍通常由 30 g/L 氯化镍、50 g/L 乙醇酸钠和 10 g/L 次磷化钠的溶液在 80～90 ℃高温下沉积而成。槽

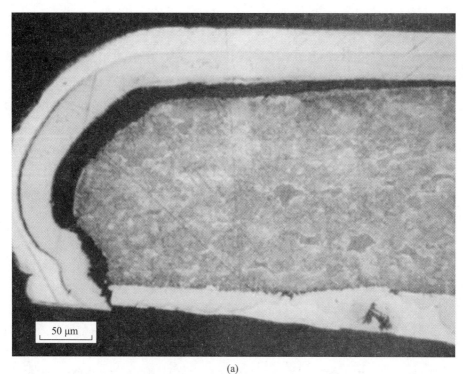

(a)

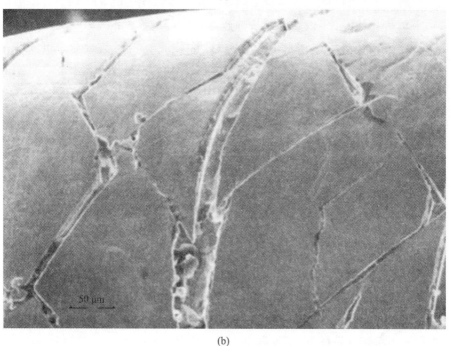

(b)

图 4-47　化学镀镍的相关问题。(a) 切片显示了失效引脚的镀层与铜的界面间的附着和开裂。
(b) 二极管引线表面的裂纹和微裂纹；可伐引线已镀铜，并进行了化学镀镍和金表面处理。
二极管装配到飞行电子设备时，操作人员才注意到，焊料浸渍、导线脆化导致镀镍层脱落壁可以采用不锈钢或内衬 PTFE。在 80 ℃，pH 值 4～6 时，理想沉积率为 6～10 μm/h。Schlesinger（2010）论述了这一过程。

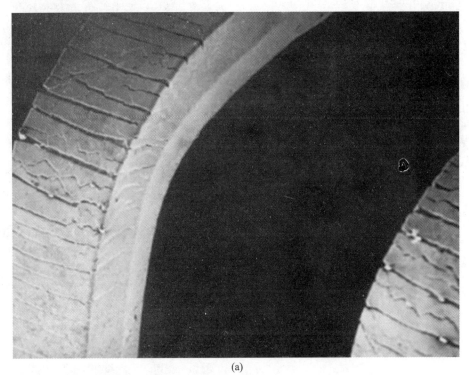

(a)

(b)

图 4 - 48　弯曲包线弯头开裂 SEM 视图：（a）整体视图；（b）镀金镀镍层开裂，暴露了可伐基底

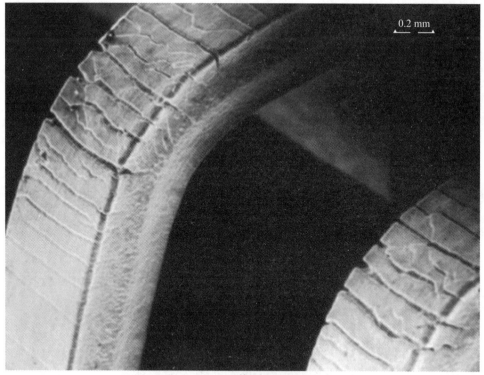

(a) 整体视图

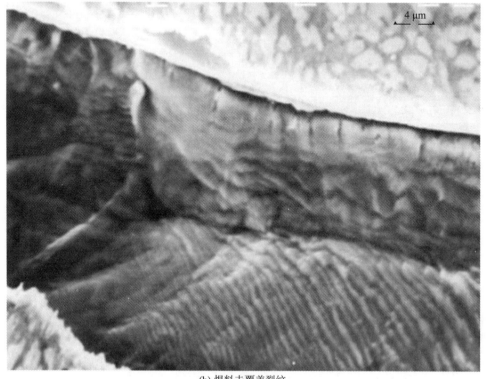

(b) 焊料未覆盖裂纹

图 4 - 49　去金和焊锡的包线 SEM 视图

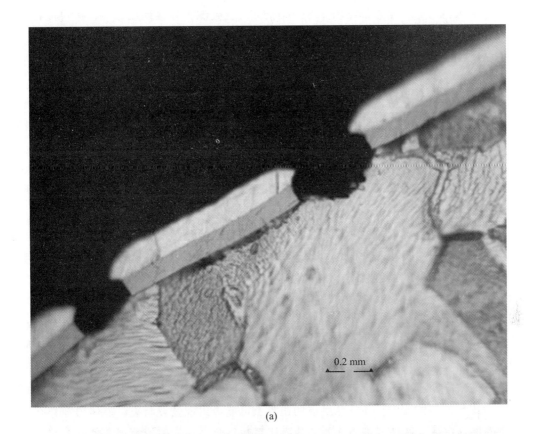

(a)

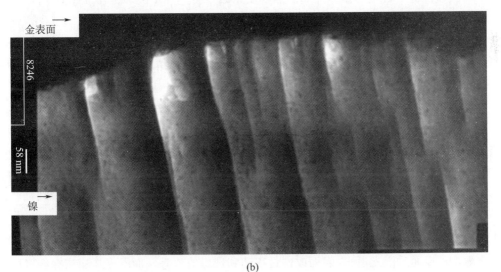

(b)

图 4-50 (a) 图 4-48 断裂区的油镜详细显微视图。金片延展性良好，裂纹上方有细颈；镍非常脆，延展性差，没有证据表明它能适应弯曲。(b) 金（黑色）镍镀层透视电子显微图片。显示了磷镍层的晶体结构，含有少量镍磷（暗）沉淀。白色的放大率为 50 nm。

（IVF Sweden 提供）参见 6.6.2 节

许多航天器的电子外壳都是用 6061 和 6063 等合金加工焊接而成。结构中可能存在凹槽、边缘尖锐、螺纹孔以及小的盲孔，必须完全镀覆，以防止腐蚀和保持稳定的电性能。传统方法无法对这些零件镀覆将凹区完全覆盖，可以结合银板使用 10 μm 厚度的化学镀镍方法镀覆。

化学镀镍铝电子产品在所有航天器中均有使用。然而，与其他工程应用不同，科学试验卫星存在特殊的性能要求。科学试验经常要求航天器能够在各种轨道条件下进行测量，必须谨慎地确保仪器本身或携带仪器的运载工具不会产生干扰（Delahais，1985）。最近，一颗科学卫星的设备进行磁测试时，发现其具有明显的磁性。所有材料都必须精心挑选，以保证高度的无磁性，这样，在轨测量微小磁场时才不会被航天器自身的磁环境所掩盖。大量的研究表明，问题的根源存在于电子设备壳体的电镀工艺。由于装置的复杂性，发射前无法更换。这种情况下，很明显的是，不能使用普通的化学镀镍方法，并且需要进行额外的控制来确保镀层是非磁性的。可以通过调整电镀溶液的镍-磷比，并且严格控制温度和 pH 值，来保证合成非磁性成分。在纯镍中含 3.5%～7.0% 的磷时，可以使磁场强度从 30 降至 2（单位 Oersted）。含磷 8% 的镀层可以认为是无磁性的，但是如果对这样的镀层进行热处理，磁性就会增加。据称，含磷量大于等于 12% 的镀层，即使经过 300 ℃ 的高温处理后，仍可保持无磁性（Tulsi，1986）。经验表明，经过 200 ℃ 热处理，可缓解镀层的氢脆化，提高抗腐蚀性能。但镀层在经过 250～400 ℃ 的高温处理后，由于镍磷的沉淀，其耐蚀性大大降低。由于各向异性的尺寸变化，使得镀层变硬，产生微裂纹。图 4-50（b）为磷镍层的晶体结构。在柱状晶体的边界上可能会出现脆裂断裂。晶体内部存在纳米级的镍磷酸盐沉淀。镀层与基体之间的热膨胀系数差会进一步破坏镀层完整性。关于"黑盘"问题将在第 6.6.2 节中进一步讨论。

如上所述，镀镍后经常对镀层进行热处理，确保镍对基体的良好附着力，并释放氢，已经证实这种工艺可以提高镀层的耐腐蚀性。热处理使用熔炉作为工具，将工件加热到 200～300 ℃。这一过程可能对基底造成损害，因此需要改变基底的热处理条件，而且由于工件尺寸较大，某些部件可能无法放入炉内。此时相对较新的工艺"激光退火"应运而生，该工艺可以不用烘箱或熔炉，很容易实现化学镀镍的纳米结晶，而不影响基底材料的性能。最近，Liu（2014）研究了如何利用激光对 Ni-P 和 Ni-W-P 化学镀层进行改进，以提高涂层的防腐蚀性能。Ni-3.9W-13.4P 化学镀层（重量百分比）激光热处理使镀层由非晶形式形成了纳米结晶，生成的 Ni_3P 是腐蚀性介质中的稳定化合物。镍腐蚀（先溶解）发生时，表层覆盖磷和次磷酸盐负离子，阻止了料材被进一步的水化或镍的腐蚀。对于非晶涂层，这种防腐保护较弱。只有经过热处理，形成 Ni_3P，才能达到最佳的耐蚀性。研究认为，可以通过激光退火/表面改性过程达到理想的效果，而不损坏底层材料（Liu 等人，2014）。

4.11　电铸工艺控制

通过电铸工艺，成功地制造出了一系列的航天器零部件，包括电铸铜波导、CFRP 波导的镀银支持内表面、微波喇叭和 Ariane 火箭的包含复杂冷却通道的燃烧室。这些电铸制品由金属层电沉积到不锈钢、铝合金、低熔点合金、塑料和蜡芯棒而成（Suchentruck，1986）。制造工艺细节和经验见表 4 - 12。

表 4 - 12　电铸芯棒材料

材料类型	电镀准备	分离方法	备注
非导电材料			
(a)塑料	首先清洁表面，然后浸入 10% 的氯化亚锡中涂底漆。通过"银还原"使芯轴导电。在 21 ℃ 的溶液温度下，镀银操作需要 20 分钟；溶液含有罗谢尔盐、硝酸银和氨。最后在银镀层镀铜或其他金属，需保证良好的均镀性	加热软化，后从电铸中取出塑料	塑料最适合用作永久模具
(b)蜡（例如在 60～70 ℃ 熔化的纯地蜡"Ceresin"）		蜡可以在热水中融化，然后用有机溶剂清洁内表面	蜡可以浇铸成金属模具；由于蜡的高膨胀系数和软化（即尺寸精度损失），电镀溶液不得处于高温状态
导电材料			
(c)铝	用磷酸三钠清洗，然后在镀铜（或锌酸盐）之前用磷酸做浸亮处理	铝及其合金易溶于热的氢氧化钠溶液	电铸部件可以是硬质（镍等）或软材料（金）。银较难电镀
(d)不锈钢	在盐酸中浸亮，然后电镀铜。	通过冲击电铸件，或用液压将芯轴推出	可通过加热或在干冰（固体 CO_2）和丙酮中冷却，以降低膨胀系数差异所产生的影响
导电材料			
(e)低膨胀金属（例如因瓦合金、镍合金）	在 25 g 草酸、13 g 过氧化氢、0.1 g 硫酸和 11 g 水溶液中进行浸亮处理。然后立即镀铜	利用沉积物较大的膨胀系数，进行焊铸或热油浴加热电铸	适用于镀镍，无应力沉积可在无氯化物氨基磺酸盐中被电镀
(f)低熔点合金（例如伍德合金在 70 ℃ 下熔化；共晶焊料在 183 ℃ 下熔化）	机加工后，脱脂并立即电镀	可融化并摇出。锌合金可溶于盐酸溶液	适用于软镀层，但应避免通过"石墨化"芯轴对镀层内表面进行"镀锡"

制造反光器以高度抛光芯棒为基础，加工工件内部表面与芯棒结构对称。可重复使用的芯棒经常使用不锈钢制造，镀覆后可通过拉伸或压缩方法去除芯棒。

复杂形状结构制造，例如存在切割和内部尺寸变化的部件，材料主要使用铝和低熔点合金。这类部件制造中，芯棒只能通过化学腐蚀或熔融方法移除，导电蜡方便可用，可以在现有金属结构中成型和集成。蜡在电解液中的润湿性良好，而且电镀过程中不会发生化学反应，并且可以通过加热方法去除。

波导制造使用长矩形一次性芯轴。在芯棒上镀一薄层电导率良好的金属，如银。接下来加工较厚的背覆金属层以加强波导。背覆金属层可以是固态的铜或镍，可能会加工成波导的最终外部尺寸。由于角形状复杂，几何要求十分严格，英国 Orian 卫星（Teare，1994）的波导只能通过电铸制造。使用五轴数控铣床加工整体铝制芯轴。在特殊预处理之后，芯轴镀银。然后使用氨基酸镍电解液镀镍（不宜使用基于硫酸镍/氯化镍镀液，因为这种镀液生成的镍层内部应力很大）。使用氢氧化钠常规溶解法除去芯棒，不会破坏内部银层或外部镍层。对波导成品进行热循环和振动合格测试，以及 PIM 测试和 RF 测试，测试结果表明，电气性能没有下降。轻型波导制造可以使用稍薄镀铜，采用纤维增强复合材料。树脂固化后，固化循环促使波导变硬，然后利用化学腐蚀或高温熔化方法去除芯棒。

为了控制复杂零件的内部尺寸以及生产缺陷，需要对电铸产品进行金相控制。图 4-51 是一个电铸微波喇叭（microwave horn）。内部结构必须保证极高的精度（重复性），但是内部表面存着深色缺陷，如图 4-51（b）中高亮所示。为了评估受损区域，进行了显微切片。如图 4-52 所示，微波喇叭采用铝芯轴。由于形状复杂，只能用氢氧化钠蚀刻才能完全去除。仔细观察其内部铸件截面图后（图 4-53）发现，使用不正确的电解液使铸件产生了空洞。需要用特殊的电镀液，以形成理想的形状。

(a)

(b)

图 4-51　（a）微波喇叭整体视图。（b）电铸内表面（箭头所指深色区域为缺陷区域）

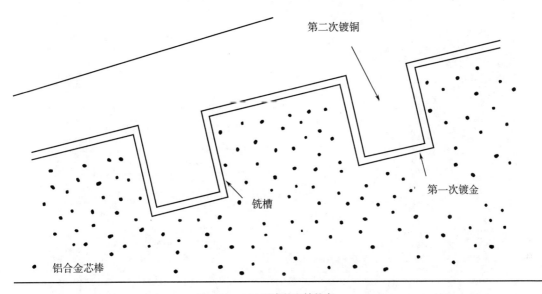

(a) 要求的电铸轮廓

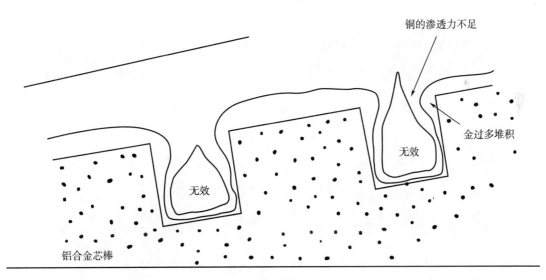

(b) 首次试验结果

图 4-52　微波喇叭截面示意图。铝芯镀薄金和厚铜层，电铸内表面。镀层工艺
不良导致铝通道填充不完整。然后用化学蚀刻法去除铝芯

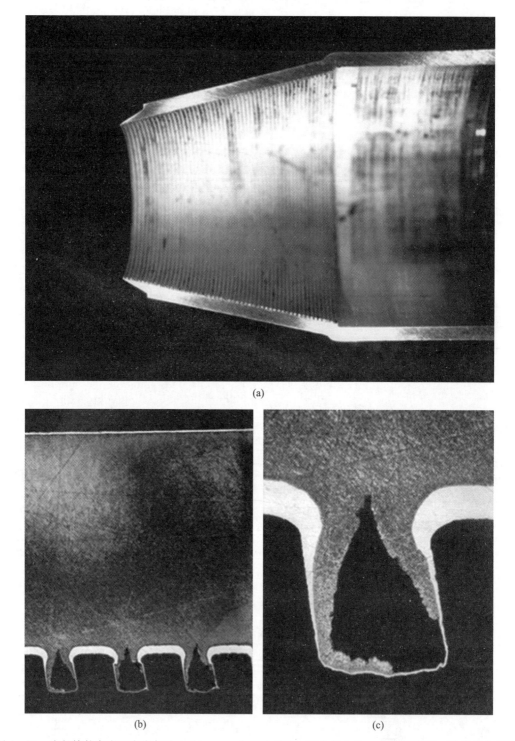

图 4-53　内部铸件高度和宽度都为 0.14 mm，由于缺乏铜，薄金板上的一些铸膜撕裂，形成深色区域。
镀金层降低了铝芯缺口镀液的流动性，角落处产生了大量金属堆积，镀铜无法完全填充铸件

4.12　铝合金浸沾钎焊

浸沾钎焊（Dip brazing）在铝合金波导和航天器热交换器制造中得到成功应用。组件必须使用合适的夹具正确固定在适当位置处。自夹紧一般有配对槽以及调整装置。弹簧夹具一般采用 304 型不锈钢，75 镍铬钛合金（Nimonic）和 X-750 铬镍铁合金材料，在浸焊和清洗操作时防腐蚀。

浸沾钎焊设备采用强制空气循环的电加热炉，预热组件至 500~600 ℃。盐浴通过高级别石墨材料的浸入式电极在底层加热，熔融盐在陶瓷内衬中循环。熔融盐典型组成为 23.0% 的氯化钠，47.5% 的氯化钾，24.7% 的氯化锂，4.8% 的氟化钠。必须注意避免铁对盐的污染，因为铁污染会降低盐的活性，降低钎焊料性能。

图 4-54 所示的波导组件材料选择合金 6061，完全不符合本 6.10.7 节所列的钎焊波导法兰的检验标准。波导管和法兰角的点焊检查是一种有效的筛选方法。蒸汽去垢后，焊道外侧涂覆 BAlSi-4 填充金属钎焊膏（铝-硅，熔点 565~600 ℃）。在电炉预热至 540 ℃，保持 1 h，避免变形，慢慢放入 600 ℃ 的熔盐中。钎焊过程需要 10 min，组件从熔盐中拎出，缓慢冷却到 150 ℃ 之后，进行空气喷净，浸入热水中除盐。图 4-54 所示的表面深色部分产生的原因是未完全清洗钎焊圆角，小孔隙内存在盐残留。盐污染会导致表面腐蚀，高真空条件下不可接受。

图 4-54　真空暴露后，合金 6061 波导与法兰连接的侧面图。注意浸焊角附近
（粘接焊角点间）出现了严重的盐污染和腐蚀

盐浴的改进措施包括将盐加热到 700 ℃，然后放入一个纯铝线圈中。这样可以去除表面上的水分。即使熔融盐中只含百万分之一的水，也会使铝合金变得不可焊。水加热到 700 ℃ 可以与纯铝结合形成氢化铝和氧化铝。

准备铝片零件进行钎焊。蒸气脱脂除去油脂、脂肪酸和其他可能的油。化学方法除去氧化膜，在 5% 的氢氧化钠溶液中浸泡 1 min，温度保持在 90 ℃。然后进行冲洗/除雾，室温用含有 20% 硝酸和 1% 氢氟酸的混合溶液浸泡 30 s。最后，使用热水清洗，干燥，并储存在干净的塑料袋里。

清洗后 24 h 内，进一步钎焊可产生几乎无孔的表面。使用高温蒸馏水进行超声最终清洗，用硝酸银监测清洁水的氯含量，确保无污染。

钎焊后，合金 6061 经过溶液处理即可。如果存在变形，则可以小心地校直，然后在 160 ℃保持 8～123 h，使之硬化。

钎焊材料，如铝-硅填料金属，固有的主要困难在于装配中较厚部件的加热速度较慢。这可能导致钎焊的金属流动性不足，形成不满意的接头。最近研究表明，钎焊板或箔可通过 3003 合金芯材两侧包覆高纯度铝硅钎焊填充金属制作。钎焊板可在铸件与不同铝合金板之间进行点焊。经过特殊清洗后，组件预热至 540 ℃，加热速度不超过 250 ℃/h，然后在 607 ℃的钎焊槽中浸泡 2 min（温度仅仅比铸件熔点低 14 ℃，因此温度控制至关重要）。允许稍微冷却，以便冲洗钎焊盐，然后慢慢冷却到室温。美国航天飞机的大型部件已经成功地用这种方法制造出来（Anon，1981）。随后通过射线检查，最后接受热处理和时效处理。

类似于浸沾钎焊，可控气体钎焊（CAB）也十分有竞争力。近年来，CAB 已经成为最先进的技术。CAB 为汽车工业铝热交换器生产而研发，由于专用设备非常昂贵，适合大规模生产，而适用于航天工业中的少数部件，所以尚未应用于航天器部件生产。此外，实际的炉内气体也是商业秘密。众所周知，Nocolok 公司开发了合适的填充合金 AWS BAlSi 系列，以及含有氟铝酸钾化合物的助焊剂。这种助焊剂以前认为是非腐蚀性的，钎焊后作为残留物，仅在保护性 CAB 气体环境中，以及钎焊温度下才具有活性（Zhao 等人，2013）。显然，如同浸沾钎焊后工艺，对于任何空间部件，都需要完全清除这种助焊剂。

复合钎焊板也可用于钎焊组装铝合金加工的微型零件。图 4-55 说明了精确夹具的重要性。钎焊板冲压成复杂的垫片，以便航天器机电装置的两个半体之间连接，钎焊后，装置形成若干外部密封空腔。不合适的夹具会产生非轴向压力，导致装置一侧倾斜，尽管在钎焊垫片下侧粘结效果令人满意，但上表面之间仅存在部分接触。检查所有外部钎焊圆角，评估结果为可接受，然后装置镀银。如图 4-55 中所示，低载荷条件下，装置失效的原因是存在不完全钎焊渗透区。Sicking（2005）全面描述了汽车半成品生产使用的钎焊以及钎焊分层工艺。

最后，选择合适的铝合金进行浸沾钎焊时，必须采取一些常用的预防措施：

1）接合合金的固相温度必须高于钎焊合金的液相温度。

2）化学成分限制：不超过 0.5％铜、1.5％硅和 1.75％镁（符合要求的锻件和板材包括：纯铝 1050A、1080A、1200、1350；不可热处理的合金 3103；可热处理合金 6061、6063、6082）。

3）不可热处理材料用含 7.5 ％硅的铝合金钎焊，在 615 ℃完全熔融；对于可热处理合金，母材的固相决定了铜焊合金的选择，选用含 10％～13％硅铝合金钎焊，熔化范围 595～585 ℃（10％～13％硅的铝合金添加 2％～5％铜，固相温度降低至约 550 ℃）。

4）当钎焊温度高于铝及其合金的再结晶温度时，在钎焊过程中发生退火，机械强度下降严重；可热处理的合金 6061、6063、6082 可通过钎焊后淬火然后自然或人工时效提高机械强度。

5）应用于在真空和高温环境中工作的航天器部件时，需要注意铝合金及其钎焊合金的升华；参考本书 5.6.1 节来评估升华。

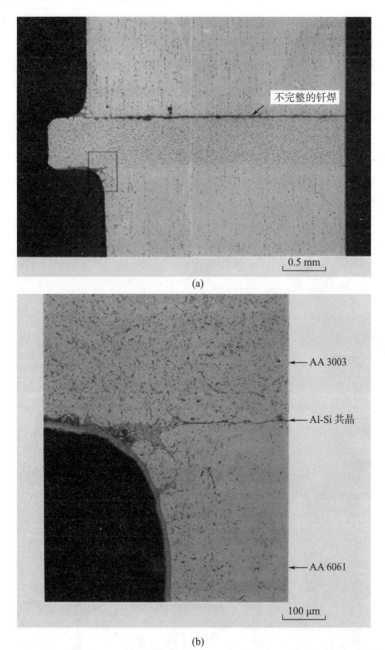

图 4-55　使用钎焊合金箔组装的有缺陷机电装置截面。（a）装置截面，显示钎焊垫片与半体间界面 90％钎焊不完全。未蚀刻。箭头所指是接口之间的不完整钎焊，原因是夹具不合适。质量控制只检查了外部圆角。（b）外部圆角细节，典型的铝硅共晶结构。未蚀刻。结果良好

4.13　焊接装配注意事项

4.13.1　常规焊接方法和控制

大型和小型航天器装配公司越来越广泛地使用自动化焊接工艺。然而，由于其多功能性，手工钨极惰性气体（TIG）焊仍然十分常用，承包商偶尔进行部件焊接时，可能有所创新。例如，刚性焊接腔室经济性不行时，设计一系列柔性焊接外壳，如图 4－56 所示。外壳包含一个氩气进入软管和一个排气阀，以排出废气到大气中。虽然手工焊接在空间飞行器装配中经常用到，特别是在飞行硬件的修理或改装过程中，但是迄今为止的经验表明，自动化经济性较为可观，可减少操作人员，通过优化控制设备参数，焊接更为一致且可靠。产品保证计划确保关键过程由经验丰富的操作员监督，过程测试包括破坏性机械检查和金相检查，以纠正和优化工艺参数。由于设计的复杂性和制造的零件数量较少，航天器组装无法实现汽车工业中真正意义的无人自动化。表 4－13 所列是航天器系统和电子部件广泛使用的焊接方法。

图 4－56　钛和不锈钢部件的焊接的 Argweld 外壳。这种技术消除了需要昂贵的焊后清洗
以去除氧化变色的环节（由 Huntingdon Fusion 技术有限公司提供）

表 4 - 13 航天器装配的主要焊接工艺

过程	典型应用	典型外观或微结构
熔焊		
TIG(包括等离子体和脉冲)	"管路系统、RCS 储罐和压力容器、Ariane V 和空间站结构"	图 4 - 3、图 4 - 19 和图 4 - 62
手动金属弧氧乙炔	仅适用于无应力应用(电气微型互连)	图 5 - 31(火炬钎焊)和图 5 - 78
电子束	高科技空间结构和微焊电子设备	图 3 - 6、图 4 - 57、图 4 - 59 和图 5 - 71
激光束	电子设备、小型结构件的精密微焊	图 4 - 60
电阻焊		
点焊	薄板金属制品、电子箱、太阳能电池互连片	图 4 - 1、图 4 - 54、图 4 - 65 和图 6 - 2
闪光焊	电导体的接线	图 6 - 4
固相焊接		
摩擦焊	异种金属接头(如铝铜接头)、电导体,尤其是组件封装的引线	—
爆炸焊	铝/铜、铝/钢、电气、过渡接头、运载火箭	图 4 - 61
超声焊	铝箔搭接接头、薄片、细到粗、超细电导线	—
热扩散焊	微丝和压焊	图 4 - 71、图 4 - 81、图 6 - 5~图 6 - 9

  航天工业很少使用氧乙炔气焊（Oxyacetylene gas welding），氧化火焰温度约为 3 500 ℃，还原火焰温度约 3 000 ℃。目前最流行的技术是钨电极氦气或氩弧焊，用单独的喷嘴提供惰性气体，以保护熔融金属免受大气氧化，并使用裸金属填充焊条。众所周知，标准的航空合金，可以在保证焊接完整性的情况下调节接头间隙和电弧电压容差。一旦零件的详细设计完成，就需要采购基本材料半成品。由于订购数量少，而且合金成分和热处理方式不同，航天器项目工程师无法确保材料长期便捷可用。需要尽早考虑这一点。更具体地说，对于关键应用，如加压电子外壳，电池盒等，获取均匀和同质的材料十分重要。内部测试通常是强制性的，如果采购的焊接材料不满足验收标准，如化学成分、表面粗糙度、硬度等，会导致材料被拒收，需要重新订购。这将使计划延迟，产品生产中断。在本书 4.4.4 节中，讨论了供应和使用错误成分焊丝的有关案例。

  可以参考表 2 - 3 选择适用于高结构负载零件的基本组成金属合金和热处理工艺。当设计师对基材强度有要求，而且需要通过焊接连接零件时，往往需要做出权衡。焊接通常会降低材料的强度，如图 4 - 57 和图 4 - 58 所示，也可能对质量控制或检查的容易程度产生影响。需要特别注意金属薄壳焊接，常见于传统火箭的低温贮箱组装。需要知道焊接的应力-耐蚀性，特别是在热影响区。设计必须考虑到孔隙度的无损检验和验收标准，并确定良好的焊缝深度。显然，薄结构对材料缺陷和疲劳载荷非常敏感。设计可重复使用的贮箱时，如未来欧洲火箭所设想的，这种焊接结构必须在预期使用寿命内符合损伤容限标准。设计代表性样品并进行实验室测试，采用专门的设备模拟重复上升和下降循环过程中焊接低温贮箱承受的机械载荷和热载荷（参见图 4-92）。

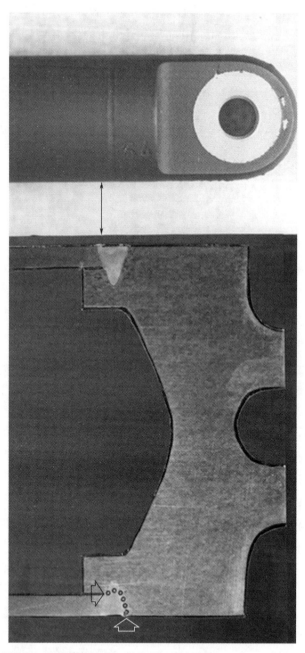

图 4-57　卫星结构支撑件。钢管和机械加工的凸耳（材料都是 AA2618），采用电子束焊接。支撑件无载荷储存了 6 个月，组装之后虚线处出现了支撑失效

图 4 - 58　显微照片详细地描述了一个连续的网状裂缝，它环绕并传播到焊池中；在 HAZ 中也存在一些
颗粒状的裂缝。这些都是经过打磨的，然后蚀刻的焊接细节如图 4 - 57 所示。HAZ 的残余
应力导致了这种焊接的开裂和强度下降，该部分内容将在第 4.15 节中描述

　　大多数的焊接失效原因在于航天器模型在确认合格或验收测试阶段的振动疲劳。由于裂纹增长相对缓慢，振动测试期间，在航天器周围许多不同位置安装了加速计等检测系统，发生过度形变则报警，可以在发生灾难性的（而且代价不菲）故障之前停止测试。焊接脆性断裂失效更为严重，但很少发生。结构部件的疲劳寿命取决于应力波动的次数、波动的大小以及部件的应力集中程度（典型疲劳断裂见图 5 - 2）。设计师可以控制后两个因素，避免尺寸上的突然变化，选择焊接工艺方式，防止出现加工不当造成的裂纹和孔隙。各种焊接结构的疲劳性能差异较大，优化设计选择问题不容忽视。类似地，"最后时刻"的不受控制焊接的有害影响往往被忽视。肼推进器失效说明了该问题（见图 4 - 14），在发射通信卫星的前几个月，推进器更改采用了电子束焊接，但并未进行恰当的评估。更改虽然解决了一个问题，但又产生了另一个问题，最终导致设备失效，发射被推迟，在发射场对有缺陷的推进器进行了更换。随着对焊接缺陷影响认识的强化，设计师和工艺工程师需要不断学习，以提高工艺质量并防止失效。

　　本书描述了许多常用的 TIG 焊接工艺，并介绍了需要采取的预防措施，以避免对焊接人员健康的危害。例如，电弧焊接会产生超过国家规定的臭氧和烟雾（Anderson 和 Wiktorowicz，1995；Sterjovski 等人，2010），会导致呼吸系统疾病，甚至会污染和损害航天器电气硬件。同时，需要保护眼睛，避免受到焊接电弧发出强光的直接伤害。对于最近发展起来的焊接工艺，如电子束和激光焊接，相关的案列研究将在后面的段落介绍。

4. 13. 2　电子束焊接

电子束焊接（EBW）是将电子束加速到接近光速，然后聚焦到要连接的金属件上，完成熔合。电子的动能转化为热能，使金属熔化和蒸发。高功率密度可以聚焦在直径只有0.25 mm 的点上。电子束的穿透深度与聚焦程度、功率密度和焊接材料类型有关。铜散热较快（图 4 - 14），相对于钛（图 3 - 6）或铝，熔池更宽。EBW 最大的优点是能够产生比 TIG 焊接法更深、更窄的焊缝［对比图 3 - 6 和图 4 - 8，采用 Ti6A14V 合金，壁厚类似，图 4 - 20（a）与（b）采用 Al - 2219］。同时，如图 4 - 20（a）和（b）所示，EBW无需多道焊。传统弧焊不仅熔池宽，而且热影响区域也很大，如图 4 - 8 所示。而 EBW几乎没有热影响区，该特点使得材料变形最小，可以在玻璃—金属封装的敏感区域附近进行焊接。最重要的是，连接部位的整体机械性能和母材几乎一样。图 4 - 59 是Ti6A14V 壳体上 EBW 焊缝的细节图，位于光电传感器的附近。焊缝的显微硬度表明，焊接池附近不存在热影响区。

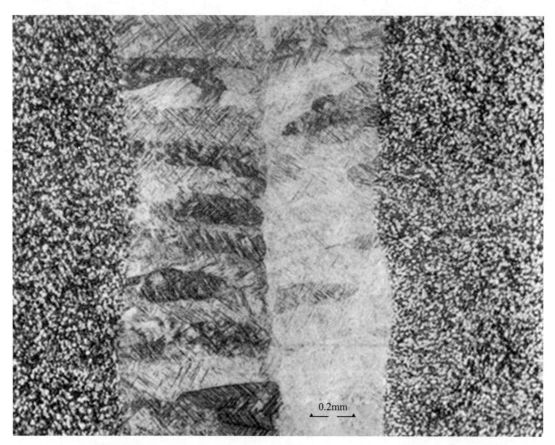

0.2mm

图 4 - 59　光学载荷钛合金壳体上的电子波束焊接显微图。焊缝总深度为 7 mm，焊缝直径仅 0.8 mm。最显著的特点是不存在热影响区。细粒母板的显微硬度读数（$Hv = 500$ g）为 322 不变，而熔池柱状结构的显微硬度急剧增加到 370（转化马氏体，如图 5 - 18 所示）

EBW 被认为是目前最理想的航天器部件焊接工艺。近年来取得了许多成功经验，一些特殊的金属材料组合，在采用其他焊接方法焊接失败时，采用 EBW 也可以成功焊接。EBW 在钛合金与铍、不锈钢与铜以及深冲压铝与深冲压铝（在 EBW 真空室中使用了深吸润滑油，而采用电弧焊，封闭的油在熔池中会产生大量的孔隙）的焊接中都表现出色。磁性材料焊接时需要注意，电子束会因磁场效应而偏离中心。此外，由于电子束的高能量密度，必须小心避免如图 3-6 所示的飞溅。众所周知，钛与不锈钢的焊接非常困难，因为焊接池会形成非常脆的铁钛金属间化合物，已经尝试使用其他焊接方法（见 4.13.4、4.18 和 6.10 节）进行钛与不锈钢的焊接，通常利用金属间的相互作用来设计 RCS 燃油管线。

EBW 有两个严重缺点：第一，EBW 工艺需要根据真空室，即腔室大小决定焊接部件的尺寸；第二，电子束到工件表面会产生 X 射线，这种辐射可能会损坏元件，所以电子封装的密封盖或电子盒附近，禁止使用 EBW。

目前还没有关于 EBW 或激光焊接控制的明确规范。1996 年的 EN 12185 草案认为 EBW 可以用于控制与航天器部件有关的 B 级焊缝。虽然这一规范只适用于铝合金，但其中的图表可应用于其他金属。适合常规 EBW 的铝合金厚度为 50 mm，但可扩展到 200 mm。激光焊接材料最大厚度不超过 12 mm。

4.13.3 激光焊接

激光焊接由受激辐射放大产生激光，连续激光照射焊接表面实现焊接。通常由反射镜和透镜聚焦，产生高密度激光束。与 EBW 方法不同，这种方法不会产生 X 射线，因此可以在电子元件附近使用。已经应用于密封航天器的混合封装，装置侧壁采用易碎的玻璃—金属封装可伐（Kovar）材料，激光焊接到不锈钢或铁盖上。焊接过程不需要真空，而且可以在其他焊接方法无法实现的情况下，在很远的距离上传输光束。还利用小型脉冲激光器修复了玻璃盖片下的太阳能电池互联焊接。激光的通用性衍生了许多与焊接有关的应用。可用来切割铝塑料板（生产哈勃太空望远镜太阳能反射器）和金属薄片，然后通过激光焊接连接。大多数情况使用二氧化碳激光焊接，因为二氧化碳焊接具有合适的功率和焊接速度，但随着功率的增加，Nd/YAG 激光焊接变得越来越重要。

激光焊接成功应用于切割和焊接（3～6 mm 厚）AISI 316 不锈钢、铬镍铁合金 600、各种铝合金和钛 6A14V。对接焊很少使用，但对接焊可以加入焊丝，焊缝更大。交叉的或重叠的焊接更为常见。太阳能装置阵列驱动机构的传动轴采用 Ti6A14V 激光焊接而成。使用各种焊接参数制造各种试样测试对焊接进行设计优化。对试样进行拉伸试验和金相检验（见图 4-60），深度只有 30% 的焊缝发生失效；深度大于 50% 的焊缝，发生开裂，并通过热影响区进一步传播。如图 4-60（c）所示，焊接失效是发生在母材的延展性失效。显微照片还表明，激光焊接的热影响区范围介于电弧焊（热影响区大）与 EBW（无热影响区）之间。与 EBW 相比，激光焊接能量较低，不会飞溅，焊缝可以完全熔合。

专家建议将很多传统焊接改为激光焊接（Holt，1995）。

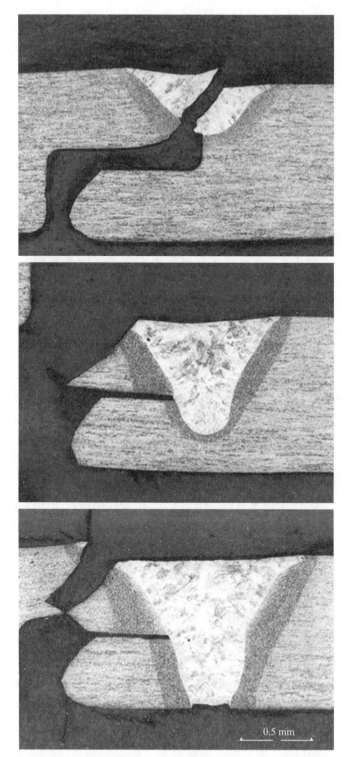

图 4-60　激光焊接的航天器传动轴的抛光和蚀刻显微图。选择不同的焊接参数来优化钛合金接头强度。机械测试反映了薄弱环节所在（Dunn）

4.13.4　爆炸焊接

爆炸焊接已经有至少 20 年的历史。爆炸焊接最初应用于将耐腐蚀衬垫粘合到钢制压力容器内表面。现在爆炸焊接在航天工业中有了新的应用，其中一个应用是将 Ti6A14V 焊接到不锈钢上。这种焊接是航天器上不锈钢管道和薄壁钛合金压力容器之间的过渡连接。焊接时首先将钢管插入由厚壁的外心轴支撑的钛合金环。焊接表面之间需要留一小间隙，炸药放置在管内。采用所谓的包层材料包裹炸药。当炸药引爆时，冲击波穿过钢管壁，使其塑性变形并与钛坯的内表面接触，爆炸超出了两种材料的屈服强度，冲击波沿界面向下传播。波峰和波谷处，产生离散的熔融和合金化界面微型区域。另外也可以用炸药包绕外圈，用固体或液体的芯棒填充钢管内部。过渡接头清洗并重新加工时，就可以通过 EBW 或电弧焊接将钛环焊接到钛合金压力容器中。

将铝片环焊接到更大直径的钛板环上时，常采用爆炸焊接。这种组合通常用于制造空间探测器"过渡环"。使用 EBW 将非常薄的圆形铍窗焊到过渡环（爆炸焊接得到）的铝制部分上，钛环平面加装同轴 U 形弯头；当探测器在轨道上受到热循环的影响时，弯头可以进行应力释放。最后将钛环焊接到空间探测器的轻型钛合金外壳上。

意大利的 SAX 卫星（X 射线卫星）是一个复杂的观测平台，用于鉴定各种恒星和星系物体。卫星成功地完成任务，并于 2005 年离轨。然而，卫星平台遇到了一个制造难题，即如何将大型铍 X 射线光谱仪与卫星钛合金外壳结合起来，作者参与了这一工作。方法十分特殊，采用爆炸焊接焊接部件，在加利福尼亚沙漠通过测试样品对炸药参数进行了优化，最终成功地生产了符合强度、密封性和稳定性要求的飞行探测器，并通过了环境试验。

爆炸焊接连接的零件表面之间可放置中间层。如图 4 - 61 所示，在不锈钢和铜之间成功地放置了中间黄铜层。显微照片详细地显示了钢与黄铜结合的波状界面。岛状"熔体"呈现旋涡状波纹，金属间化合物可能是脆性的，为提高键合强度，最小化岛屿十分重要。为了形成高质量的焊接并且做到可重复，影响焊接的变量必须严格控制。重要的控制参数有三个：爆炸时的爆炸速度，爆炸的载荷，以及界面间距。产品质量监测，需要结合机械测试与金相检验方法。通过爆炸焊接已成功焊接：钛—低碳钢，钛—铜—304 不锈钢，铝—304 不锈钢，铝—银—不锈钢，铬镍铁合金 718—铜，铜—黄铜—不锈钢，铝复合材料—Ti6A14V 和铜—钽（Maliutina 等人，2014）。许多这些组合固体互溶性差，而且界面上存在薄的异相材料（Greenberg 等人，2012）

4.13.5　铝锂合金的焊接

航天工业中，将铝锂合金应用于主要部件的生产进展缓慢。尽管有大量的关于铝锂合金性质的研究，但是并没有实际应用。这可能是由于轻质合金的耐应力-腐蚀性较差，无法作为结构材料，并且铝锂合金用常规方法焊接相对困难。航天飞机的大型外部燃料箱将很可能由新一代的铝锂合金制成，如 Al - 2095 和 Al - 2195（参见表 3 - 2）。自 1980 年以来，Al-2219 制造的贮箱一直十分成功，目前希望以铝锂合金取代现在使用的 Al-2219用于制造贮箱。Al-2095 和 Al-2195 抗应力腐蚀性能较好，可采用化学转化涂层来防止表面腐蚀，并且可以采用与 Al-2219 相似的焊接方法。主要缺点是密度较大——铜含量高达 6%，而锂只有 1.5%，减重效果不如表 3-2 中的其他合金。

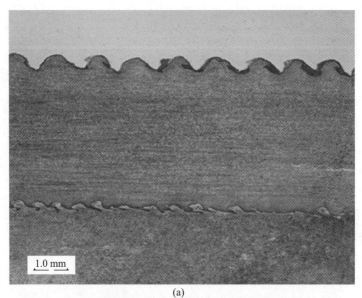

(a)

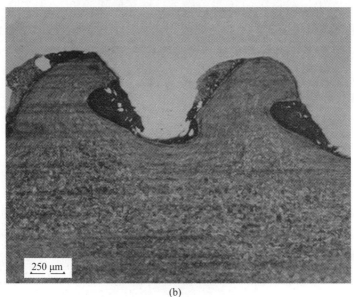

(b)

图 4-61　爆炸焊接切片——不锈钢与铜焊接，中间层是黄铜。（a）明显可见波浪状的界面，
（b）波浪细节，存在熔化的合金材料岛屿

理想的轻质铝锂合金焊接性能较差，机械测试和金相检验结果也说明了这点，出现了气孔、热裂纹和热影响区弱化等严重缺陷。Ellis（1996）总结了这些影响。气孔的出现可能是由于在材料中存在间隙元素，如氧和氢以及非常活跃的锂相关化合物，可能是氢化

锂、碳酸锂和氢氧化锂，它们都会在焊接过程中分解，释放大量的氢气、二氧化碳和水蒸气（Ilyushenko，1993）。Novikov 和 Grushko（1995）对热裂纹敏感性进行了研究，结果表明，热裂纹随着熔池的凝固而发生。随着焊接温度的降低，熔池中的固相呈树枝状生长，并伴随一定的收缩。与 Al-2219 焊接液态金属可以填充收缩间隙不同，这种收缩不能通过焊接金属流动填充，因此出现了焊接微裂纹。

　　图 4-62 是试验飞行器的焊接实例。焊接前铣削加工铝表面，使用机械方法，表面加工 0.5 mm 凹槽，以减少气孔问题。在真空脱气碱性溶液中进行化学铣削，也可以减少气孔问题。铝锂合金 TIG 焊接时，使用非匹配、耐裂纹的填充钢丝，可以避免热裂纹问题，Ellis（1996）给出了一些实例。在一些铝锂合金中，激光焊接和电子束焊接可以产生无缺陷的焊接。合适的焊后热处理可以提高大多数合金的抗拉强度。

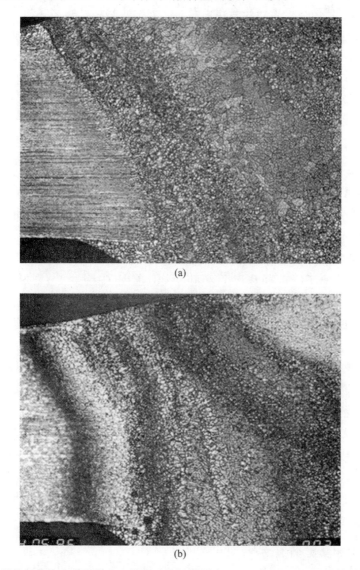

图 4-62　TIG 焊接铝锂合金板经抛光和蚀刻后的显微照片。（a）使用 AA2319A 填料焊接的 AA2090（Al-Cu），（b）使用 AA2319A 填料焊接的 AA8090（焊接边缘存在小气孔）（放大 40 倍）

4.13.6　空间应用的热塑焊

过去 20 年里，空间使用的热塑性塑料数量有所增加，分别应用于电子电路，如非胶粘带和箔片；热控的特别多层绝缘体（MLI），柔性二次表面镜（例如太阳能反射器），以及套管、油管和小型机械部件。聚苯乙烯材料软化温度约为 80 ℃，无法在空间应用，而聚四氟乙烯（PTFE）软化温度在 300 ℃ 以上。热塑性塑料焊接的最新进展，可能促使它们在航天器组装领域得到更广泛的应用。复杂的粘接工艺，需要进行部件表面处理及热循环固化，可能对周围区域造成损害。

在某些方面，热塑性塑料的焊接与轻金属焊接类似。焊接方法包括激光焊接、搅拌摩擦焊和超声波焊接，空间部件不能采用等离子体喷枪或热风焊，而且只有同型塑料可以焊接。激光焊接似乎是最令人满意的方法，需要"上层"部分对激光透明。通常情况下，部件采用压力夹具固定，焊接宽度在 10～100 μm 之间。制定无损检查和机械测试方法时应该征求专家意见（Troughton 等人，2013）。

4.14　电源分系统焊件的控制方法

4.14.1　概述

航天器电源分系统包括两个重要部分，一是能量产生装置，通常是太阳能电池阵，另一个是能源存储装置，主要是镉镍蓄电池或氢镍蓄电池，实现地影期供电或者光照期的大功率放电。蓄电池的充放电频率取决于地球在卫星和太阳间发生遮挡的频率。地球轨道主要分为以下四种：

低地球轨道（LEO）：临近地球，每 1.5 h 中有 0.5 h 地影；

地球同步轨道（GEO）：轨道高度 36 000 km，24 h 中有 1.2 h 地影；

高椭圆轨道（HEO）：椭圆轨道，近地点较低，远地点极高，会产生不同的地影比；

深空轨道：很少有遮挡，但太阳能变化较大，这种情况下可以使用放射性同位素作为能源。

由于 LEO 轨道的地影比约为 30%，因此以上 4 种轨道中 LEO 轨道条件最为严苛。即在 0.5 h 的地影期后，需要在小于 1 h 的时间内完成电池的补充充电。其他轨道的充电周期比较长，用电量也不相同。一些科学任务卫星有不同轨道，通常整星功率较低（200 W～1.5 kW）。哈勃太空望远镜（HST）太阳能电池阵的表面积约为 130 m²，可为 34 V 母线提供 4.6 kW 的功率。通信卫星一般运行于 GEO 上，地影期最大功率需求 3 kW，光照期最大功率需求 10 kW。地球资源卫星可能也需求 10 kW 功率，但是运行于 LEO（与 HST 一样），这样太阳能电池阵和蓄电池面临更大压力。载人航天任务，如太空实验室和国际空间站也运行在 LEO，功率需求达 3～50 kW。

4.14.2　太阳能电池阵的焊接

太阳能电池阵输出电流与其受照的太阳能成正比。电流大小与太阳能电池法线与太阳的夹角（余弦因子）和太阳与航天器之间的距离（平方反比）有关。同样，太阳在太阳能电池阵上的热效应取决于太阳的距离和入射方向。在地影期间，太阳能电池阵的热量通过辐射传到深空。在 LEO 航行的航天器，如哈勃太空望远镜（HST），其五年的寿命期内，存在 30 000 次从 −100～100 ℃ 的热循环。不同轨道的温度在 −80～80 ℃（较好）或 −150～100 ℃ 变化（较恶劣）。HST 有两个太阳能电池板，如图 4-63 所示（每个电池板含 5 组电路）。

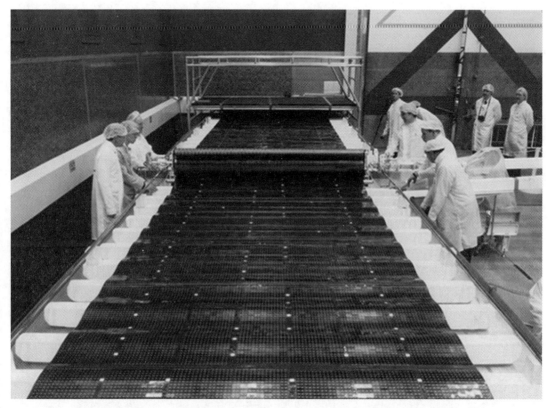

图 4-63　哈勃太空望远镜（HST）回收后，对已修复的太阳能电池阵进行检查。图为 HST 两个太阳翼之一，在最初生产的 MMS-UK 设施中打开。为评估在 600 km 轨道 3.6 年的飞行影响，拍摄了 HST 太阳能电池阵所有的外部表面。这是迄今为止最大的太阳电池阵，使用了 48 760 个 BSFR 硅太阳能电池，功率超过 5 kW。在检查过程中（见图 8-4），发现了 704 次大型超速撞击，148 次撞击完全穿透了太阳能电池阵，但并没有导致太阳阵列失效（在翼正面 3 862 处撞击，背面 378 处）。24 380 片电池中有 738 个受损

　　由于热膨胀系数（CTE）的不同，冷热交变会导致电池阵部件的膨胀和收缩。太阳能电池片由弯曲的带有应力释放的互联条连接成串。太阳能电池电路设计如图 4-64 所示，玻璃盖片接地，电磁洁净较好。

　　过去的 30 年间，单晶硅太阳能电池已经应用于欧洲太阳能发电。电池片由银网或银互联片连接。早期，银互联片与镀银的上电极或下电极间采用焊接连接。冷热交变和高温会导致焊点微观结构变粗以及快速疲劳。根据加速测试和真实飞行经验，互联片与电池焊接在 LEO 上运行寿命可达 10 年，在 GEO 上运行寿命可达 15 年。通过扫描激光声学显微

镜（SLAM，见 3.2.3.2 节）或破坏性金相学，可以对焊点的逐渐退化进行跟踪。方法如图 3 - 15 所示，图 4 - 65～图 4 - 68 描述了焊接工艺的质量及可靠性的实际情况。

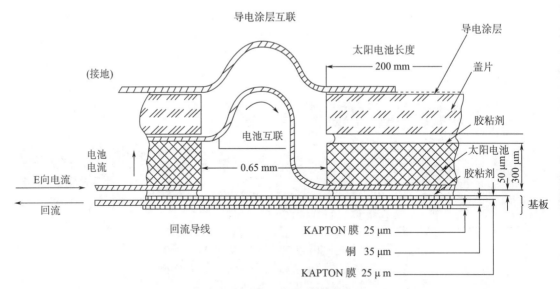

图 4 - 64　科学卫星（GEOS）太阳能电池阵的横截面，显示了太阳能电池银互联的各种材料和
应力释放环的位置（注：盖板玻璃也接地）

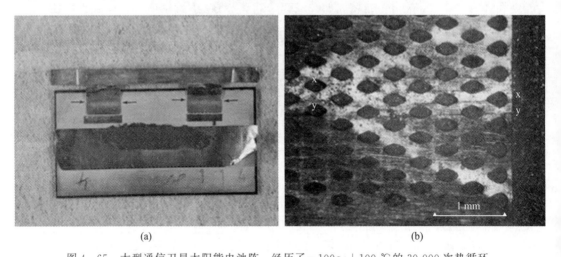

(a)　　　　　　　　　　　　　　　　　　　(b)

图 4 - 65　大型通信卫星太阳能电池阵，经历了－100～＋100 ℃的 30 000 次热循环。
（a）从基板剥离后的太阳能电池背面。箭头之间是银互联片与电池的焊点。（b）（a）中箭头标出
区域银电焊的压痕细节。压痕非常浅，并且仅沿着线 xx 和 yy 在倾斜光照射下可分辨

　　由于不同的 CTE 性质，焊接接头会产生较大的热应力。焊接质量不良时，柔性衬底、电池和互联片之间的 CTE 不匹配会产生低周疲劳，导致银表面脱落。使用镀银钼箔作互联片时，焊接强度会大得多。由于钼的电阻率较大，电阻焊接的温度比纯银箔高得多。镀钼箔在其银镀层和硅电池的银镀层之间实现了真正的焊接（Dunn，1982），在界面上存在

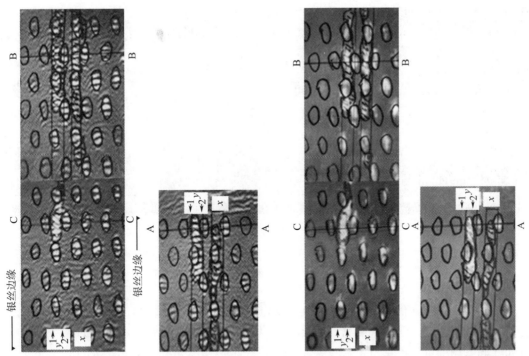

图 4-66 SLAM 检查电阻焊接的银互联片（如图 4-65 中所示），出现不连续的焊接区域。
（a）声干涉图，（b）声振幅显微图。xx 和 yy 区焊点重叠，箔孔和粘合区域也是重叠的

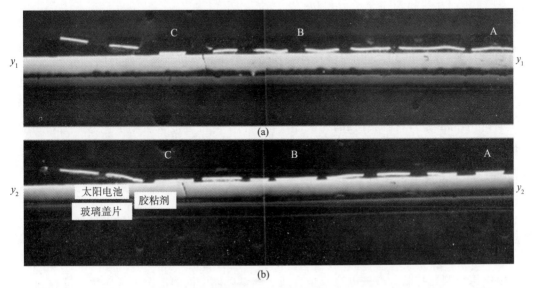

图 4-67 图 4-65 所示的银互联片的抛光切片复合显微照片。断面几乎与压痕 y-y 平行。

（a）片沿着焊缝压痕 y_1-y_1，只有两处连接，C 下和 B 左侧；（b）片沿压痕中段，

A、B、C 处均连接，其他部分未显示连接，与图 4-66 的 SLAM 标识完全一致

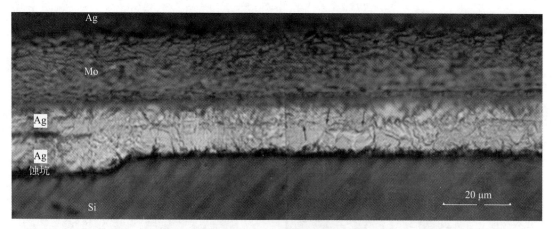

图 4-68　30 000 次－100～＋100 ℃热循环后哈勃望远镜（见图 4-63）上镀银钼互联片显微切片。焊缝区域没有熔核，电阻焊件比较常见，晶粒长大现象（箭头）表明，焊接温度、时间和压力产生了应变诱导晶界迁移，不存在热疲劳迹象

再结晶和晶粒生长。哈勃望远镜选用镀银钼作互联。1993 年 12 月，在 600 km 轨道上飞行了 1 320 天之后，成功地回收了哈勃望远镜两个可弯曲的太阳能阵中的一个，利用 SLAM 和金相学对其焊接接头进行检查，结果表明，经历－100～＋90 ℃的 21 000 次热循环后，焊接区域仅略微变小（de Rooij，Collins，1995）。

　　航天器太阳电池阵生产中，为保证焊接的高质量，控制太阳能组件设计的材料尺寸以及物理特性至关重要。这些因素可以间接影响最终焊接质量，以下控制措施必不可少：

　　1）连接材料的化学纯度、硬度、厚度以及形状；

　　2）太阳能电池银金属化层的污染检测（硫化物和氧化物），厚度和表面粗糙度；

　　3）焊接参数的重复性，如电极尺寸、压力、电压和焊接脉冲持续时间。

　　即使采用最优的工艺参数，由于热疲劳，焊接的使用寿命仍然有限。由于硅与银的 CTE 相差较大（分别为 3 ppm 和 19 ppm），会导致热疲劳的磨损。钼的 CTE 处于中间，为 4.9 ppm，无疑可以提高焊接的完整性，钼有利于抵抗近地轨道原子氧的影响，钼的相关特性将在第 8 章介绍。

4.14.3　焊接电池的适用性

　　航天器在绕地球轨道运行时，会持续充放电，正如所预测的那样，电池会给材料工程师带来问题。一般而言，若长时间工作在浅放电状态，如工作在 LEO 时，可以选择镍镉电池；当工作在 GEO 时，一年中存在少数深度放电状态，首选镍氢电池。电池的充放电速率由电源控制器控制。检测电池容量可通过测量单体电池的电压和气体压力进行。

　　图 4-13 展示的是一个旧镍镉电池的泄漏问题。泄漏由腐蚀引起，原因是金属材料选择不当。因此，需要对所有新生产的单体电池材料进行腐蚀测试，以确保与电池电解质完全兼容。需要进行机械应力测试，验证等效充放电周期内电池结构的可靠性，使用干燥空气对壳体进行 1～5 bar 压力循环测试。常用的压力循环测试速度为每小时 12.5 次，循环

次数最多 6 000 次。对一个新的、轻量的电池罐结构进行测试。壳体的顶/底板采用可伐合金，罐壁采用镍合金。顶板、底板与管壁焊接采用自动氩弧焊焊接（TIG）（角法兰焊接设计）。压力循环试验中，壳体的焊接区域经过 1 200 次循环密封试验后开始失效。使用扫描电镜和电子金相分析对失效焊缝进行观察。焊缝金属断口处存在三种不同的失效模式（见图 4 - 69 和图 4 - 70）。焊接初始裂纹由机械疲劳引起，并随着机械疲劳的加剧而逐渐增大，直至过载，出现剪切撕裂，以及拉伸过载导致的断裂。焊接质量和所选金属的适用性十分可靠，但是由于罐横截面积过小，无法承受压力循环，导致失效。因此，罐子重新设计，增加 50% 壁厚，成功地完成了压力循环试验和爆破试验。

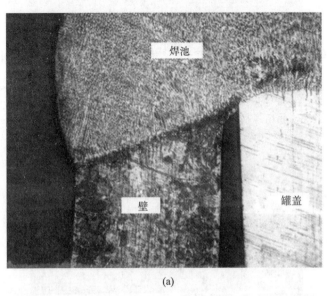

(a)

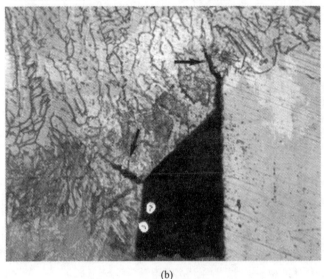

(b)

图 4 - 69　（a）在电池压力循环失效后，泄漏电池的微切片。壁厚仅为 0.42 mm。
　　　　　　（b）TIG 焊缝中的疲劳裂纹（箭头所示）

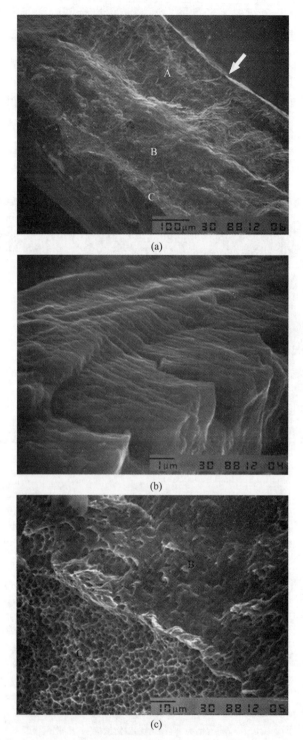

图 4 - 70　（a）电池壳体压力循环试验后泄漏区域断裂焊缝的 SEM 图。箭头所指为内表面（裂纹开始点
位置相同，如图 4 - 69 所示）。存在三个明显的裂缝"带"。（b）A 区中平行于熔池边缘的
机械疲劳条纹的放大图。（c）B 区为拉伸过载和韧窝过载之后的撕裂

4.15　焊接残余应力相关问题

电子束焊接（EB，Electron beam welding）是航天器制造过程中常用的焊接方法，特别适用于旋转体焊接，如压力容器和管状组件。机械焊接，通常形成的焊接宽度更窄，可以减少变形和热影响区（HAZ，heat-affected zones）。需要指出的是，即使是 EB 焊接也会存在一定的残余应力，这些残余应力由材料间热胀系数不同、焊缝金属凝固时的收缩以及冷却不均引起的收缩产生。采用电子束焊接将一根铝合金管焊接到一个凸耳上制成航天器结构中的支柱，凸耳材料采用一种高强度沉淀硬化型合金 Al2618。

图 4-57 是这个涂漆的圆柱形焊件的外观图。如图所示，不需要填充金属，熔深已经足够保证将管的末端熔接到端件上。在集成过程中，发现该焊件会在极低载荷条件下断裂。显微图片显示，裂纹路径与焊缝区域重叠。

在失效分析中，对一个采用同样焊接方式但未施加载荷的支柱进行微观切片。试样经过轻微腐蚀（图 4-58）后，焊缝池与母材界面处存在细小的裂纹网络。更为重要的是，多道焊熔融区域中出现焊池侵蚀。热影响区还形成了一些较大的次生晶间裂缝。事实上，新焊件并没有裂纹，裂纹是在支柱 6 个月的储存期间的某个阶段产生的。这种情况下，裂纹产生和扩展的原因被认为是双重的。支柱材料采用较为复杂的沉淀硬化合金，在制备过程中经历了各种亚显微变化。热影响区（HAZ）附近的合金在焊接过程中升温，并发生局部溶解。在第二次、第三次或随后的熔合过程中，焊缝底部会发生极端的受热膨胀和收缩。局部应力可能大到导致材料屈服和弯曲（Verderaime 和 Vaughan，1995）。在室温下，由于焊接金属收缩而在材料内部产生残余应力，经过溶液处理的 HAZ 由于自然应变老化而逐渐硬化。不幸的是，这种情况会使结构变脆，特别是如果暴露在轻度腐蚀环境中。应该注意的是，在焊接过程中，支柱经过了化学清洗、阳极化和最后喷漆。这些处理过程在腐蚀性环境中很可能产生裂纹萌生点，裂纹萌生点将会通过应力腐蚀逐渐增大。焊接后立即在炉内对后续支板进行谨慎地热处理，在热循环过程中，残余焊接应力得到充分释放，失效分析表明残余焊接应力可达到与焊接结构屈服强度相同的水平。同时，固溶处理后的 HAZ 由于沉淀硬化而被改性为可控的高强度状态。采用该焊后热处理工艺，再没有出现开裂问题。

4.16　氩弧焊设备电磁辐射

电弧焊接设备会产生高能级的电磁辐射，对电气通信系统造成干扰。有关工业焊接设备电磁兼容性的立法于 1996 年在欧洲联盟内生效。这项立法规定产生过量的电磁辐射属于违法行为。焊接电源和电弧本身都会产生辐射（Lucas，1995）。不幸的是，这些辐射无法消除。当然也需要考虑焊工身体健康，当焊工的身体靠近焊枪、电缆和电源时，可能会暴露在一定区域的高磁场强度下（Mair，2005）。磁场在焊接电弧开始的那一刻就产生了。

焊条与金属工件之间的空气会被高压火花电离（5~40 kV，频率在 10~1 000 kHz 范围内）。焊接时，由于连接零件表面存在氧化物，会产生火花。与闪电的原理类似，微型闪电通过气体（如氩气）进行传播。此外，连接焊接头和电源/控制器的焊接电缆可能在 10 米以外，功效相当于天线，也会导致辐射能级增加。

许多电子设备对电磁辐射很敏感。诸如 CMOS 封装之类的组件特别容易受到电磁影响。在使用 TIG 焊接设备对旅行者号和伽利略号航天器（Lumsden 和 Whittlesey，1981）进行焊接修复时，该设备曾经因辐射而发生故障。在 Cluster 航天器平台上更换肼推进系统管道（RCS 推进器管道）时，也担心可能会对电子设备造成类似的损坏；纯钛管过度腐蚀，固定工艺不正确时，航天器地面运输过程中会导致无支撑的管断裂，这是钛管的一个缺点。

因此，航空航天应用专门研制了一种环形原位管焊头，用于切割有缺陷的管道（直径 3.17 mm，壁厚 0.25 mm），然后将替换的管道焊接在一起。手动锯切的管道也做了氮气净化和特殊污染控制，以确保金属碎片没有进入推进剂系统。通过在环齿轮连接处旋转 TIG 电极，采用微处理器控制电弧电压等参数自动焊接。为了保证焊接冲击时产生的电磁辐射最小，开展了实验。工作参考 Lumsden 和 Whittlesey（1981）在喷气推进实验室（Jet Propulsion Laboratory）的实践活动。不采用通常的瞬态电弧启动方法，而是使用"晶须"电弧启动，以减少初始启动的辐射。直径 50 μm 纯钛金属放置在电极和工件之间，用焊接电流蒸发，留下等离子体，启动电弧。火花间隙减小到 0.5 mm，以降低火花电压。采用低阻抗的编织带（小于 10 mΩ）对地面航天器结构和设施进行接地。焊接头电缆采用额外的铝箔和 Eccoshield 胶带屏蔽，并接地到焊机底盘。在修复焊接作业之前，需要转移敏感的电子设备，其他设备需要用铝箔和矩形盐酸铁片（rectangular ferrite pieces）覆盖，进行电磁辐射隔离，在启动前加晶须线可以减小或消除这类干扰。在航天器修复焊接之前，通过 X 射线、弯曲试验、显微硬度检查和金相对试样进行制作和控制。若在操作过程中没有造成辐射损伤，则该焊接工艺冶金特性优良。

4.17　高温用钛铝酸盐

航天器结构金属主要选用铝合金或钛合金。钛合金是一种轻质工程材料，能够承受 600 ℃ 左右的温度。一种新型材料，钛铝酸盐，在 20 世纪 90 年代得到了广泛的关注，它们很可能会在下一代航空发动机、具有再入能力的空间发射器和空间平台上得到应用。虽然该材料目前还没有任何航空航天应用，但由于其重量轻、表面稳定、潜在的高操作温度和抗氧化性等特点，作为一种革命性的工程材料，钛铝酸盐值得关注。

这些新材料不是固溶性合金，而是有固定组成的金属间化合物。铝化钛有两类。第一类是 Ti3Al，称为"阿尔法 2"合金，高温性能可达 700 ℃。第二类是"伽马钛铝酸盐"（gamma titanium aluminides）。据报道，在美国，这种金属铝酸盐已经实现室温下强度达 1 000 MPa，1 000 ℃ 时强度可达 500 MPa（Kim，1995）。欧洲空间协会赞成使用铝含量为 48％的 TiAl。该合金为二元合金，室温下延伸率适中，但蠕变强度不高，高温下抗氧化能力差。当伽马铝化物与大约 2％的铬、锰、钒，或 2％～4％的铌、钽、钼或钨进行合金时，可以克服这些缺点。最近研究中还增加了 1％硅或硼。第一组元素的加入是为了进一步提高室温延性（增强机械双晶和位错）。第二组和第三组用于提高蠕变强度和抗氧化性能。避免像氧这样的间隙杂质非常重要，因为这些杂质会严重降低室温延伸性，使断裂延伸率从 4％左右降到 0.5％。在 600～700 ℃的温度下，塑性显著提高，断裂延伸率高达85％。这是动态恢复增强了晶界滑动，启动了动态再结晶（Clemens 和 Schretter，1996）的结果。在 Plansee Aktiengesellschaft 发表的，以及 Clemens 和 Schretter 引用的多篇论文曾经提及：有学者一直在研究 gamma - TiAl 合金（主要是 Ti - 48Al - 2Cr）的锻造和轧制工艺，并通过热处理来生成近伽马晶粒、双晶粒，甚至小尺寸的细薄片等结构，以探索优化这些金属间化合物微观结构的可能性。使用小晶粒尺寸（直径约 10 μm）的板材在950 ℃测试张力，结果显示延伸率为 200％。伴随高温变形的动态再结晶过程是实现变形率 100％的超塑性成形过程的根本原因。图 4 - 71 为 Ti - 48Al - 2Cr 板的原型，该板轧制至 480 mm×205 mm×2mm，然后进行超塑性变形和扩散连接。作为一种连接工艺，金属间质 γ - TiAl 的扩散连接已得到证实，但如何与传统的焊接方法联系起来，还需要进一步的研究。在焊接所有 Ti - Al 金属间化合物时，由于温度应力和变形难以被室温延伸率仅为 1％～4％的材料所吸收，热输入（以及相关的扩张或收缩）会导致冷母材局部开裂。无裂纹接头通过在焊接前将其加热到 600 ℃以上的脆韧转变温度制成，但这种预热对大型件而言不切实际，除非有专门的焊接炉（Clements 等人，1996）。在超塑成型、激光焊接

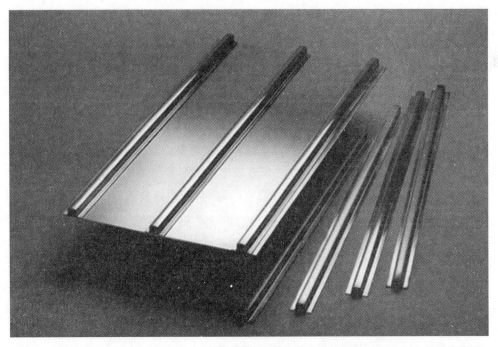

图 4 - 71　作为机身结构的演示件，扩散到相同金属间化合物的超塑性变形肋上的铝钛薄片

（Plansee GmbH 提供）

加强筋的焊接板（500 mm×250 mm×1 mm）上进行了稳定性试验（与图4-71所示的扩散粘结板相似），测试温度为750℃。结果表明，测试板能承受高温和压缩载荷。在700～950℃的温度范围内，该材料具有替代高温合金的潜力，有望应用于高超声速航空航天技术中，因此建议进一步研发。

4.18 用于航天器的形状记忆合金

有几种金属合金表现出所谓的形状记忆效应。第一个商业应用的形状记忆合金是20世纪60年代初由 W. J. Buehler 开发利用的。它被命名为镍钛合金（Nitinol），反映了其组成和发明地点（nickel-titanium Naval Ordnace Laboratory，镍-钛元素及海军兵器实验室）。另外，基于铜、锌和铝为材料的形状记忆合金价格较低，由前富尔默研究所（Fulmer Research Institute）和瑞化公司（Raychem Corporation）合作开发。这些三元合金被制成家用散热器的恒温阀和开关窗臂。最近，高温形状记忆合金得到了发展（Golberg 等人，1995）。高温形状记忆合金材料基于钛-钯合金，其马氏体相变温度为550℃，可以应用于航天器高温结构中。形状记忆合金具有机械"记忆"功能，它们会记住之前的形状，当它们被加热到一定的转变温度时，能迅速恢复到变形前的形状。当合金改变形状时，会产生非常大的力，因此形状记忆合金的机械"记忆功能"有一定的应用价值，可以利用该特性打开和关闭办公室窗户，或者为行星着陆器上的机械臂解锁和操作提供动力。

形状记忆合金（SMAs）受热时发生结晶相变。这种相变改变了合金的晶格常数，导致尺寸变化。冷却后，合金恢复到原来的晶格结构。为了理解形状变化过程，必须了解合金的结晶形态。镍-钛合金航空航天应用前景十分广泛，其性能已为人们熟知。下面以一种类似于碟形蛛网的航天器天线的制造过程为例进行介绍。将 Nitinol 镍钛合金线缠绕成一个大线圈，把线圈放入含有惰性气体的烘箱中。温度升高到650℃，金属发生相变，变成奥氏体晶体结构。然后将线圈冷却到室温，当它冷却时，一种叫做马氏体的新晶体开始在60℃时形成；当温度降低到52℃时，金属丝完全转变为马氏体。当金属丝处于马氏体状态时，在室温下可以很方便地切割，并焊成碟形蛛网形状。加工后的天线可以压扁，或折叠成一个小体积（适用于运载火箭的有限空间）。当需要恢复天线的初始形状时，对折叠体进行加热即可。当温度升高到71℃时，马氏体开始转变为奥氏体，金属晶体结构的改变使得金属丝发生尺寸变化，使天线的各个部分展开。在77℃时，剩余的马氏体完全转化为奥氏体，天线恢复到初始形状。

天线样件已经完成演示，利用相同的金相变化原理，Nitinol 材料用于生产铰链连接管、可展开桅杆和可展开支板。图4-72、图4-73和图4-74给出了一些样例。

SMS 合金适用于各种管材的连接，特别是难焊不锈钢与钛合金管材的连接。图4-75显示提前加热扩张 Cryocon® 和 Cryofit® 连接器的作用。每个环由 Nitinol（NiTi）、NiTiFe 或者 NiTiNb 组成，直径的可逆性变化为3%～5%。当达到马氏体到奥氏体的转

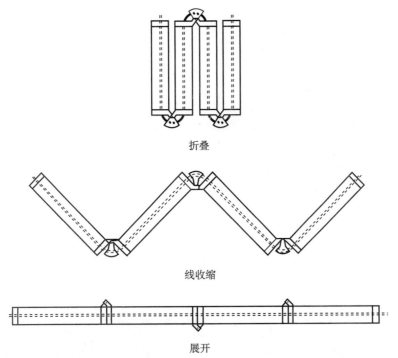

折叠

线收缩

展开

图 4 - 72　铰链管的应用 ［摘自 Schuerch (1968)］

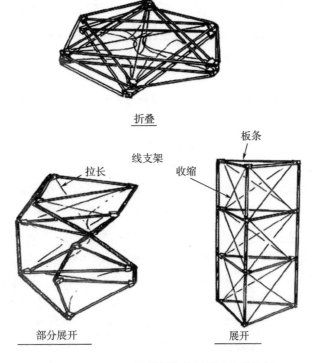

折叠

线支架

板条

收缩

拉长

部分展开

展开

图 4 - 73　Nitinol 材料制作的可展开格状桅杆

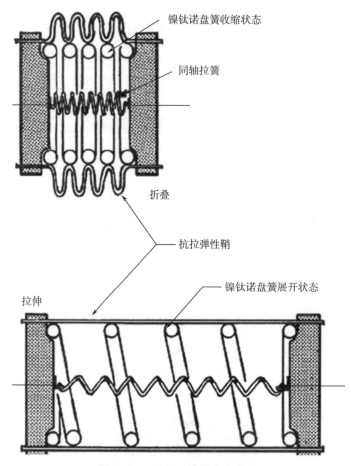

图 4 - 74　可展开镍钛合金支柱

变温度时，圆环收缩，四个刀状突起机械地锁入管子表面，形成密封。合金产生应变时所施加的力近似于合金的屈服强度。压力大约为 410 MPa，管子四周都被施加一个大约 410 MPa 的力。这种连接器已用于欧洲空间项目中，Ti6Al4V 肼贮箱锻造圆顶内的加液和排液喷嘴，由于长度很短而无法再次焊接，Cryofit® 连接器作为"最后的手段"成功修复，性能完全符合要求。重要的是，根据"吸取的教训""正确焊接的流体连接天生比机械配件更可靠"，只要可能，焊接应纳入液体推进设计中——只有在进行了适当的风险分析评估后的偏差才有可能被接受（Gilbrech 等人，2005）。

　　哈勃太空望远镜（HST）的太阳能阵列驱动机构（SADM）的释放装置由 Nitinol 制成（图 4 - 76）。Nitinol 合金有 60 种元素进行冶金特性鉴定（每种直径 10 mm，长度 56 mm 的材料，若形变 6 mm，能产生 450 N 以上的力）。哈勃太空望远镜在入轨后，通过电阻加热器加热到 115 ℃时，释放装置可成功触发（这个特殊的合金中添加了少量的钴，以稍微提高转变温度，避免由于光照升温过早触发）。

　　形状记忆合金在未来航天器上具有广泛的应用。镍钛合金非磁性，具有良好的耐腐蚀性，可与肼燃料配合使用，因此可用于反应控制系统。前文描述的在哈勃望远镜中的应

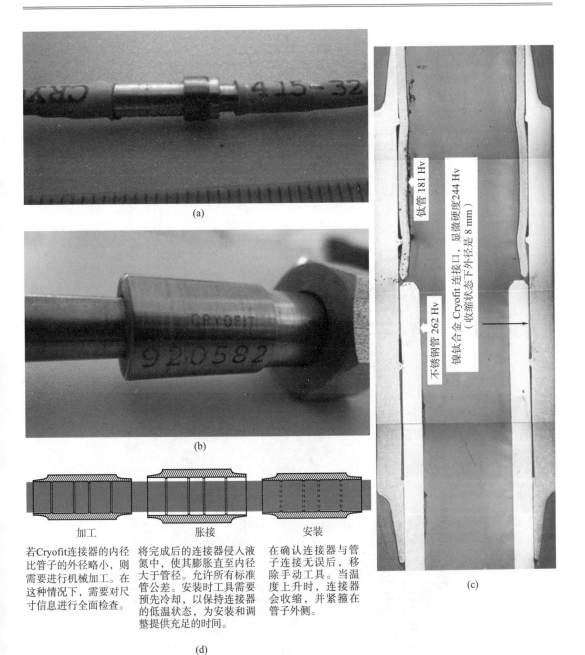

(a)

(b)

(d)

加工

若Cryofit连接器的内径比管子的外径略小，则需要进行机械加工。在这种情况下，需要对尺寸信息进行全面检查。

胀接

将完成后的连接器侵入液氮中，使其膨胀直至内径大于管径。允许所有标准管公差。安装时工具需要预先冷却，以保持连接器的低温状态，为安装和调整提供充足的时间。

安装

在确认连接器与管子连接无误后，移除手动工具。当温度上升时，连接器会收缩，并紧箍在管子外侧。

(c)

钛管 181 Hv

镍钛合金 Cryofit 连接口，显微硬度244 Hv（收缩状态下外径是 8 mm）

不锈钢管 262 Hv

图 4 - 75　Raychem 公司制造的形状记忆合金（SMA）在高可靠性紧固件中的应用，已经有 40 多年了。作为形状记忆合金，镍钛合金（NiTi）后来被 NiTiFe 和 NiTiNb 合金取代。（a）是 Cryocon® 的照片，是一个单独的电线和电缆的电气连接器。镀金栓通过一个"收缩"镍钛环机械地固定到左侧插座。绞合的电线被卷绕或焊接到镀金栓和套接的管中，然后用热缩管保护。（b）不同直径的管道之间的 Cryofit® 的连接照片（经过测试后）。（c）通过 Cryofit® 连接器将不锈钢管连接到钛管上的截面图。镍钛合金部分的收缩导致薄壁钛管内部接口边缘轻微变形。硬度值标示在图上（Dunn 未发表的报告）。（d）装配过程，由 Raychem 公司提供

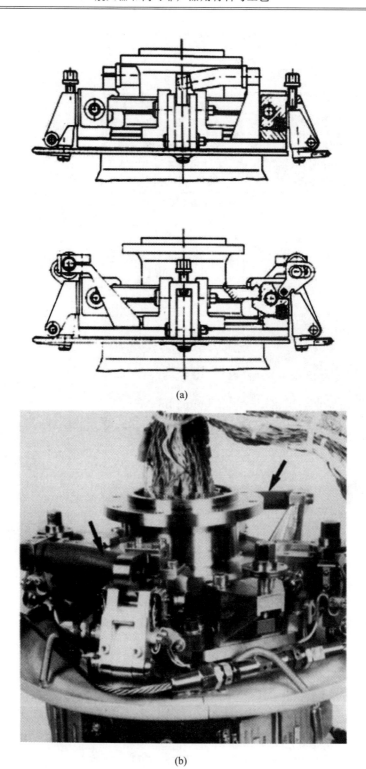

(a)

(b)

图 4-76　（a）哈勃望远镜 SADM 卸载装置的正视图；记忆合金单元（MAE）以弯曲的形式安装在
管状加热器中。（b）当加热到奥氏体转变温度时，记忆合金单元（箭头所指）就会变直并解锁

用，Nitinol 记忆合金制成释放触发器，简化了用于保证火工切割器安全的电路（特别是在有雷电危险情况下），当解锁时，记忆合金不会产生冲击载荷。然而，形状记忆合金的设计性能难以准确预测，缺乏基本数据，为了获得可靠的产品，必须在冶金工程师的指导下进行反复试验。记忆合金的使用寿命需要在实验室中检测。例如，如果 Nitinol 合金装置要反复使用（如大约 20 次），则应力应不超过 150 MPa，应变应保持在 3% 以下，以便避免因永久保持而性能退化（Luciano 和 Galet，1995）。根据日本的资料，它们可以承受 10^5 次 2% 的应变和 10^7 次 0.5% 的应变。韩国正在开发一种类似的用于微小卫星的非爆炸分离装置（Tak 等人，2009）。

美国国家航空航天局路易斯研究中心已经制造出一种可由短的 Nitinol 合金提供动力的旋转臂，并将其安装在火星探路者号上。这是第一个在太空应用中使用的多周期驱动器，Jenkins 和 Landis（1995）曾经描述过这个产品。旋转臂连接到一个玻璃盖板上，当通电加热时，机械臂旋转打开太阳能电池探测器。当断电时，合金线膨胀，扁平的弹簧把它拉回到静止位置，把盖板玻璃放回去，对太阳能电池进行保护。麦克唐纳·谢奇（McDonald Schetky，1991）详细介绍了形状记忆合金的空间应用前景，这些应用包括整流罩的机械部分、固体火箭助推器壳体的密封以及助推器的释放机构、在远地点的火箭喷嘴分离以及浮标和降落伞的展开。如果"硬"着陆对 Nitinol 合金腿造成损害，则可以通过某种形式的电加热修复，这样使得航天器在遥远的行星上着陆时安全系数更高。商业应用包括在空调设备、正畸金属线、眼镜框架，甚至胸罩框架中使用 Nitinol 合金。日本已经设计和研究了一个发电系统，该系统将 Nitinol 作为能源转换元件，可在 100 ℃ 以下工作（Anon，1995）。这个课题主要研究低温余热的吸收能力。研究结果表明，用热废液加热替代太阳能，设计类似的空间热力发动机是可行的。

形状记忆合金的另一个特性是它们的阻尼特性。阻尼特性可以很高，与温度和合金成分有关。对于某些镍钛合金，最大阻尼发生在室温附近，当材料受到应力时，处于伪弹性滞回线内。对于镍钛合金来说，应变相对于应力的时间延迟导致了能量耗散，这是因为施加的应力会导致材料发生相变（即应力诱导的马氏体相变或伪弹性）。这些合金构建的阻尼装置对于大型空间结构可能十分重要，结构上可安装对指向精度和振动控制要求很高的精密仪器和望远镜（Thomson 等人，1995）。此外，国际空间站阿尔法可能需要大型无振动桁架结构用于研究空间制造和晶体生长。

4.19　用于阻尼的泡沫铝

4.18 节提到了对良好阻尼性能材料的需求。以泡沫铝及其合金为基础的结构阻尼材料可用于需要吸声的飞机、酒店和工业建筑中。同样的泡沫铝产品对空间应用也很有吸引力，因为它们具有诸如低成本、超轻、结构良好的机械性能、高冲击能量吸收、发射操作期间的高噪声控制效率、良好的电磁屏蔽、各向同性和易于制造等特性。此外，这些材料还可以考虑用于载人航天器，因为它们不易燃而且无毒。

　　有两种基本制备方法制备泡沫铝材料。第一种方法是使用发泡化合物,如氢化钛,将其混合到熔融铝中。这种化合物在熔体中分解,释放出大量含氢气泡。另一种方法是加热含有发泡化合物颗粒的粉末铝合金预压缩混合物。压缩物可以在形状和尺寸与最终产品相似的空心模具内加热。当温度达到铝基体的熔点时,化合物分解并膨胀成多孔固体。这种泡沫甚至可以在任何具有较高熔点的金属薄片之间就地产生,形成坚固的夹层结构。这种新材料的生产和性质的研究情况由 Degisher 和 Simancik (1995) 公布。

　　泡沫铝产品的密度为 0.53～0.8 g/cm³。实际值取决于基底金属是纯铝还是 Al - 6061、AlSi12 或 AlMg5 等合金。一种叫做 Alulight® 的新材料,密度低至 0.48 g/cm³。该产品正在进行空间使用评估。在进入太空的过程中,开放的孔隙允许气体逸出(见图 4 - 77)。泡沫吸声系数采用 din52 215 (入射角 0°) 规定的测试方法,在直径分别为 99 mm 和 29 mm 的阻抗管中测量。图 4 - 78 给出了开孔泡沫铝与大块铝、聚氨酯泡沫塑料和玻璃纤维毡吸声系数的比较。声波进入材料的开孔后被孔壁部分反射,从而被干扰抵消。实验结果表明,这种吸声效果比微孔的吸声效果良好,且吸声率随着孔连通性的增加而增加。

图 4 - 77　孔隙率为 0.48 g/cm³ 的铝合金横截面形貌

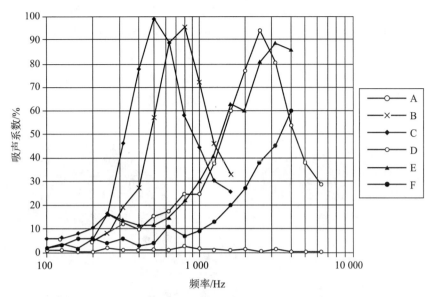

图 4-78　材料密度为 0.48 g/cm³ 泡沫铝（气腔深度 A：0 mm，B：20 mm，C：40 mm）与大块铝（气腔深度 D：0 mm）、聚氨酯泡沫塑料（气腔深度 E：0 mm）和玻璃纤维毡（气腔深度 F：0 mm）的吸声系数对比（Degischer）

4.20　金属的超塑性成形和扩散连接

4.20.1　推进剂贮箱成形工艺

　　超塑性是指固体、结晶金属以热聚合物或玻璃的特性流动的特殊现象，只有少数金属和合金具有超塑性。在较小的拉伸、压缩或扭转力下，材料延展性良好，而且不会产生局部颈缩。具有细晶粒尺寸的共晶或共析合金会具有超塑性特点。与聚合物加工工艺类似，已经开发出利用金属超塑性成形的工业化工艺，即在高温下对金属进行吹塑和真空成形。目前航天工业超塑性合金主要使用钛合金，特别是 Ti6A14V（参见 5.3 节）。在塑性范围内加热拉伸、成型板材，铝合金也可以进行超塑成形加工。航天器应用对于结构的要求主要是高强度，高断裂韧性和良好的抗应力腐蚀性。超塑 Al-7475 可以满足性能要求。对于不太苛刻的应用，也可以使用 Al-2005 和 Al-5083 合金超塑性成型加工设备外罩和电子腔体。1998 年发射的卡西尼航天器以及惠更斯探测器，其主要目标是测量土星和泰坦（其最大的卫星）大气的温度及其化学成分。航天器敏感仪器保护罩采用了超塑性 Al-5083 板材。保护罩在飞行任务的第一阶段中两次飞越金星时可以保护仪器免受温度和辐射影响。成形后的 Al-5083 盖板在六个位置进行了化学刻蚀以减轻重量，厚度仅为 0.2 mm。

　　1975 年，英国采用超塑性成形工艺首次生产了欧洲航天器贮箱，专为需要长期储存单组元推进剂肼的三轴稳定卫星设计，通过弹性隔膜（三元乙丙橡胶）进行推进剂输送。贮箱原材料采用 Ti6Al4V 板材，首先通过超塑性成形加工两个半球；在略低于 1 000 ℃ 的温度下，通过惰性气体产生的压力将板材压入半球形模具。冷却后，对半球圆周边缘加工并进行表面蚀刻，以去除在所有炙热合金与惰性气体中的微量空气接触时可能形成的硬脆α相（蚀刻方法参见5.18.2节）。然后将半球的赤道（环绕）位置采用 TIG 焊接。最后进行爆破试验，作为鉴定测试试验的一部分。鉴定爆破压力要求为 612 MPa，而实际爆破压力为 706 MPa，试验达到了可接受的 15% 的裕度。裂缝开始于贮箱外壳的凸台焊缝外面（与贮箱壁的最薄部分重合）。将爆破的贮箱环形焊缝的外侧切成两半，进行金相评估，结果如图 4 - 79 (a) ～ (d) 所示。

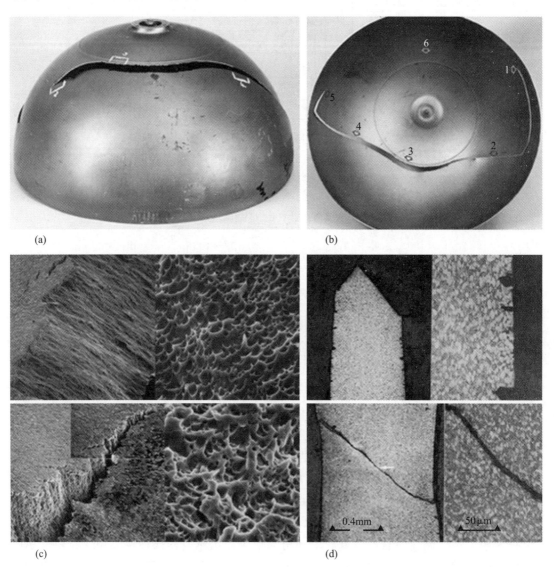

(a)　　　　　　　　　　　　　　　(b)

(c)　　　　　　　　　　　　　　　(d)

图 4 - 79　(a) Ti6Al4V 超塑性推进剂贮箱（直径 480 mm）爆破试验后的外部视图；(b) Ti6Al4V 超塑性推进剂贮箱爆破试验后的内部视图。图中标出了断裂面 SEM 和金相检查位置。与肼接触两年后，内表面没有腐蚀现象；(c) 裂纹的起始位置和裂纹"尾端"放大 60 倍和 660 倍的 SEM 断口形貌图。延展形态是典型的 Ti6Al4V 材料的快速断裂 [(b) 中位置 3 和 5]。(d) 与 (c) 中 SEM 图像互补的光学显微照片。注意爆裂初始位置容器壁的收缩，以及出现的次生表面裂纹。裂纹的"尾端"处，超塑成形的贮箱存在厚壁区，但局部颈缩也很明显（放大倍数相同）

目前德国正采用超塑性成形技术加工半球壳体，通过焊装加工阿里安 5 运载火箭推进剂贮箱。基于 Muller - Wiesner 等人 1994 年的论文，图 4 - 80 给出了贮箱设计以及放弃常规锻造和机加工方法而选择超塑性成形技术的原因。火箭装有两个推进剂贮箱，里面的肼燃料供应给六个 400 N 推进器，推进器分两组布置，三个一组。推进器用来提供推力和力矩，在发射阶段控制滚动，保持三轴稳定性；以及提供额外的点火控制进行后续的加速和消旋。超塑性成形方法与上述相似，但是，在成形之前将板材机加工成了预成形坯料，以便在高温成形步骤中获得所需的最终半球尺寸。超塑性成形的过程需要准确、可重复的成形温度和施压时间，完整的工艺在 ASM 手册（Beal 等人，2006）中详细介绍。阿里安的推进剂贮箱有壁厚变化，在无干扰壳区为 0.9 mm，在两极区域为 1.3 mm，在赤道位置为 1.6 mm。经验表明，半球成形时壁厚精度优于 0.1 mm。

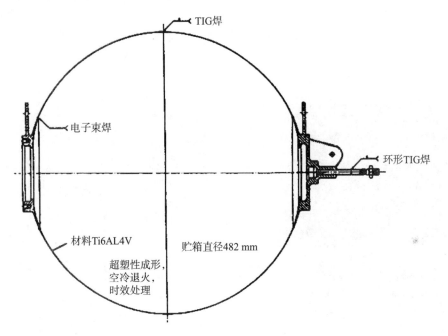

成形工艺	应用	近净形状能力评级（1—最好，4—最差）	优点	缺点
后续加工锻造	Ti6Al 4 V	4	· 属于已建工艺过程； · 可用于大直径尺寸； · 已有材料特性数据	· 需要高要求的后续加工； · 热处理退火要求严格/昂贵； · 工具工装费用昂贵
预加工超塑性成形	Ti6Al 4 V	1~2	· 生产成本低； · 不需退火处理工序	· 工具工装费用高昂； · 在直径尺寸上存在限制

图 4 - 80　阿里安 5 肼推进剂贮箱设计图，显示了半球和焊缝的位置。选择超塑性成形（SPF）的依据参见插图。Ti6Al4V 板材的初始状态是细晶粒，然后经过溶液处理和退火处理（STA）（由 DASA 提供）

4.20.2　扩散连接

两个干净表面在高温下紧密接触时，会发生扩散连接，与冷焊类似，表面不存在宏观变形，并且通常表面之间的初始界面完全消失。工业连接工艺越来越依赖于扩散连接，连接表面不含氧化物时，可成功进行扩散连接应用的金属和合金范围非常广。通过真空环境、惰性或还原性气体的屏蔽实现连接期间的污染防护。扩散连接通常很慢，依赖于金属原子扩散。

中间涂层可作为粘接剂，如果连接的母材是冶金不相容的，则必须使用中间涂层。扩散连接温度范围通常为熔点的 0.5～0.8 倍。银是特别好的中间涂层，可作为电镀镀层或作为清洁箔使用。分别将 Al-5Mg 和具有 4～5 μm 厚银涂层的 Al-13Si 加热到 425 ℃ 和 500 ℃，施加 0.6 MPa 的压力约 2 h，成功连接制成了镀银铝合金（Gomez de Salazar 等人，1988）。在航天工业中，高导铜通过铜-锡中间层连接到电冶成形的镍上，连接的显微切面如图 4-81 所示。连接表面之间没有可见的相互扩散，测试发现连接表面断裂强度在 220～250 MPa 之间，连接效能为 100%。

图 4-81　铜和镍间的扩散连接显微切面，镍层上有青铜合金中间涂层（放大 125 倍）

4.20.3　超塑性成形和扩散连接一体制造

加强蒙皮在许多航天器中有所应用，用于设备和空间站走廊主要结构或支撑。图 4-71 是由钛铝合金制成的机身结构，其中，肋由超塑成形加工，在后续操作中使用不同工具，将零件扩散连接组装在一起。现在可以通过一次操作完成成形和连接，成功制造空心箱结构与内部加强筋。图 4-82 是两个刚性结构板的近视图，由两片高级的抗蠕变钛合金制成。面板尺寸约为 50 cm×50 cm，使用 Ti1100，IMI 829 和 IMI 834 成功制备。IMI 834 面板可以在 600 ℃ 的工作温度下使用，拟用于未来的航天飞机。

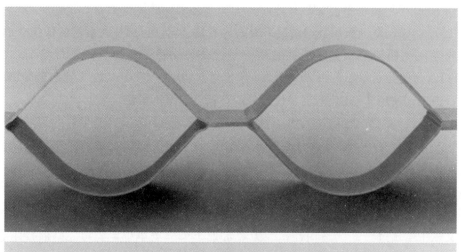

图 4-82　耐高温钛合金制成的抗蠕变结构板，通过超塑性成形和扩散连接在一次操作中制成。照片是大面板上切下的薄试片。在显微切片中，分辨不出扩散连接层。在 600 ℃ 保持 48 h 后，样品的热拉伸强度为 600 MPa。在室温下，拉伸强度高于 1 000 MPa。在 600 ℃ 下 5 天后，氧化效应造成室温强度降低至 750 MPa（Dornier Space Systems 提供）

4.21　机械零件清洁

4.21.1　背景

　　本节介绍与航天器机械系统相关的一般清洁过程，更为具体的清洁过程将在其他地方讨论，第 4.5.4 节介绍了钢的清洁和钝化，第 6.9.7 节介绍了电子系统清洁的一些方法。以前，航天工业非常依赖使用消耗臭氧层物质（ODCs），但是随着平流层臭氧层的破坏，国际协定（特别是 1987 年《蒙特利尔议定书》）和政府法规期望发达国家在 2000 年前逐步淘汰消耗臭氧层物质。20 世纪 90 年代初，情况变得更为清晰，《蒙特利尔议定书》中规定的期限还不够，因为臭氧层的损害远远大于之前的预测。因此，后来在哥本哈根和布鲁塞尔召开的相关会议（1992 年 12 月）作出了修正，欧洲共同体（现欧盟）在布鲁塞尔的协议规定，两种主要的消耗臭氧层物质需逐步淘汰：截至 1993 年年底，氯氟烃（CFCs）需减少 85%，最终在 1994 年年底减少 100%；1，1，1-三氯乙烷需在 1994 年年底减少 50%，到 1995 年年底减少 100%。

从 1996 年访问欧洲航天公司情况来看，大多数公司（特别是在斯堪的那维亚的公司）都完全放弃使用任何消耗臭氧层的物质。一些公司储存了三氯三氟乙烷溶剂，特别是 CFC-113。这些公司担心，在 20 世纪 90 年代之前使用以 CFC-113 工艺制造的机械装置经飞行验证后，使用非 ODC 溶剂替代十分困难甚至完全不可能。

与航天器机构制造和组装相关的主要欧洲公司，有 14 个因目前优选的清洁溶剂而备受质疑。在普遍调查中，可能无法评估不同公司的个别清洁线上硬件的实际数量或吞吐量。然而，观察到的主要情况是，直到 1990 年，所有公司都使用 CFC-113 作为标准的清洁介质，并以昂贵的 ODC 蒸气脱脂、超声波清洁或高压喷雾设备去清洁使用了 ODC 的航天器零件。20 世纪初期，大量的化学品供应商提供非 ODC 产品，但很少有独立权威机构在公开文献中给出过产品的适用性。因为经常处于公开竞争中，公司之间的技术合作很少，更没有共同发起寻找 CFC-113 替代产品的活动。由这些公司使用的现代清洁系统，可以看到其使用的溶剂非常多样化，主要有以下几种：

碳氢化合物：3；

卤化溶剂，包括（HCFC）：6；

水性和半水性：13；

酒精和丙酮：9；

其他：2（两种等离子体系统）。

与 CFC 相比，对臭氧层损害较小的 HCFC 目前尚未受到欧盟管制，但预计将在 2015 年前逐步停用。但是，众所周知，除 HCFC-141b 外，许多 HCFC 溶剂特性差，也未全部进行毒理学测试，所以并没有被大量使用。

美国的航空航天工业非常了解 ODC 的逐步淘汰计划以及对其他挥发性有机化合物的管制规定。最近的一篇重要文章阐述了美国五家最大的航空航天组织为取代违规清洁剂而采取的措施（Patterson 与 Mykytiuk，1996）。其他 30 多家主要公司和美国政府机构也详细介绍了清洁的能力应用、清洁剂和新型替代溶剂。80% 以前使用 1，1，1-三氯乙烷（TCA）和 CFCs 的行业现在已经转向水清洗系统。然而，受限于金属腐蚀问题以及对水充分加热以确保有效清洁的能力问题，许多较大的公司试图使用水性清洁方法时遇到较大的阻力。

Patterson 与 Mykytiuk（1996）的文章介绍了大型航空航天公司对其提出的新型清洁剂在进入试点工厂之前的评估方法。单个零件可能由多种金属合金组成，如镍、钴、不锈钢、钛、铝和低合金钢，涵盖的污染物包括机加工和攻丝油、液压油、拉丝油、胶带残留物以及染料渗透液。首先使用文献检索方法对市场上的所有清洁介质进行初步审查，检查材料安全数据，获取卫生与安全组织要求的信息。清洁剂不应含有铬酸盐化合物或硫化物，挥发性有机化合物（VOC）含量低、非致癌，并且低毒、无味。然后，需进行清洁剂样品与金属相容性测试，比如镍试样需要暴露于清洁剂以检查硫脆性。测试所有金属在清洁剂中抵抗一般表面腐蚀和应力腐蚀开裂的能力。最后，进行清洗溶液的漂洗性能测试，并单独检查以确保其可以除去干燥的沉淀物。

实施新的清洁技术时，重要的是公司管理层需任命一名人员监督操作，联络溶剂和设备供应商，并避免公司内部瓶颈（Mertens 与 Gessford，1995）。同时建议：不要等待替代品，因为不可能对任何一个产品线都存在替代品；寻求专家意见；注意细节（尤其是液体废物会发生什么）；不要指望第一次运行的新系统会很完美（保持旧系统运行，直到新的系统经过测试并正常运行），并确保培训和维护计划落实到文件。

后续各节将关注航天器机构部件的表面清洁度和表面状况。航天系统中，仪器和设备包含大量的机构，如：

（1）一次性机构

　　1）铰接式悬臂；

　　2）太阳能电池阵主要展开机构；

　　3）天线展开机构。

（2）旋转机构

　　1）动量轮，陀螺仪，反作用轮；

　　2）扫描仪，万向节，太阳能电池阵驱动机构；

　　3）天线指向机构；

　　4）传感器（例如太阳能阵上的太阳敏感器）。

（3）机械部件

　　1）电机，换向器；

　　2）滑环；

　　3）齿轮和轴承；

　　4）磁带记录器传输装置。

还有与上述机构连接的紧固件。

清洗完成后，许多上述机构需进行适当润滑（参见表 5 - 2 和 5.11 节的内容）。一些具有低放气性能的润滑油也是消耗臭氧层的（例如碳氟化合物），可采用表 5 - 2 中所列的润滑剂或新批准的合成烃 Pennzane - X2000 代替。润滑油寿命、表面化学和摩擦因子之间存在很强的相关性。所以引入新材料或清洁程序时进行材料调查和寿命测试十分必要。首先需要确定可能的候选清洁项目，然后针对典型的机构，如轴承组件，进行详细评估，在实验室中检查清洁效率，并与现有清洁方案做对比。必须使用显微镜以及表面分析的先进技术（参见 3.2.3.6 节）来确保材料与任何金属、塑料和弹性体的相容性。4.21.3 节将列举一些实例。最后决定是否需要预清洁和超声波辅助清洁，以及如何优化干燥各种形式的硬件。

4.21.2　金属表面

机械表面并非金属原子的规则平面。其表面始终覆盖着由金属与其环境接触而形成的薄层（薄层厚度从单原子层到几微米）。环境潮湿时，金属表面可能富含水分，发生电离。干燥条件下，可能发生有氧、卤素、硫化氢、硫蒸气等参与的金属与气体或金属与蒸气的反应，造成氧化、结垢和变色。如果形成的薄层具有不稳定性或不连续性，则可能发生进一步反应。一旦初始薄膜暴露于工业环境、化学烟雾、化学物质（如盐和人体汗液）中，可能产生复杂的表面污染物层。表面可以进行特别的硬化，可以通过如硬化、氮化、碳氮化、氰化、渗碳或感应淬火等热处理方法来实现，或者，可以使用机械方法，例如喷丸和冷拉冷轧加工等方式。所有这些硬化表面可能含有或覆盖污染物，如氧化物、部分粘附颗粒，吸附的气体，机械损伤区，气孔，淬火油、润滑剂、盐或微观腐蚀的残留物等。

液体溶剂和汽相清洁剂都无法完全去除上述的大量污染物。当然，在限制 ODC 之前用于清洁的 CFC 产品也从来没有将航天机构表面的所有污染物完全清除。最近的研究表明，一些非 ODC 比替代的 CFC 类物质更具侵蚀性。具有侵蚀性的洗涤清洁剂可以去除表面预处理膜和氧化膜，这也导致了在磨损测试期间的早期故障（Didziulis，1994）。我们需要找到一种可重复的清洁方法。众所周知，CFC - 113 在清洗后会在球圈座上留下碳质残渣，在使用了我们认为可以替代的温和的洗涤剂清洁之后，也发现了类似的表层。另一份报告（Ward，1994）证实，过强的清洁方法会对航天机构表面化学物质造成损害。带有氮化硅球的 440C 钢质无隔离架轴承滚道（陶瓷球彼此相互摩擦而不分离），用旧的 ODC 系统清洗时，效果令人满意。使用新的无 ODC 溶剂清洗时，轴承的扭矩明显增大，陶瓷球被划伤。结果表明，ODC 系统留下了亚微米表面层的流质油，新的溶剂清洁剂比预期更有效。

已经有案例表明，干燥表面上的小污染物颗粒主要通过范德华力保持在适当位置。当表面浸入溶剂液体中时，总的粘附力显著降低，颗粒将从表面释放。超声波和其他机械搅拌可以去除离表面较远的颗粒。然而，如果液体中颗粒浓度过高（即清洗槽中溶剂需要更新），当物品从清洗槽中取出时，某些物质将保留在其表面上的液滴内。当颗粒和表面之间形成液体桥时，残余颗粒将主要通过毛细力保持在表面上。高湿度下同样也会发生毛细作用现象。只要有可能，应强调防止颗粒沉积，而不是依赖于随后的去除过程。对于航天设备，仔细处理至关重要，航天设备必须在受控环境（密封袋、容器、惰性气体等）中储存，装配和集成任务必须在专门的洁净室内进行。

4.21.3　清洁单个零件

对单个零件进行清洁最为有效。强烈建议尽可能地将机构完全拆卸，并且将具有相同化学成分的零件放置在不同的玻璃容器中。对于不同的材料组可能需要使用不同的溶剂，需要特别考虑的是：轴承组件中的硬化钢，因为它可能会生锈；镁外壳，可能产生大量的腐蚀产物；以及所有的有机材料，可能被许多普通溶剂溶胀并变脆。将机构分解成单独的零件使得清洁介质能够接触整个表面，不会发生电化学腐蚀，并且发生缝隙腐蚀的可能性较小。此外，零件表面通常很容易进行干燥，然后目视检查残留污染物，例如干燥污渍、油脂、颗粒和腐蚀产物。

通过对有代表性的试样进行测试来评估清洁操作方法和设备。多数自动化设备供应商都可以进行测试。零件数量很少时，经常使用刷子进行手动清洁，同时可能需要超声波技术加强清洁效果。

清洁过程可以在工厂的不同阶段进行。切削油可以在机加工车间进行零件清洗。清洁方法可能有：洗涤剂喷雾，水冲洗和酒精干燥。出于健康和安全考虑，精密加工铍零件需指定特殊区域，铍部件可以在醇中进行超声波清洗并吹干（参见图 5-15 和 5.7 节的内容，在最终的表面的化学蚀刻期间，可能需要使用微孔过滤器进行颗粒检测）。零件从商店购买时，可能包装在耐腐蚀油和油脂中。在进入无尘室时，可以使用特定的卤化溶剂清洁这些油和油脂，然后再进一步加工和组装成机构，储存在装有干燥氮气的密封容器中。

航天项目的早期阶段，用可能的溶剂对材料进行相容性测试十分重要。一些公司提供溶剂清洗、材料兼容性测试和测试工具包的培训，例如提供工艺优化的 MaxicheckTM 公司。总的公司级清洁计划应由制造部门、质量保证部门和材料实验室人员设计。任何公司的材料用于航天硬件时，都需在内部采用相同的材料进行实际测试。当对钢采用热处理以获得一定的硬度时，必须对热处理条件进行测试。如果化学转化涂层应用于最终产品，则不适合对类似的涂层进行测试，因为表面成分可能存在显著差异——接受通过相似性验证测试的结果往往不合适。

笔者在参与过的一些兼容性测试中有一些重要的发现。4.21.1 中介绍了欧洲空间机构公司使用的常见溶剂。对其中部分物质进行了数次测试，情况如下：

（1）碳氢化合物

所有主要石油化工企业都采用苯类溶剂作为清洗物质，而用于制造航天器部件的金属通常与纯苯相容。已经发现了铁素体钢的一些生锈情况，但这可能是由于碳氢化合物中的轻微含水量造成的。图 4-85 所示是一种使用可蒸馏碳氢化合物的独特的清洁方法。

一些塑料和大多数合成橡胶会在苯中溶胀和溶解。

所有碳氢化合物溶剂都会具有一定的火灾危险，甚至有些是高度易燃的（闪点低于 32 ℃），需要特别管控。大多数专有配方的闪点约为 45℃ 或更高。所有碳氢化合物溶剂都需要保存在防火的储存点。必须特别注意不要将易燃溶剂喷洒到热活性或电活性设备上。

（2）卤化溶剂

市场上有许多卤化溶剂清洁产品及相关商品。

使用卤化溶剂作为清洁产品进行清洁前需要对所有金属进行评估。两种比较常见的溶剂是三氯乙烯和二氯甲烷。长期（30 天）储存试验表明，304 型不锈钢、Al-2219 和钛合金 Ti6A14V 与这些溶剂的液相和汽相均兼容。低合金钢（AISI 4140）在两种液体溶剂中均产生腐蚀，二氯甲烷会在镁合金 MgZE41A 上产生大量氧化物，如图 4-83 所示。

图 4 - 83　MgZE41A 合金与二氯甲烷兼容性测试结果，显示有大量的氧化物生长（D. Bagley 先生提供）

为了提高产品质量、可持续性和安全性，大多数航空航天公司开始研究开放式脱脂的替代清洗方法。过去使用的氯化溶剂，导致挥发性有机化合物（VOC）的大量排放，操作人员必须要佩戴呼吸器以保障安全。如今，在现代的封闭系统中使用了像三氯乙烯类的清洁溶剂，无 VOC 排放。脱脂机的尺寸范围从小单元，发展到约 3 m×4 m，能够在一个循环中清洁约 700 kg 铝。许多流程和设备是完全自动化的，包括高压喷雾洗涤、蒸汽脱脂，以及最后真空干燥。

如烧结 PTFE 带和镀铝特氟隆等非金属长期暴露于三氯乙烯或二氯甲烷几乎不受影响。然而，环氧树脂片（Scotchweld EC 2216）和硅橡胶（例如 DC93 - 500）通常会发生明显的增重和膨胀，同时机械性能降低。在两种溶剂暴露期间和暴露之后，聚氨酯片（Solithane 113）发生了灾难性碎裂（参见图 4 - 84）。

这些溶剂组通常不推荐用于原位清洗系统，如果没有对操作者的暴露采取足够的预防措施，则不应采用这种方式，因为这些溶剂都具有挥发性（尽管程度不同），并且应控制脱脂剂的获得和供应渠道，以防止未经授权的使用。

（3）水性和半水性

在欧洲，经常使用水性清洁系统清洁机械装置。水性清洁系统依赖于某些重要成分：表面活性剂（如乳化剂或分离剂）及其浓度，水质（例如是否去离子、过滤或通过反渗透纯化）和干燥方法（例如酒精冲洗后的干燥、热空气、气刀，空气干燥的各种方法）。

铁素体和马氏体钢（特别是 440C 和 52100 轴承钢）在清洗过程中可能会发生表面腐蚀，如前所述，强力洗涤剂会加速腐蚀铁素体和马氏体钢表面。其他大多数金属暴露于空气的水中也会失去光泽（氧化）并被腐蚀。必须对所有在水性清洁生产线中的金属材料进行评估，评估内容包括工艺过程的持续时间、温度和干燥方法。应检查零件设计，以确保

图 4-84　聚氨酯样品暴露于二氯甲烷后完全脆化（D. Bagley 先生提供）

不存在隐蔽的重叠表面，例如细长的间隙，这可能造成溶剂滞留，在后期储存期间引起腐蚀。

塑料和橡胶浸入水中通常不会受影响。水可以渗透通过大多数聚合物，当聚合物作为可腐蚀金属部件表面上的薄层时，必须考虑这一点。为确保除去航天器有机材料中吸收的水分，有时需要在半真空条件下进行烘烤或后处理。

美国环境保护局（EPA 1994）编写的报告，记录了一家大型工程公司为替代 CFC-113 和三氯乙烯清洗溶剂所采取的措施。清洁方法的改变不仅有利于实现《蒙特利尔议定书》中设定的环境目标，而且大大降低了清洁的成本。在公司副总裁、生产经理、环保官员、质量人员、冶金学专家、化学专家和采购部门的监督下，这家大型工程公司的工作人员对所有的清洁工序进行了确认和转换。

（4）乙醇和丙酮

乙醇（异丙醇-IPA）是一种广泛使用清洗溶剂，通常与去离子水或环己烷的共沸物结合使用。IPA 经常作为水清洗后的漂洗剂，在循环的暖空气中可以很容易地干燥去除，并且表面不会有斑点。丙酮几乎很少使用，因为可能对多种材料造成轻微损伤，并且在干燥时会留下污渍。这些低闪点溶剂需要放置在专门的设备中小心处理，并且由卫生和安全检查人员进行监管。

纯的 IPA 不会损伤航天应用中的金属。大多数纯乙醇含有约 0.1% 的水，该水含量足以钝化铝和其他合金，而不产生腐蚀问题。当完全不含水时，非常纯的乙醇在沸点温度（IPA 为 82 ℃）时会侵蚀铝的表面。

非金属在室温条件下通常不会与 IPA 反应。由于 IPA 表面张力低，很少在光学表面形成斑点。高温下，多数塑料和橡胶浸入酒精或丙酮后会发生溶胀。

（5）其他方法

在表面进行表面处理和接合工艺之前，偶尔使用等离子体清洁技术。该方法很少产生或不产生废物，但是需要特殊设备。等离子体清洁技术是指在处理室内处于部分真空条件（低于 1Torr）下，对气体或气体混合物施加高频交流电压，产生等离子体进行清洁。

当需要从敏感表面移除有机污染物时，等离子体清洁可以应用于大多数金属和合金（Ries，1996；Ward，1996；Engemann，1996）。正在评估可以提高清洁率的措施，期望获得无斑点表面并改善金属的接合性能。

等离子清洗可以清洗精密光学镜片，还可在用等离子体焊接之前去除精细铜线表面的搪漆绝缘皮，或者将诸如 Delrin 和 Teflon 等材料制成的机器部件用等离子体蚀刻出复杂的样式。

正在发现和应用其他许多特殊的清洁方法，作为 ODS 替代清洁技术。现已开发出了一种容器，可以填充溶剂并进行加压，部件可在其内部旋转并进行超声振动。图 4-85 是一套清洁设备，可以在加压条件下使用溶剂，也可以在半真空环境下使用气相溶剂。然后排出容器中的溶剂，将部件在半真空下干燥。在美国发现另一种新应用方法，结合使用了"超临界流体"（SCF）。二氧化碳通常在高压（高于 73 个大气压）和 31 ℃的条件下使用。此时，高度压缩的气体成为液体，但是扩散性与气态二氧化碳相同。清洗受油和油脂污染的金属，液态气非常有效。但是液态气可能与许多有机材料不相容。液体可以喷洒到零件上，并进入盲孔，称为"雪花清洁"。

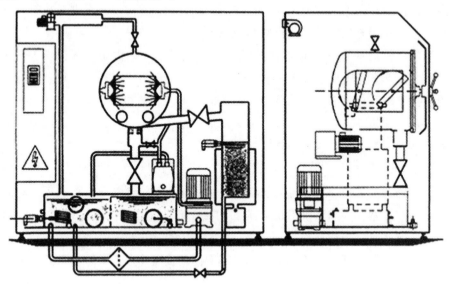

图 4-85　航天工业中，清洁机械部件新型方法草图。封闭的处理室可容纳部件。清洁液体可以是几种蒸馏出的碳氢化合物，闪点在 55 ℃和 100 ℃之间。最初用溶剂在高压下喷射部件（部件可旋转），然后在 80 ℃的半真空中蒸发漂洗，最后在约 5 mbar 的半真空条件下干燥。溶剂不断过滤，滤掉大于 1 μm 的颗粒，并在真空蒸馏器中再生。改进系统适用于清洁 PCB 组件并去除松香助焊剂和焊膏（另见第 6.9 节）。

（Branson Ultrasonics B. V. 授权）

4.21.4　冶金连接组件的清洗

有些空间机构不能拆解成独立的零件，如焊接连接机构，可以确保转动表面隔开距离保持不变。不同种类的金属可以通过焊接、钎焊和（不正确的）锡焊来连接，以满足结构要求或者密封要求。经验表明，软质合金焊接无法可靠地满足这些要求。

清洁组件时，应确保整个组件与清洁工艺、选定溶剂相容。最近在对欧洲航天承包商使用的清洁程序的评估中，设计了标准试样，用来代表不同金属材料制成的最差的机械装置（Korb 和 Dunn，1996）。试件如图 4 - 86 所示，该试件设计有用来模拟发生电化学腐蚀、表面腐蚀、螺纹磨损、盲孔和留存液体的裂隙，由典型的航天器合金制成。盲孔直径

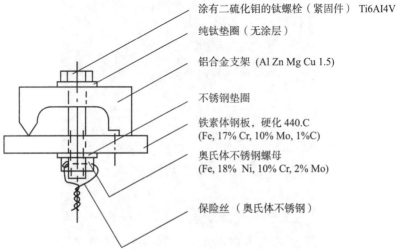

涂有二硫化钼的钛螺栓（紧固件）　Ti6AI4V

纯钛垫圈（无涂层）

铝合金支架（Al Zn Mg Cu 1.5）

不锈钢垫圈

铁素体钢板，硬化 440.C
(Fe, 17% Cr, 10% Mo, 1%C)

奥氏体不锈钢螺母
(Fe, 18% Ni, 10% Cr, 2% Mo)

保险丝（奥氏体不锈钢）

图 4 - 86　用于评估清洁程序效率的不同金属组件

1 mm，深 4 mm，钻至钢底板中，形成了可以留存污染物的"口袋"，试件尺寸公差和表面光洁度很高。制作了 100 个测试件，单独编号。使用切削油（Blasocut 200 CF 可以水乳化）作为基质，与 2%硅油（典型的空间润滑剂），2%荧光粉（Fluoflux，用于代表荧光裂缝检测颗粒）和 4%油性示踪分析剂（钪-46 示踪剂，溶液浓度 100 μg Sc/g）混合制成人造污染物。设计开发标准程序污染各个零件。在污染物浆料（均质悬浮液）内将螺栓和螺母进行组装，然后拧紧至 8 N·m 的规定扭矩。然后进行锁丝和铅封，确保后续不同参与公司在清洗试件时无法进行拆卸。使用特殊的包装箱将污染试件包装并运送到不同的公司，并且提供新的包装箱用于返回试件。返回实验室后进行广泛的检查，检查包括在放大镜下目视检查损坏、颗粒和表面腐蚀情况。断开锁丝的铅封，并用力矩扳手拧开螺母，注意扭矩值的大小。在紫外光下检查和拍摄荧光粉，以评估盲孔内和接触的平坦表面的残余粉末污染物含量（参见图 4-87）。将其浸入特氟隆烧杯中的二甲苯，从拆卸部件的所有表面和盲孔中收集颗粒和油（含有钪示踪剂）。使用机械和超声波搅拌实现完全清洁。再次评估剩余粉末的量，因为它会在二甲苯中形成悬浮液，不同的粉末浓度导致不同的着色（参见图4-88）。分析钪-46 示踪剂，测定二甲苯中含有的有机污染物（油）量。将样品冷冻干燥，并在奥地利 Seibersdorf 的 ASTRA 核研究反应堆的核心照射。每个样品在 3.10～13 n/cm²s 的中子通量下照射 20 h。4 周后，用锗-锂检测器和多通道分析仪测量样品，可以准确评估残留油污染物。研究中获得的残留粉末和油污染物结果见表 4-14。

图 4-87　在紫外光下拍摄的，一个拆卸的试件清洗后的照片（标记为"5"）

图 4-88　"清洗后"不同二甲苯溶液/悬浮液的照片

表 4-14　清洁后试样上残留的污染物（粉末和油）含量

残留污染物分析		
清洁技术	粉末/mg	油/mg
A1	0.16	4.8
A2	0.62	50.7
B	1.80	100
C	0.07	6.7
D	0.95	21.1
E	0.05	7.4
F	0.14	8.1
G1	0.48	40.7
G2	2.44	273
H	0.31	2.2
I	0.05	2.2
J	0.30	16.7
K	0.80	67.8
L	1.73	61.5
M1	2.63	114.8
M2	2.66	219.3
N	0.13	4.4
O	0.04	0.7

续表

残留污染物分析		
清洁技术	粉末/mg	油/mg
P	0.03	3
Q	1.67	56.3
R	0.18	6.3
S	1.50	40.7
T	0.80	104.1
U1	0.09	6.7
U2	0.04	4.8

循环清洁的研究成果很多，包括：

1）所有参与公司使用不同的清洁方法（25）；

2）第一次检查，所有返回试件目视检查结果都是清洁的；

3）拆卸后，在紫外光下可以清楚地看到残留的污染物；

4）残留污染物含量变化范围为 3～4 个数量级（反映了清洁技术之间效率的巨大差异）；

5）钢质部件或钛质部件没有一个发生腐蚀；

6）利用含水的碱性清洁剂和等离子体清洗剂在铝合金上进行清洗时造成一些表面腐蚀，如图 4-89 所示（其他清洗方法没有影响）；

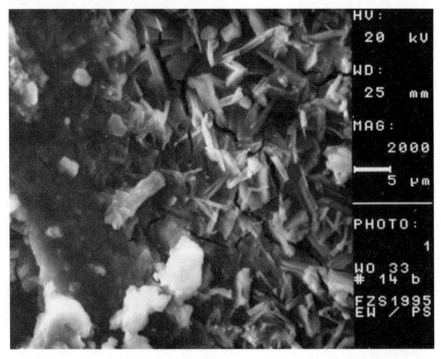

图 4-89　装配件 Nr.14（代号 C）铝部件水性清洗之后，表面腐蚀残留物细节（主要是氢氧化铝）

7）除了采用等离子体技术的方式外，钛螺栓上的二硫化钼表面润滑层不受影响；

8）清洁过程（例如设备设计，清洁时间，使用预清洁步骤，使用超声波等）比选择溶剂更重要；

9）大多数非消耗臭氧层物质清洁技术与对照的 CFC - 113 方法效果一样好，特别是应用超声波搅拌时（图 4 - 90）。

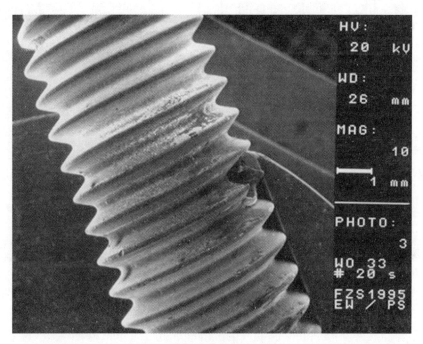

图 4 - 90　装配件 Nr.20（代号 D）钛紧固件螺纹的一部分。大面积的 MoS_2 层被去除，只留下了受螺母保护的部位。

4.21.5　维护清洁

本节与航天器生产的金相学有关。其他多个领域中，已经将金相学提升为一种在航天器机构和结构制造过程中有效地控制和保证质量的技术。针对航天器电气系统方面，相似的应用将在下一章中详细说明。同样地，清洁也与金相学有关。一旦确定特定的零件必须清洁（可能在"脏"的生产过程之后），则需要检查清洁程序是否满足零件要求，并且所有后续处理操作环境必须受控，方式正确（可能使用无绒手套）。处理程序和设施需要通过某种形式的审查。图 4 - 91 和图 4 - 92 是常规火箭上的大型低温贮箱生产和测试设施。重点关注大型、薄壁、弯曲金属外壳进行加工时的焊接技术、处理方式以及在性能测试期间振动-热耦合载荷试验的情况（Pradier 和 Dosio，1996）。

图中设施不能列为洁净室。在航天器制造和测试期间，需要设施进行过"良好清洁"并具备整洁的外观。脏的、不整洁的设施不利于最终产品。污垢可以是空气中落在零件表面的任何物质，如灰尘、棉绒或其他物质。本书中已经列举了许多案例，颗粒、指纹和油会促进或导致昂贵部件的失效。

(a)　　　　　　　　　　　　　　　　　(b)

图 4-91　　(a) 焊接铝合金 AA 2219 大型薄壁壳体的航天器组装区域。(b) 阿里安液体推进剂
增压贮箱 VPPA 焊接的焊接夹具（Alenia Spazio Turin 提供）

为了保持航天器生产设施的清洁度，保持清洁需要进行不同的测试——这需要根据污染物性质决定。对空气颗粒的总颗粒数和粒度分布进行评估。必须先了解污垢：是可溶性还是不溶性污染物。离子污染适合用电学测量——基于零件表面污垢释放后导致极性溶剂电导率（或电阻率）的变化。污垢可能被困在难以到达的位置，可能需要使用超声波清洗和动态清洁相结合的清洁方法。

加工后，所有零件的清洁度将逐步恶化，除非部件或组件被密封，否则污染物积聚将持续到发射时刻。显然，总污染存在危险。小污垢可能不会影响部件和机构，但是制造商有责任去了解或研究组件的极限值。

4.21.6　清洁硅酮污染

第 5.15 节将介绍案例，研究有机硅污染空间硬件产品的部位，并对如何去除污染物提供建议。

航天器的硅酮产品范围包括从油脂到固化产品的一系列产品，如用于密封材料、粘合剂、涂料或保形涂层等。硅酮产品性能优异，具有低蒸汽压力和低表面张力（油润滑剂）、高导热性（导热真空润滑脂）、化学惰性、良好的介电性能和延展性（保形涂层和涂料）等特点。另一方面，有机硅如果处理或使用不当，可能会成为污染的主要来源。低表面张

图 4 - 92　热–振动试验设备（DLR 提供）

力将导致油在干净的表面上缓慢行进，污染物扩散到间隙以及几乎无法清洁的其他区域，是后期真空环境下污染的长期来源。因此，在发射之前需要强制彻底清除。

现在已经开发了一种基于接触角测量来评估硅氧烷污染表面的清洁效率的方法（Liedke 2011）。采用标准硅油溶液污染玻璃片与 FTIR 光谱（傅里叶红外光谱）一起作参照。溶液：在 49.5 g 二氯甲烷（Merck，p. a. 级）中加入 0.5 g DC 200 硅油，FTIR 方法的准确度不足（在表面上至少需要 2.4×10^{-2} μm 厚的硅氧烷污染面）。研究发现，表面角度测量最适合于非常薄的表面层的（半）定量检测（灵敏度似乎能够安全地检测仅 5×10^{-3} μm 的层，接触角法灵敏度至少为 FTIR 方法的 5 倍）。缺点是与 FTIR 测量相比，表面角度测量所付出的努力要大得多。

Liedke 研究的第二部分是使用一系列普通的航天器硅酮产品污染超洁净的玻璃片。将每个产品利用一个玻璃片边缘涂抹到另一个玻璃片上，以实现非常薄的覆盖。然后将测试载玻片暴露于一系列市售的清洁液来评估污染的"可清洁性"。尝试标准化的清洁方法——将镜布浸入清洁液中，然后用镜布擦拭受污染的载玻片五次。清洁之后，将载玻片干燥并进行接触角测量试验。载玻片上的污染物以及清洁剂如下：

选择了可能与航天器接触的典型的有代表性的有机硅污染物：

1）聚二甲基硅油（道康宁 DC 200）；

2）五苯基-三甲基-三硅氧烷油（道康宁 DC 705）；

3）脱模剂（330 LV 硅橡胶，来自 Basildon Chemicals）；

4）在基材上摩擦涂覆固化硅树脂（道康宁 DC 93 – 500）；

5）在四氯乙烯中用作提取物的固化硅树脂（道康宁 DC 93 – 500）；

6）导热真空润滑脂（道康宁 DC 340）。

清洁剂（大多数是危险物质，应仅由经过培训的专业人员使用，有些可能受到接触限制）：

1）二氯甲烷 CH_2Cl_2（来自 Merck）

2）甲苯 $C_6H_5 – CH_3$（来自 Merck）

3）正己烷 C_6H_{14}（来自 Merck）

4）Fluxclene（Electrolube 制造）

5）Silgest SD0001（Polymer Systems Technology Ltd.）

6）Ortimex 碱性清洁剂（由 H. C. Stehelin 分销）

7）SWAS（Safewash Super）（Electrolube 制造）

8）VeriClean defluxer（来自 Microcare）

9）Vertrel CCA（DuPont，来自 Microcare）

10）Vertrel CMS（DuPont，来自 Microcare）

11）来自 Dow Chemicals 的 Dowclene 1601（基于 1 -甲氧基- 2 -丙醇）

12）Dowclene PX – 16S（来自道康宁）

表 4 – 15　测试结果汇总

名称	330 LV	DC 200	DC 705	DC 93 – 500 rub	DC 93 – 500ext	DC 340
二氯甲烷	＋＋	o	－	－	＋	－－
甲苯	＋＋	o	＋	＋	＋	－
正己烷	＋	－－	－	－	－	－－
Fluxclene	＋＋	－	＋＋	＋＋	＋＋	－
Silgest SD0001	o	＋	＋	＋	＋	＋
Ortimex	＋	－－	o	－	o	－－
Safewash Super	＋	o	＋	＋	＋	－
VeriClean	o	＋	＋	o	＋	－
Vertrel CCA	＋	－	－－	＋	－	－－
Vertrel CMS	＋	－－	o	－	－	－－
CH_2Cl_2/甲苯 1∶1	＋	－	－	－－	－	o

续表

名称	330 LV	DC 200	DC 705	DC 93-500 rub	DC 93-500ext	DC 340
CH_2Cl_2/正己烷 1：1	++	o	+	+	+	
Dowclene 1601	+	—	o	—	o	——
Dowclene PX-16S	—	—	o			

注：++表示良好的清洁，+表示合理的，o表示污染残留，—表示差，——意味着不适合（对于受污染的同型样品进行进一步测试非常重要，因为溶剂可能会损坏各种有机基材）

4.22　新型热控材料

设计热控系统的目的是将航天器硬件维持在可接受的温度范围内。现有方法有被动和主动热控系统，在其他章节中有所介绍。材料领域的新发展使得热量可以通过被动材料使热从热区流出或使热流向冷区（例如位于低温储箱附近的机构），而不需要使用热管、散热器和电阻加热器。在没有空气流的情况下，航天系统中的热控最好通过高传导性材料来实现。正在开发或认证的材料包括通过采用新工艺制造的复合材料和散热器基板。铜是最常见的散热器材料，更高效的材料则包括金刚石、碳化硅和氮化铝。现在通常在硅基电子电路背面涂覆 5 μm 厚的金刚石膜，在室温下导热率超过 400 W/（m·K）。集成电路线路侧采用相似的薄膜防护空间电子，以免部分辐射硬化。由于固有的高导热性（Schelling 等人，2005 后），碳纳米管和碳纳米丝也被提出用于传热。金属-石墨泡沫和板材在商业上常用于散热器。2.5 节中介绍的石墨纤维热带组件使用方便、重量轻，已应用于包括猎户号多用途载人舱在内的美国航天器。组件使用 GraFlex™ 带［由石墨纤维制成，导热率约 800 W/（m·K）］。特殊的热连接组件的传导率高达 5 W/K，可用于临界低温系统、卫星电子舱和电力电子系统中，如图 4-93 所示。

金属基板具有高传导特性，在电子设备的热控应用很有潜力。然而，在许多应用中，需要使热导面电绝缘以防止短路。虽然通过聚合物绝缘体很容易实现，但是，即使是使用内部陶瓷填充的树脂，虽然该层相对较薄，也会造成导热性较差，阻碍热传导。解决问题的一种方案是使用纯陶瓷电介质。至少有一家公司开发了将铝表面转化为纳米级氧化铝的工艺（Shashov，2013）。值得注意的是，这种工艺使用电化学方法，所得的氧化铝是电绝缘的，涂层厚度仅有几十微米。涂层的击穿电压高于 60 V/μm。电介质薄而且导热性良好［7 W/（m·K）］，铝和陶瓷之间的界面电阻很低，两者的组合意味着该材料是可供商业应用的具有沿厚度方向最低热阻的材料。如图 4-94 所示，由铝制成的纳米陶瓷介质且支持铜质电路的三维散热器已经可供应用，并且应用于多个航天项目。在两侧生长氧化铝并用铜覆盖，可以制造完整的金属芯印刷电路板（MCPCB）。

金刚石的导热系数是铜的四倍。经过测量，工业生产的金刚石导热系数范围为 800～2 000 W/（m·K），而铜的导热系数为 420 W/（m·K）。金刚石的晶粒尺寸越大，导热系数越大。铜或铜合金基体中嵌入金刚石颗粒的复合材料已经在少量生产，用作高通量散热器（功率器件量级为 $kWcm^{-2}$）。其目标是获得 500 W/（m·K）导热性能的复合平板材料，可

图 4-93　（a）石墨纤维热导带组件，具有重量轻，应用于航天器中的先进热控；（b）以热导率/质量的比值衡量，它们比铜或铝更有效，并且足够灵活，以适应安装和对齐时的尺寸位置公差；（c）在严重的振动条件下可以可靠运行。这些热导带在真空中提供从热区（例如行波管）到散热板的被动的、高性能的传热（Technology Applications 公司提供）

以用于构建多层印刷电路板或者特殊散热器。生产这种复合材料需要复杂的粉末冶金工艺，虽然切削工具行业多年来使用活性金属银-铜和镍基钎焊合金的钎焊金刚石切削和磨削工具（Tillmann 和 Boretius，2008）。必须考虑金刚石晶体尺寸和特定合金基体之间的热膨胀不匹配。最重要的是需要可以将基质结合到准惰性的金刚石面上的添加物，可以考虑铬、硼、锆或钛（全部碳化物）。正在开发的含有 30% 金刚石砂粒的金属基质复合材料的微结构见图 4-95。有专利描述了粉末固结与机械处理相结合的方式，但欧洲项目"ExtreMat"发布的一些数据（Schubert 等人，2008）认为，具有 640 W/（m·K）热导率的铜合金-金刚石才是最有希望的复合材料，其在室温至 200 ℃ 的温度范围内热膨胀系数（CTE）约为 11×10^{-6} K^{-1}。

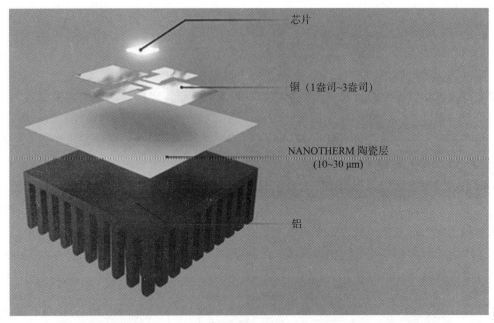

图 4 - 94　纳米陶瓷技术。陶瓷氧化铝层从铝散热基板生长，具有高导热率 $[7.2\,W/(m\cdot K)]$ 和高介电强度（至 $110\,KVmm^{-1}$），并可生长至 $5\sim50\,\mu m$ 间的厚度。金属线路可以直接应用于陶瓷表面。
（由 Cambridge Nanotherm 公司提供）

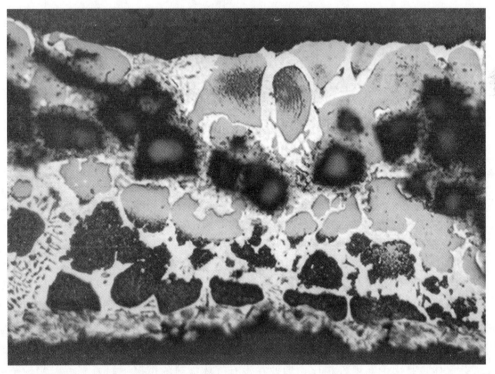

图 4 - 95　金刚砂金属基复合材料。金刚石晶体直径为 $30\sim60\,\mu m$，基体是 Cu - Ag 合金，添加 Sn 和 Ti 以促进界面结合。在使用六方氮化硼脱模剂的模具上进行固结。显微照片显示，氮化硼（下面的灰色表面），存在明显的富铜金相，并且金刚石在靠近板材上表面的平面上有部分接触

4.23　冷喷涂

　　冷喷涂工艺也称为"冷气动态喷涂（cold gas dynamic spraying，CGDS）"。目前只有少量的材料能够冷喷涂到基材上，但这种沉积工艺对于特定的航天器应用潜力巨大。材料通常限于铜、铝、钛和一些金属陶瓷（需要使用韧性粘合剂进行冷喷涂）。CGDS 可直接应用于金属、陶瓷和有机制品表面。空间硬件产品应用包括将金属化层沉积到有机基底上的电气部件和接地点。具体应用案例包括聚合物复合结构的铝质金属化和在空间中用作固体润滑剂的银质沉积。沉积物不存在氧化物膜以及在更常规的热喷涂涂层中经常存在的的多孔情况，提高了导电和导热的性能。在喷涂过程中，没有热量传到基板上，当需要将金属涂层沉积到聚合物基底上，例如天线面皮和结构部件时，CGDS 工艺的这一特点十分有益。工艺说明如图 4-96 所示。

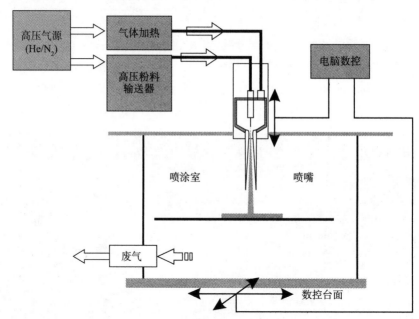

图 4-96　冷喷涂系统示意图。高压气体，He 或 N₂ 通过德拉瓦喷嘴加速并被引导到基板上。
同时，小气流通过粉料料斗进料，沿轴向注入主气体的气体粉末流从喷嘴喉部流过一短距离。
在这种情况下，铝粉末直接沉积在位于喷嘴出口下方 40 mm 处的 PEEK 复合材料样品上

　　剑桥大学制造研究所与 TWI 一起成功地展示了将铝应用于由 PEEK 复合材料制成的天线表面样品上的工艺过程（Sturgeon 和 Dunn，2006）。喷涂在定制的 3 轴数控机床系统的封闭室内进行，喷嘴组件连接到 z 轴执行机构，目标基底固定到可平移底座。封闭室保护周围环境不受粉尘污染，并对废气进行处理，将气体回收再循环。选择氦气作为系统的主要工艺气体，是因为与氮气相比，即使在没有气体加热的情况下，氦气可以实现更高的沉积效率和材料完整性。然而，由于气体流速高，氦气的流量很大，同时氦气价格昂贵，造成使用氦气的单位成本较高。因此，需要进行氦气回收，以满足商业应用要求。

涂覆后，将样品进行环境试验，包括保持在高温高湿空气气氛中，进行热循环。在湿度为 85% RH，温度为 85 ℃ 的高湿度室内暴露。14 天（336 小时）后，取出涂覆的样品，目视检查。然后将相同的涂覆样品暴露在空气中，在 −55 ～ +100 ℃ 的范围内，以 10 ℃/min 的速率进行热循环。总共进行 500 次循环，然后将样品取出并检查。热循环通常用于航天器电子部件的验证。然后对样品进行目视检查，胶带测试以检查涂层分层，进行显微切片检查涂层形态和厚度。样本试验结果如图 4-97 所示。

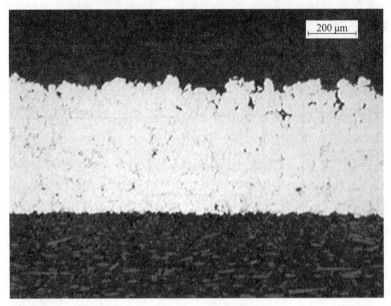

图 4-97　（a）在碳纤维增强 PEEK 复合材料上进行 CGDS 铝涂层，并在高湿度热循环暴露后的 C3 试件（在侧方进行照明以照亮表面）。（b）在高湿度热循环及完成胶带测试（低颗粒分离）之后的 C3 横切面。随后修改了喷涂条件，以获得更均匀的涂层

工作表明，在碳纤维增强 PEEK 复合材料上直接沉积 0.5 mm CGDS 的铝涂层是可行的。工艺过程中需要仔细选择喷嘴和喷涂条件。然而，可以使用 CGDS 进行金属涂覆的碳纤维增强聚合物复合材料的种类范围需要在更广泛的评估之后才能获得。

冷喷涂时，粉末处于低于其熔点的温度并且不被氧化。显微切割显示，涂层是机械互锁结合颗粒和金相结合颗粒的混合物——加速后颗粒的动能在与基材冲击时产生界面变形和有限的局部加热，从而实现界面粘合。CGDS 现在在航空航天工业中有许多应用，如修理齿轮箱、螺旋桨和起落架（Marrocco 和 Harvey，2012）。近来，冷喷颗粒包括钛、钽、不锈钢和镍合金，未来可能还有纳米相、金属间和无定形材料。

4.24　用于铝、镁和钛合金的先进等离子体电解氧化处理

4.24.1　一般工艺

等离子体电解氧化（PEO）和微弧氧化（Shrestha 等人，2007；Polat，2008）是相对较新、对环境较安全的电解涂层工艺，适用于轻金属及其合金，是表面工艺中迅速发展的一个分支。工艺使用电压远高于阳极氧化电压，电解质通常由低浓度碱性溶液组成，并且所有变种方法都是对环境友好的。通过工艺形成陶瓷层，对基体合金有防腐蚀和磨损保护；同时具有了其他功能特性，包括热光性、介电性、隔热性、低摩擦系数，也可用作预处理，为面漆和其他金属/陶瓷界面形成复合涂层。世界各地的研究实验室和商业公司正在开发一些类似的工艺（Shrestha 和 Dunn，2010）。它们在涂层沉积速率、厚度极限、应用电压、电解质类型、电解液寿命、相的构成、工艺速度和可伸缩性方面各有不同。PEO 工艺意义重大，可以让镁和铝合金的表面性能更为优异，并且可以替代常规的酸基工艺，如含有六价铬的 DOW 和其他化学工艺。PEO 工艺已被用作铝合金阳极氧化的替代，而阳极氧化电解质要基于铬酸和硫酸。

Keronite® 是基于等离子体电解氧化（PEO）的先进表面处理技术。在最终耐腐蚀和耐磨表面处理时，这种工艺环保而且安全（Shrestha 等人，2003）。最终表面由铝合金及上面的陶瓷层组成，且近年来 Keronite® 在航空航天和国防工业中的应用越来越多。最终产品包括光学仪器部件，因为 PEO 涂层的颜色可以根据合金成分的不同在灰色和黑色之间变化。通常，铜含量较高的材料，如 AA 2024 或 AA 2219，最终颜色为黑色。Keronite 工艺采用低浓度碱性-中性溶液，不含重金属，含盐浓度小于 4%。与 Keronite 差别很大，通常使用硫酸的硬质阳极氧化化学工艺，使用含有 10%～20% 体积浓度的硫酸液体。表 4-16 中给出了 Keronite PEO 和硫酸硬质阳极氧化工艺的部分参数。

表 4-16　**Keronite PEO 和 Al-7075 合金硬质阳极氧化过程中的典型工艺参数**

涂层工艺	Keronite(AC)	硬质阳极氧化（DC）
铝合金	7075	7075
预处理	仅脱脂	脱脂并在碱性溶液中化学清洁
电解液	专用不含 Cr,V 或其他重金属碱性溶液	硫酸 H_2SO_4

续表

涂层工艺	Keronite(AC)	硬质阳极氧化(DC)
总盐含量 t/%	<4	10～20
典型的 pH 值	7～12	<3
标称厚度/μm	15～60	<60
涂覆速率/(μm/min)	1～4	0.8～1
电压/V	200～900	45～50
工艺温度/℃	12～30	−10～0
涂层形成方法	等离子体氧化	非等离子体氧化
涂层外观	灰色至木炭黑	蓝黑色

使用 Keronite PEO 工艺对铝合金涂覆，需要在浸入电解质中的组件周围形成等离子体放电（图 4 - 98）。氧化层形成机理十分复杂，包括氧化物生长及随后的熔化以及氧化膜

(a)

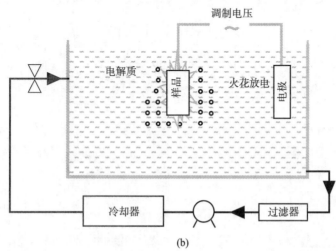

(b)

图 4 - 98　（a）微处理器控制的 Keronite 装置，用于铝合金加工（1 000 L 罐体，160 kW）和
　　　　　（b）工艺流程图（由 Keronite 有限公司提供）

再结晶。少量基底物质同时溶解到电解质中。在 Keronite PEO 加工过程中，由于零件表面上广泛的等离子体放电，表现出很强的侵蚀性。在微观层面上，工艺过程会产生很高的局部压力（据信有几个 GPa）。尽管局部表面加热温度非常高，会使加工表面变红热或变白热，但只发生表面氧化，基材不存在冶金学上的变化。金相检查已经证实，处理过的部件仅表面发生改性，其机械性能并未改变。加工产品的检查显示不存在热影响区或尺寸变形。整体工艺温度和部件的工艺温度一般在 12～30 ℃ 的范围内，不会改变热处理条件。使用晶体学对复合氧化物表面进行复杂的实验室检查表明，PEO 成品件包含来自电解质的一些元素的共沉积，形成由氧化铝的晶相和无定形相组成的陶瓷层。

4.24.2　PEO 涂层的特性

图 4-99（a）是已经制备好的 Keronite 层表面的扫描电子显微图像，表明 PEO 过程期间形成了大量球形和不规则形状的颗粒状结构。制备好的硬质阳极氧化层的表面如图 4-99（b）所示，涂层表面存在几个空隙和微孔。此外，表面清楚地显示出平行线，形成了垂直贯穿厚度方向的裂缝。AA7075 合金上的 Keronite 层在外角/边缘的典型横截面如图 4-100（a）所示。Keronite 层存在一定的微观孔隙度，正如 PEO 工艺所预料的那样，但是涂层可以认为是比较致密的。AA7075 合金在外角的硬阳极氧化层的典型横截面如图 4-100（b）所示，表明存在大量 "V" 形柱状裂纹。这些裂纹贯穿整个涂层厚度并向下延伸到下面的衬底，在几个区域甚至暴露裸露的金属衬底。表 4-17 给出了三种不同铝合金上的 Keronite 涂层的一般特性。

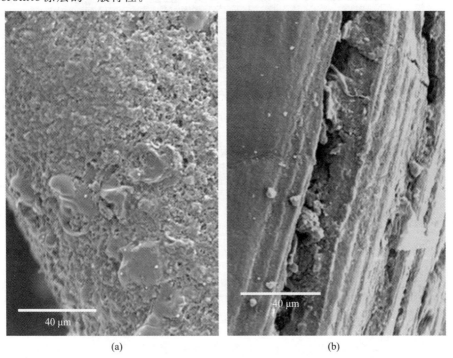

(a)　　　　　　　　　　　　(b)

图 4-99　在 Al-7075 上的涂层的尖锐边缘/拐角的扫描电子图像：
（a）Keronite 层的边缘良好且均匀；（b）硬质阳极氧化层大幅度开裂

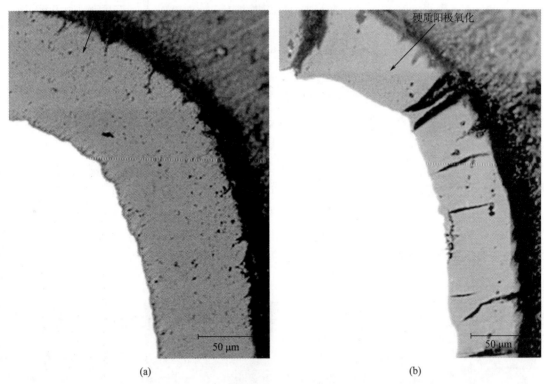

图 4-100 （a）Keronite 涂层的光学显微照片显示出均匀的涂层覆盖率和良好的边缘；（b）硬质阳极氧化涂层，显示出柱状氧化物生长（片状部件的角部）之间的大量贯穿厚度方向的 V 形裂缝延伸至了基板

表 4-17 铝合金上 Keronite PEO 涂层的特性

涂层类型	Keronite 黑 1 型	Keronite 黑 2 型	Keronite 黑新 2 型
合金	2219	7075	6082
颜色	灰到碳素黑	灰到碳素黑	碳素黑
粗糙度 Ra /μm	1~1.6	<1	1~1.5
空隙率/%	<5	<2	30~50
金相成分	结晶氧化铝	结晶氧化铝	无定形氧化铝
硬度(HV)	1 200~1 550	1 600~1 650	500~1 200
[1]耐腐蚀性/h	>360	>360	>1 000
太阳能吸收率(α_S)	0.88~0.89	0.81~0.83	0.94
热发射率(ε_n)	0.71-0.75	0.70-0.72	0.84
反射率/%	—	—	0.1
抗紫外线	通过	通过	通过
真空出气(TML)/%	—	<0.1	—
抗热冲击性 TSR −196~+100 ℃	是	是	是

注：TSR 抗热冲击性；抗紫外线—灰度等级≥4。
[1]ASTM B117。

　　Keronite 陶瓷表面在真空磨损测试后发现粘附力很低，如图 4 - 101 所示。实际附着力值为：Keronite 涂层的 AA 2219 对 52100 钢球（附着力为 108 m · N）；镀 NiCr 的 AA 7075 对阳极化的 AA 7075（粘附力为 242 m · N）。本身没有涂层的铝合金 7075 在磨损后对其自身材料的附着力极高（与冷焊相当的附着力 7 330 m · N）。Keronite 涂层 AA 7075 表面对自身材料的附着力为 329 m · N。尽管 Keronite 和硬质阳极氧化涂层对钢表面的粘附力低，但 Keronite 涂层没有出现表面损伤迹象，而阳极氧化涂层在磨损环境下出现大量的涂层表面开裂和碎裂。Keronite 和阳极氧化涂层表面损伤机制差异如图 4 - 101 所示。虽然 Keronite 与 Keronite 间的摩擦系数相对较高，约 0.5～0.6（Shrestha 等人，2003），但是可以通过将孔隙（见图 4 - 102）浸入涂上固体润滑剂如二硫化钼来大幅减小，可达极低值 0.04。加拿大 Astrofísica 研究所（IAC）和 Keronite 已经就低温平面滑动轴承进行了合作研究。Keronite 和 MoS$_2$ 复合涂层已经发展成为满足摩擦学性能表面，相对于塑料，具有滑动摩擦系数低、耐磨性好、碎片产生小、真空相容性好、耐热冲击性和导热性好等优点。

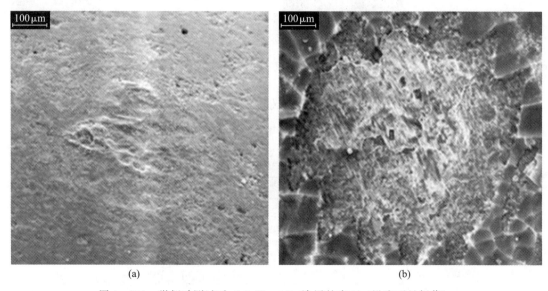

图 4 - 101　微振动测试后（a）Keronite 涂层的表面（没有可见损伤）；
（b）阳极氧化涂层出现表面裂纹（Shrestha 等人，2003）

　　含铜铝合金（如 2219 和 7075）上的 Keronite PEO 涂层可以制备成黑色，已经对其热控涂层应用进行了广泛研究。近来，工业上对其他铝合金的黑色表面涂层越来越感兴趣，一种在大多数锻造铝合金和部分铸造铝合金中能够产生炭黑涂层的 PEO 工艺，已发展成工业规模。与上面讨论的工艺不同，新工艺将铝合金转化为黑色，所得到的表面特性和性能与基底合金成分无关（Shrestha 等人，2007）。新的黑色 Keronite 表面的典型扫描电镜图像如图 4 - 102 所示。该涂层表面反射率非常低（吸收率高），约＜0.1%（图 4 - 103）。反射值低于超黑 Ni - P 涂层的报告反射值，并且比黑硫酸阳极氧化涂层和黑漆涂层的反射值低得多。

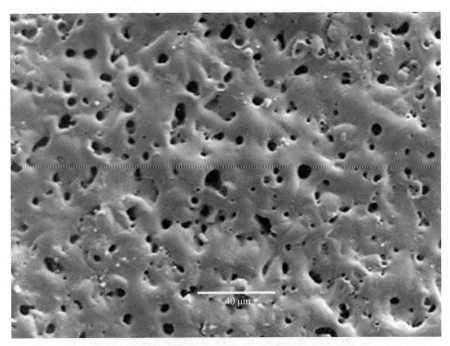

图 4 - 102　在 AA 6060 合金上的新黑色 Keronite 表面，孔隙表面像火山口形态

4.24.3　应用

1）航空航天器材料应用中，对 Keronite 涂层进行了广泛的评估，例如热控涂层以及低温轴承应用的孔密封（针对 Torlon 和 Vespel SP3 活塞）。Keronite 涂层部件成功应用于各种航空航天项目，包括高精度太阳敏感器和低精度太阳敏感器，大光学镜头的镜筒。

2）国家空间研究中心、欧空局、南安普敦大学和 ONERA 参与合作开发了一个实验平台，名为材料暴露和降解实验装置（MEDET），该实验平台于 2008 年 2 月启动，在轨运行了 19 个月。Keronite 涂层用于热控微热测量仪，安装在 MEDET 飞行件上，MEDET 位于 ESA 哥伦布实验室 ISS 外部有效载荷设施上（图 4 - 104）。它们在飞行过程中承压。返回地球后的测量显示，Keronite 样品没有发生退化，太阳吸收率 $\alpha_S = 0.84$ 保持不变。

3）AMC640xa（6061/40SiC）等铝基复合材料（MMC）具有低密度、低热膨胀、高模量和高强度等特点，同时抗应力腐蚀及抗开裂性能良好。然而，为了使这种合金能够应用于更多的空间项目，例如暴露于发射场（库鲁、法属圭亚那和 KSC，佛罗里达）所处的热、盐雾和潮湿条件下的结构件，需要进一步提升合金的耐腐蚀性和耐磨性。传统的基于酸性阳极氧化和基于 Cr/重金属的电解过程的表面处理，无法确保 MMC 合金得到可靠充分防腐蚀保护。最近的研究项目证实，Keronite 等离子体电解氧化（PEO）可改善含有 40% 体积分数 SiC 合金的耐腐蚀性和耐磨性（Shrestha 等人，2015）。

4）Keronite 也应用于钛合金以防止磨损，提供介电表面特性，并有助于保护钛部件免受侵蚀性电化学腐蚀。詹姆斯·韦伯太空望远镜的一些压点就这样处理过。

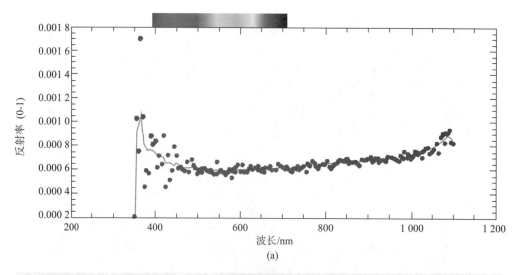

(a)

(b)

图 4 - 103　　（a）在 25 ℃条件下，30°固定入射角测量，Keronite 黑色样品表面反射率。（b）精细太阳
敏感器实验挡板，由铝基材料加工而成，涂有 Keronite 涂层。几乎是所有卫星姿态和轨道控制系统的
基本元件。精细太阳敏感器通常基于 CCD 或 CMOS 像素传感器技术。需要由轻质材料制成，能够承受
极端的热循环和辐射环境。需要通过传感器的挡板来减小行星反照散射亮光和航天器自身的反射光
（如太阳能电池板），挡板在整个太阳光谱范围内反射率较低（另见 5.5.3 节）（Hill 传媒有限公司
和 Keronite 提供）（见彩插）

(a)

(b)

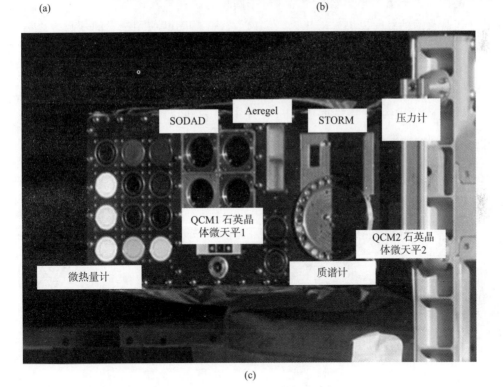
(c)

图 4 - 104　（a）发射前 MEDET 仪器照片，（b）安装在哥伦布舱后的飞行状态（箭头处），（c）2008 年 3 月，MEDET 作为 EVA 的一部分，拍摄的特写照片。微热量计材料暴露在承压面，长达 19 个月，飞行前吸收率测量，测量值为：SSM 0.084，PSBN 0.122，RSF 0.115，Y100 0.150，SG121 0.189，ITO/ Kapton 0.335，PCBE 0.267，RSR 0.237，MAPATOX 0.361，Upilex 0.387，Keronite（从上排左起第二个灰色样本）0.844，黑体 1 0.991（图片来源：ESA 和 NASA）

4.25 "搅拌摩擦"连接

4.25.1 搅拌摩擦焊接

搅拌摩擦焊接（FSW）1991 年由剑桥焊接研究所（TWI）的韦恩·托马斯（Wayne Thomas）发明，用于连接金属，现在已应用于飞机和航天器结构制造中要求高质量、可重复的焊接。FSW 工艺是固态连接工艺，可以在各种材料和厚度下制造对接或搭接接头（Kallee，2001）。航空航天领域中，合金通常采用铝基，它具有轻质的特性，由于该工艺不涉及合金的熔化和软化，所以得到的接头几乎不存在变形，并且可以保持母板的机械性能。而且，由于接头不熔化，难以焊接的金属组合通常可以接合而不会形成破坏性空隙、脆性的金属间化合物或变形界面。其优点还包括不产生电弧或烟雾、无飞溅、效率高、不需要填充焊丝、连接铝合金不需要气体保护等，甚至还可以在水下进行。

FSW 用于航天器贮箱焊接时，焊缝位于圆顶与圆柱形部位周围。1999 年成功发射的 Delta 2 运载火箭的级间模块（Kallee，2001）首次将 FSW 应用于空间项目。之后，FSW 又用于焊接储存液态氢和液态氧的航天飞机外部贮箱（合金为 AA 2219 - T87 和 AA 2195 - T8M4），用于焊接美国战神运载火箭贮箱和弯曲结构部件。在欧洲，Fokker 成功应用 FSW 焊接 Ariane 5 低温主平台发动机支架。支架是无压圆锥形结构，使用搭接接头连接，大部分零件由 AA 7075 制成 [图 4 - 105（Brooker，2001）]。

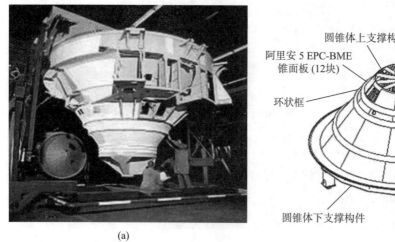
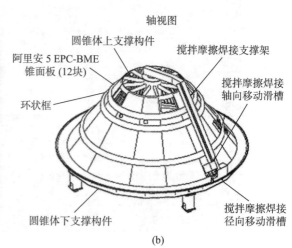

（a）　　　　　　　　　　（b）

图 4 - 105　（a）由 12 个整体加工平板组成的 Ariane 5 主发动机支架组件，（b）Fokker 设计的具有多种
功能的新型锥形组件夹具的概念图，可用于 Hi - lok™ 铆接和 FSW（Brooker，2001）

都灵的 Thales Alenia Space（TAS）设计、制造和测试了 FSW 的铝锂（AA 2195）低温贮箱，用于欧洲可重复使用运载火箭，如图 4 - 106 所示。MT - Aerospace 公司也制造了大型运载火箭贮箱结构。

(a)

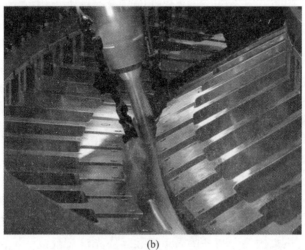

(b)

图 4 - 106　（a）都灵的 Thales Alenia Space 制造的 Al - Li 低温贮箱，纵向圆柱体焊接和圆顶至圆柱体
焊接采用 FSW（ESA - TAS 提供）。（b）在新奥尔良的 Michoud 装配制造中心，Orion 乘员舱
进行 FSW 时，旋转焊销的特写；图中的 FSW 夹具是目前世界上最大的，转盘直径 6. 7 m
（由 NASA/LM 提供）

公开的文献有许多对 FSW 的应用研究。Leitao（2013）在葡萄牙科英布拉大学（University of Coimbra）提交了一篇特别简洁的论文。论文比较了不同铝合金 FSW 的可焊性与焊接参数的关系，并分析了有关连接机理、冶金、机械转换及板厚的影响，还总结了近期发表的关于不同 FSW 材料的论文信息（图 4 - 107）。

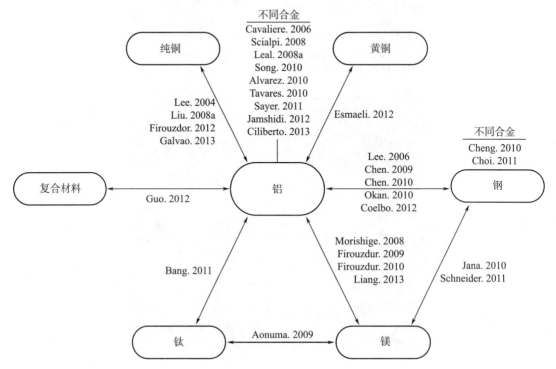

图 4 - 107　在文献中获得的已在 FSW 中经过评估的不同匹配材料对。Leitao 给出了引用信息（2013 年）

影响 FSW 过程的主要参数如图 4 - 108 所示。工具上焊销和肩部的尺寸，以及凹面角度和焊销长度均在图上进行了标注。动态参数包括探入深度、倾斜角度、转速、横移速度和向下作用力。FSW 过程中，环绕工具周围的材料的流动不对称，前进侧和后退侧之间存在明显差异，见图 4 - 109 中的 AS 和 RS。热机械影响区 TMAZ 是工具使材料发生塑性变形并产生完全再结晶体（熔核）和部分再结晶或未再结晶区的区域。热影响区 HAZ 经历了热循环，改变了微观结构，没有发生塑性变形。

图 4 - 110 显示了铜与铝的 FSW 焊接（Galvao，2011）。两侧都是板状结构，厚度为 1 mm。在正常的熔焊下，由于金属间化合物 $CuAl_2$ 和 Cu_9Al_4 的快速形成，材料组合会导致焊接多孔、极脆。事实上，这种金属组合非常难结合。其显微组织中不存在铜铝金属间化合物，出现有限的热机械混合和一些固态扩散，在光学显微镜下不存在金属间沉淀。接头界面有点类似于扩散连接。应该指出的是，图 4 - 110 所示的 FSW 是由最低的热输入形成的，而其他类似的 FSW 具有较高的热输入，存在一些 $CuAl_2$ 和 Cu_9Al_4 金属间相，会导致机械强度较低，延展性较差。

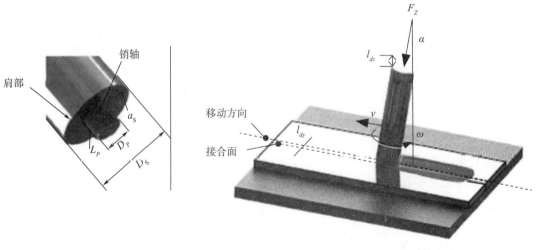

图 4 - 108　旋转焊销的 FSW 静态参数和动态参数示意图

（前进侧）　　　　　　　　　　　　　　　　　　　　　　　　　　　　　（撤退侧）

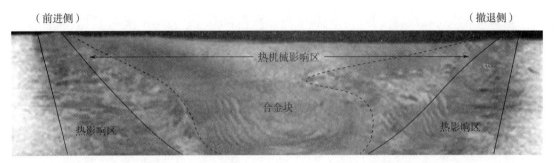

图 4 - 109　抛光和蚀刻后 FSW（两块铝合金板）的宏观结构，同时叠加不同的微观结构区域。
右侧为撤退侧 RS，左侧为前进侧 AS（Leitao，2013）

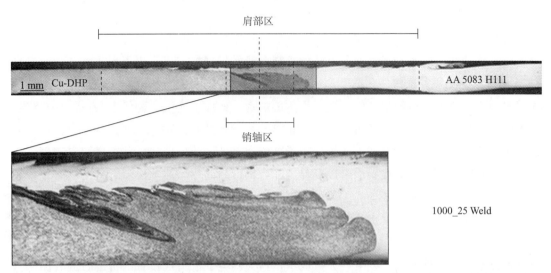

图 4 - 110　含磷量高的无氧铜和 AA 5083 - H111 铝合金的 FSW 横截面的宏观结构。钢制旋转工具直径
14 mm，较硬的 Cu - DHP 板放置在前进侧。焊接在最低的热量输入工况下完成（Galvao，2011）

4.25.2　摩擦螺柱焊接

与搅拌摩擦焊接一样，摩擦螺柱焊接可用于连接困难的、甚至有时不可能连接的金属组合。已有应用案例，将不锈钢螺柱连接到铝合金板，用于电接地。螺柱的平坦面上的销状突起旋转，直到较软的材料变热并变为塑性。将销压入较软的板，当螺栓的肩部接触到板时，施加力将两个表面焊接在一起。接口处没有熔合，但是形成了真正的冶金接头并实现了高强度连接。多种摩擦焊接都是基于这个原理。例如，通过将一个杆旋转到另一个杆的端部上，可以将两个圆柱形杆焊接在一起——摩擦加热使一些材料从界面排出，之后停止相对运动并施加较高的"锻造"力有效地焊接接口。这个焊接工艺已经在 2.6.2 节进行了讨论，将其作为硬件产品在空间组装的焊接技术。

4.26　选择性涂刷电镀

电镀是用于航天器部件及其子系统上的电解沉积的公认方法。电镀用于防护性（防腐）和功能性目的，例如滑动电触点，机构的磨损表面，热控系统特定吸收率或反射率的涂层，以及在组装零件之前提高可焊性或可钎焊性。主要沉积介质是硬铬、铜、金、铅、镍、银和锡铅。电镀层的质量通过在线生产的样品进行测试，或偶尔在飞行硬件上进行测试。无损检测可能包括粘附（例如 ECSS-Q-ST-70-11 的胶带测试），表面粗糙度和亮度检查；破坏性测试包括金相的厚度和均匀性、耐腐蚀性、弯曲延展性、硬度和孔隙率测试。镀金应该受到特别的关注，因为金越纯，电导率和热导率越好，电导率和热导率是航天器的关键材料特性。然而，纯金的耐磨性相对较差，所以对于机械磨损的表面，例如电子插脚和插座、PCB 端部连接器和电子外壳，有必要共同沉积非常少量的其他元素（如钴或镍）到最终表面，以增强耐磨性（并能在一定程度上避免冷焊）。

选择性涂刷电镀工艺可以实现上述常规镀液的原理、目标和质量控制。涂刷电镀可用来电镀零件的选定区域。通过两条电缆的直流电流在局部执行。一根电缆夹在工件上（图 4-111 所示的负极，连接阴极），并将阳极电缆插入触杆中，触杆包含碳纤维阳极束及外包裹着的吸水棉签，外面覆盖着一层可渗透的护套，形成了一把"刷子"。泵入电镀溶液，或者通过浸渍在棉签中，刷子可以施加到需要电镀区域。此工艺在飞机工业中众所周知，可以用来修复受损表面。航天工业中，用于高价值部件的涂刷电镀，粘附产生沉积层，提供良好的防腐蚀性，降低接触电阻以及促进配合部件间的均匀热传。作者成功地将铜沉积在由镁和铝合金制成的电子外壳上。然后用不导电的空间认证的油漆保护整个外壳，每个外壳通过将绝缘铜线的一端焊接到铜片上，另一端压接或焊接到飞船接地系统，以此实现接地。

通过使用选择性电镀可以节约大量成本，因为避免了已集成设备的拆卸，或者因部件可能太大而不能浸入电镀槽中。Rubinstein（1978）报道了美国国家航空航天局（NASA）使用涂刷电镀来修复电路板上的镀金边缘触点。该方法还可用于氢脆最小的超高强度钢的

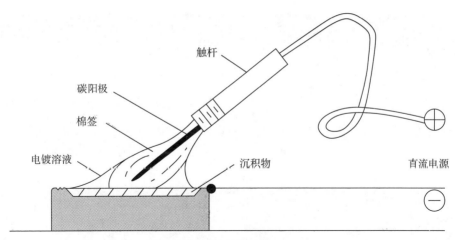

图 4-111　选择性涂刷电镀的原理图（Rubinstein，1978）

局部电镀。

涂刷镀层也应用于通常被认为非常难电镀的钛合金，包括顶级航天器材料 Ti6Al4V。钛本质上非常活泼，当清洁表面暴露在空气中时，会立即氧化。对在选择性镀镍之前去除这种氧化物膜的各种方法进行了研究，大多数不成功，有一个成功的方法是始终控制电位，电镀区域 100% 被包裹的电涂刷阳极覆盖，并迅速从阳极切换到阴极条件，详见表 4-18。产生的阳极蚀刻使钛变得微观粗糙，看起来不存在氧化膜（见图 4-112）。镀镍层形成非常牢固的致密结合，样品的标准测试采用 85% 屈服应力，在悬臂状态下保持 24 小时，最终表明镀层在弯曲测试期间是完全附着的。重要的是，另外的测试证明样品受到氢脆的影响可以忽略不计。进一步进行了涂刷电镀试验：在 Ti6Al4V 薄片上镀上 35 μm 镍，然后用铜酸镀至 350 μm。然后加工铜面以降低铜的粗糙度。机加工后的铜表面最后镀上了一层 60 μm 的镍层，过程演示了一种有用的表面改性工艺。可以在不同的空间硬件产品中使用，可使双金属耦合电压降至小于 0.5 V，例如镍到铝的电压差是 0.45，而钛到铝的电压差是 0.63（见表 2-1）。

表 4-18　在 Ti6Al4V 上镀镍层的涂刷电镀工艺

步骤	操作	材料	条件
1	研磨	思高®	用蚀刻/活化溶液湿润
2	刻蚀	刻蚀激活剂	14 V 阳极电压清洁,10 s
3	激活	溶液	4～8 V 阴极电压,1 min
4	电镀	镍酸	8～18 V 阴极电压,0.078 A * h/cm²

S. Clouser 提供。

要求最苛刻的电镀任务之一可能是国际空间站的多部分组装的组件上进行超过三百个区域的电镀。在阿拉巴马州亨茨维尔的美国国家航空航天局马歇尔航天飞行中心（MSFC），耗费了一年半的时间。镀镍工作由操作员和支持人员组成的两人小组进行，从脚手架和升降平台的工作开始。需要非常小心，避免飞溅到飞行器硬件产品上。ISS 加压

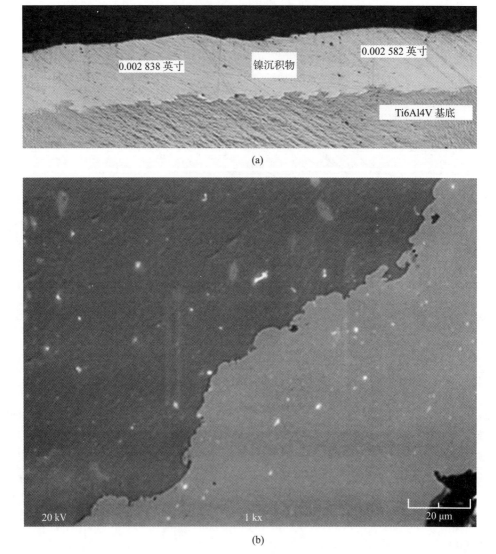

图 4 - 112　（a）Ti6Al4V 钛基底上镍沉积物的横截面显微照片。钛表面经过表 4 - 18 中的工艺
进行了蚀刻/激活。（b）Ti6Al4V（左上角黑色）和镍镀层间界面的扫描电子显微镜图像
（SIFCO 的 S. Clouser 提供）

舱和节点舱的主要材料是 Al - 2219，通常处在 T6 条件，偶尔 T851 条件（见附录 5）。
4.5.2 节已经描述了 Al - 2219 的显微组织，为了沉淀硬化，在铜过饱和的铝基体中产生了
大粒度金属间化合物 CuAl$_2$ 颗粒（见图 4 - 15 和图 5 - 8）。机加工后 Al - 2219 宏观表面不
均匀，由于 CuAl$_2$ 颗粒具有"偏正电势"，形成包含有多个电化学电势的区域，"偏正电
势"的 CuAl$_2$ 颗粒加速了周围铝在离子溶液中的溶解或腐蚀。以此类推，在电蚀刻清洁和
电镀期间，表面电势的变化使得 Al - 2219 难以镀覆。SIFCO 选择性电镀团队发现，可能
是因为存在大的金属间颗粒，在 MSFC 任务期间保持预电镀蚀刻和抛光至关重要。大多数涂
刷镀镍区域位于电连接器表皮切口处、流体和气体管线贯穿处以及通风管道处（图 4 - 113）。

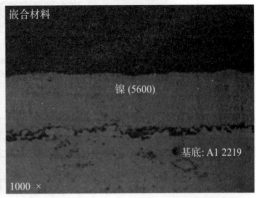

图 4 - 113 美国国家航空航天局 MSFC（舱段、节点舱、实验舱和气闸）使用涂刷电镀镍情况的图片。在飞行件的电镀期间，在线进行样品破坏性测试。镀镍质量通过胶带测试评定，平坦度用激光光学设备评估，表面粗糙度 Ra 可达很低的 16 微英寸（$0.4~\mu m$）。镍镀层厚度通过显微切片和 β 反向散射方法测量（NASA 和 SIFCO 提供）

4.27 用胶带测试控制涂层和粘合项目

涂层广泛应用于航天器表面处理。应用范围从防腐表面到装饰表面（例如运载火箭上的彩绘旗帜和标志）。粘合项目可以是太阳能电池单元盖片和用于部件识别的标签。这些材料通过电沉积、化学沉积、浸渍、喷涂、刷涂或者只是冲压的方式应用于系统或子系统产品末端。通过机械附着、扩散或化学/冶金反应，与基材发生一些结合，才能使涂层更为有效。4.21 节详细描述了清洁的注意事项，特别是在涂覆、涂底漆和涂漆之前去除有机硅的注意事项——"没有准备就是准备失败"的格言当然适用于航天器表面的处理！可以应用各种公认的质量控制方法来测试涂料的适用性，测试可以是在完成后，也可以是经受了前文广泛介绍的各种环境试验之后。商业上最常见的是刀试，用刀片对涂层下的基底进行两次切割，形成"X"型，两腿之间夹角为30°~45°。然后使用刀在"X"的中心部位拉起涂层。测试非常主观，仅用于宇航工业中的初始工艺参数设置。

更准确，更少主观的测试要从 ASTM D3359 或 ECSS - Q - ST - 70 - 13 中选择。使用压敏胶带测量涂层和饰面的卷绕和剥离强度。该方法可应用于"X"刀切，或用多个预设刀片在涂层上切出一定间隔且平行切口的交叉线图形。通常情况不用进行切割，涂层按照制成时的样子进行测试。欧洲空间项目最常使用"胶带测试"，在固定到涂层样品的胶带（指定的粘附强度范围从 220～670 g/cm）上施加挤压载荷（60 s 施加 5 kg），涂层样品固定在一个"高顶帽"形的工装上。然后揭开胶带，以 0.2 cm/min 的速度从样品表面拉开，直到分离。样品没有受到测试的扰动，则认为"通过"。对被扰动的样本则需要进行进一步调查，以确定失效模式 [参见图 4 - 114 中的原理图 (b) ～ (d)]。

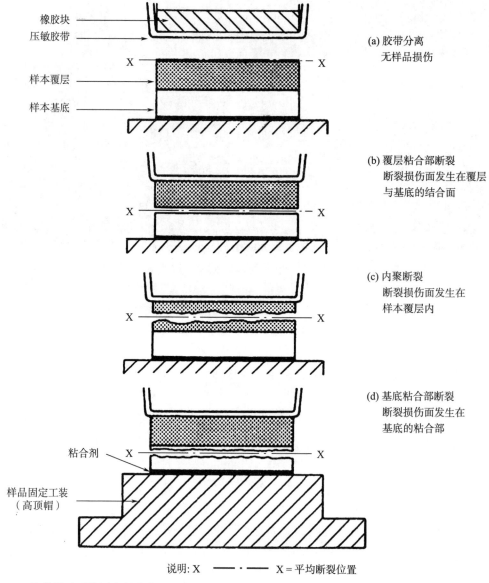

说明: X —— · —— X = 平均断裂位置

图 4 - 114　胶带测试后涂层中断裂位置的定义——描述了涂层中的"最弱层"（来自 ECSS - Q - ST - 70 - 13）

　　胶带测试的结果与拉离的负载一起记录，如果结果远远低于预期，这可能表明：针对预期应用和测试环境选择错了涂层材料、做工差（可能存在于涂覆前的除脂环节）或工作程序错误。所有 Ariane 5 组件都进行了 QC 测试（图 4 – 115）。

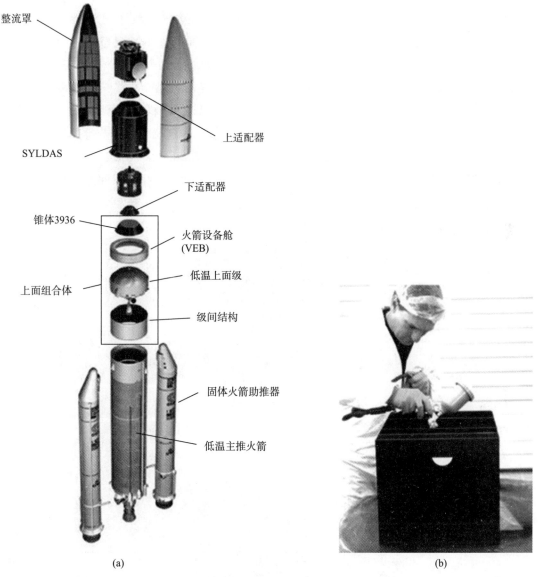

(a)　　　　　　　　　　　　　　　　(b)

图 4 – 115　各种基材上的涂层应用都需要通过压敏胶带测试剥离强度（粘合力）：(a) 在运载火箭多个子系统上使用的白色防静电涂料。Ariane 5 应用的白色涂料。冷白色涂层的 $\alpha/\varepsilon < 1$，在发射台上有助于使低温平台的加热最小。防静电涂层避免了在发射阶段由于空气摩擦引起的电气表面放电。导电涂层的电阻值在 $10^5 \sim 10^9$ Ω 每平方之间。(b) 热控涂层必须承受超过 15 年太阳通量（e−，p+）、射线（UV，γ）、热（−170～130 ℃），真空和原子氧（LEO）。照片展示了 PILOT 实验的大型光学挡板——在平流层气球下方飞行的恒星昼夜传感器（由 MAP 提供）

4.28　EB 焊接机在回流焊接中的应用

　　LISA 探路者任务旨在测试多种技术，包括建立重力感应测量技术。这是测试低频引力波探测方法的首次飞行任务。如图 4-116 所示，电极外壳（EH）位于惯性感应系统中心。由于磁化率极低且密度高，选择由金-铂单相合金制成了 1.96kg 的立方体结构的测试体。测试体位于 EH 中，通过高分辨率激光干涉测量和静电（电容）传感测量其准确位置。电容式传感器包括中空的立方体钼外壳，其表面上安装有镀金的蓝宝石电极。通过了解测试质量的精确位置（通过蓝宝石电极和复杂的光纤系统的响应）来测量重力差。为了防止在发射过程中损坏这个精巧的装置，设计了锁定装置和释放机构——所有材料都设计成完全无磁的。EH 由烧结的纯钼制成——这是一种空间应用非常不寻常的金属，非常致密，熔化温度非常高，达 2 600 ℃。选择钼是因为它与设计安装在其表面上的大蓝宝石晶体膨胀系数相似（均在 5~6×10⁻⁶℃⁻¹ 之间），同时磁洁净度高，热稳定性好，可以加工到 EH 要求的几微米的设计公差。

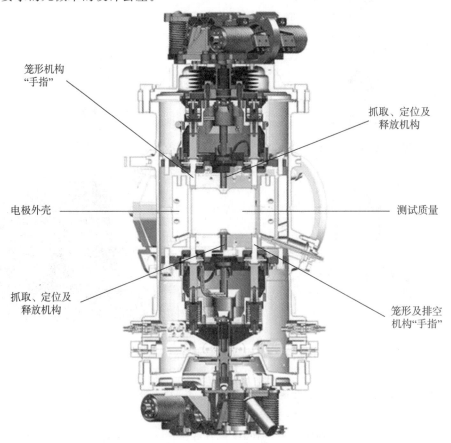

笼形机构
"手指"

抓取、定位及
释放机构

电极外壳　　　　　　　　　　　　　　　　　　测试质量

抓取、定位及
释放机构

笼形及排空
机构"手指"

图 4-116　LISA 探路者惯性传感器示意图。电极外壳和测试体由 Thales Alenia Space
生产——在真空优于 10^{-5} Pa 的钛真空室内制作

图 4-117 是一个电极外壳（EH）；3D 电容式传感器，包含许多蓝宝石水晶，完全镀金，属于半成品状态。EH 的原理机械模型是为了验证在其制造中使用的材料和工艺。对模型进行了热循环和振动测试，但是测试并不成功，出现了灾难性地释放面断裂。失效分析表明，机械强度较差可能是由两个不足造成的：使用了低熔点合金焊接镀金表面，以及焊炉工艺不合适。薄的焊料预制件夹在待连接表面之间，但是，由于钼部件的质量较大，焊炉的温度分布无法提供足够长的停留时间以使整个结构达到平衡温度。焊接边缝似乎符合外表面检查要求，但是振动后，断裂表面包含一些良好冶金结合部分，但是仍有许多区域未润湿，且存在一些 $AuSn_4$ 金属间化合物区域。失效审查委员会得出结论认为，应该采取新的制造流程来组装 EH。

(a)

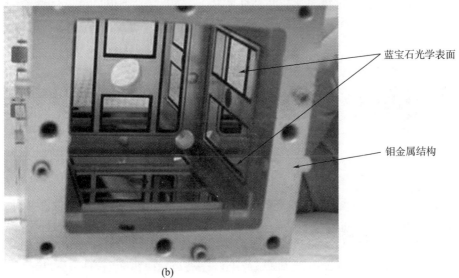

蓝宝石光学表面

钼金属结构

(b)

图 4-117　(a) 电极外壳的整体视图，(b) 去除其中一个钼面，镀金的内表面
以及蓝宝石晶体的尺寸和位置

多学科小组考虑了组装和恢复 EH 的几种选择。最终选择了两种替代装配工艺；均基于使用电子束（EB）加热源并且应用钎焊金属（Au80Sn20 和纯 Ti）。蓝宝石水晶已经连接到内表面的内壁，为了避免损坏极其昂贵的晶体及其连接，施加到零件上的最高允许温度受到限制。选择 EB 加热意味着可能在"钎焊路径"附近产生非常高的点温度。钼是热的不良导体，钎焊操作在高真空下几秒钟内完成，因此不会发生氧化和损坏蓝宝石连接。复杂的情况是，一些钼部件仅需镀金，而另一些部件需要在金和钼之间，镀镍的中间层或者在钛的中间层。

因此用于评估 EB 过程的样品配置如下：

1）Mo-Ni-Au→Au80Sn20 填充物→Au-Ni-Mo（样品是在短时间内生产，因为镍具有磁性，所以不会在飞行件上使用镍）；

2）Mo-Ti-Au→Au80Sn20 填充物→Au-Ti-Mo（含钛的样品，代表 EH 的实际飞行材料）；

3）Mo-Ti-Au→钛填充物→Au-Ti-Mo。

EH 的修复计划分为三项：可行性、鉴定和飞行件修复。

可行性包括广泛的一系列活动，例如尝试使用 Mo 填料板对 Mo 与 Mo 进行电子束焊接。尽管改变了包括 EB 电流、电压、焊接速度、熔化的垫片的数量和厚度以及冷却速率等参数，但仍未取得成功。图 4-118 是一个 EB 焊接样本。

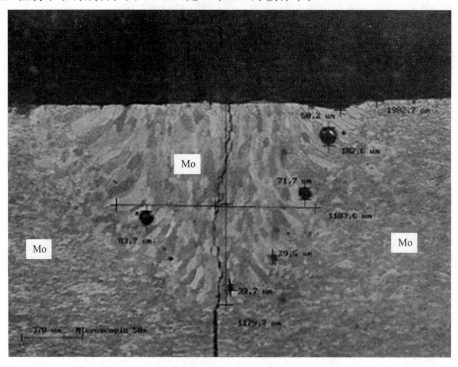

图 4-118　将纯 Mo 箔夹在两个 Mo 板之间形成的目视可接受的 EB "焊接/钎焊" 接头截面。电子束垂直微调聚焦在"钎焊路径"中心线上。在抛光、蚀刻的微切片上看到的晶粒间开裂证实了文献的数据，即烧结的钼非常难以焊接。液态焊池金属在 2 600 ℃凝固并释放气泡，冷却至环境温度时会出现大量收缩裂纹

结果表明，应该使用上面 1～3 所列出的工艺生产 EB 钎焊样品。EB 钎焊接头采用精确的聚焦电子束以 45°角射入样品角部；调整一系列参数变量，通过每个测试精调工艺过程，以获得从视觉检查、拉伸强度和微观结构各方面可接受的接头。重要的是，EB 集中在距离钎焊垫片 1～3 mm 之间的位置上，垫片的熔化受到热导率的影响——当电子束被集中到钎焊合金自身上时，熔融合金发生严重中断，润湿差，没有液态金属在毛细作用下进入钎焊路径。

全面的修复测试结果已经发布（Soli 和 Dunn，2015）。工艺参数针对 1～3 所列出的每种钎焊合金和钼涂层进行了优化。样品的外观及其微观结构如图 4 - 119、图 4 - 120 和图 4 - 121 所示，主要评述和抗拉强度测试结果在图标题中说明。

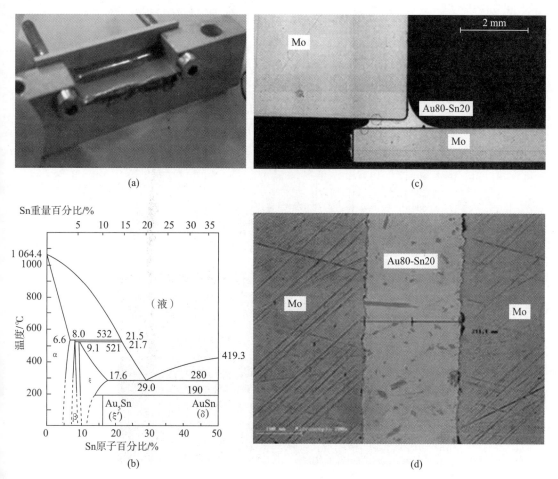

图 4 - 119　1 型样品。(a) 令人满意的 EB 钎焊接头的外观和显微切片，即在镀 Ni 后再镀 Au 的 Mo 基材间使用 Au80Sn20 合金作钎焊金属形成的钎焊接头。(b) 详述了富金侧的 Au - Sn 二元相图。固化温度范围从约 520～280 ℃。(c) 搭接接头处的宏观截面，润湿性良好，孔隙度很小。整个钎焊中看到的是包晶相的针状 β 区。(d) 镍仅在较高的放大倍数下才可辨别出来，由于溶解到了钎焊合金中，在钼表面上的镍层厚度小于 1 μm。搭接剪切测试接头的强度范围 25～40 MPa

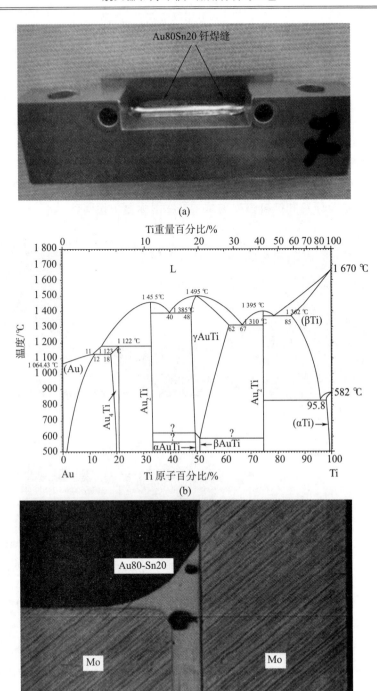

图 4 - 120　2 型样品：在镀 Ti 后再镀 Au 的 Mo 基材间使用 Au80Sn20 合金作钎焊金属。(a) 使用四个 Au80Sn20 箔片来产生优异的圆角外观。(b) Au - Ti 相图表明，在钎焊温度下，少量 Ti 会溶解到合金中。尽管圆角表现出优异的钎焊金属的熔化和润湿特性，但是有一些迹象表明，温度不足导致未能完全熔化整个长度的垫片。很可能是由于钎焊的最高温度刚好低于 350 ℃（并且冷却周期要快速达到环境温度，避免在 190 ℃ 长时间停留，此时 AuSn 的相会变得不稳定并且可能形成脆性的 Au$_5$Sn）。搭接剪切试样强度值在 30 MPa 以上，平均值比 1 型试样大

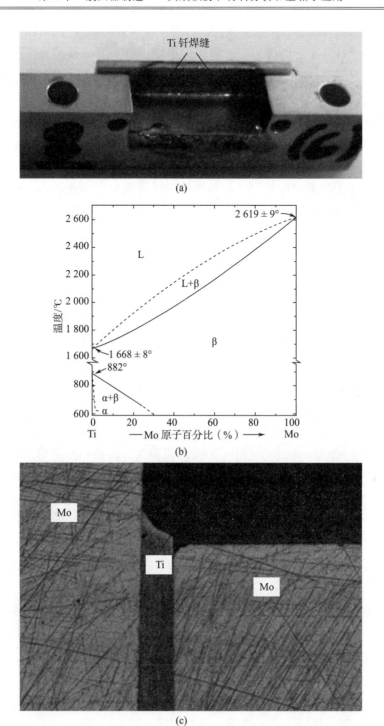

图 4 - 121　3 型样品。为 Mo→Ti 填料→Mo 的 EB 钎焊接头。（b）中所示的钼-钛相图比较简单，
两种元素完全相互固溶。Ti 钎焊填料与 Mo 基体之间的相互扩散非常快速并具有很高强度。
非常薄的中间金镀层会快速溶解到 Ti - Mo 合金中。主要的钎焊路径中不存在金属间
化合物。搭接剪切测试证实，强度一直远大于 30 MPa，断裂发生于烧结的钼中

　　根据样本测试结果和系统的冶金属性，类型 2 样本被认为是能进入鉴定阶段的主要竞争者。钛在 Mo 中具有完全的固溶特性，在钎焊过程中没有金属间化合物反应，因此 Ti 与 Mo 界面非常牢固。对 Au80Sn20 而言，在最佳的热量输入下，薄层将全部熔合在一起，熔化的钎焊合金溶解镀金，润湿剩余的 Ti。机械性能测试时发现，形成了一个可将大部分断裂表面钎焊在一起的（中间）钎焊接头。断裂部位是粗糙的，并且存在钎焊合金的峰刺。热量输入不足时的钎焊不良，不能形成 Ti 和 Mo 之间的结合。界面最脆弱，是断裂发生位置，即断裂表面平坦呈灰色，复现了 Ti 与 Mo 界面脱离现象。在（断裂的）剪切测试样品上看到了一些平坦的区域。富金液体与钛界面形成部分合金，如图 4 - 120（b）中的相图所示，微观结构可能比较复杂，包含依赖于钎焊循环时间与温度的多个相。徐等人（2013）在他们的研究中发现钎焊的温度需要超过 350 ℃，而冷却很快，特别是在 190 ℃ 下不应该停留，因为在与钛镀层的基体进行结合时，Au_5Sn 与 $AuSn/Au_5Sn$ 共晶微结构相比，更脆弱。

　　在有限数量的样品上尝试了 3 型工艺，使用纯钛箔对钼进行 EB 钎焊。这些样品是工艺 2 所用样品的备份（使用 Au80Sn20 填料）。在 Mo 上获得这种 Ti 钎焊结合所需的温度远远高于 Au80Sn20 所需的温度，是 1 800 ℃ 而不是 550 ℃ 的温度区域。搭接剪切强度 ≫33 MPa，断裂发生在钼中而不在钛钎焊中。这种冶金连接方法已被中国研究人员成功地用于钯和钛纯金属钎料（Lin，2013），但是需要用烘箱代替 EB。图 4 - 121 显示了钛钎焊的外观及其宏观截面。

　　对使用 2 型钎焊合金以及 EB 钎焊循环工艺加工的电极外壳材料和工艺进行鉴定。HTC（意大利福利尼奥的高科技公司）进行培训和认证的操作员根据已完成的工艺识别规范（PID）进行 EB 钎焊，在合格的样品生产中所有可变参数都是固定的（参见图 4 - 122）。钎焊循环迅速进行，电子束的横移速度快（聚焦在 Mo 顶面上），距离含钎焊垫片的界面有一定的距离。通过传导快速冷却，避免在 190 ℃ 下 Au_5Sn 的固态沉淀，EB 焊接的真空室仅当物品达到可以舒适拿取的温度时才能打开，并开放到周围环境压力。鉴定计划规定测试在 EH 的 BB 面上进行。所有振动测试项目都成功了。在所有钎焊零件上都没有看到失效或可视的表面退化。振动前后所有频率共振测试曲线都是相同的。测试频率范围在 20～2 000 Hz 之间，振动高达 36 gr. m. s。沿着 3 轴重复测试，最小持续时间为 120 s。进一步的测试在所有轴上进行了 600 s。很明显，EH 所有面都超过了 LISA 探路者任务的设备振动要求：120 s 和 25 gr. m. s。认证部件的稳健性要求不会发生第一种失效模式。这个工艺的成功开发是非常重要的，因为它引入了一种创新的连接技术——只引用了另外一个类似的工艺（Lin，2013）。由此，在镀钛钼表面采用 Au80Sn20 进行电子束回流钎焊有了更大的信心，对飞行产品修复也更有把握（图 4 - 123）。

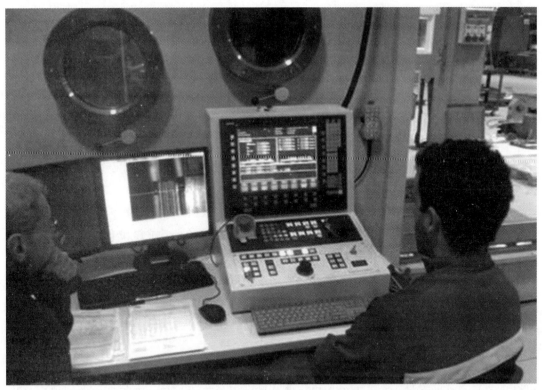

图 4 - 122　操作者生产 EH 鉴定样品，使用光束对准零件，通过显示器和微处理器监视。真空室运行在 10^{-6} bar 下。将钨掩模放置在样品上以保护蓝宝石晶体免受电子束和任何在此高温/真空过程中升华的冷凝物质的影响

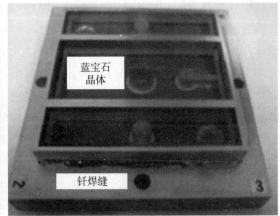

图 4 - 123　EH 各面的环境测试取得完全成功，因此 EB 工艺经过了鉴定，认为是合格的

第 5 章　金相在航天器测试失效中的应用

5.1　电子显微镜的应用

5.1.1　断裂表面的 SEM 观测

航天器材料的失效形式通常可以通过详细观测断裂表面来判断。在失效研究中，扫描电子显微镜（SEM）是一种非常重要的工具，因为它较传统光学显微镜有更大的景深和放大倍数。用 SEM 观察断面很少需要特殊的准备工作，只有当观测区域存在较厚的腐蚀产物或是其他绝缘物质时，才会需要镀一层薄的金层以防止充电效应。实验人员应尽可能地使用未进行表面涂镀的试样进行观测，因为只有裸露的断面才能呈现真实的表面结构。如果需要涂层来避免表面电荷积聚，或提供比样品材料更高的二次电子产率的表面层，则推荐以下两种方法：

1）溅射涂层：该方法是使用低真空设备将金（Au）或铂（Pt）以 1 nm/s 的速率沉积到试样上。这里需要注意，溅射金属是以分散独立的形式沉积，而不是连续地喷涂。为了避免由于断面的粗糙而导致无法喷涂到局部阴影处，最好将试样相对于喷靶倾斜 45°进行喷涂，然后再将试样向相反的方向倾斜 45°再次喷涂。

2）碳沉积：该方法需要在真空下将碳纤维加热至 2 000 ℃左右。碳蒸发后将在毗邻区域形成导电薄膜。这里必须注意避免样品过热。

材料断裂通常是根据其结构、加载方式和裂纹扩展机制来进行分类的。塑性材料中出现的并不总是塑性断裂。同样，脆性材料也并不必然呈现脆性断裂。真正决定断口形貌的是应力水平和其他的加载条件，例如加载速率、加载时间和加载温度等。

断裂通常会留下特征标记，从中可以快速推断出组件故障的原因。但是为了准确地判断失效形式，在断面显微镜观察后应当进行断口金相检查。

断口形貌一直被看作是判定材料质量或适用性的标准。一般来说，脆性断裂是没有宏观塑性应变的断裂。然而，在金属中脆性裂纹扩展的尖端前面总是存在局部微观塑性应变。图 5-1 展示的是一个多晶金属脆性断裂的例子。从这个样品俯视图中，我们能够发现脆性裂纹沿着晶粒的特定晶面即"解理面"扩展，并最终形成"穿晶断裂"。脆性裂纹也可以沿着金属的晶界扩展，形成"沿晶断裂"。塑性或韧性断裂发生前，只产生了由于滑移面变形导致的宏观塑性应变，解理面或晶界处没有裂纹扩展。

由 Engel 和 Klingele 于 1981 年撰写的一部经典专著全面地描述了各种金属断裂和损伤表面的 SEM 观察。工程师们可以通过该书提供的观察结果来定位和定义各自试样的断口组织图像。最近意大利 Genoa 焊接研究所对工业部件和结构过早失效导致的断裂面进行了整理汇编（De Marco 等人，2015），该研究所的冶金实验室已获得从事失效分析的资质。

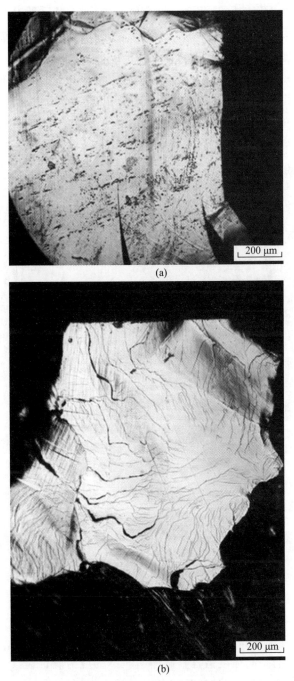

(a)

(b)

图 5-1　单轴拉伸载荷作用后的多晶锌在 77K 环境中发生脆性断裂。（a）为拉伸破坏后扁平试样的俯视图。解理裂纹沿着滑移线形成穿晶断裂。有证据表明其中存在微观孪生和局部塑性变形（光学显微镜）。（b）为（a）放大的晶粒断裂表面。这些脆性断裂的特点让人联想到河流形态（光学显微镜）。裂纹开始于一个解理平面（有平行辉纹的中心左侧），并穿过较宽的河流纹路向右侧扩展，向着河流纹路更细的方向扩展（Dunn，未发表报告）

为了阐述 SEM 在服役的航天器材料失效调查中的实用性，图 5－2～图 5－4 给出了一些受损金属形貌的简要说明。然而，若想深入研究这些失效模式详细的冶金学解释——可以参考 Engel 和 Klingele 的专著、最新版本的《ASM 手册》（第 11 卷，失效分析和预防；第 19 卷，疲劳和断裂）以及 De Marco 等人于 2015 年用意大利语编写的失效分析汇编。

图 5－2 所示为振动疲劳失效。该断口照片为卫星结构部分的一根支柱在振动试验之后失效表面的 SEM 图像，从中我们可以清楚地看见疲劳辉纹。断裂路径垂直于应力轴，并且每条平行辉纹由单个应力循环产生。辉纹间距的密集度及辉纹的清晰度也能够提供一些关于加载条件的信息。

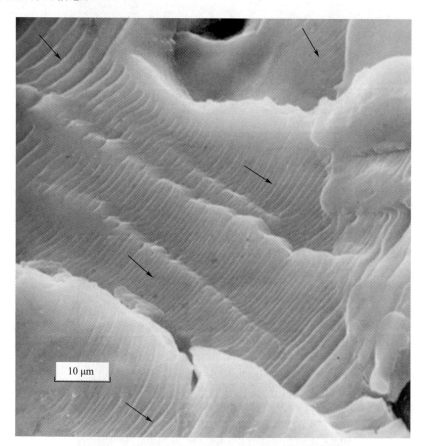

图 5－2　振动试验后失效卫星支柱（Al 6061－T651）的断裂表面疲劳辉纹的 SEM 照片。
裂纹沿箭头方向扩展

图 5－3（a）所示的是高强度铝合金试样中典型的应力腐蚀裂纹形貌，对该试样加载的应力为材料屈服应力的 75％，然后将其暴露于盐水环境中 80 天。在该试样表面附近还观察到了一些腐蚀麻点。最深麻点的根部形成应力集中，并促进了沿着合金的较大晶界的应力腐蚀开裂（SCC）。如图 5－3（b）所示，这种在试样中心出现，特有的非常小的韧窝，是由于拉伸超载和试样经历了 80 天的环境试验韧性破坏而产生的。

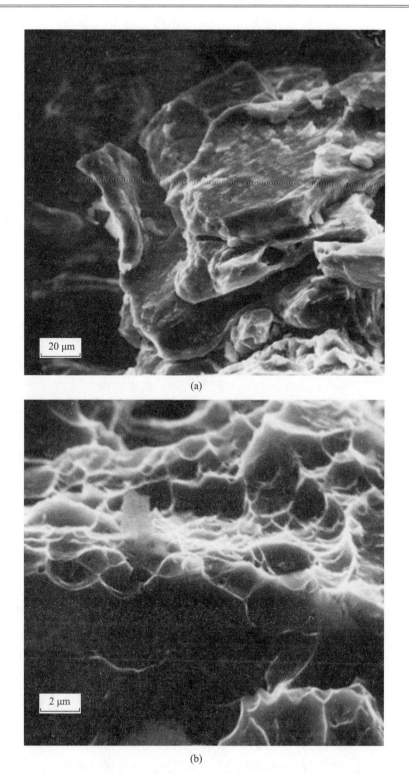

(a)

(b)

图 5-3　暴露于盐水环境 80 天后断裂的 AA 2219-T851 应力腐蚀样品的 SEM 照片。
（a）为应力腐蚀导致的晶间裂纹。（b）为铝板拉伸过载后的塑性韧窝断口

图 5 - 4 所示的铝锂合金 AA8090 的微观结构由大而细长的晶粒组成，这些原始晶粒被细小的金属间化合物颗粒网络固定。而随后的热处理产生了亚晶粒组成的亚结构。在标准的 30 天交替浸没试验的第 9 天发生了应力腐蚀开裂和拉伸断裂。与图 5 - 3 中所示的布满了腐蚀产物和麻点的 AA 2219 合金不同，在 AA 8090 合金上几乎找不到表面腐蚀迹象且完全没有点蚀。应力腐蚀开裂和拉伸断裂都主要发生在原始晶界上，并伴随着亚晶界的二次裂纹出现。在主应力腐蚀裂纹附近的金相切片上只发现了极少的麻点或腐蚀产物 [图 5 - 4（c）展示了这些隐藏的毛发状的裂纹缺陷——这是一种在检查飞行器时，通过标准的无损检测难以发现的缺陷]。

碟形弹簧是一种凸凹不平的垫圈，它可以在压平时积攒弹性势能。图 5 - 5 是这些配对成套的碟状高强度钢垫圈的堆叠结构图。图中所示的弹簧堆叠结构被应用在飞行器吸震系统中，但在美国的一次真实的飞行器失效事件发生之后，人们认为有必要评估这些类似的钢部件是否也容易受相同的应力腐蚀失效模式的影响。碟形弹簧装置承受着飞行预载荷和安装应力。两组弹簧分别放置于预期环境中进行 30 天环境测试。第一组样品进行了标准的"交替浸没试验"，交替周期为 1 个小时，每个周期包括了在 3.5% 氯化钠水溶液中浸泡 10 min，然后从溶液中取出样品放置 50 min，以进行干燥。没有等到经历 30 天的验收测试，仅在 6 h 后，几个碟形垫圈已开裂失效。第二组样品被放置于温暖潮湿的环境中（60% 和 95%RH）。这些样品仅在 72 h 后就失效了，断裂表面如图 5 - 6 所示。从图中可以看到由应力腐蚀产生的典型的晶间裂纹沿原奥氏体晶界迅速扩展。微孔和其他断裂表面晶面的一些迹象也十分清楚。通过对高强度弹簧钢垫圈的复查可以发现，它们是用仅具有中等抗应力腐蚀开裂性能的合金制造的。替代的垫圈是由表 4 - 6 中的合金制成的，后期又通过测试证明了新的替代垫圈能够很好地在该项应用中服役。

5.1.2　金属失效的 TEM 观测

SEM 主要是一种研究表面形貌的工具，其优势在于聚焦深度，对于给定的放大倍数，该深度是光学显微镜的十倍。而从图 3 - 9 中我们可以发现，透射电子显微镜（TEM）的分辨率是 SEM 的十倍，并且能够提供更大的放大倍数。对于金属样品必须要进行减薄处理以确保电子透过率，以便直接观察样品内部；当样品表面需要进行实验室检测时，也必须要用到复型技术（参见 3.2.2.2 节）。

到目前为止，TEM 操作中最困难的部分是制备和处理用于透射测试的足够薄的试样，这也往往限制了其在航天器失效分析中的使用。而人们对 TEM 使用的理解并不是非常的充分，它被单纯地认为是高校里材料科学研究的一种工具，又或是公司研发部门用于研究新合金微观组织的成分以及尺寸分布的一种方法。但是鉴于该设备对物理冶金学特别是位错运动的认知有独特的帮助，它也可以用于评估冶金失效机理。图 5 - 7 和图 5 - 8 清楚地展示了该方法的精妙之处，凸显出具有完全不同组成的高强度结构合金由于错误的加工方式而导致的微观结构缺陷。这两个案例分析都显示出刚淬火后的合金会形成较软的过饱和固溶体。加热到预定的温度保持规定的时间会使第二相析出并优先在特定习惯面上形成。

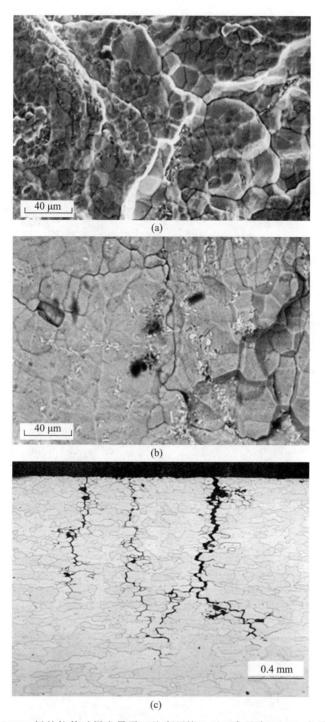

(a)

(b)

(c)

图 5 - 4 AA8090 - T8771 板的拉伸试样在暴露于盐水环境 9 天（参见表 4 - 4）之后发生应力腐蚀失效的 SEM 观察照片。(a) 中明亮区域为应力腐蚀开裂造成的断面的阶梯边缘。裂纹的扩展大都沿着大的原始晶界，也有一些沿着该合金的亚晶界，从而产生存在小刻面的晶间裂纹。(b) 是通过背散射电子成像拍摄的与 (a) 相同的区域，可以清晰地看到沿原始晶界的粉碎的针状金属间化合物网络。断裂表面 (a) 和 (b) 不存在腐蚀产物。类似地，在 (c) 中的试样表面也看不到麻点和腐蚀产物

50 mm

图 5-5　在 SCC 测试期间的一个碟形弹簧组件。第二张照片是第一张照片中组件旋转 90°所拍摄的。
有 17 条裂缝，其中一个碟形垫圈有部分缺失（箭头所指处）

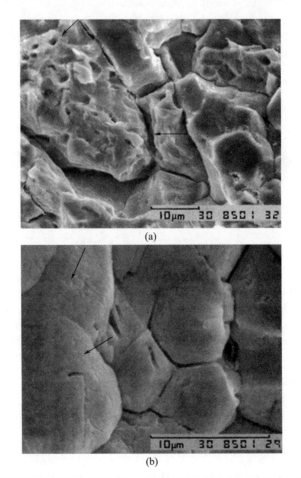

(a)

(b)

图 5-6　碟形弹簧断裂表面的 SEM 照片。(a) 中箭头所指的为晶界和微孔。(b) 中所示为延伸的
发线状和乌鸦脚印状的标记（由 A. de Rooij 供图）

随着析出的进行，合金会变得越来越硬，但如果由于材料在高温下保持时间过长而使得析出相进一步生长，则合金将缓慢地开始软化，这种现象称为"过时效"。随着初始析出相尺寸的增大和形态的变化，形成在应力下难以保持的位错，从而导致合金的机械性能总体降低。

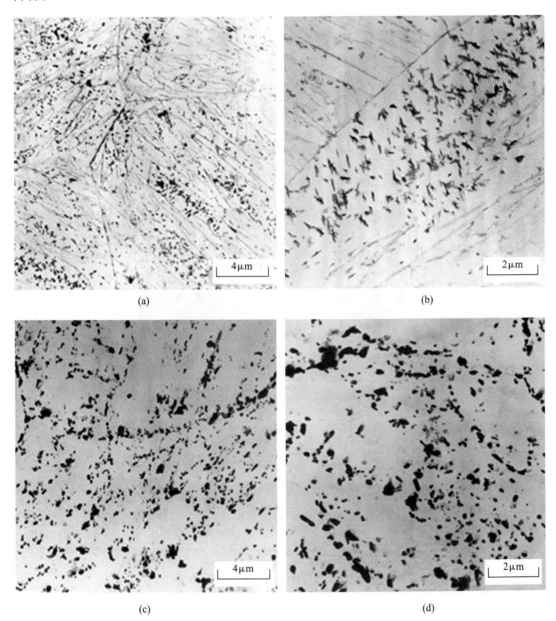

图 5 - 7　由 Mo 和 V 合金化的 12％铬钢的碳复型具有高强度和良好的蠕变和氧化性能。析出强化形成了棒状析出物的良好微结构［参见（a）和（b）中的过渡碳化物，主要是 Cr_7C_3］，从而提升了物理性能。将相同部件的截面放置于过高的温度中（750 ℃/2 h），随着过渡碳化物转化成大量的球形颗粒［（c）和（d）为 $M_{23}C_6$ 的均匀碳化物］，延展性有所增加，硬度、弹性极限应力和极限抗拉强度相应有所降低。

　　需要注意的是，这些碳复型是由轻微蚀刻的抛光试样制备的（Dunn，未发表的工作）

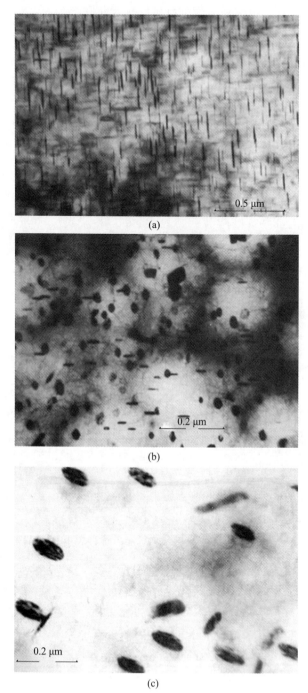

图 5-8　（a）为经过固溶，拉伸和时效处理的 Al-6wt%Cu 金属板的透射电子显微照片。时效过程中的析出强化会在 [100] 晶面上生成 θ′粒子，这与根据 T851 条件（175℃/18h）处理的 Al-2219 金属板一致。对该金属板进行 TIG 焊使得硬度从母板的 140DPN 降低到过时效的焊接热影响区（HAZ）的 90DPN。对 HAZ 中的箔片进行检测，结果显示（b）中 θ′析出物较少而 CuAl₂ 在邻近母板处析出的迹象较多，而（c）中在熔池附近全部过时效。θ′相在转化生成粗大的 CuAl₂ 颗粒后，其强化作用也会丧失（Dunn，1984）

在图 4 - 50（b）和图 5 - 43 中我们可以看到 TEM 作为一种实用的失效调查工具的其他示例，分别展示的是化学镀镍中的析出硬化，以及位错与晶粒生长对铍薄片的脆化影响的评估。

5.2　紧固件

5.2.1　航天器紧固件

紧固件是可以将装置的小部件和大型子系统固定到航天器结构中的基本构件。处理与螺母、螺栓、垫圈和铆钉有关的潜在问题时必须谨慎，因为工程师认为这些问题非常低级，所以经常忽视。紧固件通常是通过扳手扭转螺栓来安装，先使其"固定"，然后"锁死"螺栓的扭转，从而防止接头在振动和热疲劳条件下的松动。力矩扳手是需要定期校准的工具，因为经常使用会导致其精度的下降和设定点的变动；校准通常由经过认证的承包商在装配公司的质量部门规定的间隔周期内进行。由于机械超载，腐蚀以及各种制造缺陷而导致的紧固件失效都曾经发生过，因此在紧固件制造和航天器装配与集成时都需要进行全面的质量控制。材料及其表面处理方式的选择必须要适合预期的服役环境，可能从低温到超过标准合金熔点的温度范围变化。航天器的紧固件需要与结构的热膨胀系数相匹配，具有抗应力腐蚀能力以及抗氢脆能力。在大多数应用中，紧固件必须与被连接的部件具有电气兼容性，详见表 2 - 1，然而为了满足电气连接的要求，对于接地的表面必须去除防腐蚀用的有机涂料或密封阀。电气连接要求连接面处的最大直流电阻不超过 2.5 mΩ，因此，必须要清洁紧固件该区域中的表面（去除涂料和阳极氧化膜），然后涂覆金属层或化学转化膜。

大多数用于航天器的螺纹紧固件都具有高强度，以及固有的抗表面应力腐蚀能力。表 5 - 1 列出了使用最广泛的高强度材料。这些材料对应力腐蚀开裂都具有相当的抵抗力，同样，它们也在表 2 - 3 的合金中列出。

在紧固件的制造中，最常使用的加工顺序是：首先对热轧棒材或线材进行固溶热处理，然后冷加工到一定尺寸，热锻造，沉淀硬化热处理，最后螺纹滚压并精加工表面。通过热处理后的螺纹滚压加工硬化工艺，可以在缺口根部产生较高的残余压应力，从而能够克服可能存在的任何断裂韧性问题。值得注意的是，对螺栓的无螺纹区域进行单独的硬化加工也是非常有益的，否则非螺纹区域的疲劳强度会比螺纹部分小（Turlach，1985）。对于服役于严重应力腐蚀和疲劳环境中的高强度铬镍铁合金紧固件，最好在室温下滚压螺纹，而不是在 400℃下进行热滚压。但是相较于在空气和水中切削螺纹，滚压螺纹在任何情况下都会延长应力腐蚀和疲劳寿命（Kephart 和 Hayden，1993）。滚压螺纹的性能改善（对于大多数的金属合金紧固件）源于各影响因素之间的相互作用，包括处在临界应力状态的螺纹牙底区域的残余微观压应力，负载过程中塑性变形的降低，以及有利于性能改善的一些微观结构的形成。

表 5-1　一些耐腐蚀紧固件材料的机械性能

材料	典型的化学成分（也可参见附录6）	室温拉伸性能				备注
		UTS/MPa	0.2%PS UTS	延伸率/%	断面收缩率/%	
15-5PH	15Cr5.5Ni4.5Cu bal. Fe	1250	0.90	6	15	
Ti6A14V	6A14V balance Ti	1100	0.95	15	45	
286	15Cr1.2Mo25Ni	960	0.70	14	20	（冷加工和时效产生 1 380 MPa 的极限抗拉强度）[①]最大服役温度为 670 ℃[①]
镍基高温合金	21Cr5Mo15Co3.3Ti2Fe bal. Ni	1 250	0.70	12	±18	最大服役温度为 800 ℃
铬镍铁合金 718	21Cr 3.3Mo 1Co 55Ni bal. Fe	1 250	0.80	13	20	（冷加工和时效产生 1 517 MPa 的极限抗拉强度）[①]最大服役温度为 650 ℃[①]
多相 MP35N	20Cr 10Mo 35Co 35Ni	1 800	0.90	10	50	（冷加工和时效产生 1 790 MPa 的极限抗拉强度）

注：① 可能需要有 5～10 μm 的银润湿层——通常需要安装垫圈以避免银与铝或钛结构接触。

各式各样的铆钉设计应用于航空航天工业中，主要用来连接金属板材。将铆钉的无头端穿过两个金属板材上的孔，然后通过敲平或者向下压紧的方式机械固定两块板使它们接触。在航天器中，锻造加工的铝铜合金经常会被用于支架与面板等部件的紧固。在使用过程中，通常不会有电偶腐蚀的问题，因为基本所有部件都是由成分相似的铝合金材料制成的，并且都进行了铬酸盐转化膜表面处理。铆钉通常采用 AA 2017（4%Cu0.6%Mg 2%Ni 铝合金）制造，一些情况下也会采用 AA 2024（4%Cu 1.6%Mg 铝合金）制造。之所以选择以上两种铝合金，是因为它们都可以通过固溶处理以及随后的时效硬化（析出处理）来提升机械性能。AA 2017 中可添加 2% 的镍作为一种细化晶粒元素，能使铆钉稳定，从而延缓室温时效硬化。AA 2024 铝合金相对来说较难加工，因为在固溶处理之后（500 ℃保温然后水淬），必须将其置于低于 0℃ 的环境中以避免自然时效。以上两种铝合金在经过固溶处理后都易于进行冷加工（例如铆接）。铆钉发生变形后可以通过时效硬化使材料获得高强度特性。AA 2017 与 AA 2024 铝合金对应力腐蚀断裂的抗性都较差，但是由于其特殊装配方式，它们仍可应用于航天器。原因是铆钉杆在短截面方向不承受载荷（也就是最容易发生应力腐蚀的纹理方向不会受到拉伸应力）。经验表明，结构部件用铆钉固定是非常可靠的；然而，鉴于最近发生的两起铆钉失效事件，必须提出以下几条建议（Jha 等人，1996）：

1）AA 2024 铆钉必须在固溶处理并淬火后的 30 min 内进行装配，或者在装配前必须一直冷冻保存以抑制其在使用前发生时效硬化。

2) 材料的化学清洁非常重要，若存在第二相颗粒和未溶的 $CuMgAl_2$ 分布在整个基体中，则会引起材料沿着最大应力平面发生剪切（导致铆钉头"崩落"）。

3) 铆钉头部与杆的连接处应具有平滑的圆角半径，以避免铆钉在受到弯曲应力的情形下发生应力集中。

由于市面上出现了许多假冒伪劣的紧固件，导致整个行业处于一个比较危险的处境。这些劣质紧固件都是复制品或是替代品，其材料与性能（机械性能）同供应商及制造商的描述不符。所以，螺栓、螺母和垫圈等必须从授权经销商处购买，条件允许的话可以直接从制造商处购买。欧洲航天器制造商通常按 ECSS‒Q‒ST‒46 标准购买紧固件。这套标准要求紧固件的头部在热处理之前先进行热镦或冷镦；头下圆角以及螺纹要通过滚压方式加工完成；要压印鉴别标记以便清楚地识别紧固件批次和供应商；按照 ASTM 和 ISO 标准定义了非破坏性检查要求。主要的航空航天紧固件制造商包括法国的 Blanc‒Aero Industries，英国的 Linread 公司，德国的 Fairchild Fasteners 公司以及美国的 SPS Technologies 和 Huck Fasteners Int。进一步的质量控制参见 5.2.9 节。

5.2.2　锻造缺陷导致的紧固件失效

如图 5‒9 所示，按航空器标准制造的钢制螺栓的内六角头在卫星测试阶段发生失效。通过对此类钢材进行研究分析，发现其属于中碳马氏体高铬类别。我们又对失效的螺栓以及来自相同批次的完好无损的螺栓进行视觉检查与金相观测。发现它们都是通过锻造制成，内六角头通过"热镦"制成，热镦温度为 1 000 ℃左右，即材料处于奥氏体阶段。如图 5‒9 （a）所示，失效的螺栓在锻造过程中发生了较大的体积位移；而完好紧固件的"插入头部"的比例远低于失效件。规范要求这些螺栓要进行淬火和回火，使其硬度至少达到 315 布氏硬度（相当于 1 110 MPa 的极限抗拉强度）。所有螺栓的硬度要求在 363HB（头部体积硬度）至 380HB（滚压的螺纹硬度）之间。只有在高倍放大的情况下重新检测抛光部分，才能确定断裂紧固件的裂纹萌生位置。在图 5‒9 （b）中可以看到 80% 的裂纹路径上都存在非常细的氧化物缝缘。在断裂的表面附近还发现了其他几处裂纹。这种类型的紧固件没有建立全过程材料可追溯机制，最终失效原因认定为库存件有缺陷。裂纹也被认为是产生于内六角头锻造过程中，这主要是由锻模设计问题或者按照这种设计在锻造过程中锻造操作速度过快引起的。调查源头的措施是对所有在航天器上使用的螺栓所在批次的其余螺栓进行随机抽样检验。这些样品通过纵向截面和金相检验，确认没有裂纹或其他缺陷。最后一项预防措施是对所有紧固件进行了磁粉检查，来筛除这次飞行批次中的其他的不合格品。

5.2.3　螺纹中搭头和表面的不规则性

紧固件技术规范中允许在螺栓头的非承重表面上存在微小的搭头、裂纹、刻痕或凹槽。头下圆角、螺栓、螺纹牙底以及其他位置均不允许出现突变面或表面污染。这种缺陷的存在，特别是螺栓螺纹部分出现裂纹是相当普遍的，制造商和使用者都需要进行严格的

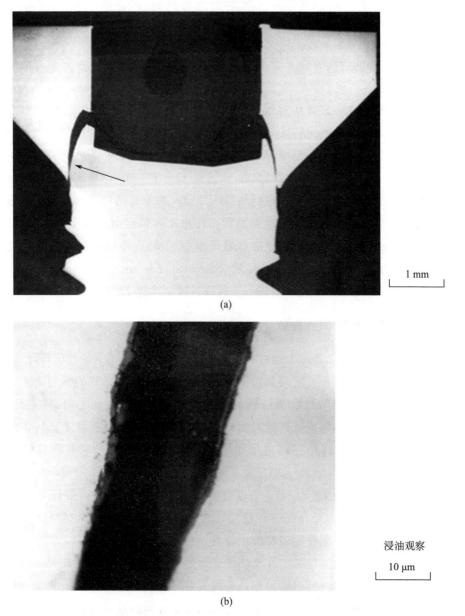

图 5 - 9　航天器振动测试中断裂的 4520 钢制紧固件的抛光截面。(a) 展示了断裂的位置，细节 (b) 展示了沿着断裂路径存在一层很薄的氧化物。注意到这种钢在这个位置存在轻微的内氧化。这批紧固件在热镦粗过程中部分紧固件发生了过大的变形，产生了最初的裂纹而后发生氧化。在测试过程中由应力引起的缺陷的裂纹扩展导致了螺栓头部的剪切断裂

质量控制。裂纹其实就是金属表面的开裂，它在金属的使用过程中保持闭合，但又未真正被焊合。图 5 - 10 所示的是一个典型的不合格的航天器螺栓，这些裂纹难以通过无损手段进行检测，并且会在更小更集中的螺纹区域产生应力集中。通过染料渗透剂和磁粉检测技术可以检测到缝宽为 0.02 mm 的缺陷，但是更小的缺陷难以被观察到，这可能会导致疲劳寿命降低或提前发生失效。

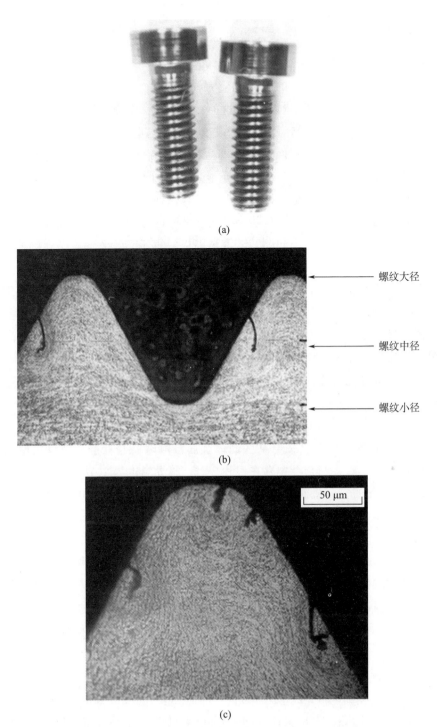

(a)

螺纹大径

螺纹中径

螺纹小径

(b)

50 μm

(c)

图 5 - 10　在轧制过程中引入裂纹很大，导致螺栓性能下降，但是它们可以通过无损检测，只有在冶金检测过程中才能被发现。（a）Ti6Al4V 螺栓外形。（b）螺纹细节，注意向中心线处延伸的裂纹（拒收）。（c）线程峰值处的失效细节

5.2.4　钢制紧固件的氢脆

螺栓组件失效的一个常见原因是高强度钢的氢脆（UTS 超过 750 MPa）。发生氢脆时，仅对螺栓组件施加其屈服强度的 40% 的应力，且在较短时间内即可能发生失效，这种形式的材料性能下降已在 4.4 节中讨论过。这种钢制紧固件的低延展性是由于在强酸酸洗过程中吸氢而造成的，所以就高强度和中强度螺栓而言，酸洗过后一般要对其进行 180 ℃、3 h 的烘烤。一些螺栓组件可以进行电镀金或者银以实现润滑，过程控制对于能否成功应用这些金属有重要影响，一般建议在电镀后额外再进行 24 h 的烘烤以进一步去除氢。尽管镀镉处理在高真空环境下使用受限，但其仍是地面设备紧固件中常用的防腐蚀保护措施。厚镉电镀的有害影响以及可能会导致高强度钢螺栓的氢脆已被证实，故应该通过真空沉积工艺沉积镉以避免这个问题。随着与镉相关的环境问题日益受到重视，铝涂层也越来越受欢迎。

铝可以使用离子气相沉积方法沉积到钢、钛合金和铝合金表面，这是一个特别有用的涂层方法，因为它可以完全覆盖在紧固件上的螺纹牙底、凹槽和尖角。不需要用另一种金属进行预涂或电镀，也不会产生氢脆现象。铝涂层粘附在表面并且可以进行铬酸钝化处理，且这种高纯度铝的涂层可用为导电表面，例如对于铝合金航天器结构，要求在低电势电位状态下进行紧固件电气连接和接地时应用（见表 2-1）。

5.2.5　钛合金的脆化

包括 Ti6Al4V 在内的钛合金在与某些固体金属接触时就会变脆。镉可以使该种合金的脆化温度降低至 150 ℃，当合金中存在银和金时，临界温度为 204 ℃（Stoltz 和 Stulen，1979）。固体金属脆化的实际机制尚不清楚，但已知镉钛合金在真空中出现裂纹的速度比在空气中更快，固体金属脆化如液态金属脆化一样，会导致晶间裂纹，这表明晶界的内聚强度降低。

还有一些其他的公认的钛合金失效模式，包括由于暴露于清洗液中（包括甲醇和某些卤代烃）而导致的在使用负荷下结构部件的应力腐蚀断裂，存在于甲醇中的游离氯离子促进了钛合金的应力腐蚀开裂失效。最引人注目的因含有甲醇而引起的失效是阿波罗计划的甲醇贮箱事件（Johnston 等人，1967）；幸运的是，这些故障发生在检验测试过程中，进而出台了一系列规定来避免类似的事故发生在飞行器贮箱上。现已知道下列卤化烃会促使钛合金产生裂纹（Brown，1972）：四氯化碳、二氯甲烷、二碘甲烷、三氯乙烯、三氯氟甲烷和八氟环丁烷。某些商品名注册为氟利昂 TF（$C_2Cl_3F_3$）和氟利昂 MF（CCl_3F）的氟化烃也能降低代表 Ti6Al4V 断裂韧性的 K_{ISCC}（腐蚀断裂的临界应力强度因子），尽管 TF 等级氟利昂引起的对应力腐蚀的敏感性比 MF 等级低。一些公司虽然不再购买这些溶剂，但是还会循环使用库存的氟利昂直到替代液体经过鉴定确认资质（见 4.21 节）。

每次空间项目中选用钛合金时，都要通过项目申报材料清单进行审查。通过控制清洗液，排除某些环境因素影响（如 N_2O_4 和镉电镀）和选择经过充分测试的合金，可以保证高强度钛合金完全没有脆化问题。所有航天器紧固件应用都严格进行这种审核，而目前作者并未了解到由于金属脆化或应力腐蚀开裂导致的钛合金紧固件失效的案例。

5.2.6　紧固件的电偶腐蚀

当不同的金属被紧固在一起时，由于前面讨论的电偶腐蚀机制，在它们的接触界面处会发生加速的腐蚀，表 2-1 按照金属在水环境中惰性降低的顺序列出了一些金属，表格下方是较活泼的金属（阳极），由于电子从阳极流向阴极（惰性金属），阳极金属将被腐蚀。电偶腐蚀的速率取决于以下几个因素：

1）电解质的电导率（例如从冷环境测试室中取出后，电子盒上的冷凝水）。由于指纹上残留氯离子或化学加工操作中残留的酸或碱会导致电导率的升高，所以紧固件、垫圈及其周围区域必须保持清洁状态。

2）面积比率将决定电偶腐蚀的速率，随着惰性金属电极（阴极）的面积增加，阳极金属的腐蚀速率会更快，所以紧固件金属要与连接处表面有相同极性或是处于相对阴极。

当非金属材料必须用金属紧固件连接到金属时，则要非常小心。表 2-1 显示碳（石墨）比金更稳定，在碳纤维增强塑料（CFRP）制成的复合材料与金属板连接时，在实验室测试中发现了钢紧固件的大量腐蚀。由钛和镍基合金制成的紧固件具有高耐腐蚀性，因而使用中毫无问题。钛合金制成的螺钉经过阳极氧化后，得到额外的抗电偶腐蚀保护，但 CFRP 结构不建议使用离子气相沉积铝涂层。因为 CFRP-Al 的电势差为 0.9 V，紧固件为阳极部分，并且 CFRP 部分作为阴极表面积又很大。CFRP 与普通耐腐蚀合金连接产生的有害影响如图 5-11 所示。

图 5-11　　CFRP 与普通耐腐蚀合金连接盐雾测试 8 天后的照片，碳纤维复合材料片夹在钛和 6061 铝合金板之间，铝板遭到严重的电偶腐蚀（共计损耗约 0.5 mm 厚）

5.2.7　污染和紧固件有机润滑系统

控制污染能提高航天器的可靠性和精度。针对使用的材料，特别是有机材料开展大量工作保证低放气性能。污染控制过程中颗粒物污染控制也是必不可少的，包括使用洁净室，通风设备设施，清洁包装，专用监视器等，如 4.21 节所述。

液体和润滑脂——一个不容忽视的方面是，按照高可靠性飞行器标准，可能已经采购的紧固件装置会产生污染。用于防腐蚀和防止磨损的标准润滑油和润滑脂不适合在太空环境使用，因为它们在高真空条件下会迅速挥发或蒸发，直接进入太空或可能凝结在航天器表面上。地面测试阶段模拟真实的航天器暴露在高真空和太阳下的条件时，可以看到来自于有机原料的污染物会聚集在巨大的真空室的墙壁和玻璃窗上（见图 5-12），表 5-2 列出了航天器紧固件适用的润滑剂，更多的信息可以从 Fox 等人编写的手册中获得（2010）。

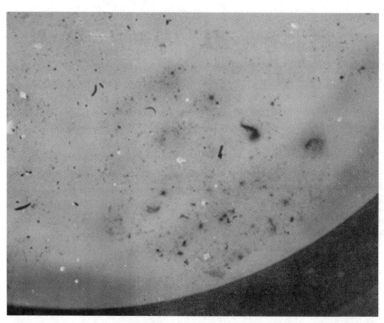

图 5-12　在卫星太阳模拟试验后，厚玻璃窗的高真空侧的浓缩有机污染物

紧固件固体润滑剂——二硫化钼在航天器机构中被广泛应用。它对大多数清洗溶剂都有抵抗能力，但在等离子清洗过程中会被除去，如图 4-90 所示。MoS_2 涂层通过抛光和树脂粘合应用于商业紧固件和其他滑动触点，但如果被选定用于空间应用则需要非常小心，因为它们的粘附性和磨损特性较差，这会产生大量的污染物颗粒，故 MoS_2 需结合特定的空间润滑脂（表 5-2）使用，可将 MoS_2 粉固定于润滑脂中。然而，如果太空机械工程师要求使用固体润滑剂，则只能通过 RF 溅射或者"高离子电流密度磁控管溅射离子镀法"（Fox 等人，1999）这一新技术来使用 MoS_2 润滑剂。本书下文将会提及，MoS_2 润滑剂在接触湿气后性能会下降，但在空间真空环境下的性能非常优秀（但最好是在遮挡太阳辐射的情况下），考虑长期在轨的寿命，MoS_2 已经被看作是最优选的干膜润滑。储存期

间，此类机构和表面处理的紧固件最好装在干燥的氮气袋中，在潮湿空气中的操作会导致摩擦系数增加，寿命大大缩短以及产生大量污染物碎片。一个相对新的涂层方式是钛和 MoS_2 共沉积（以 MoST™命名注册并获得专利），在空气环境中其相对于 MoS_2 润滑的机械和摩擦学性能有明显提高。在地面使用中，建议使用钛含量约为 15%、厚度为 1 μm（Teer，2001）的涂层。该涂层的 TEM 研究表明钛在 MoS_2 晶格内以固溶体形式存在，这导致晶格畸变从而提高涂层硬度。

石墨是具有优良导电性的材料，同时又是一种良好润滑材料。但是如前文所述，石墨和贵金属相似，在电化学过程中相对于任何结构金属都扮演阴极（带腐蚀性）的角色。由于它具有严重腐蚀性，任何形式的石墨润滑剂都不能用于航天器设备。类金刚石涂层（DLCs）非常坚硬，内部应力很高，由于其脆性，粘附性差以及污染颗粒的产生，也不适用于太空润滑。对 DLCs 投入更多的研究可能会改善其成为一种可用的耐磨涂层。

表 5-2　适合高真空条件下使用的有机润滑剂

商品名	化学成分	产品类型	脱气情况			制造商
			TML	RML	CVCM	
SILCO - 30	硅树脂	导热硅脂	0.070	0.040	0.010	Cofis，France
			0.080	0.060	0.010	
			0.070	0.050	0.010	
			0.100	0.100	0.030	
			0.040	0.040	0.000	
FOMBLIN - Z25	全氟烷	油	0.010	0.010	0.000	Montedison，Italy
			0.010	0.010	0.000	
			0.060	0.060	0.000	
			0.050	0.040	0.020	
			0.060	0.060	0.010	
FOMBLIN Y - VAC	全氟烷	脂	0.140	0.120	0.030	Montedison，Italy
			0.670	0.630	0.130	
DC - C61103	硅树脂	脂	0.060	＊＊＊＊	0.020	Dow Corning，USA
			0.170	＊＊＊＊	0.010	
			0.170	＊＊＊＊	0.010	
GRA - D85BIS	二硫化钼	润滑剂	0.000	＊＊＊＊	0.100	Graphoil，France
			0.800	＊＊＊＊	0.100	
			0.460	＊＊＊＊	0.000	
Molykote - X106	二硫化钼	润滑剂（应事先烘烤减少脱气）	0.300	0.180	0.010	Molykote，USA
			0.490	0.140	0.000	
			0.740	0.520	0.040	
			0.450	0.170	0.000	

续表

商品名	化学成分	产品类型	脱气情况			制造商
			TML	RML	CVCM	
Apiezon – L	烃	润滑脂	0.150	0.120	0.020	Shell，The Netherlands
			0.280	0.260	0.040	
Teflon，Delrin，Halon 等	聚四氟乙烯	热塑性固体润滑剂	0.230	＊＊＊＊	0.000	Du Pont，USA Hoechst，Germany，等
			0.420	＊＊＊＊	0.010	
			0.400	＊＊＊＊	0.000	
			0.410	＊＊＊＊	0.010	
Braycote 3L38MS	二硫化钼和高分子	润滑脂	0.120	0.110	0.010	Bray Oil，USA
Tiolube 460	二硫化钼	干润滑剂	0.280	0.050	0.010	Triodize Inc.，USA
			0.100	＊＊＊＊	0.060	

注：TML—总失重；RML—恢复质损；CVCM—收集到的冷凝挥发物；＊＊＊＊—未测量。

5.2.8 金属粒子生成

紧固件镀层和涂层可以防止图 2 - 4 所示类型的磨损和冷焊。银是高温作业中主要使用的一种润滑剂，可用于高强度钢（见表 5 - 1），但不适用于任何钛合金紧固件。一些容易剪切的软金属（例如铅）也可以通过离子镀的方法镀到不需承受重载荷的紧固件上。如前所述，气相沉积铝正在取代电镀镉。氮化钛离子镀层也开始应用于紧固件上，特别是钛和不锈钢紧固件上，可以用来减少拖带和粘滞（Saunders，1988）。然而，有相关记录显示紧固件镀层和涂层金属颗粒会产生污染物，如图 5 - 13 和图 5 - 14 所示。特别是在安装电子器件时，必须确保金属废屑全部去除。为侦查科研卫星上的新 X 射线源，对安装其上的天文设备进行目检，发现了细小的金属尘屑。进一步的检查表明，这种污染物是安装在防振支架上镀铜螺纹处的锁紧螺母刻划金属表面产生。

如图 5 - 14 所示，安装螺母时螺纹撕裂导致极细的电镀薄片脱落。图 5 - 14（d）是薄片横截面放大图，它包含一些低碳钢螺纹材料。在航天器的零重力和强电场条件下，这些磁性颗粒将会自由浮动并导致各种设备故障。在发射之前没有足够的时间来重新设计，替代解决方案是在装配锁紧螺母之前在螺纹上涂上一层薄的粘稠且符合空间应用要求的硅润滑剂涂层。硅润滑脂可以附聚产生的金属薄片，然而这种设计也仍然有缺陷。

由于铍的优点（另见 5.7 节），其已被开发用于制造各种航天器装置和结构。近年来，铍结构的装配操作已经被成功地应用于螺栓、螺钉和盲栓紧固件。

然而，在已进行过清洁的、通过热压铍制成的轴承壳体，其钻孔和攻螺孔内及其附近发现了铍的微小颗粒，这种污染引起了极大的关注。如图 5 - 15 所示的铍微粒能从各个钻孔附近释放出来，这种颗粒会妨碍轴承部件的顺畅运转。综上所述，在制造铍制零件时，必须始终遵循特殊的设计标准和制造要求，这对于制孔与用紧固件组装航天器结构尤为重要。其中先决条件包括：

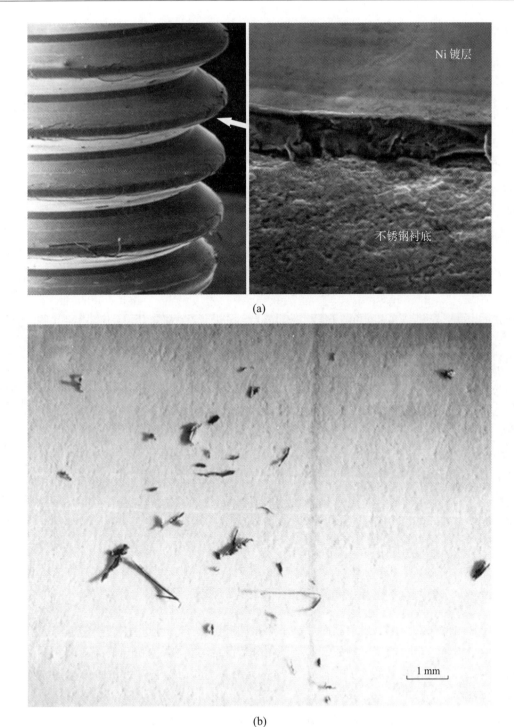

(a)

(b)

图 5-13　航天器紧固件上产生了金属颗粒。(a) 在微重力实验中，非常多的 8 μm 厚的镍片从 M5 钢制
　　　紧固件上剥离下来（值得注意的是，镍是带有磁性的，它们在零重力磁场条件下会发生聚集）。
　　(b) 钢制螺栓上施加扭矩旋入镀银的刚性螺母会产生银屑。这些金属颗粒会导致短路，所以必须
　　　　　　　　　　　　　　通过真空清洁将其清除

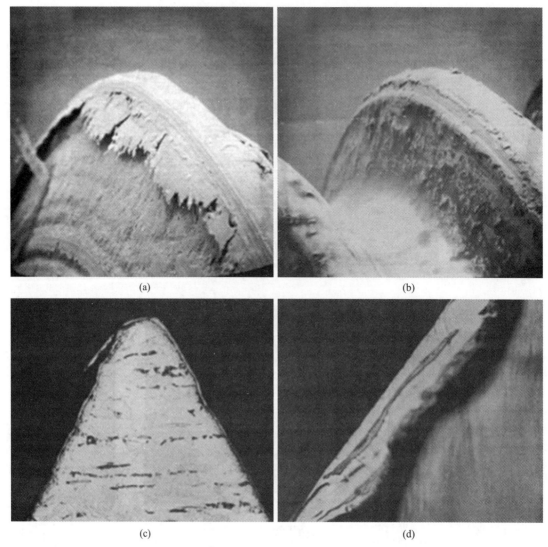

(a)　　　　　　　　　　　　　　　(b)

(c)　　　　　　　　　　　　　　　(d)

图 5 - 14　锁紧螺母的破坏。(a) 螺纹处产生了铜屑。(b) 铜屑被保留在螺纹处的有机硅脂里。

(c)、(d) 镀铜的低碳钢的微结构图，金属颗粒污染来自于该处铜片的剥离

1）紧固件孔必须预留出给紧固件头下圆角的间隙。

2）必须通过化学蚀刻（例如，20％体积分数的硝酸，1％体积分数的硫酸，79％体积分数的去离子水在 35 ℃的浴温下保持 3～4 min）来去除由钻孔和攻丝时产生的表面缺陷和释放晶粒内应力。

3）内螺纹设计时必须考虑到 12 μm/min 的化学蚀刻速率。

4）紧固件与孔之间不允许过盈配合，这会导致进一步的微裂纹和颗粒脱离。

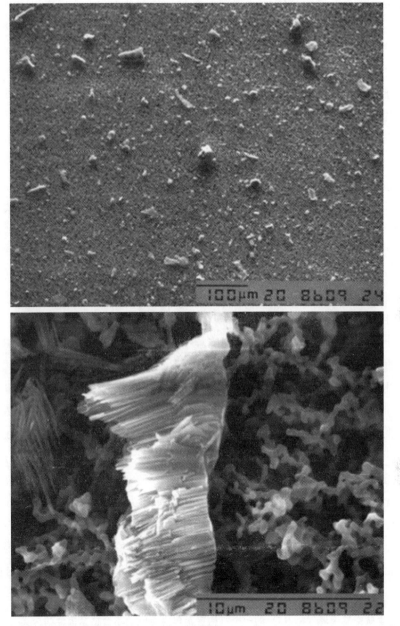

图 5 - 15　在轴承箱的钻孔处和螺纹处掉落的铍颗粒（经过超声波清洗后在微孔过滤器上收集）

5.2.9　紧固件质量保证控制

　　前面的章节描述了在紧固件制造和航天器装配过程中欧洲紧固件故障和问题的各种案例。在 20 世纪 90 年代中期（Gamwell，1995）的技术交流会上，NASA 也表示经历了一系列的紧固件问题。NASA 一个机构对 240 批紧固件进行了为期两年的常规进货质量检验测试，其中 42 批次不合格（不合格率 18%）。表 5 - 3 列出了这些不合格紧固件的分类和编号。作为整个空间项目产品保证计划的一部分，质量保证（QA）适用于所有紧固件的采购和组装，无论是螺母、螺栓、螺钉、螺柱还是铆钉。欧洲空间局在 ECSS - ST - 70 - 46（2009）中规定了（详见 5.2.1 部分）关于航天器紧固件的制造、检查和质量控制的最低要求。下面简要概述欧洲紧固件标准，质量保证控制必须确保：

1）紧固件设计、材料、螺纹尺寸和表面处理必须符合国家标准（例如 LN 29950，钛合金制的有内齿的圆柱头螺钉）。

2）明确定义质量与验收测试的接受/拒收标准（如 LN 65072，钛合金紧固件技术规范）。

3）在制造商工厂（结果将记录在证书上，例如按照 DIN 50049 - 3.1B）和采购商工厂（作为内部进货检验程序的一部分）都要对所有批次的紧固件进行验收测试。

4）合格的制造商必须是从国家公认名单中挑选出来的（有航空紧固件制造的成功经历），并通过生产设施的质量审核。必须要有工艺鉴定文件（PIDs），且除非产品被国家标准重新鉴定，或者购买者有自己的空间产品规范，否则不得改变产品的设计、材料组成、热机械处理顺序、表面处理等。

5）每个用户公司都必须有有效的空间质量紧固件的进货质量检验程序，其存在形式为包括抽样计划［例如，每批随机选择的螺栓（AQL）］、测试方法的全部细节以及接受和拒收标准的细节在内的书面规范。

6）不合格品将通过项目资料审查委员会报告。

7）购买航天器紧固件的采购订单应由公司质量保证部门审核并签字。必须避免通过直接从制造商或知名的和可信的存货商处购买到假冒紧固件。

8）所有用于航天器的紧固件材料都必须通过项目申报材料清单列出并审查可接受性。

9）高性能的紧固件应按下列方式检控（Roach，1984）：材料清洁度符合国家对金属复合材料的技术规范；所有紧固件的关键表面如主体和头下圆角处必须磨平；热处理后轧制螺纹以提高抗疲劳性能；头部下方圆角处通过冷加工提高抗疲劳性能。检控通常使用显微切片或者金相样品，用 100％磁性颗粒或荧光渗透探伤检测其裂纹、裂隙等。最终的紧固件检验可能包括诸如疲劳寿命、拉伸强度、剪切强度和切口灵敏度等在内的大量性能测定。

表 5 - 3　美国国家航空航天局（NASA）的一个机构在两年内拒收的不合格紧固件的分类（Gamwell，1995）

不合格项	批次
尺寸（螺纹）	8
错误的材料或涂层	6
无标记或标记错误	5
批次不完整	4
裂纹	4
工艺	4
尺寸（非螺纹）	2

续表

不合格项	批次
运转扭矩	2
特殊性能缺失	2
损坏	2
紧固件切成长度	1
螺母板插件脱落	1
拉伸失效	1

5.3　微观结构的热演变

在一个远地点助推器（ABM）的试验点火中途，曾观察到外壳材料破裂并且发生灾难性失效。将推进剂与 Ti-6Al-4V 壳体材料隔离开的箱体烧蚀衬里已经确认有异常现象存在，但是重要的是通过冶金失效分析来确定钛合金在破裂之前其内部没有局部缺陷。

两个金属样品从壳体壁上被仔细地切下，一个靠近失效起始点，另一个在裂纹扩展区域，裂纹萌生处光学图像如图 5-16 箭头处所示，而后对两个样品进行灌封抛光和 HF、HNO₃水溶液轻微蚀刻以获得材料的微观组织结构。

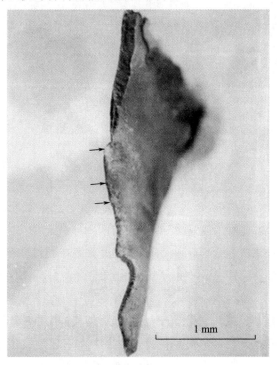

1 mm

图 5-16　ABM 箱体失效萌生处（Ti-6Al-4V 材料）

　　可以明显看到，在失效发生之前壁厚已经明显下降。这种合金的极端延展性只会发生在 800～1 000 ℃的高温范围内，这时可以认为外壳经历了超塑性变形。而 Ti‐6Al‐4V 在 950 ℃才会显示出高度的超塑性，且不会发生晶粒粗化或产生空穴，该超塑性的理论至今仍是航天工业选材和检测的主要依据（Pearce，1987）。在这次失效案例中最具有重大意义的发现，是在失效壳体材料中存在着两种显著不同的微观组织结构。如图 5‐17（a）所示，远离破裂初始位置处，存在着室温稳定微结构（α+β）相。但是在断裂处附近，如图 5‐17（b）所示，则全部为马氏体（α′）相。从该种合金的三元相图中可发现，对于 Ti‐6Al‐4V 中的成分，有必要将其加热到 910～1 000 ℃，来使（α+β）相完全转化成 β相。

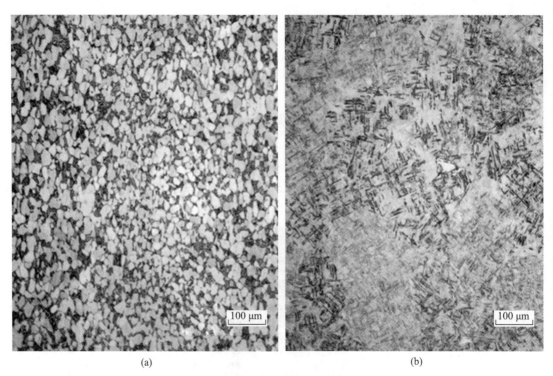

（a）　　　　　　　　　　　　　　　　　　　　（b）

图 5‐17　微观组织结构演变刻蚀横截面图。（a）正常箱体的微结构，是（α+β）两相细晶结构。（b）裂纹萌生处显微组织为晶粒粗大的马氏体相（另见图 5‐18 相图）

　　在如图 5‐18 所示的这种合金系统的部分相图中，所有的 β相区域全部由字母"A"表示。用各种方式热处理该合金而产生的微结构示意图在相图中画出。从 β相缓慢冷却，得到的室温微观结构是马氏体（α′）和原始 α相的混合物；从 β相快速冷却至室温，则 β相完全由马氏体（α′）所取代。

　　相图是冶金学家的"蓝图"。对于任何金属组合，都可以获得其相图的一种特征表现形式。例如，当在显微镜下观察一块抛光合金以平衡速率加热或冷却时，观察者将观察到其微观结构的变化，且可能有与合金相图对应的相结构变化。但是在实际应用中，合金很少以平衡速度冷却，如图 5‐17 所示，与相图中所示条件的差别通常是相当大的。冶金学

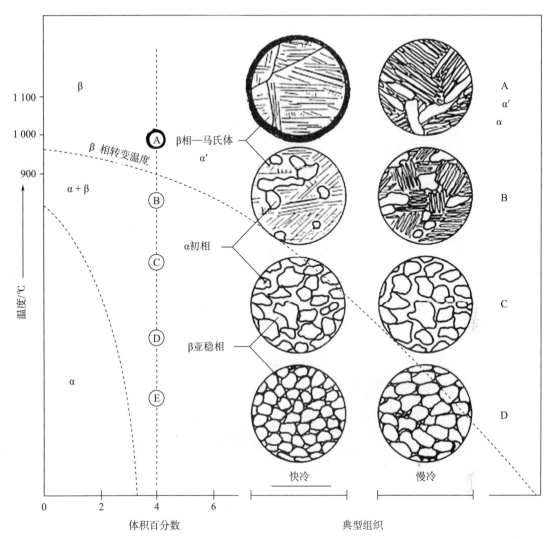

图 5 - 18　Ti - 6Al - 4V 系统的部分相图以及在各种温度下制备 Ti - 6Al - 4V 产生的微结构的示意图
（来自 Mil - Handbook - 697A 1974）

家有可能通过借鉴以往经验和其他数据的结合，例如时间—温度转换相图，来评估由非平
衡冷却得到的亚稳态结构。

对失效的 ABM 壳体的检查证明壳体结构没有缺陷，并且也进行了正确的热处理。然
而，由于推进剂的不正常燃烧，壳体上出现一个温度为 800 ℃的热点。这导致壳体发生塑
性变形，加剧了衬层问题的出现。图 5 - 17（b）所示的微观结构表明，裂纹萌生位置的温
度一定是达到了 1 000 ℃左右，（α＋β）才能完全转化为 β 相。在这个温度下，壳体开始产
生裂纹，在壳体的内部压力作用下裂纹开始扩展。而当壳体开裂后，热点一定发生了迅速
冷却，使 β 相完全转变为亚稳的马氏体结构。

5.4　爆炸变形材料微观结构中夹杂物的影响

点火装置或"电子引爆"装置被广泛用于航天器推拉负载、拉动开关和引脚，以及切断电缆、电线和释放机械装置。这种爆炸驱动装置有多种形式，一般由一个装有烟火炸药包的圆柱体的汽缸和一个可以用引线来点燃的引爆装置组成。由于爆炸在汽缸内部产生高压气体，可使活塞或波纹管在几毫秒内向前移动。作为活塞式执行机构，它们可以将高达 750 N 的负载移动大约 15 mm 的距离，还可以分离厚达 6 mm 的结构金属，或是切割用于发射约束装置的（通常直径 6 mm，可承受 1 t 拉力）导线和螺栓（Cable，1988）。

图 5-19 显示了一个已发射卫星的电缆切割器汽缸的末端，圆形痕迹是由连接到切割刀片上的活塞杆造成的（它们的位置有所重合，可以参考图 3-25，一种类似装置的中子射线照片）。确保这些装置在燃烧后仍然保持气密性以防止废弃爆炸物污染航天器或其工作环境是非常有必要的。图 5-19 所示的铬镍铁合金汽缸柱，与许多模型一样，在燃烧过程中产生了裂纹（图中箭头所示），导致相当数量的污染物逸出。

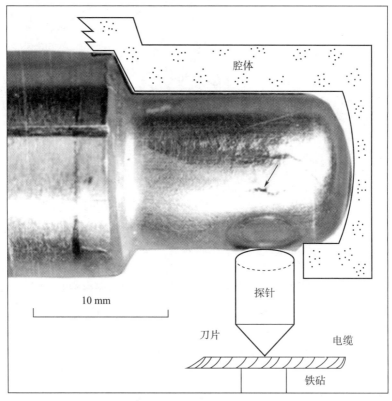

图 5-19　烟火切割机上发现裂纹（箭头），并在燃烧时泄漏

图 5-20 所示的横截面的金相图显示出很高的微孔隙度，并且延伸穿过汽缸壁。进一步的检查和测试确认了汽缸失效模式。结果发现这些汽缸是由商业纯度的 Ni-

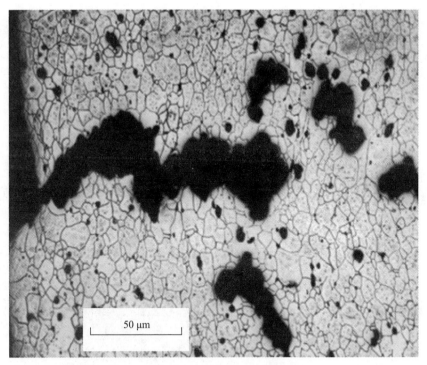

图 5 - 20　突显严重孔隙率的横截面

Cr - Fe 600 合金棒材加工而成的，这种 Ni - Cr - Fe 合金以稳定的固溶体存在，商业规范允许材料中存在含量相当高的碳、硅和硫，但这会导致碳化铬和硫化镍的夹杂物的出现。由棒料制成的纵向切片显示出这样的夹杂物有很多，并且通常具有较大的长宽比。仔细检查漏孔的内腔，发现结构中的每个微孔都与夹杂物有关［见图 5 - 21（a）］。这些孔洞是由爆炸的冲击波通过夹杂物时产生的压力差而形成的，并且在夹杂物与基体界面中产生微裂纹、缺口和空穴（Verbraak）。由于汽缸内的气体压力很高，因此爆炸后可能会产生裂纹。这些裂纹被认为是以塑性的穿晶方式通过 Ni - Cr - Fe 合金传播，连通微孔并因此形成连续的泄漏路径。

利用金相技术进行严格的质量控制，包括夹杂物的数量，以确保只有高纯度的"干净"合金被采购，用于其他汽缸的制造。这已被成功验证，新一批材料之中几乎不存在夹杂物，故而不存在气密性或微孔洞的问题。

最新发展的新技术能够对诸如用于点火装置的微切片材料的表面进行非常准确的质量控制。一台和电子束微量分析仪相连接的计算机上可存储大量有关元素分布配置文件（EDP）的信息。鉴于点火汽缸材料现在可通过化学分析与金相分析相结合的方法来评估第二相和夹杂物的分布情况，未来许多关键应用场合的材料很可能由 EDP 设施进行质量控制（Motz，1988）。EDP 可以为预测爆炸变形材料的性能提供起点，特别是当金属合金通过晶粒结构的微偏析导致晶格的局部区域出现固溶强化时。图 5 - 21（b）展示了一个 EDP 的例子。

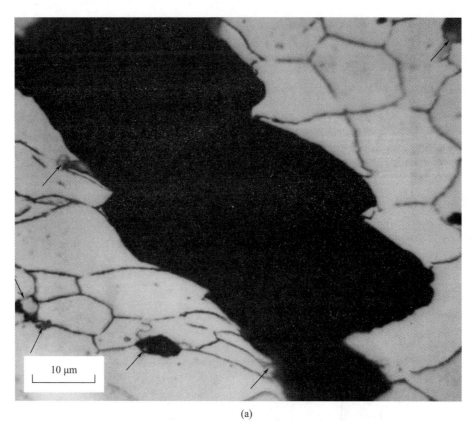

(a)

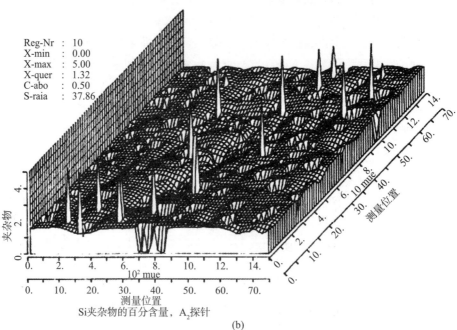

Si夹杂物的百分含量，A₂探针

(b)

图 5 - 21　（a）显示了由微孔围绕的夹杂物（箭头），主要裂纹以塑性方式传播，由 Ni - Cr - Fe 合金的变形晶粒所证明。（b）元素分布曲线，显示了合金抛光截面中硅（夹杂物）的含量

5.5　无源热控制系统的退化

5.5.1　背景

从远紫外线辐射到远红外线辐射，光及"热"的强烈辐射是所有太阳能特征中最明显的，特别是在地球大气层之上。热控制是影响航天器可靠性的主要因素，它对所有类型仪器的良好运转至关重要。这也是最严重的空间材料问题之一。温度控制的方法可以分为有源或无源两种方式。有源系统包括通过电气、机械以及化学机制来控制温度，例如基于液氨来产生并分配热能的热管。无源技术本质上是静态的，包括使用的结构材料的表面处理、光学太阳能反射器、保护膜（例如镀铝的聚酯薄膜和聚酰亚胺薄膜）或者二次表面反射镜。在太空的真空中，航天器和太空之间的所有热交换将通过热辐射进行。正如在 2.3 节中已经讨论的那样，材料表面辐射特性取决于其太阳吸收率和发射率之间的比率（即 α/ε 比率）。如果可以提供稳定的表面处理，温度控制问题将显著减少，并且可以生成数学模型来优化设计。

太阳能反射器可近似为含有氧化物颜料的白色涂料（α/ε 小于 0.2）。α/ε 比值大于 1 的为太阳能吸收器，包括大多数裸露的金属表面，铝金属上的金层的 α/ε 比率可以达到接近 10。图 5-22 给出了各种表面 α 和 ε 值的示意图。黑色阳极氧化铝（ESA PSS-01-713 中规定，用于防止在真空下降解的无机染料）和根据 ESA PSS-01-721 来使用的名为 Cuvertin 306 的黑色油漆，都是有名的平面吸收材料，它们的 α/ε 比值非常接近 1。表 5-4 给出了在太阳辐射下航天器材料的 α/ε 值，但应避免随意应用这些数据，因为这些数值只是大量样本的平均值。表面污染物、表面粗糙度、制造批次、老化效应以及缺乏适当的加工控制都可能导致其 α/ε 数值发生变化。

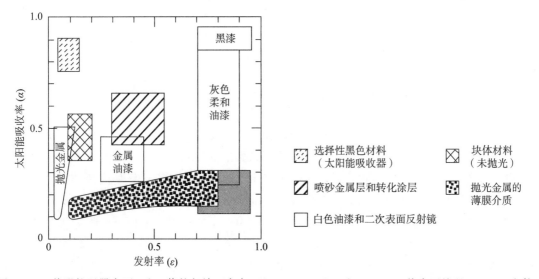

图 5-22　普通航天器表面 α 和 ε 值的归纳（来自 Gilmore，Stuckey 和 Fong——热表面处理，NASA 文件）

表 5 - 4　一些表面和表面处理的 α/ε 值（可参见测试方法 ECSS - Q - ST - 70 - 09C，2008）

表面	吸收率 α	发射率 ε	α/ε 比率
金/聚酰亚胺薄膜	0.3	0.03	10.0
Al 7075 上镀金	0.3	0.03	10.0
抛光的铍	0.4	0.05	8.0
铝上有金	0.26	0.03	6.5
抛光的银	0.07	0.02	3.5
抛光的不锈钢	0.5	0.13	3.85
抛光的铝	0.25	0.1	2.5
抛光的铜（氧化的）	0.28	0.13	2.2
蒸气喷砂不锈钢	0.6	0.33	1.8
环氧黑漆	0.95	0.85	1.12
黑色阳极氧化铝	0.94	0.85	1.11
丙烯酸黑漆	0.97	0.91	1.07
硅胶白漆	0.19	0.88	0.22
3 年的紫外线辐射后的硅胶白漆	0.39	0.88	0.44
硅酸盐白漆	0.14	0.94	0.15
3 年的紫外线辐射后的硅酸盐白漆	0.27	0.94	0.29
裸露的硅太阳能电池	0.82	0.64	1.3
氧化硅覆盖的硅太阳能电池	0.82	0.81	1.0
带蓝色滤光片的氧化硅覆盖的硅太阳能电池	0.78	0.81	0.96
带红色滤光片的氧化硅覆盖的硅太阳能电池	0.7	0.81	0.86
聚酰亚胺薄膜（5 mil）/铝	0.48	0.81	0.6
In_2O_3/聚酰亚胺薄膜/铝	0.4	0.71	0.56
石英织物/石英带	0.19	0.6	0.3
OSR（石英镜）银色镜面	0.08	0.81	0.1
FEP（5 mil）/银	0.11	0.78	0.14
FEP（2 mil）/银	0.05	0.62	0.08

　　材料工程师面临的主要挑战是确保任何飞行器表面的 α/ε 比率都保持稳定。有机涂层可能无法承受紫外线和粒子辐射、温度循环和高真空等的综合作用，这些因素可能会导致这种表面产生明显的颜色变化。金属表面可以由于热疲劳、地面储存期间的腐蚀、升华和污染而产生改变，但是它们不受空间的粒子辐射的影响。如果在制造过程中没有控制好制造工艺或涂层选择不当，则可能会引起如下案例中的金属涂层 α/ε 稳定性降低的问题。

　　航天器热控油漆和涂料（有些是导电的），通常是黑色或白色，但也有很多不同的颜色，需要从专门的公司进行采购。这些公司包括：

　　对于油漆（主要用于欧空局和美国国家航空航天局的航天器）：

　　——法国帕米耶的 MAP 公司；

　　——德国杜塞尔多夫的 Henkel 公司；

　　——以色列的 Kiryat - Gat、Acktar 有限公司和 Nextel Black 公司，还有德国的 Hohenaspe 公司；

　　——美国的阿拉巴马州的 AZ Technology 公司；

　　——英国曼彻斯特的 Lord Corporation 公司和美国的 NC 公司；

　　——美国伊利诺伊州的技术研究所和 HTRI 公司。

　　对于涂料和转化涂料：

　　——镀铝聚酯粘合薄片，来自奥地利维也纳的 RUAG 空间有限公司（RUAG Space GmbH）；

　　——德国柏林的 Kepla - Coat（以前叫 Plasmocer）和 AHC 公司；

　　——用于分立部件的涂层和用于应用的辊/片材，以色列的 Acktar 有限公司和 Kiryat - Gat 公司，还有德国的 Hohenaspe 公司；

　　——黑色阳极氧化技术，来自荷兰海尔德的海金金属加工公司（Hegin Metal Finishing BV）；

　　——Colinal（为紫外线稳定性而施加电流的黑色无机金属染料），来自瑞士莱茵金的 Ateco 公司，瑞士沙泰勒圣但尼的 SteigerGalvanotechnique 公司；

　　——EbonolBlack，来自英国豪恩斯洛的 Jackson Plating 公司；

　　——白色、灰色和黑色的高度稳定的 PEO 涂料，来自英国黑弗里尔的 Keronite 先进表面处理技术有限公司；

　　——各种各样的涂料，来自美国密歇根州北田的 Sheldahl 公司；

　　——II 型阳极氧化技术，为紫外线稳定性而施加电流的黑色无机金属染料，来自美国加利福尼亚州卡罗纳特公园的 2Dye4 阳极氧化公司。

　　建议所有油漆和涂料在选择和应用之前，应将样品暴露于相关的环境中在专业测试机构里进行评估。这些油漆和涂料可能会应用于 LEO（低轨道）卫星和/或 GEO（高轨道或地球同步轨道）卫星。热光学性质将包括吸收率、发射率和 α/ε 比率。使用和机械性能可能包括粘合强度、耐磨损性和清洁性能、污染物颗粒的脱落和对真菌生长的敏感性。化学性质可能包括对辐射和原子氧的抵抗性、易燃性、真空下放气、脱气和抗紫外线性能。热和电性能将包括耐热循环（要考虑到基材）、最大和最小操作温度、导热性和导电性。

5.5.2　低发射率的表面

　　值得注意的是，支持卫星发射器和接收器的电子盒的镀金（低发射率 ε）的铝合金面板在测试之前和之后具有不同的光学性质（α/ε 比率）。铝合金面板的表面组成是铜（6 μm）在最内层，银（20 μm）和金（10～30 μm）在最外层。所以图 5 - 23 中所示的金层疑似是多孔的，并且铝合金面板光学性质的变化是由于在测试场地的工业空气中存在微量硫化氢而在表面形成硫化银导致的。实验室最终的检查表明确实存在多孔的金层，这通过将面板的一部分置于浓硝酸中，气泡从孔中冒出得到证明，解释如下

$$Ag + 2HNO_3 = AgNO_3 + H_2O + NO_2 \uparrow (gas)$$

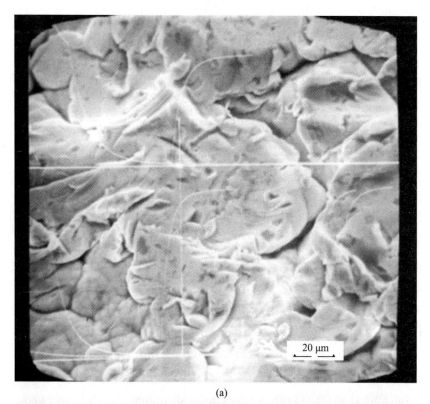

(a)

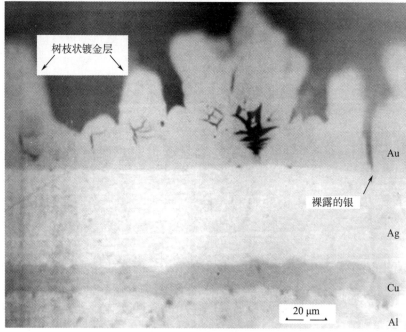

(b)

图 5 - 23　（a）大颗粒，严重多孔镀金的 SEM 显微图。这种完全不可接受的表面反射率的显著变化是
由于部分暴露在大气中的中间的银层。（b）产生的银硫化物的迁移

金相显示，金是以具有树枝状的形式沉积下来的，如图 5-23（b）所示，它是非常多孔的。镀金过程是可以通过增加镀液的电流密度，从而产生更多的成核位置来改善这种多孔结构的，并且碱性光亮剂被添加到电解液中可确保更细的金颗粒的生长。在建立合理的电镀流程之前，需要进行许多次的电镀试验。用 2 μm 的滤芯不断地过滤碱性金氰化物电解液并且主要使用无油空气对其进行搅拌是有益的。氰化物电解聚合慢慢地会产生有害的有机污染物，由于这种现象也会产生粗糙的沉积物，所以每天要通过赫尔池测试来监测该电解浴。最终飞行设备的面板具有极其稳定的光学特性，一方面是因为金涂层本身的亮度，另一方面是因为其不受诸如表面粗糙度、空隙、凹坑和可见污染物之类的不规则性的影响。

在一个单独的、不相关的调查中，Sharma（1989）也研究了航天器铝板上的银基金镀层的问题并再次指出，由于与大气中的硫化物的反应，多孔金使涂层变黑，导致光学性质的减弱。因此，Sharma 开发并公布了一系列用于锌化、化学镀镍、镀金和在铝上镀金的工艺。他制作了一个具有非常低的红外发射率（0.02～0.03）的金箔，可以承受非常低的温度（−196 ℃）和非常高的温度（150 ℃），并且在暴露于湿气、热循环和液氮中的热冲击后光学特性没有变化。

5.5.3　高吸收率的表面

航天器的某些表面区域需要对太阳光谱有高吸收率（α）。对于那些定期被遮挡阳光的表面来说尤其如此，目的是保护这些区域不会冷却到极低的温度。这些表面还应该具有低发射率（ε）以降低热辐射损失。黑镍电镀已被广泛报道，并显示出具有良好的太阳能选择性（Pettit 和 Sowell，1976）。它还被纳入某些航天器设备的设计之中。这些设备表面的光学特性最初表现的非常稳定，但随后进行的 −100～+120 ℃ 范围内的热循环测试将导致其性能退化。金相显示，镍实际上非常脆，并且由于这个黑镍镀层表面和它的铝基板之间的膨胀系数不同，很快形成了一个裂纹网络（见图 5-24），进一步的热循环导致镍层碎裂剥落。在环境测试成功完成后，金属的可选黑色饰面也随之获得批准。它们都具有理想的太阳能选择性，并且可以应用于所有普通航天器结构金属的表面。包括：

• 黑铬——一种耐用的装饰面漆，广泛用于电镀行业，之前由 NASA（McDonald，1974）进行了评估；

• 黑色钴涂层——一种可能的候选物质，但是除非所有的钴都转化为氧化物，否则剩余的富钴相将是铁磁性的（Vitt，1987）；

• Ebonol black——在一个基板镀铜，然后在一个专门的溶液中对它进行电解黑氧化；

• 硫化铜黑色无机涂层——以一种纤维织构进行化学沉积，具有特别尖锐的微晶表面，用于卫星质谱仪（Saxer，1977）；

• 黑色阳极氧化铝——使用无机染料，纯铝可以沉积在各种基底上，随后进行黑色阳极氧化（荷兰海金有限公司 Hegin B. V.）；

• Colinal 3100——由 Alusuisse 公司开发并由瑞士 SteigerS. A. 公司应用于 ISO 航天

器，阳极氧化的 AA 6061 是黑色的，因为生成的是硫酸亚锡；

• 黑色金属上的黑色氧化物涂层——碱性和熔盐氧化工艺，在 MIL－C－13924 中有详细说明。

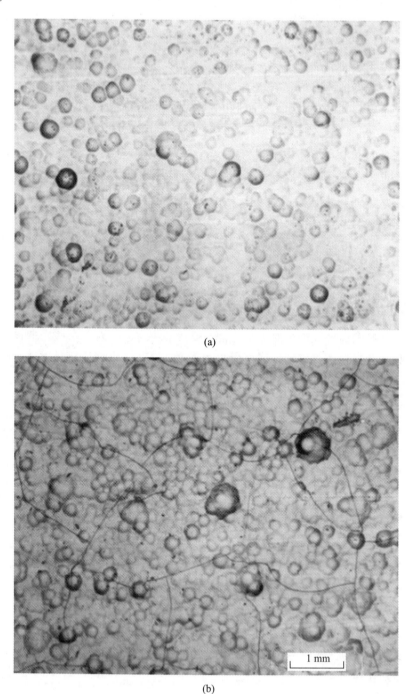

(a)

(b)

图 5－24 "黑色"镀镍层的形貌：(a) 刚制备出来，(b) 卫星热循环试验后。镍和它的铝基板之间的膨胀系数差异（分别为 $13.3 \times 10^{-6}/℃$ 和 $25.3 \times 10^{-6}/℃$）导致这种易碎金属饰面的龟裂和随后的剥落

NASA Glen（Jaworske，2002）开发了一种用于空间能源应用的太空集热器。为了收集尽可能多的入射太阳能辐射，它需要高的太阳能吸收率，并且需要低的红外发射率来将辐射能量损失保持在最低限度。集热器的表面涂覆溅射涂层，该涂层是由嵌在氧化铝中的金属（铝）分子岛组成的金属陶瓷层。该涂层具有 0.797 的太阳吸收率（α）和 0.131 的红外发射率（ε），产生的 α/ε 比值为 6。

涂覆在 Al-6061 上的 Colinal 3100 已经在多种环境中进行了广泛的验证（Puippe，1999），暴露在相当于低地球极轨道环境中 6.5 年后，它们仍旧相当稳定。初始时，Colinal 3100 太阳光吸收率（α）为 0.91，红外发射率（ε）为 0.85；暴露于极轨道环境后，这些值分别变为 0.91 和 0.85，α/ε 比值仅下降 3%。同样，将其暴露于模拟原子氧环境中进行测试（7.2×10^{21} 原子/cm^2），相当于暴露于近地轨道（LEO）中 1.4 年，α/ε 比率的变化可以忽略不计。Puippe（1999）的测试结果表明，Colinal 3100（阳极氧化后经过电解锡着色）始终要比在 ESA PSS-01-703［现在被 2008 年的 C 版中的 ECSS-Q-ST-70-03 替代，其指出不应使用含有大量铜（5%），锌（6%）或硅（5%）的铝合金进行黑色阳极氧化］中给出的阳极氧化和黑色无机染色（硫化镍或硫化钴）的配方形成涂层的特性要好。

5.5.4　刚性光学太阳能反射器

用于热控制的光学太阳能反射镜（OSR）在卫星上有广泛应用。它们通常由薄的石英或铈掺杂的玻璃制成，这些材料的背面层是由铬镍铁合金保护的真空沉积的高反射性的银，其中铬镍铁合金使其可粘合到航天器结构上。这些小型热控制反射镜，最大面积为 80 mm^2，可使用高纯度有机硅粘合剂（例如在欧洲环境卫星和哈勃太空望远镜上使用的 CV2566）粘合到卫星面板上。在 20 世纪 70 年代中期，人们认识到非导电的航天器表面可以被充电到几千伏的电位，而卫星静电清洁是目前新兴的空间学科（Winkler，1975；Fellas，1982）。地球静止轨道的充电机制很复杂，是由这个高度的低能电子环境产生的。充电事件发生在外磁层，放电导致 20 多个航天器发生行为异常和至少一次灾难性故障（Koons 等人，1980）。天线也会自发且莫名地改变增益或方向。一些卫星如 Intelsat Ⅲ、Intelsat Ⅳ 以及 MARECS A 将因为虚假信号而突然开始旋转，并不得不通过指令来停止旋转。因此有必要将导电涂层应用于尽可能多的非导电的卫星表面。因此太阳能电池盖板和光学太阳能反射镜（OSRs）通常涂有导电但薄到透明的氧化铟层。这种研发改进后的导电涂层在航天器经受的所有机械、热和环境因素下表现的优异而稳定，其最小电阻约为 40 $k\Omega/m^2$。一些科学卫星在每个 OSR 上加入了四个小的接触点来实现 OSR 行与行之间的电连接。每个接触点都由钛、钯和银的金属化层构成，并且每个接触点都是通过焊接的银丝互联到相邻的 OSR 上。多金属层旨在确保与薄氧化铟导电涂层的电气连续性，并提供一个可焊接的表面，一旦与银丝焊接，就不会因形成脆性金属间化合物、腐蚀或固态扩散而性能退化。多金属层是在 250 ℃ 下的真空中通过沉积而形成，以便在冷却后，石英（膨胀系数仅为银的三分之一）能够在室温时存在残余拉伸应力。这种热失配确实导致了很多的热疲劳失效，特别是在图 5-25 所示的热循环之后。一旦多金属被应用于极薄层（即 1000Å Pd 和 10 μmAg），那么膨胀率的差异就可以被焊盘材料的塑性变形所消除。一个完整的资格认证程序已经证明，完全静电清洁、100％导电涂覆的航天器是可以实现的。推荐阅读 Quinn（2008）作品中关于脆性材料，特别是玻璃的断口金相检查。

图 5-25　从石英光学太阳能反射镜中剥离出来的一种圆形金属化（Ti-Pd-Ag）焊盘的互补断裂面。由热疲劳引起的断裂起源于位置 X。这在图中 A 处显示为石英的粗切边缘，充当了应力集中源。建议石英边缘应该倒角。真空沉积的金属焊盘 B 被抬起，从"贝壳状纹理"处看到的裂纹前端最初与裂纹起源位置 X 对称。残余应力，再加上这些由热循环引起的应力解释了裂纹扩展方向的变化。最终，该焊盘只附着在位置 A

5.5.5　柔性二次表面反射镜

特殊的保温层由聚酰亚胺薄膜或聚酯薄膜制成，内层采用真空沉积的纯铝进行金属化。这些保温层广泛应用于热控制，并作为一种防止静电充电的手段。该表面具有低太阳能吸收率和低吸收率以及低发射率，可以视为全反射镜。

聚酰亚胺薄膜的改性已经由 Sheldahl 有限公司开发（2004），改性的聚酰亚胺薄膜有一个非常薄的双层铟锡氧化物，其沉积在聚酰亚胺的一侧和一个镀铝的后表面上。已经测得这种膜的热光学性质为 $\alpha = 0.39, \varepsilon = 0.77$，可提供 0.5 的 α/ε 比值（即对于厚度为 50 μm 的聚酰亚胺薄膜）。这个值远远好于其他二次表面反射镜的热光学特性，加上表面电阻率非常低，因此很适用于避免静电充电（Verdin 和 Duck，1985）。

在 5.5.4 节中描述的刚性光学太阳能反射镜由单个的单元（20 mm×40 mm）组成，每个单元接地或通过氧化铟表面每个角上的共 4 个金属化导电接头互联。这种方法提供了很高的可靠性，并确保了 ESA 研究的卫星，如 GEOS、ISEE - B 和 SOHO，在其使用寿命期间保持静电清洁。Venus Express 将光学太阳能反射镜安装在太阳能电池阵列面板的背面以及面板正面的太阳能电池之间。

然而，这种类型的面板非常昂贵，并且安装和互联技术需要大量的劳动力。因为这些原因，以氧化铟涂覆的聚合物为基础的成本更低、使用更灵活的二次表面反射镜更适合大型通信卫星；它们也可以通过多层隔热层的形式附着在航天器上。不幸的是，将这种金属化的薄膜接地是非常困难的。电阻焊接无法在脆性图层表面实施，许多导电粘合剂可能由于电偶腐蚀原因，粘接面电阻率随着时间而增加。有一种新研制的接地方式采用了基于 RTV 566 与 CHO - 键 1029B 混合的导电有机硅粘合剂。该方法采用一种特殊的类似于烙铁的加热探针，但具有平坦的端面。探头由陶瓷夹具固定，热端面可在各种载荷下实现粘合剂的高温固化。粘合线通常只有 0.1 mm 的厚度，并且在 200 g 的载荷下以 160 ℃ 的高温进行固化。这种技术实现了镀铝的聚酰亚胺胶带和涂有铟锡氧化物的 Kapton 柔性二次表面反射镜在空间应用中的电气接地设计（Bosma 等人，1978）。

5.6　金属的升华

5.6.1　概述

目前的空间设备要求结构材料在 -150～+150 ℃ 的温度范围内机械性能能够满足要求。这个需求使得铝合金、钛合金和碳纤维增强环氧树脂复合材料像飞机结构一样，成为标准的航天器材料。而一些航天器系统将经历更高的温度，例如与远地点助推器用结构部件、推进单元以及行波管等使用的加热器和阴极的电子组件相关的结构部件。这些产品的实际温度往往不能精准地预测，但可以在 200～1 400 ℃ 的范围内，分析在高真空条件下，零件在使用寿命期间由升华造成的材料损失对诸如机械强度或导电性的影响。固体物质从固体状态进入气体状态而不经过液相的过程称为升华。当金属接近其熔点并具有与外部气压相差不远的蒸气压时，会发生这种情况。通过降低气压，所有的金属都会升华，而金属损失的速度将与温度、涂层和合金元素有关（Frankel，1969）。表 2 - 5 分别列出了金属的升华速率，图 5 - 26 给出化学手册中金属的蒸气压与特定温度范围曲线。

将 7.2.2 节中的案例进一步分析，在 2 800 ℃，钨需要 10^{-5} mm 汞柱（或 0.001 33 Pa）的压力才能气化，如图 5 - 26 所示。航天器材料通常不会涉及这些熔点非常高的金属（尽管下面讨论了两个重要的例外案例），但蒸气压曲线确实说明了为什么镉或锌镀层不适合如电连接器等部件的防腐蚀保护（Griner，1968），以及为什么在高于 200 ℃的温度下镁会变得很棘手。

图 5 - 26（b）给出了挥发性较高的金属升华率。实际上很难对挥发性物质的升华率进行测量，而用石英晶体微量天平（QCM）描述金属元素的再沉积更为常见。该设备的灵敏度为 10^{-9} g/cm^2。根据 Griner（1968）的研究，镉在 70 ℃时开始沉积且产生的膜厚达到了 130 Å。她发现，在高真空下，样品在温度达到 100 ℃之前发生了快速升华，远低于镉的熔点 321 ℃。其他的研究发现，镉和锌的涂层仅在 150 ℃和 260 ℃的温度下升华，而铬酸盐薄膜并不会对升华率有所阻碍（Wolff，1963）。

从表格和图表中能够看出，可以应用于下一代航天器中的某些现代高强度的轻质合金和金属基复合材料，具有高升华率的元素（例如，镁、锂、锌和铝）。如前所述，这些材料的升华会导致它们失去重量，失去机械强度并增加电阻率。另一方面，金属膜的再凝结会给电子和光学系统带来巨大的问题。纯金属的升华率可以从蒸气压与温度的关系曲线粗略估计。当它们覆盖有多孔涂层（例如，化学转化膜）或可发生固态扩散的镀层时，几乎不可能评估升华的风险。同样，合金的升华率也不是很清楚。它们可能取决于构成合金微观结构的相组成、晶界运动和可能阻碍蒸发的自然屏障层。

近年来，人们开发了一种通过重量损失测试来评估金属升华的方法。它基于对有机材料放气的测试（ESA PSS 01 - 702），并使用真空微量天平在线测量评估金属和合金在高达 700 ℃的温度的热真空下的质量损失（Merstallinger 和 Semerad，1996）。测试的初始部分建立了动态升华率，此时，温度缓慢升高直到质量损失达到 1mg，然后缓慢下降。接下来，在恒定的温度下确定一个静态的升华率与时间的函数关系。在测试的静态部分中，将各个样品保持在真空（小于 10^{-5} torr）条件下并迅速重新加热到所需的温度，直到获得恒定的升华率。静态测试在（至少）两个温度下进行，升华率作为温度的函数进行计算。同样可以计算升华的活化能，冷凝率也可以测量。下面给出升华测试的一些初步结果：

（1）铝锂合金

二元合金（Al - 3Li），三元合金（Al - 3Li - 1Cu）和商业合金（AA 8090，喷射沉积且轧制状态下获得的）经过测试，都显示出类似的升华和冷凝特性。在动态测试初期，由于形成氧化锂的表面层而使得质量增加，然后测量升华部分。这个氧化层看似一个屏障，但它一旦分解，升华将有可能在较低的温度下发生。第一个温度循环过程中，在 350 ℃和 400 ℃之间可以观察到氧化层生长，但是在第一次动态测试中，一些升华材料在 300 ℃开始凝结。在第二次和第三次测试（静态测试）期间，材料可以在比之前更低的温度下发生升华现象。每一种铝锂合金在 400 ℃下测量得到的升华率为每年 1×10^{-2} g/cm^2 数量级，在 600 ℃下为每年 5 g/cm^2（Met. Report 2241）。空间设备服役温度没有达到这些材料升华率发生的高温，而且，即使达到很高的温度，这些合金也可以通过保护阻挡层的阳极化涂层进行包覆，如图 5 - 27 所示。

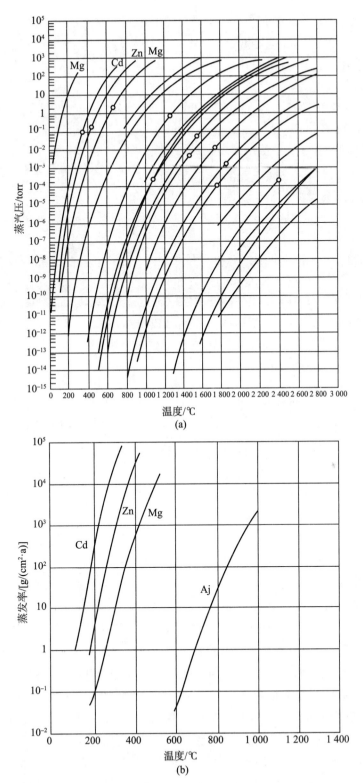

图 5 - 26　（a）金属的蒸气压与温度的函数关系（Frankel，1969）。（b）金属的损失（Cd，Zn，Mg 和 Al）
　　　　　　与温度的函数关系（Frankel，1969）

图 5 - 27　猎户座船员舱压力容器。这种结构元件是由铝锂合金 Al - 2195（与航天飞机轻型外置罐相同）加工而成，并用绿色的铬酸盐底漆进行保护。这些焊接面板还必须覆盖热瓦（NASA）

（2）镁锂合金

这类合金在轻合金中的密度最低（介于 1.3 g/cm³ 和 1.5 g/cm³ 之间）。Hornbogen 和 Schemme（1990）以及 Schemme 和 Wittkamp（1993）已经对它们进行了表征，对于特定的航天器应用领域（例如次承力结构）具有足够的强度。但是，如表 2 - 5 所示，镁和锂都具有相当高的升华速率。在真空下对合金 Mg - 5Li（α 相）、Mg - 8Li（α - β 相）和 Mg - 10Li（几乎完全 β 相）进行微量平衡测试。当 Mg - Li 样品在真空中加热时，与铝锂合金一样，会形成表面阻挡层；在达到 350～400 ℃ 的温度时，阻挡层破裂，升华率变的非常高。每个合金样品冷却后保持在设定的温度下，同时进行质量损失测量。在约 300 ℃ 时，每种合金的升华率为每年 1 g/cm²。在 400 ℃ 时，升华率增加到每年超过 10 g/cm²（这个值介于纯镁和纯铝之间）。

（3）Gapasil 钎焊合金

Gapasil 是美国 Wesgo 公司的商标名称，涵盖了一系列添加镓和钯的银基钎焊合金。这些合金用途广泛，因为银基合金具有较低的熔化温度，并且与钛合金具有相当好的冶金相容性。在制造用于 X 射线探测器科学卫星舱体时，曾使用 Gapasil 钎焊合金来焊接复杂的钛和铍零件组件。所选择的合金为 Gapasil - 9，其组成为 Ag9Ga9Pd，液相线温度为 880 ℃，固相线温度为 845 ℃。镓是一种熔点仅为 30 ℃ 的稀有金属。值得注意的是，温度 2 300 ℃ 以下，镓在大气压下也不会沸腾。

由于对监测器外壳的清洁要求非常严格，因此需要评估 Gapasil - 9 的升华特性。该合金在 920 ℃ 的温度下进行真空钎焊操作，在轨服役期间，检测器外壳偶尔会达到 200 ℃ 的温度。测试仪器的温度不会达到 920 ℃，因此查阅《金属手册》中的表格会发现，纯镓在

920 ℃会以每年 1 g/cm² 的速率进行升华。这与在相同温度下银的升华速率大致相同。钎焊循环仅使 Gapasil 呈现两分钟的液态，因此实际上不会发生金属镓的蒸发或冷凝——这在钎焊操作后的检查中得到了证实。升华测试使用原位微量天平系统在 258 ℃进行 10 小时，没有检测到升华。在 392 ℃下进一步测试 10 h，测得的升华速率低于每年 2.8×10^{-5} g/cm²。这些测试证实，这些钎焊合金适用于真空应用。

（4）钨加热器元素

用于航天器行波管阴极间接加热的加热器由钨丝制成。这些钨丝掺杂微量的氧化钍以防止松垂和再结晶。这些钨丝设计使用温度在 1 200 ℃高真空条件下。一些寿命测试真空管在使用 44 092 h（五年多一点的时间）之后被进行破坏性分析。可以观察到由于升华引起钨丝卷线显著变薄，并且有趣的是，可以看到蒸发的钨原子在行波管加热线的较冷区域中冷凝，从而形成小钨晶须（将在 7.2.2 节中进一步描述）。

5.6.2　镉和锌的升华和冷凝

最近，有一个欧洲最大的真空测试室进行 $-100 \sim +120$ ℃，低压（小于 10^{-6} torr）空间结构产品热循环测试。该结构由许多 Invar（因瓦合金）支柱组成，用于固定实验设备。Invar 组件涂有黑漆。经过大量的热真空测试，打开测试室并取走结构件。此时，测试工程师可以观察到测试室的内壁有颜色变化。室壁实际是整流罩，涂有 Chemglaze Z306黑色涂料。这些表面已经从黑色变成了灰色。同样地，安装在测试室中的红外检测设备的黑色 Electrodag 501 表面也覆盖有灰色沉积物。材料审查委员会成立了一个小组，负责调查沉积物及其来源且开发一种去除沉积物的方法，并评估清洗方法对 Chemglaze Z306 黑色油漆的影响。

材料从黑腔罩中取出并通过扫描电子显微镜和 EDAX 进行分析。涂层形貌如图 5-28（a）所示：黑色涂层结节已被无数细柱状沉积物污染。污染表面的 EDAX 分析见图 5-28（b），当从该 X 射线谱中减去油漆的背景组分时，可以明显看到污染是来源于未知的金属镉和锌。后来发现这个问题的来源是 Invar 结构——这个结构用镉和锌电镀作为腐蚀保护层，而后涂上黑漆。试验管理员没有在材料清单上声明镉和锌的存在，这是一个损失非常大的疏忽。

一种从保护罩和红外（IR）探测器表面去除镉和锌的方法已经被开发和记载。污染金属可以成功地溶解在 10% 的硝酸铵溶液中，而不会对黑漆表面造成任何损害，应用这个方法擦腔室可使腔室焕然一新（由于镉和氧化镉具有毒性，这项工作需要在安全员在场时完成）。然后将清洁过的腔室在 100 ℃下烘烤 24 h。将验证板放入腔室，用液氮冷却过的保护罩则放置到与污染最严重的壁对面。之后没有检测到镉和锌，由此可以判断这些金属已经被完全去除。然而，为了从腔室壁中去除残留的硝酸铵溶液需要额外的工作。

这次镉和锌升华/冷凝效应的经历明确地强化了严格的规定，即在涉及暴露于真空的所有航天器或地面处理器中，这些金属必须禁止被继续应用。

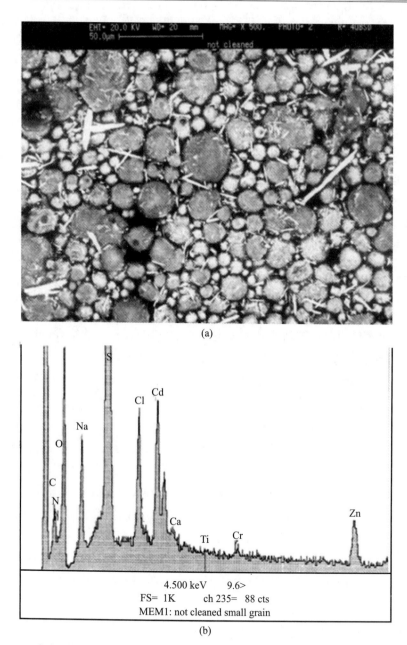

图 5 - 28　（a）喷涂过的覆层表面凝结的针状金属污染物在放大 500 倍下的 SEM 图。（b）"小颗粒"
区域覆层的 EDAX 分析，确定其表面存在镉、锌、硫、铬、氯和钠（由 A. de Rooij 博士提供）

　　为了量化镉的升华率进行了一系列涉及实验室沉积测试的实验，评估了各种镉涂层样
品。有趣的是，在镀镉钢上存在的铬酸盐转化涂层（例如作为应用于商业电连接器外壳上
的防腐蚀保护层），或者在老化的镉表面上存在的天然形成的氧化膜，并没有减小镉升华
速率。在 120 ℃时，升华速率为每小时 $0.3~\mu g/cm^2$。这些测试的结果提供了半定量的数
据，解释了上述环境测试室内的镉污染。

5.6.3　与推进器电机相关的加热器升华问题

地球同步轨道上的通信和气象卫星能够通过基于燃料（例如单一推进剂肼，或者四氧化二氮和单甲基肼的双组元推进剂）的推进系统改变它们的方向（高度控制）和定位（轨道控制）。小型推进剂马达，被称为推进器，通常提供用于高度控制的脉冲操作模式和用于轨道控制的连续操作模式。单组元肼推进器通过将液态肼分解成氮气、氨气和氢气的方式提供能量。

$$2N_2H_2（液态）\longrightarrow N_2 + H_2 + 2NH_3$$

肼分解可以通过催化和/或热方法来实现。强烈的放热反应导致热气的形成，热气可以在喷嘴中膨胀以将其热能转换成动能，从而产生必要的推动力满足航天器入轨需求。用于推进器马达的催化剂是铱，其分散在多孔氧化铝颗粒上以提供大的表面积；关于这种催化剂的失活可参见 5.8 节。催化剂颗粒位于由三个专门设计的加热器包围的一个圆柱形的床上。

在几台推进器加热器在轨失效之后，考虑到类似的加热器已被物理集成到后续卫星的飞行单元中，详细的故障调查因此而展开。通过星上温度和电流测量可以将失效原因确定为电气开路，这些故障在卫星发射后成功运转约 13 个月时发生。

加热器设计采用直径为 0.025 mm 的镍铬合金 V 螺旋元件，焊接到直径为 0.25 mm 的铂线上。该加热线圈由氧化铝垫片支撑，并被粒径为 0.040 mm 的氧化铝粉末颗粒所包围。如图 5-29 所示，加热器线圈和陶瓷部件装入到圆柱形铬镍铁合金外壳中。导线嵌入到包含绝缘氧化镁的铬镍铁合金 600 管中。装配后，加热器充填干燥氩气以防止氧化。

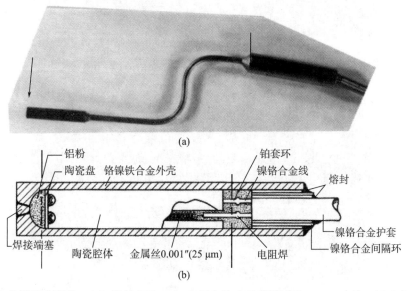

图 5-29　加热器调查研究。(a) 经过 Mil-883 中规定的毛重泄漏试验（1014 方法，试验条件 C）后的加热器的组件。将每个完整的加热器在 125 ℃ 下浸入碳氟化合物中，从塞子和过渡连接点处（箭头标示）流出的气泡流证明泄漏量超过了 10^{-3} atm. cm³/s，可以确定加热器已泄漏。(b) 加热器组件的横截面示意图，标识出了壳体被切割（通过车床的精加工）的位置。细丝不受影响，拆下焊接的塞头，并将陶瓷盘从圆柱形腔体中抽出，取出某些使用跳线进行钎焊密封的部分

通过文献检索得知，类似的加热器设计由于灯丝线圈与引线的不适当的焊接和保护性氩气的泄漏而导致失败（Schatz 等人，1979）。

大量加热器设备通过热真空和泄漏试验来进行测试。然后那些显示泄漏的装置（图5-29）被送去进行模拟寿命试验：加热器温度为 900 ℃，在 22 W/in² 功率下运行 96 h，该试验在 10^{-5} mmHg 的真空下进行。事实证明，无泄漏的加热器依次通过了这个试验，而泄漏的加热器会由于开路而失效。

失效的设备进行了高分辨率 X 射线照相检测（如图3-23）、金相学和 SEM 检查。射线检测确定出几种类型的缺陷，如图5-30所示。金相组织显示出钎焊和焊接裂纹，如图5-31所示。加热器灯丝线圈的 SEM 检测表明，导线电阻的损失是由灯丝在真空中工作引起的铬和镍升华的结果。这些金属元素已经在整个加热器内部再沉积，灯丝线圈已经变薄到完全断裂的临界点，如图5-32所示。由这种细丝（图5-33）和其他材料制成的显微切片的 EDAX 分析显示，在镍升华之前铬已经开始损耗。这可以通过参照图5-34给出的温度升华速率图进行预测。

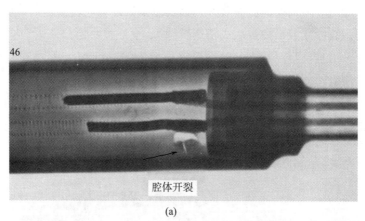

(a)

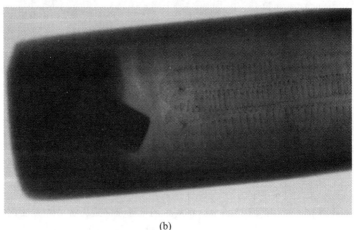

(b)

图5-30　X 射线照片 (a) 铬镍铁合金加热器壳体上的裂纹；(b) 由于端部插头焊接不正确，设备上的镍铬合金加热器线圈严重变薄

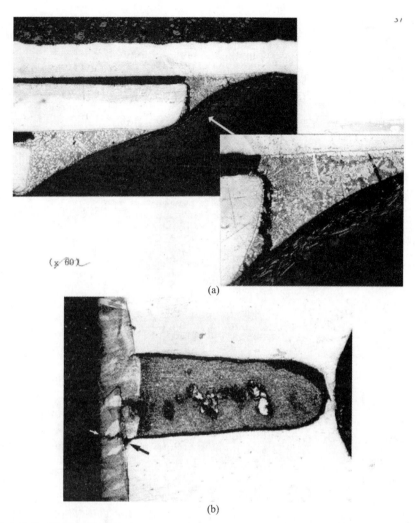

$(x\ 60)$

(a)

(b)

图 5 - 31　氩气从推进加热器逸出并渗漏路径的确认。(a) 端部钎焊的密封件显示：在镍铬合金护套和隔环间，钎料合金的体积不足和渗透深度（插图显示了钎焊裂纹）；(b) 焊接端部插头的显微照片（63 倍放大）。刻蚀样品以区分插头材料与铬镍铁合金外壳（剖面稍微偏离加热器中心轴线）。注意，钎料渗透的深度很浅，加热器内部插头旁与大气间通过微裂纹构成了一条渗漏通路（图中箭头处）

　　用于制造这些加热器的焊接和钎焊技术已经作出改变，以消除惰性氩气泄漏的可能性。改进了制造和测试技术，例如将泄漏测试标准定为 10^{-8} cm³/s，可以使其在太空中的使用寿命延长至少 10 年。

5.6.4　速调管阴极加热器的升华

　　大量的阴极加热器组件经受了长期的寿命试验。这些组件按照标准的军事生产程序生产，且有额外的质量保证监管。该器件是典型速调管阴极加热枪的缩小版，它被设计成具有与行波管枪相同的电压。其制造路线被认为是为地球资源计划而指定的空间硬件制造业的一次演练。在寿命试验过程中发现了许多金属升华问题。

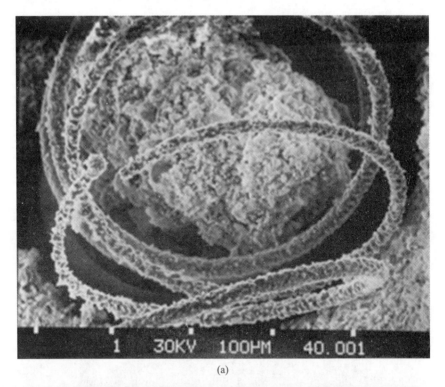

(a)

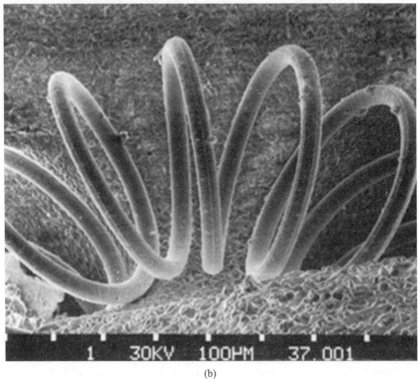

(b)

图 5 - 32　加热器真空寿命试验灯丝线圈的外观。（a）泄漏的设备显示有过度的升华；
（b）那些内部保留氩气的加热器保持完好

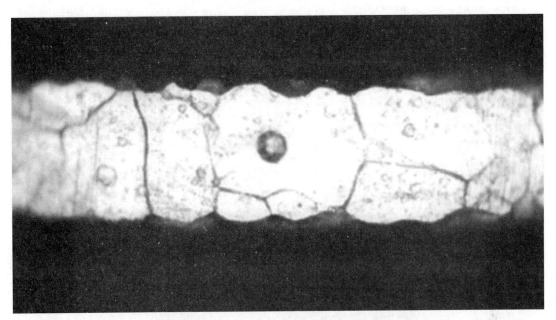

图 5 - 33　由图 5 - 32（a）所示的变薄的镍铬合金细丝元件做成的显微切片（放大 1 000 倍），发现晶粒生长过度，内部有大量气泡；EDAX 分析显示，剩余线材主要由镍组成，只有微量的铬

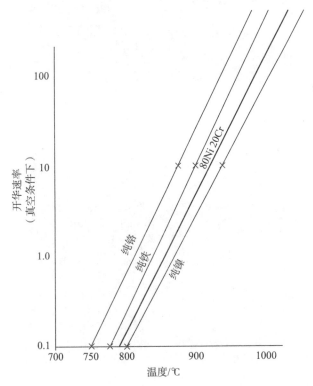

图 5 - 34　镍铬合金丝（80Ni - 20Cr）升华速率与温度的曲线图

　　从失效的设备中发现了一个分离的加热器引脚，如图 5 - 35 和图 5 - 36 中所示，将其与完好的引脚比较。这些阴极加热器的高工作温度（大约 1 185 ℃）已经导致铂的"弯折引脚"的丝带发生过度的晶粒生长。根据工程图，应将引脚与氧化铝陶瓷分隔开 1.5 mm的空气间隙。晶粒长大导致失效的丝带变脆弱并在自身的重量下发生下垂，使其与圆柱形钼加热器容器相接触。通过显微切片可以证实铂向接触到的钼的固态扩散 ［图 5 - 35（b）中箭头所示］是一种磨损机制。随后铂金带变薄，变得过热，引起大晶粒区域升华速率的升高。估计铂金带失效前在 1 500 ℃的温度下工作了大约一年。图 5 - 37 阐述了铂金带晶界处的升华和优先变薄是如何导致这条弯曲引脚过热、熔化而失效的。

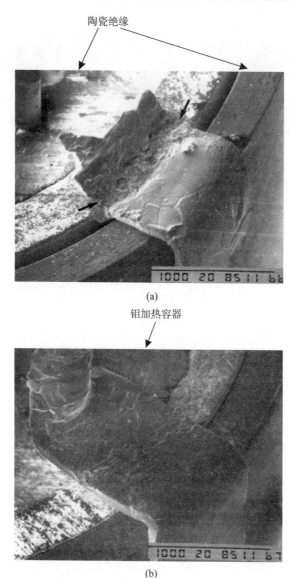

图 5 - 35　（a）完好的"弯折引脚"装置不与钼接触；（b）失效的"弯折引脚"装置与钼接触，并已扩散
进入其中。发现 i）陶瓷上方区域铂晶粒过度生长；ii）图（b）所示为晶间断裂；iii）图（b）中箭头
所示区域有铂的粗化和消耗

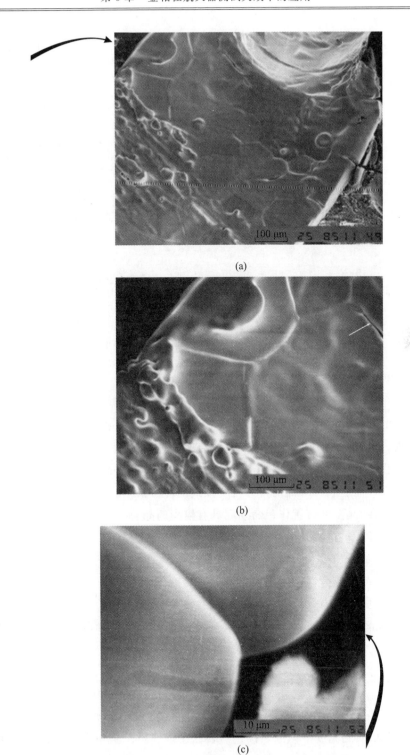

图 5 - 36　完好的"引脚"的 SEM 检测显示存在升华现象：(a) 放大 100 倍；(b) 大型等轴晶
向小晶粒的转变，铂的升华变薄主要发生在晶界处，如图所示裂纹（箭头）；(c) 晶界到
自由表面的细节描述，表明了金属的脱离

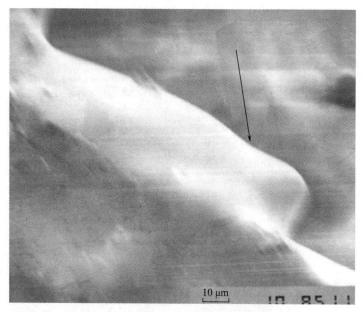

图 5-37　图 5-35 (b) 中所示的已失效的"引脚"的断裂处的形貌，晶界处的升华、
变薄已经导致界面熔合（箭头）并分离

从升华的角度来看（见表 2-5），纯铂制造的和需要长寿命工作（如在真空条件下工作超过 8 年）的部件的工作温度不应超过 1 100 ℃。Arblaster（1996）给出了铂金属精确的蒸气压数据。通过降低钼柱，使其与铂金带不再接触，可以改进阴极加热器。可以设想，通过使用弥散强化的铂［ZGS 由 Johnson Matthey（Selman 等人）开发］制造铂金带来代替纯铂金带，能够获得更高的可靠性。预期的优势如下：

1）较高的再结晶温度（工作寿命期间具有较少的晶粒生长）。

2）减少或消除"弯曲引脚"的松弛或高温蠕变。

3）ZGS 铂较纯铂更容易成形。

4）较高的抗冲击载荷性能（例如：发射振动）。

5）在焊接热影响区内撕裂的可能性更小。

需要强调的是，只有经过仔细地研究，确保重新设计不会影响阴极加热器的电气特性之后，才能使用 ZGS 铂直接替换传统的纯铂材料。

5.6.5　铼的升华

最新研发的推进器发动机含有一卷铼制成的加热管。该管通过其自身的电阻加热，使其达到接近 2 000 ℃的温度。该电热推进器装置在肼（氨、氢和氮）流经管体时加热使之分解，分解的气体膨胀产生推力。通过改变输入到加热器的功率可以改变管的温度。在高真空条件下测试程序已经完成，表明在这项应用中，铼具备潜在的适用性。但是，为了防止如图 5-38 所示铼管材料的劣化，必须采取一定的预防措施。

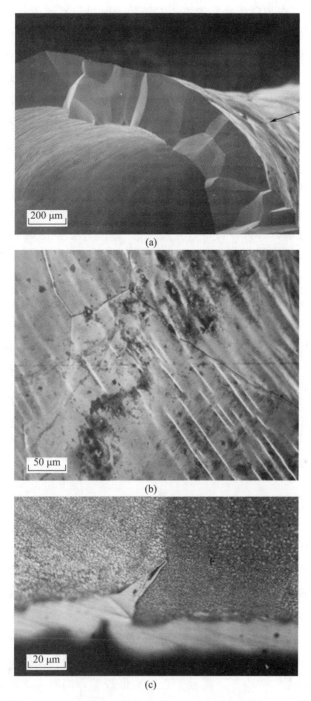

图 5-38　电热推进器装置中的铼管在超高温真空条件下工作的失效实例：(a) 失效铼管的 SEM 断口显示，断裂表面没有铼变形，大晶粒结构的裂解主要由晶间裂纹扩展引起；(b) 图 (a) 中箭头位置，暴露于外部真空中的表面细节图像，表面有晶界凹陷和波浪状"蚀刻"形貌；(c) 图 (b) 区域的横截面的光学显微照片，显微切片过程中，表面镀镍用于保留硬铼表面的边缘。值得注意的是，最大的升华发生在晶界处，且某些晶粒取向更容易发生升华

在热动力条件下，必须防止铼管的氧化。铼的表面很容易迅速吸收氧气，形成不稳定的低熔点的氧化物。纯铼的熔点为 3 170 ℃，然而和其他难熔金属一样，无论是在空气条件下，还是在局部真空条件下，铼在高温下会发生氧化；产生的氧化物，特别是化学价较高的氧化物，具有挥发性且熔点很低（例如：Re_2O_7 仅在 296 ℃ 便已熔化）。

金相显示，一个铼管在大约 2 000 ℃ 下工作 300 h，其壁厚减少了 0.04 mm。如果假设壁厚的减少是由纯铼的升华作用引起的，那么这种现象会同时发生在铼管的内、外表面（即升华速率为：0.02 mm/300 h），相当于 $6×10^{-2}$ cm/a。表 2-5 显示，如果铼所处的温度超过 2 050 ℃，才会达到上述的升华率。

随着铼管横截面积的减小，无论是由于氧化还是由于升华，其电阻都将增加，这将导致工作温度升高，材料的损失也进一步增加。铼晶粒在 2 000 ℃ 以上发生剧烈膨胀（晶粒长大），这会使零件降解，导致铼管失效。如图 5-38 所示，原因如下：

- 升华速率沿着暴露的晶界显著上升；
- 操作温度过高；
- 一旦晶粒具有与管壁厚度相同的直径，就会发生晶界滑移。

通过确保外部超高真空的环境及将工作温度降至远低于 2 000 ℃，使铼管暴露于分解的肼（内部流动），铼管很可能只适用于长寿命电热推进器的应用。类似推进器应用的替代材料包括：铂—氧化钇、铂—氧化锆。从质量损失的角度来说，这种材料特性与空间站辅助推进装置的电阻引擎的多元推进剂性能是相兼容的（Whalen，1988）。

5.7　铍的航天应用

5.7.1　引言

相比大多数金属材料，铍同时具有较好的强度与刚度，其刚度—重量比和比热均很高，拥有优异的导热性能和抗疲劳裂纹的能力，并且在高温和低温下均具有良好的性能。铍被美国航天器产品广泛应用，而欧洲人认为，铍既脆又难以制造，而且还具有相当大的毒性。但上述的缺点可能只是误解，一些先进航天公司已经可以将铍广泛应用于从卫星结构到光学平台的航天领域（Case 等人，1984；Damskey，1988；Grant，1983）。

使用粉末冶金方法将铍完全压实，可以获得具有细小晶粒（5～15 μm）的微观结构，这对更好地进行加工以及获得合适的机械性能很有必要。现代制造技术通过热等静压加工法生产坯件，这些制造工艺接近于近净成形技术，同时大大降低了制造复杂部件的成本。

晶粒尺寸、晶粒取向和纯度是影响物理和机械性能的主要因素，尤其对于氧（O）、硅（Si）、铁（Fe）、铝（Al）更是如此。当晶粒细小且等轴时，便会有最优的强度、延展性以及抗裂纹扩展的能力。

5.7.2　健康与安全

在铍金属加工的过程中，需要采取一定措施来防止吸入灰尘和烟雾，否则可能会导致急性或慢性的铍中毒；还必须要避免金属进入皮肤，否则会发生皮肤反应。国家法律规定，要对相关人员进行监督以确保对铍的使用不超过一定限度。如果对金属铍及其氧化物——氧化铍的处理方法有足够的控制，那么发生危险的可能性将大大降低。其中最重要的一点是，在铍的加工过程中，要确保单个、局部的通风排气装置能够收集所有的灰尘和烟雾。为了防止工作场地之外区域的污染，要做到仔细地过滤废气，对所有金属和氧化物的表面进行去污，控制进入下水道的废水，以及控制现场所有的工作人员等。

英国健康和安全执行委员会建议：每立方米空气中，铍或其氧化物的限值是 0.002 mg（8 h TWA 值）。这意味着在供应商接受某批组件前，要对所有的组件进行检查，确认其是否有明显灰尘。

材料工程师在生产、处理由铍或铍部件制成的试样或金相测试样品制备过程中要非常小心。废弃材料必须要用专用容器来收集，要妥善密封并加贴标签，随后由公司的健康和安全员处理。当然，在工作场所进食、饮水和吸烟是绝对被禁止的。

由于铍是电绝缘体，同时又具有高效的导热性，因此其在电子和电气行业的应用日益增加。例如可以用于制作模块和封装的框架或者由氧化铍制成用于制作混合电路和功率器件的基板。由于铍的热膨胀系数和陶瓷封装元件更为匹配，且氧化铍和铜的热阻和热容基本相同，氧化铍比铜更适合作为制作散热器的材料。鉴于以上原因，除非已知组件所有材料的全部细节并采取特殊的预防措施，否则标准的破坏性物理分析有关操作，诸如切割、磨削、抛光等都可能存在危险。

5.7.3　铍的加工集成

使金属部件获得高强度和耐疲劳性能，必须对其进行机械加工和表面处理，以获得合适的形状、尺寸及表面光洁度。铍对于由微观结构的变化、裂纹和残余应力导致的表面损伤特别敏感。众所周知，由于铍是密排六方原子结构，容易在表面以下不同深度发生微观结构的"孪生"。当孪晶存在时，其可与相邻晶粒相交，产生沿晶面生长的微裂纹。不同加工技术，孪晶产生的深度也不同。孪晶也可能在机械加工之后的一段时间内形成，这是由于局部变形产生孪晶，微观的残余应力得到释放。

碾轧对表面下方结构的影响的研究结果如图 5-39 所示，研究结果及显微图片均由 W. C. Heraeus 公司提供。在表面正下方可观察到一个孪晶现象严重的区域，其深度在 40～15 μm 之间，40 μm 对应粗磨（0.5 mm 切削）的表面，15 μm 对应精磨（0.025 mm 切削）表面。在粗磨和精磨每种单独的情况下，发现孪晶出现的深度约达到这个深度的 3 倍。粗磨和细磨表面下的孪生微观结构如图 5-39（a）、（b）所示。

消除机械加工造成的表面损伤和残余应力大体上有两种方法。如图 5-39（c）所示，热处理可以去除孪晶。典型的热处理包括以下步骤：将经过机械加工的金属铍的组件在真

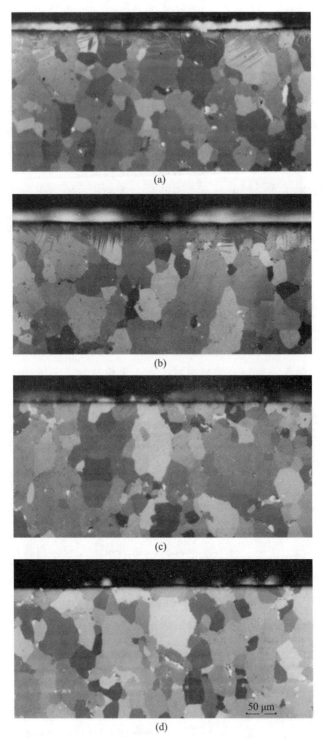

图 5 - 39　经研磨及应力释放处理后的铍（HP20 型）的表面下的微观结构。（a）粗磨，0.5 mm 切割；（b）精磨，0.025 mm 切割；（c）粗磨并在 790 ℃下热处理 1 小时；（d）粗磨、热处理、细磨、蚀刻

空下以最快 300 ℃/h 的速率加热至 790 ℃，保温一小时，以小于 50 ℃/h 的速率冷却至室温。消除表面损伤的另一种方法是：通过蚀刻去除表面区域，这种处理将导致残余应力水平的重新调整，使之在材料内均匀分布，这在某种意义上相当于消除了热应力。为了达到上述目的，有很多蚀刻剂可供选择，需要依据具体要求进行选择（例如：蚀刻速率的高或低、表面光亮或无光泽，详见 5.7.5 节）。一种经试验证明效果良好的加工铍部件的步骤包括：粗加工、热处理、精加工，最后进行从部件表面去除大于 0.1 mm 厚度的蚀刻处理。如图 5-39（d）所示，为经历上述过程后的铍表层下方区域的显微图片。图 5-40 展示的是以上述方法制造的一个干涉仪的铍部件。为了防止其在服役过程中变形失效，部件最后将进行一个稳定化处理，即在略微超过预期服役过程中温度范围的极限温度间进行热循环。

图 5-40　按照图 5-39（d）的步骤生产的、用于木星空间探测器上的干涉仪床

5.7.4　铍的加工硬化——热循环

人们一直把注意力集中在一系列航天器远地点指向机构和太阳能列阵驱动机构机械中有问题的部件上。仔细检查这些交付的铍零件时，发现其表面偶尔会有小凹坑的波浪线，可能是在加工成型前的近净成形烧结和热压过程中产生的。

在零件的外圆锥面上粘上胶布，以覆盖波浪线以及机械加工和抛光的表面区域；然后将胶布从表面缓慢拉下，在立体变焦显微镜下仔细观察是否有铍颗粒存在，发现有很多颗粒粘附在胶布上（见图 5-41）。

使用工业溶剂擦拭零件或将零件浸入工业试剂中，通过标准方法清洗每个零件，持续清洗，直到经过微孔过滤器过滤后的冲洗溶剂中不含任何颗粒。再次进行胶布试验，直到没有铍颗粒粘附于其上。

随后，铍零件包装好放置在空气循环烘箱中，在 −30～+70 ℃温度区间范围内完成 5 个热循环。对可疑区域进行进一步的胶布测试显示，沿着整个波浪线的长度，有大量的铍

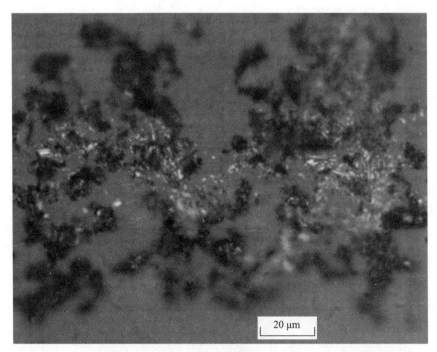

图 5-41　一堆被粘下的铍颗粒，进一步观测发现其由针状裂片（金属的，高反射性的）组成

颗粒被粘下。最后，为了去除部分附着的颗粒，该零件在干净的溶剂中进行 3 min 超声清洗。采用微孔过滤法对收集的残渣物进行粒度分析。一旦发现不再有被粘下的颗粒，就认为表面已经被清洗干净。该零件在 $-30\sim+70\ ^{\circ}\mathrm{C}$ 温度范围内再进行 5 次热循环，最后的胶带测试没有发现粘下的颗粒。

从该事例中可以得出如下结论：

• 对于交付的铍零件来说，标准清洁方法（浸渍和擦拭）不足以去除部分附着的铍颗粒。

• 热循环可以使非刻蚀、不完全清洁的零件上许多松散粘附的颗粒分离开（一般认为自然存在的铍是各向异性的，拥有不同程度的加工硬化或不同晶粒取向的相邻晶粒之间的微观运动，可能倾向于相互脱离，特别是在波浪线缺陷附近）。

• 尽管超声清洗对于清除表面颗粒有改进作用，但建议所有由铍制成的航天器结构零件都进行化学蚀刻，以去除表面层的机械损伤（参见下一节）。蚀刻将去除表面层下方的孪晶层，否则该孪晶层可以形成微裂纹，导致结构零件的过早失效及金属裂片的产生。

顺便提一句，航天飞机应用的所有铍部件都必须经过化学蚀刻，并且制备随炉试样，通过金相检测确保所有孪晶已被清除（Norwood，1985）。

5.7.5　铍的一般腐蚀方法

下面的这些溶液可成功去除铍表面的加工硬化层。但因为溶解速率会随着温度的变化而变化，需要进行试验来确定精确的溶解速率。

A 溶液：2％硝酸，2％硫酸，2％氢氟酸，余量为蒸馏水（King 等人，1976）。

B 溶液：15％二氟化铵水溶液，每升含 20 g 铍。

C 溶液：20％硝酸，1％氢氟酸水溶液，每升含 10 g 铍（Gurklis，1972）。

5.7.6　探测器窗口用箔材料微裂纹研究

由于铍对 X 射线和伽马射线辐射的吸收很少，因此铍箔被广泛应用于航天器 X 射线和伽马射线探测器的窗口。当铍块用真空热压交叉轧制成片状和箔材时，由于冷加工和各向异性结晶的形成，其性能将提高。然而，必须注意的是，尽管轧制逐渐增加板材平面中的强度和延展性，但垂直平面特征显著降低。在组装到科研卫星之前，在低强度伽马辐射探测器的组装和地面操作中，上述现象十分明显。所研究的探测器必须包括厚度仅为 30~50 μm 的窗口箔片，并且需要一个受控且稳定的氩气内压（密封）。该探测器在真空服役失效的原因如下：

1）氩气通过箔片泄漏；

2）窗口的压力差导致箔片在弯曲过程中产生裂纹。

通过机械试验及金相分析证实，是冷加工过程中在箔片上形成的微裂纹导致了氩气泄漏故障。探测器在真空中运行期间，内部的氩气压力导致箔片发生弯曲，使微裂纹穿过该 35 μm 厚的箔片扩展。

在 Fulmer 研究所的帮助下，对各种加工工艺进行了评估，以确定更优的轧制及热处理顺序，生产出各向同性的箔片，在弯曲时没有微裂纹产生。应该注意到铍具有六方晶体结构，其基面既是孪晶平面又是解理平面，基面上的形变会促进孪晶的生成，当孪晶与晶界相交时会产生微裂纹（Tetelman 和 McEvily，1967）。室温下基面滑移的滑移应力很低，并且会随着温度的升高进一步降低（Beurs 等人，1987）。

福尔默研究所对与泄漏探测器所使用的同一批次的铍箔进行化学分析、垂直或平行于最终轧制方向的机械试验、弯曲试验、显微切片、断层成像以及 TEM 评估。

最初一批的箔片将分成两部分各自在 650 ℃ 和 710 ℃ 下进行 20 min 的退火，以去除由轧制产生的残余应力，改进材料的成形性。经过这些热处理后，延展性会得到一些改进，而且依据实验结果，可以根据三种不同的工艺制造新的箔片。工艺参数及实验结果，如图 5 - 42 所示；还出现了位错网络和再结晶晶粒，如图 5 - 43 所示，并且透射电镜的结果表明轧制过程产生了具有高位错密度的特征微结构。600℃ 下的退火工艺使得亚晶组织长大且位错密度降低，微观结构说明材料已部分再结晶；而在 650 ℃ 和 700 ℃ 下退火，产生了更多的再结晶结构且几乎没有位错。缺陷探测器上的 1 型箔片的失效是由于其极低的延展性，粗糙的表面以及位错边界和网格导致穿晶解理断裂。这种材料的化学成分在其规定的高纯度范围以内。650 ℃ 下退火的箔片的断裂是穿晶解理和沿晶裂纹扩展的混合。完全再结晶的材料的失效模式为沿晶断裂，这表明退火过程会使晶界强度降低，并且可能会使晶粒强化。没有在晶粒内观察到可能会产生强化作用的沉淀，因此沿晶断裂模式完全是由于晶界的脆化造成的。结构钢和镍基合金在退火过程中的晶界脆化是很常见的。在以上两个例子中,其影响因素主要是硫元素或者磷元素的偏析作用,当然其他元素也起着重要作用。然而,磷或其他元素削弱边界内在凝聚力的具体机制尚不清楚,尤其是对于金属铍,晶界脆化的研究即使存在也并不多。但是,类比钢和镍合金,经 710 ℃退火处理的铍,是由于在退火过程中杂质元素偏析导致晶界脆化进而发生沿晶断裂。这应该是进一步研究的重要领域,因为很容易通过俄歇电子能谱来确定晶界的单层成分,而该成分又可能影响退火材料的机械性能。

箔材类型	主要加工步骤	机械测试结果最小值			金相光学显微镜照片:显示表面光洁度和晶粒尺寸偏光照明(×1 000)	断口:在拉伸测试之后,晶粒形态是穿晶的或沿晶断裂大约(×1 000)
		极限拉应力/MPa	延伸率/%	硬度/%		
1	高纯度铸锭、研磨和蚀刻得到无杂质表面,热横轧	238	nil	210	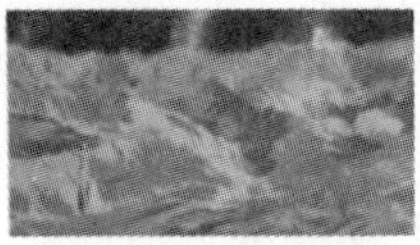	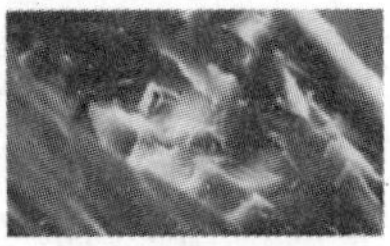
2	在 1 的基础上,650 ℃退火 30 min	222	nil	170		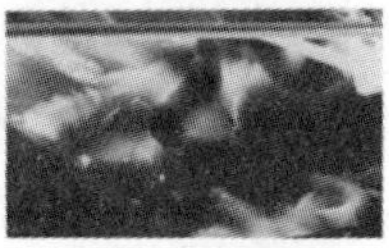
3	在 1 的基础上,710 ℃退火 30 min	127	0.2	168		
4	65 ℃单向轧制,在空气中 650 ℃下进行中间退火 12 次	横向 151　纵向 246	1.6　5.0	152　158		
5	在 4 的基础上,750 ℃真空退火	横向 110　纵向 250	0.5　4.4	152　152		
6	650 ℃交叉轧制,然后和类型 4 一样,在空气中 538 ℃下进行中间退火 40 次交叉轧制	288	1.25	285	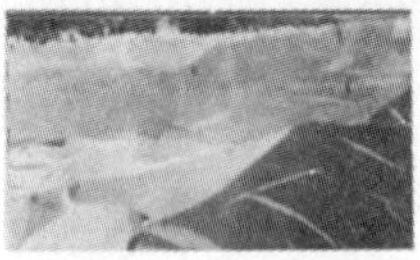	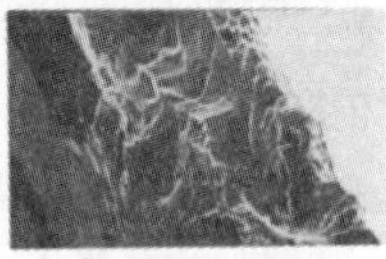
7	在 6 的基础上,650 ℃真空退火	308	2.4	164	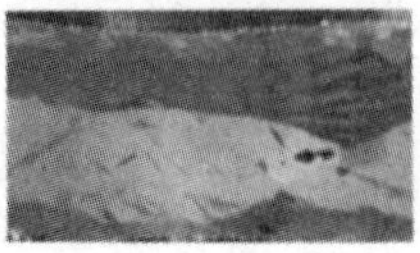	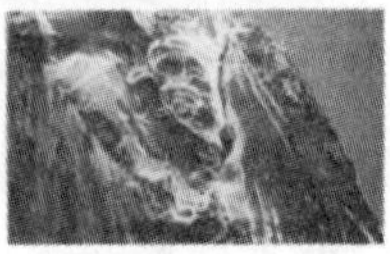

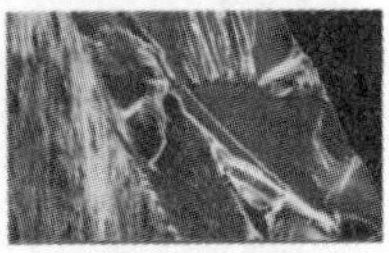

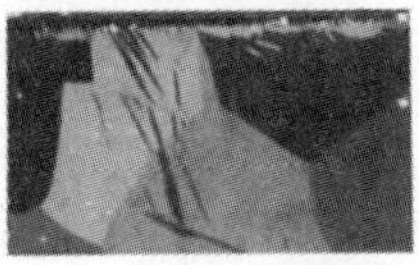

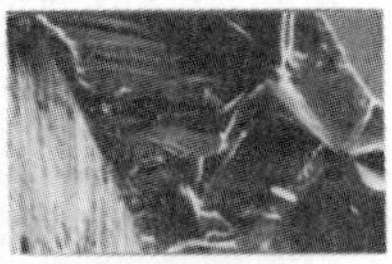

图 5-42　铍箔加工步骤、机械性能和晶粒结构的结果汇总

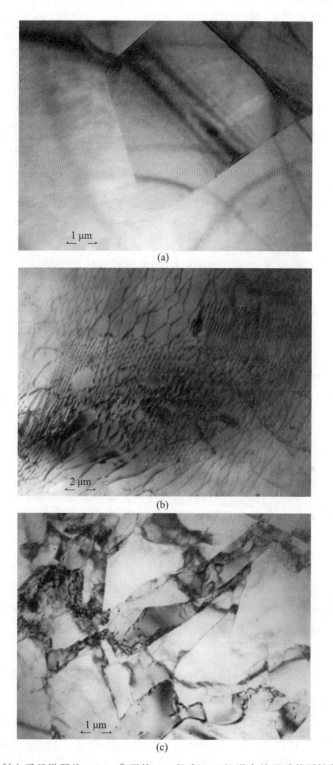

图 5 - 43　铍箔的透射电子显微照片：(a) 典型的 680 ℃和 700 ℃退火处理后的再结晶晶粒结构（例如，
类型 2 和类型 3 的箔材）(b) 低温交叉轧制的箔材显示出高密度的位错网络；(c) 类型 6 的箔材
在 600 ℃退火 30 min 后的部分再结晶晶粒结构（即箔材类型 7）

从此次研究中得到如下结论：

· 从单向轧制的箔材中获得的样品具有极高各向异性的机械性能，同时发现了具有箔厚尺寸的完全再结晶的等轴晶粒结构。

· 交叉轧制的样品（类型 6 和 7 的箔材）在箔的纵向和横向具有均匀的高强度特性。但是这种材料延展性相当低（然而，比用于泄漏检测器的横轧的类型 1 的箔材要好）。

类型 1 到 5 的箔材不符合使用需求，而类型 7 的箔材最为适合，并且已将其成功应用到一个系列以上的伽马射线探测器外壳中。

5.7.7　铝铍合金

铍是最轻的航空航天结构材料之一，密度为 1.85 g/cm^3，而铝的密度为 2.7 g/cm^3，比铍高出约 45%。在铝的基础上添加 10%～75% 的铍的低密度合金族正在研发中，这种工艺可以将铍的高的比刚度和铝的延展性和易加工特性结合起来。克利夫兰的 Brush Welman 公司采用粉末冶金和铸锭冶金的方法生产这种合金。1992 年，Haschiguchi 等人研发出一种更好的二元合金材料（Al-40wt%Be），当铸造和热轧时，该组合物的片材具有优异的机械性能：屈服强度为 289 MPa，极限抗拉强度为 386 MPa，断裂伸长率为 17%。

5.8　肼分解催化剂颗粒的失活

5.8.1　测试过程

卫星的飞行经验表明，当 0.5 N 的推进器在几天的关闭期后以脉冲模式运行时，来自前几个脉冲的脉冲量可能非常低，然后逐渐增加到设计额定值。由于这个航天器的侧倾控制回路的设计是从第一个脉冲开始运行的，因此有必要调查这个推进器性能不佳的原因。

为了研究肼和用于构建反应控制系统（RCS）的各种组分材料的相容性，利用一个空间品质推进器马达进行长期试验，以确定肼气体的生成速率与温度和时间的变化关系。该试验历时 12 个月，并且在产生 23 kg 肼之后，推进器催化剂显著失活。这种催化剂的失活便成了接下来研究的重点。

试验装置是一个利用 Ti6Al4V 制成的肼罐，里面装有 AF-E-332 型排气隔膜弹性体。在测试期间该肼罐放置在 40 ℃下水浴保存，Dunn 和 Papenburg 已经公布了测试的完整过程（1986）。

上述试验在推进器失效后停止，随后开始调查研究多种材料，其中包括：

1）在喷射器端打开推进器，然后检查颗粒污染物。

2）通过目检、扫描电子显微镜（SEM）、表面分析（EDAX 和 XPS）、质谱仪以及金相学方法对用过的催化剂颗粒进行详细检查，并与未使用的颗粒进行比较研究。

3）清空并打开推进剂容器，利用 X 射线和 SEM 分析对 AFE-332 膜片材料进行采样。Martin（1976）和 Schreib 等人（1979）发表了这种弹性体的全面表征。

4）通过不同的方法分析各种推进器排出的肼样品来确定无机杂质。

5.8.2　材料研究

（1）推进器的破坏性分析

推进器如图 5-44 所示，切割喷油器和喷嘴端，检查是否有明显堵塞的迹象。在注射管末端没有观察到污染物，并且根据标准程序用去离子水进行流量测量，得到的数值与整个测试之前的结果相同，这清楚地证明喷油器管没有被堵塞。该催化室的隔板是由 Haynes 25 合金制造的，对其进行视觉检查，结果显示它们虽然已经从灰色变成白色，但是也没有阻塞的迹象。

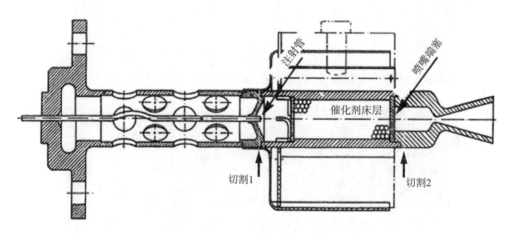

图 5-44　0.5N 推进器的工程图纸

（2）催化剂床层特性

催化剂的性质：催化剂为 Shell 公司开发和制造的 405 型催化剂，该催化剂对于单一组分的推进器燃料（例如肼）的催化分解控制做得最好。Shell 405 催化剂是在 Reynolds RA-氧化铝的载体颗粒上制备的，这种载体颗粒经过特殊处理，其表面有 32% 的铱 （Schmidt，1984）。

催化剂颗粒的目视检查：移出测试推进器的喷嘴端筛，并且小心地提取催化剂颗粒，将它们分为三个区域（喷嘴、中间部分和喷射器），然后将这些颗粒在相同的尺寸范围 （直径 0.5～1.5 mm）内进行目视外观比较，发现颗粒是灰黑色的，没有进一步的着色。在 20 倍的放大倍率下对所使用过的催化剂颗粒进行观察，发现它们已经改变颜色，从原始的黑色到灰色，再到灰色/白色，直到白色。

（3）新的和使用过的催化剂颗粒的形态和组成

SEM 检查。新的颗粒如图 5-45 所示，由于存在小面和微晶，它们具有非常大的表面积，只在颗粒的拐角处有光滑的圆角。新的颗粒表面具有高导电性，EDAX 分析发现其由铱和氧化铝组成。

在 SEM 中观察从测试推进器的催化台上提取的颗粒，使用过的颗粒表面覆盖有一层白色无定形污染层。该污染层主要由硅组成，如图 5-46 所示。

(a)

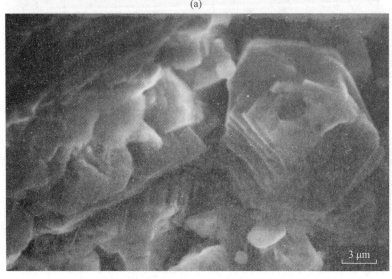

(b)

图 5-45　（a）新催化剂颗粒的外观显示出圆角；（b）有很多小面的表面

　　金相学结果。可能最有趣的发现是由安装好的、有横截面且抛光的颗粒给出的。新的催化剂颗粒见图 5-47，该颗粒是偏暗淡的，不具有很高的反射性。这些颗粒表面没有游离金属铱存在的证据，但是在晶粒内的一些微区表明金属铱以精细层状的形式存在。线扫描分析确认铱在粒子中的分布并不均匀。

　　典型污染颗粒的显微照片如图 5-48 所示。使用过的颗粒与新颗粒的外观明显不同，其上覆盖有致密且几乎连续的白色外壳；并且每个颗粒的外壳厚度是不同的，通常是 10 μm 厚，最大外壳厚度约为 80 μm（这可能是一个穿层斜切）。一些颗粒表面具有厚度仅为 2～4 μm 的透明薄"釉"，线扫描分析证实这层"釉"是富硅层（可能是 SiO_2），通过 XPS 和质谱分析也得到了相似的结果。

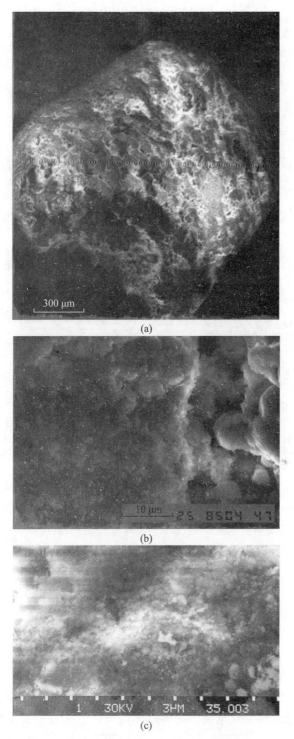

图 5-46　从测试推进器的催化台上取得的典型晶粒：(a) 在 SEM 下观察到表面具有半导体性质，这让拍照变得困难，叠加的字母与后续详细的数字的位置有关；(b) SEM 照片显示出，在粗糙结晶区域和非晶包覆层区域之间存在过渡层，所述非晶包覆层区域具有相当平滑的表面。侧视图显示包覆层的厚度范围在 $0.5 \sim 1.5~\mu m$ 之间；(c) 白色的无定形层似乎密封了下面的表面，EDAX 表面分析确定了硅和铝的存在

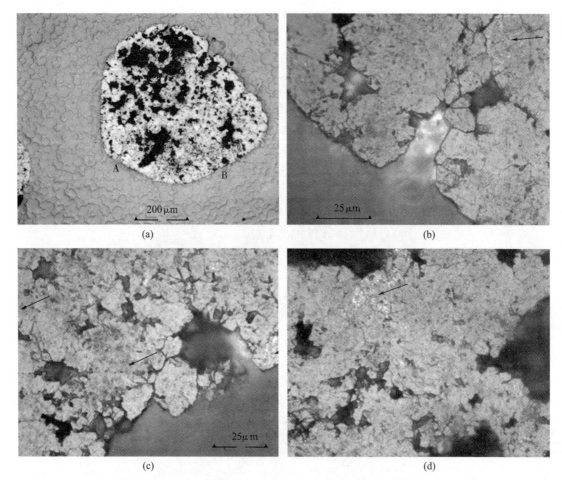

图 5-47　新的催化剂颗粒抛光的横截面。这种材料具有圆角和多孔性质，许多孔隙为这些颗粒提供了非常大的表面积。(a) 典型的新的催化剂颗粒分区显微照片；(b) 区域 A，即使在高放大倍数下，也没有证据表明表面层有单质铱。颗粒具有灰暗的外观，没有金属的明亮反射表面特征，一些小区域除外（箭头）；(c) 区域 B，显示这些颗粒的脆性和基体内的一些明亮的片层结构；(d) 区域 C，明亮的片层结构也存在于颗粒的中心区域

（4）隔膜材料的发现

将试验后的橡胶隔膜（图 5-49）切成用于光学和扫描电子显微镜观察的样品。

横截面隔膜材料的宏观结构极其不均匀，但流线清晰可见，在其中一张照片上（图 5-50），沿着位于模制肋条脊处的一条流线似乎有非常微小的分离。

膜片 AF-E-332 包含 17.6％重量的 Aerosil R-972，一种经硅烷处理的二氧化硅，含 2.9％的氧化锌和 2.9％的氧化钙。这些添加剂与弹性体（为了强化和润湿）的不均匀混合导致流线的产生。

隔膜分析在同一样品（肼暴露面和氮暴露面）的多个位置进行。定量微探针分析结果显示，检测到的这些元素的分布并不均匀，金属元素的质量分数为 0.6％钙，0.9％锌和 7.5％硅（平均重量百分比结果）。

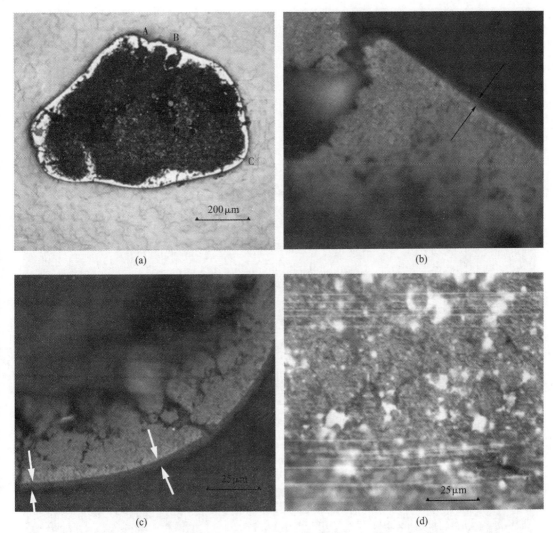

图 5-48　污染的催化剂颗粒抛光的横截面。(a) 污染颗粒的横截面的显微照片显示出更详细的分区；(b) A-B区，外壳支撑一层薄的（4 μm）"釉"（在两箭头之间）；(c) C 区的进一步放大，表明在污染的白色外壳上存在薄的表面"釉"；(d) 区域 D，通过偏振光在受污染颗粒的中心区域拍摄显微照片。这个地区有两个相（明亮和灰色），表明两个不同的组成

（5）肼的化学分析

对从该测试取得的所有肼样品进行 ICP（电感耦合等离子体）的化学分析，观察到，随储存时间的延长硅含量线性增加，如图 5-51 所示。

5.8.3　颗粒失效机理

催化剂失活可能导致推进器性能的降低。该试验已经确定了与形成无定形二氧化硅表面壳有关的失效模式，该无定形二氧化硅表面壳成为了肼与铱催化剂之间紧密贴附的阻挡层。

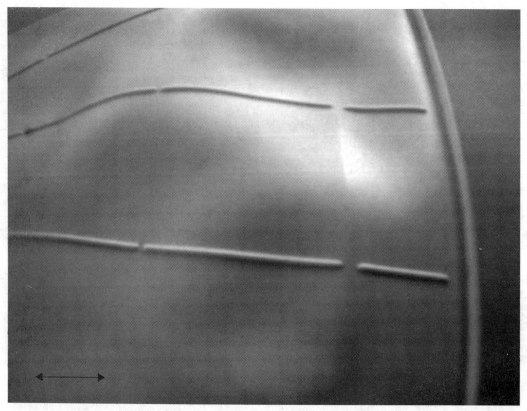

图 5-49　使用的肼罐隔膜的 RIB-SIDE 的外观。这一面已经和肼接触了，反面只与氮气接触。材料是
AF-E-332，多年来用于弹性隔膜和气囊箱-弹性体，它是乙烯丙烯二烯改性（EPDM）聚合物
（标记为 1 cm）

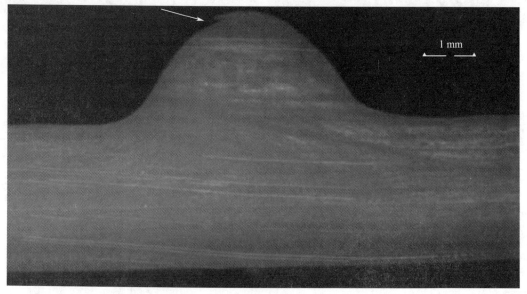

图 5-50　手术刀穿过隔膜显示出它的不均匀性。清晰地看到流入肋部体积的流和沿着流线的分离（箭头）

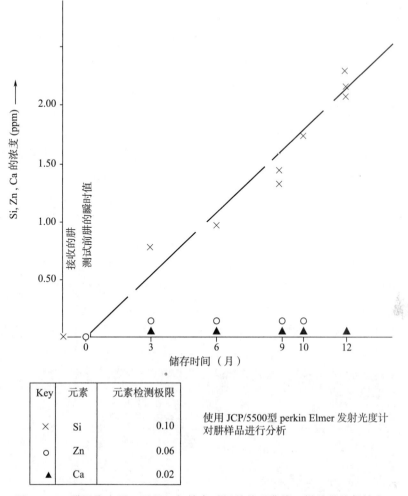

图 5-51　肼污染水平（无机）与储存时间的关系曲线。样品是从保持在
40 ℃的试验推进剂容器中倾倒出的

　　试验表明硅污染物源于 AF-E-332 隔膜弹性体，因为在使用过的催化剂颗粒表面上没有发现锌和氧化钙（橡胶中的填料），疏水性二氧化硅可能是隔膜化学侵蚀/淋溶的唯一填料添加剂。

　　在 12 个月的试验期间，肼中的硅浓度从 0.1 ppm 增加到 2.1 ppm。若航天器反应控制系统选择类似的隔膜，催化剂中的硅浓度同样有可能增加。失效调查（Dunn 和 Papenburg，1986）得出的结论是，从隔膜材料中化学浸析的二氧化硅与肼不相容，进而导致了推进器催化剂的失活。

　　其他的隔膜材料，如乙烯丙烯（Sogame 等人，1990；Ballinger 和 Sims，2003）可能与肼更相容，但还是需要在 AF-E-332 隔膜与肼接触的表面喷涂一层不含氧化硅的惰性薄膜。

5.9　阴极发射器失效

航天器行波管需要具有很高的可靠性，才能满足长达 8 年的寿命要求。通常使用例如增加电流密度和提高环境温度的加速试验方法对阴极发射器进行寿命测试。

制备掺杂钡的阴极材料包括以下步骤：

1）有压烧结纯钨粉以形成多孔小球；

2）在 2 000 K 下熔化 4 mol BaO、2 mol CaO 和 1 mol Al_2O_3 的混合物制成钡铝酸钙，在惰性气体中，把该化合物"浸泡"到多孔钨中，即用钡铝酸钙填充钨孔。

在阴极激活期间，发射表面被钡金属覆盖，这时发射元件最高效（阴极内的功函数最低）。单质钡由以下反应产生

$$6(BaO)_3Al_2O_3 + W \longrightarrow Ba_3WO_6 + 6(BaO)_2Al_2O_3 + 3Ba$$

单质钡沿着钨的孔隙扩散，起到活化阴极表面的作用。比较图 5 - 52 和图 5 - 53，可以看出长时间使用的阴极表面已经产生了腐蚀。钨晶粒以不同的速率进行离子蚀刻，速率取决于它们相对电子流方向的晶体取向。它们通常带有条纹且晶界变得清晰可见，同时 EDAX 分析显示，当选择了错误的电流密度或温度加速因子，且远远大于在实际工作中所遇到的加速因子时，"浸泡"在氧化物孔隙中的钨可能会被耗尽。实际中，当发生阴极失

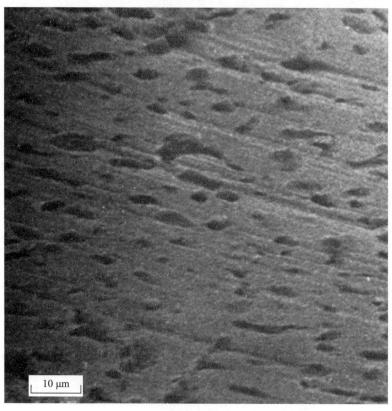

图 5 - 52　未使用的阴极发射器表面外观

效时，通常发生在其寿命周期的前期，源于工艺不佳或材料缺陷，而不是因为钡化合物的
"磨损"。

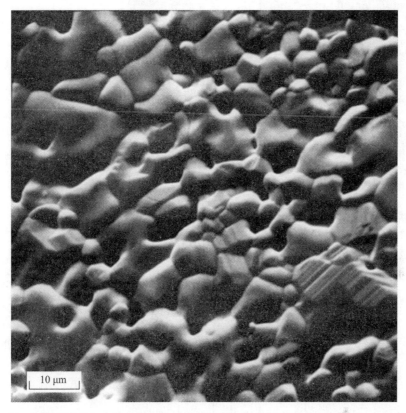

图 5 - 53　阴极 "磨损" 小球外观。几千小时的高电流密度试验已经消耗掉了基板中的 Ba

　　磨损的程度可以利用金相学手段进行评估。首先将钨颗粒从测试组件中取出并安装在
环氧树脂中。由于钨孔内含有钡、钙和铝的氧化物，所以不能使用润滑剂，避免氧化物颗
粒被溶解或去除。有一种适宜的方法是采用显微薄片切片机切出颗粒的横断面，具体说是
利用锋利的碳化钨刀刃以 2 μm 的步长将颗粒切片，然后从阴极发射极表面开始，沿着垂
直于它的路径进行微探针线扫描分析，如图 5 - 54 所示。最近引入的一种新的切片方法，
即聚焦离子束（FIB）和氩离子铣的方法（在 3.2.2.2 节中有所涉及），可能会为阴极研究
提供更多的精细手段，并且避免了图 5 - 54 那样的样本污染。

　　经过寿命测试的多孔钨阴极在测试中未出现钡和铝的浓度梯度。这表明 "自由" 钡仍
然可用于扩散，并且不会立即发生磨损。由于钙不能以氧化物的形式沿着互通的孔隙扩
散，所以它确实向发射器表面呈耗竭状态。

　　研究表明，过高的试验温度（高于 1 100 ℃）会使烧结过程中的多孔钨颗粒变得更
致密。经过烧结和晶粒生长后，原本互通的网状孔被隔离密封，从而导致钡活化剂难以
从块体扩散至阴极发射体的表面，产生了特殊的失效模式（例如不能发射），如图 5 - 55
所示。

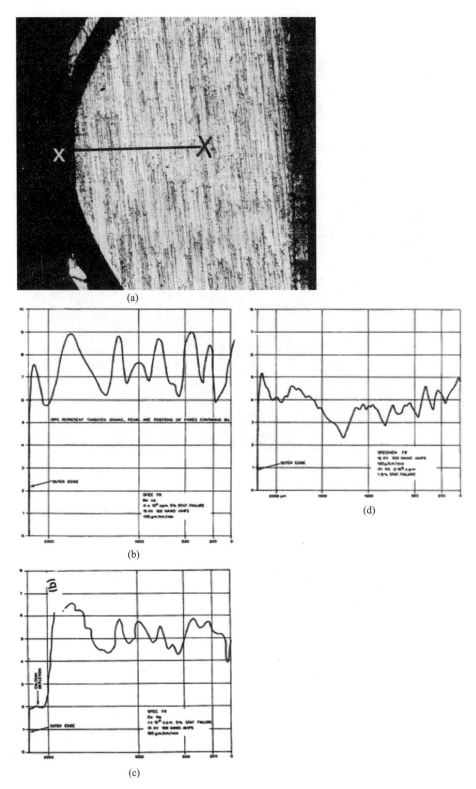

图 5-54　在寿命测试阴极的截面上沿着路径××的线扫描。（a）阴极截面线表示距发射器表面 1 mm 的深度；（b）钡线扫描；（c）钙线扫描；（d）铝线扫描

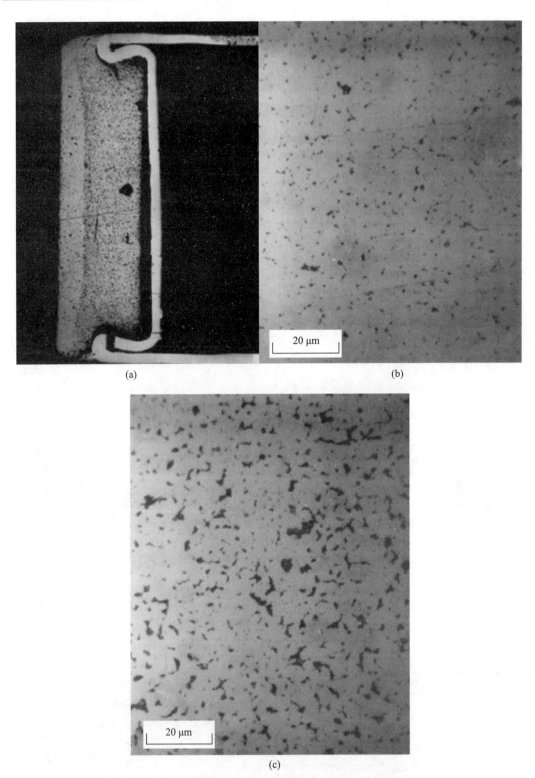

(a)

20 μm

(b)

20 μm

(c)

图 5-55　在超高温操作期间（在 1 100 ℃以上 25 000 h），通过额外烧结多孔钨而失效的阴极发射极；
（a）抛光的阴极颗粒截面；（b）朝向发射体表面孔的数量减少的细节展示；（c）孔隙网络的细节

5.10　失效航天器天线的研究

为了减轻重量并增加结构部件的刚度，航天器上热固性纤维基复合材料的使用量持续增加。碳纤维增强塑料（CFRPs）可能是最早用于天线制造的材料，能为天线提供导电能力，以及在真空极端热循环条件下保持高度稳定的表面形状。如 1988 年 Schedler 报道，碳纤维增强塑料通常被用在卫星的结构件上，工作温度为 4～450 K。设计和开发直径为 2 m、具有复杂凸面光束反射器的天线，对欧洲设计者和制造商来说是一个有挑战性的任务。机械结构设计与发射环境和在轨极端热环境紧密联系，这要求天线反射器应为夹层结构，该结构是采用膜状胶黏剂将碳纤维增强塑料层和铝蜂窝芯材粘合在一起。这种结构可以满足低质量、高刚性、较宽温度范围内低热变形以及无线电频率良好反射等这些关键的技术要求。

通常会在鉴定模型天线（图 5 - 56）上开展试验以验证设计指标。振动试验可能会导致天线的破坏，一旦表面上出现肉眼可见的材料破坏现象，试验将终止。此时需要对失效的天线进行材料评估，特别是在碳纤维复合材料的脱粘和断裂区域。这项工作可以选用许多无损检测方法，但现有的检测方法只能够检测粘合层内的空洞、孔隙和裂缝区域（Munns，1995），却无法有效地检测到粘接强度差，这阻碍了天线失效的调查分析。当时，全息照相技术被看作一种工业技术，也是一种研究工具，能提供非常完善的无损信息。金相学是其他技术的补充，可以用来量化失效模式。

图 5 - 56　直径 2 m 的 L 波段天线测试后的画面。注意反光镜切割位置（箭头）

图 5-57～图 5-59 展示了更明显的失效，于是使用 Fokker-VFW 全息接头键合测试仪对天线的两侧进行全息无损检测。该方法不需要测试设备与天线表面之间的物理接触，通过热空气对表面逐渐加热以提供热变形和局部位移。以 1W 的激光枪提供的激光（空间和纵向相干且高度单色）在热和冷的条件下分别从失效的天线表面反射，并作为全息图记录在照相板上。良好的全息图和干涉图样均匀分布在被检查的单个表面区域（图 5-60）。之前视觉检查中看不到的剥离区域被仔细地标记在天线表面上。采用了类似的全息干涉测量方法定期对由复合材料构成的 2 m 长的圆柱航天器发动机箱体进行无损检测（Barbier 和 Le Floch，1985）。

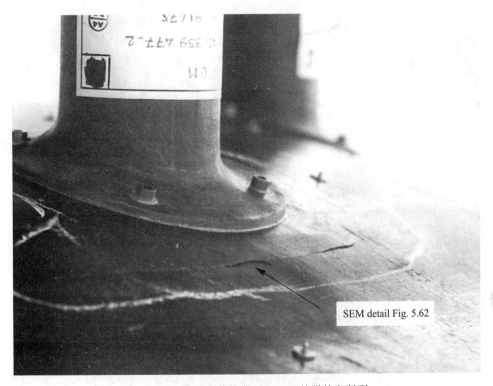

图 5-57　靠近安装柱背面 CFRP 的脱粘和断裂

研究人员会在天线上进行一些特殊的化学和机械试验，但最重要的结论是从金相检验的结果中得出的。从天线的各个区域获取微观结构以确定 CFRP 面板叠层的完整性（图 5-61）以及铝蜂窝板和面板上粘合膜的润湿形式和范围。根据全息照相中识别的机械声音或利用"脱粘"将样品切割出来。与 CFRP 分层和裂缝（图 5-62）或脱粘（图 5-63）相邻的区域可能已经失效，并且也被显微切割了（Dunn 和 Collins，1978）。

对调查结果的评估表明，手动天线式面板没有出现任何重大缺陷。另外，对从面板上切下的拉伸样品进行单轴（模式 I）或纯剪切（模式 II）的机械试验，结果达到预期的强度值。然而，施加低的扭转或弯曲应力（例如 I/II 的混合模式）似乎容易使这种 CFRP 材料分层，使不同取向的叠层之间出现分离。由于以下原因，铝蜂窝结构和面板之间的键合强度是不足的：

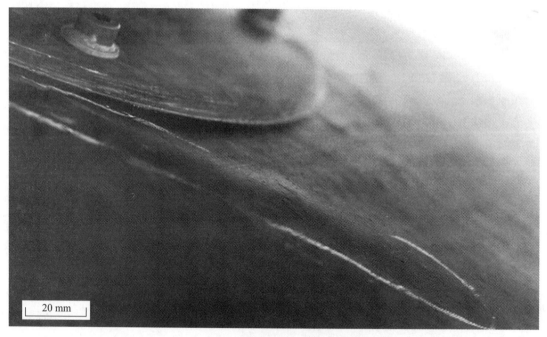

图 5-58　与安装支柱背面相邻的典型脱粘区域

图 5-59　CFRP 背面的裂纹

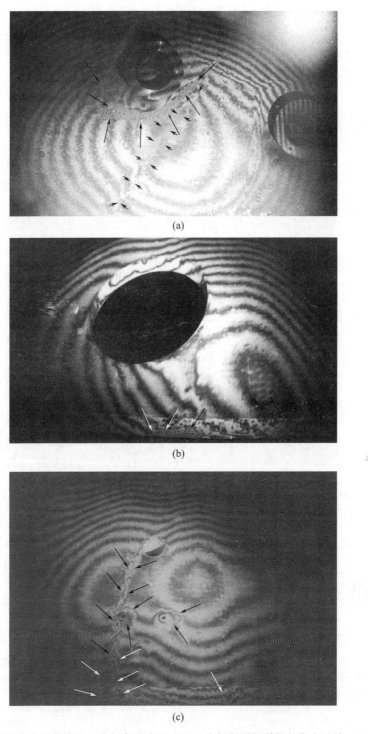

图 5 - 60　故障天线的全息干扰检查。次级条纹表示 CFRP 内部断裂和脱粘的各个区域。（a）下面的面板；
图 5 - 58 拍摄的脱粘细节，目检显示伤害比预期的要大。（b）下方表皮的边缘，注意靠近切口（箭头）
边缘表皮的剥离。（c）下面的表皮表现出小切口和三个扭结点之间严重的弱化缺陷

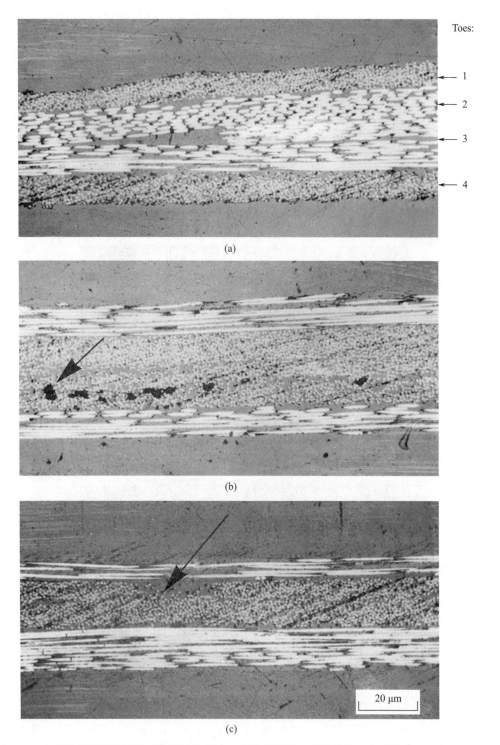

图 5 - 61　金相图常用于天线表皮的质量检测。在这种情况下，碳纤维的四个"趾"在 90°、180°、180°
和 90°处由手工铺成。天线出现故障时存在差异：（a）厚度变化；（b）"趾"间的树脂微孔；（c）纤维密
度的变化。注意"趾"是含有数百万个平行的碳纤维的片材，用部分固化的树脂固定在一起

图 5 - 62　扫描电子显微照片：图 5 - 57 箭头所示的脱粘区域的断裂表面；(a) (×50) 表现出层叠
之间发生分层。(b) (×500) 表示碳纤维断裂，它们被粉碎的树脂所支撑。(c) (×2 000) 和
(d) (×5 000) 显示了纤维末端和树脂的细节

1）粘接膜与铝连接的区域只有部分的润湿；

2）铝和面板之间的连接不可靠，部分区域显示铝几乎没有嵌入粘接膜。

夹层和平面拉伸测试表明背面的表皮与铝蜂窝结构的连接强度最弱。

可以推断，最初振动测试引起蜂窝结构的表皮剥离（由于粘合不良）。一旦松脱，表皮很可能会受到弯曲应力的影响，这一弯曲应力被认为是在 CFRP 内产生了最初的分层，并在之后产生了实际的裂缝（如图 5 - 57 和图 5 - 62 所示）。这与 I / II 型混合断裂模式（Blackman 等人，2012）相一致，一旦表皮与铝蜂窝脱离，其在振动下会产生振荡，导致复合面板的层间断裂。

最后推荐尝试通过以下措施提高天线蜂窝结构与 CFRP 面板之间的粘接强度：

1）脱脂，然后用化学转化层（如 Iridite 或 Alodine 1200）对铝蜂窝结构进行表面处理，进而进行足够的清洁；

2）采用较厚的 FM24 - 02 胶粘剂薄膜；

3）使用底漆并完全改变粘合剂体系（如 Ciba Geigy BSL 312）。

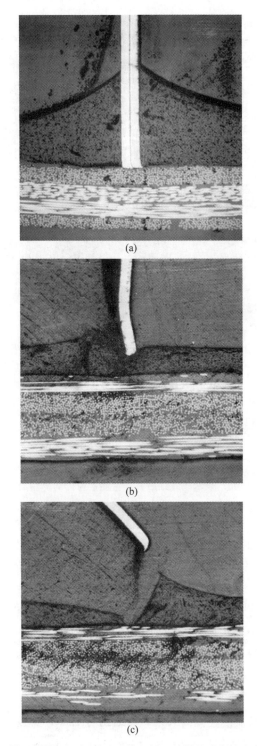

图 5-63　对天线缺陷区域（如图 5-60 所示）精心加工的样品进行金相分析。从显微截面观察到一些固有的缺陷：(a) 用于将铝蜂窝结合到表皮上的粘合剂填料的良好外观；(b) 铝不与表皮接触，未被粘合剂充分润湿的情况（测试过程中强度不足导致该粘合失效）；(c) 不均匀，低强度的粘合

　　所有材料和粘合的发展导致了工艺的改变，并最终被纳入此后鉴定的天线模型构建当中。材料和程序的这些变化可以通过对样品的标准测试来监测。此外，在制造过程中的所有步骤进行全面质量保障监督，有利于确保上天的天线组装和发射安全。

5.11　滚珠轴承的磨损

　　航天器机构经常采用高精度轴承，包括内圈、外圈以及由淬火或回火铬钢（AISI 440C 和 AISI E52100）制成的球或滚珠。其中的滚珠通过金属或非金属保持架保持并互相分离。航天器的特殊一点之处是将遇到高真空环境条件，并且可能需要在低温下工作。因此，用于地面轴承的普通油脂润滑系统将不能使用，必须考虑有机（如聚四氟乙烯）、金属（如金和铅薄膜）和陶瓷（如碳化钛，氮化钛和氮化硅）的涂层材料。航天认可的合成油的选择受到严格的要求（见表 5 - 2），温度限制或与光学系统紧密接触都是可能的限制。轴承在真空状态下的运行将导致滚珠轴承通过滚动和滑动与相邻的滚道接触。使用寿命长、负载条件高或工艺差（例如错位或表面粗糙度大）等因素将导致润滑膜磨损或错位，从而发生金属与金属的接触。这会增加轴承间摩擦和冷焊的风险，并最终导致机构卡滞。图 5 - 64 展示了冷焊的滚动轴承的损坏情况。载荷条件并未使这些材料承受应力超过其屈服应力，也就是说，宏观上并未发生塑性变形。然而，在微尺度上已经发生了局部变形，使得两个金属的表面在真空、室温条件下充分接触，并发生微小的冷焊。这些微裂纹几乎瞬间破裂并使表面变得粗糙，随后滚道一侧产生的尖锐处在与滚珠持续接触时被压缩，使其逐渐发生进一步的微焊接。

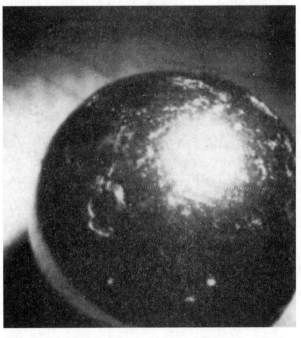

图 5 - 64　在真空操作后失效的滚珠轴承案例，原因是未涂覆的 440C 钢球没有得到充分的润滑

　　现在的轴承在传统的钢制轴承部件上支持诸如氮化硅和碳化硅的定制薄涂层，涂覆有碳化钛（TiC）的轴承在欧洲航天器上具有广泛的应用。TiC 涂层也经常用于避免压紧和释放机构、滑动枢轴和太阳能电池阵列铰链（Briscoe，1982）在高负载触点的咬合或磨损。Boving 和 Hintermann（1987）详细描述了在钢上获得航天品质 TiC 涂层的流程。在这种流程下，TiC 通过化学气相沉积（CVD）到真空重熔 440C 钢上，沉积速率约为 1 μm/h。Boving 和 Hintermann 还发现，TiC 涂覆的钢与钢的滑动干摩擦系数（干燥空气和真空下均为 0.3）相比于钢与钢（在干燥的空气和真空下大于 1）大大减小。440C 钢球上最初的 TiC CVD 涂层太粗糙，不能立即使用，在轴承装配之前，必须对滚珠进行高精度的抛光。在对哈勃太空望远镜太阳能阵列机构飞行的后续摩擦学评估期间得到了大量的数据。值得关注的是轴承状况良好（TiC 涂层的碳化钛球和外圈滚道铅青铜保持架），但由轴承钢 52100 制成的外圈暴露出了一些局部腐蚀点（对于这种钢而言，某些表面保护方法是必要的，或改为使用 440C 材料）。TiN 涂层通常用于改善地面应用中的无润滑滑动接触的摩擦和磨损性能，因为环境湿度的存在对于其性能是有利的。在低湿度下或在真空下，TiN 涂层的摩擦和磨损会增加（Mohrbacher 等人，1995），这限制了其在航天机构中的应用。

　　由氮化硅陶瓷制成的滚珠和滚柱轴承已被证明即使在极端条件下也能平稳工作。它们被美国国家航空航天局认定为用于低温液体泵系统的首选钢球（优于 440C）。其中一个原因是 Si_3N_4 球可以降低发热量并改善传热（Ryan 等人，1995）。E.S.K. 在欧洲的测试（1995）还证明 Si_3N_4 球能以非常高的速度运行，具有高承载能力（甚至在 800 ℃ 的环境内），而且干运转中不会发生咬合或冷焊。将金相学作为质量控制的工具，来测量涂层的连续性和厚度，并检查以确保基板的正确微观结构（参见图 5 - 65）。TiC 改性的表面避免了在不存在油或油脂的极端环境，如真空以及高低温环境下，在滚珠和滚道之间的固—固界面处的冷焊。涂层在基体上有轻微的残余压应力（Chollet 等人，1985），但其即使处在 -269 ℃ 和 30 ℃ 之间的热循环所产生的应力下也不会破裂或剥落。

　　最后值得注意的是，重新选择清洗溶剂会很重要。1996 年航天工业的"警示"为机械工程师留下了以下信息：

　　在长寿命航天器中使用的轴承和其他润滑部件，通常在润滑之前使用诸如氟利昂之类的臭氧消耗化学品（ODCs）作为最后的清洁工序。随着这些化学品被逐渐淘汰，新的清洁工艺取而代之，如超临界二氧化碳，全氟碳化合物，水性清洁剂等。这些新清洁工艺是有效的，但会使轴承表面留下不同的残余表面化学物质。这些表面化学物质在静态和动态测试中显示出与所用润滑剂（特别是全氟聚醚）增强的反应活性。这种反应活性可能导致轴承寿命缩短，因为这些都是单点故障，会使得航天器的寿命减少。

　　有关更换清洁溶剂的更多信息，请参见 4.21.1 节，Patterson 和 Mykytiuk（1996）提供了关于美国公司如何解决这个问题的重要数据。

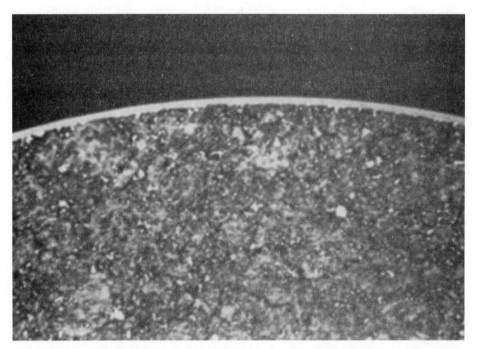

图 5-65　通过太空条件评估的具有 TiC 涂层的 440C 钢球，经研磨和抛光后截面的显微照片。

最大表面粗糙度为 0.012 μm CLA。维氏显微硬度为 35 000 N/mm²。所示的显微组织经过

Marble 溶液的蚀刻（×500）（瑞士电子与微技术中心提供）

5.12　机械冷焊

5.12.1　概述

2.3 节讨论了抗粘着磨损和冷焊的方法，并用图表给出了哪种金属具有最大的冷焊可能性（图 2-3），图 2-4 展示了一个发生冷焊的直径为 45mm 的不锈钢螺母和螺栓。紧固件和滚珠轴承的磨损机制也分别在 5.2 节和 5.11 节中进行了介绍。

在选择材料及其涂层时必须非常小心，以防止齿轮、太阳能电池阵列铰链、轴承、电子换向器等零件在真空下工作时出现磨损、冷焊或粘附。正如前面提到的那样，真空环境下的摩擦学行为与地面条件下差别很大。在地面环境中，纯金属表面形成的氧化物和氮化物层可以被视为天然保护层，然而在太空中则不会形成这些。在航天器机构的使用寿命期间，金属表面会放气、摩擦、磨损，并且通常变得太"清洁"，这将增加冷焊的可能性。另外，非活动部件（例如紧固件）的紧密接触可能导致空间环境中发生冷焊，而这会妨碍到航天员拆卸轨道空间硬件。这就需要使用合适的材料、涂层和/或润滑剂，而其中的许多材料现在可以通过 Merstallinger 等人所规定的测试方法来进行评估（2009）。在哈勃太空望远镜太阳能阵列翻新任务中，阵列可以用手拧紧，并通过转动镀银钢螺栓将其从飞船上取下。

在本节中，太空摩擦学的讲述将侧重于表面在滑动磨损、冲击力、表面微动磨损和长期负载下可能发生冷焊的运转机构。在考察机构的表面光洁度时，应当考虑到所有的机构都需要与航天器结构或其子系统实现电连接（目的是接地）。机构与接地面之间的直流电阻取决于电子元件是否安装在机构内，比如小于 5 mΩ；或者，如果没有电子元件，则只需要 0.1 Ω 的静电放电保护（参见 ECSS － E － ST － 33 － 01）。

滑动接触要求最苛刻的可能是红外空间观测站（ISO），该天文台于 1995 年发射并成功运行。低温恒温器盖在发射 10 天后被弹射开，然后所有的科学仪器都进行了工作测试，对空间中各种物体进行了观察。某台仪器的聚焦和快门机构必须在 4 K 的温度下运行，另一台仪器的传动齿轮和轴上安装滚珠轴承的过滤器机构，也都在低温下运行。这种情况下，润滑是依靠二硫化钼膜，且钛合金齿轮表面涂有碳化钛。另一个艰巨任务是阿尔法空间站和极地平台项目，这些航天器拥有欧洲最大的太阳能电池板阵列，标称功率约为 15 kW。空间站阵列将以六个月的周期进行展开和收回，寿命为 30 年。极地平台阵列将跟随太阳，每天旋转 6 圈。为这些阵列设计了具有大直径碳化钛轴承和高功率滑环的旋转动力传输组件。

表面摩擦学领域有了一些新发现。填充和增强的聚合物复合材料正在用于空间机构，聚酰亚胺（商标 Vespol）被选用为 Giotto 任务中相机的扫描镜系统齿轮材料。即使是反应活性低的材料，如聚四氟乙烯和聚二甲基硅氧烷，也可以使用表面刻蚀法将其粘合到坚固的金属基板上，并通过不粘涂层减小表面摩擦。陶瓷在过去的几年里受到了广泛的关注，而且特殊的表面处理对大多数金属都适用（Eyre，1991）。目前正在研究的手段有气相沉积、离子注入和激光处理。由于主轴承钢容易被腐蚀，需要对较软的奥氏体不锈钢（如 AISI304 和 316）进行特殊的抗磨损处理。其表面硬度高达 1 200 Hv，从金属表面到芯部的硬度逐渐降低，避免了分层的风险（van der Jagt 等人，1991）。

有许多成熟的技术来量化磨损和摩擦。航天工业中最常用的手段是模拟滑动磨损，并在真空条件下通过销盘旋转法（特别是 DIN 标准 50324）进行测试。其他方法是销在环上和销在板上。试验参数应参考太空机构实际参数，包括：接触压力、滑动速度、由于热变形和预加载荷变化引起的载荷，以及载荷、温度变化等引起的载荷等。这些已由 Labruyère 和 Urmston（1995）详细论述。哈勃太空望远镜太阳能电池阵列机构所使用的摩擦学部件、接触表面和润滑剂在返回地球后进行了显微观察和研究。结果表明，目前接触材料的筛选和测试方法是适宜的。没有迹象表明，经过大约 3.5 年的空间飞行，对材料或润滑系统的改变有利于这类特定的航天器（Anderson 等人，1995）。

5.12.2　循环冲击载荷造成的冷焊

早期，某个气象卫星在经过几年的运行后，其黑体校准机构被阻塞，在轨运行期间，该机构在支架到终点的位置上持续阻塞了 7 h。考虑了几种失效模式（如回位弹簧的松弛，磁铁问题），最终确定支架与终点挡板之间的冷焊是造成失效的主要原因。一个与校准机构具有相同构造的工程模型在真空环境下进行了地面测试，其支架与终点挡板之间反复冲击，经过数千次操作后观察到冷焊的迹象。这个机理如图 5-66（a）所示。终点挡板和支架均由含 3％ Al、1％ Zn、0.3％ Mn 和余量为 Mg 的镁合金 GA3Z1（AZ31）制成。所有表面都用黑色化学转化涂层涂覆。在地面实验室测试证实，反复的冲击逐渐磨损了黑色涂层，直到在小的冲击点被完全去除。显微观察显示，一旦涂层被损坏，表面就会出现粘着。同时观察到，机械变形的颗粒已经从表面释出，并在冲击循环期间重复沉积，如图 5-56（b）所示。这个试验证实了冷焊理论，并研发了一种适合于评估遭受磨损和冷焊的材料和表面的测试方法。同时，使用图 5-66 所示的校准机构进行了许多改进的冲击试验，改进后可以在托架冲击位置和端部停止位置放置不同的小金属插入件。结果发现，使用一对合适的触点，即 Densimet（D175K）用于主体侧，不锈钢（Inox Z6CNU1704）用于移动支架，可以避免冷焊，这种材料组合被纳入到后来的黑体机构设计中（图 5-67）。

(a)

(b)

图 5-66　（a）带有 BeCu 弹簧 S 和磁铁 M 的黑体校准机构的工程模型。C 表示发生阻塞的一个终止位置处的机构支架。（b）用扫描电子显微镜观察变平的颗粒和一些坑洞痕迹。通过 EDAX 分析箭头所示的粒子，可以看出其与镁合金（GA3Z1）具有相同元素组成，均在磨损的黑色涂层（×600）中发现钾和铬的痕迹

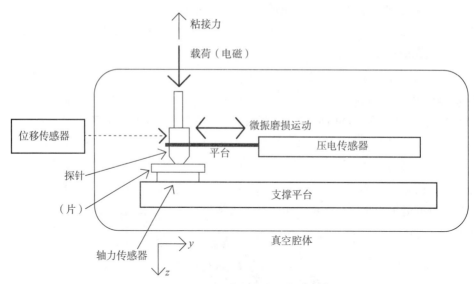

图 5 - 67　冲击/微动测试设备的简化示意图。如果选择微动，则只能在关闭接触时应用，
在卸载前停止。使用 3 轴力传感器测量横向和垂直力（载荷和附着力）

　　前奥地利研究中心 Seibersdorf 设计制造了一种用于评估低负载和高真空环境下冷焊
情况的测试设备。该设备位于奥地利 Wiener - Neustadt 的航空航天先进复合材料（AAC）
有限公司。它能够模拟各种接触场景，包括静态和冲击载荷。该设备经过升级后也能够模
拟微动磨损和真空冷焊。在空间机械材料之间进行了许多冷焊试验之后，已经设定出一套
标准，其详细内容由 Merstallinger 等人报告过（2009）。该测试设备还成功地再现了导致
上述校准机构冷焊的失效模式（Merstallinger 等人，1995a，b，Merstallinger 和
Semerad，1996）。从工程模型黑体机构上切割材料并进行冲击粘合力测试可以看出，冲击
力有效地破坏了镁合金上的黑色涂层——即便只有 0.004Nm 的低冲击能量。在该测试期
间获得的最高冷焊粘合力是：裸镁合金（GA3Z1）-黑色涂层合金（60 mN）、涂层 Mg -
Mg（280 mN）和 Densimet - to - Inox（100 mN）。冷焊的测试结果类似于在 8 230 次动
作之后实际发生的在轨故障，其冲击能量为 0.011 2 Nm，负载为 30 g，即需要 300 mN 的
力来解锁机构。在实验室用类似的冲击能量 0.02 Nm 进行重复试验；测量的 GA3Z1 的金
属触点之间的粘附力高达 280 mN。我们有理由相信该测试设备可以实际模拟在真空下冲
击的工作机制。

　　CSEM 在瑞士进行了改装钻机的冲击试验。结果发现所有测试材料都发生了某种形式
的冷焊，而二硫化钼或碳化钛涂层可以减少这种现象（Maillat 等人，1995）。
Merstallinger 等人和 Maillat 等人都在报告中表示文献中没有类似的研究。两个团队都得
出结论：测量的冷焊（附着力）与冲击次数之间的函数可以分为三个阶段。最初的几千个
冲击循环中，附着力没有或者忽略不计；然后粘附力逐渐增加；最后阶段粘附力达到恒定
值。推测该恒定值与表面氧化层的某种自修复有关，是由于间隙气体由金属内部向其表面
的扩散，或是由真空室（保持在 10^{-7} torr）内的残留气体向其表面扩散。

最新结果表明，理论预测与实验数据无法进行比较（Merstallinger 和 Dunn，2009）。其主要原因是粘附力是由"真实的接触面积"决定的，这是无法预测的（Hertzian 理论可以预测"名义接触面积"，忽略表面粗糙度和表面污染，后者是不可预测的，但实际上是主要贡献者）。表格（特别是 Merstallinger 和 Dunn 报告附件 C 中所列的用于微动和冲击的冷焊数据库汇总表）中包含了一系列材料及其与自身接触的组合。这项工作还在继续，包括以下组合：Al - 2219，Al - 7075，AISI 52100，SS17 - 7PH，AISI 316L，440C，Ti6Al4V，Densimet，Inconel 718 和非金属 Vespel SP3。这些金属通常涂有太空专用的涂层，如 Keronite，硬阳极氧化，MoS_2，Braycote，Balinite 和 CrN。表格给出了粘合力是否是不存在的或可忽略的（粘合力小于 200 mN），以及这些材料组合是否适用于长时间的太空使用。其他的结果需要进一步的测试，另外两个类别因为很容易发生冷焊则不建议使用。

5.12.3　由于微扰动造成的冷焊

这是从中等到重度负载的金属和合金在微动的接触表面上发生的冷焊或者磨损的形式。当相邻表面之间存在少量"游隙（play）"时，会在机构和结构部件之间发生微动。在大气条件下，这会引起微小金属颗粒磨损和撕裂，并使其很快氧化，由于氧化颗粒具有很高的磨蚀性（例如氧化铝和氧化锡），因此会使问题恶化。在真空条件下磨损仍会发生，但是在没有氧气的情况下，释放的颗粒本身可以被冷焊到一个或两个相邻表面上。

Vine 和 Price（1992）对与太空条件有关的微动磨损问题进行了文献综述，然而，关于航天器材料在真空中不同温度下的微动磨损率的研究很少。美国伽利略号航天器在地面运输过程中由于微动而发生冷焊，导致失效的风险，之后在飞船前往木星的关键阶段主天线部署系统出现故障，只能部分展开。Cassini 项目的等离子体光谱仪在类似 Marman - clamp 的锁定装置的地面测试中观察到微动损伤。振动测试导致 AA6061 硬质阳极氧化表面在与 Alodine 处理的 AA6061 互联时脱落。在重复测试中，当阳极氧化 AA6061 与不锈钢 316 结合再次发生微动时，导致钢和阳极氧化层都发生了损坏。经过大量的测试，找到了合适的表面组合：60 μm 厚的硬质阳极氧化处理的 AA 2219 耦合到由 PEEK（塑料）涂覆的 AA 2219 制成的闩锁夹环（Ylikorpi 等人，1995）。Envisat 太阳能电池阵列振动测试的压制和释放单元也考虑并测试了由于微动而产生的粘连，该振动试验证实可以选择镀镍铝的阳极化铝（Zwanenburg，1995）。

欧洲航天器 Hipparcos 的挡板盖机构在开闭项目中未通过地面功能测试。这是由于钛合金衬套和不锈钢弹簧之间的摩擦增大到难以接受的程度。这些部件本应该相互滑动，但是在振动测试过程中发生了微动。这导致一些小的表面区域接触并发生冷焊。图 5 - 68（a）显示了发生粘连的位置，图 5 - 68（b）～（d）更详细地显示了发生微动和冷焊的区域。试验显示，17 - 7PH 钢显微硬度为 736Hv，Ti6Al4V 显微硬度为 385Hv。钛合金衬套随后进行了升级，外表面用化学气相沉积的碳化钛取代了阳极氧化修饰。结果发现这种解决方案避免了进一步的磨损，并且在环境测试期间以及在太空船望远镜挡板在轨道部署时，机构表现正常。

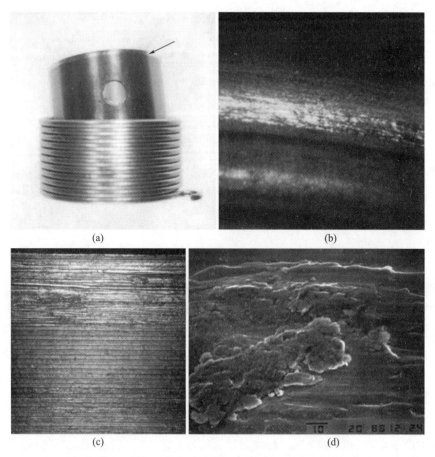

(a)　　　　　　　　　　　　　　　　(b)

(c)　　　　　　　　　　　　　　　　(d)

图 5 - 68　（a）显示振动测试和拆卸后挡板盖机构的一部分。箭头处为磨损轨迹。微动完全去除了 Ti6A14V 衬套的蓝色阳极氧化保护层。该表面粘到了螺旋弹簧的相应内表面上。光学照片显示接触 表面发生磨损。（b）显示 17 - 7PH 钢弹簧上去除的钝化层。（c）显示阳极氧化 Ti6A14V 衬套上的 磨损表面（均为×60 倍）。（d）显示来自钢制螺旋弹簧的材料已经转移到钛合金表面。该冷焊颗粒 具有与钢相同的组成成分（来自 EDAX 分析），它牢固地结合在了钛衬套上

　　钛及其合金广泛应用于结构件和航天器机构中。现在已知配合表面容易冷焊，因为天 然的或阳极的"蓝色"氧化物涂层太薄，并且在机械磨损下特别是在真空下粘合性较差。 这些表面处理虽具有良好的耐腐蚀性，但对于可分离的配合接触表面，可能必须建立较厚 的专用涂层，以确保在真空下不会发生冷焊。这种涂层通过图 5 - 67 所示的 AAC 测试方 法进行评估，并在之前的部分进行了描述。在图 5 - 69 （a） ～ （d） 的说明文件中描述了 一个旨在找到合适的钛及其合金在冲击和磨蚀条件下具有高抗冷焊性能的合金涂层的初步 试验结果。基于钛的陶瓷转化处理（等离子体电解氧化处理）的涂覆工艺商标名包括： Apicoate，Balinite，Dicronite 和 Keronite 3000。要获取进一步内容，推荐阅读以下参考 文献：Li 和 Dong （2010），Jiang 和 Wang （2010），Li 和 Zhang （2014） 以及 Merstallinger 和 Dunn （2009）。

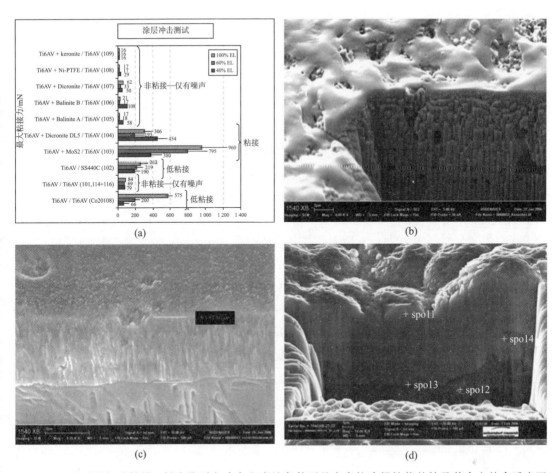

图 5-69　试验的初步结果，旨在找到在冲击和磨蚀条件下具有高抗冷焊性能的钛及其合金的合适表面处理方式。Balinite A（TiN），Balinite B（TiCN），Dicronite＋（WS_2＋CrC），Keronite 和 Ni-PTFE 涂层似乎是很好的选择。为每个涂布过程生成过程识别文件是非常重要的，以确保所有参数在严格控制下得以维持。一旦获得批准，除非通过测试重新评估新的想法，否则对流程不会有任何"改进"。（a）中显示的结果可以追溯到每个指定涂层（b）～（d）中所示的涂层形态（奥地利 AAC 提供）。（a）在标准冲击测试之后记录显示"最大附着力"结果的实验活动。请注意，对于冲击测试，使用了三个接触压力值。第一次 10 000 次的冲击循环是在基材弹性极限的 40％ 处进行的，即在该图中为"40％ EL"。然后，在 60％ EL 下进行 5 000 次冲击循环，最后在 100％ EL 下进行 5 000 次冲击循环。在这些特定的测试条件下，以下涂层显示出非常小的粘附性：Balinite A（TiN），Balinite B（TiCN），Dicronite＋（WS_2＋CrC），Keronite 和 Ni-PTFE。微动结果没有显示。如果真空冷焊接被认为是重要的航天器参数，那么建议任何制造商生产的涂层都应经过测试（来自 Merstallinger 和 Dunn，2009）。（b）通过 6 μm 厚的 Keronite 涂层的顶部表面的 FIB 碾磨的图像，显示其在 200 nm 厚的"熔融"氧化物下方的柱状结构。EDX 分析只显示 Ti，Al 和 V，可以预期这个是 PEO 涂层。（c）是用 FIB 研磨的 Balinite B 涂层的图像，顶部表面具有微凹痕，中间涂层厚度为 2.9 μm，下部区域为基底。EDX 分析显示了 Ti，Al 与一些 C 和 N。（d）是 FIB 碾磨的二硅铬铁矿涂层的图像。WS_2＋CCr 的双层厚度约为 10 μm

5.13　有缺陷的黑色阳极氧化电连接器

航天器电气连接器由金属外壳（端盖、连接螺母和机壳）、绝缘体和垫圈材料（具有低放气性能）以及连接器插脚和插座触点组成，这些插脚和触点通常由黄铜加工而成，具有铜和镍镀层，以及至少 $2\ \mu m$ 的电镀金。外壳部件由铝合金或 300 系列不锈钢制成。铝部件采用阳极氧化或镀镍工艺，而钢部件可能采用钝化或镀金工艺。电镀或阳极氧化的厚度并不总是规定好的，但连接器必须通过 ML - STD - 202 方法 101，测试条件 B 的盐雾腐蚀测试。应该注意的是，通常满足商业或军用铬酸盐镀镉的连接器，由于升华问题，在高真空下不能使用电镀，正如在 5.6 节中所讨论的。图 5 - 70 所示的连接器具有黑色阳极氧化表面。铝合金型号为 2024，在低温硫酸电解液中形成 0.2 mm 厚的半透明氧化物，形成硬质耐磨膜。在阳极氧化过程中，氧化膜由两层组成：一层是由致密的 Al_2O_3 组成的薄的内部阻挡层，另一层是厚度为 $1\sim200\ \mu m$ 的外部多孔水合氧化物膜（Gabe，1978）。阳极氧化膜被硫化镍工艺（ECSS - ST - 70 - 03）染成黑色，最后在沸腾的去离子水中密封。图 5 - 70 中的连接器显示了热循环后的盐雾腐蚀试验的效果。表面被白色腐蚀产物覆盖，金相显示出阳极氧化层中存在微裂纹。对横截面层仔细观察发现，由于分布在整个铝表面的富铜夹杂物的存在，导致膜生长不均匀。厚的氧化膜非常坚硬，并且无法经受热循环测试过程。可根据阳极氧化试验的结果建立合适的参数以产生更薄（厚度为 $35\ \mu m$）的氧化膜，在 $-100\ ℃$ 和 $+100\ ℃$ 之间的 100 次热循环期间不产生裂纹。盐雾测试没有产生腐蚀产物，并且连接器通过了空间鉴定考核。

5.14　污染物颗粒来源的鉴定

与污染物颗粒有关的一些问题已经在本书中进行了描述和说明。到目前为止，这些颗粒已经被鉴定出来了，并且很明显，它们来源于焊接（图 3 - 6）、滑动磨损（图 4 - 40）、螺纹撕裂（图 5 - 13 和图 5 - 14）等工艺，以及用于攻钻留下的未能彻底清洗出的丝锥碎屑（图 5 - 15），或者是热循环过程中从加工硬化的铍表面剥落的颗粒（图 5 - 41）。这些粒子在检查和测试期间被发现，它们在太空硬件中存在的有害后果也已经被讨论过。

本节简要描述的几个例子中，代价高昂的航天器子系统故障是由远离故障位置处产生的金属颗粒引起的。一定程度的检查工作与这些失效分析有关，但是详细检查和显微镜观察下的最有用的信息是从各个项目申报的"材料清单"中获得的。申报材料清单（DML）是一个强制性的汇编材料，涵盖了在航天器上使用的每种材料的情况介绍。清单由每个生产航天器承包商制作，并作为批准材料及其预期应用的正式文件。该清单的编排，使得使用人员可以通过商业名称、化学成分、制造商规格、加工参数等对每个材料进行标识，并且精确地描述了每个材料的用途和位置。每个航天器都由数百种金属合金制成，通过进行一些化学分析、金相测试、硬度测试和查询 DML，可准确地查明粒子可能来源的精确位置。图 5-71～图 5-75 所示的案例，说明了粒子如何导致特定的失效、粒子的形态以及它们的来源是如何确定的。

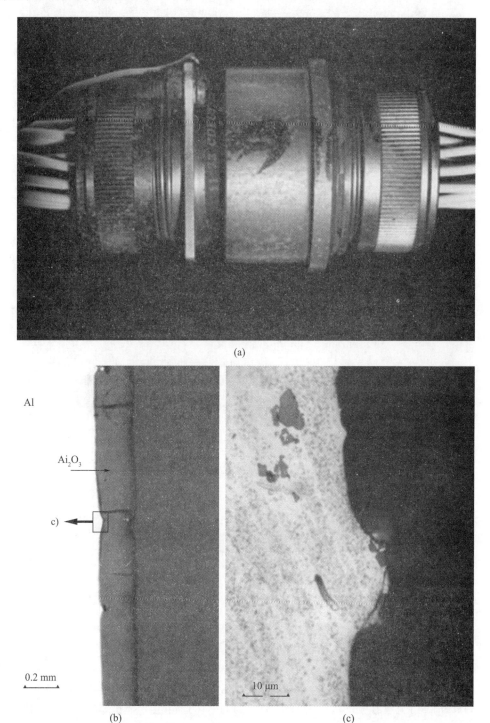

(a)

Al

Al_2O_3

c)

0.2 mm

(b)

10 μm

(c)

图 5-70　运载火箭连接器的评估。（a）对电缆接头的腐蚀产物进行黑色阳极处理的总体视图。（b）如显微切片所示的阳极氧化膜的热裂纹。（c）夹杂物的存在掩盖了阳极氧化生长的前沿

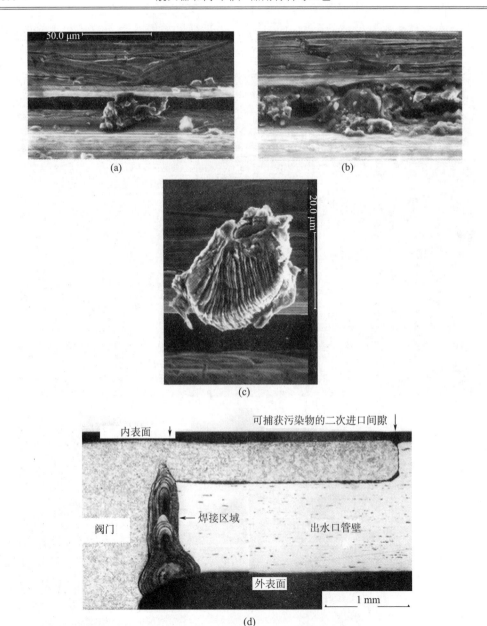

图 5-71　案例 1，液氦低温恒温器阀鉴定方面遇到的困难。由于已经嵌入 Vespal 阀座的金属污染物颗粒的存在，产生了不均匀的泄漏率。使用金刚石切削工具将阀门拆卸，并且在阀口（材料 AISI 304 不锈钢）—出口管焊接件（AISI 316 不锈钢）上切割截面。在管道和阀口之间的一个小间隙内靠近焊缝处可看到许多颗粒。通过 EDAX 对颗粒进行化学分析得到：嵌入在阀座上的成分与在间隙中获取的成分相同；它们以图（a）～（c）所示的形式出现，并且由铁、铬和镍以及具有高含氯量和钙、钾、硅、硫的粘合剂组成。(d) 显示重入路径的长度，尽管内部表面有大量的液体进行清洗，但在液态氢的流动过程中，它却成为了粒子释放的一个来源。这种粘结剂和颗粒来自于焊接前用于形成 AISI 304 阀门端口的切割面。管道并没有释放出颗粒，因为 AISI 316 含有钼，而这个元素在颗粒中并不存在。纠正措施包括修改电子束焊接前的清洁程序

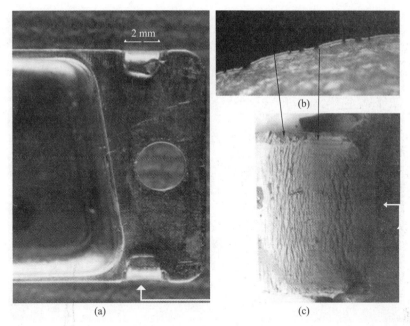

(a)

(b)

(c)

图 5-72 案例 2，在用于存储连接器主体的塑料袋内发现了细小的金色粉尘颗粒。如果航天器电子线路附近存在类似的污染，则很容易发生短路。如（a）所示，追踪灰尘来源发现它来自于用于机械连接器主体半壳的 50 个触点的固定片。(b) 中弯曲接片的 SEM 表征更详细地显示了镀层从黄铜基板剥落。金相显微镜显示黄铜已经修饰了一层薄薄的铜（0.5 μm）和 2 μm 的金。另外，可见每个拉片都超过电镀可承受的拉伸强度，导致铜—金在铜和铜闪光之间的界面剥落。检测出有缺陷的外壳中镀层厚度远远低于规定的厚度。不同批次的连接器外壳的接头弯头上较厚的电镀层都不会出现裂缝和剥落

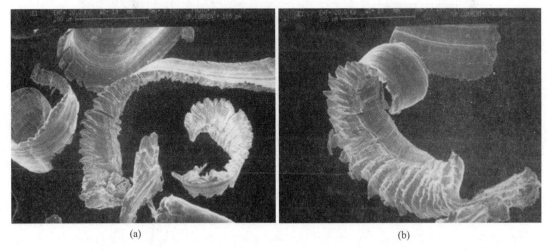

(a)

(b)

图 5-73 案例 3，在一个正在进行电子元件组装工作的清洁房间内的工作台表面发现污染。选择被污染的粒子并送到实验室进行分析。(a) 和 (b) 显示了粒子的形态。它们是由纯镉组成的，由于具有导电性，如果被传输到印刷电路组件，可能会导致电路短路。这些颗粒来自于一个钢壳体镉镀层表面，钢壳体被设计成含有一个塑料壁的插座，用于给干净的工作台供电。在安装期间，壳体被机械损坏，划痕释放了镉的碎片，同时没有遵守洁净间规范而导致工作台表面污染

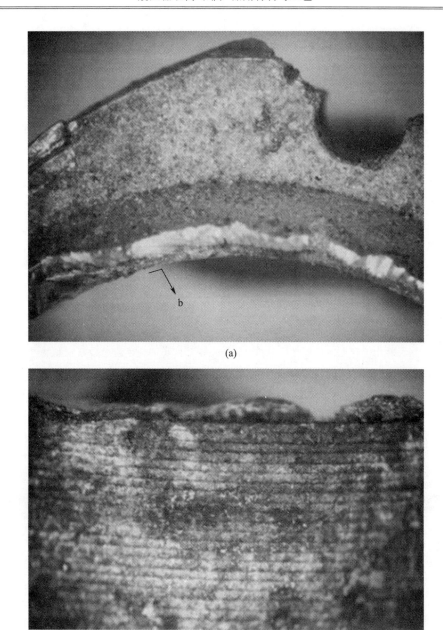

(a)

(b)

图 5-74　案例 4,运载工具释放齿轮机构(液压千斤顶)由于性能较差而被拆除。对零件的检查显示出在液压油入口孔的内表面上存在金属碎片。这些碎片被送到冶金实验室进行分析。测量断裂的碎片,发现最长的断裂为 17 mm。在 (a) 图中可以看到一个重要的断裂表面,这表明失效的部分具有类似于应力腐蚀的晶间断裂。(b) 着重显示了在重机器标记的根部如何开始断裂。小心地将其切成两半,一半用于金相学分析,另一半用原子吸收分光光度法进行化学分析。碎片由铝和 4.5% 铜和 0.7% 铅组成。铅在铝合金中的存在是非常罕见的,这是决定性的证据,它说明这段碎片来自于易加工的铝合金 AA 2011 加工而成的内部零件(名义成分为 5%~6% 铜,0.2%~0.6% 铅,其余为铝)。已知这种合金容易受到应力腐蚀裂纹的影响(照片由 MMS - UK 的 P. W. Martin 先生提供)

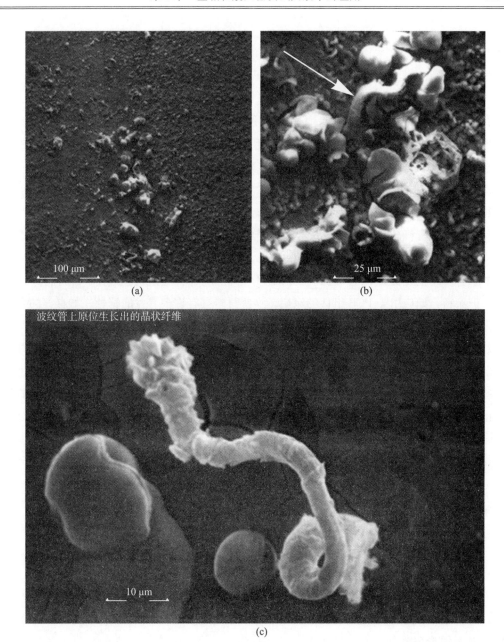

(a)　　　　　　　　　　　　　(b)

(c)

图 5-75　案例 5，在航天器推进系统止回阀的内表面上发现了颗粒生长和卷曲纤维状的不锈钢腐蚀物质。物质呈红褐色，如图（a）和图（b）的箭头处所示，纤维直径为 5～10 μm，长度为 500 μm。经过分析，发现该物质由铁、氧和氯组成。波纹管材料是 AM350，一种半奥氏体沉淀硬化不锈钢。后来在其他阀门上发现了相同的腐蚀产物，更令人担忧的是，这些产品存在于聚四氟乙烯阀芯提升密封件上。经过长时间的调查，得出的结论是：腐蚀产物是由 AM350 暴露在盐酸蒸气中造成的。这种酸从某些长度的聚氯乙烯（PVC）胶带中释放出来，这些聚氯乙烯（PVC）胶带由于在大约 180 ℃的烘箱中应力消除而附着在波纹管上。PVC 在约 80℃时开始分解，从而产生氯化氢气体（HCl）。该条件在实验室环境重复。将 PVC 带贴在抛光的 AM350 上，在 180 ℃的烘箱中进行热处理。实验室中得到的纤维以图（c）显示，可见与污染飞行部件的纤维有相同的形态。据推测，只有 AM350 微观结构中存在的少量 δ 铁素体受到了腐蚀，并且产生了这种形式的腐蚀产物（由 MMS-UK 的 P. W. Martin 提供）

5.15　有机硅污染

5.15.1　概述

有机硅产品在航天器制造过程中被广泛使用。已经确认被列入一些项目的申报材料清单中的有机硅产品超过 50 种。所有为飞行硬件选择的产品都必须仔细筛选，这些产品进行真空中的应用测试和相关放气测试都是必要的。对于应用于载人航天器上的有机硅产品，还将进行放气、毒性和易燃性评估。

经过真空蒸馏净化的硅油和润滑脂被用作润滑剂（参见表 5-2），其中部分硅油和润滑脂具有导热性。有机硅液体的表面张力非常低，约为 15~25 dynes/cm，介于石油和乙醚之间，所以可以预期这些产品容易流入密闭空间，并在清洁的表面传播。一些有机硅产品会在空气中聚合。其他是必须混合和固化的双组分有机硅。固体有机硅被用作密封材料、粘合剂、保护涂料，如应用于 PCB 组件的涂层。这些材料具有许多有益的特性，如良好的介电性能、化学惰性、在大范围的低温和高温下具有良好的延展性，并且它们具有疏水性。

然而，一旦处理不当，有机硅的几个独有又特殊的特性会使得它们成为主要的污染源。微量有机硅的存在会严重影响许多工业生产过程，这种形式的污染也使航天工业遭遇了一些失效事故。这些事故使得几家欧洲公司（主要在斯堪迪纳维亚半岛）在他们的厂区中禁止所有有机硅产品。使用有机硅产品时，必须由供应商或公司内部负责健康和安全的人员对操作员进行有机硅处理的培训。污染的相关风险通常在材料供应商的数据表上提供。

作者了解到与航空工业中有机硅污染相关的几个高风险问题，下文将对其中几个高风险问题进行更全面的介绍。最后，将提供一些关于如何去除这些污染物的建议。简而言之，其他一些空间硬件问题包括：

——由于疏忽而溢出的硅基润滑油对空间实验室地板造成大面积的污染；

——PCB 和电子元件的可焊性问题，这是由于操作员手部使用的化妆品和皮肤保湿霜中的有机硅造成的污染；

——由于电路板上有机硅残留物的存在而引起的焊接修复问题；

——失效由不正确固化的有机硅密封胶中的有机硅蒸汽凝结而引起，使得在真空室中操作的航天器滑环劣化，最终导致电气开路故障（这是一种有据可查的故障模式——已经表明当大气中仅含有 7ppm 硅蒸气时便会导致控制污染试验期间微型继电器和其他换向器出现电气故障（Tamai 和 Aramata，1993；Tamai，1995）。

5.15.2　黑色阳极氧化表面的污染

光学探测器外壳的表面被从挡板铰链上散落的硅油污染了，这种外壳为了吸收漫射光而专门用经过太空认证的黑色阳极氧化层进行了表面处理。尝试清洁这个仪器的表面并不理想。尽管将小的拆卸部件用许多清洁溶剂清洗，但是部件表面似乎再生了由阳极氧化层中微孔渗出的油渍而产生了光泽。这个问题清楚地展示在图 5-76（a）中，并在其标题中进行了描述。将部件集成到壳体中之后，进而引发光学检测器进一步污染是不可接受的风险。据调查，在计划对该仪器进行热真空测试期间，来自孔隙部位的硅树脂可能会重新沉积到玻璃透镜上。更正措施是制造新的外壳，并去除掉仪器中的有机硅润滑剂。

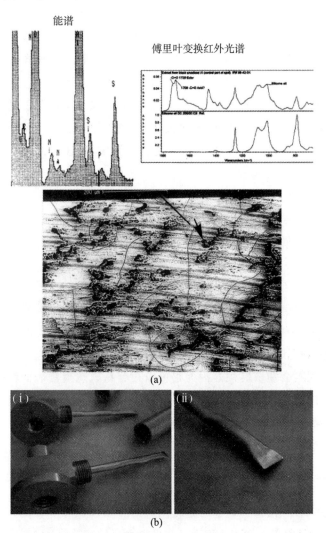

图 5 - 76　（a）是通过 SEM（背散射电子图像模式）观察到的黑色阳极氧化铝外壳的形貌图。放在最上面的是 EDAX 能谱谱图，从图中可以清晰地看出表面孔隙中存在硅（来自硅油污染物）。该图像显示了原铝合金表面上存在的平行加工痕迹，在硫酸阳极氧化加工过程中，会形成水合氧化铝的多孔膜，接着用硫化镍法染色，并将其浸入沸水中密封。图中通过画曲线将氧化铝微晶分割开来，其余的孔隙表现为黑点。表面上的主要元素分布如下：来自氧化铝中的 Al 和 O；来自硫化镍无机染料的 Ni 和 S；还有来自有机硅污染物的 Si。用二氯甲烷（一种强力溶剂）提取污染物，并进行 FT - IR 分析。右上图中的结果证实了硅油的存在（指纹相当于硅油的参考样品）。从图（b）可以看出夹断处被一层薄薄的硅油所污染，推测这应该是在进行错误的抽真空操作时，硅油从蒸气冷凝到这些退火铝管的内表面上造成的。（ⅰ）冷焊密封不成功，只有经过氦气泄漏检测才能发现微小泄漏的位置。（ⅱ）引入了特定清洁步骤，可以有效地清除油污污染，这样就可以实现连续的真空密封连接，加工所得的断口锋利细腻，可实现良好的连接

5.15.3　因瓦合金（Invar）模具的污染

航天器天线通常是"反射器"型的，例如依据喇叭形状制作的抛物面。天线和喇叭的制造实例分别如图 4-51～图 4-53、图 5-56～图 5-63 所示。在地球上工作区域形状不规则的情况下，可以形成天线的反射面以适当地覆盖该形状。碳纤维/环氧树脂反射器蒙皮的制造及完美粘合到铝蜂窝（在 5.10 节中所描述的）上，需要将这种复合多层材料成型在工具上，然后放在一个高压容器内。天线模具必须具备耐高温性能、非常低的热膨胀系数（CTE）以满足复合性、真空完整性、导热性和机械加工性。因瓦这种镍铁合金是一种重要的模具材料。这种合金在 1896 年被发现，它的成分是 36％镍，64％的铁。这种合金是从室温到 230 ℃（1.3 ppm/℃）环境里所有金属中 CTE 最低的。这与天线反射板的 CTE 非常接近，最适合用于此模具。

然而，制造天线最困难的阶段之一是在高压容器中进行热—真空固化处理之后，将反射器外表面从 Invar 模具中分离出来。碳纤维/环氧树脂的粘接和分层会损伤表皮。专用的脱模剂通常能用来成功处理模具表面和防止粘连。然而，脱膜剂的配方（通常是喷涂）还不是很清楚。

传说有人专门制造了一批含有有机硅的脱模剂。这个"金点子"可能是由化合物制造商介绍的，也可能是由工程师介绍的。制造商的商品名称或产品编号有一个缺点，就是对产品的化学成分几乎没有控制。在航天制造业中，必须要求与采购的材料一起交付合格证书，并且必须包含材料和材料制造过程中化学成分的引用说明。当一套天线正在建造的时候，肉眼可见脱模剂不会造成麻烦，因为它可以很容易地从模具表面移除。然而，找到最终造成粘附漆面的涂装工艺过程则是不容易的事。样品的涂漆表面上进行的测试（利用与图 5-56 中箭头所示位置的切割材料）证明在反射层表面上存在有机硅。这造成了油漆起泡，并导致了几个反射器的报废。

5.15.4　有机硅聚合物的去除

从金属表面完全去除液态硅烷通常是较困难的。

在液体未固化的情况下，建议在聚合反应发生之前就开始清洁。液体与空气接触时会很快发生聚合反应。石油溶剂相当有效，它燃点高并且较稳定。专家建议用浸泡异丙醇（IPA）的布擦拭效果最好。由于 IPA 易燃，苯甲醇可作为一种替代品，但是有微小的毒性。

氟硅氧烷类是一类单独的物质，需要使用极性溶剂。这里推荐使用甲基异丁基酮或甲乙酮。

二氯甲烷可用于去除固化的低分子硅烷。

其他已经固化的固体有机硅可以通过机械剥离去除［这也可以用于一些保形涂层（Dunn 和 Desplat，1994）］。另外还有两种特殊的清除剂：

1）DIGESIL，来自英国恩菲尔德的 C&M 研究有限公司（或来自其他国家的默克公司）；

2) SILGEST SD0001，来自英国伯明翰的邓禄普粘结剂公司。

这两种药剂都非常危险，不但会刺激皮肤，而且具有易燃性和腐蚀性，在使用时需要非常小心。

5.15.5　真空夹断铝管的污染

延展性金属管经常被设计应用到航天器系统中，用来制作抽真空或填充特定气体或液体的密封单元，这些管通常由半硬铝制成［如 AA‐3003‐H14（热处理方法和成分见附录 5 和附录 6）］。在设计功率器件的玻璃金属密封时偶尔也会选用退火的 OFHC 铜；像氨热管这样的高纯度镍管可用于制作容纳液体的系统，或者用于高温烘烤（这是因为当烘烤温度超过 150 ℃时，相比 Al 或 Cu，Ni 具有更低的放气效应和氧化效应）。夹断式密封件减少了对重型阀门的需求，已经广泛应用在几代航天器上。在将系统抽真空之前，管件夹断区域的洁净度是十分重要的，一般情况下，超声清洗和机械清洗要优先于化学清洗。

然而，在夹断处有缺陷的情况下［例如图 5‐76（b）所示］，必须使用专门的液体从该铝管中除去硅氧烷污染物，以实现气密封装。在大功率器件中，铝散热管会被焊接到集成了电子电路的外壳上。它被设计成一个填充进气体六氟化硫（SF_6）的散热密封外壳。SF_6的化学稳定性和高导热性让它具有熄灭热传输电弧的功能，其击穿电压超过了其他的气体，气压是 0.2 MPa 时，最大击穿电压可达 140 kV。这就意味着，该装置可以在实验室中进行测试，可以进行校准和空间认证，然后能在气压不断降低的发射阶段运行，最后在真空环境中运行。

包括碳化钨硬质合金刀片在内的夹断工具，会压入管子的外表面，使它们变形、变平，像冷挤压一样，最后内表面被冷焊在一起，没有任何横向移动的恒定压力会使金属逐渐变薄最终在某一刻被立即切断。

夹断密封的压力可以通过气动泵或液压泵来传递，这是一个精密的过程，管材和外径必须与特定的刀具尺寸相匹配。其中某些参数需要不断改进，需要使用与飞行材料具有完全相同特性（即化学成分、硬度、粒度、尺寸和表面清洁度）的样品管来完成。将对样品进行目视检查，偶尔会进行显微切片，也可能会进行粗检漏（气泡）和细检漏（氦气）。如图 5‐76（b）所示，精密且锋利的端口必须得到保护，不建议采用包括熔化、焊接或键合等后续处理工艺来"增强"这些冷焊接的密封质量。关于散热管密封的细节，推荐阅读由 Zirker 和其在爱达荷国家实验室的同事于 2007 年发表的工艺研发报告。

5.16　磁性问题

航天器自身产生的磁场与来自地球的局部磁场会相互作用，这最终会在飞行器上施加一个外部的耦合力。这个效果类似于地球磁场对指南针的作用，可能会扭转航天器并改变其运行姿态——因此需要推进器以维持飞行器的位置和姿态。由于铁磁性材料的密度高，它们很少被用于大型空间结构，因此一般不会影响姿态控制。另一方面，航天器上的小型磁性材料的存在会限制一些探测器的性能，例如磁力计。因此，设计时通常要从关键设计中将这些材料排除，材料选择被限制在非磁性材料或顺磁性材料（在磁场内时表现出微弱磁性的材料）之中。

一些拥有特殊性能的磁性材料被用于航天器产品。应用最多的是电子设备，其余大部分是电子电力设备（例如电动机、变压器扼流圈、行波管、簧片开关、磁头、铁氧体磁芯存储器等）。在杂散磁场可能对邻近设备产生不良影响的地方，就可以用磁性金属和铁氧体制造的片状或罐状结构来屏蔽它们，这样的屏蔽形成闭合磁路。经常在航天中应用的磁性屏蔽材料是 Mumetal（铁镍铜合金），它可以缠绕在行波管的磁性部件周围来实现屏蔽。

电镀和化学镀镍具有强大的磁性（见 4.10 节），并对科学卫星仪器产生扰动效应（Delahais，1985）。

许多奥氏体钢（通常是不锈钢和非磁性的）在经过加工硬化后会变成强磁性。"18 - 8"型钢（由 AISI 指定为 301、302、304、316 和 321）应用在航天器的紧固件、支柱、桁条、插入件等结构上，它们对应力腐蚀开裂具有很高的抵抗力，并且除了需要专门设置氧化钝化层之外不需要其他形式的防腐蚀措施。这些合金在退火（完全奥氏体化）后是非磁性的。然而，由于非磁性奥氏体的形变诱导转变为磁性 α-马氏体，合金在冷加工时会产生磁性。这些 300 系列钢中的镍含量的小幅增加会降低冷加工过程的磁化程度：含有约 7％Ni 的 301 钢会变为强磁性，而含有约 10％Ni 的 304 钢的磁性则稍差。这种磁导率的增加通常被称为"马氏体应力诱导转变"，简称 MSIT。值得注意的是，在高温热处理过程中，如果从奥氏体化温度缓慢冷却，300 系列钢可能会经历从奥氏体到马氏体的显微组织转变。

冷轧或冷拔弹簧是最常见的令航天器零件变成磁性的冷加工方式。此外，重型机械加工或冷加工（通过冷锻）不锈钢紧固件会造成其柄和螺纹区域生成铁磁性外表面。这些紧固件被用于精密电子仪器的机械组装时会出现问题。一个快速检测并筛选磁性物质的方法是观察它们是否被会被吸附到一个小磁铁（这是所有有经验的冶金学家都会随身携带的小工具）上，或者观察它们会不会和小指南针发生交互反应。此外，将部件脱脂并将其浸入酸化的硫酸铜溶液中几分钟是更灵敏的测试方法，金属铜会沉积在磁性表面的特定区域（即沉积在具有马氏体或铁素体晶粒结构的位置）。

影响金属磁性的因素包括晶体结构和居里温度。温度越低，材料的磁性越高。相反，随着温度升高，会存在一个材料发生非磁性转变的温度（即居里温度，这是一个由于热振动的随机能量导致金属的电子自旋失去取向的温度，该温度使得净磁化率降低为零）。有关金属及其合金磁性的资料载于 Cahn 和 Haasen 于 1996 年发表的专著中。

如上所述，奥氏体钢通常被认为是"非磁性"或顺磁性的，并且大多数 Inconel 合金（例如 Inconel 合金 718、625 和 600）也是这样的。

低温运载火箭，如 Ariane 5，包含一个主级（Etage Principal Cryotechnique，EPC），这是一个铝质贮罐，由分割开来的两个存储舱构成，两个存储舱分别装有 133 t 液氧（大气压下沸点为 90 K）和 26 t 液氢（沸点为 27 K）。在 EPC 的基础上，Vulcain 发动机主要由不锈钢和具有低磁导率的 Nimonic 合金组装而成。

安装在 ISO 卫星低温恒温器中的科学实验检测器会在 4 K 温度下工作，这个温度比液氦沸点（7 K）还要低。尽管许多钢和镍合金的机械性能在这些低温下是已知的，特别是它们的延展性、脆性、断裂特性等，但在这种温度状态下，对这些工程合金的磁性能却知之甚少。现在已知大多数奥氏体钢和铬镍铁合金在暴露于足够低的温度时磁性状态会改变，精确的居里转变温度取决于材料的组成。当暴露于低温时，300 系列钢可从亚稳态奥氏体相（顺磁性）变为铁素体或马氏体相（铁磁性）。AM－350 钢含有 17％的 Cr，4％的 Ni 和 3％的 Mo，为了将所有的奥氏体转变成马氏体，需要特意将温度降低到 －75 ℃保持至少 3 h 进行硬化，随后在 520 ℃保温 3 小时才会产生良好的强度和延展性。

在非常低的温度下，像 AISI 301 和 304 这样的低合金化不锈钢会发生局部的奥氏体向马氏体的转变。引用或列出不同合金的精确转变温度（例如居里温度）是很难的，因为随着合金成分在允许的特定范围内变化，转变温度会发生显著的变化，而且这些值也将取决于零件的热机械加工步骤。因此，最好对每个关键应用部位进行专门的实验室磁导率测试。

Inconel 718 合金是否可用作非磁性（顺磁性）材料取决于温度、精确的成分以及给定应用条件下所能容忍的磁化率极限（Goldberg 等人，1990）。它通常被认定是非磁性材料，并应用于许多航天器中。但是当温度接近液氢沸点（27 K）时，Inconel 718 合金将改变为强磁性。正如 Goldberg 等人 1990 年发表文章中所述，Inconel 合金的这一特性导致发现号航天飞机上的氢燃料排放阀系统发生故障，阀门位置的显示器是由 Inconel 715 制成的，当冷却到液氢的温度时，会产生错误的读数，这在当时引发了一场冶金故障调查，并导致 1988 年发现号的延迟发射。

最后，更糟糕的是，奥氏体材料向铁磁性马氏体的转变会产生体积膨胀，这会破坏像轴和法兰这种精加工零件的配合。如果想要解决这个问题，可以将原料浸入液氮（77 K）或更合适的液化气体中，并反复在液体和室温之间进行热循环，直到不发生明显的尺寸变化。此外，这个方法还具有稳定低温磁性的效果。

5.17　热应力引起的尺寸变化

5.17.1　一般性问题

航天器部件可能面临的热环境范围是从低温到材料几乎白热的环境。显然，推进系统经受着最大限度的热变化。而另一方面，理想的等温质量温度取为 25 ℃±10 ℃，最高温度包络为 10 ℃。这代表要控制在航天器主体内部运行设备的热平衡，以便吸收的能量与辐射能量平衡。温度变化导致材料以不同的方式膨胀和收缩。当温度在室温和液氮温度（－196 ℃）之间变化时，空间材料的总线性收缩率可能会在 Invar 与 Pyrex 玻璃（0.05％）的收缩率与热固性塑料（超过 5％）收缩率的范围内变化，如果设计时欠考虑，将这些材料一起使用会导致故障发生。一个简单的例子，不锈钢螺栓和螺母将铝制外壳组装到航天器铝结构上：太阳能的加热使航天器舱体变热，而铝构件的热膨胀系数远大于钢（23 ppm 相对于 16 ppm），因此钢制螺栓将受到机械应力，从而使其屈服和拉伸。当飞行器运行至其热循环周期的光线屏蔽区域导致其处在低温环境时，螺栓长度过长，导致壳体与飞行器结构之间产生缝隙。在这种情形下，由于钢制螺栓将维持电接地，因此一般不会导致问题发生。但是，当铝制支架通过钢制紧固件连接到推进器马达时，持续的热偏移会导致夹具松动。

由于低温推进系统内的温度梯度导致的热应力而引起的变形是最难克服的工程问题之一，如图 2-11～图 2-13 所示，Ariane 5 运载火箭就是被这个问题所困扰。在 27 K 下旋转和互锁的齿轮一定要避免受到可能导致摩擦、磨损或卡滞的热应力。

5.17.2　通过热梯度实现应力释放

现在，通过参考一些与建造航天飞船探测器相关的故障来说明加热过程中应力松弛造成的负面影响。该探测器被设计为在大型液态氦低温状态下工作，如图 5-77 所示。探测器实际上是工作在 2 K 的温度下，并通过专门设计在低温恒温器侧壁上的线束实现与航天器的其余部分的电气连接。该线束的信号线由单股搪瓷漆包钢构成，每根线的直径略小于 100 μm。选择钢线是为了最大限度减少对低温工作设备的热量输入（一般情况下会选择铜线用作电气连接，但在这里由于其导热性过优而被淘汰了）。进出仪器的电信号通过玻璃-金属密封的圆形接插件传导并穿过低温保持器的侧壁。钢丝连接线束连接器所涉及的过程如下：首先，把细钢丝端头上的浸渍漆剥离并塞进一根镍管然后压紧，这个压接接头只是为了满足后续的焊接过程而把线和管固定在一起的一个临时接头；接下来，用小型氧乙炔焊枪手工焊接管和略微突出的线。图 5-78 展示的是信号线和一半熔融焊接球压接的部位。之后的电气连接过程是将焊接的镍管插入标准的铜合金连接器引脚，并填充焊料。该引脚形成圆形（凸形）连接头的一部分，该连接器在完成线束时可以连接到低温恒温器壁中的（凹形）连接器外壳。

在低温条件下的线束，工作期间会出现电气信号的不连续。一项事故调查将问题追溯到对钢丝和镍管的焊接操作上。从图 5-79 可以看出开路的位置在钢丝和熔池之间的界面处。图 5-80（a）中给出了来自该连接界面断口钢丝一端的断裂形貌，但是没有给出断面的元素分析结果，该结果通过元素面扫描显示了断面上纯镍的分布区域。相比之下，图 5-80（b）给出的是焊接良好的人为故意破坏的接头断口，该断口的形貌与开路的断口明显不同。补充试验证明，开路故障不是由低温脆化或腐蚀造成的，电气连接失败的直接原因是焊接缺陷，而这被证明是与操作者进行手动焊接操作时的操作方式有关的一个随机问题。在与钢丝焊接到一起之前，镍管有时会被焊枪预热零点几秒，这导致镍管受热膨胀并降低了其对钢丝的包裹效果。从图 5-79 可以看出，钢丝和镍管之间的确发生了焊接并且形成了合金，但线束的重量在焊接区形成拉动，导致它在箭头所指的位置处产生裂纹脱落。在用液氮填充的低温恒温器中进行地面试验时，出现了产品失效。当温度从焊接温度降下来后，断裂的导线再次通过收缩的镍管包覆而形成电气连接。当从室温冷却至 4 K

图 5-77　这是进行热真空测试之前，红外太空望远镜的低温恒温器。该航天器由 Ariane 火箭于 1995 年 11 月发射，它用红外波详细地探测宇宙，为世界各地的天文学家提供了一个前所未有的、灵敏的空间探测设备。直径为 60 cm 的望远镜被液氦超流体冷却到 2~4 K 的温度。它提供了 3 万多份观测资料，这些资料涵盖了从彗星到宇宙学的所有天文学领域

时，线束收缩，导致所有连接受到热应力，而本身就脆弱又有缺陷的焊接部位便产生裂纹导致开路。

　　更正措施的一部分是将相当于"良好"焊接接头强度 20％的原始载荷施加到单独的导线上之后，再检查每个可接触连接的完整性。那些产生裂纹缺陷的接头被上述可重复的修复工艺修复完好。该科学航天器发射后，未出现因这种失效模式而导致的问题。

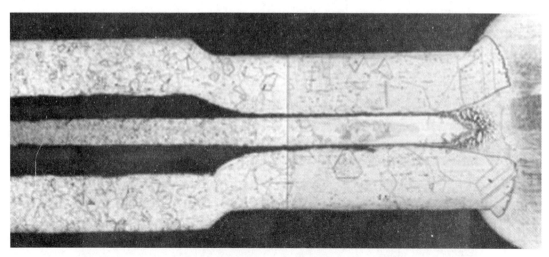

图 5-78　图中显示的是钢丝与镍管良好的连接部位。该微切片被轻微蚀刻，并显示了在焊接过程中机械固定钢丝的镍管的位置，右侧是完美的焊接区域

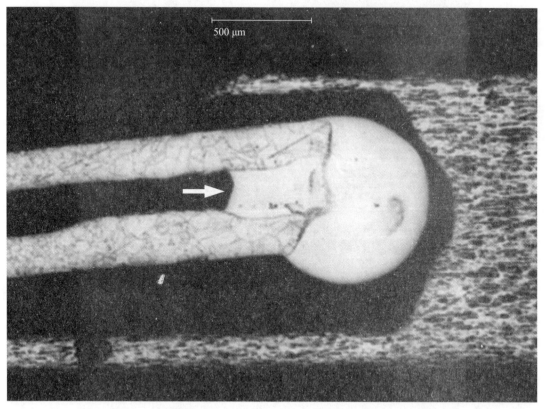

图 5-79　这是焊接失败接头的横截面。图中可以同时看到镍管与焊球，它们被焊接在铜合金连接器引脚内（焊料被蚀刻成黑色并且不可见），箭头所指位置是钢丝的断点

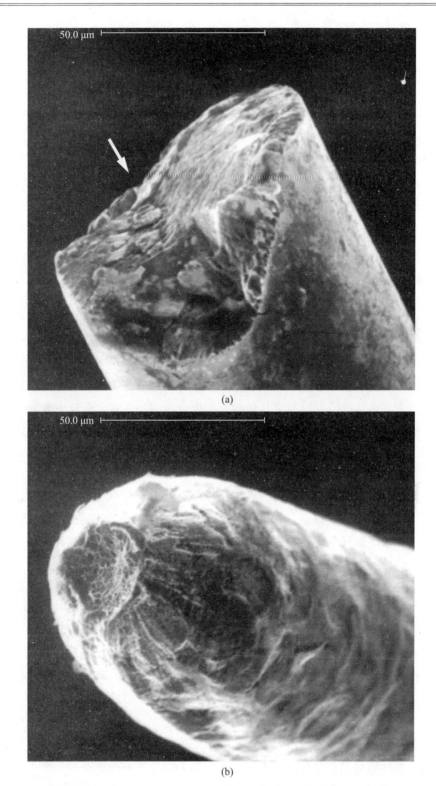

图 5-80　（a）连接器导线的断裂面；（b）良好连接线的拉伸测试，加载到 900 g 时断裂，断裂表面是韧性的，具有大量的线性断裂带。（a）中的一些区域经分析为纯镍，而其余的断面主要由铁和一些镍铬组成

5.17.3　热致振动

太空中航天器结构的性能和行为受极端环境温度的影响很大，许多卫星都出现了热诱发的振荡和振动，这些振荡和振动已经由 Malla 和 Ghoshall 在 1994 年进行了测量。大轨道空间结构在其运行轨道上的地球向阳面与地球背阴面之间转移过程中经历了巨大的考验。哈勃太空望远镜（HST）在＋105 ℃和－105 ℃的环境之间循环飞行，在 600 km 的高度，它只需 90 min 即可完成整个圆形轨道的飞行，所以其从夜间到白昼的过渡只需要大约 10 s，反之亦然。为了将太阳的辐射热对 HST 设计和结构材料的影响降到最低，科研人员做了大量的防护措施，这对于所有的航天器都是一样的。例如，薄太阳能电池阵和吊杆在进出太阳光时比相对重量较大的航天器结构升温和冷却速度要快得多，而如果在设计上结合预拉伸弹簧装置和泡沫状衬垫，就可以解决较薄部件和较厚部件之间热膨胀或收缩的瞬态不匹配。哈勃望远镜于 1990 年发射之后，首先发生了成像光学器件产生球面像差的问题，之后其太阳能电池阵列因为热致弯曲产生指向性振动。当该阵列在进出飞行轨道日照区域时发生振动，该振动是由 HST 双杆的热弹性弯曲造成的。后来发现这种变形是由双杆直径上的热梯度累积效应以及双杆和热覆盖层之间的热失配导致的应力所引起的。在 1993 年对 HST 开始了第一次维修任务，航天飞机对这个弯曲的阵列进行了拍照记录（见图 5 - 81）。图 5 - 82 和图 5 - 83 描述了双杆结构的位置和操作的示意。计算得出的结论是该问题主要由双杆引起，当它从地球背阴面进入太阳光时，双杆的外套（钢弹簧2）被太阳光直射，温度瞬间升高（高达约 140 ℃）。图 5 - 83 中所示的内弹簧，因为其不被阳光直射而且这些钢弹簧接触点之间的热传导效率低，所以升温速率要慢得多。通过计算得出这种由不同功率太阳辐射加热所引起的每个双杆上两个钢弹簧之间的温差接近 30 ℃，这导致内外弹簧之间膨胀率的不同。这些不仅导致尺寸为 6 m 的太阳能阵列弯曲，还引起配合钢表面之间出现了一些滑动，加上表面摩擦的作用，最终导致了类似的抖动和振动。实质上，在第一次维修任务之前发生的轨道转换干扰问题，也是由于双杆热梯度的积累和释放引起的（Foster 等人，1995；Deloo 等人，1995）。

解决该问题的措施是重新设计太阳能电池阵列中的一部分。双杆展开式吊杆上覆盖着可随吊杆轻松展开和缩回的圆柱形隔热罩。这种隔热罩由镀铝的 FEP Teflon 3 激光束切割所得的圆形件构成，圆形件在每个双杆周围呈现波纹状结构。经过计算可以得出，该隔热罩令双杆弹簧之间的热梯度从 30 ℃左右降低到了不超过 3℃。此外，装载滚筒的粘滑性能也发生了变化，在吊具上还安装了一个新的拉紧装置。这些修改和调整应用在了 HST 于 1993 年 12 月更换的太阳能电池阵列上。从改造之后的飞行数据来看，新的太阳能电池阵列运行良好，热变形造成的抖动和振动已被消除。

在进出轨道的向阳面时，面向太阳的双杆钢弹簧在原先有缺陷的阵列上，温度变化率为 0.5 ℃/s。而在轨道上，对替换的 HST 太阳能阵列进行了评估之后，得出的计算结果表明，对于每一个被圆柱形隔热罩保护的新双杆结构，温度变化率的值已经降低到 0.02 ℃/s，减少为原来的 1/25。

图 5-81　哈勃太空望远镜于 1993 年 12 月进行第一次维修，由奋进号航天飞机将其捕获并收入货舱。望远镜上带有屈臂（右侧）的阵列无法取回；左边的阵列被最终送回到地球（由 NASA 提供）

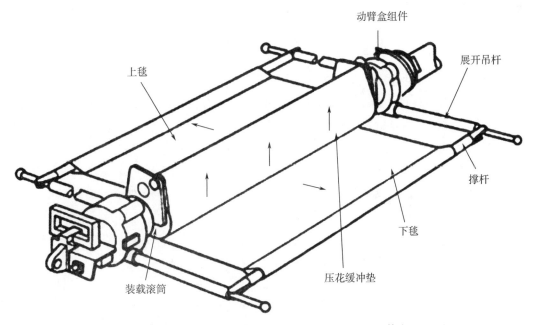

图 5-82　哈勃望远镜太阳能阵列展开/收回系统（Foster 等人，1995）

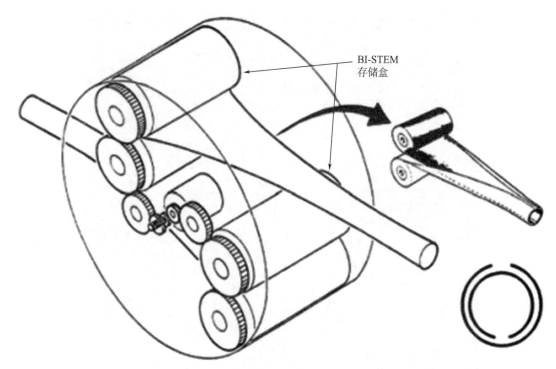

图 5 - 83　具有插入件的太阳能电池阵列悬臂驱动装置，这幅图用于解释其双杆工作原理，此外，也说明了在部分结构中，两段弹簧钢卷曲在一起，并影响每个双杆的展开

5.18　钛零件中的缺陷

5.18.1　概述

在太空飞船中，被广泛使用的钛材料是 α - β 合金 Ti6Al4V。尽管已使用一定量的纯钛，但由于一些制造问题，在未来的先进应用中钛合金仍占重要地位。这在 4.17 节和 4.20 节中已经有所描述。由于纯钛及其大部分合金具有良好的比强度，并与肼基燃料和四氧化二氮氧化剂兼容，所以大多数推进和反应控制系统都是由钛制成的。燃料管路由超长的成型和电弧焊得到的钛管制成。此外，在压力调节器和推进剂贮箱之间的加压管路中作为冗余系统的止回阀也由钛部件构成。燃料罐、氧化剂罐和高压气罐通常由钛半球经过锻造、机械加工和焊接制成（图 3 - 6）。一些贮罐是由超塑性成形制成的（见图 4 - 77），但大部分采用的是锻造部件。一些航天探测器，例如意大利 SAX 科学卫星的外壳已经采用钛板制作，钛板会通过爆炸焊的方式连接到铍过渡耦合器，或者通过特殊的钎料连接到薄铍窗上，这两个过程会在本书的其他章节进行介绍。

Ti6A14V 合金的锻造温度在 β 转变温度以上（见图 5 - 18），以利用这些温度（通常为 870～960 ℃）下合金较好的塑性和较低的锻造压力。然而，在锻造过程中，内部摩擦产生的能量会使温度升高，这会影响最终的微观结构并容易污染合金表面。为了避免"过热"现象的发生,建议在锻造过程中使用光学高温计追踪锻件的表面温度。为了得到均匀的 α-β 双相结构,最好将部件冷却到 β 转变温度以下,并使用材料的超塑性特性在等温条件下完成最后阶段的操作。锻造后还需要对其进行退火处理。

造成钛零件失效的主要原因有两点,其一是在锻件上形成了坚硬的表面扩散层(α 脆性层),其二是在零件微结构中形成钛氢化物。下面会对这两种失效形式进行介绍。

5.18.2　α 脆性层失效

氧在金属钛中的高固溶度导致在锻造和管材成型等热加工过程中,氧从表面向内扩散。高温空气暴露导致氧气和少量的氮气进入合金中,并稳定其 α 相,从而产生又硬又脆的一层,称为 α 脆性层。α 脆性层的出现通常与氧化物层和氮化物层组成的可见表面污染物相关。在实际加工中,需要去除锻件中的硬的富氧层,因为它可能对弯曲韧性和疲劳强度产生不利影响,还会造成加工和焊接过程中的问题。一般来说,从锻件中去除表面氧化物和氮化物以及所有表面下的 α 脆性层的过程是先经过表面喷砂工艺,之后进行酸洗、化学碾磨和/或机械加工。正如之前所说,飞行器系统中的关键结构部件是 Ti6A14V 压力容器。大量的 α 夹渣物导致了阿波罗时代飞行器硬件的故障,包括在检验测试期间失效的登月舱下降推进系统(Ecord,1972)。经验表明,在无人项目中,通过对锻造、热处理、焊接、清洁和测试等关键步骤的严格控制,能成功实现安全压力系数为 1.5 的压力容器设计。

为卫星制造大型容器时出现过一些问题,制造步骤是遵循标准流程的。需要两个锻造加工的半球,其中一个带有一体式装配凸缘,另一个带有用于填充燃料的贯穿口,再将这两个半球采用环缝焊接进行连接。传统半球焊接前与焊接后的检测技术包括射线检测、超声波检测和染料渗透检测。之后对材料进行化学分析、对试件进行拉伸试验,并使用锻制毛坯缺口处试件进行金相测试。所有结果都是合格的。然而,在其中一个半球上出现了一个大约 2 cm² 的异常小区域,这个区域内存在与外部圆形机械标记有关联的表面微裂纹。这种裂纹可以通过染色渗透液显现但无法通过射线检测出来。由于这个缺陷的出现,该部件无法投入实际使用,但它已经被焊接到一个完好的半球上(目的是培训焊接操作员)。压力测试之后半球表面微裂纹的位置有所变化,有些裂纹似乎扩大了,但不能被量化。因此,该容器最终进行了一系列破坏性的力学和金相测试以评估焊缝质量以及微裂纹数量。

金相观察显示,锻造的半球的微细晶粒和 α-β 微结构都是正常的。在有缺陷的区域,表面存在 20 μm 深的污染层。微观结构中污染层由硬质浅灰色区域组成,其中包含一定量的裂缝,最大深度可达 10 μm。很明显,这个被空气污染的表层并没有在锻造后被去除,微裂纹产生于 α 脆性层。与锻造供应商一起检查后发现,这些精密锻件的模具的尺寸设计不正确,并且没有留下足够的材料用以去除硬质的表面层下富含 α 结构的内层。

硬质 α 脆性层很难去除,最大深度能达到 500 μm。在这种情况下,锻件可以用氢氟酸(2%～4% 水溶液)酸洗,脆性层将以 25 μm/min 的速度去除。为了尽可能减少合金对于氢氟酸中氢气的吸收,通常加入约 30% 的硝酸进行改性。这样做虽然会降低脆性层去除率(约 10 μm/min),但是也降低了氢对合金的污染,是很有效的方法。

5.18.3　氢脆失效

钛合金焊缝氢污染的问题在 4.4.4 节中已经讨论了，主要是和错误的焊条材料选择有关。使用非合金焊条时 Ti6Al4V 中氢化物的形成，可能是由 Ecord（1972）在他关于阿波罗时代推进系统故障的总结中首次发现的。由于氢在 α-钛中的溶解度很小，所以纯钛和 α-钛合金的脆裂主要是由氢化钛的沉淀引起的。而 β 相可吸收大量的氢（高达 0.5%）产生 β 相的晶格畸变。因此，除非充分暴露在氢气中，否则像 Ti6Al4V 这样的 α-β 合金很少受到氢脆的影响，因为所有的氢污染物都被 β 相吸收。从文献中发现，产生氢化钛相的一个关键因素是存在拉应力［之后施加压应力时可以分解（Nakasa 和 Liu，1993）］。

污染金属钛的氢来源有很多：水蒸气、酸洗液、电镀、化学抛光及在热处理操作中产生的表面薄膜，如油脂等。一旦氢化物成核，它们就会迅速长大消耗基体的间隙氢。

在航天器上还发现了一种罕见的氢脆现象——推进剂燃料管中的一段钛管出现损坏。该管由纯金属钛制成，外径 3.2 mm，名义壁厚 0.3 mm。将燃料管路集成到航天器中，需要大量的地面操作和各制造基地之间的运输。经过调查后发现管道故障的最终原因在于运输过程。运输时，采用一个临时固定装置将复杂的三维管网保持在运输框架上，被固定在运输框架上的这段三维管图上的负载是（严重）错误的。对断裂部分附近的材料进行金相检查发现了许多问题，与材料规范 AMS 4942 不符（见图 5-84）：

——大的氢化物沉淀出现在滑移面和晶界上；

——出现大的晶粒尺寸（ASTM 6 而非规定的 7-10）；

——断裂延伸率仅为 18%（规定为 20%～32%），更重要的是，在交付前管材供应商对产品断裂延伸率的测试结果为 32%；

——脆性测试失败（表明韧性差）；

——通过显微切片分析（图 5-84），壁厚仅为 250 μm，而不是要求的 300 μm；

——管内和管外表面非常粗糙

通过汇总这些发现以及燃料管线生产公司提供的额外信息，证实了钛管的损坏是由不正确的处理过程导致的。并且由于这种损坏是不可逆的，这批钛管不能召回再利用，所以无法用于实际飞行。造成这个问题的原因是：

——这批管材多年来一直保存在未受控的库房中，表面形成了较厚的氧化层；

——管材表面的氧化层必须去除，以确保管与管对接进行 TIG 焊时有合适的表面光洁度，避免污染航天器的液体推进剂，但实际中却并未去除；

——化学清洗（酸洗）过于强烈，过度去除了表面材料，导致氢气进入金属钛中；

——进一步的热处理使氢以氢化钛的形式析出；

——管材表面存在表面缺陷和氢化物片层，引发裂纹的萌生和生长，导致管的断裂（氢化物片层是格里菲斯裂纹的来源，该裂纹的产生是由于析出物和基体之间的内聚力很弱以及弹性模量和塑性差异）。

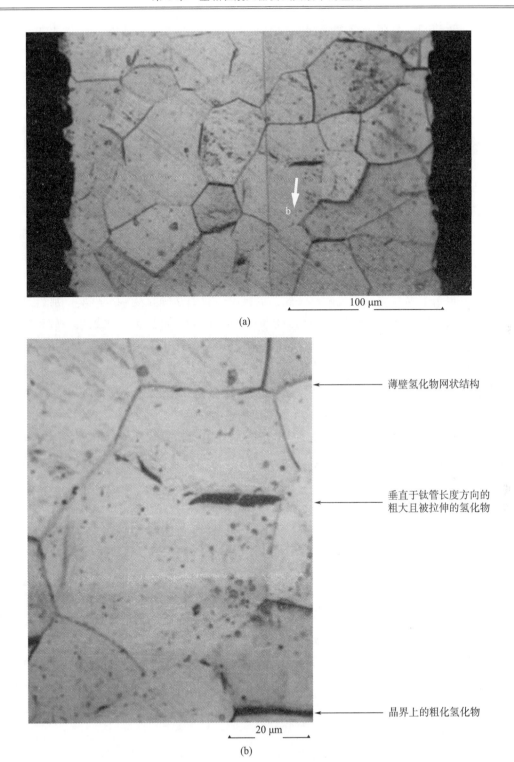

100 μm

(a)

薄壁氢化物网状结构

垂直于钛管长度方向的
粗大且被拉伸的氢化物

晶界上的粗化氢化物

20 μm

(b)

图 5 - 84　氢化钛脆化的钛管壁的金相切片分析（轻微腐蚀以显示晶体）。（a）由于化学腐蚀，
　　　　　管的内外表面非常粗糙；（b）壁厚中心氢化物形成区域的细节

最终，反应控制系统的整个管网被替换。4.16 节中给出了将替换管网集成在航天器上的焊接过程的介绍。

5.19　发射器上的漏水箱

大多数的太空运载火箭似乎都伴有与应力腐蚀开裂（SCC）有关的问题。约翰逊（1973）编写了一个与阿波罗计划 SCC 失效有关的有趣的早期记录。这份报告包括了很多已得到结构应用却没有考虑潜在 SCC 问题的金属材料的例子。对阿波罗和土星火箭中不合格的零件和焊接接头的金相测试证实，裂纹通过某种对 SCC 破坏抵抗能力中等或较差的材料（也就是说，不是表 2 - 3 中列出的那些优选合金）微结构进行传播。发射器是由液体燃料核心箭体组成，再通过某种特殊的接头在其上捆绑两个或多个固体火箭助推器发动机。这些接头以及用来机械固定的螺栓均有严重 SCC 问题的记录——甚至出现过在发射器还在发射台上助推器发动机就已经脱落的情况。我们必须接受一个事实，那就是任何沉淀在发射器上的水都一定会被离子物质污染，这有可能促进腐蚀。在 4.5.5 节我们已经讨论了，这些污染离子大部分是通过风传播的海水中盐的亚微米颗粒。

由于发现了环形水箱泄漏问题，早期的三个 Ariane 发射器被迫推迟发射。水箱位于运载火箭的第二级，如图 5 - 85 所示。水箱的精确位置也可以从火箭的整体视图中看到（如图 2 - 7），同时还可以看到它所用的主要结构合金和复合材料。水箱的环形形状可以充分地利用发动机和燃料供应管线之间的空间，但是这种圆形形状也使其集成和固定到火箭的过程非常困难。罐体材料为焊接的 AZ5G 铝合金（相当于 AA 7020，主要成分为 1.2% Mg，5% Zn，0.2% Ti + Zr），这种合金已经在该火箭的其他地方使用，但是在新一代的 Ariane 5 发射器上，它已经被 AA 2219 铝合金所取代。

AA 7020 具有良好的比强度，易于焊接，但是目前没有合适的热处理方法能改善其对 SCC 的抵抗性。泄漏水箱的故障调查清楚地证明了这一点。最初发现漏水现象的是库鲁的圭亚那太空中心（Seghesio，1986），他们发现一个发射装置水箱出现裂缝，水从中泄漏出来。之后在对另外两个发射器的水箱进行检查时发现了更多的裂缝。对水箱的主要泄漏点进行了金相检查。如图 5 - 85（c）所示，显微切片显示裂纹在焊缝附近萌生并穿透 AA 7020 合金的壁厚。罐体外表面几乎没有明显的表面腐蚀现象，但在金属内部，像头发一样细的裂缝通过其晶粒结构在晶粒之间传播，这是典型的 SCC 失效模式。

失效调查显示，在制造过程中，焊接已经在水箱中产生了非常大的残余应力——测量和计算表明，焊后板材的短边方向上的残余应力达到了 190 MPa。这大约是 AA 7020 材料屈服强度的 68%（$\sigma_{0.2} = 280$ MPa）。

对 AA 7020 焊接材料进行的实验室 SCC 试验（参见 4.6 节）表明，即便在长边方向上，这种合金在潮湿（80% RH）的环境中也容易出现 SCC 失效。在盐溶液中进行标准 SCC 测试，加压至 160 MPa 时焊接接头样品失效。这些结果可以将这种焊接材料归类为对 SCC 低抗性材料（换句话说，根据 ECSS - Q - ST - 70 - 37，这种材料为 Ⅲ 类材料，不

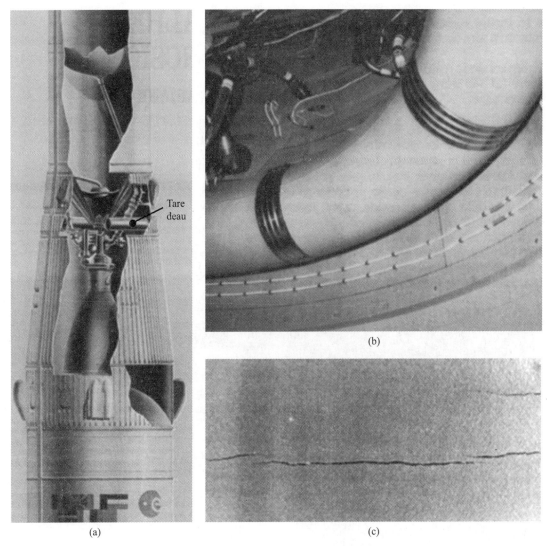

图 5-85　（a）水槽位置的示意图（图 2-7 的一部分）；（b）集成在运载火箭内的实际环形水箱；
（c）贮罐壁的应力腐蚀裂缝（经 CNES 许可转载）

适合用于航天器结构）。

　　更正办法是弃用这种水箱。新的水箱（当时用同一种合金制造）采用改进的焊接技术，该技术可以降低残余应力。另外，焊接后还进行了去应力退火热处理。对热处理后的 AA 7020 样品进行实验室 SCC 测试，结果显示这些新的水箱耐 SCC 性能提高。Ariane 发射器在随后几年中没有遇到任何 SCC 问题，成功进行了多次飞行，之后水箱的设计发生了变化，很大程度上减轻了重量，制造材料也改进为碳纤维增强复合材料（CFRP）。

5.20　液体/固体推进剂与部件和子系统的相容性

对与液体推进剂相容和不相容的材料概述的标准，可追溯至 1965 年的 ECSS‐E‐ST‐35‐10 标准。该标准涵盖了液体推进剂的材料相容性测试的复杂内容。列举已知的不相容性的材料是比较容易的，因为这些材料已经从具体的实验测试方法的结果、存储条件下物品的失效、部件鉴定中发生的故障、甚至飞行设备的灾难性失效中分门别类列出来。即使液体相容性所需的测试在标准中有明确的定义，但真正的知识只能在多年的使用中才能建立起来。例如，在航天器推进装置中广泛用作氧化剂的液体四氧化二氮（N_2O_4）一直被认为与 Ti6Al4V 合金制造的高压容器相容。但有一个有趣的现象，后来经确定是由应力腐蚀所引起的罐体的故障（图 5‐86）。正是由于 N_2O_4 非常纯净才导致了罐体的破裂（Johnson 等人，1966；Ecord，1972）。通过反复试验发现，如果氧化剂含有 0.6%～1.0% 的 NO，则氧化剂的配方与罐壁是相容的。在 ECSS 标准中可以看到：NO 含量越高，含水量越低，与金属的相容性越好。

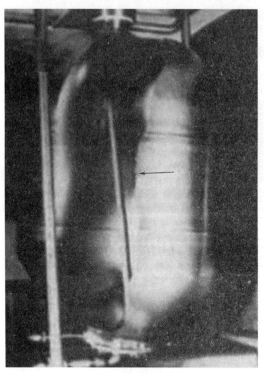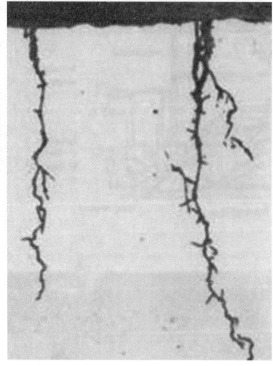

图 5‐86　由 Ti6Al4V 制造的压力容器［照片由罗克韦尔博士、洛克威尔公司提供，布朗（1997）和 Ghidini 等人（2008）］

材料的错误应用也可能由于追溯性不足以及与储藏室中释放的小物品的混合而发生。在制造含有用于一系列通信卫星中的液体推进剂毛细管理系统（CPS）的大型贮罐的过程中，这是一个特别棘手的问题。CPS 含有空心叶片，在其一侧通过非常细的网眼暴露于贮罐的肼或氧化剂中（见图 5 - 87）。网眼扮演着"毛细管泵"的角色，使燃料能够通过 Ti6Al4V 管道泵输送到航天器推进器内。然而，将叶片与 Ti6Al4V 罐的内壁结合起来的 304 不锈钢螺丝的垫圈，是由镀镉的碳钢而不是指定的 304 不锈钢制成的。我们知道，镉与液态的 N_2H_4 和 N_2O_4 都不相容，并分别导致它们分解和释放气态氨和二氧化氮。这些气体会降低 CPS 的毛细作用，这是我们非常不希望看到的现象。这个"小的可追溯性错误"会使项目花费巨大的经济成本，因为每个成品罐都需要被拆卸，并去除其中的镉，然后重新组装、重新焊接。众所周知，许多其他材料与肼基液体、碳氢化合物、醇类（可能用于清洁推进剂硬件）、N_2O_4 和过氧化氢都会有短期或长期的不相容性，对丁这些材料，建议读者参考最新的标准 ECSS - E - ST - 35 - 10。

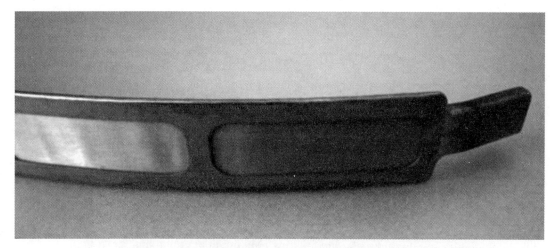

图 5 - 87　包含在空心叶片窗口中细网，用激光焊接到一个弧形上，这样多个叶片就可以在燃料罐内连结，作为无隔膜液体推进剂毛细管管理系统的一部分。这种网状结构就像一个"毛细管泵"，用来驱动燃料通过叶片、油罐支管，并进入钛合金燃料管线（窗户是 2 mm 宽）

　　大多数运载火箭的上层的液体推进剂是单甲基肼（MMH）和四氧化二氮。类似地，大多数卫星依靠的推进剂和氧化剂组合是 MMH/N_2O_4，尽管它们毒性高，对环境影响大，但这种组合具有长期的使用历史，且与易于获得的材料相容。而且，当它们相互接触时，会自发点燃（即它们是自燃的）。绿色燃料或绿色推进剂的命名则是因为在燃烧时更容易被处理且反应产物转化为无毒的气体。

　　最常见的绿色推进剂是基于液态氧和液态氢低温组合而成的（LOX/LH2），目前用于发射器的主发动机中，如 Ariane 5。这里所产生的羽流是由水蒸气组成的。然而，由于需要防止低温液体蒸发，因此一开始并没有考虑用 LOX/LH2 推进剂去完成科学任务。由于低温制冷正在变得越来越成熟，这种技术现在对于未来的任务来说也是可能的。LOX/LH2 推进剂用于未来卫星和空间探测器的推进应该是可行的，并且与 LOX 结合的诸如煤油、乙醇、甲烷、丙烷等碳氢化合物有望参与长时间的太空任务（已经用于助推器和发射器）。

　　一些新的单组分推进剂，在研究中被认为是远比肼更为绿色的，包括："HAN"

NH_3OHNO_3（硝酸羟铵），也被称为 AF – M315E、"HAN" $N_2H_5C(NO_2)_3$（硝基甲酸肼）、"ADN" $NH_4N(NO_2)_2$（二硝基胺铵）、"FLP – 103S" $NH_4N(NO_2)_2$、水、甲醇和氨的混合物，由瑞典 ECAPS 生产，分解生成 N_2、H_2 和 CO/CO_2（为了不与某些"HAN"的配方混淆，"FLP"的名称已经从"LMP"改为"FLP"）。ECAPS 最新的研发产品是"FLP – 106"，其蒸气压低于"FLP – 103S"，这个最新的基于"ADN"的配方含有 23.9% 的水和 11.5% 的碳氢燃料。为了降低"ADN"的燃烧温度，水被添加到推进剂中，因为非常高的工作温度将要求推进器的所有部分都需要基于铱和铑的合金制造而成（Hendrich 等人，2014）。

目前正在使用上述绿色推进剂进行 ECSS – E – ST – 35 – 10 标准所要求的相容性测试。与往年一样，这些测试将包括加压罐、管道、阀门、过滤器和热交换器，以及与发动机和推进器表面的相容性。

增压马达通常依赖的推进剂都基于氧化剂高氯酸铵（AP）、NH_4ClO_4 和分布在聚合物粘结剂基质内的铝粉。应该注意的是，AP 燃烧会形成大量的盐酸。酸性废气羽流加上一些残留的铝粉，不仅对健康有害，而且为发射场、地面站和基础设施制造了加速腐蚀的环境，如图 5 – 88 所示。Wingborg 等人（2008）计算了 Ariane 5 号的发射，每次发射都会产生 270 t 浓盐酸。这些具有腐蚀性的附加物使原本就由于热带海岸天气而具有腐蚀性的自然环境变得更加恶劣。

图 5 – 88　ASTM 321 不锈钢焊接的 N_2O_4 贮罐的外部表面发生腐蚀。这个水箱使用 12 年，保存在一个避雨的区域，但暴露在潮湿的环境下，并存在诸如盐酸（HCl）和铝微粒等污染物。HCl 是一种还原性酸，缺乏不锈钢需要的氧化剂来维持其"钝化"层（防止腐蚀）。321 与 304 不锈钢相似，但在焊接过程中加入了钛和镍，使材料对碳沉淀物敏感度降低。然而，恶劣的环境却促进了焊缝腐蚀和大面积点蚀

在瑞典，为了减少对 AP - Al 粉末固体燃料的依赖，已经开发了一种基于"ADN"制作的新型固体推进剂。"ADN"通过喷雾形成细微颗粒，随后与称为 GAP（聚缩水甘油基 - $C_3H_5N_3O$）的粘合剂混合。这种"更绿色"的固体推进剂（Larsson 和 Wingborg，2011）已成功使用。

第6章 电气互联的失效分析及推荐工艺方法

6.1 材料问题

有几类工艺方法可用于电子电路产品中元器件的冶金连接。这些互联技术一般通过施加热量来形成焊点，并且根据焊接所达到的温度，通常分为软钎焊、硬钎焊或熔焊。在异种金属接触的部位，焊接温度会形成连续的金属层或金属合金层，旨在增强焊点的电气性能并防止界面腐蚀。

不涉及冶金反应或合金界面形成的互联被称为无焊料的、机械或物理连接，包括压接、绕接和螺纹紧固等操作。

选用错误的互联方法，可能导致设备的电气连接在其运行寿命不同阶段的性能下降。从组装到发射期间，这些互联点应能适应一定的轻微腐蚀性环境。它们必须具有化学惰性以面对从操作者皮肤排出的酸类物质，以及清洁剂和可能溶解在其中的微量杂质。当异种金属之间具有高的电化学不相容性时，在海洋和工业区域，耐大气腐蚀性能是至关重要的（另见 2.2 节和表 2-1 与表 2-2）。

当载荷如电子机箱（黑盒子）通过机械连接到航天器结构时，重点是考虑一般防腐蚀能力和表面电气接地。传统黑盒子由铝合金制成（其他金属应查阅表 2-2），机壳可以涂黑漆/白漆或阳极氧化，以防止一般性腐蚀。与结构的接触连接通常是可拆卸的（螺钉紧固件），但也可以永久固定。机械电连接有一些通用准则。可拆卸的接触连接分类为 H 级（电阻小于 0.1 Ω）或 S 级（电阻小于 1.0 Ω），化学转化膜层例如 Alodine 1200 能够满足这类电阻值要求。铝合金 3000/4000/5000/6000 系列可以轻松满足 H 级和 S 级目标，但2000 和 7000 系列合金如果受湿气影响，达到目标可能会有困难。所有的铝合金都可以通过镀镍（有磁性）形成小于 0.002 5 Ω 的机械电连接，从而满足另一等级（R 级）的要求。

发射阶段产生的振动和冲击，可能会使电连接器的端子间接触"失配"，从而导致开路问题，并且互联材料的微动磨损或机械疲劳可能导致导线断裂。一旦航天器进入轨道，互联点将受到 2.3 节中描述的热偏移影响；这些偏移的极值取决于航天器是否有旋转角速度。对于静止的非旋转航天器，例如太空望远镜，处于星体表面并暴露在太阳下的互联点，可能由于太阳辐射而承受相当高的温度（如 150 ℃）。在电源附近以及具有加热效应的大电流区域，预计也可能会存在高温。在这些位置，低熔点焊料的使用将受到限制。在低温下工作的特殊电子电路，例如为 ISO 航天器设计的电气互联，必须在液氦温度（−269 ℃）下才能运行数年。超导 Nb-Ti 电缆也可以用铅锡焊料连接，在 4.2 K 温度下预计具有良好的机械强度和低的电压降。

6.2　引线熔焊互联

电阻点焊是一种自动化工艺，其中所有工艺变量必须预设并保持恒定。其必要性在于，一旦焊接完成，利用目前的非破坏性检验方法难以检验其可靠性。因此，惯例是建立熔焊程序清单，保持最好可能的工艺变量控制，系统地以测试样件的破坏性试验为准，进行诸如机械强度测试以及 4.2 节所述的例行金相检查，并与工艺标准进行比较［如图 6 - 1 彩色切片所示］。

这一类电阻熔焊需要大量的、如图 6 - 1 所示的金相学控制。图中，焊料涂覆的铜线被电阻焊对接在电子元器件的 Kovar（可伐）合金封帽上。这类电阻压力焊接使得 Kovar 合金（铁-镍-钴合金）的粗糙表面产生微观变形而没有实际熔化。消耗的电流和能量将这些表面强迫结合在一起而使焊接区域成为塑性态。铜和镍的氧化物薄层作为这些表面上存在的瑕疵，被驱赶进入到焊接熔核中，焊接接触面积通过铜线的塑性变形而增大。穿越清洁的铜- Kovar 合金界面的固态扩散随后提供了强大的冶金键合。不幸的是，如铜线内的再结晶程度所示，焊接过程产生的热量在导线电镀界面引起进一步的冶金反应。焊料涂覆层中的锡成分与铜反应，形成脆性的金属间化合物 Cu_6Sn_5。铜引线周围新形成的金属间

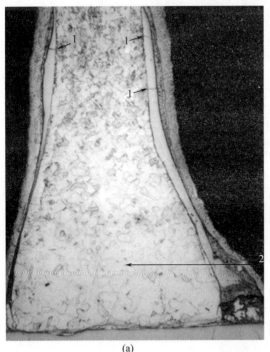
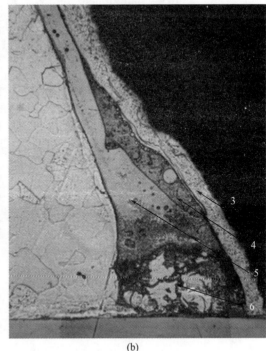

(a)　　　　　　　　　　　　　　　　　(b)

图 6 - 1　电子元器件本体（Kovar 合金）与其焊料涂覆的引线之间的电阻熔焊。（a）焊接区，×125 倍。来自焊接的热量产生：1) 锡-铜金属间化合物的裂纹，形成应力集中，2) 铜的再结晶。（b）焊接熔核，×300 倍。显微照片详细显示：3) 实验室镀铜以制备良好边缘，4) 残留的焊料合金，5) 金属间化合物 Cu_6Sn_5，6) 洗掉的 CuO 和 NiO 氧化物（见彩插）

化合物表面的微观裂纹［如图 6-1（a）所示］相当于应力集中，被视为是疲劳裂纹的起点，在卫星电子设备振动试验时导致了元器件引线的完全失效。

很多电子元器件是由镍和银的引线制成。航天器设备制造商频繁地尝试在镍和银之间使用电阻点焊，但往往都以失败而告终。如图 6-2 所示。虽然原始焊缝的外观形貌和显微切片都显示该焊点良好，但是应当指出的是，这种焊接而成的金属组合机械强度非常低。这是因为镍和银在固态和液态时都完全不相溶（Hansen，1958），类似于油和水的混合物。设备的失效突出表明该连接技术完全不适合在动态系统中使用。有效地维修这些系统的方法之一，是将这些引线预搪锡然后再软钎焊在一起。

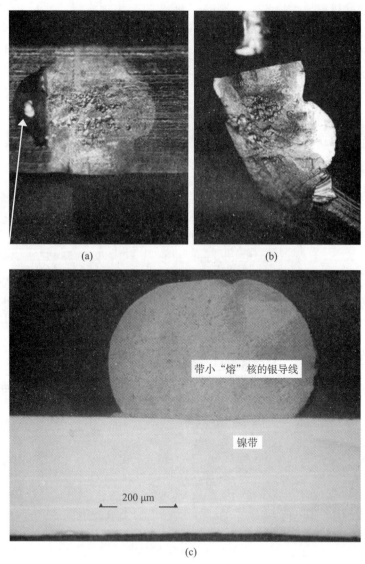

(a)　　　　　　　　(b)

带小"熔"核的银导线

镍带

200 μm

(c)

图 6-2　（a）镍带：箭头指向银"熔核"。（b）银导线。（c）"焊接"的显微照片。这些光学照片显示了镍带-银电阻焊接断裂面。对于多数熔接组合，"熔核"的存在指示焊接良好。微观结构（c）显示，变形在界面处提供了一定的机械强度，但镍和银之间没有冶金反应

最适合且易于控制的熔焊是类似的材料之间的连接。镍-镍熔焊的电子电路尤其可靠，在焊接压力/热循环期间，晶粒生长将发生并穿越表面的界面，如图 6-3 所示。这种微观熔焊在电气元器件组装成积木式模块期间在微处理器计算机控制下进行。监测系统评估加热和熔化期间焊点和周围材料的热膨胀。以相对较高电流水平进行的熔焊会透过界面产生快速的晶粒生长，并且焊接区域自身会挤出一部分液体，最终导致焊接电极处的快速收缩。低加热条件下的焊接，产生的点焊尺寸过小，在拉伸剪切时焊接强度不足。

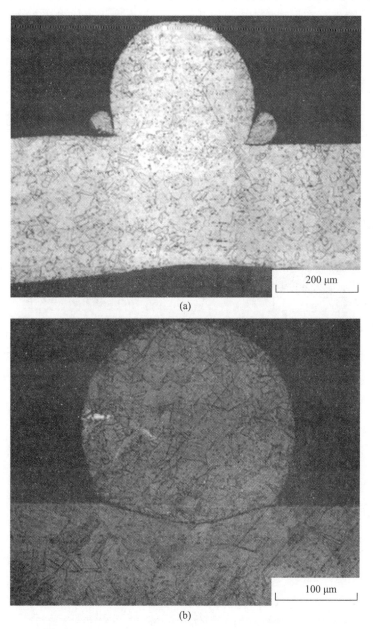

图 6-3　分别具有高机械强度和低机械强度的镍-镍电阻微熔焊工艺的横剖面。（a）直径为 0.015 in 的
导线与自身焊接。注意穿越界面的晶粒生长并存在焊接熔核挤出。（b）直径为 0.015 in 的
导线焊接到 0.007×0.015 in 的带上（低加热条件）

有时候，熔焊后部件在不同金属之间的界面处会包含金属间化合物。这些金属间化合物通常天生非常脆弱，而且一旦达到临界体积，将损害焊接处的抗冲击性（或者称为抗机械冲击载荷）。尽管不受欢迎，但那些产生金属间化合物的金属组合难以避免，在这些情况下，必须努力优化焊接流程，通过在最低可能温度下缩短焊接时间来限制金属间化合物的生长速率。为防止或至少控制这些金属间化合物的反应和生长，限制其服役温度也许同样必要。图 6-4 给出的例子是一个备受关注且特别麻烦的系统。这些钽箔电容器的来料检验显示出一些器件存在引线破损，并且组装到印制电路板（PCB）之前的引线成型操作导致了进一步的引线断裂。弯曲试验结果是脆性断裂，并且在具有相似外观的熔焊后引线

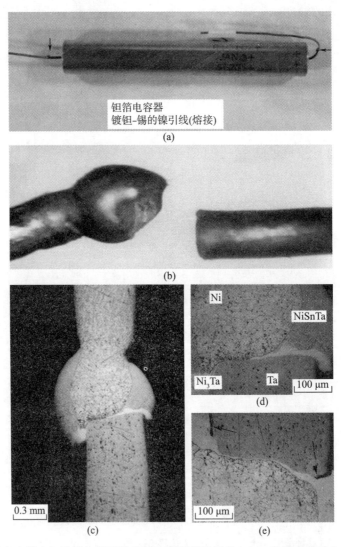

图 6-4　钽箔电容器上钽引线与镍引线之间的薄弱焊接评估。（a）引线弯曲后电容器的全视图。（b）在首次弯曲 90°时断裂的脆弱引线。（c）在硝酸蚀刻后贯穿对焊引脚的切片。（d）焊接区域（c）的细节。镍线已经重结晶，含有镍、锡和钽的树枝状结构被挤出，并且在引线界面存在白色金属间化合物相（Ni₃Ta）。（e）一些焊缝周围具有应力集中（箭头）

上进行的机械性能测试，产生了很大的机械强度差异。失效点总是被指出发生在焊接过程中形成的硬质金属间化合物相与钽引线的界面处。包含厚层 Ni_3Ta 金属间化合物的焊缝，连带焊缝周围的应力集中区域如裂纹和孔隙，具有最低的强度。与其优化对接焊工艺来减少产热从而得到更小体积的金属间化合物，不如推荐使用更适合此类应用的搭接焊。后来发现这些元器件不合格，无法集成到航天器电气系统内。

6.3　"紫斑"

金-铝体系的相图在 1900 年由 Haycock 和 Neville 完全测定，但是直到 20 世纪 60 年代中期，电子工业界才开始真正意识到，研究在微电子引线键合高温期间形成的金-铝金属间化合物和与之相关的问题即"紫斑"和"白斑"的意义。紫斑是工业界对金属间化合物 Au_2Al 和 $AuAl_2$ 混合物的称呼，它经常围绕在晶体管和集成电路的金丝键合周围，如图 6-5 所示。这些围绕在金丝热压焊点的紫色小晶体的出现，经常让人对某些微电子元器件的可靠性及其在航天器上面使用的适用性产生疑虑。"白斑"也是由金属间化合物形成的，即 Au_5Al_2，由于其具有低导电性，其形成会增加互联的电阻率。

采用同时施加力和热的热压键合技术，将直径为 $25\ \mu m$ 或更细的金线，与硅芯片的铝金属化导体连接。用于连接引线的技术有球焊和楔焊两种，球焊在大多数应用中表现更可靠。这种微观金线键合提供了集成电路基片的接触焊盘与器件封装引线之间的电连接。基于设备可靠性和经济性的双重原因，这是一个非常重要的工艺——在器件制造的这个阶段，已经投入了 95％ 的成本，因此必须避免产生由于不良工艺产生的废品。球形键合工艺近年来得到发展，目前可以实现"电子熄火"烧球技术。将焊接电极充正电荷，金线充负电荷，通过单个脉冲放电方法，使金线末端熔化形成一个球。在球形成期间，线和球都被空气电离后的等离子体所包围。等离子体保护着液态金球，而金球被机械地压在器件的铝接触焊盘上，通过优化电极电流和焊接（火花）时间，可以实现优异的互联（Hu 等人，1995）。研究表明，键合工艺中的超声波振动能清除铝接触表面的氧化物，只有已经除去氧化物的部位才能产生牢固键合（Xu 等人，2009），并且是在金铝之间的紧密界面形成的冶金键合。

组装焊接期间，甚至在组装后的微电路有时会暴露的温度范围内，金和铝也会经历相互的固态扩散形成很多金属间化合物。如果焊接温度/时间曲线超标或者成品设备的工作温度过高，界面金属间化合物的层厚会增长，这些观察到的情况促使电路开路和元器件失效。观察到的失效模式各种各样，一个晶体管开路的典型例子如图 6-5 所示。有许多论文解释了金-铝互联的特性，也得出了几乎同样多的相互矛盾的结论。作者查阅到的最值得关注的论文，是早在 1965 年在旧金山西部电子展大会上提出的（Wescon，1965）。看起来将从一种元器件类型得出的结论外推到另一种元器件有很大的风险，因为每种元器件都有不同的条件，促使金属间化合物的金相组织、金属间化合物形成的动力学、硅效应和键合强度也各不相同。近年来，将金线连接到铝金属化焊盘的热超声工艺已被微调，使得基板温度在 175 ℃时的键合时间下降至 2～10 ms。最近一项有趣的研究（Xu 等人，2010）得出一个结论，在键合过程的几微秒期间，初始冶金键合发生在金球的周边区域。接触面积的尺寸从周边迅速增加，随着键合进入圆形键合区域的中心而减慢。

　　图 6-5 描述的电子器件是已知具有低可靠性的典型元器件。研究人员使用传统的金相技术进行研究，以评估其最普遍的失效模式。

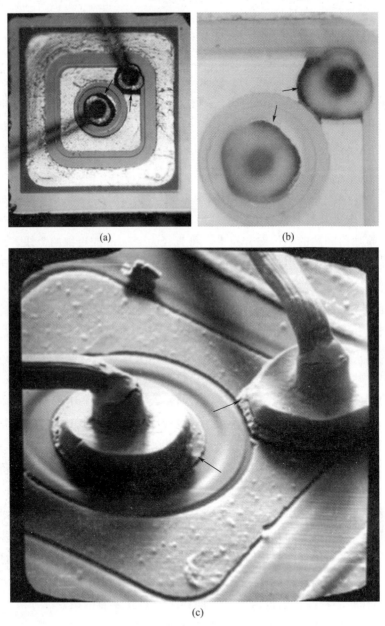

(a)

(b)

(c)

图 6-5　（a）硅晶体管（型号 2N3680）的金引线与硅晶片上的铝金属化层接触的地方，金线通过热压键合技术接触。（b）在金-铝交界处形成"紫斑"（箭头），并在高温下向铝层扩散（迁移）。（c）同一器件的 SEM 视图显示了"紫斑"具有微细的晶体外观。（a）晶体管的光学视图，×80 倍；（b）"紫斑"细节，×200 倍；（c）相同键合点反射模式外观的 SEM 视图，×300 倍（见彩插）

作者认为，如图 6-5 所示"紫斑"的外观，实际上是由于白色光被键合点周围金属间化合物晶体的极细网格衍射导致的光学效应。在扫描电镜（SEM）检查下［图 6-5 （a）］，可以判断这些晶体的非常粗糙、不规则表面外观含有 $AuAl_2$ 成分（另请参见图 6-6 的说明）。

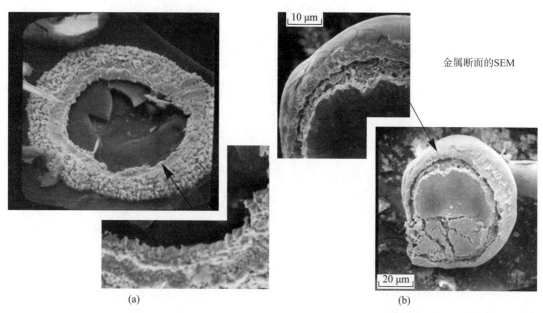

金属断面的SEM

(a)　　　　　　　　　　　　　　　　　　(b)

图 6-6　失效的晶体管热压键合点细节。"紫斑"的粗糙结晶环。（a）结晶环具有非常清晰的内边缘。在金键合点下面是脆弱的金属间化合物。（b）突显了与"紫斑"形成相关的柯肯达尔微孔洞效应

　　研究表明，与"紫斑"形成有关并且隐藏在键合区下方的是另一种金的化合物，它非常脆并且与硅基板的粘附性低（如图 6-6 所示）。这种金属间化合物（Au_5Al_2——"白斑"）被发现（Bushmire，1977）在温度超过 150 ℃ 的环境中，会使键合处的电阻值（作为时间和温度的函数）显著增加。这就是热迁移或者说柯肯达尔（物质转移）效应，即金原子离开金-铝结合点而进入铝金属化区域，在金球键合边缘的周围留下微小孔洞，并在围绕着分离区内圆周的 Au_2Al 化合物区域形成尖锐边缘（图 6-6 和图 6-7）。金属间化合物区域的研究通过对这些微小球形键合点的实际微切片来进行。与失效器件相似的晶体管封装被打开后，在实验室中将所有导体的表面用一层保护性的电镀铜层来制备。几个键合点被极其小心地微切片和抛光。这些细节如图 6-8 所示。图 6-8 （c）的原理示意图详细说明了引发这些键合失效的两个不同机理的假说：

　　• 由于物质转移引起的孔洞和缺口形貌；

　　• 在金属间化合物和硅基板之间（特别是在热循环时）因晶格失配导致的，沿着应变界面由缺口引发的微裂纹。

　　已知在键合区域可能产生的三种金属间化合物为 $AuAl_2$，Au_5Al_2 和 Au_4Al，如图 6-8 （d）的相图所示。人们认为这些微裂纹分开这些富含金的金属间化合物的相，而为了确定该界面是否也是脆性的，微硬度计的压头被小心地放置在该键合区域中。图 6-8 （e）

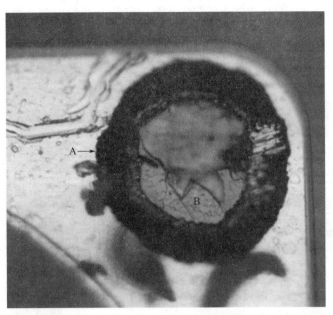

图 6-7　围绕脱键点的铝金属化和"紫斑"的光学视图（来自图 6-6）。对该器件进行 EDAX（能谱）分析。通过使用小的"区域"光栅获得的计数率将"紫斑"区域 A 的不规则表面确定为 Au_2Al。区域 B 与 SiO_2 的标准谱线比较并确认

和（f）显示了一个特定键合点的硬度压痕集合。值得注意的是，这些压痕仅在金属间化合物-硅界面，以及金属间化合物-金界面引起轻微的裂纹。附带信息确定了这些成分的显微硬度（Micro Hard Ness）值如下：

硅＝1 690 MHN 5 g

富含金的金属间化合物＝385 MHN 5 g

金＝59 MHN 5 g

为了避免宇航用元器件由于金属间化合物的脆性、柯肯达尔孔洞以及半导体芯片处的金属间化合物电阻上升而导致的键合失效，人们尝试了用超声波铝线键合替代金线热压键合。这种技术导致了在芯片的金属化焊盘上产生了铝-铝单质金属键合。

今天大多数的航天器晶体管和集成电路使用了这种较新的键合技术，而且带着这种单质金属键合累积工作了数百万小时，结果表明芯片的金属化互联没有明显的问题。偶尔发现特定元器件只能使用金-铝芯片键合，在这类情况下，必须使它们的互联不会暴露在高湿度环境下或承受焊接组装操作期间的热冲击（Richards and Footner，1990）。

大部分微电子元件的微切割流程都相当完善。Johnson 对它们的质量控制进行了审查（1979）。尽管目前大多数实验室仍然采用传统的金相制备技术，但专业实验室已投入使用更新更现代方法，如图 6-9 所示的在 3.2.2.2 节讨论过的聚焦离子束研磨和离子束研磨（Erdman 等人，2006）。这些新方法提供了"研磨、抛光和蚀刻"样品的相同数据，但没有表面损伤和更容易观察到的裂纹迹象。例如，图 6-8 所示的微裂纹可能被金层污染或覆盖，因此看起来不像图 6-9 中所示的那样大范围地出现。

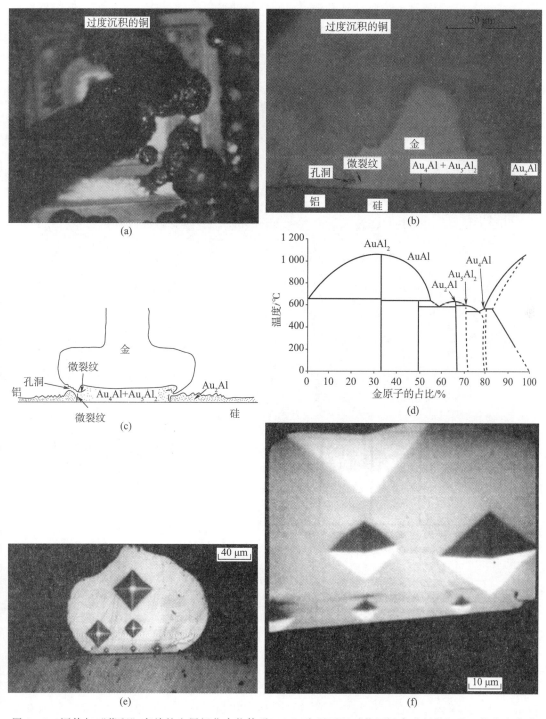

图 6-8　评估与"紫斑"有关的金属间化合物体系。（a）为了可以对热压键合进行微切片，首先在实验室中对键合区镀铜。（b）令人警觉的金相揭示了热压键合点和金-铝反应层。该样品被轻微染色，并且显微镜检查可以分辨出金属间化合物中两个略微不同颜色的相，这些观察结果在（c）中以勾勒的示意图绘制。（c）是在键合点微切片检查时制作的观察示意图。（d）金-铝体系的相图。在热压键合点的选定区域，施加不同负载产生的金刚石锥体硬度压痕。（e）光学显微照片。（f）相同区域的 SEM 图像（镜像显示）

这种失效只能通过原位测试来发现，而原位测试必须经过设计，以模拟在航天器结构内部或外部的特定位置上计算得来的热/振动环境。

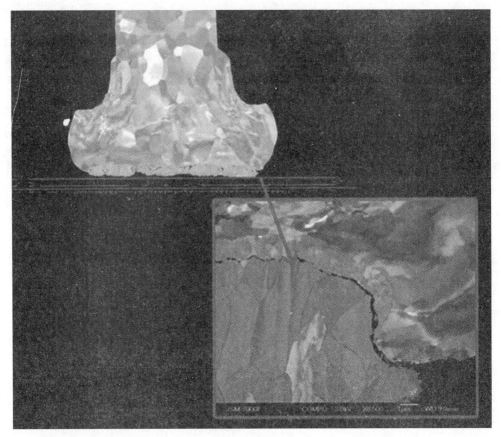

图 6-9　制备横剖面的现代手段，可以免除如图 6-8 记录的、在工作中需要注意的实验室金相样的准备。JEOL 公司的横剖面抛光机使用宽范围的氩离子束，消除了与传统微切片有关的问题。方框显示的是，仪器已经剖切了的铝-金线键合点。尽管 Si、Al 和 Au 有硬度差异，但结果具有非常高的质量，揭示了孔洞形成、微裂纹和晶粒结构（背散射电子图像，由 JEOL 公司提供）

6.4　机械电气连接

6.4.1　概述

在 6.1 节中给出了机械接点的定义，不论是压接接点、绕接接点，还是弹簧夹子，在应用于航天器之前，都必须进行全面的鉴定测试。接触材料的选择至关重要，必须对化学成分和允许的公差做出规定，必须给出相关工艺和完成的热处理细节。通常，这些接点是靠材料变形产生的固有弹性来保持界面的电接触（即发生变形的压接套筒或缠绕在端子柱上被拉伸的导线）。某些材料，如经过正确热处理的铍青铜，非常适合用于某些机械接点。太脆弱的材料，或是具有很低屈服点的材料则完全不合适。

通常，异种金属互相接触时，热循环可导致接触效率显著降低。在金属界面处的反复膨胀/收缩循环可能会导致一方在某个方向的极限温度稍微超过其材料弹性极限，另一方在反方向的极限温度下，甚至是尺寸变化也不能提供界面的过盈配合，结果导致所产生的压紧力非常小。

6.4.2 绕接连接

通常，绕接连接是由缠绕在端子柱上的螺旋式的实心镀银铜导线构成的，这些铜导线是采用电驱动的绕接工具完成的，达到机械和电气方面的稳定。端子柱为正方形或矩形，通常由镍合金、冷加工黄铜或含有 2% 铍的铜组成，先镀铜再镀金。只有材料选择正确、绕接工艺控制良好，这类非焊接的绕接连接才能实现机械和电气上的稳定。图 6-10 所示为一个典型的绕接连接和一些必须采取的质量控制措施，确保成品的高可靠性。

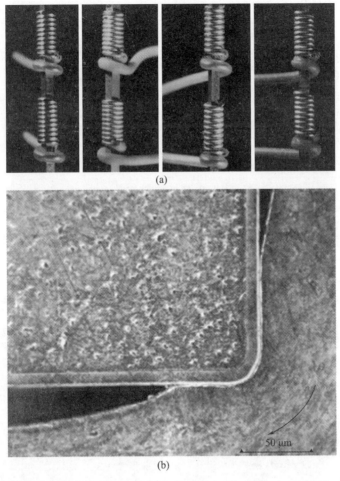

(a)

(b)

50 μm

图 6-10　绕接接点的金相检查（由 Departement Fiabilité-Technologie，CNES，Toulouse 提供）。（a）由不同绝缘材料的镀银单股线制成的绕接接点的典型外观。（b）环境试验后绕接接点的剖面图。铜蚀刻掉后，显微照片显示镀金端子柱和镀银的缠绕导线之间接触良好

导线绕接工艺过程中使用的所有工具必定定期校准，得到良好控制。多种线径都可用于互联，因此，确保绝缘剥离器与绝缘直径和绝缘材料非常匹配就十分重要。通常，热剥离器用于 AWG 22 及更小线径的导线，这是因为机械式剥离器有拉伸这些细线的风险。要调节好热剥器的热量，避免绝缘体发生起泡和过度熔化，否则会在导体上产生一层薄薄绝缘膜，从而降低后续生产的绕接接点的性能。通常，大直径导线采用电驱动的自动精密剥离器。配用厂家提供的精密加工压头的手持式剥离器也是可以使用的，要注意确保使用正确的模具开口。在操作者的检查中必须确认实心导体的镀层没有在这一操作中被划伤，导线没有被拉伸或扭曲。

可以买到多种可用于互联面板和背板的商用绕接工具，这些面板由环氧玻璃布的 PCB 材料制成，支撑多达数百个绕接引脚。航天器的绕接连接点，如果使用 AWG 26 或更粗线径的导线时，至少需要在柱上绕接六圈；如果使用更细的导线时，需要绕接七圈。还需要在端子柱底部额外缠绕一圈带绝缘的导线，这样可增加导线的机械稳定性，有助于抗振动。

质量控制手段包括：目视检查——绕线没有重叠、邻匝线间没有间隙、没有引脚变形；接触电阻检查；拉脱强度检查；展开测试——检查导线是否变脆；气密测试——绕接连接样品经受规定的化学侵蚀。图 6-11 所示的样品暴露于 H_2S 中，连接点（导线和端子柱）暴露的区域已经变色。将导线未绝缘部分从端子上小心地展开后，气密区域得以展露。图 6-10 所示的是刚制造连接点的显微切片，可用于进一步评估连接的完整性。图中显示了接线柱拐角进入导线中的深度和变形情况，从而明确了绕线后是否适合后续的维修。一旦受过程控制影响的绕接方法的可靠性得到确认，那么在线质量抽样测试中，只有目视检查和拉脱强度是必需的。每个面板在生产后应立即进行电气检查，以验证绕接位置的准确性，发现隐藏的缺陷。在欧洲规范 ECSS-Q-ST-70-30，2013《高可靠电气连接的绕接》中包含了极具利用价值的工艺图纸、绕接照片以及判断电气和机械接受/拒绝的准则。

图 6-11　互联的镀银线暴露于 H_2S 中后展开的气密部位的图示。冷焊点仍保持明亮，
而所有其他表面都变黑了（见彩插）

6.4.3　压接接点

在很大程度上，影响形成一个好的压接接点的因素是所使用的工具和材料。剥线的内容已在绕接部分提及了，一旦剥掉了绝缘层，裸线必须插入连接器插脚中，直到在检查孔中可见。压接工具必须根据端子尺寸和类型、导线的股数和镀层来校准。质量要求在 ECSS - Q - ST - 70 - 26 中已有规定。

一种压接型耳片与较大直径的导线相连形成线束用于太空实验室，该线束在使用时被发现在轻微推拉、拉动和扭曲时，压接接点的电阻率的变化很大，研究人员对此进行了检查。

对有问题的压接接点进行了金相检查，形成的显微照片如图 6 - 12～图 6 - 14 所示。图题中描述了这些器件刚接收到时的情况。无疑由于振动和热循环应力导致应力松弛，压接接点在飞行过程中发生了物理变化，从而产生了很危险的状况。进一步的力学试验证明这种压接互联的工艺没有实现性能优化的目的（考虑了在管理工艺规范中规定的拉伸强度、横截面积减小、接点导电性和显微切片）。对图 6 - 12 和图 4 - 4 所示典型质量标准进行简单比较，发现这些样品"压接不足"。

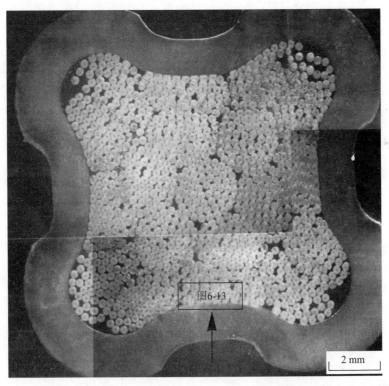

图 6 - 12　0 AWG 压接组件的复合照片。该横截面穿过最大变形量区域。虽然压接套筒变形均匀，但其外观为"压接不足"，线股之间的空隙占导线体积的 10% 以上。对方框区进行了详细的检查（箭头），以评估"气密性"。从低倍照相看，套筒表面看起来与线股具有最大的机械界面。这种美国线规（AWG）"0"多股线的直径约为 9 mm，据作者所知，这是截至 2015 年直径最大的多股线型号，已经在欧洲航天器上使用。这些大直径多股线的压接通常需要特殊的处置，因为在机械上不可能实现某些标准所要求的线股变形（参见图 4 - 4）

图 6-13　复合照片，显示了在最大变形处的线和套筒之间的界面细节（见图 6-12 中方框）。套筒内部镀层（大约 4 μm 厚的银，在 0.5 μm 的铜上，基底为 70/30 黄铜）在许多地方与黄铜套筒脱离。字母表示图 6-14 所示的后续显微照片的位置（在过氧化铵中轻度蚀刻）

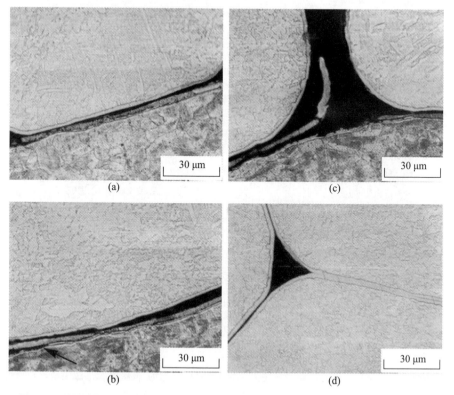

图 6-14　图 6-13 所示剖面图的详细情况。（a）变形很大的线股-套筒界面间的细节。沿着该界面存在非常小的间隙（2.0～0.5 μm）。（b）此线股-套筒界面上可能的点接触，但它在电镀区域（箭头）。（c）电镀不良细节。（d）导线的绞线-绞线界面显示良好的互联。绞线镀层为 3.5 μm 镍，在压接连接中检查的所有绞线显示附着牢固且连续

为了优化这种线径和压接套筒组合的压接工艺，研究人员开展了一个短期工作项目。工艺规程遵循了相关规范中的操作和质量保证条款，压接结果满足"设计值"，优化结果如图 6-15 所示，具有令人满意的横截面外观。

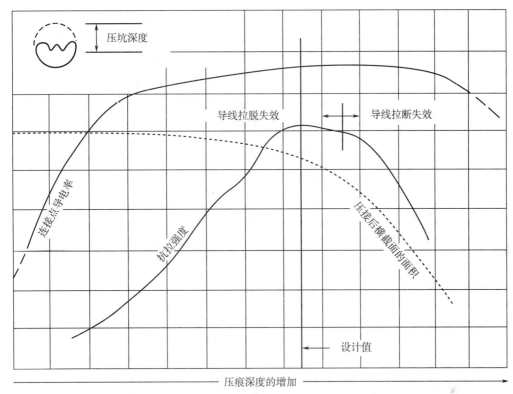

图 6-15 金相学是评估压接接点质量的重要工具。本图所示的典型的曲线，显示了随着压痕深度的增加压接终止特性的变化

当设计采用压接互联时，大多数应用中选用多股镀银铜线。在压接连接中，不推荐使用镀镍和镀锡的导线，原因是这类镀层可能会出现电气问题。当锡镀层与套筒内壁的金镀层相接触时，两种金属间会有 0.63 V 的电位差（从表 2-1 可以看出，金的电势为 +0.15 V，锡为 -0.48 V）。长期老化试验以及在镀锡线压接点的另一端进行的焊接（有可能助焊剂蒸气污染了压接端）试验结果明确表明，镀锡线的压接线导致电阻显著增加（Sandera，1996）。同时使用镀银铜线在相同的环境条件下进行试验表明，结果稳定，电阻没有增加。使用镀银导线时，银的电势为 -0.03 V，在与金耦合时电位差仅为 0.18 V。另一个引起锡-金耦合性能退化的因素是：它们之间互相扩散，形成脆性金属间化合物（$AuSn_4$），而银和金之间完全可溶。

当线径较粗，并受到较大挠曲（即当线束连接到旋转机构时）时，可推荐使用镀镍铜线。在挠曲较大的情况下，银涂层会发生冷焊，线股变得很硬。而镍涂层，因其本身更硬，线股之间会相互滑动。不过，镍的缺点必须考虑在内：它是强磁性的，在高温下电阻会增加，不适合低电压应用。

6.5　焊接互联

6.5.1　焊接简介

软钎焊（Soldering）和硬钎焊（Brazing）是不同的互联工艺，尽管它们都是利用另一种较低熔点金属把金属结合在一起。美国焊接学会将硬钎焊定义为连接用的金属的熔点高于 427 ℃（800 °F）的工艺。该温度可用来区分硬钎焊和软钎焊，实际上大多数焊料金属在低于 300 ℃ 的温度下会完全熔化。大多数用于软钎焊和硬钎焊的互联金属是基于二元或三元共晶体系的合金，还可以通过添加元素，使之在互联温度下具有良好的毛细管作用，具有适合于满足特定环境条件的特性。区分软钎焊和硬钎焊的另一种方法是认为在较低温度下形成的软钎焊接点耐久性差，强度很小，而硬钎焊接点耐久性好且坚固。

通常，宇航级别的锡 63－铅 37 焊料成分的采购要求如下：

- 锡　（63±0.5）%（质量分数）；
- 铅　余量；
- 锑　<0.05%；
- 铜　<0.05%；
- 铋　<0.10%；
- 铁　<0.02%；
- 砷　<0.01%；
- 铝＋锌＋镉　<0.002%；
- 其他杂质总量　<0.08%。

实际上，焊接接点不能多次反复加工，这是因为在焊料和被焊金属之间总是存在某种反应，从而生成一层很薄的冶金连接。重复焊接或长时间焊接将增加反应区的体量，这将不可避免地对焊点的最终性能产生有害的影响，特别是当形成金属间化合物的时候。在焊锡浸渍和焊接过程中，锡及其合金与大多数基材形成金属间化合物。然后，这些金属间化合物在储存和工作寿命期间会随时间和与温度相关的固态反应继续增长，但是生长速率大大降低。在某些条件下，焊料的锡成分可能被完全消耗，转化为金属间化合物。温度更高的硬钎焊操作形成了更大的改性金属反应区，尽管选择适当的钎料合金就不会形成脆性金属间化合物，但是改性之后的微观结构将使工件的液相温度升高，从而使返工成为不可能。硬钎焊与熔焊的区别在于硬钎焊主要由被连表面之间的毛细作用形成，而熔焊通常要借助于焊接填料金属将基体金属表面熔融在一起。

在欧洲，通过手动将元器件焊接到 PCB 的基本技术要求在 ECSS－Q－ST－70－08 中列出。美国和其他国家通常采用 IPC J－STD－001 空间补充文件（附录 9 列出 ECSS、NASA 和 JAXA 标准的标题）。这些标准涵盖了焊接场所（如图 6－16 所示的现代组装室）、工具、材料选择、安装设计、焊接参数、清洁、检查和适用于航天器的焊接组装件验证。相关的标准涉及：射频半刚性同轴电缆焊接（ECSS - Q - ST - 70 - 18）、修复和改装（ECSS - Q - ST - 70 - 28）、表面贴装技术（ECSS - Q - ST - 70 - 38）。这些方法及人员的培训和认证将在后续章节进一步讨论。

图 6 - 16　航天器电子设备焊接组装设施。该区域的操作人员在空气中的颗粒、洁净度、温度和湿度被连续监测的房间内进行手动焊接。新鲜空气通过过滤系统提供给房间，并且与相邻房间具有正的空气压力差（由 Spur Electron 提供）

作者推荐 Scheel（2004）所著的最新版本的教科书，该书内容全面，适用性强，涵盖了组装件的组装和焊接的全部内容。这本不断修订的教科书内容包括制造设计、材料属性和选择，以及当下和未来关于各种元器件安装的概述等。

6.5.2　焊点的检验

到目前为止，对于在 80 ℃以下的环境长时间（航天器寿命周期）运行的设备或在 125 ℃（如在老炼时）的环境中短时间运行的设备，使用共晶锡铅合金焊料进行的焊接被证明是形成电气互联的最合适的方法。然而，在最高工作温度接近或超过焊料合金的熔点的情况下这种技术显然不适用，例如行波管等高散热元器件互联或暴露于航天器外表面的太阳能电池之间的布线和焊点等。今天，符合 RoHS 和 WEEE 规定的无铅焊料合金（如 Sn96.5Ag3.0Cu0.5），已经在商用工业领域得到广泛应用，但出于可靠性的考虑，航天、军用和医疗行业享有豁免权，因而得以继续使用 SnPb 合金（Dunn，2012）。操作人员在将电子元器件安装到 PCB 上或制作电源线束时，要遵循宇航级质量焊接规范。在 ECSS 规范发布之前，承包商遵循他们自己的内部焊接规范，在审查这些规范时发现内容非常简单，显然他们认为即使毫无经验的操作人员也能完成该工艺。

航天器电子设备焊接采用欧洲标准（ECSS－Q－ST－70－08、ECSS－Q－ST－70－26 和 ECSS－Q－ST－70－38）的先决条件是要有常规的 PCB 设计、材料、规程、操作人员培训课程、工艺和检验方法。开展一个全面的焊点测试项目，可以有效支持这一标准化工作，这可对宇航级焊点的失效模式进行半定量的分析。此外，对十多个不同航天器的制造过程中发现的失效、问题焊点，研究人员尝试揭示和理解其失效原理。下面章节中给出一些研究成果。

焊接完的组装件在×7 放大倍数下进行 100% 目视检查。这时，关键是容易得到质量标准（工作样本或视觉辅助工具），清楚地说明焊接连接的质量特征。可接受的焊点特征如下：

1）清洁、光滑、非扰动的表面；

2）焊料和被焊表面之间的凹形焊缝；

3）完全润湿，在焊料和被焊表面之间形成低的接触角。

可能导致拒收的不可接受的焊接情况为：

1）表面存在损坏、粉碎、破裂、熔化、腐蚀等；

2）搪锡不合格；

3）焊剂或其他污染物残留；

4）冷焊；

5）焊点开裂；

6）焊点中存在不是由于焊料由液体到固态的收缩而产生的坑、孔或空隙；

7）焊料过多或不足；

8）焊剂/焊料飞溅到邻近区域；

9）退润湿等。

用于金相检查的焊点样品的制备中存在的问题不同于大多数其他材料的制备。这是因为低温焊料合金非常柔软，即使在较低的压力下也会发生变形。此外，这些合金具有低再结晶温度，因此常规的胶木热压样品安装是无法实现的。下面章节的显微切片中包含硬度差别很大的材料（例如，铟-烧结氧化铝，锡焊料-Kovar 合金，焊点中的硬金属间化合物散布于软质基材），因此需要特殊的金相制备。通常，用于显微切割的焊点都用低放热、高硬度的树脂进行涂覆，这样在使用低速、金刚石浸渍的旋转锯将树脂从组装件上精细切下时可避免受到干扰。样品安装在树脂中后，在室温下固化，有时也会安装在抽真空装置中。树脂固化后需在碳化硅砂纸上手工打磨。重要的是样品和砂纸需要经常清洗，以便清除烧结陶瓷和磨料的松散颗粒，否则它们后续可能嵌入样品中。为了获得令人满意的最终结果，金刚石抛光膏成为了必需品，而样品经氧化铝混合物抛光后会在表面上留下台阶。

抛光时首先要使用 6 μm 粒径的金刚石膏进行抛光。第一阶段使用无绒毛布去除碳化硅砂纸留下的单向刮痕。几分钟后，依次使用涂抹了 1 μm 和 0.25 μm 粒径金刚石膏的短绒毛布进行抛光。尽量降低每个抛光阶段的时间，以减少阶梯或斜面的形成，否则将使得界面的检查非常困难。通常焊料合金的微观结构在样品抛光后可以区分。锡铅合金和铟铅合金可以进行蚀刻抛光（即交替进行蚀刻和抛光，直到获得有光泽、无刮擦表面）。

以下蚀刻剂都可使用（另见附录 3）：

1）加几滴 30% 过氧化氢的稀氢氧化铵溶液，用于铜引线或镀铜电路板的锡铅焊料；

2）2% 的硝酸浸蚀液（含有 2% 硝酸的酒精溶液），用于使锡铅变暗并增强金属间化合物的外观；

3）混合酸（10 cm³ HNO₃ ＋ 30 cm³ 乙酸 ＋ 50 cm³ 甘油），以显示锡铅合金的一般结构。

6.5.3 热疲劳对带引线元器件焊装的影响

在 20 世纪 60 年代后期和 70 年代初，几起关于常规元器件焊接到 PCB 上后的可靠性研究表明，热疲劳是导致接点失效的主要原因。当时在制造这些样品时还没有相关的宇航级材料和工艺规范，因此导致热疲劳失效的模式加重。此外，该研究后来显示焊料合金含有的杂质可能使得焊点变脆。热疲劳失效特征如图 6-17 中的光学和金相照片所示。电气开路失效的模式如图 6-17（d）所示。相反，包括机械冲击和振动在内的模拟发射环境对焊点的外观和质量影响很小。

如果自由热膨胀部分或完全受到限制，在热循环期间产生的应力反复地施加在焊点上，从而引起焊点开裂。这些应力的大小随构成焊点材料与邻近焊点材料之间不同的热膨胀系数而变化。为了评估热疲劳对航天器电子产品的影响，十个宇航级组装件 PCB 以及两个由于质量差在检验时被拒绝的 PCB 经受了三个阶段的大范围热循环。循环温度范围最终达到＋100～－100 ℃。共晶锡铅焊料合金纯度很高，所含微量元素少于 0.05%。一些文献给出了试验条件和所用材料的完整描述（Dunn，1979）。图 6-18 给出每种接点设计研究的草图。在整个热循环过程的不同阶段，研究人员都会对接点进行目视检查和金相检查。

由于焊点视觉外观随着热疲劳累积而恶化，与裂纹相关的所谓"表面不连续性"的焊缝记录被保存下来。这种不确切的描述只有通过破坏性金相检查才能证实。图 6-19 直观地给出了汇总结果。图 6-20 和图 6-21 给出许多显微照片。每个图的图题都强调指出了其重要特征。在没有脆性金属间化合物相的情况下，可见裂纹扩展在锡相（白色岛状）晶粒周围进行，穿过铅相晶粒。

发生在不同焊接材料中的物理变化与疲劳引起的焊点失效特征之间的关系已经有相关研究。研究中发现焊点失效不是由于超过其极限拉伸强度造成的，失效很可能是因为较大的循环应变累积，这些应变是由组成材料间不同的热膨胀系数引起的。热疲劳引起的应变速率非常低，并且如果在相应的应变速率下评估体材料的力学性能，会发现它们的强度远

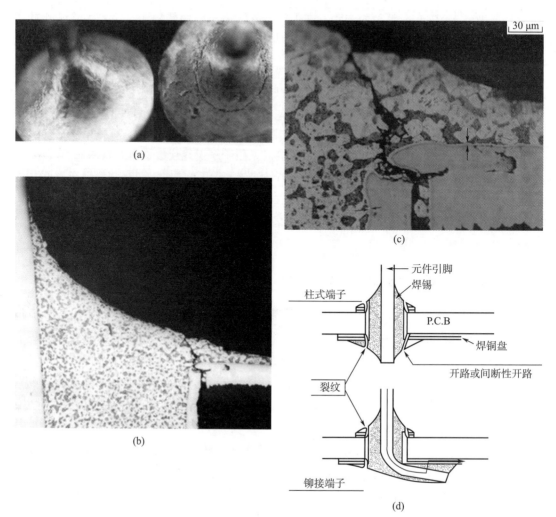

图 6-17　热疲劳项目中的短截式安装电阻，使用商业级 PCB 和焊料合金（焊料含 0.5％锑、0.1％铜、63％锡，其余为铅）。(a) 圆角上的热疲劳圆周裂纹视图。(b) 微观剖面显示焊接圆角上几乎没有发生塑性变形，放大×125 倍。(c) 来自 (b) 的细节表明焊接裂纹的扩展是由 PCB 的拐角开裂引发，沿着铜-焊料界面可见金属间化合物（箭头之间）。(d) 未获批准的 PCB 制造商的产品可能会恶化焊接圆角的热疲劳，如 (a) ～ (c) 所示。PCB 的机械完整性很重要，特别是在层压铜-铜镀层之间的界面（来自 Dunn，1979）

低于在较高应变速率的标准测试中得到的数值。

　　每块 PCB 最初经受的热疲劳是在将其浸入热油槽中时发生的，该热油浴以受控的方式将 PCB 加热至约 205 ℃来熔化镀覆铅锡的电路。这已经在 4.7 节有所描述。紧接着的是在元器件组装到电路板时烙铁对通孔带来的热量，此时烙铁温度通常为 250 ℃左右，而组装工艺规范允许的最高温度为 320 ℃。对于宇航级的 PCB，通常认为这样短时间、大幅度热循环不会产生损害，而质量较差的电路板可能性能退化，在电镀通孔的弯角处形成裂纹（如图 6-16 所示）。

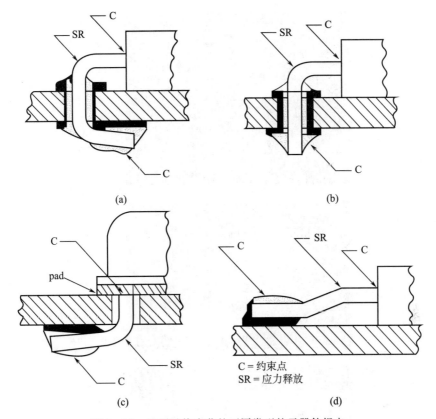

图 6-18　经历过热疲劳的不同类型的元器件焊点。

（a）弯接引线；（b）直柱安装引线；（c）偏弯搭接点；（d）搭接接点

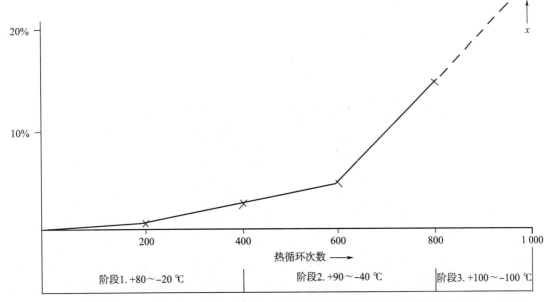

图 6-19　热循环后，宇航级电路板上具有"表面不连续性"的焊缝的百分比

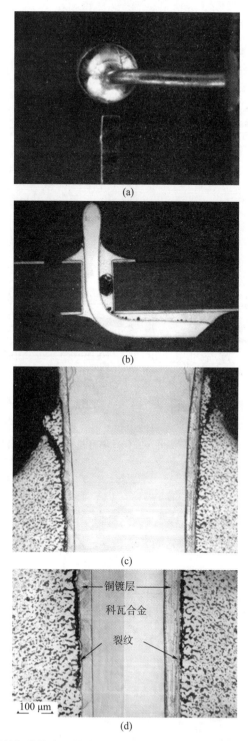

图 6-20　800 次循环后的焊接接点。接点的元器件侧（a）显示了与 PCB 中的孔和与元器件引线相邻的
焊接区域相关的两个圆周不连续性。金相学显示（b）接点内存在中等大小的空隙。没有与接点的铆接部
分相关的缺陷，但是元器件侧（c）有实际的裂纹，沿着覆铜 Kovar 引线材料（d）传播距离为 400 μm。

（a），（b）×15 倍；（c）×125 倍；（d）×300 倍

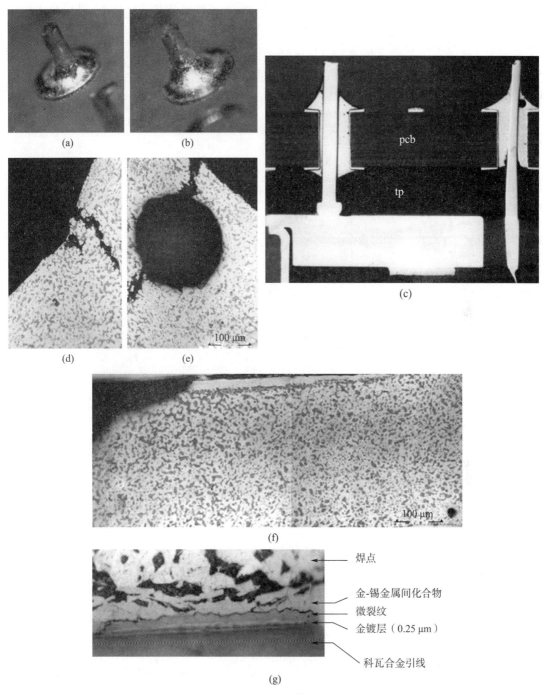

图 6-21　这个短截安装的晶体管显示其三个焊接引线中的圆周裂纹［（a）显示引线 1；（b）显示引线 2］。
微剖面（c）显示了"tp"（transipad）的位置。引线 2 的检查［（d）和（e）］显示，这些裂纹以 45°角
从圆角表面传播到 Kovar 引线焊料中。焊点元器件侧的检查显示出沿每个引线的大量裂纹（f）。详细的
显微照片（g）显示，这些裂纹与脆性金-锡金属间化合物 $AuSn_2$ 有关，这是由于元器件装配到 PCB 上之
前，操作人员没有将金从这些引线上充分清除。（a）×20 倍；（b）×20 倍；（c）×13 倍；（f）×300 倍；
（g）×1 350 倍（油浸透镜）

　　试验用 G10 PCB 材料的膨胀系数采用膨胀测量法在板的纵向（x 和 y）和垂直于层压板的方向（z）上测得。表 6-1 中汇总的结果表明，在较高的温度下，电路板在 z 方向上的膨胀量比 x 或 y 方向上至少大一个数量级。这种差异是由于玻璃纤维编织层分布遍及整个 PCB 层压板，有效地限制了 x 和 y 轴上树脂的膨胀，使得树脂体积的尺寸变化主要指向 z 轴。通过简单的计算可求得在手动焊接操作期间每个电镀通孔内的位移（dl）大小。PCB 叠层（t）的厚度为 1/16 in（1.59 mm），假定最大允许焊接温度（T）为 320 ℃，那么

$$dl = t \cdot \alpha_z \cdot \Delta T$$

式中，ΔT 是温度变化，α_z 是 PCB 在 z 轴上的热膨胀系数。

表 6-1　不同材料的热膨胀系数

材料种类	温度范围/℃	热膨胀系数/(ppm/℃)
63%Sn,37%Pb	$-100\sim0$	17.5
	$0\sim+100$	14.7
	$0\sim+50$	16.1
	$-100\sim+100$	15.9
PCB		
玻璃纤维增强的环氧树脂类型 G10,FR4（$T_g=125$ ℃） x、y 方向 z 方向	$-100\sim0$	6.6
	$0\sim+50$	5.1
	$+50\sim+100$	11.0
	$-100\sim0$	29.5
	$0\sim+80$	32.5
	$+80\sim+100$	95.0
	$+100\sim+125$	280.0
	$+125\sim+150$	340.0
玻璃纤维/特氟隆（$T_g=75$ ℃） x、y 方向 z 方向	$-100\sim+70$	20.0
	$+70\sim+100$	55.0
	$-100\sim+100$	260.0
玻璃纤维增强的聚酰亚胺类型（$T_g=250$ ℃）		
x、y 方向	$-100\sim+150$	15.0
z 方向	$100\sim+150$	50.0
聚酰亚胺/石英类型（$T_g=250$ ℃）		
x、y 方向	$-100\sim+150$	7.0
z 方向	$100\sim+150$	34.0
涂覆层		
采用 300 催化剂的 S113(100:73)	$-100\sim-10$	52.8
	$+25\sim+100$	107.0
元器件引脚		
可伐铁镍钴合金	$0\sim+200$	5.0
镀铜铁镍合金	$0\sim+200$	6.0

续表

材料种类	温度范围/℃	热膨胀系数/(ppm/℃)
铜	0～+200	17.0
相关的封装材料		
石英、熔融的石英	0～+200	0.5
铝	0～+200	8.0
氧化铍	0～+200	4～9
铝(6061 T6)	0～+200	23.6

代入表 6-1 中的测得值

$$dl = 1.59[32.5(80-20)+95(100-80)+280(125-100)+340(320-125)] \times 10^{-6}$$
$$= +0.123 \text{ mm}$$

由于电镀铜的约束作用，在实际端接的焊接过程中，可能不会完全发生计算中这么大的位移。然而，显而易见的是，这种铜沉积物应具有足够的伸长率和延展性以防止拐角裂纹问题。

图 6-18 给出此项目中经受不同阶段热循环的各种形式的焊接接点。鉴于 PCB 材料和元器件引线材料之间的膨胀系数差异，每个焊缝都将承受一定程度的压力，其数值取决于每个焊点的实际设计和材料成分。然而，由于在焊料合金中发生的冶金效应，焊缝内的真实应力非常复杂，很难评价。在不同的温度下，应变硬化、与时间相关的热软化之间的竞争作用以及蠕变，每个都会使合金远远偏离实际力学性能。

对于一次近似，可以计算项目各个阶段选择的温度极值下，PCB 和每个元器件引线之间的尺寸失配。考虑到 PCB 在 x 和 y 方向上的膨胀系数与各种引线材料的膨胀系数的值相对兼容，在与 PCB 表面平行方向上元器件和 PCB 的失配可以忽略。另外，如图 6-18 所示，每个焊点都设计有足够的应力释放（SR）来补偿这种微小的侧向移动。

热循环期间的最大问题来自元器件引线材料和电镀通孔之间的相对运动。该运动是由 PCB 的厚度或 z 轴的大膨胀系数引起的。失配量 dl 由下面的表达式计算

$$dl = (\alpha_{\text{PCB}} - \alpha_{\text{lead}}) \cdot (t/2)\Delta T$$

式中，α_{PCB} 和 α_{lead} 分别是测得的 PCB 在 z 轴方向的和元器件引线的线性膨胀系数（见表 6-1）。$t/2$ 是 PCB 厚度的一半（即 0.795 mm），ΔT 表示项目每个阶段的温度循环极限。

下面是在热偏移期间，PCB 和引线材料之间在每个焊缝内部出现的失配 dl 计算数值：

	阶段 1	阶段 3
	(−20,+80 ℃)	(−100,+100 ℃)
铜引线	1 μm	3 μm
Kovar 合金引线	2 μm	5 μm

通过通孔焊接到焊盘的不同焊点有近似表面积。元器件引线和 PCB 孔壁之间的间隙也标准化在 0.25～0.50 mm 之间。假设这些条件成立，那么作为一次近似，由于不同的热膨胀而在每个焊缝内部积聚的最大应力 σ 可以由以下公式计算

$$\sigma = \frac{E \cdot \mathrm{d}l}{t}$$

式中，E 是焊料的工程模量（31 600 MN/m²）。

在最不苛刻的测试情况下（即第 1 阶段使用铜元器件引线时），计算出产生的应力约为40 MN/m²。在最严重的情况下（即第 3 阶段使用 Kovar 合金引线时），预计会出现约200 MN/m² 的应力。Dumet 引线周围焊点内的应力值近似于 Kovar 合金引线的情况。

这种焊料合金的屈服点从 22 MN/m²（60 ℃）变化到 57 MN/m²（−70 ℃）（Dunn，1979）。这表明，在阶段 1 期间，铜引线焊接到电镀通孔形成的焊缝的应力将略微超过其屈服应力。在阶段 3 的热循环期间，焊缝一定会发生塑性变形。高纯度焊料在暴露于拉伸或扭力时会发生超塑性变形。研究表明，在焊料的厚度方向上的交替平面间的剪切力可以将表面晶粒推向材料的最表面，在那里它们不再参与体变形过程。这些晶粒被称为"漂浮晶粒"（Mayo and Nix，1989）。在热疲劳焊缝上观察到的最初的表面皱纹被认为是由这些漂浮晶粒产生的，它们的存在预示着裂纹的产生。

热疲劳裂纹在焊缝表面的塑性应变位置处首先出现。在整个项目过程中，由图 6 - 20 和图 6 - 21 的裂纹证明，裂纹传播主要通过深色富铅 β 相。在温度循环期间，可观察到焊料合金中的微观结构变化，形成了大晶粒的富锡和富铅粗带。它们出现在遇到最高剪切应变的互联区域（如图 6 - 22 所示）。

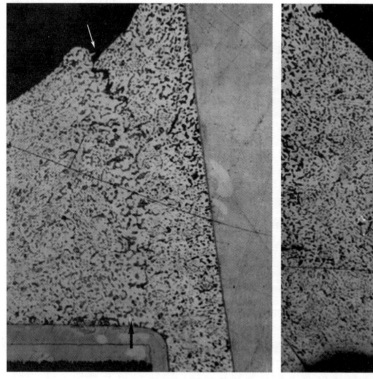

图 6 - 22　锡–铅微结构中沿着具有最高剪切应变的带的典型晶粒粗化（箭头之间）

人们认为由于塑性剪切而在焊料中产生的错位和空穴将有助于固态扩散，从而导致该材料带随着热循环的进行而粗化。最初，细粒度、各方向等大的焊料将在铅锡相间界面处经历晶间滑动，并且可观察到这种类蠕变状过程在断裂发生之前产生数十倍的超塑性延伸（Raman and Reiley，1987）。除非在晶粒边界内存在某些杂质，如铝、金、钨和铜，否则不会发生相边界处的剥离。高浓度的污染物在热循环期间易导致裂纹产生，从而使得互联导体面积减小，导致电性能降低（O'Clock 等人，1987）。晶粒粗化的出现将进一步集中粗化区域的后续变形，在数百次热循环之后，焊料的大晶粒尺寸将不再能够适应晶界滑动产生的应变，这可能导致晶粒间裂纹的形成。在作者进行的焊接研究中，经历 1 000 个热循环后，没有证据表明粗糙区域的裂纹一定会导致最终的失效。这一事实归因于元器件引线中存在应力消除弯曲，以及选择了微量元素少于 0.05％ 的非常高纯度的共晶焊料合金。

通过热疲劳研究可以得出：

1）同按商业级程序制造的焊点相比，宇航级焊点裂纹数量小、程度低。

2）目视检查发现焊缝上的 360 ℃ 裂纹通常被称为"失效"。除非能通过金相或电气检查来证实，否则这种判断并不恰当。只进行目视检查可能会导致误导性的结果。在热循环过程中焊缝反复的塑性变形会导致表面不连续性，这可能被描述为褶皱、起脊、剥皮效应和开口裂纹。

3）此项目结束时，没有互联被判定为"失效"。用于安装晶体管引线的偏弯搭接点和用于扁平封装的搭接点没有出现外观和冶金性能下降。弯接引线上的焊接开裂局限于弯接的弯曲半径，沿着平行于 PCB 导体的引线部分没有观察到表面变化。直柱焊点的圆角周围存在焊接裂纹，它们通常开口大但不深。

4）锡铅焊料合金的晶界滑动提供应力松弛和基于蠕变机理的晶格自扩散的可能。然而，如果焊点中存在脆性金属间相（例如金-锡），则裂纹扩展会通过金属间化合物和富铅相。

5）偶尔会发现沿着 Kovar 合金或包覆铜 Kovar 合金存在有潜在危险的微细裂纹，铜引线材料上不存在该现象。

6）未经批准的安装方法，即金上焊接、使用可焊性差的引线材料等，将产生不合标准的焊点，这可能导致早期的电气失效。

6.5.4　热疲劳对无引线元器件的影响

通常航天器电子设备由按 6.5.3 节的热疲劳评估的有引线元器件组成。这些常规器件通过将它们的引线或封装引脚插入 PCB 中的电镀通孔中进行安装。从侧壁引出引线的扁平封装可通过搭接焊接来安装到 PCB 表面。这些器件的存活率高，因为成型引线容易吸收应力，焊料合金能提供与电路的可靠连接。微电路组件已获得航天器应用的完全认可，其元器件和电子封装通过元器件本体和电路端接焊盘之间的直接焊接方法"表面安装"到 PCB 上。在安装这些现代无引线器件时，焊料是唯一的承载构件，它除了提供电气互联外还必须吸收应力。尽管陶瓷片式电容和电阻通常被用于航天器应用，为空间有限的电子设备带来最大好处的却是陶瓷芯片载体和面阵列器件。芯片载体为敏感集成电路提供了一个安全的封装，且体积不到目前的双列直插封装器件的十分之一。低重量的芯片载体提高了抗机械冲击和振动性能，并且其内部元器件密度高，只需要非常小的 PCB 表面积，能够提供更低的电感，缩短了开关时间。

　　无引线表面贴装器件中的应力一定是由焊料吸收的。应力的起因是由于板和载体之间的热膨胀失配，或者是由于功率耗散对焊点产生的热应力-应变负载。如预期的那样，随着芯片载体的尺寸增加，这个问题变得严重，导致载体与板分离。因此，最好使用混合类型的表面安装封装，即 J-引线元器件和精细间距、高引线数、鸥翼式的超大规模集成（VLSI）载体，而不仅仅是无引线元器件。

　　多层陶瓷电容器是航天器电子设备中应用最广泛的表面贴装元件。它们也非常脆弱，将其焊接到电路上的方法必须确保金属化端接区域附近的陶瓷不会产生热裂纹。预热元器件和基板是避免如图 6-23（a）所示的片式电容器微裂纹的一个关键。这种形式的损坏特别隐蔽，如图 6-23（b）所示电气失效电容器的情况，航天器鉴定单机在 $-55 \sim +80$ ℃之间进行 200 次热循环后发生失效。热循环在垂直方向上传播热冲击形成的初始裂纹，最终将电容器分成两半。

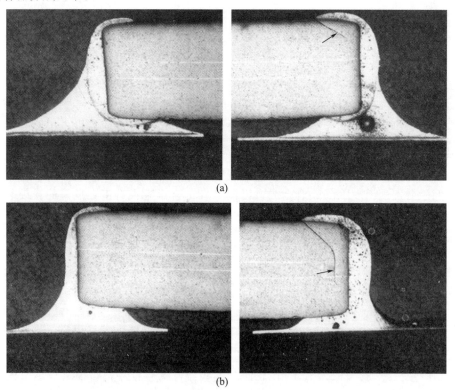

(a)

(b)

图 6-23　（a）在焊接期间由于热冲击，微裂纹在陶瓷端接界面或刚好在陶瓷端接界面下开始出现（电容的金属化引脚和电极加热并且比陶瓷电介质更快地膨胀）。（b）在热循环下，（a）中看到的裂纹类型可以在热或功率循环下传播，穿过银电极

研究人员对不同的焊料合金和各种间隔高度（即元器件底部和基板焊接区之间的距离）形成的组合进行评估，以期得到片状电容器与高热失配基板之间的合适连接（特氟隆 PCB 紧密接触铝基板）。试验发现 75In-25Pb 焊料比 63Sn-37Pb 可靠性稍高一些，其次是含 2% 银的锡铅焊料。令人满意的间隔高度为 0.2 mm。基于对各种"搭接"焊点施加力学应变而进行的实验室测试，确定了 SMT 组装件的优选设计（Adele and Dunn，1999），他们得出的结论是：

- 大的焊缝比小焊缝更可靠（所有焊点具有相同的轮廓）。
- 0.2 mm 的间距是最优的，过小或过大的间距都不好。
- 在惰性气氛（氩气）中进行疲劳试验时，可发现样品有更长的使用寿命，可能与在真空下的观察结果相似：不发生传播裂纹的氧化，没有冷焊的出现。

从图 6-24 中还可以看出，通过引入合适的"间隔"来增加无引线器件与其基板之间的柔性的重要性。即使在该间隙中的少量焊料也可以显著增加失效循环次数。一项规范要求间距为 0.1~0.4 mm（ECSS-Q-ST-70-38）。这样的间隙不仅有助于增加其抗热疲劳，还有助于清洁元器件封装下方焊剂残留物。当焊料从芯片端子的底部延伸 0.4 mm 的距离时，发现焊缝更可靠。在热循环过程中，对安装的面栅格阵列（AGA）封装使用 CSAM 和电阻试验监测进行评估的结果也表明，低间隔焊点比高间隔焊点的裂纹传播得更快（Liu and Lu，2003）。当焊料量不一致时，如图 6-25 所示，陶瓷-PCB 膨胀失配导致的总应变由较小焊缝来承担。

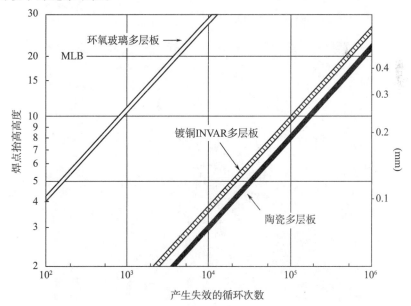

图 6-24　显示在温度循环时，在元器件和多层板（MLB）端接焊盘之间具有足够的"间隔高度"或焊料夹层的重要性。这些曲线显示了焊接组装到三种 MLB 基板的无引线陶瓷芯片载体（0.850 in 方形封装）的预计平均温度循环失效数。这种形式的热疲劳在功率循环过程中发生，标称陶瓷芯片温度为 25 ℃，但在工作时往返于 50~25 ℃。MLB 假定最高温度为 45 ℃。芯片和陶瓷 MLB 的热膨胀系数为 5.5 ppm，环氧玻璃 MLB 为 21.5 ppm，覆铜包层的 MLB 为 8.6 ppm（经 Engelmaier 博士许可，1995）

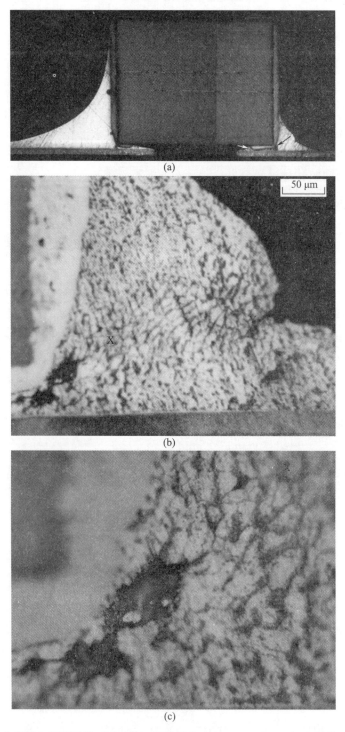

图 6-25　片式小电容器上的不平等（不对称）焊接圆角；在 −55～+100 ℃ 之间的 200 次热循环之后，小圆角性能退化。（a）小圆角显示元器件下方有一些焊料裂纹（箭头），并且圆角上有大的折痕。（b）显微照片显示最大临界解析剪切应力已经导致锡铅发生严重变形，并且该体积随后再结晶。裂纹已经传播到 X（从元器件下面开始）。Y 圆角的开口裂缝没有延伸到焊料中，并且由于广泛的塑性运动，看起来更像折叠。（c）由于该共晶焊料非常纯的组成，延伸到 X 的裂纹似乎是自密封的（可能通过冷焊）

几名工作人员使用 Coffin‐Manson 模型确定焊接到 PCB 上无引线陶瓷芯片载体的疲劳寿命，建议读者参考 Lau 和 Rice（1985）的原文，获得模型的预测，即通过以下方式增加疲劳寿命：

- 减小芯片载体的尺寸；
- 降低温度循环极限；
- 减小膨胀系数失配；
- 增加间隔高度；
- 增加焊料合金的延展性。

避免热失配的第一个解决方案是选择具有与陶瓷封装相同组分的陶瓷基板。第二个解决方案是利用高级 PCB 材料。大量的测试（Houlberg，1988）证实以下"匹配系数"基板材料适用于空间使用：

A. 具有两个 Cu‐Invar‐Cu 芯的环氧树脂/玻璃。核芯厚度为 0.254 mm，Cu‐Invar‐Cu 的比例为 12.5%、75%、12.5%。

B. 具有两个 Cu‐Invar‐Cu 芯的聚酰亚胺/玻璃，参数如上。

C. 石英纤维增强的聚酰亚胺。

D. 凯夫拉纤维增强的环氧树脂。

用于早期欧洲太空项目的 PCB 基板 A、B 和 C，在商业市场上已无迹可寻，如今的电子产品主要依赖环氧树脂/玻璃、FR4 和聚酰亚胺/玻璃技术。这些"非匹配"层压板包括 HTg‐环氧树脂 370HR 和刚性聚酰亚胺 Arlon 35 和 85N。其他具有陶瓷元器件封装"匹配系数"的专用层压板是非编织的短芳族聚酰胺纤维嵌入环氧树脂或聚酰亚胺（商品名称为 Thurmont，但是杜邦公司的材料已经从市场上撤出，不过获得空间使用批准的 PCB 制造商有大量库存，而且此材料的许可证可能已转让给另一个生产商）。新的 PCB 技术采用碳纤维类织物编织，嵌入树脂中并用铜箔夹持，称为碳芯层压板，商标名称为 Stablecore。它声称优于上述基板（A～D）和 Thurmont。Stablecore® 的优点包括：热膨胀系数在 2.5～12 ppm 之间能够裁剪；比 Thurmont 更低的 z 轴膨胀；由于碳编织而产生的良好散热，可以减少接地面中的铜量（重量）；具有极低的吸湿性。

目前（2014 年），有超过 75 家欧洲公司和机构在航天器上使用表面贴装技术。焊接方法从手工焊、气相焊、使用焊锡膏的红外焊接到回流熔融特殊生产的焊料柱，该焊料柱周围缠绕细线，一旦焊料熔化就成为引线（见 6.15.5 节）。锡铅和铟铅焊料用于上述（A～D）列出的膨胀系数补偿板。元器件通常是无引线的，但是偶尔也有公司自己将细线连接到封装上，以对非补偿组装件进行某种形式的压力释放。所有新技术都应当进行包括热循环和振动试验在内的鉴定项目（详见 6.15 节）。试验后的典型无引线芯片载体焊点的照片以及试验计划的细节如图 6‐26 所示。很明显，由于表面贴装技术正在快速发展，以适用于大型细间距器件以及具有球形和柱形焊端的大面栅格阵列封装，许多与宇航元器件的可靠性、加工和可用性相关的问题仍然有待解决。ECSS‐Q‐ST‐70‐38 和 IPC J‐STD‐001 及其空间补充文件，已经包含了重要的表面贴装要求。一些涉及表面贴装电子元件的

设计、组装和测试原则的指南［许多基于 Lea（1988b）和 Hinch（1988）的基础性工作］
已经出版，其中一些将在 6.15.10 节讨论。

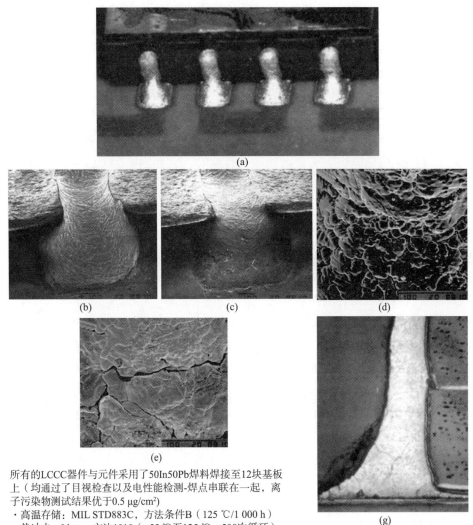

所有的LCCC器件与元件采用了50In50Pb焊料焊接至12块基板
上（均通过了目视检查以及电性能检测-焊点串联在一起，离
子污染物测试结果优于0.5 μg/cm²）
· 高温存储：MIL STD883C，方法条件B（125 ℃/1 000 h）
· 热冲击：Idem，方法1010（–55 ℃至125 ℃，500次循环）
· 湿热试验：MIL Std 202，方法103B（2 000 h）
· 老练试验：Idem，方法108A（2 000 h），100 ℃
· 功率负载测试：100 ℃ 500次循环
· 导电连续性 —所有均通过
· 扭转测试—所有均通过
· 剪切测试—所有均通过

(f)

图 6 - 26　50In50Pb 焊点将无引线陶瓷芯片载体的 16、24、40 和 64 引脚连接到 Pt - Au 金属化陶瓷多层
厚膜基板上。（a）～（f）中看到的焊接接点的外观是典型的受到热冲击和功率循环的基板上的焊点。微
剖面（f）证实了没有电性能退化。注意大量再结晶晶粒结构。（a）环境试验后的 LCCC 光学视图［参见
试验计划（f）］。（b）最佳圆角尺寸。（c）小圆角尺寸。（d）（b）上的表面皱纹细节。（e）（c）上的表面
开裂。（f）彩图（g）试验计划。（c）中看到的圆角的中平面微截面（f）在抛光和蚀刻之后，显示 InPb
晶粒尺寸。（c）中详细描述的裂纹是相邻晶粒已经在不同程度上变形的表面台阶。没有观察到内部裂纹
（见彩插）

6.5.5　热疲劳对半刚性电缆焊点的影响

与半刚性同轴电缆制作相关的焊点裂纹问题困扰着许多航天器项目。一些裂纹是在将预成型的电缆集成到航天器时操作不良造成的，而另外一些裂纹则是由于热循环使电缆内的聚四氟乙烯电介质膨胀并从电缆末端突出而造成的。这种突出可能导致焊点受到应力，连续的热偏移可能导致电缆一端焊点开裂，在另一端，聚四氟乙烯和相邻匹配表面之间形成气隙。当导体和匹配部件存在金镀层时，问题会更加恶化，因为如果焊接不当，金镀层将形成一层脆性金 锡金属间化合物。Fletcher（1978）已经论述了这些因素。现在人们已经意识到，如果要避免电缆焊点的退化，就必须遵守严格的工艺控制。其他例子见 6.15.7 节，图 6-77 中的聚四氟乙烯突出了 5 mm！

有缺陷焊点的横截面如图 6-27 所示。人们认为对铜电缆护套的深拉伸已经在内壁上产生微小的表面条纹，这会引起在每个加热/冷却循环期间聚四氟乙烯膨胀/收缩时朝着一个方向的棘轮效应。飞行电缆的正确加工应符合 ECSS-Q-ST-70-18 的要求，且必须

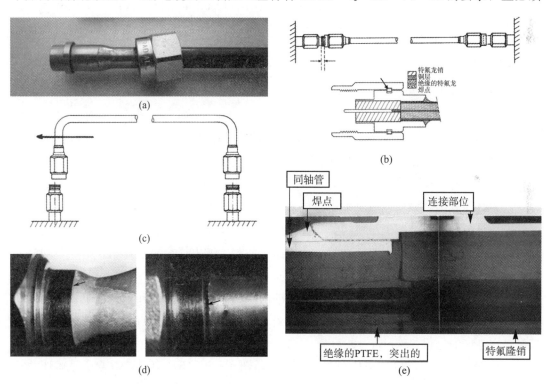

图 6-27　切割连接器-同轴电缆组件，显示由于聚四氟乙烯（PTFE）挤压和合力导致的开裂焊点。另请参见图 6-77。（a）具有非紧固螺母和良好焊接工艺的合适连接器。（b）未经认可的紧固螺母，在扭转时，如果扭矩距离容许量不足（箭头），可能会对焊点产生压力。细节显示允许连接螺母旋转的弹性挡圈的位置，但不显示（a）中拍摄的回缩。（c）当同轴电缆组件和设备之间存在尺寸失配时，堆叠不良。装配将需用力确保到位，因此使得焊点承受压力。（d）由于弯曲应力或 PTFE 特氟隆挤出（非预处理组件的热循环之后）导致焊点开裂的典型外观。（e）开裂焊点的微观截面，显示热循环后半刚性电缆 PTFE 电介质突起的程度

遵循以下关键步骤：

•电缆末端连接器至少要有一个是带非紧固中心接触耦合螺母的，以避免集成时的
应力。

•使用 96Sn－4Ag 焊料合金进行最终焊接，确保足够的连接强度。

•对预处理成型电缆进行热处理（至少在－45～＋75 ℃之间三个完整的热循环），同
时修剪突出的电介质。

•对所有要焊接的表面区域进行除金。

6.6　与焊接涂敷层相关的问题

6.6.1　涂覆层需求

许多航天器电子设备和组装件使用了不能被锡铅焊料湿焊或者不易被锡铅焊料湿焊的
非金属和/或金属材料。这时可以通过包覆层、真空沉积和电镀的方式产生更适合于焊接
的表面。为此目的采用两种金属涂层，焊接方式可以大致分为"焊接表面"和"焊透表面"。

6.6.2　焊接表面

在焊接操作中，这些涂层不应有明显溶解。在 6.5.3 节已有这种类型的例子，图 6－
20 详细说明了不这样就不可焊的元器件 Kovar 引线的铜包层。这样的涂层使用的是热机
械加工方法，因此通常粘附性非常好。它们在经受焊接时的热冲击或以后在工作环境的力
学载荷时，通常不会发生问题。然而，如果涂层不能通过良好的冶金连接很好地附着到基
底材料上，则可能由于互联剥离而导致电气失效，造成图 6－28 中显示的开路形式。

由于其他原因，厚涂层也可能用于机加工的电子零件。图 6－29 中的一系列照片是黄
铜塔形端子的例子。由黄铜制成的镀锡元器件的可焊性在长期储存后严重降低。锌能够从
基板扩散到元器件的自由表面上。然后，表面锌的氧化或失泽会阻止焊料扩散，可焊性即
使用活性液体助焊剂也不能提高。通过要求有 2～3 μm 的铜或镀镍"阻挡层"，将含锌黄
铜与最终涂层分开，这样就可以消除可焊性差的问题。具有阻挡层和不具有阻挡层的黄铜
样品的焊接能力数据能够明确显示，可焊性差可能导致工作期间接点完整性损失，因而阻
挡层具有良好的价值（Scott，1987）。

4.10 节探讨了被称为"黑色焊盘"的情况，图 4－50（b）中的透射电子显微照片显
示在化学镀镍层中分布着小的磷化镍沉淀物。商用电子设备中使用的 PCB 通常用"化学
镀镍浸金"（ENIG）完成表面处理。如果不能将化学镀镍槽中的化学成分恰当控制在规定
范围内，则 ENIG 通常会伴随特定的潜在缺陷。Huang 等人（2011）在公开文献都描述了
"黑色焊盘"的症状，但对于问题的根本原因没有完全达成一致。在使用面栅格阵列（特
别是球栅阵列）时更是经常出现这种情况，这时施加到焊接互联的剪切应力导致断裂沿着
焊料-镍界面扩展。断裂点（镍侧）表现为具有脆性形态的黑色圆圈，因此称为"黑色焊
盘"。商用产业倾向于将 ENIG 指定为"无铅化"的解决方案，但显然航天产业不应承担

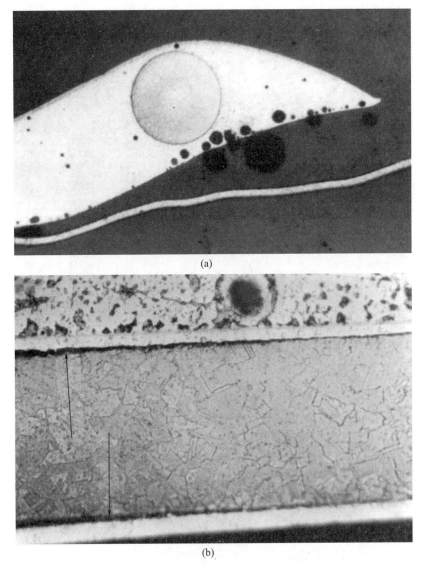

图 6-28　这些显微照片详细描述了（a）航天器太阳能电池阵列上电气连接的断裂。
这种特殊的焊料合金已经浸湿了线股和镀银铜导体，但在铜和镀银界面发生了失效
〔（b）中箭头所指〕。（a）×30 倍；（b）×1 000 倍

黑色焊盘可能给高可靠设备带来的风险，ESA 的一份指导文件强调了这一点（Dunn，
2012）。美国 ST and S Testing 测试总裁 Gerard O'Brian 或许对黑色焊盘做出了最好的简
要推理：“黑色焊盘发生在浸金过程中，而不是在组装过程中，组装过程只是暴露出了缺
陷。主要因素是金与化学镀镍的强烈反应，因此化学镀镍表面存在严重腐蚀，并沿着金镍
界面留下一层突出的磷层。磷是不可焊接的，一旦金在焊接过程中溶解，下面的非润湿富
磷表面就暴露了（在焊点断裂后）。”

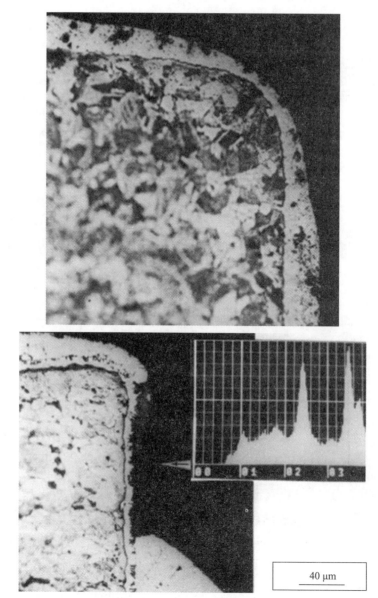

图 6-29　微剖面显示试图将镀锡的黄铜塔形端子引脚焊接到 PCB 上的细节。(a) 最近制造的产品。焊料已经润湿了新的端子引脚。(b) 过去存货。存货的引脚发现是不可焊的，即使使用活性助焊剂和较高的焊接温度。(b) 所示的高焊接润湿角是由于焊料不能润湿存在于这些物品表面的氧化锌薄膜。X 射线分析（EDAX）仅显示锌（大尖峰）、锡和铅，没有铜，从而证明锌通过该镀层扩散

6.6.3　焊透表面

焊透表面通常用来形成柔弱电路上的保护层，以防止基板氧化并保持底层的焊接能力。金、银、钯、锡和焊料最常用于此目的，但在某些条件下，每一种都可能具有相当大的缺点。

银在某些条件下会迁移，自 20 世纪 30 年代以来，由该现象引发的多起失效就已经有过报道（Kohman 等人，1955）。最近，在高湿度下的短路失效被称作电化学迁移（ECM）。Krumbein（1988）对该主题进行了广泛综述。人们发现银迁移在镀银 PCB 的印制线之间以及镀银终端的插座之间造成短路。最近，作者就遇到了由于含银环氧树脂材料中银扩散导致的元器件失效，Chaffin（1981）也报道了类似的失效分析结果。其环境条件总是需要持续直流电位、给定电位存在的时间、高相对湿度，可能还需要基材具有吸湿能力，偶尔需要高温。银迁移是一个电化学过程（ECM），其中银以离子的形式离开初始位置。当银离子还原成金属并沉积到一定量形成本不应该存在的金属导电路径，就会导致电介质击穿。通过金相技术可以观察到电化学溶解的位置，但是短路路径通常很薄，只能通过诸如 ESCA 之类的表面分析技术来定位。

其他金属如锡铅（图 6 - 30）的电化学迁移比银要慢得多，但是由于元器件越来越小型化，PCB 的间距更小，所以这些失效变得越来越普遍。此外，银将与空气中极微量的硫化氢反应形成基本上是硫化银的棕色或黑色锈迹。为避免这些问题，除了专门储存和加工的镀银多股铜线外，航天器电路应特别规定禁止使用银涂层。由于银造成的大量失效，NASA 禁止在 PCB、母线/汇流条、机械电气触点上使用银电镀，并且在选择镀银导线和电缆用于空间应用时，需要采取特殊预防措施（NASA STD - 651 2012）。

图 6 - 30 在直流电位与潮湿条件的影响下发生的锡铅电化学迁移（EMC）。这些导电枝晶显示出一种蕨类形态，引起了受污染的 FR4 PCB 上的导体短路（照片由 Mr. Wilhelm Maier，IFE，Oberpfaffenhofen 提供）

金，由于具有高耐腐蚀和耐失泽性、低电阻率和接触电阻，对于连接器、端子和印制电路等航天器电子元器件来说是非常有吸引力的镀层材料。然而，除了成本高之外，金的另一个严重缺点是会产生非常低机械强度的焊点。在厚镀金表面上制作的焊点在振动和热循环条件下会失去电气连续性。许多论文都报道了金对焊点变脆的影响（Bester，1968；Brewer，1970；Rothschild，1981），但即使在今天，与金脆性相关的问题仍然相当有争议。

将共晶焊料润湿和流动到金表面上需要一定的温度和时间，这会使得金部分地或全部地溶解到熔融合金中。金在锡和铅中的固溶度可能小于 0.6%，因此当焊点冷却时，金以硬脆的金属间化合物 $AuSn_4$ 的形式沉淀，$AuSn_4$ 的金相观察显示其具有针状结构。有权威人士建议在最多只有 1.5 μm 厚的金镀层进行焊接，但也出现了问题。即使如此薄的表面镀层也可能由于金脆性导致接点失效，可由图 6-21 所示的部分去金引线所证实。非常薄的金镀层，例如小于 0.5μm 的厚度，金会完全溶解在锡铅焊料中而没有不利影响，但是这样的表面总是多孔的，因此即使很短的储存期间也会引起基板的氧化。

在金镀层较厚时，一些行业可能会通过使用具有匹配膨胀系数的材料来消除热诱导应力（Wright，1977），因而可以接受焊料和镀金表面之间的金-锡金属间化合物，但这完全不适合任何航天器发射时的振动载荷。质量标准规定，宇航用硬件不得包括直接在金镀层上制作的焊点，推荐的去除此类涂层的方法是：将元器件浸入纯锡铅焊料槽中。待金溶解后，引线应在另一个焊料槽中搪锡。除了两次搪锡工艺之外，在将元器件安装到有金属镀层的电路之前，可以使用动态焊料波去金。去金效果应通过对抽样样本进行金相检验来评估。

IPC J-STD-001F（2015）中包含的一个重要说明是：当焊料体积小或焊接停留时间不足以使金溶解到整个焊点中时，无论金厚度是多少，都会形成金脆焊点。

由于陶瓷在真空下的稳定性、机械特性和尺寸稳定性，许多高可靠的微电子元件和封装都使用陶瓷。首先这些陶瓷器件以化学反应的方式使陶瓷与金属连接，然后用金属层涂覆，焊接到 PCB 上。文献中多见关于 Mo-Mn 金属化系统的报道（参见图 4-13 和图 6-53），但是对于几十年来无引线陶瓷芯片载体（LCCC）等封装使用的多层陶瓷钨金属化人们却知之甚少。这些金属化的方式是先镀镍，然后镀金，用金镀层保持下面镍层的良好焊接能力。使用中可观察到两种效果：一是机械和热冲击可以打破脆弱的钨-陶瓷连接，Zhang 和 Jin（2009）对此有所评述；二是 Dunn（1993）的研究发现，金中多孔导致镍层的可焊性变差。即使在今天，同样的问题也仍然存在。浸在焊炉中去金对于航天产品至关重要——但是由于一些 CLCCC 城堡形镍上薄金的多孔，这种工艺很难操作。操作时必须小心以避免焊端接受到热冲击——但是对多年前完成采购的被氧化部件偶尔需要使用活性助焊剂。建议将这些器件/封装品储存在充满氮气的袋子中，或者尽早进行去金和预镀锡。

在气象卫星天线系统的组装和电气集成期间，省略了焊接镀金偶极子的金去除过程。作为鉴定试验的一部分，对天线进行 -25～+125 ℃之间的热循环试验。由于金脆，许多焊点在系统试验完成的仅仅几天之内，传出"啪啪"的破裂声。对这些电开路接点的冶金评估表明，存在大量脆性针状 $AuSn_4$，它们在焊接操作期间形成（即金溶解到液体焊料中，随后在冷却到室温时产生针状沉淀物）。图 6-31 清楚地显示了这种断裂面由 $AuSn_4$ 的连续网络组成。Hannah 和 Hall（1992）的 125℃的热循环试验复现了金的固态扩散 [图 6-31（b），（c）]。显然，一旦金属间脆性网络达到临界厚度，就会发生破裂。在可接受的天线调整公差范围内，每个接点都会稍稍受到施加的张力。

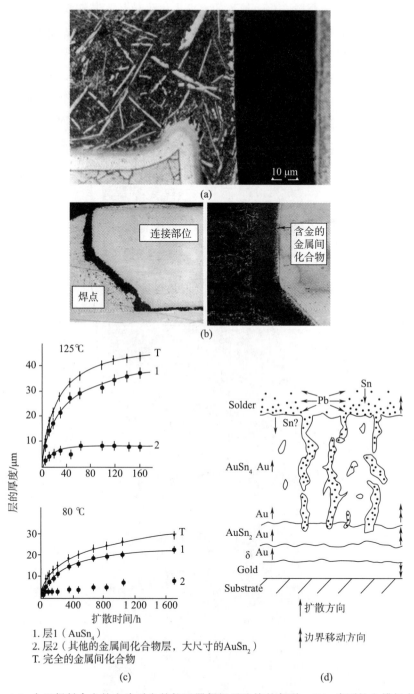

图 6-31 （a）由于焊料合金的金脆引发的航天器偶极子连接的断裂。（b）半刚性电缆焊点由于金脆引发的断裂，刚抛过光的和（右）蚀刻过的。（c）在 125 ℃和 80 ℃，实验样品的金属间化合物层厚度随老化时间的变化情况。（d）（a）和（b）的示意图，给出了焊料中的锡和金在反应过程中的扩散流动，金向金属间化合物和焊料界面扩散［（c）和（d）由 Hannah and Hall（1992）提供］。另请参见

图 6-35 关于 80 ℃强度降低与时间的关系

　　除了成本高昂，由于金质脆化而导致的更恼人的失效是安装在陶瓷平台上的分立晶体管的间歇性电气失效。镀金 Kovar 合金引脚和陶瓷上的厚金镀层上过多的金溶解导致熔融锡铅焊点的金饱和。在热循环试验期间，金属间化合物的固化形成的互联网络会受到轻微应力，并产生交叉细小裂缝，如图 6-32 所示。

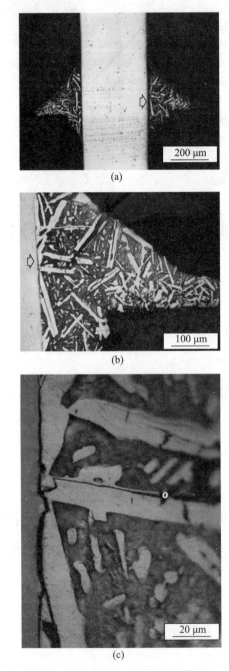

图 6-32　（a）～（c）给出了金脆很严重的焊点情况。总体显微照片（a）显示了由于铝陶瓷、Kovar 引脚和软焊料合金之间的很大的硬度差异导致的样品斜面效应。引脚和金属化图案之间的间歇性电开路来自裂纹的鳍状网络。（b）沿着针状金-锡金属间化合物纵向传播。（c）沿着焊料和引脚的界面传播

金在液体焊料中具有高溶解度，在焊接操作期间，可以非常快速地从涂覆制品中析出。当凝固后焊料中的金浓度达到 10% 时，接点变得硬、脆，并且在承受应力时焊料体积基本上为零伸长。焊点中即使存在 2% 或 3% 的金，也会显著降低未污染焊点的超塑性。如图 6-31 和图 6-32 所示焊点中存在金-锡金属间脆性针，这将明显降低焊点的质量，但是在很多情况下，当焊料内部没有针状金属间化合物时，有缺陷的焊点显示出沿着焊料-金界面的失效。在这种情况下，重要的是金属间化合物层的分布 ［在图 6-31（c）中示意性地给出］，而不是绝对的金浓度。Kramer 等人（1994）的研究表明，纯的共晶焊料的蠕变主要是由晶界滑动决定的，当焊点承受机械力或热机械力（即在器件与基板膨胀系数不同的热循环期间）时，这就是焊料松弛的机制。添加仅 0.2%（质量分数）的金，可抑制这种机制；使用 1%（质量分数）的金，可看到空隙生长并促进裂纹，导致早期蠕变失效。

用锡铅合金形成的镀层作为"透焊"涂层可能是麻烦最小的涂覆材料。它通常被熔化以消除多孔性。钯也是有用的涂覆材料，但是非常昂贵，甚至在占航天器成本最高的电子系统中也很少使用。前面章节已经介绍了焊接涂层，例如 4.7 节，但是必须注意的是，即使是这些涂层在经受高温后也可能变得不可焊或者脆化。这是由于两种金属间化合物层 Cu_3Sn 和 Cu_6Sn_5 的形成和生长，两者都是硬而脆的：

Cu_3Sn——400 MHN，5 g；

Cu_6Sn_5——550 MHN，5 g；

Copper——95 MHN，5 g；

Solder——38 MHN，5 g。

正常的航天器条件下，这些金属间化合物并不能产生问题，甚至热循环也不会使它们生长到较大的厚度（图 6-20 中它们只是可见）。只有当长时间经受高温（80~120 ℃）时，它们的增长才成为真正的问题，因为当受到压力时，它们易于形成裂缝断裂，如图 6-33 所示。进一步的考虑是在电子元件实际使用之前的"老化"处理中或在实际组装过程中所遇到的高温影响。这不仅是由于待焊接表面的氧化可能降低可焊性，而且由于锡和铜构成的金属间化合物层的生长使焊接表面变得富含铅（Ballot 等人，1982）影响可焊性。已经完成的一项系统性研究评估了镀锡及锡合金的各种金属基体上化合物层的生长速率（Warwick 和 Muckett，1983；Hagge 和 Davis，1984）。在最初快速生长之后，通常金属间化合物随时间的推移以均匀的速度生长。大多数材料和焊料合金组合的图形显示表明，这些生长速率遵守 Arrhenius 定律。

只要温度限制在许可值之内（即长时间低于 80 ℃），极力推荐在高可靠性电子应用中使用熔融锡铅共晶成分合金涂层。此涂层也可以取代锡、镉和锌涂层，因为锡、镉和锌涂层会引发由于应力作用而导致的晶须生长，在第 7 章中已特别说明航天器硬件禁止这些涂层应用。另外，如上所述，后两种金属可在空间环境中升华。

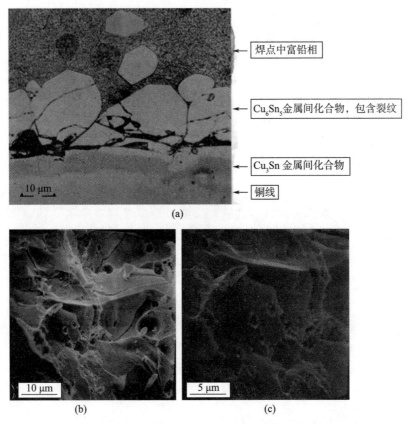

图 6-33　长期热循环后焊接的铜线焊点失效。(a) 金相显示了两条金属间化合物带的存在。环境试验促进了连续的脆性裂纹网络在 Cu_6Sn_5 中传播。导线可以从接点中取出,并且通过 SEM,可以看到它们的表面被切割断裂的 Cu_6Sn_5 晶体覆盖。看到这些裂缝面〔(b)、(c)〕包含球形麻点,表明夹杂在微结构内的杂质位置

6.7　铟焊料合金的使用

　　微波设备所需的集成电路和 PCB 基板的数量正在快速增长。传统的航天器 PCB 利用具有适当空间的锡铅镀层电路来互联无源元件和有源元件。然而由于不可避免的信号损失和失真,它们不太适用于高频应用,要提供优异的表面导电性并且不形成表面氧化物则必须使用镀金导体材料。在某些情况下会将厚的金镀层镀涂在印制导线上,以及与之相连的焊盘上,后续将用锡铅合金焊接,可以先掩模并且选择性地镀上与锡铅焊接相兼容的金属镀层。由于电路限制而无法进行选择性电镀时,避免锡铅焊接到金上很重要,如 6.6 节所述,金迅速溶解进焊料,形成非常脆的金属间化合物。在焊料中,形成脆性焊点的金的临界含量似乎约为 0.6%(McKay,1983),但可能低至 0.2%(Kramer 等人,1994)。

　　最常用的铟铅合金含有 50%(质量分数)铟,其液相线温度为 210 ℃,固相线温度约 185 ℃。在液相冷却时,会产生富含铅的枝晶,这些可能导致焊接圆角有些凹陷或霜状外观。使用中度活性的助焊剂,50InPb 合金对金就具有良好润湿能力,最适合焊接到厚度

在 $1\sim10~\mu m$ 之间的金镀层。焊接技术与通常的锡铅焊料所用技术相同，使用热板、烙铁以及带状焊料或焊膏。

研究表明，铟铅焊料与金会形成延展性非常好的金属间化合物。这些焊料确实可应用于电子混合电路中，可将片式小电容和电阻连接到陶瓷和 PCB 基板（Yost，1976）。这种接点的质量通常对与飞行产品硬件同时制造的测试样品进行金相检查来评估。Millares 和 Pieraggi（1992）详细介绍了铟-金焊接接点的金相制备和蚀刻方法。在大量的热循环和 12.8 年室温储存之后的这种铟焊点的实例如图 6-34 所示。可以看出，金和铟之间的反应层确实产生金属间化合物层，但是该层没有针状，相对较软，因此不会导致脆化。主要金属间化合物的硬度是：

$$AuIn_2~280~MHN~5~g$$

有趣的是，发现 $2.5~\mu m$ 镀金层通过固体扩散形成 $14~\mu m$ 的反应金属间化合物层。电子探针微量分析确认了金属间化合物是图 6-34 所示的 $AuIn_2$。Hauer（1977）研究了类似的铟-焊料互联，发现连接到微型无源陶瓷芯片元器件的焊点，在 85 ℃保存 10 000 h 后，再进行 10 次−193～+70 ℃的热冲击和 100 次−55～+85 ℃的快速温度循环，强度没有降低。它们被认为适合大多数航天器应用。

选择铟铅焊料用于高可靠性应用，有一些注意事项。这些合金在高湿度和高温下比 SnPb 合金更容易被腐蚀（Goldman 等人，1977；Banks 等人，1990），而 SnPb 在 85 ℃和 85%RH 下稳定，在 InPb 合金上检测到的是主要含有 $In(OH)_3$ 的腐蚀产物。氯化物似乎通过形成吸湿盐（例如 $InCl_3$）来刺激反应，但是从 Kessowsky 等人（1978）的工作中可以看出，pH 值小于 4 的高酸性环境是腐蚀的先决条件，而就焊接强度、金属间化合物形成和长期暴露影响而言，铟铅焊接到金上已经证明非常可靠。

Wild（1975）研究了焊接接点的疲劳和剪切强度性能，Jackson（1973）对此进行了评述。他们确定，在−55～+125 ℃之间，50%In-50%Pb 的疲劳寿命比共晶 SnPb 提高了超过百倍。Hashimoto 等人（1991）通过对 VLSI 封装倒装焊接接点在液氮和室温之间热循环的研究，也证实了铟焊料优异的疲劳寿命。封装采用 Au / Pt / Ti 和 Au/ Pt / Cr 金属化镀层，In-40Pb 焊料合金的热疲劳弹性是 Sn-37 Pb 的两倍。研究发现铟铅合金特别适用于混合组装，因为它吸收金的速率低于锡铅合金。最近的一项研究证实，与 In-Pb 焊料相关的金和铟的金属间化合物，其生长速率远低于 Sn-Pb、Sn-Sb、Sn-Ag、Sn-In 制成的焊点中通常发现的其他金属间化合物（Frear 和 Vianco，1994）。

在室温下老化近 13 年的扩散偶（图 6-34）显示出的反应区，与 Maciolek 等人（1978）在 70 ℃温度下储存 2 000 h 后观察到的所形成的均匀且致密的反应区外观类似。然而，一旦老化温度超过 125 ℃，这些区域就变得不均匀并且具有大的柱状晶粒和空隙。在 150℃老化后，观察到样品上与金属间化合物 Au_9In_4 相关的空隙和不稳定的金属间界面（Yost 等人，1976）。经验表明，InPb 焊料适用于镀金制品的电气和机械互联，其中重要条件是操作温度不超过 70 ℃或 80 ℃。图 6-35 中的机械试验数据支持这种观点：这些条件下，InPb 合金远远优于锡铅合金。

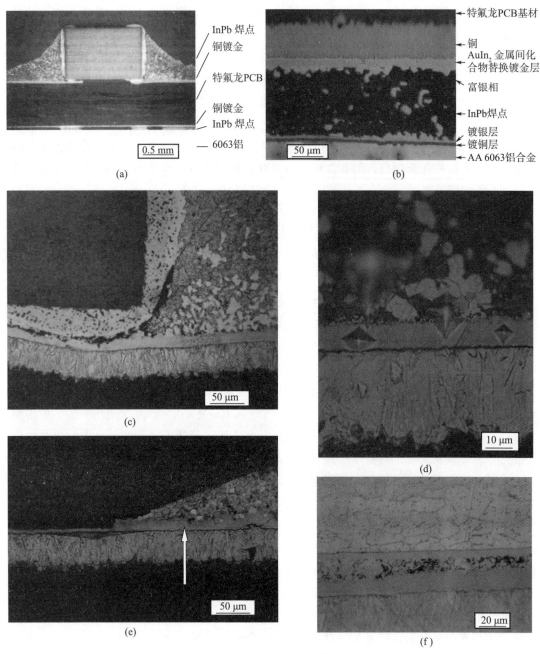

图 6 - 34　锡铅焊料焊接到各种金界面后经历热循环（100 次循环，＋100～－100 ℃）和 12.8 年室温储存之后的金相评估。（a）片式电容器微观剖切后的总体视图。所有电路印制线都是镀金的，铝支撑板也是镀金的。（b）电路板-铝支撑板之间的焊点详细信息。铝上镀有中间的铜层，全部的金层已完全转变为 $AuIn_2$。PCB 地层（铜层）上的镀金也转换为 $AuIn_2$。（c）片式器件端头下角的详细情况。需要注意的是，焊装过程中的过大压力导致铜电路变形。（d）（e）中 $AuIn_2$ 层的硬度压痕表明其具有延展性，即没有金-锡金属间化合物那样的径向开裂。（e）焊缝边缘明显存在 2.5 μm 厚的金层。这产生了厚度为 14.0 μm 的金属间化合物，仍然存在一些自由金（箭头）。（f）镀金的铍铜合金带状互联线也焊接在特氟隆的 PCB 上。在焊点的互联线一侧的金已经完全反应，在 PCB 一侧还存在一些自由金。虽然 IMC 非常厚，但没有证据表明这些接点已经退化（见彩插）

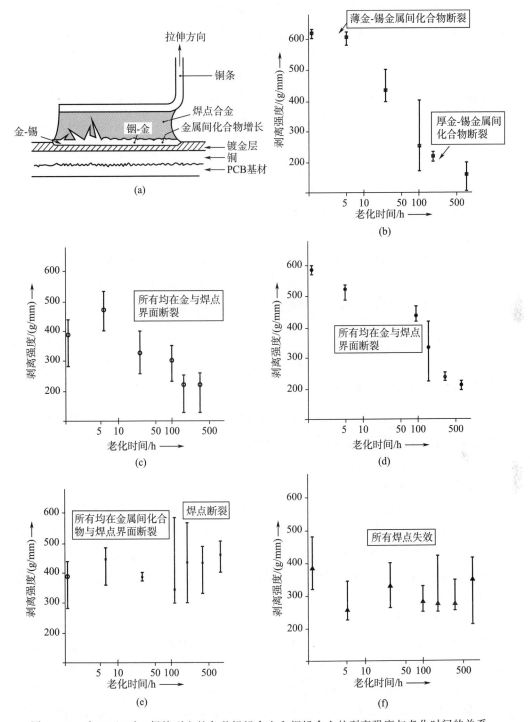

图 6-35　在 80 ℃时，焊接到金的各种锡铅合金和铟铅合金的剥离强度与老化时间的关系。

（a）老化后剥离试验样品的剖面示意图。（b）63Sn37Pb 焊料。（c）1Sn99Pb 焊料。（d）5Sn95Pb 焊料。

（e）50In50Pb 焊料。（f）5In2.5Ag92.5Pb 焊料

选用 50InPb 合金作为将在低温下运行的电路板上组装元件时所用的焊料。该合金在冷却时损失其强度性能，但即使温度降至液氦温度也能保持柔软和延展性。与共晶锡铅合金相比，在低温下的热循环期间铟-铅焊点中更大的应力松弛将为这些电路提供更高的可靠性。低至 4.2 K 时的金属化有机电子材料的机械性能已经得到测量（Fink 等人，2008），这部分内容将在 6.15.13 节中介绍。两种常见焊料的对比如下：

• 在 4.2 K 时，50InPb 保持柔软（$E=14$ GPa）和延性（$A=20\%$），但具有低强度（$R_m=76$ MPa）和低屈服点（$R_{P0.2}=33$ MPa）；

• 在 4.2 K 时，63SnPb 硬（$E=43$ GPa）且脆（$A=0.3\%$），但具有高强度（$R_m=136$ MPa）和高屈服点（$R_{P0.2}=116$ MPa）。

纯铟和铟焊料还用于卫星太阳传感器和小粒子探测器（如 X 射线和伽马射线计数器）设备内的玻璃和铍窗的密封。

总而言之，铟基焊料的熔点范围为 93～314 ℃，通常它们以与锡铅焊料相同的方式润湿并流到焊接表面。铟基焊料熔化温度范围广，使得可以通过逐步使用较低熔点合金的阶梯焊接工艺来焊接近距离的引线。较低的烙铁温度可以避免回流或初始焊点的变形。

6.8　导线和电缆

6.8.1　铜导体上镀层的选择

不存在能够应对所有可能的腐蚀、加工和应用问题的导线材料。对航天器用铜导线上的各种镀层的适用性进行审核，最终可供选择的材料仅限于锡、银和镍。然而，由于锡的熔点低，对于需要高温加工的绝缘材料，例如 PTFE，FEP，Teflon，Tefzel 以及 Kapton，通常不考虑使用锡。

［顺便提及，商业级的绝缘材料不能在空间或真空应用，最常见的是：聚氯乙烯（PVC），具有较高的放气性，被视为毒性材料，加热时会释放出可以表面腐蚀和应力腐蚀金属的盐酸；硅橡胶，在真空下会大量放气；Teflon，尽管被广泛使用，但会冷流动，并且已经发现线股会在线束的急剧弯曲的位置上蠕变穿透这种绝缘体，它的额定温度也比 Tefzel 低。］

（1）锡镀层

镀锡导体已经成功应用于许多航天器，但人们对其长期的尤其是在长期老化之后的可靠性仍然存在一些疑问。6.8.2 节将讨论镀锡铜可焊性的降低，但是由于锡-铜金属间化合物的逐渐增长，会伴随着柔性的降低和电阻率的增加。McCune 等人（1970）研究了锡-铜金属间化合物的影响。可重复使用空间飞行器的在役翻新或改装期间可能出现的问题包括：

• 压接电气触点中存在的金属间化合物层上的压降的增加（另见 6.4.3 节）；

• 难以用焊料润湿；

• 维修时的简单处理可能导致导线断裂。

查阅文献、与电缆专家讨论以及冶金试验项目的结果给出了在选用银或镍镀层时的许多优缺点。

（2）银镀层（超过 2 μm 厚）

优点：

1）良好的电导率（对某些射频应用至关重要），因此可以采用比镀镍更小的导体（即可能减小重量）；

2）良好的耐高温性（200 ℃）；

3）无论是新的还是多年暴露于不受控制的环境之后，可焊性能优异；

4）优异的压接能力，适用于导线绕接而不开裂；

5）在美国、欧洲有很好的使用经验（经航天器承包商确认）；

6）对于射频传输，集肤效应引起的损失最小。

缺点：

1）电镀不良和进入导线的水会引起潜在的"红斑"风险（见 6.8.3 节），镀银最优厚度为 2 μm；

2）银表面可能与乙二醇等物质发生反应，产生潜在的可燃风险（近期的研究表明镍和锡导体也会发生这种反应）；

3）成本比其他涂覆略高；

4）较大规格的导线（AWG 0 和 4）不能用这种表面处理，因为在线股的接触点处的冷焊可能增加绞线的刚性。

（3）镍镀层

优点：

1）没有已知的潜在导体腐蚀风险；

2）极高的额定温度（260 ℃）；

3）需要最少的储存控制措施；

4）在 200 ℃长时间老化后具有良好的柔韧性。

缺点：

1）无法使用非活性助焊剂进行焊接，使用活性助焊剂时具有不确定的可焊性，这取决于镍镀层的类型和氧化镍的厚度。焊装线时不适合使用活性助焊剂，因为在绝缘层下助焊剂会被绞线间的毛细作用拉伸，在真空条件下会引起腐蚀、放气和电晕问题。

2）压接特性相当好，但相较于其他材料，必须更频繁地调整压接工具。接触电阻受表面清洁度的影响。镀镍导体的欧姆电阻可能是不稳定的（镀银铜线互联点的欧姆电阻差异可以忽略）。

3）镀镍导体的直流电阻会增加 7%～10%，因此功率（I^2R）损耗更大。

4）对于某些航天器实验，镍的磁矩导致其不适用。

（4）漆层

镀漆铜线以单股线的形式被用于航天器线圈和绕线磁铁的制造。细磁导线上涂有薄而柔韧的漆膜。采用被称为"Emafil 技术"（商品名称为 MATRA，空中客车工业公司，法国）的工艺将其与锡铅涂层 PCB 端接焊盘连接。该工艺将电阻焊电极放置在镀漆导线表面上。施加的压力和电流用来烧掉局部区域的漆，同时 PCB 上已经熔化的锡铅材料能够润湿暴露的铜绞线并产生小的焊点。

当用于航天器电气设备时，镀漆导线必须能够承受高的击穿电压。根据漆的组分不同，额定温度值范围为 105～220 ℃。最常见的漆基于聚乙酸乙烯酯、聚酯和环氧树脂制成（Cohen，1995）。

漆绝缘体会在老化过程中丧失电气稳定性。性能退化的漆导线间的接触点之间可能发生电击穿。对于特定的漆系统，其性能退化取决于热老化温度、时间和存在的氧气。在铜-漆界面处发生反应的特点已经得到研究（Burrell 和 Keane，1988），并且敏感表面分析表明有两种不同的老化机理发生。第一个反应是与来自空气的氧反应而在铜线表面上形成铜氧化物 Cu_2O。第二个反应是铜离子迁移到漆层中。如果漆层足够薄，则铜氧化物将在涂层上表面生长。

对涂有约 5 μm 漆层的铜线进行老化试验。在 240 ℃温度下储存 5 个月后，发现双绞线因短路而失效。失效的主要原因是在整个漆层中存在导电铜离子。

可靠的航天器用镀漆导线必须经过测试并证明在高真空环境下是稳定的。为了避免在长期工作后发生电气短路，PCB 上的导线交叉点处要确保不存在局部热点。

6.8.2　老化对镀锡和镀银导线可焊性的影响

（1）简介

航天器最常用的多股线是经过拉伸和退火后镀银或镀锡的铜。采取焊接或压接工艺的镀银多股线和镀锡多股线，都成功应用于航天器子系统内的互联。但是为了确保连接的高质量，必须采取预防措施。镀银导体具有优异的导电性、压接性和可焊性，但如果没有采取避免损坏镀层的制造步骤，则可能遭受"红斑"腐蚀。镀银导体推荐的技术要求是，具有最小 2.0 μm 厚的涂层，以及对获批准的制造商生产的成品导线定期进行加速试验，该试验是为评估成品导线对"红斑"腐蚀的敏感性（Dunn 等人，1984）而设计的。镀锡导体的成本最低，但是由于锡的熔点低，这些导体只能用低熔点或经过辐射的绝缘材料来进行绝缘。由于锡较低的电导率和脆性的锡-铜金属间化合物的形成，镀锡导体的导电性不如镀银导体。镀锡导体最初的可焊性很好，但经验和文献资料显示，其可焊性会随着存储时间增加而降低（Comisky，1979）。

为了避免由于少量离子助焊剂从导线绝缘层下面放气而产生的潜在的腐蚀问题和电晕效应，建议所有焊组装操作都使用（非活性）纯松香助焊剂。这使得如果要保持所得到的焊料润湿角度较低，则所有焊接表面必须具有优异的可焊性。

下面描述了多根镀锡和镀银导线的简单老化和可焊性试验。这两种导体都按照军用规范要求制造，由同一制造商生产，用相同的辐射交联挤出改性的氟聚合物绝缘，并且制成后存储不到一年。

（2）导线样品

每个导线样品长 8 cm，采用机械剥离绝缘层，露出 3 cm 的多股线。切割、剥离和储存操作在洁净的层流工作台上进行。操作时要佩戴干净的无绒手套，且不接触裸露的导体。每种试验变量测试使用 5 个样品。试验所用的导线为：

- 镀锡铜 AWG 24；
- 镀银铜 AWG 24。

（3）老化试验

- 蒸汽老化：在干净的玻璃器皿冷凝柱中将样品悬挂在沸腾的蒸馏水上，悬挂时间为 1 h 或 24 h（MIL STD - 202E 方法 208C）。
- 干热老化：将样品在 155±2℃的空气循环试验烘箱中悬挂 16 h（B. S. 2011，试验 B）。

（4）可焊性试验

- 飞利浦球形法：按 B. S. 2011 第 2T 部分执行，选用大小合适的焊料颗粒在 235 ℃下进行。首先用非活性助焊剂溶液涂覆导线和焊料颗粒。降低导线将焊球分成两部分，计量焊球的两半在导线周围流动并在其上方聚合的时间（作为其可焊性的测量值）。该装置如图 6 - 36 所示。

图 6 - 36　飞利浦球形法试验设备全貌图。

A—60/40 焊料球（质量为 100 mg）；B—放好的等待试验的去除绝缘层的导线

- 浸渍试验：用 Tri Moore 可焊性测试仪、按 MIL STD - 202E 方法 208C 进行，使用非活性松香助焊剂，然后将助焊剂排出，直至变粘。把焊槽表面刮干净，将各个样品浸入温度在 230 ℃的焊料中保持 5 s。然后将每个浸涂过的导线导体彻底清洁，并且通过 10 倍放大倍率的立体显微镜检查 2 cm 浸渍部分。根据军用规范，接受/拒绝标准包括新焊料涂层的覆盖率为 95％以及针孔或空隙不超过总面积的 5％。
- 导线搪锡：根据 ECSS - Q - ST - 70 - 08，使用手持式烙铁，温度为 280 ℃，焊料为含非活性助焊剂的 Sn63 芯焊线。

（5）扫描电子显微镜（SEM）

为了补充目视检查观察结果，用 SEM 进一步检查可焊性试验中的样品。

（6）微观剖切

对刚收到的导线和经过某条件老化的导线进行微观剖切，来测量各种镀层的厚度。横截面安装在冷定型树脂中，经研磨并抛光成 0.25 μm 的菱形面，最后进行蚀刻。

（7）结果

可焊性试验结果见表 6 - 2。可焊性试验后镀锡和镀银线股一些典型 SEM 如图 6 - 37 和图 6 - 38 所示。微观剖切显示，锡涂层厚度从接近零的局部斑点至 1.8 μm 厚度之间变化。银镀层的最小厚度为 0.8 μm，平均厚度为 1.7 μm。在干热老化之后，只有锡镀层变成主要成分为 Cu_3Sn 的金属间化合物（如图 6 - 39 和图 6 - 40）。

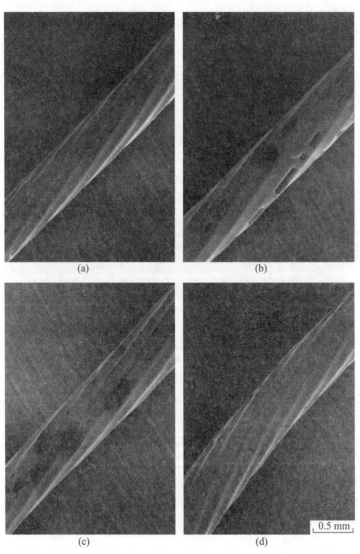

图 6 - 37　可焊性试验（浸渍试验方法）后的镀银线股。(a) 刚接收时状况；(b) 蒸汽老化 1 h 后；(c) 蒸汽老化 24 h 后；(d) 在 155 ℃下 16 h 后。所有的都具有大约 100% 的润湿

还有一些观察结果是：

•镀银导体比镀锡导体更容易剥离绝缘层；

•老化后，暴露的镀锡导体表面在外观上比刚剥离时稍微变暗（特别是在经过干热环境后，该试验可能是最为严苛的老化处理）。

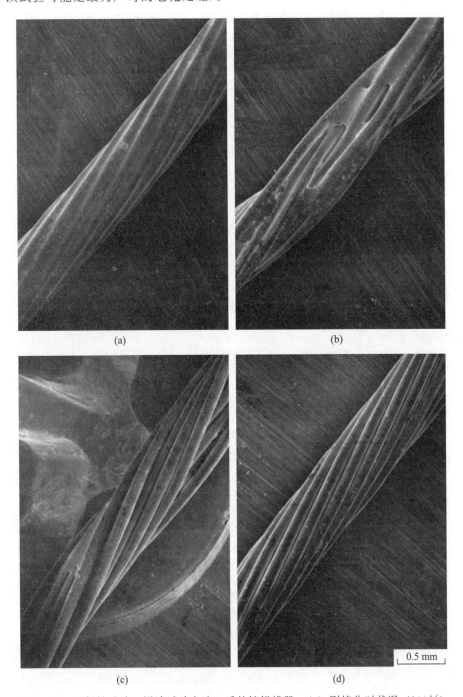

图 6-38 可焊性试验（浸渍试验方法）后的镀锡线股。(a) 刚接收时状况（100%）；
(b) 蒸汽老化 1 h 后（75%～95%）；(c) 蒸汽老化 24 h（5%～30%）；(d) 在 155 ℃下 16 h 后（0%）

（8）讨论

在暴露于各种加速试验环境之后，所有镀锡样品都没能通过小球和浸渍试验。相比之下，镀银导体不受蒸汽老化环境的影响，干热暴露只对小球试验的结果有严重影响。从表6-2所示的结果可以看出，受过训练的操作员对刚接收到的导线（镀锡和镀银导线的制成时间都不到一年）按焊接规范要求进行手工焊接操作时并无困难。试验选用的蒸汽老化环境与用来评估导线焊接能力的美国军用规范中描述的环境相同。镀银导体不受这种环境的影响（如图6-37所示），而镀锡表面性能会退化，图6-38所示的不良焊料润湿，在导线制作条件下，会导致焊点不合格。根据IPC的详细研究，一年存储带来的影响可以通过将镀锡铜表面暴露于蒸汽老化20 h或24 h而相当好地复制（Schoenthaler，1984）。显然，在许多应用场景中如果选择镀锡导体代替镀银导体，航天器线束将更难以返工/维修。还应注意的是，目前制成的导线的可焊性试验规范在可焊性试验前不要求进行任何老化，因而不能充分保证长期存储对可焊性的影响。

表 6-2 老化测试的结果

样件及老化处理描述	可焊性测试（5个样件的平均数据）		
每个样件 8 cm 长，并去除了 3 cm 的外层材料。每组测试样件为 5 个	参照 Philips Globule Method BS 2011 part 2T（非活性助焊剂，230 ℃焊接）。润湿时间	参照 MIL std 202E 标准的 208C 方法（非活性助焊剂，230 ℃焊接）。焊锡覆盖（%）	参照 ECSS-Q-ST-70-08，采用 280 ℃的烙铁进行搪锡（焊锡为 63%Sn，非活性助焊剂）
镀锡的 AWG24 号绞合线			
(a)初始状态	1.78 s	100	3（容易）
(b)1 h 水汽老化	13.10 s	75～95	2/1（一般）
(c)24 h 水汽老化	不润湿	5～30	1/0（困难）
(d)155 ℃加热 16 h	不润湿	0	0（无法实现）
镀银的 AWG24 号绞合线			
(a)初始状态	1.40 s	100	3（容易）
(b)1 h 水汽老化	2.36 s	100	3（容易）
(c)24 h 水汽老化	3.34 s	100	3（容易）
(d)155 ℃加热 16 h	10.40 s	100	3/2（一般）

注：见图 6-37 与图 6-38。

根据相关军用规范，镀锡导体的最高使用温度为 150 ℃，镀银导体的最高使用温度为 200 ℃。干热老化试验的结果表明，在大约 150 ℃高温中短时间暴露的导线，就不可能再进行焊接返修操作了。图 6-39 中的显微照片表明多股线经过了热搪锡，因为铜和锡之间的反应层具有可观的厚度（大约 0.5 μm 的 Cu_3Sn）。人们认为存在于初始绞线表面的自由锡预计将有助于焊料润湿。已知老化过程能够以 Arrhenius 生长速率促进金属间化合物的厚度增长，直到自由锡外表面完全转变为 Cu_6Sn_5 和/或 Cu_3Sn。图 6-39 和图 6-40 中显示的显微照片清楚地表明，Cu_3Sn 的深灰色带存在于外部导体绞线表面的较大区域上。金属间化合物暴露后会被氧化。可能不是氧化锡，而是氧化的金属间化合物导致可焊性变差（Davy 和 Skold，1985；Warwick 和 Muckett，1983）。

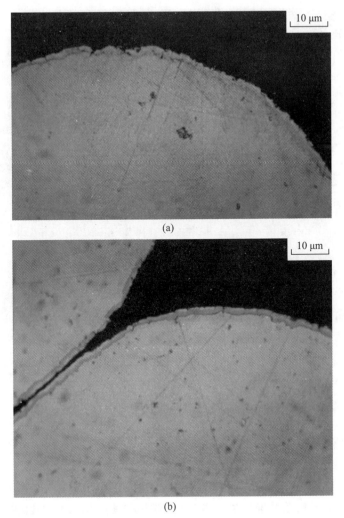

图 6-39　镀锡线股的显微照片，微观剖切线股上的典型位置：（a）刚接收时状况；（b）在 155 ℃下 16 h 后（干热暴露）。锡层厚度从 0 到 1.8 μm 不等，但一般约为 1.0 μm 厚。在刚接收的样品上可能存在一些自由锡，但约有 10% 的厚度由 Cu_3Sn（深灰色）组成。老化后，层的大部分已经转化为 Cu_3Sn（抛光部分在过氧化铵中轻度蚀刻后，在油浸透镜下进行检查）（见彩插）

（9）结论

1）在经过标准加速老化试验后，镀锡的多股铜线的可焊性严重退化。使用含有非活性助焊剂的共晶锡铅焊料来焊接老化的镀锡导体时，可能会遇到困难。而测试镀银铜绞线时不会出现类似的可焊性问题。

2）人们认为镀锡导体的可焊性退化，是由消耗自由锡的金属间化合物的自然生长引起的，而在锡氧化后，导体几乎不可能焊接。

3）对于需要长时间保存或者需要在暴露于高温之后进行返修操作的航天器线束和电缆，建议使用镀银铜导线制造。

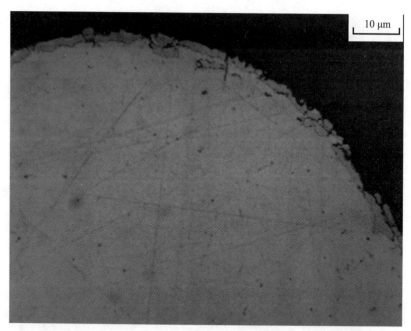

图 6-40　显微照片详细描述了一些线股拉制时的缺陷。由于氧化锡的磨损特性，线股的尺寸公差变差，并且表层下纵向裂缝是部分闭合的，包含锡块。干热暴露将大部分锡转化为 Cu_3Sn 金属间化合物（见彩插）

6.8.3　镀银铜的"红斑"腐蚀及其他镀层多股线的斑块腐蚀

20 世纪 60 年代，人们认识到两种潜在的腐蚀问题与使用镀银铜导体有关。由于其特有的腐蚀产物，它们在整个电子行业被称为"红斑"和"绿斑"。"红斑"（图 6-41 和图 6-42）是在铜和银之间形成原电池时产生的氧化亚铜（可能含有一些黑色氧化铜）腐蚀产物。"绿斑"是一些树脂基助焊剂与氧化铜的反应产物，在镀锡和镀银导体上都能发现，这是人们不希望看到的外观缺陷。

近年，人们用发明的术语"白斑"（或氟侵蚀）来描述镀镍铜导线外层绞线上偶尔发现的白色不可焊接沉积物。"白斑"仅在使用氟聚合物作为绝缘体的导线和电缆上有所发现。人们认为它是在导线和电缆制造期间产生的。后续对镀镍多股线的入厂检验应包括对这种腐蚀的目视检查，如发现"白斑"则判为拒收。氟碳树脂在高温挤出到绞合线上时，会排出一些气态物质，这包括羰基二氟化物（COF_2），其有水存在时是非常活泼的化合物，镍表面则会形成粘附的多孔白色沉积物［此术语不要与微电子引线键合中元器件工程师所使用的同名术语混淆，参见 6.3 节，它指的是金与铝键合时形成两种金属间化合物：Au_5Al_2（白斑）和 $AuAl_2$（紫斑）］。

Dunn（1984）和 Cooke（2010）总结了发生"红斑"的机理。

包括 Anthony 和 Brown（1965）等的文章在内，在 20 世纪 60 年代撰写的一些报告，确定存在水分和氧气时，"红斑"首先出现在铜绞线银镀层的开裂处。一些作者认为这个问题会一直存在，不受控也无法解决，但其他人提出了解决方案，认为可能会避免这个问题。NEMA（1972）的一项研究报告显示，美国总共生产的（18～20）$\times 10^9$ ft 的镀银铜线中，只有 10^5 ft（即 0.003%）有大量的"红斑"，而且没有故障归因于该现象。

20 世纪 70 年代中期，欧洲开展了几次研究活动（Dunn 等人，1984）。这些研究包括实验室评估、欧洲"红斑"研究，并最终对导线制造商的生产场所进行审核。得出的结论是，镀银铜导体适合于一般的航天器使用，但是重要的是镀层要无缺陷并且具有均匀的厚度（至少 2 μm，优选 4 μm）。研究者认为，如果导线制造商和用户公司实施了某些强制性控制措施，则可以避免"红斑"。

"红斑"的成因和影响可概括如下：

1）多孔、深刮痕等缺陷会刺破银镀层，暴露出多股铜线来。这种损伤可能是由于使用了有缺陷的拉线模具、在绞合和编织操作期间绞合线之间的磨损作用，或者当导线从卷轴缠绕和打开到线轴导致。

2）在制造导线、绝缘测试过程中的湿气或空气中的湿气，都可能渗透到导线和电缆的绝缘层内侧。

3）暴露出铜的区域中的水分会形成电解池反应，铜会腐蚀，保护贵金属银镀层。认为发生下列反应：

阳极（即暴露的铜）：$4Cu + 4OH^- = 2Cu_2O + 2H_2O + 4e^-$

阴极（即银镀层）：$O_2 + 4H^+ + 4e^- = 2H_2O$

总反应：$4Cu + O_2 + 4H^+ + 4OH^- = 2Cu_2O + 4H_2O$

注意：水没有消耗，当有氧气存在时，铜的电解腐蚀可以无限期地进行下去。

4）铜的氢氧化物溶于水，并会污染绞线周围的水。当水干时，具有特征红色外观的氧化亚铜晶体沉淀在银镀层上。

5）过度腐蚀会损害导线的疲劳寿命和导电性。

对 51 个不同导线和电缆样品的镀银绞线进行俄歇电子能谱（AES）表面分析，这些样品都是来自欧洲航天公司的库房（Dunn，1984）。相同的样品进行加速腐蚀试验。所有表面都具有不同量的氯（最多 8at.%）和氟（最多 4.8at.%）。Cl^- 和 F^- 对腐蚀速率的影响尚不明确；氯与银镀层的反应将形成不溶于水的 AgCl，被认为可形成保护膜。然而银与氟反应生成的氟化物 AgF、AgF_2 和 Ag_2F，都极易溶于水。这种污染物来自绞线周围的含氟聚合物绝缘层，其存在可能加速腐蚀。由于银涂层的质量和厚度的变化，难以建立关于卤化物表面污染与"红斑"谁更有限之间的关系。氟化物在"红斑"的形成中的作用仍然是不确定的，并且将得到继续的研究（Kauffmann 和 Wolf，2013）。

尽管对于服役镀银导体来说"红斑"腐蚀的出现非常罕见，对于高可靠性的空间应用（如载人飞行器），需要强调的是，当采用这种导体的导线和电缆时，需要控制设计、操作和处理的所有步骤。ESA Spacelab 在退役后发现带有"红斑"的导线 [见 8.7.3 节以及 Dunn 和 Stanyon（1997）的出版物]，近期其他空间设备上也观察到由于损害导致的"红斑" [见图 6 - 41（c）]。

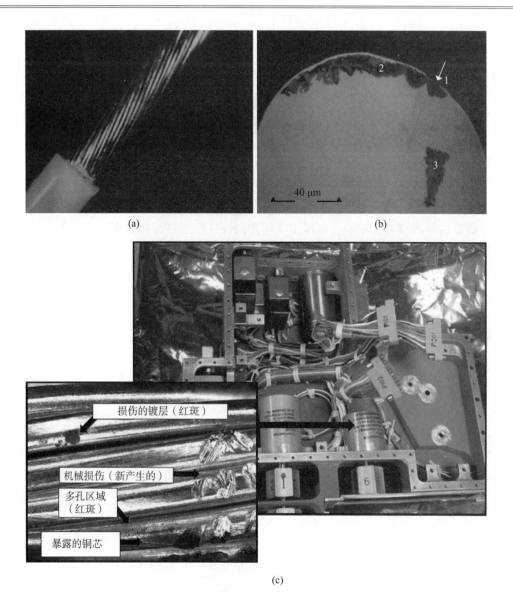

图 6-41 （a）AWG 26 单线镀银铜线（去除绝缘层后）独特的红色腐蚀物——"红斑"。（b）一个线股的显微照片显示出在银镀层中的小（箭头）缺陷之间的电偶腐蚀。所有腐蚀产物看来是 Cu_2O，这一点在偏振光下具有明亮的橘黄色得到证实。该导线符合 ASTM B298-07，要求银的平均值不小于 1 μm，在多硫化钠测试时没有孔隙（Dunn 未公布）。（c）尽管对镀银导线采购进行了控制，但至关重要的是不能损害镀层，如此图所示的飞行设备（Cooke，2010）；图中还显示绞合镀银铜线有不同程度的"红斑"、损坏的镀层和暴露的铜（照片由 NASA 约翰逊航天中心提供）（见彩插）

对于热轧和重新拉制的铜杆基材，建议进行化学成分、电阻率的验证测试，确认表面和内部无缺陷后再镀银（Pops，1985）。镀银棒拉拔后的重要步骤是控制导线电缆制造商所有的绞线机和编织机，以确保它们不会损坏 2 μm 镀银的连续性，这一点很重要。如果实现这一要求有些难度，那么权宜之计是生产银层标称厚度更大的绞线（可能在 3~4 μm）。

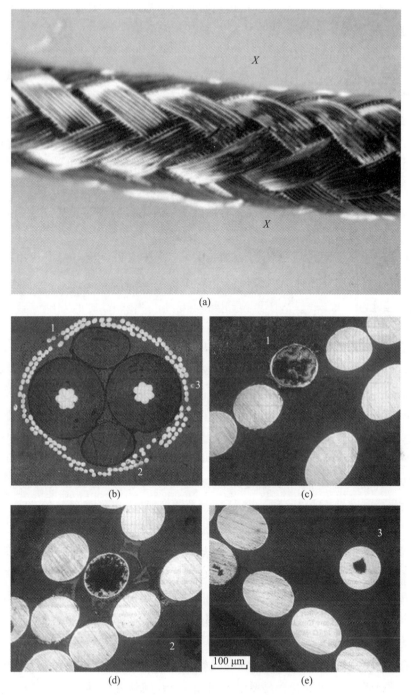

图 6 - 42　（a）航天器内与有缺陷的镀银铜编织相关的"红斑"腐蚀（4 mm 直径）。（b）通过 X - X 方向的剖面图，叠加数字指的是被腐蚀的线股。143 根绞线中有 3 根在某种程度上被腐蚀了（即 2.1%）。（c）线股 1 的详细情况。相邻的线股未被腐蚀，但是其表面具有氧化亚铜晶体。（d）编带中心的线股已经完全转变成银管。氧化亚铜位于（在偏振光下可见为亮红色）银管内和所有绞线之间。（e）沿着线股 3 的隧道腐蚀

对电缆卷轴（线轴）的湿度控制可以通过用密封透明塑料袋来实现（通常禁止使用聚氯乙烯）。包装袋中应使用干燥剂或用干燥氮气填充。应提供一种用于指示湿度低于 50％RH 的简单方法，在不打开包装的情况下读取数值。最后，加速腐蚀试验可用作镀银线的筛选方法，特别是对于非常关键的应用，例如 Anthony 和 Brown（1965）提出的试验，该试验被欧洲规范 ECSS－Q－ST－70－20《确定电镀铜线/电缆对红斑腐蚀敏感性的测试流程》所采纳。

《NASA 红斑控制计划》（JSC 64647）和 NASA STD－6012（2012）中有许多以前所做的评论和缓解措施：

• 仅使用合格供应商提供的产品，确保产品的可追溯性，并要求产品具有认证测试报告，建议保质期为 10 年（尽管储存在带有活性干燥剂的氮气中、历史完全可追溯的导线/电缆原认为有无限的保质期）。

• 在运输和储存期间，通过使用防水包装/包裹来控制环境，袋中使用湿度指示器，组装区应进行环境控制，水性溶剂不得应用于清洁。

6.8.4　锰铜导线

锰铜是一种有趣的合金。法国物理学家 Emile Hilaire Amagat（1841—1915 年）研究的压力范围大，他最早的发明之一是"自紧螺栓"，能使压力不断增加并能保持，远远超过之前的水平。他研究了压力测量装置，并在 1911 年公布了一种电阻计的设计，应用该电阻计能够测量高达 1 270 MPa 的压力。现在人们已经知道这种电阻计能测量如此高压力的奥秘就是因为其由合金锰铜制作而成，这也是合金锰铜最早的应用之一。锰铜的电阻与压力（可高达 1 180 MPa）呈线性关系，通过外推，压力测量可以达到 2 010 MPa。

锰铜是一种具有高电阻和低温度电阻系数（25 ℃时为 0.000 00）的铜锰镍合金。最初合金的组成为 84Cu12Mn4Ni，但是这种规范配方近年来已经略有改变，使得温度系数被修改，以适应在高温下运行的设备。锰铜导线在航天器上精密电阻器的建造和空间实验的电气测量和控制单元方面有多种应用。美国泰科公司生产的 NASA 飞行认证（2015 年）的带状屏蔽电缆由 24 对 40 AWG 双绞锰铜导线组成。这些屏蔽轻型互联导线被设计成可工作在－273～＋200 ℃之间，主要用于航天器低温望远镜仪器。导线可以锡焊或熔焊到电路中，但任何弯曲操作都会导致合金加工硬化；这会产生良好的弹簧性能，但是电稳定性显著降低。然而，任何冷加工都可以通过在 300 ℃下惰性气氛中 2 h 的退火热处理来消除。适当热处理的锰铜的微结构具有等轴晶粒，其中添加元素处于稳定的固溶体状态。锰铜合金易受选择性氧化和电偶腐蚀的影响，所以必须仔细地完成与锰铜导线的组装相关的所有加工步骤。这些影响可能产生沿线的锰耗尽区域，导致电阻温度系数大大增加。

6.8.5　高压导线、电缆和连接

航天器电源系统的输出，从 20 世纪 60 年代的几瓦持续增加到目前的空间活动要求的

几千瓦。随着功率水平的增加，传输电压必须增加，以减小电流，从而尽量降低导体的重量和电阻损耗。例如，一些行波管放大器（TWTA）现在工作在 15 kV。

国际空间站需要更高的电气负载，其光伏发电太阳能电池阵列供电约 83 kW。用于电力传输和配电系统的导线和电缆必须进行物理和电磁屏蔽，以防止将高压脉冲和瞬变耦合到航天器上的低压电路。最重要的是，它们也必须能够在高真空下工作。

从真空的角度来看，高压电缆是通风不良的部件。它长度可能有几米。在载人航天器中，问题可能是当舱内温度发生变化时，如何防止水蒸气冷凝到导体上（注意 6.8.3 节的"红斑"腐蚀现象），但是当发射到真空中时，在开启任何电源之前，应有足够的时间让空气从电缆中完全排出同时使电缆材料脱气。如果不采取这种做法，可能会导致局部放电和电晕效应，从而损坏电缆。

为了确保正确排气，特别重要的一点是导线和电缆端部不会被灌封材料堵塞。这一点在某些通信卫星导线焊接到高压连接器的引脚上时曾出现问题。连接器的 Kovar 合金引脚通过玻璃-金属密封环焊接到 TWTA 的机壳上。密封的机壳内充满六氟化硫气体，一种最常用作电介质的气体（因为它具有非常低的击穿强度，良好的传热性能和化学稳定性）。连接器的真空侧由五根高压绞合线组成，每条线均部分剥离绝缘层，焊接到各自的连接器引脚上。接点处已清洗掉焊剂，但在绝缘套管下方可能会渗入酒精和水分。导线的另一端也焊接到连接器上，然后进行清洁并用热缩套管保护。然后，TWTA 连接器用硬材料进行灌封，这基本上可使导线的内部空间变得气密。这导致导线的内部压力不受控制，被认为是在轨运行早期，导致连接器该侧局部放电或闪络的原因。关于这个问题的其他可能原因是灌封材料在倒入连接器壳体之前没有被脱气，可能包含引起局部放电活动的小气泡，或者导线不干净，焊剂残留物可能降低材料的介电性能。经与专家讨论后认为，设计良好的高压连接器似乎不需要灌封来支撑其耐高压能力。采用开放式构造，空间真空是最好的高压绝缘，也是最低重量的绝缘！（Wetzer 和 Wouters ，1993，1994；Haq Qureshi 和 Dayton，1995）

必须进行电晕抑制的高压连接需要特殊设计。例如，焊接接点的所有面都应该被平滑的焊缝所覆盖，没有间断或轮廓存在严重的变化，即必须避免尖锐的边缘和点（ECSS - Q - ST - 70 - 08）。

6.8.6　多股线和电缆的冷焊

在开发用于光端机的"带缆"时曾出现一些隐患。在真空环境下开展将电缆旋转 200° 的机械测试后，人们发现了一些问题。电缆变得僵硬，弯曲"不光滑"。研究人员怀疑电缆绝缘导线内的单股镀银绞线发生了冷焊，进行了详细的实验室测试（图 6 - 43）。Pirnack（2012）报道了与航天器"移动机械组件"有关的异常现象，并提出了如何避免这个问题的建议。然而，如果航天器可以接受搭载磁性材料，则作者认为，对于给定的设计，镀镍绞线的抗冷焊性能将比镀银绞线更好。

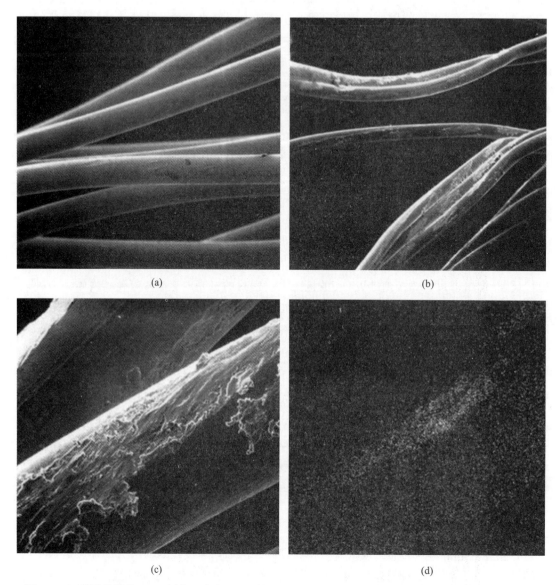

(a)　　　　　　　　　　　　　　　　　　(b)

(c)　　　　　　　　　　　　　　　　　　(d)

图 6-43　单股导线的 SEM 图像（合金 135，镀银）：（a）导线在 200°弯曲试验前具有一些小的刻痕。
（b）机械弯曲试验，在环境温度、真空下 15 000 次－100～＋100 ℃循环后，可见明显的冷焊痕迹，
　一些线股仍保持冷焊状态。（c）拉开后，银镀层与线股脱离。（d）EDX－分布显示暴露的铜

6.9　与助焊剂相关的问题

6.9.1　助焊剂的用途

助焊剂在焊接过程中的重要作用常常被低估。对于传统的焊接而言，助焊剂是必须采用的，配方合理时助焊剂具有如下效用：

1）在热源以及焊接部位之间形成初始的热桥。

2）通过反应，改性或者去除表面氧化物、钝化膜以及污染物膜。

3）排除液态焊料前端的空气，在表面张力的作用下，产生：a）润湿；b）漫流。

通常，宇航级技术规范要求表面材料的选择仅限于那些具有良好可焊性的材料，这样在实际组装过程中就不需要用到高活性的助焊剂。从腐蚀角度来看，高活性的助焊剂存在潜在的风险；这类助焊剂允许用于"难度较大"的器件引线前期搪锡，尤其是镍基合金的器件，这样可以得到较好的可焊性。在搪锡后，残留在器件引线上的助焊剂必须彻底清除，以避免与时间相关的腐蚀。与此类似，允许应用在电子元器件的组装以及线束的制作中的非活性的松香基助焊剂，在焊接完成后也必须立即按照特定的清洗规程去除。为了避免与航天器助焊剂残留物相关的诸如脱气、电晕效应以及应力腐蚀开裂和电偶腐蚀等问题，合理的清洁必不可少。这些影响将在以下章节综述。

6.9.2　带预成型焊片的热缩套管

通过搭焊的接头形式连接的导线与线缆组件产品，在商业领域中已应用多年（Parker，1977）。实际上，这类产品包括一个具有一定伸出长度且压制出所需外径的塑性外套管。在热辐射作用下该套管的高分子链会发生交联反应，此时其表现为橡胶状态，但是加热时不会熔化。接下来，套管在保温状态下通过机械力扩大直径。套管中放置一个预成型并含有松香基助焊剂的焊锡环，两个小塑料密封环放置于套管端头。将去除绝缘层的导线插入到该套管中，用于形成搭接接头。通过热风，或者红外的方式加热该套管，密封环熔化并环绕绝缘线流动，随后套管收缩，助焊剂流到绞线表面，焊料熔化流动实现线束互联。在冷却过程中，焊点凝化，助焊剂以及残留物留在外套管内。

焊接后对这种装置进行目视检查变得很困难，这是因为外层套管不透明以及有助焊剂遮挡。因此必须定期采用金相检测的方法来评价这类互联的质量。这类连接的可接受性通常是基于润湿角以及焊锡的流动，这种组装方法适用于商业和航空航天领域。这类器件在航天领域的应用得到了完整的评估（Premat，1977；Dunn，1978）。研究发现，外层的套管只能起到部分的密封作用，在真空条件下组装件中助焊剂的出气量相对于原始质量从 30％ 至 60％ 不等。表 6 - 4 是附加的部分助焊剂挥发数据。与出气和挥发物可凝相关的问题详见第 2 章内容。对于真空条件下的导线连接，导线绝缘层与外层套管之间的气孔会引起附加的电晕风险，特别是汽化的助焊剂中的氯化物电离，使其介电常数低于绝缘材料。

针对上述问题，有研究者尝试采用不含有任何类型助焊剂的预成型焊片来焊接同样的器件。从外观质量来看，最初认为互联的质量符合要求。但是在去除外层的套管并进行显微切片之后，研究者发现大部分焊接接点都因不润湿而被判定为不合格。图 6 - 44 显示了焊料被挤压在镀银导线织物（这类表面处理通常具有非常好的可焊性）的周边的状态，但未形成冶金接合。这些器件在欧洲空间项目上被禁用（ECSS - Q - ST - 70 - 08），NASA允许其应用在接地线与屏蔽线的连接以及导线对接 [NASA - STD - 8739.4（2011）]。

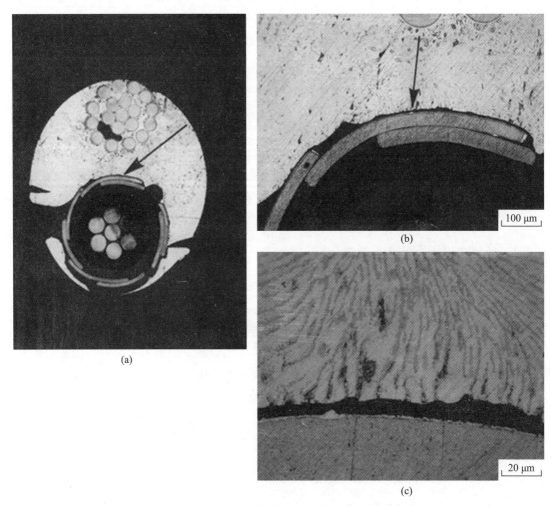

图 6-44　为了避免器件内有助焊剂残留，尝试采用了无助焊剂的预成型焊片。对焊点进行目检，结果可接受。（a）金相检测表明：熔化的焊锡受挤压分布至导线周边，但未形成冶金连接（箭头）。（b）图（a）中箭头所指的放大部分。（c）细节显示在共晶焊料与镀银导线之间出现了开路，未形成合金连接

6.9.3　元器件引脚材料的应力腐蚀

　　尽管航天产品中实施严格焊接过程控制，但是液体助焊剂及其残留物腐蚀特性而产生的若干问题，花费了大量时间与精力。其中包括多种 FP 封装器件上的镀金 Kovar 合金引线的失效。这些引线首先经过成型处理，然后进行焊接前的去金搪锡处理。去金搪锡通过将引线在锡锅中焊浴完成，并采用中等活性的助焊剂。储存数月时间后，在轻微操作过程中，数个批次 FP 封装的器件引线都可观察到完全的断裂。从图 6-45 的金相照片中可以非常明显地分析出这种失效机制是一种 Kovar 合金的应力腐蚀开裂，其原因是成型后引线中的残留应力以及引线表面薄薄一层"非腐蚀性"的助焊剂残留的共同作用。其他的失效案例，包括表贴晶体管引线在设备级振动试验后的失效。金属断面的显微组织表明应力腐蚀先引起引线中的裂纹，随后因疲劳机制而扩展。

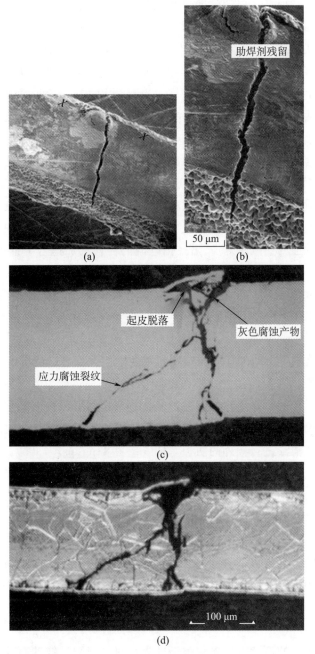

图 6-45　元器件引线局部有问题的金相照片。(a) 电子元器件引脚部分开裂的 SEM 照片，需要注意的
是，没有出现塑性变形；所有的特征都表明 Kovar 合金引线因应力腐蚀而断裂。(b) 裂纹处的细节和轻
　微的突起的详细情况；突起处周边有一圈 "白色" 的助焊剂残留，通过 EDAX 检测确认含有氯元素。
(c) 为图 (a) 中的元器件引线沿 X - X 方向纵向剖切图；腐蚀物为灰色 (箭头指示)，存在于裂纹路径
中，并产生突起现象。(d) 颜色图解。图 (d) 与图 (c) 为相同区域，经过了混合酸的蚀刻处理；并进行
显微镜拍摄。颜色的对比有助于观察。蚀刻工艺去除了样品表面的腐蚀。元器件引线为镀金处理，断裂机
　　　　　　　　　　　　　　　　理为穿晶机制 (见彩插)

开展了广泛的测试项目，以评估助焊剂的腐蚀作用，选取的助焊剂是当时参与欧洲航天器硬件生产的大部分承包商所使用的。收到了 71 份助焊剂的样品，按标准的和特殊设计试验（Dunn 和 Chandler，1980），测定助焊剂中卤素的含量以及 pH 值。腐蚀试验是先在电子产品样品上特意留下助焊剂污染，并在温暖、潮湿环境中持续 56 天。

该评估项目产生的最具有价值的结果是：当镀金 Kovar 合金引线承受接近其屈服强度的应力作用和待评估助焊剂的作用时，具有较低的耐应力腐蚀性能。裂纹起源于刻意留下损伤的区域以及镀金层的多孔位置下方。

所有元器件的样品沿引线长度方向的截面进行金相检测。测试的结构与典型的显微照片见图 6-46。纵切面金相图片展示的常规裂纹和应力腐蚀裂纹（SCC）的广泛度令人感到出乎意料，因为对引线表面的仔细目视检查并未发现表面腐蚀的迹象。

由于氯离子从残留助焊剂扩散到裂纹尖端，引线的表面损伤区域和多孔性镀金层都能够引发并维持应力腐蚀开裂（SCC）。阳极化电流的存在会加速合金钢中 SCC 受电化学机理作用；镀金的 Kovar 合金引线上存在类似情形，阳极化电流会在多孔镀金层和相对不活泼的 Kovar 合金之间出现。值得注意的是，起源于 Kovar 合金的腐蚀产物比 Kovar 合金体积更大，且会通过楔形效应与应力集中，进一步加速应力腐蚀开裂在裂纹尖端的扩展速率。

Kovar 合金因处于应力腐蚀环境而导致断裂的案例并没有广泛报道（Weirick，1975）。对于 Kovar 合金引线，有效防护方式是在镀薄金前，先通过化学方式去除引线成型操作中引入的损伤。薄镀层目的是避免在元器件的制造过程中的引线表面氧化，但最终通过在共晶的锡铅焊料中使用浸涂的方法，形成柔性无孔表面，靠近元器件引线玻璃到金属密封处的剩余金镀层通过硅清漆进行额外的防护（Elking 和 Hughes，1969）。

另外一种降低应力腐蚀开裂失效风险的方法是，在 Kovar 合金上先镀 12.5 μm 的镍镀层，然后镀金。但是，如果元器件在生产或成型过程中造成了镍镀层的机械损伤，这种镀镍工艺也无法解决氯化物参与的应力腐蚀开裂（另见 4.10 节）。

助焊剂评估项目得出的多个结论与建议，不但可以提高航天器产品的可靠性，对于商用电子产品也有帮助。其中包括仅使用非活性助焊剂进行焊接、助焊剂清除以及在部件终端和部件主体之间的引线之间使用应力释放弯曲。

6.9.4　镀银多股线的助焊剂腐蚀

在上一节所述工作的后续，对多种类型助焊剂对镀银铜导线的腐蚀进行了评估。这项工作的必要性在于目前已经在卫星的线缆上观察到了腐蚀产物。腐蚀产物呈现亮绿和灰褐色的特点，与 6.8.3 节中描述的"红斑"无关。多股不合格导线的金相分析结果未发现导线截面积减小。初步的分析是，在短期内的变色现象是由于表面腐蚀且仅仅是一种外观缺陷。但是，许多航天器电子机箱和线缆在发射前都经历长时间的储存。一旦入轨，评估这些腐蚀对设计寿命在 10～40 年之间的加压条件下电子导体（即国际空间站）的长期影响，将非常困难。为增强导线所有的失效模式，被评估的导线股外表面受到了相应机械损伤处

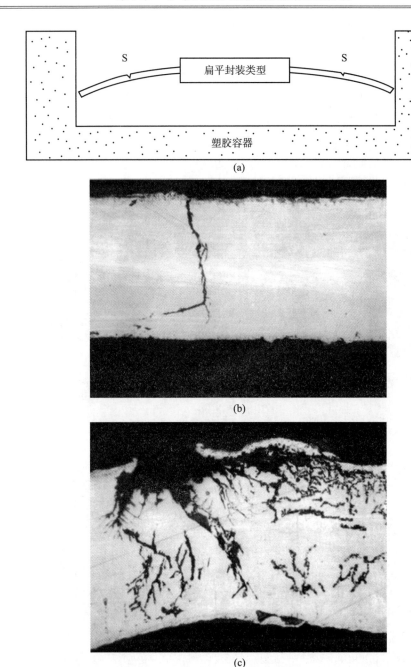

图 6-46　在有助焊剂残留的情况下，应力对元器件引线可靠性的影响（Dunn 和 Chandler，1980）。
（a）元器件的 Kovar 引线在持续变形下腐蚀测试结构图（S 为定量损伤的位置）。通过加工精确控制容
器的内部宽度，从而在引线上表面产生稳定的拉应变，并接近 Kovar 材料的屈服强度。金相分析表明
这些元器件引线为完全退火状态。单个引线的测试结果为：屈服强度为 29.2 kg/mm²；拉伸强度为
43.4 kg/mm²；杨氏模量为 14×10⁴ kg/mm²；断裂延伸率为 43%；显微硬度为 150VPN。（b）沿引
线厚度方向特别严重的应力腐蚀裂纹；裂纹从镀金层的多孔位置扩展。特意用在样品上的商用助焊剂含
有 0.78% 的氯化物。（c）要测试的活性最强的助焊剂含有 62.5% 的氯化物，在数天的应力腐蚀测试中
产生了非常严重的腐蚀结果。截面的组织表明，从定量损伤位置以及其他位置，产生了多个分支裂纹

理，目的是露出导线的铜芯。每根导线表面都涂覆了受控剂量的、在研究中的标准商用助焊剂，然后暴露在长期的湿热环境中。在 52 天的测试周期后，大部分助焊剂都引起了大量导线外表变色。金相分析的结果表明，部分强烈活化的助焊剂确实会导致有限量的铜的损耗。最严重的案例如图 6 - 47 所示。图片中，76 μm 直径的导线中有 15 μm 的铜被腐蚀掉，但是需要注意的是，这种助焊剂中含有 62.5％的 Cl，大约为海水中 Cl 含量的 280 倍！松香基助焊剂极难分析，这种助焊剂中含有大量种类的添加剂，而只有供应商清楚其成分。通常典型的助焊剂配方（Weirick，1975）为：85％的松香酸、12％的海松酸以及 3％含量的其他天然化合物。

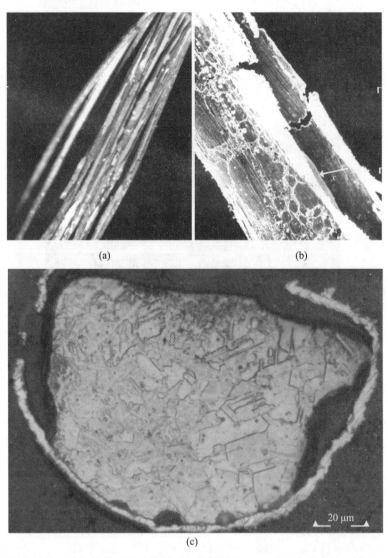

图 6 - 47　测试用的活性、吸潮性最强的助焊剂引起的铜导线（a）的电化学腐蚀。图（b）的 SEM 照片表明测试前镀银层从单股线上去除；图中所示区域（箭头 x）的残留的银镀层区域内仍可以看到少量的铜；从微观剖切面（c）中可以看到"外层"变形破裂，可以看到许多铜被消耗。（a）为光学照片；（b）为 SEM 照片；（c）为氢氧化铵蚀刻后的照片

变绿现象由试验后观察到的现象和对飞行硬件产品的推断，认为是因为松香酸与铜的氧化物之间的反应。这就是松香酸铜，在电子工业内一般称为"绿斑"，通常在焊接后的清洗工序可以被安全地清除掉（Peters 和 Wesling，1968）。作为避免电化学腐蚀的措施，只能选用 6.8.2 节中提到的无孔镀银导线，活性助焊剂或者禁用或者经过全面评估后使用。

6.9.5　助焊剂以及可焊接表面镀层的选择

可焊性指工件的表面特性，通常在规定的温度和液态的助焊剂帮助下，与特定的液态焊料形成可靠连接。润湿的程度取决于被焊接材料表面的化学特性，同时助焊剂的使用将对其产生促进作用，这有助于满足在焊料流动过程中伴随产生的物理、化学反应，见 6.9.1 节。

助焊剂的使用形式多样，可以以外部液态的形式使用，也可以涂覆，或者在焊锡丝芯中加入确定体积的助焊剂。助焊剂的类型选择必须与工件表面的锈点等匹配，接点处的设计应保证助焊剂能适当地进入到接合区，并且在焊接后能被完全清除。各类焊接方式（手持烙铁、火焰焊、电阻焊、炉焊、波峰焊等），可将热量传递至工件，但可能需要特定的助焊剂来避免某些因素，诸如焊接中腐蚀性气体的产生、低闪点成分，以及刺激性或导致皮肤炎症的液体或烟雾。

当采用火焰焊的时候，需要更强活性的助焊剂来去除燃烧时额外产生的表面氧化物。表 6-3 可用来指导焊接常用金属材料助焊剂的选用。据观察，表中的次贵金属需要采用活性更强的助焊剂或者可焊性更好的表面，例如铜镀层等。

表 6-3　工程金属用的推荐助焊剂类型

类别	金属系列	氯化亚汞电极与海水之间的 EMF/V	助焊剂类型与可能的保护涂层
1	金或其镀层；铂金；纯铂	+0.15	金与铂金均具有优秀的可焊性。焊接至金或其合金表面需要注意脆性金锡化合物的产生。金镀层可以通过去金搪锡去除，通过两个锡锅分别进行。松香基无活性的助焊剂可以采用。如果不能去除金镀层，可以采用 In-Pb 合金。硬金镀层由于添加了特定的合金元素或有机添加物导致难以润湿（这种情况下可以采用活性松香助焊剂）
2	铑	+0.05	难度较大——无机酸
3	银或其在铜基材上的镀层；高银合金	0	采用低活性助焊剂容易焊接，当无表面硫化物时，建议采用无活性的松香助焊剂。如果在镀覆过程中引入了氯化物等污染物，则需要表面打磨。当焊接至银镀层时，应采用银基焊料。含银的液态焊料降低了银蚀的风险。由于银迁移以及短路等问题，银镀层不建议作为电路产品表面镀层
4(a)	镍金属或其镀层；铜镍合金	-0.15	难以焊接。采用无机或有机酸进行搪锡后，采用无活性松香助焊剂进行焊接
4(b)	钛	-0.15	无法焊接，可以进行铜镀覆处理

续表

类别	金属系列	氯化亚汞电极与海水之间的 EMF/V	助焊剂类型与可能的保护涂层
5(a)	铜或铜镀层；青铜合金	−0.20	红色氧化物可以通过低活性松香助焊剂焊接；黑色氧化物通过活性松香助焊剂、有机酸或者氯化锌溶液去除（例如辐射体的镀层）
5(b)	铜镍合金；镍铬铁合金；奥氏体，高抗腐蚀不锈钢；Kovar 合金，蒙乃尔铜-镍合金等	−0.20	采用无机酸助焊剂、氯化锌、氯化铵等难以焊接。一些品牌可供选择。可以进行镀镍处理，但是镀层不得多孔或基体被盐类氧化。所有的离子物质，包括裸手触摸污染必须立即并且彻底清除，否则易导致应力腐蚀开裂
6	商用青铜	−0.25	如果表面的氧化膜较薄可以采用低活性松香助焊剂焊接。可以表面镀铜或银，但需要保证镀层良好的粘接力
7	商用黄铜（60Cu-40Zn，70Cu30Zn）	−0.30	难以焊接。如果表面氧化物较薄，可以采用活性助焊剂。如果可见氧化锌等表面氧化物，即使采用无机酸助焊剂，仍难以焊接。存储期内建议镀覆 3 μm 的镍或铜镀层，从而保证可焊性（避免 Zn 扩散至表面）。如果是高铅黄铜，则需要 5 μm 的阻挡层
8	18% 铬含量的耐腐蚀不锈钢	−0.35	见类别 5(b)
9	镀锡的金属	−0.45	新的镀层采用无活性的助焊剂可以轻易焊接。松香的活性由锡镀层的氧化程度决定。推荐熔锡方式，其具有更小的空洞率。纯锡镀层不推荐使用于电子产品，存在锡须的风险。镀层厚度应超过 1 μm，否则锡会与铜发生反应最终形成金属间化合物，从而使焊接难度加大
10	锡铅合金或其镀层	−0.50	采用无活性助焊剂最佳的镀层。多孔表面应采用活性助焊剂。应超过 1 μm 厚度，铅的存在可以阻碍金属间化合物的形成。在铜导线或印制电路板上锡镀层具有良好的存储寿命
11	铅或其镀层；高铅合金	−0.55	应采用低活性助焊剂去除表面氧化物。铅在锡铅合金焊料中的析出导致了特别低的剪切强度
12	铝-铜合金（例如硬铝和多数的 AA2XXX 铝合金）	−0.60	难以采用锡铅合金焊接。一般来说，熔焊或沉浸钎焊更为适合。镀层采用 Zn 和 Cu。应采用低熔点的合金镀层，避免产生热应力镀层
13	铁、灰口铸铁、白口铸铁；低碳或低合金钢	−0.70	可焊性取决于氧化层的厚度。洁净的表面可以采用低活性的助焊剂进行焊接。耐腐蚀或者磷酸处理的不锈钢需要特殊的助焊剂
14	铝合金（不包括序号 12 的铝合金，例如 AA1XXX，3XXX 与 5XXX 铝合金）	−0.75	可以焊接，但需要特殊的合金（例如锡锌或镉锌合金）。可以通过无助焊剂的摩擦焊实现焊接，或者当氧化物去除后，通过超声波焊接。部分品牌的助焊剂可以提供。铝合金焊接处接头的腐蚀是比较麻烦的问题，通常需要防水处理
15(a)	铸铝，不限于 Al-Si 系列	−0.80	参照序号 14，但对于焊锡与助焊剂的选择需要特殊的考虑
15(b)	镉镀层	−0.80	采用低活性或高活性的助焊剂容易焊接。如果属于耐腐蚀的镉镀层，难以焊接，并需要氯化铵类助焊剂。烟气有毒
16	热浸锌镀层	−1.05	参照类别 15

续表

类别	金属系列	氯化亚汞电极与海水之间的 EMF/V	助焊剂类型与可能的保护涂层
17	锌合金;锌基铸造合金;锌镀层	−1.10	一般由于表面氧化焊接难度较大。采用无机酸或特殊种类助焊剂。水密性保护对于避免腐蚀非常必要
18	镁及镁合金,铸造或锻造	−1.60	由于低的强度与耐腐蚀性,不建议使用

注:考虑电位差的匹配性,不同焊接金属间的最大电位差不应超过 0.5 V。

近些年来,采用两种金属镀层保证可焊性的工艺方法,成为经济性更好的一种选择,尤其是对于组装焊接之前需要长期储存的情况。在这些情况下,原本难以焊接的金属表面进行镀铜或镀镍处理,随后在表面涂覆可焊性极佳的共晶锡铅焊料,该焊料可在热油中熔化来形成 4～12 μm 的无孔保护层。这种处理即使暴露在工业环境中多年,其可焊性仍能得到保证。选用高可焊性涂层可以避免采用高活性的助焊剂,而这类助焊剂通常在焊接后难以清除,并且在任何焊点中都可能会导致次贵金属的大量腐蚀。

强活性助焊剂的化学组成基于卤化物的水溶液,例如铵、氯化锌和正磷酸,这些溶液广泛应用于一般工程领域。应用于电子组装件时,通常选用酒精溶液形式的松香基助焊剂。各类松香基助焊剂都在使用,包括非活化无卤素的、有机活化的以及卤化物活化的松香。市场上提供各类商用助焊剂,而这些助焊剂中含有的各类添加剂只有助焊剂制造厂商清楚。

6.9.6　电化学腐蚀的控制

基于通用的设计原则,希望避免将电位相差较大的金属互联在一起(见 2.2 节)。表 6-3 以标准电极在海水环境中的活性为参照,给出了不同金属的相对活性。许多专家推荐,为避免电极腐蚀,服役于不可控的陆地环境的金属材料组合,不同金属之间的电位差不得超过 0.25 V。当工作于可控的环境中,例如航天器装配的净化室环境,兼容的、无腐蚀的金属电极之间的电位差不应超过 0.5 V。

幸运的是,锡铅这种最常见的焊料合金(表 6-3 的类别 10)通常与金之外的大多数可焊金属兼容。表 2-1 中显示电位序列的图表对于同时要兼顾可焊性和腐蚀控制的材料选用,在初步近似时非常有用,但对于许多应用而言它可能过于简单,因为表格中的信息不包括腐蚀速率以及减缓或者加速双金属界面腐蚀的表面化学变化。

6.9.7　助焊剂所污染表面的清洗

在焊接后,助焊剂、残渣抑制剂、阻焊剂以及油污等必须立即从焊点处清除干净,所使用的方法要避免影响硬件产品。即使助焊剂厂将其特定的助焊剂、稀料和油脂等分类为无腐蚀材料,也应采用清洁溶剂清除干净所有的残留物。如果助焊剂残留在加压电子设备箱内部的焊接表面上,则有必要进行相关的环境测试以确保这些助焊剂残留不会引起表面腐蚀或应力腐蚀开裂,进而引起产品的整体性降低。表面贴装器件下方的助焊剂污染物的讨论见 6.15.9 节。

航天器 EURECA 于 1992 年 7 月在亚特兰蒂斯号航天飞机中发射。该航天器在轨 286 天后由奋进号航天飞机回收。在任务执行期间，所有的目标都已完成，其间也发现了多个问题与反常现象（见第 8 章）。其中一个与 3 号陀螺仪的失效有关——经航天器返回地球后的检测，确认这是由于陀螺仪轮发动机的相开路导致（Kugel 等人，1995）。连接发动机的线缆由非常细的柔性镀锡铜线制作。检查发现其中一根柔性镀锡铜线已经完全断裂，其余的也有不正常的变色现象。金相分析表明过量的助焊剂残留粘在导线上，SEM 照片分析指出盐酸引起了所有导线的腐蚀，进而导致一根导线的断裂失效。这个教训明确表明在焊接后清洗掉助焊剂的必要性。

设备应用于真空环境时其助焊剂残留必须清洗干净，有研究表明松香助焊剂包含的物质在设备的典型运行温度下几乎都具有明显的挥发性（Sinclair 等人，1985）。在某些情况下，可以采用新型的超声波焊接技术来避免使用助焊剂。但这类方法不适用于通孔或表贴器件与 PCB 之间的焊接，如果焊料的毛细流动（而助焊剂的流动更为优先）是形成良好连接的关键。同时，一部分学者认为超声波的振动会损伤有源元器件封装内部的微导线连接。然而，超声波焊接——其将超声波能量引入至含有液态焊料的槽中——有许多的应用，例如可以通过液体空化气泡的内部爆破力这种机械方式清除浸入其中工件表面上的氧化物。元器件引线可以有效地进行脱金与预搪锡。多股导线可以不采用助焊剂而完成搪锡与焊接，避免助焊剂通过毛细效应渗入绝缘皮与线芯之间（因而不需要导线热沉来避免芯吸现象的出现）。超声波焊接的温度相对于采用助焊剂的焊接方式可以更低，也会减少焊槽内锡渣的产生。对于端子引脚、导线标签，以及已经老化且按照 ECSS - Q - ST - 70 - 08 标准中常规方法焊接通常需要退润湿的元件引线这几种"难操作的"器件，超声波焊接可应用于其可焊性再生（Saxty，1995）。

NASA 与 ESA 采用的助焊剂材料选择方法是微观 VCM 测试。RMA 与 RA 型助焊剂样品用于可凝挥发材料测试。首先，将它们涂覆于铝箔之上，在室温下"固化" 8 周，然后依据测试流程，将这些样品在 10^{-6} mmHg 真空度、125 ℃条件下保持 24 h 后，对其可凝挥发产品的质量损失进行评估。

表 6-4 中的结果表明，这些助焊剂残留是有害的，它会使航天器因污染物和其他诸如腐蚀和电晕等现象而失效。它们也有可能会使再凝结发生在滑环间或者触点间（这会导致电气开路）以及光学或热力学控制表面上，进而导致卫星任务的彻底失败。

表 6 - 4　助焊剂残留的放气数据

助焊剂牌号	类型	TML/RML(%)	CVCM(%)
Kenco 365	RMA 型,松香基,含 0.01%氯化物	48.2/48.0	12.0
Multicore PC 21A	RA 型,松香基,含 0.23%氯化物	21.2/21.0	5.0

注：TML 总质损；

　　RML 回收质损；

　　CVCM 可凝挥发物；

　　ECSS - Q - ST - 70 - 02 的可凝挥发物，"一种用于筛选真空材料的热真空测试方法"，源自 Dunn 与 Bergendahl （1987）。

助焊剂可以用清洗液通过浸渍清洗的方式去除，部分情况下可以伴随超声波搅拌（对于承载小型集成电路的电子产品不适用，因为其微型导线接点的性能会降低）。助焊剂清洗干净有利于焊点的检查操作。当采用无机或有机酸作为助焊剂时，焊接后立即清除助焊剂残留尤其重要，甚至在工件未冷却至室温前就应进行清除工作。最后的漂洗槽应包括洁净的溶剂或去离子水；这些可以通过周期性测量电阻率的方法进行控制，测量间隔基于其数量及尺寸。所有清洗液都应通过标签明确标示，不应采用存在污染或者降解迹象的清洗液。

以下清洗液可用于电子设备的清洗，前提是在焊接后尽快进行清洗（例如在助焊剂和残留物发生聚合或老化之前）。

1）99.5% 或 95% 纯度的乙醇（体积比）；

2）99% 纯度的异丙醇；

3）上述材料的任意混合物；

4）萜品；

5）在洁净度和可靠性方面等于或者优于 CFC - 113 清洗液的所有商用产品；

6）氟醚，即甲基九氟丁醚（$C_4F_9 - O - CH_3$），纯净的无色、低气味的液体，在航空与电子工业领域可以采用；

7）最高温度为 40 ℃ 的去离子水适用于某些助焊剂，用去离子水清洗后的物品必须立即进行彻底烘干。然而，随着持续的小型化，水基工艺无法渗透到极小的隔离缝隙中。

建立在联合国要求之上的蒙特利尔协议，目前已经生效，目的是遏制和阻止大气臭氧层的消耗；大气臭氧的消耗如果不停止，对于地球环境会有灾难性的影响。诸如氯氟烃（CFC）化学制剂是电子工业领域应用最广泛的溶剂，但是现在人们认识到此类物质排放到大气中后成为臭氧消耗的罪魁祸首。航天工业目前也不再参与 CFC 类物质的生产与使用，包括 CFC - 113，即三氯三氟乙烷，$CCl_2F - CClF_2$。

4.2.1 节介绍了用于清洗机械零部件的现代方法。在放弃使用 CFC - 113 清洗液后，一些电子设备的制造厂商已经考虑使用免清洗和低残留的助焊剂作为解决途径。从焊接工作组的测试项目和结果（Iman 等人，1995）中，可以明显看到，有些产品在商用和军用领域非常优秀。然而，空间领域仍坚持使用视觉完美的 PCBA 产品以保证敷形涂覆的粘接力、低的放气率，并确保不存在锡铅合金迁移，见图 6 - 30 与图 6 - 49。清洗机市场因此变得活跃，因为针对每种不同种类的清洗液有不同的清洗机（图 4 - 85 为一款成功的清洗机）。

所有空间产品的标准都要求在最终清洗后进行周期性的清洁度测试，目的通常是（在敷形涂覆前或进一步将 PCBA 组装至电子机箱之前）检测是否存在离子残留物。如果这些测试结果不符合要求，整批次产品需要重新清洗并重新测试。

离子残留物测试是基于溶剂萃取方法；体积比为 75：25 的异丙醇与去离子水溶液通过闭环泵送至离子交换柱进而纯化至低的电导率（即基线）；被测试的印制板放入该溶液中；离子残留物从 PCBA 上被清洗下来，导致电导率的升高（或者是电阻率的降低），从而用于测量溶解在溶液中的离子残留物数量。污染物的水平以 $\mu g/cm^2$ 的 NaCl 等价离子或可电离助焊剂残留物表征。这种方法起源于 20 世纪 70 年代，市场上有许多类似测量设备能够进行该测试。在所有元器件组装线上都可以看到它们，包括污染物计量器、离子追踪器、离子谱测量和 Omega 尺。一份 ESA 的报告介绍了这些设备的型号，适用于测量离子污染物的水平，但是不同设备测量的污染物的含量，因采用的助焊剂类型差异而存在轻微差别（Bergendahl 和 Dunn，1984）。报告同时给出了不同设备的等效因子。依据 IPC 与 ECSS 标准，表面污染物的最大上限为：小于 1.56 $\mu g/cm^2$ NaCl 当量。其他组织要求更低的污染物含量，例如 1.3 $\mu g/cm^2$ 或 1.0 $\mu g/cm^2$。由于现代空间 PCB 装配具有更高的复杂性、小型化与更小的导体间距，因此这些更低的限制对其更加适合。Naisbitt 于 2015 年重新回顾与评估离子污染物测试方法，并得到一些重要的发现：在测试过程溶液能吸附一些离子污染物，例如周边气体中的 CO_2 和其他气体（形成碳酸），因此有必要在设备的样品腔上方加上盖子；从电化学角度看，表面绝缘电阻测试（SIR）适用于评估残留物（离子或非离子）是否危害电路性能。FTIR 与离子色谱法对于测量离子盐的存在是有效的，但无法确认离子的存在是否危害电路性能。

在 Zou 等人（1999）的研究之前没有被充分论述的一个重要主题是：PCB 组装件（包括返修、返工）在提交清洗之前能在什么温度环境存放多长时间？这项研究在裸板、带有通孔组件的典型组装板和表贴器件的印制板上展开。采用的助焊剂为纯松香、中等活性助焊剂（带芯焊丝）和助焊膏，均由优选的航天产品供应商提供。结果表明在室温条件下存储 48 h 后采用在 IPA 浸泡的简单方法，助焊剂难以清除。建议清洗在 48 h 内执行，最好在 24 h 内进行。在推荐的时间段内，即使将印制板加热至 80～120 ℃ 也未产生副作用。清洗液的选择很重要。在采用简单的浸泡清洁方法时，一种专用的清洗液的清洗效果优于（达两倍）其他的清洗液。这对于表面贴装器件而言非常重要，因为刷洗和擦洗效果并不明显。对于镀孔插装器件而言，刷洗和擦洗则是有效的。清洗效果的提升与抬高高度的 4 次方成比例，但表贴器件相对于插装器件的清洗存在更多问题。

这些测试结果得到 ECSS - Q - ST - 70 - 08 标准的审议专家组考虑，并采纳了如下要求：

　　1）助焊剂及其残留应在焊接操作后 8 h 内进行去除；

　　2）PCB 组装件每次清洗操作的浸泡时间不得超过 30 min（长时间的浸泡会导致相连金属界面的电化学腐蚀）。

ECSS～Q - ST - 70 - 38 则建议间距为 0.1～0.4 mm，这有助于清洗并降低热循环失效的可能。

6.9.8　助焊剂残留，进入 PCB 表面顶部涂层以及清洗后的烘干

前面章节描述了空间领域如何寻找溶剂清洗液的替代品。航天器系统中目前使用的表面贴装元器件要求考虑更多事项，大多数焊接技术要求使用活性助焊剂，以确保足够的焊锡润湿以及焊膏中的小尺寸焊球在熔化时不散射（ECSS - Q - ST - 70 - 38）。

　　对于传统电路板组件以及表贴元器件装配的 PCB 的离子污染物的检测设备，多项研究针对其适用性进行了评估（Bergendahl 和 Dunn，1984；Dunn 和 Bergendahl，1987；Tegehall 和 Dunn，2006）。研究发现，除非明确了足够的抬高高度，否则即使使用 CFC 类清洗液，在单个元件下方的助焊剂及其残留物都几乎无法清除或检测。目前而言，ESA 采用的 CFC 的替代清洗液并不能充分去除电装过程采用的各类助焊剂。即使同类的助焊剂，其组成差异也很大。通过对部分知名品牌的助焊剂成分的化学分析得知，不同批次的助焊剂在成分与酸性之间差异很大；即使是这些助焊剂本身，也含有污染物颗粒（Dunn 和 Chandler，1980；Nasta 等人，1990）。1980 年的相关研究引人注目，因为供应商承认其来料未经充分分析而直接用于制作可交付的液态助焊剂产品。近来作者访问了一家助焊剂制造厂商，该厂商所用天然松香是从葡萄牙和中国采购，对于来料批未进行化学成分分析（原料从松树的树液中提取，必然含有不同种类的化学物质与酸性）。这些结晶固体随后经过热处理进行化学改性，加入溶剂与其他化学物质，保证一致的黏度与卤素活性。

　　与 PCB 组装件的助焊剂清洗有关的另外一个难题是由每个 PCB 表面状态的复杂性引起的。在高倍放大镜下，环氧树脂层压板具有海绵状的表面，其中包括微孔与内部互联通道。如图 6-48 所示，图片清晰地表明了助焊剂与其他污染物如何轻易被印制板俘获。一旦俘获，清洗是极为困难的，随着时间的推移，污染物会扩散至印制板表面，从而影响性能，如产生表面绝缘电阻（SIR）等。Tegehall 和 Dunn（2006）对不同污染物对漏电流的影响进行了综述，结果表明对于所有无机类的污染物，达到临界相对湿度后将引起 PCB 的漏电流（通过铜梳的形式进行了验证）。更明显的例子，如离子物质引起了电化学迁移（EMC）与低的表面绝缘电阻（SIR），如图 6-30，图 6-49 和图 6-50 所示。

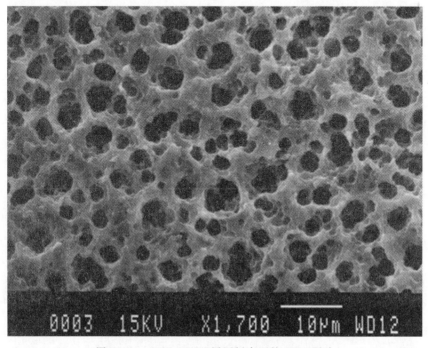

图 6-48　FR-4 PCB 层压板表面的 SEM 照片

关于宇航用印制板的介电性能，选用了三种材料的 PCB 进行了评估：刚收到的状态；暴露于 90%RH 的湿度环境中 20 天；在空气中以 125 ℃烘烤 4 h [此为项目中的一部分，项目还包括 PCB 层压板暴露于紫外线辐射与电子束辐射中的老化（Bulletti 和 Dunn，2012）]。湿度环境暴露试验的简短总结性结果如下所示：

表面电阻，SR，Ω

Thermount：接收时，6.7×10^{16}，在 90%RH 湿度试验后，1.8×10^{15}

环氧树脂：接收时，1.0×10^{16}，在 90%RH 湿度试验后，3.5×10^{15}

聚酰亚胺：接收时，1.7×10^{16}，在 90%RH 湿度试验后，3.5×10^{15}

体积电阻率，VR，Ω·cm

Thermount：接收时，1.3×10^{16}，在 90%RH 湿度试验后，1.5×10^{15}

环氧树脂：接收时，2.6×10^{16}，在 90%RH 湿度试验后，3.6×10^{15}

聚酰亚胺：接收时，3.3×10^{16}，在 90%RH 湿度试验后，8.2×10^{15}

烘烤后的 SR 与 VR 数值恢复到与刚接收时相近。

Thermount 层压板相对于环氧树脂-玻璃纤维增强层压板与聚酰亚胺-玻璃纤维增强层压板，具有更高的湿度敏感性。这可能是因为 Thermount 材料更多的表面气孔导致（类型为 Arlon 85NT，聚酰亚胺树脂基质中短芳族聚酰胺增强纤维的独特组合）。但是，从电气性能角度而言，印制板组装件的烘烤明显必不可少：

1）在清洗后；

2）暴露于潮湿环境（例如当试验箱未冷却至室温时电子设备转移出来导致的凝露）。

Pecht 等人（1999）对应用于现代高可靠电子组装件的有机层压板的潮气进入、烘烤去除的过程进行了研究。他们的研究包括宇航用 FR-4 环氧树脂印制板、高温（HT）的 FR-4 印制板与聚酰亚胺印制板（PI）。扩算系数的计算是基于吸湿与析吸过程与时间的平方根的关系来进行的。FR-4 与 HTFR-4 印制板扩散系数较为接近（50~85 ℃，50%~85% RH 条件下，0.7~3.3 cm²/s），但聚酰亚胺印制板的扩散系数在 50~85 ℃，50%~85% RH 条件下，从 1.2 至 8.2 cm²/s 不等。对于真实的印制板而言，铜会形成潮气扩散的阻挡层，但实际中聚酰亚胺印制板的烘烤速率会高于 FR-4 印制板。

PCB 在焊接前烘干吸收的水分是必要的（这是为避免印制板的分层以及镀层通孔的损伤，因为在焊接过程中 200~300 ℃的温度可能在层压板之间形成水汽）。

从 ESA 认可的生产线（ECS-Q-ST-70-11）采购的 PCB 所进行的烘烤时间和温度的研究表明，对裸板来说结果是一致的（Charrier 等人，2003）。每一块测试的印制板在 75%的异丙醇与 25%的蒸馏水溶液中按照标准、精确的程序进行清洗干净。PI（聚酰亚胺）层压玻璃布板在 105 ℃和 120 ℃烘干得最快。FR-4 环氧玻璃布板烘干明显慢得多。不出所料，PI 印制板在烘干后相对于 FR-4 印制板吸水增重较快。这些结果与 Pecht（1999）的研究结果一致。这些结果表明，焊接前进行合理的烘烤工艺应该是：

1）在烘箱中 90~120 ℃范围内去潮处理（但也需遵循印制板厂家的建议）；

2）烘烤时间至少 4 h（但需注意高温条件下长时间的烘烤会降低 PCB 焊盘的可焊性）；

3）采用真空烘箱温度可以选择低于 90 ℃；

4）室温条件放置 8 h 后应进行去潮；

5）建议保存在充满干燥氮气的袋子内。

这些烘干参数详见 ECSS - Q - ST - 70 - 08。

在电化学迁移（ECM）试验过程中，原位光学观察与图像记录见证了枝晶的产生与生长。这项工作（Medgyes 等人，2011）非常重要，因为这项测试是在热湿条件下开展的，这与航天器在电子设备箱进行热真空试验后转入的测试环境非常类似。如果在深度冷却循环之后打开真空室，则电子电路可能需要很长时间才能升温到环境温度。在这些条件下发生了冷凝，导致了图 6 - 49～图 6 - 51 中的短路现象。

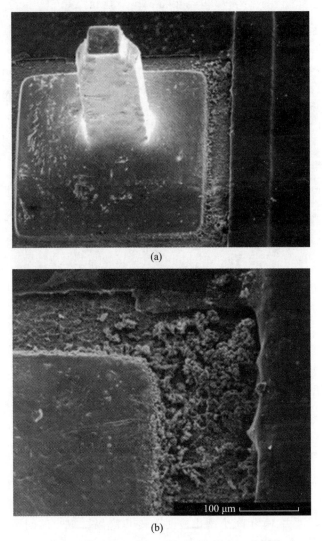

图 6 - 49　电化学迁移。（a）引线端子通过波峰焊接到 PCB 上，在潮湿环境（非水汽）处于 10 V 的
电压条件下的情况。导体间隙仅有 0.15 mm，这反映了低于允许的最小电气间隙 0.30 mm
（违犯）的风险。（b）锡铅合金迁移而导致低的表面绝缘电阻（SIR）详细情况

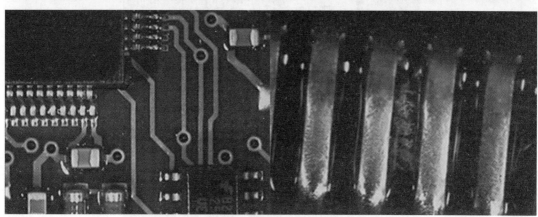

图 6-50 运行的电子产品实际发生的 ECM 失效。左上，ECM 的 SEM 照片（类似于图 6-33，但这里是元器件引线焊接至无功能焊盘）。陶瓷电容，在介质上产生枝晶；带引脚的扁平封装器件；在敷形涂覆层上 ECM。漏电流的路径清晰可见（Ring，2010）

需要注意区分电化学迁移（ECM）与导电阳极丝（CAF）的形成。依据 IPC 标准：

电化学迁移（ECM）：在潮湿以及电位偏置的环境下，导电金属丝沿介电材料表面或穿过绝缘材料的生长现象。

导电阳极丝（CAF）的形成：金属导电盐丝的生长是在外加电场作用下，使得导电化学物质经过非金属基材进行传输的电化学迁移过程，从而形成导电阳极丝（见 6.9.9 节）。

ECM 主要与 PCB 表面相关。不过，ECM 也会发生在电子元器件以及敷形涂覆层的表面（见图 6-50）。元器件小型化和导体间距的减小增加了 ECM 的潜在可能性——对于倒装芯片集成电路，过去 10 年间小型化程度达到了 90%。更小的间距 d 导致了电场强度 E 的增加，从而导致在潮湿环境下局部电池腐蚀更容易形成，即 $E=V/d$。Ambat 等人（2009）发现单个陶瓷电容器由于表面的灰尘和助焊剂残留的存在而发生了严重的 ECM 现象，从而导致失效（在电容器的金属化端子之间）。

虽然 ESA 未做要求，但绝大多数航天器电路板产品都采用了一层薄的绝缘涂层进行防护，也称为"敷形涂覆"。这些涂层的目的是将装配件因潮湿、操作和其他污染物造成的产品退化降到最低。尤其重要的是，当电路板产品在测试试验中或者在最终的使用环境中，这些涂层有助于提供防护，避免 SIR 下降的风险。

针对清洗后但残留部分助焊剂并进行敷形涂覆防护的宇航用 PCB，在空气中和真空条件下进行电气性能测试来评估残留助焊剂的影响（Tegehall 和 Dunn，1992）。对宇航用的七种不同种类的助焊剂（见表 6-5）残留进行 SIR 测试来进行评估。这是预判可靠性损失的唯一简单方式（Ellis，1996），对于空间应用，强烈建议将测试图案整合到要焊接的依据企业流程与清洗标准（IPC-TM-650 2000）进行焊接的测试印制板上来评估 ECM 发生的潜在可能。这些测试的结果见图 6-51，总结如下：

LFR-4 印制板正反面的环氧树脂涂层表面结构，导致其清洗非常困难。用于空间产品的印制板在电装前必须彻底清洗干净。后续的生产过程包括焊接等必须避免使用具有吸湿性的化学物质或助焊剂。

• 部分污染物不可避免会进入环氧树脂涂层的孔内、通道内，从而影响环氧树脂材料的性能。

• 非活性或低活性的松香助焊剂残留已经证实在潮湿或干燥环境中，会增加 PCB 的 SIR。然而，对于金属导体会有严重的腐蚀。

• 基于羧酸的低固相助焊剂残留物会降低 SIR。这项研究检测到助焊剂残留物造成的污染水平非常低（0.13 $\mu g/cm^2$ NaCl 当量）。这些有机酸类助焊剂对于空间产品而言并不适用［Sohn 和 Ray（1995）发现了这类助焊剂的不良性能］。

• 对于 PCB 组装件的敷形涂覆工艺，已被证实可以提高其 SIR，尤其是在高湿环境下。但这并不一定意味着可靠性得到提高。如果敷形材料下方有吸湿性污染物，涂层可能起到有害的效果（Schweigart，2007）。

表 6-5　用于印制板测试的助焊剂性能

助焊剂型号	类型	卤素含量/%	pH	固体含量/%
Kester 145	R	None	5.1	25.2
Alpha 611	RMA	0.03	5.0	34.5
Elsold	RMA	0.08	6.0	13.7
Multicore PC29-17	RA	<0.5	4.2	17.4
Kester 1585	RA	0.75	4.8	36.4
Interflux 2005	LS	None	4.5	2.0
Alpha 850-33	OA	5.0	1.0	30.8

注：RMA——低活性松香；

　　RA——活性松香；

　　LS——低固体含量，水溶性；

　　OA——有机酸类，水溶性，只用于航天领域元器件引线较难搪锡的场合；

　　R——松香基，无活性。

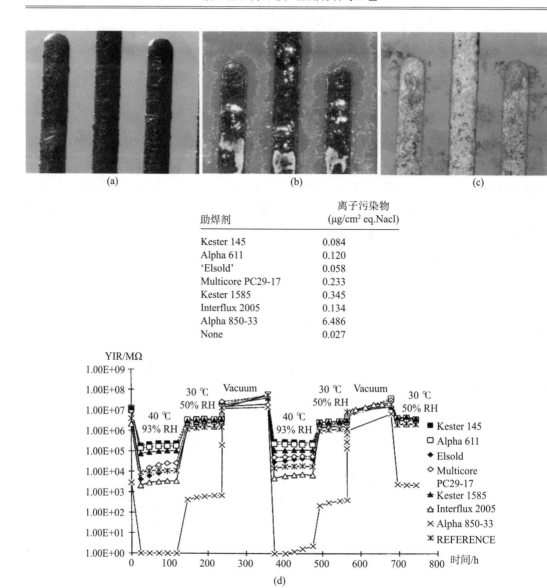

图 6-51　照片 ［（a）～（c）］为一些测试板（梳状焊盘）环境试验后的状态；表征助焊剂残留对 PCBs 的影响（裸板加各种宇航用敷形涂覆材料）。（a）Elsold F-SW26，低离子含量。无腐蚀，无 SIR 问题，无残留物（敷形涂覆的印制板未出现 SIR 问题）。（b）Kester 1585，中至高浓度的离子含量。印制导线的痕迹表明了严重的腐蚀。无 SIR 问题，无残留（敷形涂覆的印制板未出现 SIR 问题）。（c）Alpha 850，高离子含量，加上敷形涂覆 CV-1140。无可见残留物，但是有严重的铅锡迁移。非常低的 SIR（对于裸板与敷形涂覆的印制板，都出现了枝晶和短路问题）。（d）环境试验结果汇总：先暴露于温湿环境中然后是真空环境，详细情况如图中绝缘电阻随时间（h）变化的曲线所示，为进行敷形涂覆后的表面绝缘电阻（SIR，MΩ）记录结果（所有类型的涂层给出了类似的结果，表明水分子可以快速扩散至硅类涂层）。图中显示的是印制板经过"粗略清洗"后的离子污染物水平（引用的数据为三块印制板的平均值，这三块印制板焊接时采用同种助焊剂）（tegehall 和 Dunn，1992）

6.9.9　导电阳极丝（CAF）的形成与颗粒污染物

　　6.6.3 节与 6.9.8 节描述了电化学迁移现象，但需要注意这些案例与"机理 1"有关，即 PCB 表面枝晶的生长，起源于铅离子进入到阳极端的溶液内（焊锡覆盖的印制线），并在阴极端产生电镀。这些生长表现出不同的形态，从蕨类形态/树状形态到结瘤形态（图 6-30），再到图 6-49 与图 6-50 中小结沉积。"机理 2"涉及图 6-52 中的导电阳极丝生长。导电阳极丝在 PCB 的厚度方向产生。用 TM-650 中定义的 IPC 方法进行 CAF 的测试，有助于确定 PCB 板材或成品的可靠性。CAF 失效的案例逐渐增加，主要是因为电气间隙与元器件总体尺寸越来越小以及高性能与高密度集成的需求增加。因此这类测试的必要性也逐渐增加。英国的国家物理实验室与美国的 Trace 实验室展开的相关工作为业界提供了对 CAF 失效案例的更深入了解。

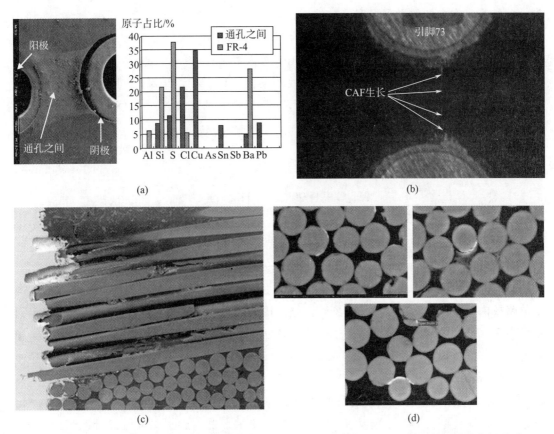

(a)　　　　　　　　　　　　　　　　　　(b)

(c)　　　　　　　　　　　　　　　　　　(d)

图 6-52　显示 CAF 形态的光学照片与 SEM 照片汇编。（a）试验后，FR-4 层压板上通孔之间通过 EDX 检测到的污染（Lee 等人，2006）。（b）光学显微照片（对 PCB 的中央位置，沿水平截面进行剖切），显示了在两个通孔之间 CAF 的生长，引起了印制电路板的短路（IPC-9691A：User Guide for the IPC-TM-650，Method 2.6.25），由 NTC-Trace 实验室提供。（c）高倍放大图片，显示了靠近通孔处分离的玻璃纤维；铜电镀溶液进入并沉积在纤维之间（由 Hytek 提供）。（d）横向穿过玻璃纤维的截面——显示了处于玻璃纤维与树脂界面处的 CAF（铜沉积物，显示为白色）；在厚的沉积处进行 EDX 能谱分析，确认成分为纯铜（由 NPL 提供）

越来越小的电气间隙、过孔直径和多层板上越来越多的电镀通孔（部分会填充）是 CAF 形成与生长的主要路径。尽管 CAF 最典型的短接案例是在电镀通孔之间横向形成，它也可以沿垂直方向在内部线路之间生成（Nuez 和 Tan，2014）；从这些详细的分析工作中可知"这些失效很容易被忽视，主要是因为 CAF 的物理特性、间断的特点以及短路问题的可恢复性"。CAF 也可能因较差的钻孔工艺而产生，因为钻孔会产生裂纹或者产生玻璃纤维与基体之间的分层等。CAF 可以发生在孔与孔之间、孔与线路之间、层间印制导线之间以及接地层与线路之间。CAF 与枝晶的生长的不同之处在于，CAF 沿玻璃纤维（通常包裹单个纤维丝）、层间裂缝或者是树脂粘合的脆弱处以单纤维丝形式生长。沉积的纤维丝通常是铜。一般 CAF 不会被发现，除非电路失效导致局部烧蚀、树脂汽化以及玻璃纤维断裂。对于实验室而言分析 CAF 失效是很困难的：纤维丝通常非常细，且沿着玻璃纤维的编织间隙生长，因此从横截面的水平或垂直方向均无法识别。通常沉积物具有吸湿性的特点，在横切的过程很容易被洗去。如果怀疑 PCB 制造的工艺水平，可以对 PCB 进行加速测试，在环境试验箱中（85 ℃、85％ RH 条件）对 PCB 施加 100 V 电压 140 h 后，CAF 有可能在阳极化通孔周边出现（Lee 等人，2006）。

近期因 CAF 导致航天器供电系统失效的案例（Heltzel，2014），重温了 Roger 等人（1999）与 Bertling（2004）的前期文献，最近实验室的研究进一步确认了以下的化学反应：

阳极：

$$Cu_{(solid)} \longrightarrow Cu^{n+}_{(aq)} + n\,e^-$$

$$2H_2O \longrightarrow O_{2(gas)} + 4H^+_{(aq)} + 4e^-$$

阴极：

$$2H_2O + 2e^- \longrightarrow H_{2(gas)} + 2OH^-$$

$$Cu^{n+}_{(aq)} + n\,e^- \longrightarrow Cu_{(solid)}$$

研究人员对因短路或者绝缘电阻下降而产生缺陷的多层印制电路板的进一步评估，确认电路板内部导体之间存在微粒污染物。这些诸如微小纤维的污染物对于预浸坯料和覆铜层压板而言是常见问题，其形成可能是由于 PCB 制造过程中的不良处理以及不当存储导致的空气传播颗粒。加速测试（85 ℃，75％ RH，100 V 直流电偏压）表明铜在内部导体线路之间沿着纤维桥接进行迁移（Mc Brien 和 Heltzel，2013）。研究人员采用红外显微镜和 SEM 作为观察污染物纤维丝进行失效分析的部分手段。在这个测试中，长纤维被电化学迁移的镀铜包覆，类似于前文所描述的 CAF 机理。这引起了漏电流以及测试的失效。通过详细的研究结果得出的结论为：对于层压材料现有的洁净度要求需要加严，尤其是制造的层压板用于空间领域产品时。

6.9.10　电装区域的潜在健康危害

航天器电子产品通常为小批量生产，对于每一块电路板而言其通常具有独一无二的设计与布局，而这种独特的设计和布局无法担负进行设备焊接操作相关的参数的设置与优化试验所带来的额外成本。基于上述原因，制造厂商通常会雇佣技术能力强的工人队伍。工作者穿戴无尘工作服，进行半导体器件和电路板的装联，其工艺包括：元器件引线剪切、基于树脂或胺的助焊剂应用、高温烙铁焊接、返修操作以及混合、施加粘固化合物和敷形涂覆材料。这些工作，所谓的手工或设备焊接，属于劳动密集型，有可能使操作人员暴露于包括感染皮炎在内的各种危害之中。剪切诸如 PCB 层压板内部的玻璃纤维时必须避免身体损伤。外露的纤维能刺破并刺激皮肤。玻璃纤维进入工作区域会随气流循环，引起皮肤的瘙痒。

　　错误使用工具，例如手术刀或者留屑钳，可能导致对身体以及眼睛的伤害。操作者应经过培训要选用锋利、90°剪切刃的留屑钳，使用时垂直切刃正对元器件本体（ECSS‑Q‑ST‑70‑08）。采用 Kovar 合金或者是冷拉的铁‑镍合金制成的较硬的元器件引线，剪切时会产生非常大的能量（冲击）的释放，这可以通过被剪切掉的小段引线的速度以及位移确认。如果留屑钳用错了方向，释放的能量可以轻易损伤元器件或者导致玻璃‑金属密封处产生裂纹。然而，即使正确使用留屑钳，操作者也应避免剪掉引线对自己或者同事眼睛造成伤害，同样，剪掉的这一小段导体材料也不得掉落在飞行产品之中。操作者佩戴的防静电腕带也有可能导致皮肤的不适（皮炎等）。这些腕带包含用于接地的不锈钢或者镀镍金属等，且一直接触操作者的手腕。通常认为 10% 的女性对于镍有一定的过敏，尤其是汗液从袖章中浸出的情况下。这些随着少量液态助焊剂的出现而加重，因助焊剂中含有酸、胺类、溶剂以及其他微毒的物质。对电子行业手工操作者皮肤不适的研究表明，因工作相关而导致胳膊或前臂皮炎等症状是很普遍的，佩戴手套则降低了此类不适的出现程度（Koh 等人，1990，1994）。

　　焊接过程会释放出松香烟雾，这对于女性焊接操作者的呼吸会产生轻微的慢性阻塞影响（Lee 等人，1994）。从助焊剂中产生的这些烟雾被英国健康与安全执行委员会列为六种导致职业性哮喘病的物质之一（Evans，1995）。其表现症状通常为咳嗽、气短、喘息及胸痛等。助焊剂产生的烟雾含有大量的有毒物质，包括盐酸、丙酮、烃类和一氧化碳。航天公司在进行焊接组装操作时，使用烟雾排放系统是很重要的。这些排烟设备可以安装在每个操作者的局部工位上，或者参照波峰焊设备的排烟设备安装在焊接设备的上方。最近一个重要的研究发现，电子行业使用电烙铁与 Sn60Pb 的手工焊操作者并没有受到铅的危害（Jalbert，1994）。焊接过程中需要避免强的空气流速，因为这会导致焊点一侧的液态焊锡过快凝固，从而影响焊接质量。大排量设备可以用于排放大量的空气，但不应产生较大的噪声（应小于 50 dB），操作者对精密件进行操作时，噪声会产生负面影响。作者推荐的一本简短的读物为 *Safe Soldering Work Practices*，由劳伦斯伯克利国家实验室于 2010 年 12 月发行，可在线获取。

　　良好的照明也是高质量焊接操作的前提条件，ECSS‑Q‑ST‑70‑08 要求工作台面具有 1 080 lx 的光照强度且至少 90% 的工作区域无阴影。良好的照明条件可以提高生产效率，减少返工（见 6.12 节）；光照不良则会导致事故，且会降低工作效率与效果，也会降低物体的对比度，这对于焊接与检验而言非常重要。即使光照水平降低 20% 也会显著影响清晰度，这类似于在正常的照明水平下工作台照度降低十倍以上。灯具应能发出合适的颜色质量。高压钠灯虽然具有最长的使用寿命与能效，但例如铜与镀金零部件等部分金属在这种光照条件下操作较难。

其他与焊接环境相关的问题，与国际焊接协会广泛研究讨论的问题相类似，尤其是 Gonnet（1995）做的工作，他详细地讨论了工作台的人体工程学、烟雾的影响、液态金属飞溅和神经生理学（神经紧张带来的压力，由于操作者需要集中精神来观察并生产高质量的焊点连接而产生）。这种情况在工作不足的时间段内，或者因临近发射日期而过度工作的情况下，表现得更为严重。

6.10　硬钎焊相关的问题

6.10.1　设计考虑的问题

术语"硬钎焊"的现代用法，排除了那些不依靠钎料的毛细流动在金属表面的紧密搭接区之间形成连接的工艺方法。硬钎焊的钎料合金在 427 ℃（800 °F）以上熔化，被定制化以给出所需的流动性，以便钎料能够借助毛细引力流入狭小的接头缝隙中。由于润湿只能在洁净的金属表面发生，绝对有必要通过钎料的"自熔"性，或者是添加钎剂，或者是使用惰性气体隔绝空气，或者真空环境，来去除金属基底上的氧化物薄膜、粘污以及类似物质。

以"扩散钎焊"为例，将钎料金属放置在搭接表面之间并施加压力，在工艺温度下只有非常少量的金属会发生熔化（见表 6-6 与 6.11 节）。浸渍钎焊见 4.12 节。

硬钎焊可以考虑作为一种电气互联工艺用于电子组装制造，当航天器设计应当满足以下一个或多个要求时，它尤其适用：

- 连接部位承受剪切应力；
- 薄截面件与厚截面件的连接；
- 连接件截面过薄不适合熔焊；
- 密封组件；
- 具有最小残留应力分布的轻微形变；
- 异种金属组合的焊接，无法熔焊；
- 因为空间不可及而无法熔焊的复杂的、永久性的多条焊缝（例如波导网络）。

表 6-6　用于扩散硬钎焊/软钎焊的金属组合

基体材料	钎料金属	工艺温度/℃	再熔化温度/℃
铝合金	Cu	550	650
铝合金	Al-11Si-3Cu	550	650
铝合金	Al-10Si-4Ge	550	650
铝合金	Zn-1Cu	525	650
钴合金	Ni-4B	1 175	1 475

续表

基体材料	钎料金属	工艺温度/℃	再熔化温度/℃
铜合金	Au	1 000	1 050
镍合金	Ni - 4B	1 175	1 450
镍合金	Ni - 12P	1 100	1 450
银合金	Ag - 30Cu	825	950
钢（包括不锈钢）	Fe - 12Cr - 4B	1 050	1 400
钛合金	Cu - 50Ni	975	1 700
钛合金	Ag - 15Cu - 15Zn	700	1 700
铜镀层	Sn	500	＞900
金镀层	Sn	450	＞600
金镀层	Hg	50	＞310
银镀层	Sn	250	＞480
银镀层	In	175	＞660

注：所有的组分含量都是质量百分比（wt%）；基于 Jacobson 和 Humpston（1992）。

　　评估钎焊接头的实际间隙时务必需要格外仔细。建议采用表 6 - 7 提供的热膨胀系数进行简易计算。这些计算之后应当使用具有代表性的测试样品进行试操作。对于大多数的硬钎焊合金，在钎焊温度下，钎焊路径间隙保持在 0.025 0～2 （原文 200 有误） mm 范围内，会产生有效的毛细效应。

表 6 - 7　材料热膨胀系数的对比[a]

材料	高值	低值	材料	高值	低值
锌及其合金[c]	3.5	1.9	合金钢（铸造）[d]	1.5	1.4
铅及其合金[c]	2.9	2.6	时效硬化不锈钢[c]	1.5	1.0
镁合金[b]	2.8	2.5	金[c]	1.4	—
铝及其合金[c]	2.5	2.1	高温钢[d]	1.4	1.1
锡及其合金[b]	2.3	—	超高强钢[d]	1.4	1.0
锡及铝铜合金[c]	2.1	1.8	可锻铁[c]	1.3	1.1
普通黄铜和铅黄铜[c]	2.1	1.8	碳化钛金属陶瓷[d]	1.3	0.8
银[b]	2.0	—	锻铁（熟铁）[c]	1.3	—
Cr - Ni - Fe 超级合金[d]	1.9	1.7	钛及其合金[d]	1.3	0.9
耐热合金（铸造）[d]	1.9	1.1	钴[d]	1.2	—
球磨铸铁[d]	1.9	1.2	马氏体不锈钢[c]	1.2	1.0
不锈钢[d]	1.9	1.1	渗氮钢[d]	1.2	—
锡青铜（铸造）[c]	1.8	1.8	钯[c]	1.2	—
奥氏体不锈钢[c]	1.8	1.6	铍	1.1	—
磷硅铜[c]	1.8	1.7	碳化铬金属陶瓷[c]	1.1	1.0

续表

材料	高值	低值	材料	高值	低值
铜[c]	1.8	—	钛[b]	1.1	—
镍基超级合金[d]	1.8	1.4	铁素体不锈钢[c]	1.1	—
铝青铜（铸造）[c]	1.7	1.6	灰口铁（铸造）[c]	1.1	0.3
钴基超级合金[d]	1.7	1.2	碳化铍[d]	1.0	—
铍青铜[c]	1.7	—	低膨胀镍基合金[c]	1.0	0.8
铜镍和镍银[c]	1.7	1.6	氧化铍和氧化钍[e]	0.9	—
镍及其合金[d]	1.7	1.2	氧化铝金属陶瓷[d]	0.9	—
Cr－Ni－Co－Fe 超级合金[d]	1.6	1.4	二硅化钼[e]	0.9	—
合金钢[d]	1.5	1.1	钌[b]	0.9	—
易切削碳钢[d]	1.5	1.5	铂[c]	0.9	—
钒[b]	0.9	—	铼、钽[b]	0.6	—
铑[b]	0.8	—	锆及其合金[b]	0.6	0.55
碳化钽[d]	0.8	—	铪[b]	0.6	—
氮化硼[d]	0.8	—	氧化锆[e]	0.6	—
铌及其合金	0.7	0.68	钼及其合金	0.6	0.5
碳化钛[d]	0.7	—	碳化硅[e]	0.4	0.39
滑石[c]	0.7	0.6	钨[b]	0.4	—
碳化钨金属陶瓷[e]	0.7	0.4	电器陶瓷[c]	0.4	—
铱[b]	0.7	—	锆石[c]	0.3	0.02
氧化铝陶瓷[e]	0.7	0.6	碳化硼[e]	0.3	—
碳化锆[d]	0.7	—	碳和石墨[c]	0.3	0.2

注：单位为×10⁻⁵℃⁻¹；

注：单位为 $\times 10^{-5}℃^{-1}$；

[a] 典型数值的上下限；

[b] 室温条件数据；

[c] 从室温至 100～390 ℃条件数据；

[d] 从室温至 540～980 ℃条件数据；

[e] 从室温至 1 205～1 580 ℃条件数据；

复印来自 Materials Selector，Reinhold Publishing Co.，Penton/IPC。

6.10.2　材料的可钎焊性与硬钎焊合金组分

对于大范围的基底金属及其之间的组合，探讨最优的加热方法与钎料金属是不可能的。钎焊不常见的材料之前，必须进行文献搜索与试验。了解被钎焊零件的金属表面是否会氧化或者在特定的焊接气氛条件下去除氧化是非常重要的。附录 7 提供的 Ellingham 图可以用于查阅并确定：

1）将给定的金属氧化物还原为金属的相对难易程度；

2）能将金属氧化物还原为金属的一氧化碳与二氧化碳的比例；

3）在给定的温度下，能将金属氧化物还原为金属的氢气与水蒸气比例。

成功应用于空间领域的各类钎焊母材的有限细节如下：

（1）铝合金

高于可用钎料合金熔点的那些合金才有可能钎焊。包覆钎料的金属片通常不需要额外的钎料合金。所有不能热处理的合金都可以钎焊。最适合硬钎焊的可热处理铝合金为 AA 1100，AA 3003，AA 6061，AA 6063 与 AA 6951，另见 4.12 节。铝合金 AA 2011，AA 2014，AA 2017，AA 2024 与 AA 7075 由于其熔点低，很难进行硬钎焊。

（2）铍合金

这类合金化学性质活泼并有剧毒，可以采用硅铝和银合金钎焊，在干燥的纯净氢气或真空气氛下进行。

（3）陶瓷类材料

这类材料本身非常难润湿，除非施加基于 Ti、Ti‐V‐Cr、Ag‐Cu‐Ti 或者 Cu‐Ti 体系的高活性钎料。Ti 在钎料总量中的含量超过 1.25%（质量百分比）才有效（Sechi 等人，2009）。工业界最常用的工艺方法是在氧化铝陶瓷上烧结钼‐锰合金粉末镀层，并在氢气气氛下采用 Ag‐Cu 或者 Au‐Ni 钎料焊接（示例见图 4‐12）。氧化铝与 Kovar 合金的钎焊工艺路线，曾用于电池单元的连接和行波管组件，示意图见图 6‐53。

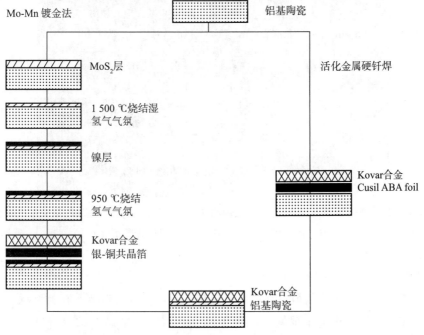

图 6‐53 两种将金属与陶瓷连接的工艺路线。在活性金属工艺中，氢化钛印刷至氧化铝陶瓷上，然后通过 Ag‐Cu 共晶箔片进行钎焊，或者活性金属可与 Ag‐Cu 合金一起以合金形态提供。历史最久的活性金属钎料合金是 65Ag‐33.5Cu‐1.5Ti 和 68.8Ag‐26.7Cu‐4.5Ti（Fernie 和 Sturgeon，1992），以及 70.5Ag‐26.5Cu‐3Ti（Hirnyj，2008）。另见图 4‐12

（4）铜合金

所有加热的方法都可以应用于银基或铜基钎料。铍青铜只可以采用银基钎料焊接（钎焊前应当先进行热处理）。青铜与铜镍合金在钎焊前一定要处于无应力状态。含氧铜在高浓度氢气气氛下，由于如图 4 - 9（原文图 4 - 8 有误）所描述的严重的脆化效应而无法钎焊。含有高蒸气压元素的合金不适合真空钎焊。

（5）镁合金

镁基钎料（BMg - 1，BMg - 2）通常局限于使用浸焊方式钎焊。许多镁合金无法被钎焊，因此采纳专家的意见总是必要的。

（6）镍合金

镍与一些富镍合金采用某些银基焊料进行钎焊后，会导致晶间穿透，尤其在有应力的状态下钎焊。如果在干燥的氢气气氛下使用 Pd - Ag - Cu 焊料进行焊接，不采用助焊剂，则可防止穿透。特定的 Ni - Cr - Al 高强合金需要特殊的助焊剂来去除其表面上非常稳定的氧化膜。采用 Ag - Cu 共晶焊料焊接 Ni - Cu 接头，如图 6 - 54 所示。

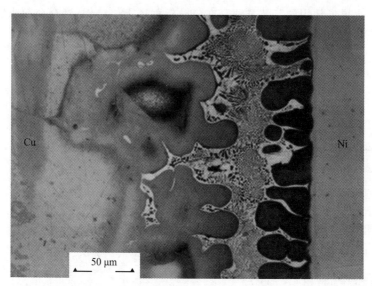

图 6 - 54　用于航天器的 Ni - Cu 钎焊接头的特征。Ag - Cu 共晶钎料区域的微观组织表明了
Cu 与富 Cu 的枝晶穿透钎料区域并与 Ni 界面接触

（7）难熔金属（W，Mo，Ta，Nb）

所有这些金属与空气接触都容易形成氧化物，当这些氧化物暴露在氮气或含氢的气氛中，会发生脆性断裂。钨、钼金属不应该加热到超过其再结晶温度（分别为 1 300 ℃ 与 1 150 ℃）；它们的表面必须彻底去除氧化物，然后在真空或者干燥的氢气气氛下，采用 Pd - Ag - Cu 或者 Ag - Cu 焊料进行钎焊。钽与铌应当在氩气、氦气或者真空条件下，采用基于 Ni，Zr，Au 或者 Ti 的特殊焊料进行焊接（推荐采纳专家的意见）。

（8）钢

碳钢与低合金钢全都可以通过大部分的加热方式成功地钎焊。钎料的选择通常取决于被钎焊零件的使用温度。由于对关键的焊缝配合公差要求较不敏感，焊缝填充应优选 Ni 基钎料而非高铜合金。价格更昂贵的 Cu-Ag-Zn-Cd 焊料特别适合炉中钎焊。最近发现与适当的载体混合的石墨粉可以在低碳钢之间提供良好的键合——真空钎焊，在 1 200 ℃ 保持 5 min——熔化的钎料同时渗碳到接头的两边，紧接着碳元素快速扩散到钢中。

（9）不锈钢

熔融钎料的存在会导致奥氏体不可硬化不锈钢发生应力腐蚀开裂，仅当钢在退火状态时，钎焊才能得到最佳的结果。并且热影响区域的碳化物析出降低了材料的耐腐蚀性能（如果采用高温钎料，这些碳化物会因钎焊后热处理再次固溶）。采用例如 304L 的低碳钢将最大限度减少上述情况发生。类似 321、347 这类稳定的合金钢，不会发生碳化物的析出，应尽可能采用。

铁素体不可硬化不锈钢的最佳钎料为 Ag-Cu 合金，当暴露在水或者高湿度环境中，应采用特殊的钎料以避免缝隙腐蚀。需要进行热处理的马氏体不锈钢必须有兼容的钎焊热循环。沉淀硬化不锈钢也需要特殊的钎料以及为每种单独的母材组分修改热处理规程。不锈钢钎焊的炉中气氛条件见 6.10.4 节描述。

（10）钛合金

钛合金化学性质极其活泼，难以钎焊；与常规钎料进行焊接时，容易氧化并生成脆性的金属间化合物。小于 10^{-5} torr 的真空炉中钎焊和惰性气体（氩气）钎焊，都已成功应用在多个空间科学探测器的外壳上，包括用于意大利 SAX 项目中的一个大型复杂系统，其使用了"Gapasil"钎料（基于镓-钯-银合金），其微观结构见图 6-55。顺便提及，尽管镓金属的熔点低，但该钎焊合金在真空下的升华性能测试证实其完全稳定。由于钛与氧、氢、氮的极强亲和力，工件应冷却至 80℃ 以下才可以打开钎焊炉接触空气。

图 6-55　Ni-Ti 合金钎焊接头的特点。镓-钯-银钎料的微观组织（白色为富镓相）。钛合金牌号为 Ti6Al4V。各层的维氏硬度分别为：1=437，2=805，3=476，4=1 073，5=770，6=138。尽管区域 4 的硬度较高，机械性能测试表明这些金属间化合物并未导致接头的脆化（由 David Adams 制备）（见彩插）

6.10.3　钎剂及其去除

特别配制的钎剂用于去除轻微的表面污染物，但不包括严重的氧化物以及油污，这类物质必须通过预先清洗工序去除。非气态的助焊剂通常是基于以下组分的专利配方：

- 活性的卤化物，例如氯化物、氟化物，用于低温钎焊；
- 熔融的硼砂（磷酸氢二钠、四硼酸钠）、硼酸盐和氟硼酸盐等，用于 750 ℃ 以上的常规钎焊，具体温度取决于成分。

这些助焊剂以涂料、膏体、粉末的形式供货，也可以附在某些预成型的钎料焊片上提供。理想情况下，这些助焊剂应当易于混合。它们应当易于施加到工件表面，一旦熔化，需要能够粘附在垂直表面上。在不高于被选用钎料的固相线以下 50 ℃ 时，选用的助焊剂必须呈液态且完全活化，并且在不低于液相线以上 50 ℃ 时，仍能保持活性。钎料制造厂家会推荐适合渗入不同金属组合的毛细间隙的助焊剂，助焊剂的实际组分会受到所采用的加热方法的影响。

除了非活化硼基助焊剂以及氟硅酸盐类助焊剂，所有助焊剂残留都具有吸湿性，而且对大多数母材金属都具有潜在的腐蚀性。通常，活性卤化物类的助焊剂残留是水溶性的，可以通过温水浸泡而去除。其他类的助焊剂残留只能通过在 10% 的热硫酸或 10% 的热苛性钠溶液中浸泡去除，酸碱溶液选择需要依据钎料以及母材的具体组分。另外非常顽固的助焊剂残留只能通过机械方法去除（擦洗、刷洗、蒸汽喷射等）。如果工件未承受过度加热或者长时间加热，所有类型的助焊剂残留是很容易去除的。对于助焊剂残留而言不存在"中和"，因此为避免腐蚀、真空放气或者通常的航天器污染，残留应当彻底被清除。

6.10.4　钎焊的气氛

可控气氛钎焊的一个好处是消除了助焊剂及其残留物遗留在固化的钎料金属中的潜在风险。炉中钎焊的气氛可以减少或者完全避免表面氧化物的形成，而且这种气氛也有益于诸如感应钎焊或者电阻钎焊的其他加热连接方式。在受控的气氛作用下，航天器零部件的表面质量可以被可控气氛保持并经常被改善，尤其是表面氧化物的减少。这将方便检验工步以及其他抛光操作。最常见的气氛类型为离解氨、可燃民用煤气（原文"燃烧后"似乎不妥）、氢气、惰性气体以及局部真空。

图 6-56 为高温钎焊炉的操作展示以及一些航天器零部件。封闭式的钎焊炉要优于连续式钎焊炉，后者经常存在氧化防护不足的情况。不锈钢与镍合金需要纯净的氢气气氛提供最大限度的防护，图中所示为 Laben-Proel 公司的钎焊炉。不锈钢使用镍基钎料，在 930～1 100 ℃ 条件下进行钎焊。不锈钢中被认为与钎焊气氛要求相关的关键元素是铬。即使温度在 1 000 ℃、100% 氢气气氛，也要求氢气露点低于 −37 ℃ 以避免铬的氧化。

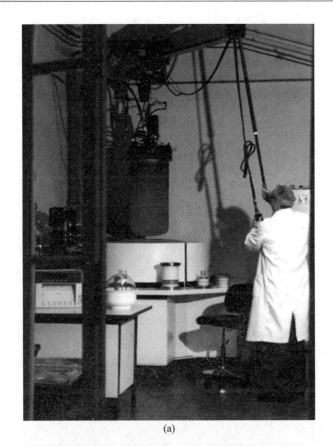

(a)

(b)

图 6-56　小型的高温钎焊炉，在可控氢气气氛下温度可达 1 100 ℃。零部件放置在 55 L 的腔体内，腔体包含去氧化气体。通过腔体内侧墙体的辐射和传导进行加热。（a）展示了红热的腔体正从感应加热炉中分离的过程。（b）展示了用于意大利电子枪绳系（Electron Gun Tethered）卫星的陶瓷-金属钎焊零部件（包含振动测试夹具）（由 Laben-Proel 技术公司提供）

6.10.5　安全预防措施

航天器零部件的钎焊和材料必然伴有一定的危险，对于操作者而言，绝对有必要充分知晓下列的安全预防措施，以避免事故的发生。

（1）一般要求

钎焊工作者必须穿戴防护服、手套、围裙、工作鞋，用于避免来自高温及熔融金属的危险。护目镜或者眼镜尤其是必备品。

（2）镉

镉是许多常用的钎料合金中包含的主要成分。对于空间应用，这些含镉钎焊通常是禁止使用的（见2.3节），但如果打算用于压力系统，则这种限制可以被取消。通过采用局部排烟通风设备防止吸入镉烟至关重要。如果镉烟的排放过量，例如金属被火焰直接加热或者过热超过熔化温度范围，那么推荐采用单人的空气供给呼吸器。在大型企业里空气监测通常是强制性的。

（3）氟化物

含氟的化合物，例如与银基钎料和铝-硅基钎料共同使用的碱金属氟硼酸盐，以氟烟形式被吸入或者被口服进入消化系统时是有毒性的。采用这类助焊剂的浸渍钎焊应当在配置足够排烟装置的浴槽中进行。操作完成后吃饭前一定要洗手，尤其注意指甲缝的清洗。护手霜可以避免皮肤刺激，但手上的任何切口和擦痕都必须及时遮盖。如果误食了含氟化合物，一定要通知医生，并且该误食者应当喝下大量混有碳酸钙的牛奶。

（4）铍

铍一般出现在镁基钎料之中。对于任何形式存在的铍，都需要有足够的通风条件，只有当健康与安全管理者对此满意，认为铍对操作者及其周边环境没有危害，才可开始钎焊。

（5）锌

锌的挥发可能源于地面操作设备或者航天器压力组件的金属镀覆（镀锌）。相对于之前提到的各类元素，尽管锌的健康危害并没有很严重，但提供适当的排烟通风设备是必不可少的。

（6）加热系统

将要被浸渍钎焊的装配件必须完全干燥以避免爆炸。火焰钎焊操作时必须远离易燃物质。感应钎焊时，手不应伸入或者靠近工作中的线圈，因为戒指、手镯、手表会被十分迅速地加热。炉中钎焊经常使用无色火焰燃烧出受控气氛，可在火焰中放入一段石棉绳产生黄色的光（燃烧指示）。许多钎焊保护气体与空气的混合物极易爆炸，在加热或点燃前应抽除所有的空气。

工作在钎焊区域的所有操作者都应当熟悉急救处理措施，尤其是烧伤和化学灼伤的处理。急救设备以及足或手肘操作的大容量、低压水淋装置应当总是尽可能地靠近钎焊车间。

6.10.6　用于钎焊操作的生产保证

钎焊接头非常广泛地应用于航天器结构件和电气件，而每种都有不同的功能要求。对于每种接头而言，机械强度、密封性、表面状态的重要程度各不相同。接头缺陷可能导致钎焊接头的失效，这常常归因于母材金属的可焊性差异。不论何种加热方法（炉中钎焊、感应钎焊、浸渍钎焊等），随着可焊性的下降，通常会发现缺陷接头的数量上升。某些应用的机械化钎焊相对于人工钎焊也许更为可靠，但是在所有场合下都推荐使用训练有素的操作者以及 100% 的检验。关于钎焊接头检验的详细规程可能难以找到来源。重要的是，在航天器硬件交给焊接工厂之前，应针对检验标准商定一致。6.10.7 节给出了由作者拟订的、可接受（合格）的波导法兰钎焊检验的一套简明要求；对于相似的零部件可以用作指南。

当使用钎焊（原文"软钎焊"有误）连接时，确保工艺的每个环节被完全记录是个良好的习惯。工艺文件应包括：每种母材金属组合对应的钎料和助焊剂的出厂证明，接头的预处理方法（清洗、去毛刺、间隙、定位以及钎料形式），钎焊设备的细节（例如气氛、温度、尽可能多的预热和冷却循环次数等），经批准的去除助焊剂的方法，以及最终的检验。

（不谨慎描述的）可接受（合格）的钎焊接头的通用特性如下：

1）洁净、光滑的表面，无可见的外部气孔；

2）完全焊透钎焊路径；

3）钎料与接头表面之间的完全润湿，母材金属无过度的熔化或浸蚀。

目检拒收标准取决于接头的危急程度，可包括以下方面：

1）过量的钎料；

2）不充足的钎料填充轮廓；

3）助焊剂残留或者其他污染物；

4）存在表面气孔和鼓包；

5）过度加热的证据，钎料渗入母材金属；或者是加热不足，看见未熔化的钎料或未焊透。

其他的检验测试方法可包括射线成像技术、超声检测以及压力检漏测试等（对于微小泄漏尽可能采用氦检漏，大范围泄漏采用着色渗透检漏）。在不熟悉的钎焊工作完成时，需要对试生产样件进行破坏性的机械性能测试和金相检查。这些测试包括对组装件的验证加载，施加在其上的载荷应稍微超过服役所需，以及通过腐蚀测试和应力腐蚀测试来模拟其工件预期的工作环境（例如蓄电池单体的端盖的互联）。对于高可靠性的工作，应当从每个批次产品中随机抽取样件，对其进行在线或者成品检验，测试包含非破坏性和/或破坏性的方法。尺寸检验也应符合相关的图样要求。

6.10.7　波导与法兰接头的铝合金钎焊检验标准

1. 一般要求

检验标准涉及任意种类的钎焊互联方式，包括火焰钎焊、炉中钎焊、感应钎焊、电阻钎焊以及浸渍钎焊。标准基于 MIL‐B‐007883C 的要求。

2. 接头的质量

2.1 外形

外部钎料的外形应有一致的半径，在相邻表面上的多余焊料或溢出量应尽量少。

2.2 外部缺陷

2.2.1 表面的气孔（见图 6‐57 和图 6‐58）

不允许存在外部孔洞。

不允许存在不完全的熔化。

单个孔洞：单个孔洞尺寸不能超过 0.5 mm。

富集孔洞：在钎焊区域任意直径 10 mm 范围内，所有孔洞的直径之和不超过 1.0 mm。

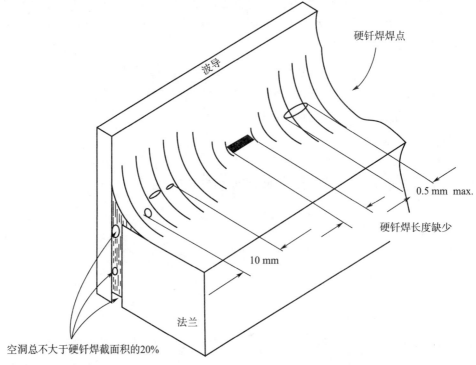

图 6‐57 说明钎焊接头一些检验标准的示意图（外部角焊缝和金相切片）。由于缺少其他适用的标准规范，作者对该波导焊接的应用编制了标准和示意图

2.2.2 裂纹

在任何位置的裂纹都是不可接受（不合格）的。

2.2.3 鼓包

对母材金属的过度加热导致母材表面或者任何镀层出现鼓包的，应拒收。

2.2.4 过量的钎料

被证实不干涉完工后组装件的功能后，超出接头要求的多余钎料是可接受（合格）的。

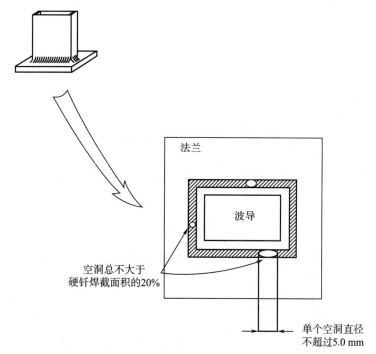

图 6-58　说明钎焊路径末端检验标准的示意图（波导-法兰组装件的底视图）

2.2.5　凹蚀

邻近钎焊接头的母材金属外表面，其熔化或者侵蚀的最大值，厚度上应限制在母材厚度的 5% 以内，累积长度上应限制在钎焊缝长度的 15% 以内。

2.2.6　未熔化的钎焊合金

接头处存在未熔化的钎焊合金是不可接受的，应作为拒收的理由。

2.2.7　助焊剂残留

钎焊接头以及母材金属表面不应有助焊剂残留。

2.2.8　外来物

钎焊接头不应存在任何外来物。

2.3　渗透和内部空洞

钎料必须从外部表面至内部表面进行完全的渗透。对于内部空洞的标准（即在钎焊路径的末端），单个空洞的最大尺寸不应超过 5 mm。所有未焊接的区域，包括内部夹杂的助焊剂、分散的气孔以及空洞，不应超过内部界面区域面积（原文"长度"有误）的 20%。

3. 检验

3.1　目视检验

所有指出的瑕疵都应在 10 倍放大镜下进行目视检查用于缺陷确认。

3.2　渗透检验

荧光剂或者可见染色渗透液不允许用于空间飞行器硬件。

3.3　射线照相

当客户要求时，应进行射线照相并确认与 2.3 条的要求一致。

3.4　助焊剂去除测试

在清洁及漂洗后的零部件上，采用 5% 的 $AgNO_3$ 水溶液进行适当的测试，如果不存在典型的氯化物沉淀，可以用来判定助焊剂已被充分去除。

3.5　金相检测（见图 6-58）

作为确认测试的一部分，应当进行金相切片以保证钎料的完全渗透。钎焊路径内的空洞面积之和，最大为钎焊路径的剖面区域的 20%（见金相切片）。

6.11　扩散软钎焊/硬钎焊

不同金属间的扩散特性，可以有效地用于金属表面的连接。本书前面的章节讨论了冷焊和磨损的不良效果；图 2-4（原文错误）所示为彼此间存在高固态溶解度的单纯金属组合。图 4-55 给出扩散连接的一种形式，一片金属箔像三明治一样放置于两种相似的合金中，然后处于高温环境下，并通过夹具施加一定的压力。然而，真实的扩散焊接是在尽可能低的温度下进行的，特意施加的压力是为了破碎夹杂的氧化膜并加强扩散机制。半导体芯片与金属封装的内部界面键合，多年来一直通过这种工艺制作。封装体通常采用镀金的 Kovar 合金制作，而硅片与纯金或者 25 μm 薄的 Au-Si 合金晶片加压摩擦连接，这样在 400 ℃ 左右发生熔化。在扩散焊接过程中，合金中的低熔点成分被另一种合金代替，熔点逐渐变高。这种工艺被特定合金体系的相图所控制。目前半导体通过非常薄（小于 5 μm）的金锡镀层键合；这种键合可以在峰值温度低于 280 ℃ 条件下，于数分钟内完成，且工艺气氛中没有氧气时无需涤气操作（Dohle 等人，1996）。

如表 6-6 所列的低熔点扩散焊接合金体系，由 Jacobson 和 Humpston（1992），Jacobson 和 Sangha（1996）研究完成。在航天器电子产品制造过程中，通过在被连接部件之间加入低熔点的金属或合金，许多低熔点扩散焊接克服了特殊的温度限制，获得了满意的应用。图 6-59 为扩散焊接的示意图。例如，用于镀银的铜质零件连接的一个特别有用的合金体系，采用铟作为中间层，其工艺温度将只有 175 ℃。镀银的其他金属或合金，也可采用铟金属扩散焊接。Ag-Sn 界面连接可以在 250 ℃ 条件下进行，见表 6-6。Jacobson 与 Humpston 实现的最低温度键合，其工艺温度为 150 ℃，是在镀银基体上覆盖了铟上锡下的薄薄的双层结构（铟锡共晶合金的熔点为 117 ℃）。这些低温扩散焊接体系具备优势的原因是，当需要连接的配对金属之间具有十分迥异的热膨胀系数时，通常的高温钎焊会因热膨胀系数失配引起高残留应力，而低温扩散焊接可以避免应力或者至少将其最小化。特定的空间硬件应用，可能与元器件封装的高难度装配有关，包括因瓦合金与铜的连接、Kovar 合金与铝的连接、铝与碳化硅颗粒增强的铝基复材的连接。

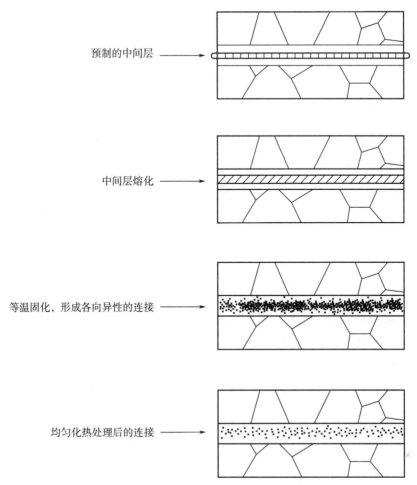

预制的中间层 ——→

中间层熔化 ——→

等温固化，形成各向异性的连接 ——→

均匀化热处理后的连接 ——→

图 6 - 59 扩散焊接工艺的示意图 ［来自 Jacobson 和 Sangha（1996）］。复制许可来自

GEC - Marconni Materials Technology Ltd.，Borehamwood，UK

6.12 返工与返修对焊点的影响

6.12.1 概述

焊点的返工与电子组装件的可能返修是航天器产品质量保证中最有争议的一项内容。对于产品的处置决议可能涉及多个部门的大量相关人员（例如公司的生产部门、检验部门、质量保证部门、材料与工艺部门以及项目管理与市场部门等）。组织成立材料审查委员会（MRB）要求飞行器主承包商、某些次级承包商的各领域专家以及最终的客户参与。时间与成本显然极为重要，但是在执行任何纠正措施之前，必须先从技术角度将潜在的问题搞清楚。从这个角度看，金相分析部门必须在短时间内完成相关的分析与报告，并提交项目组。这部分具体内容见 3.3 节。

相关的问题可能涉及使用的材料、元器件的品质、工艺方法的适用性与可重复性以及操作者焊接工作的熟练程度。同样，发现问题的检验人员自己也必须初步判定，这种情况是否可以通过返工、修复或改装等来矫正。这里有必要区别三者之间的不同，因为其具有不同的结果。如果要执行正确的处理措施，那么经过专业训练与认证的操作者与检验人员是必不可少的（这部分责任在 6.14 节进行了展开讨论，涉及技能训练学校）。下面的定义来自欧洲 ECSS‐Q‐ST‐70‐08 与 ECSS‐Q‐ST‐70‐28 焊接规范：

Rework（返工）——对于不合格品的再加工，使其符合图纸、技术规程或者合同的要求（对于焊点而言，可能是焊缝有一个空洞，用电烙铁再加热使其符合相关的工艺规范，也可能是一个组件判定为不干净，需要进一步的清洗等）。

Repair（修复）——对于不合格品的处理，依据批准的修复规程或标准，使其具备可用、可接受的状态。修复不同于返工（修复包括对于元器件的更换，需要去除所有相关焊料并进行更换，也包括对翘起焊盘的修复）。

Modification（改装）——对于 PCB 上互联的更改，例如切断导体或增加元器件和导线连接。

对于任何一个焊点而言，最多允许三次返工而无须经过材料审查委员会的讨论。修复需要来自材料审查委员会的某种形式批准，可能在组装其间提出需要翻修某些损害，也可能在宇航设备测试期间，每一处修复都会影响到产品的长期可靠性。改装可能由于设计的后期更改，这时已没有足够的时间来采购新的 PCB，因此需要材料审查委员会确认改装方案是可行的。通常承包者可以在一电路板上进行一定数量的返工与修复而不需要经过客户的批准，但这也取决于合同的具体条款。这类操作对正在组装的材料与单个零部件的影响下面进行讲述。

6.12.2　焊缝的外观形态

快速冷却的焊点，由于助焊剂的存在阻止了氧化，形成的焊点光滑、明亮，具有完美的外观；由于周边导体材料不同的热沉而导致缓慢冷却的焊点，看起来显得暗淡、粗糙，这可由在焊料早期凝固所产生的铅相枝状晶所证实。多层印制电路板通常可具有高达 14 层的结构，并可组装具有侧面钎焊的双列直插器件。这类连接具有高的热容，不仅需要较长时间升温，也需要较长时间才能冷却至室温，它们的焊缝形态不同于其他小的元器件。高热容的电气连接在元器件面的焊点也可能具有不完美的外观形态。最初发行的标准 PSS‐01‐708 现在也放宽了相关要求，允许（ECSS‐Q‐ST‐70‐08）元器件这一侧具有不完整的焊点形态，只要能确认有些焊锡透过焊孔并存在合理的润湿角。

焊点中的小空洞和气孔也同样是外观问题。没有证据表明这类缺陷会引起服役电气故障。通常这类缺陷与印制板通孔放气或者助焊剂滞留相关。由于空间产品组装件采用了无活性的助焊剂，助焊剂滞留引起的腐蚀已不是问题。同时，在热循环过程中，内部的空洞被认为是应力点，因为它们是球形的，会使裂纹减缓。由作者所进行的项目结果证实，大量的热循环中空洞未起到促进裂纹发展的作用，见图 6‐60（a）。这一结果也被其他学者证实（Lea，1991）。类似地，对于如图 6‐60（a）～（d）所示的可观察到的气孔，相对于返工中带来的机械与热损伤而言，接受此类外观缺陷更为妥当。

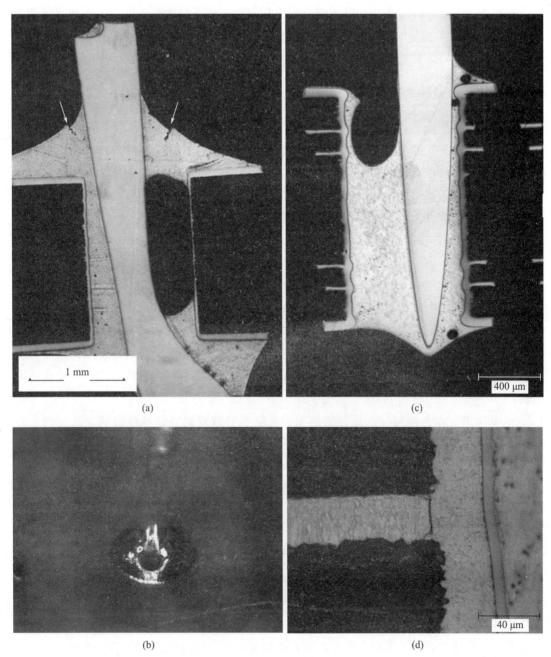

图 6-60　这些图突出了知识和技能培训的重要性，对于理解返工带来的后果很重要。（a）经过严酷的热循环试验（-100～100 ℃，1 000 个循环）后的焊点外观。焊缝中出现热疲劳裂纹，但是与内部的大的空洞无关——这表明内部大的空洞对于可靠性没有影响，对于空洞对面焊料的电导率没有影响。（b）由于助焊剂滞留而产生的气孔，如果气孔的底部通过高倍放大镜可见，那么该焊点符合 ECSS-Q-ST-70-08 标准要求。（c）电气连接良好，焊锡与元器件引线和通孔之间的润湿完美。（d）因外观缺陷引起的对焊点进行再熔处理，对内部纤细连接处产生热应力。如果存在地层，则由于较大的热沉，操作者会通过电烙铁施加过度的热量或者压力，引起层压板铜层与电镀通孔铜层化学连接的失效。对（d）中的剖面进行了蚀刻露出了界面，发现在通孔内出现层压板铜层与电镀通孔铜层断裂

在多数情况下，存在微小缺陷的焊点应原样接受，而不应提交返工。返工处理将损伤元器件和 PCB（尤其是厚的多层板），会导致焊锡合金更硬，在热循环试验中与基体和元器件的匹配性更差。这些要点在以下的章节会做进一步的讲述。

6.12.3　电子元器件返工的影响

焊点的外观缺陷主要由元器件引线或金属化端子差的可焊性以及封装材料高热沉引起。在这些情况下，如果焊点外观与标准中要求差异不大，建议检验人员接受此类焊点，不要求进行返工处理。检验人员要在接受有外观缺陷的焊点和要求焊点返工之间做出折中，这是因为返工或维修可能损坏元器件。

在航天器组装件的返工过程中引起的问题如下：

• 当印制板组件具有较高的封装密度时，电烙铁会对周边的焊点和塑性封装元器件造成损伤。

• 陶瓷电容，例如 CKR 05 和 CKR 06 类型，具有铜引线和内部的铅-银金属端的焊点（见图 4-36）。当对 PCB 进行返工时，过热或加热时间过长都会导致内部焊点的熔化。熔化的焊锡引起内部镀银陶瓷电极板的短路，或者引起引线和金属化端子之间的开路；这类缺陷由于元器件的模块化塑性封装，在外观上无法判别，只有在设备级功能测试时才能发现。虽然这类问题很多年前就进行了评估（Dunn 等人，1983），但在目前的项目中仍不断出现。

• 从 PCB 元器件侧对焊点进行的返工，可能会导致双列直插器件玻璃金属密封处产生裂纹，助焊剂进入封装内部。参照元器件标准，距离元器件密封处最小的焊接距离为 1.5 mm；而返工则违背了这项要求。

对于面阵列器件（BGA、CGA 等）的组装、检查、返工，可以参照 6.15.10 节。

6.12.4　返工对电镀通孔的影响

在高温电烙铁的操作下，较厚的多层印制板（MLB）内部的铜导线至电镀通孔之间将由于经历连续的热冲击作用而降低品质。这些连接的微观组织见图 4-35（b）。

NASA 戈达德航天飞行中心针对重复返工操作对空间用多层印制板的可靠性影响进行了详细研究。结果表明，对于飞行件印制板，三次返工是最大允许操作数量。在第五次操作中样品会有品质降级。研究人员对不同的印制板设计与材料组成进行了有限元分析。对于 2.24 mm 厚的 10 层 FR-4 环氧玻璃布板，当在 320 ℃条件下焊接，在第一层（距离电烙铁最近的一层）中产生的热应力有 110.9 MPa。具有同样结构但只有 4 层的印制板，表现的最大热应力为 94.4 MPa。很明显，由于如此高的应力作用在"机械"铜界面，必须从得到认可的质量有保证的供应商处采购多层印制板。

在航天器产品焊点返工过程中，引起内层裂纹和层间连接裂纹的确切机制，由 Grey（1989）做了综述。为减少这类问题，综述给出了一部分建议，但是结论依然是：多层印制板的返工应作为不得已的最终选择，并且只能在受控的条件下仔细进行。

6.12.5　返工对焊点组分的影响

通常的焊接推荐使用共晶锡铅合金，特别是有引线与无引线表面贴装器件的组装。这是因为该焊料蠕变的性能可以承受元器件与 PCB 在热循环试验中热膨胀系数的不匹配。对于这些焊点的返工，返工将引起元器件引线中铜元素与焊锡的反应和溶解。

无论是焊盘还是元器件引线均会被加热，因此在热源附近，焊锡中的锡元素将与铜导体反应形成金属间化合物。铅不参与反应，于是留下了富铅相，且通常在局部外露的表面以枝状晶的形式存在，如图 6-61 所示。金属间化合物为银色的，相对于富铅相或铜而言具有较高的反光性。铜锡合金中的金属间化合物与氧气接触后发生氧化，可焊性非常低。对这些区域的返工或修复将导致焊锡与导体间的润湿性急剧下降，因而导致焊点呈现出一定程度的不润湿的外观（见图 4-32～图 4-34）。

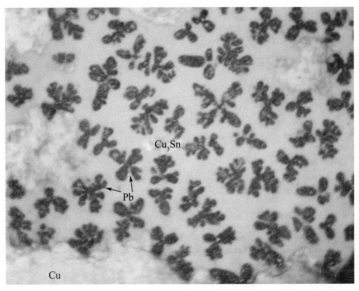

图 6-61　返工与修复引起了焊锡的多次加热。在高温条件下，接近共晶焊料 183 ℃的熔点时，合金中的锡元素与引线的铜元素反应形成金属间化合物：Cu_3Sn 与 Cu_6Sn_5。铅元素不参与反应，聚集形成了汉字状的枝状晶，如图所示。焊料中的主要部分从样品的表面蚀刻掉，对表面形貌进行照相（放大倍数约 200 倍）。需要注意，暴露于空气中，金属间化合物发生了氧化，无法被液态焊锡润湿

返工对于焊点结构组织的影响如图 6-62～图 6-65 的显微照片所示。这些显微照片由经过返工试验后的焊点样品制成。两种危害中哪一种的影响更小目前暂未明确：一种是应力释放弯曲部位完全填满锡铅合金；另一种是使用非塑性的无铅焊料部分填充连接到 PCB 上引线的弯曲部位

针对焊点中的强化铜锡沉积和锡须，研究人员借助透射电子显微镜进行了分析（Felton 等人，1991）。认为焊锡中的这些非常小的颗粒尺寸只有 5 nm，按照 Orowon 机制，这种尺寸的颗粒可以通过阻止位错运动来阻碍焊锡的变形。Felton 认为图 6-63 中细小的金属间相为 η - Cu_6S_5。

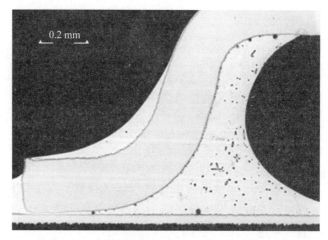

图 6-62　标准的回流焊接工艺，通过表面贴装器件、铜引线的剖切图，应力释放弯曲处有焊料

图 6-63　图 6-62 焊点的详细情况，铜-焊锡界面处存在金属间化合物 Cu_6Sn_5，
焊料基体中几乎没有铜的存在

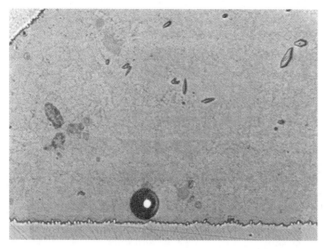

图 6-64　图 6-63 焊点在经历 260 ℃/30 s 的真空气相焊接模拟返工后，基体中出现了一些铜-锡析出物

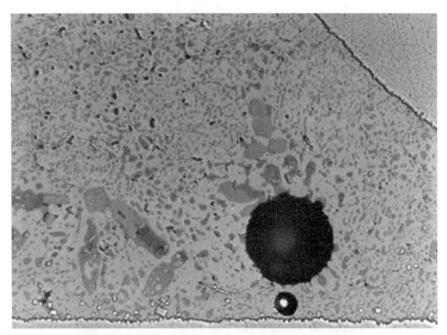

图 6 - 65　图 6 - 64 焊点在经历了 260 ℃/90 s 真空气相焊接模拟返工后，在整个基体中出现了许多小的铜-锡析出物。球状空洞为气窝。由 Mr. Karl Ring，ZVE 提供

6. 12. 6　不可焊接的 PCB 与元器件引线的恢复

不正确的处理方法，例如过度加热以及暴露于表面污染物，将影响本来质量高的印制电路板的可焊性。对于特定的元器件而言，在长时间高温的老练下其引线可能发生严重的氧化或转化为铜锡金属间化合物，也会影响印制电路板的可焊性。定制的多层电路板价格非常昂贵。对于空间产品市场中用量很少的特殊集成电路及其封装而言，价格也同样高昂。替代这两类产品时，一般交货时间长、采购成本高。随着发射日期的接近，可能会出现特殊时刻（希望非常少），不得不采用原本因可焊性差而被拒绝使用的产品。可能通过去除器件引线受损的镀层，以新的镀层代替的方式来恢复有缺陷部件功能。裸铜和镍合金引线可以通过浸入锡锅的方式重新搪锡。PCB 上的焊盘可以选择性去除，如果在数天内使用，即使不适用活性助焊剂也很容易进行焊接（见图 6 - 66 与图 6 - 67）。研究人员已经研发出化学溶液来实现这一功能：去除表面氧化物、未反应的锡与铅以及金属间化合物（Haris 等人，1992；Sriveerarahgavan 等人，1995）。由英国考文垂城市的 PMD 研发的用于去除表面镀层的程序（采用一种去除锡铅镀层的溶液，此溶液基于硝酸，并加入铁离子作为氧化剂、抑制剂和稳定剂，市面上销售的名称为 PMD - 936），得到了 Harris 及其同事在空间元器件上的验证。这种方法最近应用于空间项目中焊接操作难度较大的元器件。

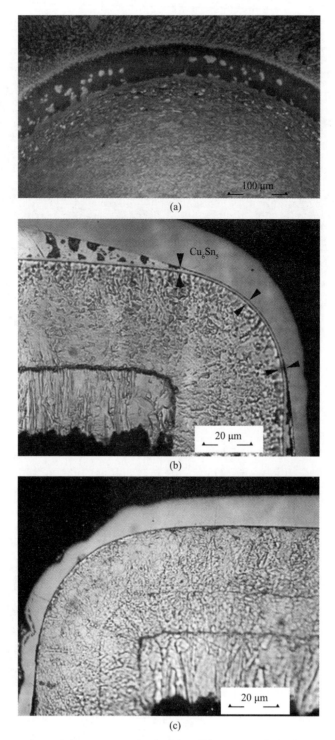

图 6-66　刚接收的 PCB 表明：（a）通孔焊盘；（b）暴露于空气环境的孔"膝盖"处的金属环；
（c）图（b）所示区域的微观剖切面照片。（a）为 SEM 照片，（b）与（c）为光学照片，
这些样品经过电镀钴，用于保证边缘的完整性

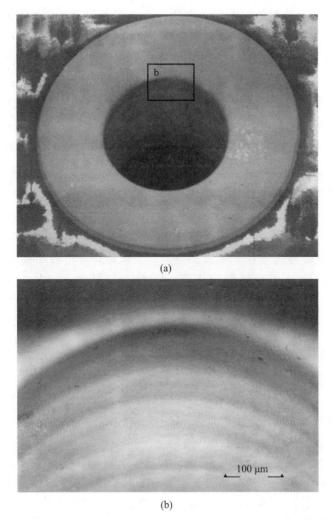

(a)

(b)

图 6-67　图 6-66 中 PCB 的焊盘，经过化学剥离处理。可以看出所有的焊锡与金属间化合物层都成功去除，如果正确储存，PCB 可以使用无活性的助焊剂进行焊接

6.13　导电胶粘剂

导电胶粘剂（ECAs）通常是添加银粉的热固化环氧树脂，以具有触变性特点的膏状形式在市场出售。在商业领域可用于表面贴装器件的安装，相对于锡铅焊料的焊接温度而言，具有低操作温度的优势。相对于传统的焊接，无需清洗，也不会引入铅等有毒材料，工艺窗口更宽，更易于控制。操作温度低，且由于减少了工序数量，也减少了相应的浪费。其他类型的胶粘剂也得到了相应的发展，可供选择的有热塑性的聚酰亚胺和硅树脂等。一般来说，所有导电胶粘剂的聚合物基质具有优秀的介电性能，只有其内部的导电金属微粒在胶粘剂内部形成通路，并连接到印制板焊盘上和元器件端子金属化面。导电胶粘剂虽然处于起步阶段，但据称有望成为电子组装领域的首选（Galleo，1995）。导电胶粘

剂有如下缺点：电导率低和热导率低，高压条件下填料金属发生迁移，以及抗冲击强度低。导电胶粘剂的研究仍在继续，新材料也在考虑应用于导电胶粘剂中，目前在银环氧树脂胶粘剂中添加银-石墨纳米复合材料，实现了电导率的进一步提升（Peng 等人，2014）。

　　另外，很多研究人员注意到了导电胶粘剂使用中存在大量问题。由于导电胶粘剂质量难以进行检验，因此高可靠性的产品需要通过功能性检测来确认。在高密度的印制板上的导电胶粘剂连接点的原位修复，即使可能，也很难实现。压力、温度以及时间这些互联因素对于最终连接的质量起着非常重要的作用。IVF 研究实验室的 Liu 等人（1996）发现，如果过程使用了不合适的工艺条件，那么导电胶粘剂的电阻率会显著增加。当施加于连接处的压力过大，那么会引起印制板或者端电极的变形；如果压力过小，可能会导致无电气连接。如果使用了导电胶粘剂，在环境试验中，尤其是热循环试验中有必要对连接处的电阻率进行连续性监测。在倒装芯片互联的可靠性试验中使用了导电胶粘剂与共晶锡铅合金两种方式。结果表明，在温度循环试验的高温、低温处，导电胶粘剂连接均出现了失效；而焊接的连接方式则是无故障的（Boustedt 和 Hedemalm，1995；Liu 等人，1996）。Keusseyan 和 Dilday（1993）发现，尽管导电胶粘剂的机械连接显示良好，但在热循环试验中其电阻率增加。电阻率的增加与填料金属粉末的材料和表面状态有关，与有机载体材料的变形性能有关。

　　图 6 - 68 为典型的用导电胶粘剂形成的表贴元器件连接点的金相剖面图。电导率取决于银颗粒的尺寸、形状以及表面氧化状态。导电颗粒彼此之间必须接触，且不能受到有机基体变形或膨胀的影响。

　　欧空局宇航产品的 PCB 只能通过焊接技术进行元器件组装，即金属焊点。导电胶粘剂不允许应用于这种场合，但在混合封装中组装尺寸非常小的芯片元器件有一定的应用。混合技术流程在空间领域应用的控制与批准过程非常严格，密封的封装内包含有干燥的气体。这种情况避免了其他一些与导电胶相关的问题，包括可能的银迁移、金属化颗粒的氧化和胶粘剂差的导热性能等（Harris，1995）。在真空条件下，功率元件的热量通过焊点进行传递；含银的环氧胶具有较低的热导率，在选择空间组装件工艺时必须要考虑这一点。

　　当组装后的印制板组件最后时刻确定进行改装时，能否将导电胶粘剂直接替代焊锡膏的问题引起了多次讨论。同样，在必须修复载人航天器（例如 ISS）电子设备上的硬件时，如果使用电烙铁可能存在危险，采用导电胶粘剂这种工艺也有人提及。一个简短的项目曾设计过用于评估 ECA 工艺的适用性，以及其对于航天器项目中标准元器件和材料表面镀层的影响（Thomas 和 Dunn，1999）。PCB 为 FR - 4 材质，有两种常规的导体/端子涂层：熔融锡铅和镀金镀镍、铜。三种含银的环氧胶被选用作航天材料（Ablebond 8175A，Epotek E2216 与 EG8050HC），遵照厂家的建议进行操作——所有的导电胶要在真空条件下脱气处理。选用两种常用的表面贴装器件：一种是有 SnPb 镀层和中心距铜引线 0.2 mm 的 208QFP，另一种是有 SnPb 金属化镀层的 C2225 片状电容。只有针对 Ablebond 8175A 和 Epotek E2216 的网板印刷方式可以进行优化。样品暴露于 40 ℃/93％～95％RH 的条件

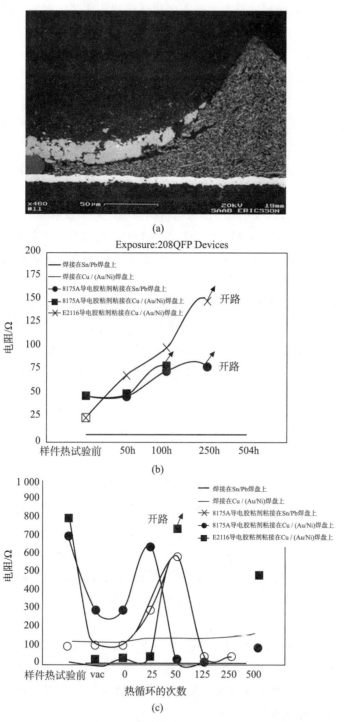

图 6-68　（a）用于片式元器件安装的含银环氧胶。在环氧胶与片式元器件电极之间小的胶粘剂中存在裂纹，胶粘剂供应商称之为"回缩现象"，并宣称热循环试验中该裂纹不存在继续发展的风险。片式元器件电极为铂-钯-银。载体为在铝基体上形成的厚膜金。（b）与（c）为 QFP 的 SnPb 镀层引线焊接至 SnPb 或 Au/Ni 镀层的 PCB 印制导体上，连接材料为 SnPb 焊锡和两种导电胶；（b）潮湿环境对电阻率的影响；

（c）储存后在－55～100 ℃真空条件下的热循环对电阻率的影响（Thomas 和 Dunn，1999）

下 504 h 后进行剪切力试验，结果表明所有的样品强度均下降。在真空条件下储存未导致这些接头性能劣化。在与 SnPb 涂层的 PCB 连接处检测到粉状氧化锡，在暴露于湿热环境中时成为弱的界面连接。与多孔镀金连接的焊点中的脆弱的氧化层也形成弱的界面层。湿度暴露期间监测到 QFP 接点处出现开路，但焊点未受影响，如图 6 - 68（b）所示。在热循环条件下，导电胶粘剂粘接的接点电阻表现出非常大的离散性［图 6 - 68（c）］，对于焊接的连接点其阻值并无变化。经过热循环的导电胶粘剂未表现出湿度暴露样品中的大量的氧化或腐蚀。结论如下：

- ECA 不能作为传统焊接方式的直接替代工艺（需要强调的是熔融锡铅表面处理工艺不适合网板设计、器件几何形状和共面性保证）；
- 相对于焊接接头而言，ECA 的接头电阻率高至少一个数量级；
- 相对于 C2225 器件而言，精密间距的 208QFP 芯片分胶与组装难度更大；
- 在环境暴露试验中，Ablebond 8715A 相对于 Epotek E2116 表现出更佳的性能；
- 真空暴露环境对 ECA 无不利的影响。

显然，ECA 技术与处理工艺在这些测试完成后有了进一步的发展。值得注意的是，NASA 试验证明填充银颗粒的 ECA 在空间项目中并不可靠，因为其电阻率随着时间、温度与环境等因素的变化而改变（Mielke，2002）。新的材料与表面镀层需要采用类似上面提到的测试方法进行评估，然后 ECA 才能应用到目前与未来的空间项目中去。

6.14　培训与认证

6.14.1　概述

训练有素的人员是航天产品生产制造业最宝贵的财富。管理人员、科研人员以及工程师通常具有良好的学历，同样重要的是要通过培训使参与到航天器硬件产品实际生产中的操作者与检验人员具有高水平的技术能力与技巧。许多设备的采购技术文件要求参与到所谓"关键工序"的操作与检验环节的人员都要有证书，证明其经过了适当的培训。在欧洲与美国被认可的机构都开设了技能培训课程。最终的测试以实操与理论考试的形式进行，证明参与者具备手工操作技能，掌握了进行不同操作的详细要求，这些操作包括熔焊、钎焊、压接等操作方式。

焊接证书（工程师级别和操作员级别）由主要国家的国家焊接机构发给通过测试的操作者。装配工艺对航天器硬件的生产和检验必不可少，但在这方面的教学与技能培训的机构并不多。主要是因为航天市场规模相对较小，虽然每两年都需要对技能人员进行再认证，但潜在的学员数量并不多。

6.14.2　电子组装技术的认证

参与欧洲空间产品电子组装技术人员的培训与认证是一项重要活动，它反映了航天工业领域不断变化的技术要求。从 1973 年起，培训机构已对来自 30 多个国家的操作人员与检验人员开展了培训课程；最初欧洲的课程起源于由 NASA 与 ESRO（现在为 ESA）组织的信息交流项目，工程师们在加利福尼亚的 TRW 参与一系列实操课程，为 NASA - ESA 的合作项目做准备，例如空间实验室（Skylab 随后的项目）（Dunn，1973）。第一批课程遵循欧空局关于 PCB 上焊接传统元器件的手工焊接要求。目前已建立了关于操作者、检验者以及课程指导者（企业内部）的培训、认证计划（Dunn，2008）。欧洲开展此类培训的目的是：

- 建立经培训且具有最佳实践操作技能的电子组装领域人才库；
- 建立一组织网络，能够对需要的标准提供培训；
- 提升空间产品电子组装件的质量。

举办的课程涵盖以下欧洲与 NASA 工艺标准（参照附录 9 的标题）和一系列的 IPC 标准：

机器波峰焊，ECSS - Q - ST - 70 - 07；NASA - STD 8739.3（12 月，1997 年）。

手工焊接，ECSS - Q - ST - 70 - 08；NASA - STD 8739.3（第二版，2011 年）。

射频半刚性同轴电缆焊接，ECSS - Q - ST - 70 - 18；NASA - STD 8739.3 与 8739.4。

压接，ECSS - Q - ST - 70 - 26；NASA - STD 8739.4（第六版，2011 年）[*]。

修复和改装，ECSS - Q - ST - 70 - 28；NASA - STD 没有相当的标准[*]。

绕线，ECSS - Q - ST - 70 - 30；NASA - STD 8739.4（第六版，2011 年）。

表面贴装技术，ECSS - Q - ST - 70 - 38；NASA - STD 8739.2（2011 年取消）[*]。

光纤，ECSS - Q - ST - 70 - 51；NASA - STD 8739.5（第二版，2011 年）。

电子组装领域聚合物的应用，ECSS 无此类标准；NASA - STD 8739.1。

标记"*"的 NASA 标准已经于 2012 年 9 月 5 日，转化为 IPC J - STD - 001E 中空间应用电子产品补充文件"电子组装件焊接的技术要求"。

目前共有 6 个欧洲中心提供各种语言的培训项目：

- 丹麦—Hytek，奥尔堡；
- 法国—焊接学院（Institut de Soudure），巴黎；
- 德国—ZVE 和 IFE，都坐落于奥博珀法芬霍芬（Oberpfaffenhofen）；
- 意大利—意大利焊接学院，热那亚；
- 英国—朴茨茅斯大学。

特定课程详细情况可以在这些学校的网页上查看。培训项目遵循 ESA 和其他质量保证机构的合同要求及工艺技术要求。由这 6 个机构提供的课程非常类似，但以不同的语言举办。它们符合 ESA 批准的技能培训学校的文件 ESA STR - 258（11 月，2008 年）之规定。对类别 2（检验）与类别 3（操作者）的通用培训水平达成一致，所有学校都有类似的课程形式。课程结束后会开展实操与理论考试。上述学校同样提供 IPC 组织的相关课程——欧洲学校的多个老师同时也是 ANSI/IPC - A - 610 的指导老师。

从 1960 年起，关于 NASA STD 工艺要求的相关课程已经在以下机构开展：

- NASA 喷气推进实验室，帕萨迪纳（Pasadina），加利福尼亚；

• NASA 戈达德航天飞行中心，格林贝尔特（Greenbelt），马里兰。

培训与认证董事会负责上述批准的学校的监督管理，并对培训项目、教室设施以及课程计划进行审查。目前每年参与欧洲课程的学员超过 1 000 人，所有的学员都具有不同程度的教育背景。他们中包括：具有博士学位的科学家——从事空间试验；目标为从事空间设计与制造的工程师；为卫星、探测器以及诸如阿里安 5 与 Vega 等运载火箭生产电子设备的技术人员；期望达到更高技能水平的其他领域的工作人员（Sampson，2007）。用于类别 1 人员培训的课程尤其重要（即所有 ECSS 工艺认证的导师和考官）。这类课程包括两到三周的培训，且已经按照如下方式标准化：

• 第一周：操作级别的焊接技能培训（如果被培训人员具备了现行的 ECSS - Q - ST - 70 - 08 中类别 2 或类别 3 的技能证书，可以不参与该培训）；

• 第二周：继续其他焊接相关工艺的培训（波峰焊，射频电缆连接，航天电子设备的返修，以及表面贴装器件的组装，遵照各自技术要求：ECSS - Q - ST - 70 - 07，70 - 18，70 - 28，70 - 38）。提供相关建议——关于空间应用的材料选择、真空及热循环对于电气系统的影响、合理的清洗方法及控制、优选的敷形涂覆等。

• 第三周：非焊接的互联方式，包括压接（ECSS - Q - ST - 70 - 26），绕线（ECSS - Q - ST - 70 - 30），以及对于质量控制要求的综述。最后一周会着重于"课程表达"与"教学方法"，以及每人 20 min 的教学能力展示。

很明显，类别 1 的课程受益于参与该课程人员大量的知识积累。一部分参与者从经验丰富的操作者身份转型至培训人员，但对于培训并没有相关的经验或技巧。一部分人从事质量管理岗位。还有一部分在航天或其他领域从事培训或相关的活动，但很少或基本没有操作技能。在完成培训之后，所有的参与者都将获得影响电气连接可靠性的冶金学要素的相关知识——它们控制着电气互联的可靠性，是结构界面影响焊接湿润充分或不足、助焊剂反应、电化学腐蚀、金属间化合物生长、固体扩散、机械接口冷焊的原因。参与课程的学员将从指导老师以及其他公司、行业的技能人员那里学到大量的技能与理论知识。当他们回到自己的公司，需要引入新的互联工艺、处理工艺问题或者开展内部培训课程时，这些交流是非常有价值的。

6.14.3　理解生产过程引发的失效及学习班的重要性

这里简要讲一下理解设计、材料、工艺如何对产品质量产生影响的重要性。技能培训学校应具有失效设备的实物样品，这些可以从工业或电子产品维修店获取，可用于介绍实物来历，讨论时作为实物在学员中传看。另外，将有质量缺陷的印制板组装件、助焊剂腐蚀的封装等与类似的实际产品进行对比，可以突出优异产品的质量。与此类似，应提供组件实物作为"质量标准"，可以帮助学员在检验课程中识别可接受与拒收产品的差异。可以对质量"临界"情况下的案例展开讨论，例如图 6 - 60 中的案例。

每一次的焊接或者压接操作被看作是整个闭环的一部分，检验结果的反馈可用于设计或材料选型可能的更改。需要注意的是，对于材料或者工艺的更改必须经用户同意，因为即便这些更改被认为是为了提高产品质量，也有可能导致工艺鉴定状态的失效。作者回想起一个过去的案例：某工程师批准了一个很小的特殊绝缘电缆生产路线的更改，因为发现该电缆非常难进行剥线处理。他将线轴上的镀银铜绞线进行乙烯-四氟乙烯共聚物绝缘层处理的自动生产线进行了更改。简单而言，在导线进入绝缘处理设备前，先经过一个浸涂硅油的海绵。最终的结果是导线的绝缘皮具有优异的可剥离性。在工厂出现的可焊性问题引起了质量人员的警惕。这个工艺更改导致了导线产品与最初的"宇航级"工艺确认文件中的要求不一致。更不幸的是，这批受到污染的导线应用到了三个航天器产品的电缆中，并采用了压接工艺来装配。实验室的调查发现硅油纯度很低，在真空下放气值高。从这些航天器产品中移除这部分线缆的返工代价很高。检验人员可要求按标准中批准的方法进行返工、修复以及改装。但是，他们必须知道问题的真实原因，这可能涉及电路质量差、可焊性不足、存在污染、操作错误以及工艺不良等。这些问题可以从焊点的轮廓识别出来。这种方式很重要，因为轮廓显示了润湿的质量，而润湿作为连接处最重要的物理特性，决定了焊点的强度与可靠性。因此焊缝具有不理想的组织与光泽，但不会影响可靠性时，问题将是：原样使用还是返工？外观差的焊点进行返工可能会对电路造成严重的损伤（如6.12 节描述）。拥有一个经过良好培训的检验人员的好处就是对这类问题能够得到正确的判断。

静电释放（ESD）是培训中一个重要的主题。有专门的 ESD 培训课程，但由于电子元器件尺寸越来越小，速度越来越快，它们越发容易受静电释放的损害。所有进行空间PCB 组装的人员都必须佩戴接地腕带。个别的超敏感器件需要特别的防护措施，工作台必须接地，并采用 NASA JSC 技术标准 6652（2013-5-1）中规定的一系列防护措施。培训课程中应配置防静电袋——这些物品通常由聚乙烯制作，在挤压成型前预先添加了抗静电化合物。

为了保证培训学校的指导老师及航天界能了解到最新的失效模式、材料、工艺以及类似的事项，作者与朴茨茅斯大学建立了年度工作研讨会，主题为：空间电子产品材料与工艺（EMPS）。研讨会的地点在不同学校之间轮换，以保证每个学校能够发表最新研究的成果，促进学校的硬件设施建设以及满足 STEM 活动的需求。自 2010 年起，报告可以从EMPS 网站上浏览与下载。学校也会以适宜本国的语言发表自己的最新研究论文——例如，Moliterni（2010，2012）的深入研究工作就基于在意大利学校的经验，从教学课程、研究、与工业领域的深入接触、在失效分析实验室解决问题等多种途径获得。

6.15　表面贴装技术及相关失效分析的验证

6.15.1　验证试验

6.5 节介绍了影响表面贴装技术（SMT）可靠性的设计理念与制造工艺。表面贴装器件首次应用到航天器电子产品时就出现了问题。因为电气连接失效，可能损害航天器性能，或者损坏航天器的主要部件或功能，部分批准机构将表面贴装技术确定为所谓的"关键工艺"。本节介绍 SMT 工艺获得批准应用到航天器或其他高可靠性项目之前的主要步骤，失效机理的讨论目的是说明各种对 SMT 可靠性有影响的环境应力的重要性。

有关将有引线元器件组装至 PCB 通孔中的工艺过程，需遵循已确立的设计准则，这些内容包含在 ESA，NASA，以及 IPC（1996）起草的技术要求中。这些要求基本得到采购这些电子硬件的用户的完全认可。组装工艺以航天项目申报工艺清单（DPL）的方式得到正式批准，需要确保书面规程得到遵守，装配操作人员和检验人员经过适当的培训与考核（如 6.14 节所述）。通过将电子盒或类似产品暴露在具体合同规定的测试环境中，可对航天器子系统或部件的硬件产品进行质量鉴定。

对 SMT 焊接工艺的理解没有对有引线的元器件焊接工艺理解得充分。直到最近，这类工艺仍被认为是"未经评估的工艺"，没有它们在航天环境下应用的相关信息，也没有与可靠性和性能相关的有用数据可供项目使用。最大的区别在于，SMT 工艺无法在连接的材料之间保持足够的应力释放，因此需要进行加速寿命试验来确认产品实际运行中的失效模式/机制，以及提供相关数据用于计算硬件使用寿命。已经有研究表明，未来航天器电子产品将使用大量的有引线与无引线表面贴装器件（SMD），因为这可以将电子产品高密度高集成化，提升性能并降低重量。ECSS - Q - ST - 70 - 38 以及 IPC J - STD 001（空间补充文件）制定了航天器 SMD 组装件应遵循的主要设计准则，以确保 SMD 组装件能经历从存储、发射到在轨运行的各类环境。通常，提出生产包含 SMT 器件的航天器设备的电子制造厂商，应通过对样品进行验证试验，以证明 SMT 的可靠性。如果技术涉及全新工艺，采购机构通常会要求提供所谓的"技术样品"，随后机构将评估与材料选择、错误设计或不兼容的冶金加工有关的重大问题。当这些"技术样品"证实是可接受的，新的 SMT 生产线将接受独立的系统检查——ISO 8402 定义为审核（公司的质量程序被审查，确认是否适于采购机构提出的一般的产品保证要求，包括工艺文件、设计文档、零件存储控制、培训和认证流程、设备的适用性、清洗方法及其控制的现场审查，以及是否所有的材料，包括 PCB 类型、焊料、粘固材料、敷形涂覆材料适合于空间应用等）。在这一阶段，重要的是确认在公司内部是否建立过程确认文档（PID），PID 是一个总结性文档，列出了与 SMT 相关的电子部件，加工设备，特别是与 SMT 生产线相关的材料与所有加工工艺。

重要的是，制造公司制定了 SMT 验证方案内容，并在验证测试开始之前由客户批准。验证样本的数量要达成一致，测试环境要详细描述，并对测试失败进行相关定义。图 6 - 69（a）为一个用于验证的 PCB 组件，该组件进行了敷形涂覆，并对部件进行电气监控。失效判定准则可能是电流的第一次中断，即使持续时间很短。只有在环境试验期间连续监测电气性能，才能准确地、可重复地确定测试失效发生的时间。测试的电路在极端温度下运行时，常常会出现短暂的电气中断。失效机理及其发生概率，应与预期的航天器实际"终结寿命"时的失效机制和阈值十分接近。所有验证测试样品，必须按 PID 要求制作。这些组装了元器件的电路板样品应包含所有的设计构造、材料、助焊剂、清洗方法，这些都是设想用于未来航天器硬件的制造。如果要在飞行硬件上应用粘固化合物、导热粘合剂和敷形涂层，必须在验证样品上使用相同材料。每种材料都有不同的物理性能，都可能导致特定的失效机理。

热循环一般遵循如图 3 - 12（b）所描述的规范，SMT 验证中要求测试样本至少能承受 500 次循环（对于不易检查的焊接连接，如面栅阵列器件，循环次数可能为 1 500 次）。焊点裂纹允许程度的上限或电气故障见 ECSS - Q - ST - 70 - 38。振动试验通常在平行板面和垂直板面的两个方向上进行。振动量级与航天器要求，以及运载火箭特性有关。典型的振动测试水平如下：

正弦振动

振动幅度：（峰值到峰值）10～70 Hz，1.5 mm；

频率范围：70～2 000 Hz（CPS），15 g；

扫描速度：每分钟 1 个倍频程；

持续时间：从 10 Hz 到 2 000 Hz 再到 10 Hz 为 1 个循环。

随机振动

频率范围：20～2 000 Hz（CPS），15 g（RMS）；

功率谱密度：0.1 g^2/Hz；

持续时间：单轴 10 min。

需要强调的是，公司和研究机构应该与资格认证机构（或客户）保持密切联系。技术标准/要求可能因新的故障模式确认而发生重大变化。材料可能会弃用，项目环境的测试要求可能会或多或少地加严。在欧洲，工作组不断评估更新 ECSS - Q - ST - 70 - 38 的要求，因此，必须从网上获得或者免费下载该类文件的最新版。

编制的实验室报告中包含所有的目视检查结果、电气测试结果和显微照片，报告可能相当庞大，因此还应向客户提供按测试规范验证的 SMDs 汇总表。此表应包括所有的重要信息，例如：

- 生产线地址；
- 测试规范的确认；
- PID 完整引用；
- 组装工艺，如"气相焊接""手工焊接"等；
- 焊料合金，如"63Sn""62 Sn""50InPb"等；
- 敷形涂覆类型，如"无涂覆""Urelane 5750LV"等；
- 按 SMD 种类、类型号、外形尺寸（mm）列出每一种零件，并识别需粘固的零件；
- 明确 PCB 基材、热膨胀系数、玻璃化转变温度等（具体值参见附录 1）；
- 阐述公司验证报告的所有参考依据。

作者特别感谢一些公司，他们同意在接下来的章节中列出他们所总结的不同 SMT 故障机制。这些失效是在验证测试期间发生的。每种失效的条件不同。作者认为，依据基于 Coffin - Manson 方程 [即寿命对数与焊料合金的疲劳塑性指数呈线性比例（Lau 和 Rice，1985）] 或者是各种 Engelmaier 表达式的公式，来预测任何表面贴装器件的使用寿命是不明智的。这些焊料的疲劳数学模型应谨慎使用，因为它们依赖于精确的物理和机械数据，而这些数据与组成焊点的每种材料息息相关。从接下来的章节可以看出，航天器SMT 很不幸地涉及不精确的材料工艺。由于过程中的变量众多，试图从假设模型中预测焊点的结构完整性和可靠性是不合理的。建议对具有代表性的样品进行热循环试验和验证试验。如果在电子产品中存在以下不一致的情况，对 SMT 热疲劳寿命的计算预测将是不正确的：

- 层压板中存在残留应力；
- 焊料合金因邻近的铜或银析出而变硬，对于铟焊料会从镀层中析出金；
- 焊点界面处出现金属间化合物；
- 抬高高度变化（即 PCB 焊盘表面与元器件端电极之间填充焊料的距离，见图 6-24）；
- 在元器件下方存在不同的有机材料，例如，粘固化合物、导热粘合剂和敷形涂层（注意不同批次有机化合物的热膨胀系数和玻璃化转变温度各不相同）；
- 有引线的 SMD，引线材料的杨氏模量和屈服强度变化，以及因共面性问题或焊接出现残余应力；
- 常见的焊点变化，如空洞、焊缝几何形状（特别是在元器件焊接面一侧的大的焊点形态与另一侧小的焊点形态，如图 6-25 所示），以及元器件在焊盘上不对称。

6.15.2　力学过载导致的失效

力学冲击可能会加速 SMT 失效。PCB 组件意外地掉落在坚硬的物体表面上，或在运行过程中电路靠近烟火驱动器装置，都可能出现这种情况。当然，陶瓷封装器件容易受到这种意外损坏，但仅比传统的有引线元器件容易一点。作者还没有遇到因力学冲击而导致的 SMD 失效。然而，一类常见的失效发生在验证测试的振动测试环境中，即 SMD 与PCB 发生脱离。

细间距引线 SMD，例如四方扁平封装（只有 $500~\mu m$ 间距），是容易因振动发生失效的器件。引线和连接线弯曲，变硬，最后断裂。振动测试期间，无引线芯片载体和陶瓷片式元件 ［如图 6-69 (b)、(c) 所示］也发现发生脱落或损坏。

为避免 SMD 的力学过载失效，建议：

- 尽可能采用刚性多层 PCB 设计；为了避免低频率和高振幅共振，薄的 PCB 应固定在离刚性支架距离近的地方。
- 重的元器件应靠近 PCB 边缘或者固定点放置。
- 使用粘固化合物和敷形涂层来加大 PCB 的阻尼与机械支撑。

需要强调的是，工程师考虑使用自动电气测试设备时，需特别小心。计算机通过软件控制，将长的弹簧式金属探针接触到预想的焊盘上，对印制板组装件进行电气功能检查。原以为尖锐的探头下降到每个特定的离 SMD 焊点很近的焊盘处，且不碰到元器件。对自动测试后的 PCB 组件进行仔细检查发现，当元器件准确地放置于焊盘时，焊盘上存在一系列压痕。理想情况下，这些压痕应存在于远离焊接元器件的锡铅镀层上。而实际上，

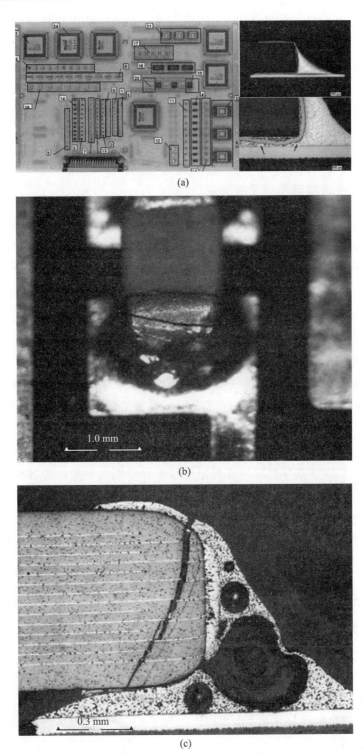

图 6-69　（a）组装了 SMT 元器件的用于鉴定的 PCB，在经过了热循环、振动和返工模拟等测试后，通过目视检查和显微切片来评估焊点的质量。（b）外观照片。（c）因为振动而开裂的陶瓷片电容器的显微照片。需要注意：宽口裂纹和银片电极之间的机械位移。焊锡内的大孔可能是造成损坏的原因，但主要因素是薄的（1.6 mm）双面 PCB 和壳体之间的固定不到位

SMD 在焊盘上存在偏移，同时测试设备存在误差，压痕可能出现在焊点的斜面上，或者在陶瓷器件的金属化区域。焊缝上的探针痕迹清晰可见。然而，当压痕出现在元器件的硬金属化端时，痕迹很难辨别。主要问题是，探头尖端的高负载力会损坏许多组装的元器件。最近多个正式飞行的印制板组件，采用了未经批准的自动化测试方式（即这种测试方法不包含在批准过的过程证明文件中），发生了器件失效问题。对失效的元器件进行显微切片，清晰地发现，在探针与元器件金属化端子表面接触的地方，产生了贯穿整个元器件厚度的脆性裂纹。

6.15.3　印制板平面度问题导致的失效

大多数航天器 PCB 要求对外层铜导体图形进行镀锡铅处理。首行将接近共晶成分的锡铅合金以电镀方式镀覆在铜上，然后通过将整板浸入热油或者红外加热的方式进行二次熔融处理（见 4.7 节）。大多数印制板的变形问题会发生在这个热循环过程中。对层压板的基体加热高于其玻璃化转变温度时（T_g：单位为℃，材料从玻璃态到塑性状态的转变温度），环氧树脂或聚酰亚胺等基体材料会变软，引起支撑媒介的松弛，这些媒介材料通常为编织的玻璃纤维，偶尔为编织的石英纤维。

另一种形式的板子变形发生在波峰焊接过程中，当印制板组件在焊料波上通过时被迅速加热。在所有情况下，非常重要的工作是对印制板进行预热以避免热冲击。类似地，将热的印制板浸入冷的溶液中也会导致其变形。焊接后的元器件将维持印制板处于变形状态。

通常变形指的是扭曲或弯曲，对于采购的宇航级印制板，通常要求平面度应在 1% 的公差范围内。由于 PCB 基体材料性能和电路板设计影响的不同，印制板供应商很少能保证比 1% 更好的平面度。多层印制板的分层也会导致整体的变形，如图 3-18 所示。

如果 SMD 组装至变形的印制板上，当印制板组件每次经历弯曲或振动时，它们都会受到相应的机械应力。当翘曲的印制板组件"拉直"再插入到卡槽或通过螺钉安装至机壳上的加强筋时，这个问题更突出。通过对多个电容裂纹的分析，确定其失效原因是由于对变形多层印制板组件的矫直——如图 6-70 所描述的一个元器件案例。不幸的是，这类失效很难识别，因为裂纹非常微小。

基于以下简单的原则可以降低 PCB 的变形：

1）电路设计：应保证印制板两侧的导体图案在密度和方向上都均匀分布；SMD 应均匀地分布在印制板的每个区域，应避免局部区域的高密度分布；对于多层板，中轴线（即制造、装配和测试过程中的零应变位置）应位于板厚的中心，只有保证铜箔厚度、电源层、地层在中轴线两侧均匀分布才能实现。作为 SMT 的 PCB 基体材料，聚酰亚胺基材料通常优于环氧树脂。

2）PCB 制造商：应只购买最高质量的层压板，以确保它没有残余应力；在蚀刻、电镀和焊料熔化等制造过程中，不应人为限制板材的变形。任何热处理都应循序渐进，并包含一定的保持时间，使板材达到热平衡；而且，想要用于 SMT 的变形板不能通过升高温

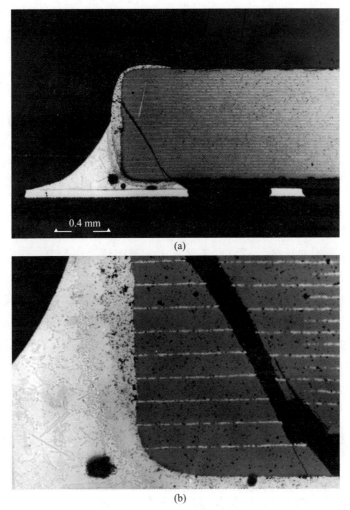

0.4 mm

(a)

(b)

图 6-70　（a）与（b）为采用机械焊接的方式将大尺寸电容焊接至多层环氧树脂玻璃布板上，引起了 2%
的变形。在将该印制板组件安装至结构边框上时，无引线元器件上产生了机械应力。该电容器的端子不是
一个推荐的类　型　因为银-钯金属端上没有覆盖镍阻挡层。这导致在机械焊接过程中，Ag 离子从金属化端
溶蚀到焊料中。焊缝的微观组织显示出饱和的银析出物。这导致焊点与形成于镍阻挡层上的情况相比，其
硬度更高，延展性更低。这样元器件就被硬安装在 PCB 的焊盘上。总体而言，没有应力释放机制来避免元
器件的裂纹，因此当印制板受到小程度的矫直时就会损伤无引线器件

度加压的方式校正，因为当板子重新加热到 T_g 以上温度时变形将复现。

　　3）电子装联工艺师：在 PCB 焊接前的去潮或实际焊接操作过程中，也应避免对板子
产生热冲击；助焊剂清洗应在印制板冷却至室温后进行。推荐使用延展性好的锡铅焊料或
铟铅焊料，外加合理的抬高高度。

　　4）检验人员与操作者：应检查印制板的弯曲和扭曲。存在质疑的印制板组装件应该
被记录在案，经过公司材料审查委员会的审查批准后，才可安装到支撑结构。

6.15.4　共面问题导致的失效

SMD 最常用的三个连接形状为无引线型（图 6-25 和图 6-26）、鸥翼型［图 6-18 (d)］和 J 型引脚（图 6-71）。鸥翼型元器件的缺点是，它比其他类型的器件占用更多的印制板面积。在运输和搬运过程中，其外伸的引线也会变形。引脚的共面性是指器件周边的所有相邻引脚位于同一个平面上。不共面度则是当元器件位于一个标准的平面时，其引线最高点与最低点的相对距离。当部分引线发生意外弯曲时，它们的不共面度将导致焊点具有差别很大的焊缝。为了保证所有的焊点具有相似的外观，电装操作者在手工焊接中可能会试图通过按压封装，使引脚伸开保证所有的引线与 PCB 焊盘接触。或者，可以使用热棒方式的回流焊接方法，将电阻加热的金属棒同时施加到 SMD 的鸥翼引线上。这种方法已被用于诸如标准扁平封装、细间距的四方扁平封装（QFP）、小尺寸外形集成电路（SOIC）和小尺寸外形晶体管（SOT）等器件上。当引线被强制对正 PCB 的焊盘，并在焊料凝固期间保持，无论是在元器件引线还是在焊点中都会产生高水平的残余应力。

在焊接过程中通过外力将硬度高的 Kovar 合金鸥翼引线约束在 PCB 的焊盘上，由于残留应力引起焊点的应力断裂故障能够解释许多鉴定试验失效。在热循环过程中，或在高温储存期间，引线的弹性导致其产生移动并脱离了焊料。焊料合金在稍高的温度下的强度很小，由于蠕变导致引线脱离，从而导致焊点开路。

对于 J 型引线元器件而言，因非共面性引起的问题，相对于引线排列发生错位的情况，属于不那么严重的问题。通常损坏的导线会向上翘曲或离开平面。在焊接时，这些引线可能形成非常小的焊点。由于 J 型引线很难检查，这些缺陷可能会被忽略。

电气测试和金相分析明确表明共面性差的引线由于含有残留应力，在环氧树脂或者聚氨酯化合物进行涂覆，并经历数个热循环后，更易发生焊接的失效。这可能是由于这些涂层高的热膨胀系数，导致了元器件在 Z 方向的失配（即引线的运动方向）。

6.15.5　SMD 与基板材料热失配造成的焊点失效

6.15.5.1　有引线和片式的 SMT 元器件

这是表贴元器件最常见的失效机制。元器件的陶瓷本体的热膨胀系数在 5～7 ppm/℃ 之间，环氧玻璃布板室温下的热膨胀系数（COE）在 11～17 ppm/℃ 之间。当元器件具有可弯曲的引线时，可以承受热循环中元器件与 PCB 材料热膨胀系数不匹配的差异，但这并不是绝对的，验证测试也暴露出了一些引线问题，如图 6-71 所示。SMD 具有很短且硬的引线，或者是无引线金属化端子，需要连接系统的 COE 与其陶瓷本体材料非常匹配。COE 可以通过不同途径实现匹配，如 6.5 节描述。

成功的方法，包括在 PCB 层压板中加入因瓦合金或钼板，因为这些低 COE 的金属会限制环氧玻璃层压板固有的高膨胀。也可以采购含石英或其他低膨胀纤维的聚酰亚胺基层压板，通常这种所谓的"补偿板"很昂贵，因为只在专门市场上少量生产。同时，这种低膨胀系数的添加物相对较硬，会增加生产的难度，例如在钻孔操作中会加速工具的磨损。

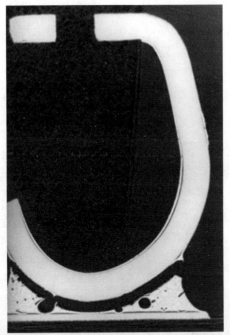

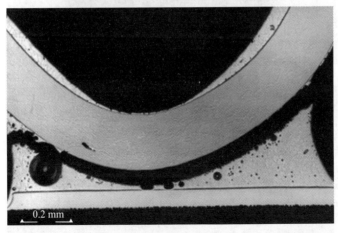

图 6 - 71　鉴定试验显示，42 合金的 J 型引线具有良好的可焊性，但由于这种材料具有高硬度，
不到 500 个热循环，焊点便产生了失效。因热疲劳最先失效的连接点位于顶角处（离中轴线最远）

除了对基材的改变，也可以选择制造"高的焊点"，如前面 6.15.1 节描述，高的焊点可以
通过焊料自身的蠕变来吸收热失配。为无引线芯片载体专门设计的预制片也可以采购到，
如图 6 - 72（a）的说明所描述。含有多达 1 500 个互联（I/O）的陶瓷柱栅阵列器件
（CCGA）经过良好的设计，能够抵抗热疲劳，尤其是当采用 6 - Sigma 柱加固时［图 6 -
72（b）］。关于阵列器件（BGA 与 CGA）封装的信息详见 6.15.10 节。

　　即使元器件本体材料和 PCB 基板之间热膨胀系数匹配，也不能保证不发生热疲劳问
题。有些电子元器件本身是热源，会变得非常热（如功率晶体管和功率电阻，可以产生几
瓦热能）。对于航天器电子设备而言，热量特别麻烦，因为无法通过对流冷却，所有的热

量都必须通过焊点或这些元器件下方的导热粘合剂热传导散去。粘合剂也会促进焊点的热疲劳，因为它们的COE比焊料合金高，会在垂直轴方向上产生应力。这种粘合剂必须按照6.15.1节中描述，对样品进行验证确认后，经批准才能使用。导热陶瓷封装形式最近出现在市场上，如氮化铝（AlN）、碳化硅（SiC）、氧化铍（BeO）。这些材料的热导率至少是氧化铝的5～10倍。相对于传统的氧化铝封装材料，它们的COE更低，因此必须注意避免焊点的热疲劳失效。

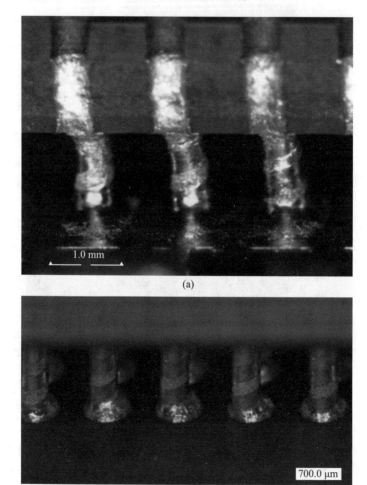

(a)

(b)

图 6-72　（a）1995 年的技术。Raychem 焊柱通过设备焊接用于连接无引线芯片载体与环氧玻璃布板。照片拍摄于鉴定试验之后，在经历 500 次热循环（-55～+100 ℃）后，焊柱出现倾斜现象。焊柱包裹铜箔，焊柱可以扭曲以吸收 COE 的不匹配，避免出现失效。（b）2014 年的技术。625 引脚的 6-Sigma CCGA 通过设备焊接至 ENEPIG 表面的 PCB。所有元件均通过了累积的鉴定试验流程：振动、冲击以及 1 500 次热循环（参照 ECSS-Q-ST-70-38），未发生电气失效。试验后的微观组织未发现缺陷（Chaillot 等人，2014）。该 CCGA 采用了 6-Sigma 的铜箔加固的焊柱（Raychem 公司最早开发），据说可靠性为面栅格阵列封装器件标准焊球的 600 倍

　　需要提醒的是，厚膜混合集成电路可能会是理想的，因为由陶瓷（氧化铝）元件焊接在氧化铝基板上，它们具有相同的热膨胀系数。然而图 6 - 73 显示，情况并非总是如此，必须考虑连接内部极小局部区域内 COE 不匹配的情况，例如焊料与相邻陶瓷之间的差异。

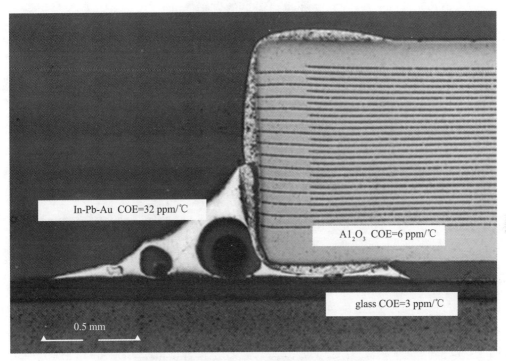

图 6 - 73　热循环后的厚膜混合集成电路局部照片。陶瓷电容器是用铟铅合金焊接到金导体上，该金导体是烧结到玻璃-氧化铝介质上的。浸析了金的 In - Pb 焊料（32 ppm/℃）与氧化铝基体（6 ppm/℃）之间局部区域的热膨胀系数不匹配，导致了较大的应变使电极层开裂、剥离

　　近来在材料方面有了最新进展，可以制造一定范围内 COE 可精确调整的材料，引起了微电子、功率半导体、微波和激光二极管封装行业革命性的改变。关于 COE 补偿的 PCB 已经在前面章节做了讨论（参照附录 1 的典型数据），这些 PCB 材料有助于降低导致焊点热疲劳失效的应变。在金属基复合材料领域也有类似的进展，可用于尺寸从 10 mm 到 100 mm 的大尺寸器件的封装。这些金属基复合材料的热膨胀系数可以与 PCB 基材匹配，无论 PCB 是用玻璃纤维增强环氧树脂还是氧化铝陶瓷制作。COE 的匹配通过在商用铝基材加入增强剂来实现，增强剂通常是碳纤维、硼纤维或者是碳化硅颗粒。目前用于微波和混合微电子封装的金属材料是 Kovar 合金（COE＝5 ppm/℃）、42 合金（COE＝4.4 ppm/℃）、铝（COE＝23 ppm/℃）以及铜（COE＝17 ppm/℃）等。基于碳化硅增强的低膨胀系数铝基复合材料产品，其 COE 范围在 6～14 ppm/℃ 之间。相对于 Kovar 合金与 42 合金，低密度的铝基复合材料具有 3∶1 的质量优势。这类封装材料典型的微观组织如图 6 - 47 所示，图题进行了相关描述。

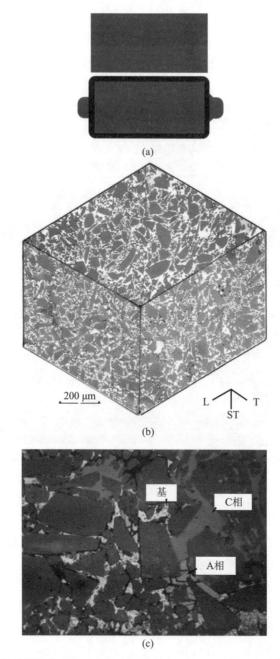

图 6-74　基于碳化硅颗粒增强的商用铝基的金属基复合（MMC）材料电子封装的评估。(a) 尺寸为 50 mm×25 mm 封装及其盖板的 X 射线照片显示，表明无气孔，颗粒分布均匀、无裂纹。密封性通过了氦气检漏测试。(b) 刚抛过光的 MMC 沿 L 方向，ST 方向以及 T 方向微观组织图。微观组织表明 MMC 基体密实，各种尺寸的 SiC 颗粒均匀分布，表现出各向同性的物理性能。(c) MMC 材料的抛光面轻微腐蚀后的微观组分的详细情况。尖角 SiC 颗粒尺寸范围为 4～200 μm（平均尺寸 10 μm）。颗粒体积分数约为 60%。基体材料包括铝、镁、硅，微量的银以及粗糙的 A 相与 C 相（EDAX 测试化合物为 Mg-Si，无不期望的碳化铝颗粒）。这种 MMC 的质量为相似设计的 Kovar 合金的三分之一，而 COE 相同。除此之外，MMC 的热导率远优于 Kovar 合金［100 vs. 17W/（m·K）］（由 Mr. G. Ramusat，ESTEC，Noordwijk 提供）

6.15.5.2　导热粘合剂用作粘固材料

由于元器件的功耗产生的过量热量，可能会威胁到航天器电子产品的可靠性，在这种情况下需要考虑散热方式。在真空条件下，无法进行强制空气对流散热。因此，当通过元器件引线以及辐射等散热不足时，需要在元器件封装与 PCB 之间采用导热性粘固材料（见 6.15.10 节）。对于面栅格阵列器件而言，由于高导热的焊球和焊柱可导热，在封装和基板之间不需要额外的导热填充物。然而，细间距有引线的封装器件导热路径少，通常需要额外的热沉。导热粘合剂以及类似的粘固化合物（用于提供振动中的阻尼）相对于元器件以及 PCB 而言，具有不同的热膨胀性能。这将导致在热循环试验时在焊点中产生应力。粘固材料的硬度也非常重要，因为硬的材料更容易传递应力。

回顾市场上航空航天导热性粘固材料，35 类是导热但不导电的，23 类是既导热又导电的，15 类是密封剂，4 类为膜式产品。这些材料已汇编成了一份报告，可根据真空放气性能数据选择特定的材料（Tegehall 和 Dunn，2001b）。

最初选定了三种产品，分别是 Epo‑tek 930，CV‑2946 及 Multimat M‑4030LD。最后一种材料因为不能形成 ECSS 技术要求所规定的必备形态而弃用。测试的元器件为四周有引线的扁平陶瓷封装（CQFPs）器件，共有 144 个引线，焊接至聚酰亚胺玻璃 PCB。CQFP 的引线框架材料为 42 合金，镀焊料翼型引线间距为 0.65 mm。图 6‑75 为横截面的图片。

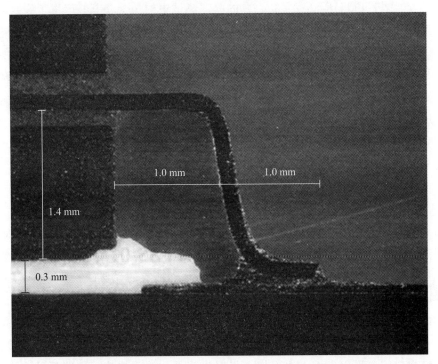

图 6‑75　宏观照片显示器件抬高距离、引线的弯曲形状以及白色的粘合剂，该粘合剂是
通过 PCB 上的钻孔注入到 QFP 器件底部中央的

产品技术说明书中关于 Epo - tek 930（双组分环氧树脂材料，氮化硼颗粒作为填料）的热导率为 4.2 W/（m·K）（经实验室测试确认）。

CV - 2946 为双组分的硅胶材料，包含有氮化硅颗粒，据产品技术说明书其热导率为 3.8W/（m·K），但实验室测试只有 1.7W/（m·K）。

依据 ECSS - Q - ST - 70 - 02，真空放气率如下：

- Epo - tek 930　　TML 0.01%，RML 0.01%，CVCM 0.00%；
- CV - 2946　　TML 0.36%，RML 0.08%，CVCM 0.00%。

依据 ASTM E - 831 - 93，对热膨胀系数的测试结果为：

- Epo - tek 930　　26.3 ppm/℃（-50～50 ℃），90.93 ppm/℃（100～150 ℃）；
- CV - 2946　　209.7 ppm/℃（-50～150 ℃）。

Epo - tek 930 的邵氏硬度为 98，CV - 2946 的邵氏硬度为 75。

所有的 PCB 都依据 ECSS - Q - ST - 70 - 38 进行测试，热循环试验后再进行振动试验。

所有的样品都通过了测试，无因粘合剂导致的焊点损伤（通过目视和微观检查）。两者都可以应用于空间产品。

6.15.6　热失配导致的印制线失效

仅有 0.3 mm 宽的导体线路在热循环试验后［该热循环试验为 SMD 晶体管（NE41607）与二极管（HP 5082 - 3141）的验证测试中的一个环节］产生了裂纹，并导致了开路。这些元器件采用 63Sn 焊料焊接至 PCB 的铜焊盘上，未采用任何形式的应力释放。PCB 材质为 PTFE（聚四氟乙烯），通过机械方式固定在铝基体上。在 500 次热循环后出现了大范围裂纹。认为产生这些裂纹的原因为陶瓷 - Kovar 材料（5 ppm/℃）与 PTFE - 铝基体（大约 22 ppm/℃）之间 COE 的高度不匹配。这种不匹配导致了铜导体中产生应力，铜线路发生加工硬化现象，并在焊盘与线路之间截面突变处撕裂，如图 6 - 76 所示。

后来生产的 PCB 通过了所有的鉴定试验。其中包括三个更改：采用了 50In50Pb 焊料；器件底部与铜焊盘之间轻微抬高；导体线路宽度增加至 0.5mm 宽。

6.15.7　采用 SMT 技术互联的射频电缆失效

空间用射频电子系统，例如用于 S 频段的产品，热循环试验期间，SMT 鉴定试验样件中的焊点互联失效，其可靠性引起了广泛关注。基体材料为 PTFE，并连接至铝基支架上。图 6 - 77 为 SMT 鉴定试验测试板的一部分。虽然所有的元器件顺利通过了环境测试，但半刚性电缆由于包裹内芯铜的 PTFE 材料的冷流以及其与外层铜管的热胀冷缩而发生失效。失效的机理明确，并在 6.6.5 节结合图 6 - 27 的金相分析进行了讨论。纠正措施是其采取了在 -45～100 ℃ 的数次热循环的预处理，直至 PTFE 绝缘介质不再发生冷流现象。突出的电缆在成型前采用机械方法剪切，与铜皮齐平，然后焊接至电路板的方形焊盘上。经过采用热处理方法进行的预处理工艺后，同轴电缆与带状线之间的焊接点在进一步的鉴定试验中未出现异常现象。

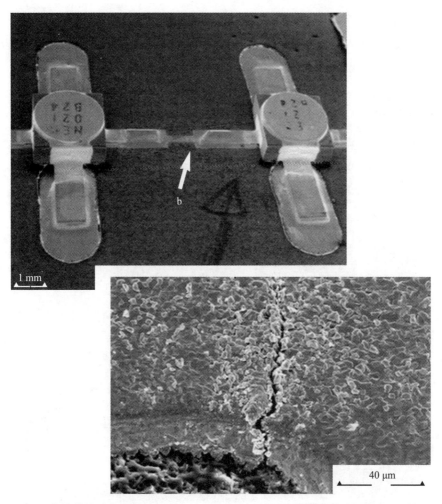

图 6 - 76 热疲劳导致的铜导体开裂，该导体位于两个具有很低热膨胀系数的元器件之间

6.15.8 敷形涂覆引起的 SMT 焊点失效

航天器 SMT 使用了细小的导线和更近的导体间距，使得印制板组件在最终清洁后进行敷形涂覆变得很必要。敷形涂覆的主要目的是，为产品在地面操作阶段提供对空气中污染物和湿气等的防护，除聚二甲苯外，还可保证元器件在火箭发射阶段冲击和振动条件下的结构稳定。在实际中，涂层还能避免导电多余物在零重力条件下在导体之间漂浮和停留产生的短路问题，减缓锡晶须的生长。敷形涂覆可以采用将印制板组件浸入未固化的防护漆溶液中进行，但更常用的工艺是刷涂与喷涂，因为这两种工艺能更好地避免在应力释放弯处的填充，同时可以得到更薄的涂层效果（减重）。聚二甲苯（商业名派瑞林）是通过真空工艺的方式涂覆在印制板组件上，它的优点是特别薄，能阻碍水汽，且具有低的真空放气率，并能涂覆所有表面；然而缺点是不能为组装的元器件提供机械支撑（有些元器件在振动和噪声环境下需要机械加固），同时当印制板组件需要返修时，该涂层只能通过机械摩擦的方法去除，否则几乎无法去除。

(a)

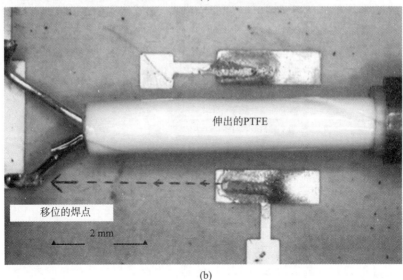

伸出的PTFE

移位的焊点

2 mm

(b)

图 6-77　(a) SMT 鉴定件的全图。(b) 凸现 RF 电缆的中心导体焊点开裂，是因为热循环试验
　　　　使得绝缘介质发生明显的冷流造成的

　　PCB、元器件以及涂敷在组装件上的不合适的涂层材料之间因膨胀和收缩的相对差异，已经出现了在轨运行飞行器和测试试验中的高质量电子产品的灾难性事故。在科技文献中鲜有披露真实失效案例的。然而，美国喷气推进实验室对麦哲伦号探测器的雷达数字模块上的一个焊点开路故障进行了详细的原因分析，据此成功修复了该探测器以及伽利略号探测器上许多相关硬件电路。该故障原因是具有高的热膨胀系数的涂层（Solithane 113）位于双列直插封装（DIPs）与 PCB 表面之间约 1.3 mm 的间隙内（Ross，1989；

Lee，1990）。空间产品硬件上的类似故障可追溯到在热循环试验中因敷形涂层引起的失效破坏（ASTROS star tracker，Magellan data formatter 等，见 JPL 课程，Number 275）。

　　前面的章节（如 6.5.4 节）已经证明了在表面贴装器件（SMDs）与 PCB 焊盘之间保持合适间距的优点。这个间距有利于清洗操作，与器件与 PCB 表面齐平相比，助焊剂残留更易从器件下方被清洗出来。同时也可在器件与 PCB 焊盘之间提供软的、延展性好的、可蠕变的焊料层，以应对器件与 PCB 材料间存在不匹配的热膨胀系数（COE）的情况。

　　当元器件经受环境引起的热循环或者在飞行器工作过程中产生的热量时，焊料合金的蠕变可以产生一定的应力释放。

　　曾经进行了多个评估项目，以探究在 SMDs 底部空间的高膨胀系数敷形涂覆材料引起的破坏性应力损伤问题（Lee，1990；Dunn 和 Desplat，1994）。得到的结论为：环氧类涂层，例如 Scotchcast 280，以及聚氨酯类涂层，例如 Solithane 113 与 Conathane EN11，应禁止在 SMT 器件上使用，否则会出现 COE 不匹配引起的焊点开裂等相关问题。图 6 - 78 ～图 6 - 80 的图题说明文字解释了无引线封装器件涂覆后出现的电开路问题。高温下涂层膨胀非常明显，引起焊点的热疲劳以及开路问题。而室温以及低温下，涂层的收缩使得焊点表面裂纹重新接触——电气连续性恢复，像个热开关一样。

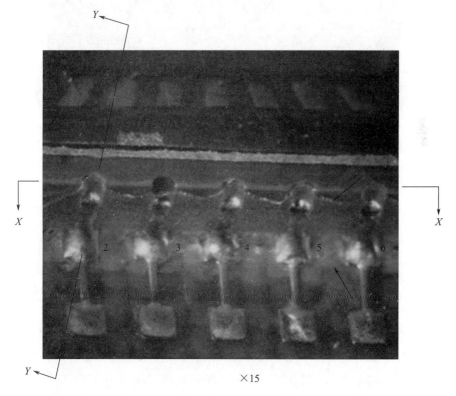

×15

图 6 - 78　涂覆 Scotchcast 的无引线片式载体经历 1 000 个热循环后的照片。在第 400 个循环时发生了电气开路问题。全图表明 Scotchcast 涂层与陶瓷封装器件上方发生剥离，与 PCB 表面之间产生了分层（箭头）。标识 2～6 为焊点开裂城堡位置，但即使采用了最好的光学显微镜，仍无法看出焊点上导致电气开路的裂纹

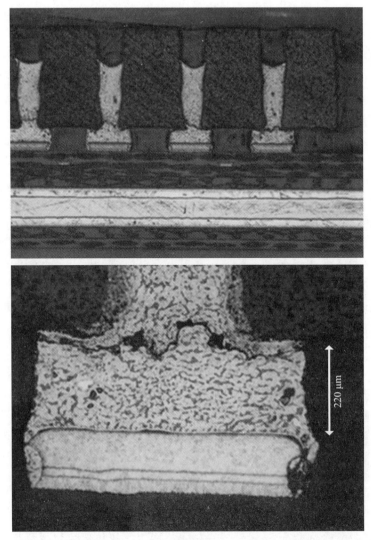

图 6-79　平行于一排城堡型焊点的光学显微照片（沿图 6-78 中 X—X 方向剖切）。
Scotchcast 涂层经历 1 000 个热循环。所有的城堡处的焊点都有裂纹

　　基于一系列准则，包括可修复性，来确定用于飞行器 SMT 产品的推荐涂层材料。结果汇总见表 6-8。合适的涂层是硅胶类的 CV 1140-0 和 MAPSIL 213；它们的玻璃化转变温度很低（T_g＜－100 ℃），它低于标准热循环试验的正常温度范围。同时这些硅胶材料非常柔软，当出现 COE 不匹配情况也具有一定的屈服性（即它们在焊点上施加的应力较小）。聚氨酯涂层 Uralane 5750LV 也有较低的玻璃化转变温度（T_g＝－65℃），这类涂层看来也适用于 SMT 产品。相对的，Lee（1990）测试了 Solithane 113 与 Humiseal-2B74 的玻璃化转变温度，分别为－7 ℃与＋5 ℃。这类涂层材料的玻璃化转变温度接近室温；因此每次热循环经过其玻璃化转变温度时，它们都将在邻近焊点上施加巨大的应力。相关材料属性列为下表：

涂层类型	T_g/℃	COE/(ppm/℃)	
		低于 T_g	高于 T_e
Uralane 5753LV	−65	91	218
Solithane 113 − 300	−7	98	247
Humiseal − 2B74	+5	88	225

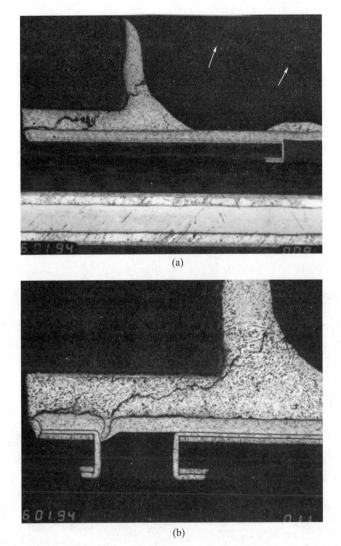

图 6 - 80　沿图 6 - 78 中 Y — Y 方向对焊点横截面逐步进行微观剖切的照片。每个焊点均发生了电气开路，由于这些缺陷未表现出大的裂纹，因此高倍显微镜下透过 Scotchcast 涂层不可见。(a) 沿有裂纹焊点的横向视图，显示出了聚酰亚胺多层板的物理结构，包括内部的敷铜钼层。Scotchcast 包裹着封装器件（箭头），并填充在底部抬高区域内。(b) 不规则裂纹的细节。最大剪切应变区域具有大尺寸的锡铅晶粒组织。该图为第 3 个城堡位置（×64）(Dunn 和 Desplat，1994)

表 6 - 8　　敷形涂覆材料综合性能评价表（源自 Dunn 与 Desplat 1994）

类型	成本	工艺	返修性	抗溶剂性	抗潮湿性	寿命测试	抗热循环性能			放气性	载人航天器	综合
							表贴器件	有引线器件	键合			
	7=贵；1=便宜	7=复杂；1=简单	7=困难；1=简单	1=良好；7=差	1=良好；7=差	1=良好；7=差		1=良好；7=未通过		1=良好；7=未通过	1=良好；7=未通过	
CV 1144 - 0	7	2	1	5	1	1	1	1	1	1	1	22
MAPSIL 213	6	1	2	6	3	4	1	1	2	6	1	33
URALANE 5750LV	3	3	5	1	6	1	1	4	4	4	1	36
SYLGARD 184	5	6	3	7	3	5	1	1	3	7	1	42
CONATHANE EN11	1	5	6	1	7	7	1	5	5	1	4	43
SOLITHANE 112	4	4	4	1	2	6	6	7	6	1	4	45
SCOTCHCAST 280	2	7	7	1	5	1	7	6	7	4	4	51

简单地说，硬质、大 COE 的涂层材料在热循环中也会导致无引线陶瓷器件（例如电容与电阻）发生破裂。一个明显的失效案例见图 6-81。

图 6-81　在鉴定试验期间，经受－55～100 ℃的热循环过程，硬的聚氨酯涂层引起了陶瓷封装器件本体的断裂。在－7～100 ℃温度范围内，焊料合金与涂层的热膨胀系数分别为 22 ppm/℃ 与 247 ppm/℃

6.15.9　与助焊剂和白色残留物相关的 SMT 问题

当清洗工艺发生变化时，企业需要开展清洗效果评估程序。近些年此工作特别普遍，这是由于大多数航空航天企业要求停止使用含有卤代氯氟烃类物质（CFC）的臭氧消耗类物质（ODS），例如氟利昂。近来，其他 ODS 清洗液体（例如三氯乙烷）也已禁止用于 PCB 的最终清洗，根据 ECSS-Q-ST-70-08，欧洲只允许使用乙醇、异丙醇以及与水的混合物进行清洗。

在采用有机溶剂清洗后的 SMD 印制板组装件上，仍有助焊剂残留的最常见原因如下：
- 浸在污染的溶剂中；
- 清洗时间、温度不足；
- 树脂聚合（助焊剂老化，应该在 PCB 冷却至室温后尽早清洗）；
- 在蒸汽溶剂中摆放不当；
- 形成了白色残留物。

欧洲空间项目中经常遇到在经焊接、清洗、检验后的印制板组件，发现白色残留物应该怎么办的情况。这通常发生在用户参与的所谓"强制性检查点"的时候。IVF（Tegehall，1991）开展了一项有趣的研究，采用 ECSS-Q-ST-70-08 与 ECSS-Q-ST-70-38 标准中推荐的材料与工艺。表面贴装器件的焊接使用 63SnPb 焊锡膏与 RMA 型助焊剂（F-SW 26DIN），然后用异丙醇采用各种方式进行清洗（ICOM 4000 喷射、喷枪以及超声波）——多数元器件的底部与周边发现有白色残留物——而当同样的元器件采用了 CFC-113 气相清洗后未发现类似的白色残留物（除了一件样品上有一些斑点）。这项研究的目的是为了证明抬高高度对于装有 LCCC-68 与 PLCC-68 器件的 PCB 清洗效果的影响（间距为 50~100 mil，抬高高度为 120~870 μm）。结论表明：对于低于 100 mil 间距或者低于 240 μm 抬高高度的元器件，利用助焊剂清洗干净几乎不可能。对于这些白色残留物的长期影响研究项目并未给出结论。

白色残留物组成成分非常复杂，清洗后的印制板组件在敷形涂覆前若发现白色残留物将引起很大的问题。这些沉积物包括在焊接过程中形成的金属盐类化合物和聚合后的助焊剂。金属盐类为焊接表面的金属氧化物与液态助焊剂发生化学反应的自然产物。在作者的实验室对白色残留物进行了化学分析，发现包含锡、铅以及微量的铜与镍。在高温焊接过程中，它们与其他残留物一起沉积在助焊剂中。如果使用的去除助焊剂残留的清洗溶剂极性不强，可能会留下金属盐类化合物，最终表现为白色粉状残留物。

参照化学手册，可以知道：
- PbB_2，白色粉末，轻微溶解于热水，不溶于酒精；
- Pb_2CO_3，白色非晶态粉末，不溶于水，有毒性；
- $Pb(OH)_2$，白色粉末，轻微溶解于水，有毒性；
- SnO_2，白色粉末，不溶于水；
- SnO，空气中不稳定，会转化为 SnO_2。

"白色残留物不能仅仅通过外观和所使用的装配工艺的类型来判断，而是需要进行调查来确定其组成和对可靠性的潜在影响。"——这是研究这些残留物的专家 Munson（2006）的评论。对于局部关心的白色残留物，经提取后采用离子色谱法的方式进行检测。随后采用表面绝缘电阻（SIR）测试的方式，对焊接技术、助焊剂应用、清洗工艺的长期可靠性进行确认。这些测试将提供准确的结果，物有所值。这就可能回答了缺陷不一定总是缺陷的主观难题。

目前的航天产品制造规范要求通过监测离子污染物来确定清洗的有效性。清洗有效性十分重要，在本书的其他地方进行了描述，离子残留将导致表面绝缘阻抗问题、枝晶生长，以及有引线器件由于应力腐蚀开裂而产生的裂纹等。然而，白色残留物的问题依然存在，如上所述，通过详细的化学分析将有助于确认这些残留物是否会对产品长期可靠性造成外观缺陷。

6.15.10　面栅格阵列封装

6.15.10.1　概述

历史上，航天电子用集成电路封装是有引线器件，引线设计用来插入 PCB 的通孔中。目前只有所谓的双列直插封装（DIL）仍在使用，业界后来采用了针栅阵列封装（PGA），但是这些通孔组装的较大的封装在航天领域并不广泛。目前，绝大多数封装基于表面贴装技术，包括本书前面讨论过的器件，如城堡型芯片载体、带有 L 型与翼型引线的扁平封装（QFP）（从通孔转为表贴），以及基于陶瓷或塑料引线的 J 型引线器件。

空间用面栅格阵列（AGA）封装都是没有引线的。AGA 与 PCB 的焊盘之间通过焊料提供电气连接与机械连接。焊点可以是球状或者柱状，具有非共晶成分。球栅阵列（BGAs）与 PCB 焊盘界面可能包含一些共晶 SnPb 焊料。柱栅阵列（CGAs）总是由高温焊料组成的，通常为 90Pb10Sn，还可以采用铜螺旋带加固，如图 6-72 所示。

电路的设计越来越密，因此 SMT 封装也在不断发展，具有周边引线的器件的间距越来越密（超级密）。AGA 器件从 250 个引脚发展到超过 1 000 个引脚（I/O），在 PCB 上占有的面积只相当于 208 个引脚的 QFP 器件面积大小。

将 AGA（BGA、CGA）封装器件组装到多层 PCB 采用以下步骤：烘烤 PCB 和湿度敏感器件；采用网板将锡膏印刷至 PCB 的焊盘上，偶尔使用注射器沉积的方法；检查锡膏沉积质量；AGA 通过机器贴装；采用红外或对流炉进行回流焊接；溶剂清洗；进一步的检查（见 6.15.10.2 节）；少量的返修；最后包装或者存储在氮气环境中，直到需要焊接其他的 SMT 器件。BGA 与 CGA 都非常娇贵，需要小心操作，从而避免小而软的引脚弯曲或受到污染（见图 6-82）。

6.15.10.2　质量与检验

虽然球或柱接点的互联质量可以通过对四周外围互联点的目检进行质量确认，但是 AGA 不适合采用目检，如图 6-83 所示。AGA 检查可以采用光学设备和双目显微镜；Ersascope 显微镜专为这类封装而设计。

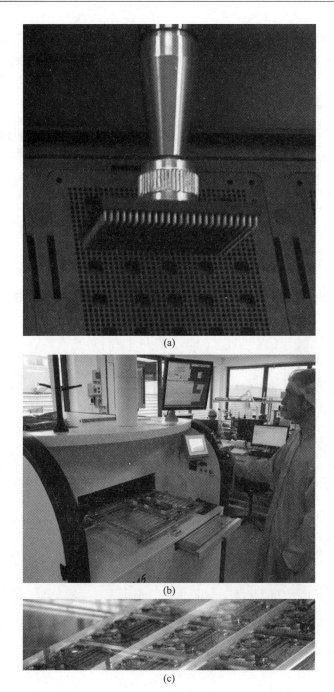

(a)

(b)

(c)

图 6-82　（a）对 AGA（诸如 CGA）封装操作必须使用真空笔，以免对柱造成损伤。将元器件放置在采用钢网印完锡膏的焊盘上，之后板子进行真空气相回流焊。（b）一旦通过模拟印制板——其与飞行板设计类似，元件负载类似——确立了合理的温度曲线和传送速度，现代化的真空气相焊设备非常容易操作。图示设备包括一个真空室和其内的真空系统，实现在较低的温度下焊接，同时条形码编号提供了良好的可追溯性和过程记录文件。（c）用于高吞吐量产品的大型载体，当焊料在液体状态时抽真空，可以有效地消除空洞并改善润湿，可通过工艺室的观察窗口进行观察

(a)

(b)

图 6-83　目视检查主要针对周边的焊点，表明：（a）焊膏未流动到 BGA 焊球上；

（b）ECSS-Q-ST-70-38 标准，组装完的 CGA 的焊柱允许的最大倾斜角度

　　首选的无损检测方法是带有角度旋转功能的 X 射线分层成像技术。此方法的原理如图 6-84 所示，通过焊盘的泪滴设计，便于确认焊锡的流动与润湿状态，识别图 6-85（a）、（b）中不合格的焊点。焊接中由于机器移动造成的微细裂纹无法通过射线方法检测到。

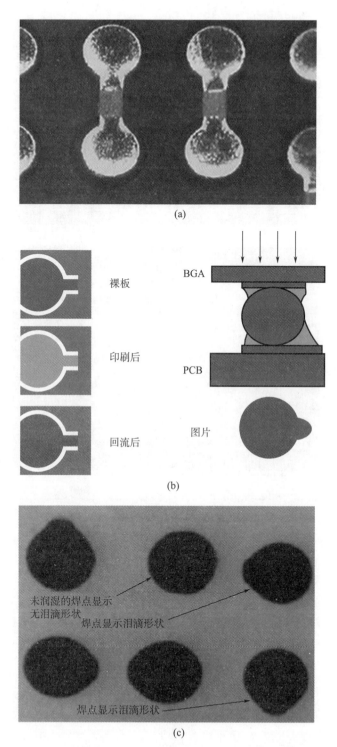

图 6-84　X 射线检查，这里是个简单的 PCB（无印制线）上的 BGA，用以说明泪滴焊盘设计的有效性。
（a）可见钢网印刷的锡膏。（b）X 射线照片示意图，说明泪滴设计有助于回流状态的检查。（c）真实的
X 射线照片，一个焊球未流到泪滴焊盘处，未在泪滴处形成润湿，说明存在潜在的开路问题

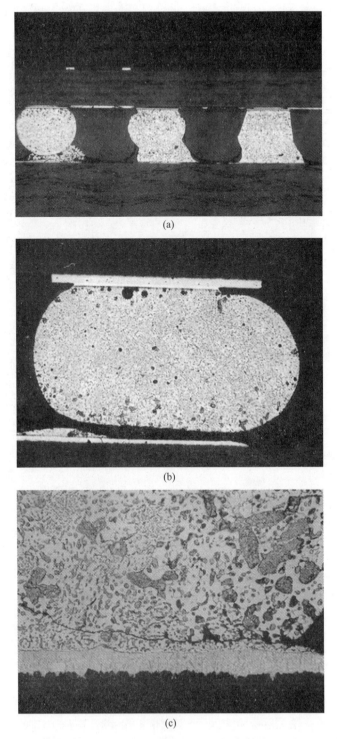

图 6-85　金相检查结果表明：图 6-83（a）中焊锡膏只有部分发生了回流；（b）焊球未润湿焊盘、未流到泪滴处。然而，图（c）中的显微切片能够观察到很明显的细裂纹，但是不能通过 X 射线观察到。此时破坏性的染色试验可能有效（Wickham 等人，1999）

IPC 2004 年发布了关于 BGA 组装、工艺优化、材料以及 X 射线检查文献，至今仍具有重要意义。Bernard 在 2006 年编制的内容广泛的小册子实用性更强，小册子简要介绍了 SMT 组件 X 射线检查的重要理论和实际问题，并对有缺陷的 AGA 器件焊点的 X 射线照片进行了详细的解释。SMT 焊点要求在 ECSS - Q - ST - 70 - 38 中有详细规定，并给出了对于设备焊接工艺中润湿、焊点中的空洞、CGA 柱的倾斜角度、焊锡膏中产生的多余物的尺寸与分布等问题的可接受/拒收标准［见图 6 - 86（Wickham 等人，1999）］。Bernard 博士的小册子与 ECSS 标准相互补充，当很难对 X 射线照片做出解释时，需要参考 ECSS 标准。

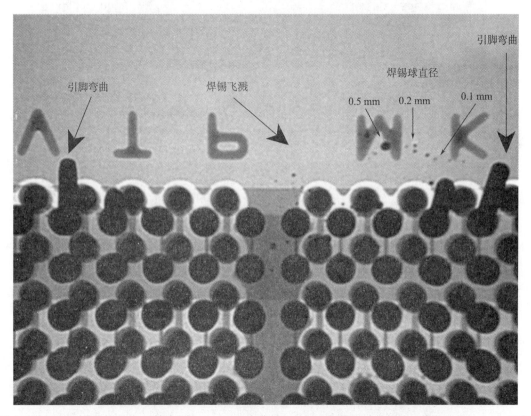

图 6 - 86　CGA 质量情况的 X 射线照片，显示了弯曲柱（针）和焊接飞溅的锡珠，直径为 0.1 mm。空间硬件检查需要这么高的分辨率。可以通过将一个 0.1 mm 直径的焊锡球粘附在胶带纸上，并放置在一个多层印制板的表面，进行 X 射线设备的校准。建议采用可观察 0.2 mm 直径焊锡球的分辨率

随着技术的发展，采用计算机断层扫描（CT）技术可以将高分辨率的 2D 数字照片生成局部电脑扫描图像。一旦局部区域利用数字技术加以分离，就可以进行详细的检查并形成 3D 图片（见图 6 - 87）。例如，检查节省空间型的"封装上的封装"（POP）互联层，发现了两个连接存在缺陷，导致电气间断性开路（Bernard 和 Golubovic，2012）。基于该方法，开发了对 AGA 连接的自动空洞检测系统（Said 等人，2012），据说可以检测焊点中所有类型的空洞（平面、微孔、针孔、柯肯达尔孔洞与缩孔）。操作人员还可以通过生

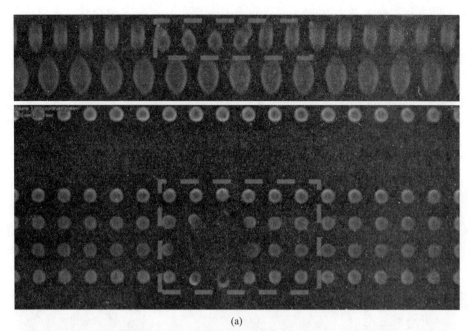

(a)

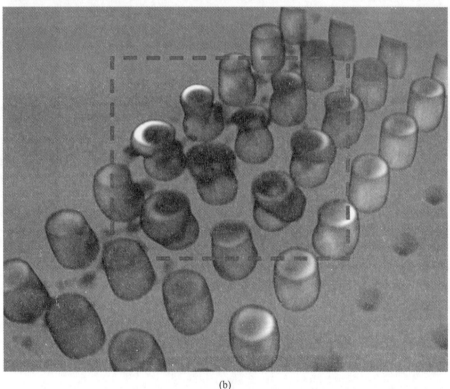

(b)

图 6 - 87　通过计算机对 POP 器件进行局部快速断层扫描，首先得到的是某一平面内焊点的虚拟横截面图——一些焊点看起来有点不正常。对垂直面进行了更为详细的扫描，得到了图（a）中的垂直面的虚拟横截面图和图（b）中的水平面的虚拟横截面图。（c）从 CT 模型中得到了时好时坏焊点的 3D 生成图
（由 Nordson DAGE 提供）

成的 3D 图片测量空洞率，此时焊球可看成是一系列的 2D 剖面图。NASA JPL（Ghaffarian，2013）报导了热循环后 CGA 1752 封装器件的 2D 与 3D 检查工作的额外其他新工作。从剖面观点 JPL 的结果显示了一个更好的封装和组装定义，尽管相对于 2D 的 X 射线照片，3D 图片有所限制（放大倍数较小）。由于 3D 方法放大倍数不足，未能检测出焊柱缺陷（微观裂纹、空洞、倾斜）。

　　某些电子元器件易受离子辐射的影响，在 X 射线检查过程中，样品处于高能光子辐射环境中。显然，用户必须确保辐射不超过大部分元器件的阈值。这个问题相当复杂，需要请教元器件专家。对 AGA 组装件进行常规检查会受到的 X 射线辐射可能会比预期更高，因为对可能存在的缺陷需要在放大倍数条件下进行检查，当其他人员参与其中时需要重复多次。如果有所担心，Bernard 和 Blish（2005）推荐了降低损害需要采取的措施，措施主要包括：增大样品与 X 射线管聚焦点之间的距离；采用额外的滤光器；尽量缩短检查时间；确认样本的实际辐射；采用自动化系统并记录照片。

　　图 6-88 为 CGA 器件 Pb10Sn 焊柱的 X 射线 CT 扫描图片。怀疑 AGA 器件的焊球或焊柱中存在微孔时，需要评估其尺寸与在焊点中的分布情况。通常认为非常大的空洞才会影响这些器件的可靠性。记录足够数量的不同截面的图片，可以制作检验视频。视频回放，可以显示从焊柱的顶端到底部的空洞与其他微观特征。值得注意的是，利用 CT 数据进行后处理，可产生如图 6-88 所示图片，则可以生成 3D 打印模型。可以制作大尺寸的焊点复制品，用于操作人员与检验人员培训。顺便说一下，将 CT 结果的分段数据以 VRML 文件格式输出到快速模型设备（3D 打印机），用来制作骨骼与肌肉模型——对于生物学与医学学生而言，是一种非常有效的教学辅助手段（Kleinteich 等人，2015）。

　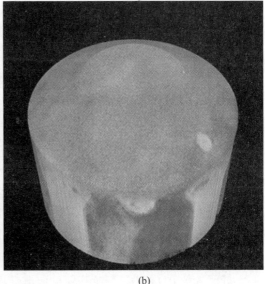

（a）　　　　　　　　　　　　　　　　　（b）

图 6-88　焊柱的 X 射线 CT 检查图片：（a）为 PCB 与焊柱界面；（b）为封装体与焊柱界面（由 JAXA 提供）

6.15.10.3　环境测试和测试方法对 AGA 器件的影响

相对于其他表面贴装器件，例如前面章节讨论的 QFP 器件，AGA 器件更为理想，因为可以节省印制板的大量空间。旨在将 AGA 器件应用于空间领域的早期研究（Tegehall 和 Dunn，2001a）至今意义重大，是 ECSS‐Q‐ST‐70‐38 工艺鉴定技术要求形成的基线。主要是能够抵抗−55～+100 ℃的热循环，依据 ECSS‐Q‐ST‐70‐38，对封装在各种 PCB 层压材料上的 BGA 与 CGA（都为 625 个 I/O 引脚）进行测试，随后按相同标准进行了的振动试验。研究变量包括：不同体积的焊锡膏量；不同的 PCB 基材；底部填充的应用；返工方法的应用。研究结果总结如下：

1）聚酰亚胺玻璃基上的 BGA 器件，在 500 次热循环前失效（大部分通过了 200 次热循环）。

2）对于平面内 CTE 小的聚酰亚胺芳纶纤维 PCB，BGA 与 CGA 器件的疲劳寿命均有所提高。BGA 器件在 1 000 次热循环后出现了裂纹，但仅限于边角区域。所有的 CGA 状态可接受。

3）聚酰亚胺玻璃基 PCB 上的 BGA 器件的焊球用焊柱替换，可大大改善器件的疲劳寿命，在 1 000 次热循环后未见失效。

4）底部填充对 BGA 器件无影响。

5）聚酰亚胺芳纶 PCB 上的 AGA 器件进行底部填充，会出现接头开裂，即使使用弹性更好的 CGA 封装，如图 6‐89 所示。

6）印刷至 PCB 上的锡膏量对于 CBGA 的疲劳寿命而言至关重要。将锡膏量降至 0.068 mm³，比器件厂商推荐的最小值还小 10%，导致疲劳寿命缩短了 20%～40%。

7）在 BGA 和 CGA 下方的焊盘处（PCB 的层压材料）观察到很小的裂纹。后来的研究（Tegehall 和 Dunn，2003）表明，这些裂纹产生在热循环的低温阶段，这可能是有益的，因为铜焊盘的铰合作用延长了疲劳寿命。

8）若需要定量测定焊球与焊柱中的疲劳裂纹程度，可采用破坏性的染色测试方法。

如果 AGA 器件内部采用菊花链连接方式，AGA 器件中的焊球或焊柱在热循环或其他环境测试中发生的失效，可以通过电气连续性测量来监控。然而，常用于完成精细的金相检查的技术，很大程度依赖于经良好培训的技术人员。添加绿色或黄色的发光化合物到封固剂中，以便更好地显示裂纹和其他缺陷，如图 6‐89（b）所示。应力最大的焊点，通常位于器件的最外围或顶点处，可以进行目视检查。图 6‐90 说明目视检查和金相检查是有益的辅助方法，因为断裂的焊点引起时续时断的连接，因而电气连续性测试不总是稳定的，在热循环过程中，断裂处可重新连接，就像个开关，COE 不匹配可导致断裂相对面间距加宽，也可缩小拉回。

目前，对 AGA 器件在环境试验后对焊球或焊柱损伤的程度进行确认的方法是破坏性的染色试验方法（ECSS‐Q‐ST‐70‐38）（将在下节叙述）；或者采用金相分析方法，其通过/未通过判据为：延伸到单个焊点的裂纹最大不超过焊球或焊柱横截面的 25%。对另一种基于 C 模式的扫描声学显微镜（C‐SAM）的替代方法进行评估，试图克服现有办法

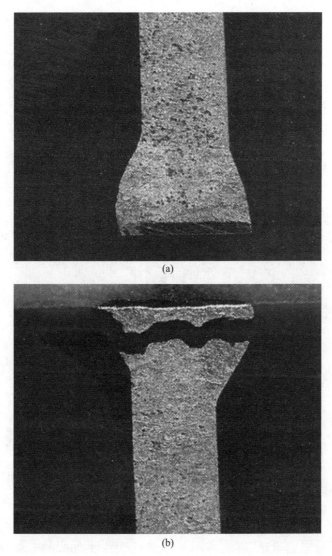

(a)

(b)

图 6 - 89　经历了－55～100 ℃下 500 次热循环后，陶瓷封装 CGA 器件顶角处焊柱的横截面图片（安装在聚酰亚胺芳纶 PCB 上，底部填充环氧树脂）。(a) PCB 焊盘完好无损，但 z 方向的应力引起的严重裂纹，如图（b）所示，裂纹位于焊柱与器件封装端金属焊盘的连接处（被绿色的封固剂所包围的灰色的底部填充清晰可见）（见彩插）

存在的问题。染色试验后通过拉伸试验来判断裂纹程度，会因焊点的塑性断裂（或颈缩）而出错；而金相分析，如前文描述，是一项费时费力的精细工作（尤其是在焊接处需要观察多个 2D 截面视图时，需要连续显微切片）。研究结果（Corocher 等人，2009）表明，C - SAM 方法可以可靠地测量多层陶瓷柱栅（MCGA）器件的结构损伤，如图 6 - 91 所示。相对于金相分析而言，可以将准确度提高 4%；相对于染色试验而言，其更具有优势。同时，它也是一种快速检测工具，但是对于 C - SAM 应用而言，需要进一步开发标准的校正设备。

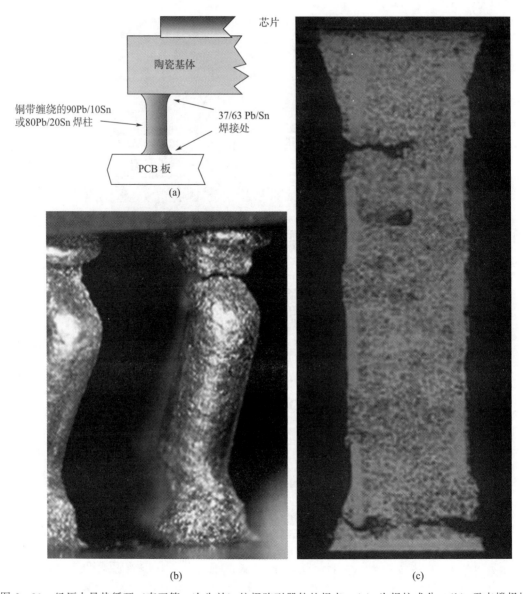

图 6-90 经历大量热循环（直至第一次失效）柱栅阵列器件的焊点。（a）为焊柱成分；（b）无支撑焊柱的塑性变形与断裂；（c）在靠近 PCB 焊盘处包覆铜条焊柱的断裂。所有的失效都是热循环中 COE 不匹配造成的。测试条件可能远远超过了典型卫星的使用寿命，重要的是，理解了导致电气失效的材料损伤模式与位置

ECSS-Q-ST-70-38 中规定的 BGA 与 CGA 封装的染色试验方法，详见 ESA STM-266 的附录 A（Tegehall 和 Dunn，2001a）。在需要检查的器件周边用模型蜡制作围挡。围挡中填满染料（推荐使用 Dykem 的"Steel Red"，可以快速渗透并干燥，同时 IFWB-C2 与 EOSINA 也容易使用，结果良好），PCB 放置在真空箱内，真空度为 100 mbar，辅助染料渗入微裂纹中，这样能够去除裂纹中存在的空气。将检测元器件上部粗糙化，便于钢柱与表面粘合。PCB 附着在铝板上，由夹具或附件固定在拉力试验机上。

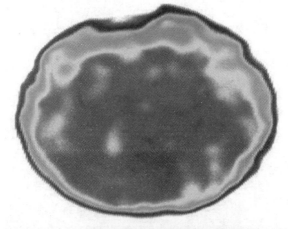

图 6 - 91　上图为 C - SAM 所示的有缺陷的焊柱照片。蓝色环为焊柱的周边。红色为焊柱中密实的
无缺陷的区域，绿-黄色为显微切片中清晰可见的缺陷边界（例如，在显微照片中裂纹
前沿清晰可见）（来自 Corocher 等人，2009）（见彩插）

对钢柱施加载荷，直至器件从 PCB 上脱离。严重退化或疲劳的焊点将从 PCB 上断开，
随后可以在双目显微镜下检查，如图 6 - 92 所示。这种方法被 Motorola（Burnette 和
Koschmeider，2003）称为"染色与撬动"，用于检查冷焊点、断裂焊点（见图 6 - 92）
以及"黑盘"缺陷（受影响的未电镀 Ni/Au 焊盘在拉断后出现灰黑色）。可以通过提高
拉伸速率来改进方法——可以更好地区分高强度零部件，测量拉伸强度以及模拟真实场
景的拉伸角度（Raiser 和 Amir，2005）。染色测试方法适用于大批量生产的电路测试
（见图 6 - 93），以及如 Tegehall 和 Wetter（2015）所展示的，可以用来评估无铅 BGA 的
疲劳寿命。

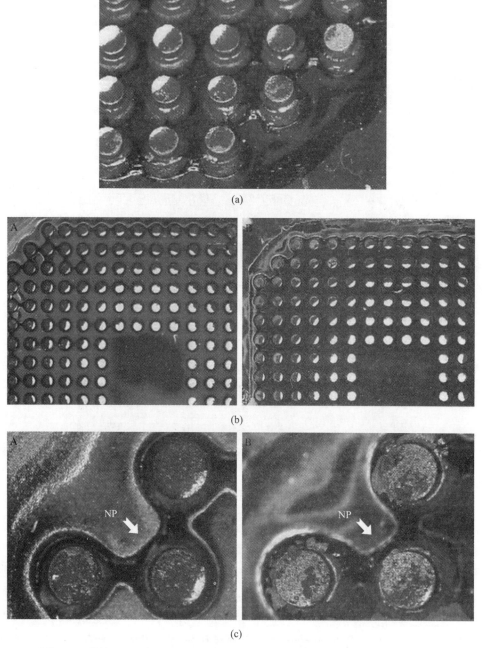

图 6-92　陶瓷 BGA 器件（625 个 I/O 引脚）焊接至 PCB，并经过鉴定试验（ECSS-Q-ST-70-38，－55～100 ℃，500 次循环）。在染色剂中浸泡烘干后，采用机械剥离发现：（a）器件 A 去除后焊球保留在 PCB 上；（b）器件侧的裂纹程度，左侧为 A 器件，右侧为 B 器件；（c）器件 A 与 B 顶角处开裂焊点的特写光学照片。可以看出，最大的应力出现在陶瓷封装的边角处，引起了微小的疲劳裂纹（NP）并向器件中心蔓延（Tegehall 和 Dunn，2001a）（见彩插）

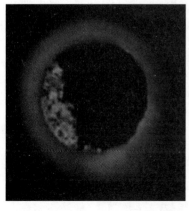 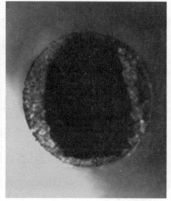 

类型 A　　　　　类型 B　　　　　类型 C　　　　　类型 D

类型A，染色试验渗透的量级为1%～25%

类型B，染色试验渗透的量级为26%～50%

类型C，染色试验渗透的量级为51%～75%

类型D，染色试验渗透的量级为76%～100%

图 6 - 93　染色试验介质有多种颜色，在 UV 照射下可见性更强。确认了一系列裂纹尺寸
[由（Huang，2011）提供]

6.15.10.4　AGA 器件的返工与返修

相对于传统封装器件，AGA 器件的返工与返修更为复杂。由于无法对单个焊点进行修复，即使只有单个焊点、焊柱、焊球不符合 ECSS - Q - ST - 70 - 38 规定的质量要求，也需要对整个 AGA 器件进行拆除。有通过认证的操作人员使用返修系统拆除不合格的 AGA，返修系统采用 IR 和热气体加热，具有非接触式的实时温度传感与控制。现代的设备配置有过程观察相机、监视器与 PCB 冷却系统，可以实现器件精准的拾取、定位与安装。重要的是，ECSS 标准要求要组装的 SMT 器件，必须能去除，并能采用新的器件进行更换。这也反映了空间领域的现实情况，因在组装过程中可能出现损伤，或者可能出现批次性设计缺陷的器件，或者后期对电路进行设计更改等。

在工业界参与下，完成了一项关于"AGA 器件的拆除与更换"的研究，旨在形成标准规范（编入 ECSS - Q - ST - 70 - 28）。大量的 SMT 器件被用来进行无引线封装器件的返修与目视/NDT 检查评估，采用微焦 X 射线成像技术。对于不同的器件设置了温度曲线（全都不同）：安装在焊柱上的 CLGA 器件；CCGA - 625 器件；具有浅窝的球栅阵列 Kyocera D - BGA - 472；陶瓷 SMD 0.5；SMD2；无引线陶瓷封装器件（LCCC - 20）；LCCC - 44。所有的器件均成功安装、返工，并全部通过了 ECSS - Q - ST - 70 - 38 中的鉴定项目（Schoenbeck 和 Dunn，2004）。这项工作随后的目标是，确定"难以返修的器件"允许的返工次数。宇航级质量的 AGA 器件返工采用了空间材料与认证的多层 PCB（Tegehall 和 Dunn，2005）。625 引脚的 CBGA 与 CCGA 封装器件采用半自动工作台与预先设定的温度曲线进行了返工。最多可以进行 5 次返工，而不影响到 PCB 层压材料与焊盘的完整性（通过目视与金相检查的方式进行了确认）。这比 ECSS - Q - ST - 70 - 28 中规定的"PCB 任何 25 cm² 区域最大的允许返修次数"多了两次。

对于正式飞行的 PCBA 产品的维修，采用经过鉴定的维修工艺，由欧洲主承包商和分包商进行，期间未出现问题。然而，某些非硅类涂覆层以及所有的底部填充材料出现了较大的问题。如在敷形涂覆相关章节所讨论的，推荐使用硅类敷形涂覆材料，因为其更容易实施，使用中经历热循环时不易引起连接处的热疲劳；由于其具有较好的弹性以及与 PCB 低的附着力，便于进行维修。

6.15.11　高压焊点及几何形状（质量）对电晕放电的影响

（1）背景

航天器的功率调节和分配子系统，可对太阳能电池阵、电缆以及所有的电气设备进行管理。许多设备在高电压下工作，特别是现在通信卫星电压需求达到 20 kV 或更高。空间用电推进器需要高电压以及相关的大功率电源。功率从用于场发射推进器的几瓦到用于等离子体推进器的数千瓦。太阳能电池阵一般能提供 6～25 kW 的功率能力。某些航天器利用行波管（TWT）实现信号放大，而行波管工作电压为数千伏。随着功率的增加，必须通过增大传输电压来降低电流，从而减小导体的重量与电阻损失。

关于高压设备焊接组装件的质量标准，通常在标准规范中以抽象的语言来描述光滑焊点的要求（ECSS - Q - ST - 70 - 08、NASA - STD - 8739.3，见图 6 - 94）。描述语言包括：对于高压端子，必须进行电晕抑制——所有点应由光滑焊料覆盖，连续无间断（无尖端、尖角等）。由于多方面的原因，实现这些目标存在一定困难。具体包括：绞合线端头或元件引线可焊性较差，端子或引线柱尺寸较大，烙铁头无法靠近，以及因为连接处材料可焊性太好，热导率太高，无法在接头周围"堆积"熔融焊料。需要花费多个小时进行返工，以保证焊锡能覆盖所有的绞合线，并避免出现焊点突出。针对工作在 400～900 V 电压条件下，宇航级 PCB 组件与绞合导线终端的典型焊接接头（用于电源控制器以及其他电源分配电路），Materassi 等人在 2000 年进行了详细的评估。评估的目的是从技术角度明确，工作在低压条件下的航天器模块是否要求焊接无"突出"。样品由认证合格的操作人员，使用空间允许的真空下低气体释放性能材料制作而成。在不同的电极间距（绝缘间隙）和电压下进行了测试，施加电压范围为 400～900 V。通过手工焊接制作了两组样品：

第一组为"理想圆角";第二组为标准焊缝,存在突出的导线轮廓和尖角。对两组样品测试得到的结果进行了对比。

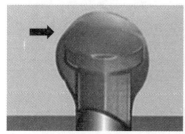

图 6 - 94　NASA(2002):可接受——所有锐边被完全覆盖;不可接受——只有局部覆盖焊锡。

ECSS(2009):可接受——光滑的凸形焊缝,没有不连续、没有轮廓突变、没有尖点和锐边

(2) 测试描述

当两个电气连接互联端子之间的电压值超出临界值后,可以看到,由于某种形式的气体电离产生的火花放电。这些放电,在电极之间产生完全的火花击穿之前产生,称为电晕放电。它们可能是连续的,也可能在终端表面产生单个电压脉冲。在测试装置中(Materassi 等人,2000;Capineri 等人,2003),电压脉冲通过耦合到航天器终端的测量设备进行测量,通过检定测量设备,用与脉冲电压相对应的传递到端子的电荷量来计量。此电荷称为"视在电荷",通常与局部电晕放电的总电荷不相等,但与试验标准中描述的放电有直接关系。

试验人员用到的缩写语如下:

- CGIV——电晕放电起始电压;
- CGEV——电晕放电停止电压;
- PCB ——印制电路板;
- CD ——电晕放电。

试验选择了两种标准样品设计,如图 6 - 95 所示。第一种将宇航级绞合线焊接到 PCB 的电镀通孔中,而另一种将绞合线焊接至真空应用的商用馈通端子的引脚上。

图 6 - 95 所示的焊接连接,由经过培训与认证合格的操作人员完成。从 PCB 上去除助焊剂非常重要,同时需要经过烘烤以确保无排气物质残留。图 6 - 96 是试验装置示意图。安装与测试期间的实际设备如图 6 - 97 所示。典型的蓝白色电晕放电清晰可见。电压从 0 V 逐渐增加至测试范围(400～900 V),直至发生可持续的电晕放电的最低电压,即 CGIV,以表明不同形状焊接端可能对放电起始电压的影响。同样可确定 CGEV,即电晕放电发生后,如果电压逐渐下降直至可持续电晕放电(或电晕放电现象)消失的最高电压,同时测量 CGIV 的放电速率和电晕放电电流。通过在测量电路中加入已知的电流,并观察响应进行特殊的校准。

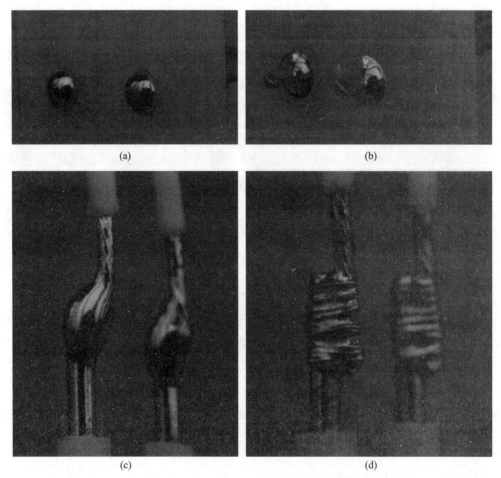

图 6-95　待试验焊点的外观。(a) PCB 样品，其上有球形焊点（所谓的高压焊点）；(b) 存在尖端、突出形貌的焊点（柱形焊点）；(c) 圆润焊缝的馈通件；(d) 线芯绞合焊缝有尖端的馈通件

（3）测试结果

PCB 组件球形与柱形焊点：记录了每个样品的放电起始电压，对 7.5 mm、5.0 mm、2.5 mm 电气间隙的 PCB 的 CGIV 测量值进行了列表。对每个容器气压条件下重复进行了 5 次测量，每个容器气压选取不同，以提供宽范围的压力-间距乘积。相似地，记录了 CGEV 放电停止电压。每个测试气压条件下，即使考虑到数据平均值的标准偏差，也没有明确证据证明球形焊点相对于有尖端焊点，放电起始电压更高。图 6-98 示出了对两种不同焊缝形态压力-间距乘积与放电起始电压的关系；对三种不同间隙的样品进行重复试验，在放电起始电压范围内采用 Paschen 曲线进行评估（气压在 0.1~20.0 mbar）。

导线焊接至馈通端子：商用馈通端子由两个引脚及陶瓷与金属的密封组成，适合真空应用，是空间高压设备（电源、TWT 放大器等）使用的典型元件，被用作第二组试验。端子大部分长度被陶瓷管包裹，外露 5 mm 长度用于焊接。两个端子之间放入了陶瓷片，用于保证精确的 7.9 mm 间隙。所有的样品采用与第一组相同的手工焊接方式制成。测试

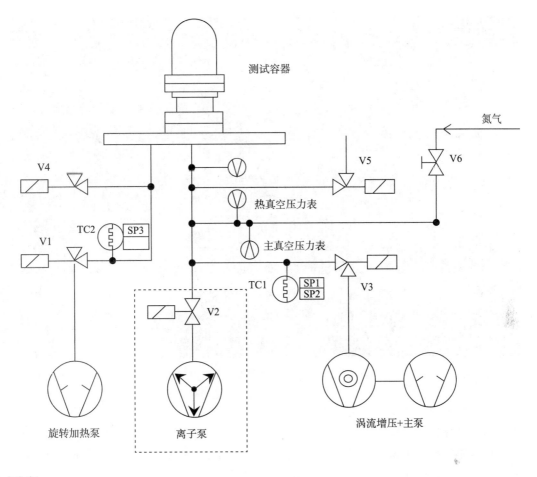

V1=闸门阀；
V2=闸门阀；
V3=闸门阀；
V4=真空阀（炉子）；
V5=真空阀（测试容器）；
V6=手动真空控制阀；
TC1=主真空压力表(测试容器)；
TC2=主真空压力表(炉子)；
SP1=涡轮增压泵操作设置点（10^{-1}mbar）；
SP2=离子泵操作设置点（5×10^{-3}mbar）；
SP3=烘箱操作设置点（2×10^{-2}mbar）。

图 6-96　真空/烘烤设备功能示意图

采用了固定长度的 AWG 22 导线，进行了剥除绝缘层与搪锡处理。焊接完成后，导线的绝缘间隙大约为 3 mm。搭接处为圆润形态的，代表可以满足典型的高压连接。搭接处通过绞合线绑扎后焊接的，代表焊接存在尖端。所有样品的可焊性良好，焊接导体之间的焊锡均具有较小的润湿角。圆润的焊点与带有尖端的焊点如图 6-95 所示。根据计算结果绘制了 Paschen 曲线，如图 6-98 所示。

图 6 - 97　PCB 实验样品在玻璃测试容器中的照片，在试验过程中，在 PCB 样品周围发生了
电晕放电发光现象（见彩插）

（4）金相组织

用显微镜研究电晕放电对 5 mm 间隔、焊点圆润的 PCB 样品的焊点与相关材料的长期影响。一组样品在 1 000 V 的测试电压下持续 30 h，1 000 V 电压高于电晕放电的阈值（该组样品 CGIV 为 780 V），以放大放电的效果。放电发生在 15 mbar 氮气压力条件下。通过扫描电子显微镜观察焊点形态。然后将相对的焊点放置于室温固化的树脂中，并进行显微切片。抛光截面利用灯光和 SEM 观察。观察两种形态圆润的焊点的 SEM 照片。负电极处的微观组织出现了测试之前没有的表面结节。正电极处的微观组织表面光滑，几乎没有不规则现象。值得注意的是，在这种放大倍数下，可以看见一部分铜焊盘未完全润湿。小结节表面形态奇特，突出焊点表面 30 μm，坑直径约 100 μm，如图 6 - 99 所示。这些圆形焊点的抛光显微切片如图 6 - 100 所示。焊点的实际间隙为 2.7 mm，是相向铜焊盘之间的最短距离。通孔中心之间的距离为 5.0 mm。未润湿的焊盘边缘与突出的结节细节如图 6 - 100（c），（d）所示。结节处通过 EDAX 进行了化学成分分析，结果为富铅，其余的焊料为富锡（未检测到其他元素）。锡的熔点比铅低大约 100 ℃。突出的结节为富铅相，证明了这样一种猜测：通过溅射从表面去除的是低熔点的富锡相。

（5）结论

所有的样品绘制了 Paschen 曲线（不是击穿电压，而是电晕放电起始电压与测试环境压力-电极间距乘积的关系）。

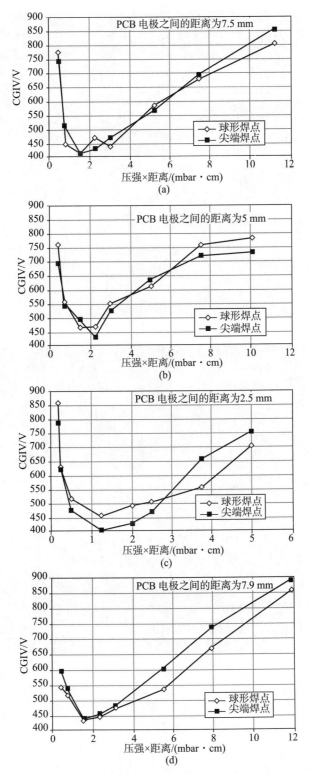

图 6 - 98　类 Paschen 曲线：PCB 上焊点的放电起始电压随压力-间距乘积变化而变化的曲线。

(a) 间距 7.5 mm；(b) 间距 5 mm；(c) 间距 2.5 mm；(d) 馈通件焊点的放电起始电压随压力-间距

乘积变化而变化的曲线 (Materassi 等人，2000)

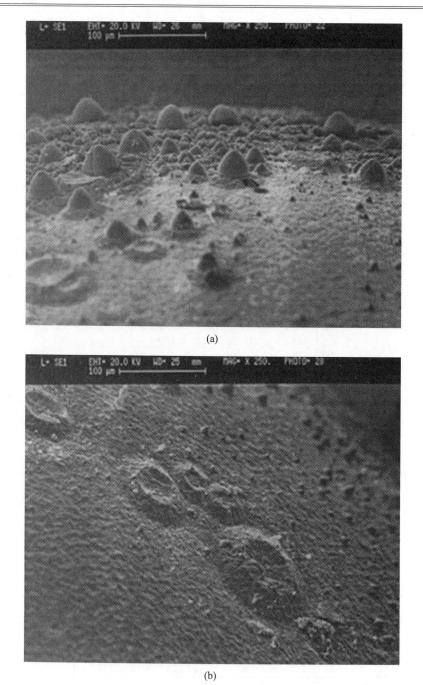

图 6 - 99　对一对圆润焊点的 SEM 照片仔细检查发现：（a）负电极表面存在结节；
（b）正电极表面相对光滑，但包含凹坑与少许小的结节

对于印制电路板焊盘：

·存在较大突起的焊点（例如，"正常的"突出接点）的结果，与特殊制作的圆润的高压焊点的结果类似。垂直方向上线端突出部分之间的距离，远远大于焊盘的绝缘间距［比较图 6 - 95（a），（b）与图 6 - 100］。

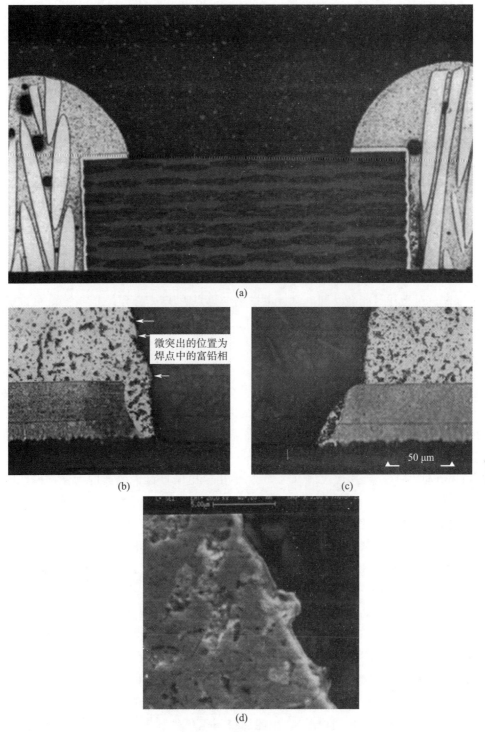

图 6 - 100 图 6 - 95（a）中的 PCB 上一对焊点的剖切图。焊点之间的距离为 2.7 mm。（b）与（c）为图（a）中相对焊盘边缘的细节。（b）发现铜焊盘边缘被焊料完整覆盖，但负电极焊点较为粗糙；（c）凸现相对的正电极焊盘的不润湿情况，表面呈不连续状态。（d）为图 6 - 99（a）中负电极焊点上的突出结节的高倍 SEM 二次电子照片。EDAX 分析确定该区域富铅

• 采用了些许改善的测试方法（Capineri 等人，2003），带有尖角的焊点电晕放电起始电压最小值为 550 V，相对于光滑圆润高压焊点的放电起始电压值 600 V 仅低了 50 V。

• 决定一对焊点是否倾向发生电晕放电的两个主要因素为：焊盘之间的间隔，以及焊盘边缘条件（例如铜焊盘边缘洁净，无助焊剂残留，最好镀覆上一层光滑的焊锡）。图 6 - 100（a），（c）显示了右边焊盘的部分区域未被焊锡覆盖；当然这是不合格的，但是这只能在大于 20 倍的放大倍数条件下才能观察到。

对于馈通端子：

• 用绞合线将导线固定在馈通端子上，焊接后在表面存在尖角，这看起来对于电晕放电起始电压值没有影响。

• 推荐使用大体积的焊点，因为焊锡更容易覆盖到焊盘的边缘，并且在关键区域不会出现表面台阶。

• 突出的导线，如柱状焊点的突出部分，无需返工处理，除非它们的末端与其他导体表面距离过近，比如附近堆叠的电路、外壳壁或者机械支撑等。

• 限制只对上述可能会受到电晕放电影响的焊点返工（基于上述结论），可以避免对电路板热敏感元器件的整体性造成危害的风险。

6.15.12　锡疫

锡疫这个术语指的是纯锡的同素异形体相变，即从正常的四方晶格、白色有光泽的金属相转变为立方晶格、灰色粉末状半导体状态相（Brandes，1992）。同素异形体的平衡转变温度为 13.2 ℃，但是结构晶格发生变化所需要温度更低。从一种相结构到另一种相结构，实际转变温度与速率取决于锡的纯度——如 NPL 所完成的——取决于锡是否植入化合物（Hunt，2009），或其他金属（例如锗）。由于电子产品无铅化的大量推广，锡疫越来越受到重视。历史有一些重要事件：在俄罗斯的寒冬时期，锡疫导致拿破仑士兵的军用防水上衣的纽扣碎裂，使得士兵挨冻；斯科特尝试去南极时，由于焊缝处发生锡疫，煤油罐渗漏，行程受困。块料以堆方式储存时，在纯锡中加入少量的锑与铋可以防止锡疫发生。如果发生同素异形转变，这些元素就毫无价值，Sb 与 Bi 目前通常作为焊料微量元素。锡疫在图 6 - 101 与图 6 - 102 的图片中清晰可见。

虽然锡疫对电子产品的可靠性存在潜在风险，但在空间协会组织中，未见因锡疫导致的失效案例报告。然而，实验室研究表明，铸造锡合金在 -18 ℃ 条件下长时间储存，也会出现锡疫，在 -40 ℃ 条件下更容易发生（Plumbridge，2011）。有报告指出，α 锡在 13 ℃ 以上温度会转变为金属状态，但并未恢复结构完整性（Kostic，2011），但这一点未完全证实。在欧洲与美国航天器设计中，纯锡禁止使用（除非在绞合导线锡层熔融并拉伸，不存在相变与锡须生长的情况），因此锡疫不是硬件评审的主题。锡须研究（Dunn，1987）包括了 100 多个锡须试验样品暴露在低温环境下，样品在液氮环境下保持 0.5～168 h，然后快速进行 SEM 检测。进行了多次重复试验以及仔细检查，未发现低温条件下锡须表面形貌改变。

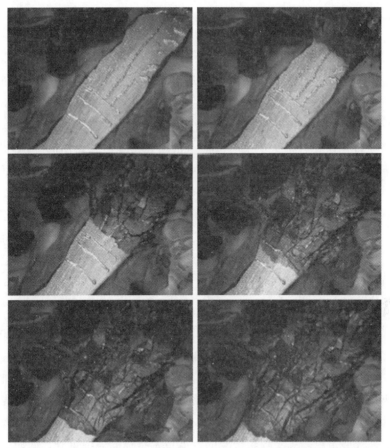

图 6-101　保持－35 ℃，纯锡样本在同一位置上的时延照片。为了加快由亮白色的 β 相锡转变为灰色粉末状 α 相，样品被植入了晶粒（诱因尚不明确）。灰锡密度相对于白锡低 27%，因此图中为疹状形貌（见彩插）

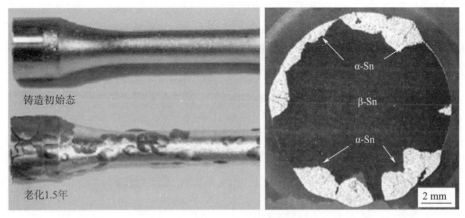

图 6-102　在－18 ℃条件下老化后的 Sn0.5Cu 和存放 1.5 年后样品的横截面图片（由 Kariya，Williams 和 Plumbridge，The Open University，UK 提供）

6.15.13　在低至 4.2 K 温度条件下电子材料的机械与电气性能

6.15.13.1　概述

大部分最先进的宇宙射线探测器需要冷却，以保证最佳的性能。这也同样适用于地面、空间的相机与光谱仪。敏感的光电探测器依靠冷却来降低噪声与"暗电流"。在绝对零度以上，所有物质均会发出与温度相关的电磁波。将探测器冷却至液氦温度（4.2 K）后，它可以探测到所有范围的红外波段，特别是从天体中辐射出的。IRAS（红外天文学卫星）是第一个装载杜瓦瓶（填充了 127 加仑的液态氦与 62 个探测器）的航天器。整个望远镜在 4.2 K 温度下工作，其本身几乎不发出任何红外辐射，因此在 21 天的任务执行期间不会对观测结果产生干扰。已经发射了许多类似的卫星，其上装载的红外望远镜的保持温度低于被观测天体的温度，其中最成功的一个为红外空间天文台，已在轨采集数据 2.5 年（见 5.17.2 节与图 5 - 78）。航天器元器件也会面临非常低的工作温度，譬如在太阳阴影区或执行深空任务期间。

6.15.13.2　机械性能

针对近共晶的锡铅合金，在 −60～+70 ℃ 条件下对其机械性能进行了测试，以评估哪一种对经历热循环的航天器 PCB 组装件的焊点更好（Dunn，1975）。研究发现，添加银、铜和更少量的锑，能提高完全锡铅共晶合金的力学强度，降低塑性，增加加工硬化效应，并提高应力松弛温度。推荐使用完全锡铅共晶合金 63Sn37Pb，因为在焊接电镀通孔元器件时它具有最低的黏度，可减小热冲击，在热循环试验中提供最佳的应力释放效果。

近些年来，开展了更多关于焊料合金的性能技术指标的详细审查，同时也获取了对于低温环境下电子产品中各类焊料与材料的相关数据。这部分测试项目的结果在已发表的论文中进行了总结（Fink 等人，2008）。在室温、液氮、液氦温度条件下对以下材料的力学特性数据进行了测试：

焊料合金：63Sn37Pb，62Sn36Pb2Ag，60Sn40Pb，96Sn4Ag，50In50Pb，70Pb30In，96.8Pb1.5Ag1.7Sn，96.5Sn3Ag0.5Cu。

印制电路板（多层）层压材料：玻璃纤维增强聚酰亚胺、玻璃纤维增强环氧树脂，以及聚酰胺短纤席材。

敷形涂覆材料：Arathane 5750，Sylgard 184，Scotchcast 280，Solithane 113，CV - 1144 - 0，Mapsil 213，Conathane EN4/EN11。

无氧高导电性铜（OFE Cu）。

拉伸试样采用之前研究（Dunn，1975）的铸造方法，后进行机加方式制作——所有的试样均经过无损检测，任何气孔尺寸大于 0.4 mm 的试样均拒收。

试验采用恒定转速 1 mm/min 的十字头进行，拉伸预紧力在 10～20 N 之间。每次测试前拉伸计在预紧力下进行校准并归零。每次试验结束后，根据测压单元、十字头位置传感器和应变传感器的数据，计算其机械性能。室温条件下的测试使用视频拉伸计。在 77 K（液氮温度）条件下的拉伸测试，是通过在设备上安装液氮炉进行的使用特殊的低温传感器进行低温条件下的温度测量。在 4.2 K（液氦温度）条件下的拉伸测试，是通过在设备上安装液氦炉进行的（见图 6 - 103）。经过设备改造，可实现 4.2 K 温度条件下最大 200 kN 的力学测试。特殊的顶部加载方式可以对样品进行快速更换。因此，每个测试之间不会对低温保持器进行加热，样品的冷却时间小于 2 h（大尺寸样品，类似 PCBA）或 1 h（小尺寸样品，OFE 铜、焊料与敷形涂层）。

图 6 - 103　在 4.2 K 液氦条件下进行拉伸强度测试的具有四列柱的设备，液氦低温保持器中放置有试样（图中黑色圆柱体）（见彩插）

每种材料在每个温度下至少测试 3 个试样。在每次测试时绘制了应力-应变曲线，从曲线中得到其拉伸强度。图 6 - 104 为典型的应力-应变曲线。

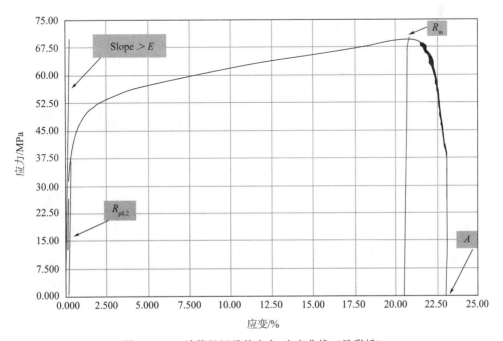

图 6 - 104　计算机记录的应力-应变曲线（见彩插）

所有测试材料的机械性能在图 6 - 105 与图 6 - 106 中进行了记录（3 个样件的平均值）。若要对结果进行进一步分析，以及想要获得完整的力学测试数据，应参考原始论文（Fink 等人，2008）。随着温度的下降，焊点的 UTS（极限拉伸强度）、杨氏模量、屈服强度呈现上升的趋势。对于近共晶焊料合金，这些结果与最初的研究结论一致。63Sn37Pb合金具有室温下最佳的延展性，当加入 Ag 元素（62Sn36Pb2Ag）后强度有轻微增加。有趣的是，相对于其他合金，50In50Pb 焊料保持着极低的杨氏模量与高延展性。如图 6 - 107 所示，50In50Pb 焊点在 4.2 K 条件下仍表现为延展性。

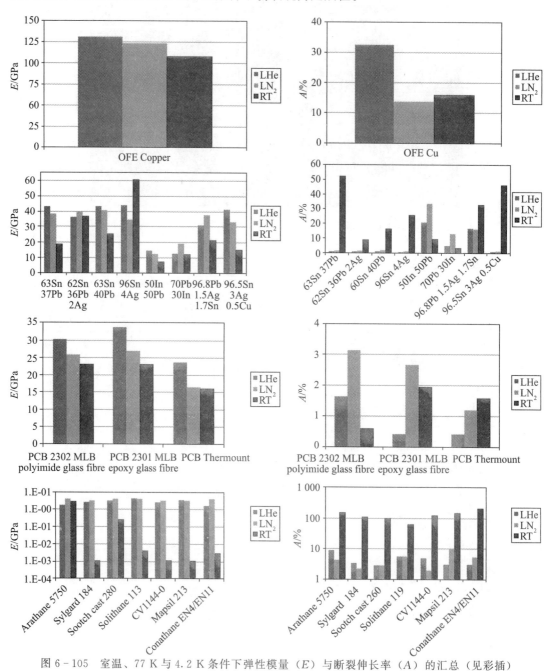

图 6 - 105　室温、77 K 与 4.2 K 条件下弹性模量（E）与断裂伸长率（A）的汇总（见彩插）

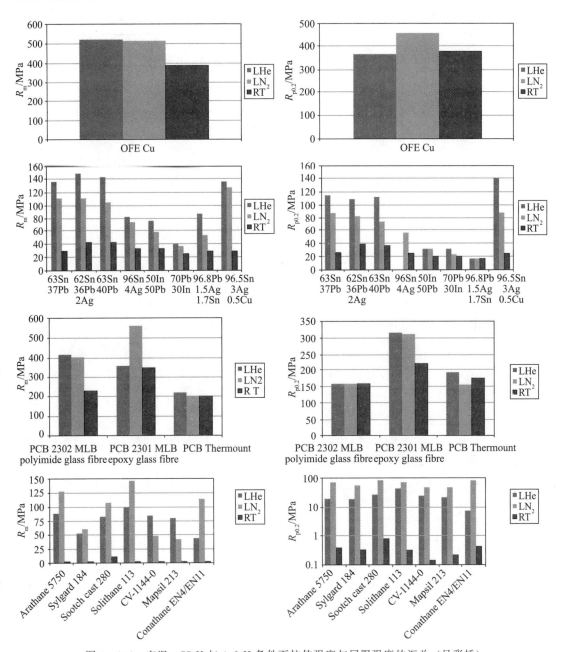

图 6 - 106　室温、77 K 与 4.2 K 条件下拉伸强度与屈服强度的汇总（见彩插）

采用动态"Charpy 测试"方法（Ratchev 等人，2005），对于无铅焊点与共晶锡铅合金的脆性-塑性断裂转变温度进行了研究。研究发现，对于锡铅合金而言没有变化，但 Sn0.5Cu 合金在 -125 ℃ 有明显转变；含 Ag 合金在 -78～-45 ℃ 范围内转变。转变温度最高的是 Sn5％Ag，测量值为 -45 ℃，它只在 -30 ℃ 以上表现为塑性。冲击载荷（例如航天器在发射阶段或者太阳帆板展开阶段）会引起无铅焊点破坏性的脆性断裂。对于低温环境应用而言，最好仍保持使用锡铅合金。液氦温度下，50In50Pb 合金可能更具有优势，但目前没有电气性能相关数据可供参考（很可惜，表 6 - 9 中不包含相关数据）。

表 6 - 9　室温与低温条件下进行电阻率测试的材料，通过聚焦离子束（FIB）与 SEM 进行微观评估

材料	电阻率			FIB 的微观结果
	室温	液氮	液氦	
OFHC Cu	3	3	3	
63Sn37Pb 铸件	3	3	3	
63Sn37Pb 焊料线	3	3	3	
62Sn36Pb2Ag 铸件	3	3	3	
60Sn40Pb 铸件	3	3	3	X
60Sn40Pb 焊料线	3	3	3	X
96Sn4Ag 铸件	3	3	3	X
96Sn4Ag 焊料线	3	3	3	X
96.8Pb1.5Ag1.7Sn 铸件	3	3	3	
96.5Sn3.5Ag0.5Cu 铸件	3	3	3	

敷形涂层材料在低温环境下的强度与弹性极限应力均增加，并呈现脆性特性，表现为玻璃态断裂（见图 6 - 107）。而 PCB 层压材料由于其复合结构特点，未表现出类似的脆性。纯净的 OFE 铜在低温环境下弹性极限应力、弹性、塑性均优于其他测试的材料。

上述收集的数据，对于开展热载荷条件下实际焊点连接可靠性测试的有限元分析（FE）而言，是非常有用的输入。焊点的几何形态，以及 PCB 的刚度、焊料与层压板的热膨胀失配程度，所涉及的材料的机械性能对于连接的可靠性影响显著。有限元分析，特别是用于模拟铟基焊料在低温环境下的应用，可以建立模型分析，以优化焊点设计，以及评估剧烈变化温度的影响。

6.15.13.3　电阻率

有关焊料合金电气性能的数据较少。在 4.2 K 环境下对 50 余种低熔点合金的电阻率进行了测量与报告（Bruzzone，1987），主要为 SnPb 与铟合金，但只公开了一部分数据。（Fink 等人，2009）呼吁大家有必要进行更广泛的研究。在此，分别在室温、液氮温度、液氦温度下测量了以下几种焊料合金的电阻率：

63Sn37Pb，62Sn36Pb2Ag，60Sn40Pb，96Sn4Ag，96.8Pb1.5Ag1.7Sn，96.5Sn3.5Ag0.5Cu

此外，在相同温度下对 OFHC 铜的电阻率也进行了测量并与权威数据进行比对。电阻率测量（见图 6 - 109）采用四线法，使用 Keithley 2182A 纳伏表：样品末端机械压入电流引线，电压端子拧紧在样品夹持端。每一种合金在室温、液氮温度与液氦温度下，分别至少测量 3 个样品，而每个样品至少测量 5 组电流-电压数据。

77 K 条件下的测量在液氮炉中进行，4.2 K 条件下的测量在液氦低温恒温器中进行。

试验还研究了焊料中晶粒尺寸对其本身电阻率的影响。如表 6 - 9 所示，试验合金是线材或铸件形态。四个样品（铸件、退火钢线形式）的晶粒形貌如图 6 - 108 所示。

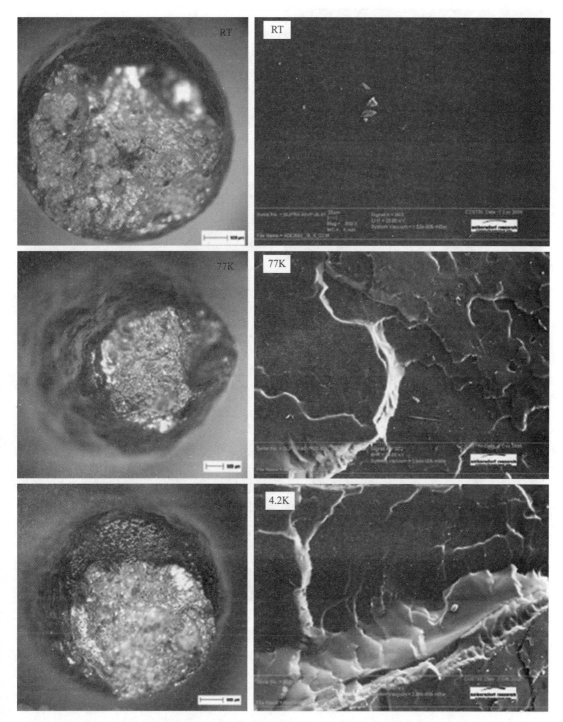

图 6 - 107　50In50Pb 合金的断裂面（左边为光学照片），该合金是唯一在所有温度下（低至 4.2 K）表现为塑性的焊料，Solithane 113（SEM 照片）在室温下 "撕裂"，但在低于玻璃化转变温度（T_g）之下表现为脆性玻璃断裂特点（见彩插）

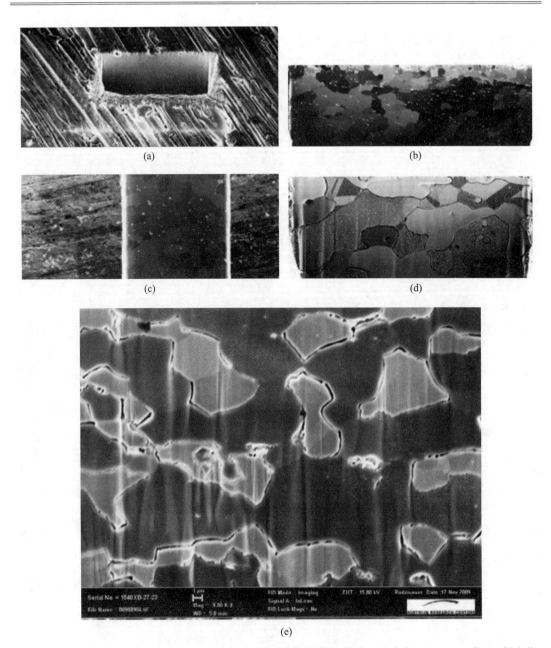

图 6-108　FIB 的截面：（a）与（b）为 Sn96Ag4 铸件，类等边晶粒，尺寸为 1～3 μm，富 Ag 析出物穿晶分布；（c）为 Sn96Ag4 焊料线，类等边晶粒，尺寸为 1～7 μm，主要析出物沿晶界分布；（d）为 Sn60Pb40 铸件，椭圆晶粒，尺寸为 5～17 μm；（e）为 Sn60Pb40 焊料线，等轴状富 Sn 与富 Pb 晶粒，尺寸达 10 μm

　　图 6-110 为每种材料在室温、液氮温度、液氦温度的平均电阻率曲线；数据见表 6-10。图 6-111～图 6-113 为铸件与线材两种形式的 Sn96Ag4，Sn60Pb40 与 Sn63Pb37 合金在室温、77 K 与 4.2 K 条件下的各自电阻率对比。这些合金在 4.2K 条件下均为超导体，与其形状无关。

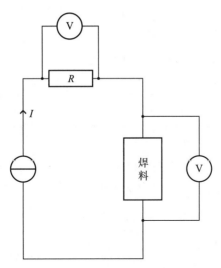

图 6-109　电路图。R 为电路中经校准的高精度测量电阻。$I=5$ A。焊料保持在室温或者液氮（77 K）、液氦（4.2 K）温度下

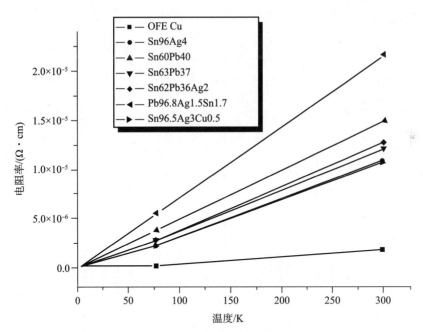

图 6-110　电阻率（平均值）与温度的关系（见彩插）

　　表 6-10 中测量的数据，与 www.matweb.com、www.nist.gov 网站中这些合金的数据非常相近。

　　目前为止尚未测量与报告的两种合金为：Sn63Pb36Ag2 与 Pb96.8Ag1.5Sn1.7。它们在 4.2 K 条件下均为超导体。

　　值得注意的是，焊料合金的电阻率受到晶粒组织的影响，而铸件或线材焊料合金的晶粒组织有所不同（参见微观组织），如图 6-111～图 6-113 所示。

表 6 - 10　材料在室温、液氮以及液氦温度下的平均电阻率

电阻率/(Ω·cm)

温度	统计	OFHC Cu 块材	Sn96Ag4 块材	Sn96Ag4 线材	Sn60Pb40 块材	Sn60Pb40 线材	Sn63Pb37 块材	Sn63Pb37 线材	Sn62Pb36Ag2 块材	Pb96.8Ag1.5Sn1.7 块材	Sn96.5Ag3Cu0.5 块材
室温	平均值	1.75E-06	1.07E-05	1.29E-05	1.48E-05	1.61E-05	1.20E-05	1.92E-05	1.26E-05	2.14E-05	1.06E-05
	标准差	3.30E-08	9.88E-07	1.97E-06	1.02E-06	6.43E-07	5.63E-07	2.50E-07	5.50E-07	1.00E-06	2.27E-07
	文献	1.75E-06	—	—	1.49E-05	—	1.45E-05	—	—	—	—
	来源	[4]	—	—	[4]	—	[5]	—	—	—	—
液氮温度	平均值	2.69E-07	2.19E-06	2.31E-06	3.66E-06	4.09E-06	2.71E-06	3.94E-06	2.74E-06	5.58E-06	2.21E-06
	标准差	1.34E-08	1.05E-07	6.63E-07	3.99E-07	1.15E-06	1.73E-07	2.57E-07	3.68E-08	4.02E-07	1.89E-07
	文献	2.68E-07	—	—	—	—	—	—	—	—	—
	来源	[4]	—	—	—	—	—	—	—	—	—
液氦温度	平均值	4.18E-08	5.97E-08	5.97E-08	SC	SC	SC	SC	SC	SC	9.04E-08
	标准差	2.86E-09	5.51E-09	1.33E-09	SC	SC	SC	SC	—	—	1.46E-08
	文献	—	—	—	[4]	[4]	[4]	[4]	—	—	—
	来源	—	—	—	—	—	—	—	—	—	—

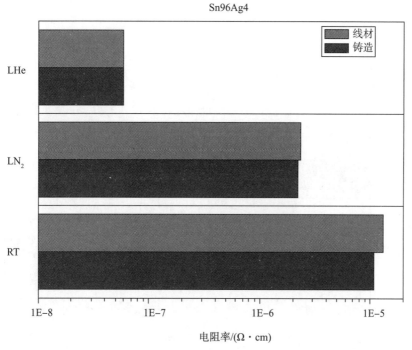

图 6 - 111 Sn96Ag4 电阻率（平均值）与温度的关系（见彩插）

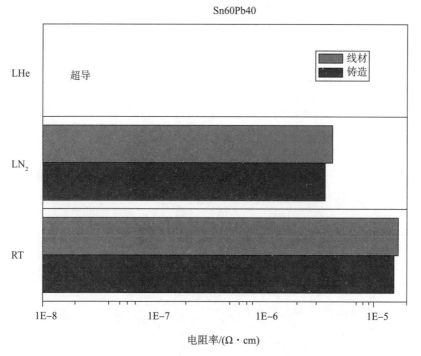

图 6 - 112 Sn60Pb40 电阻率（平均值）与温度的关系（见彩插）

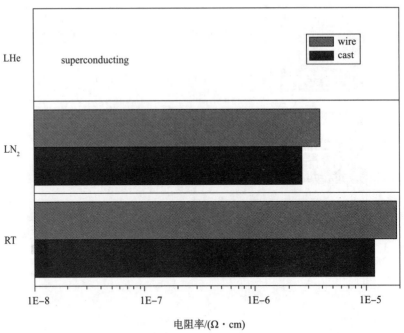

图 6 - 113　Sn63Pb37 电阻率（平均值）与温度的关系（见彩插）

第 7 章　晶须生长

7.1　晶须生长问题

分布式通信的最终目标是发展"手表"电话系统，应用于地球上任意两个地方的即时电子通信。微型终端概念不是科幻小说，也不是未来科技；当前众多通信技术的飞速发展，使得个人便携式终端经济上可行。特别是通信卫星和分组交换技术的发展，大大促进了快速响应，面向用户的电信网络得以实现。1987 年作者介绍晶须生长相关问题时说到：我们现在已经远远超过了这个里程碑，当前的微型化技术使手表拥有网页浏览器、GPS 地图、电视和在线视频，尽管长期看电视和在线视频会让人不舒服。

金属薄膜作为导体应用于许多微电子设备。薄膜厚度范围一般为几百埃到 25 μm。集成电路飞速发展，同时可靠性得到提升；虽然由于设备尺寸的减小，变革的速度本身会带来更大的可靠性风险，但是，设计制造的"手表"大小的便携式终端具有完全可接受的系统平均故障间隔时间（MTBFs）。电子设备失效机理是物理失效过程。经过几十年的研究，我们现在对于金属薄膜集成电路和印制电路导体上晶须生长相关电气失效机理有了更多了解。"晶须"用于描述纤维状晶体，通常以单晶丝形式出现，具有高导电性，会因为短路引发电子失效。

材料专家反复讨论晶须的载流能力不断造成服役期的电气失效问题。据作者所知，出于商业考虑，与晶须生长相关的电子失效分析报告无法自由分享。特别是，作者认为，目前几乎没有晶须生长整体问题与减少晶须生长方法的相关研究。笔者在自己关心的航天器硬件可靠性领域遇到了数次晶须生长导致严重危害的实例。在 1998 年至 2000 年的两次事件中，地球同步通信卫星发生故障；在继电器或开关上生长的锡晶须引起了处理器短路，导致故障。现在大多数元器件和电路可以通过筛选技术有效地减少"早期失效"。不幸的是，与晶须生长相关的问题与早期失效无关，它们发生在电子产品的使用寿命期间，是物理冶金过程，可能导致灾难性事故，或者最好的情况是，导致长期磨损失效。

"手表"终端通信概念的引入旨在强调电子设备尺寸的缩小。自 1960 年以来，这种"缩小"使得集成电路的复杂度年年倍增，这就是所谓的"摩尔定律"。集成电路上的元件指数级增加；硅芯片的平均元件数 1960 年为 5 个，1970 年为 100 个，1984 年为 10^6 个，1990 年变成了 2×10^8 个。由于高产量，较大的晶圆和设备生产力不断提高，使得芯片制造商保持了单位面积的成本不断下降。2010 年，似乎这一趋势即将结束，因为光刻技术面临物理挑战，不可能再进一步缩小尺寸规模。如今，由于市场竞争激烈，元器件制造商被迫供应尚未经过评估的器件，一些固有的问题也因此转移到了用户。在过去的十年里，航天器任务的设计寿命从 3 年增加到了 15 年以上（特别是对于气象和通信卫星），目前工艺水平的电子设备中，存在小间距导体间晶须生长的失效机制。显然，此种失效机制必须从拟应用于高可靠情景的电路中除掉。有些航天器寿命非常之长：先驱者 10 号服役 30 年，旅行者 1 号和 2 号 38 年后仍能提供数据。旅行者号于 1977 年发射，先后探索了木星、土星、天王星和海王星（1989 年），2012 年，旅行者 1 号进入星际空间；截至 2015 年，旅行者 1 号和旅行者 2 号仍能向地球发送信号，同时监测太阳系外的情况——目前有超过 5 台仪器仍在工作，预计将继续传输数据直到 2025 年，之后可能没有足够的能量而停止工作。

　　早在电子工业出现之前，科学家就注意到了现在称之为晶须的纤维状晶体。早在 4 个世纪前，人们就已知晓了一些自然形成的纤维晶体。Robert Boyle 在其著作 *The Skeptical Chymist*（1661 出版）中记录到，观察到了某些氧化物上的银突起每天都在增长。

　　然而，直到 20 世纪 40 年代，镀锡、镀锌和镀镉材料上的单晶晶须生长才被发现。晶须生长引起电气故障，维修人员对有问题的电子电路进行维修，包括更换元件、维修烧毁的线路以及清理细小的金属晶须，通常金属晶须像堆积的尘埃一样。

　　原则上，根据不同的生长机制可以将晶须分为两类：第一类晶须从气相、液相、固相结晶到基体上，晶须生长发生在尖部；第二类晶须从固相自发生长，晶须生长发生在晶须底部。在航天器系统的组装和测试中，出现了越来越多的晶须相关问题，以下章节将给出一些案例。案例中的问题可能是部件存在非常多的晶须生长，如图 7-1 所示，或者航天器晶体管存在单晶须，使镀锡铅和晶体管的金属外壳之间发生短路。显然，在这些材料的选择过程中须更加警惕。引用荷兰飞利浦制造技术中心前材料专家 R. J. Klein Wassink（1984）的话来说，"电子工程领域的小型化日益遇到晶须问题，可能会导致闪络、短路、可听噪声等问题，在这方面，防大于治"。

(a)　　　　　　　　　　　　　　　　　　　(b)

图 7-1　某航天器硅二极管 SEM 图，硅二极管位于金-硅共晶的扁平封装内。(a) 300 μm×300 μm×10 μm 芯片，镀银上表面有 38 μm 直径的金线。晶须扩展到楔形键合点 [图（b）]（由斯图加特 S. E. L 公司研究中心提供）。失效原因可能是包装材料释放的硫化氢。晶须具有高导电性，2002 年 Chudnovsky 详细研究发现，当晶须长度为 6~8 cm（图片旋转 90°）时，将对电气设备存在严重危害

7.2　晶须生长失效分析

7.2.1　金属微型电路上的钼晶须

一个集成电路设备被发现存在使用无损高分辨率 X 射线照相方法难以发现的短路路径，于是被送来做失效分析。封装开启前进行了密封检查。密封测试中，封装在几个大气压氦气压力下进行 15 min 测试，使用"氦嗅探器"质谱仪检测，没有发现明显的泄漏，然后在特别设计的连接质谱仪的容器中钻开封装，确保封装腔中进入水和气体污染量最少，失效装置内部发现含有大量的水蒸气。

接着，将集成电路（IC）封装去盖，采用机械研磨顶端方法，穿透边缘焊缝，然后剥离顶部，露出芯片、电路和微键。

在金属膜导体制造过程中，通过化学气相沉积先后沉积钛、钼、金多层膜到硅半导体芯片上。金属膜尺寸（称为金属化）厚约为 1 μm，宽 20 μm。

通过 SEM 检查电路，发现导体间存在树枝状电化学迁移，导致许多针状晶须形成，如图 7-2 所示。不能将晶须生长与电迁移混淆，电迁移发生在电流密度超过 10^6 A/cm² 的薄膜导体中。

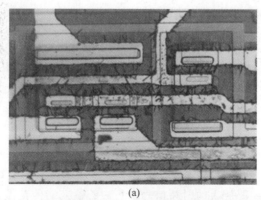

(a)

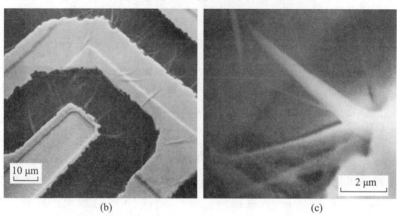

10 μm

(b)　　　　　　　　　　　　　2 μm

(c)

图 7-2　集成电路上生长的钼晶须引起的短路

SEM 上的 X 射线能谱分析仪（EDAX）显示，晶须由钼组成，包含微量金和氯，钛-钼层功能是作为隔离层，防止金溶解于硅基，并作为粘合剂，作用于玻璃化金属条纹。电气测试期间，电路在直流条件下工作，偶尔存在反向偏压。当通过短路钼须的泄漏电流足够大时，微电路熔断，失效明显。

该 IC 设备经过 125 ℃、168 h（1 周）的老化试验，但是在几千小时室温下测试才出现失效（在新技术组件的空间认证期间）。晶须表面层检测到微量 Cl，说明该设备在制造商密封之前就已被污染，而卤素在有水和电偏置情况下具有电化学活性。

据笔者所知，以前从未有过钼晶须失效研究的报告。在 20 世纪 70 年代中期，Shumka 和 Pietry（1975）与同事对金迁移电阻性短路进行了讨论，他们认为金枝晶是由金卤化物混合溶液电沉积而成，扩散限制了溶液的沉积速度。

钼晶须形成分三个阶段：在卤化物溶液中钼溶解，然后在钼表面形成活性点（在金表面孔隙或在边缘），之后在电极间隙中生长。图 7-2（b）显示，钼晶须在金表面孔隙开始形成。通常情况下，钼晶须生长从阴极拓展到阳极；在失效的 IC 设备中，阴极和阳极均有电流，导致晶须向离开相邻线条的方向生长。

防止钼晶须生长的建议如下：

1）消除封装中的水分（在封闭系统中，温度波动会导致水分冷凝）[①]。

2）使用污染监测设备检查离子残留物[①]。

3）器件电路上覆盖一层电子束蒸发石英（小心引线键合表面的覆盖层）；很多微电路制造厂商已经采用了此步骤。

7.2.2 行波管内钨晶须生长

行波管（TWT）是高功率宽带通信卫星的关键器件。该真空装置由电子枪（阴极和阳极）、螺旋状慢波结构和集束器组成，其中电子枪产生电子束，慢波结构周围有磁场用于聚焦电子束。工作时，要放大的射频信号由行波管输入端传至螺旋结构，以波的形式在螺旋结构上行进。波与电子束的相互作用使在行波管的输出端产生放大信号。为使装置运行，需要给阳极、阴极和集束器上施加合适的工作电压。行波管元件的隔离利用陶瓷绝缘体实现。对具有圆形发射表面，包含盘绕钨丝加热器的阴极组件进行冶金检查，其中一个样品在经过 44 092 h 的寿命测试后，由于钨丝不规则而发生失效。

有缺陷的加热器线圈失效分析显微照片（图 7-3）显示，由于在工作时，长期处于高温（约 1 100 ℃），钨金属升华，减小了钨加热丝的有效横截面积。

用双目显微镜仔细检查加热器线圈，发现线圈表面布满了小晶须，如图 7-3（b）和（c）所示。对晶须进行 SEM 分析，发现它们成分与金属丝相同，都是钨。图 7-3（c）显示了晶须的细节，长度为 46 μm，直径为 7 μm。通过 SEM 仔细观察典型晶须［图 7-3

---

① 1996 年，法国 Sophia Antipolis 研究机构对电子封装的污染和残留气体进行了分析。

（d）］，发现晶须呈直的圆柱形，长度方向直径无明显变化，顶端或者底端一致。

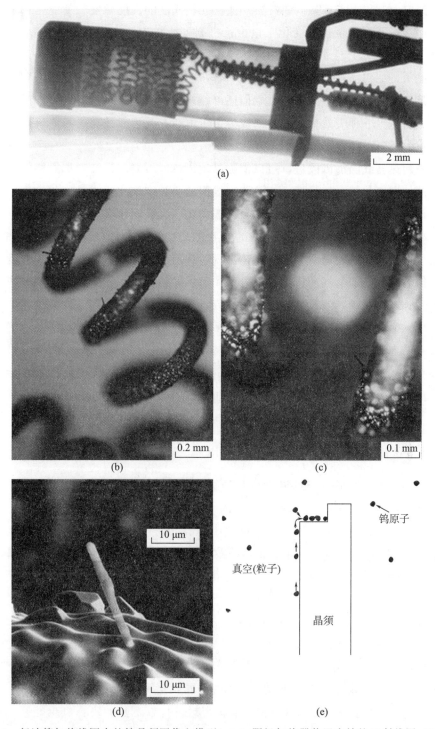

图 7-3　行波管加热线圈中的钨晶须图像和模型。(a) 阴极加热器装置失效的 X 射线图（×10）。
　　(b) 和（c) 光学显微镜下的钨晶须生长。(d) 钨表面晶须生长细节，高温真空暴露导致
晶须明显变薄。(e) 钨晶须模型。光滑边线是钨原子聚集区域，钨原子扩散到活跃尖端

用低倍率显微镜发现，晶须生长相对于线圈表面方向不定。据推测，这些晶须生长因加热器线圈钨丝升华热点区域的钨冷凝产生。几摄氏度的温度梯度，就能使钨蒸气在较冷的生长表面冷凝而不发生化学变化。该生长机制可能与 Nabarro 和 Jackson（1958）研究的 $-63\ ℃$ 真空环境下产生的汞晶须生长机制类似，见图 7 - 3 （e）。

出现晶须，如钨晶须，是真空管在 10^{-4} mmHg 压力下工作时最不想遇到的，一旦晶须生长得足够长，就可能导致短路。它们还可能产生电晕放电，在行波管中引起电涌，导致行波管关闭。另一种失效机制是晶须成为带负电荷，其折断并通过行波管内的高电流运输。在零重力下，晶须在阴极发射面产生大量波动。

对阴极加热器线圈加以改进，可以消除晶须成核的可能。设计变更主要在钨加热器线圈上涂薄薄一层氧化铝，一旦插入加热器，线圈就会被细氧化铝颗粒密集填充。这样，加热器温度梯度沿长度分布更均匀，钨的自由表面也不会暴露在真空环境中。

文献综述表明，以前没有这种潜在的失效模式的报告。1974 年，Fumio 对钨晶须气相生长进行了研究，通过透射电子显微镜发现，螺旋位错方法可以增加晶须长度。众所周知，钨晶须具有优良的电气和机械性能，可用于场发射器。一些研究人员尝试用不同的生长方式来生长这些晶须，最近的一篇文献研究，作者使用镍催化剂和气相沉积法成功地制备了钨晶须（Ma 等人，2012）。晶须生长沿 <100> 方向。推测复杂的生长过程为：钨氧化产生含 $WO_2(OH)_2$ 的水蒸气，然后分解成钨液。钨原子在液相镍浓度足够的地方成核，当钨原子在 <100> 平面成核点沉积时，同质外延生长。生长从成核点尖端开始，形成持续生长的晶须，方式类似于图 7 - 3 （e），不同的是在液相环境中，而不是阴极加热器叙述的真空环境中。

7.2.3　玻璃密封件中的金属氧化物晶须析出

本节研究高质量集成电路封装的漏电问题。在集成电路封装和某些引线之间的玻璃-金属密封区域出现了泄漏电流，图 7 - 4 （a）是这些玻璃密封窗的详细照片。

为了讨论失效机制，有必要先简要概述 IC 封装制造的主要步骤。封装材料由可伐合金（一种 20 世纪 40 年代由 Westinghouse 公司开发的铁镍钴合金）制成，以满足匹配各种软铅和硼硅酸盐玻璃膨胀性能的要求。集成电路封装使用简单的跳汰装置将底板、引线框架和环形或壁框架组装在一起。理想情况下，引线应集中放置于壁框架和底板中插槽形成的开口窗内。图 7 - 4 中的显微照片表明，在有缺陷的装置中并没有实现正确的对准。

配套的玻璃密封工艺的成功与否完全取决于三个热处理阶段：脱碳、预氧化和密封（Pask，1948）。脱碳指在接近 1 000 ℃ 的湿氢中烧制可伐片 30 min 左右。第二步是氧化，在此过程中，金属引线和组件上形成一层薄的金属氧化物。

目前可伐合金的供应商建议对玻璃-金属密封进行以下热处理：氧化处理——在电炉中烧至 850～900 ℃，直到零件呈樱桃红（暗红热）。热循环的长度约为 3 min，但由于环境湿度和熔炉的不同，需要调整至适当的循环时间。然后每分钟降低约 10 ℃，当零件冷却时会形成氧化物。氧化物的颜色在浅灰色和黑色之间。黑色通常认为是过度氧化造成

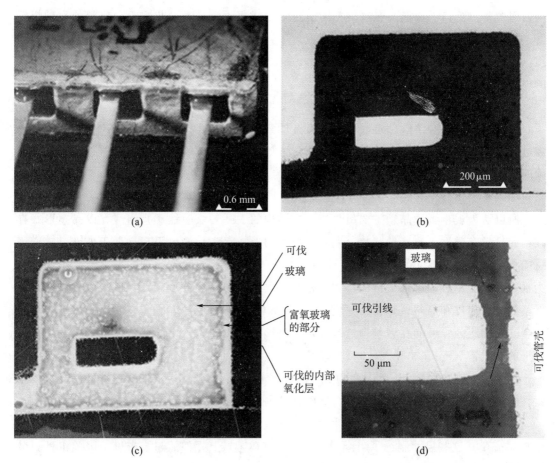

图 7-4 玻璃密封中的金属氧化物折出 （a）漏电的集成电路的外部视图。（b）横切面图片。（c）暗场下的
视图，富含玻璃氧化物部分高亮。（d）大量的玻璃氧化物晶须（箭头）

的，属于不良的玻璃-金属密封。

　　这一步骤很难操作，要防止出现欠氧化和过氧化。氧化物太少会导致键合不足（密封泄漏），而氧化物太厚会损坏引线，同样也会导致泄漏（McCormick 和 Zakraysek，1979）。第三步：玻璃与金属或金属氧化物的流动和键合十分复杂而且尚未研究清楚（Borom 和 Pask，1966）。氧化层由表面氧化层和下面的晶间氧化物层组成。一旦玻璃熔化，氧化层的表面层就会溶解到干燥的粉末玻璃（frit）涂层中。通常这一步在 1 000 ℃ 的 H_2-N_2 气氛炉中进行，时长 6 min。完成后从炉中取出烧制件，并在空气中冷却，无需进一步退火。

　　制造者并未提供缺陷集成电路密封的玻璃成分，最初人们认为是软铅玻璃。密封期间，氢气将一些氧化铅还原为其单质（导电）形式。使用 ESCA 进行失效分析，确定了这样一种失效模式，在电气泄漏的铅玻璃密封件表面检测到 Pb_2O_3 和 Pb（Kelly 等人，1984）。

　　将有缺陷的封装固定在塑料中并用标准技术制备成金相试样。图 7-4（b）是一个典型的引线密封窗口。玻璃与金属的粘附既可归因于离子键，也可归因于金属窗的物理粗糙度。显微照片显示氧化皮已完全溶解在玻璃中。此外，在可伐晶界形成的晶间氧化物似乎提供了玻璃与金属良好的化学/机械键合。在图 7-4（c）中，可以清楚地看到氧化物溶解的程度和晶间氧化物。

进一步的检查表明，一些引线非常接近其壁框架，如图 7-4（d）所示。在这种情况下，密封过程玻璃会溶解邻近表面的所有金属氧化物。从 1 000 ℃冷却后，金属氧化物已经过饱和，并且在金属表面的晶间氧化物位置处形成了富玻璃氧化物相。这种氧化物以晶须的形式生长。由于玻璃的介电性质，晶须的 EDAX 定性分析比较困难。氧化物晶须中只检测到了铁，并不含铅。

所以认为观察到的晶须主要由具有立方结构的 Fe_3O_4（磁铁矿）组成，以晶须形式存在，并且具有磁性。这些丝状物（偶尔以板状的形式存在）的电阻率远低于玻璃。它们很可能将导线连接到 IC 封装壁（二者距离仅为 10 μm），从而导致出现泄漏电流。工业上认为预氧化是密封过程中最关键的步骤。密封前，通过精确混合 H_2、N_2 和 H_2O 气体，可以严格控制氧化皮和晶间氧化物的深度（Yext 等人，1983）。最近研究表明，铁离子（可伐合金的一种成分）可能在玻璃中过饱和，当玻璃熔化冷却时，可能会从玻璃中自发结晶形成铁的氧化物（Somiya 等人，2013）。

铁是导电体：根据 Tsuda（2000），铁的电导率约 2.5×10^{-4}（Ωm）$^{-1}$，即使在玻璃密封件中以微小晶体的形式存在，也会导致器件漏电。

图 7-4 所示 IC 封装的外部尺寸约为 6 mm×4 mm×1 mm，其玻璃窗更小，表面积为 0.3 mm^2。这些尺寸制约了当今印制电路板（PCB）上元件的封装密度。因此组件封装技术目前正被气相或冷凝焊接技术逐渐取代。目前，用于手工焊接或波峰焊接到 PCB 电镀通孔的引线及组件正在被尺寸最多为其一半的元件所取代。随着更小的玻璃窗密封技术的应用，在引线密封操作期间必须严格控制氧化皮和内部氧化层，改进工艺和机器，确保 IC 封装窗口内导线的正确对准，防止氧化物晶须的生长，避免电流泄漏。

7.2.4　由电迁移引起的集成电路失效模式——铝晶须生长及焊点空洞

铝薄膜半导体的晶须生长在几种条件下都得到了证实。Blech 等人（1975）报告了高温（350 ℃）退火后的晶须。这些晶须的发展和生长，减轻了由于铝与底层二氧化硅之间热不匹配引起的压应力。当铝薄膜夹在底层二氧化硅和氮化钛薄膜之间时，也会生长晶须。用透射电子显微镜直接观察其生长机理，发现晶须成核发生在晶界处、单晶或丘状凸起处。铝晶须以类似的机制生长，对许多类型的薄膜金属氧化物半导体造成大量损伤。Turner 和 Parsons（1982）提供的 SEM 照片显示，长晶须（200 μm）生长在掺硅铝金属化焊盘区域并靠近金热压键合引线。一些晶须的长度足以短接相邻焊盘，还有一些晶须使印制导体短路，甚至发现一些晶须与相邻焊盘生长的晶须相连形成短路。

本文作者对铝晶须生长导致的航天器半导体器件失效进行了评估。通信行业致力于开发和使用超大规模集成（VLSI）设备，这些设备包含亚微米尺寸电路元件的封装集成。

7.1 节提出了面向未来用户的电信网络和新的分组交换形式。实际上，在目前微电子器件的制造中，导体间距和导体宽度只有几千埃。随着集成电路设计和制造技术的发展，金属互联抗固态晶须生长的能力越来越受到重视。Richards 和 Footner（1984）、Ross 和 Evetts（1987）、Hummel（1994）、Niehof（1995）和 Morris（1996）对电迁移机制进行了综述。人们假定，通过热激活铝离子和传导电子之间的能量交换的方式，铝金属被迁移。铝离子沿电子流方向运动，形成丘状区和内应力区，而空洞在另一侧形成，如图 7 - 5 所示。

　　在评价一种新型半导体器件的过程中，观察到了电迁移现象。出于商业考虑，只展示与该故障机制直接相关的电路区域。该器件是正常环境条件下使用的长寿命器件，加速试验在 150 ℃ 的温度下进行，且加载比工作载荷稍大的电载荷。导体为纯铝，厚 1.2 μm，宽 7～10 μm。制造工艺保证了铝有很小的晶粒尺寸，导体表面有一层薄的玻璃钝化层。理论预测，在电流密度为 1.2×10^6 A/cm² 的情况下，器件应能经受几百小时不失效。但在规定的试验条件，器件平均失效前时间（MTBF）约为 50 h。SEM 照片展示了电迁移失效的经典模式，如图 7 - 5 所示。

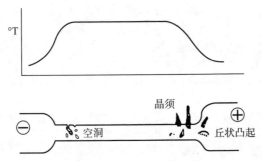

图 7 - 5　大电流密度和相应温升引起的电迁移示意图

　　（1）空洞的成核和生长

　　图 7 - 6 所示的显微照片详细说明了电迁移对铝金属化造成的损伤。质量流导致局部质量耗尽（孔出现在质量流流出比流入更大的地方）。在强电流作用下，离子沿晶界迁移。对于铝，这通常是电子流的方向。图 7 - 6 显示了细小晶粒晶界处形成的空洞；它们只出现在靠近导体阴极方向的区域。Thomas 和 Calabrese 在 1983 年通过 SEM，研究了铝导体在电迁移时产生的空洞。他们观察到了空洞向阴极迁移的现象，空洞动态变化，且形状不断变化，铝从器件的前缘迁移到后方。这看起来像是电子和铝离子（晶界处）向阳极流动，在相反方向产生大量的空缺，产生局部空位过饱和。空洞的成核位置出现在晶界处（无论是导体内部的晶界还是表面的晶界），如图 7 - 6 所示。大量空洞积聚导致开路故障。

　　（2）小丘凸起的生长及晶须的成核

　　图 7 - 7（a）中清楚地显示了表面小丘凸起的形成。小丘可能会从玻璃钝化层长出形成卷曲的晶须［图 7 - 7（b）］，并可能导致灾难性的短路故障（注意：从图中可以明显看出，在设备制造过程中出现了导体屏蔽问题，比如在间隙内出现的铝球）。在该位置使用 SiO_2 涂层充当保护性绝缘阻挡层能阻碍铝在表面和晶界扩散，防止设备故障（Black，1969）。

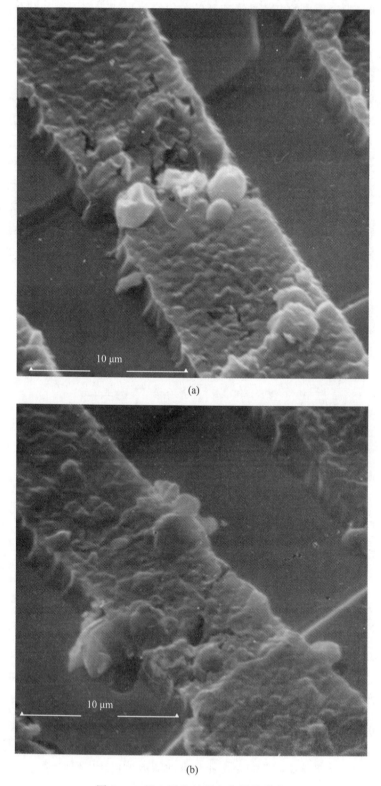

图 7 - 6　铝金属化过程中空洞的形成

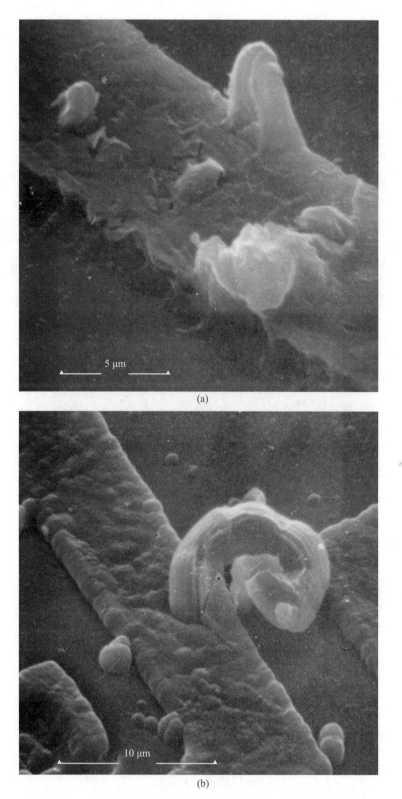

图 7 - 7　（a）电迁移下形成丘状凸起。（b）钝化层裂纹中的晶须生长可能导致短路

（3）铝晶须生长

晶须的生长难以预测。导体边缘可能会形成长晶须，它们的投影角可能非常小，如图7-8所示。最长的晶须生长在没有空洞的区域；它们存在于导体的阳极侧/阳极位置。在发射极金属化过程中，从 SiO_2 和 Si 的台处积累的材料，如发射极金属化，如图7-9所示，能生成晶须或小丘。

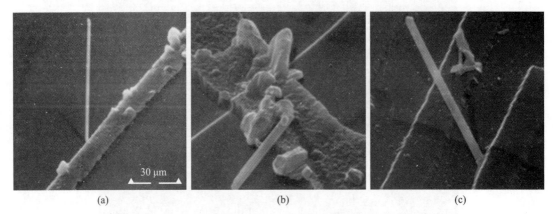

（a）　　　　　　　　（b）　　　　　　　　（c）

图7-8　晶须可沿与器件表面平行（a）或垂直于器件表面（b）的方向生长。

直径为 2 μm，长度为 70 μm。生长在导体边缘 Al 接触 Si 的位置，见图（c）

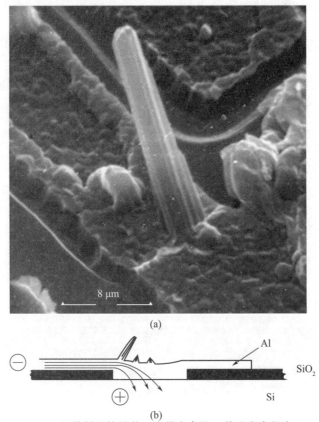

（a）

（b）

图7-9　（a）一些晶须呈棱锥状，有纵向条纹，其基底直径为 4 μm 量级。

（b）由于电迁移，它们在 SiO_2 和 Si 的阶梯处生长导体中电流密度增加会对超大规模集成电路和其他薄膜半导体器件的可靠性产生不利影响。Ghate（1982）发表了一份关于电迁移引起的失效计算的详细论文。Ghate 论文致力于定义一些电流密度标准。Ghate 强调，为确保 VSLI 器件的可靠性，电流密度不应超过 2×10^5 A/cm^2，故障率预测必须基于使用模态参数的保守方法。Ghate 提出的电迁移测试程序表明，图 7-6～图 7-9 所示的实验器件为过载状态。建议将这些装置的最佳电流密度向下修正为 2×10^5 A/cm^2。然而，经过 30 年的电迁移研究，还没有找到完全消除故障的真正突破口，需要分析与电迁移现象有关的四个主要参数，以显著提高集成电路的可靠性（Hummel，1994；Feng 等人，2013）。这四个参数为电流密度、几何尺寸、材料特性和金属导体的温度。Feng 用蒙特卡罗抽样方法描述了电迁移对于每个参数的物理敏感性。似乎温度对电迁移的影响最小，对于 IC 来说，平均故障时间的缩短主要是由电流密度的增加导致的（可参见图 7-10 中的焊料合金失效）。

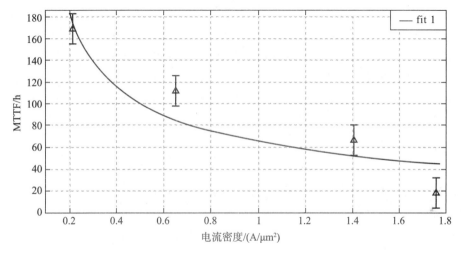

图 7-10 70 ℃，4 Hz 的交流电压，平均故障时间（MTTF）与焊点的电流密度关系曲线
［由 Yao 和 Basaran（2014）提供］

必须开发特殊的技术来降低铝导体对电迁移的敏感性。添加少量铜和镁等元素可以控制和稳定铝的微观结构，并且热处理（如 HeatPulse^{TM}）对电迁移存在有益的影响（Towner 等人，1984；Morris，1996）。

有关焊料合金电迁移（和热迁移）的文献很少。（Yao 和 Basaran，2014）在一份最新的研究综述中叙述了若干理论，涉及倒装芯片的实验测试方法。文章主要研究了印制电路板的倒装芯片球栅阵列连接，球距为 270 μm。在不同（高）电流密度（$2.1 \times 10^5 \sim 1.76 \times 10^6$ A/cm^2）下施加约 200 h 的交流（AC）负载，通过监测电阻随时间的变化来测量平均故障时间（MTTF），结果如图 7-10 所示。对失效的焊球进行扫描电镜检查发现，焊料内部出现了由电迁移引起的空洞增长（质量扩散和空隙聚结），导致电阻增大和器件失效。

7.3　锡晶须生长

7.3.1　镀钢外壳上的锡晶须生长

（1）失效元件

提交检查的是一个商业质量电子外壳，包含一个失效的调谐器电路。据捐赠者说，该元件大约有十年的历史。外壳由钢制造，壁厚为 1 mm，表面覆盖一层闪光铜和一层电镀亚光锡。最初的观察显示，壳子内表面存在大量的晶须生长，而外表面没有。该元件在使用过程中一直存放在适当的环境条件。

（2）目视检查

外壳检查最初使用放大倍数×10 的双目显微镜，然后用 Reichert 投影显微镜×2 倍放大观察某些区域。放大×2 倍时，发现壳子内壁外观粗糙。当壳子的方向发生轻微变化时，反射光从壳子表面随机发出。放大倍率稍高时，晶须群就清晰可见。图 7 - 11（a）显示的晶须长到足以与暴露的电感线圈接触，存在电气短路的可能性。用光学显微镜上的配套装置测量了几根晶须，发现它们的长度超过了 2 mm。外壳的内表面在几个位置进行了焊接连接。值得注意的是，未观察到晶须在焊点周围 1 mm 范围内成核，且锡铅焊料表面也未出现晶须。

（3）附着力试验

用珠宝锯小心地把几小块镀锡钢板从箱壁上锯下来。采用压敏胶带和拉力试验机对这些切割样品的两个表面进行控制附着力试验。发现外部镀锡层牢固地附着在钢基体上，而存在晶须的内表面与基体分离，胶带平均载荷为 160 g/cm。分离的镀锡底面如图 7 - 11（b）所示。纵向线显示了钢板的表面光洁度。龟裂部分反映了镀层的脆性。

（4）扫描电子显微镜（SEM）检查

扫描电镜的大深度聚焦有助于对晶须生长进行形貌检查和测量（图 7 - 12～图 7 - 16和表 7 - 1）。通常，晶须的生长方向是一致的。晶须直径从 1～4 μm 不等，其表面具有平行于生长方向的纵向条纹。但有少数晶须，如图 7 - 13 所示，具有非常不规则的生长方向。生长方向的变化或扭转通常与 45°左右的角位移有关。晶须直径与图 7 - 13 和图 7 - 16所示电镀表面的结状颗粒的平均尺寸相似。图 7 - 13 中所示的初始晶须具有圆端，与图7 - 15 中的"阶梯"端有很大不同，后者具有旋转生长的外观。从其表面形态来看，晶须轴直径的变化，似乎是由于存在刃型位错，如图 7 - 14 所示。

将弯曲试样穿过一锯片，该锯片可以穿透 90% 钢壳壁厚，分离出部分内部电镀锡层。类似地，手持镊子剥落一部分外部镀层。在扫描电镜和金相显微镜下对这些薄片进行检验。图 7 - 17 展示了一个薄片和紧邻晶须根部撕裂区域。值得注意的是，镀层中不存在局部损耗，并且晶须似乎起源于电镀表面下方。采用 X 射线能谱分析仪（EDAX）在晶须长度不同位置对镀层进行点分析。所得特征 X 射线显示，晶须中仅存在锡；未观察到超过50 ppm 的其他元素。正如预期的那样，铜存在于电镀层中，以闪光层形式沉积在钢表面。

(a)

(b)

图 7 - 11　（a）相邻电感线圈上清晰可见的晶须（×6）。（b）从钢板剥离后的薄镀锡底面（附着力试验）

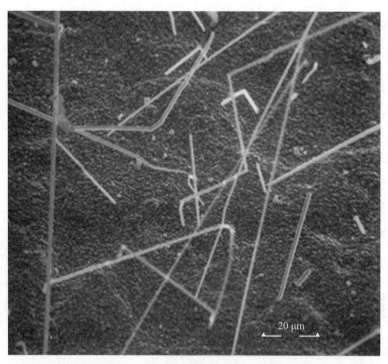

图 7 - 12　扫描电镜下晶须沿长度方向直径均匀

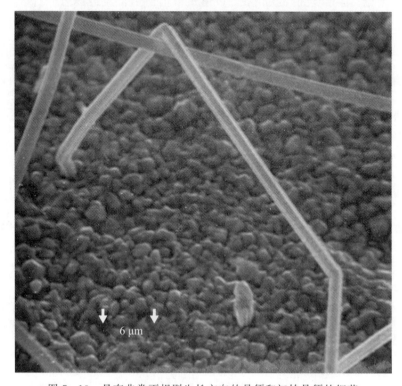

图 7 - 13　具有非常不规则生长方向的晶须和初始晶须的细节

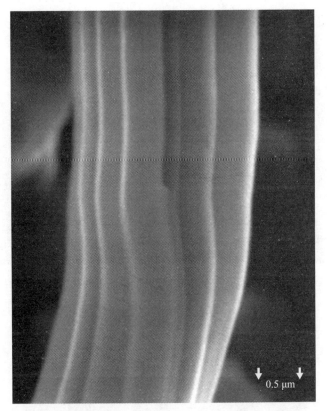

图 7-14　晶须沿其轴向生长，注意均匀纵向条纹

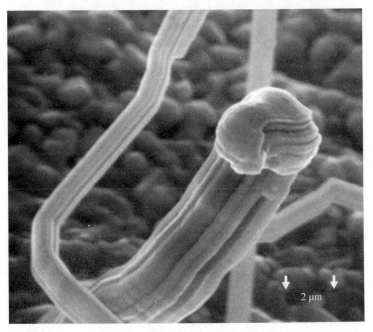

图 7-15　大直径（约 4 μm）的晶须，左侧晶须直径约 1.5 μm

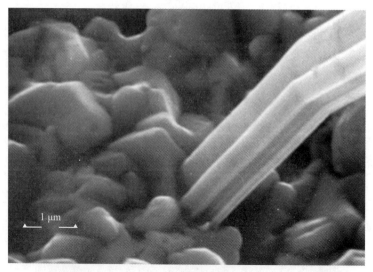

图 7 - 16　晶须的基底直径与镀锡结节大致相同。虽然锡晶须的体积相当大，但镀层表面没有局部塌陷的迹象

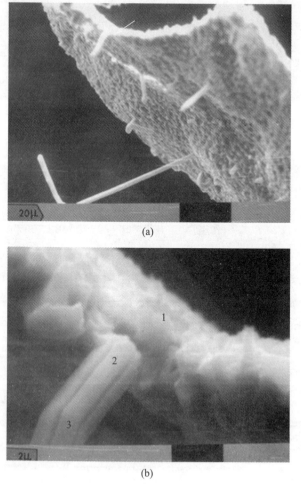

图 7 - 17　分离薄片的检测。（a）晶须从镀锡表面下方开始生长。（b）EDAX 分析 1 处锡中有微量铜，2、3 为纯锡

（5）金相检查

将零件的一小部分用珠宝锯小心地取出，横向安装在室温固化树脂中，然后经研磨、1 μm 金刚石抛光、轻微腐蚀后用 Reichert 投影显微镜观察。镀锡钢内表面横截面如图 7-18 所示。截面图显示，镀锡前，钢上已涂上一层薄薄的铜。对扫描电镜观察的同一镀层进行显微切片。图 7-19 是镀锡层中晶粒生长的晶须横截面图；晶须直径小于晶粒直径。这些结果再次证明，晶须体积并不能导致锡镀层局部变薄。显然，分离的电镀层在 Cu_6Sn_5 金属间化合物晶粒组成的薄网中断裂。这种金属间化合物的生长速率与时间和温度有关，受试样品中金属间化合物存在时间与零件的寿命一致。

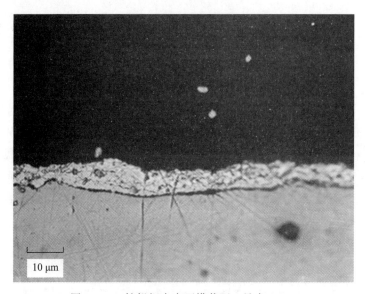

图 7-18　镀锡钢内表面横截面（见表 7-1）

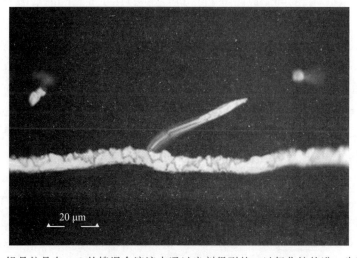

图 7-19　锡晶粒是在 0.2 的镍混合溶液中通过光刻得到的。过氧化铵的进一步污染表明，
分离表面存在薄块状的铜-锡金属间化合物网

从表 7-1 可以得出一个有趣的结论：厚度大于 $18\sim20~\mu m$ 的镀锡板可以避免锡晶须成核和生长。行业数据表明，较厚的镀锡层晶须生长倾向更低（Bradley，2007），其他研究人员也提出过类似推测（Hwang，2014），而且大多数自发的晶须生长发生在薄镀锡层上（厚度 $<10~\mu m$）。

表 7-1　钢电子外壳镀层和晶须分布测量结果

钢外壳	镀层厚度/μm		锡晶须特征		
	铜	锡	长度/μm		总密度/mm^{-2}
			最大	平均	
内表面	<1	$8\sim10$	2 000	500	1 800
外表面	$1\sim2$	$18\sim20$	无	无	0

7.3.2　热循环时 PCB 和其他电子材料上的锡晶须生长

电子机箱的失效率很高，可能是 PCB 上电子元件焊点（热疲劳）中热应力较大引起的，如 6.5.3 节所述。其中最大问题是 PCB 厚度方向或 Z 轴的膨胀系数高。航天器 PCB 由玻璃纤维-环氧树脂复合板与铜箔层压而成。在无遮蔽区域蚀刻铜后，留下铜电路，之后钻孔以便于电镀通孔，电路板两面通过通孔进行电气连接。电镀通孔始终包含一层厚厚的铜，然后镀锡铅，最终熔合形成一个长寿命、可焊性良好的表面（4.7 节）。最近，由于 RoHS 指令，一些制造商决定在 PCB 上使用纯锡涂层。这是某些商业产品的标准做法，但是，对于航天项目，ECSS 和 NASA 明确要求禁止这种镀层工艺（Dunn，2012）。航天器特殊的热循环环境使得这种工艺极其危险，它会促进纯镀锡通孔内锡晶须的生长。垂直于层压板方向，玻璃组织不会限制树脂膨胀，在该 Z 方向，膨胀系数比沿着板的宽度或长度方向大一个数量级（见表 6-1）。图 7-20 所示是厚度 1.5 mm 的 G10 型 PCB 上的晶须生长。当在 $20\sim160~℃$ 的温度范围内加热冷却时，板的厚度也增加或者减小，变化范围为 $35\sim45~\mu m$。热循环期间锡和环氧树脂之间的较大不匹配性导致电镀通孔受到拉、压应力作用，循环受压使得针状晶须逐渐"挤出"。对晶须生长过程的观察表明，晶须尖端的形态保持不变，因此推断晶须生长通过其底部的新材料堆积而成（图 7-21）。电子电路尺寸正在迅速缩小，而容量和性能不断提高。航天器 PCB 器件之间的间隔距离可小至 0.4 mm，元器件可以直接安装在电镀通孔上方，因此晶须生长引起短路的可能性增大。锡晶须的长度为 2 mm 时，其强度足以穿透敷形涂层（McDowell，1993）。

JAXA 模拟空间环境，进行无铅芯片电容器试验（Nemoto，2007）。电容器从两家制造商采购，金属化过程是在铜的镍屏蔽层镀纯锡。每家制造商的一半样品使用浸锡机器除去纯锡。所有样品均经历热循环，一半样品在空气中热循环，另一半在 10^{-4} Pa 的真空环境热循环，热循环温度 $+125\sim-40~℃$，停留时间为 60 min，完整循环时间为 130 min。

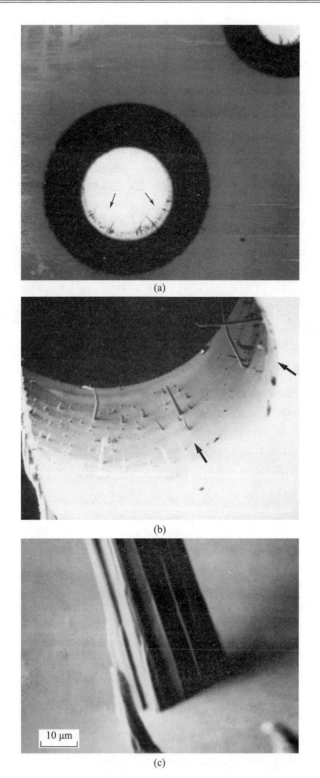

图 7-20　印制电路板的电镀通孔上典型锡晶须生长的显微照片。(a) 一个 1.2 mm 直径的孔。
(b) 和 (c) 是用金刚石锯切开使用 SEM 观察的照片

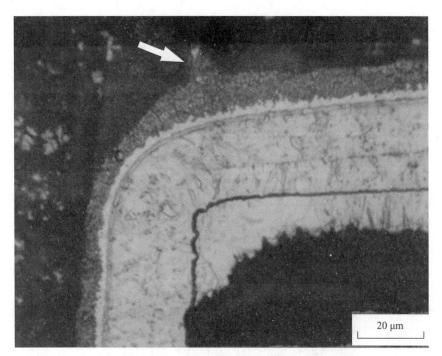

图 7-21　电镀通孔显微切片，电镀通孔通过金字塔底座（箭头）。蚀刻显示镀锡层厚度变化为 7 μm
（电镀通孔）到 13 μm（焊盘）。金属间化合物约 1.5 μm。（a）过氧化铵蚀刻露出铜基和镀铜。
（b）在 2% 镍溶液蚀刻露出 Cu_6Sn_5 厚度

结果表明，在锡槽中预镀锡时，两家制造商的样品均未出现晶须成核迹象。

所有样品在热循环时发生晶须生长（见图 7-22），实际测量结果如下：

在空气中：420 次循环（最大长度 52 μm，平均长度 30 μm），1 040 次循环（最大长度 44 μm，平均长度 29 μm），2 000 次循环后没有进一步生长。

真空中：420 次循环（最大长度 29 μm，平均长度 17 μm），1 040 次循环（最大长度 67 μm，平均长度 43 μm），2 000 次循环后没有进一步生长。

总结 Nemoto 的发现结果：

•真空条件热循环锡晶须的生长速率比在空气中大。

•每次温度漂移都会在晶须上产生横向条纹。

•在空气中热循环时，这些条纹更加明显。

•大约 1 500 次循环后，晶须生长机制受到抑制。

•在锡槽中预镀锡可有效防止晶须生长。

从这些结果可以看出，含有镀锡部件的电子元件比它们的基底元件更容易遭受晶须引起的短路或电弧的影响。

Nemoto 观察到，在大约 1 500 次热循环下，晶须生长速率降低，与 Dittes 等人（2003）在镀锡合金 42 [合金 42 即 FeNi42，其 CTE（热膨胀系数）为 4.3×10^{-6} K^{-1}，远低于 Sn 的 CTE 23.0×10^{-6} K^{-1}] 上测量的晶须生长看到的结果非常相似。

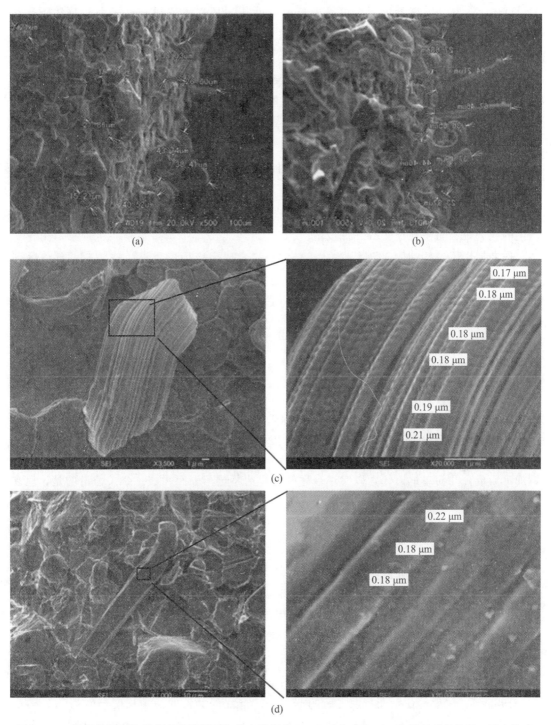

图 7-22　镀锡镍铜陶瓷片电容器热循环扫描电镜照片。(a) 空气中 1 040 次循环后的晶须（最大长度
44 μm，平均长度 29 μm）。(b) 真空中 1 040 次循环后的晶须（最大长度 67 μm，平均长度 43 μm）。
热循环试验后晶须的横向条纹在空气中 (c) 比在真空中 (d) 更为明显。在真空中热循环，条纹之间的
距离略大（由 Norio Nemoto 提供）

　　Dittes 认为，在热循环下，锡晶须长度可能与循环次数呈抛物线关系。事实上，在 Nemoto 和 Dittes 的论文中，晶须长度随时间变化的关系几乎相同。

　　氧化铝陶瓷片的 CTE 在 $(6\sim7)\times10^{-6}$ K^{-1} 之间。较大的 CTE 失配会产生更高的压应力，例如铜铅互联（17×10^{-6} K^{-1}）具有与锡类似的 CTE，不会产生热循环诱导的晶须生长（只有 Cu_6Sn_5 诱导的晶须生长，如 7.4.3 节所述）。

　　(Moser，2002) 通过计算评估陶瓷（Al_2O_3）电容器和电阻器在热循环过程中产生的应力水平是否会超过外部镀锡终端的弹性极限，发现所有常用的热循环试验（另见 3.2.2.6 节）产生的应力都远远超过锡的弹性极限。根据 ECSS-Q-ST-70-08，计算从 100 ℃ 向 -55 ℃ 冷却时产生 160 MPa 的理论应力，而纯锡的实际弹性极限约为 14 MPa。在轨道上运行的航天器工作热循环环境通常在 -5~35 ℃ 之间，即使是这种典型的热循环产生的应力也会略微超过锡的弹性极限。

　　作者提出了一些利用 X 射线衍射（XRD）测量残余应力的方法，作为广泛的失效研究的一部分，该方法涉及锡晶须在无源元件端部的生长。有趣的是，发现在室温下储存 8 年且未生长晶须的元器件，其镀锡层中具有约 -7 MPa 的残余应力（即低于锡弹性极限的压应力）。然而，在 -55~+100 ℃ 之间 500 次循环后，发现形成了长达 50 μm 的晶须；通过 XRD 发现在纵向上具有 -34±4 MPa 的残余压应力。XRD 测量在循环冷却部分（100 ℃ 至环境温度）之后进行，此时锡处于受压状态。

7.3.3　终端设备上的锡晶须增长

　　许多用于航天器电气互联的小型设备选用传统技术处理的材料，从商业供应商那购买，包括 PCB 端子，接地点、接线端子以及用于压接的凸耳。这些小零件通常由铜或黄铜加工而成，并简单地镀锡，以实现合理的可焊性并防止表面腐蚀。令人惊讶的是，已观察到大量设备可能发生潜在的锡晶须生长危险。以标准压接端子为例说明，端子从欧洲最大的标准压接端子制造商现货购买，然后分发给航天器制造公司。两个有缺陷的设备如图 7-23（a）所示。尽管操作员采用了许多质量控制步骤来改进压接接头，但是操作员和检查员都未仔细检查，所以并未发现晶须存在。在这种情况下，晶须是在非常规测试中偶然发现的。冶金报告于 1978 年发表，并且此后，相同的设备需要定期重新检查。

　　图 7-23（b）中详细描述了 1978 年常规视角下晶须的生长。晶须生长在圆柱形压接筒的边缘，直径从 2~13 μm 不等，从轮廓上看，生长在筒形内表面的晶须长度为 0.15 mm。当时，设备保质期被认为是六个月。

　　1983 年的检查发现所有设备的表面都存在晶须生长。最长的晶须长度达到 0.7 mm。

　　1985 年，也就是在生产日期之后的七年，检查发现最长的晶须长度仍然为 0.7 mm。但是，长度在 0.3~0.5 mm 范围内的晶须数量增加（见图 7-24）。虽然大多数晶须具有较大的长径比，但仍然有许多细长的结节和扭曲的短增生，从结节状的锡板中钻出来。

　　由储存的同一批次样品微切片获知压接装置的圆筒部分，由铜片冲压成型，然后钎焊成连续筒体。

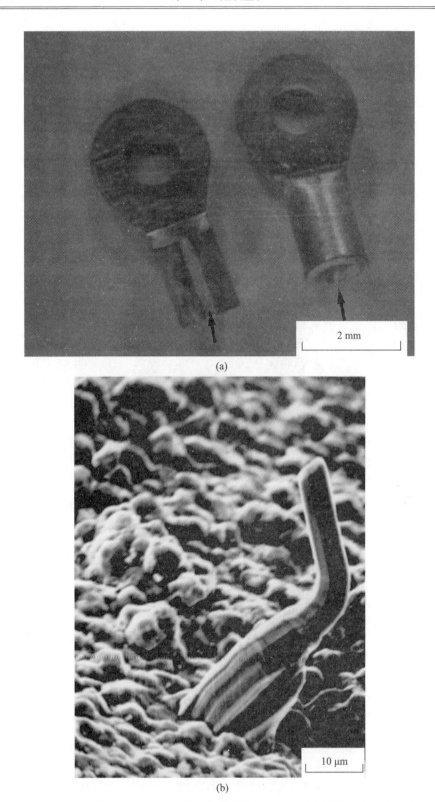

图 7 - 23　（a）1978 年 1 月生产的压接端子接线片。筒的钎焊长度由箭头显示。

（b）生产六个月以内的晶须样本。这个晶须的位置在筒的边缘

(a)

(b)

(c)

图7-24　（a）和（b）生长了七年的晶须。虽然最大晶须长度仍然为0.7 mm，但大量的晶须长度在
0.3～0.5 mm范围之内［2015年光学显微镜最新测量，晶须生长长度达到了至少1.2 mm，而在筒的
外面又出现了新的晶须生长——长约1 mm，同时密度较大］。（c）在镀锡铜表面上形成的金刚石硬度压
痕的外观，厚度与压接筒接近。短小的晶须从锡板中爆发出来，距离压痕有一些距离（Shibutani，2009），

另见图7-30

2015 年（生产 37 年后），对存放在室温下，40%RH 干燥器中的相同的压接筒的最新检查发现，内表面有 1.2 mm 晶须生长，外侧面（在钎焊接头区域）存在晶须生长长度达1.0 mm 的密集区域。

这些结果无疑突出了镀锡压接端子的长期风险。可以通过选择熔融锡压接筒，或确保晶须生长包含在受保护的收缩套管里，来减小潜在的短路和电弧放电失效风险。

未知的是，压接对于常用的压接筒外侧的影响作用。压接过程在 6.4.3 节中进行了讨论。显然，压接时，会产生较大的压应力，使筒体和压缩/冷焊的封闭的裸绞线变形。严重压缩和外部镀锡表面的变形类似于显微硬度测试时施加在锡板上的力。Shibutani 等人（2009）试图通过在镀锡表面上植入硬度标记来识别易生长晶须的表面［见图 7-24（c）］。Shibutani 引入了一个基于蠕变的模型来解释晶须生长。在硬度试验中施加的高压力会导致锡原子从压缩体积扩散并挤压形成晶须；这种机制可以解释图 7-30 中所示的锡严重变形。压头所做的外部功等于晶须生长过程中表面能量的增加。压痕测试还模拟了由 Cu_6Sn_4 金属间化合物体积增长（随时间的变化）引起的微应力，及其对晶须生长的影响。

7.3.4　锡晶须的成核，生长和生长机制——C 形环试验结果

综合锡晶须生长的实验室研究结果，晶须生长普遍与电镀锡类型和基底材料特性有关（Dunn，1987）。测试了 40 个 C 形环样品，搭配不同的镀锡类型和基底——Ashworth 和 Dunn（2015）完整描述了该项目 32 年的研究结果。图 7-25 所示是 C 形环样品及其物理几何示意图。扭转螺纹连接，计算 C 形环内表面的压应力。C 形环基底由黄铜和钢加工而成，采用 3 种镀锡方式（正常；高电流密度；从含有有机颗粒的污染溶液中），一半的样品在基板和每个镀锡层之间存在铜屏障层。每个采用不同材料的样品放入惰性气体炉，使外层镀锡层可以在 250 ℃熔化（纯锡在 232 ℃熔化）。

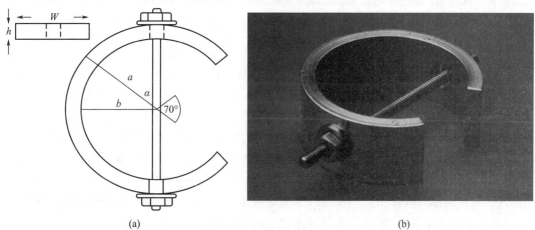

(a)　(b)

图 7-25　（a）C 形环试样的外形尺寸，W =宽度=25 mm，h =厚度=2 mm，a =外部半径=12.5 mm，b =内部半径=10.5 mm。（b）C 形环的光学照片。可见一些长晶须生长在内外表面

在 32 年的测试期间主要发现如下：

1）施加在锡板上的压应力并没有加速晶须的生长速率。所有 C 形环表面均可见晶须生长。

2）晶须生长前的潜伏期与基底材料密切相关。镀锡黄铜具有短（几天）成核期，晶须生长速率为每天 8 μm，而镀锡钢则需要几个月才出现晶须生长。

3）具有铜屏障层的样品在 5 个月内成核并生长晶须，这些晶须长度在 1～4.5 mm 之间。

4）故意被有机颗粒污染的镀锡铜上产生了意想不到的结果：一个样本在 12 年的储存期间才成核，这些晶须在接下来的 20 年生长到 1.8 mm。

5）在短潜伏期的晶须出现之前，经常存在结节状爆发。大部分晶须有平行边，但它们可能含有尖锐的扭结，直径可从 6 μm 左右变化至 6 nm。晶须具有多种形态：直径范围为 1～20 μm，有些是直的，但很多向各个方向生长。密度约 0.1～200 mm^{-2} 不等。晶须在生长过程中会改变方向，通过旋转和其他晶须生长交织在一起（见图 7 - 26）。

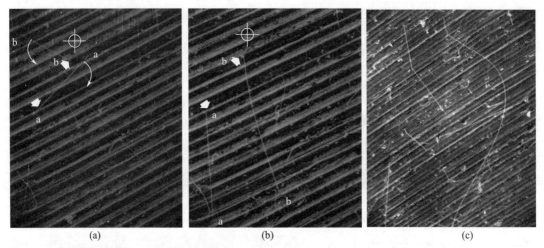

（a）　　　　　　　　　（b）　　　　　　　　　（c）

图 7 - 26　注意晶须"a"和"b"。白色箭头表示它们从镀锡铜表面出现的位置。镀锡后（a）57 天和（b）181 天的 SEM 照片。在这 124 天期间，"a"和"b"晶须的长度分别增加了 125 μm 和 110 μm，近似每天增长 1 μm。在这期间生长的晶须不断按（a）上的黑色箭头方向旋转。（c）晶须的细节，长度为 700 μm。旋转导致它与其他晶须缠绕在一起。缠绕包含了相对较大的潜在能量

6）最长晶须随储存时间变化结果如图 7 - 27 所示。32 年的储存期间，熔融锡板中没有一种存在成核或晶须生长（即在黄铜、钢、镀铜黄铜和镀铜钢上熔锡）。

7）金相分析表明，尽管大量的锡以结核或晶须生长的方式喷射出来，但在镀层中并未出现凹陷或局部沉降。图 7 - 28 显示了 4 个样品在 32 年储存期间的金属间化合物的生长，Ashworth 和 Dunn（2015）的报告描述了所有样品金属间化合物的生长。

以旋转螺钉位错处的镀层锡原子的挤出可以消除局部微应力为前提条件，建立了五阶段晶须生长模型，同时假设，晶须生长由长期的原子传输机制（扩散）来维持（潜伏和生长的各个阶段如图 7 - 29 所示）。

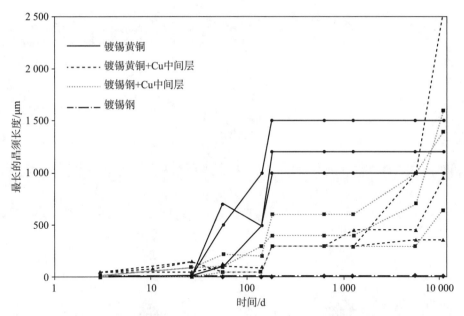

图 7 - 27 室温下，铜和钢表面（有无铜中间层）无应力正常锡沉积最长晶须长度与储存时间的关系。
对于完整的结果请参见 Ashworth 和 Dunn（2015）。熔融锡样品中没有一个生长晶须

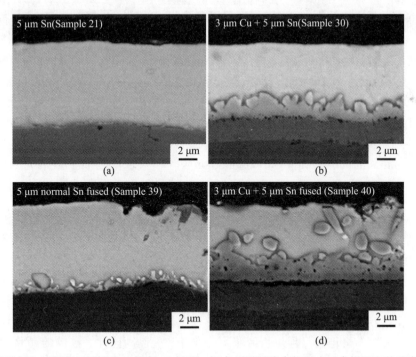

图 7 - 28 背散射电子图像显示了室温储存 32 年后，钢中金属间化合物形成正常锡沉积的程度：（a）5 μm 锡沉积，有证据表明镀锡-基板界面处存在 SnFe 金属间化合物；（b）5 μm 锡沉积，有 3 μm 的 Cu 中间层，金属间相鉴定为 Cu_6Sn_4，不存在其他相；（c）熔化的 5 μm 锡沉积，与钢合金化形成 $FeSn_2$；（d）熔化的 5 μm 锡沉积和 3 μm Cu 中间层。这里 Cu_3Sn 和 Cu_6Sn_4 都存在于铜界面以及一些空洞处；Cu_6Sn_4 岛内包含锡（Ashworth 和 Dunn，2015）

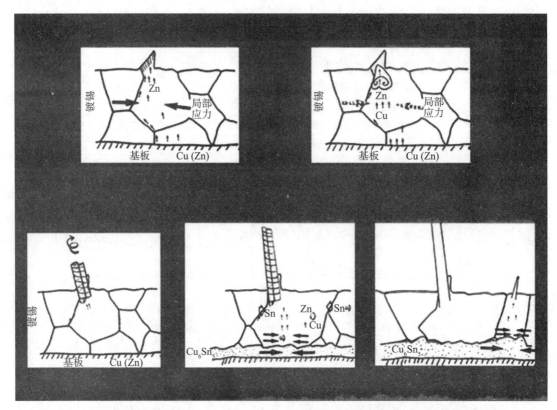

图 7 - 29　生长在镀锡黄铜基板（从左上到右下）上的锡晶须的示意图：没有首选结晶结构的球状喷发，因镀锡的局部残余应力，个别锡粒受压形成；具有合适取向的 Frank - Read 源产生边缘位错；边缘位错旋转到螺杆段，Sn 原子与边缘位错结合，螺杆段旋转并向外位移形成"晶须"；Cu_6Sn_5 金属间相生长会在锡中产生额外的压缩微应力，因为它以牺牲 Sn 和 Cu 为代价而生长；因为金属间化合物比形成它的金属密度更低，随着更多的锡被释放到晶须中，会发生体积增加和持续的微应力衰减；由于小晶粒的附加，锡在环境温度下的晶粒生长（或重结晶）也会产生额外的微应力

7.3.5　锡晶须的一些性质

以下内容主要引用 Dunn（1987 和 1989）的研究结果并增加同行编辑的数据以及最新的相关文献资料。

（1）镀锡层的附着物

1）锡晶须可通过机械力物理消除。滑动弹簧触指连接器与 PCB 多次装配和分离，导致晶须在弹性应力区域成核和生长（离连接器边缘晶须长度长达 200 μm）。额外的配对周期导致了塑性变形的锡进入晶须生长区域，分离并产生晶须碎片。破碎的晶须"灰尘"可能桥接没有涂层的 PCB 的导体之间的空隙，因此导致串扰或短路故障。

2）锡晶须的固有频率理论上取决于单个晶须的长度和半径。例如，在 C 形环实验（7.3.4 节）中看到最大的晶须，长度为 4.0 mm，直径为 4 μm，固有频率为 36 Hz。平均水平的晶须长度为 2.0 mm，直径为 2 μm，固有频率为 71 Hz。较短的晶须长度为 200 μm，直径为 4 μm，固有频率为 14 260 Hz。实际上固有频率的范围是 36～14 260 Hz。

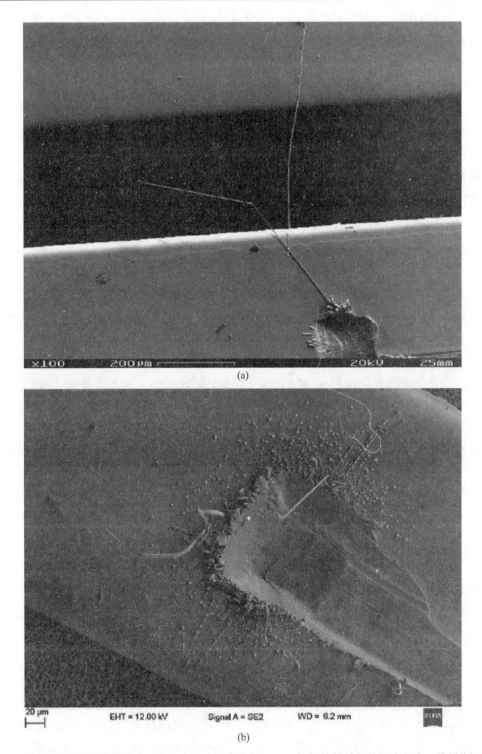

(a)

(b)

图 7 - 30　镀锡 PCB 导体连接触点：(a) 由几个长度大于 1 mm 的锡晶须引起的短路电路，晶须缘于滑动接触造成的压痕和压痕区域严重的塑性变形。(b) 小结节和比较长（～100 μm）晶须也生长在这个区域，远离但围绕着变形的锡。这个现场故障已经存在一年了，曾经经历热循环和振动（由 Karl Ring，ZVE 提供）

航天器发射期间，电子封装遇到的振动频谱受到严格限制，由于单元隔离以及金属结构、螺栓和封装的阻尼效应，不会遇到非常高的晶须共振频率，只需要考虑 10～2 000 Hz 之间的频率。

镀锡电子产品上的晶须生长遇到的主要频率振动发生在电子箱地面处理期间，以及发射期间，声学噪声引起大量额外振动（火箭发动机向下喷射气体振动产生声场）。样品安装在厚钢板上，钢板用螺栓固定在 Ling 振动台的振动头上，振动台重 7 t。用高倍率照片和示意图记录测试开始时晶须的数量和位置。刚开始进行低水平测试，之后进行检查，没有发现晶须损坏；然后，在 10～2 000 Hz 频率范围进行 2 次扫描，扫频速率为 2 oct/min，频率按加速度分为三组：

- 10～16.6 Hz 38 mm，峰值-峰值；
- 16.6～78.1 Hz 200 cm/s；
- 78.1～2 000 Hz 100 g。

在正弦扫频扫过固有频率的过程中，晶须没有破裂或永久变形。

最近的测试结果证实了这些发现（Hashemzadeh，2005）：汽车工业电子产品最大振动测试（2 000 h，最高频率 2 000 Hz）时，锡晶须未损坏。

3）将相同的样品进行指定频率的长期振动。采用 Dunegan 公司的 Model 4501 试验平台进行一系列频率测试：50 Hz，100 Hz，200 Hz 和 250 Hz，加速度为 6g，持续时间为 60 s。无疑，样品中存在晶须固有频率与测试频率一致，但是通过细致的显微镜检查，仍然没有发现晶须脱落或者损伤。样品没有达到疲劳寿命（未达到疲劳极限应力，疲劳周期数未达到寿命），并且晶须非常均匀、不存在不连续性，没有因表面应力集中产生裂缝。

4）液体中的超声波振动——相同的样品放置在金属篮子里，置入商用超声波清洗槽时，槽内装满异丙醇。清洗槽额定工作频率在 20～25 kHz 范围内（高于人类可听的频率）。"清洁周期"维持 2 min，目视检查样品发现暴露在平面上的所有晶须已被清除。洞孔或凹角内的晶须则基本上完好无损。

5）机械冲击的影响——冲击载荷可能发生在电子产品运输的粗暴处理时，意外掉落时，或者航天器点火时刻。新样品进行了 2 060g 的 50 次冲击。令人惊讶的是，没有观察到晶须破裂变形。这表明，没有达到屈服极限强度——可能是因为晶须的惯性很低。

Hashemzadeh（2005）的研究结果也表明，在加速度 500 m/s² 和 1 000 m/s² 下振动 6 s，晶须没有损坏。

（2）机械性能

通过进一步的实验室研究得到了锡晶须机械性能数据。晶须样品取自镀锡低碳钢电子外壳表面，见图 7-12。利用微机械工具从壳体表面提取并放置在载玻片上，个别晶须使用环氧树脂或铟焊料低温熔化附着在载玻片上。以微细金丝为砝码，进行悬臂梁加载和拉伸，发现锡晶须的机械性能近似为：

杨氏弹性模量（E）＝8～85 GPa

拉伸强度极限（UTS）＝0.8 kgf/mm²（8 MPa）

在一些结果中观察到的分散可能是由于每个晶须的单位晶胞参数的变化（每个锡须的五个晶体生长方向不同）。

（3）电气特性

锡晶须引起的电气故障包括：热起搏器故障，F - 15 飞机雷达系统故障，美国导弹电子组件故障，空对空导弹系统故障，爱国者导弹系统故障，超过 5 颗美国商业通信卫星故障，核反应堆关闭，火箭发动机故障，商用汽车故障等。由于锡晶须短路，商用汽车故障导致了死亡，召回数以万计的车辆（Sood 等人，2011；George 和 Pecht，2013）。奇怪的是，这些"问题"都发生在美国，当发生现场故障时，似乎美国更具"透明度"。其他地方关于晶须的故障比比皆是，但是由于商业压力，并没有在公开文献中记录下来。晶须引起的故障数量大而且失效模式各种各样，所以有必要对晶须的所有特性进行了解。

全球最全面的锡晶须参考文献、插图和研究报告，都可以在 NASA 网站上找到，网址：http://nepp.nasa.gov/whisker/。

锡晶须的电学特性与它们的实际直径有关（Dunn，1988）。常温下，电阻范围为（$11 \sim 60$）$\times 10^{-8}$ Ω。通过 3 μm 直径晶须的实际电流可以达到 32 mA。Hashemzadeh（2005）使用类似的测试方法发现直径为 5.5 μm 的晶须的熔断前临界电流为 32 mA。载流容量约为 26 000 A/mm^2（Hunt，2012）。锡晶须的电阻低于纯 β-锡。如图 7 - 31 及其说明所示，当晶须桥接电路时，可能对空间系统造成重大损害。

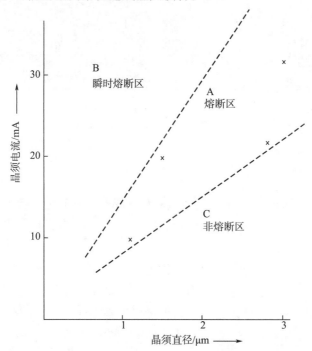

图 7 - 31　晶须直径对晶须导致短路（从 4 个晶须 mV vs. mA 关系图）的可能性的影响——这种关系是线性的，直到加热效应导致晶须烧坏。Dunn（1988）对真实晶须进行了测量。C 区在地面测试期间将对航天器电子设备造成最大影响，如果发生在在轨运行的测试期间，可能会造成全部任务失败

　　位于带电表面锡晶须的侧面和尖端可能进行高压放电。扫描电子显微镜使用摄影方法观察证实，晶须可以产生火花放电（即电晕）和非发光点放电（图 7 - 32）。

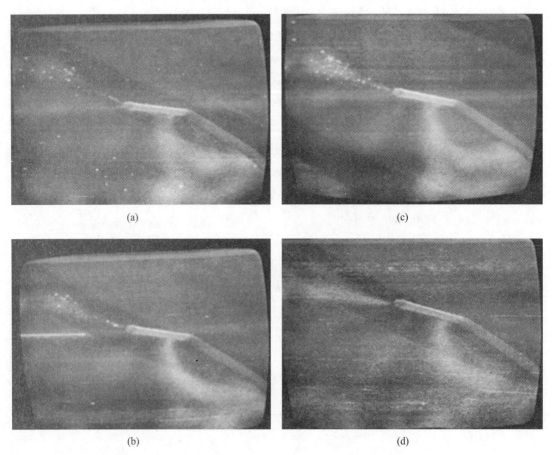

图 7 - 32　锡须的尖端存在细点，可以产生超过 5 min 的火花。释放电压为 20 kV，在 5 min 结束时，具有离散的白色"颗粒"或精细喷雾显示出的外观 (d)。在此事件结束时没有发现损坏（尖端的腐蚀或熔化）。
(a) 10 s；(b) 30 s；(c) 40 s；(d) 200 s

　　晶须可以被电场吸引，吸引程度与电场强度、晶须从基质生长角度以及晶须的尺寸有关。在不同的电势下，静电吸引会增加晶须和导电表面间发生短路的可能性（Hunt，2012）。

　　锡晶须可能在真空下短路，产生锡等离子体，锡等离子体携带数十至数百安培的电流，会击穿航天器保险丝并破坏继电器（Mason 和 Eng，2007）。Paschen 曲线显示的是间隙距离（晶须和另一个电导体之间）与环境压力乘积和电压之间的关系，由此可以预测产生等离子体的最小电压。研究人员通过实验发现，在直流电压仅为 4 V 下，持续等离子体可以在真空中形成。大气环境条件下，相同的锡等离子体可以在 28 V 形成。（Paschen 曲线和 PCB 焊接接头电晕放电一起在 6.15.4 节中讨论）。图 7 - 33 显示的是继电器镀锡镍铁端子之间的晶须短路。20 世纪 90 年代末，ESA 空间科学项目采购的同一批次继电器，被组装进处理器，但在发射前几个月进行了拆卸更换。因为警报系统显示，由于锡等离子体引发的失效模式，相同的继电器已经导致了四颗 Galaxy 通信卫星淘汰出局。缺陷继电器安装到星载计算机上，也称卫星控制处理器，用来控制电流。一旦停止工作，卫星就无法在太空中保持姿态，无法将天线对准地球。晶须很可能是在通信卫星发射后成核，在轨时生长——这只是作者的假设，因为参与卫星制造的所有操作人员和检查人员都久经训练和考验。组件组装也是在严格的洁净条件下进行，且在高倍率放大镜下进行大量目视检查。从这点上说，灰尘、电线碎片和晶须生长都会被发现而被拒绝接收。

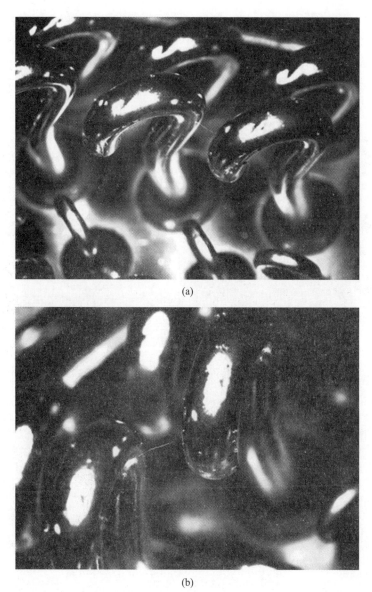

(a)

(b)

图 7-33　光学照片显示，一些卫星的继电器的电镀引脚内锡须生长导致短路。该继电器保留在"组件商店"，与至少造成了价值 400 万美元通信卫星失效的继电器属同一批次

（4）外观

锡晶须的外观可概括如下：它们的直径范围从约 6 nm 到 7 μm（虽然短块状晶须直径为 20 μm）。其主要特征是通常存在与其生长方向平行的条纹。一些高倍镜观察显示，条纹可能与它们生长的表面孔的形状相关。有时，生长方向和横截面积变化非常不规律。很多晶须由结节处生长，有些呈尖针状。如图 7 - 26 所示，晶须的生长伴随着绕镀锡的成核点法线的旋转。这种旋转或旋转运动可能导致低投影角度的晶须与其他晶须缠绕，这会加大电气短路的风险。

晶须表面覆盖着锡氧化物（Hillman 和 Chumbley，2006）。新老晶须上都发现有亚锡氧化物和锡氧化物组成的双氧化膜（Dunn 和 Mozdzen，2014）。从有着 48 年历史的电子硬件中取出的晶须可以弯曲，它们的脆性氧化膜可以在原位测量，厚度为 20～30 nm 之间，FIB 切片分析和 XPS 分析结果一样，XPS 分析结果如图 7 - 34 所示。采用同样的测试

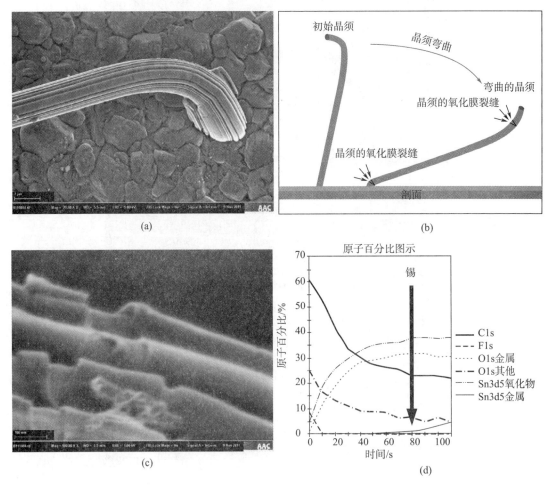

图 7 - 34　生长 48 年晶须弯曲后的细节，（a）～（c）氧化膜裂缝，XPS 分析利用 Ar 离子溅射剖面，直到出现清晰的金属锡峰，根据溅射速度以及出现锡峰的时间可知，该晶须的氧化锡厚度为 18±2 nm

（Dunn 和 Mozdzen，2014）（见彩插）

方法发现，新生长的仅 2 周龄的晶须双氧化层厚度仅有 2 nm（±0.5 nm）。据推测，在短时间内生长的较长晶须比生长速率慢的晶须，更容易引起短路。老晶须上的较厚氧化层需要更高的击穿电压或更大的机械力来造成短路。

（5）结构和生长方向

白色 β-锡是正方晶体结构，晶格常数为 $a = 5.831$ Å，$c = 3.182$ Å（26 ℃）。

透射电子显微镜检查发现，薄晶须相对 200 keV 的电子束更透明；结果显示，晶须内没有晶界，没有位错或堆积断层，也没有第二相（注意，没有检查扭曲区域）。

旋转晶体法 X 射线衍射显示生长方向为：

钢上镀锡铜：[101] 和 [100]。

黄铜镀锡：[001]，[100] 和 [111]。

对 100 多个晶须进行低温处理，浸入气态和液态氮气（-196 ℃），试验时间为 0.5～168 h。没有发现锡有害物生成或转变成灰色的 α-锡（另见 6.15.12 节）。

7.4　避免晶须生长注意事项

前几节的案例研究详细描述了表面晶须生长对现代电信设备的影响。通过标准的实验室故障分析技术进行调查，并确定了几个可能的晶须导致的故障源，这些故障会严重危害航天器系统安全。故障源与以下单项或多项有关：

（1）储存和使用过程中的腐蚀损坏

夹带污染会导致电子器件内部的腐蚀和电化学迁移。电子电路必须保持干燥，并密封在金属封装中，以避免冷凝水分和污染物的进入。

图 7-2 所示的时间相关的短路故障，是由电化学过程中树枝状的晶须生长引起的。这种失效需要三个要素：

・反应性化学物质，如卤素（成功和失败的集成电路设备中检测到的微量氯表明，很难从微电路中完全去除所有卤素）。

・在邻近条纹之间形成电解质的水层（温度降到露点以下时凝结形成）。

・发生电化学反应的偏压。

必须采取特别的预防措施以避免这种电化学迁移形式的晶须生长。建议进行清洁测试，使用设备检测离子残留物。另外两种替代措施包括用干燥氮气填充封装和最后在电路上加玻璃化层（例如，溅射二氧化硅）。

（2）设计不合理

钨加热器线圈（图 7-3）产生的高温点导致钨升华，释放的钨原子通过气相区（本例为真空行波管）凝结在存在温度梯度并适宜生核处，即形成晶须生长环境。由于阴极加热器设计不合理，加速了晶须生长的速度，因火花发射以及晶须与腔室之间可能短路将造成设备失效。新设计的阴极加热器引入了保护层，用小颗粒氧化铝覆盖加热器。通过限制自由表面积来严格控制钨的升华，同时能够通过热传导从局部热点散热。

（3）人为错误

当操作员粗心大意时，可能会发生人为错误并导致微电路过载。结果可能造成电迁移现象并产生晶须。负责微电路设计的工程师的设计错误也可能造成电迁移相关的晶须生长，图 7-5～图 7-9 强调了该问题。金属原子在大电流作用下沿着导体迁移，引起了电迁移。多数情况下，电迁移表现为材料通过扩散沿晶界移动。通常发生在高电流密度（即超过 $2\times10^5\,A/cm^2$）及相对较低的温度（远低于导体的熔点）条件下。当原子倾向于迁移到导体的正极时，反方向则产生空缺，从而形成山丘或晶须生长，空缺累积则形成空洞。

集成电路封装的绝缘玻璃窗口内出现富玻璃氧化物晶须，可以考虑是人为错误的影响。图 7-4 清楚地显示，装配操作员在制造过程中错误地放置了设备的引线和壁框架（也可能是跳汰机问题或者跳汰机设计不良）。如果预氧化部分被更大量的密封玻璃分离，就不会有金属氧化物过饱和；冷却到室温下，就不会形成晶须。

（4）错误的材料选择

可能存在争议的是，如果工程师选择了其他材料，那么以前每一种机制的失效都可以避免。锡晶须生长案例（7.3 节）是错误材料选择的真实案例，可以清楚地看到，无论环境如何，纯镀锡都会自发地成核并生长晶须。图 7-35 显示了导致锡晶须形成的主要因素。分析十分复杂，因为许多加工方法会促进生长，而且不是所有的缓解措施都能成功，例如用敷形涂层包裹镀锡表面可能还不够，因为已经发现有锡晶须能穿透这种涂层（McDowell，1993；Dunn，2012；Wickham 等人，2014）。缓解措施的更详细讨论将在 7.5 节中介绍。

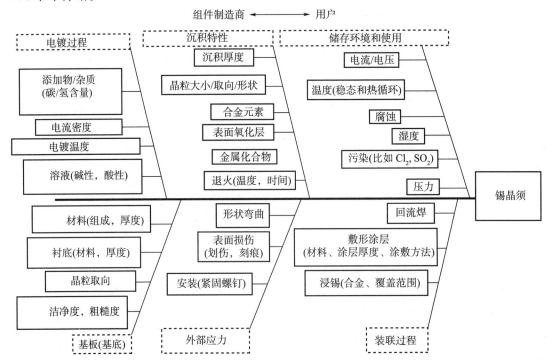

图 7-35　锡晶须形成的主要因素以及抑制生长的一些方法（由 CALCE/马里兰大学提供）

　　案例研究的最后，目光转向普通情况下的晶须生长，如家用电器上发现有大量晶须。不像复杂电子电路上的晶须生长，它们不会造成灾难性后果。它们很少在文献中出现，Garner 等人（1976）发现在冰箱的镀锌板和烤箱上会形成晶须，另外一篇法国论文（Bacquias，1982）非常有趣，描述了在商店橱窗存放的纪念品上的装饰镀层中发现了锡晶须！这些缺陷可能只是表面上的，但若因为美观问题而退货造成经济损失，也会十分烦人。随着晶须生长的原因被世人了解，负责制造生产各种产品的工程师和工匠也必须了解晶须生长。

7.5　无铅控制的计划

7.5.1　概述

　　人类至少从公元前 6500 年就开始使用铅制作水管、装饰品和珠宝。直到最近几年人们才认识到铅的有害性，而且因为涂料与汽油中开始淘汰铅，由铅引起的疾病已经大幅减少。许多工程师担心，欧洲议会和理事会于 2006 年发起的全面改革，将降低商业和科研市场制造的电气系统的可靠性。欧盟的法令涉及 WEEE（《废弃电子电气设备》）和 RoHS（《限制电气和电子设备中有害物质的使用》）。现在法令中明确禁止旧式用铅方法，比如元件表面和用于组装电子电路的焊料合金中含有铅成分。

　　法令的豁免项将在后文列出，值得一提的是铅酸电池占铅消费量的 80% 以上，且包含于欧盟法规豁免项中。大量的铅用于建筑业中并缺乏法规，而用于电子产品的铅只占市场份额的 0.5%。令人担忧的是，第三世界国家以原始方式回收电子产品，可能会使人因吸入铅而受到伤害，但这一点一直存在争议，因为铅在 1 750℃ 的高温下才会沸腾。然而斯图加特大学的研究（http://leadfree.ipc.org/files/RoHS_15.pdf）表明，由无铅合金（即锡-银-铜）制作的电子产品相比于含铅焊料合金制成的产品，对环境和人类的破坏性更大。另外，如 3.6 节中所讨论的那样，回收电子废料和提取有价值的金属元素是非常有收获的事。

　　欧盟关于电子产品禁止使用含铅合金或含铅玻璃的法令（RoHS）中豁免项包括了某些直接与军事、航空航天、运输和"太空"相关的特定行业。

　　在撰写本文时，引用了以下条例：

　　• P7 - TA - PROV（2010）0431；

　　• A7 - 0196/2010。

　　《限制电气和电子设备中有害物质的使用》法令不适用于：

　　1）为保护会员国基本利益的安全所必需的装备，包括用于特定军事目的的武器、弹药和战争物资；

　　2）旨在送往太空的设备；

　　3）特殊设计的装置并安装在被法令排除或不受法令约束的设备上，且该装置只有作为该设备的一部分才能发挥其作用，还只能被同样特殊设计的装置取代；

4）大型固定工业工具；

5）大型固定设备；

6）人员或货物的运输工具，不包括被禁止的电动两轮车。

基于与无铅技术相关的已知问题，（Dunn，2012）印制了一份公司无铅控制相关意见的指导文件。其中商用现货（COTS）部件及检查纯锡是否存在于航天器部件内部的方法都被热议。文件中提出一种使用含有特定化学品的拭子和棉棒检查受测品的方法，当铅含量超过 10％时就会变成红色，这可以作为一种廉价有效的初级控制手段。该文中还包含了其他更精确的方法，但使用能量色散 X 射线能谱法时要注意，因为曾经得出过错误的结果：譬如只分析富锡或富铅的大颗粒而不是含有混合颗粒的区域；或将薄纯锡层的检测结果不经甄别，混入衬底元素。

为了预测新镀锡的电子零件是否会生长晶须已经建立了两个相关标准——包含一些质量控制类型的要求和规定了样品必需经过加速环境测试。JESD22 - A121A 和 IEC 60068 - 2 - 82 标准中包含循环温度及高湿度试验，并在暴露前后进行高倍率观察对比，然后记录晶须在长度和密度方面的增长变化。但这些在选取太空硬件方面并不适用，原因是：只有长度大于 40 μm 的晶须才被认为是潜在有害的，更短的晶须是能被接受的。晶须生长的机理尚不清楚，而且无法从这些短期试验中确定它们对航天器部件长期存储和运行寿命的影响。如 7.3.4 节所述，需要很多年才能使得某些基材的晶须成核和生长——某个实例中，晶须需要 12 年的孵育时间才能出现并生长到超过 1 mm。完全避免使用纯锡仅仅是权宜之计，正如其他国家监管局建议的那样，使用镍钯镀层、化学镍金、镍钯金甚至裸铜来作为替代的表面材料，可以适用于大多数应用场景（George 和 Pecht，2013；Morilla 等人，2015）。

7.5.2　器件端头纯锡的再处理方法

避免锡晶须最有效的方法是完全取代纯锡表面。

再处理方法中重要的一点是不能因热冲击、腐蚀性助焊剂引起的化学侵蚀，或剥离和蚀刻溶液引起的化学侵蚀而导致部件或零件劣化。建议采用以下再处理方法：

（1）焊料浸渍法剥离锡并用锡铅替代锡的方法

此方法须由专业公司操作，同时必须进行深入研究才能确保玻璃金属密封件没有损坏，且没有化学液体进入组件，包括通过裂缝、密封材料的溶解或与塑料不相容的化学试剂渗透进入。必须注意确保设备的可追溯性，因为化学品可以去除标记油墨。这种方法适用范围非常广，包括那些玻璃金属密封的组件，因为纯锡镀层可以从密封处直接去除，如图 7 - 36 和图 7 - 37 所示（Turner 等人，2013）。

铅可以用标准焊锡锅或波峰焊浸渍法对其进行镀锡。这一过程中重点是清除所有粘附性强的助焊剂。成功使用这一方法进行再处理的组件已被列出。同样的，也列出了被损坏的组件。屏障层或衬底铅和端接金属可能会暴露在密封处附近，但这些新表面可被用于空间项目。

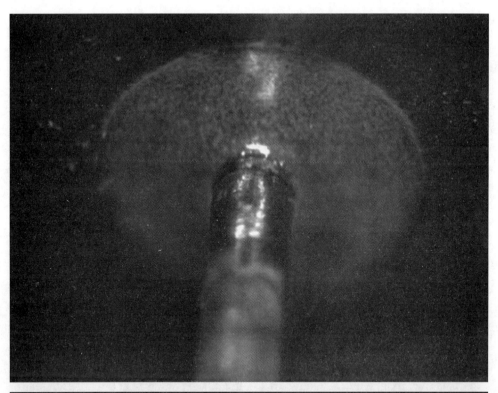

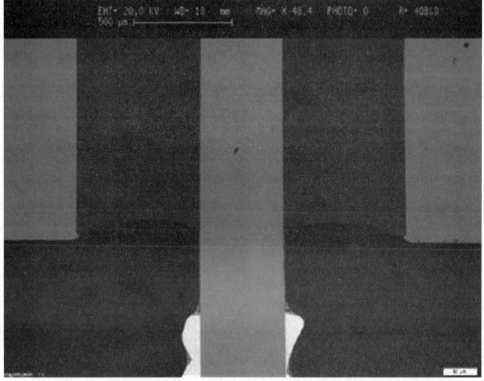

图 7 - 36　经过化学剥离和焊料覆盖的 1mm 玻璃密封处裸铜细节图,展示了剥离
和预镀锡的图像,还有 SEM 剖面图

图 7-37　大型 TO 封装晶体管上的标记示例，（a）初始状态，以及两次剥离后，要么达到（b）状态，或者成为（c）那样，通过化学剥离标记被完全去除，（d）为部分浸入化学剥离剂底部，标记未受影响

（2）焊料浸渍法和焊料在锡表面的再应用

当正确使用锡铅合金时，镀锡表面的焊料浸渍将消除晶须的形成，因为所有纯锡都将被锡铅所取代。条件允许的话这是最经济有效的再处理手段。如图 7-38 所示，这一方法的难点在于，焊料湿润的困难，还有为避免残余晶须的出现对浸渍的时间/温度要求比较严格。这种方法很可能不适用于玻璃金属密封的部件，因为如果部件引线完全没入密封件中，这些密封件可能会受到热冲击而损坏。但是，对于（1）中所说的方法，有一类验证试验支持使用这一方法，只要后续未接着出现破坏。这个过程必须严谨控制，并记录过程数据，包括：焊锡锅的温度，焊锡锅合金的成分，预热速率，浸入深度，冷却速率，静电放电，以及最终清除残余助焊剂。专业化的公司应对有铅或无铅器件时会使用机器人执行焊料浸渍。这些同类型的公司（Walmsley，2015；Tyler，2015）同样能再处理各种各样的阵列器件，即用锡铅球或柱替代无铅互联。进行再处理的公司编制了适用及不适用组件类型表。

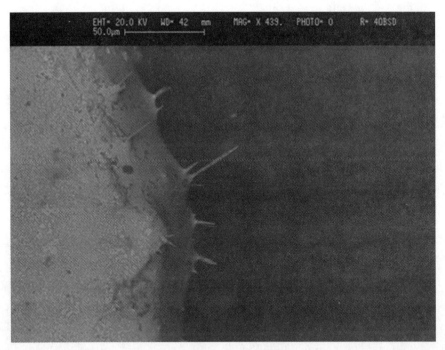

图 7-38 元器件引线纯镀锡，储存期间出现晶须生长；图片显示了镀锡引线（通过浸渍"预镀锡"）
ECSS - Q - ST - 70 - 08C（2009）；显微切片和 EDX 分析发现镀锡引线存在纯锡（晶须）；纯锡熔点为
232 ℃，共晶 SnPb 熔点为 183 ℃；由于封装的散热效果以及纯锡晶须上薄的（20 nm）氧化物，热量
不足以将锡晶须完全溶解在焊料中；Mozdzen（2012）测量了晶须上氧化物厚度；一些研究认为，如果
浸焊层下方存在任何纯锡镀层，将重新促使晶须生长

（3）在纯锡表面镀铅

此方法已应用于小型芯片组件。将铅镀到纯锡表面后，加热组件用以促进物质充分扩散。笔者还不知道欧洲哪个公司采用此工艺。

7.5.3 缓解方法

（1）组件层面

锡处理分类：热浸锡；大颗粒或亚光锡；厚锡>15 μm；浸锡。

底镀：镀镍或镀银。

虽然所有的镀锡涂层都存在长晶须的风险，但有些镀锡涂层存在更大的风险。选择亚光锡配镍底板（>2 μm）或无铅锡合金配镍底板（>2 μm），比铜上的镀亮锡或锡风险更低。其他表面处理包括 SAC 涂层或浸渍，SnAg 涂层；SnBi 涂层。

热处理：高于熔融温度（最佳）；低于熔融温度。

SnPb 浸渍：部分 SnPb 浸渍后化学剥离；隔离 SnPb 浸渍（密封和焊料之间有间隙）。

（2）PCB 组装层面

物理屏蔽（例如 Mylar 箔，空间认证的"焊料套管"）。

灌封：硬灌封；软灌封或封装。

焊接分类：用铅锡焊料对已经认证/鉴定的镀层（取样或不取样）焊接；对未经验证的器件端头底部或小型无引线载体器件用铅锡焊料焊接，对含有 1%～3% Pb 的 SnPb 镀层的、未经验证的大型无引线载体器件，用 SnPb 焊料焊接。

敷形涂层：环氧树脂；聚氨酯；硅树脂（可能不是很有效，如图 7 - 39 所示）；ALD（原子层沉积）和气相沉积（如对二甲苯，聚对二甲苯）。

注意：使用敷形涂层不能完全消除晶须失效的风险。对于大多数涂层，已经证实锡晶须生长可以穿过薄涂层，可能与其他类似生长的晶须发生短路（见图 7 - 39）。另外，对于一些零件来说（例如通孔安装引线类零件，面阵列封装），很难将连接个体完全封装，所以仍然存在晶须生长导致短路的直接路径。

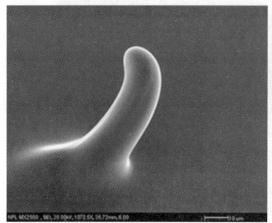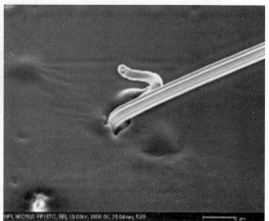

图 7 - 39　（左）晶须生长试图穿透有机硅型敷形涂层；（右）锡晶须从相邻的表面生长，试图穿透一个敷形涂层。这可能导致电气短路（电子显微照片由国家物理学实验室 C. Hunt 提供）

（3）评估风险缓解的经验方法

关于晶须生长什么时候以及什么条件下会导致失效，已经做了许多的研究，提供了一些量化结果。晶须成核和生长的基本机制迄今尚未完全了解。即使控制材料变量，实验也并不总能复现结果。但是，对在空间单位以及其他需要高可靠性产品的单位中工作的工程师来说，比如，在不合格评审过程中，做出正确的判断十分重要。表 7 - 2 可作为风险参考指南，尝试对每个风险进行评分，将风险累积。

表 7 - 2　晶须失效对电镀涂层和产品设计的影响

（如引发晶须生长的条件以及晶须桥接引起短路、金属蒸气电弧失效的风险）

失效风险	可能导致失效的特定原因（+ve）
+8	在黄铜基体上光亮电镀纯锡（由于有机增白剂）或无光镀锡
+5	除镍或银外,任何基材上镀亮锡
+4	镍或银(阻挡层或基板)镀亮锡
+3	在除黄铜外的任何基材上亚光镀锡

续表

失效风险	可能导致失效的特定原因(+ve)
+3	电镀锡中的残余应力(无退火)
+3	拧紧螺母或螺钉(压紧钳等)产生的应力以及严重的机械变形,变形如图 7-30 所示
+3	锡和基板之间的膨胀系数失配超过 10ppm
+1	电镀的弯曲或拉伸,或由于操作不当造成的划痕
+1	温度循环,温度差异高于 20℃
0	湿度,振动或冲击,在真空下操作
见图 7-40(+4~0)	减小元件封装引线分离距离,例如细间距器件或端子与导体之间的距离短(印制电路板、导电外壳等)
见图 7-40(+4~0)	设备的使用寿命长达 15 年或以上

注:目前的锡须测试方法无法预测锡或锡合金表面是否会生长锡须。“失效风险”值基于作者发表和未发表研究工作,仅代表作者本人观点,作者是欧洲无铅电子风险管理技术委员会成员,参与多次锡晶须研讨会(2007—2015年)。

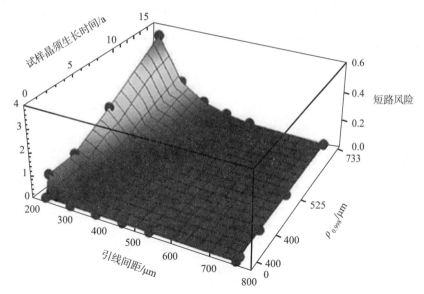

图 7-40　根据晶须生长速率和储存的时间（寿命），评估晶须短路风险的方法示例

（McCormack 和 Meschter，2009；Ashworth 和 Dunn，2015）

同样，阻止晶须生长或降低晶须导致失效风险的缓解方法的有效性的量化数据有限；可参考表 7-3，缓解方法和缓解因子可以累积。

结合最近的研究结果，对表格进行了更新，原始表格参考作者之前的论文（Dunn，2012）。

累积风险的正值总和与所使用的任何缓解方法（或缓解设计）的负值累积总和对比可以表明特定情况的可接受性。

表 7 - 3　可能避免锡晶须短路的缓解办法；可以单独或组合地使用这些方法，

以适当缓解表 7 - 2 中的"风险因素"

缓解因子	应对风险的特定缓解方法（−ve）
−10	1）用锡铅热焊料浸渍元件主体（即所有引线表面必须与焊料接触），或完整的夹具表面； 2）化学剥离和锡铅焊料浸渍（例如图 7 - 36 和图 7 - 37）
−10	物理屏障，如塑料收缩套管（宇航级），当收缩时，将完全密封避免释放松散的晶须
−8	1）用锡铅热浸至与组件密封许可的距离； 2）在热油或还原气氛中熔化电镀纯锡
−6	环氧树脂灌封或完全敷形涂层（>5 μm），可能会影响元件在热循环条件下的可靠性
−6	原子层沉积涂层和某些气相沉积涂层
−4	聚氨酯敷形涂层（>5 μm），可能影响热循环下的元件可靠性
−3	有机硅敷形涂层，可能会影响热循环下的元件可靠性（参见图 7 - 39）
−3	在 150～200 ℃下退火电镀锡 1 h
见图 7 - 40（−4～0）	增加元件封装引线分离距离，或端子和导体之间的距离（印制电路板，导电外壳等）
−3～0	通常，认为厚（>15 μm）镀锡比薄镀锡或浸锡更不易于锡晶须生长。在铅表面过量镀锡不太可能阻止晶须生长，除非这两层熔融

注：注意事项参考表 7 - 2。

第8章　飞行后材料的评估

8.1　概述

8.1.1　太空中返回的硬件

低地球轨道环境指的是地表以上 200～1 000 km（124～621 mile）之间的空间区域。低地球轨道环境，在 20 世纪 50 年代太空竞赛初期，通过探空火箭搭载监测设备对气压、温度以及气体成分进行探测，取得了相应环境特性。那些早期飞行器获得的许多数据对于今天的计算仍具有可用的精度，这在第 2 章中已讨论，结果见表 2 - 3。十年后的 20 世纪 60 年代，人类探索太空的物理边界从低地球轨道进入月球表面的山谷。人类第一个环绕地球轨道的是航天员尤里·加加林，他于 1961 年 4 月 12 日乘坐东方 1 号载人飞船进入太空。从那时算起，载人飞行已将 12 个人送到地球大气层外漫步，其中有水星任务（宇宙神火箭）、双子星座任务（大力神火箭）、阿波罗任务（土星火箭）。1969 年的阿波罗 11 号是第一次载人登月，1972 年的阿波罗 17 号是最后一次载人登月。20 世纪 70 年代，礼炮号空间站和三个天空实验室相继发射升空，之后的 80 年代和 90 年代又发射了和平号空间站、Kvant 舱以及多次往返航天飞机（主要用于卫星入轨、空间探测器入轨、飞船的回收和航天飞机货舱连接的空间实验室使用）。目前为止，国际空间站仍是最有价值的空间任务。国际空间站是空间飞行的最大结构，每天完成 16 次轨道飞行，因而很容易被地面上观察到。总计约 1 英亩的巨大太阳帆板固定在国际空间站的中间架构上——尺寸与足球场的长度差不多，可居住的空间与有六间卧室的房子一样大，整体质量超过 450 t。令人惊奇的是，航天员还可建造空间站，截至 2015 年，已有 216 人曾生活在那里，并通过航天飞机和货运飞船把从地球带去的各个部件用于建造空间站。

以上提到的空间任务都涉及发射、空间探索（尤其是低地球轨道环境）以及一些空间硬件最后返回。飞行任务一旦完成，很少需要额外努力进行航天器材料飞行后的评价分析，一些飞行后的观察记录已形成文件，如任务中微小陨石的碰撞，紫外光照射下变色导致的热控表面退化，以及最重要的再入大气层防护层有效性。航天器的外表面是由那些对太空环境不敏感的材料制成的，例如阳极化处理的铝合金、钛合金、钝化不锈钢、熔融石英玻璃。再入大气层防护材料或是烧蚀性材料，即材料以超声速经过氧化大气层燃烧和剥离，或是最近出现的轻质硅基陶瓷片式材料，在再入过程中有着优异的耐高温氧化、耐气流扰动及耐冲击性能。

8.1.2　月球原材料

航天器材料飞行后检查的记录文件量与 1967 年发表的月岩分析研究结果基本相当，

大致为几百页。早期阿波罗任务中航天员的研究非常重要，但后来地面上科学家针对月球样品开展的研究很快超越了航天员的研究。研究包括大量元素的确认，它们的同位素以及在月球组成材料各种相结构中的共存特性。由美国（阿波罗载人飞船）和苏联（自动采集月壤并返回）的空间项目带回的月球样品揭示了月球表面富含非易挥发的、低原子量的材料。月岩和月壤（成为风化层）被送往世界各地的实验室进行分析。对一块特别有趣的岩石采用金相法进行制样，如图 8-1 所示。显微照片是阿波罗 11 号所带回风化层的典型结构，它呈现玄武岩结构并含有大量的钛铁矿。这块岩石同时含有金属铁相及少量金属铜相。在伦敦的地质科学研究所，Simpson 和 Bowie（1970）对月球样品的定量光学和电子探针研究中确认了铁镍合金、纯铁和纯铜的存在。金属铁的存在解释了月球的磁性质，并且存在许多可能的来源假设（Adler，1988）。图 8-1 所示的 4 μm 直径的铜十分罕见，因为从其他 8 个阿波罗采样器中搜集的核心样品的化学分析显示铜为微量元素，量级为 10 ppm。在阿波罗 11 号着陆的月海区域，氧的含量丰富，以硅、钛、铁、镁元素的氧化物形式存在。比较发现，后期阿波罗飞船从月球高原带回的岩石富含铝和钙的氧化物（镁和铁的含量较低）。

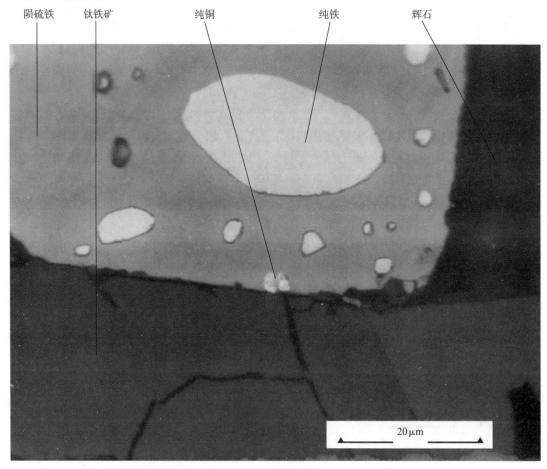

图 8-1　1969 年 7 月美国阿波罗 11 号航天员返回携带的月球岩石的显微照片

月球和月球材料的应用经常被科学家们建议作为太空工业化发展的基础。显然月球矿产资源丰富，战略位置重要，同时重力较低，在月球表面制造一定范围内的结构材料是有可能的，氧以氧化物的形式存在，但碳、氮、氢三个最重要的元素缺失，没有这些元素无法建立起固有的生命保障系统。近年来，科学家指出水冰或者其他冻结态的气体或者液体可能存在于月球上的极地永久阴影区。如果想要在月球或者火星上给人类活动提供长期支持，似乎必须在月球表面建立基地。美国国家航空航天局（Mueller，2014，2015）和欧洲空间局（Ceccanti，2010）都曾经考虑过人类的月球基地需求并对陨石、太阳辐射及伽马射线与极大的温度波动进行针对性防护——在地球上曾进行用月球风化层建造住所的模拟尝试，并都已取得了成功（详见 8.2.2 节）。月球基地最终是否能建成寄希望于人们如何原位利用月球资源。如果在月球表面能够制造推进剂，航天员就不用运输"返回的推进剂"了。月球表面含有重量百分比为 45% 的氧元素，大部分以硅酸盐以及其他混合的金属氧化物形式存在。通过使用太阳能、核能及聚焦镜，已证实（Hepp，1999）风化层能够加热和改性以释放氧并沉淀铝、硅、铁、钛的金属或者合金。金属粉末在炉内燃烧，从喷嘴产生的热气流可以作为提供推力的一种形式。

8.1.3　回收材料的近期研究

国际空间站经过 12 年逐渐建成了。其开始于 1998 年，俄罗斯制造的第一个舱段 Zarya 发射。这个空间站自从 2000 年起在低地球轨道长期运行。空间站外形如图 3 - 1（b）所示。为了将空间站用于商业，又增加两个对接口并至少用至 2020 年。在国际空间站上进行了材料连续暴露实验，例如 MISSE 实验把很大范围材料和元器件长时间暴露于空间的恶劣环境。长寿命卫星搭载数据、功能空间硬件返回分析数据、相对短期航天飞机上材料试验数据，已成为众多空间学术会议讨论的研究主题。另外一些数据来自于地面试验，人们尝试在实验室模拟 LEO 环境。大部分材料暴露试验数据来自于各类空间任务，例如礼炮 6 号（5 年暴露）、礼炮 7 号（9 年暴露）、和平号空间站（3 年），由航天飞机发射并在 LEO 运行近 6 年后回收的长期暴露实验装置（LDEF），在轨近 1 年的欧洲可回收平台（EUR - ECA）。短期材料暴露试验由 STS - 5、STS - 8、STS - 46 完成，例如，氧与材料相互作用的 58 h 评价（EOIM - Ⅲ）飞行试验。太阳极大期航天器的回收也提供了一些数据。哈勃空间望远镜的太阳能电池阵在 LEO 运行 4 年回收后，进行了一些飞行后研究，也提供了一些数据（哈勃望远镜 1993 年 12 月第一次任务；第二次任务为 1997 年持续 10 天）。最近的暴露实验包括欧洲的 MEDET 和之前提到的 MISSE 项目，所有样品都在 1 500 件样品试验计划中。

本章接下来将展现最近的返回硬件和实验的部分发现。获取的数据不仅记录下一些可预测的退化，同时发现了一些异常现象，这些现象可能提升或降低航天器结构、材料等的使用耐久性。一些寿命末期性能数据对设计师十分有用。作者只引用他认为重要的参考文献，其他信息或者来自作者，或者来自早年航天材料专家会议记录（Levine，1993；Flury，1993；Anon，1994；Guyenne，1994；Gerlach，1995）。最近，一些关于 MEDET

结果的数据已发表（Tighe，2010）。接下来的小节还将描述材料在 LEO 环境暴露中引起的性能变化。主要环境效应来自于不同材料所处的真空、辐射、温度循环、微流星体与太空碎片、原子氧、再入环境以及人工操作损伤。空间环境效应在每一节都以块状图的形式展现。从这些图推断（Dauphin 等人，1991），认为空间环境之间有着强烈的协合效应。这些信息对于负责审查用于未来发射任务材料选择的工程师十分有用，尤其是那些高密度原子氧的低轨（~350 km）任务。

8.2 空间真空和辐射环境效应

8.2.1 有机材料与润滑剂

航天应用的有机材料选择需要进行质损和可凝挥发物筛选试验。NASA 和 ESA 库中可以获得基于 ASTM E-595 标准方法的大约 100 000 种测试结果。筛选要求是材料在 125℃真空环境下 24 h 的总质量损失（TML）不能超过 1%，可凝挥发物（CVCM）不能超过 0.1%。这些针对有机材料的试验方法在 2.5 节中已详细描述。表 5-2 中给出了一些润滑剂的实例。如果这些要求达不到，航天器存在材料放气污染的隐患（有关放气/凝结效应可参见图 5-12）。除了压力舱以外，太空中均为真空状态，这些真空的真空度为 10^{-14} torr，航天器分系统内真空度为 $10^{-4} \sim 10^{-3}$ torr。放气导致的一系列风险详见图 8-2。放气能够产生电弧与电晕，也可能在设备表面凝结改变其状态导致热或电的问题产生。

最近飞行后材料试验分析认为，要重视硅橡胶类产品的使用，这类材料必须通过放气测试的严格筛选，另外要重视 24 h 真空烘烤清洁抛光镜面以及其他产品烘烤，这已成为标准操作，该烘烤可以缓慢去除分子污染，以防止其在轨迁移到敏感的航天器表面。烘烤清洁后的产品最好在真空下储存，或至少封存在包装袋中，并且最好封在高纯气体（如氮气）中。使用同样样品进行了一组对比试验，一个按照标准程序进行处理，另一个暴露于太空真空环境中，结果显示地面标准处理条件"125℃真空烘烤 24 h"相当于 20 ℃温度、10^{-6} torr 气压太空环境中一年。但是，这个规律对于硅橡胶或特氟隆氟化乙丙烯材料不适用。最近使用已审批通过的硅橡胶材料进行低轨试验结果表明，仍然存在放气和污染问题。即使非常薄层的污染物（约 400 Å），在紫外线和原子氧的作用下，仍会导致热控表面的严重衰退（Babel 等人，1994）。同样的，特氟隆 FEP 分解后会形成挥发性产物（主要是四氟乙烯，也包含一些含氟的化学活性物质），这些物质对于抛光的金属与玻璃表面存在腐蚀作用（Van Eesbeek 等人，1994）。在 LDEF 运行 5.8 年的特氟隆 FEP 样品与哈勃望远镜上低轨运行 3.6 年和 8.25 年的相同样品比较，所有原子氧暴露的样品，相对地面储存薄膜，都变得很脆，同时，力学强度变差（Fink，2006）。在经过长时间暴露后，哈勃望远镜的太阳能电池板的波纹伸缩结构与多层绝热材料（MLI）严重损伤并开裂。来自 LDEF 的样品表明，暴露于顶风（RAM）位置（原子氧：8.17×10^{21} atoms/cm^2）的材料比尾流（WAKE）位置（原子氧：9.32×10^4 atoms/cm^2）的材料受损更为严重。总之特氟隆 FEP 材料不适用于航天器的外表面，除非作为电线电缆的绝缘层材料。

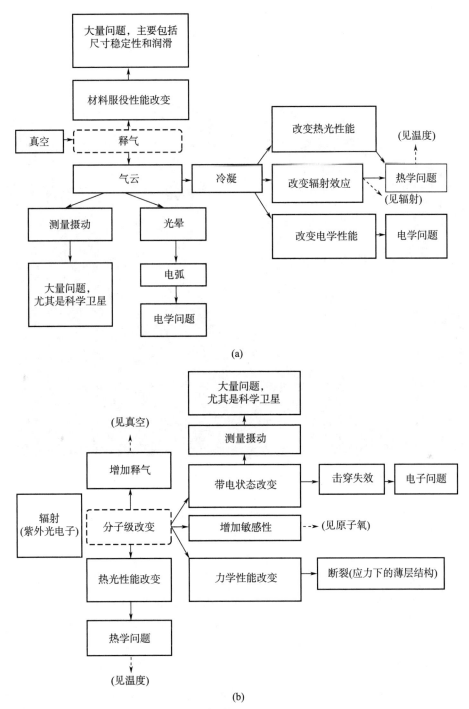

图 8-2　空间环境效应：（a）真空；（b）辐射

对返回的哈勃望远镜太阳能电池板的进一步检查发现，多个表面被放气产物的凝结物污染。如图 8-3 所示，凝结层的厚度不一，在图中非常明显，比那些均匀污染的表面更为明显。通过谱图分析，证实为硅橡胶污染，同时存在一些双氰胺，双氰胺正是 CFRP 材料的放气产物。另外，所有使用聚甲醛树脂材料制造的部件，包括一级电缆和棉线卷轴，面向太阳一侧颜色从白色变为了黄褐色。所有涂覆有原子氧保护层（CV1144－1、DC93500、RTV S691）的表面均变为深色，从麦秆色至深棕色不等，接受太阳辐射越多的表面颜色越深（如图 8－4 所示），深颜色会导致这些区域的温度升高。

图 8－3　热盖，暴露在外的 Kapton 胶带上浓缩污染物的"条纹图"（哈勃太空望远镜返回样品）

　　基于真空蒸馏硅油和硅脂的传统润滑剂在太空服役过程中均未见衰解。某些润滑剂发现从轴承座圈移动至邻近表面。使用薄铅层润滑的转动表面在整个设计寿命中表现良好。

　　经过 5 个月低轨运行后，3 台关键的泵用电机相继失效，引起了人们的关注。返回到地球后，拆解电机露出电刷、换向器及转子。发现有大量的电刷碎片，整个石墨电刷完全损耗。电刷剩余段的分析结果显示仅包含 C 和 Cu 元素。原本应存在于电刷材料组织中的辅助材料的缺失现象十分关键。例如，MoS_2 或者氟化钡是电刷在真空环境下运行所需的添加物。研究发现这些电机在发射前曾在实验室环境进行过质量鉴定试验。实验室空气中包含的水汽使得电刷以非常小的磨损状态长时间工作。电刷吸收了足量的水汽，它们能够在干燥的氮气或者空间环境中正常工作一小段时间。一旦电刷中的水分在真空环境中挥发减少，摩擦损耗速率就会急剧上升，最终导致泵用电机的早期失效。一些替代性的电刷材料在 4.8.2 节中有所描述，质量鉴定试验必须在真空环境下进行，而非干燥氮气环境中。

　　根据摩擦学最新进展，使用磁控溅射在碳化钨表面镀 MoS_x 薄膜制备样品并经过真空和低轨环境试验。ESA 的摩擦学实验室对使用该材料做的球盘样品进行了评估。试验（Brizuela，2009）结果显示 $WC+MoS_x$ 是一种优异的低轨使用材料，与传统的 MoS_2 薄膜具有可比性。在 0.75 GPa 压力下，球盘装置进行 1 000 000 次磨损循环后磨损水平非常低，仅为 0.04。

图 8-4 哈勃望远镜太阳能电池阵的一部分，ATOX 保护硅涂层暴露于太阳辐射后变暗。箭头所指是微流星体撞击效果（另见图 4-63）

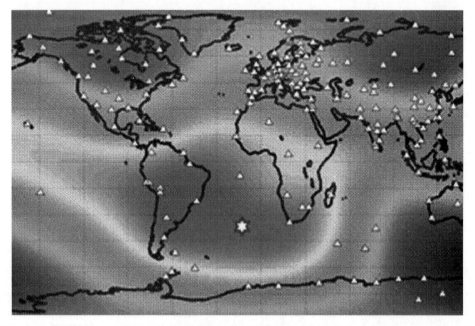

图 8-5 特里斯坦·达库尼亚，位于南大西洋异常带的中部，也是地球磁场倾角异常的地方（由丹麦国家空间中心提供）

8.2.2　辐射效应

　　辐射（表 8 - 1）术语包含来自太阳的宽范围能量出射，传递形式以电磁波（波段覆盖 X 射线、紫外线、可见光以及无线电波）和地球范艾伦辐射带俘获的（质子和电子）粒子。另一个俘获大量高能带电粒子的区域是著名的南大西洋异常区，地理位置如图 8 - 5 所示，这区域会对低轨低倾角轨道飞行器造成严重损害（Mikaelian，2001）。还有一些来自深空的其他粒子，例如宇宙射线等，它携带高能从各个方向到达地球，穿透力巨大。空间中现存的辐射剂量率（大约每年 10^7 rad）不会改变金属的体特性，即使范艾伦带的最大辐射量也对金属没有任何作用。但金属表面污染层受到辐射作用可能会严重改变金属的表面性质 [见图 8 - 2（b）]，导致太阳吸收比的增加以及半球发射率的降低。涂层和漆类材料会逐渐被太阳辐射中的粒子与紫外线损伤变脆（Dauphin，1993）。白色涂层退化后吸收增大，然而黑色涂层逐渐变白，吸收减小。无机碱与硅酸盐混合的白色无机涂层相比其他有机涂层更为稳定。航天器使用的粘合剂、热固性树脂以及润滑剂不会受到太空中低剂量辐射的影响，并且它们通常采用金属箔片或电子产品外的黑色箱体保护起来。但一些无机玻璃会很快被辐射损伤，甚至低于 10^3 rad 的剂量都能够导致无机玻璃降低一些波长透过性（Dauphin，1993）。有机玻璃和透明的硅胶会在太阳辐射作用下逐渐整体泛黄，如图 8 - 4 所示。

表 8 - 1　空间辐射环境组成部分

太阳粒子事件
偶发;不可预测
高能质子和 α 粒子
太阳耀斑事件可持续四天甚至更久
剂量强烈依赖于轨道高度和飞行器防护材料的用量
当下正在通过 SOHO 飞行器进行研究
银河宇宙射线
一般为 85% 的质子,13% 的 α 粒子,2% 更重的原子核
一年累积影响
大约 10^8 质子/cm²
一年累积辐射剂量
大约 4~10 rads
地磁捕获辐射
主要是电子和质子
辐射剂量依赖于轨道高度
300 km 以下的载人飞行避开范艾伦带

　　太阳粒子辐射会损伤微电子半导体，辐射损伤通常分为两类：长时间辐射下累积效应与瞬时高水平高能宇宙射线或高能质子引发的单粒子效应。两类辐射损伤都会导致航天器

电子系统的最坏情况损伤。

例如，金属氧化物半导体器件（MOSFET）中的薄氧化栅退化会导致漏电流增大。随着这类器件中的导体线宽越来越小，各类半导体中 Si - SiO_2 界面对于辐射越来越敏感，电离辐射造成电子空穴对和氧化层带电，从而导致漏电流问题。辐照也会导致体硅晶格深能级缺陷。造成 NPN 或者 PNP 晶体管中的增益退化或者二极管的漏电流增大。经验显示，低地球轨道上的航天器较少遇到辐射导致元器件损伤。然而，低极地轨道的航天器穿越辐射带中心或地球同步轨道长寿命航天器，辐射损伤确实会发生。此时抗辐射加固就十分重要，可以通过改变器件生产过程中的加工工艺或在元器件封装外采取物理防护屏蔽措施进行抗辐射加固。由 Homes - Siedle 和 Adams（1993）和 Mikaelian（2001）编制了详细手册，包含辐射环境对于航天器电子设备、元器件及材料的影响。值得注意的是，近年来研究人员一直在找寻避免辐射损伤的办法，例如通过集成功能（或为单芯片或为 ASIC 电路）以获得更好的性能，或者通过使用钽或者钨外壳来"点屏蔽"增强辐射防护。这些金属密度是铝的 6 倍，为避免重量增加过多，防护层可做得很薄（Maurer，2008）。

8.2.3　真空对于金属的影响

如前文所述，从低地球轨道最长时间暴露返回的金属材料分析未发现任何由于真空与辐射的共同作用而退化的例子。这是因为筛选程序避免了那些可能出现问题的金属，例如升华（镉和锌）和晶须生长（锡和锌），或压力下易泄漏（如用于蓄电池、肼燃料箱等的金属）。银的问题与原子氧有关，我们将在 8.5 节中讨论。

由于不良的电气设计，某一太阳能阵列电子驱动系统（SADE）在良好运行三年后发生失效。当时太阳能阵位置数据丢失、电子驱动系统自动停止。一备用单机启动，以保证剩余的哈勃望远镜任务，时间为 8 个月。地面研究结果显示，失效原因是 SADE 的一个 PCB 组件过热。重新制造了一个替换组件，该组件将两个功率晶体管从电路板移到 SADE 内部金属结构的热沉上。器件壳热阻变为 30 ℃/W，保证即使在最恶劣的条件下，最高的晶体管结温不超过 85 ℃。

SADE 更换活动在第一次 HST 任务期间进行，由航天员 Story Musgrave 和 Jeff Hoffman 操作，当时处于夜间，灯光条件差，是此次任务最难的一次出舱行动过程，Musgrave 头盔上的照明灯为 SADE 提供亮光，将有问题的 SADE 移除更换（Haines 等人，1995）。

有缺陷 PCB 组件运回地球后，进行了电测和目检。去除器件封盖，发现一些小的焊料颗粒粘附在盖子内表面。之后的检查发现在之前怀疑的两个功率晶体管附近的敷形涂层存在变色。电测结果显示模块的功率低于额定值，太阳能阵位置信息无法获得，怀疑区域未见冒烟。进一步拆解，并对烧焦和过热的功率晶体管拍照［如图 8 - 6（a）所示］。邻近烧焦区域的二极管检查结果显示它们也已过热，因为其焊点也发生重熔，电路的敷形涂层以及环氧顶部涂层也已完全消失（图 8 - 6～图 8 - 8），玻璃纤维织布暴露出来（Adams，1994）。

(a)

(b)

图 8-6　哈勃太空望远镜 SADE 失效电子线路板外观。(a) 背景是两个晶体管的视图，详细说明了
元件主体上的涂层变色。(b) 二极管上的接头，详细说明了涂层的熔化情况，导致其脱离接头。
该印制电路板组件的其他区域如图 8-7 和图 8-8 所示（见彩插）

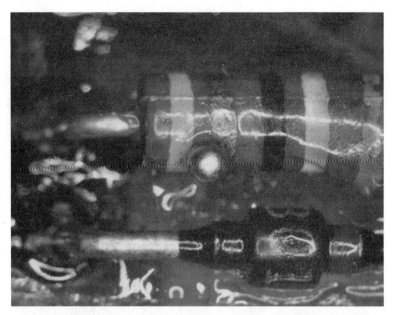

图 8-7　二极管附近电阻上的焊料球（见彩插）

图 8-8　基板损坏、焊盘终端之间的一些焊料飞溅以及焊料颗粒外观

　　SADE 失效的原因是有缺陷 PCB 组件的热控不足。在地面大气中试验没有出现任何失效，原因是电路板热传导和空气热对流散失了热量，两只功率晶体管周围空间均能够保持在临界温度以下。但在空间环境中，没有热对流降温方式，在一段时间的高温运行后，晶体管焊料熔化导致失效。修改电路使得功率管紧贴机箱的金属边框以增加热传导，哈勃望远镜的 SADE 至今运行良好。

8.3　温度循环

温度对于航天器材料的影响见图 8-9（a）。航天器热量主要来自太阳，有时包括行星反射，还有通过向巨大深黑空间热沉发射热量而冷却。航天器的正常运行也会产生温度变

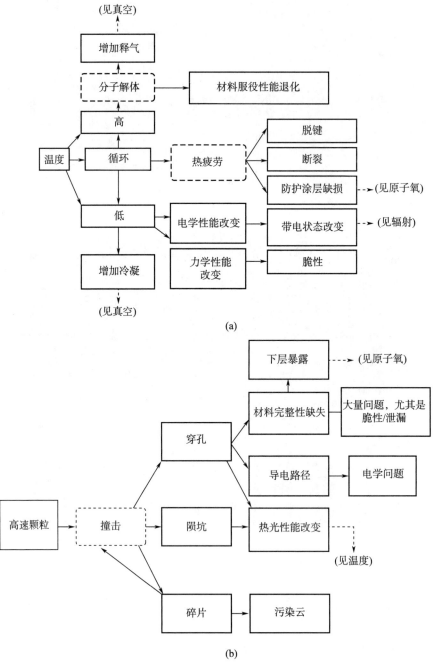

图 8-9　空间环境效应：（a）温度；（b）微流星体和碎片

化，如高功率电子系统以及液体燃料消耗时的能量释放。器件功率消耗会产生局部热循环，例如行波管的启动与停止（功率循环）。航天器整体热循环主要来自轨道运行中航天器重复进出光照区和阴影区。哈勃望远镜的太阳能阵每年在 $-113\sim95$ ℃之间经历约 6 000 个热循环。

因为本书中用大量篇幅介绍了升华、热疲劳以及材料邻近匹配重要性（即有相似热膨胀系数），本节将较少介绍温度效应和热循环。4.14 节描述了哈勃望远镜太阳能阵电池片上互联片所有焊接点（只有使用 SLAM 观察才可见）的非常缓慢热疲劳退化。5.17 节描述了哈勃望远镜太阳能阵由于受热和膨胀速率不同导致了变形。除了此缺陷，阵上其他材料的匹配性表现良好，整个航天器能够工作到 2017 年，届时哈勃望远镜的继任者 James Webb 望远镜发射并运行。

某一从太空返回的最严重热循环焊点如图 8-10 所示。该焊点是哈勃望远镜阵上所谓标签板的焊点之一，经历了 21 000 次热循环。由于 FR4 型 PCB 在 Z 方向的热膨胀系数较大（见第 6 章），焊点可见一些应力。热疲劳来自于环氧玻纤板与黄铜引脚 2.1 μm 的失配。它已经超出了热循环过程中焊料的屈服强度，导致了焊点出现橘皮效应 ［图 8-10 （a）］，但剖面结果显示，连接完整性未受损伤 ［图 8-10 （b），（c）］。

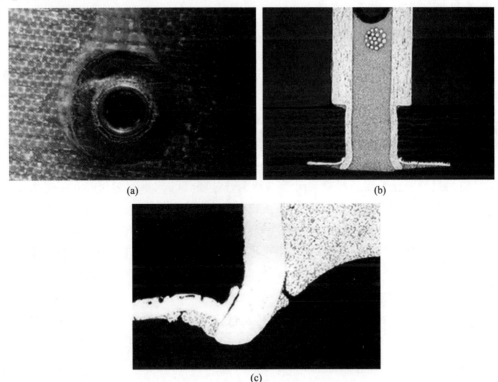

(a)　　　　　　　　　　　　　　　(b)

(c)

图 8-10　在 $-100\sim+90$ ℃之间大约 21 000 次热循环后，连接到 HST 上"标签板"的接线销焊接侧细节。（a）可见周向裂纹，并存在一点"橘皮"效应（放大倍率×12）。（b）（a）所示焊点的显微切片；印制电路板的厚度为 1.65 mm。（c）在×100 的放大倍率下，详细说明浅层热疲劳裂纹和表面粗化，但接头的大部分圆周没有出现裂纹（De Rooij，1995）

8.4 微流星体与碎片

8.4.1 概述

微流星体与碎片在宇宙中很常见，包括彗星产生的高速粒子、小行星碰撞以及其他星际物质。这些颗粒的尺寸对于航天器而言十分重要，统计分布显示，最容易导致航天器损伤的粒径范围为 1 μm～5 mm。太空时代之前，这些就是环绕地球及穿越大气层的全部颗粒。20 世纪 50 年代后，人类太空活动的碎片堆积在太空中，太空碎片包括卫星与完成任务火箭上面级以及由于爆炸产生的数以千万计的小颗粒。随着 1957 年人造地球卫星的发射，已经有超过 4 600 次发射将大约 6 000 个卫星送入轨道。将近 2 200 个卫星仍留于轨道中，其中 450 个卫星功能良好。这意味着约 80% 的航天器是不受控碎片。大部分碎片位于低轨，可以通过空气拖曳减速落入大气层，之后通过空气摩擦燃烧来实现自然清除。超过 1 000 km 的碎片超出空气拖曳的范围，可以在轨数千年。因此提出了许多碎片清除的概念方法，如将颗粒表面环绕泡沫，依靠增大比表面积来增加空气拖曳力，实现加速降轨燃烧（Pergola，2011）。后面章节介绍作者记录的数据，若需要更多关于太空碎片的专题著作、模型和理论分析，读者可参考 Klinkrad（2006）的著作。

8.4.2 催化床推进器发动机产生的碎片

几乎所有的无人航天器一直在用单一组分肼推进器以实现姿态控制和轨道修正。某些老型号的推进器设计使用催化床，即由铱包裹的氧化铝颗粒组成，直径范围为 200～1 200 μm。铱催化剂通过小颗粒提供了很大表面积，将无水肼（N_2H_4）分解为由氮、氨、氢组成的无毒产物。这个反应剧烈放热，生成的气体膨胀并且沿喷管喷出，以特定方式提供高能推力，推力大于 10 N。推进器设计、工程草图与催化床颗粒的外观见图 5-44～图 5-48。将一过滤网置于推进器喷管附近以减少通过喷管的粒子。然而筛孔不能太小，否则会限制气流或者产生过高的内部压力，所以仍然有许多较小的粒子通过过滤网。据报道多达 30% 的粒子在反复喷烧过程中丢失。这些致污粒子导致空间环境中碎片的增加，现在的航天器趋向使用对环境友好的其他类型小推进系统，如基于使用惰性氙气作为推进剂的电推进系统，或者基于如 3.5 节中描述的固态绿色推进剂。Leyva（2011）对推进系统及其应用进行了全面的综述。

早年间，Dunn 和 Steinz（1974）搭建了一套试验装置来评估一台 2 N 的肼姿态控制推进器产生的热量和污染对太阳帆板导电涂层电性能的影响，长伸杆上粘贴有非常敏感的玻璃碳传感器，计划用于科学卫星 GEOS。长 3 m、直径 2 m 的巨大真空容器用来测量从推进器里喷出的催化剂粒子的角度分布。将涂覆有低挥发硅胶的玻璃平板垂直放于推进器喷射线方向，即可实现简单测量。使用粘接在 GEOS 上的高灵敏、快响应的热电偶进行温度变化测量。油污传感器沿腔体放置，试验结果表明真空容器中发动机没有导致污染。2 N 推进器喷射区面积扩张比为 50，喷管出口角为 15°。装置及样品位置的示意图如图 8-11（a）所示。

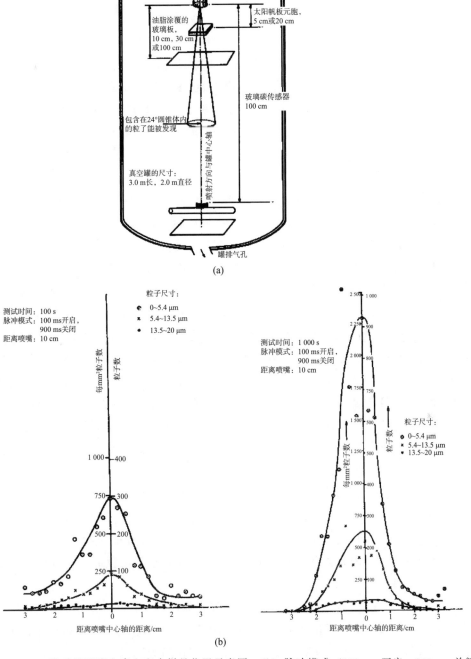

图 8-11　（a）发动机羽流和真空室内样品位置示意图。（b）脉冲模式（100 ms 开启，900 ms 关闭）下推进器发动机点火后，涂有润滑脂的滑板上的颗粒尺寸和分布计数。X 轴显示每平方毫米的粒子数以及实际计数的粒子数。Y 轴记录从喷嘴中心到 6 cm 直径圆的距离。左侧图表测试持续时间为 100 s，右侧图表测试时间为 1 000 s，滑板距离喷嘴 10 cm[①]

① 原图不清晰。——编者注

试验获得的结果简要表述如下：

1）稳态和脉冲模式燃烧下试样表面加热速率和温度取决于喷管与样品距离。1 000 s 后样品表面达到最大或平衡温度（180～220 ℃）。

2）玻璃碳传感器光电数据表明，它们并未受推进器加热或污染的影响。

3）太阳帆板电池表面电阻没有明显变化，未受羽流的损伤。

4）润滑脂涂覆的滑板表面确实收集到大量铱包裹的氧化铝颗粒，成千上万的黑色球形颗粒被粘附在板子上。对板子进行了图像分析和电子显微分析，图 8-11（b）是两块板子的粒子尺寸和分布统计，最大粒子尺寸达到 20 μm，大多数粒子尺寸小于 5.4 μm。

8.4.3　返回的飞行硬件

微陨石和 8.4.2 节中介绍的推进器发动机中喷出的小于 20 μm 的微粒污染物存在危险，但不如飞行硬件碎片严重，它们体积较小，密度较低，由类似于沙子的材料组成。而航天器产生的碎片通常由重金属材料制成，可能是钢螺栓、铜线、释放的铝透镜盖、钛燃料箱等。世界上各航天机构正在努力控制空间碎片的数量。正如本章前面提到的，为了评估近地轨道环境对航天器的影响，设计了许多实验。这里对一些发现进行总结，特别是碎片和流星体对从空间返回的尤里卡航天器和哈勃太空望远镜太阳能阵的影响（另请参见图 8-4）。工程师评估了超过 20 000 个已编目的空间物体信息，作为未来航天器轨道规划风险评估的基础。同样，建立了可用的环绕地球的微流星体环境模型，并随着新数据的收集而不断升级。不幸的是，利用激光蒸发或碎片"清扫器"从轨道上主动清除碎片技术尚处于起步阶段，经济性不高。因此，重点必须放在预防措施上，例如利用航天器和火箭携带的推进器发动机将它们从交通繁忙的轨道上转移出去，最好是将这些部分带到能进入地球大气烧毁的轨道。此外，由于烟火切割器、夹紧带、弹簧和其他释放机构在轨破碎会产生金属碎片，现在已经减少了这种做法。1986 年，阿里安 4 号运载火箭的上面级在太阳同步轨道上爆炸。仅此一次，就产生了 499 块大类碎片，其中 61 块 7 年后仍在轨道上（Laporte - Weywada 等人，1993）。在这次爆炸之后，（包括阿里安 5 号和 6 号）已经制定了一些关于发射装置碎片的一般政策，这大大降低了产生碎片的风险。2009 年，一个已失效的俄罗斯卫星与一个美国商业卫星相撞，商业卫星被摧毁，仅此一次碰撞就为编目的空间物体带来了另外 2 000 块可追踪碎片。

超高速粒子撞击航天器表面的结果非常明显，如图 8-9（b）所示。由于粒子撞击，航天飞机的窗玻璃必须定期更换。从 LEO 取回的其他航天器表面也发现布满了粒子撞击坑和针孔。如图 8-12 所示，NASA 的 LDEF 航天器由航天飞机 STS-41C 部署在 477 km 高度的近圆轨道上，其主要目的之一是通过材料、涂层和热系统的飞行试验原位收集低轨粒子数据。发射 68 个月后，该航天器回收并返回地球。在所有暴露的空间表面上至少记录了 34 000 次撞击；一些撞击如图 8-13 和图 8-14 所示。颗粒穿透了 0.8 mm 厚的铝筛网，但特氟隆编织玻璃的多层材料受损较小（Durin 等人，1993）。不同电池盖片的太阳电池结果表明，聚合物电池盖片提供的保护很少。当弹坑冲击直径约为 100 μm 时，短路电流下降 2%～4%，更小尺寸撞击下，没有测到电池效率变化。如果电池本身受损了，电流损失与受损面积成正比（Gruenbaum 和 Dursch，1993）。在返回的哈勃望远镜电池阵（图8-4）上发现了类似的冲击孔，图 8-15 中对此进行了详细说明，但在这里，这些冲击孔造成轻微功率损失。尤里卡航天器在 LEO 服役近一年后于 1993 年回收。其总面积为140 m^2，观测到撞击有 73 处，穿透了覆盖航天器大部分的多层隔热材料最外层，并且发现了超过 2 000 处太阳能电池板正面撞击的痕迹。记录的冲击特征尺寸范围约为 30 μm～6.5 mm（Drolshagen 等人，1996）。图 8-16 显示的是尤里卡航天器喷漆防护板的一次撞击。ESABASE 微流星体和碎片工具可预测尤里卡任务的粒子通量（有关模型的详细信息，请参阅 Berthoud，1994）。图 8-17 表明，在颗粒直径方面，Eureca 测得通量、建模通量和 LDEF 测得通量都相当。

(a)

(b)

图 8-12　长期暴露实验装置（LDEF）：（a）实验集成期间航天器；（b）在轨期间航天器。1984 年 4 月，在 STS-41C 任务期间，LDEF 在轨道飞行器的货舱中部署。空间平台有 12 面，重 10 t、长 9.1 m、直径 4.3 m，后来于 1990 年 1 月回收。LDEF 的 86 个实验装置获得了大量的空间环境效应数据

图 8-13　部分 LDEF 表面的撞击记录

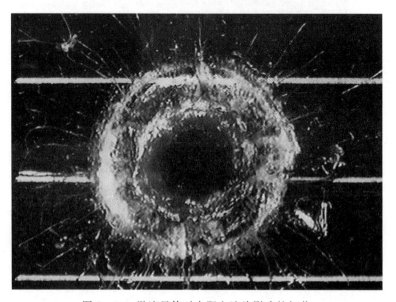

图 8-14　微流星体对太阳电池片影响的细节

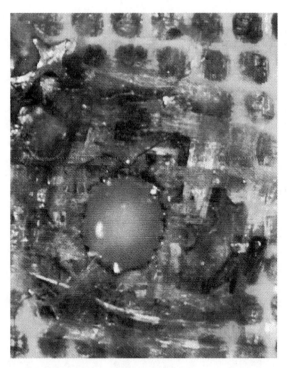

图 8-15　哈勃望远镜太阳电池板的背面，存在典型的直径 2 mm 的孔，孔中电池阵已经完全穿透
（穿过盖片玻璃、太阳电池片和绝缘层）

图 8-16　涂漆钢防护板的冲击特征。弹坑中心直径约为 0.5 mm。它周围的圆形补片上的油漆
已经被冲掉了 3 mm 宽（Drolshagen，1994）

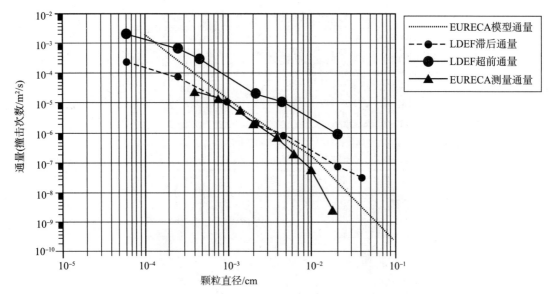

图 8-17   EURECA 测量通量、LDEF 超前和滞后通量与 ESABASE 模型通量结果对比

8.4.4   防护结构

越来越多的 LEO 人造物体要求防护无人航天器的敏感部件（如地球观测卫星的电子箱）。事实上，加拿大的雷达卫星包含了减少撞击损坏的改进。屏蔽毯覆盖燃油管路、线束和电子盒，卫星为此增加了 17 kg，但是据说可以增加 87% 的存活率（David，1995）。这个卫星轨道高度为 800 km，存在大量的空间碎片，包括微小的油漆碎片，已发射火箭残片和退役核动力航天器泄漏液体。采用多层设计保护最初由 Frank Whittle 于 1947 年提出，故称为 "Whittle 防护结构"。国际空间站的研制（现在建筑横截面面积约 11 000 m²）推进 NASA 和相关航天机构需要在早期设计阶段比以往更多重视碎片危害（Chenard，1990）。国际空间站设计加入 3 种 Whittle 防护（一种铝合金缓冲板，用于破碎和熔化冲击时的颗粒；另一种外部缓冲板，其下垫由 Nextel 陶瓷布和 Kevlar 织物制成，与压力壳隔开；再一种多层护板，由多层织物和金属面板组成，可最大限度地保护 ISS 的关键部件）。

由于只能对较大的空间碎片进行编目和跟踪，编目的较大碎片可以通过规避操作来避免，未经编目的较小碎片则可以使用被动保护技术进行防护。图 4-44 所示的 Giotto 航天器通过一个由铝层、Nextal 层和 Kevlar 层组成的 Whipple 防护结构实现了保护。根据研究，该结构对于直径小于 15～20 mm，速度为 10～12 km/s 的碎片可以提供有效保护。这些碎片占碎片总数的 78%。欧洲研究支持铝和陶瓷布减振防护结构。许多可能的组合防护材料结构已经通过地面模拟试验进行了研究，其中一个如图 8-18 所示。

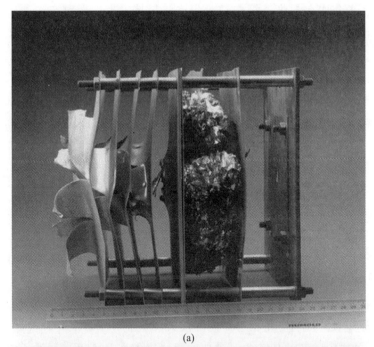

(a)

(b)

图 8-18　（a）国际空间站哥伦布附属实验舱的墙壁被速度为 5.5 km/s 的 10 mm 铝弹击中（从右）后的模拟图。从右到左，各层为：阻挡层/第一减振层、第二减振层、多层绝缘层（试验前，它类似于许多层箔，但已被撞击粉碎）、航天器墙壁和几个用于试验的测试板。（b）详细说明了由铝等离子体和碎片云造成的第二块板表面损伤

目前研究主要集中在超高速撞击试验先进测量技术上。而对空间硬件影响的研究很少，几乎完全没有与关键设备（如压力容器）破裂相关的数据。Poe 和 Ruckner（1993）测试了由铝合金 6061 - T62 制成的压力容器，其破裂压力额定值为 15.3 MPa。结果表明，容器内压对撞击损伤有严重影响。可以确定容器的临界压力，超过临界压力通常会发生灾难性故障（对于这些容器，临界压力约为 3.45MPa）。将容器压力保持在临界值以下，可以将灾难性故障风险降至最低，从而降低对设备和人员造成二次伤害的风险。

8.5　原子氧对材料的影响

处于地球同步轨道、运行高度为 22 000 km 的卫星每年将经历大约 90 次热循环，在这个高度上，只有真空、辐射和热环境破坏机制。相比之下，近地轨道航天器每天经历 16 次热循环，轨道高度为 200～700 km，最大问题是原子氧对外部暴露材料的退化和侵蚀（见表 2 - 3 和图 8 - 19）。

工程师们在航天飞机任务仅仅几十小时后，开始注意到可测量的、可观察到的质量损失，这才考虑原子氧的影响。在相对短期的航天飞机任务中，氧化和侵蚀不是重要问题，但在 30～40 年的国际空间站任务中，类似的材料降解率是不可接受的。中性原子氧辐射的危害源于上层大气分子氧的太阳光解离。由于轨道航天器的相对速度大，这种原子氧以大约 4～5 eV 的能量冲击航天器表面。航天飞机高速运动（大约 8 km/s），顶风表面原子氧通量达 10^{15} atoms/cm^2。原子氧与许多常用于航天器外表面的热控薄膜和涂料具有很强的化学反应性。特别是，许多有机高分子材料仅暴露 40 h 就会严重降解。飞行后 Kapton 样品降解非常明显（图 8 - 20），Pippin（1995）测量发现降解率很高。

有机涂料粘合剂如甲基硅酮或聚氨酯，与原子氧反应，会形成挥发性碳基分子，从涂料表面消失（Zimcik，1987；Jaggers，1993）。

在一些低轨任务中，二硫化钼的润滑膜也会暴露在原子氧中。这种润滑剂常用于各种航天器机构，如释放/展开装置和精密轴承。飞行后的检查表明，MoS_2 会氧化成 MoO_3，MoO_3 是一种劣质润滑剂，摩擦系数较高。如果在轨道上继续使用该润滑剂润滑的机械装置，应将其屏蔽原子氧，以避免加速磨损。

如表 8 - 2 所示，金属受原子氧影响确实比聚合物小，但银、铖和铜是例外。金属氧化物（SiO_2、铟锡氧化物、Al_2O_3 等）无活性，因为其已经处于最高氧化状态。碳-环氧复合材料会出现表面树脂的损失，碳纤维本身会被侵蚀并变为多孔，几乎没有明显的残余强度或刚度。

由于银对于原子氧的高捕获效率，太阳电池板互联片制造商就遇到了一个主要问题，因为互联片通常由薄银箔或镀银钼箔制成。这些互联材料的退化会严重危及太阳电池板的可靠性。众所周知，原子氧影响和过度热循环（例如，哈勃太空望远镜在 5 年内的热循环为 30 000 次，空间站在 10 年寿命内的热循环为 60 000 次）的共同作用会导致太阳能电池过早失效，原因是互联片变薄甚至损坏电池片到互联片的焊接（见图 4 - 63）。受原子氧影

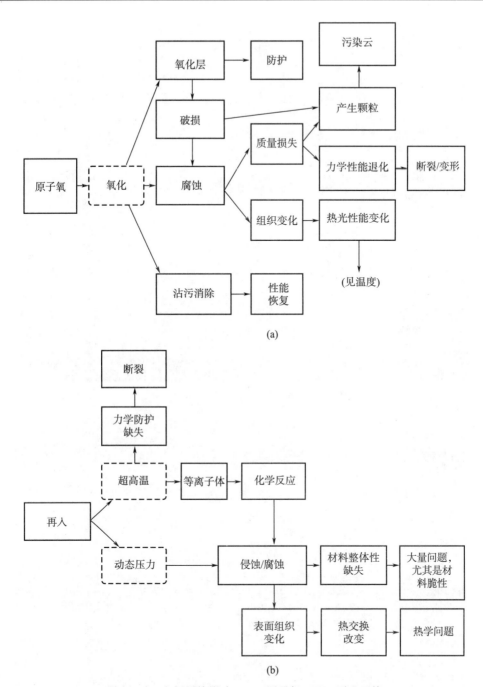

图 8 - 19　空间环境影响：(a) 原子氧；(b) 再入环境

响的银互联片的外观如图 8 - 21 所示。电气连接逐步退化的原因是 AgO 的形成，当 AgO 达到一定厚度时，AgO 在热循环过程中变成非粘附物，并以薄片形式分离（De Rooij, 1985, 1989, 1995）。De Rooij（2010）最近的详细建模中，采用两种传输机制来解释银氧化层孔隙的电子传输和氧化，即气流和菲克扩散。这两种机制都会导致氧化物的抛物线生长。

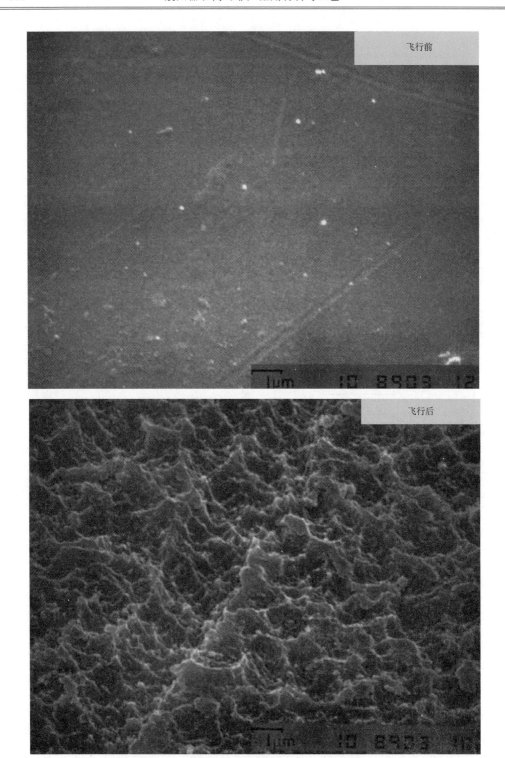

图 8-20　STS 5 飞行前后原子氧对 Kapton-H 薄膜表面的影响。通过质量损失
和表面纹理发现有降解（显微照片由 A. de Rooij 提供）

表 8 - 2　原子氧与金属的反应（LEO 暴露数据）

Metal(protective system)	反应效率 $R_e \times 10^{-24}$ cm³/atom	氧化类型	备注	参照文献
铝	0	Al₂O₃	自我防物	S
黄铜、青铜	0			P
铬(100 Å)	部分腐蚀		影响光学性能	S
铜(块)	0	Cu₂O	不反应	SP
铜(1 000 Å)	0.006	Cu₂O	影响光学性能	S
金	0		不反应	S
银或钼上的金	0		有防护性直至银扩散通过金	HR
银	0.000 7			S
铅	0			S
镁	?		轻微反应	SP
钼(1 000 Å)	0.006	MoO₃	轻微反应	S
钼(块)	0			S
蒙乃尔铜镍合金	0			P
镍铬铁合金(100 Å)	0	Cr₂O₃	自我防护	S
镍薄膜	0	NiO		S
铌薄膜	0			S
锇	＞0.026		严重反应	S
钯	?		影响光学性能	S
铂薄膜	0		不反应	S
银	10.5	AgO	严重反应	SH
钼上的银		AgO	严重反应	H
焊料(锡铅)	0		目检没变化	H
不锈钢	0		目检没变化	P
钽	0	Ta₂O₅		S
钛	0		轻微	P
钨	0			S

文献：S——Silverman(1995)

　　H——Hamacher et al.(1995)

　　P——Pippin 和 Bourassa(1995)

　　R——de Rooij(1995)

$$R_e = \frac{材料损失体积}{入射氧原子总量}(cm^3/atom)$$

Dauphin（1987）提出了减缓或防止原子氧攻击的保护措施，依赖于真空镀保护涂层的使用，即已知的抗原子氧涂层，包括：

- 铂和铝的金属层。
- 稳定的氧化层，如 Al₂O₃、SiO₂或铟锡氧化物。

- 硅酮层，形成薄的、自愈的氧化硅层而可能起到保护作用。
- 氟化层。

许多从低地球轨道返回的物品存在浅棕色污染层。分析表明污染层是含有硅酮的沉积层（来自真空排气泵的浓缩挥发性物质）；可能只有几埃厚；然后在原子氧环境中氧化形成硅酸盐和二氧化硅——这两种防护化合物都能抵抗进一步的侵蚀。

很明显，大量的地面研究正在开发理论模型来解释材料降解和研究保护方法，以应对原子氧的挑战。地面原子氧模拟设备已经在设计和调试（在 ESTEC、PSI、DERTS、AODT、PPPL 和 UTIA）。金属和聚合物的地面试验结果与一些低辐射暴露相当，但正如自然界中经常看到的，原子氧、紫外线照射、热循环、污染层等之间的复杂协同反应几乎不可能在实验室中重现。

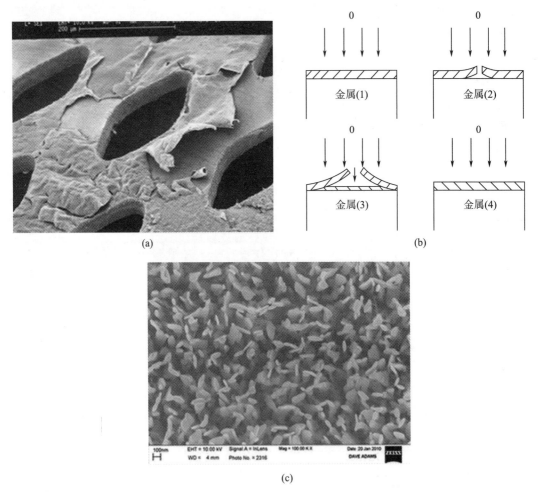

图 8-21　原子氧影响（由 A. de Rooij 提供）：(a) STS 飞行中原子氧作用后的氧化银薄片导致银网状太阳能电池互联片退化。横截面显示银互联片厚度变薄，从原来厚度 34 μm 变薄到 29.5 μm。(b) 由于内应力和微裂纹，氧化层剥落，初级和次级氧化层描述了在（a）上观察到的生长和剥落。(c) de Rooij（2010）和 D. Adams 最近的一项观察发现，氧化银表面由纳米片和孔组成

8.6 减速器和隔热材料

8.6.1 一般示例

在 2.4 和 2.5 节中，对热保护系统（TPS）外壳的各种材料进行了概述。可重复使用的运载火箭和返回地球的载人航天舱都有隔热板，隔热板由轻质硅基陶瓷瓦制成，具有良好的抗高温氧化、抗空气湍流和抗冲击能力（见图 2-14 和图 2-15），或采用"烧蚀材料"，例如基于坏氧树脂的水星、双子座和阿波罗飞船的热屏蔽层，它们只能用于地球表面的一次降落。双子座和阿波罗飞船热保护系统采用由美国麦克唐纳·道格拉斯公司生产的一种超轻型烧蚀结构，名为 ULD 100。如图 2-24 和图 2-25 所示，猎犬 2 号火星登陆器和宇宙神 V 号、阿里安 5 号和 6 号、维加号和猎鹰号等运载火箭使用软木作为热防护材料。

图 8-19（b）示意了再入地球大气层对材料的影响。安装在无人空间探测器上的 TPS 也可能会出现类似的反应，这些探测器设计要降落在有气态物质围绕的行星及卫星表面上。空间探测任务通常可以分为四个阶段：从地球发射，长时间在太空中滑行，进入行星或卫星大气层，然后降落到其表面。探测器设计通常包括两个主要部件：高速减速系统和下降舱段。由于大多数运载火箭的体积限制，高速减速系统通常是可展开的，它必须由具有高耐热性、低质量和足够的高温强度的材料制成。当探测器以超声速与行星或卫星大气层接触时，需要气动制动，该减速器仅用于任务的进入阶段。当达到亚声速时，通过点火装置减速器与探测器分离。探测器下降舱段由外壳即 TPS（热保护系统）、设备和天线组成。当减速器丢弃后，主降落伞拉出，降落伞进一步减缓下降舱段的速度。当探测器与行星或卫星表面接触时，必须具有吸收能量软着陆的特性。

卡西尼-惠更斯任务是美国国家航空航天局和欧空局探索土星及其主卫星泰坦（土卫六）的联合项目。卡西尼航天器于 1997 年发射，该航天器由轨道飞行器（卡西尼号）和探测器（惠更斯号）组成。在遭遇木星和部分小行星带后，2003 年到达了土星。在完成第一次绕地球轨道飞行后，该航天器将惠更斯号探测器朝着泰坦的方向释放。11 天后，惠更斯号探测器进入了土卫六稠密的大气层（预计由氮气和甲烷组成）。减速采用气动制动。惠更斯探测器的设计如图 8-22 所示。预期的进入和下降场景如图 8-23 所示，原位图像如图 8-24 所示。美国国家航空航天局本想用太阳电池阵为卡西尼号提供能量，但无法实现，因为这样航天器将变得过于庞大。后来选择放射性同位素热电发电机，尽管现在它们输出功率不足于满足太阳系外探测任务，但此航天器现在仍继续在传递令人叹为观止的土星及其许多卫星图像（图 8-25）。

惠更斯探测器的高温热保护所用的实际材料是一种低密度烧蚀材料，叫作"AQ 60 I"（法国航空航天公司商标）。这种材料是工业生产的，用于保护战略军事导弹。它实际上是一种毛毡，由短的二氧化硅纤维组成，通过浸渍酚醛树脂增强。AQ 60 I 的最终密度为 0.3，总孔隙度为 84%。由于部分材料在 400~1 000 ℃之间会发生热分解，因此不能重复使用。在热分解后，这种隔热材料仍然坚固，并是一种有效的热绝缘体，性能与所有硅碳系统类似，在 2 000 ℃温度下会被烧蚀。

在降落过程中，惠更斯探测器上的各种仪器开始工作，以测量温度和压力、大气成分（通过质谱和气相色谱）、云颗粒大小和成分，以及探测闪电，并且在降落的最后阶段，成功进行表面成像，如图 8-24 所示。

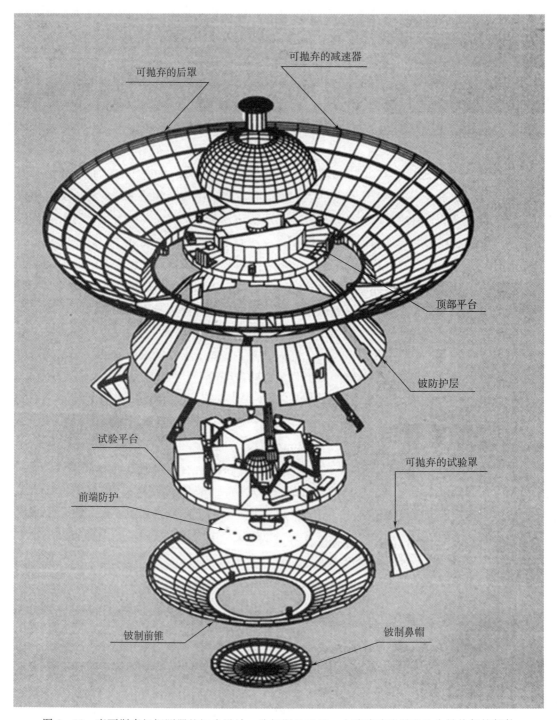

图 8-22　惠更斯泰坦探测器的初步设计。分解图显示了一个碳碳减速器和几个铍热保护部件

图 8-23　（a）惠更斯探测器（ESA）与母船卡西尼土星轨道器（NASA）分离后，人们在图片中描绘了
　　其朝向泰坦的方向。（b）惠更斯于 2005 年 1 月 14 日进入泰坦大气层后，降落伞打开，隔热板分离。
　　（c）惠更斯号在泰坦云中下降，分析其大气层并传输数据 2 h 27 min，着陆后电池耗尽前通
　　　　　过卡西尼号发送信号 72 min（由 ESA 提供）

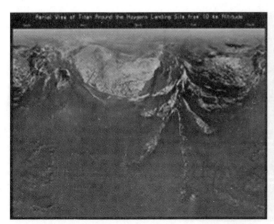

图 8 - 24 惠更斯提供的泰坦表面的实际原位图像。可见明亮的高地地形，深排水网络表明受甲烷降雨侵蚀，

猜测圆形鹅卵石（尺寸为 10～15 cm）由碳氢化合物和水冰组成（由 ESA/NASA/JPL/亚利桑那大学提供）

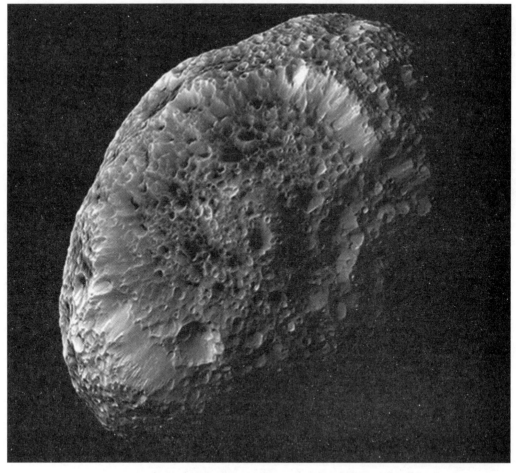

图 8 - 25 2015 年 5 月 31 日，美国国家航空航天局的卡西尼号航天器最后一次近距离接近土星巨大的、

形状不规则的海绵状的卫星 Hyperion 拍摄的图片

8.6.2　铍用于隔热板

铍在航天器应用的优点已在 5.7 节中进行了综述。在 TPS 应用中，铍特别有效，因为它是已知的最轻的结构金属之一，具有很高的刚度和强度，以及最高的热容量。铍板和铍片可以很容易地加工，然后通过化学研磨、电化学加工（在 NaCl 和 NaNO$_3$ 电解质中），以及电火花加工，将其研磨到精确的零件公差。

虽然铍可以用阿洛丁（铝合金）进行铬酸盐转化，也可以进行阳极氧化以提高其防腐性能，但人们对其作为隔热材料的适用性知之甚少。然而，众所周知，阳极氧化铍的自然颜色是黑色的，这具有增加发射率（尤其有助于降低下降过程中隔热板的温度漂移）和降低光学系统中的光反射率的额外优势。由于欧洲航天工业缺乏铍阳极氧化的经验，设计了一个简易方案以建立处理工艺，并将样品暴露于一系列环境中进行试验，模拟惠更斯探测器的热屏蔽层所经历的严酷环境。为了减少在泰坦大气主要成分氮气中下降时的温度漂移，表面发射率需要非常高，大约为 0.7。

下面总结这一未发表的工作方案（Semerad 和 Dunn，1990）的一些试验和结果。

（1）试验材料

S-200 型扁平轧制铍片，厚度为 2 mm。采用真空热压块热轧工艺生产（最低室温性能：屈服强度为 344 MPa，极限拉伸强度为 482 MPa，最小延伸率为 10%）。对尺寸为 20 mm×20 mm×2mm 的样品进行机加工，然后在含有碳酸盐、磷酸盐、硼酸盐和抑制剂（pH 值为 9.6）的专用溶液中进行预清洗。样品（阳极）由二氧化钛夹持，阴极由直径为 3 mm 的铝线制成。阳极到阴极的距离为 20 mm。在电流为 16 A/dm^2 的铬酸（100 g CrO$_3$/L）溶液中进行阳极氧化。500 r/min 的磁力搅拌有助于这一过程。两个阳极化层的厚度预期为 5 μm 和 15 μm，阳极化时间分别为 10 min 和 60 min，在结果中分别称为薄和厚的阳极化层。电解液温度为 13 ℃，样品在去离子水中喷淋，最后在 120 ℃热空气中干燥。

（2）试验方案

制备多个样品以评估样品的初始物理和热光性能。然后将样品分组暴露在极端环境中：

- 根据 ECSS-Q-ST-70-04，真空下的热循环，−150～+100 ℃循环 200 次；
- 高温暴露，600 ℃氮气（8 h）；
- 高温暴露，1 000 ℃氮气（8 h）；
- 盐雾腐蚀暴露（5%氯化钠溶液，35 ℃时 192 h）。

在每次环境暴露后评估物理和热光性能，然后记录。

（3）结果

①外观

对于薄阳极氧化层和厚阳极氧化层，由于环境暴露导致的样品外观变化是相同的。薄阳极氧化样品如图 8-26 所示。初始 Be 的氧化层呈黑色，Be 板滚动纹理刚刚可见。热循环后，宏观上或颜色没有变化（只有较厚阳极氧化层表面出现一些微小的细裂纹）。在额外的 600 ℃氮气暴露后，存在明显的灰色/赭色颜色变化，但氧化层仍然没有出现宏观缺陷（在厚阳极氧化样品上仍然可以看到微小细裂纹）。在 1 000 ℃氮气中暴露后，表面变得粗糙，出现白色鼓包，厚阳极氧化样品中鼓包数量较多，高度较大。颜色变为深灰色，滚动纹理消失。

样品编号1.1
比对样品

样品编号1.3
热循环后

样品编号1.4
600℃氮暴露后

样品编号1.5
1 000℃氮暴露后

图 8 - 26 环境试验后 Be 样品外观变化（Be 氧化处理 1∶5 μm）

盐雾试验并没有引起送来样品或热循环样品退化。在 600 ℃或 1 000 ℃暴露的所有样品上均发现腐蚀产物；腐蚀仅发生在阳极氧化层的微裂纹处。

②表面分析

红外光谱分析显示送来样品和热循环样品的红外反射率较低。在 600 ℃和 1 000 ℃氮气中暴露后，表面似乎略微转化为硝酸盐。XPS 分析证实了这一点。利用 CuK_{α} 辐射进行的 X 射线衍射测量发现所有送来样品和环境暴露样品中，仅有 Be 和 BeO 晶体相。只有 1 000 ℃氮气中暴露的样品含有微量的 Be_3N_2。

③热光性能

在 600 ℃氮气中暴露后，薄（厚）阳极氧化层的太阳能吸收率从 0.95（0.96）降低到 0.65（0.69），在 1 000 ℃氮气中暴露后又增加到 0.8（0.73）。热循环和盐雾腐蚀的影响非常小。观察发现，高温氮气暴露导致太阳吸收率的降低会降低来自土星/土卫六和太阳的辐射加热作用，但是，相对吸收而言，发射率变化更为重要，图 8-27 是半球发射率（三个样品的平均值），在 600 ℃暴露后观察到的发射率降低可以解释为 Be 氧化物层固有特性的变化或者类似于视觉光谱范围红外透过增加，所以部分辐射由 Be 基板表面反射/发射。

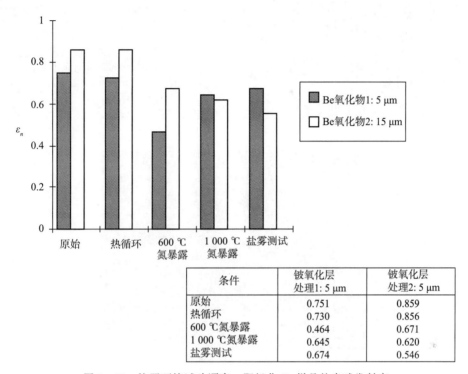

条件	铍氧化层 处理1: 5 μm	铍氧化层 处理2: 5 μm
原始	0.751	0.859
热循环	0.730	0.856
600 ℃氮暴露	0.464	0.671
1 000 ℃氮暴露	0.645	0.620
盐雾测试	0.674	0.546

图 8-27　按照环境试验顺序，阳极化 Be 样品的半球发射率

④环境试验样品的扫描电镜观察

对环境暴露样品进行仔细处理，并对其进行机械断开，以便检查其断口横截面。从 Be 底部加工尖锐缺口，然后拉伸样品，出现与阳极氧化表面成直角的脆性断裂。图 8-28 显示，标称薄（5 μm）阳极氧化层实际上厚度为 2 μm。同样，图 8-29 表明，较厚的阳极氧化层厚度不足，仅为 8 μm，而非标称的 15 μm。热循环后，氧化物与基体之间的粘附性良好，但较厚的氧化层中有更多的微裂纹。加上 600 ℃氮气暴露，结果相同。再加上 1 000 ℃暴露，盐雾测试 8 天之后，存在大量氧化物裂痕和 Be 衬底腐蚀迹象，而且两种厚度的阳极氧化层都出现了这种现象。

（4）结论

薄（实际上为 2 μm）的阳极氧化层在裂纹和剥离方面的机械性能更好，但较厚的阳极氧化层（实际上为 8 μm）更适用于高发射率的情况。这两种厚度的阳极氧化层，在 600 ℃和 1 000 ℃氮气暴露后，阳极化表面的发射率均降低到所需的 0.7 以下。

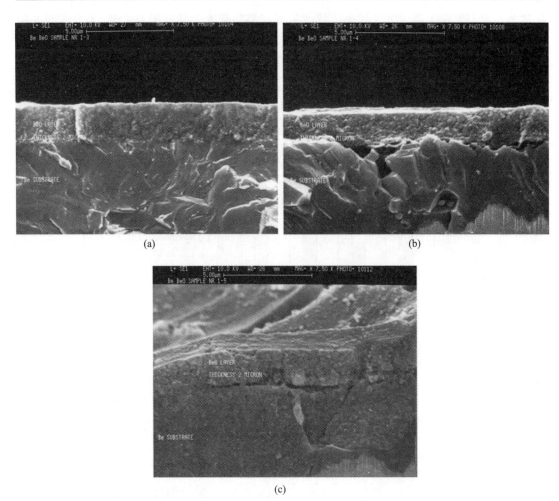

图 8-28　阳极氧化铍，薄（2 μm）涂层出现断裂断面：（a）200 次热循环（150～＋100 ℃）。
（b）热循环加 600 ℃氮暴露 8 h。（c）（b）处理后，加 1 000 ℃氮暴露 8 h，盐雾暴露 192 h

8.6.3　替代隔热材料

很多的复合材料、金属合金、陶瓷和玻璃，加上其各种氧化和耐热涂层，都具有 TPS 应用潜力。如前所述，已经开发出一些非常合适的材料并成功应用。其他一些正在评估，以应用于未来任务，如未来空间往返飞行器和航天飞机，其表面温度或将达到 1 600 ℃。航天器结构材料上可能安装陶瓷瓦等隔热板，以便在任务再入阶段提供防护，但对未来设计，外壳结构也需要在这种环境提供防护。以下材料目前认为可以用于高温环境结构：

（1）1 000～1 600 ℃

碳-碳复合材料，可活性冷却；材料包括碳毡（例如，Calcarb，爱尔兰开发的刚性毡；Carbone Lorraine，法国制造的柔性毡，以及法国航空航天公司的 AQ 61）。其氧化性能限制了适用范围，但在空间中，材料的放气特性良好。

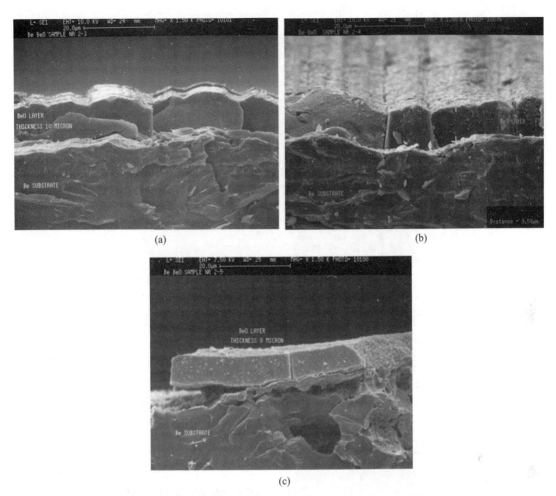

图 8-29　阳极氧化铍，厚（8~10μm）涂层，出现断裂断面：（a）200 次热循环（150~+100 ℃）。
（b）热循环加 600 ℃氮暴露 8 h。（c）（b）处理后，加 1 000 ℃氮暴露 8 h 和盐雾暴露 192 h

（2）700~1 000 ℃

碳-碳化硅复合材料，带涂层和压实硅粉（例如微孔公司在英国制造的低温材料）。

（3）400~700 ℃

钛铝合金和高温钛合金，如带特殊涂层的 IMI 834 和 Ti 1100。

（4）低于 400 ℃

常规金属合金、氧化物弥散强化铝合金、碳纤维增强塑料等。

陶瓷基复合材料的两类氧化保护概念如图 8-30 所示。碳纤维封装在碳化硅基体中，通过液相渗透和/或化学蒸汽渗透方法渗透。

外露氧化保护方面，欧洲为赫尔墨斯航天飞机开发了多组分氧化保护系统（或热黏性外露氧化涂层）。有效工作温度范围为 500~1 600 ℃，已验证可维修性良好，材料和工艺相对便宜，容易工业化。该系统的缺点是，涂层的热黏性不允许在固定点处产生很高的机械夹紧应力，也不允许高气体流动压力。图 8-30 所示的内部氧化保护系统已经研发和试验成功。最初，在静态氧化试验中，有化学气相沉积 SiC 外涂层的 C/SiC 材料（Lamouroux 等人，1994）没有进行内部氧化保护，结果令人满意。最近，基质成分改性为含有内部氧化保护配方时，取得了很大的改进。配方由玻璃密封剂（对碳纤维和碳化硅基体的润湿性良好，在高温真空下气压低）、吸氧剂和耐火颗粒组成。

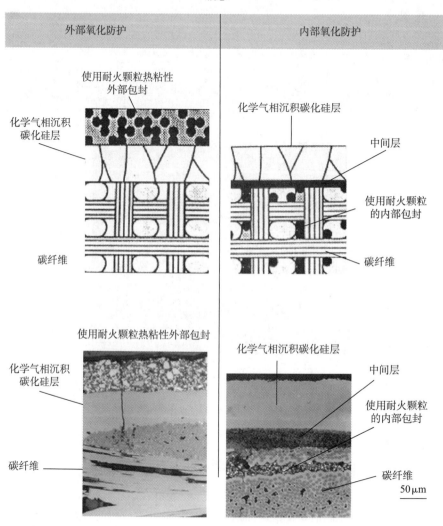

图 8-30　陶瓷基复合材料防氧化保护方法（由德国 Man Technologie 提供）

8.6.4　高温紧固件

粘合剂用于将隔热板元件固定到航天器外部结构上。2.4 节描述了航天飞机的隔热瓦。飞行器再入时，由于空气动力作用，加上隔热板本身的不同加热速率以及高温环境，导致飞行器外壳弯曲。采用硅树脂粘合剂（如 RTV 560）将隔热瓦粘合到铝外壳结构上，这种粘合剂可以弯曲并吸收大部分的尺寸不匹配。在许多应用中，航天器部件的连接和拆卸需要用到高温紧固件，包括刚性外部绝缘件（热外壳元件）、陶瓷隔热罩、热金属结构以及与推进系统相连的相关部件。

　　一般情况下，设计师使用石墨基和陶瓷基紧固件，但这些材料制成的螺钉、螺栓和螺母很难制造和采购。此外，只能一次性使用，需要打穿孔（除非在特定应用场合可免打孔），可使用合适的润滑剂。8.6.3 节末尾描述的陶瓷基体材料如图 8-30 所示，它们正在开发用于紧固件。螺栓和螺母（尺寸为 KM 8）由 C/SiC 材料制成，涂有 SiC 涂层。这些紧固件（涂有图 8-30 所示的额外外部氧化保护层）在 1 600 ℃的空气中试验，以确保机械上长时间紧固再入大气的演示板。在这些条件下，紧固件承受的最大载荷为 9.75 kN。图 8-31 所示为目前正在制造的具有增强内部氧化保护功能的类似螺栓。

内部氧化防护
陶瓷基复合材料紧固件的氧化防护概念

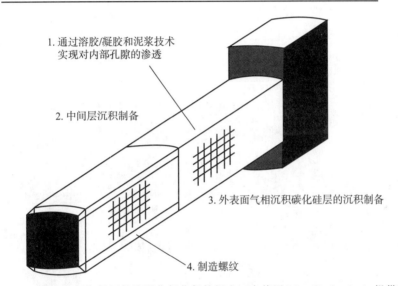

图 8-31　陶瓷基复合紧固件的强化氧化保护概念（由德国 Man Technologie 提供）

　　对延展性、抗热震性、可重复连接或导电性和导热性有特殊要求的应用，相比石墨或陶瓷紧固件，可能金属紧固件更适合。金属紧固件在热交换器、推进系统部件和隔热板的集成过程中可能很重要。表 5-1 列出了最常见的高强度航天器紧固件材料，并在 5.4 节进行了描述，但对于一般航天器应用，即使是最先进的合金（Waspaloy），最高工作温度也只有 800 ℃。

　　查阅周期表，发现有 15 种金属元素的熔点足够高（超过 1 700 ℃），适用于航天工业所需的超高温应用（Lupton，1990）。有些已经在前面的章节中提到，已应用于电子管中。锆和钒由于高温强度差，而铍毒性严重，可以排除。其余 12 种金属可分为三类，分别称为"难熔金属"（铪、铌、钽、铬、钼和钨）、周期表中第 7 类的"铼"和"铂族金属"（铂、钌、铑、钯和铱）。区别这三类物质的最重要特征是抗氧化性。大多数难熔金属在高温下与氧发生强烈反应，然后在室温下发生严重脆化——然而，铬、钼和钨氧化物具有挥发性，通常会使截断面厚度减小。铼与钨相似，但比钨略为有利。铂族金属通常抗氧化性强，但价格昂贵，在 1 100 ℃以上的温度下强度较低。通过合金化可以提高强度，向铂和铑合金中添加热力学稳定的氧化物相（例如氧化锆）粉末，可以进行人工强化（Selman 等人，1974；Lupton，1990）。

在 1 600 ℃左右范围内使用的金属紧固件由难熔金属制成，特别是以铌为基的金属紧固件，有 NB－752、Mo41Re 和 TA10W 合金。对于这些合金来说，氧化保护涂层必不可少，已经开发了几种氧化保护涂层，包括硅化物（例如 Si20Cr20Fe 和 Si－Cr－Ti）、铝化物（例如 Al40Si 和 Al－Si－Ti）和贵金属（例如铂和铱）。一个紧固件设计示例如图 8－32 所示。涂层厚度在 20～200 μm 之间，具体视应用而定，并可通过物理气相沉积、等离子喷涂、包埋充填和浆液沉积来涂覆。如果氧化保护涂层中存在局部缺陷，则可能出现延展性损失，导致严重失效。这类紧固件的加工技术和无损检测已经改进，可以消除涂层缺陷。重要的是，需要严格装配工艺，避免因搬运粗心大意或连接材料的边缘、角落和凹处的局部应力而损坏涂层。虽然组装好的 NB－752 紧固件（带涂层）的抗氧化性能已经验证成功，但需要注意的是，必须最小化螺钉和螺母之间的剪切力，这需要特殊的装配技术。

图 8－32　为再入飞行器的热保护系统装配而开发的硅化物涂层紧固件。这些防氧化紧固件由铌合金 752 加工而成。加工后（1）零件涂上 SiCrFe 并退火变为（2）。（3）处箭头指的是预氧化的可交付物表面。这些紧固件已在高温下进行了测试，在 1 150 ℃空气中暴露超过 500 h 后，其机械性能不会降低。它们也能在温度循环至 1 300 ℃的 40 h 内保持有效（由 Plansee Aktiengesellschaft 提供）

8.7　载人舱

8.7.1　一般要求

　　人类对太空生活的探索始于 1961 年，苏联航天员尤里·加加林首次在东方 1 号宇宙飞船上进行轨道飞行。20 世纪 60 年代后期，美国的水星和双子座计划开展了载人航天飞行，随后是阿波罗计划，最终在月球上着陆。天空实验室（Skylab）是美国第一个空间站；它于 1973 年发射，三组航天员访问了长达 84 天。在礼炮 6 号和和平号空间站任务期间，苏联航天员在太空停留的时间甚至更长（比一年长）。这清楚地表明，基于空气、食物和水的供应，人类可以在太空中长期有效地工作，为那些必须留在地球上的人们进行实验、观察和服务。在前航天飞机时代，人类吸取了早期载人航天飞行的经验教训。Skylab 空间站不是设计为永久存在于太空的，令人遗憾的是，由于航天飞机项目开始时的延误阻碍了 Skylab 空间站整修，Skylab 空间站最终随意掉落到了印度洋（以及澳大利亚的部分地区）。1986 年俄罗斯发射和平号空间站，设计有所创新，确实是一种非常耐用的飞行器，包括一个五端口的对接器，可附加额外的实验室舱段（见图 8 - 33）。这证明了俄罗斯是空间技术的领导者，因为和平号空间站在轨道上运行了 15 年，是其计划寿命的 3 倍。到 2003 年左右国际空间站 α（图 3 - 1）发射并投入使用时，和平号空间站仍在通过一些低成本的扩展任务证明其可用性。欧洲建造的空间实验室自 1983 年以来在航天飞机货舱内执行了许多任务。经过几次翻新和重新配置新设备和实验后，对有着 14 年历史的空间实验室（见图 3 - 2）内部结构的详细检查显示不存在退化迹象。

　　现有空间站和实验室项目的成功在一定程度上说明了航天器的设计和制造阶段适当选择材料和工艺的重要性。有些考虑与有限体积生存设计（如潜艇）类似，各空间机构积累了过去的各种经验，为建立可接受要求形成基础。大部分载人和无人航天器的金属材料和制造工艺，在本书前文已经有所介绍。载人航天器可能会出现一些特定问题，主要问题如图 8 - 34 所示，这些问题只能通过附加要求来避免。第 2 章和第 3 章详细介绍了航天机构规定的覆盖一般航天器材料和工艺的主要产品保证要求。Pedley（2009）对载人航天材料安全相关技术问题进行了详细概述。对于载人航天器，附加安全要求包括：

　　• 结构设计的极限安全系数等于或大于 1.40；并且主要结构和支撑支架不应存在基于裂缝控制的原有缺陷扩展的失效；压力容器的爆破压力等级特殊设计。

　　• 选择抗应力腐蚀开裂的金属材料（即从表 2 - 2 所列合金中选择）。

　　• 推进剂相容性。

　　• 氧气相容性。

　　• 避免使用危险材料，包括放射性金属、铍（如果刮伤会产生毒性问题）和汞（液态金属在溢出时会穿透航天器的铝合金壁，导致气体泄漏）。

　　• 控制非金属材料的易燃性、毒性和气味（因此具有较低的放气性能）。需要抵抗水分和真菌的生长。

(a)

(b)

图 8-33　（a）1995 年 6 月俄罗斯航天局和平号空间站与亚特兰蒂斯号航天飞机对接的照片。
（b）1996 年欧洲和平号任务时拍摄的和平号空间站（欧空局航天员 Thomas Reiter 成为第一位
在空间站度过 180 天的非俄罗斯航天员）

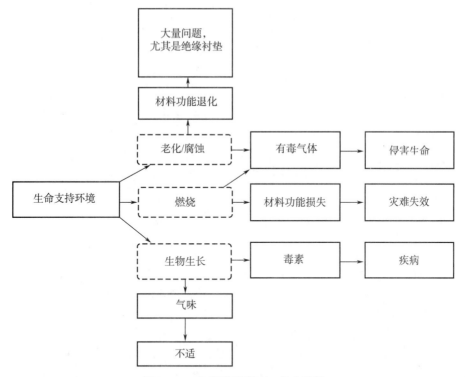

图 8-34　空间环境影响：载人环境

从欧洲的观点来看，用于载人航天器项目的金属材料（即欧洲尤里卡计划的空间实验室及其机载实验装置、哈勃太空望远镜等）都运行正常，没有任何安全和可靠性问题（Dricot 等人，1994）。表 8-3 是 1994 年为哥伦布项目编制的首选材料清单，以便对当时仍未完成的材料试验的数量和范围进行检查。

表 8-3　短期评价首选材料清单

样品	材料牌号	F1	Tox	Odor	Mbio	Tdec	Fow	Corr	SCC	Arc T	Outg	Tcyc	UV	Atox	FL21
0101	AA 1100	N/A	N/A	N/A	T	N/A	N/A	A	A	N/A	N/A	N/A	N/A	N/A	N/A
0102	AA 2024 - T81(bar,rod)	N/A	N/A	N/A	T	N/A	N/A	A	A	N/A	N/A	N/A	N/A	E	N/A
0103	3.3214 - T6(6061 - T6)	N/A	N/A	N/A	T	N/A	N/A	A	A	N/A	N/A	N/A	N/A	E	N/A
0104	3.4364 - T7351(7075 - T73)	N/A	N/A	N/A	T	N/A	N/A	A	A	N/A	N/A	N/A	N/A	E	N/A
0105	AA 2219 - T81	N/A	N/A	N/A	T	N/A	N/A	A	A	N/A	N/A	N/A	N/A	E	N/A
0302	INCONEL 718 - PH	N/A	N/A	N/A	T	N/A	N/A	A	A	N/A	N/A	N/A	N/A	E	N/A
0401	3.7164.1	N/A	N/A	N/A	T	N/A	N/A	A	A	N/A	N/A	N/A	N/A	E	N/A
0402	3.7164.7	N/A	N/A	N/A	N/A	N/A	N/A	A	A	N/A	N/A	N/A	N/A	N/A	N/A
0602	AISI 304L Cond.A	N/A	N/A	N/A	T	N/A	N/A	A	A	N/A	N/A	N/A	N/A	E	N/A
0603	AISI 316 Cond.A	N/A	N/A	N/A	T	N/A	N/A	A	A	N/A	N/A	N/A	N/A	E	N/A
0604	AISI 347 Cond.A	N/A	N/A	N/A	T	N/A	N/A	A	A	N/A	N/A	N/A	N/A	E	N/A
0606	1.4944.9(A 286 SH)	N/A	N/A	N/A	T	N/A	N/A	A	A	N/A	N/A	N/A	N/A	E	N/A
0607	17 - 7 PH - CH 900	N/A	N/A	N/A	T	N/A	N/A	A	A	N/A	N/A	N/A	N/A	E	N/A
1001	ARALDIT AV138/HV998	A	A	A	T	N/A	N/A	N/A	N/A	N/A	A	N/A	N/A	E	N/A

续表

样品	材料牌号	F1	Tox	Odor	Mbio	Tdec	Fow	Corr	SCC	Arc T	Outg	Tcyc	UV	Atox	FL21
1002	ECCOBOND 57C/9	T	T	T	T	T	N/A	N/A	N/A	N/A	A	E	N/A	E	N/A
1003	RTV - S 691	T	T	T	T	T	N/A	N/A	N/A	N/A	A	A	A	E	A
1004	SCOTCH - WELD 2216 B/A	A	A	A	T	T	N/A	N/A	N/A	N/A	A	E	N/A	E	N/A
1005	PARYLENE C	A	A	A	T	T	N/A	N/A	N/A	N/A	A	N/A	N/A	N/A	N/A
1101	G410810	N/A	A	A	N/A	N/A	N/A	N/A	N/A	N/A	A	E	E	E	A
1102	SCOTCH Y - 966	T	A	A	N/A	N/A	N/A	N/A	N/A	N/A	A	A	N/A	E	A
1103	TESAMETAL 4500 Silver	T	T	T	T	N/A	N/A	N/A	N/A	N/A	A	E	N/A	E	N/A
1104	MYSTIC 7367	T	T	T	T	T	N/A	N/A	N/A	N/A	A	E	E	E	A
1201	CHEMGLAZE Z306	A	A	A	N/A	N/A	N/A	N/A	N/A	N/A	A	A	E	E	N/A
1202	ELECTRODAG＋501	A	N/A	N/A	N/A	N/A	N/A	N/A	N/A	N/A	A	A	A	E	A
1203	PYROLAC PSG 120 FD	A	N/A	N/A	N/A	N/A	N/A	N/A	N/A	N/A	A	A	E	E	A
1204	ALEXIT 406 - 23 104 G	T	A	A	T	T	N/A	N/A	N/A	N/A	A	N/A	N/A	N/A	N/A
1301	BRAYCO 815 Z	A	A	A	T	T	N/A	N/A	N/A	N/A	A	N/A	N/A	N/A	N/A
1302	BRAYCOAT 601	A	A	A	T	T	N/A	N/A	N/A	N/A	A	N/A	N/A	N/A	N/A
1303	BRAYCOAT 602	N/A	N/A	N/A	T	T	N/A	N/A	N/A	N/A	N/A	N/A	N/A	N/A	N/A
1304	TIO - LUBE 460	A	A	A	T	N/A	N/A	N/A	N/A	N/A	A	E	N/A	E	N/A
1401	ECCOSIL 4952/50	A	A	A	T	T	N/A	N/A	N/A	N/A	A	N/A	N/A	N/A	A
1402	ECCOFOAM FPH/12 - 2 H	A	A	A	T	T	N/A	N/A	N/A	N/A	A	N/A	N/A	N/A	A
1501	CHO - THERM 1671	A	A	T	T	T	N/A	N/A	N/A	N/A	A	E	N/A	E	N/A
1503	MXB - 6001/1581	T	T	T	T	N/A	N/A	N/A	N/A	N/A	T	E	E	E	N/A
1504	BETA CLOTH X 389 - 7	A	A	A	N/A	N/A	N/A	N/A	N/A	N/A	A	E	E	E	A
1505	GUDE SPACE 18 DPTH	A	A	A	T	T	N/A	N/A	N/A	N/A	A	N/A	N/A	N/A	N/A
1506	DURA VER - E - Cu 104(FR4)	A	T	T	T	T	N/A	N/A	N/A	N/A	A	N/A	N/A	N/A	N/A
1507	FLEXAFIT SG 2212	A	A	A	T	N/A	N/A	N/A	N/A	N/A	N/A	N/A	N/A	N/A	N/A
1601	VITON B	A	A	A	T	T	N/A	N/A	N/A	N/A	A	E	E	E	N/A
1602	5 SL 1617	T	T	T	N/A	N/A	N/A	N/A	N/A	N/A	A	N/A	N/A	N/A	N/A
1701	DACRON B 4 A	A	A	A	N/A	N/A	N/A	N/A	N/A	N/A	A	E	N/A	E	N/A
1702	PTFE 9900/0100	A	A	N/A	T	T	N/A	N/A	N/A	N/A	A	E	E	E	A
1703	THERMOFIT KYNAR	A	A	A	T	T	N/A	N/A	N/A	N/A	A	N/A	N/A	N/A	A
1704	INSULITITE HFT - A Blue	T	A	T	T	T	N/A	N/A	N/A	N/A	A	N/A	N/A	N/A	A
1705	TY RAP TYZ 28 M	A	A	A	N/A	N/A	N/A	N/A	N/A	N/A	A	N/A	N/A	N/A	N/A
1901	Wire type:1871	T	T	T	T	T	T	N/A	N/A	T	A	N/A	(A)	N/A	(A)
1902	Wire type:3901/002	T	T	T	T	T	T	N/A	N/A	T	A	N/A	(A)	N/A	(A)
1903	Wire type:3901/1	T	T	T	T	T	T	N/A	N/A	T	A	N/A	(A)	N/A	(A)
1904	Wire type:3901/2	T	T	T	T	T	T	N/A	N/A	T	A	N/A	(A)	N/A	(A)
1908	Wire type:SPA 2110	T	T	T	T	T	T	N/A	N/A	T	A	N/A	(A)	N/A	(A)
1909	Wire type:SPB 2110	T	T	T	T	T	T	N/A	N/A	T	A	N/A	(A)	N/A	(A)
1910	Wire type:SPC 2110	T	T	T	T	T	T	N/A	N/A	T	A	N/A	(A)	N/A	(A)
1911	Wire type:MTV - BTV	T	T	T	T	T	T	N/A	N/A	T	A	N/A	(A)	N/A	(A)
1912	Coax Cable:50 CIS	T	T	T	T	T	T	N/A	N/A	N/A	A	N/A	(A)	N/A	(A)
1913	Coax Cable:R 59	T	T	T	T	T	T	N/A	N/A	N/A	T	N/A	(A)	N/A	N/A

续表

样品	材料牌号	F1	Tox	Odor	Mbio	Tdec	Fow	Corr	SCC	Arc T	Outg	Tcyc	UV	Atox	FL21
1914	Wire type:1872	T	T	T	T	T	T	N/A	N/A	T	A	N/A	(A)	N/A	N/A
1915	Wire type:3901/001	T	T	T	T	T	T	N/A	N/A	T	T	N/A	(A)	N/A	N/A

	测试			测试时长		评级	
Fl:	24.5%氧气中可燃性	SCC:	应力腐蚀断裂	C:	DCN (CERTISM)	T:	待测试
Tox:	毒性	ArcT:	电弧	D:	DERTS	N/A:	不适用
Odor:	气味	Outg:	释气	E:	DASA－RIT	A:	可获得测试数据
Mbio:	微生物	Tcyc:	热循环	S:	SINTEF	(A):	按照 ESA 宇航元器件规范测试
Tdec:	二次分解	UV:	紫外辐射			E:	评价
Fow:	导线可燃性	Atox:	原子氧				
Corr:	腐蚀	F121:	21% O_2 中可燃性				

8.7.2　焊接装配缺陷

　　有时与空间实验室实验相关的设备在飞行中也会出现故障。如果可以证明实验设备潜在故障不会对航天任务造成生命危险和损害，载人项目的某些特定材料和工艺要求可以放弃。这可以有效降低大学等研究机构的成本，同时还能导致在轨调查研究的早期缩减。

　　最近出现一次设备故障，涉及一台正在记录流体动力学实验的摄像机。在零重力下被评价的液体由 95% 的法国自来水与 5% 的 Ajax 洗涤溶液混合而成［用于扑灭哥伦布舱中的火灾，是水成膜泡沫（AFFF）的候选方案之一］。当水和泡沫的小滴注入在轨空间实验室时，一名航天员正在拍摄零重力下液滴的形态变化。实验开始后不久，摄像机突然停止工作。一些小水珠已经碰上并侵入摄像机。

　　在失效事件发生 6 周后，对摄像机进行了冶金分析。分析结果如下：

　　• 摄像机黑色塑料外壳未密封，存在很多液体可以穿透的地方。

　　• 仔细检查表明，并非所有组件都覆盖有一层很薄的敷形涂层；组件的一些未涂层区域已被腐蚀（如图 8-35 所示）。

　　• 许多焊点附近存在液态助焊剂的残留物。

　　• 对存在腐蚀产物的一个典型区域进行高倍拍照（如图 8-36 所示的有颜色部分），大量生成物有颜色特征，如红色、蓝绿色和白色。

　　• 从板上小心地取下明显的腐蚀产物，并通过能量色散 X 射线进行化学分析。

　　• 结果如图 8-37～图 8-39 所示，白色沉积物主要是氧化铅，蓝绿色沉积物含有氯化铜，红色沉积物含有氧化亚铜（氯化物预计来源于助焊剂，因为 AFFF 液体和原法国自来水在与硝酸银溶液混合时没有显示白色沉淀——氯化物敏感试验）。

　　• 一些腐蚀产物的下面出现暗的导电痕迹（类似于图 6-30、图 6-49 和图 6-50 所示的电化学迁移），表明摄像机故障是由电路板线间锡迁移短路造成的。

　　得出的结论是，这种商用摄像机的设计缺陷使得液体可以侵入。此外，工艺质量低于空间硬件（ECSS-Q-ST-70-38）通常要求；一些线间距非常窄，未清除助焊剂残留

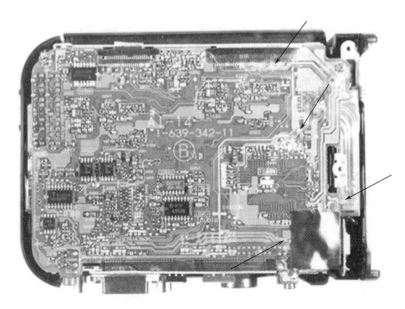

图 8 - 35　拆卸后的摄像机电路板。微型电子元件表面面向 PCB 安装。箭头区域是焊点和
导体上存在腐蚀产物的局部区域

物，电路没有充分的敷形涂层保护。在有人的空间，高湿度和凝结水进入所有内部表面，包括电子设备，始终是一个潜在问题。因为生命保障系统可能无法足够快地去除从生命舱或实验舱中来的湿气，尤其是在厨房内的墙壁、地板和工作空间之间存在较大温差的时候。

　　有趣的是，ISS 带有一个由便携式可折叠工作台和桌面组成的维护工作区。航天员可以在任何地方展开它，并把它夹在有槽轨上，这些槽轨大多数位于地板到天花板的架子上。绕地球运行期间国际空间站许多试验都与焊接操作有关。对此进行了专门的工作计划，以检查有人舱内的焊点维修是否可行（Flin, 2005）。研究结果十分有趣，总结如下：

　　·当在烙铁的加热端使用松香芯焊锡时，焊锡熔化并粘附在烙铁头上，然后焊锡液便开始绕转，并逐渐变快。

　　·在低重力下，表面张力大于地球时的表面张力，焊接更难操作。

　　·液态焊料飞溅形成的焊滴通过表面张力固定在一起，焊滴漂浮在空中，可能会造成危险。

　　·低重力消除了对流，并在熔融焊料表面开始冷却，因此会有气体和助焊剂残留，导致接头质量差。

　　·切割和焊接产生的碎片需要用空间站的真空吸尘器进行收集和处理。

　　·焊接过程中产生的烟雾不易消散，操作员可能无法看清工件。

　　显然，在空间进行焊接和导电修复具有挑战性。可能需要导电粘合剂进行修复工作，尽管与传统焊接相比，导电粘合剂的性能较差（见 6.13 节）。

图 8 - 36　失效摄像机的电子电路上腐蚀产物的彩色显微照片（放大倍率×50）（见彩插）

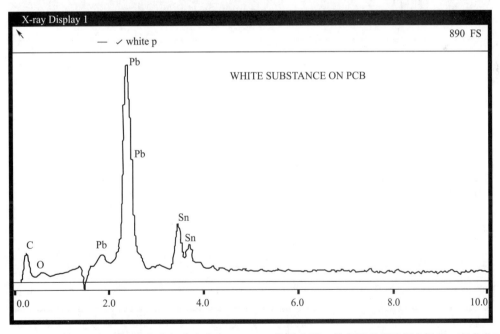

图 8 - 37　电路板上的腐蚀产物大部分为白色。EDAX 分析表明，其主要是腐蚀焊点的铅（氧化物）、
　　　　　锡（氧化物）。颜色参照彩色照片（图 8 - 36）

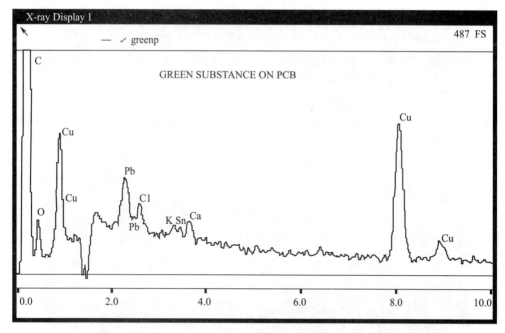

图 8-38　绿色产物的 EDAX 分析。主要包含铜和相关的氯、钙和铅。这类似于"绿斑"，
即助焊剂与氧化铜的反应产物（助焊剂通常含有氯）

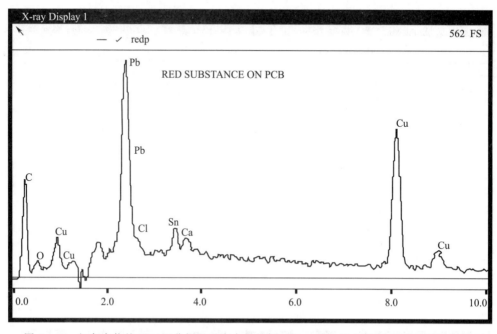

图 8-39　红色产物的 EDAX 分析显示有大量的铜和铅。类似于"红斑"，铜的腐蚀产物，
形成红色氧化亚铜

8.7.3　空间实验室飞行后硬件的检查

空间实验室是欧空局最重要的项目之一，也是美国航天飞机载荷的主要项目。经过长期材料和工艺（M&P）领域开发活动之后，欧洲开始制造空间实验室硬件。本章最后一节描述在肯尼迪航天中心检测空间实验室 1 号各种硬件产品的详细结果。作者与 NASA 人员在现场进行了长期的检查，NASA 人员的检查工作涉及硬件日常使用和操作。本次调查的完整报告和调查目标、方法和结果已经公布（Dunn 和 Stanyon，1997）。这次飞行后检查在空间实验室集成后 16 年（图 8 - 40）和在轨最后飞行一年后（图 8 - 41）进行。1983 年至 1996 年间，空间实验室进行了 22 次航天飞行任务。与加压、可居住的实验室舱一起飞行，各种飞行配置良好。其他硬件包括：空间实验室托盘，是一个 U 形无压力平台，上面安装有实验装置和指向太空的望远镜；还有仪器指向系统安装在托盘上，用于精确地对地球以及行星进行系统观察；以及连接空间实验室和航天飞机乘员舱的通道。

图 8 - 40　1982 年肯尼迪航天中心"O"和"C"大楼里，空间实验室的操作和集成总体视图

检查的主要目的是确定空间实验室寿命周期内所经历的 M&P 问题，并评估其重要性，将这些信息反馈给从事未来欧洲载人航天任务（如国际空间站哥伦布舱）材料和工艺选择的工程师。

在检查期间发现了一些问题，但总的来说，飞行后硬件状态良好，问题通常是已知保质期或使用寿命有限的材料退化了。将问题编成文件（来自不合格报告、材料审查委员会等）形成如下详细检查的主题：

图 8 - 41　空间实验室 1 号，位于在轨航天飞机货舱内

1）腐蚀：铝化焊缝及其热影响区的腐蚀、阳极化表面退化和冷区冷凝。

2）涂漆表面：脱皮、剥落、光学性能退化、原子氧效应。

3）热保护：热毯退化、磨损、失去光泽等。

4）界面问题：磨损、耳轴和安装点摩擦、紧固件、电气接头磨损、液体断开问题、螺纹连接、意外损坏需要额外保护（划痕凹痕）。

5）有限寿命件/物理退化：密封件和相关泄漏率、泄压阀（正压和负压）、长时间不活动（粘滞）的电刷启动、线束连接点和绝缘损坏、冷凝热交换器降解、微生物污染迹象。

以下图（图 8 - 42、图 8 - 43、图 8 - 44、图 8 - 45、图 8 - 46、图 8 - 47、图 8 - 48、图 8 - 49、图 8 - 50、图 8 - 51、图 8 - 52、图 8 - 53、图 8 - 54、图 8 - 55 和图 8 - 56）说明了上面列出的一些问题，详细描述见图标题。

(a)

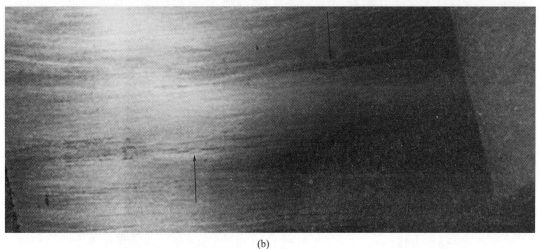

(b)

图 8 - 42 华夫饼结构以及内墙由阳极化的 AA 2219 - T851 组成，TIG 焊接板经过研磨、抛光和
刷涂处理。刷焊后焊缝（a）发生一些变色，但检查所有可检查的焊缝后，在高倍率放大下，仅发现一个
"可疑"区域。（b）随后无损检测发现该区域已失去光泽，未发现腐蚀或染色区域（见彩插）

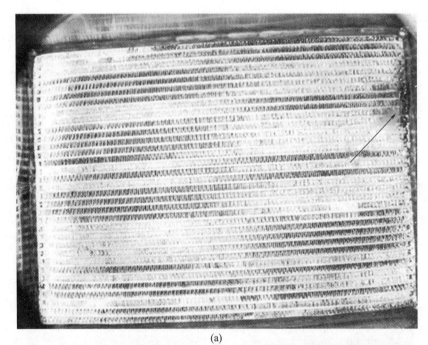

(a)

(b)

图 8-43　(a) 热交换器和右侧腐蚀区域视图。(b) 腐蚀的铝和棕色腐蚀产物
似乎是助焊剂残留造成的（见彩插）

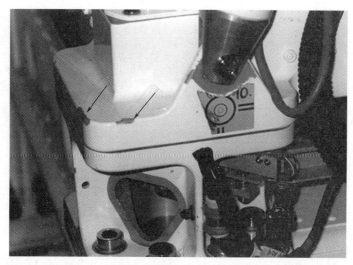

图 8-44　圆角处掉落了小面积的化学釉白漆，说明需要检查底漆的适用性。所有
　　　　其他涂有化学釉的区域（也包括外部和托盘）状态良好

图 8-45　太阳隔热毯完好无损，ESA 标志周围的布轻微变暗，但不存在
　　　　空间环境暴露（辐射和原子氧）引起的颜色变化或褪色

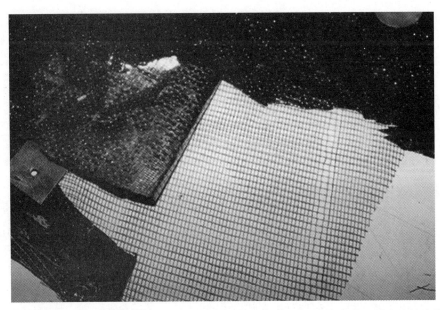

图 8-46　在此区域发现镀金 Kapton 热毯分层和染色迹象，只在这弯曲半径较小的区域受损。现使用 Nomex 布料，美国国家航空航天局标志直接涂在这种材料上，已经证实它对太空中的颜色退化具有很强的抗御能力

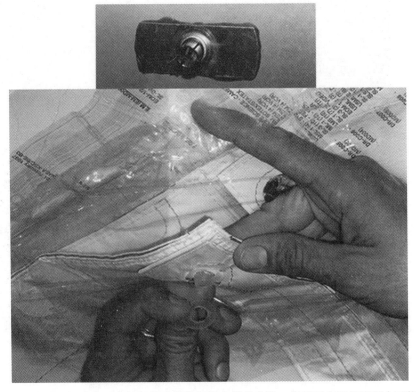

图 8-47　将毯子固定在一起的塑料连接装置存在脱落危险，塑料环在飞行过程中可能无法控制从管柱（插入）的固定槽中弹起（产生碎片）

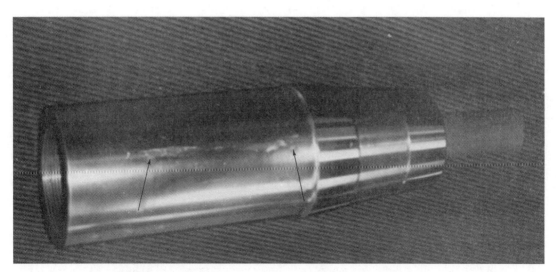

图 8-48　主舱段镀铬耳轴（直径约 80 mm）在飞行和地面处理后拆卸下来的图片。发现大量的铝合金沉积物粘附在轴承表面，确定是从安装点的富铝涂层转移过来的；由于在真空和压力的联合作用下接触面可以冷焊，因此不推荐使用铝-铬界面组合［参见图 2-4（a）和图 2-5］

图 8-49　为机架提供冷却的管道/波纹管接口出现问题是因为波纹管材料过于坚硬。采用更柔性材料可使轨道上的连接和夹具固定操作变得容易，并减少损坏和粉碎材料数量。擦伤和磨损会产生污染物颗粒

(a)　　　　　　　　　　　　　　　　　　(b)

图 8-50　飞行用的电缆材料很可能是在最终检查前 15 年制造的。电缆连接点周围的 Kapton 绝缘层损坏，露出了镀银铜绞线屏蔽层。此外，在电缆束中，包裹的 Kapton 外层已经开裂并脆化，一些非常小的薄片正在脱落。同一批次电线相同时间内由于受控保存未出现退化现象。国际空间站电线绝缘采用涂有特氟隆的 Kapton，与裸露的 Kapton 相比，不易损坏（见彩插）

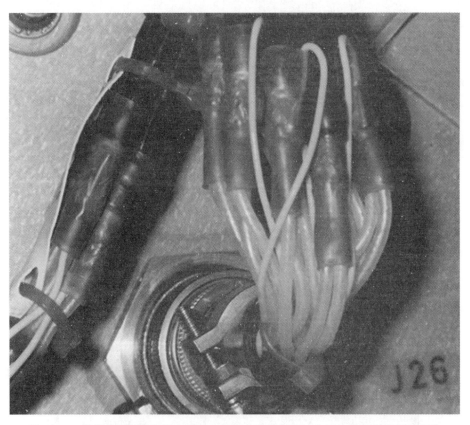

图 8-51　有焊接保护套连接电线接头的多个线缆图片。由于包裹焊剂及其残留物（套管下的黄棕色层），该电缆连接方法不应在真空应用（见彩插）

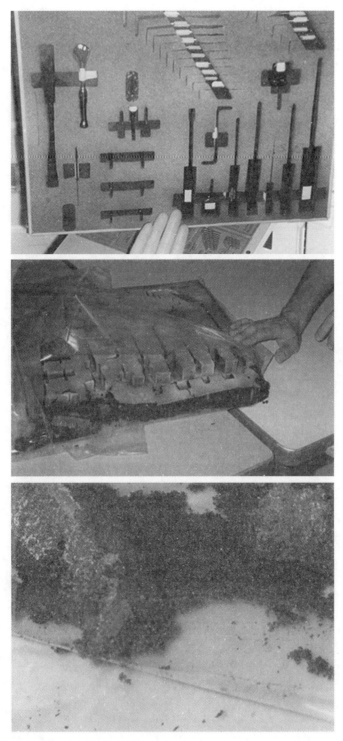

图 8-52 最上面照片是国际空间站新的携带工具支架，由 Solamide 301 泡沫制成。预计与 Pyrel 泡沫制成的工具支架相比，它的寿命更长，6 年空间实验室使用后 Pyrel 泡沫完全降解了。检查过程中如果受到轻微的挤压，Pyrel 泡沫也会粉碎变成粉末如最下面图所示。Pyrel 泡沫（不易燃、不脱气和无毒）用于空间实验室的工具箱、工作箱和抽屉的包装和隔音

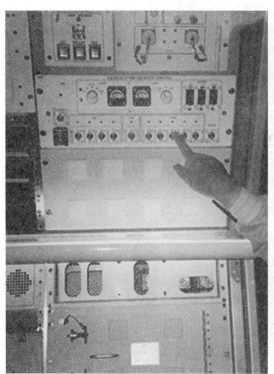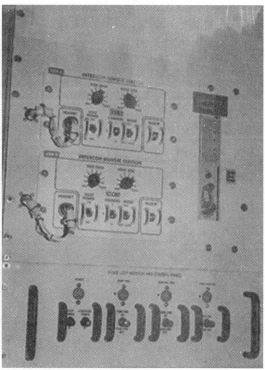

图 8-53　左图中的开关保护不足，无法防止航天员在微重力条件下工作时意外接触（另见图 3-1），
防护是必须的，如在右侧机架上，凸出开关的杆提供开关保护

图 8-54　脱粘的尼龙搭扣胶带图。这种缺陷经常出现。出现原因是
粘合剂用量不足——连续的粘合剂薄膜可能效果更好

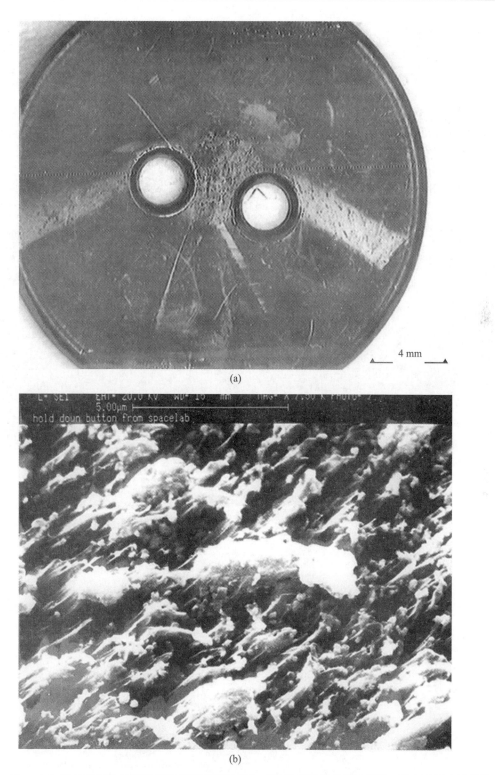

(a)

(b)

图 8-55　（a）这是飞行后外露多层绝缘压下按钮照片，受到原子氧的严重侵蚀，浅白区域表示绑带
位置（遮盖了按钮表面）。（b）放大 7 500 倍的扫描电镜图像，出现原子氧侵蚀聚合物的典型锥形特征，
表面的白色不导电残留物是一些无机添加剂

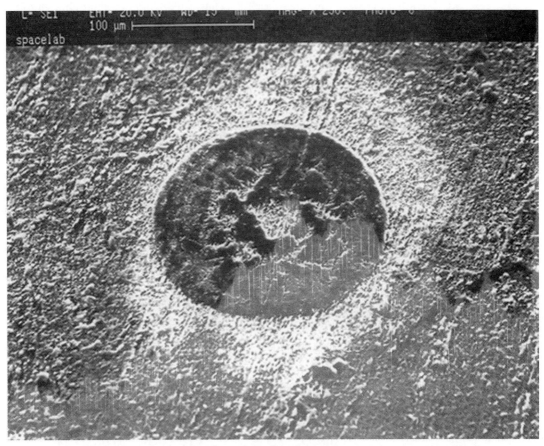

图 8-56 空间实验室的另一个压下按钮表面存在微流星体撞击。撞击坑很小，直径约为 180 μm

附录 1 常用材料的（线性）热膨胀系数（COE 或 CTE）

常用材料的（线性）热膨胀系数（COE 或 CTE），α ［单位为 $\times 10^{-6} ℃^{-1}$（即 ppm/℃）］

A. 纯金属	
铝	25
铬	6
钴	12
铜	17
金	14
铁	12
铅	29
镁	25
钼	5
镍	13
铂	9
银	19
钽	7
锡	20
钛	9
钨	5
锌	35
B. 合金与金属基复合材料	
42 合金	4.4
铝合金（40％硅）	13.5
铝合金，AA 6061	23.6
铝合金，AA 3003	23.2
铝合金，AA 2017	22.9
硼铝（20％）	12.7
黄铜	18.0
铜/因瓦合金/铜，厚度 20/60/20	5.8
铜/钼/铜，厚度 20/60/20	7.0
石墨/铝	4～6
因瓦合金 36	1.6
因瓦合金 42	4.5

续表

因康镍合金 600	13.0
可伐合金(铁-镍-钴)	5.0
铟-铅	33.0
铅(95%)锡焊料	28.0
锡-铅焊料 60/40	25.0
镁,AZ31B	26.0
镍包钼	5~6
钢,1020	12.0
不锈钢(18-8)	17.0
钨/铜(90/10)	6.5
含有碳化硅颗粒(80%~50%强化)的铝复材	6~14
C. 绝缘和基板材料(用于电子系统)[a]	
E 玻璃	5.5
S 玻璃	2.6
微晶玻璃	>3.0
硅	2.6
金刚石	0.9
氮化铝	4.5
氮化硅	3.7
石英,熔融硅石	0.5
凯夫拉 49	-5
氧化铍	6~9
立方碳化硼	
$x-y$	3.7
z	7.2
E 玻璃/环氧树脂	
$x-y$	14~17
z	80~280
E 玻璃/聚酰亚胺	
$x-y$	12~16
z	40~80
E 玻璃/聚四氟乙烯	
$x-y$	24
z	260
凯夫拉/环氧树脂	
$x-y$	5~7

续表

z	70
凯夫拉/聚酰亚胺	
$x-y$	3.4～6.7
z	83
石英/聚酰亚胺	
$x-y$	5～8
z	68.4
石英/双马来酰亚胺	
$x-y$，35％松香	6.2
z，35％松香	41
氧化铝（90％）TF 基材	7.0
氧化铝（陶瓷芯片载体）	5.9～7.4
环氧树脂（70％二氧化硅）塑料封装	20～23
共烧莫来石	4.2
砷化镓	5.7
碳化硅	3.6
碳纤维 60％-环氧树脂	−1.1
D. 其他陶瓷	
Al_2O_3	6.5～8.8
BeO	9
MgO	13.5
SiC	4.8
硅	2.6
Si_3N_4（α-相）	2.9
Si_3N_4（β-相）	2.3
尖晶石（$MgAl_2O_4$）	7.6
钠钙硅酸盐玻璃	9.2（用于灯泡）
硼硅酸盐玻璃	4.6（与可伐合金共用）
二氧化硅（96％纯度）	0.8
二氧化硅（99.9％纯度）	0.55
零度微晶玻璃 2 类	0.1
零度微晶玻璃 0 类极致	0.007
E. 聚合物（不定向）	
聚乙烯	100～200
聚丙烯	58～100
聚苯乙烯	60～80

续表

聚四氟乙烯	100
聚碳酸酯	66
尼龙(6/6)	80
醋酸纤维素	80～160
多甲基异丁烯酸	50～90
环氧树脂	45～90
苯酚甲醛	60～80
聚硅酮	20～40

注：ᵃ温度范围为−55～+100 ℃。

附录 2 印制电路板的特性

材料	热性能					机械性能		
	热导率/[W·(m·K)]	CTE/X,Y方向,ppm/℃	CTE/Z方向,ppm/℃	最大许用温度/℃	玻璃化转变温度/℃	拉伸强度/MPa	屈服强度/MPa	伸长率/%
高分子复合材料								
聚酰亚胺玻璃[a]	0.35	12~16	40~60	215~280	250~260	345	—	
环氧玻璃[b]	0.16~0.2	14~18	180	130~160	125~135	276	—	
改性环氧树脂[b]	—	14~16	—	—	140~150	—	—	
PTFE[c]玻璃,非织物	0.1~0.26	20	—	230~260	—	—	—	
PTFE[c]玻璃,织物	419~837	10~25	—	248	—	38~52	—	
环氧芳纶	0.12	6~8	66	—	125	68~103	—	—
环氧树脂石英	—	6~13	62	—	125	—	—	
聚酰亚胺芳纶	0.28	5~8	83	—	250	—	—	
聚酰亚胺石英	0.35	6~12	35	—	188~250	207	—	
环氧-堇青石	0.9~1.3	3.3~3.8	—	—	—	—	—	—
改性环氧芳纶	—	5.5~5.6	100	—	137	—	—	
PTFE[c]石英	—	7.5~9.4	88	—	19[d]	—	—	
聚酰亚胺	4.3~11.8	45~50	—	260~315	—	—	—	6~7
金属复合材料								
铜/因瓦合金/铜(20/60/20)	15~18[c]	5.3~5.5	16		N/A	310~414	170~270	36
铜/因瓦合金/铜(12.5/75/12.5)	14[c]	4.4	—		N/A	380~480	240~340	—

续表

材料	热导率/[W/(m·K)]	CTE/X,Y方向,ppm/℃	CTE/Z方向,ppm/℃	热性能				机械性能
				最大许用温度/℃	玻璃化转变温度/℃	拉伸强度/MPa	屈服强度/MPa	伸长率/%
铜/钼/铜	90~174	2.6	—	—	N/A	—	—	
镍/钼/镍	129.8c	5.2~6	5.2~6	—	N/A	621	552	50

注：经美国伊利诺斯州诺斯布鲁克桑德斯路 2215 号 IPC 许可出版。（表格来自 IPC-D-279《可靠表面贴装技术印制电路板组件设计指南》，1996 年 7 月。）

a FR-4，G-10。
b 多官能 FR-4。
c Z方向。
d 多态 p。
e PTFE 即聚四氟乙烯。

附录 3 金属与合金的微蚀刻试剂

可以使用多种技术来识别金属和合金中的晶粒结构、相和其他成分。金相学家通常能够通过选择性地蚀刻其抛光表面并将微观结构与参考样品的微观结构进行比较，并结合公布的相图来预测金属样品的化学成分和加工历史。

作者推荐使用以下化学试剂（蚀刻组合物）来蚀刻在电气和结构航天器材料的冶金评估过程中经常遇到的金属和合金。每种化学品必须根据制造商的建议进行储存和处理。所有化学品都具有潜在的危险性，并且假定混合、浇注或蚀刻的人完全熟悉它们的使用。如果对其使用、毒性或处置方法有任何不确定性，应联系用户的化学品和安全部门。

酸的浓度以比重（s. g.）或完全浓缩值的百分比（％）给出。

编号	金属	试剂成分		备注	
	铝及其合金				
1		氢氟酸(40%)	0.5 mL	建议浸泡 15 s。能够勾勒所有常见显显组分的轮廓。颜色指示	
		盐酸(1.19)	1.5 mL		
		硝酸(1.4)	2.5 mL		
		水	95.5 mL	Mg_2Si 和 $CaSi_2$	蓝色至褐色
				α(AlFeSi) 和 (AlFeMn)	变暗
				β(AlCuFe)	浅褐色
		凯勒蚀剂		$MgZn_2$、$NiAl_3$、(AlCuFeMn)、Al_2CuMg 和 Al_6CuMg	褐色至黑色
				α(AlCuFe) 和 (AlCuMn)	变黑
				Al_3Mg_2	轮廓明显且有麻点
				其他成分颜色几乎不变。不适合用于高硅合金	
				如果有必要就将剥黑膜放入 50%硝酸	
2		氢氧化钠	1 g	通过擦拭 10 s 来蚀样本。除了可能只有轻微轮廓的 Al_3Mg_2 和不受腐蚀和染色的(AlCrFe)之外，所有常见的成分都被明显勾勒出来。颜色指示	
		水	99 mL	$FeAl_3$ 和 $NiAl_3$	轻微变暗
				(AlCuMg)	浅褐色
				α(AlFeSi)	灰褐色
				α(AlFeSi)	粗糙且有腐蚀；轻微变暗
				$MnAl_6$ 和 (AlFeMn)	染色由褐色变为蓝色(不均匀腐蚀)
				$MnAl_4$	有变暗趋势
				其他组分颜色只轻微改变	
	铍				

续表

编号	试剂成分		备注
3	氢氟酸(40%)	10 mL	通过浸泡蚀刻 10~30 s 来勾勒晶界和微量成分
	乙醇	90 mL	
4	水	95 mL	铍合金可能需要在试剂中蚀刻(1~15 s)
	硫酸(1.84)	5 mL	

注意：在制备铍样品时，不要吸入粉尘，因为这有剧毒。切割操作必须在受控条件下进行，优选在手套箱中进行。有关去除机械双晶的操作请参阅正文。抛光布含氧化铍污染，需要根据当地的健康和安全要求进行处理。金相工作者应戴橡胶手套，避免接触蚀刻剂

铬

铜、铜合金、黄铜、青铜等

编号	试剂成分		备注
5	盐酸(浓)		显示电沉积辉纹
6	氨水	50 mL	用于铜和多种富铜合金。产生晶界蚀刻，并且存在在 α 固溶体变暗、β 固溶体更浅的趋势。双氧水含量可以变化。铜含量越低，需求越少
	水	50 mL	
	双氧水(30%体积分数)	20 mL	
7	氯化铁、不同强度和组分	氯化铁(g)	用作铜、黄铜、青铜、镍-银、铝-青铜和其他富铜合金的通用试剂。它使黄铜中的 β 成分变暗。该试剂通常不完美晕染蚀刻。该试验备制的试样的水通过 50∶50 的水-醇混合物或纯酒精替换蚀刻试剂中的水通。该试剂之后应进行氯化铁蚀刻，以增
	加入 100 份水	1	最合适的成分分组应当在特定情况下通过反复试验工作。对于敏感试样
	盐酸(1.19)		
	20	5	后产生颗粒对比。
	10	5	中的划痕，并且倾向于使其表面变粗糙。
	50		常会有很好的效果
8	重铬酸钾	2 g	用于铜以及含有铍、锰、硅的铜合金。也适用于镍-银、青铜和铬-铜合金。加对比度
	水	100 mL	
	氯化钠(饱和)	4 mL	
	硫酸(比重 1.84)	8 mL	

金

续表

编号	试剂成分		备注
9	盐酸（浓）	60 mL	需用盖子，浸泡数秒
	硝酸（浓）（王水）	40 mL	
10	氯化钾，10%水溶液	10 mL	用于金及其合金。每次操作必须使用新溶液，必要时加热溶液。蚀刻时间为 0.5~3 min。加入 2% 的碘化钾可以加速腐蚀，但这很容易产生染色效果
	过硫酸铵，10%水溶液	10 mL	
11	碘酊，50%碘化钾水溶液		用于金合金。与银-金合金作用可以形成碘化银膜。这可以通过浸入碘化钾溶液中除去
铜与铜合金			
12	盐酸（1.19）	20 mL	一般蚀刻剂，浸泡几秒钟［关于铜-金反应层的非常详细的研究，见 Millares 和 Peragi(1992)］
	苦味酸	4 g	
	乙醇	400 mL	
铁和钢			
13	硝酸（1.40）	1.5~5 mL	用于低碳钢中晶界铁素体。使珠光体变暗，并与铁素体或渗碳体网络形成对比。在许多钢材中蚀刻马氏体及其分解产物。用于低合金钢时优于苦味酸浸蚀液，用于铁素体晶界需要 5~30 s，具体取决于钢材
	乙醇（硝酸浸蚀液蚀刻）	到 100 mL	
14	苦味酸	1 g	奥氏体边界优先腐蚀
	乙醇（维氏试剂）	5 mL	对铁素体钢效果好
15	硝酸（1.40）	10 mL	试剂不要保留，变成黄色时就丢弃，如果这种试剂有残留可能"爆炸"
	盐酸（1.19）	20 mL	
	甘油	30 mL	
16	氯化铁	2 g	在工具钢中腐蚀铁素体和马氏体，勾勒出其碳化物
	盐酸（1.19）	5 mL	
	水（Kalling 试剂）	30 mL	浸没 1~5 min
钼			
17	(a)钾，氢氧化物溶液	每 100 mL 溶液 10 g	根据需要混合等量的(a)和(b)
	(b)钾，铁氰化物溶液	每 100 mL 溶液 10 g	晶界蚀刻

续表

编号	试剂成分		备注
18	氨(0.88)	50 mL	一般蚀刻
	双氧水(3%)	50 mL	煮沸 10 min
	水	50 mL	
镍及其合金			
19	硝酸(1.40)	10 mL	纯镍和镍-铬合金。晶界蚀刻
	盐酸(1.19)	20 mL	
	甘油	30 mL	
20	盐酸(1.40)	10 mL	用于纯镍、铜-镍合金、蒙氏合金和镍-银合金
	醋酸	10 mL	
	丙醇	10 mL	
21	盐酸(1.19)	300 mL	在通风橱中放置 24 h;用水按 50∶50 稀释。适用于 Nilo K 等合金。可作为储备溶液保存
	硝酸(1.40)	100 mL	
	氯化铁	25 g	
	氯化铜	25 g	
	("绿色特种蚀刻",也叫作 Pinder 蚀刻)		
铂族金属(例如 Pt、Pd、Rh、Ru、Ir、Os)			
—	使用王水——见 9 号蚀刻剂(可能需要加热)		晶粒对比
22	钾的铁氰化物	3.5 g	大多数合金,用于一般晶界蚀刻
	氢氧化钠	1 g	
	水	150 mL	浸没数分钟
银			
23	氨水	50 mL	推荐用于银,银-镍和银-钯合金。也适用于银焊焊接头的检查
	双氧水(3%)	10~30 mL	
24	添加少量重铬酸 CrO₃ 晶体(2g)的硫酸(10%水溶液)		该试剂揭示了银和富银合金的晶粒结构

续表

编号	试剂成分		备注
锡及其合金			
25	含有 2%硝酸 (1.40) 的酒精		具有高对比度的微蚀刻，在长时间浸泡后会使铅变黑并使锡变暗至浅棕色
26	硝酸银	5 g	推荐用于富铝合金的微蚀刻。使初级和共晶铝变暗并产生非常高的颗粒对比度
	水	100 mL	
钛及其合金			
27	氢氟酸 (40%) 　1~3 mL	3~10 s	最有用的一般蚀刻，对于 Ti6A14V 合金尤其有效
	硝酸 (1.40) 　2~6 mL		必须彻底清洗塑料支架以去除所有氢氟酸，因为重新反应的酸会蚀刻并损坏玻璃显微镜镜片
	水 (Kroll 试剂) 　至 100 mL		
28	氢氧化钾 (40%) 　10 mL	3~20 s	对 α/β 合金有用，α 被腐蚀或染色，β 不受腐蚀
	双氧水 (30%) 　5 mL		
	水（根据所需使用的合金具体调整） 　20 mL		
29	屈大麻酚蓝-50%氯化苄烷铵溶液	10 - 15 mL	染色蚀刻显示 α 稳定层
	甘油	40 mL	样品必须干燥，擦拭蚀刻受到到最佳控制；蚀刻时间可变；持续操作直到样品变成浅棕色 (Murakami 试剂)
	变性酒精	40 mL	
	氢氟酸 (40%)	5~10 mL	
钨			
30	10%氢氧化钠水溶液	10 mL	该试剂要冷却使用，在浸泡样品约 10 s 后，产生晶界
	10%铁氰化钾水溶液	10 mL	
31	10%过氧化氢水溶液		该试剂产生晶界，但仅在沸腾试剂中经过约 30~90 s 后产生

附录 4 机械性能换算表

机械性能换算表 [N/mm² (MPa) 换算成 hbar，tonf/in²，lbf/in²，kgf/mm²]

N/mm²	hbar	tonf/in²	lbf/in²	kgf/mm²
5	0.5	0.3	700	0.5
10	1	0.6	1 500	1.0
15	1.5	1.0	2 200	1.5
20	2	1.3	2 900	2.0
25	2.5	1.6	3 600	2.5
30	3	1.9	4 400	3.1
35	3.5	2.3	5 100	3.6
40	4	2.6	5 800	4.1
45	4.5	2.9	6 500	4.6
50	5	3.2	7 300	5.1
55	5.5	3.6	8 000	5.6
60	6	3.9	8 700	6.1
65	6.5	4.2	9 400	6.6
70	7	4.5	10 200	7.1
75	7.5	4.9	10 900	7.6
80	8	5.2	11 600	8.2
85	8.5	5.5	12 300	8.7
90	9	5.8	13 100	9.2
95	9.5	6.2	13 800	9.7
100	10	6.5	14 500	10.2
105	10.5	6.8	15 200	10.7
110	11	7.1	16 000	11.2
115	11.5	7.4	16 700	11.7
120	12	7.8	17 400	12.2
125	12.5	8.1	18 100	12.7
130	13	8.4	18 900	13.3
135	13.5	8.7	19 600	13.8
140	14	9.1	20 300	14.3
145	14.5	9.4	21 000	14.8
150	15	9.7	21 800	15.3

续表

N/mm²	hbar	tonf/in²	lbf/in²	kgf/mm²
155	15.5	10.0	22 500	15.8
160	16	10.4	23 200	16.3
165	16.5	10.7	23 900	16.8
170	17	11.0	24 700	17.3
175	17.5	11.3	25 400	17.8
180	18	11.7	26 100	18.4
185	18.5	12.0	26 800	18.9
190	19	12.3	27 600	19.4
195	19.5	12.6	28 300	19.9
200	20	12.9	29 000	20.4
205	20.5	13.3	29 700	20.9
210	21	13.6	30 500	21.4
215	21.5	13.9	31 200	21.9
220	22	14.2	31 900	22.4
225	22.5	14.6	32 600	22.9
230	23	14.9	33 400	23.5
235	23.5	15.2	34 100	24.0
240	24	15.5	34 800	24.5
245	24.5	15.9	35 500	25.0
250	25	16.2	36 300	25.5
255	25.5	16.5	37 000	26.0
260	26	16.8	37 700	26.5
265	26.5	17.2	38 400	27.0
270	27	17.5	39 200	27.5
275	27.5	17.8	39 900	28.0
280	28	18.1	40 600	28.6
285	28.5	18.5	41 300	29.1
290	29	18.8	42 100	29.6
295	29.5	19.1	42 800	30.1
300	30	19.4	43 500	30.6
305	30.5	19.7	44 200	31.1
310	31	20.1	45 000	31.6
315	31.5	20.4	45 700	32.1
320	32	20.7	46 400	32.6
325	32.5	21.0	47 100	33.1

续表

N/mm²	hbar	tonf/in²	lbf/in²	kgf/mm²
330	33	21.4	47 900	33.7
335	33.5	21.7	48 600	34.2
340	34	22.0	49 300	34.7
345	34.5	22.3	50 000	35.2
350	35	22.7	50 800	35.7
355	35.5	23.0	51 500	36.2
360	36	23.3	52 200	36.7
365	36.5	23.6	52 900	37.2
370	37	24.0	53 700	37.7
375	37.5	24.3	54 400	38.2
380	38	24.6	55 100	38.7
385	38.5	24.9	55 800	39.3
390	39	25.3	56 600	39.8
395	39.5	25.6	57 300	40.3
400	40	25.9	58 000	40.8
405	40.5	26.2	58 700	41.3
410	41	26.5	59 500	41.8
415	41.5	26.9	60 200	42.3
420	42	27.2	60 900	42.8
425	42.5	27.5	61 600	43.3
430	43	27.8	62 400	43.8
435	43.5	28.2	63 100	44.4
440	44	28.5	63 800	44.9
445	44.5	28.8	64 500	45.4
450	45	29.1	65 300	45.9
455	45.5	29.5	66 000	46.4
460	46	29.8	66 700	46.9
465	46.5	30.1	67 400	47.4
470	47	30.4	68 200	47.9
475	47.5	30.8	68 900	48.4
480	48	31.1	69 600	48.9
485	48.5	31.4	70 300	49.5
490	49	31.7	71 100	50.0
495	49.5	32.1	71 800	50.5
500	50	32.4	72 500	51.0

续表

N/mm²	hbar	tonf/in²	lbf/in²	kgf/mm²
505	50.5	32.7	73 200	51.5
510	51	33.0	74 000	52.0
515	51.5	33.3	74 700	52.5
520	52	33.7	75 400	53.0
525	52.5	34.0	76 100	53.5
530	53	34.3	76 900	54.0
535	53.5	34.6	77 600	54.6
540	54	35.0	78 300	55.1
545	54.5	35.3	79 000	55.6
550	55	35.6	79 800	56.1
555	55.5	35.9	80 500	56.6
560	56	36.3	81 200	57.1
565	56.5	36.6	81 900	57.6
570	57	36.9	82 700	58.1
575	57.5	37.2	83 400	58.6
580	58	37.6	84 100	59.1
585	58.5	37.9	84 800	59.7
590	59	38.2	85 600	60.2
595	59.5	38.5	86 300	60.7
600	60	38.8	87 000	61.2

附录 5 铝合金状态定义

铝合金的成分和回火条件由铝协会（AA）指定并在国际上得到认可。可以从 AA 获得进一步的信息。

基本状态定义如下：

    F   制造

    O   退火

    H   应变硬化

    T   进行热处理以产生 F，O，H 以外的稳定回火

H 状态细分如下：

（1）第一个数字

H1   仅应变硬化

H2   应变硬化并部分退火

H3   应变硬化并稳定

（2）第二个数字

1   1/8 硬化

2   1/4 硬化

3   3/8 硬化

4   半硬化

5   5/8 硬化

6   3/4 硬化

7   7/8 硬化

8   完全硬化

9   最小极限抗伸强度超过完全硬度至少 10 MPa。

第二个数字表示硬化程度，是 1 到 9 之间的数字。

（3）第三个数字

第三个数字可用于表示另一个特征或变化。

航天器铝合金通常按照 T 回火性细分，如下文所示。

T 回火性更精确的描述如下，但是应尽量查阅原始材料规范，因为实际应用存在一些偏差。

T1 从高温成型过程冷却并自然老化至基本稳定的状态。

T2 从高温成型过程冷却，冷加工，自然老化至基本稳定的状态。

T3 经过溶液热处理，冷加工，自然老化至基本稳定的状态。

T351 经过溶液热处理，通过拉伸消除应力，产生 2% 的标称永久变形，但不小于 1.5%，也不大于 3%。拉伸后产品不再进一步拉直。

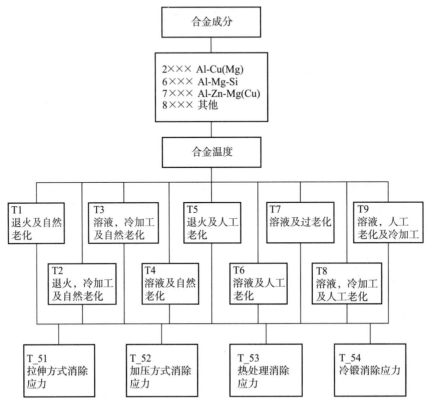

T3510 经过溶液热处理，通过拉伸消除应力，产生 1.5% 的标称永久变形，但不小于 1%，也不大于 3%。挤压件在拉伸后不再校直。

T3511 经过溶液热处理，通过拉伸消除应力，产生 1%~1.5% 的标称永久变形，但不小于 1%，也不大于 3%。拉伸后，挤压件可能会轻微矫直，达到公差所需的量。

T352 经过溶液热处理，通过压缩消除应力，产生 1.5%~5% 的永久变形。在压缩过程中，应在轴向上施加主要焦点。

T36 经过溶液热处理和冷加工，减少约 6%。

T361 经过溶液热处理和冷却后减少约 6% 的厚度。

T4 经过溶液热处理并自然老化至基本稳定的状态。

T42 材料以任何状态购买，随后经过溶液热处理，并由用户自然老化至基本稳定的状态。

T451 轧制或冷轧，通过拉伸消除应力，产生 1.5% 的标称永久变形，但不小于 1%，也不大于 3%。产品除非经购买者特别授权，否则在拉伸后不再进行任何操作。

T4510 经过溶液热处理，通过拉伸消除应力，产生 1.5% 的标称永久变形，但不小于 1%，也不大于 3%。拉伸后材料不再拉直。

T4511 经过溶液热处理，通过拉伸消除应力，产生 1.5% 的标称永久变形，但不小于

1％，也不大于 3％。拉伸后材料可能会轻微矫直。

T5 从高温成型过程冷却，然后人工老化（锻造产品），消除应力（铸件）。

T51 沉淀热处理（铸件）。

T6 溶液和沉淀热处理。

T61 经过溶液热处理和沉淀热处理。从溶液温度开始淬火应在 80～85 ℃的水中。

T611 溶液和沉淀热处理，低残余应力。

在从溶液热处理温度淬火后，材料可以接受小的矫直，其量必须满足图中规定的公差。

T62 经过溶液热处理，然后由用户人工老化。

T651 经过溶液热处理，通过拉伸消除应力，产生 2％（但不小于 1.5％且不大于 3％）的标称永久变形，并且人工老化。拉伸后产品不再进一步拉直。

T6510 经过溶液热处理，通过拉伸消除应力，产生 1.5％（但不小于 1％且不大于 3％）的标称永久变形，并进行人工老化。材料拉伸后不再拉直。

T6511 经过溶液热处理，通过拉伸消除应力，产生 1.5％的标称永久变形，但不小于 1％，也不大于 3％，并进行人工老化。拉伸后材料可能会轻微拉直。

T652 经过溶液热处理，通过压缩消除应力，产生 1.5％～5％的永久变形，并进行沉淀热处理。在压缩过程中，主要焦点应在轴向上施加，并使各个环达到大致最终尺寸。

T66 溶液和沉淀热处理。

T7 溶液热处理和过老化/稳定。

T71 溶液和沉淀热处理（铸件）。

T72 进行溶液热处理，然后由用户人工过老化。

T73 见 T74。

T7351 经过溶液热处理，通过拉伸消除应力，产生 2％（但不小于 1.5％且不大于 3％）的标称永久变形，并进行沉淀热处理。拉伸后，板材不再进行矫直操作。

T73510 经过溶液热处理，通过拉伸消除应力，产生 1.5％（但不小于 1％且不大于 3％）的标称永久变形，并进行沉淀热处理。拉伸后材料不再拉伸。

T7311 经过溶液热处理，通过拉伸消除应力，产生 1.5％的标称永久变形，但不小于 1％，也不大于 3％，并进行沉淀热处理。拉伸后，材料可能会轻微矫直，以满足所需的尺寸公差。

T7352 经过溶液热处理，通过压缩消除应力，产生不小于 1％且不大于 5％的永久变形，并进行沉淀热处理。压缩的方法和方向应由买方和供应商商定。

T736 见 T74。

T73651 经过溶液热处理，通过拉伸消除应力，产生 2％（但不小于 1.5％且不大于 3％）的标称永久变形，并进行沉淀热处理。

T736511 经过溶液热处理，通过拉伸消除应力，产生 1.5％（但不小于 1％且不大于 3％）的标称永久变形，并进行沉淀热处理。拉伸后材料可能会轻微矫直，以满足所需的尺寸公差。

T73652 经过溶液热处理，通过压缩消除应力，产生不小于 1％且不大于 5％的永久变形，并进行沉淀热处理。压缩的方法和方向应由买方和供应商商定。

T74（以前为 T73 或 T736）经过溶液热处理和人工老化，以抵抗应力腐蚀开裂。

T7451 经过溶液热处理，通过拉伸消除应力，产生 2％（但不小于 1.5％且不大于 3％）的标称永久变形，并进行沉淀热处理。拉伸后，板材不再进行矫直操作。

T7452 经过溶液热处理，通过压缩消除应力，产生 1％～5％的永久变形，并进行老化。

T76 经过溶液热处理和人工老化，以产生更好的抗剥落性。

T761 经过溶液热处理和沉淀热处理。T7 回火需要对老化变量（如时间、温度、升温速率等）进行更严格的控制。

T7651 经过溶液热处理，通过拉伸消除应力，产生 2％（但不小于 1.5％且不大于 3％）的标称永久变形，进行人工老化，以产生更好的抗剥落性和抗应力腐蚀开裂性。拉伸后，板材不再进行矫直操作。

T76511 经过溶液热处理，通过拉伸消除应力，产生 1.5％（但不小于 1％且不大于 3％）的标称永久变形，并进行沉淀处理。拉伸后，材料可能会轻微矫直，其尺寸必须满足所需的尺寸公差。

T77 溶液处理和稳定。

T8 经过溶液热处理，冷加工，然后人工老化。

T81 经过溶液热处理，通过压扁操作进行冷加工，然后人工老化。

T851 经过溶液热处理，通过拉伸消除应力，产生 2％（但不小于 1.5％且不大于 3％）的标称永久变形，并进行人工老化。拉伸后，板材不再进行矫直操作。

T8511 经过溶液热处理，通过拉伸消除应力，产生 1.5％（但不小于 1％且不大于 3％）的标称永久变形，并进行沉淀热处理。

T852 经过溶液热处理，通过压缩消除应力，产生 1％～5％的永久变形，并进行沉淀热处理。

T86 经过溶液热处理，冷加工约减少 6％，然后人工老化。

T861 经过溶液热处理，冷却后厚度减少约 6％，并进行沉淀热处理。

T9 经过溶液热处理，人工老化，然后冷加工。

T10 从高温成型过程冷却，冷加工，然后人工老化。

附录 6　金属合金对照表^①

简　介

马歇尔航天飞行中心文件 MSFC‑SPEC‑522A，《控制应力腐蚀开裂的设计标准》，包含一系列合金。每种合金带有一个五位数的分类号，其编号如下：

- 第一个数字表示种类。

    1. 钢
    2. 镍合金
    3. 铝合金
    4. 铜合金
    5. 钛合金
    6. 镁合金
    7. 其他合金

- 第二个数字表示子类。
- 最后三位数是子类中的序列号。

以下页面中包含的列表基于上述文件 MSFC‑SPEC‑522A 中列表，将文件 MSFC‑SPEC‑522A 中列表视为基本框架。在这个框架中插入了与美国最为接近的英国、法国和德国合金规格。如果在美国规格合金之后没有相应的欧洲规格合金，那就意味着勤奋的搜索未能找到相同的规格。

用户可以从组成中决定相关规格是否足够相似，以允许英国、法国或德国合金被认为是美国合金的合适替代品。在所有关键应用中，必须参考单个合金规格，因为精确的组成成分、成分公差、微量元素的存在等可能是重要的。没有尝试在构成的基础上与材料相关联，但是参考规格编号将在这个问题上提供指导。

对于钢和铝合金，列表必须与末尾附注的说明一起使用。

在列表之后，有一个索引可以使五位数表格与汽车工程师协会（SAE）和美国材料试验协会（ASTM）的统一编号系统（UNS）相关联。UNS 编号的前缀是字母符号，其含义如下：

A　铝和铝合金

C　铜和铜合金

G　AISI 和 SAE 碳钢

---

① 此附录表中数据为避免录入错误，且在不妨碍读者理解的情况下，直接引用原著数据，即不做格式标准化处理。——编者注

J　铸钢（工具钢除外）

K　其他有色金属和合金

N　镍和镍合金

R　活性难熔金属和合金

S　耐热和耐腐蚀（不锈钢）钢

T　工具钢，锻造和铸造

碳钢

合金等效——钢

国家	名称	C	Si	Mn	P	S	其他
11001							
USA	AISI/SAE1005(UNS G10050)	<.06	*1	<.35	<.04	<.05	—
UK	BS970 015A03	<.06	*1	<.3	<.05	.05	—
F	AFNOR FD5	.04-.07	—	.2-.4	.02	.025	—
F	AFNOR FD4	.04-.07	<.1	.2-.4	.025	.03	—
G	DIN 17140 D6-2 Wk. 1.0314	<.06	*2	<.4	<.04	<.04	N<.007 *3
G	DIN 17140 D5-1 Wk. 1.0312	<.06	*2	<.4	<.05	<.05	—
11002							
USA	AISI/SAE 1006 (UNS G10060)	<.08	*1	.25-.4	<.04	<.05	—
UK	BS970 030A04	<.08	*1	.2-.4	<.05	<.05	—
G	DIN 17140 D7-1 Wk. 1.0311	<.08	*2	<.45	<.06	<.05	—
G	DIN 17140 D8-2 Wk. 1.0313	<.08	*2	<.45	<.045	<.04	N<.007 *3
USA	AISI/SAE 1008 (UNS G10080)	<.1	*1	.3-.5	<.04	<.05	—
UK	BS970 040A04	<.08	*1	.3-.5	<.05	<.05	—
F	AFNOR FdTu4	<.09	—	.25-.5	—	—	N<.006
F	AFNOR FdTu2	<.08	—	.35-.6	—	—	N<.014 Mn/S>10
F	AFNOR FdTu10	<.1	—	.25-.5	—	—	N<.01
F	AFNOR FdTu11	<.1	<.1	.25-.5	—	—	—
11003							
F	AFNOR Fd2	.04-.1	—	.2-.45	—	—	N<.007
F	AFNOR Fd12	.04-.1	—	.2-.5	—	—	N<.007
G	Ust4, US14 Wk. 1.0336	<.09	*2	.25-.5	<.03	<.03	N<.007
G	DIN 1623; 1624; 5512; st2,st12 Wk.1.0330	<.1	*2	.2-.45	<.033	.035	N<.007 *3
G	DIN 1623. Bl1; 001624; st3,st13 Wk.1.0333	<.1	*2	.2-.4	<.025	.023	N<.007
G	DIN 17115; Ust35-2; Wk. 1.0207	.06-.14	*2	.4-.6	<.04	<.04	N<.007 *3　AISI 1010

续表

编号	国家	名称	C	Si	Mn	P	S	其他
11003	G	DIN 17115; Rst35-2; Wk. 1.0208	.06-.12	.03-25	.4-.6	<.04	<.04	AISI 1010
	G	DIN 17111; UQst 36-2; Wk.1.0204	.08-.13	*2	1.25-.45	<.04	<.04	N<.007 *3 AISI 1010
	G	DIN 17111; Rst 36-2; Wk. 1.0205	<.13	<.4	25-.5	<.05	<.5	N<.007 *3 AISI 1010
	USA	AISI/SAE 1010 (UNS G10100)	.08-.13	*1	.3-.6	<.04	<.05	—
	UK	BS970 040A10	.08-.13	*1	.3-.5	<.05	<.05	—
	UK	BS970 045A10	.08-.13	*1	.3-.6	<.05	<.05	—
11004	F	AFNOR Xc9	.06-.12	.05-.3	.3-.5	—	—	—
	G	DIN 17210; 1652 Ck10 Wk.1.1121	.07-.13	.15-.35	.3-.6	<.035	<.035	—
	G	DIN 17210; 1652 c9 Wk. 1.0301	.07-.13	.15-.33	.3-.6	<.045	<.043	—
11005	USA	AISI/SAE 1011 (UNS G10110)	.08-.13	*1	.6-.9	<.04	<.05	—
	UK	BS970 060A10	.08-.13	*1	.5-.7	<.04	<.05	—
11006	USA	AISI/SAE 1012 (UNS G10120)	.1-.15	—	.3-.6	<.04	<.05	—
	UK	BS970 040A12	.1-.15	*1	.3-.5	<.05	<.05	—
	F	AFNOR XC 12	.1-.16	.05-.3	.3-.5	—	—	—
	G	DIN 17210; 1652 Ck10Wk. 1.1121	.07-.13	.15-.35	.3-.6	<.035	<.035	—
	G	DIN 17210; 1652 c9 Wk. 1.0301	.07-.13	.15-.35	.3-.6	<.045	<.045	—
11007	USA	AISI/SAE 1015 (UNS G10150)	.13-.18	*1	.3-.6	<.04	<.05	—
	UK	BS970 040A15	.13-.18	*1	.3-.5	<.05	<.05	—
	UK	BS970 050A15	.13-.18	*1	.4-.6	<.05	<.05	—
	F	AFNOR XC12	.1-.16	.05-.3	.3-.5	—	—	—
	G	DIN 17210; 1652 Ck15 Wk.1.1141	.12-.18	.15-.35	.3-.6	<.035	<.035	—

续表

国家		名称	组分					
			C	Si	Mn	P	S	其他
11008	USA	AISI/SAE 1016 (UNS G10160)	.13－18	*1	.6－.9	<.04	<.05	—
	UK	BS970 080A15	.13－18	*1	.7－.9	<.05	<.05	—
	G	DIN 17111; Rst 44.2 **Wk.** 1.0419	<.18	<.45	<.8	<.05	<.05	N<.007
11009	USA	AISI/SAE 1017 (UNS G10170)	.15－2	*1	.3－6	<.04	<.05	—
	UK	BS970 040A17	.15－2	*1	.3－5	<.05	<.05	—
	F	AFNOR XC18	.16－22	<.25	.4－65	—	—	—
	G	DIN 17210; 1652 Ck15 **Wk.**1.1141	.12－18	.15－35	.3－6	<.035	<.035	—
11010	USA	AISI/SAE 1018 (UNS G10180)	.15－2	*1	.6－.9	<.04	<.05	—
	UK	BS970 080A17	.15－2	*1	.7－.9	<.05	<.05	—
	G	DIN 17172; st43.7 **Wk.** 1.0484	.22	<.4	.5－1.1	<.04	<.045	—
11011	USA	AISI/SAE 1019 (UNS G10190)	.15－2	*1	.7－1.0	<.04	<.05	—
	UK	BS970 080A17	.15－2	*1	.7－.9	<.05	<.05	—
	G	DIN 17172; St43.7**Wk.**1.0484	<.22	<.4	.5－1.1	<.04	<.045	—
11012	USA	A.SI/SAE 1020 (UNS G10200)	.18－23	*1	3－6	<.04	<.05	—
	UK	BS970 040A20	.18－23	*1	.3－5	<.05	<.05	—
	F	AFNOR CC20	.15－25	.1－4	.4－7	<.04	<.04	—
	G	DIN 17200; 17242; 17243; 1652. C22**Wk.** 1.0402	.18－25	.15－35	.3－6	<.045	<.045	—
11013	USA	AISI/SAE 1021 (UNS G10210)	.18－23	*1	.6－.9	<.04	<.05	—
	UK	BS970 080A20	.18－23	*1	.7－.9	<.05	<.05	—
	G	DIN 17172; St47.7 **Wk.** 1.0409	<.22	.2－45	.7－1.3	<.04	<.035	N<.009
11014	USA	AISI/SAE 1022 (UNS G10220)	.18－23	*1	.7－1.0	<.04	<.05	—
	UK	BS970 080A20	.18－23	*1	.7－.9	<.05	<.05	—
	G	DIN 17172; St47.7 **Wk.** 1.0409	<.22	.2－45	.7－1.3	<.04	<.035	—

续表

	国家	名称	组分					
			C	Si	Mn	P	S	其他
11015	USA	AISI/SAE 1023 (UNS G10230)	.2 –.25	*1	.3 –.6	<.04	<.05	—
	UK	BS970 040A22	.2 –.25	*1	.3 –.5	<.05	<.05	—
	F	AFNOR XC18S	.15 –.22	<.25	.4 –.65	<.04	<.035	—
	G	DIN 17200; 1652. Ck22 Wk.1.1151	.18 –.25	.15 –.35	.3 –.6	<.035	<.035	Cr<.5
11016	USA	AISI/SAE 1025 (UNS G10250)	.22 –.28	*1	.3 –.6	<.04	<.05	—
	UK	BS970 060A25	.23 –.28	*1	.5 –.7	<.05	<.05	—
	F	AFNOR XC25	.23 –.29	.1 –.4	.4 –.7	—	—	—
	G	Ck25 Wk. 1.1158	.22 –.29	.15 –.4	.4 –.7	<.035	<.035	—
11017	USA	AISI/SAE 1026 (UNS G10260)	.22 –.28	*1	.6 –.9	<.04	<.05	—
	UK	BS970 080A25	.23 –.28	*1	.7 –.9	<.05	<.05	—
11018	USA	AISI/SAE 1029 (UNS G10290)	.25 –.31	*1	.6 –.9	<.04	<.05	—
	UK	BS970 080A27	.25 –.30	*1	.7 –.9	<.05	<.05	—
11019	USA	AISI/SAE 1030 (UNS G10300)	.28 –.34	*1	.6 –.9	<.04	<.05	—
	UK	BS970 080A30	.28 –.33	*1	.7 –.6	<.05	<.05	—
11020	USA	AISI/SAE 1035 (UNS G10350)	.32 –.38	*1	.6 –.9	<.04	<.05	—
	UK	BS970 080A35	.33 –.38	*1	.7 –.9	<.05	<.05	—
	F	AFNOR XC32	.3 –.35	.1 –.4	.5 –.8	—	—	—
	G	DIN 17200; 17240; 0017242. Ck35 Wk. 1.1181	.32 –.39	.15 –.35	.5 –.8	<.035	<.035	—
11021	USA	AISI/SAE 1037 (UNS G10370)	.32 –.38	*1	.7 –1.0	<.04	<.05	—
	UK	BS970 080A35	.33 –.38	*1	.7 –.9	<.05	<.05	—
	F	AFNOR XC35	.32 –.38	.1 –.4	.5 –.8	<.04	<.035	—
	G	DIN 17200; 17240; 0017242 Ck35Wk. 1.1181	.32 –.39	.15 –.35	.5 –.8	<.035	<.035	—

续表

国家		名称	组分					
			C	Si	Mn	P	S	其他
11022	USA	AISI/SAE 1038 (UNS G10380)	.35 – .42	* 1	.6 – .9	<.04	<.05	—
	UK	BS970 080A37	.35 – .4	* 1	.7 – .9	<.05	<.05	—
	F	AFNOR XC38	.35 – .4	.1 – .4	.5 – .8	<.035	<.035	—
	G	Ck38 Wk. 1.1176	.35 – .4	.35 – .5	.5 – .7	<.035	<.035	N<.007 * 3
11023	USA	AISI/SAE 1039 (UNS G10390)	.37 – .44	* 1	.7 – 1.0	<.04	<.05	—
	UK	BS970 080A40	.38 – .43	* 1	.7 – .9	<.05	<.05	—
	F	AFNOR XC42	.4 – .45	.1 – .4	.5 – .8	<.035	<.035	—
	G	Ck42A1 Wk. 1.1190	.39 – .44	.25 – .4	.75 – .9	<.035	<.035	N<.007 * 3
11024	USA	AISI/SAE 1040 (UNS G10400)	.37 – .44	* 1	.6 – .9	<.04	<.05	—
	UK	B 970 060A40	.38 – .43	* 1	.5 – .7	<.05	<.05	—
	G	Ck40 Wk. 1.1186	.37 – .43	.15 – .35	.5 – .8	<.035	<.035	N<.007 * 3
11025	USA	AISI/SAE 1042 (UNS G10420)	.4 – .47	* 1	.6 – .9	<.04	<.05	—
	UK	BS970 060A42	.4 – .45	* 1	.5 – .7	<.05	<.05	—
	F	AFNOR XC42	.4 – .45	.1 – .4	.5 – .8	<.035	<.035	—
	G	Ck42A1 Wk. 1.1190	.39 – .44	.25 – .4	.75 – .9	<.035	<.035	N<.007 * 3
11026	USA	AISI/SAE 1043 (UNS G10430)	.4 – .47	* 1	.7 – 1.0	<.04	<.05	—
	UK	BS970 080A42	.4 – .45	* 1	.7 – .9	<.05	<.05	—
	G	DIN 17200; 17242; 1652, C45 Wk.1.0503	.42 – .45	.15 – .35	.5 – .8	<.045	<.045	—

续表

国家	名称	组分					
		C	Si	Mn	P	S	其他
11027							
USA	AISI/SAE 1045 (UNS G10450)	.43 –.50	*1	.6 –.90	<.04	<.05	—
UK	BS970 080M46	.42 –.50	*1	.6 – 1.0	<.05	<.05	—
F	AFNOR XC45	.42 –.48	.1 –.35	.5 –.8	<.035	<.035	—
G	DIN 17200; 1652; 0017242 Ck45 **Wk.**1.1191	.42 –.5	.15 –.35	.5 –.8	<.035	<.035	N<.007 *3
G	DIN 17200 Cm45 **Wk.** 1.1201	.42 –.5	.15 –.35	.5 –.8	<.035	.020 –.035	—
CEN	EN 10083 – 1 2C45 (C45E) 1.1191 相当于 **BS970 070M55**						
11028							
USA	AISI/SAE 1046 (UNS G10460)	.43 –.5	*1	.7 – 1.0	<.04	<.04	—
UK	BS970 080A47	.45 –.5	*1	.7 –.9	<.05	<.05	—
11029							
USA	AISI/SAE 1049 (UNS G10490)	.46 –.53	*1	.6 –.9	<.04	<.05	—
UK	BS970 080M50	.45 –.55	*1	.6 – 1.0	<.05	<.05	—
F	AFNOR XC50	.46 –.52	.15 –.35	.5 –.8	<.035	<.035	—
G	CK50 **Wk.** 1.1206	.47 –.55	.15 –.35	.6 –.9	<.035	.035	—
CEN	EN 10083 – 1 2C50 (C50E) 1.1206 相当于 **BS970 080M50**						
11030							
USA	AISI/SAE050(UNS G10500)(*4)	.48 –.55	*1	.6 –.9	<.04	<.05	—
UK	BS970 080A52	.5 –.55	*1	.7 –.9	<.05	<.05	—
11031							
USA	AISI/SAE 1053 (UNS G10530)	.48 –.55	*1	.7 – 1.0	<.04	<.05	—
UK	BS970 080A52	.5 –.55	*1	.7 –.9	<.05	<.05	—

续表

国家	名称	组分					
		C	Si	Mn	P	S	其他
11032							
USA	AISI/SAE 1055(UNS G10550)（*4)	.5-6	*1	.6-9	<.04	<.05	—
UK	BS970 070M55	.5-6	*1	.5-9	<.05	<.05	—
F	AFNOR XC55	.52-6	.1-4	.5-8	<.035	<.035	—
G	DIN 17200 Cm55 Wk. 1.1209	.52-6	.15-35	.6-9	<.035	.020-.035	—
CEN	EN 10083-1 2C55 (C55E) 1.1203 相当于 BS970 070M55						
11033							
USA	AISI/SAE 1060 (UNS G10600)（*4)	.55-65	*1	.6-9	<.04	<.05	—
UK	BS970 080A57	.55-6	.1-4	.7-9	<.05	<.05	—
F	AFNOR XC60	.57-65	.15-35	.4-7	<.035	<.035	—
G	DIN 17200 Cm60 Wk. 1.1223	.57-65	.15-35	.6-9	<.035	.02-.035	—
G	DIN 17200; 1652; 0017222 Ck60 Wk. 1.1221	.57-65	.15-35	.6-9	<.035	<.035	—
G	DIN 17200; 1652; 17222 C60 Wk.1.0601	.57-65	.15-35	.6-9	<.045	<.045	—
11034							
USA	AISI/SAE 1064 (UNS G10640)（*4)	.6-7	*1	.5-8	<.04	<.05	—
UK	BS970 060A62	.6-65	.1-4	.5-7	<.05	<.05	—
UK	BS970 060A67	.65-7	.1-4	.5-7	<.05	<.05	—
F	AFNOR XC65	.6-69	.1-4	.5-8	<.035	<.055	—
G	DIN 17223 Federstahldraht FD (VD)Wk. 1.1230	.6-7	<.25	.5-9	<.03	<.03 (<.②)	—
G	Ck65	.65	.3	.75	<.035	<.035	—
11035							
USA	AISI/SAE 1065 (UNS G10650)（*4)	.6-7	*1	.6-9	<.04	<.05	—
UK	BS970 080A62	.6-65	.1-4	.7-9	<.05	<.05	—
UK	BS970 080A67	.65-1	.1-4	.7-9	<.05	<.05	—

续表

国家		名称	组分					
			C	Si	Mn	P	S	其他
11036	USA	AISI/SAE 1069 (UNS G10690)	.66–.75	*1	.4–.7	<.04	<.05	—
	UK	BS970 060A72	.7–.75	.1–.4	.5–.7	<.05	<.05	—
	F	AFNOR XC68	.65–.73	.15–.35	.4–.7	<.035	.035	—
	G	DIN 0017222 Ck67 Wk. 1.1231	.65–.72	.15–.35	.6–.9	<.035	.035	—
11037	USA	AISI/SAE 1070 (UNS G10700)	.65–.75	*1	.6–.9	<.04	<.05	—
	UK	BS970 080A72	.7–.75	.1–.4	.7–.9	<.05	<.05	—
	G	DIN001 7222 Ck67 Wk. 1.1231	.65–.72	.15–.35	.6–.9	<.035	.035	—
11038	USA	AISI/SAE 1074 (UNS G10740)	.7–.8	*1	.5–.8	<.04	<.05	—
	UK	BS970 070A78	.75–.82	.1–.4	.6–.8	<.05	<.05	—
	F	AFNOR XC75	.7–.8	.15–.3	.4–.7	<.035	.035	—
	G	DIN0017222 Ck75 Wk. 1.1248	.7–.8	.15–.35	.6–.8	<.035	<.033	N<.007 *3
11039	USA	AISI/SAE 1075 (UNS G10750)	.7–.8	*1	.4–.7	<.04	<.05	—
	UK	BS970 060A78	.75–.82	.1–.4	.5–.7	<.05	<.05	—
	F	AFNOR XC75	.7–.8	.15–.3	.4–.7	<.035	.035	—
	G	Wk. 1.1246	.7–.77	<.2	.4–.6	<.025	.025	—
11040	USA	AISI/SAE 1078 (UNS G10780)	.72–.85	*1	.3–.6	<.04	<.05	—
	UK	BS970 060A78	.75–.82	.1–.4	.5–.7	<.05	<.05	—
	F	AFNOR XC75	.7–.8	.15–.3	.4–.7	<.035	.035	—
	G	Wk. 1.1246	.7–.77	<.2	4–.6	<.025	.025	—

续表

	国家	名称	C	Si	Mn	P	S	其他
11041	USA	AISI/SAE 1080 (UNS G10800)	.75-.88	*1	.6-.9	<.04	<.05	—
	UK	BS970 080A83	.7-.9	.1-.4	.7-.9	<.05	<.05	—
	F	AFNOR XC80	.75-.85	.1-.4	.5-.8	<.035	<.035	Cr<.2
	G	DIN 0017222 Ck75	.7-.8	.15-.35	.6-.8	<.035	<.035	N<.007 *3
	G	Ck80	.8	.35	.75	<.035	<.035	—
11042	USA	AISI/SAE 1084 (UNS G10840)	.8-.93	*1	.6-.9	<.04	<.05	—
	UK	BS970 080A86	.83-.9	.1-.4	.7-.9	<.05	<.05	—
	F	AFNOR XC85	.8	.2-.4	.4-.7	<.03	<.025	—
	G	DIN 0017222.Ck85 Wk. 1.1269	.8-.9	.15-.35	.45-.65	<.035	<.035	N<.007 *3
11043	USA	AISI/SAE 1085 (UNS G10850)	.8-.93	*1	.7-1.0	<.04	<.05	—
	UK	BS970 080A86	.83-.9	.1-.4	.7-.9	<.05	∨	—
	G	90Mn4 Wk. 1.1273	.85-.95	.25-.5	.9-1.1	<.035	<.035	—
11044	USA	AISI/SAE 1086 (UNS G10860)	.8-.93	*1	.3-.5	<.04	<.05	—
	UK	BS970 050A86	.83-.9	.1-.4	.4-.6	<.05	<.05	—
	F	AFNOR XC90	.85-.95	.15-.3	.3-.5	<.03	<.025	—
	G	Mk83 Wk. 1.1262	.8-.84	.1-.25	.35-.55	<.03	<.03	N<.007 *3
	G	Mk82 Wk. 1.1261	.8-.84	.1-.25	.25-.45	<.025	<.025	—
11045	USA	AISI/SAE 1090 (UNS G10900)	.85-.98	*1	.6-.9	<.04	<.05	—
	UK	BS970 060A96	.93-1.0	.1-.4	.5-.7	<.05	<.05	—
	USA	AISI/SAE 1095 (UNS G10950)	.9-1.03	*1	.3-.5	<.04	<.05	—
11046	UK	BS970 060A99	.95-1.05	.1-.4	.5-.7	<.05	<.05	—
	F	AFNOR Xc90	.95-1.05	.15-.3	.2-.45	<.03	<.025	—
	G	Mk97	.9-1.05	.15-.25	.3-.5	.045-.055	.060-.070	N<.007 *3

高锰钢

编号	国家	名称	组分					
			C	Si	Mn	P	S	其他
12001	USA	AISI 1513 (UNS G15130)	.1 – .16	*1	1.1 – 1.4	<.04	<.05	—
	F	AFNOR 12M5	.1 – .15	<.4	.9 – 1.4	<.04	<.035	—
12002	USA	AISI 1518 (UNS G15180)	.15 – .21	*1	1.1 – 1.4	<.04	<.05	—
	UK	BS970 120M19	.15 – .23	*1	1.0 – 1.4	<.05	<.05	—
	F	AFNOR 20M5	.16 – .22	.1 – .4	1.1 – 1.4	<.035	<.035	—
	G	20Mn6 Wk. 1.1169	.17 – .23	.3 – .6	1.3 – 1.6	<.035	<.035	—
12003	USA	AISI 1522 (UNS G15220)	.18 – .24	*1	1.1 – 1.4	<.04	<.05	—
	UK	BS970 120M19	.15 – .23	*1	1.0 – 1.4	<.05	<.05	—
	F	AFNOR 20M5	.16 – .22	.1 – .4	1.1 – 1.4	<.035	<.035	—
	F	AFNOR 18M5	.16 – .22	.1 – .4	1.1 – 1.5	<.04	.18 – .23	—
	G	20Mn6 Wk. 1.1169	.17 – .23	.3 – .6	1.3 – 1.6	<.035	<.035	—
12004	USA	AISI 1524 SAE 1024 (UNS G15240)	.19 – .25	*1	1.35 – 1.65	<.04	<.05	—
	UK	BS970 150M19	.15 – .23	*1	1.35 – 1.7	<.05	<.05	—
	G	20Mn6 Wk. 1.1168	.17 – .23	.3 – .6	1.3 – 1.6	<.035	<.035	—
12005	USA	AISI 1525 (UNS G15250)	.23 – .29	*1	.8 – 1.1	<.04	<.05	—
	UK	BS970 080A25	.23 – .28	*1	.7 – .9	<.05	<.05	—
12006	USA	AISI 1526 (UNS G15260)	.22 – .29	*1	1.1 – 1.4	<.04	<.05	—
	UK	BS970 120M28	.24 – .32	*1	1.0 – 1.4	<.05	<.05	—
	G	9S – 24 Mn4 Wk. 1.1136	.20 – .28	.3 – .6	.9 – 1.2	<.035	<.035	—
12007	USA	AISI 1527 SAE 1027 (UNS G15270)	.22 – .29	*1	1.2 – 1.5	<.04	<.05	—
	UK	BS970 150M28	.24 – .32	*1	1.3 – 1.7	<.05	<.05	—
	G	DIN 17200 Wk. 1.1170	.25 – .32	.15 – .4	1.3 – 1.65	<.035	<.035	—

续表

编号	国家	名称	C	Si	Mn	P	S	其他
12008	USA	AISI 1536 SAE 1036 (UNS G15360)	.3－.37	＊1	1.2－1.5	<.04	<.05	—
	UK	BS970 120M36	.32－.4	＊1	1.0－1.4	<.05	<.05	—
	UK	BS970 150M36	.32－.4	＊1	1.3－1.7	<.05	<.05	—
	F	AFNOR 35 M5	.32－.38	.1－.4	1.1－1.4	<.035	<.035	—
	G	36Mn5，GS－36Mn5 Wk. 1.1167	.32－.4	.15－.35	1.2－1.5	<.035	<.035	—
12009	USA	AISI 1541 SAE 1041 (UNS G15410)	.36－.44	＊1	1.35－1.65	<.04	<.05	—
	F	AFNOR 40Mn	.36－.44	.1－.4	1.0－1.35	<.04	<.035	—
	G	36Mn5，GS－36 Mn5，Wk. 1.1167	.32－.4	.15－.35	1.2－1.5	<.035	<.035	—
12010	USA	AISI 1547 SAE 1047 (UNS G15470)	.43－.51	＊1	1.35－1.65	<.04	<.05	—
	F	AFNOR 45 M5	.39－.48	.1－.4	1.2－1.5	<.04	<.035	—
12011	USA	AISI 1548 SAE 1048 (UNS G15480)	.44－.52	＊1	1.1－1.4	<.04	<.05	—
	F	AFNOR 45 M5	.39－.48	.1－.4	1.2－1.5	<.04	<.035	—
12012	USA	AISI 1551 SAE 1051 (UNS G15510)	.46－.56	＊1	.85－1.15	<.04	<.05	—
	UK	BS970 080M50	.45－.55		.6－1.0	<.05	<.05	—
	CEN	EN 10083－1 2C50 (C50E) 1.1206 相当于 BS970 080M50						
12013	USA	AISI 1552 SAE 1052 (UNS G15520)	.47－.55	＊1	1.2－1.5	<.04	<.05	—
	F	AFNOR 55 M5	.5－.6	.1－.4	1.2－1.5	<.05	<.035	—
12014	USA	AISI 1561 SAE 1061 (UNS G15610)	.55－.65	＊1	.75－1.05	<.04	<.05	—
	UK	BS970 080A57	.55－.60	＊1	.7－.9	<.05	<.05	—
	G	Ck60 Wk. 1.221	.57－.65	.15－.35	.6－.9	<.035	<.035	—
12015	USA	AISI 1566 SAE 1066 (UNS G15660)	.6－.71	＊1	.85－1.15	<.04	<.05	—
	UK	BS970 080A67	.65－.7	＊1	.7－.9	<.05	<.05	—

续表

国家	名称	组分					其他
		C	Si	Mn	P	S	
USA 12016	AISI 1572 SAE 1072（UNS G15720）	.65 - .76	* 1	1.0 - 1.3	<.04	<.05	—

易切钢

国家	名称	组分					其他
		C	Si	Mn	P	S	
USA 13001	AISI/SAE 1108（UNS G11080）	.08 - .13	* 1	.5 - .8	<.04	.08 - .13	—
G	DIN 17111，U7S10，**Wk.** 1.0700	<.1	* 2	.4 - .7	<.08	.08 - .12	N<.007
G	10320 **Wk.** 1.0721	.07 - .13	.1 - .4	.5 - .9	<.06	.15 - .25	—
USA 13002	AISI/SAE 1109（UNS G11090）	.08 - .13	* 1	.6 - .9	<.04	.08 - .13	—
USA	AISI/SAE 1110（UNS G11100）	.08 - .13	* 1	.3 - .6	<.04	.08 - .13	—
13003	欧洲标准中并未提及在这种碳含量情况下对应的锰的含量范围。						
F 13004	AFNOR 12MF（近似相等）	.09 - .15	.1 - .4	.9 - 1.2	<.06	.12 - .24	—
USA	AISI/SAE 1116（UNS G11160）	.14 - .2	* 1	1.1 - 1.4	<.04	.16 - .23	—
UK	BS970 220M07	<.15	* 1	.9 - 1.3	<.07	.2 - .3	—
G	9S20 **Wk.** 1.0711	<.13	<.05	.6 - 1.2	<.1	.18 - .25	—
USA 13005	AISI/SAE 1117（UNS G11170）	.14 - .2	* 1	1.0 - 1.3	<.04	.08 - .13	—
F	AFNOR 13MF	.1 - 16	.1 - .4	.8 - 1.1	<.04	.09 - .13	—
G	9SMN 28 **Wk.** 1.0715	<.14	<.05	.9 - 1.3	<.1	.24 - .32	—
UK	BS970 230M07	<.15	* 1	.9 - 1.3	<.07	.25 - .35	—
USA 13006	AISI/SAE 1118（UNS G11180）	.14 - .2	* 1	1.3 - 1.6	<.04	.08 - .13	—
USA 13007	AISI/SAE 1119（UNS G11190）	.14 - .2	* 1	1.0 - 1.3	<.04	.24 - .33	—
USA	AISI/SAE 1132（UNS G11320）	.27 - .34	* 1	1.35 - 1.65	<.04	.08 - .13	—
UK 13008	BS970 216M28	.24 - .32	* 1	1.1 - 1.5	<.06	.12 - .2	—

续表

国家	名称	组分					
		C	Si	Mn	P	S	其他
13009 USA	AISI/SAE 1137 (UNS G11370)	.32-.39	*1	1.35-1.65	<.04	.08-.13	—
UK	BS970 225M36	.32-.4	<.25	1.3-1.7	<.06	.12-.2	—
F	AFNOR 35 M6	.33-.39	.1-.4	1.3-1.7	<.04	.09-.13	—
G	Wk. 1.0726	.32-.39	.1-.4	.5-.9	<.06	.15-.25	—
13010 USA	AISI/SAE 1139 (UNS G11390)	.35-.43	*1	1.35-1.65	<.04	.13-.2	—
13011 USA	AISI/SAE 1140 (UNS G11400)	.37-.44	*1	.7-1.0	<.04	.08-.13	—
13012 USA	AISI/SAE 1141 (UNS G11410)	.37-.45	*1	1.35-1.65	<.04	.08-.13	—
UK	BS970 212A37	.35-.40	*1	1.0-1.3	<.06	.12-.2	—
13013 USA	AISI/SAE 1144 (UNS G11440)	.4-.48	*1	1.35-1.65	<.04	.24-.33	—
13014 USA	AISI/SAE 1145 (UNS G11450)	.42-.49	*1	.7-1.0	<.04	.04-.07	—
USA	AISI/SAE 1146 (UNS G11460)	.42-.49	*1	.7-1.0	<.04	.08-.13	—
UK	BS970 212M44	.4-.48	*1	1.0-1.4	<.06	.12-.2	—
13015 UK	BS970 225M44	.4-.48	*1	1.3-1.7	<.06	.2-.3	—
F	AFNOR 45 MF6	.41-.48	.1-.4	1.3-1.7	<.04	.24-.32	—
G	45S20 Wk. 1.0727	.42-.5	.1-.4	.5-.9	<.06	.15-.25	—
13016 USA	AISI 12L 13 (UNS G12134)	<.13	*1	.7-1.0	.07-.12	.24-.33	Pb .15-.35
USA	AISI/SAE 12L 14 (UNS G12144)	<.15	*1	.85-1.15	.04-.09	.26-.35	Pb .15-.35
F	AFNOR 10 Pb2	.05-.15	<.3	.3-.6	<.04	<.04	Pb .15-.30
13017 G	9SMn Pb28	<.14	<.05	.9-1.3	<.1	.24-.32	Pb .15-.30
G	10 SPb 20	.07-.13	.1-.4	.5-.9	<.06	.15-.25	Pb .15-.30
G	9SMn Pb 36	<.15	<.05	1.0-1.5	<.1	.32-.40	Pb .15-.30

注：按照美国等级紧密分级的已经按照近似的欧洲规范进行分组。

低合金钢：锰-钼合金

国家		名称	组分								
			C	Si	Mn	P	S	Cr	Mo	Ni	其他
14001	USA	AISI/SAE 4012 (UNS G40120)	.09 – .14	.2 – .35	.75 – 1.0	<.035	<.04	—	.15 – .25	—	—
	G	15Mn Mo53 Wk. 1.5418 (*5)	<.2	.3 – .5	1.1 – 1.4	<.04	<.04	—	0.35	—	—
14002	USA	AISI/SAE 4023 (UNS G40230)	.2 – .25	.2 – .35	.7 – .9	<.035	<.04	—	.2 – .3	—	—
	F	AFNOR 18MD4.05 (*5)	<.22	.1 – .4	.9 – 1.5	<.035	<.035	<.3	.35 – .6	—	V<.04
	G	20Mo3 Wk. 1.5416	.16 – .24	.15 – .35	.5 – .8	<.04	<.04	—	.25 – .35	—	—
14003	USA	AISI/SAE 4024 (UNS G40240)	.2 – .25	.2 – .35	.7 – .9	<.035	.035 – .05	—	.2 – .3	—	—
	F/G	See AISI 4023									
14004	USA	AISI/SAE 4027 (UNS G40270)	.25 – .3	.2 – .35	.7 – .9	<.035	<.04	—	.2 – .3	—	—
	USA	AISI/SAE 4028 (UNS G40280)	.25 – .3	.2 – .35	.7 – .9	<.035	.035 – .05	—	.2 – .3	—	—
14005	G	15Mo3 Wk. 1.5415 (*5)	.12 – .2	.1 – .35	.4 – .8	<.04	<.04	<.3	.2 – .35	—	—
	G	22Mo4 Wk. 1.5419 (*5)	.18 – .25	.2 – .4	.4 – .7	<.035	.033	<.3	.3 – .4	—	—
14006	USA	AISI/SAE 4032 (UNS G40320)	.3 – .35	.2 – .35	.7 – .9	<.035	<.04	—	.2 – .3	—	—
	USA	AISI/SAE 4037 (UNS G40370)	.35 – .40	.2 – .35	.7 – .9	<.035	<.04	—	.2 – .3	—	—
14007	UK	BS970 605M30 (*5)	.26 – .34	1 – .35	1.3 – 1.7	<.04	<.05	—	.22 – .32	—	—
	UK	BS970 605M36 (*5)	.32 – .4	.1 – .35	1.3 – 1.7	<.04	<.05	—	.22 – .32	—	—
	G	GS – 35Mn Mo5 Wk. 1.5411	.32 – .38	.3 – .5	1.0 – 1.4	<.035	.035	—	.15 – .25	—	—
14008	USA	AISI/SAE 4042 (UNS G40420)	.4 – .45	.2 – .35	.7 – .9	<.035	<.04	—	.2 – .3	—	—
	USA	AISI/SAE 4047 (UNS G40470)	.45 – .5	.2 – .35	.7 – .9	<.035	<.04	—	.2 – .3	—	—
14009	UK	BS970 608M38 (*5)	.32 – .4	.1 – .35	1.3 – 1.7	<.04	<.05	—	.4 – .55	—	—
	G	GS – 40Mn Mo43 (*5)	.36 – .43	.3 – .5	.9 – 1.2	<.035	<.05	—	.25 – .35	—	—

低合金钢：铬-钼合金

国家		名称	组分								
			C	Si	Mn	P	S	Cr	Mo	Ni	其他
14010	USA	AISI/SAE 4118(UNS G41180)	.18 –.23	.2 –.35	.7 –.9	<.035	<.04	.4 –.6	.08 –.15	—	—
14011	USA	AISI/SAE 4130(UNS G41300)	.28 –.33	.2 –.35	.4 –.6	<.035	<.04	.8 –1.1	.15 –.25	—	—
	USA	AISI/SAE 4135(UNS G41350)	.33 –.38	.2 –.35	.7 –.9	<.035	<.04	.8 –1.1	.15 –.25	—	—
	F	AFNOR 15CD3.5	.14 –.18	<.35	.3 –.6	<.04	<.035	.85 –1.15	.15 –.3	—	—
	F	AFNOR 12CD 4	.08 –.14	.14 –.4	.5 –.8	<.04	<.035	.85 –1.15	.15 –.3	—	—
	F	AFNOR 15CD4.05	<.2	.1 –.4	.4 –.85	<.035	<.035	.75 –1.23	.1 –.6	—	V<.04
	F	AFNOR 18CD4(S) * 6	.16 –.22	.1 –.4	.6 –.9	<.035	<.035	.85 –1.15	.15 –.3	—	—
	F	AFNOR 30CD 4 * 6	.28 –.34	.1 –.4	.6 –.8	<.035	<.035	.85 –1.15	.15 –.3	—	—
	F	AFNOR 35CD 4 * 6	.33 –.39	.1 –.4	.6 –.9	<.035	<.035	.85 –1.13	.15 –.3	—	—
14012	G	DIN 17155;0017243, 13Cr Mo4.4 Wk. 1.7335	.1 –.18	.1 –.35	.4 –.7	<.04	<.04	.8 –1.15	.4 –.65	—	—
	G	15Cr Mo5	.13 –.17	.15 –.35	.8 –1.0	<.035	<.035	1.0 –1.3	.2 –.3	—	—
	G	20Cr Mo5	.18 –.23	.15 –.35	.9 –1.2	<.035	<.035	1.1 –1.4	.2 –.3	—	—
	G	DIN 17200;001654.(GS)25Cr Mo4 Wk. 1.7218	.22 –.29	.15 –.4	.5 –.8	<.035	<.035	.9 –1.2	.15 –.3	—	—
	G	DIN 17200;001654.(GS)34Cr Mo4 Wk. 1.7220	.3 –.37	.15 –.4	.5 –.8	<.035	<.033	.9 –1.2	.15 –.3	—	—
14013	USA	AISI/SAE 4137(UNS G41370)	.35 –.4	.2 –.35	.7 –.9	<.035	<.04	.8 –1.1	.15 –.25	—	—
	USA	AISI/SAE 4140(UNS G41400)	.38 –.43	.2 –.35	.75 –1.0	<.035	<.04	.8 –1.1	.15 –.25	—	—
	UK	BS970 708A37	.35 –.4	.1 –.35	.7 –1.0	<.04	<.05	.9 –1.2	.15 –.25	—	—
14014	UK	BS970 708M40	.36 –.44	.1 –.35	.7 –1.0	<.04	<.05	.9 –1.2	.15 –.25	—	—
	F	AFNOR 40CD 4	.39 –.46	.2 –.50	.5 –.8	<.03	<.025	.95 –1.3	.15 –.3	—	—
	F	AFNOR 42CD4	.39 –.46	.1 –.4	.6 –.9	<.035	<.035	.85 –1.15	.15 –.3	—	—

续表

国家		名称	组分								
			C	Si	Mn	P	S	Cr	Mo	Ni	其他
14014	G	DIN 17200; 001654.GS42CrMo4 Wk. 1.7225	.38~.5	.3~.5	.5~.8	<.035	<.035	.8~1.2	.2~.3	—	—
	G	DIN 17200.34CrMoS4	.3~.37	.15~.4	.5~.8	.035	.02~.035	.9~1.2	.15~.3	—	—
	CEN	EN 10083-1 42CrMo4 1.17225 相当于 BS970 708M40									
14015	USA	AISI/SAE 4142(UNS G41420)	.4~.45	.2~.35	.75~1.0	.035	<.04	.8~1.1	.15~.25	—	—
14016	USA	AISI/SAE 4145(UNS G41450)	.43~.48	.2~.35	.75~1.0	.035	<.04	.8~1.1	.15~.25	—	—
	USA	AISI/SAE 4147(UNS G41470)	.45~.50	.2~.35	.75~1.0	.035	<.04	.8~1.1	.15~.25	—	—
	UK	BS970 708 H42	.39~.46	.1~.35	.65~1.05	.04	.05	.8~1.25	.15~.25	—	—
14017	F	AFNOR 42CD 4	.39~.46	.1~.4	.6~.9	.035	.035	.85~1.15	.15~.3	—	—
	G	DIN 17200,42Cr MoS4 Wk. 1.7227	.38~.45	.15~.4	.5~.8	<.035	.02~.035	.9~1.2	15~.3	—	—
14018	USA	AISI/SAE 4150(UNS G41500)	.48~.53	.2~.35	.75~1.0	.035	<.04	.8~1.1	.15~.25	—	—
	USA	AISI/SAE 4161(UNS G41610)	.56~.64	.2~.35	.75~1.0	.035	<.04	.7~.9	.25~.35	—	—
14019	G	DIN 17200. 50Cr Mo4 Wk. 1.7228	.46~.54	.15~.4	.5~.8	.035	<.035	.9~1.2	.15~.25	—	—
	G	GS-58 Cr Mn Mo443 Wk. 1.7266	.54~.62	.3~.5	.6~1.2	<.035	<.033	.8~1.2	.2~.3	—	—

低合金钢：镍-铬-钼合金

国家		名称	组分								
			C	Si	Mn	P	S	Cr	Mo	Ni	其他
14020	USA	AISI/SAE 4320(UNS G43200)	.17~.22	.2~.35	.45~.65	<.035	<.04	.4~.6	.2~.3	1.65~2.0	—
	F	AFNOR 20 NCD 7	.16~.22	.2~.33	.45~.65	<.03	<.023	.2~.6	.2~.3	1.65~2.0	Cu<.35
	USA	AISI/SAE 4340(UNS G43400)	.38~.43	.2~.35	.6~.8	<.035	<.04	.7~.9	.2~.3	1.65~2.0	—
14021	G	DIN 0017242. 40 Ni Cr Mo 73 Wk. 1.6562	.37~.44	<.4	.7~.9	<.02	<.015	.7~.95	.3~.4	1.65~2.0	—

续表

国家		名称	组分								
			C	Si	Mn	P	S	Cr	Mo	Ni	其他
14022	USA	AISI/SAE 4718(UNS G47180)	.16-.21	—	.7-.9	—	—	.35-.55	3-.4	.9-1.2	—
	F	AFNOR 18NCD4	.16-.22	.2-.35	.5-.8	<.03	<.025	.35-.55	.15-.3	.9-1.2	Cu<.35
14023	USA	AISI/SAE 4720(UNS G47200)	.17-.22	.2-.35	.5-.7	<.035	<.04	.35-.55	.15-.25	.9-1.2	—
		See AISI 4718 (UNS G47180) Table No. 14022									
14024	USA	AISI/SAE 8115(UNS G81150)	.13-.18	.2-.35	.7-.9	<.035	<.04	.3-.5	.08-.15	.2-.4	—
	UK	BS970 805A15	.13-.18	1-.35	.7-.9	<.04	<.05	.4-.6	.15-.25	.4-.7	—
14025	USA	AISI/SAE 8615(UNS G86150)	.13-.18	.2-.35	.7-.9	<.035	<.04	.4-.6	.15-.25	.4-.7	—
14026	USA	AISI/SAE 8617(UNS G86170)	.15-.2				其他成分同 AISI/SAE 8615				
14027	USA	AISI/SAE 8620(UNS G86200)	.18-.23								
14028	USA	AISI/SAE 8622(UNS G86220)	.2-.25								
14029	USA	AISI/SAE 8625(UNS G86250)	.23-.28								
14030	USA	AISI/SAE 8627(UNS G86270)	.25-.3								
	USA	AISI/SAE 8630(UNS G86300)	.28-.33								
	UK	BS970 805A17	.15-.2	.1-.35	.7-.9	<.04	<.05	.4-.6	.15-.25	.4-.7	—
	UK	BS970 805A20	.18-.23				其他成分同 BS970 805A17				
	UK	BS970 805A22	.2-.25								
	UK	BS970 805A24	.22-.21								
14031	F	AFNOR 15NCD2	.13-.18	.1-.4	.7-.9	<.04	<.035	.4-.6	.15-.25	.4-.7	—
	F	AFNOR 20NCD2	.18-.23	.1-.4	.7-.9	<.03	<.025	.4-.6	.15-.25	.4-.7	Cu<.35
	F	AFNOR 30NCD2	.3-.35	.1-.4	.7-.9	<.04	<.035	.4-.6	.15-.3	.5-.8	—
	G	DIN001654. 21 Ni Cr Mo2 Wk. 1.6523	.17.23	.15-.4	.6-.9	<.035	<.035	.35-.65	.15-.25	.4-.7	—
	G	21 Ni Cr Mo22 Wk. 1.6543	.18-.23	.2-.35	.7-.90	<.035	<.035	.4-.6	.2-3	.4-.7	—
	G	30 Ni Cr Mo22 Wk. 1.6545	.27-.34	15-.34	.7-1.0	<.035	<.035	.4-.6	.15-.3	.4-.7	—

续表

编号	国家	名称	组分								
			C	Si	Mn	P	S	Cr	Mo	Ni	其他
14032	USA	AISI/SAE 8637(UNS G86370)	.35 – .4	.2 – .35	.75 – 1.0	<.035	<.04	.4 – .6	.15 – .25	.4 – .7	—
14033	USA	AISI/SAE 8640 (UNS G86400)	.38 – .43								—
14034	USA	AISI/SAE 8642 (UNS G86420)	.4 – .45		其他成分同 AISI 8637						—
14035	USA	AISI/SAE 8645 (UNS G86450) *7	.43 – .48								—
14036	USA	AISI/SAE 8650 (UNS G86500)	.48 – .53								
14037	USA	AISI/SAE 8655 (UNS G86550)	.51 – .59								
	USA	AISI/SAE 8660 (UNS G86600)	.56 – .64								
14038	UK	BS970 805A60	.55 – .65	.1 – .35	.7 – 1.0	<.04	<.05	.4 – .6	.15 – .25	.4 – .7	
	F	AFNOR 35 NCD2	.32 – .40	.1 – .4	.7 – 1.0	<.04	<.035	.4 – .6	.15 – .3	.4 – .7	
	F	AFNOR 40 NCD2	.37 – .40	.1 – .4	.6 – .9	<.04	<.035	.4 – .6	.15 – .3	.4 – .7	
	F	AFNOR 40 NCD2TS	.38 – .44	.1 – .4	.7 – 1.0	<.035	<.03	.4 – .6	.15 – .3	.4 – .7	
	G	40Ni Cr Mo22 Wk. 1.6546	.37 – .44	.15 – .34	.7 – 1.0	<.035	<.035	.4 – .6	.15 – .3	.4 – .7	

低合金钢：镍-钼合金

编号	国家	名称	组分								
			C	Si	Mn	P	S	Cr	Mo	Ni	其他
14039	USA	AISI/SAE 4615 (UNS G46150)	.13 – .18	.2 – .35	.45 – .65	<.035	<.04	—	.2 – .3	1.65 – 2.0	—
14040	USA	AISI/SAE 4617 (UNS G46170)	.15 – .2		其他成分同 AISI 4615						
14041	USA	AISI/SAE 4620 (UNS G46200)	.17 – .22	.1 – .35	.45 – .65	<.04	<.05	<.25	.2 – .3	1.6 – 2.0	—
	UK	BS970 665A17	.15 – .2								
	UK	BS970 665A19	.17 – .22	其他成分同 BS970 665A17							

续表

国家		名称	组分								
			C	Si	Mn	P	S	Cr	Mo	Ni	其他
14042	USA	AISI 4621 (UNS G46210)	.18-23	.2-.35	.7-.9	<.035	<.04	—	.2-.3	1.65-2.0	—
	UK	BS970 665M20	.17-23	.1-.35	.35-.75	<.04	<.05	—	.2-.3	1.5-2.0	—
14043	USA	AISI/SAE 4626 (UNS G46260)	.24-29	.2-.35	.45-.65	<.035	<.04	—	.15-.25	.7-1.0	—
	UK	BS970 665A22 *5	.2-.25	.1-.35	.45-.65	<.04	<.05	<.25	.2-.3	1.6-2.0	—
	UK	BS970 665A24 *5	.22-27	.1-.35	.45-.65	<.04	<.05	<.25	.2-.3	1.6-2.0	—

低合金钢：铬

国家		名称	组分								
			C	Si	Mn	P	S	Cr	Mo	Ni	其他
14044	USA	AISI/SAE 5115 (UNS G51150)	.13-18	.2-.35	.7-.9	<.035	<.04	.7-.9	—	—	—
	USA	AISI/SAE 5120 (UNS G51200)	.17-22	其他成分同 AISI 5115							
	UK	BS970 523A14 *5	.12-17	.1-.35	.3-.5	<.04	<.05	.3-.5	—	—	—
	UK	BS970 527A19	.17-22	.1-.35	.7-.9	<.04	<.05	.7-.9	—	—	—
	F	AFNOR 18C4	.16-21	.1-.4	.6-.8	<.04	<.035	.85-1.15	—	—	—
14045	G	DIN 17210:001654.15Cr3 Wk. 1.7015	.12-18	.15-.4	.4-.6	<.035	<.035	.4-.7	—	—	—
	G	20Cr MnS33 Wk. 1.7121	.17-23	.2-.35	.6-1.0	<.04	<.02	.6-1.0	—	—	—
14046	USA	AISI/SAE 5130 (UNS G51300)	.28-33	.2-.35	.7-.9	<.035	<.04	.8-1.1	—	—	—
	USA	AISI/SAE 5132 (UNS G51320)	.30-35	.2-.35	.6-.8	<.035	<.04	.75-1.0	—	—	—
	UK	BS970 530A30	.28-33	.1-.35	.6-.8	<.04	<.05	.9-1.2	—	—	—
	UK	BS970 530A32	.30-35	.1-35	.6-.8	<.04	<.05	.9-1.2	—	—	—
14047	F	AFNOR 28 C4	.25-3	<.4	.6-.9	<.04	<.035	.85-1.15	—	—	—
	F	AFNOR 32 C4	.3-35	.1-4	.6-.9	<.035	<.035	.85-1.15	—	—	—
	G	DIN 17200:001654.34Cr4Wk. 1.17033	.3-37	.15-4	.6-.9	<.035	<.035	.9-1.2	—	—	—

续表

	国家	名称	组分								
			C	Si	Mn	P	S	Cr	Mo	Ni	其他
14048	USA	AISI/SAE 5135 (UNS G51350)	.33－.38	.2－.35	.6－.8	<.035	<.04	.8－1.05	—	—	—
	USA	AISI/SAE 5140 (UNS G51400)	.38－.43	.2－.35	.7－.9	<.035	<.04	.7－.9	—	—	—
	UK	BS970 530A36	.34－.39	.1－.35	.6－.8	<.04	<.05	.9－1.2	—	—	—
	UK	BS970 530A40	.38－.43	.1－.35	.6－.8	<.04	<.05	.9－1.2	—	—	—
14049	F	AFNOR 38 C4	.35－.4	.1－.4	.6－.9	<.035	<.035	.85－1.15	—	—	—
	F	AFNOR 42 C4	.39－.45	.1－.4	.6－.9	<.035	<.035	.85－1.15	—	—	—
	G	DIN 17200:001654. 34Cr4 Wk. 1.7034	.30－37	15－.4	.6－.9	<.035	<.035	.9－1.2	—	—	—
	G	DIN 17200:001654. 37Cr4 Wk. 1.7035	.34－.41	.15－.4	.6－.9	<.035	<.035	.9－1.2	—	—	—
14050	USA	AISI/SAE 5145 (UNS G51450)	.43－.49	.2－.35	.7－.9	<.035	<.04	.7－.9	—	—	—
	USA	AISI/SAE 5147 (UNS G51470)	.46－.51	.2－.35	.7－.95	<.035	<.04	.85－1.15	—	—	—
14051	F	AFNOR 42C4TS	.38－.44	.1－.4	.6－.9	<.025	<.03	.85－1.15	—	<.3	—
	F	AFNOR 45 C4	.41－.48	.1－.4	.6－.9	<.035	<.035	.85－1.15	—	—	—
14052	USA	AISI/SAE 5150 (UNS G51500)	.48－.53	.2－.35	.7－.9	<.035	<.04	.7－.9	—	—	—
14053	USA	AISI/SAE 5155 (UNS G51550)	.51－.59	.2－.35	.7－.9	<.035	<.04	.7－.9	—	—	—
	USA	AISI/SAE 5160 (UNS G51600)	.56－.64	.2－.35	.75－1.0	<.035	<.04	.7－.9	—	—	—
14054	UK	BS970 526M60	.55－.65	.1－.35	.5－.8	<.04	<.05	.5－.8	—	—	—
	F	AFNOR 50 C4	.46－.54	.1－.4	.6－.9	<.04	<.035	.8－1.15	—	—	—
14055	USA	AISI E51100. SAE 51100 (UNS G51986)	.98－1.1	.2－.35	.25－.45	<.025	<.025	.9－1.15	—	—	—
	USA	AISI E52100. SAE 52100 (UNS G52986)	.98－1.1	.2－.35	.25－.45	<.025	<.025	1.3－1.6	—	—	—
14056	UK	BS970 534A99	.95－1.1	.1－.35	.25－.4	<.04	<.05	1.2－1.6	—	—	—
	F	AFNOR 100 C6	.95－1.1	.15－.35	.2－.4	<.03	<.025	1.35－1.6	—	—	—
	G	DIN 0017230:LW. 100Cr6 Wk. 1.3505	95－1.1	.15－.35	.25－.4	<.03	<.025	1.35－1.6	—	—	—
	G	100Cr6 Wk. 1.2067	.95－1.05	.15－.35	.25－.4	<.035	<.033	1.4－1.7	—	—	—

低合金钢：铬-钒合金

国家		名称	组分								
			C	Si	Mn	P	S	Cr	Mo	Ni	其他
14057	USA	AISI 6118 (UNS G61180)	.16-21	.2-.35	.5-.7	<.035	<.04	.5-.7	—	—	V.1-.15
	G	21 CrV4 Wk. 1.7510	.18-.24	.1-.2	.8-1.0	<.035	<.035	.9-1.2	—	—	V.07-.12
	USA	AISI/SAE 6150 (UNS G61500)	.48-.53	.2-.35	.7-.9	<.035	<.04	.8-1.1	—	—	V>.15
	UK	BS970 735A50	.46-.54	.1-.35	.6-.9	<.04	<.05	.8-1.1	—	—	V>.15
	F	Y50 CV4	0.5	0.3	0.8	—	—	1.0	—	—	V.15
14058	G	DIN 17200; 17221; 17225 (GS)50Cr V40 Wk. 1.8159	.47-.55	.15-.4	.7-1.0	<.035	<.035	.9-1.2	—	—	V.1-.2
	CEN	EN 10083-1 51 CrV4 1.8159 相当于 BS970 735A5									

奥氏体不锈钢

国家		名称	组分								
			C	Si	Mn	P	S	Cr	Mo	Ni	其他
15001	USA	AISI 201 (UNS S20100)	<.15	<1.0	5.5-7.5	<.06	<.03	16.0-18.0	—	3.5-5.5	—
	USA	AISI 202 (UNS S20200)	<.15	<1.0	7.5-10.0	<.06	<.03	17.0-19.0	—	4.0-6.0	N<.25
15002	UK	BS970 284S16	<.07	<1.0	7.0-10.0	<06	<.03	16.5-18.5	—	4.0-6.5	N.15-.25
	G	X8 Cr Mn Ni 189Wk. 1.4371	<1	<1.0	7.5-9.5	<.045	<.03	17.0-19.0	—	4.5-6.5	N.1-.2
15003	USA	AISI 301 (UNS S30100)	<.15	<1.0	<2.0	<.045	<.03	16.0-18.0	—	6.0-8.0	—
	UK	BS970 301S21	<.15	.2-1.0	.5-2.0	<.045	<.03	16.0-18.0	—	6.0-8.0	—
	F	AFNOR Z12CN17-08	.08-.15	<1.0	<2.0	<.04	<.03	16.0-18.0	—	6.5-8.5	—
	G	DIN 17440;0017442. X5 Cr Ni 18.9 Wk. 1.4301	<.07	<1.0	<2.0	<.045	<.03	17.0-20.0	—	8.5-10.0	—

续表

编号	国家	名称	C	Si	Mn	P	S	Cr	Mo	Ni	其他
15004	USA	AISI 302 (UNS S30200)	<.15	<1.0	<2.0	<.045	<.03	17.0－19.0	—	8.0－10.0	—
	UK	BS970 302S25	<.12	.2－1.0	.5－2.0	<.045	<.03	17.0－19.0	—	8.0－11.0	—
	UK	BS970 302S17	<.08	.2－1.0	.5－2.0	<.045	<.03	17.0－19.0	—	9.0－11.0	—
	F	AFNOR Z10CN 18－09	<.12	<1.0	<2.0	<.04	<.03	17.0－19.0	—	8.0－10.0	—
	F	AFNOR Z12CN 18－10	<.15	.2－.4	.2－.4	<.04	<.03	17.0－19.0	—	8.0－10.0	—
	G	X12Cr Ni 18 8 Wk. 1.4300	<.12	<1.0	<2.0	<.045	<.03	17.0－19.0	—	8.5－10.0	—
15005	USA	AISI 302 B (UNS S30215)	<.15	2.0－3.0	<2.0	<.045	<.03	17.0－19.0	—	8.0－10.0	—
15006	USA	AISI 303 (UNS S30300)	<.15	<1.0	<2.0	<.2	>.15	17.0－19.0	—	8.0－10.0	—
	UK	BS970 303S21	<.12	.2－1.0	1.0－2.0	<.2	.15－.3	17.0－19.0	—	8.0－11.0	—
	F	AFNOR Z10 CNF 18－09	<12	<1.0	<2.0	<.045	>.15	17.0－19.0	—	8.0－10.0	—
	G	DIN 17440:0017442. X12 Cr Ni S18 8 Wk. 1.4305	<.15	<1.0	<2.0	<.06	.15－.35	17.0－19.0	—	8.0－10.0	—
15007	USA	AISI 303 SE(UNS S30323)	<.15	<1.0	<2.0	<.045	<.06	17.0－19.0	—	8.0－10.0	Se>.15
	UK	BS970 303S41	<.12	.2－1.0	1.0－2.0	<.2	<.03	17.0－19.0	—	8.0－11.0	Se>.15 －.3
15008	USA	AISI 304 (UNS S30400)	<.08	<1.0	<2.0	<.045	<.03	18.0－20.0	—	8.0－10.5	—
	UK	BS970 304S15	<.06	.2－1.0	.5－2.0	<.045	<.03	17.5－19.0	—	8.0－11.0	—
	UK	BS970 304S16	<.06	.2－1.0	.5－2.0	<.045	<.03	17.5－19.0	—	9.0－11.0	—
	F	AFNOR Z6CN 18－09	<.07	<1.0	<2.0	<.045	<.03	17.0－19.0	—	8.0－11.0	—
	G	X5 Cr Ni 18 9 Wk. 1.4301	<.07	<1.0	<2.0	<.045	<.03	17.0－20.0	—	8.5－10.0	—
15009	USA	AISI 304 L (UNS S30403)	<.03	<1.0	<2.0	<.045	<.03	18.0－20.0	—	8.0－12.0	—
	UK	BS970 304S12	<.03	.2－1.0	.5－2.0	<.045	<.03	17.5－19.0	—	9.0－12.0	—
	F	AFNOR Z2 CN 18－10	<.03	<1.0	<2.0	<.04	<.03	17.0－19.0	—	9.0－11.0	—
	F G	X2 Cr Ni 18 9 Wk. 1.4306	<.03	<1.0	<2.0	<.045	<.03	17.0－20.0	—	10.0－12.5	—

（组分）

续表

	国家	名称	组分								
			C	Si	Mn	P	S	Cr	Mo	Ni	其他
15010	USA	AISI 305 (UNS S30500)	<.12	<1.0	<2.0	<.045	<.03	17.0-19.0	—	10.5-13.0	—
	UK	BS970 305S19	<.1	.2-1.0	.5-2.0	<.045	<.03	17.0-19.0	—	11.0-13.0	—
	F	AFNOR Z8 CN 18-12	<.1	<1.0	<2.0	<.04	<.03	17.0-19.0	—	11.0-13.0	—
	G	DIN 17445 G-X10 Cr Ni 18 8 Wk. 1.4312	<.12	<2.0	<1.5	<.045	<03	17.0-19.5	—	18.0-10.0	—
15011	USA	AISI 308 (UNS S30800)	0.08	<1.0	<2.0	<.045	<.03	19.0-21.0	—	10.0-12.0	—
15012	USA	AISI 309 (UNS S30900)	<.2	<1.0	<2.0	<.0.45	<.03	22.0-24.0	—	12.0-15.0	—
	UK	BS970 309S24	<.15	.2-1.0	.5-2.0	<.045	<.03	22.0-25.0	—	13.0-16.0	—
	F	AFNOR Z12 CNS 25-13	<.2	1.0-2.0	<2.0	<.04	<.03	20.0-23.0	—	12.0-14.0	—
	G	G-XI5 Cr Ni 25-12 Wk. 1.4830	.1-.2	<1.5	<2.0	<.045	<.03	24.0-26.0	—	12.0-14.0	—
15013	USA	AISI 310 (UNS S31000)	<.25	<1.5	<2.0	<.045	<.03	24.0-26.0	—	19.0-22.0	—
	UK	BS970 310S24	<.15	.2-1.0	.5-2.0	<.045	<.03	23.0-26.0	—	19.0-22.0	—
	F	AFNOR Z12 CN 25-20	<.15	<1.0	2.0	<.04	<.03	23.0-26.0	—	18.0-21.0	—
	G	G-X15 Cr Ni 25-20 Wk.1.4840	.1-.2	<1.5	<2.0	<.045	<.03	24.0-26.0	—	19.0-21.0	—
15014	USA	AISI 310S (UNS S31008)	<.08	<1.5	<2.0	<.045	<.03	24.0-26.0	—	19.0-22.0	—
	G	X5 Cr Ni 25 21 Wk. 1.4335	<.07	<1.0	<2.0	<.045	<.03	19.0-22.0	—	19.0-22.0	—
15015	USA	AISI 314 (UNS S31400)	<.25	1.5-3.0	<2.0	<.045	<.03	23.0-26.0	—	19.0-22.0	—
15016	USA	AISI 316 (UNS S31600)	<.08	<1.0	<2.0	<.045	<.03	16.0-18.0	2.0-3.0	10.0-14.0	—
	UK	BS970 315S16	<.07	.2-1.0	.5-2.0	<.045	<.03	16.5-18.5	1.25-1.75	9.0-11.0	—
	UK	BS970 316S16	<.07	.2-1.0	.5-2.0	<.045	<.03	16.5-18.5	2.25-3.0	10.0-13.0	—
	F	AFNOR Z6 CND 17-11	<.07	<1.0	<2.0	<.04	<.03	16.0-18.0	2.0-2.5	10.0-12.0	—
	G	DIN 17440; 17445; 17224. X5 Cr Ni Mo 18-10 Wk. 1.4401	<.07	<1.0	<2.0	<.045	<.03	16.5-18.5	2.0-2.5	10.5-13.5	—

续表

国家		名称	组分								其他
			C	Si	Mn	P	S	Cr	Mo	Ni	
15017	USA	AISI 316 L (UNS S31603)	<.03	<1.0	<2.0	<.045	<.03	16.0－18.0	2.0－3.0	10.0－14.0	—
	UK	BS970 316S12	<.03	.2－1.0	.5－2.0	<.045	<.03	16.5－18.5	2.25－3.0	11.0－14.0	—
	F	AFNOR Z2 CND 17－12	<.03	<1.0	<2.0	<.045	<.03	16.0－18.0	2.0－2.5	11.0－13.0	—
	G	DIN 17440；17442；001654 X2 Cr Ni Mo 18－10 Wk. 1.44041	<.03	<1.0	<2.0	<.045	<.03	16.5－18.5	2.0－2.5	11.0－14.0	—
15018	USA	AISI 317 (UNS S31700)	<.08	<1.0	<2.0	<.045	<.03	18.0－20.0	3.0－4.0	11.0－15.0	—
	UK	BS970 317S16	<.06	.2－1.0	.5－2.0	<.045	<.03	17.5－19.5	3.0－4.0	12.0－15.0	—
	F	AFNOR Z2 CND 19－15	<.03	<1.0	<2.0	<.04	<.03	18.0－20.0	3.0－4.0	14.0－16.0	—
	G	DIN 17440 X2 Cr Ni Mo 18－16 Wk. 1.4438	<.025	<1.0	<.02	<.025	<.02	17.0－19.0	3.0－4.0	15.0－17.0	—
15019	USA	AISI 321 (UNS S32100)	<.08	<1.0	<2.0	<.045	<.03	17.0－19.0	—	9.0－12.0	Ti>5×C
	UK	BS970 321S12	<.08	.2－1.0	.5－2.0	<.045	.03	17.0－19.0	—	9.0－12.0	Ti 5×C－.7
	UK	BS970 321S20	<.12	.2－1.0	.5－2.0	<.045	<.03	17.0－19.0	—	8.0－11.0	Ti 5×C－.9
	F	AFNOR Z6 CN 18－10	.05－.1	<1.0	<2.0	<.03	<.03	16.0－20.0	—	8.0－10.0	Ti
	F	AFNOR Z6 CNT 18－11	<.08	<1.0	<2.0	<.04	<.03	17.0－19.0	—	10.0－12.0	Ti 5×C－.6
	G	DIN 17440；43720 X10 Cr Ni Ti 18－9 Wk. 1.4541	<.1	<1.0	<2.0	<.045	<.03	17.0－19.0	—	9.0－11.5	Ti>5×C
15020	USA	AISI 347 (UNS S34700)	<.08	<1.0	<2.0	<.045	<.03	17.0－19.0	—	9.0－12.0	Nb+Ta> 10×C
	UK	BS970 347S17	<.08	.2－1.0	.5－2.0	<.045	<.03	17.0－19.0	—	9.0－12.0	Nb 10× C－1.0
	F	AFNOR Z6 CN Nb 18－11	<.08	<1.0	<2.0	<2.0	<.03	17.0－19.0	—	10.0－12.0	Nb+Ta 10×C－1.0
	G	DIN 17440 X10 Cr Ni Nb 18－9 Wk. 1.4550	<.1	<1.0	<2.0	<.045	<.03	17.0－19.0	—	9.0－11.5	Nb>8×C

续表

| | 国家 | 名称 | 组分 | | | | | | | | |
			C	Si	Mn	P	S	Cr	Mo	Ni	其他
15021	USA	AISI 348 (UNS S34800) Nb+Ta>10×C Ta<.1 Co<.2	<.08	<1.0	<2.0	<.045	<.03	17.0－19.0	—	9.0－13.0	—
15022	USA	AISI 384 (UNS S38400)	<.08	<1.0	<2.0	<.045	<.03	15.0－17.0	—	17.0－19.0	—

铁素体和马氏体不锈钢

| | 国家 | 名称 | 组分 | | | | | | | | |
			C	Si	Mn	P	S	Cr	Mo	Ni	其他
15023	USA	AISI 403 (UNS S40300)	<.15	<.5	<1.0	<.04	<.03	11.5－13.0	—	—	—
	UK	BS970 403S17	<.08	<.8	<1.0	<.04	<.03	12.0－14.0	—	<.5	—
	UK	BS970 410S21	.09－.15	<.8	<1.0	<.04	<.03	11.5－13.5	—	<1.0	—
	F	AFNOR Z10 C13	<.12	<1.0	<1.0	<.04	<.03	12.0－14.0	—	—	—
	G	X7 Cr14; G－X7 Cr 13 Wk.1.4001	<.08	<1.0	<1.0	<.045	<.03	13.0－15.0	—	—	—
	G	DIN 17440; 001654 (G－) X10 Cr 13 Wk. 1.4006	.08－.12	<1.0	<1.0	<.045		12.0－14.0	—	—	—
15024	USA	AISI 405 (UNS S40500)	<.08	<1.0	<1.0	<.04	<.03	11.5－14.5	—	—	Al.1－.3
	UK	BS970 405S17	<.08	<.8	<1.0	<.04	<.03	12.0－14.0	—	<.5	Al.1－.3
	F	AFNOR Z6 CA 13	<.08	<1.0	<1.0	<.04	<.03	11.5－13.5	—	<.5	Al.1－.3
	G	DIN 17440 X7 Cr Al 13. Wk.1.4002	<.08	<1.0	<1.0	<.045	<.03	12.0－14.0	—	—	Al.1－.3
15025	USA	AISI 410 (UNS S41000)	<.15	<.8	<1.0	<.04	<.03	11.5－13.5	—	<1.0	—
	UK	BS970 410S21	.09－.15	<1.0	<1.0	<.04	<.03	11.5－13.5	—	—	—
	F	AFNOR Z10C－13	<.12	<1.0	<1.0	<.04	<.03	12.0－14.0	—	—	—
	F	AFNOR Z12C－13	.08－.15	<1.0	0.04	<.04	<.03	11.5－13.5	—	<.5	—
	G	DIN 17440:0017442 X15 Cr 13 Wk. 1.4024	.12－.17	<1.0	<1.0	<.045	<.03	12.0－14.0	—	—	—

续表

	国家	名称	C	Si	Mn	P	S	Cr	Mo	Ni	其他
15026	USA	AISI 414 (UNS S41400)	<.15	<1.0	<1.0	<.04	<.03	11.5－13.5	—	1.25－2.50	—
15027	USA	AISI 416 (UNS S41600)	<.15	<1.0	<1.25	<.06	>.15	12.0－14.0	<.6	—	—
	UK	BS970 416S21	.09－.15	<1.0	<1.5	<.06	.15－.3	11.5－13.5	<.6	<1.0	—
	F	AFNOR Z12 CF 13	<.15	<1.0	<1.5	<.06	>.15	12.0－14.0	<.6	<.5	—
	G	X 12 Cr S 13 Wk. 1.4005	<.15	<1.0	<1.0	<.045	.15－.25	12.0－13.0	—	—	—
15028	USA	AISI 416 SE (UNS S41623)	<.15	<1.0	<1.25	<.06	<.06	12.0－14.0	—	—	Se＞.15
	UK	BS970 416S41	.09－.15	<1.0	<1.5	<.06	<.06	11.5－13.5	<.6	<1.0	Se.15－.35
15029	USA	AISI 420 (UNS S42000)	>.15	<1.0	<1.0	<.04	<.03	12.0－14.0	—	—	—
	UK	BS970 420S29	.14－2	<.8	<1.0	<.04	<.03	11.5－13.5	>.6	>1.0	—
	UK	BS970 420S37	.2－28	<.8	<1.0	<.04	<.03	12.0－14.0	—	<1.0	—
	F	AFNOR Z20 C13	.15－24	<1.0	<1.0	<.04	<.03	12.0－14.0	—	<1.0	—
	G	DIN 17440；17224；0017442 X20 Cr 13 Wk. 1.402	.17－22	<1.0	<1.0	<.045	<.03	12.0－14.0	—	—	—
15030	USA	AISI 420 F (UNS S42020)	>.15	<1.0	<1.25	<.06	>.15	12.0－14.0	<.6	—	—
15031	USA	AISI 429 (UNS S42900)	<.12	<1.0	<1.0	<.04	<.03	14.0－16.0	—	—	—
15032	USA	AISI 430 (UNS S43000)	<.12	<1.0	<1.0	<.04	<.03	16.0－18.0	—	—	—
	UK	BS970 430S15	<1	<.8	<1.0	<.04	<.03	16.0－18.0	—	<.5	—
	F	AFNOR Z15 CN 16－02	<.18	.2－.4	2－4	<.04	<.03	15.0－17.0	—	1.0－2.0	—
	G	DIN 17440；001654 X8 Cr 17 Wk. 1.4016	<.1	<1.0	<1.0	<.045	<.03	15.5－17.5	—	—	—
15033	USA	AISI 430 F (UNS S43020)	<.12	<1.0	<1.25	<.06	>.15	16.0－18.0	<.6	—	—
15034	USA	AISI 430 F SE (UNS S43023)	<.12	<1.0	<1.25	<.06	<.06	16.0－18.0	—	—	Se＞.15

续表

国家	名称	组分								
		C	Si	Mn	P	S	Cr	Mo	Ni	其他
15035 USA	AISI 431 (UNS S43100)	<.2	<1.0	<1.0	<.04	<.03	15.0−17.0	—	1.25−2.5	—
UK	BS970 431S29	.12−.2	<.8	<1.0	<.04	<.03	15.0−18.0	—	2.0−3.0	—
F	AFNOR Z15 CN17−03	<.18	.2−.4	.2−.4	<.04	<.03	15.0−17.0	—	1.0−2.0	—
G	DIN 17440;001654 X22 Cr Ni 17 Wk. 1.4057	.15−.23	<1.0	<1.0	<.045	<.03	16.0−18.0	—	1.5−2.5	—
15036 USA	AISI 434 (UNS S43400)	<.12	<1.0	<1.0	<.04	<.03	16.0−18.0	.75−1.25	—	—
UK	BS970 434S19	<.1	<.8	<1.0	<.04	<.03	16.0−18.0	.9−1.3	<.5	—
F	AFNOR Z8CD 17−01	<.1	<1.0	<1.0	<.04	<.03	16.0−18.0	.9−1.3	<.5	—
G	DIN 17440 X6 Cr Mo 17 Wk. 1.4113	<.07	<1.0	<1.0	<.045	<.03	16.0−18.0	.9−1.2	—	—
15037 USA	AISI 436 (UNS S43600)	<.12	<1.0	<1.0	<.04	<.03	16.0−18.0	.75−1.25	—	Nb+Ta 5×C −.7
15038 USA	AISI 440 A (UNS S44002)	.6−.75	<1.0	<1.0	<.04	<.03	16.0−18.0	<.75	—	—
F	AFNOR Z50 CD 14	.5−.6	<1.0	<1.0	<.04	<.03	13.0−15.0	.5−.6	—	—
G	X65 Cr Mo 14 Wk. 1.4109	.6−.75	<1.0	<1.0	<.045	<.03	13.0−15.0	.5−.6	—	—
G	X55 Cr Mo 14 Wk. 1.4110	.5−.6	<1.0	<1.0	<.045	<.03	13.0−15.0	.5−.6	—	—
15039 USA	AISI 440 B (UNS S44003)	.75−.95	<1.0	<1.0	<.04	<.03	16.0−18.0	<.75	—	—
USA	AISI 440 C (UNS S44004)	.95−1.2	<1.0	<1.0	<.04	<.03	16.0−18.0	<.75	—	—
15040 F	AFNOR Z100CD17		<1.0	<1.0	<.04	<.03	16.0−18.0	.4−.8	—	—
G	DIN 0017230 X105 Cr Mo 17	.95−1.2	<1.0	<1.0	<.045	<.03	16.0−18.0	.4−.8	—	—
15041 USA	AISI 442 (UNS S44200)	<.2	<1.0	<1.0	<.04	<.03	18.0−23.0	—	—	—
UK	BS970 442S19	<.1	<.8	<1.0	<.04	<.03	18.0−22.0	—	<.5	—

续表

| | 国家 | 名称 | 组分 | | | | | | | | |
			C	Si	Mn	P	S	Cr	Mo	Ni	其他
15042	USA	AISI 446 (UNS S44600)	<.2	<1.0	<1.5	<.04	<.03	23.0 – 27.0	—	N<.25	—
	F	AFNOR Z10 C24	<.12	<1.5	<1.0	<.04	<.03	23.0 – 26.0	—	—	—
	G	X20 Cr 25 Wk. 1.3810	<.25	.5 – 2.0	<.5	—	—	24.0 – 26.0	—	—	—
	G	X8 Cr 28 Wk. 1.4083	<.1	<1.0	<1.0	<.045	<.03	27.0 – 29.0	—	—	—
15043	USA	AISI 501 (UNS S50100)	>.1	<1.0	<1.0	<.04	<.03	4.0 – 6.0	.4 – .65	—	—
	UK	BS1504 Grade 1504 – 625	<.15	<.5	.3 – .7	<.045	<.045	4.0 – 6.0	.45 – .65	<.4	Cu<.4
	G	GS – 12 Cr Mo 19 5 Wk. 1.7363	.08 – .15	.3 – .5	.4 – .7	<.035	<.035	4.5 – 5.5	.45 – .55	—	—
15044	USA	AISI 502 (UNS S50200)	<.1	<1.0	<1.0	<.04	<.03	4.0 – 6.0	.4 – .65	—	—
	UK	BS1504 Grade 1504 – 625	<.15	<.5	.3 – .7	<.045	<.045	4.0 – 6.0	.45 – .65	<.4	Cu<.4
	G	GS – 12 Cr Mo 19 5 Wk.1.7363	.08 – .15	.3 – .5	.4 – .7	<.035	<.035	4.5 – 5.5	.45 – .55	—	—

特殊命名钢材

| | 国家 | 名称 | 组分 | | | | | | | | |
			C	Si	Mn	P	S	Cr	Mo	Ni	其他
16001	USA	Music Wire ASTM A228 (UNS K08500)	.7 – 1.0	.1 – .3	.2 – .6	<.025	<.03	—	—	—	—
	See AISI 1078; 1086; 1095—(UNS G10780; UNS G10860; UNS G10950 Table Nos.11040; 11044:11046)										
16002	USA	HY80—ASTM A543 (UNS J42015 (HY80)) * 8	<.18	.18 – 37	<.4	<.02	<.02	1.0 – 1.5	.45 – .60	2.25 – 3.25	V<.03
	USA	HY130 –	<.12	—	.6 – .9	—	—	.4 – .7	.3 – .65	4.75 – 5.25	V .05 – .10
	USA	HY140—此名称不再使用									

这些欧洲制造的钢材在美国进行了分析检测

续表

国家		名称	组分									
			C	Si	Mn	P	S	Cr	Mo	Ni	其他
16003	USA	Carpenter 20 Cb Stainless (UNS N08020 (20Cb-3))，目前由 Carpenter 20Cb-3 代替									
	USA	Carpenter 20 Cb-3	<06	<1.0	<2.0	<.035	<.035	19.0-21.0	2.0-3.0	32.5-35.0	Cu 3.0-4.0 Nb+Ta 8× C<1.0
	USA	Allegheny Ludlum—A286 (UNS K66286)	0.08	0.4	1.4	—	—	15	1.25	26	Ti 2.15 Al 2.004
	USA	Bofors—A286	0.06	—	—	—	—	15	1.3	25	Ti 2.15 Al 2.004
	F	AFNOR Z6NCT25-15									
16004	G	DIN0017225 X5 Ni Cr Ti 26 15 Wk. 1.4980	<.08	<1.0	1.0-2.0	<.03	<.03	13.5-16.0	1.0-1.5	24.0-27.0	Al<.35 Ti 1.9-2.3 B.003-.010 V.1-.5
	G	LN 1.4944.4									
	EUR	AECMA FE PA92HT									
16005	USA	Allegheny Ludlum AM350 (UNS S35000)	.08	.4	1	—	—	16.5	2.7	4.3	N .1
16006	USA	Allegheny Ludlum AM355 (UNS S35500)	.15	.4	1	—	—	15.5	2.75	4.25	N .1
16007	USA	Carpenter, Custom 455(UNS S45500)	03	—	.25	—	—	11.75	—	9	Ti 1.2 Cu 2.2 Nb+Ta 0.3
16008	USA	15-5 PH (UNS S15500)	.04	—	.8	—	—	15.0	—	4.6	Cu 3.3 Nb.27
16009	USA	PH 14-8 Mo(UNS S14800)	.04	—	.6	—	—	15.1	2.2	8.3	Al 1.2+N
16010	USA	PH 15-7 Mo(UNS S15700)	.07	—	—	—	—	15.0	2.2	7	Al 1.1
16011	USA	PH 17-7 (UNS S17700)	.07	—	—	—	—	17.0	—	7	Al 1.1

续表

	国家	名称	组分								
			C	Si	Mn	P	S	Cr	Mo	Ni	其他
16012	USA	SAE H11 Tool Steel(UNS T20811)	.3 –.4	.8 – 1.2	.2 –.4	—	—	4.75 – 5.50	1.25 – 1.75	—	V .3 –.5
	USA	H11 MOD (UNS K74015)——由 UNS T20811 代替									
	USA	Vascojet 1000									
	UK	BS4659 BH11	.32 –.42	.85 – 1.15	<.4			4.75 – 5.25	1.25 – 1.75	—	V .3 –.5
	F	E – 40CDV20									
	G	(G –) X38 Cr Mo V 5 1 Wk. 1.2343	.36 –.42	.9 – 1.2	.3 –.5	<.03	<.03	4.8 – 5.8	1.4	—	
	G	Wk. 1.7784									
	EUR	AECMA FE – PM13S	.37 –.43	—	.3	—	—	4.75 – 5.25	1.3	—	V .5
16013	USA	17/4 PH—ASTM A 579 – AISI630 (UNS J92200) Grade 61	<.07	<1.0	<1.0	<.025	<.025	15.5 – 17.5	—	3.0 – 5.0	Cu 3.0 – 5.0 Nb.15 –.45
16014	USA	PH 13 – 8 Mo (UNS S 13800)	.03	—	<.1	—	—	12.8	2.2	8.2	Al 1.1
16015	USA	Maraging ASTM 579 Grade 71 Yield 200 ksi (UNS K92820)	<.03	<.1	<.1	<.01	<.01		3.0 – 3.5	17.0 – 19.0	Ti .15 –.25 Co 8.0 – 9.0 Al .05 –.15 Ca .06 Zr .02 B.003
16016	USA	Maraging ASTM 579 Grade 72 Yield 250 ksi (UNS K92940)	<.03	<.1	<.1	<.01	<.01		4.6 – 5.2	17.0 – 19.0	Ti .3 –.5 Co 7.5 – 8.3 Al .05 –.15 Ca .06 Zr .02 B.003
16017	USA	Maraging ASTM 579 Grade 73 Yield 275 ksi (UNS K93160)	<.03	<.1	<.1	<.01	<.01		4.6 – 5.2	18.0 – 19.0	Ti .5 –.8 Co 8.5 – 9.5 Al .05 –.15 Ca .06 Zr .02 B.003

续表

序号	国家	名称	组分								
			C	Si	Mn	P	S	Cr	Mo	Ni	其他
16018	USA	ARMCO 21-6-9(UNS S21900)	<.08	<1.0	8.0-10.0	<.06	<.03	19.0-21.5	—	5.5-7.5	N .15-.4
	UK	BS970 284S16	<.07	<1.0	7.0-10.0	<.06	<.03	16.5-18.5	—	4.0-6.5	N .15-.25
	G	X8 Cr Mn Ni 18 9Wk.1.4371	<.1	<1.0	7.5-9.5	<.045	<.03	17.0-19.0	—	4.5-6.5	N .1-.2
16019	USA	ALMAR 362 (UNS S36200)	.03	.2	.3	<.015	<.015	14.5	—	6.5	Ti .8 Nominal comp.
16020	USA	Nitronic 33	<.08	<1.0	11.5-14.5	<.06	<.03	17.0-19.0	—	2.25-3.75	N .2-.4
	USA	Nitronic 32	<.1	.5	12	<.06	<.03	18	—	1.6	N .34
	USA	Nitronic 60 (UNS S21800)	<.1	3.5-4.5	7.0-9.0	<.06	<.03	16-18	—	8.0-9.0	N .08-.18
16021	USA	Kovar（低热膨胀合金）	<.04	<.2	<.5			<.2	<.2	29	Co 17.0 Fe Balance. Nominal comp.
	UK	Nilo K								29	Co 17.0 Fe Balance. Nominal comp.
	F	Dilver P0								29	Co 21.8 Fe Balance. Nominal comp.
	F	Dilver P1			<1.0					29	Co 18.0 Fe Balance. Nominal comp.
	G	Dilaton 29/18 Wk. 1.3981	<.05			—	—	—	—	28-30	Co 17.0-19.0 Fe Bal. Nominal comp.

续表

	国家	名称	组分								
			C	Si	Mn	P	S	Cr	Mo	Ni	其他
16022	USA	Invar	.1	.2	.5					36	Nominal comp.
	USA	Invar 36								36	Nominal comp.
	UK	Nilo 36								36	Nominal comp.
16023	USA	Invar 42								42	Nominal comp.
	UK	Nilo 42								42	Nominal comp.

钢材表备注：
<：小于，范围 $x \sim y$。
>：大于，约 x。
* 1：硅含量取决于钢材是否沸腾、半镇静或镇静。对于镇静钢 Si<0.4。对于 AISI(不包括 1015)，Si<0.1。范围取决于制作实践。
* 2：微量。
* 3：电工钢 N<0.012。
* 4：弹簧钢。
* 5：只有非常近似的等价物。
* 6：可与铝合金化。
* 7：硼含量最低可达 0.000 5%，编号携带 B。
* 8：压力容器钢板。可能需要特殊条件。真空处理、特殊测试、冲击测试、无损检测。

钢材的欧洲 CEN 标准

金属合金的欧洲 EN 规范目前正在创建并得到采用。这些规范将逐步取代钢的各种国家标准，其他金属的标准也将被取代。不过完成取代过程并完全实施将需要数年时间。欧洲钢材名称指定系统见 EN10027 规范和 ECISS 信息通告 DD214：1993 ECISS／IC10：1992。钢的欧标名称将由三部分组成：

• 欧洲标准号码，例如 "EN 10083 - 1"。

• "钢名称"　（等级）——表示应用和主要特征的符号字母和数字，例如 "2C50（C50E）"。

• "钢号"——基于现有德国 Werkstoff（Wk.）号码的 5 位数字，另外两位数字保留，例如 "1.1206"。

上面给出的例子构成完整的 EN 名称：EN 10083 - 1 2C50（C50E）1.1206；见表 11029。在合金表中，"钢名称"部分有下画线（例如 EN 10083 - 1 2C50（C50E）1.1206），表示该名称的各个部分是分开的。

原则上，可以使用现有的 Werkstoff 号码推断出 EN 钢号，但不能保证这些数字目前已被特定国家约定或采用。新规范一旦通过，将由每个国家标准组织发布，且任何现有的存在冲突的规范将被撤销。

新标准的实施认可了 EN 标识与现有国家钢种之间的三个等价水平："几乎等效""接近等效"和"大约等效"。前面表格中包含的新 EN 名称均接近等效于 BS970 - 1 钢种。

合金等效——镍合金

组分（Ni——如无特别说明则为半镇静）

编号	国家	名称	C	Co	Cr	Mo	V	W	Al	Cu	Nb	Ta	Ti	Fe	其他
21001	USA/UK	Hastelloy C(UNS N10002)	<.08	<2.5	14.5 – 16.5	15 – 17	<.35	3.0 – 4.5	—	—	—	—	—	4.0 – 7.0	Si<1.0 Mn<1.0
	G	Wk 2.4537	<.02	2.5	15.5	16	0.35	3.7						6	Ni balance.Nominal comp.
	G	Wk 2.4602			16	17		4						6	Ni balance.Nominal comp.
21002	USA/UK	Hastelloy X(UNS N06002)	.05 –.15	.5 – 2.5	20.5 – 23.0	8.0 – 10.0		.2 – 1.0	—	—	—	—	—	17 – 20	Si<1.0 Mn<1.0
	G	Wk 2.4613													
21003	USA/UK	Incoloy 800(UNS N08800)	<.1		19.0 – 23.0	—	—	—	.15 –.6	—	—	—	.15 –.6	Bal.	Ni 30.0 – 35.0
	G	X10 NiCrAlTi 3220	.07		21				*				*		Ni 31.0 nominal comp.
	UK	Wk. 1.4876 BS 3072 NA 15	<.1		19.0 – 23.0	—	—	—	.15 –.6	<.75	—	—	.15 –.6	Bal.	Ni+Co 30.0 – 35.0
21004	USA/UK	Incoloy 901(UNS N09901)	<.1	—	11.0 – 14.0	5 – 7	—	—	<.35	<.5	—	—	2.35 – 3.1	Bal.	Si<.6 B .01 –.02 Ni 40.0 – 40.5 Mn<1.0
21005	USA/UK	Incoloy 903(UNS N19903)	—	13.0 – 17.0	—	—	—	—	.3 – 1.5	—	2.4 – 3.5	—	1.0 – 1.25	Bal.	Ni 36.0 – 40.0
21006	USA/UK	Incoloy 907(UNS N19907)		13.0							4.7		1.5	Bal.	Ni 38.0 nominal comp.
21007	USA/UK	Incoloy 909(UNS N19909)	.1	13.0		—					4.7		1.5	Bal.	Ni 38.0 nominal comp.
21008	USA/UK	Inconel 600(UNS N06600)	<.15	—	14.0 – 17.0	—	—	—	—	<.5	—	—	—	6.0 – 10.0	Ni > 72.0
	UK	BS3072 NA14	<.15	—	14.0 – 17.0	—	—	—	—	<.5	—	—	—	6.0 – 10.0	Ni+Co > 72.0 Mn<1.0 Si<.5
	G	Wk. 2.4816	.05		16									10	Nominal comp.
21009	USA/UK	Inconel 625(UNS N06625)	<.1	—	20.0 – 23.0	8.0 – 10.0	—	—	<.4	—	3.15 – 4.15	—	<.4	<5.0	Ni balance

续表

国家	名称	C	Co	Cr	Mo	V	W	Al	Cu	Nb	Ta	Ti	Fe	其他
		组分（Ni——如无特别说明则为半镇静）												
21010 USA/UK	Inconel 718(UNS N07718)	<.08	<1.0	17.0-21.0	2.8-3.0	—	—	.2-.8	—	4.75-5.5	—	.65-1.15	Bal.	Si<.35 Mn<.35 Ni 50.0-55.0
F/AECMA	NI-P100HT													
G	Wk. 2.4666													
CEN	EN 2403PR(NI-P100HT Solution treated and precipitation treated precision castings—provisional spec.)													
	EN 2404PR(NI-P100HT Solution treated and precipitation treated bars—provisional spec.)													
	EN 2405PR(NI-P100HT Solution treated and precipitation treated forgings—provisional spec.)													
	EN 2407PR(NI-P100HT Solution treated and precipitation treated sheet and strip, $a \leqslant 3$ mm—provisional spec.)													
	EN 2408PR(NI-P100HT Solution treated and precipitation treated plates, $a \leqslant 3$ mm—provisional spec.)													
	EN 2952PR(NI-P100HT Solution treated and cold worked bar for hot upset forging for fasteners,3 mm$\leqslant d \leqslant 30$ mm—provisional spec.)													
	EN 2961 PR(NI-P100HT Cold worked and solution treated bar for machining for fasteners,3 mm$\leqslant d \leqslant 50$ mm—provisional spec.)													
	EN 3666PR(NI-P100 Cold worked—RM$\geqslant$1500 MPa—bar for machining,3 mm$\leqslant d \leqslant 50$ mm—provisional spec.)													
21011 USA/UK	Inconel X750(UNS N07750)	<.08	—	14.0-17.0	—	—	—	.4-1.0	—	.7-1.2	—	2.25-2.75	5.0-9.0	Si<.5 Mn<1.0 Ni Balance
21012 USA/UK	Monel K500(UNS N05500)	<.25	—	—	—	—	—	2.9	Bal.	—	—	.35-.85	<2.0	Si<.5 Mn<1.5 Ni 63.0-70.0
G	Wk. 2.4360								31.0				2.0	Ni balance. Nominal comp.
G	Wk. 2.4374							3.0	30.0			.8	1.5	Ni balance. Nominal comp.
G	Wk. 2.4375	.25						3.0	30.0			1.0	2.0	Ni balance. Nominal comp.
21013 USA/UK	NI-SPAN C902(UNS N09902)	<.06	—	4.9-5.75	—	—	—	.3-.8	—	—	—	2.2-2.75	Bal.	Ni 41.0-43.5 Mn<.8 Si<1.0
21014 USA/UK	RENE 41(UNS N07041)	<.12	10.0-12.0	18.0-20.0	9.0-10.5	—	—	1.4-1.8	—	—	—	3.0-3.3	<5.0	Si<.5 Mn<.1 B.003-.010
21015 USA/UK	UNITEMP 212	.08	—	16.0	—	—	—	.15	—	.5	—	4.0	Bal.	Si .15 Mn .05 B.06 Zr .05 Ni 25.0

续表

21016

国家	名称	组分(Ni——如无特别说明则为半镇静)												
		C	Co	Cr	Mo	V	W	Al	Cu	Nb	Ta	Ti	Fe	其他
USA/UK	WASPALLOY(UNS N07001)	.03 ~.1	12.0 – 15.0	18.0 – 20.0	3.5 – 5.0	—	—	1.2 – 1.6	—	—	—	2.75 – 3.25	<2.0	B.003 –.010　Zr.02 –.12
F/AECMA	NI – P101HT													
CEN	EN 2193PR(NI – P101 HT Solution treated and precipitation treated bars—provisional spec.)													
	EN 2194PR(NI – P101 HT Solution treated and precipitation treated forgings—provisional spec.)													
	EN 2195PR(NI – P101HT Solution treated and precipitation treated sheet and strip, $a \leqslant 3$ mm—provisional spec.)													
	EN 2406PR(NI – P101 HT Solution treated and precipitation treated bars for forged bolts, $d \leqslant 25$ mm—provisional spec.)													
	EN 2959PR(NI – P101 HT Solution treated and cold worked bar for hot upset forging for fasteners,3 mm$\leqslant d \leqslant 30$ mm—provisional spec.)													
	EN 2960PR(NI – P101 HT Cold worked and solution treated bar for machining for fasteners,3 mm$\leqslant d \leqslant 50$ mm—provisional spec.)													

注:商品名名称——通常只提供名义成分。有些合金是半镇静铁,有些是半镇静镍。

合金等效——铝合金（锻造）

合金等效	国家	名称	Si	Fe	Cu	Mn	Mg	Cr	Zn	Ti	单个	总和	Al(最小值)	备注
			组分（如无特别说明则为最大值）								其他			
	USA	AA 1050(UNS A91050)	.25	.4	.05	.05	.05	—	.05	.03	.03	—	99.5	(1050A:Zn<.07)
	UK	AA 1050A(was BS 1B)	.3	.4	.05	.03	—	—	.1	—	—	—	99.5	*35
	UK	BS 5L36(AA 1050A)	.3	.4	.05	.05	—	—	.1	—	.03	—	99.5	
	F	NF A-5(AA 1050A)	.3	.4	.05	.05	.03	.03	.1	.05	—	—	Rem.	
31001	G	DIN 1712 A199.5(AA 1050A) Wk. 3.0255											99.5	
	CEN	EN 2072(1050A-H14 sheet and strip)；												
	CEN	EN 2073PR(1050A-H14 tube for structures,5 mm< d <100 mm - provisional spec.)												
	CEN	EN 2114PR(1050A-H14 wire for solid rivets, d ≤10 mm—provisional spec.)												
31002	USA	AA 1060(UNS A91060)	.25	.35	.05	.03	.03	—	.05	.03	.03	—	99.6	
	USA	AA 1100 (UNS A91100)	1.0 (Si+Fe)		.05 -.2	.05	—	—	.1	—	.05	.15	99.0	*31
31003	UK	AA 1100	1.0 (Si+Fe)		.05 -.2	.05	—	—	.1	—	.05	.15	99.0	*31
	CEN	EN 3996PR (1100-H14 sheet and strip,0.3 mm≤ a ≤6 mm—provisional spec.)												
	USA	AA 1145 (UNS A91145)	.55 (Si+Fe)		.05	.05	—	—	—	—	.03	—	99.45	
31004	UK	AA 1145	.55 (Si+Fe)		.05	.05	—	—	—	—	.03	—	99.45	
	USA	AA 1175 (UNS A91175)	.15 (Si+Fe)		.1	—	—	—	.03	—	.02	—	99.75	*32
	UK	AA 1080A (was BS 1A)	.15	.15	.02	.03	—	.02	.06	.05	—	—	99.8	*33
31005	F	NF A8 (AA 1080A)	.15	.15	.03	.03	.01	—	.06	.05	.02	.15	Rem.	
	G	DIN 1712 A199.7 Wk. 3.0275	.20	.25	.03	—	—	—	.07	.05	.02	.15	Rem.	
	G	DIN 1712 A199.8 (AA 1080A) Wk.3.0285	.15	.15	.02	—	—	—	.06	.03	.01	.15	Rem.	

续表

编号	国家	名称	Si	Fe	Cu	Mn	Mg	Cr	Zn	Ti	单个	总和	Al(最小值)	备注
31006	USA	AA 1200 (UNS A91200)	1.0 (Si+Fe)		.05	.05	—	—	.1	.05	.05	.15	99.0	
	UK	AA 1200 (was BS 1C)	1.0 (Si+Fe)		.05	.05	—	—	.1	.05	.05	.15	99.0	
	UK	BS 6L16; BS 6L17; BS 4L34	.5	.7	.1	.1	—	—	.1	—	.05	—	99.0	
	F	NF A－4	.5	.8	.1	.1	.05	.05	.1	.05	—	—	Rem.	
	G	DIN 1712 Al99 Wk. 3.0205	.5	.6	.07	—	—	—	.08	.05	.04	1.0	Rem.	
31007	USA	AA 1230 (UNS A91230)	.7 (Si+Fe)		.1	.03	—	—	.1	—	.05	—	99.3	
	UK	AA 1230	.7 (Si+Fe)		.1	.03	—	—	.1	—	.05	—	99.3	
31008	USA	AA 1235 (UNS A91235)	.65 (Si+Fe)		.05	—	—	—	—	—	.05	—	99.35	
	UK	AA 1235	.65 (Si+Fe)		.05	—	—	—	—	—	.05	—	99.35	
31009	USA	AA 1345 (UNS A91345)	.3	.4	.1	—	—	—	—	—	.03	—	99.45	
		UK.F.G;See Table 31001 (AA 1050)												
31010	USA	AA 1350 (UNS A91350)	.1	.4	.05	.01	—	.01	.05	+V .02	.03	.1	99.5	Ga<.03 B<.05
	UK	AA 1350 (was BS 1 E); BS2897	.1	.4	.05	.01	—	.01	.05	+V .02	.03	.1	99.5	Ga<.03 B<.05
	F	A 5L,A 5B											99.5	
	G	DIN 1712 Al99.5 Wk. 3.0255	.3	.4	.05	—	—	—	.07	.05	.03	.5	Rem.	
	G	DIN 1712 Al99.5 Wk. 3.0257												
31011	USA	1420			.05		4.5－6.0						Li 1.9－2.3 Zr .08－.15	Nominal comp.
31012	USA	1430			1.4－1.8		2.3－3.0						Li 1.5－1.9 Zr .08－.14	Nominal comp.
31013	USA	1440			1.2－1.9		.6－1.1						Li 2.1－2.6 Zr .1－.2	Nominal comp.
31014	USA	1460			2.6－3.3		.05						Li 2.0－2.5 Zr<.15 Sc<.14	Nominal comp.

续表

国家	名称	组分(如无特别说明则为最大值) Si	Fe	Cu	Mn	Mg	Cr	Zn	Ti	其他 单个	总和	Al(最小值)	备注
USA	AA 2011 (UNS A92011)	.4	.7	5.0-6.0	—	—	—	.3	—	.05	.15	Rem.	*37
UK	AA2011 (was BS FC1); BS4300/5; EN 515; EN 573-3; EN 573-4	.4	.7	5.0-6.0	—	—	—	.3	—	.05	.15	Rem.	*37
F	A-U5PbBi			5.5								Rem.	Nominal comp.
G	DIN 1725 Al Cu Bi Pb, Wk. 3.1655	.4	.7	5.0-6.0	—	—	—	.3	—	.05	.15	Rem.	*37
USA	AA 2014 (UNS A92014)	.5-1.2	.7	3.9-5.0	.4-1.2	.2-.8	.1	.25	.15	.05	.15	Rem.	*310*31
	AA 2104A (was BS H15); BS L102; BS L103;	.5-.9	.5	3.9-5.0	.4-1.2	.2-.8	.1	.2	+Zr.2	—	—	Rem.	Ni .2,Pb .05,Sn .05
UK	BS L105; BS L156-L159; BS L163-L168; BS 2L77;												
	BS 2L87; BS 2L93; BS 3L63; BS 7L37, DTD 5010A;												
	DTD 5030A, DTD5040A												
F	NFA-U4SG	.5-1.2	.7	3.9-4.9	.4-1.2	.2-.8	.1	.25	.2	—	—	Rem.	
G	DIN 1725 Al Cu Si Mn. Wk. 3.1255	.5-1.2	.7	3.9-5.0	.4-1.2	.2-.8	.1	.25	.15	.05	.15	Rem.	
CEN	EN 2087PR (2014A-T6/T62 clad sheet and strip—provisional spec.)												
	EN 2088PR (2014A-T4/T42 clad sheet and strip—provisional spec.)												
	EN 2089 (2014A-T6 sheet and strip)												
	EN 2100 (2014A-T4511 bar and drawn profiles)												
	EN 2323PR (2014A-T651 bar≤200 mm—provisional spec)												
	EN 2324PR (2014A-T6 bar and section≤150 mm—provisional spec.)												
	EN 2325PR (2014A-T6 bar≤100 mm—provisional spec.)												
	EN 2384 (2014A-T6511 bar and drawn profiles)												
	EN 2387PR (2014A-T6 tube for structures,0.6 mm≤ a ≤12.5 mm—provisional spec.)												
	EN 2395 (2014A-T4/T42 sheet and strip)												
	EN 2634PR (2014A-T4511 bars and sections 1.2 mm≤ a/d ≤200 mm,peripheral coarse grain control—provisional spec.)												

31015

31016

续表

国家	名称	组分（如无特别说明则为最大值）								其他			备注
		Si	Fe	Cu	Mn	Mg	Cr	Zn	Ti	单个	总和	Al(最小值)	
31016 CEN	EN 2635PR (2014A—T6511 bars and sections 1.2 mm≤ a/d ≤150 mm, peripheral coarse grain control—provisional spec.)												
	EN 2639PR (2014A—T6 extruded bars and sections 1.2 mm≤ a/d ≤150 mm, peripheral coarse grain control—provisional spec.)												
	EN 2710PR (2014A—T4510 bar and section, 1.2 mm≤ a/d ≤200 mm, peripheral coarse grain control—provisional spec.)												
	EN 2711 PR (2014A—T6510 bar and section, 1.2 mm≤ a/d ≤150 mm, peripheral coarse grain control—provisional spec.)												
	EN 3346PR (2014A—T3 tube for structures, 0.6 mm≤ a ≤12.5 mm—provisional spec.)												
USA	AA 2017 (UNS A92017)	.2–.8	.7	3.5–4.3	.4–1.0	.4–.8	.1	.25	.15	.05	.15	Rem.	*310
UK	AA 2017	.2–.8	.7	3.5–4.3	.4–1.0	.4–.8	.1	.25	.15	.05	.15	Rem.	*310
F	NF A—U49	.3–.8	.7	3.5–4.7	.3–.8	.4–1.0	.1	.25	.2	—	—	Rem.	
G	DIN 1725 Al Cu Mg 1. Wk. 3.1325	.6	.5	3.5–4.3	.3–1.0	.4–1.0	.1	.5	.2	.05	.2	Rem.	
31017	EN 2116PR (2017A—H13 wire for solid rivets, d ≤10 mm—provisional spec.)												
	EN 2393PR (2017A—T4 drawn tube for structures, 0.6 mm≤ a ≤12.5 mm—provisional spec.)												
	EN 2509PR (2017A—T42 drawn tube for structures—provisional spec.)												
CEN	EN 2640PR (2017A—T4 extruded bars and sections 1.2 mm≤ a/d ≤150 mm, peripheral coarse grain control—provisional spec.)												
	EN 2655PR (2017A—T42 extruded bars and sections 1.2 mm≤ a/d ≤150 mm, peripheral coarse grain control—provisional spec.)												
	EN 2691 PR (2017A—T3 sheet and strip, 0.4 mm≤ a ≤6 mm—provisional spec.)												
	EN 2692PR (2017A—T3 clad sheet and strip, 0.4 mm≤ a ≤6 mm—provisional spec.)												
	EN 2705PR (2017A—T44 drawn tube for structures, 0.6 mm≤ a ≤12.5 mm—provisional spec.)												
31018 USA	AA 2024 (UNS A92024)	.5	.5	3.8–4.9	.3–.9	1.2–1.8	.1	.25	.15	.05	.15	Rem.	*310
UK	AA 2024	.5	.5	3.8–4.9	.3–.9	1.2–1.8	.1	.25	.15	.05	.15	Rem.	*310
UK	BS 2L97; DTD 5100A; BS AMD2433 (was 2L98)	.5	.5	3.8–4.9	.3–.9	1.2–1.8	.1	.2	+Zr .2	—	—	Rem.	Ni .05, Pb .05, Sn .05
F	NF A—U4G1	.5	.5	3.8–4.5	.3–.9	1.2–1.8	.1	.25	.2	—	—	Rem.	
G	DIN 1725 Al Cu Mg 2. Wk. 3.1355	.4	.4	4.0–4.8	.3–.9	1.2–1.8	.1	.25	.2	.05	.2	Rem.	
ISO	ISO Al Cu 4 Mg 1												

续表

国家	名称	组分（如无特别说明则为最大值）								其他			备注
		Si	Fe	Cu	Mn	Mg	Cr	Zn	Ti	单个	总司	Al(最小值)	
31018	EN 2090PR (2024 – T3 clad sheet and strip,0.4 mm< a <6 mm—provisional spec.)												
CEN	EN 2091 PR (2024 – T4 clad sheet and strip,0.4 mm< a <6 mm—provisional spec.)												
	EN 2318 (2024 – T3511 bar and drawn profiles, a > 1.2 mm / d <150 mm)												
	EN 2320PR (2024 – T3 drawn bar, a ≤75 mm—provisional spec.)												
	EN 2321 PR (2024 – T4 bar and section, a ≤150 mm—provisional spec.)												
	EN 2319PR (2024 – T3510 drawn bar, a ≤75 mm—provisional spec.)												
	EN 2388PR (2024 – T351 tube for structures,0.6 mm≤ a ≤12.5 mm—provisional spec.)												
	EN 2419PR (2024 – T351 plate,6 mm≤ a ≤80 mm—provisional spec.)												
	EN 251OPR (2024 – T42 drawn tube for structures—provisional spec.)												
	EN 2633 (2024 – T3511 bar and drawn profiles, a >1.2 mm/ d <150 mm,peripheral coarse grain control)												
	EN 2638PR (2024 – T3 extruded bars and sections,1.2 mm≤ a/d ≤150 mm,peripheral coarse grain control—provisional spec.)												
	EN 2701 PR (2024 – T3 drawn tube,6 mm≤ d/a ≤12.5—provisional spec.)												
	EN 2703PR (2024 – T42 clad sheet and strip,0.4 mm< a ≤6 mm—provisional spec.)												
	EN 2704PR (2024 – T3511 drawn bar, a ≤75 mm—provisional spec.)												
	EN 2709PR (2024 – T3510 bar and section,1.2 mm≤ a/d ≤150 mm,peripheral coarse grain control—provisional spec.)												
	EN 2806PR (2024 – T42 extruded sections,1.2 mm≤ a ≤100 mm,peripheral coarse grain control—provisional spec.)												
	EN 2814PR (2024 – T3511 tube for structures,0.6 mm≤ a ≤12.5 mm—provisional spec.)												
	EN 3347PR (2024 – T8511 extruded bars and sections, a/d ≤150 mm,peripheral coarse grain control—provisional spec.)												
	EN 3348PR (2024 – T62 plate,6 mm≤ a/d ≤50 mm—provisional spec.)												
	EN 3474PR (2024 – T81 sheet and strip,0.25 mm≤ a/d ≤6 mm—provisional spec.)												
	EN 3550PR (2024 – T8511 extruded barsand sections, a/d ≤150 mm—provisional spec.)												
	EN 3657PR (2024 – T3510 drawn bar for machining, d ≤75 mm—provisional spec.)												
	EN 3997PR (2024 – T3 sheet and strip,0.4 mm< a/d ≤6 mm—provisional spec.)												
	EN 3998PR (2024 – T42 sheet and strip,0.4 mm< a/d ≤6 mm—provisional spec.)												
	EN 4101 PR (2024 – T4 sheet and strip,0.4 mm< a/d ≤6 mm—provisional spec.)												

续表

编号	国家	名称	组分（如无特别说明则为最大值）								其他			备注
			Si	Fe	Cu	Mn	Mg	Cr	Zn	Ti	单个	总和	Al(最小值)	
31019	USA	AA 2048 (UNS A92048)	.15	.2	2.8－3.8	.2－.6	1.2－1.8	—	.25	—	—	—	—	
	UK	AA 2048	.15	.2	2.8－3.8	.2－.6	1.2－1.8	—	.25	—	—	—	—	
31020	USA	AA 2090			2.5－2.75		017－.02				—	—	Li 2.1－2.2 Zr.11－.12	Nominal comp.
	USA	2090 (proprietory)			2.4－3.0		.25						Li 1.9－2.6 Zr.08－.15	Nominal comp.
	UK	AA 2090			2.5－2.75		.017－.02						Li 2.1－2.2 Zr.11－.12	Nominal comp.
31021	USA	AA 2091	.2	.3	1.8－2.5		1.1－1.9						Li 1.7－2.3 Zr<.1	Nominal comp.
	UK	AA 2091	.2	.3	1.8－2.5		1.1－1.9						Li 1.7－2.3 Zr<.1	Nominal comp.
31022	USA	Weldalite 049 (AA 2095)			4.0－6.3		.4						Li 1.3 Zr.14 Ag.4	Nominal comp.
31023	USA	AA 2124 (UNS A92124)	.2	.3	3.8－4.9	.3－.9	1.2－1.8	.1	.25	.15	.05	.15	Rem.	*310
	UK	AA 2124	.2	.3	3.8－4.9	.3－.9	1.2－1.8	.1	.25	.15	.05	.15	Rem.	*310
	CEN	EN 2422PR (2124-T351 plate,25 mm≤ a <120 mm—provisional spec.);												
31024	USA	AA 2195			3.7－4.3		.25－8						Li.8－1.2 Zr.08－.16	Nominal comp.
	USA	AA 2214	.8	.3	4.5		.6							Nominal comp.
	UK	AA 2214	.8	.3	4.5		.6							Nominal comp.
31025	CEN	EN 2124PR (2214-T651 plate,6 mm≤ a ≤140 mm)												
		EN 2382PR (2214-T6 forgings,≤100 mm)												
		EN 2383PR (2214-T4 forgings,≤100 mm)												
		EN 2485PR (2214-F Extruded or cast forging stock)												
		EN 2697PR (2214-T6 extruded bar and section,1.2≤ a/d ≤100 mm,peripheral coarse grain control—provisional spec)												
31026	USA	AA 2219 (UNS A92219)	.2	.3	5.8－6.8	.2－.4	.02	—	.1	.02－.1	.05	.15	Rem.	*311
	UK	AA 2219	.2	.3	5.8－6.8	.2－.4	.02	—	.1	.02－.1	.05	.15	Rem.	*311
	UK	DTD 5004A	.25	.35	5.7－6.5	.2－.35	.15	—	.1	＋Zr.2	—	—	Rem.	*312
	F	NF A-U6MT	.2	.3	5.5－6.5	.2－.3	—	—	—	.05－.15	—	—	Rem.	
	CEN	EN 4099PR (2219-T62 clad sheet, and strip,0.5 mm≤ a ≤6 mm—provisional spec.)												
		EN 4100PR (2219-T62 sheet and strip,0.5 mm≤ a ≤6 mm—provisional spec)												
		EN 4102PR (2219-T81 clad sheet, and strip,0.5 mm≤ a ≤6 mm—provisional spec.)												

续表

国家	名称	Si	Fe	Cu	Mn	Mg	Cr	Zn	Ti	单个	总和	Al(最小值)	备注
31027 USA	AA 2419	.015	.18	5.8 – 6.8	.2 – 4	.02	—	.10	.02 – .1	.05	.15	Rem.	＊321
UK	AA 2419	.015	.18	5.8 – 6.8	.2 – 4	.02	—	.10	.02 – .1	.05	.15	Rem.	＊321
USA	AA 2618	.1 – .25	.9 – 1.3	1.9 – 2.7	—	1.3 – 1.8	—	.1	.04 – .1	.05	.15	Rem.	＊322
UK	AA 2618A (was H16)	.1 – .25	.9 – 1.4	1.8 – 2.7	.25	1.2 – 1.8	—	.15	.04 – .2	.05	.15	Rem.	Ni .8 – 1.4
UK	BS 1472; Hid RR58	.25	.9 – 1.4	1.8 – 2.7	.2	1.2 – 1.8	—	.2	.2	—	—	Rem.	＊322
UK	DTD717A;731B;745A;5084A;5014A	.25	.9 – 1.4	1.8 – 2.7	.2	1.2 – 1.8	—	.1	+Zr .2	—	—	Rem.	Pb,Sn .05,Ni .8 – 1.4
F	A – U2GN	.25	.7 – 1.4	1.8 – 2.7	.2	1.2 – 1.8	—	.15	.2	—	—	Rem.	＊325
31028 CEN	EN 2085PR (2618A – T6 forgings,≤150 mm)												
	EN 2086PR (2618A – T851[AL – P11 – T851]forged bars and labs,≤150 mm)												
	EN 2123PR (2618A – T851 plates,6 mm≤ *a* ≤140 mm)												
	EN 2256PR (2618A – T852[AL – P11 – T852]forged bars and slabs,≤150 mm)												
	EN 2486PR (2618A – F extruded or cast forging stock)												
	EN 3552PR (2618A – T6 clad sheet and strip,0.4 mm≤ *a* ≤6 mm—provisional spec.)												
	EN 3553PR (2618A – T6511 extruded bar and section,1 2 mm≤ *d* ≤100 mm—provisional spec.)												
31029 USA	AA 3003 (UNS A93003)	.6	.7	.05 – .2	1.0 – 1.5	—	—	.1	—	.03	.15	Rem.	＊31
UK	AA 3003 (was BS 1470 NS3)	.6	.7	.1	.8 – 1.5	.1	—	.2	.2	—	—	Rem.	
F	NF A – MI	.6	.7	.2	1.0 – 1.5	.05	—	.1	.5	—	—	Rem.	
G	DIN 1725 Al Mn Wk. 3.0515	.5	.6	.1	.9 – 1.4	0 – 3	.05	.2	.1	.05	.15	Rem.	
31030 USA	AA 3004 (UNS A93004)	.3	.7	.25	1.0 – 1.5	.8 – 1.3	—	.25	—	.05	.15	Rem.	＊31
UK	AA 3004 (UNS A93004)	.3	.7	.25	1.0 – 1.5	.8 – 1.3	—	.25	—	.05	.15	Rem.	＊31
F	NF A	.3	.7	.25	1.0 – 1.5	.8 – 1.3	—	.25	.5	—	—	Rem.	
31031 USA	AA 3005 (UNS A93005)	.6	.7	.3	1.0 – 1.5	.2 – .6	.1	.25	.1	.05	.15	Rem.	
UK	AA 3005	.6	.7	.3	1.0 – 1.5	.2 – .6	.1	.25	.1	.05	.15	Rem.	
31032 USA	AA 3103 (UNS A93103)	.5	.7	.1	.9 – 1.5	.3	.1	.2	+Zr .1	.05	.15	Rem.	
UK	AA 3103	.5	.7	.1	.9 – 1.5	.3	.1	.2	+Zr .1	.05	.15	Rem.	
CEN	EN 4004PR (3103 – H16 sheet and strip,0.4 mm≤ *a* ≤6 mm—provisional spec.)												

续表

编号	国家	名称	Si	Fe	Cu	Mn	Mg	Cr	Zn	Ti	单个	总和	Al(最小值)	备注
31033	USA	AA 3105 (UNS A93105)	.6	.7	.3	.3-.8	.2-.8	.2	.4	.1	.05	.15	Rem.	—
	UK	AA 3105;ALCAN E4S	.6	.7	.3	.3-.8	.2-.8	.2	.4	.1	.05	.15	Rem.	—
	UK	BS N31 (old designation)	.25	.7	.25	.4-1.1	.3-.6	.1	.2	.2	—	—	Rem.	—
	G	DIN 1725 Al Mn 0.5 Mg 0.5 Wk.3.0505												
31034	USA	AA 4032 (UNS A94032)	11.0-13.5	1.0	.5-1.3	—	.8-1.3	.1	.25	—	.05	.15	Rem.	*313
	UK	AA 4032	11.0-13.5	1.0	.5-1.3	—	.8-1.3	.1	.25	—	.05	.15	Rem.	*313
	UK	ALCAN GB38S	10.5-13.0	.6	.7-1.3	.2	.8-1.5	—	.1	.2	—	—	Rem.	*314
	F	NF A-S12UN	10.5-12.5	—	.7-1.3	—	.8-1.5	—	—	.15	—	—	Rem.	*314
31035	USA	AA 5005 (UNS A95005)	.3	.7	.2	.2	.5-1.1	.1	.25	—	.05	.15	Rem.	—
	UK	AA 5005	.3	.7	.2	.2	.5-1.1	.1	.25	—	.05	.15	Rem.	—
	UK	BS N41 (old designation)	.4	.7	.2	.5	.5-1.2	.1	.2	.2	—	—	Rem.	—
	F	NF A-G0.6	.4	.7	.2	.2	.5-1.1	.1	.2	.5	—	—	Rem.	—
	G	DIN 1725 Al Mg 1. Wk. 3.3315	.3	.4	.05	.2	.8-1.2	.1	.2	.1	.05	.15	Rem.	—
31036	USA	AA 5050 (UNS A95050)	.4	.7	.2	.1	1.1-1.8	.1	.25	—	.05	.15	Rem.	*31
	UK	AA 5050	.4	.7	.2	.1	1.1-1.8	.1	.25	—	.05	.15	Rem.	*31
	F	NF A-G1	.4	.7	.2	.7	1.0-1.8	.1	.25	.05	—	—	Rem.	—
31037	USA	AA 5052 (UNS A95052)	.45 (Si+Fe)		.1	.1	2.2-2.8	.15-.35	.1	.05	—	.15	Rem.	*31
	USA	AMS 4015E;AMS 4016E;AMS 4017E; AMS 4069;AMS 4070F; AMS 4071F;AMS 4114B				2.5	.25							Nominal comp.
	UK	AA 5052	.45 (Si+Fe)		.1	.1	2.2-2.8	.15-.35	.1	.05	—	.15	Rem.	*31
	ISO	ISO Al Mg2												
	CEN	EN 4005PR (5052 - O sheet and strip, 0.3 mm≤ a ≤6 mm—provisional spec.)												

续表

代号	国家	名称	Si	Fe	Cu	Mn	Mg	Cr	Zn	Ti	单个	总和	Al（最小值）	备注
			组分（如无特别说明则为最大值）										其他	
31038	USA	AA 5056 (UNS A95056)	.3	.4	.1	.05-.2	4.5-5.6	.05-.2	.1	—	.05	.15	Rem.	*31
	UK	AA 5056A;BS 3L58	.4	.5	.1	.1-.6	4.5-5.6	.2	.2	.2	.05	.15	Rem.	Mn+Cr .1-.6
	UK	BS N6 (old designation)	.3	.5	.1	.5	4.5-5.3	.25	.2	.2	—	—	Rem.	Mn+Cr .1-.5
	F	A-G5 M (AA 5056A)	.4	.4	.05	.55	4.3-5.5	.3	.2	.1	.05	.15	Rem.	
	G	DIN 1725 Al Mg 5. (AA 5056A) Wk. 3.3555	.4	.4	.05	.55	4.3-5.5	.3	.2	.1	.05	.15	Rem.	
	CEN	EN 2117PR (5056A-H32 wire for solid rivets, d ≤10 mm—provisional spec.)												
	CEN	EN 2628PR (5056A-O wire for solid rivets, d ≤10 mm—provisional spec.)												
31039	USA	AA 5083 (UNS A95083)	.4	.4	.1	.4-1.0	4.0-4.9	.05-.25	.25	.15	.05	.15	Rem.	
	UK	AA 5083	.4	.4	.1	.4-1.0	4.0-4.9	.05-.25	.25	.15	.05	.15	Rem.	
	UK	BS N8	.4	.4	.1	.5-1.0	4.0-4.9	.25	2	.15	—	—	Rem.	
	F	A-G4.5MC				.7	4.4	.1					Rem.	Nominal comp.
	G	DIN 1725 Al Mg 4.5 Mn Wk. 3.3547	.4	.4	.1	.6-1.0	4.0-4.9	.05-.25	.2	.1	.05	.15	Rem.	
	USA	AA 5086 (UNS A95086)	.4	.5	.1	.2-.7	3.5-4.5	.05-.25	.25	.15	.05	.15	Rem.	
	UK	AA 5086	.4	.5	.1	.2-.7	3.5-4.5	.05-.25	.25	.15	.05	.15	Rem.	
31040	CEN	EN 2508PR (5086-H111 drawn tube for sturctures—provisional spec.)												
	CEN	EN 2693 (5086-H 111 sheet and strip)												
	CEN	EN 2699PR (5086-H111 drawn bar, 6 mm≤ d ≤50 mm—provisional spec.)												
31041	USA	AA 5154 (UNS A95154)	.45 (Si+Fe)		.1	.1	3.1-3.9	.15-.35	.2	.2	.05	.15	Rem.	*31
	UK	AA5154 A (was BS N5)	.5	.5	.1	.5	3.1-3.9	.25	.2	.2	.05	.15	Rem.	Mn+Cr .1-.5 *31
	G	DIN 1725 Al Mg 3. Wk, 3.3535	.4	.4	.05	.5	2.6-3.4	.3	.2	.1	.05	.15	Rem.	
31042	USA	AA 5251 (UNS A95050)	.4	.5	.15	.1-.5	1.7-2.4	.15	.15	.15	.05	.15	Rem.	
	UK	AA 5251;BS 5L44;BS 3L80;BS 3L81	.4	.5	.15	.1-.5	1.7-2.4	.15	.15	.15	.05	.15	Rem.	
	UK	BS N4 (old designation)	.5	.5	.1	.5	1.7-2.4	.25	.2	.2	Mn+Cr	.5	Rem.	
	F	A-G2 M					2							Nominal comp.
	G	DIN 1725 Al Mg 2. Mn 0.3 Wk.3.3525	.3	.4	.05	.3	1.7-2.4	.3	.2	.1	.05	.15	Rem.	

续表

序号	国家	名称	组分（如无特别说明则为最大值）								其他			备注
			Si	Fe	Cu	Mn	Mg	Cr	Zn	Ti	单个	总和	Al(最小值)	
31043	USA	AA 5252 (UNS A95252)	.08	.1	.1	.1	2.2－2.8	—	—	—	.03	.1	Rem.	
	UK	AA 5252	.08	.1	.1	.1	2.2－2.8	—	—	—	.03	.1	Rem.	
	F	NF AG－G3					3.0 nom							High purity base
31044	USA	AA 5254 (UNS A95254)	.45 (Si+Fe)		.05	.01	3.1－3.9	.15－.35	.2	.05	.05	.15	Rem.	
	UK	AA 5154A (was BS N5)	.5	.5	.1	.5	3.1－3.9	.25	.2	.2	.05	.15	Rem.	Mn＋Cr .1－.5 * 31
	G	DIN 1725 Al Mg3. Wk. 3.3535	.4	.4	.05	.5	2.6－3.4	.3	.2	.1	.05	.15	Rem.	
31045	USA	AA 5356 (UNS A95356)	.5 (Si+Fe)		.1	.05－.2	4.5－5.5	.05－.2	.1	.06－.2	.05	.15	Rem.	* 31
	UK	AA 5356	.5 (Si+Fe)		.1	.05－.2	4.5－5.5	.05－.2	.1	.06－.2	.05	.15	Rem.	* 31
	UK	AA 5056A;BS 3L58	.4	.5	.1	.1－.6	4.5－5.6	.2	.2	.2	.05	.15	Rem.	Mn＋Cr .1－.6
	UK	BS N6 (old designation)	.3	.5	.1	.5	4.5－5.3	.25	.2	.2	Mn＋Cr	.1－.5	Rem.	
	F	A－G5 M	.4	.4	.05	.55	4.3－5.5	.3	.2	.1	.05	.15	Rem.	
	G	DIN 1725 Al Mg 5. Wk. 3.3555	.4	.4	.05	.55	4.3－5.5	.3	.2	.1	.05	.15	Rem.	
31046	USA	AA 5454 (UNS A95454)	.4 (Si+Fe)		.1	.5－1.0	2.4－3.0	.05－.2	.25	.2	.05	.15	Rem.	
	UK	AA 5454 (was BS N51);EN 515;EN573－3; EN 573－4	.4 (Si+Fe)		.1	.5－1.0	2.4－3.0	.05－.2	.25	.2	.05	.15	Rem.	
	F	A－G2.5MC	.4			.7	2.7	.1	.2	.2	.05	.15	Rem.	Nominal comp.
	F	A－G3	.4	.5	.1	.1－.6	2.6－3.8	.4	.2	.2	.05	.15	Rem.	
	G	DIN 1725 Al Mg 2.7 Wk. 3.3537			—	.45	2.7				—	—	Rem.	Nominal comp.
	G	DIN 1725 Al Mg 3. Wk. 3.3585	.4	.4	.05	.5	2.6－3.4	.3	.2	.1	.05	.15	Rem.	

续表

	国家	名称	Si	Fe	Cu	Mn	Mg	Cr	Zn	Ti	单个	总和	Al(最小值)	备注
31047	USA	AA 5456 (UNS A95456)	.4 (Si+Fe)		.1	.5–1.0	4.7–5.5	.05–.2	.25	.2	.05	.15	Rem.	
	UK	BS N61	.4 (Si+Fe)		.1	.6–1.0	5.0–5.5	.05–.2	.2	.05–.2	—	—	Rem.	
	F	NF A–G5	.4	.5	.1	.2–1.0	4.5–5.5	.4	.2	.2	—	—	Rem.	
	G	DIN 1725 Al Mg 5, Wk. 3.3555	.4	.4	.05	.55	4.3–5.5	.3	.2	.1	.05	.15	Rem.	
31048	USA	AA 5457 (UNS A95457)	.08	.1	.2	.15–.45	.8–1.2	—	.03	—	.03	.1	Rem.	
	UK	AA 5457 (UNS A95457)	.08	.1	.2	.15–.45	.8–1.2	—	.03	—	.03	.1	Rem.	
	F	A9–G1 and see AA 5005					1.0							Nominal comp.
31049	USA	AA 5652 (UNS A95652)	.4 (Si+Fe)		.04	.01	2.2–2.8	.15–.35	.1	—	.05	.15	Rem.	* 31
	UK	AA 5652	.4 (Si+Fe)		.04	.01	2.2–2.8	.15–.35	.1	—	.05	.15	Rem.	* 31
31050	USA	AA 5657 (UNS A95657)	.08	.1	.1	.03	.6–1.0	—	.03	—	.02	.05	Rem.	* 31
	UK	AA 5657	.08	.1	.1	.03	.6–1.0	—	.03	—	.02	.05	Rem.	* 31
	UK	BS BTRS2 (old designation)					1.0							Nominal comp.
31051	USA	AA 6003 (UNS A96003)	.35–1.0	.6	.1	.8	.8–1.5	.35	.2	.1	.05	.15	Rem.	
	UK	AA 6003	.35–1.0	.6	.1	.8	.8–1.5	.35	.2	.1	.05	.15	Rem.	
	F	NF AS–GM	.6–1.5	.5	.1	.1–1.0	.6–1.5	.3	.25	.2	—	—	Rem.	
	G	DIN 1725 Al Mg Si 1	.75–1.3	.5	.1	.4–1.0	.6–1.2	.3	.2	.1	.05	.15	Rem.	
31052	USA	AA 6005 (UNS A96005)	.6–.9	.35	.1	.1	.4–.6	.1	.1	.1	.05	.15	Rem.	
	UK	AA 6005	.6–.9	.35	.1	.1	.4–.6	.1	.1	.1	.05	.15	Rem.	
31053	USA	AA 6053 (UNS A96053)	* 315	35	.1	—	1.1–1.4	.15–.35	.1	—	.05	.15	Rem.	k
	UK	AA 6053	* 315	.35	.1	—	1.1–1.4	.15–.35	.1	—	.05	.15	Rem.	
		See also AA 6003												

组分（如无特别说明则为最大值）　　其他

续表

国家	名称	组分（如无特别说明则为最大值）										其他	备注
		Si	Fe	Cu	Mn	Mg	Cr	Zn	Ti	单个	总和	Al（最小值）	
USA	AA 6061（UNS A96061）	.4－.8	.7	.15－.4	.15	.8－1.2	.04－.35	.25	.15	.05	.15	Rem.	
USA	AMS4025D；AMS4026D；AMS4027E；AMS4043；AMS4053；AMS4079；AMS4080E；AMS4081A；AMS4082E；AMS4083D；AMS4115；AMS4116A；AMS4117A；AMS4127B；AMS4146；AMS4150C；AMS4160；AMS4161						AMS numbers for various forms and conditions of AA 6061 alloy						
UK	AA 6061；BS L117；BS L118	.4－.8	.7	.15－.4	.15	.8－1.2	.04－.35	.25	.15	.05	.15	Rem.	
UK	BS H20	.4－.8	.7	.15－.4	.2－.8	.8－1.2	*	.2	.2			Rem.	*Either Mn or Cr .04－.35
F	A－GSUC	.6		.2		1.0	.15						Nominal Comp.
G	DIN 1725 Al Mg Si 1 Cu Wk. 3.3211												
CEN	EN 2391 PR（6061－T4 tube for structures,0.6 mm≤ a ≤12.5 mm—provisional spec.）												
	EN 2392PR（6061－T6 tube for structures,0.6 mm≤ a ≤12.5 mm—provisional spec）												
	EN 2629PR（6061—provisional spec.）												
	EN 2694（6061－T6/T62 sheet and strip）												
	EN 2700PR（6061－T6 drawn bar,6 mm≤ d ≤75 mm,peripheral coarse grain control—provisional spec.）												
	EN 2702PR（6061－T6 extruded bar and section,1.2 mm≤ a/d ≤150 mm—provisional spec）												
	EN 2813PR（6061－T6 tube for hydraulics,0.6 mm≤ a ≤12.5 mm—provisional spec.）												
	EN 3341 PR（6061－T4 sheet and strip,0.4 mm≤ a ≤6 mm—provisional spec.）												
	EN 3342PR（6061－T4 drawn bar and section,10 mm≤ d ≤150 mm—provisional spec.）												
	EN 3702PR（6061－T4 tube for hydraulics,0.6 mm≤ a ≤12.5 mm—provisional spec.）												

31054

续表

编号	国家	名称	组分（如无特别说明则为最大值）								其他			
			Si	Fe	Cu	Mn	Mg	Cr	Zn	Ti	单个	总和	Al(最小值)	备注
31055	USA	AA 6063 (UNS A96063)	.2 -.6	.35	.1	.1	.45 -.9	.1	.1	.1	.05	.15	Rem.	
	UK	AA 6063;DTD 372B	.2 -.6	.35	.1	.1	.45 -.9	.1	.1	.1	.05	.15	Rem.	
	UK	H9 (old designation)	.3 -.7	.4	.1	.1	.4 -.9	.1	.2	.2	—	—	Rem.	
	F	NF A – GS (NFA.57.350)	.8				.8							Nominal comp.
	G	DIN 1725 Al Mg Si 0.5 Wk. 3.3206	.35 -.8	.3	.05	.1	.4 -.8	.05	.2	.1	.05	15	Rem.	
	ISO	ISO Al Mg Si									—	—		
31056	USA	AA 6066 (UNS A96066)	.9 -1.8	.5	.7 -1.2	.6 -1.1	.8 -1.4	.4	.25	.2	.05	.15	Rem.	
	UK	AA 6066	.9 -1.8	.5	.7 -1.2	.6 -1.1	.8 -1.4	.4	.25	.2	.05	.15	Rem.	
	UK	ALCAN 623;BS 2L84	.8 -1.3	.7	1.0 -2.0	1.0	.5 -1.2	—	.2	.3	—	—	Rem.	Ni .2 * 316
31057	USA	AA 6070 (UNS A96070)	1.0 -1.7	.5	.15 -.4	.4 -1.0	.5 -1.2	.1	.25	.15	.05	.15	Rem.	
	UK	AA 6070	1.0 -1.7	.5	.15 -.4	.4 -1.0	.5 -1.2	.1	.25	.15	.05	.15	Rem.	
	UK	ALCAN 623;BS 2L84	.8 -1.3	.7	1.0 -2.0	1.0	.5 -1.2	—	.2	.3	—	—	Rem.	Ni .2 * 316
31058	USA	AA 6081												
	CEN	EN 2695 (6081 – T6 sheet and strip);												
31059	USA	AA 6082 (UNS A96082)	.7 -1.3	.5	.1	.4 -1.0	.6 -1.2	.25	.2	.1	.05	.15	Rem.	
	UK	AA 6082 (was H30)	.7 -1.3	.5	.1	.4 -1.0	.6 -1.2	.25	.2	.1	.05	.15	Rem.	
	ISO	ISO AlSi1 MgMn												
	CEN	EN 2326 (6082 – T6 <200 mm bar and drawn profiles)												
		EN 2636 (6082 – T6 <200 mm bar and drawn profiles,peripheral coarse grain control)												
		EN 2389PR (6082 – T4 tube for structures,0.6 mm≤ a ≤12.5 mm— provisional spec.)												
		EN 2390PR (6082 – T6 tube for structures,0.6 mm≤ a ≤12.5 mm— provisional spec.)												
		EN 2420PR (6082 – T6 bars— provisional spec.)												
		EN 2421 PR (6082 – T4 wire for rivets— provisional spec.)												
		EN 4006PR (6082 – T4/T42 sheet and strip,0.4 mm≤ a ≤6 mm— provisional spec.)												
		EN 4007PR (6082 – T6/T62 sheet and strip,0.4 mm≤ a ≤6 mm— provisional spec.)												

续表

编号	国家	名称	Si	Fe	Cu	Mn	Mg	Cr	Zn	Ti	单个	总和	Al(最小值)	备注
31060	USA	AA 6101 (UNS A96101)	.3-7	.5	.1	.03	.35-.8	.03	.1	—	.03	.1	Rem.	B.06
	UK	AA6101A;BS2898;6101A	.3-7	.4	.05	—	.4-.9	—	—	—	.03	.1	Rem.	
	UK	BS 91E	.3-7	.5	.04	—	.4-.9	—	—	—	—	—	Rem.	
	G	DIN 1725 E-Al Mg Si Wk. 3.2305	.5-6	.1-.3	.02	—	.3-.5	—	.1	—	.03	.1	Rem.	*317
31061	USA	AA 6151 (UNS A96151)	.6-1.2	1.0	.35	.2	.45-.8	.15-.35	.25	.15	.05	.15	Rem.	
	UK	AA 6151	.6-1.2	1.0	.35	.2	.45-.8	.15-35	.25	.15	.05	.15	Rem.	
		See AA 6101												
31062	USA	AA 6162 (UNS A96162)	.4-8	.5	.2	.1	.1-1.1	.1	.25	.1	.05	.15	Rem.	
	UK	AA 6162	.4-8	.5	.2	.1	.1-1.1	.1	.25	.1	.05	.15	Rem.	
		See AA 6101												
31063	USA	AA 6201 (UNS A96201)	.5-9	.5	.1	.03	.6-9	.03	.1	—	.03	.1	Rem.	
	UK	AA 6201	.5-9	.5	.1	.03	.6-9	.03	.1	—	.03	.1	Rem.	
		See AA 6101												
31064	USA	AA 6253 (UNS A96253)	*315	.5	.1	—	1.0-1.5	.15-35	1.6-2.4	—	.05	.15	Rem.	
	UK	AA 6253	*315	.5	.1	—	1.0-1.5	.15-35	1.6-2.4	—	.05	.15	Rem.	
31065	USA	AA 6262 (UNS A96262)	.4-8	.7	.15-4	.15	.8-1.2	.04-14	.25	.15	.05	.15	Rem.	*318
	UK	AA 6262	.4-8	.7	.15-4	.15	.8-1.2	.04-14	.25	.15	.05	.15	Rem.	*318
31066	USA	AA 6351 (UNS A96351)	.07-1.3	.5	.1	.4-8	.4-8	—	.2	.2	.05	.25	Rem.	
	UK	AA 6351	.07-1.3	.5	.1	.4-8	.4-8	—	.2	.2	.05	.25	Rem.	
31067	USA	AA 6463 (UNS A96463)	.2-6	.15	.2	.05	.45-9	—	—	—	.05	.15	Rem.	
	UK	AA 6463;E6;EN 515;EN 573-3;EN 573-4	.2-6	.15	.2	.05	.45-9	—	—	—	.05	.15	Rem.	
	UK	BS BTR6	.2-5	.15	.2	.05	.4-8	—	—	.05	—	—	Rem.	
31068	USA	AA 6951 (UNS A96951)	.2-5	.8	.15-4	.1	.4-8	—	.2	—	.05	.15	Rem.	
31069	USA	AA 7001 (UNS A97001)	.35	.4	1.6-2.6	.2	2.6-3.4	.18-35	6.8-8.0	.2	.05	.15	Rem.	
	UK	AA 7001 (UNS A97001)	.35	.4	1.6-2.6	.2	2.6-3.4	.18-35	6.8-8.0	.2	.05	.15	Rem.	
	F	NF A-Z8GU	.35		1.6		2.7	.2	8.0					Nominal comp.

续表

	国家	名称	组分（如无特别说明则为最大值）								其他			备注
			Si	Fe	Cu	Mn	Mg	Cr	Zn	Ti	单个	总和	Al(最小值)	
31070	USA	AA 7009 (UNS A97009)												
	UK	AA 7009												
		2093 (7009 – T74 Forgings >20 mm and <150 mm)												
		EN 2094 (7009 – T74 Die Forgings >3 mm and <150 mm)												
		EN 2381 (7009 – T7452 Forgings >40 mm and <150 mm)												
	EN	EN 2385 (7009 – T74511 bar and drawn profiles)												
		EN 2487PR (7009 – F extruded or casr forging stock—provisional spec.)												
		EN 2630 (7009 – T74511 bar and drawn profiles,1.2 mm≤ a/d ≤125 mm,peripheral coarse grain control)												
		EN 2706PR (7009 – T736510 bar and section,1.2 mm≤ a/d ≤125 mm,peripheral coarse grain control—provisional spec.)												
31071	USA	AA 7010			1.7		2.4		6.3					Nominal comp.
	UK	AA 7010			1.7		2.4		6.3					Nominal comp.
	UK	DTD 5120	.12	.15	1.5 – 2	.1	2.1 – 2.6	.05	5.7 – 6.7	—	.05	.15	Rem.	*323
	UK	DTD 5130A	.1	.15	1.5 – 2	.3	2.2 – 2.7	.05	5.7 – 6.7	—	.05	.15	Rem.	*323
	UK	DTD 5636	.12	.15	1.5 – 2	.1	2.1 – 2.6	.05	5.7 – 6.7	.06	.05	.15	Zr .1 -.16	
		EN 2681 PR (7010 – T736 die forgings, a ≤150 mm—provisional spec.)												
		EN 2682PR (7010 – T73652 forgings,50 mm≤ a ≤150 mm—provisional spec.)												
		EN 2683PR (7010 – T7651 forgings,80 mm≤ a ≤160 mm—provisional spec.)												
		EN 2684PR (7010 – T7651 plate,6 mm≤ a ≤140 mm—provisional spec.)												
		EN 2685PR (7010 – T7652 forgings,80 mm≤ a ≤160 mm—provisional spec.)												
	CEN	EN 2686PR (7010 – T73651 hand forgings,50 mm≤ a ≤150 mm—provisional spec.)												
		EN 2687PR (7010 – T73651 plate,6 mm≤ a ≤150 mm—provisional spec.)												
		EN 3337PR (7010 – T74511 extruded bars and sections a/d ≤130 mm,peripheral coarse grain control—provisional spec.)												
		EN 3339PR (7010 – T76 die forgings, a ≤200 mm—provisional spec.)												
		EN 3343PR (7010 – T76511 extruded bars and sections 1 mm≤ a/d ≤130 mm,peripheral coarse grain control—provisional spec.)												
		EN 3554PR (7010 – T7652 hand forgings, a ≤200 mm—provisional spec.)												

续表

编号	国家	名称	Si	Fe	Cu	Mn	Mg	Cr	Zn	Ti	单个	总和	Al(最小值)	备注
			组分（如无特别说明则为最大值）										其他	
31072	USA	AA 7020	.35	.4	.2	.05-.5	1.0-1.4	.1-.35	4.0-5.0	—	.05	.15	Rem.	*324
	UK	AA 7020;BS4300/14 /15;EN 515; EN 573-3;EN 573-4	.35	.4	.2	.05-.5	1.0-1.4	.1-.35	4.0-5.0	—	.05	.15	Rem.	*324
	UK	BS H17	.4	.4	.25	.2-.7	1.0-1.5	.25	3.8-4.8	.1	—	—	Rem.	Zr .25,Mn+Cr .7
	F	A-Z5G (NFA.57-702)	.3	.8	.15-.35	.4	.4-.65	.35	4.5-5.5	.15-.25	.05	.15	Rem.	
	G	DIN 1725 Al Zn 4.5 Mg 1 Wk.3.4335	.5	.5	.15-.35	1-1.5	1-1.4	.2	4-5	.2	.05	.15	Rem.	
	CEN	EN 2807PR (7020-T6 extruded sections 1.2 mm≤ a ≤100 mm, peripheral coarse grain control—provisional spec.)												
31073	USA	AA 7039 (UNS A97039)	.3	.4	.1	.1-.4	2.3-3.3	.15-.25	3.5-4.5	.1	.05	.15	Rem.	
	UK	AA 7039	.3	.4	.1	.1-.4	2.3-3.3	.15-.25	3.5-4.5	.1	.05	.15	Rem.	
31074	USA	AA 7049 (UNS A97049)	.25	.35	1.2-1.9	.2	2.0-2.9	.1-.22	7.2-8.2	.1	.1	.15	Rem.	
	UK	AA 7049	.25	.35	1.2-1.9	.2	2.0-2.9	.1-.22	7.2-8.2	.1	.1	.15	Rem.	
31075	USA	AA 7050 (UNS A97050)	.12	.15	2.0-2.6	.1	1.9-2.6	.04	5.7-6.7	.06	.05	.15	Rem.	Zr .08-.15
	UK	AA 7050	.12	.15	2.0-2.6	.1	1.9-2.6	.04	5.7-6.7	.06	.05	.15	Rem.	Zr .08-.15
	CEN	EN 2688PR (7050-T736 die forgings, a ≤150 mm—provisional spec.)												
		EN 2689PR (7050-T73651 plate, 6 mm≤ a ≤150 mm—provisional spec.)												
		EN 2690PR (7050-T73652 hand forgings, a ≤125 mm—provisional spec.)												
		EN 3334PR (7050-T651 plate,6 mm≤ a ≤60 mm—provisional spec)												
		EN 3338PR (7050-T4511 extruded bars and sections a/d ≤130 mm, peripheral coarse grain control—provisional spec.)												
		EN 3340PR (7050-T76 die forgings, a ≤200 mm—provisional spec.)												
		EN 3344PR (7050-T76511 extruded bars and sections a/d ≤130 mm, peripheral coarse grain control—provisional spec.)												
31076	USA	AA 7075 (UNS A97075)	.4	.5	1.2-2.0	.3	2.1-2.9	.18-.35	5.1-6.1	.2	.05	.15	Rem.	Zr+Ti .25
	UK	AA 7075	.4	.5	1.2-2.0	.3	2.1-2.9	.18-.35	5.1-6.1	.2	.05	.15	Rem.	Zr+Ti .25
	UK	DTD5074A (now DTD5121)			1.6		2.5	.16	6.2					Nominal comp.
	UK	DTD5121 (part superceded by L170);DTD5110	.4	.5	1.2-2.0	.3	2.1-2.9	.1-.25	5.1-6.4	+Zr .2	—	—	Rem.	Ni,Pb and Sn<.05
	UK	BS L160;BS L161;BS L162;BS L170	.4	.5	1.2-2.0	.3	2.1-2.9	.18-.28	5.1-6.1	.2	.05	.15	Rem.	Zr+Ti .25
	F	NF A-Z5GU	.4	.5	1.2-2.0	.1-.9	2.0-3.5	.35	5.0-6.5	.2	—	—	Rem.	

续表

国家	名称	组分（如无特别说明则为最大值） Si	Fe	Cu	Mn	Mg	Cr	Zn	Ti	其他 单个	总和	Al(最小值)	备注
31076													
G	DIN 1725 Al Zn Mg Cu 1.5 Wk.3.4365	.5	.7	1.2 – 2.0	.3	2.1 – 2.9	.18 –.35	5.1 – 6.1	.2	.05	.15	Rem.	
CEN	EN 2092 (7075 – T6/T62 .4 – 6 mm sheet and strip)												
	EN 2126 (7075 – T651 6 – 80 mm sheet)												
	EN 2127 (7075 – T73511 <100 mm bar and drawn profiles)												
	EN 2128 (7075 – T7351 6 – 75 mm drawn bars)												
	EN 2315PR (7075 – T73510/T73511 bars and sections≤100 mm— provisional spec.)												
	EN 2316PR (7075 – T73 bars and sections≤100 mm— provisional spec.)												
	EN 2317PR (7075 – T73 drawn bars≤75 mm— provisional spec.)												
	EN 2380PR (7075 – T73 forgings≤125 mm— provisional spec.)												
	EN 2386PR (7075 – T7352 hand forgings≤150 mm— provisional spec.)												
	EN 2394PR (7075 – T6511 bars and sections≤125 mm— provisional spec.)												
	EN 2488PR (7075 – F extruded or cast forging stock— provisional spec.)												
	EN 2511 PR (7075 – T7351 plate,6 mm≤ a ≤100 mm— provisional spec.)												
	EN 2631 PR (7075 – T651： bars and sections 1.2 mm≤ a/d ≤125 mm,peripheral coarse grain control— provisional spec.)												
	EN 2632 (7075 – T73511 <100 mm bar and drawn profiles, <100 mm,controlled grain size)												
	EN 2637PR (7075 – T73 extruded bars and sections 1.2 mm≤ a/d ≤100 mm,peripheral coarse grain control— provisional spec.)												
	EN 2696 (7075 – T6/T62 .4 – 6 mm sheet and strip)												
	EN 2698PR (7075 – T6510 extruded bar and section,1.2 mm≤ a/d ≤100 mm— provisional spec.)												
	EN 2707PR (7075 – T6510 bar and section,1.2 mm≤ a/d ≤125 mm,peripheral coarse grain control— provisional spec.)												
	EN 2708PR (7075 – T73510 bar and section,1.2 mm≤ a/d ≤100 mm,peripheral coarse grain control— provisional spec.)												
	EN 2804PR (7075 – T7651 plate,6 mm≤ a ≤25 mm— provisional spec.)												
	EN 3555PR (7075 – T79510 extruded bar and section,1.2 mm≤ a/d ≤100 mm,coarse grain control— provisional spec.)												
31077													
USA	AA 7079 (UNS A97079)	.3	.4	.4 –.8	.1 –.3	2.9 – 3.7	.1 –.25	3.8 – 4.8	.1	.05	.15	Rem.	
UK	AA 7079	.3	.4	.4 –.8	.1 –.3	2.9 – 3.7	.1 –.25	3.8 – 4.8	.1	.05	.15	Rem.	
UK	BS H17	.4	.4	.25	2 –.7	1.0 – 1.5	.25	3.8 – 4.8	.1	—	—	Rem.	Zr.25,Mn+Cr.7 * 319
G	DIN 1725 Al Zn Mg Cu 3.5 Wk.3.4345	.5	.5	.5 – 1.0	.1 –.4	2.6 – 3.6	.1 –.3	4.3 – 5.2	.2	.05	.15	Rem.	

续表

国家	名称	组分（如无特别说明则为最大值）								其他			备注
		Si	Fe	Cu	Mn	Mg	Cr	Zn	Ti	单个	总和	Al（最小值）	
31078													
USA	AA 7175 (UNS A97175)	.15	.2	1.2 – 2.0	.1	2.1 – 2.9	.18 – .28	5.1 – 6.1	.1	.05	.15	Rem.	
UK	AA 7175	.15	.2	1.2 – 2.0	.1	2.1 – 2.9	.18 – .28	5.1 – 6.1	.1	.05	.15	Rem.	
CEN	EN 2512PR (7175 – T7351 plate, 6 mm ≤ 100 mm—provisional spec.)；												
31079													
USA	AA 7178 (UNS A97178)	.4	.5	1.6 – 2.4	.3	2.4 – 3.1	.18 – .35	6.3 – 7.3	.2	.05	.15	Rem.	
UK	AA 7178	.4	.5	1.6 – 2.4	.3	2.4 – 3.1	.18 – .35	6.3 – 7.3	.2	.05	.15	Rem.	
F	NF A – Z5GU	.4	.5	1.2 – 2.0	1 – .9	2.0 – 3.5	.35	.5.0 – 6.5	.2	—	—	Rem.	
31080													
USA	AA 8090	.2	.3	1.0 – 1.6		.6 – 1.3				Li 2.1 – 2.7 Zr＜.16			Nominal comp.
UK	AA 8090	.2	.3	1.0 – 1.6		.6 – 1.3				Li 2.1 – 2.7 Zr＜.16			Nominal comp.
31081													
USA	AA 8091	.3	.5	1.8 – 2.2		.5 – 1.2				Li 2.4 – 2.8 Zr＜.16			Nominal comp.
UK	AA 8091	.3	.5	1.8 – 2.2		.5 – 1.2				Li 2.4 – 2.8 Zr＜.16			Nominal comp.

合金等效——铝合金（铸造）

国家	名称	组分（如无特别说明则为最大值）											备注
		Si	Fe	Cu	Mn	Mg	Cr	Zn	Ti	单个	总和	Al（最小值）	
32001 USA	AA 295.0 (UNS A02950)	.7 – 1.5	1.0	4.0 – 5.0	.35	.03	—	—	.35	.25	.05	.15	—
USA	AA B295.0	2.0 – 3.0	1.2	4.0 – 5.0	.35	.05	—	.35	.5	.25	—	.35	—
UK	AA 295.0	.7 – 1.5	1.0	4.0 – 5.0	.35	.03	—	—	.35	.25	.05	.15	—
32002 UK	BS LM 11	.25	.25	4.0 – 5.0	.1	0.1	—	.1	.1	.3	—	—	Sn .05 Pb .05
UK	BS L154; BS L155	1.0 – 1.5	.25	3.8 – 4.5	.1	.1	—	.1	.1	.05 – .25	.05	.15	Sn .05 Pb .05
F	NF A – USG7	.3	.35	4.2 – 5.0	.1	.15 – .33	—	.05	.1	.3	—	—	Pb .05
G	DIN 1725 Al Cu4 Ti Mg. Wk. 3.1371	.18	.2	4.2 – 4.9	.05	.15 – .3	—	—	.07	.15 – .3	.03	.1	—
32003 USA	AA 319.0 (UNS A03190)	5.5 – 6.3	1.0	3.0 – 4.0	.5	.1	—	.35	1.0	.25	—	.5	—
USA	AAA319.0	5.5 – 6.5	1.0	3.0 – 4.0	.3	.1	—	.35	3.0	.25	—	.5	—
UK	AA 319.0	5.5 – 6.3	1.0	3.0 – 4.0	.5	.1	—	.35	1.0	.25	—	.5	—
32004 UK	BS LM4	4.0 – 6.0	.8	2.0 – 4.0	.2 – .6	.2	—	.3	.5	.2	—	—	Sn .1 Pb .1
UK	BS LM22	4.0 – 6.0	.7	2.8 – 3.8	.3 – .6	.05	—	.15	.15	.2	—	—	Sn .05 Pb .1
F	NF A – S5U; NF A S5U3	5.0	—	3.2	—	—	—	—	—	—	—	—	Nominal comp.
G	DIN 1725 Al Si 6 Cu 4. Wk. 3.2151	5.0 – 7.5	1.0	3.0 – 5.0	.1 – .3	.1 – .3	—	0.3	2.0	.15	.05	.15	—
ISO	ISO Al – Si5Cu3												
32005 USA	AA 333.0 (UNS A03330)	8.0 – 10.0	1.0	3.0 – 4.0	.5	.05 – .5	—	.5	1.0	.25	—	.5	—
USA	AA A333.0	8.0 – 10.0	1.0	3.0 – 4.0	.5	.05 – .3	—	.5	3.0	.25	—	.5	—
UK	AA 333.0	8.0 – 10.0	1.0	3.0 – 4.0	.5	.05 – .5	—	.5	1.0	.25	—	.5	—
UK	BS LM24	7.5 – 9.5	1.3	3.0 – 4.0	.5	.1	—	.5	3.0	.2	—	.5	Sn .2 Pb .3
32006 F	A – S9U3Y4	8.2	1.3	3.5									Nominal comp.
F	A – S10U4	9.0 – 11.0	1.3	3.0 – 4.0	.3	.5	—	.5	.8	.2	—	—	Sn .1 Fe + Zn + Mg + Ni + Sn 2.5
G	DIN 1725 Al Si 8 Cu 3. Wk. 3.2161	7.5 – 9.5	.8	2.0 – 3.5	.2 – .5	.3	—	.3	1.2	.15	.05	.15	Sn .1
ISO	ISO Al – Si8Cu3Fe												
32007 USA	AA 355.0 (UNS A03550)	4.5 – 5.5	.6	1.0 – 1.5	.5	.4 – .6	.25	—	.35	.25	.05	.15	—

续表

国家		名称	组分（如无特别说明则为最大值）								其他			备注
			Si	Fe	Cu	Mn	Mg	Cr	Zn	Ti	单个	总和	Al(最小值)	
32008	USA	AA C355.0 (UNS A33550)	4.5-5.5	.2	1.0-1.5	.1	.4-.6	—	—	.1	.2	.05	.15	—
	UK	BS LM16	4.5-5.5	.6	1.0-1.5	.5	.4-.6	—	.25	.1	.2	—	—	Sn .1 Pb .1
	UK	AA 355.0	4.5-5.5	.6	1.0-1.5	.5	.4-.6	.25	—	.35	.25	.05	.15	—
	F	A-S4UG												—
	G	Alloy No. 234	5.0-6.0	.7	1.0-1.5	.5	.3-.6	—	.3	.5	.15	.05	.15	Sn .1 Pb .2 * 320
	ISO	ISO Al-Si5Cu1 Mg												—
32009	USA	AA 356.0 (UNS A03560)	6.5-7.5	.6	.25	.35	.2-.4	—	—	.35	.25	.05	.15	—
	USA	AA A356.0	6.5-7.5	.2	.2	.1	.2-.4	—	—	.1	.2	.05	.15	—
	UK	BS LM25	6.5-7.5	.5	.1	.3	.2-.45	—	0.1	.1	.05-.2	—	—	Sn .05 Pb .1
	UK	BS 2L99	6.5-7.5	.2	.1	.1	.2-.45	—	0.1	.1	.2	—	—	Sn .05 Pb .05
32010	UK	BS L173; BS L174	6.5-7.5	.2	.2	.1	.25-.45	—	—	.1	.04-.25	—	—	Be .07 max.
	UK	AA 356.0	6.5-7.5	.6	.25	.35	.2-.4	—	—	.35	.25	.05	.15	—
	F	NF A-S7G												
	G	DIN 1725 Al Si 7 Mg Wk. 3.2371	6.5-7.5	.18	.05	.05	.2-.4	—	—	.07	.15	.03	.1	—
	ISO	ISO Al-Si7 Mg												—
32011	USA	AA 357.0 (UNS A03570)	6.5-7.5	.15	.05	.03	.45-.6	—	—	.05	.2	.05	.15	—
	UK	AA 357.0	6.5-7.5	.15	.05	.03	.45-.6	—	—	.05	.2	.05	.15	—
	UK	BS L169	6.5-7.5	.2	.1	.1	.5-.75	—	.05	.1	.1-.2	.05	.15	Pb.05 Sn .05 Be .07
	F	A-S7G	7.0				.3							Nominal comp.
	G	DIN 1725 Al Si 7 Mg Wk. 3.2371	6.5-7.5	.18	.05	.05	.2-.4	—	—	.07	.15	.03	.1	—
32012	USA	AA B358.0 (Tens 50)	7.6-8.6	.3	.2	.2	.4-.6	.2	—	.2	.1-.2	.05	.15	Be .1-.3
32013	USA	AA 359.0 (UNS A03590)	8.5-9.5	.2	.2	.1	.5-.7	—	—	.1	.2	.05	.15	—
32014	USA	AA 380.0 (UNS A03800)	7.5-9.5	2.0	3.0-4.0	.5	.1	—	.5	3.0	—	—	.5	Sn .35

续表

| 国家 | 名称 | 组分（如无特别说明则为最大值） | | | | | | | | 其他 | | | 备注 |
		Si	Fe	Cu	Mn	Mg	Cr	Zn	Ti	单个	总和	Al(最小值)	
32015													
USA	AA A380.0	7.5 – 9.5	1.3	3.0 – 4.0	.5	.1	—	.5	3.0	—	—	.5	Sn .35
UK	BS LM24	7.5 – 9.5	1.3	3.0 – 4.0	.5	.1		.5	3.0	.2	—	—	Sn .2 Pb .35
F	A – S9U3Y4	8.2		3.5									Nominal comp.
F	A – S10U4	9.0 – 11.0	1.3	3.0 – 4.0	.3	.5	—	.5	.8	.2	—	—	Sn .1 Fe+Zn+Mg+ Ni+Sn 2.5
G	DIN 1725 Al Si 8 Cu 3. Wk. 3.2161	7.5 – 9.5	.8	2.0 – 3.5	.2 – .5	.3	—	.3	1.2	.15	.05	.15	Sn .1
ISO	ISO Al – Si8Cu3Fe												—
32016													
	AA 514.0 (UNS A05140)	.35	.5	.15	.35	3.5 – 4.5	—	—	.15	.25	.05	.15	—
UK	AA 514.0	.35	.5	.15	.35	3.5 – 4.5	—	—	.15	.25	.05	.15	—
UK	BS LM5	.3	.6	.1	.3 – .7	3.0 – 6.0	—	.1	.1	.2	.3	—	Sn .05 Pb .05
F	NF A – G3T	.4	.5	.1	.5	2.5 – 3.5	.15	.05	.2	.2	—	—	Sn .05 Pb .05
F	NF A – G6				.4	4.5							Nominal comp.
G	DIN 1725 Al Mg 3		.6	.3	.6	2.0 – 4.0	—	—	.3	.2	.05	.15	—
G	DIN 1725 Al Mg 5	1.0		.2		5.0							Nominal comp
ISO	ISO Al – Mg5Si1; ISO Al – Mg6												
32017													
USA	AA 518.0 (UNS A05180)	.35	1.8	.25	.35	7.5 – 8.5	—	.15	.15	—	—	.25	Sn .15
UK	AA 518.0	.35	1.8	.25	.35	7.5 – 8.5	—	.15	.15	—	—	.25	Sn .15
G	DIN 1725 Al Mg 9 Wk. 3.3292	.5		.05	.2 – .5	7.0 – 10.0			.1	.15	.05	.15	Nominal comp.
32018													
USA	AA 520.0 (UNS A05200)	.25	.3	.25	.15	9.5 – 10.6	—	—	.15	.25	.05	.15	—
UK	AA 520.0	.25	.3	.25	.15	9.5 – 10.6	—	—	.15	.25	.05	.15	—
UK	BS LM10; Hid 90	.25	.35	.1	.1	9.5 – 11.0	—	.1	.1	.2	—	—	Sn .05 Pb .05
F	NF A – G10	.5	1.3	.2	.6	8.5 – 11.0	—	.1	.4	.2	—	2.0	Sn .1
F	NF A – G10Y4					10.2							Nominal comp.
G	DIN 1725 Al Mg 10 Wk. 3.3591	.3	.3	.05	0.3	9.0 – 11.0	—	.1	—	.15	.05	.15	Sn .05 Pb .05

续表

序号	国家	名称	组分（如无特别说明则为最大值）								其他			备注
			Si	Fe	Cu	Mn	Mg	Cr	Zn	Ti	单个	总和	Al(最小值)	
32019	USA	AA 535.0 (UNS A05350)	.15	.15	.05	.1－.25	6.2－7.5	—	—	.1－.25	.05	.15		Be .003 －.007 B .002
	UK	AA 535.0	.15	.15	.05	.1－.25	6.2－7.5	—	—	.1－.25	.05	.15		Be .003 －.007 B .002
	UK	DTD 5018A	.25	.35	.2	.1－.3	7.4－7.9	—	.1	.9－1.4	.25	—		Sn .05 Pb .05
	G	DIN 1725 Al Mg 9 Wk. 3.3292	.5		.05	.2－.5	7.0－10.0	—	—	.1	.15	.05	.15	Nominal comp.
32020	USA	AA 707.0 (UNS A07070)	.2	.8	.2	.4－.6	1.8－2.4	.2－.4	—	4.0－4.5	.25	.05	.15	—
	UK	AA 707.0	.2	.8	.2	.4－.6	1.8－2.4	.2－.4	—	4.0－4.5	.25	.05	.15	—
32021	USA	AAA712.0 (UNSA07120)	.15	.7－1.4	.35－.65	.05	.6－.8	—	—	6.0－7.0	.25	.05	.15	—
32022	USA	AAC712.0	.3	.5	.35－.65	.05	.25－.45	—	—	6.0－7.0	.2	.05	.15	—
	UK	AA 712.0	.15	.5	.35－.65	.05	.6－.8	—	—	6.0－7.0	.25	.05	.15	—
	UK	BS LM31; DTD 5008B	.25	.8	.1	.1	.5－.75	.4－.6	.1	4.8－5.7	.05－.25	.05	.15	Sn .05 Pb .05
	F	A － Z5G	.3	.8	.15－.35	.4	.4－.65	.15－.35	.05	4.5－5.5	.15－.25			Sn .05 Pb .05
	F	NF A － Z5G	.3	.8	.15－.35	.4	.6	.5		5.2				Nominal comp.

锻造和铸造铝合金注释：

* 31:.0008 max,用于焊条和焊丝的焊接
* 32:.03 max, Ga
* 33:Cu＋Si＋Fe＋Mn＋Zr .2 max
* 34:Cu＋Si＋Fe＋Mn＋Zr 1.0 max
* 35:Cu＋Si＋Fe＋Mn＋Zr 0.5 max
* 36:.05 B max
* 37:.2－.6 Bi; .2－.6 Pb
* 38:.2－.7 Pb; .05 max. Sn; .2－.7 Bi; .05 max. Sb
* 39:.2－.6 Pb; .2－.6 Bi
* 310:.2 max. Zr＋Ti
* 311:.05－.15V; .1－.25 Zr
* 312:.1 max Ni; .05 max. Sn; .05 max. Pb
* 313:.5－1.3 Ni
* 314:.05 max. Sn; .05 max. Pb; .7－1.3 Ni
* 315:45%－65 % of Mg
* 316:.05 max Sn; .05 max Pb; .05 max Sb
* 317:Cr＋Mn＋Ti＋V .03 max
* 318:.4－.7 Bi; .4－.7 Pb
* 319:并非几乎近似,Mg 比 AA 7079 要低
* 320:Fe＋Mn 1.1 max
* 321:.1－.25 Zr; .05 -.15 V
* 322:.9－1.2 Ni
* 323:.11 -.17 Zr
* 324:Ti＋Zr .08 -.25,Zr .08 -.2
* 325:.8 -1.4 Ni＋.25 Zr

铝合金的欧洲 CEN 标准

金属合金的欧洲 EN 规范当前正在创建并得到采用。这些规范将逐步取代铝合金的各种国家标准，其他金属的标准也将被取代。不过完成取代过程并完全实施将需要数年时间。针对特定合金、形式、状态的 EN 名称已在上述表中列出（其中许多仍处于临时阶段）。但是，有几个 EN 规范涵盖了铝合金的基本特性：

· 锻造铝合金的化学成分规格现在包含在单一的 CEN 规范中：EN 573—Aluminium and aluminium alloys—Chemical composition and form of wrought products。

· 锻造铝合金的回火指定也包含在单一 CEN 规范中：EN 515—Aluminium and aluminium alloys—Wrought products temper designations。

· 此外，EN 485 现在包含锻造铝合金产品的交付条件、性能和公差。

将来会发布类似的规范来涵盖铸造铝合金。

合金等效——铜合金

国家		名称	组分						其他
			Zn	Sn	Pb	Be	Fe	Al	
41001	USA	CDA 110 (UNS C11000)	—	—	—	—	—	—	Cu+Ag>99.9
	UK	C101 (CW 003A)	—	—	<.005	—	—	—	Cu+Ag>99.9
	F	NF Cu a1 A53 – 100	—	—	—	—	—	—	Cu 99.9 oxygen free. Nominal comp.
	G	DIN 1708 E – Cu57 Wk. 2.0060	—	—	—	—	—	—	Cu 99.95, Ag 0.03, O .005 -.040 nominal comp.
41002	USA	CDA 170 (UNS C17000)	—	—	—	1.6 – 1.79	—	—	Cu>99.5 Co+Ni>.2 Co+Fe+Ni<.6
	UK	CB101 (CW101C)	—	—	—	1.7 – 1 9	—	—	Ni+Co .05 -.4 Other<.5
	G	CuBe1.7 Wk. 2.1245							
41003	USA	CDA 172 (UNS C17200)	—	—	—	1.8 – 2.0	—	—	Cu>99.5 Co+Ni>.2 Co+Fe+Ni<.6
	G	Cu Co Be Wk. 2.1285							Co+Fe+Ni<.6
41004	USA	CDA194 (UNS C19400) ASTM B465	.05 – .2	—	<.03	—	2.1 – 2.6	—	P .015 -.15 Cu 97.0 – 97.8 others<.15
41005	USA	CDA 195 (UNS C19500)	<2	.1 – 1.0	<.02	—	1.0 – 2.0	<.02	P .01 -.35 Co .3 – 1.3
41006	USA	CDA 230 (UNS C23000) ASTM B36;B43;B111;B134;B135; B359;B395;B543;B587	Balance	—	.05	—	.03	—	Cu 84.0 – 86.0
	UK	CZ102 (CW502L)	Balance	—	<.1	—	<.1	—	Cu 84.0 – 86.0 other<.4
	G	DIN 17660 DIN 17670 Wk. 2.0240	Balance	<.05	.05	—	.05	<.02	Cu 84.0 – 86.0 Mn<.05 Ni<.2 Sb<.01 other .05 total other (except Ni) .3
	F	NFU – Z15	15						Nominal comp.
41007	USA	CDA 260 (UNS C26000)	Balance	—	.07	—	<.05	—	Cu 68.5 – 71.5
	UK	CZ106 (CW505L)	Balance	<.05	.05	—	<.05	—	Cu 68.5 – 71.5 other<.3
	F	UZ – 30							
	G	DIN 17660 Cu Zu 30 Wk.2.0265	Balance	<.05		—	<.05	<.02	Cu 69.0 – 71.0 Ni<.2 Sb<.01 other .05 total other(except Ni) .3
41008	USA	CDA 353 (UNS C35300)	Balance	—	1.3 – 2.3	—	<1	—	Cu 59.0 – 64.5
	UK	CZ119 (CW601 N)	Balance	—	1.0 – 2.5	—	—	—	Cu 61.0 – 64.0
	G	DIN 17660 CuZu 36 Pb 1.5 Wk. 2.0331	Balance	<.1	.7 – 2.5	—	<.2	<.05	Cu 62.0 – 64.0 Mn<.1 Ni<.3 Sb<.01 others total .1. Any other except Ni<.5

续表

国家		名称	组分						其他
			Zn	Sn	Pb	Be	Fe	Al	
41009	USA	CDA 422 (UNS C42200) ASTM B591	Balance	.8 – 1.4	<.05	—	<.05	—	Cu 86.0 – 89.0 P<.35
	USA	CDA 443 (UNS C44300)	Balance	.9 – 1.2	.07	—	.06	—	Cu 70.0 – 73.0 As .01 -.1
41010		ASTM B111；B171；B359；B395；B432；3543							
	G	DIN 17660 CuZn 28 Sn Wk. 2.0470		.9 – 1.3	.07	—	<.07	—	Cu 70.0 – 72.5 As .02 -.035 Mn<.1 Ni<.1 P<.01 As+P <.035 other total<.1
41011	USA	CDA 510 (UNS C51000)	<.3	4.2 – 5.8	.05	—	<1	—	Cu+Sn+P>99.5 P.03 -.35
	USA	ASTM B100；B103；B139；B159							
	UK	PB102 (CW451 K)	—	4.5 – 6.0	<.02	—	—	—	P .02 -.4 others<.2
	F	NF U – E5P	—	—	—	—	—	—	
	G	DIN 17662 CuSn 6 Wk.2.1020	<.3	5.5 – 7.5	<.05	—	<.1	—	P .01 -.4 Ni<.3 other<.2

合金等效——铜合金

国家		名称	组分						其他
			Zn	Sn	Pb	Be	Fe	Al	
41012	USA	CDA 521 (UNS C52100) ASTM 139；159	<.2	7.0 – 9.0	<.05	—	<1	—	Cu+Sn+F>99.5 P.03 -.35
	UK	PB103 (CW452 K)	—	6.0 – 7.5	<.02	—	—	—	P .02 -.4 others<.2
	UK	PB104 (CW459 K)	—	7.5 – 9.0	<.02	—	—	—	P .02 -.4 others<.2
	F	NF U – E7P							
	G	DIN 17662 Cu Sn 8 Wk. 2.1030	<.3	7.5 – 9.0	<.05	—	<.1	—	P .01 -.4 Ni< 3 other together<.2
41013	USA	CDA 619 (UNS C61900)	<.8	.6	<.02	—	3.0 – 4.5	8.5 – 10.0	Cu+Ag 83.6 – 83.5 Cu+Fe+Al>99.5
		ASTM B129；B150；B283							
	UK	CA103	<.4	<1	<.05	—	Fe+Ni <4.0	8.8 – 10.0	Mn<.5 Mg<.05 total impurities not Mn<.5
	F	NF U – A8							
	G	DIN 17665 Cu Al 8 Wk. 2.0920	<.5	—	<.02	—	<.5	7.0 – 9.0	Mn<.8 Ni<.8 Si<.2 other total<.3

续表

编号	国家	名称	Zn	Sn	Pb	Be	Fe	Al	其他
41014	USA	CDA 687 (UNS C68700) ASTM B111;SB359;SB395;SB543	Balance	—	<.07	—	<.06	1.8 – 2.5	Cu+Ag 76.0 – 79.0 As .02 –.06
	UK	CZ110 (CW702R)	Balance	—	<.07	—	<.06	1.8 – 2.3	Cu 76.0 – 78.0 As .02 –.06
	G	DIN 17660 Cu Zn 20 Al Wk. 2.0460	Balance	—	<.07	—	<.07	1.8 – 2.3	Cu 76.0 – 79.0 As .02 –.035 Mn<.1 Ni<.1 P<.01 As+P<.035 other together<.1
41015	USA	CDA688 (UNS C68800) ASTM B592	21.3 – 24.1	—	<.05	—	<.05	3.0 – 3.8	Co .25 –.55
	USA	CDA 706 (UNS C70600)	<1.0	—	<.05	—	1.0 – 1.8	—	Ni 9.0 – 11.0 Mn<1.0 Cu+Ag>86.5 Cu+Fe+Ni>99.5
41016	USA	ASTM B111;B122;B151;B171;B359;B395; B402;B432;B466;B467;B543;B552							
	UK	CN102 (CW352H)	—	—	<.01	—	1.0 – 2.0	—	Ni 10.0 – 11.0 Mn .5 – 1.0 S<.05 total impurities<.3 C<.05
	F	NF Cu Ni 10 Fe Mn	—	—	—	—	*	—	Ni 10.0+Fe+Mn, nominal comp.
	G	DIN 17664 Cu Ni 10 Fe Wk. 2.0872	<.5	—	<.03	—	1.0 – 1.8	—	Ni 9.0 – 11.0 Mn 0.5 – 1.0 S<.05 total other<.1
41017	USA	CDA 725 (UNS C72500)	<.5	1.8 – 2.8	<.05	—	<.6	—	Ni 8.5 – 10.5 Mn<.2 Cu+Ni+Sn+Co>99.8
41018	USA	CDA 762 (UNS C76200) ASTM B122	Balance	—	<.1	—	<.25	—	Ni 11.0 – 13.5 Mn<.5 Cu 57.0 – 61.0
	UK	NS104 (CW403 J)	Balance	<.2	<.04	—	<.25	—	Ni 11.0 – 13.0 Mn<.05 –.3 Cu 60.0 – 65.0 total Impurities<.5
	G	DIN 17663 Cn Ni 12Zn 24	Balance	<.2	<.05	—	<.3	—	Ni 11.0 – 13.0 Mn<.5 Cu 63.0 – 66.0 other together<.1
41019	USA	CDA 766 (UNS C76600) FEDQQ C – 585	Balance	—	<.1	—	<.25	—	Ni 11.0 – 13.5 Mn<.5 Cu 55.0 – 58.0
	USA	CDA 770 (UNS C77000)	Balance	—	<.1	—	<.25	—	Ni 16.5 – 19.5 Mn<.5 Cu 53.5 – 56.5
41020	USA	ASTM B122;B151;B206							
	UK	NS107 (CW410 J)	Balance	—	<.03	—	<.3	—	Ni 17.0 – 19.0 Mn .05 –.35 Cu 54.0 – 56.0
	G	DIN 17663 Cu Ni 18 Zn 27 Wk.2.0740	Balance	<.2	<.03	—	<.3	—	Ni 17.0 – 19.0 Mn<.7 Cu 60.0 – 63.0
41021	USA	CDA 782 (UNS C78200)	Balance	—	1.5 – 2.5	—	<.35	—	Ni 7.0 – 9.0 Mn<.5 Cu 63.0 – 67.0
	UK	NS101 (CW402 J)	Balance	—	1.0 – 2.5	—	<.4	—	Ni 9.0 – 11.0 Mn .2 –.5 Cu 44.0 – 47.0
	G	DIN 17663 Cu Ni 10Zn 42 Pb	Balance	<.3	.5 – 2.0	—	<.5	—	Ni 9.0 – 11.0 Mn<.5 Cu 45.0 – 48.0 others total<.1

合金等效——钛合金

	国家	名称	组分			其他
			Al	V	Cr	
51001	USA	CP Ti（UNS R52250）ASTM B265				C 0.1 H 0.01 Fe 0.2 Commercial purity Titanium
	UK	BS TA1;IMI 115;Ti 115;				
	F	AFNOR T35				H 0.012 Fe 0.2 Commercial purity Titanium
	G	Wk. 3.7024				
51002	USA	3Al-2.5V（UNS R56320）AMS 4943.4944 ASTM B337	2.5-3.5	2.0-3.0	—	C<.05 H<.013 Fe<.25 N<.02 O<.12 Ti Balance
	USA	6Al-4V（UNS R56401）AMS 4906;4911;4934;4935; 4954;4965;4967 ASTM B265,B348;B367;B381; AWS A5-16 MIL. SPEC. F83142;T9046;T9047; T81556;T81915	5.5-6.75	3.5-4.5	—	C<.1 H<.015 Fe<.4 N<.05 O<.2 Ti Balance
	UK	BS TA56;2TA10;2TA13;2TA28; IMI318;Ti 318A	5.5-6.75	3.5-4.5	—	H<.025 Fe<.3 O+N<.25 Ti Balance
		DTD5163;5173;5303;5313;5323	6.1	4	—	H<.012 nominal comp.
	F	TA6V	6	4	—	Nominal comp.
	G	Ti Al 6V 4 Wk. 3.7164	6	4	—	Nominal comp.
51003	AECMA	TI-P63				
	CEN	EN 2517PR（TI-P63 alloy;annealed—sheet,strip and plate, a ≤100 MPa—provisional spec.）				
		EN 2530PR（TI-P63 alloy;annealed—900 MPa≤RM≤1160 MPa—bars, d ≤100 mm—provisional spec.）				
		EN 2531PR（TI-P63 alloy;annealed—900 MPa≤RM≤1160 MPa—forgings, d ≤100 mm—provisional spec.）				
		EN 3310PR（TI-P63 alloy;not heat treated—reference heat treatment—annealed—grade 2 forging stocks, d ≤360 mm—provisional spec.）				
		EN 3311PR（TI-P63 alloy;annealed—900 MPa≤RM≤1160 MPa—bar for machining, d ≤150 mm—provisional spec.）				
		EN 3312PR（TI-P63 alloy;annealed—900 MPa≤RM≤1160 MPa—forgings, d ≤150 mm—provisional spec.）				
		EN 3313PR（TI-P63 alloy;not heat treated—reference heat treatment—solution treated and aged—grade 2 forging stocks, d ≤360 mm—provisional spec.）				
		EN 3314PR（TI-P63 alloy;solution treated and aged—RM≥1070 MPa—bar for machining, d ≤50 mm—provisional spec.）				
		EN 3315PR（TI-P63 alloy;solution treated and aged—RM≥1070 MPa—forgings, d ≤50 mm—provisional spec.）				
		EN 3456PR（TI-P63 alloy;annealed—920 MPa≤RM≤1180 MPa—sheet and strip, a ≤6 mm—provisional spec.）				

续表

国家	名称	组分			其他
		Al	V	Cr	
51003 CEN	EN 3457PR（TI－P63 alloy；not heat treated—reference heat treatment—solution treated and aged—grade 2 forging stock for fasteners, d ≤25 mm—provisional spec.）				
	EN 3458PR（TI－P63 alloy；annealed—900 MPa≤RM≤1160 MPa—bar and wire for machined fasteners, d ≤25 mm—provisional spec.）				
	EN 3464PR（TI－P63 alloy；annealed—900 MPa≤RM≤1160 MPa—plate，6 mm≤ a ≤100 mm—provisional spec.）				
51004 USA	13V－11Cr－3AI（UNS R58010）AMS4917；4959 AWS A5 MIL SPEC. F－83142；T－9046；T－9047；T－81588	2.5－4.0	12.5－14.5	10－12	Fe≤0.35 C 0.05－0.1
51005 UK	IMI 685	6.0			Zr 5.0 Mo 0.5 Si 0.5 nominal comp.
51006 UK	IMI 829	5.5			Sn 3.5 Zr 3.0 Nb 1.0 Mo 0.3 Si 0.3 nominal comp.

合金等效——镁合金

国家	名称	组分			其他
		Al	Zn	Mn	
61001 USA	M1A ASTM B107,B275; SAE 51,522,533（UNS M15100）	—	—	>1.2	Si<.1 Cu<.05 Ni<.01 Ca<.3 other<.3
UK	1428；7378	—	—	1.2－2.0	—
G	W3501 DIN 1729 **Wk.** 3.5200	<.05	<.03	1.5	Si<.1 Cu<.05 Fe<.005 others<.1
61002 USA	LA141 ASTM B270; MIL SPEC M－46130（UNS M14142）	<.05	—		Cu<.05 Fe<.005 Li 12.0－15.0 Ni<.005 Si .5－.6 Na<.005
61003 USA	AZ31B ASTM B107,B275; FED QQ－M－31,M－40, M44,WW－T－825 （UNS M11311）	2.3－3.5	.6－1.4	>.2	Si<.1 Cu<.03 Ni<.005 Fe<.003 Ca<.04 other<.3
UK	BS 3370－MAG－S－111; BS 3373－MAG－E－111,DTD 742	2.5－3.5	.6－1.4	.15－.7	Ca<.3 Si<.3 Cu .05 Ni<.005 Fe<.005
G	DIN 1729 Mg Al 3 Zn **Wk.** 3.5312	2.5－3.5	.5－1.5	.15－.4	Si<.1 Cu<.1 Fe<.003 Ni<.005 Ca<.04 other<.1
61004 USA	ZK60A ASTM B91,B107,B275; FED QQ M－31,M－40,WW－T－825 （UNS M16600）		4.8－6.2	—	Zr>.45 others<.3
USA	ZK61A ASTM B403		6		Zr .8 nominal comp.
UK	BS 3373－MAG－E－161		5		Zr .6 nominal comp.
UK	DTD 5041A		5.5		Zr .7 nominal comp.
F	G－Z 5 Zr	<.02	3.5－5.5	<.15	Zr .4－1.0 Cu<.03 Si<.01 Fe<.01 N<001
G	DI N 1729 Mg Zn 6Zr **Wk.** 3.5161		4.8－6.2		Zr .45－.8 others<.3

续表

国家		名称	组分			
			Al	Zn	Mn	其他
61005	USA	AZ61A ASTM B91,B107,B275; FED QQ M-31,M40,WW-T-825 (UNS M11610)	5.8-7.2	.4-1.5	.15	Si<.1 Cu<.05 Ni<.005 other<.3
	UK	DTD 259A	5.5-8.5	<1.5	.2-.4	Si<.1 Cu<.1 Ni<.005 Fe<.03
	F	G-A 7 Z1	6.5-8.5	.5-1.5	>.12	Si<.3 Cu<.05 Ni<.C05 Fe<.007 others<.3
	G	DIN 1729 Mg Al 6 Zn Wk. 3.5612	5.5-7.0	.5-1.5	.15-.4	Si<.1 Cu<.1 Ni<.C05 Fe<.05 others<.1
	USA	AZ80A ASTM B91,B107,B275; FED,QQ M-31,M-40 (UNS M11800)	7.8-9.2	.2-.8	>.12	Si<.1 Cu<.05 Ni<.005 Fe<.005 other<.3
61006	UK	BS 2L121; BS 2L122	7.5-9.0	.3-1.0	.15-.4	Si<.3 Cu<.15 Ni<.01 Fe<.05 Sn<.1 Cu+Si+Fe+Ni<.4
	F	G-A 7 Z1	See AZ61A			
	G	DIN 1729 Mg Al 8 Zn Wk. 3.5812	7.8-9.2	.2-.8	.12-.3	Si<.1 Cu<.05 Ni<.003 other<.3
61007	USA	LAZ933—Ballette Mem. Institute	3.0	3.0	—	Li 9.0 nominal comp.
61008	USA	ZK21A		2.3		Zr .45 nominal comp.
61009	UK	BS 3373 - MAG - E - 151,BS 3374 - MAG - P - 151,ZW3		3.0		Zr .6 nominal comp.
	UK	R25—Magnesium Elektron		4.0		Zr .7 rare earth 1.2 nominal comp.

合金等效——其他合金

国家		名称	组分
71002	USA	Beryllium S - 100C QMV Grade. Brush Beryllium Corp.	BeO 1.2 Be 98.5
	USA	Beryllium S - 200C QMV Grade. Brush Beryllium Corp.	BeO 2.0 Be 98.0
		Beryllium SR - 200 QMV Grade. Brush Beryllium Corp.	BeO 2.0 Be 98.0 Hot rolled sheet
71003	USA	Beryllium S - 300C QMV Grade. Brush Beryllium Corp.	BeO 3.0 Be 97.4
71004	USA	MP35N Multiphase (UNS R30035)	C<.025 Cr 19 - 21.0 Mo 9 - 10.5 Ni 33 - 37 Fe<1.0 Mn<.15 P<.015 S<.01 Ti<.15 Co balance
	USA	HS25; L - 605; Haynes 25	C .05 -.15 Cr 19.0 - 21.0 Ni 9.0 - 11.0 W 14.0 - 16.0 Fe<3.0 Co balance
71005	UK	BS 3531/1 - 4	C .1 Cr 20 Ni 10 W 15 Co balance. Nominal comp.
	G	Co Cr20 W 15 Ni Wk. 2.4967	C .05 -.13 Cr 19.0 - 21.0 Ni 9.0 - 11.0 W 14.0 - 16.0 Fe<3.0 Si<1.0 Mn 1.0 - 2.0 P<.045 S<.03 Co balance
71006	USA	HS188—Haynes Alloy (UNS R30188)	C .05 -.15 Cr 20 - 24 Ni 20 - 24 W 13 - 16 Fe<3.0 Mn<1.25 La .03 -.15 Si .2 -.5 Co balance.

合金等效的参考文献：

BSI Catalogue 1995/96.

British Standards Institution

'Iron and Steel Specifications', 8th Edition.

British Iron and Steel Producers Association, December1994.

'Unified Numbering System', 4th Edition.

SAE/ASTM 1986

Stahlschlüssel, 1977.

'Properties of Aluminium and its Alloys'

Aluminium Federation, 2002

'Buyers Guide to progress on European Standards'

Aluminium Federation, UK. February 1996

AFNOR Catalogue, 1996

ICS: 77—Métallurgie

ICS: 49—Aéronautique et Espace

'Work Programme 1995'

CEN—European Committee for Standardization, Brussels.

ISBN: 92 - 9097 - 432 - X

MIL - HDBK - 5 J: Metallic Materials and Elements forAerospace Vehicle Structures, Vols. 1 and 2.

Department of Defense, USA. 2003

'Metallic Materials Specification Handbook', 4th Edition

Robert B. Ross

Chapman & Hall, 1992, ISBN: 0 - 412 - 36940 - 0

'Smithells Metals Reference Book', 8th Edition.

2002, Butterworth – Heinemann

ECSS - Q - ST - 70 - 71: Data for the Selection of Space

Materials.

UNS 编号	前面表格编号
碳钢和合金钢	
G10050	11001
G10060	11002
G10080	11003
G10100	11004
G10110	11005
G10120	11006
G10150	11007
G10160	11008
G10170	11009
G10180	11010
G10190	11011
G10200	11012
G10210	11013
G10220	11014
G10230	11015
G10250	11016
G10260	11017
G10290	11018
G10300	11019
G10350	11020
G10370	11021
G10380	11022
G10390	11023
G10400	11024
G10420	11025
G10430	11026
G10450	11027
G10460	11028
G10490	11029
G10500	11030
G10530	11031
G10550	11032
G10600	11033
G10640	11034

续表

UNS 编号	前面表格编号
G10650	11035
G10690	11036
G10700	11037
G10740	11038
G10750	11039
G10780	11040
G10800	11041
G10840	11042
G10850	11043
G10860	11044
G10900	11045
G10950	11046
G11080	13001
G11090	13002
G11100	13003
G11160	13004
G11170	13005
G11180	13006
G11190	13007
G11320	13008
G11370	13009
G11390	13010
G11400	13011
G11410	13012
G11440	13013
G11450	13014
G11460	13015
G12134	13016
G12144	13017
G15130	12001
G15180	12002
G15220	12003
G15240	12004
G15250	12005
G15260	12006

续表

UNS 编号	前面表格编号
G15270	12007
G15360	12008
G15410	12009
G15470	12010
G15480	12011
G15510	12012
G15520	12013
G15610	12014
G15660	12015
G15720	12016
低合金钢	
G40120	14001
G40230	14002
G40240	14003
G40270	14004
G40280	14005
G40320	14006
G40370	14007
G40420	14008
G40470	14009
G41180	14010
G41300	14011
G41350	14012
G41370	14013
G41400	14014
G41420	14015
G41450	14016
G41470	14017
G41500	14018
G41610	14019
G43200	14020
G43400	14021
G46150	14039
G46170	14040
G46200	14041

续表

UNS 编号	前面表格编号
G46210	14042
G46260	14043
G47180	14022
G47200	14023
G51150	14044
G51200	14045
G51300	14046
G51320	14047
G51350	14048
G51400	14049
G51450	14050
G51470	14051
G51500	14052
G51550	14053
G51600	14054
G51986	14055
G52986	14056
G61180	14057
G61500	14058
G81150	14024
G86150	14025
G86170	14026
G86200	14027
G86220	14028
G86250	14029
G86270	14030
G86300	14031
G86370	14032
G86400	14033
G86420	14034
G86450	14035
G86500	14036
G86550	14037
G86600	14038
不锈钢	

续表

UNS 编号	前面表格编号
S20100	15001
S20200	15002
S30100	15003
S30200	15004
S30215	15005
S30300	15006
S30323	15007
S30400	15008
S30403	15009
S30500	15010
S30800	15011
S30900	15012
S31000	15013
S31008	15014
S31400	15015
S31600	15016
S31603	15017
S31700	15018
S32100	15019
S34700	15020
S34800	15021
S38400	15022
S40300	15023
S40500	15024
S41000	15025
S41400	15026
S41600	15027
S41623	15028
S42000	15029
S42020	15030
S42900	15031
S43000	15032
S43020	15033
S43023	15034
S43100	15035

续表

UNS 编号	前面表格编号
S43400	15036
S43600	15037
S44002	15038
S44003	15039
S44004	15040
S44200	15041
S44600	15042
S50100	15043
S50200	15044
特殊命名钢	
J42015	16002
J92200	16013
K08500	16001
K66286	16004
K92820	16015
K92940	16016
K93160	16017
N08020	16003
S13800	16014
S14800	16009
S15500	16008
S15700	16010
S17700	16011
S21900	16018
S35000	16005
S35500	16006
S36200	16019
S45500	16007
T20811	16012
镍合金	
N05500	21012
N06002	21002
N06600	21008
N06625	21009
N07001	21016

续表

UNS 编号	前面表格编号
N07041	21014
N07718	21010
N07750	21011
N08800	21003
N09901	21004
N09902	21013
N10002	21001
N19903	21005
N19907	21006
N19909	21007
铝合金（锻造）	
A91050	31001
A91060	31002
A91100	31003
A91145	31004
A91175	31005
A91200	31006
A91230	31007
A91235	31008
A91345	31009
A91350	31010
A92011	31015
A92014	31016
A92017	31017
A92024	31018
A92048	31019
A92124	31023
A92219	31026
A93003	31029
A93004	31030
A93005	31031
A93103	31032
A93105	31033
A94032	31034
A95005	31035

续表

UNS 编号	前面表格编号
A95050	31036
A95050	31042
A95052	31037
A95056	31038
A95083	31039
A95086	31040
A95154	31041
A95252	31043
A95254	31044
A95356	31045
A95454	31046
A95456	31047
A95457	31048
A95652	31049
A95657	31050
A96003	31051
A96005	31052
A96053	31053
A96061	31054
A96063	31055
A96066	31056
A96070	31057
A96082	31059
A96101	31060
A96151	31061
A96162	31062
A96201	31063
A96253	31064
A96262	31065
A96351	31066
A96463	31067
A96951	31068
A97001	31069
A97009	31070
A97039	31073

续表

UNS 编号	前面表格编号
A97049	31074
A97050	31075
A97075	31076
A97079	31077
A97175	31078
A97178	31079
铝合金（铸造）	
A02950	32001
A03190	32003
A03330	32005
A03550	32007
A03560	32009
A03570	32011
A03590	32013
A03800	32014
A05140	32016
A05180	32017
A05200	32018
A05350	32019
A07070	32020
A07120	32021
A33550	32008
铜合金	
C11000	41001
C17000	41002
C17200	41003
C19400	41004
C19500	41005
C23000	41006
C26000	41007
C35300	41008
C42200	41009
C44300	41010
C51000	41011
C52100	41012

续表

UNS 编号	前面表格编号
C61900	41013
C68700	41014
C68800	41015
C70600	41016
C72500	41017
C76200	41018
C76600	41019
C77000	41020
C78200	41021
钛合金	
R52250	51001
R56320	51002
R56401	51003
R58010	51004
镁合金	
M11311	61003
M11610	61005
M11800	61006
M14142	61002
M15100	61001
M16600	61004
其他合金	
R30035	71004
R30188	71006

附录 7 形成氧化物的标准自由能随温度的变化

下图是自由能随温度的变化曲线。网格图基于 1940 年和 1950 年 Ellingham 和 Richardson 的工作，至今仍非常有用（见 Ellingham，H. J. T.（1944）J. Soc. Chem. Ind.，63，125－133）。该图说明在任何温度下，基于热还原过程或热氧化过程的冶金反应的热力学可能。

任意两条曲线的交点，化学反应的标准自由能为零，即平衡点。参考该图可以大致评估即将发生的是还原反应还是氧化反应。

例如，低于 1 600 ℃时，纯镁可以用来还原氧化铝。高于 1 600 ℃时，氧化镁的曲线在氧化铝的曲线上，纯铝可以将氧化镁还原为金属镁。可以用类似的方式从图中的各个交叉点推导出一氧化碳等气体还原金属氧化物的近似温度。

用 Fe/FeO，Fe/Fe_3O_4，Ni/NiO 等电偶可以确定在给定温度下，平衡状态的氧分压。图中表明高温下（＞1 500 ℃），FeO 和 Fe_3O_4 比 NiO 稳定得多，Fe_2O_4 也比 NiO 稳定，Fe_2O_3 最不稳定。

降低压力会强化大部分还原反应并提高氢或一氧化碳在气体混合物中的占比——这些效应也能从交叉点中预测。这些技术在很多书中都有描述，例如 O. Kubaschewski，C. Alcock and P. J. Spencer（Pergamon，Oxford）的 *Metallurgical Thermochemistry*，6th Edition（1993）和 T. B. Reed（MIT Press，London）的 *Free Energy of Formation of Binary Compounds*（1971）。

值得注意的是，Ellingham 图与平衡条件有关——没有考虑任何氧化或还原反应的动力学。

对于合金，需要注意的是在查阅图时，应该考虑最容易氧化的成分。通常情况下，忽略那些浓度低于 1％的元素，因为它们不能形成连续的表面薄膜。

最近，一篇简短但非常有用的文章——Ellingham diagrams，their Use and Misuse——介绍了几个实际案例，在解决如热处理、钎焊和光亮退火等问题的过程中，可以利用该图排查故障（Stratton，2013）。

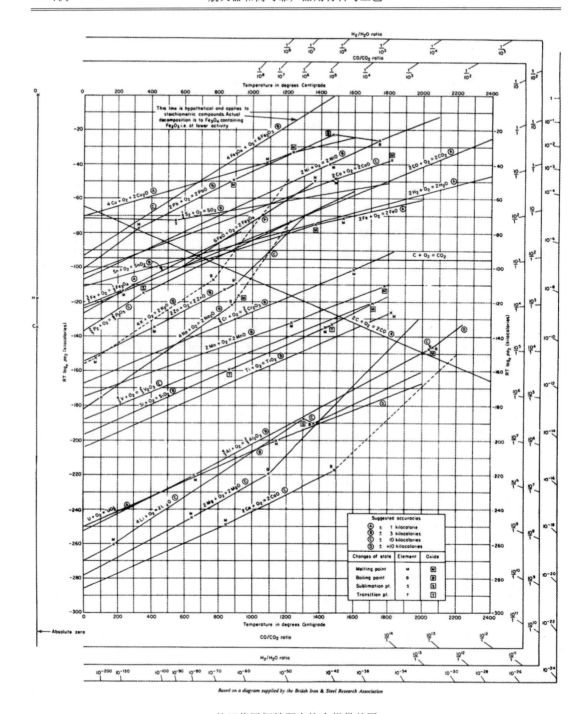

基于英国钢铁研究协会提供的图

附录 8 材料、工艺和机械零件管理的简化程序
——立方体卫星或小型大学航天器指南

（1）管理列表（见流程图）

1）列表应由材料和工艺（M&P）经理启动，并在项目全生命周期内进行维护。

2）输入主要来自设计经理（例如工程制图）。

3）列表需要进行 PDR（不一定完整但会指出关键项目），然后再进行 CDR 审查。

4）3 个清单上项目的适用性应由独立的材料和工艺专家来评估。

5）选择材料的技术标准应包括：

• 温度和热循环影响；

• 真空影响［有机材料的释气和金属（如镉）的升华（禁用）］；

• 辐射影响（通常不是问题，除了太阳能电池需要玻璃覆盖，涂白漆）；

• 电耦腐蚀兼容性（例如高强度铝合金需要通过表面的化学转化涂层来避免在发射前材料表面的腐蚀，同时电子设备与结构之间应接地）。

注解：PDR——初步设计评审（通常是一个彻底的评估，由学科专家和经理组成的互助团队确定该设计和材料/工艺是否具有现实性）；CDR——关键设计评审（为了确保航天器的设计硬件已经具备发射状态）。

（2）布局列表（示例见附录 10 及附录 11）

1）这些可以在 PDR 之前格式化并且根据附录表 8－A－1 对材料进行分组。

2）所有列表需要对配置控制进行状态讨论。

3）提供相关列——独特的项目编号：

• 材料名称（例如商业的或可识别的标识）；

• 国际代码，例如，AISI，AA，CDA 等（如附录 6 所列）；

• 制造商名字；

• 表面光洁度；

• 工艺参数（例如，金属的热处理和有机物的混合比/固化时间/温度）；

• 使用和结束位置；

• 任何测试日期（参考报告、论文等）；

• 最后一列是 M&P 专家及项目经理最终批准的建议。

4）所有缩略词都需定义。

5）有限寿命的物品如粘合剂、油漆等必须在工艺参数中标明。

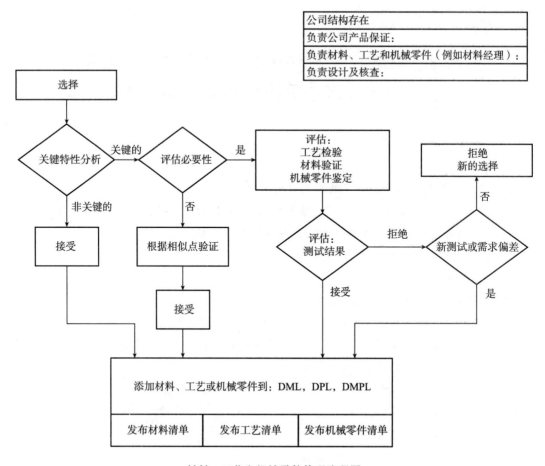

材料、工艺和机械零件管理流程图

（3）评估、采购、检验、可追溯性和存储

① 评估

一些材料需要评估释气。

② 采购

一些材料有很长的交付周期（对于项目计划）；需要在 PDR 之前确认。

③ 检验

在"进货"时需要检验以确保适用性，检查材料是否在有效期内、表面是否损伤，铸件需要进行 X 射线检验等。

④ 可追溯性

如可能，每种材料和批次都应有独特的编号。

⑤ 存储

物品控制需要注意：湿度，清洁度，冷藏（对于某些物品），健康和安全性（对于有毒材料），易燃材料。

（4）机械零件和工艺控制

• DPL 和 DMPL 需要以类似于 DML 的方式设计。

• 对 DPL 和 DMPL 的确切要求应得到材料和工艺专家的同意。

• DMPL 需要列出所有机制——每一个都应由材料和工艺专家评估（例如防止润滑膏和润滑油释气和污染光学系统，在真空中的旋转部件不能冷焊等）。

• DPL 也应由材料和工艺专家审查并汇编，基于以前的使用情况、可靠性、检查能力、在人为或材料错误情况下的返工可能性，确定每个工艺是"非关键"或"关键"的。（附录表 8 - A - 1）

附录表 8 - A - 1　材料分组编号

分组编号	描述
1	铝和铝合金
2	铜和铜合金
3	镍和镍合金
4	钛和钛合金
5	钢
6	不锈钢
7	焊接材料：熔焊，硬钎焊，软钎焊
8	其他金属材料
9	光学材料
10	粘合剂，涂层，清漆
11	胶带
12	油漆和墨水
13	润滑油
14	灌注混合物，密封剂，泡沫
15	强化塑料（包括 PCB）
16	橡胶和弹性体
17	热塑性塑料［例如无粘着力的胶带和箔（MLI）］
18	热固性塑料（包括 PCB）
19	电线和电缆材料
20	其他非金属材料，例如陶瓷

注：来自 ECSS - Q - ST - 70B。

（5）工艺——质量管控和评估

最好对检查控制是否适当，是否应对一些不寻常的工艺进行最低限度的验证，最好对所有航天器系统和子系统进行检查：

• 结构，机械组装或焊接工艺，简单的防腐蚀；

• 黑盒，生产，喷漆，接地；

• 线束，ECSS 标准压接，导线类型（银或镀锡？）；

• 一般焊接（材料是否合适），连接，喷漆；

• PCB 组装方式，维修，控制（ECSS 标准?）；

• 尝试列出需要实验室测试的工艺和关键项。

（6）需要在太空材料实验室评估在真空中使用的质量和适用性

• 焊接和压接接头的显微切片*；

• 焊接和压接的拉伸试验*；

• 焊接的不定期无损检测*；

• ECSS 标准的释气测试（可以在专用欧洲实验室完成），光学系统（考虑冷凝的瞄准线）的有机材料（胶水、油漆等），一些提供释气试验的实验室已在前面提过。

注：* 可以在当地大学或工厂。

附录9 2015年与太空有关的材料和工艺标准
(由 ECSS, JAXA 和 NASA 发布)

ECSS – Q – ST – 10 – 04C Critical – item control

ECSS – Q – ST – 10 – 09C Nonconformance control system

ECSS – Q – ST – 20C Rev. 1 Quality assurance

ECSS – Q – ST – 20 – Quality and safety assurance for space test centers

ECSS – Q – ST – 20 – 08C Storage, handling and transportation of spacecraft hardware

ECSS – Q – ST – 20 – 10C Off – the – shelf items utilization in space systems

ECSS – Q – ST – 30C Dependability

ECSS – Q – ST – 30 – 02C Failure modes, effects (and criticality) analysis (FMEA/FMECA)

ECSS – Q – ST – 30 – 09C Availability analysis

ECSS – Q – ST – 30 – 11C Rev. 1 Derating—EEE components

ECSS – Q – ST – 40C Safety

ECSS – Q – ST – 40 – 02C Hazard analysis

ECSS – Q – ST – 40 – 12C Fault tree analysis—Adoption notice

ECSS/IEC 61025

ECSS – Q – ST – 60C Rev. 2 Electrical, electronic and electromechanical (EEE) components

ECSS – Q – ST – 60 – 02C ASIC and FPGA development

ECSS – Q – ST – 60 – 05C Rev. 1 Generic procurement requirements for hybrids

ECSS – Q – ST – 60 – 12C Design, selection, procurement and use of die form monolithic microwave integrated circuits (MMICs)

ECSS – Q – ST – 60 – 13C Commercial electrical, electronic and electromechanical (EEE) components

ECSS – Q – ST – 60 – 14C Re – lifing procedure—EEE components

ECSS – Q – ST – 60 – 15C Radiation hardness assurance—EEE components

ECSS – Q – ST – 70C Rev. 1 Materials, mechanical parts and processes

ECSS – Q – ST – 70 – 01C Cleanliness and contamination control

ECSS – Q – ST – 70 – 02C Thermal vacuum outgassing test for the screening of space materials

ECSS – Q – ST – 70 – 03C Black – anodizing of metals with inorganic dyes

ECSS – Q – ST – 70 – 04C Thermal testing for the evaluation of space materials, processes，mechanical parts and assemblies

ECSS - Q - ST - 70 - 05C Detection of organic contamination surfaces by infrared spectroscopy

ECSS - Q - ST - 70 - 06C Particle and UV radiation testing for space materials

ECSS - Q - ST - 70 - 07C Verification and approval of automatic machine wave soldering

ECSS - Q - ST - 70 - 08C Manual soldering of high - reliability electrical connections

ECSS - Q - ST - 70 - 09C Measurements of thermo - optical properties of thermal control materials

ECSS - Q - ST - 70 - 10C Qualification of printed circuit boards

ECSS - Q - ST - 70 - 11C Procurement of printed circuit boards

ECSS - Q - ST - 70 - 12C Design rules for printed circuit boards

ECSS - Q - ST - 70 - 13C Rev. 1 Measurements of the peel and pull - off strength of coatings and finishes using pressure - sensitive tapes

ECSS - Q - ST - 70 - 18C Preparation，assembly and mounting of RF coaxial cables

ECSS - Q - ST - 70 - 20C Determination of the susceptibility of silver - plated copper wire and cable to "red - plague" corrosion

ECSS - Q - ST - 70 - 21C Flammability testing for the screening of space materials

ECSS - Q - ST - 70 - 22C Control of limited shelf - life materials

ECSS - Q - ST - 70 - 26C Crimping of high - reliability electrical connections

ECSS - Q - ST - 70 - 28C Repair and modification of printed circuit board assemblies for space use

ECSS - Q - ST - 70 - 29C Determination of offgassing products from materials and assembled articles to be used in amanned space vehicle crew compartment

ECSS - Q - ST - 70 - 30C Wire wrapping of high - reliability electrical connections

ECSS - Q - ST - 70 - 31C Application of paints and coatings on space hardware

ECSS - Q - ST - 70 - 36C Material selection for controlling stress - corrosion cracking

ECSS - Q - ST - 70 - 37C Determination of the susceptibility of metals to stress - corrosion cracking

ECSS - Q - ST - 70 - 38C High - reliability soldering for surface - mount and mixed technology

ECSS - Q - ST - 70 - 45C Mechanical testing of metallic materials

ECSS - Q - ST - 70 - 46C Rev. 1 Requirements for manufacturing and procurement of threaded fasteners

ECSS - Q - ST - 70 - 50C Particles contamination monitoring for spacecraft systems and cleanrooms

ECSS - Q - ST - 70 - 53C Materials and hardware compatibility tests for sterilization processes

ECSS - Q - ST - 70 - 55C Microbial examination of flight hardware and cleanrooms

ECSS - Q - ST - 70 - 56C Vapour phase bioburden reduction for flight hardware

ECSS - Q - ST - 70 - 57C Dry heat bioburden reduction for flight hardware

ECSS - Q - ST - 70 - 58C Bioburden control of cleanrooms

ECSS - Q - ST - 70 - 71C Materials，processes and their data selection

ECSS - Q - ST - 80C Software product assurance

ISO 24113：Space systems—Space debris mitigation requirements

JAXA - QTS - 2120 Wire，Electric，Fluorine Resin/Polyimide Insulated

JAXA - QTS - 2140 Printed Wiring Boards，Rigid - Flexible

NASA - HDBK - 5010 FRACTURE CONTROL IMPLEMENTATION HANDBOOK FOR PAYLOADS，EXPERIMENTS，AND SIMILAR HARDWARE

NASA - HDBK - 6024 Spacecraft polymers atomic oxygen durability handbook

NASA - HDBK - 6025 Guidelines for the specification and certification of titanium alloys for NASA flight applications

NASA - HDBK - 8719. 14 Handbook for limiting orbital debris

NASA - HDBK - 8739. 23 NASA complex electronics handbook for assurance professionals

NASA - STD - 4003 ELECTRICAL BONDING FOR NASALAUNCH VEHICLES，SPACECRAFT，PAYLOADS，AND FLIGHT EQUIPMENT

NASA - STD - 5001 structural design and test factors of safety for spaceflight hardware

NASA - STD - 5002 Load analyses of spacecraft and payloads

NASA - STD - 5005 Standard for the design and fabrication of ground support equipment

NASA - STD - 5006 General fusion welding requirements for aerospace materials used in flight hardware

NASA - STD - 5008 Protective coating of carbon steel，stainless steel，and aluminum on launch structures，facilities，and ground support equipment

NASA - STD - 5009 Nondestructive evaluation requirements for fracture critical metallic components

NASA - STD - 5019 Fracture control requirements for spaceflight hardware

NASA - STD - 5020 Requirements for threaded fastening systems in spaceflight hardware

NASA - STD - 6001 Flammability，offgassing，and compatibility requirements and test procedures

NASA - STD - 6008 NASA Fastener procurement，receiving inspection，and storage practices for spaceflight hardware

NASA - STD - 6012 Corrosion protection for space flight hardware

NASA – STD – 6016 Standard materials and processes requirements for spacecraft

NASA – STD – 8719. 14 Process for limiting orbital debris

NASA – STD – 8719. 9 Standard for lifting devices and equipment

NASA – STD – 8739. 1 Workmanship standard for polymeric application on electronic assemblies

NASA – STD – 8739. 4 Crimping, interconnecting cables, harnesses, and wiring

NASA – STD – 8739. 5 Fiber optic terminations, cable assemblies, and installation

NASA – STD – 8739. 6 Implementation requirements for NASA workmanship standards (includes requirements for soldered electrical and electronic assemblies per IPC J – STD – 001ES)

附录10 发布的工艺清单示例（DPL）

在任何航天器上选择和使用的工艺都需要最终客户的批准。工艺清单由"主承包商"编制。关键工艺通常经过"技术样本"测试评估，并且由实验室开具关键工艺"测试通过"的报告[①]。

常见做法是根据以下"组号"将所有工艺列表：

组号	描述
1	粘连
2	复合制造
3	封装/浇铸
4	着色/涂层
5	清洗
6	熔焊/钎焊
7	压接/剥离/绕接
8	焊接
9	表面处理
10	电镀
11	机加工
12	成型加工
13	热处理
14	特殊制造:为方案专门开发的工艺
15	标记
16	其他工艺
17	检查程序

---

① 关键工艺通常由最终客户指定，并取决于单个航天器的使用寿命和操作条件（例如，"载人航天飞行器"可能有更多的关键工艺）。如果在制造、装配、检验和测试过程中存在重大困难或不确定因素，通常就认为这个工艺是至关重要的。如果一个工艺对于训练有素的操作人员也很难执行，或者过去发生过问题没有得到解决，那么这一工艺也将被认为是至关重要的。

附录表 10-A-1

外太空公司　　发布工艺清单　　档案号:DPL/PIT/3401/OSC

飞行器:PITCAIRNSAT 1
分系统:
设备:

第 1 组粘连

捆号:3
日期:10/04/14
页数:16

项目编号 承包商	工艺	规格	转速	描述/标识	用途	仓位代码	用户代码	DML 协会项目	关键性	批准 状态	C	用户评论及批准
1.07.00 PON	准备 VESPEL 和 DELRIN 表面结合	PON H-A011	8		结合工艺	LLMKTRA	IOLACADM	18.018.00	N	PSU: ROSETTA	A	
1.018.00 ZTN	用导电树脂和 EPOTEX H20 E 连接	HR-012. INT	1	加工:120 ℃ 15 min	屏蔽 SSPA 结构	LLMKHPA		10.013.00	N	PSU: METRO 6	A	
1.019.00 ZTN	用 SOLITHANE 113 螺旋锁紧	防脱落螺丝 HR-013/INT	1	加工:室温 48 h 或 65 ℃ 3 h		LLMKHPA		10.009.00	N	PSU: METRO 6	A	
1.021.00 ZTN	用 SOLITHANE 113 连接	HR-411/INT	1	加工:室温 48 h 或 65 ℃ 3 h	元件连接	KSPA		10.009.00	N	PSU: METRO 6	A	
1.025.00 ZTN	用 ECCOSIL 4952 连接	HR-411/INT	2	加工:室温 18 h 或 65 ℃ 3 h	RF 吸收器连接	LLMKHPA		10.069.03 12.012.00 16.006.02	N	PSU: METRO 6	A	
1.026.00 ON	用 EA 9321 PLUS EA 9210 PRIMER 连接	SP 4413 SP 4414			TC	LLMCHRM APSAPA	IOLACHRM				A	
1.030.00 ON	准备 BS L 312	SP 8841		加工:120 ℃ 1 h	嵌入并连接蜂巢	LLMCHRM	IOLACHRM	10.015.05			A M	
1.031.00 CAT	用 FOAM 410-1 连接	M-O-993	8	加工:120 ℃ 0.5 h +180 ℃ 1 h	剪接蜂巢部分	STR LLMCADM	IOLACADM	10.002.03		PSU: HELIOS ISO ARIANE 5	A	
1.094.00 PIN	用螺丝和螺母锁紧	PIV/20/2014	3	永久和不永久锁紧螺丝和螺母		APSIAPC		10.027.01	N	PSU:	A	

附录表 10 - A - 2

发布工艺清单

外太空公司　　　　　　　　　　　　　　档案号:DPL/PIT/3401/OSC
期号:3
日期:10/0∠/14
页数:61

飞行器:PITCAIRNSAT 1
分系统:
设备:

第 6 组熔焊/钎焊

项目编号 承包商	工艺	规格	转速	描述/标识	用途	仓位代码	用户代码	DML 协会项目	关键性	批准 状态	C	N	用户评论 及批准
6.018.00 PNT	真空钎焊	PPC PIC 101	1	金属/金属镀层的陶瓷元件连接	推进器	IPPEIT		7.038.00 20.051.03 3.011.03 6.001.36 6.013.15 3.036.00	C	等待真空气密性检测和 DPA	O	O	
6.020.00 TOT	灌装管焊接	SPECWELD 491		激光焊接	整流罩上的管子	PWSBTA		3.015.01 3.015.03	N	RPT OSC 4448	A	N	
6.021.00 TOT	封闭焊接	M. T. U. 11997		TIG 焊接	整流罩上的接口	PWSBTA		3.001.01 3.001.02 21.017.01	N	RPT OSC 4521	A	N	
6.022.00 FOB	VH 950 钎焊	TBD			2.0040 铜导线/1.4944 正极螺丝的硬钎焊	IPPEIT		6.008.03 7.036.02	N		O	N	
6.023.00 FOB	微型焊接	FOP 99 - 22/13		高频无线电电缆/铜导线等离子体微型焊接		IPPEIT		2.001.32 19.019.03	N		A	N	

附录表 10－A－3

外太空公司　　发布工艺清单

飞行器:PITCAIRNSAT 1
分系统:
设备:　　第 9 组空间转换处理

档案号:DPL/PIT/3401/OSC
期号:3
日期:10/04/14
页数:99

项目编号承包商	工艺	规格	转速	描述/标识	用途	仓位代码		用户代码	DML协会项目	关键性	批准状态	用户评论及批准 C
9.012.00 XYZ	TA6V钛合金阳极化	33448/22/4	A		保护	RCPROMD FREPFKOF FREPFKTF RREPRKPD	FREPFKIF FREPFBOF RREPRKIF		4.001.43 21.004.19 21.007.30 21.008.51	N	RPT:XYZ/ BOT/FT.236 PSU:TDF 8 TVSAT 8 TLC 8	A
POS	TA6V钛合金阳极化	33448/22/4	A	银钝化	保护	FREPFKLA FREPFISC FREPAIT	FREPFICA FREPRSIR		4.001.43 21.004.19 21.007.30 21.008.51	N	PSU: ECS INTE－V1 GIOTTO ERS－1	A N
9.013.00 XYZ	表面钝化	62410/99/1		银钝化	保护	RCPROMD FREPFKOF FREPFKIF RREPRKPD	FREPFKIF FREPFBOF RREPRKIF		1.029.03 3.005.18 4.007.01	N	RPT: BAB/QT/81.044 PSU:TVSAT 2 SPLAB TLC 8	A
POS	表面钝化	44291/20/1		银钝化	保护	FREPFKLA FREPFISC	FREPFICA FREPRSIR		3.002.11 1.029.02 1.029.03 1.040.00 1.029.04	N	RPT: BAB/QT/81.044 PSU: INTE.V1 ERS－1 EURECA EUTE.2	AN
9.014.00 MOM	阳极化	DTD 942		钛合金表面处理	设备的表面保护	FREPFCFK			21.004.21	N	MARS－2	A N
9.015.00 LIN	铝合金阳极化	LIN.914.2.rev.1	A		支撑板和散热板	RREPRICA RREPRIKC	RREPRKPA		1.017.04	N	CLUST－2	A N

续表

外太空公司					发布工艺清单						档案号：DPL/PIT/3401/OSC

飞行器：PITCAIRNSAT 1　　　　第9组 空间转换处理　　　　期号：3
分系统：　　　　　　　　　　　　　　　　　　　　　　　　日期：10/04/14
设备：　　　　　　　　　　　　　　　　　　　　　　　　　页数：99

项目编号 承包商	工艺	规格	转速	描述/标识	用途	仓位代码		用户代码	DML 协会项目	关键性	批准 状态	C	用户评论 及批准
9.018.00 POS	硬质阳极氧化	49326/20/1	B	铝和铝合金处理	绝缘	FREPFKLA FREPFISC	FREPFICA FREPRSIR		1.002.34 1.007.15 1.029.05	N	PSU;INTE. V1 GIOTTO EURECA TLC 2	A N	
9.020.00 POS	铬酸盐转化膜	40441/20/2	B	铝和铝合金处理	保护	FREPFKLA FREPFISC FREPAIT	FREPFICA FREPRSIR		1.002.35 1.002.38 1.007.16 1.007.19 1.029.06 1.040.02	N	RPT;R: XYZ/BOT/FT PSU;ECS INTE. V1 ISS TDF 8		

附录 11　发布的材料清单示例（DMLs）

任何航天器选择和使用的材料都需要得到最终用户的批准。材料清单由"主承包商"编制。

关键材料需经过测试和验证。根据对航天器的危害程度，测试可能包括：真空下释气，应力腐蚀测试，易燃性测试等。材料分组编号在附录 8 中详细列出。

DMLs 的内容会根据最终用户的要求制定，需符合 ECSS – Q – ST – 70 标准或根据特殊的合同要求进行放宽。更多描述已在 4.2.1 节给出。

附录表 11－A－1

外太空公司　　发布材料清单

档案号：DML/PIT/3466/OSC
期号：3
日期：10/24/14
页数：49

飞行器：PITCAIRNSAT 1
分系统：
设备：

第 2 组铜和铜合金

项目	商业标识	化学特性和符合条件的产品类型	物资采购信息规范	工艺参数总结	用途和仓位代码 用途	用途和仓位代码 代码	环境代码 R	环境代码 A	环境代码 T	型号	批准 状态	批准 C	用户评论及批准
2.021.01 FOK	Brass 40Zn	Cu 60/Zn 40	QQ－B－626	镀锡 8AB 00526 AAAA	机械部件	RREPRKIC FREPFIKC FREPFKIC RCPFRGU	GS	V	34	V1	PSU:BSAT	D	不允许纯锡
2.022.00 FOK	Brass 38Zn 2Pb	Cu Zn 38,2Pb VAR. TUN.SCREW NRS VAR. TERMINAL NRS	734.662.E	镀金 4 μm 铜底板 5 μm 770－82608－AASG	机械部件： 连接螺丝螺母接口	RREPRKIC FREPFIKC FREPFKIC RCPFRGU	GS	V	34	V0	PSU:ECS BSAT EUR	A	
2.022.01 MOM	Brass CZ121	Cu58,Zn 38－39,Pb 3－4 ROD	Aluminium supplies BS 2874	镀银 焊接 CDP 7.10E CDP 7.03	中心导线 低通滤波器 探针和导管	FREPFCFK FREPSDIP PREPRINF	GS	V	34	W1	PSU:SPOT	AN	
2.022.02 FOK	Brass 38Zn 2Pb	Cu Zn 38,2Pb VAR. TUN.SCREW NRS VAR. TERMINAL NRS	734.622.E	镀锡除掉镀银 8AB 00526 AAAA	机械部件： 连接螺丝螺母接口	RREPRKIC FREPFIKC FREPFKIC RCPFRGU	GS	V	34	V0	PSU:ECS BSAT EUR	AN	不再使用锡
2.023.00 LIN	Copper CDA 510	Cu Sn 6 ROD	DIN 1756	预镀锡 GZ.1991.209.1	零件	RREPRKPA / FREPFKPA	GS	V	34	W1	PSU:TELECOM HISPAS. INT. V11 EUTELS ECSS－Q－ST－70－36	A	

续表

发布材料清单

档案号:DML/PTT/3466/OSC
期号:3
日期:10/04/14
页数:49

外太空公司

飞行器:PITCAIRNSAT 1
分系统:
设备:

第 2 组铜和铜合金

项目	商业标识	化学特性和符合条件的产品类型	物资采购信息规范	工艺参数总结	用途和仓位代码		环境代码			批准		用户评论及批准
					用途	代码	R	A	T	型号	状态	C
2.024.00 SINT	Copper		AVIOMETAL 131N22	电解表面锡涂层 并回流 MIL－T－107－27 1 IP 5009	电连接	IPPPSCU	GS	V	34	W2	PSU:GIOTTO ERS PINSAT	AM
2.026.00 LIN	Copper CDA 260	Cu 65% Zn 35%	TELKRON CRS－EPT－6016	镀 5μm 铜＋锡/铅	金属圈	PCDICU PCDPKDU	GS	V	34	W2	PSU:ISO	AN
2.027.00 FON	Brass	带刺索环	Atlanta hardware MS 20230	嵌入	识别器指示灯接地 索环平面	IOLAIKCM	GS	V	34	W3		AN

附录表 11 - A - 2

发布材料清单

外太空公司

飞行器:PITCAIRNSAT 1
分系统:
设备:

第 6 组不锈钢

档案号:DML/PIT/3466/OSC
期号:3
日期:10/04/14
页数:88

项目	商业标识	化学特性和符合条件的产品类型	物资采购信息采购规范	工艺参数总结	用途	代码	R	A	T	型号	状态	C	用户评论及批准
6.034.00 FIN	SS 2343-08		TINGSTAD A/S F9967.1		保险丝	IPPFVV	GS	E	34	W1		AN	
6.035.00 SMM	AISI 304L		LEE JEV A 09-TSL	钝化 MIL-S-5002	107 串联阀 FLO 限定器	IPPPSME	GS	V	34	W1	RPT 2991-02099-DPQ	AN	
6.036.00 CPP	AISI 348	不锈钢板	Various PPC 823-170-95911 PPC 823-170-95981	形成点焊接	阴板、主凸缘	IPPEIT	GS	V	4	W1	SCC I NASA NASA-HDBK-527 10119	AN	
6.036.01 CPP	AISI 348	不锈钢	ROT PPC 8213-170-95921	点焊接加工	结构零件	IPPEIT	GS	V	4	W1	SCC I NASA NASA-HDBK-527 10119	AN	
6.037.00 BET	Nitriding steel		BS S 106D	555 ℃离子渗氮 4 h ESP4443	齿轮	SADM	GS	V	3 / 4	W2	?	ON	需要更多数据
6.038.00 BET	Maraging steel	条	DTD 5212	485 ℃离子渗氮 4 h ESP4443	小齿轮	SADM	GS	V	34	W1	?	ON	需要更多数据
6.039.00 BET	Corrosin resisting steel	板	BS S527		垫圈	SADM	GS	V	34	W1		AN	
6.040.00 BET	Stainless steel		BS S80	钝化 PS 2089		SADM	GS	V	34	W2		AN	
6.041.00 XIL	AISI 304 X8 Cr Ni 19/10		MULTI SOURCE AMS-5513/ AMS 5639	使用	密封球	IPPFCU	GS	V	34	W1	PSU; OLYMPUS HIPPAR METEO	A	
6.042.00 ON	AISI 1017			镀镍 5~20 μm	电停齿	APSAPA	GS	V	24	W2		AN	

附录表 11 - A - 3

发布材料清单

外太空公司

飞行器:PITCAIRNSAT 1
分系统:
设备:

第 10 组粘合剂,涂层,清漆

档案号:DML/PIT/3466/OSC
页数:151
期号:3
日期:10/04/14

项目	商业标识	化学特性和符合条件的产品类型	物资采购信息规范	工艺参数总结	用途和仓位代码		环境代码				型号	批准		用户评论及批准
					用途	代码	R	A	V	T		状态	C	
10.014.03 MOM	EPO-TEK H 74	EPOX 树脂 A/B 两种元件电传导	环氧技术 CDP 9.39	混合:100 pp/3 pp 加工:100 ℃ 2 h CDP 7.08	结合线圈支撑 外壳/结合铁氧体	RREPRIWF FREPFCFK FREPSDIP TTCSBDN	GS		V	34	W1	PSU:O ECS TTL NASA:NASA RP 1124	A	
10.015.03 CAT	REDUX 312L	环氧树脂薄膜	CIBA GEIGY 1+D-N-15 1+D-N-200	加工:120 ℃ 90 min 1+D-P-70	表皮与核心结合	LLMKTRA	GS GL		V	13	W3	RFA: RFW/KANT-01/ CAS ECSS-Q-ST- 70-01 TVS 14	W	
10.015.04 CAT	REDUX 312UL+ REDUX	环氧树脂薄膜	CIBA GEIGY 1+D-N-15	加工:120 ℃ 60 min 1+D-P-70	表皮与核心	SKDRKANA STR	GS GL		V	13	W2	RFA: RFW/KANT-01/CAS ECSS-Q-ST-70- 01 TVS 14	WM	
10.015.05 ON	REDUX 312L	环氧树脂薄膜	CIBA GEIGY DSN. 0016		嵌入版	LLMCHRM IOLACHRM	GS		V	3	V2	RPT:LT 33	A	
10.015.06 CAT	REDUX 312/P112	环氧胶粘剂薄膜	CIBA GEIGY 1+D-N-15E 1+D-E-159	加工:120 ℃ 1 h 1+D-P-70	夹层制造中的结构结合	IOLACADM LLMCADM	GS		V	3	W3	RPT;BOT REP.002 PSU:HELIOS. ISO ARIANE6 TVS 14	AN	

续表

发布材料清单

外太空公司

飞行器:PITCAIRNSAT 1
分系统:
设备:

档案号:DML/PIT/3466/OSC
页数:151
期号:3
日期:10/04/14

第10组 粘合剂,涂层,清漆

项目	商业标识	化学特性和符合条件的产品类型	物资采购信息规范	工艺参数总结	用途和仓位代码		环境代码			型号	批准		用户评论及批准
					用途	代码	R	A	T		状态	C	
10.015.07 ON	REDUX 312/5	环氧树脂薄膜	CIBA CEIGY NT 16101/AQEN NT 16102/AQEN		结合	UPSGT	GS	E	3	V2	RPT LT 33 ECSS-Q-ST-70-01 TVS 14	A	
10.015.08 KOF	REDUX 312L	环氧树脂薄膜	CIBA CEIGY TH5.917/4/5/6	加工:120 ℃ 90 min TH24.3006	与面板结合	SAW	GL	V	24	A4	RPT ESA I 668 PSU:ARA IRAS OLYMPUS ULYSSES TVS 14	AN	
10.015.09 ON	REDUX 312L/112	环氧树脂加底漆薄膜	CIBA CEIGY Data sheet/GENES 0021-1184//1179	加工:120 ℃ 1 h	横梁	APSAPA	GS	V	24	W2	RFA RFW/GOT-APA/01 PSU: EUT TVS 14	WN	

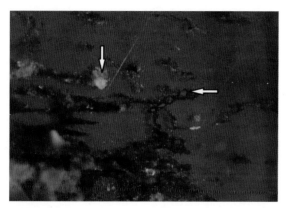

图 4-15　3.5% NaCl 溶液浸泡 30 天后的 Al-2219-T851（锻造环，无表面保护）。显微照片清晰地显示了靠近电正极金属间化合物点蚀颗粒（红橙色，箭头所指）。偏振光显示夹杂物大部分为 CuAl₂，由于合金的高铜含量，在固溶处理过程中不能完全溶解到饱和固体中。CuAl₂ 颗粒在锻造过程中被分解和重新分布，存在于铸造金属凝固过程中最初形成的网络中。显微照片还显示腐蚀通道渗出产生 Al₂（OH）₃（白色，箭头所指）和绿色 CuCl。进一步的解释参见图 4-19（d），放大倍数为 500（Dunn，1984）（P167）

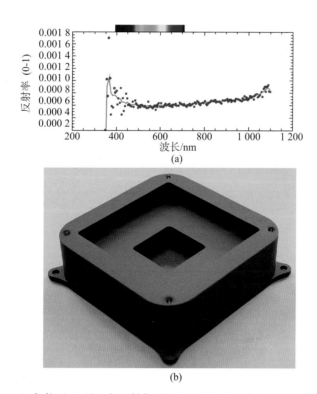

图 4-103　（a）在 25 ℃条件下，30°固定入射角测量，Keronite 黑色样品表面反射率。（b）精细太阳敏感器实验挡板，由铝基材料加工而成，涂有 Keronite 涂层。几乎是所有卫星姿态和轨道控制系统的基本元件。精细太阳敏感器通常基于 CCD 或 CMOS 像素传感器技术。需要由轻质材料制成，能够承受极端的热循环和辐射环境。需要通过传感器的挡板来减小行星反照散射亮光和航天器自身的反射光（如太阳能电池板），挡板在整个太阳光谱范围内反射率较低（另见 5.5.3 节）（Hill 传媒有限公司和 Keronite 提供）（P290）

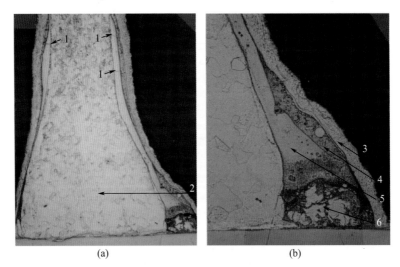

图 6-1　电子元器件本体（Kovar 合金）与其焊料涂覆的引线之间的电阻熔焊。（a）焊接区，×125 倍。来自焊接的热量产生：1）锡-铜金属间化合物的裂纹，形成应力集中，2）铜的再结晶。（b）焊接熔核，×300 倍。显微照片详细显示：3）实验室镀铜以制备良好边缘，4）残留的焊料合金，5）金属间化合物 Cu_6Sn_5，6）洗掉的 CuO 和 NiO 氧化物（P427）

图 6-5　（a）硅晶体管（型号 2N3680）的金引线与硅晶片上的铝金属化层接触的地方，金线通过热压键合技术接触。（b）在金-铝交界处形成"紫斑"（箭头），并在高温下向铝层扩散（迁移）。（c）同一器件的 SEM 视图显示了"紫斑"具有微细的晶体外观。（a）晶体管的光学视图，×80 倍；（b）"紫斑"细节，×200 倍；（c）相同键合点反射模式外观的 SEM 视图，×300 倍（P432）

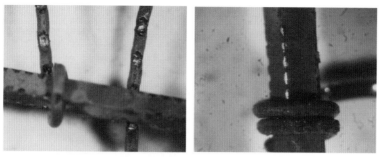

图 6 - 11　互联的镀银线暴露于 H_2S 中后展开的气密部位的图示。冷焊点仍保持明亮，
而所有其他表面都变黑了（P438）

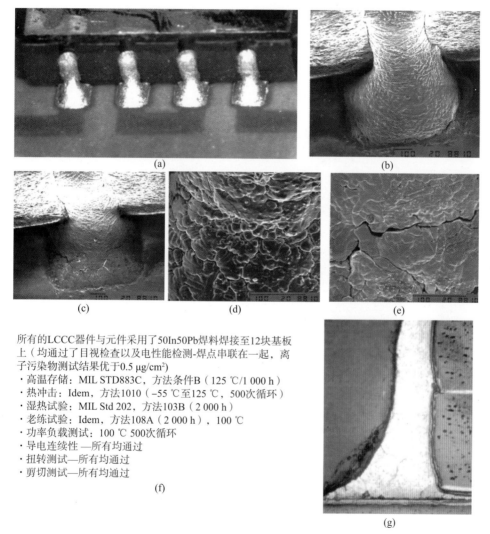

所有的LCCC器件与元件采用了50In50Pb焊料焊接至12块基板
上（均通过了目视检查以及电性能检测-焊点串联在一起，离
子污染物测试结果优于0.5 μg/cm²）
· 高温存储：MIL STD883C，方法条件B（125 ℃/1 000 h）
· 热冲击：Idem，方法1010（-55 ℃至125 ℃，500次循环）
· 湿热试验：MIL Std 202，方法103B（2 000 h）
· 老练试验：Idem，方法108A（2 000 h），100 ℃
· 功率负载测试：100 ℃ 500次循环
· 导电连续性 —所有均通过
· 扭转测试—所有均通过
· 剪切测试—所有均通过

(f)

图 6 - 26　50In50Pb 焊点将无引线陶瓷芯片载体的 16、24、40 和 64 引脚连接到 Pt - Au 金属化陶瓷多层
厚膜基板上。（a）～（f）中看到的焊接接点的外观是典型的受到热冲击和功率循环的基板上的焊点。微
剖面（f）证实了没有电性能退化。注意大量再结晶晶粒结构。（a）环境试验后的 LCCC 光学视图［参见
试验计划（f）］。（b）最佳圆角尺寸。（c）小圆角尺寸。（d）（b）上的表面皱纹细节。（e）（c）上的表面
开裂。（f）彩图（g）试验计划。（c）中看到的圆角的中平面微截面（f）在抛光和蚀刻之后，显示 InPb
晶粒尺寸。（c）中详细描述的裂纹是相邻晶粒已经在不同程度上变形的表面台阶。没有观察到内部裂纹

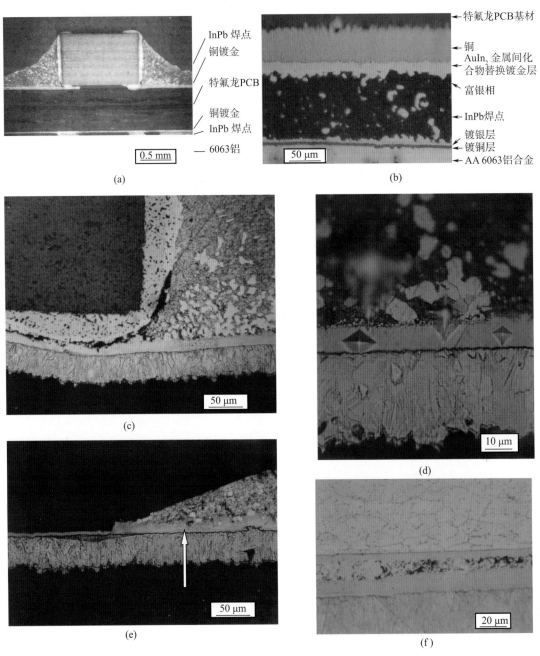

图 6-34 铟铅焊料焊接到各种金界面后经历热循环（100 次循环，＋100～－100 ℃）和 12.8 年室温储存之后的金相评估。（a）片式电容器微观剖切后的总体视图。所有电路印制线都是镀金的，铝支撑板也是镀金的。（b）电路板-铝支撑板之间的焊点详细信息。铝上镀有中间的铜层，全部的金层已完全转变为 AuIn$_2$。PCB 地层（铜层）上的镀金也转换为 AuIn$_2$。（c）片式器件端头下角的详细情况。需要注意的是，焊装过程中的过大压力导致铜电路变形。（d）（e）中 AuIn$_2$ 层的硬度压痕表明其具有延展性，即没有金-锡金属间化合物那样的径向开裂。（e）焊缝边缘明显存在 2.5 μm 厚的金层。这产生了厚度为14.0 μm 的金属间化合物，仍然存在一些自由金（箭头）。（f）镀金的铍铜合金带状互联线也焊接在特氟隆的 PCB 上。在焊点的互联线一侧的金已经完全反应，在 PCB 一侧还存在一些自由金。虽然 IMC 非常厚，但没有证据表明这些接点已经退化（P470）

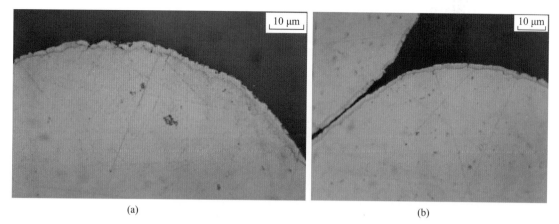

图 6-39　镀锡线股的显微照片，微观剖切线股上的典型位置：（a）刚接收时状况；（b）在 155 ℃ 下 16 h 后（干热暴露）。锡层厚度从 0 到 1.8 μm 不等，但一般约为 1.0 μm 厚。在刚接收的样品上可能存在一些自由锡，但约有 10% 的厚度由 Cu_3Sn（深灰色）组成。老化后，层的大部分已经转化为 Cu_3Sn（抛光部分在过氧化铵中轻度蚀刻后，在油浸透镜下进行检查）（P479）

图 6-40　显微照片详细描述了一些线股拉制时的缺陷。由于氧化锡的磨损特性，线股的尺寸公差变差，并且表层下纵向裂缝是部分闭合的，包含锡块。干热暴露将大部分锡转化为 Cu_3Sn 金属间化合物（P480）

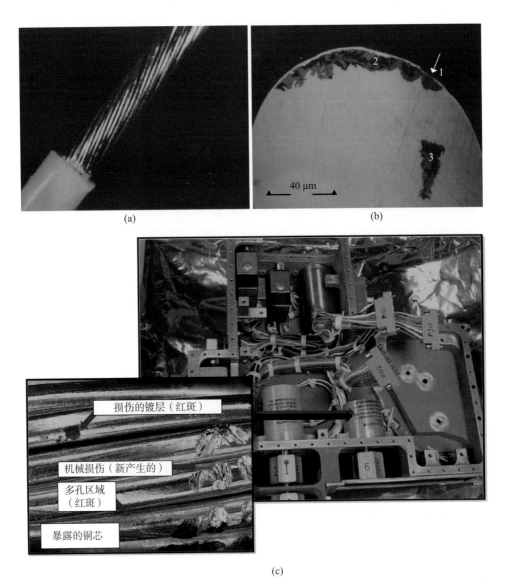

(a)

(b)

损伤的镀层（红斑）

机械损伤（新产生的）

多孔区域
（红斑）

暴露的铜芯

(c)

图 6 - 41　（a）AWG 26 单线镀银铜线（去除绝缘层后）独特的红色腐蚀物——"红斑"。
（b）一个线股的显微照片显示出在银镀层中的小（箭头）缺陷之间的电偶腐蚀。所有腐蚀产物看来是
Cu_2O，这一点在偏振光下具有明亮的橘黄色得到证实。该导线符合 ASTM B298 - 07，要求银的平均
值不小于 1 μm，在多硫化钠测试时没有孔隙（Dunn 未公布）。（c）尽管对镀银导线采购进行了控制，
但至关重要的是不能损害镀层，如此图所示的飞行设备（Cooke，2010）；图中还显示绞合镀银铜线有
不同程度的"红斑"、损坏的镀层和暴露的铜（照片由 NASA 约翰逊航天中心提供）（P482）

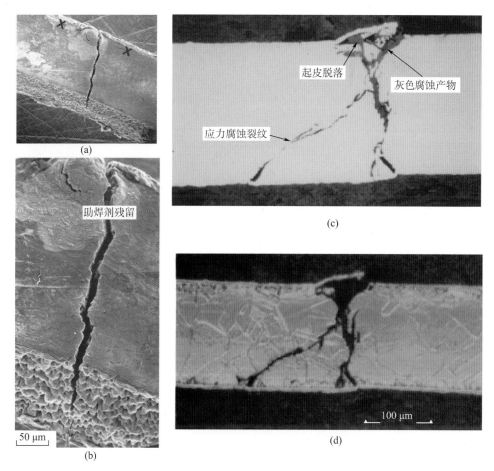

图 6-45 元器件引线局部有问题的金相照片。（a）电子元器件引脚部分开裂的 SEM 照片，需要注意的是，没有出现塑性变形；所有的特征都表明 Kovar 合金引线因应力腐蚀而断裂。（b）裂纹处的细节和轻微的突起的详细情况；突起处周边有一圈"白色"的助焊剂残留，通过 EDAX 检测确认含有氯元素。（c）为图（a）中的元器件引线沿 X-X 方向纵向剖切图；腐蚀物为灰色（箭头指示），存在于裂纹路径中，并产生突起现象。（d）颜色图解。图（d）与图（c）为相同区域，经过了混合酸的蚀刻处理；并进行显微镜拍摄。颜色的对比有助于观察。蚀刻工艺去除了样品表面的腐蚀。元器件引线为镀金处理，断裂机理为穿晶机制（P489）

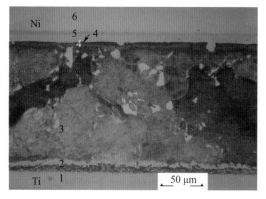

图 6-55 Ni-Ti 合金钎焊接头的特点。镓-钯-银钎料的微观组织（白色为富镓相）。钛合金牌号为 Ti6Al4V。各层的维氏硬度分别为：1=437，2=805，3=476，4=1 073，5=770，6=138。尽管区域 4 的硬度较高，机械性能测试表明这些金属间化合物并未导致接头的脆化（由 David Adams 制备）（P513）

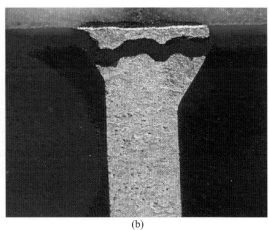

(a)　　　　　　　　　　　　　(b)

图 6-89　经历了－55～100 ℃下 500 次热循环后，陶瓷封装 CGA 器件顶角处焊柱的横截面图片
（安装在聚酰亚胺芳纶 PCB 上，底部填充环氧树脂）。（a）PCB 焊盘完好无损，但 z 方向的应力引起的
严重裂纹，如图（b）所示，裂纹位于焊柱与器件封装端金属焊盘的连接处（被绿色的封固剂所包围的
灰色的底部填充清晰可见）（P565）

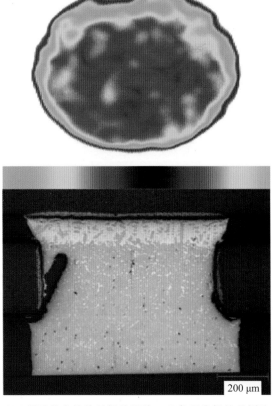

图 6-91　上图为 C-SAM 所示的有缺陷的焊柱照片。蓝色环为焊柱的周边。红色为焊柱中密实的
无缺陷的区域，绿-黄色为显微切片中清晰可见的缺陷边界（例如，在显微照片中裂纹
前沿清晰可见）（来自 Corocher 等人，2009）（P567）

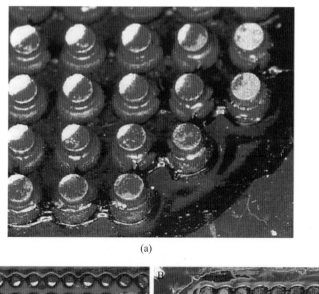

(a)

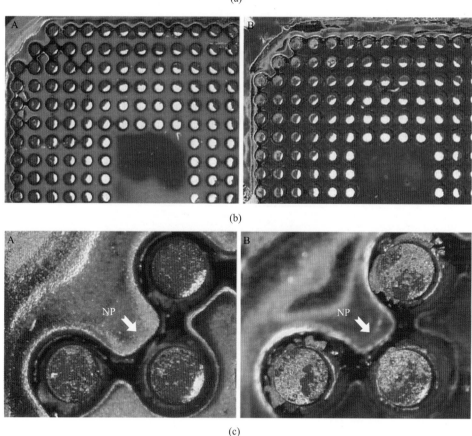

(b)

(c)

图 6 - 92　陶瓷 BGA 器件（625 个 I/O 引脚）焊接至 PCB，并经过鉴定试验（ECSS - Q - ST - 70 - 38，
－55～100 ℃，500 次循环）。在染色剂中浸泡烘干后，采用机械剥离发现：（a）器件 A 去除后焊球保留
在 PCB 上；（b）器件侧的裂纹程度，左侧为 A 器件，右侧为 B 器件；（c）器件 A 与 B 顶角处开裂焊点的
特写光学照片。可以看出，最大的应力出现在陶瓷封装的边角处，引起了微小的疲劳裂纹（NP）并向器
件中心蔓延（Tegehall 和 Dunn，2001a）（P568）

图 6 - 97　PCB 实验样品在玻璃测试容器中的照片，在试验过程中，在 PCB 样品周围发生了
电晕放电发光现象（P574）

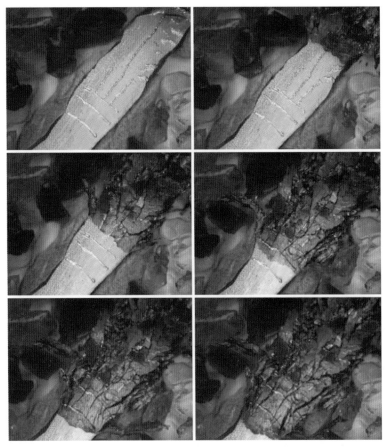

图 6 - 101　保持－35 ℃，纯锡样本在同一位置上的时延照片。为了加快由亮白色的 β 相锡转变为灰色
粉末状 α 相，样品被植入了晶粒（诱因尚不明确）。灰锡密度相对于白锡低 27%，因此图中为疹状形貌

（P579）

图 6-103　在 4.2 K 液氦条件下进行拉伸强度测试的具有四列柱的设备，液氦低温保持器中放置有试样
（图中黑色圆柱体）（P581）

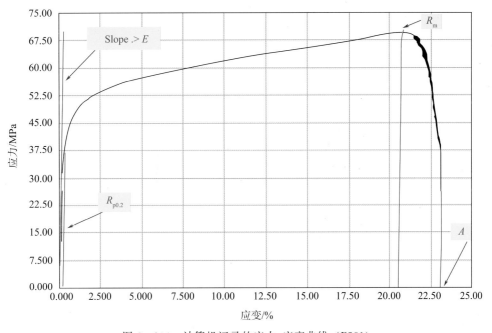

图 6-104　计算机记录的应力-应变曲线（P581）

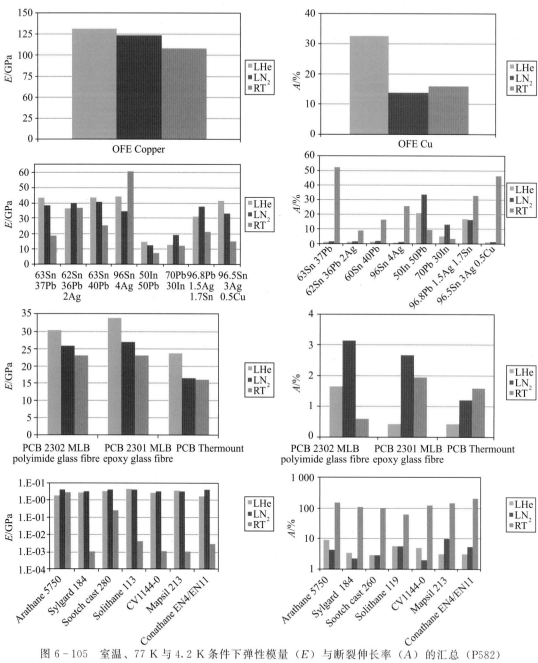

图 6-105　室温、77 K 与 4.2 K 条件下弹性模量（E）与断裂伸长率（A）的汇总（P582）

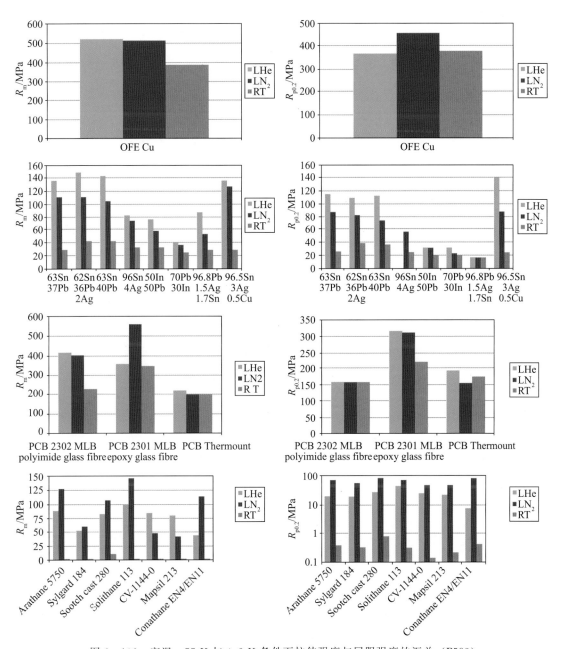

图 6 - 106　室温、77 K 与 4.2 K 条件下拉伸强度与屈服强度的汇总（P583）

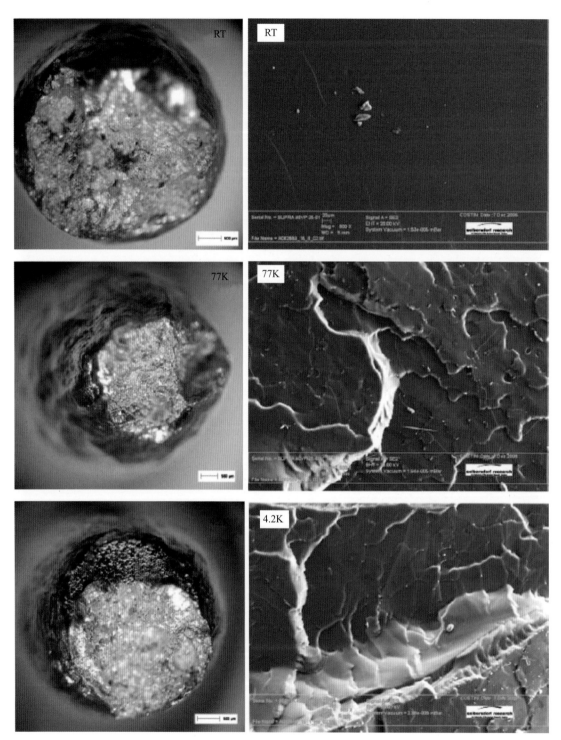

图 6-107　50In50Pb 合金的断裂面（左边为光学照片），该合金是唯一在所有温度下（低至 4.2 K）表现为塑性的焊料，Solithane 113（SEM 照片）在室温下"撕裂"，但在低于玻璃化转变温度（T_g）之下表现为脆性玻璃断裂特点（P585）

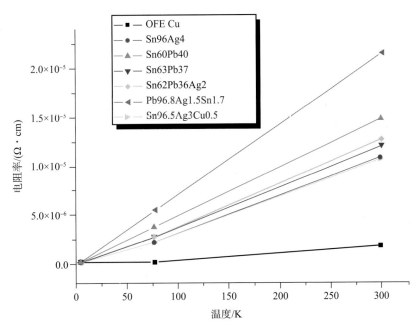

图 6-110　电阻率（平均值）与温度的关系（P587）

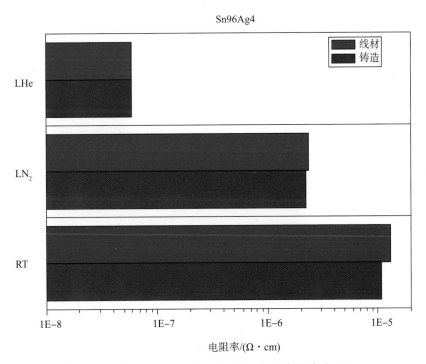

图 6-111　Sn96Ag4 电阻率（平均值）与温度的关系（P589）

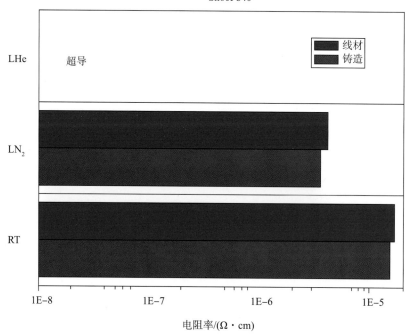

图 6－112　Sn60Pb40 电阻率（平均值）与温度的关系（P589）

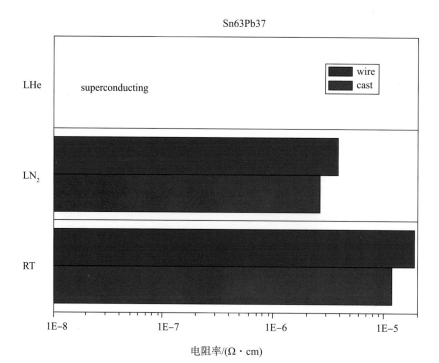

图 6－113　Sn63Pb37 电阻率（平均值）与温度的关系（P590）

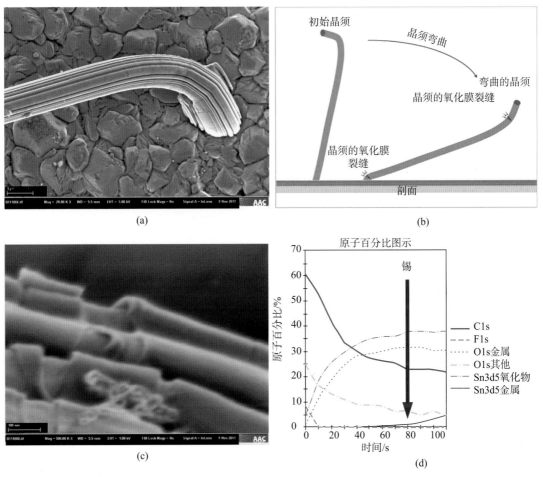

(a)

(b)

(c)

(d)

图 7-34　生长 48 年晶须弯曲后的细节，(a) ～ (c) 氧化膜裂缝，XPS 分析利用 Ar 离子溅射剖面，直到
出现清晰的金属锡峰，根据溅射速度以及出现锡峰的时间可知，该晶须的氧化锡厚度为 18±2 nm
（Dunn 和 Mozdzen，2014）（P626）

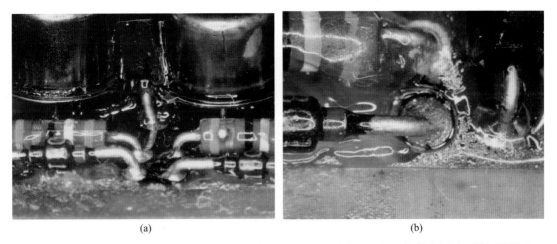

(a)

(b)

图 8-6　哈勃太空望远镜 SADE 失效电子线路板外观。(a) 背景是两个晶体管的视图，详细说明了
元件主体上的涂层变色。(b) 二极管上的接头，详细说明了涂层的熔化情况，导致其脱离接头。
该印制电路板组件的其他区域如图 8-7 和图 8-8 所示（P646）

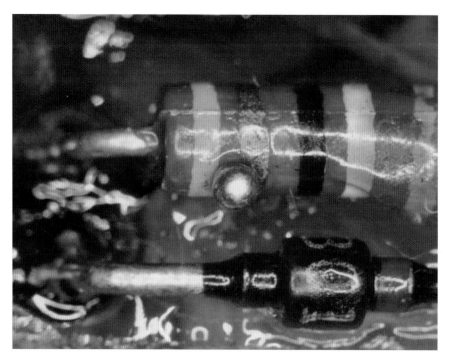

图 8-7　二极管附近电阻上的焊料球（P647）

红色

白色

蓝绿色

图 8-36　失效摄像机的电子电路上腐蚀产物的彩色显微照片（放大倍率×50）（P681）

(a)

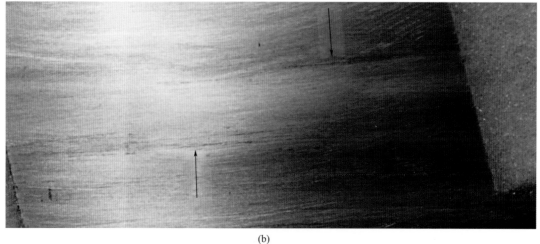

(b)

图 8 - 42　华夫饼结构以及内墙由阳极化的 AA 2219 - T851 组成，TIG 焊接板经过研磨、抛光和刷涂处理。刷焊后焊缝（a）发生一些变色，但检查所有可检查的焊缝后，在高倍率放大下，仅发现一个"可疑"区域。（b）随后无损检测发现该区域已失去光泽，未发现腐蚀或染色区域（P685）

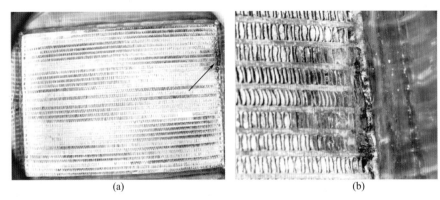

图 8-43 （a）热交换器和右侧腐蚀区域视图。（b）腐蚀的铝和棕色腐蚀产物
似乎是助焊剂残留造成的（P686）

(a)   (b)

图 8-50 飞行用的电缆材料很可能是在最终检查前 15 年制造的。电缆连接点周围的 Kapton 绝缘层
损坏，露出了镀银铜绞线屏蔽层。此外，在电缆束中，包裹的 Kapton 外层已经开裂并脆化，一些非常
小的薄片正在脱落。同一批次电线相同时间内由于受控保存未出现退化现象。国际空间站电线绝缘采
用涂有特氟隆的 Kapton，与裸露的 Kapton 相比，不易损坏（P690）

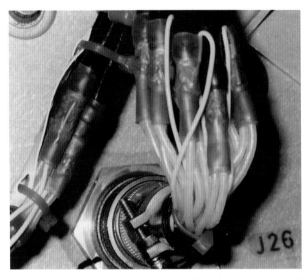

图 8-51 有焊接保护套连接电线接头的多个线缆图片。由于包裹焊剂及其残留物
（套管下的黄棕色层），该电缆连接方法不应在真空应用（P690）